AF558155

Advanced Variant Configuration in SAP S/4HANA®

SAP PRESS ist eine gemeinschaftliche Initiative von SAP SE und der Rheinwerk Verlag GmbH. Unser Ziel ist es, Ihnen als Anwendern qualifiziertes SAP-Wissen zur Verfügung zu stellen. SAP PRESS vereint das Know-how der SAP und die verlegerische Kompetenz von Rheinwerk. Die Bücher bieten Ihnen Expertenwissen zu technischen wie auch zu betriebswirtschaftlichen SAP-Themen.

Damit Sie nach weiteren Titeln Ihres Interessengebiets nicht lange suchen müssen, haben wir eine kleine Auswahl zusammengestellt.

Roland Boes
SAP Customer Experience. Lösungen, Prozesse, Integration
795 Seiten, 2021, gebunden
ISBN 978-3-8362-8387-8
www.sap-press.de/5319

Ursula Becker, Jan Fischer, Werner Herhuth, Manfred Hirn
Preisfindung und Konditionstechnik mit SAP
688 Seiten, 3., aktualisierte und erweiterte Auflage 2020, gebunden
ISBN 978-3-8362-7501-9
www.sap-press.de/5061

Mikolaj Kowalski
Vertrieb mit SAP S/4HANA – Customizing
623 Seiten, 2022, gebunden
ISBN 978-3-8362-8057-0
www.sap-press.de/5249

Kevin Legleiter, Constantin Schuch
Kundenservice mit SAP S/4HANA. Das Praxishandbuch
558 Seiten, 2022, gebunden
ISBN 978-3-8362-8065-5
www.sap-press.de/5251

Uwe Blumöhr, Andreas Kölbl, Michael Neuhaus,
Marin Ukalovic

Advanced Variant Configuration in SAP S/4HANA®

Liebe Leserin, lieber Leser,

seit im Frühjahr 2009 das erste Buch zur SAP-Variantenkonfiguration bei SAP PRESS erschienen ist, hat das Thema einen festen Platz in unserem Verlagsprogramm.

Seither hat sich viel getan. Nicht mehr LO-VC ist das Produktkonfigurationswerkzeug der Stunde. Stattdessen ist AVC in SAP S/4HANA mit bewährten Ansätzen, aber auch vielen Neuerungen auf den Plan getreten. Ziel ist es nach wie vor, den Kunden perfekt auf ihre Bedürfnisse zugeschnittene Produkte zu einem erschwinglichen Preis anzubieten. Variantenkonfiguration ist daher für immer mehr Unternehmen ein Muss.

Dr. Uwe Blumöhr, Andreas Kölbl, Michael Neuhaus und Marin Ukalovic stellen Ihnen in diesem Buch die neue SAP-Variantenkonfiguration in ihrer ganzen Vielfalt und Komplexität vor. Sie lernen nicht nur die Produktmodellierung kennen, sondern erhalten auch Best Practices für den Umstieg von LO-VC auf AVC.

Wir freuen uns stets über Lob, aber auch über kritische Anmerkungen, die uns helfen, unsere Bücher zu verbessern. Scheuen Sie sich nicht, mich zu kontaktieren. Ihre Fragen und Anmerkungen sind jederzeit willkommwen.

Ihre Eva Tripp
Lektorat SAP PRESS

eva.tripp@rheinwerk-verlag.de
www.rheinwerk-verlag.de
Rheinwerk Verlag · Rheinwerkallee 4 · 53227 Bonn

Auf einen Blick

Wir hoffen, dass Sie Freude an diesem Buch haben und sich Ihre Erwartungen erfüllen. Ihre Anregungen und Kommentare sind uns jederzeit willkommen. Bitte bewerten Sie doch das Buch auf unserer Website unter **www.rheinwerk-verlag.de/feedback**.

An diesem Buch haben viele mitgewirkt, insbesondere:

Lektorat Eva Tripp
Korrektorat Monika Klarl, Köln
Herstellung Stefanie Häb
Typografie und Layout Vera Brauner
Einbandgestaltung Bastian Illerhaus
Coverbild iStock: 185008088 © malerapaso
Satz Typographie & Computer, Krefeld
Druck Beltz Grafische Betriebe GmbH, Bad Langensalza

Dieses Buch wurde gesetzt aus der TheAntiquaB (9,35/13,7 pt) in FrameMaker.
Gedruckt wurde es mit mineralölfreien Farben auf chlorfrei gebleichtem, FSC®-zertifiziertem Offsetpapier (90 g/m²).
Hergestellt in Deutschland.

Bibliografische Information der Deutschen Nationalbibliothek:
Die Deutsche Nationalbibliothek verzeichnet diese Publikation in der Deutschen Nationalbibliografie; detaillierte bibliografische Daten sind im Internet über *http://dnb.dnb.de* abrufbar.

ISBN 978-3-8362-9038-8

1. Auflage 2023

Informationen zu unserem Verlag und Kontaktmöglichkeiten finden Sie auf unserer Verlagswebsite **www.rheinwerk-verlag.de**. Dort können Sie sich auch umfassend über unser aktuelles Programm informieren und unsere Bücher und E-Books bestellen.

Inhalt

TEIL III Integration

8 Die Integration der Variantenkonfiguration in Plattformen mittels Wissensbasen und Laufzeitversionen 367

9 Neue Integrationsaspekte zur Variantenkonfiguration 419

TEIL IV Best Practices und Möglichkeiten zum Erfahrungsaustausch

Vorwort

Ein persönlicher Blick zurück

Die makroökonomische Bedeutung der Mass-Customization und weitergehende Einführungen in das Thema Produktkonfiguration wurden bereits in den bisherigen Vorworten zum Buch »Variantenkonfiguration mit SAP« von unserem sehr geschätzten früheren Entwicklungsvorstand Peter Zencke und von Albert Haag, unserem früheren Entwicklungskollegen (und auch von anderen Personen), bestens beschrieben.

Hier wollen wir daher aus einem sehr persönlichen Blickwinkel schildern, wie es vor vielen Jahren zu drastischen Erweiterungen der Ansätze zur Variantenkonfiguration kam. Als für einige von uns im Jahre 1990 die Karriere bei SAP begann, gab es nur einfachste Zuordnungsbeziehungen von Verkaufsmerkmalen, Verkaufsgruppen und Materialien. Nun blicken wir auf 33 Jahre der Weiterentwicklung der Lösungsansätze und deren Integration in die neuesten SAP-ERP-Systeme zurück.

Das Zusammenleben basiert auf vielen Beziehungen, von denen die wenigsten hierarchisch sind. Und doch haben wir uns viele Jahre lang darauf beschränkt, solche hierarchischen Beziehungen als die einzige Darstellungsform zu ermöglichen, um Objekte zu beschreiben und diese Information durch Softwareanwendungen verarbeitbar zu machen.

Dabei waren entweder einfache singuläre Objekte oder (was die Sache schon deutlich komplizierter machte) ein untergeordneter Teil eines größeren Ganzen möglich. Es gab sogenannte Eltern-Kind-Beziehungen, Positions-Unterpositionsbeziehungen oder Has-Part-is-Part-of-Beziehungen. Und für diese haben wir mühsam Ende der 80er Jahre Ansätze (außerhalb von SAP) entwickelt und flexibilisiert. Ziel war es, variantenreiche Produkte mit einer Masterstückliste und auswählbaren Teilen zu beschreiben und im Arbeitsplan mit dem dazugehörigen Beziehungswissen den Auswahlvorgang zu steuern.

Es war ein Meilenstein, diese Flexibilität in die rigide Auftragsabwicklung und Stücklisten- und Arbeitsplanverarbeitung eines ERP-Systems einzubauen und langsam Stück für Stück durchgängig verarbeitbar zu machen. Ein Prozess der leider (wie so oft) viel länger dauerte als angenommen und der vermutlich nach 37 Jahren immer noch nicht zu Ende ist. Und natürlich führte die Arbeit mit SAP-Kunden immer wieder dazu, die Lösungsansätze zu verbessern, um Probleme besser lösen zu können (z. B. die Variantentabellen als pragmatischen Ansatz einzuführen, um mit großen Daten umzugehen). Aber die wesentlichen Grundlagen waren bereits im letzten Jahrtausend von uns und anderen Personen aufgeschrieben worden.

Der Ansatz, Auswahlbedingungen mit Stücklistenpositionen zu verbinden, geht auf die wissenschaftlichen Arbeiten von Bernhard und seinen damaligen Institutskollegen der Universität Karlsruhe und Duisburg sowie natürlich weiterer »Prior Art« (1985–1990) zurück.

Die Verbindung von Type-of/is-a(-Klassifikation)-Relationen und Stücklisten basiert bei SAP auf dem gemeinsamen Arbeiten des KI- und des Logistik-Entwicklungsteams. Mitte der 90er Jahre haben wir dabei »einfach« Ansätze der Objektorientierung übertragen.

Und natürlich wurden durch die Einführung der Verarbeitung von Constraints alle Ansätze auf ein deutlich anspruchsvolleres Niveau gehoben. Die Constraints waren besonders Albert und den wissenschaftlichen Vorarbeiten des Plakon-Projekts zu verdanken. Eines unserer Lieblingsthemen war die Einführung des Assumption-based Truth Maintenance System, mit dem es endlich möglich wurde, die starre Reihenfolge von Eingaben zu flexibilisieren. Man konnte sich plötzlich auch umentscheiden und sofort die Konsequenzen sehen.

Um aber die immer noch zu starre Welt der Maximalstücklisten (hierarchische Beziehungen) zu verlassen, bedurfte es dreier besonderer Ereignisse.

Die Herausforderung

Wir (das KI-Team) wurden vom SAP-Vorstand aufgefordert zu beweisen, dass unsere Ansätze besser sind als die eines anderen Unternehmens (das gerne mit SAP ins Geschäft kommen wollte. Eine Situation, die ich in den folgenden 30 Jahren in etlichen Bereichen noch sehr häufig erleben musste). Der Haken war, dass die anderen die Aufgabe auswählen durften. Es ging um die Konfiguration aller Teile eines Treppengeländers. In wenigen Wochen haben Albert, Andreas und Kollegen die erste Version der Contraints-Verarbeitung implementiert. Die interne Verwaltung von Objektinstanzen ermöglichte es, bei einer flexibel langen Treppe mit freiwählbarer Steigung und Geländerhöhe (und flexibler Anzahl von Stockwerken) für jeden einzelnen Pfosten die Position auf der Stufe sowie die Höhe des Pfostens und damit alle Angaben der benötigten Materialien auszurechnen. Dies geschah unter der Nutzung der Constraints mit mathematischen Formeln für Anfangspfosten, Endpfosten und Treppenpfosten. Ein Ansatz, der das auf Entscheidungstabellen basierende Konkurrenzsystem ganz blass aussehen ließ.

Das Anforderungspapier der Gründungsmitglieder der Configuration Workgroup (CWG)

Bernhard besuchte im Jahr 1993 oder 1994 den Kunden Steelcase und lernte dabei, das Wort »Pedestal« richtig auszusprechen. Außerdem erkannte er dort dank Henk Meeter und anderen Steelcase-Mitarbeitern, dass man eine Schreibtischlandschaft nicht mit Auswahlbedingungen und nur sehr ungenau mit dem Bilanzkonzept (Offers/Requires) beschreiben konnte. Auch die weiteren Treffen mit IBM, Siemens, Applied Materials und Hewlett Packard führen zu der Erkenntnis, dass alles, was wir im ERP-System implementieren wollten, nicht ausreichend sein würde. Schließlich schrieben alle zusammen ein Anforderungspapier, in dem sie darlegten, was sie von einer zukünftigen SAP-Variantenkonfiguration 2.0 erwarteten – und wir mussten darauf eine Antwort liefern.

Wir wollten ein paar Jahre in Kalifornien arbeiten

Manchmal gibt es ganz einfache Erklärungen dafür, warum bestimmte Dinge passieren. Wir ermunterten die damals noch kleine CWG, ein Meeting mit unserem Entwicklungsvorstand im Rahmen der SAPPHIRE-Konferenz im Jahr 1995 in Phönix/USA zu fordern. Dort machte die CWG den Vorschlag, dass als Zeichen des guten Willens von SAP ein Kern des KI-Konfigurationsteams nahe beim Kunden an der Umsetzung möglichst aller Anforderungen des Papiers arbeiten sollte. Der SAP-Entwicklungsstandort in Kalifornien schien dafür am geeignetsten zu sein.

Fast wäre daraus nichts geworden, denn Hasso Plattner war in dem Meeting wieder einmal gedanklich 10–15 Jahre weiter und der Ansicht, dass lokal installierte Software schon bald unnötig sein würde, da alle Funktionen online über das Internet abrufbar seien. Schließlich stimmte er der Investition jedoch zu.

Wir integrierten zunächst wie geplant die vorhandenen Ansätze (mehrstufige hierarchische Konfiguration, Constraints, Klassenknoten, Wissensbasen etc.) in das ERP-System und entwickelten ab Mitte 1996 in Kalifornien die IDoc-Schnittstellen für die Behandlung von Variantenkonfigurationen in der R/3-Auftragsabwicklung, unterstützt durch Tester von HP vor Ort. Die räumliche Nähe zu den Gründungsmitgliedern der CWG machte sich sofort bezahlt. Wir unterstützten die Entwicklung der ersten internetbasierten Variantenkonfiguration und erlebten, wie Bill Gates als Gast der Keynote auf der SAPPHIRE eine Jukebox mit Optionen konfigurierte, bestellte und Sekunden später auf der Bühne ausgeliefert bekam.

Wir konnten uns nun endlich auf neue Konzepte und deren Umsetzung als Antwort auf die Anforderungen der CWG konzentrieren. Diese wurden später als SCE Advanced Mode bezeichnet und bilden bis heute die Grundlage des SSC-Konfigurators.

Es handelte sich um frei definierbare Relationen, über die man in Constraints »reden« konnte. Diese Relationen wurden als sogenannte abstrakte Datentypen (ADTs) deklariert und konnten sogar im System als Stammdaten verwendet werden. Auch wenn sie noch viele Jahre nicht zielführend im ERP-System verarbeitbar waren; es bedurfte intensiver Projektarbeit, etwas Sinnvolles damit anzufangen. Schließlich ist es immer schwer, Flexibilität in einen Standard zu pressen.

Lange Zeit wurden die damals erarbeiteten Ansätze unterschiedlich genutzt, verändert, mit anderer Technologie neu implementiert sowie zuweilen erweitert – und manchmal wurden bestimmte Konzepte erst einmal verworfen.

Es ergaben sich immer wieder neue Herausforderungen, um die Konfiguratoren in die neuesten SAP-ERP-Produkte einzubauen oder die Inhalte der Wissensbasen für ganz andere Systemlandschaften in geeigneter Weise und möglichst performant bereitzustellen.

Der Stab wurde dabei schon viele Male an die nächste Expertengeneration weitergereicht. Aus der kleinen CWG, die 1993/1994 von fünf oder sechs Firmen getragen wurde, ist inzwischen eine Organisation mit über 6.500 Mitgliedern geworden.

Im vorliegenden Buch wird AVC als jüngste, in SAP S/4HANA integrierte Konfiguratorlösung detailliert vorgestellt.

Wir blicken mit Stolz und auch mit etwas Wehmut auf die Anfangsjahre der Entwicklung der SAP-Variantenkonfiguration zurück. Besonders auch, da diese dokumentierten wissenschaftlichen Grundlagen es einer Vielzahl von Firmen ermöglicht, ihre Herausforderungen zu bewältigen.

Viel Spaß beim Lesen und Lernen,

Dr. Albert Haag, **Dr. Andreas Krämer** und **Dr. Bernhard Neumann**

Einleitung

Die meisten von Ihnen kennen zum Thema *SAP-Variantenkonfiguration* wahrscheinlich die verschiedenen Auflagen unseres Buches »Variantenkonfiguration mit SAP« (Rheinwerk Verlag). Dieses Buch wurde 2009 zum ersten Mal herausgegeben und in zwei weiteren Auflagen 2011 und 2015 aktualisiert und erweitert neu aufgelegt.

Mit der letzten der genannten Auflagen schließen wir das Kapitel der SAP-Variantenkonfiguration mit LO-VC. Wir wagen einen Neuanfang und widmen uns dem Nachfolger von LO-VC: *SAP Advanced Variant Configuration* (AVC) in SAP S/4HANA. Bereits im Jahr 2016 hat SAP damit begonnen, eine neue Variantenkonfiguration als Core-Komponente für SAP S/4HANA zu entwickeln. Dieses neue Buch widmet sich nun erstmals vollumfänglich der neuen Lösung. Dabei haben wir es uns zum Ziel gesetzt, das Produkt in der gleichen Detailtiefe zu beschreiben, wie wir es für LO-VC getan haben.

Auch wenn LO-VC auch in SAP S/4HANA on-premise und in der Private Cloud verfügbar ist, stellt dieser alte Konfigurator eine Brückentechnologie dar. Zum einen befindet sich LO-VC im Wartungsmodus, und zum anderen lassen sich viele neue Prozesse und Komponenten in SAP S/4HANA nur mit AVC nutzen.

Getreu dem Motto »Model Once – Configure Anywhere« gehen wir neben der Betrachtung der Core-Komponente AVC und deren Stammdaten und Prozesse in SAP S/4HANA Cloud, der On-Premise-Variante und der Private Cloud, natürlich auch auf die Gesamtarchitektur ein. Im Mittelpunkt steht dabei die SAP Business Technology Platform (SAP BTP). Denn, ähnlich wie bei LO-VC, gibt es Erweiterungsszenarien, die es erlauben, AVC aus dem »Backend« auch in Applikationen wie SAP Commerce Cloud, SAP CPQ oder Nicht-SAP-Anwendungen weiterzuverwenden.

Das Buch richtet sich maßgeblich an zwei Zielgruppen: zum einen an SAP-Neukunden, die SAP S/4HANA entweder bereits im Einsatz haben oder gerade einführen und die Notwendigkeit einer integrierten Variantenkonfiguration sehen. Zum anderen adressiert es insbesondere die große Anzahl von SAP-Bestandskunden, die bereits auf eine langjährige Historie mit LO-VC in SAP ERP zurückschauen und bereits eine tiefgehende Expertise aufweisen. Der Beweggrund der letztgenannten Personengruppe ist ein anstehender oder bereits erfolgter Wechsel auf SAP S/4HANA. Ob nun Greenfield, Brownfield oder etwas dazwischen – die Beschäftigung mit AVC ist alleine aus strategischer Sicht unumgänglich.

Wie wichtig ein bestimmtes Kapitel für Sie persönlich ist, hängt von Ihrem Background bzw. Ihrem Interesse ab. Wir stellen Ihnen hier die einzelnen Kapitel kurz vor.

Wir beginnen in **Teil I** mit den Grundlagen der Variantenkonfiguration mit AVC.

Kapitel 1, »Produktkonfiguration mit SAP«, adressiert maßgeblich den Wechsel der Softwaregenerationen. Dies gilt sowohl bezogen auf den Umstieg von SAP ERP auf SAP S/4HANA als auch auf den Wechsel von LO-VC auf AVC. Wir führen in die unterschiedlichen Softwarelösungen ein und erläutern die verschiedenen durch AVC unterstützen Geschäftsprozesse. Ziel ist es, Ihnen einen Überblick über AVC in der Cloud zu geben sowie die Veränderungen und Innovationen der Variantenkonfiguration aufzuzeigen. Darüber hinaus wird auch auf die Transformation von LO-VC in AVC und die möglichen Anwendungsszenarien in der Cloud und im On-Premise-System eingegangen.

Kapitel 2, »Der Weg von LO-VC nach AVC in SAP S/4HANA«, beschreibt die Vorgehensweise und die bereitgestellten Tools, die Ihnen dabei helfen, ihre Produktmodelle und Geschäftsprozesse von einem SAP-ERP-System auf SAP S/4HANA umzustellen. Dabei wird auch auf das Thema Greenfield vs. Brownfield eingegangen.

Teil II ist den Grundlagen der Modellierung gewidmet.

In **Kapitel 3**, »Ein erstes konfigurierbares Material anlegen«, beginnen wir mit der Modellierung. Dieses Kapitel ist ein erster Einstieg, um in die Welt der Modelle der Variantenkonfiguration einzutauchen. Anhand eines Beispiels, bei dem ein vorhandenes Produkt nachträglich konfigurierbar gemacht wird, werden Sie mit der Begriffswelt der Modellierung vertraut gemacht.

Kapitel 4, »Stammdaten im Rahmen der Modellierung«, befasst sich mit den notwendigen Stammdaten der Modellierung für AVC. Vorab werden die Produktmodellierungsumgebung PMEVC und die Simulationsumgebung vorgestellt. Anschließend wird die Klassifizierung ausführlich behandelt. Es folgen Materialstamm, Stückliste und Arbeitsplan des konfigurierbaren Produkts. Das Konfigurationsprofil mit seinen Einstellungen zu möglichen Konfigurationsszenarien stellt einen weiteren Schwerpunkt dar. Die Merkmalsgruppen als Oberflächendesign runden dieses Kapitel ab.

Kapitel 5, »Die Intelligenz: Beziehungswissen«, behandelt das »Herzstück« des Variantenmodells. In diesem Kapitel fokussierten wir uns auf die Erstellung der Regeln der SAP-Variantenkonfiguration, das sogenannte Beziehungswissen. Das Beziehungswissen ist Dreh- und Angelpunkt bei der Nutzung der Variantenkonfiguration, wird doch hiermit die Intelligenz ins System gebracht. Es wird sowohl die High-Level- als auch die Low-Level-Konfiguration beschrieben. Dabei werden auch die neuen Möglichkeiten unter AVC vorgestellt.

Kapitel 6, »Preisfindung«, stellt kurz die Funktionen zur Preisfindung in Vertrieb und Einkauf dar. Dabei wird die Frage beantwortet, wie die Konfiguration den Preis beeinflusst. Auch neue Möglichkeiten, die Preisfindung über Constraints abzubilden, werden angesprochen.

Kapitel 7, »Materialvarianten«, beschäftigt sich mit konfigurierten Materialien. Mit den Materialvarianten stehen Ihnen in der Variantenkonfiguration alle Möglichkeiten der Planung, Beschaffung, Lagerverwaltung und weiterer logistischer Anforderungen, die Sie gegebenenfalls außerhalb der Variantenkonfiguration nutzen, zur Verfügung. Die folgenden Fragen werden beantwortet: Was ist eine Materialvariante? Welche Funktionen gibt es für Materialstamm, Stückliste, Arbeitsplan und Preisfindung für Materialvarianten? Aber auch die neue flexiblere Variantenfindung und die Möglichkeit, direkt aus dem Kundenauftrag heraus neue Materialvarianten per Klick anlegen zu lassen, kommen zur Sprache.

Teil III beschäftigt sich mit den Optionen, die Ihnen für eine gelungene Integration zur Verfügung stehen.

Das **Kapitel 8**, »Die Integration der Variantenkonfiguration in Plattformen mittels Wissensbasen und Laufzeitversionen«, widmet sich dem Credo »Model Once – Configure Anywhere« und erläutert die dafür notwendigen Prozesse und Stammdaten. So werden hier insbesondere die Microservices auf der SAP BTP und die dafür notwendigen Stammdaten Wissensbasis (Knowledge Base) und Laufzeitversion (Runtime Version) thematisiert. Diese sind Bedingung zur Nutzung der Variantenkonfiguration in Applikationen wie SAP BTP, SAP Commerce Cloud und SAP CPQ.

In **Kapitel 9**, »Neue Integrationsaspekte zur Variantenkonfiguration«, gehen wir auf Themen wie die Product Replication Workbench, die Prozessintegration in Siemens Teamcenter, das Anforderungsmanagement und die Dokumentation in der Modellierung (SAP Enterprise Product Development) ein und erläutern, wie man Machine Learning im Kontext der Variantenkonfiguration einsetzen kann. Auch beleuchten wir die Integration von AVC in das Workflow Management und erklären das 2-Tier-Szenario, das eine systemübergreifende Beschaffung konfigurierter Produkte ermöglicht.

In **Kapitel 10**, »Lösungen von SAP-Partnern«, stellen wir Ihnen Entwicklungen von SAP-Partnern vor, die für die Variantenkonfiguration einen Mehrwert bieten. SAP eröffnet mit der Partnerstrategie, insbesondere mit der SAP BTP, unzähligen Unternehmen die Möglichkeit, z. B. branchenspezifische Add-ons bereitzustellen oder den Standard zu erweitern. In diesem Kapitel finden Sie Erweiterungen zum Thema 3D-Visualisierung, einer neuen Pflegeumgebung für Variantentabelleninhalte auf der SAP BTP, Beispiele zur Nutzung von Machine Learning im Umfeld der Variantenkonfiguration, eine KI-Unterstützung in der Auftragsbearbeitung und eine hybride Systemkonfiguration, die auf APIs basiert.

In **Teil IV** stellt Ihnen Best Practices aus der Industrie sowie Möglichkeiten des Austauschs mit der VC-Community vor.

Kapitel 11, »Erfahrungsbericht: Transformation von LO-VC nach AVC«, zeigt beispielhaft anhand des Unternehmens Trilux, wie eine Transformation nach AVC erfolgen kann.

In **Kapitel 12**, »Communitys zur SAP-Variantenkonfiguration«, gehen wir auf die verschiedenen Kundengruppen ein, die sich zum Teil bereits seit Jahrzehnten mit dem

Thema SAP-Variantenkonfiguration auseinandersetzen. Dazu gehören zum einen die Configuration Workgroup (CWG), die mit Tausenden von Teilnehmern größte internationale Nutzervereinigung. Außerdem stellen wir den DSAG-Arbeitskreis »Variantenkonfiguration« vor, der kurz nach dessen Gründung im Jahre 2018 bereits über 600 Kunden und Partner im deutschsprachigen Raum für sich gewinnen konnte. Zu guter Letzt gehen wir auf den SAP AVC Customer Co-Innovation Council ein, eine ausgewählte Gruppe von Kunden und Partnern, mit denen das SAP-Produktmanagement und die Produktentwicklung sehr eng zusammenarbeiten.

Wie Sie anhand der thematischen Bandbreite erkennen können, haben wir versucht, möglichst viele Aspekte von AVC zu beleuchten. Nichtsdestotrotz können und wollen wir keinen Anspruch auf Vollständigkeit erheben, da das Produkt und die dazugehörigen Prozesse ständig weiterentwickelt werden. Das heißt, es kommen kontinuierlich neue Funktionen und Applikationen hinzu!

Die Variantenkonfiguration lässt sich als »Rückenmark« der IT-Landschaft eines Unternehmens beschreiben, das sich mit kundeneinzelgefertigten Produkten beschäftigt. Alle Prozessbausteine sind bei diesen Unternehmen etwas anders als bei Standardprodukten und meistens auch etwas komplexer. Dennoch wähle ich lieber ein einziges intelligentes Produkt mit dynamischer Stückliste, Arbeitsplan und Preisfindung, als mich mit Milliarden von ausgeprägten Materialstämmen mit festen, aber einfachen Stammdaten zu befassen. Ausnahmen bestätigen die Regel, wie Sie in einigen Abschnitten zu den Materialvarianten im Buch lesen können.

Wir freuen uns auf eine Vielzahl an Rückmeldungen und konstruktives Feedback zu Themen, die Sie in diesem Buch noch vermissen. Senden Sie uns gerne weitere Tipps und Lösungsvorschläge, die dann eventuell in Folgeauflagen veröffentlicht werden. Wenden Sie sich hierzu bitte an *eva.tripp@rheinwerk-verlag.de*.

Zuletzt möchten wir Sie einladen, der CWG (*www.configuration-workgroup.com*) einen Besuch abzustatten. Dies ist die ideale Adresse für die Sammlung und Veröffentlichung von Tipps und Tricks (z. B. auf Konferenzen). Wenn Sie dieses Buch in Ihren Händen halten, passen Sie bestens zur CWG. Kommen Sie doch mal vorbei!

Dieses Buch ist allen Anwenderinnen und Anwendern der SAP-Variantenkonfiguration gewidmet. Insbesondere danken wir den Personen aus Modellierung und Beratung sowie den SAP-Partnerunternehmen, die sich in den letzten 20 Jahren mit diesem komplexen Thema auseinandergesetzt haben.

Aber auch den Mitgliedern der Anwendergruppen, insbesondere der Configuration Workgroup (CWG) und des DSAG-Arbeitskreises gebührt Dank. Ohne den regen Austausch wäre diese Publikation nicht möglich gewesen. Und last but not least: Ein herzliches Dankeschön an die Entwicklerinnen und Entwickler in Walldorf, in Budapest, in Indien und in den USA.

Dr. Uwe Blumöhr, **Andreas Kölbl**, **Michael Neuhaus** und **Marin Ukalovic**

TEIL I

Grundlagen der Variantenkonfiguration

Kapitel 1
Produktkonfiguration mit SAP

Die Variantenkonfiguration ist die Kunst, in intelligenter Art und Weise Geschäftsprozesse zu ermöglichen, mit denen eine möglichst hohe Produktvarianz nach außen (gegenüber den Kunden) bei gleichzeitig möglichst geringer Varianz nach innen (im Unternehmen) abgebildet werden kann. Auf diese Weise vermeiden Sie es, Millionen von Stammdaten anlegen zu müssen.

Schon seit vielen Jahren ermöglicht es SAP den Kunden, mithilfe von *Variantenkonfiguratoren* ihre Geschäftsprozesse abzubilden – und der Trend zu einer kundenindividuellen Fertigung wächst beständig. Immer mehr Kunden verlangen nach Produkten, die ihren individuellen Bedürfnissen entsprechen.

Unternehmen wollen diese Anforderungen einerseits erfüllen und andererseits die Effizienz der industriellen Produktion beibehalten. Technologien zur Produktkonfiguration helfen dabei, beide Anforderungen miteinander in Einklang zu bringen.

Unternehmen können ein Produkt konfigurieren, indem sie Werte für verschiedene Merkmale auswählen, wie z. B. Größe, Farbe oder bestimmte Funktionen. Manchmal können diese Merkmale unabhängig voneinander ausgewählt werden, aber oft beeinflusst ein Merkmalswert eine andere Auswahl. Diese Merkmale und ihre möglichen Werte in Kombination mit den Abhängigkeiten zwischen ihnen bilden das *Konfigurationsmodell* des Produkts. Dieses Modell definiert alle möglichen Kombinationen von Merkmalswerten sowie die Stückliste und den Arbeitsplan, die sich aus der Konfiguration ergeben.

Bei typischen konfigurierbaren Produkten ist die Anzahl der möglichen Varianten enorm. Konfigurationstechnologien machen diese Komplexität sowohl für Unternehmen als auch für Kunden beherrschbar.

In den folgenden Abschnitten machen wir Sie mit den unterschiedlichen SAP-Werkzeugen für die Variantenkonfiguration vertraut. Abschnitt 1.1 skizziert den Wechsel von SAP ERP zu SAP S/4HANA. In Abschnitt 1.2 lernen Sie die Unterschiede von LO-VC und dem neuen Produkt Advanced Variant Configuration (AVC) kennen. Welche SAP-Konfiguratoren es gibt, erfahren Sie in Abschnitt 1.3. Zum Schluss behandeln wird die Produktkonfiguration im Prozesszusammenhang.

1.1 Wechsel der Generationen: von SAP ERP zu SAP S/4HANA

SAP S/4HANA ist die aktuelle und neueste Generation des SAP-Kernprodukts für das Enterprise Ressource Planning. Nach SAP R/1, R/2, R/3 und SAP ERP bringt SAP S/4HANA viele Neuerungen und Vereinfachungen mit sich und ist somit mehr als nur die nächste ERP-Version. Im Vordergrund steht die Reduktion der Komplexität bei gleichzeitiger Nutzung neuer Möglichkeiten durch künstliche Intelligenz (KI). Im Folgenden beleuchten wir die Gemeinsamkeiten und Unterschiede.

Technische Grundlagen

Trotz vieler Neuerungen bleiben die meisten bewährten Konzepte für die Administration bestehen: die Programmiersprachen ABAP und Open SQL für die Datenbank, das Berechtigungsdesign mit PFCG-Rollen sowie IDocs (Intermediate Documents), RFCs (Remote Funktion Calls) und der Profilparameter RZ10. Neuerungen sind sogenannte *CDS-Views* neben dem bekannten Open SQL für einen direkten Datenbankzugriff sowie Eclipse als neue Entwicklungsumgebung als Alternative zu Transaktion SE80.

1.1.1 SAP ERP und SAP S/4HANA im Vergleich

Im Folgenden werfen wir einen kurzen Blick auf einige Merkmale von SAP ERP (Release 6.0) bzw. auf dessen technischen Kern SAP ECC und SAP S/4HANA.

SAP ERP weist die folgenden Merkmale auf:

- Die Anwendungen in SAP ERP werden über sogenannte *Transaktionen* aufgerufen. Aufbau und Benutzeroberfläche der Transaktionen sind im Vergleich zu dem Vorgängerprodukt SAP R/3 sehr ähnlich, sodass Anwenderinnen und Anwender mit den Vorgängen und Funktionen seit Langem vertraut sind.
- Die einheitliche *Datenbasis* sowie die zentrale Datenhaltung vermeiden Redundanzen. Die Datenpflege ist somit logisch und einheitlich.
- SAP ERP verfügt über ein sehr breites Spektrum an *Komponenten* (MM, SD, FI, CS, CO, PP usw.) und kann darüber hinaus durch zahlreiche SAP-Add-ons optimiert und automatisiert werden. Lösungen der SAP Business Suite – SAP Customer Relationship Management (SAP CRM), SAP Supplier Relationship Management (SAP SRM) – sowie SAP Commerce Cloud und weitere Systeme können integriert angebunden werden.
- Die *Datenbankwahl* ist frei.

Demgegenüber sind einige Nachteile von SAP ERP zu nennen:

- SAP ERP hat einen hohen Speicherbedarf – die Geschwindigkeit des Datenabrufs ist daher geringer als es nun mit der Nutzung der Datenbank SAP HANA möglich ist.

- Viele Innovationen sind nicht möglich: Eine Unterstützung beim digitalen Wandel wie z. B. mittels Machine Learning (ML) oder KI ist sehr schwach ausgeprägt oder nur über Add-ons realisierbar.
- Der große Funktionsumfang und die Komplexität der Funktionen kann eine sehr lange Einarbeitungszeit für neue Mitarbeitende zur Folge haben.
- Standardaufgaben, wie z. B. das Anlegen eines neuen Materialstamms, benötigen aufgrund der Vielzahl der zu bearbeitenden Felder sehr viel Zeit. Denn es sind viele Schritte und Bildsprünge erforderlich.
- Die Benutzeroberfläche entspricht im Hinblick auf Design und Benutzerführung nicht mehr den modernen Anforderungen.
- Das Rechte- und Rollensystem ist sehr aufwendig und komplex.
- Die Analysefunktionen sind aufwendig zu bedienen und unterstützen Mitglieder der Fachabteilung daher nur eingeschränkt bei der Durchführung von Analysen und bei Entscheidungsfindungen.
- Der Support wird ab dem Jahr 2027 eingestellt.

SAP S/4HANA wartet nun mit einer Reihe von Neuerungen und Verbesserungen auf:

- SAP S/4HANA basiert auf der In-Memory-Datenbank *SAP HANA*. Transaktionen, Vorhersagen, Empfehlungen sowie Simulationen können in Echtzeit vollzogen werden. Die Nutzung von SAP HANA als Datenbank ist verpflichtend.
- SAP S/4HANA ermöglicht somit eine hohe *Verarbeitungsgeschwindigkeit*. Dadurch können z. B. Materialfehlbestände oder Maschinenausfälle schneller erkannt und kompensiert werden. So wird nicht nur die Schnelligkeit erhöht, sondern auch die Qualität verbessert, da Kosten, die bei Ausfällen entstehen, verhindert werden können.
- Der *Gesamtspeicherbedarf* der Datenbank ist erheblich verringert, da die Daten nicht im herkömmlichen Festplattenspeicher, sondern im Arbeitsspeicher gesichert sind. Teure Hardwarekomponenten lassen sich dadurch reduzieren.
- Durch die responsive Benutzeroberfläche *SAP Fiori* kann das System mit multiplen, aber auch mit mobilen Geräten (Laptops, Tablets und Smartphones) sehr einfach bedient werden.
- Das optimierte *Rollen- und Berechtigungssystem* verringert den Aufwand für die Systemadministration.

Es sind folgende Nachteile von SAP S/4HANA zu nennen:

- Wie bei jeder Migration entstehen Investitionskosten. Durch die Vereinfachung von Prozessen und die leichtere Einarbeitung von Mitarbeitenden werden diese aber wettgemacht.

- Zu Beginn wird es aufgrund der Umstellung vorkommen, dass sich Mitarbeitende an die neuen Oberflächen, Abläufe und Prozesse gewöhnen müssen, was zu langsamerem Arbeiten führt. Die intuitivere Bedienung und die übersichtlichere Darstellung verringern diesen Nachteil.
- Eine Umstellung auf SAP S/4HANA setzt eine genaue Planung voraus, die viel Zeit in Anspruch nehmen kann. Ein sogenannter *Readiness Check* unterstützt die Prüfung, ob eine Umstellung ohne Weiteres vollzogen werden kann.

1.1.2 Die Benutzeroberfläche SAP Fiori

In der Vergangenheit wurde das Bedienkonzept von SAP R/3 und SAP ERP oft kritisiert. Die Benutzeroberfläche SAP GUI wurde von Powerusern geliebt, von den Personen, die die Software nicht täglich nutzten und keine Schulung durchlaufen hatten, jedoch weniger geschätzt. Ein Paradigmenwechsel war deshalb gefordert.

In SAP S/4HANA wird die neue, browserbasierte Benutzeroberfläche SAP Fiori verwendet. Die sogenannten *SAP-Fiori-Apps* haben ein einfaches, durchgängiges Design, das ein intuitives Arbeiten erlaubt. Da SAP Fiori responsiv ist, ist, wie bereits erwähnt, ein Zugriff über unterschiedliche Endgeräte möglich.

SAP-Fiori-Apps konnten zwar bereits in SAP ERP verwendet werden und sind auch da weit verbreitet, waren aber nicht Standard. In SAP S/4HANA werden zwar immer noch klassische Transaktionen genutzt, doch hat sich durch die Einführung von SAP Fiori die Arbeit mit den Softwarelösungen von SAP grundlegend verändert. Der zentrale Einstiegspunkt für die Arbeit im SAP-System und den Zugriff auf die SAP-Fiori-Apps ist das sogenannte *SAP Fiori Launchpad*. Mit welchen Apps Sie arbeiten und auf welche Daten Sie zugreifen können, ist rollenbasiert.

Die grundlegenden Designprinzipien von SAP Fiori sind also zusammengefasst:

- Anpassungsfähigkeit
- Kohärenz
- Einfachheit und ansprechende Gestaltung
- Rollenbasiertheit

Während SAP die Weiterentwicklung und Innovation von SAP Fiori immer weiter vorantreibt, verlieren SAP-GUI-Transaktionen immer mehr an Bedeutung. Die Frage, ob SAP Fiori genutzt werden soll, ist eine grundlegende strategische Entscheidung für Unternehmen. Da wir in diesem Buch von AVC sprechen, gilt es, Folgendes zu beachten: ohne SAP Fiori keine neue Variantenkonfiguration!

1.1.3 SAP HANA oder SAP S/4HANA?

Viele Kunden verwechseln die Begriffe *SAP HANA* und *SAP S/4HANA* aufgrund der Namensähnlichkeit der Datenbank und der ERP-Systeme. Wir klären kurz auf:

1. *SAP ERP on any DB*: Dies bedeutet, dass das SAP-ERP-System auf einer der bekannten Datenbanken betrieben wird.
2. *SAP ERP on HANA*: Dies ist das SAP-ERP-System, das die SAP-eigene In-Memory-Datenbank SAP HANA nutzt.
3. *SAP S/4HANA*: Das aktuelle SAP-ERP-System SAP S/4HANA ist on-premise, in der Private Cloud und als Public-Cloud-Version verfügbar. Es nutzt zwingend SAP HANA als Datenbank.

Der Einsatz der Datenbank SAP HANA beim Wechsel von Fall 1 auf Fall 2 bringt zwar einen Performancevorteil gegenüber dem Einsatz anderer Datenbanken, das gesamte Potenzial wird jedoch erst durch die Überarbeitung des SAP-ERP-Software-Stacks und die Nutzung der neuen Datenbanktechnologie genutzt. Maßgeblich sind hier die Optimierung des Datenmodells, eine Vereinfachung der Zugriffswege und der Einsatz von CDS-Views.

Workarounds, die zur Verbesserung der Performance dienten, fielen genauso weg wie Salden, Indizes und Nebenaufschreibungen. Ersetzt wurden diese durch Echtzeitberechnungen, die auf der Basis von SAP HANA möglich geworden sind.

1.1.4 Formen des Betriebs

SAP S/4HANA kann in drei unterschiedlichen Betriebsformen genutzt werden:

- in einer *On-Premise-Version*, also auf eigenen Servern, wie bereits SAP ERP
- in einer *Private-Cloud-Version* (Hosting)
- in der *Public-Cloud-Version*, also in einer SaaS-Version (Software-as-a-Service)

Der Betrieb in der Cloud bedeutet, dass die Software sowie dafür benötigte Updates und die Hardware als Dienstleistungen von SAP bereitgestellt werden. Alle Kunden arbeiten hier auf der gleichen Cloud-Software mit getrennten Daten.

SAP S/4HANA Cloud ist ein voll funktionsfähiges SaaS-ERP-System. Sein umfangreicher Funktionsumfang unterstützt, ebenso wie das On-Premise-System, viele Geschäftsbereiche (Line of Business, kurz LOB) sowie branchenspezifische Funktionen.

SAPs Entwicklungsmotto lautet »Cloud first«; d. h., dass neue Funktionen zuerst für die Cloud-Versionen entwickelt werden. Neuentwicklungen in der Public-Cloud-Version werden dreimal pro Jahr ausgeliefert. Im Herbst jedes Jahres werden diese gebündelt, um in einer jährlich erscheinenden On-Premise-Version zur Verfügung zu stehen. Aufgrund der vielen Neuerungen, insbesondere im Bereich der Variantenkonfiguration, ist daher der Einsatz der aktuellen Version zu bevorzugen.

1.1.5 Der digitale Kern – the Digital Core

SAP nutzt in Bezug auf SAP S/4HANA den Begriff des digitalen Kerns, den sogenannten *Digital Core*, um die Integrationsfähigkeit von SAP S/4HANA hervorzuheben. Ehemalige Satellitensysteme wie SAP SRM und SAP CRM wurden durch SAP Ariba und SAP Customer Experience (ehemals SAP C/4HANA) ersetzt. Auch wurde SAP Central Procurement eingeführt. Manche Bausteine wie das Customer Management wurden in den SAP-S/4HANA-Core eingefügt. Als Entwicklungs- und Integrationsplattform wurde die *SAP Business Technology Platform* (SAP BTP) etabliert. Dort finden sich auch viele Partnerlösungen (Add-ons) wieder.

1.1.6 Vereinfachung (Simplification)

Der Begriff *Simplification* (Vereinfachung) soll den Fokus auf die Benutzerfreundlichkeit und einfachere Handhabung des SAP-Systems betonen. Die sogenannte *Simplification List*, die zu jedem Release von SAP S/4HANA veröffentlicht wird, ist ein mehrere Hundert Seiten langes Dokument, siehe *https://help.sap.com/doc/f2591a6901344c97a5e2029cc8f3703e/2021/en-US/SIMPL_OP2021.pdf*.

Die Simplification List beschreibt die Änderungen im Funktionsumfang im Vergleich zu SAP ERP und deren Auswirkungen im Geschäftskontext. Damit ist die Simplification List die Grundlage jeder Systemmigration. Auch Änderungen im Bereich der Variantenkonfiguration, insbesondere LO-VC, sind hier aufgelistet. Im folgenden Abschnitt gehen wir näher auf diese Punkte ein.

1.2 Wechsel der Generationen: von LO-VC zu AVC

LO-VC steht für *Logistics – Variant Configuration*, also die logistische Variantenkonfiguration. Das Kürzel stammt noch aus den Zeiten der SAP-Entwicklung, als man anhand der Transaktionscodes die Softwarekomponente, oft sogar in deutscher Sprache, ablesen konnte. LO-VC ist ein von mehreren Tausend SAP-Kunden eingesetztes Werkzeug zur Bewältigung der Aufgaben, die mit einer Fertigung einhergehen, die sich die Losgröße 1 (Lot Size 1) zum Ziel gesetzt hat.

AVC ist der Nachfolger von LO-VC. Abbildung 1.1 zeigt eine vereinfachte Softwarearchitektur, anhand derer Sie die Verfügbarkeit von LO-VC bzw. AVC gut erkennen können. Diese Abbildung basiert auf der bekannten Zeichnung von Marin Ukalovic aus dem Jahr 2019, die Sie in Abbildung 8.1 in Kapitel 8 finden.

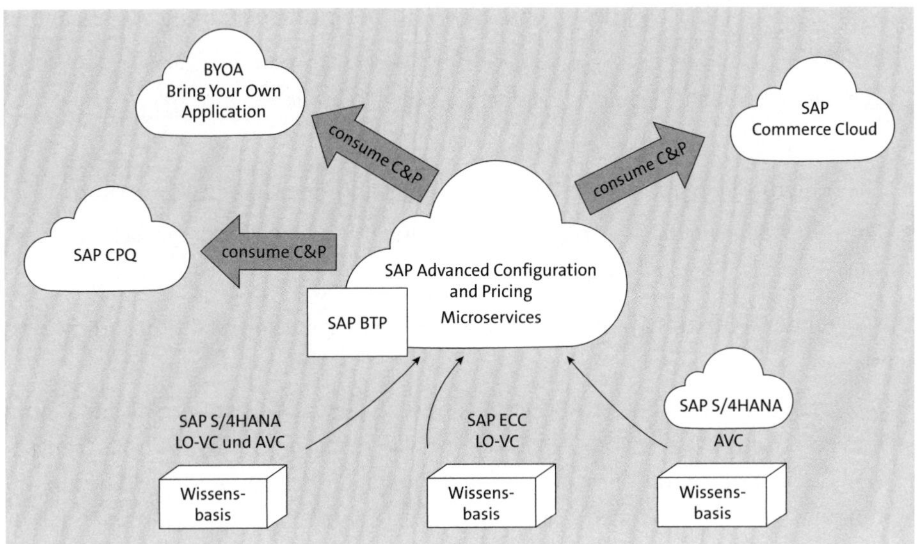

Abbildung 1.1 Model Once – Configure Anywhere

SAP hat sich entschieden, neben AVC auch LO-VC in SAP S/4HANA in der On-Premise-Version oder in der Private-Cloud-Version im Wartungsmodus weiter anzubieten.

Das Fehlen von LO-VC in SAP S/4HANA Cloud ist ein eindeutiges Indiz für die Strategie von SAP: Dort ist nur AVC enthalten, und es gibt auch derzeit (Stand: April 2023) keinen Migrationsweg von LO-VC in SAP ERP nach AVC in SAP S/4HANA Cloud.

Auch im Hinblick auf AVC gilt die Cloud-first-Strategie von SAP: Das heißt, dass in den unterjährig erscheinenden Updates jeweils neue Funktionen ausgeliefert werden. Die gesammelten Neuerungen werden den Kunden in der On-Premise-Version und in der Private-Cloud-Version von SAP S/4HANA einmal jährlich zur Verfügung gestellt. Dies entspricht dem Stand von Januar 2023.

Inwiefern es sinnvoll ist, beim Umstieg von SAP ERP auf SAP S/4HANA zumindest für die Variantenkonfiguration bei der bestehenden Lösung LO-VC zu bleiben und warum sich ein Wechsel auf AVC lohnt, lesen Sie in Abschnitt 2.1, »AVC und LO-VC – ein Entweder-oder?«.

1.2.1 SAP S/4HANA: Die Simplification List in LO-VC

Wie bereits erwähnt, ist LO-VC in der On-Premise-Version und in der Private-Cloud-Version von SAP S/4HANA weiter verfügbar, unterliegt aber der Simplification List.

In SAP S/4HANA werden – ebenso wie in anderen Bereichen – Prozesse der Variantenkonfiguration vereinfacht, indem veraltete und redundante Funktionen abgeschaltet werden. Es ist z. B. nicht mehr möglich, die Klassifizierung als Auswahlbedingung in der Stückliste zu pflegen. Außerdem wurde die Verwendung von Aktionen abgeschaltet.

Durch die Vereinfachung haben Sie die folgenden Vorteile:

- Die Modellierung wird vereinfacht.
- Die Fehlerquote wird reduziert, und die Konsistenz der Modelle wird erhöht.
- Folgeprozesse wie die Materialbedarfsplanung (MRP Live) können beschleunigt werden.

Die folgenden Funktionen sind ab SAP S/4HANA, On-Premise-Edition 1511, deaktiviert:

- Beziehungswissen vom Typ **Aktion** wurde als obsolet dokumentiert; die Erstellung von Beziehungswissen vom Typ **Aktion** ist also nicht mehr möglich (z. B. Transaktion CU01). Konfigurationsmodelle, die Aktionen enthalten, werden weiterhin unterstützt und verhalten sich wie bisher. Neue Aktionen können nicht mehr erstellt werden.
- Es ist nicht mehr möglich, die Klassifizierung als Selektionsbedingung in der Materialstücklistenpositionen zu pflegen, z. B. in den Transaktionen CS01 und CS02. Wenn in Materialstücklistenpositionen bereits Klassen als Selektionsbedingung gepflegt sind, funktioniert die Stücklistenauflösung wie bisher. Es ist jedoch nicht erlaubt, die Klassifizierung als Auswahlbedingung für die Stücklistenpositionen zu verwenden, in denen sie vorher nicht verwendet wurde.
- Transaktionen wurden entfernt (siehe die nächste Aufzählung).
- Objektabhängigkeiten vom Typ **Prozeduren** sollten anstelle des Typs **Aktionen** verwendet werden. Es wird empfohlen, bestehende Aktionen durch Prozeduren in den Konfigurationsmodellen zu ersetzen.
- Klassenknoten sollten in Materialstücklistenpositionen anstelle der Klassifizierung als Auswahlbedingung verwendet werden. Es wird empfohlen, diese Substitution auch in bestehenden Materialstücklisten vorzunehmen.

Folgende Transaktionen sind ab Release SAP S/4HANA, On-Premise-Edition 1511, nicht mehr verfügbar:

- Transaktion CU51E → enthalten in Transaktion CU51
- Transaktion CU52 → enthalten in Transaktion CU51
- Transaktion CU52E → enthalten in Transaktion CU51
- Transaktion CU55 → veraltet
- Transaktion CU80 → stattdessen Transaktion PMEVC verwenden
- Transaktion CUMODEL → stattdessen Transaktion PMEVC verwenden

[«]

Erforderliche und empfohlene Maßnahme(n)

Wenn Sie Aktionen in VC-Modellen verwenden, müssen Sie für bestehende Modelle keine Maßnahmen ergreifen. Für neue Modelle empfehlen wir jedoch die Verwendung des Konzepts mit Prozeduren und Constraints. Außerdem empfehlen wir, bestehende Modelle umzugestalten, um für zukünftige Innovationen gerüstet zu sein.

Wenn Sie die Klassifikation als Selektionsbedingung verwenden, besteht für bestehende Modelle kein Handlungsbedarf. Für neue Modelle empfehlen wir, die Auswahlbedingungen in den Stücklisten nach Klassenknoten einzurichten.

[«]

Nützliche SAP-Hinweise

Informationen zum Custom Code finden Sie in den SAP-Hinweisen 2210904 und 2214906.

1.2.2 AVC in SAP S/4HANA Cloud

Im folgendem Abschnitt lernen Sie die Lösungen kennen, die SAP S/4HANA Cloud für die Produktkonfiguration bietet. Außerdem stellen wir die Integration in SAP CPQ vor.

SAP S/4HANA Cloud for AVC

AVC ist eine moderne Lösung für die Variantenkonfiguration, die Szenarien für Make-to-Stock (MTS), Make-to-Order (MTO), Configure-to-Order (CTO) und Engineer-to-Order (ETO) unterstützt. AVC verfügt über eine neu entwickelte Konfigurations-Engine, die auf dem *Constraint Solver Gecode* basiert und in Zusammenarbeit mit dem Fraunhofer-Institut ITWM erweitert wurde. Diese Engine bleibt sehr nah am Variantenkonfigurator LO-VC, um den Übergang so einfach wie möglich zu gestalten, ist aber zukunftsorientierter. Eine neue Syntax für die erweiterte Variantenkonfiguration wird mit regelmäßigen Updates geliefert. Zu den jüngsten Neuerungen gehören ausdrucksstärkere Variantentabellen und eine verbesserte Syntax für die Verarbeitung von Zeichenketten.

AVC bietet eine Benutzeroberfläche für Bewertungen, die in Einbettungsanwendungen wie Verkauf, Bestellung oder Fertigungsauftrag integriert sind. Sobald Sie einen Wert für ein Merkmal auf der Benutzeroberfläche eingeben, schränkt die Konfigurations-Engine die Domänen anderer Merkmale ein. Auf diese Weise sehen Sie sofort die verbleibenden Optionen, aus denen Sie wählen können.

Der zugrundeliegende Constraint Solver ist darauf ausgelegt, unmögliche Auswahlmöglichkeiten zu eliminieren. Dies führt zu einer verbesserten Benutzerführung und hilft dabei, inkonsistente Konfigurationen zu vermeiden. Wenn für ein Merkmal bereits ein Wert zugewiesen ist, zeigt die Benutzeroberfläche auch die Werte an, die Sie innerhalb der aktuellen Konfiguration alternativ auswählen können. Sie sehen auch, wenn ein Merkmalswert über das Beziehungswissen gesetzt wurde. Im entsprechenden Eingabefeld dieses abhängigen Merkmals können Sie den zugewiesenen Wert nicht ändern, was wiederum inkonsistente Konfigurationen verhindert.

Mit dem vereinfachten ETO-Szenario unterstützt AVC einfache und mittelkomplexe Fälle. Der Übergang zwischen dem CTO- und dem ETO-Szenario ist flexibel: Wenn ein Material sowohl ein geplantes Fertigungsauftragsprofil als auch ein ETO-Profil hat, kann der Vertrieb während des CTO-Konfigurationsprozesses zu einem ETO-Prozess wechseln. Alle Bewertungen, sowohl auf der Stammebene als auch auf den untergeordneten konfigurierbaren Positionen, werden beibehalten, und das Beziehungswissen aus dem ETO-Profil wird aktiviert. Mitarbeitende im Vertrieb können Produkte somit auf mehreren Ebenen konfigurieren.

Sobald die Konfiguration aus der Vertriebsperspektive abgeschlossen ist, können Sie den Kundenauftrag an die Technik übergeben, der dann in der SAP-Fiori-App **Auftrags-Engineering-Arbeitsvorrat** zur Bearbeitung durch den Stücklisteningenieur oder die Stücklisteningenieurin erscheint.

Dabei können Sie die Stückliste ändern und alle konfigurierbaren Positionen des mehrstufigen Modells konfigurieren. Bei Bedarf können Sie sogar die vom Vertrieb festgelegten Bewertungen ändern. Daher ist die Überprüfung durch den Vertrieb nach Abschluss der Konstruktion obligatorisch, und alle Änderungen werden transparent angezeigt. Das Vertriebsteam kann die Konfiguration überarbeiten und sie für eine weitere Iteration an die Konstruktion zurückschicken. Es wird kein Primärbedarf für die Disposition erstellt, bis der Vertrieb die Konstruktionsarbeit akzeptiert hat.

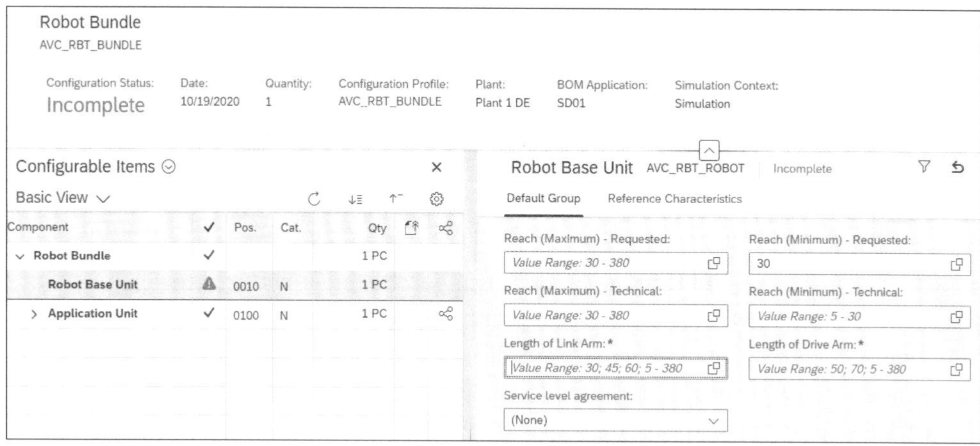

Abbildung 1.2 AVC-Bewertungsbild mit Strukturbaum in der Simulationsumgebung

Für Mitarbeitende der Produktkonfiguration, die für die Erstellung und Pflege des Konfigurationsmodells zuständig sind, bietet die erweiterte Variantenkonfiguration eine *integrierte Modellierungsumgebung* (Transaktion PMEVC) sowie eine neue Simulationsumgebung (siehe Abbildung 1.2).

Mit der Simulationsumgebung können Sie das Modell unabhängig von seinem Trägerobjekt, z. B. einem Kundenauftrag, testen. Eine Simulation kann unabhängig vom Kundenauftrag gespeichert und später geändert werden. Sie können aber auch bestehende Kundenaufträge laden und simulieren, um Fehler zu analysieren, die gegebenenfalls dem Vertrieb unterlaufen sind. Die SAP-Fiori-App **Simulationsumgebung** zeigt das Bewertungsbild, einen Strukturbaum (siehe Abbildung 1.3) und ein *Inspector Panel*. Im Strukturbaum wird die aufgelöste Stückliste oder der aufgelöste Arbeitsplan angezeigt. Das Inspector Panel zeigt detaillierte Informationen über das Objekt im Fokus. Wenn Sie z. B. auf ein Merkmal klicken, können Sie dessen Stammdaten einsehen, Informationen über seine Werte in Bezug auf die aktuelle Konfiguration erhalten und das ihm zugeordnete Beziehungswissen sehen.

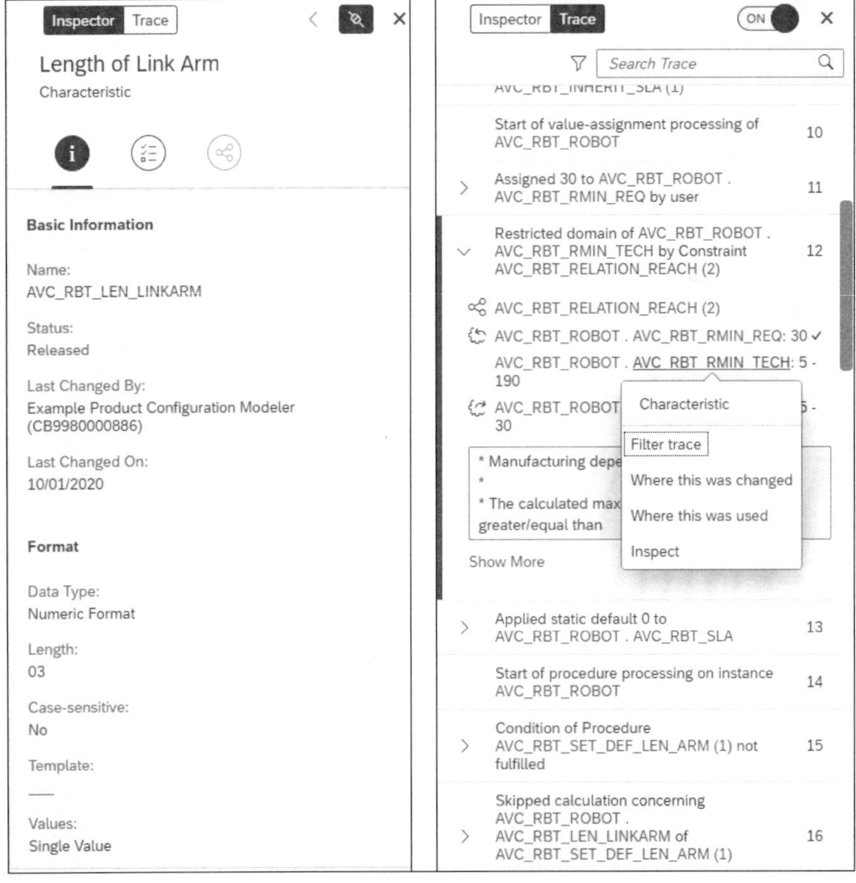

Abbildung 1.3 Simulationsumgebung mit Inspector und Trace

Sie können das Inspector Panel auch verwenden, um einen Dependency Trace zu sehen, die die Verarbeitungsschritte mit ihren Eingängen und Ausgängen anzeigt und es Ihnen ermöglicht, bis zu den Berechnungsteilen von aktuellem Interesse vorzudringen (siehe Abbildung 1.3). Das heißt, dass jede Beziehungsausführung dokumentiert und die Auswirkung auf die Merkmale im Detail gezeigt wird. Wenn Sie nach einem Merkmal oder Beziehungswissen filtern, werden alle Aktionen angezeigt, die das Beziehungswissen betreffen. Darüber hinaus können Sie sich auch nur bestimmte Ereignisse anzeigen lassen, wie z. B. Bewertungen oder die Berechnung von Kalkulationsfaktoren.

Die enge Integration der Simulations- und der Modellierungsumgebung ermöglicht es Ihnen, problemlos zwischen Modellierung und Test zu wechseln. Abbildung 1.4 zeigt die Seite **Variantenkonfigurationsübersicht**, die bei der Modellierung der Produktkonfiguration hilft, die Arbeit zu organisieren. Diese Seite kann so konfiguriert werden, dass sie z. B. eine Übersicht über gesperrte Kundenaufträge, geändertes Beziehungswissen oder Fehler in den Protokolldateien anzeigt.

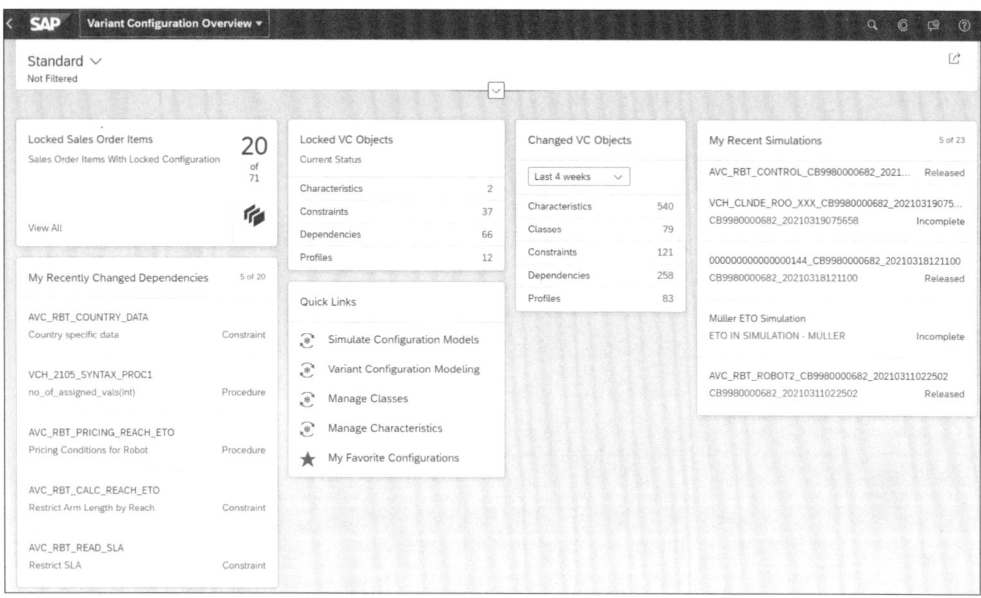

Abbildung 1.4 Variantenkonfigurationsübersicht

Wenn Sie Vertriebslösungen wie SAP CPQ oder SAP Commerce Cloud verwenden, können Sie eine Wissensbasis erstellen, die die Konfigurationsdaten bündelt und in einer Laufzeitversion zur Verfügung stellt. Die Microservices SAP Advanced Variant Configuration and Pricing, die auf der SAP BTP laufen, können diese Wissensbasis für Ihr erweitertes Variantenkonfigurationsmodell konsumieren. So müssen Sie nur ein Modell erstellen und pflegen, das vom Vertriebskanal und vom Backend gemeinsam genutzt werden kann.

Integration in SAP CPQ

Unternehmen waren schon immer daran interessiert, Waren oder Dienstleistungen schnell und in größeren Mengen zu verkaufen. In B2B-Szenarien erfordert der Verkauf oft, dass Sie auf eine Kundenanfrage zunächst ein Angebot (Vorschlag oder Kostenvoranschlag) erstellen. Ein Angebot sollte die folgenden Informationen umfassen: an wen Sie verkaufen, welche Produkte oder Dienstleistungen Sie anbieten und wie hoch Ihre Preise sind. Darüber hinaus sollte das Angebot alle zusätzlichen Informationen enthalten, die Kunden helfen, über die Annahme oder Ablehnung Ihres Angebots zu entscheiden. Bei Unternehmen, die solch einen Vertriebsweg nutzen, geht der Schritt der Angebotsverhandlung und -annahme unmittelbar der Auftragserteilung voraus.

Ein Angebot zu einigen wenigen komplexen Produkten zu erstellen, kann zeitraubend sein. Außerdem kann es vorkommen, dass Ihr Kunde Änderungswünsche hat und z. B. einen besseren Preis verhandeln möchte, sodass Sie ein neues Angebot erstellen müssen. Dieser Verhandlungsaufwand kann sich in einem Verkaufszyklus mehrfach wiederholen, bis der Kunde zufrieden und bereit ist, eine Bestellung aufzugeben. Wenn Sie in dieser Phase des Verkaufs agil und schnell sind, erhöht dies die Kundenzufriedenheit.

Wenn Sie einfache Materialien oder Dienstleistungen verkaufen und Ihre Angebote in der Regel wenig komplex sind, kann der gerade beschriebene Prozess auch ohne unmittelbare Notwendigkeit einer Automatisierung funktionieren. Wenn Sie jedoch konfigurierbare Produkte verkaufen oder komplexe Angebote erstellen, würde der Prozess ohne die entsprechenden Tools in der Regel einem Expertenteam (Deal Desk) übertragen, das Angebote entsprechend den vom Vertrieb beschriebenen Kundenwünschen erstellt und ändert. Dieses Szenario ist nicht ideal, da ein separates Team erforderlich ist, das neben anderen Komplexitäten zusätzliche Übergaben in einen bereits sehr volatilen Prozess einführt.

SAP CPQ wurde entwickelt, um das Angebotsszenario vor allem in komplexen Fällen zu unterstützen und zu automatisieren. So soll der Vertrieb dabei unterstützt werden, geeignete Produkte zu finden, die entsprechend den Kundenwünschen und innerhalb der umsetzbaren Möglichkeiten konfiguriert werden können. Sobald der Vertrieb die Produkte konfiguriert hat, kann er den Preis anpassen und ein PDF-Angebotsdokument erstellen, das er dem Kunden zur Annahme vorlegt. SAP CPQ ermöglicht es den Mitarbeitenden im Vertrieb, selbstständig zu arbeiten, ohne sich auf das Verkaufs-Team verlassen zu müssen. Dies ist unabhängig davon, ob Ihr Unternehmen einfache, nicht konfigurierbare Materialien, Abonnements oder komplexe Maschinen vertreibt. Die intuitive Benutzeroberfläche von SAP CPQ erfordert nur wenig Schulung und automatisiert viele Teile des Angebotsprozesses, sodass die Mitarbeitenden im Vertrieb das Tool problemlos nutzen und sich auf den Verkauf konzentrieren können.

Mit der Integration in AVC kann SAP CPQ bestehende Produktmodelle wiederverwenden, die dem SAP-S/4HANA-Cloud-Produktkonfigurationsmodell entsprechen, und diese dem Vertrieb zur Nutzung in SAP CPQ zur Verfügung stellen. Sie können nicht nur Konfigurationsmodelle in SAP CPQ wiederverwenden, sondern auch vorhandene Backend-Preise nutzen. Das Gleiche gilt für den Vertrieb: Sie können Ihren Vertriebspartnern bestehende Wissensbasen zur Verfügung stellen, um ihnen eine reibungslose Angebotserstellung zu ermöglichen.

Mit SAP CPQ können Sie die Produktkonfiguration, die Preisgestaltung (Rabattierung) und die Angebotserstellung automatisieren, indem Sie Ihre Back-Office-Stammdaten mit dem Front-Office-Vertrieb verbinden und so einen abgerundeten Angebots- und Bestellprozess schaffen. Im Vertrieb profitieren Sie von einem vereinfachten Verkaufsprozess, während Sie gleichzeitig in der Lage sind, den Kunden Angebote zu unterbreiten, die ihren Bedürfnissen entsprechen. Die Vertriebsleitung kann von einem einheitlichen Angebotsprozess sowie von einer guten Kontrolle über Rabatte und Margen bei Genehmigungen profitieren. Ein zusätzlicher Vorteil sind die übersichtlichen Wartungsfunktionen für die Wiederverwendung von Konfigurationsmodellen, die den täglichen Betrieb erleichtern und Bestellfehler minimieren. Dieser Vorteil wird besonders von Unternehmen geschätzt, die stark konfigurierbare Produkte verkaufen.

1.3 Welche SAP-Konfiguratoren gibt es?

Es gibt neben LO-VC und AVC eine Fülle von verfügbaren SAP-Konfiguratoren. Diese stellen wir Ihnen im Folgenden im Überblick vor.

1.3.1 Internet Pricing and Configurator (IPC)

Der *Internet Pricing and Configurator* (IPC) ist ein Java-basierter Konfigurator, der bereits Ende der 1990er Jahre entwickelt wurde. Er gab Kunden die Möglichkeit – unabhängig von SAP R/3 und auf der Grundlage von Wissensbasen und Laufzeitversionen – Konfigurationsmodelle u. a. im Internet zu nutzen. Die Stammdaten basieren auf den klassischen LO-VC-Modellen. Da beide Konfiguratoren – LO-VC und IPC – nicht deckungsgleich arbeiten, ist dabei die sogenannte Delta-Liste zu beachten (siehe Hinweis 837111 – Variantenkonfiguration Delta-Liste.). Der IPC ist weiterhin u. a. in den folgenden Applikationen verfügbar:

- SAP Internet Sales
- SAP Online Store
- SAP Web Channel Experience Management
- SAP CRM

1.3.2 Solution Sales Configurator (SSC)

Der *Solution Sales Configurator* (SSC) basiert im Kern auf einer älteren Version von IPC, der Sales Configuration Engine (SCE). Der SSC wird bei sehr komplexen Konfigurationsaufgaben eingesetzt, die u. a. nicht mit dem klassischen Top-down-Ansatz von LO-VC lösbar sind. Der SSC beinhaltet auch eine eigene – auf Eclipse basierende – Modellierungsumgebung, die auch klassische LO-VC-Modelle einlesen kann. Darauf aufbauend können Sie eine Lösungsschicht modellieren, die die Produktmodelle orchestriert. Der SSC kann in Verbindung mit den folgenden Lösungen oder stand-alone eingesetzt werden:

- SAP ERP
- SAP S/HANA (On-Premise-Variante)
- SAP CRM
- SAP CPQ
- SAP Commerce Cloud

1.3.3 SAP Configure, Price, and Quote (SAP CPQ)

SAP Configure, Price, and Quote (SAP CPQ) ist ein eigenständiger cloudbasierter Angebotskonfigurator. In Abschnitt 1.2.2 sind wir auf SAP CPQ bereits eingegangen. Mit SAP CPQ können Mitarbeitende im Vertrieb Produkte konfigurieren, kalkulieren und Angebote erstellen. SAP CPQ wird in zwei Varianten positioniert:

- **Stand-alone-Variante**
  In der nativen Stand-alone-Variante werden die Produktmodelle in SAP CPQ gepflegt und können an verschiedene ERP- oder CX-Systeme angebunden werden.
- **Integrierte Variante**
  In der integrierten Variante werden unter der Nutzung von zwei Microservices (SAP Advanced Variant Configuration and Pricing) auf der SAP BTP Produktmodelle und Pricing von SAP ERP (LO-VC) oder SAP S/4HANA (LO-VC oder AVC) genutzt.

1.3.4 SAP Advanced Variant Configuration and Pricing (Microservice)

SAP Advanced Configuration and Pricing basiert im Kern auf dem IPC, wurde jedoch komplett an die SAP BTP angepasst. Diese Lösung besteht aus zwei Microservices (Configuration und Pricing) und ist in drei Varianten verfügbar:

- zur Integration in SAP Commerce Cloud
- zur Anbindung von SAP CPQ an die integrierte Variantenkonfiguration (LO-VC und AVC)
- zur Anbindung von Nicht-SAP-Lösungen auf der Basis von offenen Application Programming Interfaces (APIs)

Die beiden Microservices (Configuration and Pricing) ermöglichen es Nutzern der Variantenkonfiguration in den Backend-Systemen SAP ERP oder SAP S/4HANA, die dort hinterlegten Stammdaten-, Preis- und Produktmodelle in anderen Vertriebsapplikationen zu verwenden. Auf die beiden Microservices gehen wir in Abschnitt 6.4, »Der Microservice zur Preisfindung auf der SAP BTP«, und Abschnitt 8.1, »Die Architektur«, näher ein.

Nutzende Applikationen der Variantenkonfiguration (in diesem Fall AVC) wie Vehicle Management System (VMS) aus dem Automotive-Bereich, SAP Billing and Revenue Innovation Management, die Solution Order in SAP S/4HANA Cloud und die Solution Quote in SAP S/4HANA, On-Premise- und Private-Cloud-Version, seien hier nur der Vollständigkeit erwähnt.

1.4 Produktkonfiguration mit AVC im End-to-End-Prozess

Die Produktkonfiguration ist kein eigenständiger Prozess. Es geht dabei vielmehr darum, ein Produkt über parametrisierbare Eigenschaften zu beschreiben. Das individuelle Endprodukt ist erst dann spezifiziert, wenn seine wählbaren Eigenschaften festgelegt wurden. Die Informationen zu einer bestimmten Produktausprägung müssen im gesamten End-to-End-Prozess zur Verfügung stehen, damit eine integrierte Auftragsabwicklung gewährleistet ist.

Ein Fahrzeughersteller bietet seinen Kunden beispielsweise als Grundprodukt eine spezielle Fahrzeugreihe an. Wenn der Kunde dann die Fahrzeugparameter wie z. B. Motor, Farbe und Innenausstattung festlegt, ist das Fahrzeug als lieferbares Endprodukt definiert.

Der Prozess selbst ist abhängig von der individuellen Konfiguration des Produkts. So werden z. B. zusätzliche Bauteile benötigt, wenn für das Fahrzeug eine Sitzheizung ausgewählt wird. Andere Eigenschaften bedingen gegebenenfalls spezielle Fertigungsressourcen. Natürlich können sich auch die Fertigungs- und Montagezeiten abhängig von den gewählten Eigenschaften ändern. Die individuelle Produktausprägung wirkt somit im gesamten Auftragsabwicklungsprozess. Daher darf die Produktkonfiguration keinesfalls nur als Funktion eines einzelnen Prozessschritts betrachtet werden.

So ist z. B. eine isolierte Vertriebskonfiguration unzureichend, wenn sie nicht zugleich in die nachgelagerten logistischen Prozessen integriert ist. Diese punktuelle Produktkonfiguration ist bei manchen Anbietern von CPQ-Software zu finden. Sie verfügen zwar über ein eigenes Konfigurationstool, das jedoch nur für die Auftragserstellung verwendet werden kann. Die technische Konfiguration sowie deren Einfluss auf die logistische Abwicklung, wie z. B. ein auftragsspezifischer Arbeitsplan, können daraus nicht abgeleitet werden. Oftmals wird auch der Änderungsprozess nicht unterstützt. So kann ein Kunde eine Änderung seiner gewählten Produktspezifikation, also der Konfiguration, wünschen, wenn bereits mit der Abwicklung seines originären Auftrags begonnen wurde. Hierzu bedarf es einer tiefen Integration in die Beschaffung bzw. Produktion, damit die geänderte Anforderung an jede beteiligte Stelle und natürlich auch an die jeweiligen IT-Systeme weitergereicht wird.

Andererseits gibt verschiedene Anbieter für Software für das *Product Lifecycle Management* (PLM). Diese fokussieren häufig vor allem auf die technische Konfiguration der Produkte, unterstützen jedoch die Vertriebskonfiguration nicht in ausreichendem Maße. Das liegt daran, dass eine Integration in externe Verkaufstools wie CPQ-Systeme nicht möglich ist. Zudem hat der Vertrieb auch andere Erfordernisse an die Konfiguration als die Produktion. Hierzu zählen z. B. eine schnelle Adaption vertrieblicher Belange wie temporäre Promotionen, die automatische Preisfindung und die Möglichkeit, neben physischen Produkten auch Services und Subskriptionen zu konfigurieren. Diese Funktionen stehen in einem PLM-System üblicherweise nicht zur Verfügung.

Eines sehr hohen Grades der Integration bedarf der Engineer-to-Order-Prozess (ETO-Prozess) für konfigurierbare Produkte. Hier müssen sich alle beteiligten Organisationseinheiten aus Vertrieb, Engineering und Logistik eng abstimmen. In diesem Fall sind die Hürden für Systeme mit punktueller Konfiguration, die also nicht in den Gesamtprozess integriert ist, besonders hoch. Die Auftragskonstruktion muss Funktionen für eine Anpassung von Stücklisten und Arbeitsplänen mit Bezug auf einen einzelnen Auftrag bieten. In CPQ-Systemen fehlt hierzu in der Regel diese Funktion. PLM-Systeme bieten zwar diese Möglichkeit, sind aber eher auftragsneutral ausgerichtet.

Ein Konfigurator muss also einen ganzheitlichen Ansatz verfolgen und alle beteiligten Unternehmensbereiche und Geschäftsprozesse im Lebenszyklus der konfigurierbaren Produkte abdecken (siehe Abbildung 1.5). Dies wird durch AVC gewährleistet.

AVC ist in SAP S/4HANA angesiedelt und dort in alle relevanten ERP-Bereiche eingebunden. Zudem steht AVC über den Microservice *SAP Advanced Configuration and Pricing* auch als eigener Webservice zur Verfügung. Hierüber werden nicht nur SAP CPQ und SAP Commerce Cloud angebunden, sondern AVC ist auch für externe Systeme als Konfigurator nutzbar.

Grundsätzlich können im Kontext der Konfiguration also zwei Kernaufgaben unterschieden werden:

- Aufbau und Aktualisierung eines generalisierten Produktmodells für die Konfiguration (Stammdaten)
- Anwendung des Produktmodells in Auftragsabwicklung und Service (Vertriebskonfiguration)

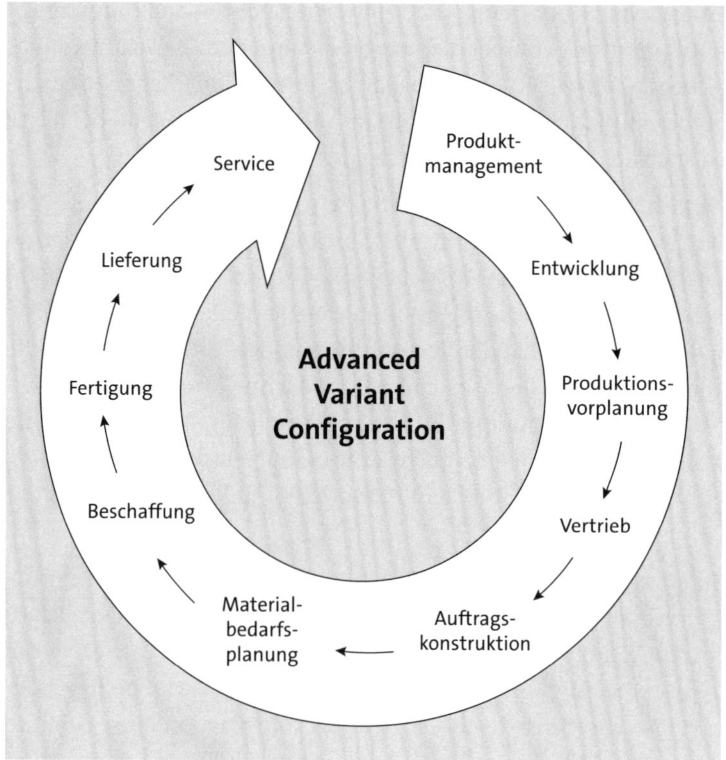

Abbildung 1.5 AVC im Produktlebenszyklus

Das *Produktmodell* deckt mehrere Aspekte ab. Zunächst beinhaltet es einen vertriebsorientierten Teil, der dazu dient, die technisch mögliche Variantenvielfalt auf die vertriebsrelevanten Kombinationen zu beschränken. Des Weiteren können hiermit im Zuge des Verkaufsprozesses die kundenbezogenen Anforderungen an das Produkt parametrisiert werden. Zudem bildet das Produktmodell die Basis, um für eine spezielle Konfiguration einen Verkaufspreis zu berechnen.

Die Vertriebskonfiguration kann zugleich verwendet werden, um die technischen Parameter zu bestimmen.

Die Verknüpfung von technischer und vertrieblicher Konfiguration soll an dem Beispiel eines Roboters erläutert werden, der über zwei ungleich lange Armelemente verfügt. Für jedes Element stehen mehrere Standardlängen zur Verfügung, die miteinander kombiniert werden können (siehe Abbildung 1.6).

Im vertriebsorientierten Teil des Produktmodells wird zunächst die vom Kunden gewünschte Reichweite als Parameter eingeführt. Der Kunde gibt also vor, welche Anforderung er an die Roboterreichweite hat, z. B. eine maximale Reichweite von 165 cm.

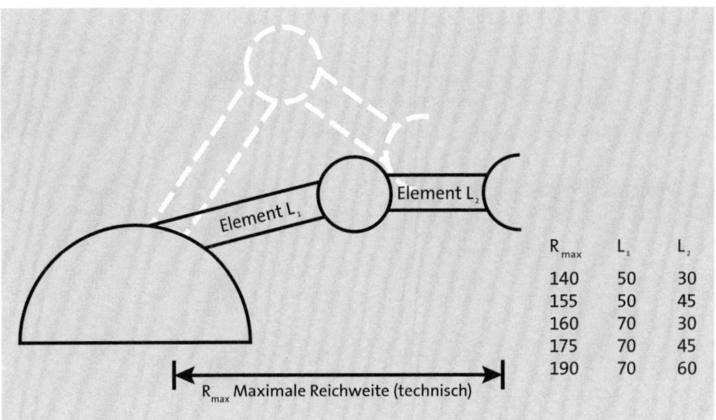

R_{max}	L_1	L_2
140	50	30
155	50	45
160	70	30
175	70	45
190	70	60

Abbildung 1.6 Roboterschema mit maximaler Reichweite

Aus der gewünschten Reichweite kann nun im technischen Teil des Produktmodells die technische Reichweite abgeleitet werden. Diese wird durch einen eigenen Parameter im Produktmodell repräsentiert (siehe Abbildung 1.7). Die ideale technische Reichweite ist der nächstkleinste Wert, der größer als die Wunschreichweite ist. Bei einer Wunschreichweite von 165 cm wird die nächstmögliche technische Reichweite mit 175 cm bestimmt. Gleichzeitig ist hieraus nun unmittelbar die Länge des ersten Armelements mit 70 cm und des zweiten Armelements mit 45 cm abzuleiten. Die Elementlängen werden wiederum als eigene Parameter zum Roboter geführt.

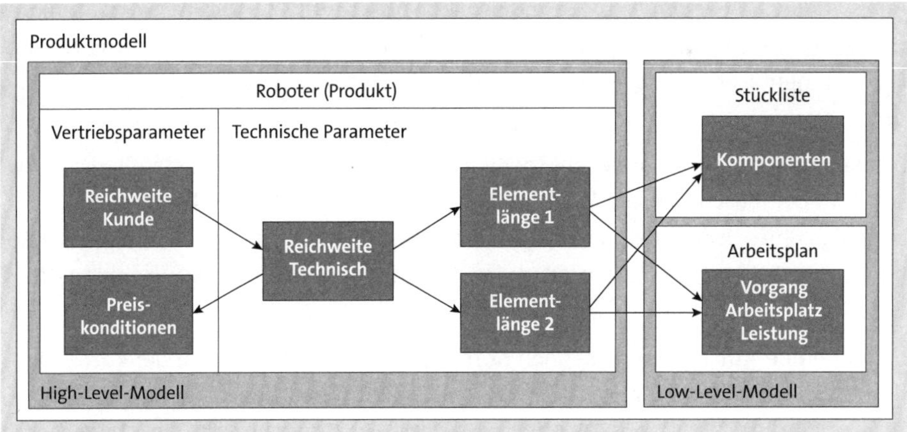

Abbildung 1.7 Schema des Produktmodells für einen Roboter

Natürlich wird nicht jede Konfiguration zu demselben Preis verkauft. Auch der Verkaufspreis kann über einen Parameter beeinflusst werden, dem sogenannte *Preiskonditionen* zugewiesen werden. Die Preiskondition kann wiederum mit einem Zu- oder

Abschlag auf den Grundpreis verbunden werden, deren absolute Höhe, z. B. je nach Verkaufsorganisation, variiert.

Für den Roboter könnten z. B. zwei Preiskonditionen definiert werden, die aus der technischen Reichweite hergeleitet werden (siehe Tabelle 1.1).

Technische Reichweite	Preiskondition
< 160	----- (Grundpreis)
160 bis 75	MID
190	MAX

Tabelle 1.1 Preiskondition je Roboterreichweite

Die Zusammenhänge zwischen den Parametern werden über Regeln, sogenanntes *Beziehungswissen*, hergestellt. Für das generische Produktmodell wurden somit bisher das Produkt mit seinen Parametern und das Beziehungswissen definiert. Dieses wird als *High-Level-Modell* bezeichnet und bildet später die Grundlage für die interaktive Konfiguration.

Der Aufbau des High-Level-Produktmodells erfolgt in der Regel durch das AVC-Modellierungs-Team. Die Anforderungen und Beschränkungen werden jedoch durch das *Produktmanagement* und die *Produktentwicklung* vorgegeben. Um hier eine enge Zusammenarbeit zu ermöglichen, ist die AVC-Produktmodellierung an das *SAP Enterprise Product Development* angebunden (siehe Abschnitt 9.2, »Die SAP-Variantenkonfiguration im Zusammenspiel mit Siemens Teamcenter«). SAP Enterprise Product Development ist der Cloud-Service, mit dem die Prozesse in der Produktentwicklung unterstützt werden.

Aufbauend auf dem High-Level-Modell wird das *Low-Level-Modell* erstellt. Das Low-Level-Modell beschreibt die Wirkung der Parameter auf die Stückliste und den Arbeitsplan eines Produkts. Im vorliegenden Beispiel wurde für jede Armlänge des Roboters eine Baugruppe entworfen, die unter einer eigenen Produktnummer geführt wird.

Um für einen Auftrag die passenden Komponenten in Abhängigkeit der korrelierenden Parameter zu wählen, werden weitere Regeln in der zugrundeliegenden Stückliste eingeführt. Wenn zudem Abhängigkeiten zu Vorgängen, Arbeitsplätzen oder den Vorgangszeiten existieren, können passende Regeln im Arbeitsplan hinterlegt werden. Für die Stückliste ist wiederum die Produktentwicklung und für den Arbeitsplan die Arbeitsvorbereitung zu involvieren.

Wenn alle Parameter und Regeln im High- und Low-Level-Modell definiert worden sind, kann das Produktmodell zur Auftragsabwicklung genutzt werden.

Um u. a. die Lieferzeiten zu verkürzen, kann zunächst eine *Programmplanung* für das konfigurierbare Produkt durchgeführt werden. In der Programmplanung werden der künftige Absatz prognostiziert und eine frühzeitige Beschaffung der Komponenten angestoßen. Da das konfigurierbare Produkt viele mögliche Ausprägungen hat, müssen neben der eigentlichen Absatzmenge je Zeitraum auch die verschiedenen Konfigurationsparameter bei der Vorplanung berücksichtigt werden. Für das Beispiel reicht es also nicht aus, die Menge der zu verkaufenden Roboter abzuschätzen. Zusätzlich muss bestimmt werden, wie die Verteilung der technischen Reichweiten bei der Nachfrage des Kunden erwartet wird. Auf dieser Datenbasis können dann die Vorplanungsmengen der Komponenten für den im Produktmodell vorgesehen Roboterarm berechnet werden.

Die eigentliche *Auftragsabwicklung* beginnt im Vertrieb. Der Vertrieb erfasst einen Vertriebsauftrag und bewertet die Parameter des Produkts. SAP bietet zu diesem Zweck diverse Möglichkeiten in SAP S/4HANA sowie in SAP CPQ. Zudem kann die Auftragserfassung auch in einem Webshop wie SAP Commerce Cloud erfolgen. Dort nehmen die Kunden selbst die Produktauswahl und Konfiguration vor. Aus dem Webshop wird dann bei einem Kauf ein Auftrag in SAP S/4HANA ausgelöst.

Ein geeigneter Liefertermin kann anhand der sogenannten *merkmalsorientieren Kontingentierung* gefunden werden. Dafür wird in SAP S/4HANA die Komponente *SAP advanced Available-to-Promise* (SAP aATP) verwendet. Die Produktionsmengen sind kapazitiv natürlich limitiert. Um einen zuverlässigen Bestätigungstermin für den Kunden zu finden, können in der merkmalsorientierten Kontingentierung maximale Produktionsmengen für vordefinierte Zeiträume und Parameterkombinationen festgelegt werden. Wenn das entsprechende Kontigent in einem Zeitraum erschöpft ist, wird der nächstmögliche Zeitraum für die Auftragsbestätigung ermittelt. Für den Roboter können z. B. wöchentliche Produktionsmengen für jede einzelne technische Reichweite vorgegeben werden. Wenn im Auftragsfall eine technische Reichweite von 165 cm benötigt, wird ein freier Slot für die Auftragsbestätigung gesucht.

Sofern das Produkt die Anforderungen des Kunden nicht vollständig erfüllt, kann eine *auftragsbezogene Konstruktion* notwendig werden. Dabei wird das Standardprodukt gemäß dem Kundenwunsch einmalig modifiziert. Wenn der Kunde z. B. eine Sonderreichweite des Roboters fordert, wird eine Anpassungskonstruktion vorgenommen.

Wenn der Auftrag dann als Primärbedarf in die *automatische Materialbedarfsplanung* übergeben wird, wird ein interner Produktionsauftrag ausgelöst. Hierbei werden Stückliste und Arbeitsplan auf Basis der gewählten Parameter und Anwendung der Regeln aufgelöst. Die Einplanung in die Fertigung wird anschließend entweder automatisch oder interaktiv durch eine entsprechende Kapazitätsplanung durchgeführt. Die Planung für die mit AVC konfigurierten Produkte ist auch über APO-PP/DS (SAP APO = SAP Advanced Planning and Optimization) möglich.

Durch die Materialbedarfsplanung wird auch die *Beschaffung* angestoßen, wobei auch konfigurierbare Baugruppen in den Einkauf übergeben werden können. So wie im Verkauf für konfigurierte Produkte variable Verkaufspreise ermittelt werden, wird im Einkauf der Beschaffungspreis konfigurierbarer Baugruppen in Abhängigkeit der festgelegten Konfiguration ermittelt.

Die *Produktion* (Fertigung) erfolgt über alle Fertigungsstufen. Auf jeder Ebene können auch konfigurierte Baugruppen und Produkte hergestellt werden.

Begleitend zur Produktion und Beschaffung erfolgt das *Qualitätsmanagement* für konfigurierbare Produkte, das ebenfalls in Abhängigkeit der jeweils gewählten Konfiguration gesteuert wird.

AVC ermöglicht auch eine Beschaffung unter einer Beteiligung von mehreren Produktionsstandorten (siehe Abbildung 1.8). Diese werden bereits beim Anlegen des Vertriebsauftrags berücksichtigt. Eine werksübergreifende Parametrisierung ist in diesem Zusammenhang mit AVC möglich.

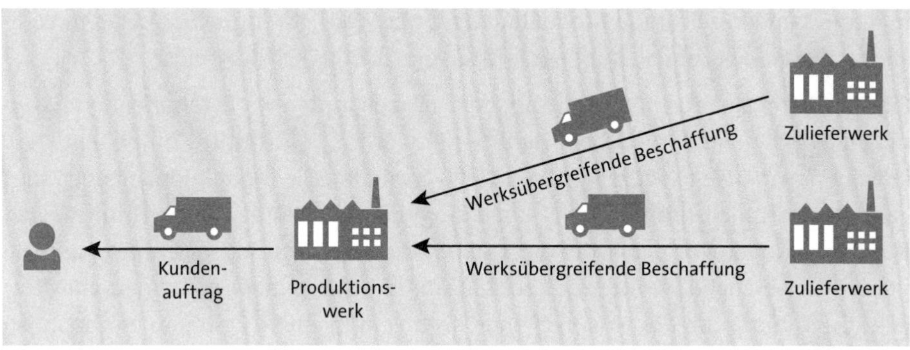

Abbildung 1.8 Werksübergreifende Beschaffung konfigurierbarer Baugruppen

Auch eine systemübergreifende *Intercompany-Abwicklung* zwischen verschiedenen SAP-S/4HANA-Systemen wird mit AVC unterstützt. Der Belegfluss zwischen den Systemen erfolgt dabei automatisiert (siehe Abschnitt 9.5, »Integration von AVC und SAP Workflow Management«). So kann z. B. der Kundenauftrag für einen Roboter durch eine Vertriebsgesellschaft in SAP S/4HANA Cloud angelegt werden und der konkret parametrisierte Bedarf des gesamten Roboters oder auch nur einer konfigurierbaren Baugruppe an einen Fertigungsstandort in SAP S/4HANA weitergereicht werden.

1.5 Beherrschung von Produktvielfalt

Im vorangehenden Abschnitt haben Sie die Produktkonfiguration im Prozesskontext kennengelernt. In diesem Abschnitt beschäftigen wir uns mit der Frage, wie man mit ähnlichen Produkten, also den Varianten, hinsichtlich der *Stammdaten* umgeht. Betrachten wir hierzu zwei verschiedene Fälle:

- Ein Produkt kommt nur in wenigen Ausführungen vor. Dabei werden die Kombinationen seiner Eigenschaften ausmultipliziert und jede Kombination als unabhängiges Produkt geführt.
- Ein Produkt kommt in hoher Varianz vor. Das Produkt wird in diesem Fall über seine parametrierbaren Eigenschaften beschrieben.

Im Hinblick auf die Variantenvielfalt unterscheiden sich diese Fälle erheblich in ihrer Komplexität. Bei einem Produkt, das es lediglich in sehr wenigen Ausführungen gibt, kann sehr einfach zwischen einzelnen Varianten unterschieden werden. Ein typisches Beispiel hierfür wäre ein T-Shirt, das in unterschiedlichen Größen und Farben angeboten wird. Es bereitet keine Schwierigkeiten, wenn separate Stammdaten für die wenigen Produkte geführt werden. Das heißt, dass die Stammdaten in der Logistik, wie z. B. Stücklisten und Arbeitsplan, für jedes Produkt einzeln erstellt werden. Im Verkauf erhalten die Produkte unterschiedliche Produktnummern; die Preise werden separat definiert.

SAP S/4HANA erlaubt Ihnen selbst noch dann ein wirtschaftliches Arbeiten, wenn die Stammdatenredundanzen vergleichsweise hoch sind. Viele ähnliche Produkte könnten also unabhängig voneinander verwaltet werden.

Wenn jedoch ein Produkt über parametrisierte Eigenschaften beschrieben wird, entsteht sehr schnell eine extrem hohe Vielfalt von theoretisch möglichen Varianten. Es ist dann unmöglich, jede denkbare Variante als ein eigenes Produkt mit jeweils unabhängigen Stammdaten zu führen.

Betrachten wir ein Beispielprodukt, dem als Parameter das Merkmal **Farbe** mit drei Ausprägungen zugeordnet wird. Damit lassen sich drei unterschiedlich ausgeprägte Konfigurationen erstellen. Wenn wir als zweites Merkmal z. B. **Oberflächenversiegelung** mit den Ausprägungen **glänzend**, **matt** und **ohne** hinzufügen, erhöht sich die Anzahl der möglichen Konfigurationen auf drei mal drei, also neun.

Produkt mit fünf mal drei Ausprägungen

Nehmen wir an, ein Produkt hätte fünf Merkmale mit je jeweils drei Ausprägungen. Die Anzahl der Konfigurationen ergibt sich in diesem Fall als:

$$k = 3 \times 3 \times 3 \times 3 \times 3 = 3^5 = 243$$

Die Anzahl k der möglichen Konfigurationen eines Produkts ergibt sich allgemein, indem die Anzahl n_{Mi} der möglichen Ausprägungen der m Merkmale (M1, M2, ... Mm) miteinander multipliziert wird. Es gilt also:

$$k = n_{M1} \times n_{M2} \times n_{M3} \dots n_{Mm}$$

Es ist unwahrscheinlich, dass jedes Merkmal eines Produkts genau gleich viele Ausprägungen hat. Für eine allgemeine Abschätzung der Variantenvielfalt können wir jedoch bei einer Anzahl von m Merkmalen eine durchschnittliche Anzahl von Ausprägungen pro Merkmal mit n abschätzen. Damit ergibt sich für die Variantenvielfalt als Abschätzung: $k \approx n^m$

Wenn wir z. B. von durchschnittlich drei Ausprägungen pro Merkmal ausgehen, gilt für die Anzahl der möglichen Konfigurationen folgende Berechnung (siehe Abbildung 1.9): $k \approx 3^m$

Bei fünf Merkmalen mit je drei Ausprägungen ergeben sich 243 unterschiedliche Konfigurationen, bei zehn Merkmalen sind es bereits 59.049 und bei 15 Merkmalen mehr als 14 Millionen (genau 14.348.907) Konfigurationen. Wenn wir von sieben Ausprägungen pro Merkmal ausgehen, ergeben sich bei 15 Merkmalen mehr als 4,7 Billionen mögliche Konfigurationen.

Die Menge der möglichen Konfigurationen wächst also exponentiell mit der Anzahl der Merkmale und deren möglichen Ausprägungen. Probleme mit einer linear zunehmenden Komplexität werden in der Algorithmenlehre als gut beherrschbar angesehen. Bei exponentieller Zunahme kann von einer Herausforderung gesprochen werden. Probleme mit exponentiellem Wachstumsverhalten gelten als algorithmisch sehr schwer beherrschbar. Die große Vielfalt von Konfigurationen zu beherrschen, die sich aus einem parametrisierten Modell generieren lassen, stellt das eigentliche Problem bei der Behandlung von Konfigurationsaufgaben dar. Die große Herausforderung besteht darin, die benötigten Stammdaten zu Produkten und Stücklisten möglichst effizient aufzubauen.

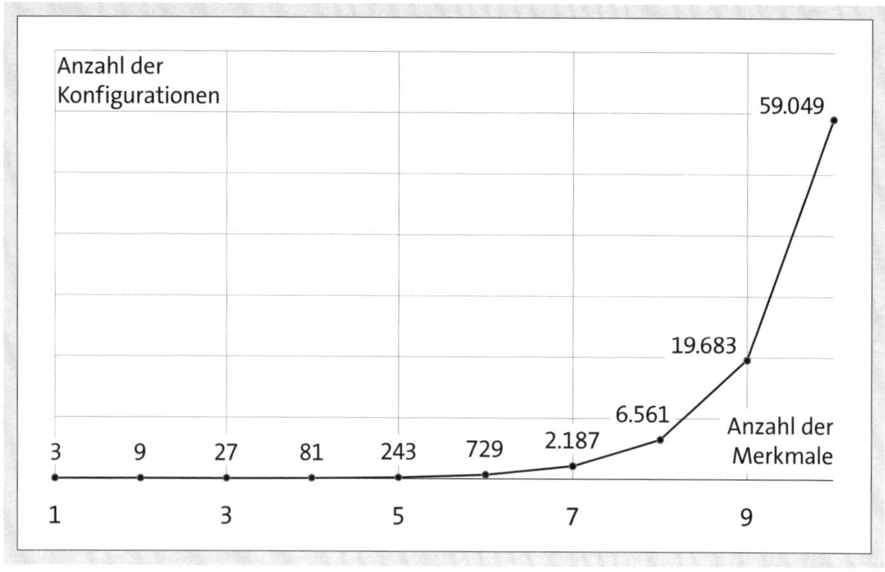

Abbildung 1.9 Exponentielle Anzahl von Konfigurationen

Anzahl der Konfigurationen des Produkts »Kondensator«

Ein Beispiel aus der Fertigungsindustrie zeigt, wie schnell eine sehr große Anzahl an Konfigurationen zustande kommt: ein Kondensatorenhersteller bietet im Internet Kondensatoren in zwei Bauweisen, 75 Kapazitätsstufen, fünf Toleranzbereichen, 15 Rastermaßen, 25 Gleichstrom- bzw. 21 Wechselstromspannungsstufen und mit sieben Arten Dielektrikum an. Aus den sieben Produktmerkmalen ergeben sich etwa 41,3 Millionen mögliche Konfigurationen:

$$k = 2 \times 75 \times 5 \times 15 \times 25 \times 21 \times 7 = 41.343.750$$

Der eigentliche Reiz von Konfigurationsaufgaben liegt jedoch darin, dass längst nicht alle denkbaren Konfigurationen auch sinnvoll sind. Meist gelten für die Kombinierbarkeit von Merkmalsausprägungen Regeln und Einschränkungen. Die Konfigurationsregeln schränken die Anzahl denkbarer Konfigurationen auf eine im Allgemeinen sehr viel kleinere Menge von konsistenten Konfigurationen ein.

Kommen wir auf unsere Beispiele zurück: Die möglichen Kapazitätsstufen eines Kondensators hängen von seiner Bauweise und der gewünschten Betriebsspannung ab. Von den 41,3 Millionen theoretischen Konfigurationen sind daher nur ca. 20.000 Konfigurationen tatsächlich herstellbar.

Die Anlage und Verwaltung voneinander unabhängiger Stammdaten ist für diese 20.000 Produktvarianten kaum vorstellbar. Zudem wird auch nicht jede herstellbare Kombination vom Kunden wirklich nachgefragt. Würde man diese Varianten alle abbilden wollen, würden Stammdaten im System erzeugt, die niemals Verwendung finden.

Alternativ könnte ein Produkt erst dann angelegt werden, wenn diese Konfiguration zum ersten Mal von einem Kunden verlangt wird. Wenn diese später erneut verkauft wird, sind die Stammdaten bereits im System vorhanden. Allerdings dauert die Anlage aller logistischen und betriebswirtschaftlichen Stammdaten für ein neues Produkt in der Regel zu lange, um insbesondere bei kurzen Lieferzeiten rechtzeitig den Kundenbedarf zu decken. Zudem sind bei Auftragseingang keine integrierte Preisfindung und Lieferterminermittlung möglich.

Ein Problem entsteht in einem solchem Fall auch bei der Vornahme von Anpassungen in der Konstruktion. Wenn z. B. ein Gleichteil der Produktvarianten durch eine neue Komponente ersetzt wird, sind gegebenenfalls tausende Stücklisten sowie die korrelierenden Komponentenzuordnungen in Arbeitsplänen anzupassen.

Anstatt viele unabhängige Erzeugnisse anzulegen, wird in AVC nur ein einziges konfigurierbares Produkt definiert. Die Varianz wird dabei über Parameter beschrieben, die den Eigenschaften des Produkts entsprechen.

Im Auftragsfall werden diesen Parametern vom Vertrieb im Vertriebsbeleg jeweils Werte zugewiesen. Erst die Kombination aus der Produktnummer und Parameterbewertung beschreibt die nachgefragte Produktvariante vollständig.

Zwischen den Parametern können zudem Regeln und Eigenschaften definiert werden, sodass bei der Bewertung nur die tatsächlich herstellbaren Wertekombinationen auswählbar sind.

Für das konfigurierbare Produkt werden für den Fall der Eigenfertigung auch eine konfigurierbare Stückliste und ein konfigurierbarer Arbeitsplan angelegt. Durch die bewerteten Parameter werden im Auftragsfall die jeweils benötigten Komponenten und Arbeitsvorgänge automatisch selektiert und gegebenenfalls die Mengen und Vorgangszeiten berechnet.

Es gibt somit für alle Produktvarianten nur einen zentralen Stammdatensatz. Sofern eine Änderung erforderlich ist, kann diese allgemeingültig für alle Produktausprägungen gepflegt werden. Unnötige Datenredundanzen mit ausufernden Stammdaten und der Notwendigkeit der Vielfachpflege werden somit vermieden.

1.6 Fertigungsszenarien für konfigurierbare Produkte

Die logistischen Prozesse bei der Herstellung eines Produkts hängen wesentlich vom Geschäftsmodell der Auftragsabwicklung ab. Die in diesem Abschnitt beschriebenen Fertigungsszenarien grenzen unterschiedliche Vorgehensweisen voneinander ab, wobei für konfigurierbare Produkte spezielle Ausprägungen existieren. Allgemein können zwei Basisstrategien unterschieden werden:

- Make-to-Stock (MTS)
- Make-to-Order (MTO)

Der *MTS-Ansatz* ist eine klassische Lagerfertigung. Die Produkte werden auf der Basis von Mengenvorplanungen gefertigt und anschließend gelagert. Die Fertigung erfolgt unabhängig, also zeitlich vor einem konkreten Verkaufsauftrag und in größeren Produktionslosen. Hierbei entkoppelt das Lager die Herstellung vom Verkauf. Wenn ein Kunde ein Produkt bestellt, muss es nur noch aus dem Lager entnommen und geliefert werden. Hierdurch werden sehr kurze Lieferfristen ermöglicht. Dieses Szenario bietet sich insbesondere für Standardprodukte an, die regelmäßig und in gleicher Ausprägung am Markt nachgefragt werden.

Demgegenüber steht der *MTO-Ansatz*, der eine kundenindividuelle Einzelfertigung darstellt. Hier wird die Herstellung eines Produkts erst durch einen konkreten Auftrag eines Kunden initiiert. Die Produktionslosgröße entspricht somit exakt der bestellten Auftragsmenge (Lot Size 1). Für sehr teure, sehr selten verkaufte oder für spezifisch ausgeprägte Produkte ist das ein naheliegendes Vorgehen. MTO ist das Geschäftsmodell mit der längsten Tradition.

Die Produktkonfiguration ist kein eigenständiges Fertigungsszenario. Sie ist vielmehr eine Erweiterung der Szenarien MTO und MTS, in der parametrisierte Produkte verwendet werden können.

Wenn konfigurierbare Produkte als fixe Produktvarianten ausspezifiziert werden, können sie als MTS gefertigt und gelagert werden. In der Bekleidungsindustrie ist dies ein typisches Vorgehen. In der Automobilindustrie werden z. B. Sondermodelle als Produktvarianten gefertigt. Alle für die MTS-Fertigung relevanten Produktparameter müssen vorab bestimmt werden. Hierzu wird in SAP S/4HANA für jede Variante ein eigenes Produkt angelegt, das wiederum auf die Stammdaten eines konfigurierbaren Produkts referenziert. Die Konfiguration der Variante erfolgt dann im Produktstamm anstatt im Kundenauftrag. Dies schließt jedoch nicht aus, dass einige Parameter erst festgelegt werden, wenn der individuelle Kundenwunsch bekannt ist. So kann die Radioausstattung eines Pkw-Sondermodells gegebenenfalls noch nachträglich angepasst werden. Die MTS-Fertigung kann sich also auch auf teilweise ausspezifizierte Varianten beziehen.

Obwohl die Konfiguration auch für reine MTS-Szenarien sehr gut eingesetzt werden kann, wird sie dennoch häufiger als MTO abgewickelt. Das Produkt wird dabei erst im Auftragsfall gemäß dem Kundenwunsch parametrisiert und anschließend individuell produziert.

Im praktischen Einsatz treten MTS und MTO oft gemischt auf, und die Übergänge sind fließend. Bei genauerer Betrachtung können für den MTO-Ansatz unter Berücksichtigung der Produktkonfiguration im Wesentlichen drei Abstufungen unterschieden werden:

- **Assemble-to-Order (ATO)**
  Beim ATO-Ansatz steht eine feste Menge von Baugruppen für die individuelle Montage des Endprodukts im Lager bereit. Dabei handelt es sich um Standardkomponenten, deren Beschaffung bzw. Fertigung nach dem MTS-Prinzip erfolgt. Der Zusammenbau dieser lagerhaltigen Standardkomponenten zum gewünschten Endprodukt erfolgt jedoch erst nach Auftragseingang als MTO. Hierbei werden die für den Zusammenbau benötigten Baugruppen aus der Produktkonfiguration des Auftrags abgeleitet. Es gibt somit im ATO einen Übergang von MTS auf MTO (siehe Abbildung 1.10). Im Zusammenhang mit der Konfiguration kann das ATO-Prinzip auch als eine spezielle Art des CTO-Szenarios betrachtet werden.

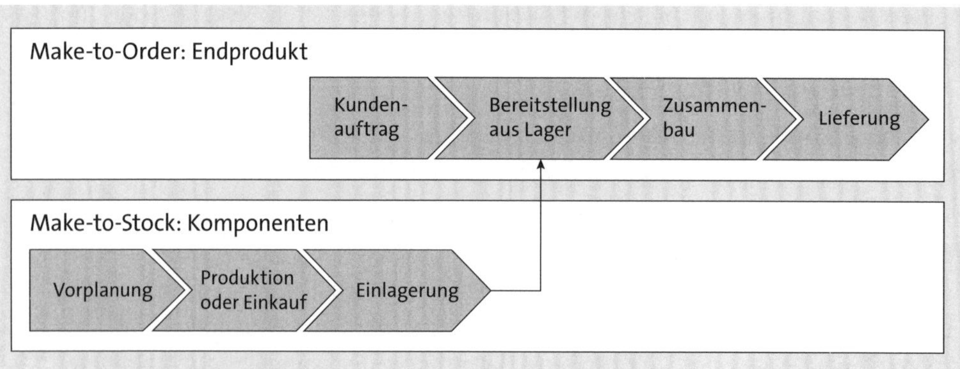

Abbildung 1.10 ATO als Kombination von MTS und MTO

- **Configure-to-Order (CTO)**
  Bei diesem Ansatz werden die Ausgestaltung und Zusammensetzung bzw. die Konfiguration des Produkts zum Zeitpunkt der Auftragserteilung vom Kunden entsprechend den angebotenen Optionen festgelegt. Der Anbieter erstellt das Produkt erst nach Auftragseingang gemäß der vom Kunden ausgewählten Konfiguration. Beim CTO-Geschäftsmodell liegt ein klarer Schwerpunkt auf der Produktkonfiguration. Die Spezifikation des Produkts kann auch hierarchisch erfolgen. Hierbei wird also nicht nur das Endprodukt, sondern auch einzelne Baugruppen kundenindividuell parametrisiert.
- **Configurable Engineer-to-Order (CTO+)**
  Die Produktkonfiguration spielt auch häufig mit Engineering-Szenarien zusammen. Die Engineering-Lösung umfasst dabei immer weitere, nicht vorgedachte Komponenten bzw. nicht vorgedachte Kombinationen von Komponenten. Zum einen kann dies in einem hochspeziellen Kundenwunsch begründet sein, der eine Erweiterung bzw. Modifizierung des konfigurierbaren Endprodukts darstellt. In manchen Fällen ist es jedoch auch aufgrund der hohen Komplexität nicht möglich, bestimmte Baugruppen innerhalb eines parametrisierbaren Modells abzubilden. Diese speziellen Baugruppen unterliegen dann im Auftragsfall immer dem Engineering, während alle anderen Komponenten aus der Auftragskonfiguration bestimmt werden können. Ein regelmäßiger Anwendungsfall hierzu sind z. B. umfangreiche elektrische Komponenten wie Schaltschränke.
- **Engineer-to-Order (ETO)**
  Unabhängig von der Produktkonfiguration stellt das Szenario Engineer-to-Order (ETO) einen weiteren MTO-Fall dar. Im klassischen ETO wird die Ausgestaltung der Konstruktion des Produkts zumindest teilweise erst nach Auftragserteilung festgelegt. Bei der Festlegung von Produktdetails müssen weitere individuelle Ent-

scheidungen getroffen werden, die entsprechendes Produktwissen erfordern. Dies kann so weit gehen, dass das vom Kunden gewünschte Produkt vollständig individuell konstruiert wird. Diese hochspezialisierten Produkte werden üblicherweise über ein eigenes Projekt abgewickelt.

1.7 Fazit

Zusammenfassend kann man sagen, dass SAP mit dem Flaggschiff SAP S/4HANA die nächste Generation einer umfassenden Standard-ERP-Lösung auf den Markt gebracht hat. Es handelt sich dabei nicht um ein weiteres Release von SAP ERP, sondern um eine neue Plattform. Daher ist beim Umzug sehr stark darauf zu achten, dass die Business-Anforderungen neu betrachtet werden und dass geprüft wird, ob die Anforderungen abgebildet bzw. unterstützt werden können.

Natürlich findet man vieles wieder, was man von bisherigen Systemen kennt, jedoch wurden nicht alle Funktionen bzw. Applikationen nach SAP S/4HANA übernommen. Und falls doch, handelt es sich oft um eine Brückentechnologie. Im Kontext der Variantenkonfiguration heißt das: LO-VC ist zwar im neuen System vorhanden und unterliegt auch der Wartung, aber Weiterentwicklungen basieren nur noch auf neuen Applikationen, hier auf AVC.

Kapitel 2
Der Weg von LO-VC nach AVC in SAP S/4HANA

Wenn über viele Jahre hinweg Konfigurationsmodelle in SAP ECC aufgebaut wurden, möchten Sie diese beim Umstieg auf SAP S/4HANA und AVC nicht einfach aufgeben. Dieses Kapitel zeigt Ihnen Ansätze, Wege und Einschränkungen auf, wie Sie in solchen Fällen die vorhandenen LO-VC-Modelle nach AVC transformieren.

Viele Kunden nutzen LO-VC im SAP ECC in großem Umfang, wobei die Konfigurationsmodelle über Jahre hinweg erweitert und optimiert wurden. Mit der Einführung von SAP S/4HANA stellt sich die Frage, ob ein Umstieg von LO-VC nach AVC erfolgen soll.

In Abschnitt 2.1 erfahren Sie, inwiefern Sie AVC und LO-VC parallel betreiben können und warum sich ein Umstieg auf AVC lohnt. In Abschnitt 2.2 stellen wir Ihnen unterschiedliche Transformationswege vor, um in Abschnitt 2.3 den Grundstein für das Verständnis der folgenden Abschnitte zu legen. Abschnitt 2.4 behandelt den Transition Workspace. Anschließend lernen Sie in Abschnitt 2.5 die Transition Workbench ausführlich kennen. Abschnitt 2.6 erklärt den Ergebnisvergleich und Abschnitt 2.7 den Transfer der Materialvarianten.

Zum Abschluss des Kapitels führen wir Sie Schritt für Schritt in Abschnitt 2.8 durch die einzelnen Phasen eines Umstellungsprojekts.

2.1 AVC und LO-VC – ein Entweder-oder?

Zumindest in den On-Premise- und Private-Cloud-Editionen von SAP S/4HANA ist LO-VC weiterhin verfügbar. Aus diesem Grund denken einige Unternehmen darüber nach, diese Lösung auch nach dem Umstieg auf SAP S/4HANA weiter einzusetzen. Als Gründe werden der geringe oder sogar ausbleibende Transformationsaufwand sowie die Tatsache genannt, dass für LO-VC keine Lizenzkosten anfallen. Beide Gründe sind absolut verständlich, korrekt und nachvollziehbar.

Dennoch möchten wir an dieser Stelle dafür plädieren, die neue Lösung AVC einzusetzen, wenn die erforderlichen Geschäftsprozesse im Unternehmen damit abgebildet werden können. Selbst schwerwiegende Customizing-Eingriffe und eventuell genutzte Funktionsbausteine in der alten Lösung sollten kein Hinderungsgrund sein. Begründen möchten wir dies mit den folgenden Argumenten:

- **Die Suche nach einer Standardanwendung**
  SAP-Kunden wollen ihre Geschäftsprozesse mit Standardlösungen abbilden. Darauf beruht der Erfolg von SAP. Sobald man Änderungen selbst durchführen muss, wird es aufwendig und teuer. Auch wenn Sie Partnerprodukte einsetzten, begeben Sie sich zumindest in die Abhängigkeit von Spezialisten. Daher kommt der Wunsch nach einer Rückkehr zum Standard – und der zukünftige Standard zur Abbildung variantenreicher Produkte ist AVC.
- **Kein Umzug mit einer alten Lösung**
  Am einfachsten lässt sich der Wechsel zu einer neuen Softwarelösung mit einem Umzug vom alten ins neue, modernere Haus vergleichen. Sie könnten mit Ihrer buchstäblich gut geölten, in die Jahre gekommenen, aber zuverlässig arbeitenden Ölheizung in Ihr neues Haus umziehen. Letztlich geht es jedoch nicht um die Heizung als Selbstzweck, sondern um den Wunsch nach Wärme und temperiertem Wasser – und diese Anforderungen lassen sich heute zeitgemäßer durch den Anschluss von Fernwärme, Solarthermie oder Wärmepumpe regeln. Auf LO-VC und AVC bezogen heißt das: SAP hat zusammen mit Kunden und Partnern viel Zeit in die Überlegung investiert, ob ein Umzug und Umbau von LO-VC nach SAP S/4HANA sinnvoll ist. Das Ergebnis dieser Untersuchung war eine Investitionsentscheidung für AVC.
- **Die Simplifizierung bzw. die Vereinfachung von Klassifizierung und Modellierung**
  Ein Umzug bietet immer die Gelegenheit, Bestehendes zu hinterfragen. Oft sind Produktmodelle in LO-VC nach dem Learning-by-Doing-Ansatz entstanden. Nur wenige Nutzerinnen und Nutzer haben Kurse besucht, und es gab wenig Literatur über die Variantenkonfiguration. Während der Hochzeit von SAP R/3 in den 2000er Jahren haben sehr viele Kunden angefangen, LO-VC nach bestem Wissen und Gewissen einzusetzen. Oft wurde zunächst Beziehungswissen und schließlich – in dieser Reihenfolge – Vorbedingungen, Auswahlbedingungen, Prozeduren und erst dann Constraints genutzt.

  Vorbedingungen und Auswahlbedingungen sind sehr einfach zu erlernen, da sie nur Merkmale nach Werten abfragen. Prozeduren sind ablauforientiert und kommen mit dem schrittweisen Abarbeiten bzw. Berechnen von Werten der menschlichen Denkweise sehr nahe. Constraints folgen komplexeren analytischen Prinzipien. Dabei sind sie sehr mächtig und sollten, vor allem im Zusammenspiel mit Tabellen, der erste Ansatz sein.

  Warum erwähnen wir dies im Zusammenhang mit der Vereinfachung? Weil der Umstieg auf AVC die Chance bietet, unter Beibehaltung vieler Stammdaten (z. B.

Materialstämmen) und großen Teilen der Klassifikation, die Modellierung neu zu konzipieren und vor allem leichter wartbar und wiederverwendbar zu machen.

- **Abgleich bestehender Geschäftsprozesse mit zukünftigen Geschäftsprozessen**
  LO-VC wurde meistens im Kontext der SD-Anwendung genutzt, also zum Verkauf konfigurierbarer Produkte. Nun ändern viele Kunden ihre Strategie und wandeln sich z. B. vom Produkt- zum Lösungsanbieter. Das heißt, dass sie neben dem Produkt auch Dienstleistungen, Wartungsverträge, Ersatzteile und Services anbieten. Gegebenenfalls erfolgt dies sogar gegen wiederkehrende Zahlungen im Rahmen von Abonnementmodellen.

  Daraus folgt ein sogenanntes *Bundling*, das aus mehreren Komponenten bzw. (konfigurierbaren) Objekten besteht. Dabei gibt es wechselseitige Abhängigkeiten, und es sind u. a. preisliche Regeln erforderlich. Das SD-Objekt ist dafür nicht mehr der richtige Objektträger. SAP bietet hier ergänzend eine *Solution Order* bzw. *Solution Quote* an (je nach SAP-S/4HANA-Installation). Beide sind in der Lage, solche Bündel abzuarbeiten und dann die Einzelobjekte den nachfolgenden Objektträgern zur Verfügung zu stellen. So wird der Bedarf zum Material der Vertriebsapplikation SD, der Service Request zur Serviceabwicklung usw. weiterverteilt. Diese Anwendungen (SD und CS) rufen AVC zur Konfiguration auf. Diese Geschäftsprozesse sind somit mit LO-VC im Standard nicht abbildbar.

- **Die Nutzung neuer Modellierungsmöglichkeiten**
  AVC basiert gegenüber LO-VC auf einer anderen Constraint Solving Engine: Gecode. AVC bietet daher neue Möglichkeiten der Modellierung. Bereits seit Jahr 2017 wird Syntax ausgeliefert, die die Modellierung erleichtert und neue Wege der Modellierung anbietet. Da diese in Kapitel 5 im Detail erläutert werden, verzichten wir an dieser Stelle auf eine nähere Erläuterung.

- **Schrittweiser Wechsel statt Big Bang**
  Beim Umzug von SAP ERP auf SAP S/4HANA sind Tausende von Modellen vorzubereiten. Um die neue Constraint Solving Engine Geocode nutzen zu können, muss großer Aufwand betrieben werden. Dies ist aber auch nicht notwendig, da man den LO-VC und AVC parallel betreiben kann. Dadurch wird ein schrittweiser Wechsel ermöglicht. Modelle von Ausläufern können Sie eventuell auf LO-VC belassen und mittelfristig nicht mehr anbieten; neue Produkte werden sofort mit AVC modelliert. Aktuelle Produkte, die Sie voraussichtlich noch über einen längeren Zeitraum anbieten möchten, überführen Sie Schritt für Schritt. Abschnitt 2.2, »Wege der Transformation«, erklärt diese Vorgehensweise.

- **Eigene Anforderungen einfließen lassen**
  Da sich AVC noch in der Entwicklung befindet, besteht die Möglichkeit, bezogen auf die Anforderungen, an die Variantenkonfiguration und die benötigten Funktionen mit SAP gemeinsam zu wachsen. SAP bemüht sich, möglichst viele Anforderungen, die von vielen Kunden nachgefragt werden, in den Standard einzuführen.

Zu Beginn eines Produkts sind dies maßgeblich die Anforderungen der ersten Kunden bzw. Interessenten. Insofern lohnt es sich, hier nicht in der letzten Reihe zu stehen. Es gibt einige langjährige SAP-Kunden, die dieses Prinzip des Early Adopters als Strategie gewählt haben, weil sie wissen, dass der Support bzw. das Engagement vonseiten SAPs höher ist.

- **Den richtigen Zeitpunkt für den Wechsel finden**
  Viele Kunden fragen sich, wann der richtige Zeitpunkt für einen Wechsel auf AVC gekommen ist. Wichtige Faktoren sind dabei Befürchtungen rund um den Aufwand von Eigenentwicklungen, der Verlust der Wartung, die Häufung von Fehlern, die Nichtnutzung von Funktionen im neuen System, zu hohen Kosten sowie falschen Einstellungen, basierend auf Systemen bzw. Business-Prozessen, die nicht mehr zur Verfügung stehen. Oft wird auch fehlendes Geld als Argument angeführt. Zu bedenken ist jedoch, dass bei gut laufender Konjunktur die Zeit für IT-Projekte fehlt. Es gibt also keinen idealen Zeitpunkt. Je früher Sie sich auf neue Prozesse einstellen, desto leichter ist der Weg in die Zukunft.
- **Neues System mit gewohnten Prozessen oder der Nutzung neuer Möglichkeiten?**
  Es ist möglich, die gewohnten Prozesse in einer neuen Systemumgebung beizubehalten. Aber ist das auch sinnvoll? Zwar ist das künftige Wartungsende ein wichtiger Grund für einen Wechsel auf ein neues System, wenn Sie jedoch in ein neues System investieren, ist es ratsam, die Gelegenheit zu ergreifen, die neuen Möglichkeiten auch für das Unternehmen zu nutzen. Dies gilt insbesondere vor dem Hintergrund, dass Schnelligkeit in der heutigen Wirtschaft oft den Schlüssel zum Erfolg darstellt.
- **Behalten Sie das richtige Ziel im Auge**
  Zwar ist es möglich, auf SAP S/4HANA umzusteigen und gleichzeitig weiterhin LO-VC einzusetzen, da sich aber die Funktionen, Syntax und die Art und Weise, wie Prozesse unterstützt werden, zwischen AVC und LO-VC unterscheiden, kann es passieren, dass Sie Systemeinstellungen, Parameter oder Produktmodelle nur mit Blick auf LO-VC einrichten. Das heißt, dass Sie sich in LO-VC unter Umständen in eine andere Richtung bewegen als die, die Sie in AVC eingeschlagen hätten. Dies erhöht den Aufwand bei einem späteren Wechsel auf AVC noch weiter.
- **Fachkräftemangel und talentierter Nachwuchs**
  Fachkräfte im Bereich der Variantenkonfiguration zu finden ist und war schon immer kein leichtes Unterfangen. Die Mitarbeitenden müssen neben fachlichem Spezialwissen die Fähigkeit besitzen, über Abteilungsgrenzen hinweg zu denken und zu arbeiten und dabei den Gesamtprozess der Variantenfertigung zu überblicken. Junge talentierte Mitarbeitende gewinnen Sie nicht mit der Arbeit an einer mehr als 25 Jahre alten Software, während ein Konkurrenzunternehmen anbietet, eine intelligente Kundeneinzelfertigung mit der aktuellen Softwarearchitektur zu bau-

en und weiterzuentwickeln, noch dazu mit der Option, hier eine Vorreiterrolle einzunehmen. Die neueste Technologie zu beherrschen, steigert den eigenen Marktwert enorm.

- **Warten bedeutet, das Implementierungsprojekt zu vergrößern**
  Je länger Sie mit der alten Lösung weiterarbeiten, desto größer wird der Wechselaufwand. Dies liegt daran, dass sich die neue Lösung weiterentwickelt. Das Delta zur bestehenden Software wird also immer größer. Auch können die Kunden erster Stunde mit einer besonderen Unterstützung des Softwareherstellers rechnen. Wenn eine Lösung schon lange im Markt und so weitverbreitet ist, wird man eher auf andere Kunden verweisen, als dass sich ein Spezialist darum kümmert.
- **Künstliche Intelligence und Machine Learning**
  Neue Technologien wie künstliche Intelligenz (KI) und Machine Learning (ML) werden auch für die weitverbreiteten Bestandslösungen angeboten. Dies geschieht jedoch oft im Sinne einer nachträglichen Verbesserung – ähnlich einer Renovierung, die auch nie den Neuzustand erreichen wird. So war Analytics in frühen Jahren der Variantenkonfiguration ein stiefmütterlich behandeltes Thema. Ältere Analysewerkzeuge wie das Logistikinformationssystem (LIS), das Vertriebsinfosystem (VIS) sowie SAP Business Warehouse (SAP BW) haben sich mit variantenbehafteten Produkten schon immer schwergetan. Die klassischen Auswertungen von LO-VC bieten viel eingeschränktere Möglichkeiten als CDS-Views, die bei der Entwicklung von AVC schon von Anfang an berücksichtigt wurden.

2.2 Wege der Transformation

Wenn Sie sich bei der Ablösung von SAP ECC durch SAP S/4HANA gegen einen Greenfield-Ansatz für Ihre Produktmodelle entscheiden (siehe Abschnitt 2.8.2), müssen Sie entscheiden, welche Ansätze Sie für den Übergang von LO-VC nach AVC verfolgen möchten. Hierzu gibt es verschiedene Möglichkeiten (siehe Abbildung 2.1).

Wenn Sie von SAP ECC nach SAP S/4HANA Cloud (public edition) wechseln und dieses System ausschließlich nutzen, steht Ihnen kein eigenes Transformationstool zur Verfügung. Die LO-VC-Modelle müssen somit bereits im Zuge der Migration in AVC-Modelle umgesetzt werden. Es können nur bereits transformierte AVC-Modelle in SAP S/4HANA Cloud importiert werden.

In SAP S/4HANA und SAP S/4HANA Cloud, private edition, steht Ihnen LO-VC nach wie vor zur Verfügung. Die LO-VC-Modelle können somit direkt aus SAP ECC nach SAP S/4HANA übernommen werden. Die Transformation der LO-VC-Modelle in AVC-Modelle wird innerhalb von SAP S/4HANA mit dem dafür vorgesehenen Transformationstool durchgeführt. Diese Transformation kann auch sukzessiv, d. h. Modell für Modell, erfolgen. Eine parallele Nutzung von LO-VC und AVC im produktiven Betrieb ist in SAP S/4HANA und SAP S/4HANA Cloud, private edition, möglich.

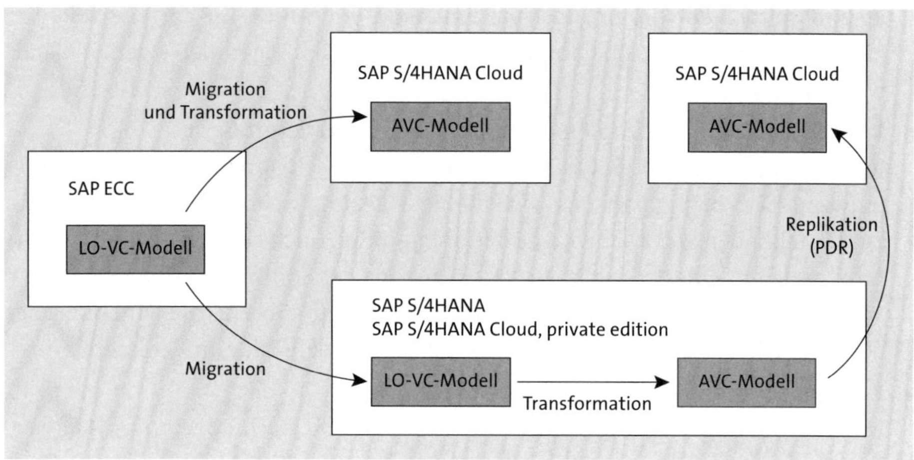

Abbildung 2.1 Migration und Transformation von Produktmodellen

Bei einem verteiltem Zielsystem aus SAP S/4HANA bzw. SAP S/4HANA Cloud, private edition, kombiniert mit SAP S/4HANA Cloud, können Sie das LO-VC Modell zunächst in das zentrale System übernehmen und dort mit dem Transformationstool nach AVC umsetzen. Anschließend verteilen Sie dann das AVC-Modell mithilfe der *Product Data Replication* (PDR) in die angeschlossenen Cloud-Systeme. Weitere Informationen zu PDR finden Sie in Abschnitt 9.1.

2.3 Grundlagen der Transformation

Die Umwandlung eines LO-VC-Modells in ein AVC-Modell wird in den folgenden Schritten durchgeführt (siehe Abbildung 2.2):

1. Modelle, die gleichzeitig transformiert werden sollen, fassen Sie in Arbeitsbereichen zusammen.
2. Das LO-VC-Modell wird vorab geprüft, um den Umfang der später im AVC-Modell notwendigen Anpassungen abzuschätzen. Durch gezielte Änderungen des LO-VC-Modells können diese im Vorfeld reduziert werden.
3. Das AVC-Modell wird durch eine Kopie von LO-VC-Stammdaten angelegt. Anschließend nehmen Sie die Anpassung des AVC-Modells zur Beseitigung von Inkompatibilitäten vor.
4. Durch eine Kongruenzprüfung vergleichen Sie die Ergebnisse des LO-VC-Modells mit denen des AVC-Modells.
5. Durch die Freigabe des AVC-Modells werden neue Belege automatisch mit dem AVC-Modell konfiguriert.

6. Durch den automatischen Austausch der Konfigurationsprofile überführen Sie die Materialvarianten von LO-VC nach AVC.

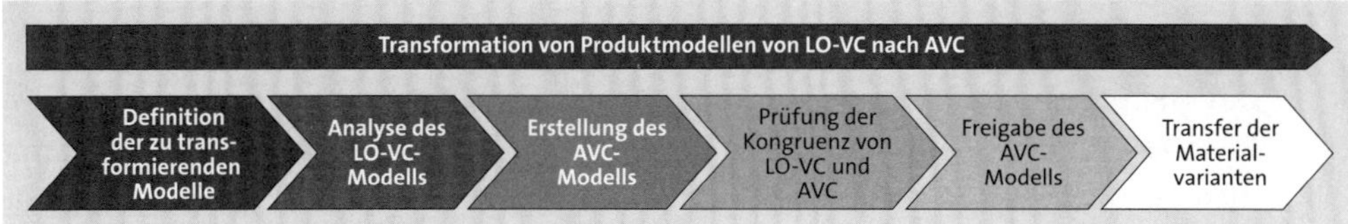

Abbildung 2.2 Schritte der Transformation

Die folgenden Abschnitte beschreiben die Grundlagen, Schritte und Transaktionen, um die Transformation durchzuführen.

Um den Transformationsprozess eines LO-VC-Modells in ein AVC-Modell besser nachvollziehen zu können, gibt Abbildung 2.3 einen Überblick über den Aufbau beider Modelle.

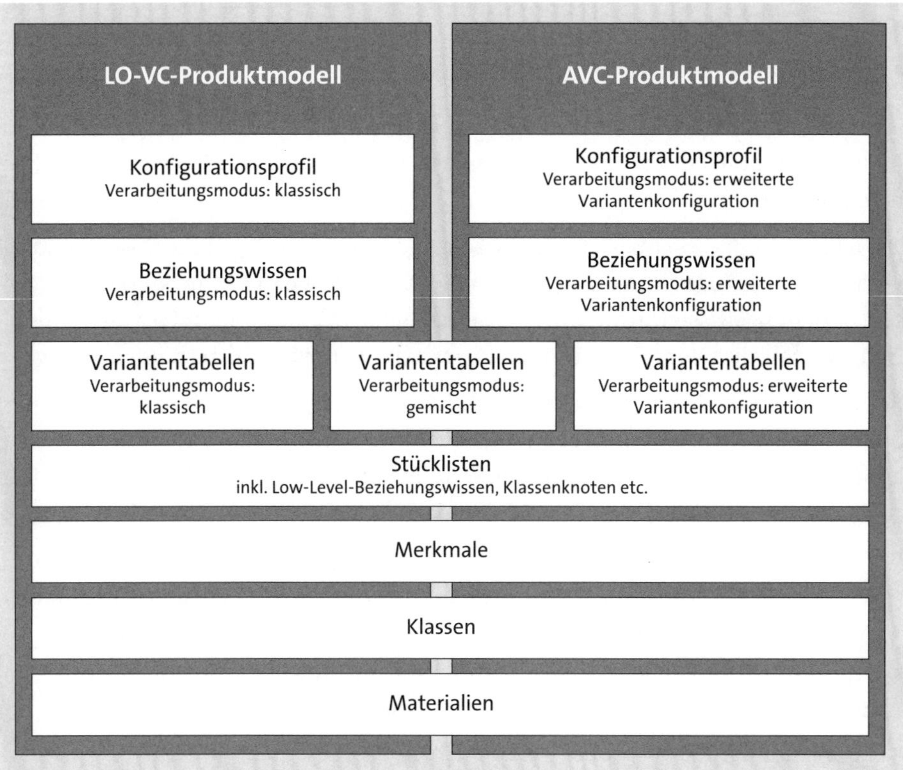

Abbildung 2.3 Gegenüberstellung der Produktmodelle von LO-VC und AVC

Die Kategorien *Materialien*, *Klassen*, *Merkmale* und *Stücklisten* sind unabhängig vom verwendeten Konfigurator. Diese stehen somit sowohl in LO-VC als auch in AVC zur

Verfügung. Dies gilt auch für das Low-Level-Beziehungswissen und Klassenknoten, die keine Veränderungen benötigen. Es ist jedoch zu beachten, dass Sie in SAP S/4HANA Cloud generell keine eigenen Funktionsbausteine implementieren können und somit Variantenfunktionen dort nicht genutzt werden können.

Das High-Level-Beziehungswissen und die Konfigurationsprofile werden hingegen für LO-VC und AVC immer separat angelegt. Ein AVC-Beziehungswissen ist somit nicht in einem LO-VC-Modell verwendbar und umgekehrt. Die Unterscheidung, für welchen Konfigurator ein Konfigurationsprofil und ein Beziehungswissen verwendet werden, erfolgt durch den *Verarbeitungsmodus*. Der Verarbeitungsmodus ist als neues Attribut für Konfigurationsprofile, Beziehungswissen und Variantentabellen eingeführt worden. Für jedes einzelne dieser Objekte muss der Verarbeitungsmodus separat gepflegt werden.

Zunächst einmal bestimmt der Verarbeitungsmodus am Wurzelmaterial (`$Root`), ob die Konfiguration mit LO-VC oder mit AVC erfolgen soll. Diesen definieren Sie am Konfigurationsprofil, indem Sie eine der folgenden Optionen auswählen:

- **Klassisch** für LO-VC
- **Erweiterte Variantenkonfiguration** für AVC

Abhängig hiervon werden nun auf allen untergeordneten Instanzen nur solche Konfigurationsprofile ausgewählt, die denselben Verarbeitungsmodus wie das Wurzelmaterial haben.

Die meisten High-Level-Beziehungswissen sind wiederum einem spezifischen Konfigurationsprofil zugeordnet und müssen auch dessen Verarbeitungsmodus aufweisen. Beziehungswissen an Merkmalen werden nur berücksichtigt, sofern dieses Beziehungswissen zum Verarbeitungsmodus des aktuellen Wurzelmaterials passen.

Bei Variantentabellen verhält es sich ähnlich. Hier existiert jedoch ein dritter Verarbeitungsmodus. Variantentabellen mit dem Verarbeitungsmodus **Gemischt** (Mixed) können in beiden Modellen verwendet werden. Dies bedingt jedoch eine Normalisierung des zugrundeliegenden Tabelleninhalts. Somit folgt für die Transformation eines LO-VC-Modells in ein AVC-Modell:

- Material, Klassen und Merkmale werden nicht kopiert, da diese unverändert in AVC weitergenutzt werden können.
- Stücklisten werden nicht kopiert, können aber in SAP S/4HANA Cloud keine Prozeduren mit der Syntax `FUNCTION` oder `PFUNCTION` nutzen.
- LO-VC-Konfigurationsprofile werden in AVC-Profile kopiert.
- LO-VC-Beziehungswissen werden in AVC-Beziehungswissen kopiert.
- Globales Beziehungswissen, das mehreren LO-VC-Objekten zugeordnet ist, wird genau einmal kopiert. Das neu angelegte globale AVC-Beziehungswissen wird dann in den entsprechenden AVC-Modellen automatisch wiederverwendet.

- Normalisierte Variantentabellen im Verarbeitungsmodus **Gemischt** werden nicht kopiert, sondern können in AVC weiterverwendet werden. Der Verarbeitungsmodus **Klassisch** bedingt hingegen die Kopie der Tabelle für den AVC und gegebenenfalls die Anpassung der Variantentabelle. Dies muss manuell erfolgen.

> **Grundsätze der Transformation**
>
> LO-VC-Modelle werden zu einem fest definierten Auflösungsdatum transformiert. Gibt es z. B. zu einem Beziehungswissen mehrere Änderungsstände, wird nur genau ein Änderungsstand übernommen.
>
> Generell werden auch mehrstufige Modelle über alle Stufen nach AVC umgesetzt. Darüber hinaus ist es möglich, auch mehrere Modelle gemeinsam zu transformieren. Dies ist insbesondere dann sinnvoll, wenn diese Modelle eine hohe Überschneidung an globalem Beziehungswissen aufweisen, wie es z. B. für Produktgruppen der Fall sein kann. Jeder für die Transformation relevante LO-VC-Stammdatensatz kann nur einmal nach AVC transformiert werden.

2.4 Transition Workspace

Im *Transition Workspace* definieren Sie, welche Modelle zusammen überführt werden sollen. Zu diesem Zweck nutzen Sie Transaktion VCH_L2A_WORKSPACES. Dies ist der erste Schritt der Transformation (siehe Abbildung 2.2).

Legen Sie einen Transition Workspace mit einem Klick auf den Button **Anlegen** an. Zunächst vergeben Sie einen eindeutigen Namen und eine Beschreibung des Arbeitsbereichs. Zudem wird der Stichtag zur Auflösung der Stammdaten festgelegt. Optional kann ein Zieländerungsstand angegeben werden, der später bei der Anlage der AVC-Objekte verwendet wird (siehe Abbildung 2.4).

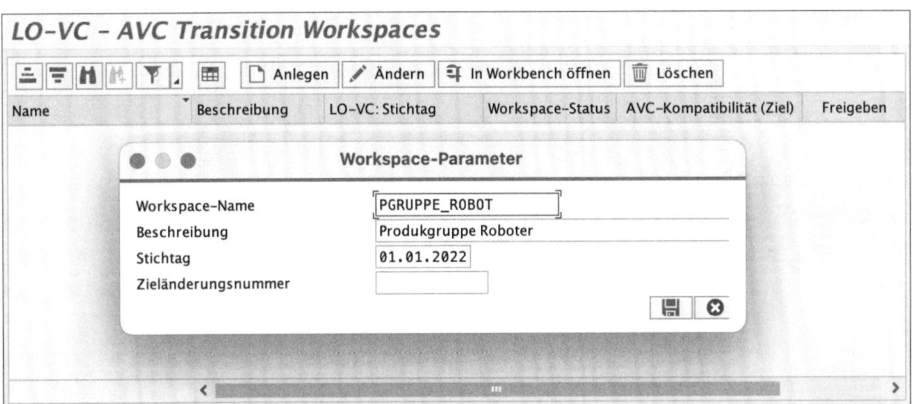

Abbildung 2.4 Transition Workspace anlegen

Nach dem Sichern gelangen Sie automatisch in die Detailsicht des Transition Workspace. Hier können nun vorhandene ein- oder mehrstufige LO-VC-Modelle hinzugefügt werden. Klicken Sie dazu auf den Button **Modelle hinzufügen**. Wählen Sie dann die Wurzelmaterialien für den Transition Workspace aus.

Nachdem auf diese Weise alle relevanten Wurzelmaterialen definiert worden sind, sichern Sie den Workspace und starten die Stammdatenermittlung mit einem Klick auf den Button **Übergang starten**. Hierdurch werden die festgelegten Modelle mehrstufig aufgelöst und die zu transformierenden Konfigurationsprofile und High-level-Beziehungswissen ermittelt. Diese werden dem Transition Workspace zugeordnet. Damit ist der Transition Workspace definiert.

Die nächsten Schritte werden in der Transition Workbench durchgeführt, die Sie über den Button **Transition Workbench** direkt aus dem Transition Workspace öffnen (siehe Abbildung 2.5).

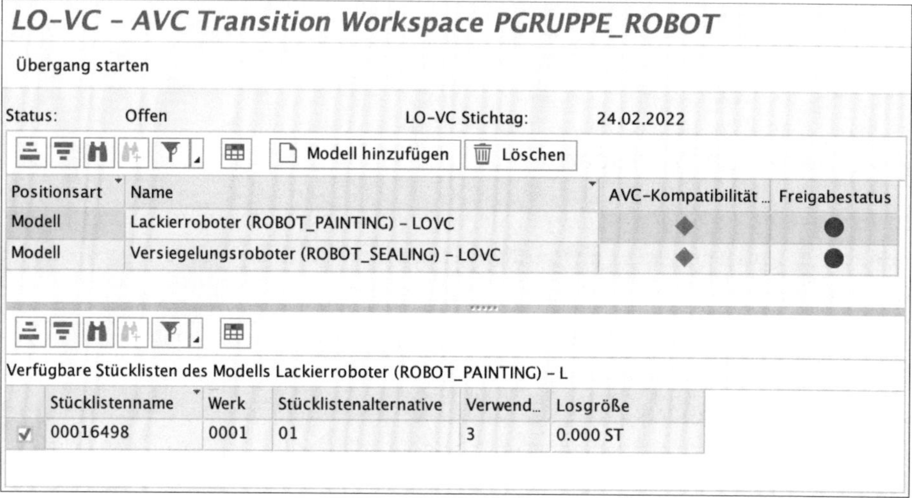

Abbildung 2.5 Modelle im Transition Workspace

2.5 Transition Workbench

Die *Transition Workbench* dient der Analyse der Modelle. Gleichzeitig ist sie das Hauptwerkzeug für deren Transformation. Hier werden Ihnen Informationen zu den für die Transformation relevanten Objekten wie z. B. Prüfergebnisse und verschiedene Statusinformationen angezeigt. Sie erreichen die Transition Workbench über Transaktion VCH_L2A_WORKBENCH.

Geben Sie im Einstiegbild den Namen des Transition Workspace an, dessen zugeordnete Stammdatenobjekte von LO-VC nach AVC überführt werden sollen.

2.5.1 Aufbau der Transition Workbench

Die Transition Workbench ist in drei Bereiche gegliedert (siehe Abbildung 2.6):

- Objekthierarchie
- Übergangsobjekte
- Meldungsbereich

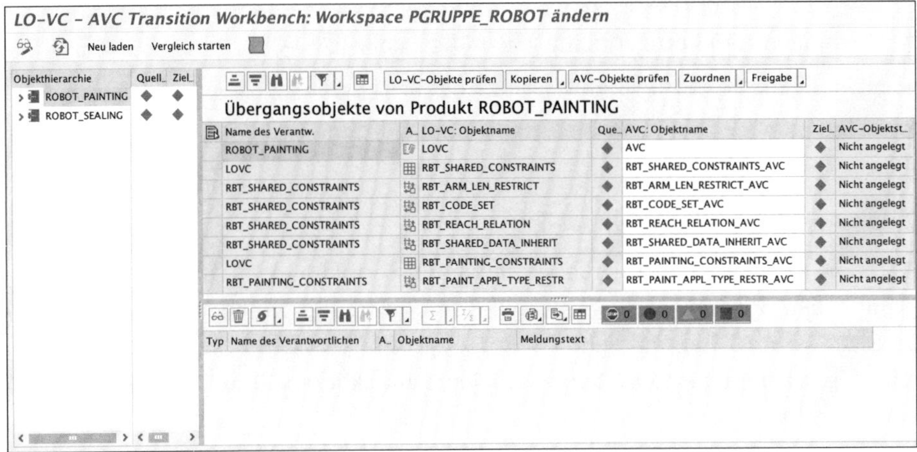

Abbildung 2.6 Aufbau der Transition Workbench

Der Bereich **Objekthierarchie** dient der Übersicht über die im Modell transformierbaren Objekte sowie deren Einordnung in der Modellhierarchie (siehe Tabelle 2.1).

Im Gegensatz zur VC-Modellierungsumgebung (Transaktion PMEVC) werden nur Datenobjekte angezeigt, die auch ein transformierbares Objekt enthalten. So wird z. B. eine Klasse mit einem Merkmal nur dargestellt, wenn dem Merkmal auch mindestens ein LO-VC-Beziehungswissen zugeordnet ist. Zu jedem transformierbaren Objekt wird zugleich auch der Status für die Transformation angezeigt.

Transformierbares Stammdatenobjekt	Übergeordnetes Stammdatenobjekt
Konfigurationsprofil	Materialstamm
Beziehungsnetz	Konfigurationsprofil
Constraint	Beziehungsnetz
Prozedur	Konfigurationsprofil, Merkmal, Merkmalswert
Vorbedingung	Merkmal, Merkmalswert
Auswahlbedingung	Merkmal

Tabelle 2.1 Transformierbare Datenobjekte

Der Bereich **Übergangsobjekte** unterstützt bei der eigentlichen Modelltransformation. Zunächst wählen Sie die Objekte aus, die in das AVC-Modell überführt werden sollen. Die Auswahl erfolgt in der Objekthierarchie, indem Sie auf einen Knoten doppelklicken. Hierdurch werden alle transformierbaren Datenobjekte unterhalb des gewählten Knotens und alle seiner untergeordneten Unterknoten übernommen.

Im Meldungsbereich erhalten Sie Ergebnismeldungen für die ausgeführten Aktionen. Es werden drei Meldungskategorien unterschieden:

- Meldungen zum Kompatibilitätscheck der Quelle (LO-VC)
- Meldungen zum Kompatibilitätscheck des Ziels (AVC)
- Meldungen zur Umbenennung, Kopie und Zuordnung von AVC-Objekten

2.5.2 Analyse des LO-VC-Modells

Nachdem Sie in der Objekthierarchie die zu transformierenden LO-VC-Objekte ausgewählt haben, können Sie diese auf AVC-Konformität hin prüfen, ohne dass ein entsprechendes AVC-Stammdatenobjekt angelegt wird. Markieren Sie dazu die entsprechenden Zeilen im Bereich **Übergangsobjekte**, und klicken Sie auf den Button **LO-VC Objekt prüfen**.

Das Ergebnis dieser Vorabprüfung wird im Meldungsbereich angezeigt. Warnungen zeigen an, dass sich das kopierte AVC-Stammdatum möglicherweise anders verhalten wird als das entsprechende Quellobjekt in LO-VC. Fehlermeldungen weisen hingegen auf eine direkte Inkompatibilität hin (siehe Abbildung 2.7).

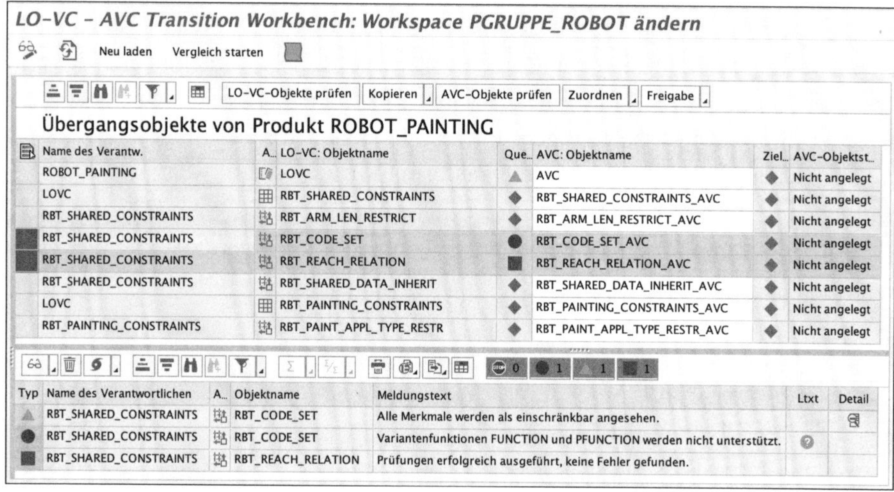

Abbildung 2.7 LO-VC-Objektprüfung

Die Anzahl der Meldungen variiert erheblich je nach Modellierungsansatz. Modelle, die in LO-VC weitgehend auf Constraints aufgebaut sind, sind tendenziell einfacher nach AVC zu transformieren. Die folgenden Arten von Meldungen werden Ihnen jedoch immer wieder begegnen:

- Eine Einstellung am LO-VC-Konfigurationsprofil ist in AVC nicht mehr vorhanden oder wird in einer anderen Option abgebildet (Warnung).
- Dem Konfigurationsprofil wurde eine Benutzeroberfläche zugeordnet. Mit der Einführung von wiederverwendbaren Merkmalsgruppen wird in AVC ein neuer Ansatz für die Bildschirmgestaltung verfolgt. Die Überführung der LO-VC-Benutzeroberflächen wird jedoch nicht mit dem Transformationstool in AVC-Merkmalsgruppen unterstützt. Diese können aber vorab unabhängig vom Modell in AVC angelegt werden (Warnung).
- Das LO-VC-Modell verwendet nicht einschränkbare Merkmale in Constraints. Diese werden in AVC – unabhängig von der Einstellung im Merkmalsstamm – immer einschränkend verwendet. Dies kann gegebenenfalls bei gleicher Syntax zu abweichenden Ergebnissen führen (Warnung).
- In einer LO-VC-Beziehung wird ein Syntaxelement verwendet, das in AVC nicht mehr zur Verfügung steht (Fehlermeldung).

Beispielsweise kann das Syntaxelement `FUNCTION` in AVC nicht mehr verwendet werden. Der Verwendung einer Variantenfunktionen kann in AVC jedoch überflüssig werden, wenn Sie stattdessen ein korrelierendes AVC-Syntaxelement verwenden. In anderen Fällen kann die Variantenfunktion in eines der neuen AVC-BAdIs (BAdI = Business Add-In) überführt werden. Die Fehlermeldung bei der LO-VC-Objektprüfung weist Sie daher frühzeitig auf solche Verwendungen hin, sodass Sie rechtzeitig entsprechende Untersuchungen durchführen können.

Durch eine Anpassung der LO-VC-Stammdaten kann die Anzahl der Warnungen und Fehlermeldungen bereits vor der Transformation reduziert werden. Die Prüfung in der Transition Workbench kann jederzeit wiederholt werden. Das Ergebnis dieser Prüfung wird als Status an die Zeilen in die Objekthierarchie und den Bereich **Übergangsobjekte** übernommen (**Quellkompatibilität**). Maßgebend ist dabei immer die Meldung mit der höchsten Kritikalität (siehe Abbildung 2.8).

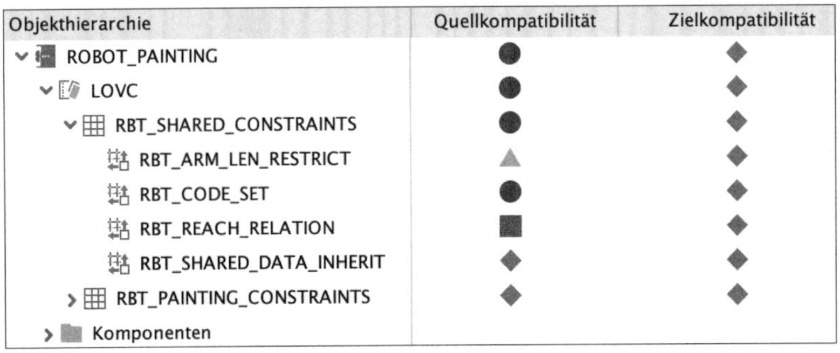

Objekthierarchie	Quellkompatibilität	Zielkompatibilität
ROBOT_PAINTING	●	◆
LOVC	●	◆
RBT_SHARED_CONSTRAINTS	●	◆
RBT_ARM_LEN_RESTRICT	▲	◆
RBT_CODE_SET	●	◆
RBT_REACH_RELATION	■	◆
RBT_SHARED_DATA_INHERIT	◆	◆
RBT_PAINTING_CONSTRAINTS	◆	◆
Komponenten		

Abbildung 2.8 Transformationsstatus in der Objekthierarchie

2.5.3 Erstellung des AVC-Modells

Bei allen zuvor beschriebenen Aktivitäten der Transformation haben Sie ausschließlich mit den vorhandenen LO-VC-Stammdaten gearbeitet. Im nächsten Schritt erfolgt nun die eigentliche Erstellung der AVC-Modelle durch Kopieren der Konfigurationsprofile und des Beziehungswissens von LO-VC nach AVC. Hierzu nutzen Sie ebenfalls den Bereich **Übergangsobjekte** in der Transition Workbench.

Die Konfigurationsprofile und das globale Beziehungswissen werden immer über einen eindeutigen Namen identifiziert. Daher muss jedes dieser LO-VC-Objekte einen neuen Namen erhalten, wenn es in AVC kopiert wird. Grundsätzlich wird hierzu das Suffix _AVC an den bestehenden Namen angehängt. Es ist aber auch möglich, die AVC-Namen manuell vorzugeben, indem Sie im Bereich der Transformationsobjekte für einzelne Stammdatenobjekte in der Spalte **AVC: Objektname** einen abweichenden Namen eintragen (siehe Abbildung 2.9).

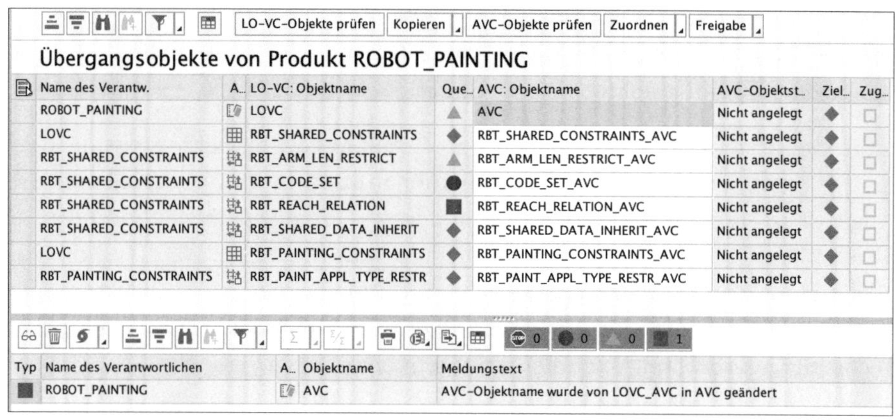

Name des Verantw.	A..	LO-VC: Objektname	Que...	AVC: Objektname	AVC-Objektst...	Ziel...	Zug...
ROBOT_PAINTING		LOVC		AVC	Nicht angelegt		
LOVC		RBT_SHARED_CONSTRAINTS		RBT_SHARED_CONSTRAINTS_AVC	Nicht angelegt		
RBT_SHARED_CONSTRAINTS		RBT_ARM_LEN_RESTRICT		RBT_ARM_LEN_RESTRICT_AVC	Nicht angelegt		
RBT_SHARED_CONSTRAINTS		RBT_CODE_SET		RBT_CODE_SET_AVC	Nicht angelegt		
RBT_SHARED_CONSTRAINTS		RBT_REACH_RELATION		RBT_REACH_RELATION_AVC	Nicht angelegt		
RBT_SHARED_CONSTRAINTS		RBT_SHARED_DATA_INHERIT		RBT_SHARED_DATA_INHERIT_AVC	Nicht angelegt		
LOVC		RBT_PAINTING_CONSTRAINTS		RBT_PAINTING_CONSTRAINTS_AVC	Nicht angelegt		
RBT_PAINTING_CONSTRAINTS		RBT_PAINT_APPL_TYPE_RESTR		RBT_PAINT_APPL_TYPE_RESTR_AVC	Nicht angelegt		

Typ	Name des Verantwortlichen	A...	Objektname	Meldungstext
	ROBOT_PAINTING		AVC	AVC-Objektname wurde von LOVC_AVC in AVC geändert

Abbildung 2.9 Vergabe von Objektnamen für die AVC-Objekte

Mit einem Klick auf den Button **Kopieren** werden für die markierten Zeilen die entsprechenden AVC-Stammdaten unter den neu vergebenen Namen angelegt. Alle AVC-Stammdaten erhalten den Status **In Vorbereitung**.

Globales Beziehungswissen wird zwar kopiert, aber noch nicht seinem übergeordneten Stammdatum zugeordnet. Um diese Verbindung herzustellen, nutzen Sie den Button **Zuordnen** (siehe Abbildung 2.10).

Nachdem das AVC-Beziehungswissen nun im System vorhanden ist, kann es auch einem echten AVC-Syntaxcheck unterzogen werden. Dieser Syntaxcheck erfolgt genau wie im Beziehungswisseneditor, also bei der interaktiven Bearbeitung einer AVC-Beziehung.

Sie können das AVC-Beziehungswissen auch manuell anpassen, um Inkompatibilitäten zu beseitigen und die erweiterten Modellierungsmöglichkeiten auszuschöpfen. Das ursprüngliche LO-VC-Beziehungswissen bleibt davon unberührt.

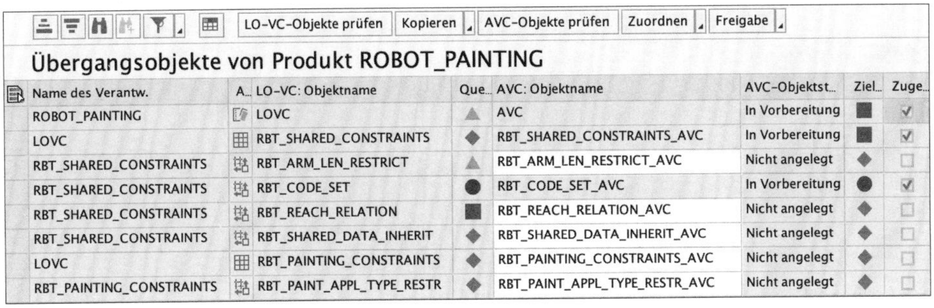

LO-VC-Objekte prüfen | Kopieren | AVC-Objekte prüfen | Zuordnen | Freigabe

Übergangsobjekte von Produkt ROBOT_PAINTING

Name des Verantw.	A...	LO-VC: Objektname	Que...	AVC: Objektname	AVC-Objektst...	Ziel...	Zuge...
ROBOT_PAINTING		LOVC	▲	AVC	In Vorbereitung	■	✓
LOVC		RBT_SHARED_CONSTRAINTS	◆	RBT_SHARED_CONSTRAINTS_AVC	In Vorbereitung	■	✓
RBT_SHARED_CONSTRAINTS		RBT_ARM_LEN_RESTRICT	▲	RBT_ARM_LEN_RESTRICT_AVC	Nicht angelegt	◆	☐
RBT_SHARED_CONSTRAINTS		RBT_CODE_SET	●	RBT_CODE_SET_AVC	In Vorbereitung	●	✓
RBT_SHARED_CONSTRAINTS		RBT_REACH_RELATION	■	RBT_REACH_RELATION_AVC	Nicht angelegt	◆	☐
RBT_SHARED_CONSTRAINTS		RBT_SHARED_DATA_INHERIT	◆	RBT_SHARED_DATA_INHERIT_AVC	Nicht angelegt	◆	☐
LOVC		RBT_PAINTING_CONSTRAINTS	◆	RBT_PAINTING_CONSTRAINTS_AVC	Nicht angelegt	◆	☐
RBT_PAINTING_CONSTRAINTS		RBT_PAINT_APPL_TYPE_RESTR	◆	RBT_PAINT_APPL_TYPE_RESTR_AVC	Nicht angelegt	◆	☐

Abbildung 2.10 Übergangsobjekte nach dem Kopiervorgang

2.5.4 Transformation eines Constraints – ein Beispiel

Sofern in der LO-VC-Beziehung ein Syntaxelement verwendet wird, das in AVC nicht mehr zur Verfügung steht, ist eine manuelle Anpassung des AVC-Beziehungswissens unumgänglich. Dieser Abschnitt gibt Ihnen einen beispielhaften Überblick darüber, wie eine solche Beziehung in AVC neu modelliert werden kann.

Durch das vorliegende LO-VC-Beziehungswissen soll dem zeichenartigen Merkmal `RBT_CODE` ein Wert zugewiesen werden (siehe Listing 2.1). Das Merkmal wird als Typenkennung des Roboters verwendet, in dem mehrere Einzelwerte anderer Schlüsselmerkmale zu einem einzigen Merkmalswert zusammengefasst werden, In diesem Fall wird der Wert der Applikation mit den Armlängen als Roboterkennung miteinander kombiniert.

Hierzu bedarf es zunächst einer Typenkonvertierung von der numerischen Armlänge in ein zeichenartiges Hilfsmerkmal für die Armlänge. In LO-VC wird hierzu die Standardvariantenfunktion `SAP_VF_NUM_TO_CHAR()` verwendet.

Da Variantenfunktionen in AVC nicht unterstützt werden, wird in der Transition Workbench für dieses Beziehungswissen ein Fehler ausgegeben. In AVC existiert jedoch für die Typenkonvertierung von numerischen in zeichenartige Werte das Syntaxelement `To_String()`. Dieses Syntaxelement kann auch innerhalb von Ausdrücken verwendet werden, sodass kein Hilfsmerkmal mehr benötigt wird. Dies ist hingegen mit der Variantenfunktionen in LO-VC nicht möglich.

Durch die Verwendung von `$self` für die Objektreferenz im AVC-Constraint, könnte gegebenenfalls auch auf die entsprechende Objektdefinition im Objektteil verzichtet werden, auch wenn dies sicherlich nur in Ausnahmefällen empfehlenswert ist.

Des Weiteren kann in AVC der `Inferences`-Teil entfallen, da er hier keine Verwendung mehr hat.

```
Objects:
  Robot     IS_A (300)RBT_ROBOT,
  Arm       IS_A (300)RBT_ARM,
```

```
  Helper     IS_A (300)RBT_ROBOT_HELPER.
Restrictions:
  FUNCTION SAP_VF_NUM_TO_CHAR(
       SAP_VF_NUMIN = ARM.RBT_ARM_LENGTH,
       SAP_VF_PLACES = '0',
       SAP_VF_SEPARATOR = ',.',
       SAP_VF_OPTION = '',
       SAP_VF_CHAROUT = HELPER.RBT_ARM_LENGTH_CHAR ),
  ROBOT.RBT_CODE =
       ROBOT.RBT_APPLICATION_TYPE
       || '-'
       || HELPER.RBT_ARM_LENGTH_CHAR.
Inferences:
   HELPER.RBT_ARM_LENGTH_CHAR.
```

Listing 2.1 Quell-Constraint in LO-VC

Den resultierenden Constraint können Sie Listing 2.2 entnehmen.

```
Objects:
  Arm      IS_A (300)RBT_ARM.
Restrictions:
  $self.RBT_CODE =
       $self.RBT_APPLICATION_TYPE
       || '-'
       || To_String(ARM.RBT_ARM_LENGTH).
```

Listing 2.2 AVC-Constraint nach der Transformation

2.6 Ergebnisvergleich

Um zu prüfen, ob die Konfiguration eines Belegs, der mit LO-VC abgewickelt wird (d. h. im Verarbeitungsmodus **Klassisch**), die gleichen Ergebnisse liefert wie der identische Beleg, der mit AVC angelegt wird (d. h. im Verarbeitungsmodus **Erweiterte Variantenkonfiguration**), können Sie stichprobenartige Tests durchführen. Dafür rufen Sie Transaktion VCH_L2A_COMPARISON auf.

Der Vergleich erfolgt immer mit Bezug auf einen Originalbeleg, der zu einem Material in LO-VC erstellt wurde. Dieser Beleg wird mit dem neu erstellten AVC-Modell simuliert und das so berechnete Ergebnis dem Originalbeleg gegenübergestellt.

Im Einstieg geben Sie das Material ein, zu dem Sie den Vergleich durchführen wollen. Wählen Sie außerdem einen LO-VC-Beleg, der in AVC simuliert werden soll. Dabei können Sie zwischen den Belegtypen **Kundenauftrag**, **Materialvariante**, **Bestellung**, **Bestellanforderungen** und **Fertigungsauftrag** wählen (siehe Abbildung 2.11).

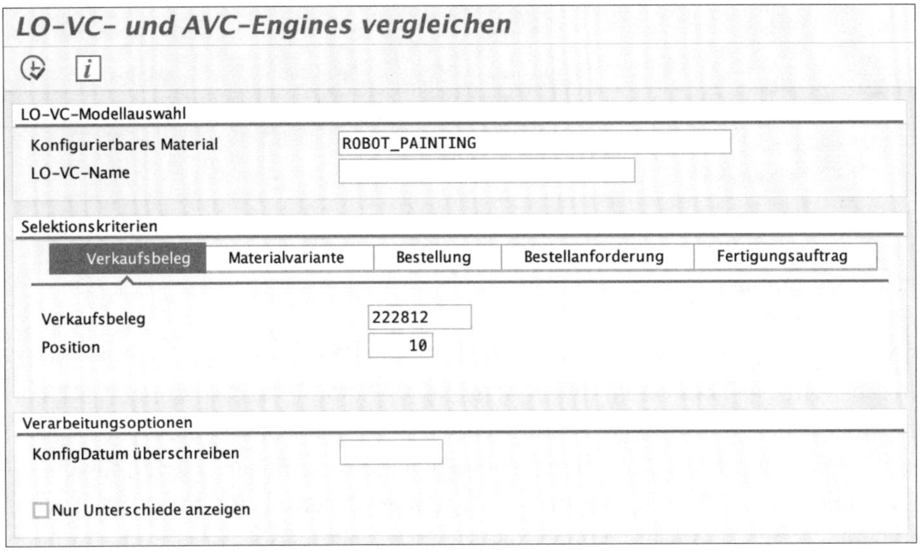

LO-VC- und AVC-Engines vergleichen

LO-VC-Modellauswahl
Konfigurierbares Material ROBOT_PAINTING
LO-VC-Name

Selektionskriterien
Verkaufsbeleg | Materialvariante | Bestellung | Bestellanforderung | Fertigungsauftrag
Verkaufsbeleg 222812
Position 10

Verarbeitungsoptionen
KonfigDatum überschreiben
Nur Unterschiede anzeigen

Abbildung 2.11 Einstieg in den Ergebnisvergleich

Wenn Sie z. B. den Vergleich mit einem Kundenauftrag ausführen möchten, wählen Sie die Registerkarte **Verkaufsbeleg** aus. Geben Sie dort einen Kundenauftrag und eine Position ein. Im Standard wird das Auflösungsdatum des Belegs übernommen. Optional können Sie das Auflösungsdatum durch ein frei gewähltes Datum im Feld **KonfDatum überschreiben** selbst festlegen. Sofern Sie nur Abweichungen im Ergebnis zwischen Originalbeleg und simulierten AVC-Ergebnis sehen wollen, setzen Sie ein Häkchen bei **Nur Unterschiede anzeigen** und klicken oben links im Bild auf den Button .

Das Ergebnisbild ist in zwei Bereiche aufgeteilt (siehe Abbildung 2.12). Der Instanzenbaum zeigt die in LO-VC und AVC ermittelten Komponenten. Zugleich weist er auf Unterschiede in der Auflösung auf derselben bzw. auf untergeordneten Instanzen hin.

Der Ergebnisbereich zeigt Ihnen die ursprünglichen Bewertungen und Facetten im LO-VC-Beleg im Vergleich zur AVC-Simulation. Folgende Vergleiche werden durchgeführt:

- Merkmalsbewertungen
- Facetten
- Instanzen

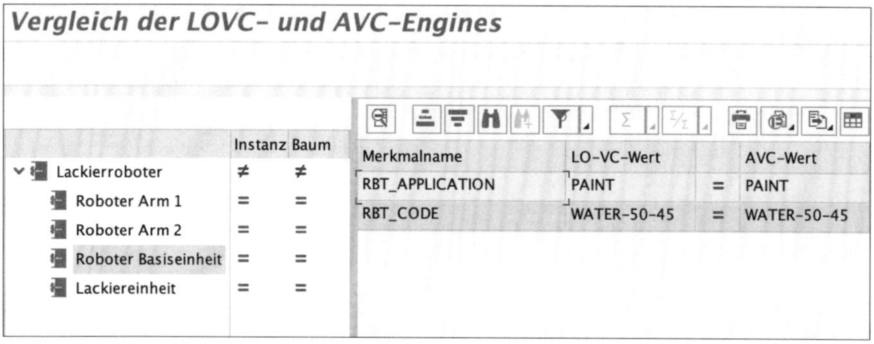

Vergleich der LOVC- und AVC-Engines

	Instanz	Baum
Lackierroboter	≠	≠
Roboter Arm 1	=	=
Roboter Arm 2	=	=
Roboter Basiseinheit	=	=
Lackiereinheit	=	=

Merkmalname	LO-VC-Wert		AVC-Wert
RBT_APPLICATION	PAINT	=	PAINT
RBT_CODE	WATER-50-45	=	WATER-50-45

Abbildung 2.12 Aufbau des Ergebnisbildes

Im vorliegenden Beispiel besteht tatsächlich ein Unterschied zwischen den Merkmalsbewertungen aus LO-VC und AVC (siehe Abbildung 2.13). Das Symbol ϟ kennzeichnet dabei die Merkmale mit ungleichen Bewertungen. Wie in Abschnitt 2.5.4, »Transformation eines Constraints – ein Beispiel«, beschrieben, werden für diesen Constraint die Hilfsmerkmale für die Typenkonvertierung im AVC-Modell nicht mehr benötigt. Daher werden diese in AVC auch nicht mehr bewertet. Alle anderen Merkmalsbewertungen sind gleich. Somit ist, obwohl eine Differenz zwischen der Bewertung von LO-VC und AVC besteht, das relevante Ergebnis identisch.

Merkmalname	Merkmalbezeichnung	LO-VC-Wert		AVC-Wert	LO-VC-Autor	AVC-Autor
RBT_APPLICATION	Roboter - Anwendung	PAINT	=	PAINT	Klassifizierung	Externe Komponente
RBT_CODE	Roboter Code	WATER-50-45	=	WATER-50-45	Constraint	Constraint
RBT_ARM1_LENGTH_CHAR	Hilfsmerkmal - Armlänge CHAR	50	ϟ		Constraint	
RBT_ARM2_LENGTH_CHAR	Hilfsmerkmal - Armlänge CHAR	45	ϟ		Constraint	
RBT_RMIN_REQ	Reichweite gefordert - minimal	5	=	5	Benutzer	Benutzer
RBT_RMAX_REQ	Reichweite gefordert - maximal	140	=	140	Benutzer	Benutzer
RBT_RMIN_TECH	Reichweite technisch - minimal	5	=	5	Constraint	Constraint
RBT_RMAX_TECH	Reichweite technisch - maximal	155	=	155	Constraint	Constraint

Abbildung 2.13 Vergleich der Merkmalsbewertungen

Auch die Facetten für die Sichtbarkeit und die Eingabebereitschaft werden verglichen und in das Ergebnis einbezogen (siehe Abbildung 2.14).

Merkmalname	Merkmalbezeichnung	LO-VC schreibgeschützt	AVC schreibgeschützt	LO-VC keine Anzeige	AVC keine Anzeige
RBT_APPLICATION	Roboter - Anwendung				
RBT_CODE	Roboter Code	X	X		
RBT_ARM1_LENGTH_CHAR	Hilfsmerkmal - Armlänge CHAR			X	X
RBT_ARM2_LENGTH_CHAR	Hilfsmerkmal - Armlänge CHAR			X	X
RBT_RMIN_REQ	Reichweite gefordert - minimal				
RBT_RMAX_REQ	Reichweite gefordert - maximal				
RBT_RMIN_TECH	Reichweite technisch - minimal	X	X		
RBT_RMAX_TECH	Reichweite technisch - maximal	X	X		

Abbildung 2.14 Vergleich der Facetten

2.7 Transfer der Materialvarianten

Im letzten Schritt der Transformation eines LO-VC-Modells in ein AVC-Modell müssen Sie die Materialvarianten überführen. Hierzu stellen Sie die Materialvarianten mit einem klassischen Konfigurationsprofil auf eine Materialvariante mit einem AVC-Konfigurationsprofil um (siehe Abbildung 2.15).

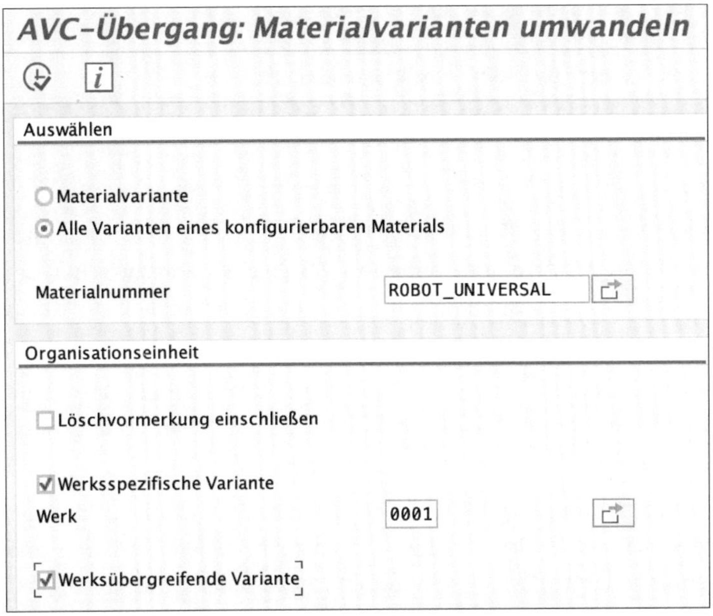

Abbildung 2.15 Einstieg in den Transfer von Materialvarianten

Um diesen Prozess auszuführen, nutzen Sie Transaktion VCHMOVMVAR. In dieser Transaktion können Sie auswählen, ob Sie lediglich eine einzelne Materialvariante oder alle Materialvarianten eines konfigurierbaren Produkts transferieren wollen.

Für alle auf diese Weise selektierten LO-VC-Materialvarianten wird nun im Hintergrund eine Simulation mit dem entsprechenden AVC-Modell durchgeführt. Nach diesem Vorgang erhalten Sie eine Auflistung der prozessierten Materialvarianten (siehe Abbildung 2.16). Es werden Ihnen die folgenden Informationen angezeigt:

- die globale Materialvariante
- die werksspezifischen Materialvarianten
- das konfigurierbare Material, auf das sich die Materialvarianten beziehen
- das Quellprofil, d. h. das klassische LO-VC-Konfigurationsprofil
- das Zielprofil, d. h. das neue AVC-Konfigurationsprofil
- der Vergleichsstatus

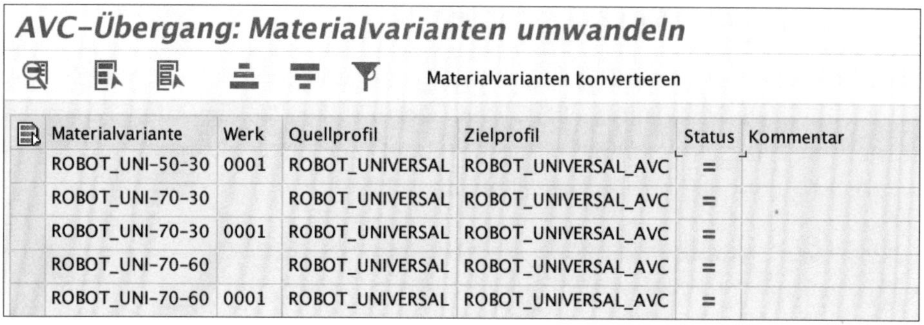

AVC-Übergang: Materialvarianten umwandeln

Materialvarianten konvertieren

Materialvariante	Werk	Quellprofil	Zielprofil	Status	Kommentar
ROBOT_UNI-50-30	0001	ROBOT_UNIVERSAL	ROBOT_UNIVERSAL_AVC	=	
ROBOT_UNI-70-30		ROBOT_UNIVERSAL	ROBOT_UNIVERSAL_AVC	=	
ROBOT_UNI-70-30	0001	ROBOT_UNIVERSAL	ROBOT_UNIVERSAL_AVC	=	
ROBOT_UNI-70-60		ROBOT_UNIVERSAL	ROBOT_UNIVERSAL_AVC	=	
ROBOT_UNI-70-60	0001	ROBOT_UNIVERSAL	ROBOT_UNIVERSAL_AVC	=	

Abbildung 2.16 Auflistung der Überführung der Materialvarianten vom LO-VC-Modell in das AVC-Modell

Über den Vergleichsstatus wird visualisiert, ob die Bewertung in beiden Konfiguratoren dasselbe Ergebnis liefert. Um einen detaillierten Vergleichsreport zwischen der LO-VC- und AVC-Konfiguration zu erhalten, führen Sie einen Doppelklick auf **Status** aus.

Es öffnet sich ein Fenster, in dem Sie sehen, dass jedes Merkmal mit jedem Domänenwert einzeln ausgewiesen und geprüft wird (siehe Abbildung 2.17). Im vorliegenden Beispiel verhalten sich der LO-VC- und der AVC-Konfigurator identisch.

Sollte der Vergleichsreport Differenzen zwischen LO-VC und AVC aufzeigen, lässt das darauf schließen, dass sich die beiden Konfiguratoren nicht gleich verhalten und nicht dieselben Ergebnisse liefern. Um diese Differenz zu beheben, müssten Sie das Beziehungswissen entsprechend anpassen.

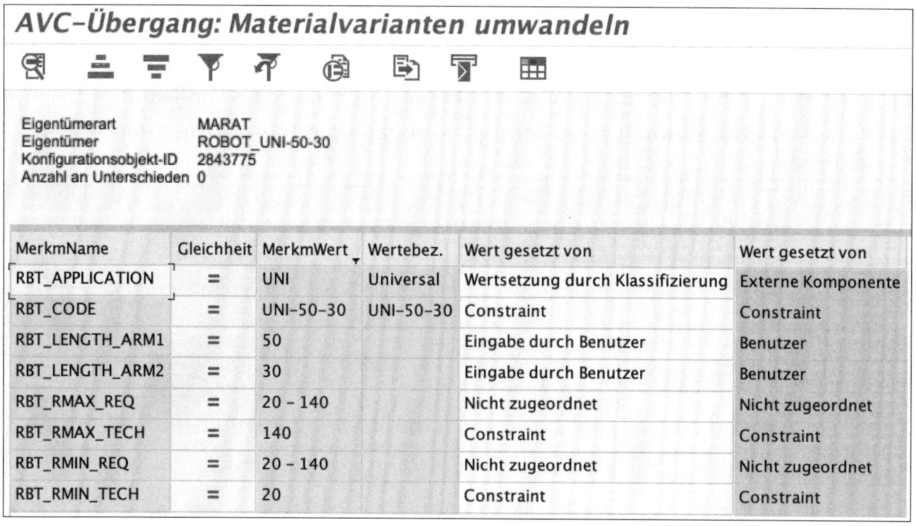

AVC-Übergang: Materialvarianten umwandeln

Eigentümerart MARAT
Eigentümer ROBOT_UNI-50-30
Konfigurationsobjekt-ID 2843775
Anzahl an Unterschieden 0

MerkmName	Gleichheit	MerkmWert	Wertebez.	Wert gesetzt von	Wert gesetzt von
RBT_APPLICATION	=	UNI	Universal	Wertsetzung durch Klassifizierung	Externe Komponente
RBT_CODE	=	UNI-50-30	UNI-50-30	Constraint	Constraint
RBT_LENGTH_ARM1	=	50		Eingabe durch Benutzer	Benutzer
RBT_LENGTH_ARM2	=	30		Eingabe durch Benutzer	Benutzer
RBT_RMAX_REQ	=	20 - 140		Nicht zugeordnet	Nicht zugeordnet
RBT_RMAX_TECH	=	140		Constraint	Constraint
RBT_RMIN_REQ	=	20 - 140		Nicht zugeordnet	Nicht zugeordnet
RBT_RMIN_TECH	=	20		Constraint	Constraint

Abbildung 2.17 Ergebnisvergleich von LO-VC und AVC für Materialvarianten

Um die Materialvariante nun tatsächlich zu konvertieren, klicken Sie auf den Button (Zurück). Sie sehen nun wieder das in Abbildung 2.16 gezeigte Fenster und klicken dort auf die Option **Materialvarianten konvertieren**. Durch diesen Schritt wird das Konfigurationsprofil auf der Datenbank von LO-VC auf AVC umgestellt (siehe Abbildung 2.18).

AVC-Übergang: Materialvarianten umwandeln

Materialvarianten konvertieren

Materialvariante	Werk	Konfig. Material	Quellprofil	Zielprofil	Status	Kommentar
ROBOT_UNI-50-30	0001	ROBOT_UNIVERSAL	ROBOT_UNIVERSAL	ROBOT_UNIVERSAL_AVC	✓	Materialvariante aktualisiert
ROBOT_UNI-70-30		ROBOT_UNIVERSAL	ROBOT_UNIVERSAL	ROBOT_UNIVERSAL_AVC	=	
ROBOT_UNI-70-30	0001	ROBOT_UNIVERSAL	ROBOT_UNIVERSAL	ROBOT_UNIVERSAL_AVC	=	
ROBOT_UNI-70-60		ROBOT_UNIVERSAL	ROBOT_UNIVERSAL	ROBOT_UNIVERSAL_AVC	=	
ROBOT_UNI-70-60	0001	ROBOT_UNIVERSAL	ROBOT_UNIVERSAL	ROBOT_UNIVERSAL_AVC	=	

Abbildung 2.18 Ergebnis der Konvertierung der Materialvariante von einem LO-VC-Konfigurationsprofil in ein AVC-Konfigurationsprofil

Nach dem Abschluss dieses Schrittes ist die Transformation eines LO-VC-Konfigurationsprofils in ein AVC-Konfigurationsprofil abgeschlossen.

Alle Änderungen an den transformierten Materialvarianten im Material- bzw. Produktstamm werden nun über das AVC-Konfigurationsmodell durchgeführt.

2.8 Ein beispielhaftes Konzept zum Wechsel von VC auf AVC (Greenfield vs. Brownfield)

»Es ist besser mit sechs Schritten das Ziel zu erreichen, als sich bei einem großen Sprung die Beine zu brechen ...« (Autor unbekannt)

Bei der Transformation eines LO-VC-Modells in ein AVC-Modell werden mehrere Schritte durchlaufen, um die zusammenhängenden Prozesse ganzheitlich zu betrachten. Um alle Schritte und die damit einhergehenden Prozesse umfassend nach AVC zu transformieren, ist es ratsam, den Wechsel der LO-VC-Modelle in die AVC-Modelle als eigenständiges Projekt aufzusetzen. In diesem Abschnitt finden Sie sechs einfache Schritte, um die Herausforderungen eines solchen Projekts zu meistern (siehe Abbildung 2.19).

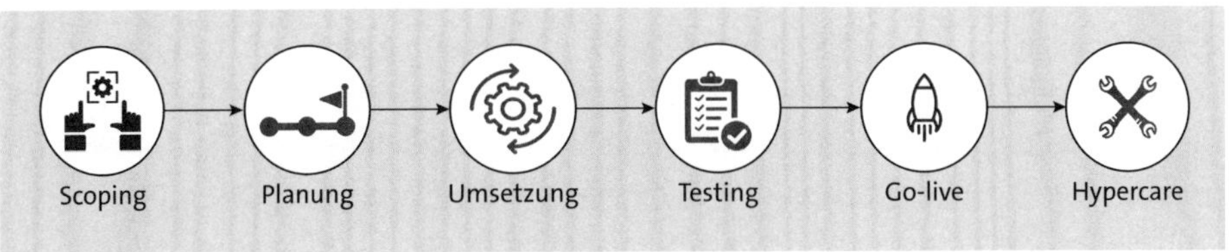

Abbildung 2.19 Sechs Schritte der Umstellung auf AVC

2.8.1 Warum auf AVC umstellen?

Die erste Frage, die sich stellt, bevor ein Transformationsprojekt geplant wird, lautet: »Warum sollten wir auf AVC umstellen?« Diese Frage lässt sich leicht und mit wenigen Worten beantworten, denn die Vorteile liegen auf der Hand (siehe Abschnitt 2.1, »AVC und LO-VC – ein Entweder-oder?«):

- neue User Experience
- neues User Interface mit neuen Features im Konfigurationsverlauf
- verbesserte Prozess- und Applikationsintegration
- neue Syntaxelemente, die den Aufbau von Beziehungswissen vereinfachen und verkürzen
- verbesserte Einbindung von Variantentabellen
- Wechsel des Konfigurationsszenarios während des Konfigurationsverlaufs (Configure-to-Order (CTO) zu Engineer-to-Order (ETO))
- Generierung von Materialvarianten im Konfigurationsdialog
- neue SAP-Fiori-Apps, die eigens für AVC entwickelt wurden
- einzige in SAP S/4HANA Cloud verfügbare Variantenkonfigurationslösung
- neue Entwicklungen in der Variantenkonfiguration künftig nur noch für AVC

Als Fazit lässt sich sagen, dass eine Transformation bzw. die Einführung von AVC nicht aufgehoben, sondern *nur* aufgeschoben werden kann. Viele Unternehmen scheuen die Umstellung und fürchten sogar den vermeintlich großen Aufwand, der bei einer Transformation/Einführung auf Sie zuzukommen scheint. Diese Sorge lässt sich jedoch mit der Anwendung von Best Practices und der richtigen Herangehensweise schnell nehmen.

2.8.2 Brownfield vs. Greenfield

Bevor eine Transformation angegangen werden kann, muss zunächst ausgearbeitet und erörtert werden, welcher Ansatz der richtige Weg ist, Brownfield oder Greenfield. Es stellt sich die Frage, ob ein kompletter Greenfield-Ansatz verfolgt werden muss oder ob die bestehenden Datenmodelle auch transformiert werden können und somit ein Brownfield-Ansatz gewählt werden kann.

Die Grundlage für die Entscheidung ist eine ausführliche Analyse der bestehenden Datenmodelle. Das Ergebnis einer solchen Analyse kann auch so ausfallen, dass eine Teilmenge der Datenmodelle transformiert werden kann und für weitere Modelle die Datenmodelle komplett neu auf der grünen Wiese, also dem Greenfield-Ansatz folgend, aufgesetzt werden. Gerade solche vertiefenden Analysen bieten die Chance, »Altlasten« bzw. Fehler der Vergangenheit zu bereinigen. Eine allgemeingültige Antwort auf die Frage, welcher Ansatz der passende ist, ist nicht möglich.

Für die Umsetzung eines *Brownfield-Ansatzes* sind folgende Punkte maßgeblich:

- Das Datenmodell sollte überwiegend LO-VC-Standardstrukturen haben.
- Im Beziehungswissen sollten nur wenige bis keine Pfunctions zum Einsatz kommen.
- Die unterschiedlichen Datenmodelle verfügen über eine hohe Anzahl von Überschneidungen von globalem Beziehungswissen.
- Es werden viele Beziehungswissen der Art **Constraint** eingesetzt.

Für den *Greenfield-Ansatz* sprechen die folgende Eigenschaften und Faktoren:

- Die Datenmodelle verfügen über eine Vielzahl von komplexen Beziehungswissen der Art **Prozedur**.
- Es werden im Beziehungswissen eine hohe Anzahl kundenindividueller Funktionen (Pfunctions) eingesetzt.
- Die Datenmodelle haben sehr tiefe Konfigurationsstrukturen mit interaktiver Konfiguration über mehrere Ebenen.

2.8.3 Schritt 1: Scoping

Das *Scoping* ist der erste und wichtigste Schritt eines Transformationsprojekts. In dieser Phase wird der Umfang der zu transformierenden Produktdatenmodelle festgelegt. Der Umfang dieser Daten kann sich je nach Unternehmensstruktur, Prozessen und Zielvorgabe unterscheiden. Legen Sie eindeutig fest, welche Datenmodelle in ein AVC-Modell transformiert werden sollen. Eine vollständige Transformation aller Datenmodelle sollte sorgfältig geprüft und die prozessualen Auswirkungen in die Entscheidung einbezogen werden. Zudem sollte am Ende des Scopings definiert sein, in welcher Reihenfolge und zeitlichen Abfolge die einzelnen Datenmodelle transformiert werden sollen (siehe Abbildung 2.20).

	Objekt	Beschreibung	Sta...
☐	∨ YH_KMAT_XX	KMAT Ebene 0	
☐	∨ PLANNED_PRODUCTION		■
☐	∨ YH_DN_LOVC_01	Beziehungsnetz LOVC 01	■
☐	> YH_CN_PRICING_01	Preisherleitung (ohne Tab.)	■
☐	> YH_C_POWER_RESTRICT	Einschränkung Leistung	■
☐	> *fx* 1000 YH_PRP_SET_VALUE_01	Werte setzen in Abhängigkeit	■
☐	> YH_KMAT_XX		
☐	> 300 YH_300_KMAT_XX	Produktbeschreibende Merkmale	
☐	> 300 YH_AUX_YH_KMAT_XXX	Hilfsmerkmale	
☐	> 3 01		
☐	> Arbeitsplan, 50000000, 01, N	Arbeitsplan KMAT Ebene 0	

Abbildung 2.20 Auszug aus einem Datenmodell (Transaktion PMEVC)

2.8.4 Schritt 2: Planung

In der *Planungsphase* wird der Transformationsprozess des im Scoping definierten Umfangs ausgearbeitet und geplant. Zu diesem Zeitpunkt werden die vorher definierte zeitliche Abfolge sowie alle weiteren Schritte datiert und Meilensteine festgelegt. Diese Meilensteine dienen als Zwischen- bzw. Teilprojektziele und stellen unbedingte Voraussetzungen dar, die zur erfolgreichen Transformation von Datenmodellen erzielt werden müssen.

Innerhalb der Planungsphase wird auch festgelegt, welche Kompetenzen und welches Personal für das Projekt benötigt werden. Bei der Zusammenstellung des Projektteams sind zwingend die benötigten Kapazitäten und Verfügbarkeiten der einzelnen Personen zu berücksichtigen. Des Weiteren müssen die zu verwendenden Werkzeuge und Instrumente eindeutig definiert und dem Projektteam vorgestellt werden. Als abschließende Tätigkeit sollten innerhalb der Planung auch die Testszenarien und die Testphase definiert werden. Bei der Definition der Testszenarien ist es wichtig, dass neben den funktionalen Tests auch End-2-End-Szenarien definiert werden.

SAP-Standardwerkzeuge für die Transformation sind (siehe Tabelle 2.2):

Transaktionscode	Beschreibung
VCH_L2A_WORKSPACES	LO-VC – AVC Transition Workspaces
VCH_L2A_WORKBENCH	LO-VC – AVC Transition Workbench
VCHMOVCOMP	AVC-Übergang: Ergebnisse vergleichen
VCHMOVCOPY	LO-VC-Modell in AVC-Modell kopieren
VCHMOVMVAR	AVC: Materialvarianten umwandeln

Tabelle 2.2 Übersicht der SAP-Transaktionen für die AVC-Transformation

2.8.5 Schritt 3: Umsetzung

In der *Umsetzungsphase* findet die eigentliche Transformation statt. Diese nimmt jedoch nur einen kleinen Anteil an der Gesamtumsetzung des Projekts ein. Es werden die im Projektplan definierten Tätigkeiten und Aufgabenpakete abgearbeitet und sukzessive umgesetzt. Dazu gehören auch konzeptionelle Tätigkeiten, wie beispielsweise die Überführung von kundenindividuellen Funktionen (Pfunctions) in Prozeduren und/oder Constraints. Bei der Überführung von Pfunctions ist nicht nur die 1:1 Übernahme zu betrachten, sondern es kann auch bedeuten, dass ein alternativer Modellierungsansatz gewählt werden muss.

Der Transformationsumfang umfasst nicht das gesamte Datenmodell, da viele Objekte ohne Änderungen direkt in AVC verwendet werden können.

Die zu transformierende Objekte beschränken sich auf:

- Konfigurationsprofil
- Beziehungswissen
- Variantentabellen

Vor der Durchführung der Transformation mit den definierten Werkzeugen werden die ermittelten Anpassungsbedarfe, Modifikationen und Korrekturen umgesetzt, um zu hohe Korrektur- und Nacharbeiten nach oder während des Transformationsprozesses zu vermeiden.

2.8.6 Schritt 4: Testen

In der *Testphase* werden die vorher definierten Testszenarien (siehe Abschnitt 2.8.4, »Schritt 2: Planung«) mit dem transformierten Modell durchgeführt. Dabei werden die Testszenarien analog der in der Planungsphase beschlossenen Szenarien und Prozesse herangezogen. Führen Sie die prozessualen Tests immer in Zusammenarbeit mit den betroffenen Fachbereichen durch. Neben dem funktionalen und prozessualen Test kann mithilfe von Transaktion VCHMOVCOMP ein direkter Vergleich zwischen LO-VC und AVC erfolgen. Insbesondere bei Beziehungswissen, die zur Kalkulation von numerischen Merkmalen genutzt werden ist dieser Vergleich zwingend notwendig, um mögliche Deltas identifizieren zu können. Darüber hinaus ist besonderes Augenmerk auf ehemalig eingesetzte kundenindividuelle Funktionen zu legen, die durch Standardbeziehungswissen ersetzt wurden.

2.8.7 Schritt 5: Go-live

Der *Go-live* stellt lediglich die Produktivsetzung des Datenmodells in AVC dar. Ein großer Vorteil und gleichzeitig eine Fallback-Lösung ist die Tatsache, dass beide Konfigurationsprofile parallel betrieben werden können. Innerhalb eines Belegs ist zwar weiterhin die Auswahl eines Profils möglich, jedoch muss das LO-VC-Konfigurationsprofil zuvor weder gesperrt oder gelöscht werden.

Die Produktivsetzung von AVC kann manuell zum Stichtag erfolgen. Alternativ können Sie das SAP-Änderungsmanagement mit einem entsprechenden Gültigkeitsdatum einsetzen.

2.8.8 Schritt 6: Hypercare

Die *Hypercare-Phase* dient dazu, etwaige kleinere Fehler zu beheben oder das Datenmodell weiter zu optimieren. In AVC stehen bei der Modellierung neue Techniken und Funktionen zur Verfügung, die nach erfolgreicher Transformation genutzt und angewendet werden können. Eine Optimierung des Datenmodells zur vollen Nutzung des AVC-Funktionsumfangs sollte immer erst nach erfolgter Transformation und erfolgreicher Produktivsetzung vorgenommen werden. Dieser Prozess kann dann auch im Zuge der Wartung innerhalb des Lebenszyklus des Datenmodells erfolgen. Besonderes Augenmerk innerhalb der Hypercare-Phase sollte auf den in den Standard überführten kundenindividuellen Funktionen liegen.

Die Wartungsphase wird dazu genutzt, die Systemstabilität zu vertiefen und kleine Fehler zu beheben. Überprüfen Sie außerdem in dieser Phase, ob gegebenenfalls Objekte, die bei der Transformation nicht beachtet werden konnten, manuell und angepasst ins AVC-Modell übertragen werden können.

2.9 Fazit

Die Transformation von LO-VC in AVC ist kein »Schreckgespenst«, vor dem man sich fürchten muss. Bei guter Organisation und mit umfangreicher Planung lässt sich der Aufwand minimieren und der Wechsel erfolgreich gestalten. Die beschriebenen sechs Schritte zum Ziel haben sich in der Praxis bewährt und können als Leitfaden und Orientierungshilfe für eine erfolgreiche und ganzheitliche Transformation von LO-VC-Datenmodellen in AVC-Datenmodelle dienen.

TEIL II

Grundlagen der Modellierung

Kapitel 3

Ein erstes konfigurierbares Material anlegen

Bevor wir in Kapitel 4 tiefer in die Modellierung eintauchen, wollen wir Ihnen in diesem kurzen vorangestellten Kapitel »Appetit machen« und Ihnen einen Überblick über das Anlegen eines konfigurierbaren Materials geben.

Die Variantenkonfiguration bezeichnet ein Werkzeug, um Produkte, die in einer Vielzahl von unterschiedlichen Ausprägungen angeboten werden, mit dem SAP-System abzubilden. Denken Sie an den Kauf eines neuen Autos. Dieses Beispiel illustriert zwei typische Merkmale der Variantenkonfiguration:

Meistens können Sie Ihr Wunschauto beim Händler nicht sofort mitnehmen. Von dem gewünschten Fahrzeugmodell gibt es nämlich häufig so viele Varianten in Form und Ausstattung, dass der Hersteller die Fertigung erst dann anstößt, wenn ein konkreter Kundenauftrag vorliegt. (Eine Fertigung ohne Kundenauftrag und damit ein Verkauf ab Lager ist in der Variantenkonfiguration auch möglich; wir sprechen dann von *Materialvarianten*).

Wenn Sie ein Auto kaufen, wählen Sie im Allgemeinen keine Materialnummer aus einem Katalog aus; stattdessen suchen Sie sich zunächst ein Modell aus. Das Modell gibt es laut Katalog in zahlreichen Varianten. Die gewünschte Variante wird über sogenannte *Eigenschaften* – dort, wo Variabilität laut Katalog angeboten wird – festgelegt.

In Abschnitt 3.1 werden zunächst die Grundlagen erklärt, um die Schritte in den nächsten Abschnitten einordnen zu können. In Abschnitt 3.2 wird das Beispiel vorgestellt, für das die Modellierungsschritte in den weiteren Abschnitten abgehandelt werden. Jedes Modell in der Variantenkonfiguration beginnt mit dem konfigurierbaren Materialstamm (siehe Abschnitt 3.3).

Für die Bewertungsoberfläche in der Variantenkonfiguration benötigen wir Merkmale am Materialstamm und ein Konfigurationsprofil. In Abschnitt 3.4 werden diese Stammdaten angelegt. In Abschnitt 3.5 über die Bewertungsoberfläche können wir uns das Ergebnis dieser ersten Schritte anschauen und überprüfen.

Um auch in der Planung und Fertigung die passenden Stammdaten zur Verfügung zu haben, sind noch Arbeiten an Stückliste und Arbeitsplan vorzunehmen (siehe Abschnitt 3.6). In Abschnitt 3.7 wird schließlich die Preisfindung angepasst.

3.1 Grundlagen

Anhand von Abbildung 3.1 nähern wir uns den Bestandteilen und Schritten der Modellierung. Da Sie nicht für jede Variante eigene Stammdaten pflegen können, fassen Sie alle Varianten unter einer *Materialnummer* zusammen. Das heißt, dass Sie einen konfigurierbaren Materialstamm für die enorme Vielzahl an Varianten nutzen. Bei einem Produkt wie dem in der Einleitung angesprochenen Auto ist diese Variantenvielfalt noch gar nicht so extrem. Wenn Sie die Möglichkeiten der Verkaufskataloge beliebiger Hersteller ausmultiplizieren, erhalten Sie eine Variantenzahl zwischen Millionen und Billionen, also zwischen 10^6 und 10^{12}. Es gibt jedoch auch Modelle (z. B. aus dem Bereich Windkraft oder Anlagenbau) mit einer deutlich größeren Anzahl von Varianten, bis hin zu 10^{24} (Quadrillionen).

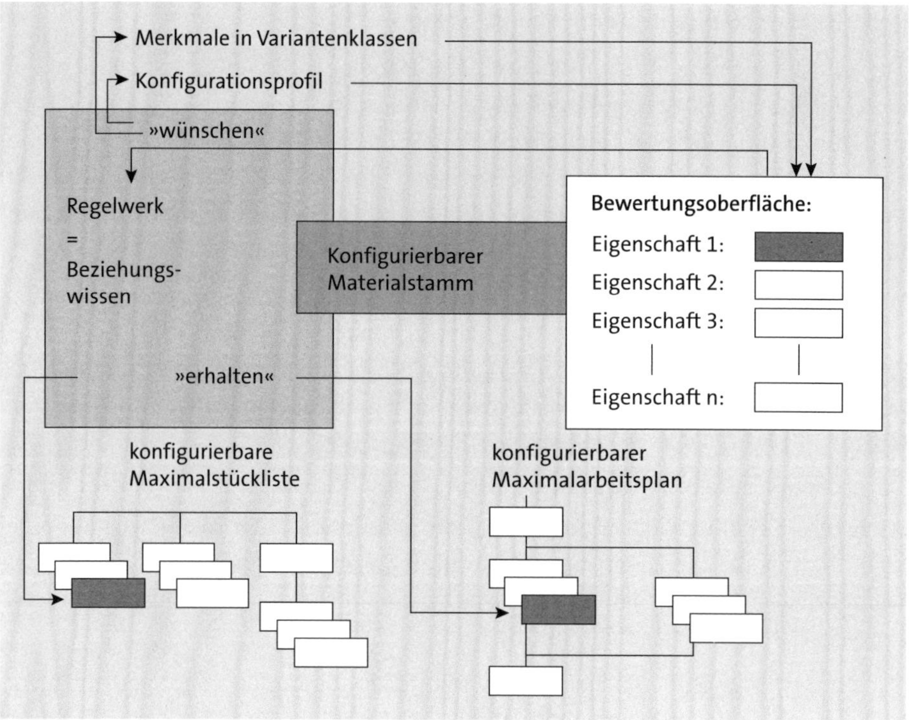

Abbildung 3.1 Vereinfachtes Modell der Variantenkonfiguration

Im Zentrum der Modellierung im SAP-System steht der sogenannte *konfigurierbare Materialstamm* (Kasten »Materialstamm« in Abbildung 3.1). Der Materialstamm wird durch das gesetzte Kennzeichen **Material ist konfigurierbar** auf der Registerkarte **Grunddaten 2** konfigurierbar.

Sie können einem konfigurierbaren Materialstamm eine sogenannte *Bewertungsoberfläche* zuordnen. Über diese Bewertungsoberfläche können Sie Ihren Kundenwunsch bezüglich der möglichen Eigenschaften abfragen. Man spricht hierbei von *konfigurieren*. Um bei dem Beispiel eines Autos zu bleiben, wären dies Eigenschaften in Bezug auf Motor, Getriebe, Lackfarbe, Heizungen, Sitze usw.

Um eine Bewertungsoberfläche zu erhalten, definieren Sie Merkmale, Variantenklassen sowie ein Konfigurationsprofil.

Die Eigenschaften in der Bewertungsoberfläche werden über *Merkmale* abgebildet. Um diese Merkmale dem Materialstamm zuordnen zu können, werden sie zunächst in speziellen Klassen gesammelt, den sogenannten *Variantenklassen*. Die Variantenklassen werden mit dem Materialstamm verknüpft.

Zusätzlich ist ein sogenanntes *Konfigurationsprofil* erforderlich. Das Konfigurationsprofil beinhaltet wichtige Steuerungseinstellungen und Beziehungswissen für den Konfigurationsprozess. Ohne die Merkmale in Variantenklassen und das Konfigurationsprofil haben Sie keine Bewertungsoberfläche und damit keine Möglichkeit zur Konfiguration.

Mit der so erstellten Bewertungsoberfläche könnten Sie bereits ein Produkt, z. B. im Kundenauftrag, konfigurieren. Wenn Sie aber nicht nur den Verkauf, sondern auch die Fertigung des Produkts abbilden möchten, benötigen Sie spätestens für den Fertigungsauftrag eine Stückliste und einen Arbeitsplan.

Da Sie nur einen Materialstamm für die ganze Variabilität nutzen, können Sie nicht für jede Variante eigene Stücklisten und Arbeitspläne anlegen. Daher legen Sie für das eine konfigurierbare Material eine *konfigurierbare Maximalstückliste* sowie einen *konfigurierbaren Maximalarbeitsplan* an (siehe Abbildung 3.1 unten).

Die Stücklistenstruktur kann mehrstufig sein, also Stücklisten in Stücklisten enthalten. Und auch der gesamte Fertigungsprozess kann mehrstufig sein. Das heißt, dass die Fertigung von Baugruppen über eigene Fertigungsaufträge vorab erfolgt, bevor es zur eigentlichen Fertigung des vom Kunden bestellten Produkts kommt. So liegen neben mehreren Stücklisten auch mehrere Arbeitspläne vor.

»Maximal« bedeutet, dass die Stückliste und der Arbeitsplan alles beinhalten müssen, was eventuell einmal benötigt wird. Um bei unserem Beispiel aus der Automobilindustrie zu bleiben: Die Maximalstückliste enthält u. a. alle Motoren, mit denen sich das Auto wahlweise ausrüsten lässt. Aus der Maximalstückliste bzw. dem Maximalarbeitsplan lassen sich Elemente über Beziehungswissen zwar löschen oder verändern, sie können aber nicht über Beziehungswissen hinzugefügt werden.

»Konfigurierbar« bedeutet also, dass Sie Beziehungswissen zuordnen können und dadurch – abhängig von der Konfiguration – die Auflösung von Stückliste und Arbeitsplan steuern.

Und was ist mit »Auflösung« gemeint? Wir benötigen für eine spezielle Konfiguration eine spezielle Stückliste und einen speziellen Arbeitsplan. Aus der konfigurierbaren Maximalstückliste ist eine konfigurierte Stückliste zu erzeugen, und die einzelnen Komponenten sind zu entfernen oder abzuändern. Analoges gilt für den Arbeitsplan.

Die Auflösung der Stückliste und des Arbeitsplans werden über das sogenannte *Beziehungswissen* gesteuert. Das Beziehungswissen ist somit das Regelwerk, das die Konfiguration (d. h. die Bewertung der Eigenschaften) lenkt.

Auf unser Beispiel bezogen heißt dies: Wenn Sie sich für einen von sechs angebotenen Motoren entschieden haben, sind in der Maximalstückliste, die alle sechs Motoren beinhalten muss, die fünf nicht benötigten Motoren für Ihren Fertigungsauftrag zu entfernen. Alle sechs Stücklistenpositionen mit den Motoren haben also jeweils ein Beziehungswissen, genauer gesagt, eine Auswahlbedingung: »Belasse den Motor nur dann in der aufgelösten Stückliste, wenn genau dieser Motor ausgewählt wird.« Somit sind fünf der sechs Auswahlbedingungen nicht erfüllt, und diese fünf Motoren verschwinden aus der aufgelösten Stückliste für den Fertigungsauftrag; nur Ihr gewünschter Motor bleibt erhalten.

Beziehungswissen wird darüber hinaus eingesetzt, um die interaktive Konfiguration zu steuern. Dazu können Sie den Merkmalen (und ihren Werten) sowie dem Konfigurationsprofil Beziehungswissen zuordnen. Dieses Beziehungswissen an Konfigurationsprofil und Merkmalen (Merkmalswerten) ist wirksam, während Sie im Kundenauftrag Ihre Wünsche eingeben. Dieses Beziehungswissen für das »Wünschen« unterscheidet sich also von dem Beziehungswissen an Stückliste und Arbeitsplan, das das »Erhalten« steuert – sowohl hinsichtlich Art als auch Abarbeitungszeitpunkt.

»Beziehungswissen für das Wünschen« bedeutet aber auch, dass Sie Ihre Wünsche nicht beliebig kombinieren dürfen. Sie können z. B. kein Cabriolet mit Schiebedach bestellen. Und nicht jeder Motor passt zu jedem Getriebe. Sie können auch Bewertungen erzwingen: Die Luxusversion muss das Chrom-Paket beinhalten. Oder Sie wollen eine Reihenfolge der Bewertung erzwingen: erst die Version und dann den Motor auswählbar machen.

Diese Ausführungen illustrieren das Modell der Variantenkonfiguration. Einige Aspekte haben wir an dieser Stelle ausgespart, um die Zusammenhänge einfacher darzustellen. Dazu gehört z. B. die Preisfindung oder das Erlauben von Sonderwünschen, die über das Angebot im Katalog hinausgehen. Aber nun genug der Theorie! Veranschaulichen wir nun diese ganzen grundlegenden Punkte anhand eines einfachen Beispiels.

3.2 Ein erstes Beispiel

Damit unser Beispiel nicht zu umfangreich wird, starten wir nicht bei null. Ausgangspunkt sei ein nicht konfigurierbares Produkt, das Fahrrad »Extreme Gruppe 11«.

In Abbildung 3.2 sehen Sie die Stückliste eines Fahrrads. (Hier befinden wir uns in der Transaktion zum Ändern von Materialstücklisten.) Die drei Komponenten Rahmen, Rad und Kette, aus denen das Fahrrad besteht, sollen zunächst genügen. Wenn entsprechendes Vorwissen vorhanden ist, sieht man sofort, dass weder das Material noch die Stückliste konfigurierbar ist. Dies ist daran erkennbar, dass das Beziehungswissen noch fehlt. Zwischen den Spalten **ME** und **Gültig ab** gibt es nur zwei Spalten mit Kennzeichen, nämlich **BGr** für Baugruppe und **UPs** für Unterpositionen. Für konfigurierbare Materialien und konfigurierbare Stücklisten fehlt hier eine dritte Spalte mit einem Kennzeichen für das Beziehungswissen.

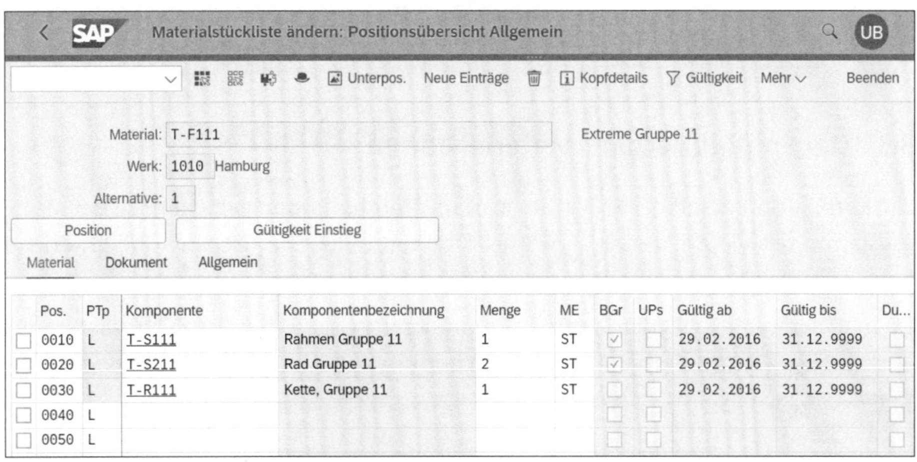

Abbildung 3.2 Nicht konfigurierbarer Ausgangspunkt unseres Beispiels

Vergleichen Sie dazu die spätere Abbildung 3.5, in der das Kennzeichen **Bz** sichtbar ist. Des Weiteren fehlt hier eine vierte Registerkarte **Klasse** neben den Registerkarten **Material**, **Dokument** und **Allgemein** (siehe ebenfalls Abbildung 3.5).

In Zukunft soll dieses Fahrrad in drei Farben angeboten werden – und zwar in Rot, Blau und Grün. Dazu wurden in Abbildung 3.3 in die Stückliste drei neue Positionen mit entsprechenden Materialnummern für die drei Farben aufgenommen. (Bezüglich der Stücklistenpflege im Detail verweisen wir auf Kapitel 4.)

Das genannte »Problem«, dass die Stückliste nicht konfigurierbar ist, beheben wir im nächsten Abschnitt. Dort sorgen wir dafür, dass das Fahrrad und damit der Materialstamm des Fahrrads konfigurierbar wird.

Abbildung 3.3 In drei Farben erhältliches Fahrrad

3.3 Der konfigurierbare Materialstamm

Die Konfigurierbarkeit der Stückliste wird im *Materialstamm* gesteuert. Ist der Materialstamm des Kopfmaterials der Stückliste konfigurierbar, ist auch die Stückliste konfigurierbar.

Da in unserem Beispiel der Materialstamm bereits existiert, müssen wir diesen nur nachträglich konfigurierbar machen. Beachten Sie dazu den Punkt im folgenden Kasten.

[!]

Achtung, nicht nachmachen!

Es dringend davon abzuraten, an dem Kennzeichen **Material ist konfigurierbar** herumzuspielen. Sie können das Kennzeichen zwar nachträglich setzen. Das Kennzeichen kann aber im Allgemeinen nicht wieder gelöscht werden. Trotz des dringenden Abratens machen wir es hier trotzdem, um diese Beispiel schön kurz zu halten.

In unserem Beispiel setzen wir das Kennzeichen **Material ist konfigurierbar** in der Materialstammpflege (z. B. Transaktion MM02) auf der Registerkarte **Grunddaten 2** (siehe Abbildung 3.4).

Zwei weitere Änderungen sind in der Materialstammpflege erforderlich: In der Sicht **Vertrieb: VerkOrg2** müssen Sie zum einen dafür sorgen, dass der Vertriebsbeleg eine Position zu diesem Material als konfigurierbar erkennt und entsprechend gesteuert wird. Dies geschieht im Standard durch die Positionstypengruppe 0002.

In der Sicht **Disposition 3** wird zum anderen über das Feld **Strategiegruppe** (hier 25) gesteuert, dass die Vertriebsbelege entsprechende Bedarfe erzeugen, die die Konfiguration und die Kundeneinzelfertigung berücksichtigen.

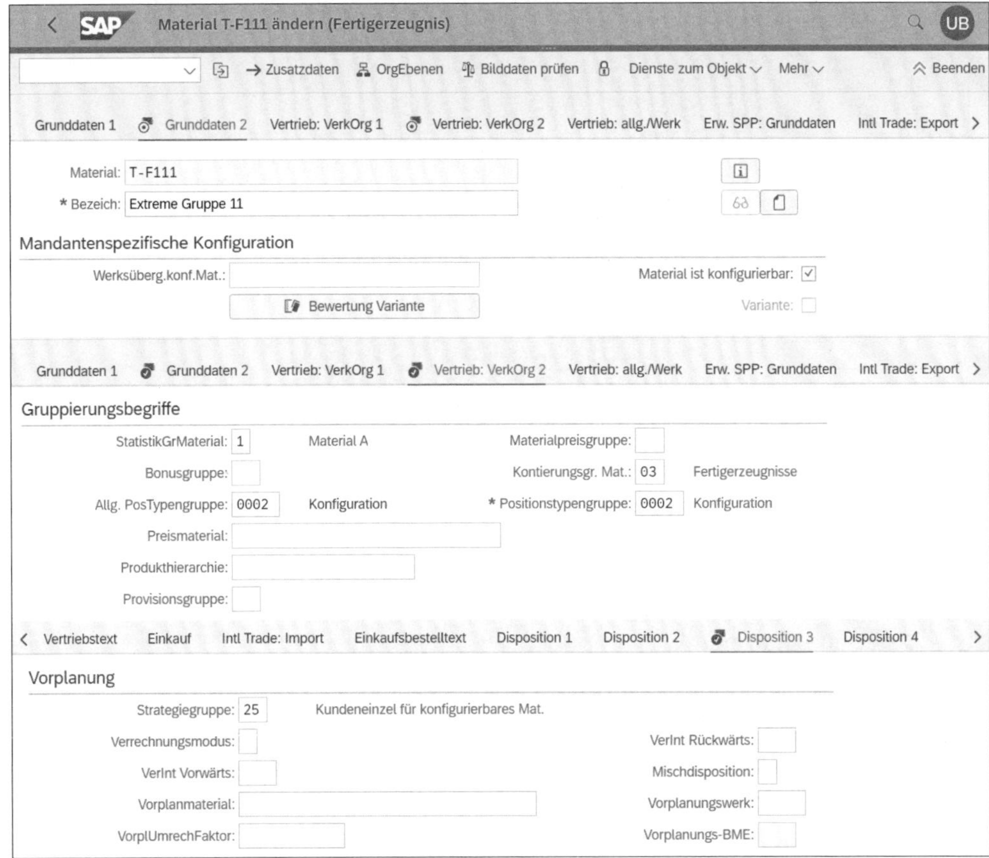

Abbildung 3.4 Konfigurierbarer Materialstamm

Wenn Sie nach der Änderung des Materialstamms noch einmal in die Stückliste schauen, ist diese auch konfigurierbar (siehe Abbildung 3.5). Dort sehen Sie nun die Spalte **BZ** für Beziehungswissen und die Registerkarte **Klasse**. (Über das Beziehungswissen wird entsprechend dem Kundenwunsch, also entsprechend der Konfiguration, aus der konfigurierbaren Maximalstückliste eine konfigurierte Stückliste. Die Registerkarte Klasse erlaubt es, mit sogenannten *Klassenknoten* zu arbeiten. Dazu erfahren Sie in Kapitel 4 mehr.)

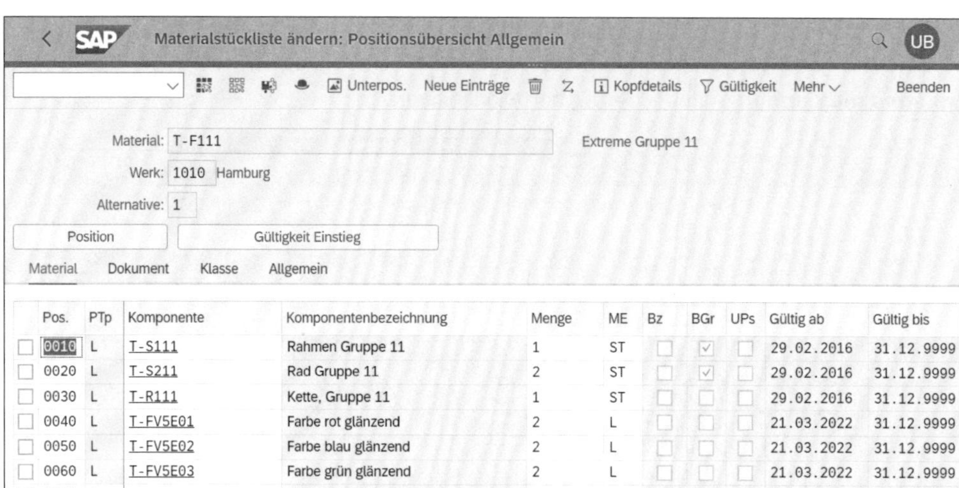

Abbildung 3.5 Konfigurierbare Stückliste

3.4 Variantenklasse, Merkmale und Konfigurationsprofil

Als Nächstes benötigen Sie eine Bewertungsoberfläche. Schauen Sie noch einmal zurück auf Abbildung 3.1 – es geht darum, den Kasten rechts neben dem Materialstammkasten zu erzeugen.

Kunden sollen für eine der drei Farben entscheiden können, in denen das Produkt angeboten werden soll. Wie in Abschnitt 3.1, »Grundlagen«, beschrieben, benötigen wir eine *Variantenklasse* mit *Merkmalen* sowie ein *Konfigurationsprofil*, um die gewünschte Bewertungsoberfläche zu erzeugen.

Die Variantenklasse wird über die SAP-Fiori-App **Klasse verwalten** bzw. über Transaktion CL02 (Klassenverwaltung) angelegt (siehe Abbildung 3.6).

Für unsere Zwecke ist es ausreichend, der Variantenklasse einen Namen zu geben (hier »T_F111«) und eine Klassenart (hier 300) und eine Bezeichnung zuzuordnen (hier »Variantenklasse für T-F111«). Die Klasse benötigt auch einen Status, der aber so eingestellt werden kann, dass er vom System vorgeschlagen wird.

Das Anlegen der Variantenklasse reicht nicht aus, um eine Bewertungsoberfläche zu erhalten. Für die nächsten Schritte nutzen wir die VC-Modellierungsumgebung. Diese ist über Transaktion PMEVC oder die SAP-Fiori-App **VC-Modellierungsumgebung** aufrufbar. (PMEVC im Transaktionsnamen steht für *Product Modelling Environment Variant Configuration*).

Abbildung 3.6 Variantenklasse anlegen

Wie aus Abbildung 3.7 ersichtlich, starten Sie diese VC-Modellierungsumgebung mindestens mit Materialnummer und Klassenart. Um auch die Stückliste und den Arbeitsplan zu laden, pflegen Sie im Einstieg darüber hinaus die Felder **Werk** und **StListenanwendung** (hier »PP01«).

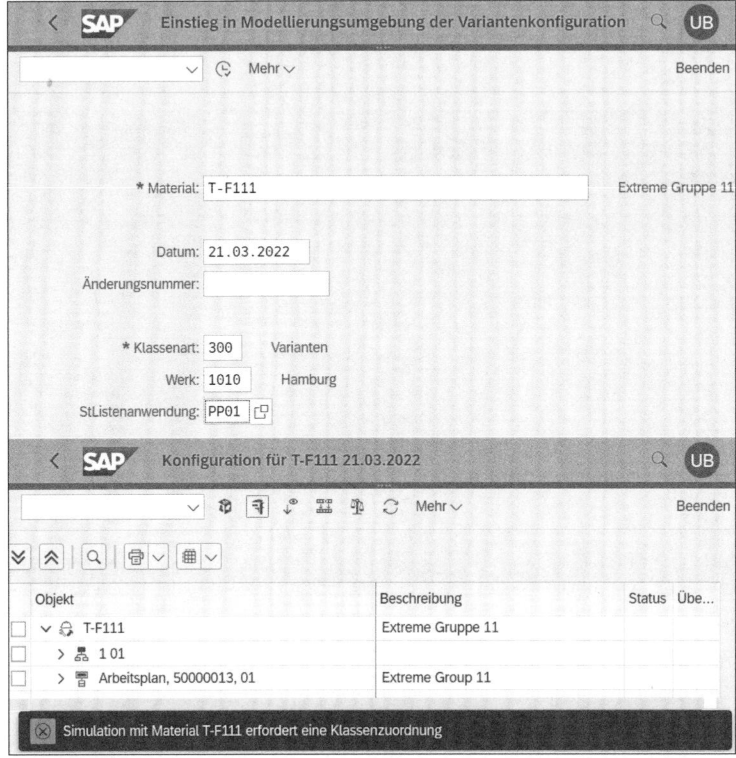

Abbildung 3.7 VC-Modellierungsumgebung: ein erster Versuch

In der unteren Hälfte in Abbildung 3.7 sehen Sie das aktuelle Modell. Es besteht zu diesem Zeitpunkt aus drei Objekten:

- Materialnummer T-F111 (in der ersten Zeile)
- Stückliste 1 01 (in der zweiten Zeile)
- Arbeitsplan 50000013, 01 (in der dritten Zeile)

Die VC-Modellierungsumgebung beinhaltet auch eine Simulationsmöglichkeit. Diese öffnen Sie über den Button [Testen-Symbol] (Testen). In diesem Beispiel erscheint die Fehlermeldung »Simulation mit Material T-F111 erfordert eine Klassenzuordnung«. Die Variantenklasse wurde zwar angelegt, jedoch noch nicht dem konfigurierbaren Materialstamm zugeordnet.

Auf der linken Seite in Abbildung 3.8 finden Sie die bereits angesprochene Fehlermeldung bezüglich der fehlenden Klassenzuordnung. Das Problem können Sie beheben, indem Sie über das Kontextmenü auf der ersten Zeile der Materialnummer T-F111 die Klasse zuordnen – hier die Klasse `T_F111` mit der Klassenart 300.

Der nächste Versuch, über einen Klick auf [Testen-Symbol] (Testen) die Bewertungsoberfläche zu testen, führt zu der Fehlermeldung »Simulation mit Material T-F111 benötigt freigegebenes Konfigurationsprofil« (siehe rechts unten in Abbildung 3.8). Auch hier können Sie über das Kontextmenü auf der Zeile der Materialnummer ein Konfigurationsprofil anlegen.

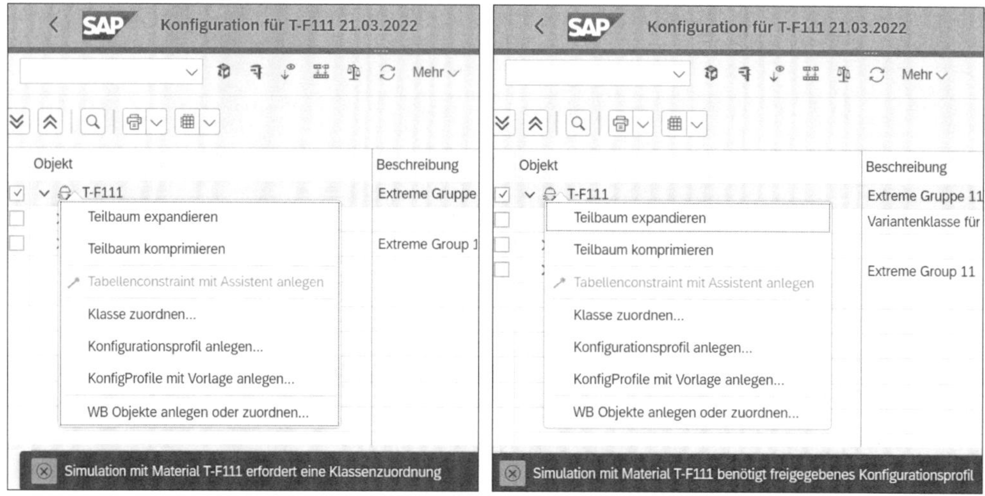

Abbildung 3.8 VC-Modellierungsumgebung: ein zweiter Versuch – Klasse zuordnen und Konfigurationsprofil anlegen

Das Pop-up-Fenster **Konfigurationsprofil anlegen** können Sie mit [↵] überspringen. Sie erhalten eine Darstellung, die Abbildung 3.9 entspricht. Es wurde in der letzten

Zeile unter **Verarbeitungsmodus** die Option **A Erweiterte Variantenkonfiguration** ausgewählt. Ansonsten genügen die Standardeinstellungen für unsere Zwecke.

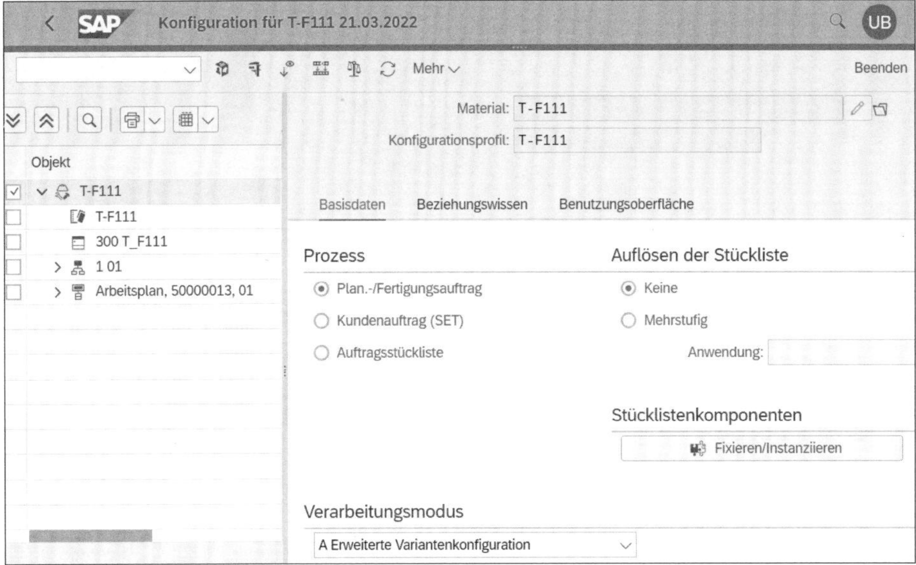

Abbildung 3.9 Konfigurationsprofil in der VC-Modellierungsumgebung

Mit den bislang getroffenen Einstellungen ist es immer noch nicht möglich, eine Farbe zu wählen; es wird ein Merkmal benötigt. Wie in Abbildung 3.10 auf der linken Seite ersichtlich, können Sie in der VC-Modellierungsumgebung über das Kontextmenü auf der Zeile der Klasse (hier »300 T_F111«) Merkmale anlegen.

Auf der rechten Seite in Abbildung 3.10 sehen Sie das notwendige Merkmal. Hierzu wurde in der obersten Zeile im Feld **Merkmal** ein Name vergeben – hier »T_M001«. Des Weiteren benötigt das Merkmal eine sprachabhängige Beschreibung im Feld **Beschreibung** sowie einen Status.

Der Status kann automatisch über einen Vorschlagswert vergeben werden (hier **1 freigegeben**). Jedes Merkmal muss einen Datentyp besitzen. Der Datentyp steuert, welcher Art die Werte des Merkmals sein können. Falls hier keine numerischen Werte benötigt werden, wählen Sie im Feld **Datentyp** die Option **CHAR Zeichenformat** aus. Für ein solches Zeichenformat ist die Angabe der Anzahl der Stellen im Feld **Anzahl der Zeichen** erforderlich. Mit dieser Angabe wird die Stellenzahl des Merkmalswertes festgelegt.

Neben dem Datentyp **CHAR Zeichenformat** ist der Datentyp **NUM Numerisches Format** in der Variantenkonfiguration von Bedeutung. Auch hier ist die Angabe der Anzahl der Stellen erforderlich.

Ferner können Sie den Merkmalswerten sprachabhängige Bezeichnungen in der Spalte **Beschreibung** zuordnen (hier rot, blau und grün).

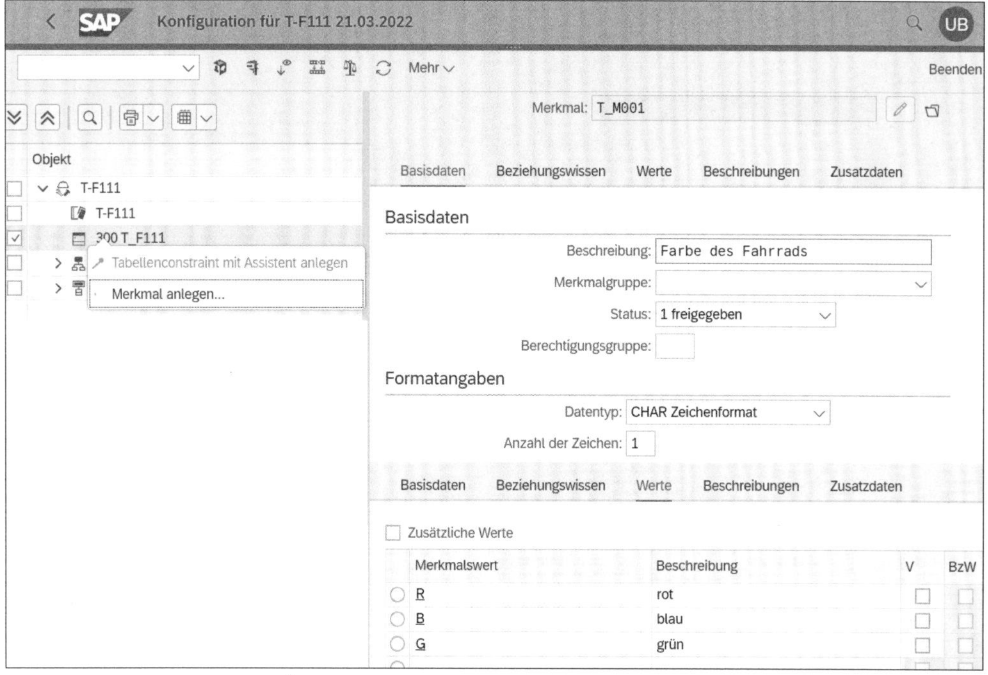

Abbildung 3.10 Erstes Merkmal in der VC-Modellierungsumgebung

In Abbildung 3.11 haben wir für unser Bespiel zwei weitere Merkmale angelegt und zugeordnet. Diese sind streng genommen nicht erforderlich; das Merkmal für die Farbe hätte gereicht. Die beiden Merkmale `T_M002` und `T_M003` haben ebenfalls einen Namen, eine Beschreibung, einen Status und einen Datentyp erhalten. Hier wurde das numerische Format als Datentyp verwendet. Diese beiden Merkmale waren hier nicht notwendig; wir wollten nur zeigen, dass es auch das numerische Format gibt.

Numerisches Format

Bei dem *numerischen Format* werden ganze Zahlen und Gleitkommazahlen unterschieden. Der Unterschied liegt in dem Feld der Dezimalstellen (siehe Abbildung 3.11). Eine ganze Zahl hat keine Dezimalstellen. Eine Gleitkommazahl hat Dezimalstellen größer als null. Diese Zahlen werden auch völlig unterschiedlich auf der Datenbank abgelegt und in den Berechnungen behandelt. Dazu erfahren Sie in Kapitel 5, »Die Intelligenz: Beziehungswissen«, mehr.

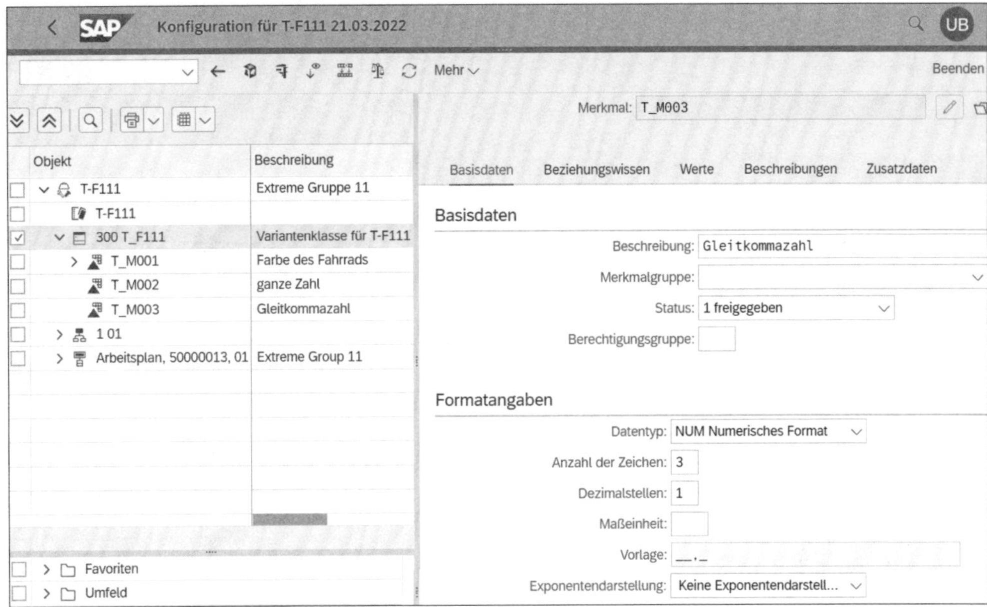

Abbildung 3.11 Weitere Merkmale in der VC-Modellierungsumgebung

3.5 Die Bewertungsoberfläche der erweiterten Variantenkonfiguration

Mit den Einstellungen aus den vorangehenden Abschnitten haben Sie die Voraussetzungen für die Bewertungsoberfläche geschaffen, die Sie zu Beginn des Kapitels kennengelernt haben (siehe Abbildung 3.1).

Sie können die Simulation über einen Klick auf den Button (Testen) aus der VC-Modellierungsumgebung aufrufen (siehe Abbildung 3.12). In der Simulation sehen Sie die Bewertungsoberfläche der *erweiterten Variantenkonfiguration*. Sie besteht aus einem Kopfbereich, den Sie über den Button (Schließen) schließen können. Im mittleren unteren Bereich sehen Sie die eigentliche Merkmalsbewertung. In Abbildung 3.12 sind zwei weitere Bildbereiche links und rechts von der Merkmalsbewertung zu sehen. Ob diese angezeigt werden, wird über die Buttons rechts oben gesteuert.

Nachdem wir uns die Bewertungsoberfläche in der Simulation angeschaut haben, sehen Sie in Abbildung 3.13 die Bewertungsoberfläche in einem Kundenauftrag zu dem gleichen Material. Was sind Gemeinsamkeiten? Was sind Unterschiede? Das Bild ähnelt stark der Simulationsansicht. Dass Sie sich in einem Kundenauftrag befinden, erkennen Sie daran, dass im Kopfbereich der Begriff **Verkaufsbeleg** erscheint. Der Verkaufsbeleg ist noch nicht gespeichert und hat somit noch keine Nummer. Die Positionsnummer 000010 erscheint jedoch bereits.

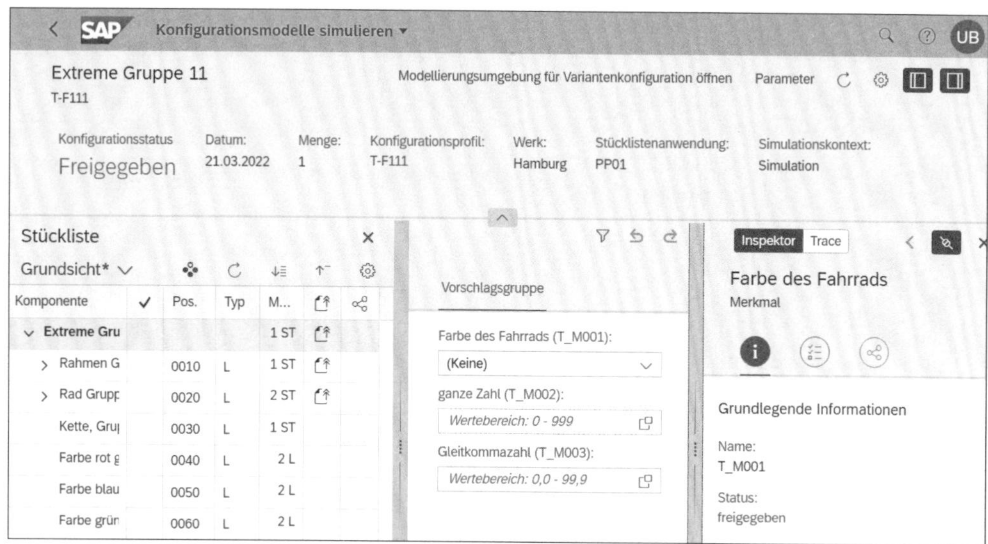

Abbildung 3.12 Erste Simulation

Außerdem wird ein Nettowert im Rahmen der Preisfindung angezeigt. Dieser Nettowert ist noch unabhängig von der Konfiguration. Wie Sie beides miteinander verknüpfen, erfahren Sie in Abschnitt 3.7 zu Konfiguration und Preisen.

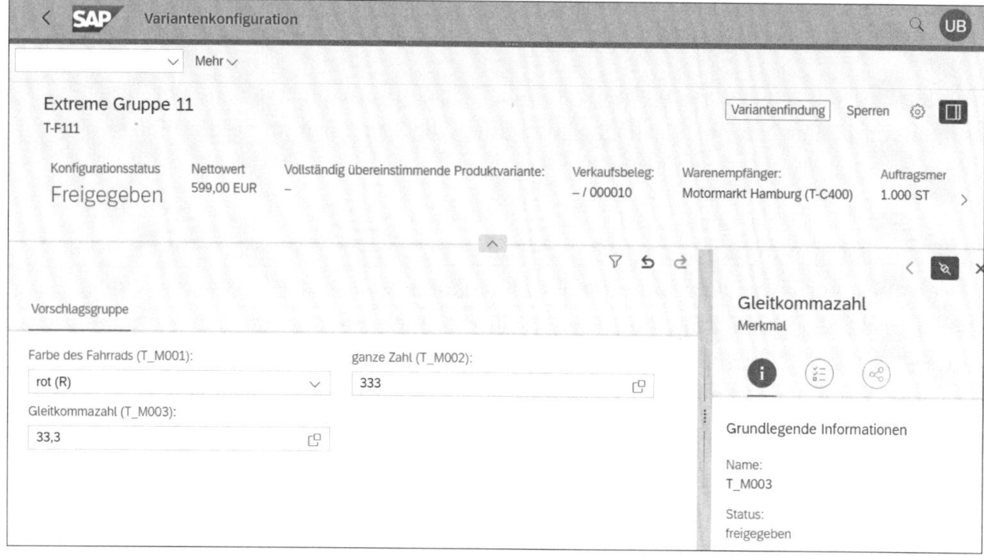

Abbildung 3.13 Erster Kundenauftrag

In der Simulationsansicht aus Abbildung 3.12 haben Sie die beiden Buttons gesehen. Im Kundenauftrag existiert nur der rechte Button und damit auch nur der rechte Bildbereich. Den linken Bildbereich, der die Stückliste darstellt, gibt es im Kundenauftrag nicht. Das liegt daran, dass wir in Abbildung 3.9 im Konfigurationsprofil keine Auflösung der Stückliste eingestellt hatten. Dies hat Auswirkungen auf den Kundenauftrag, aber nicht für die Simulationen.

Die Simulationsumgebung lässt sich nicht nur über die VC-Modellierungsumgebung (hier über einen Klick auf den Button (Testen)) aufrufen. Alternativ können Sie die SAP-Fiori-App **Konfigurationsmodelle simulieren** für den direkten Aufruf der erweiterten Variantenkonfiguration nutzen.

Sie gelangen in das in Abbildung 3.14 dargestellte Einstiegsbild. Im oberen Bereich wurde hier nach unserem Produkt T-F111 (= Materialstamm) und dem Werk (**Hamburg (1010)**) gefiltert. Über einen Klick auf den Button **Start** können Sie die Suche anstoßen. In der unteren Hälfte des Einstiegsbildes finden Sie als Suchergebnis zwei Einträge: zum einen das Produkt und zum anderen den soeben angelegten Kundenauftrag.

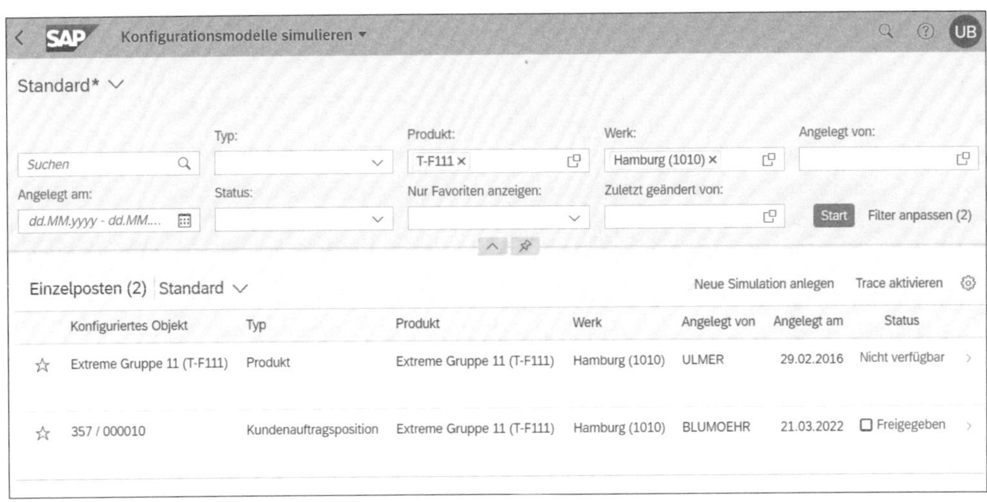

Abbildung 3.14 SAP-Fiori-App »Konfigurationsmodelle simulieren«

Über den Pfeil **>** rechts in der jeweiligen Zeile gelangen Sie in die Simulation (siehe Abbildung 3.15). Die Darstellung entspricht Abbildung 3.12, enthält jedoch die Bewertung aus dem Kundenauftrag.

Im Kopf ist die Kundenauftragsposition zu erkennen. Über den Eintrag **Parameter** können Sie die Parameter für die Stückliste einstellen (siehe Abbildung 3.16).

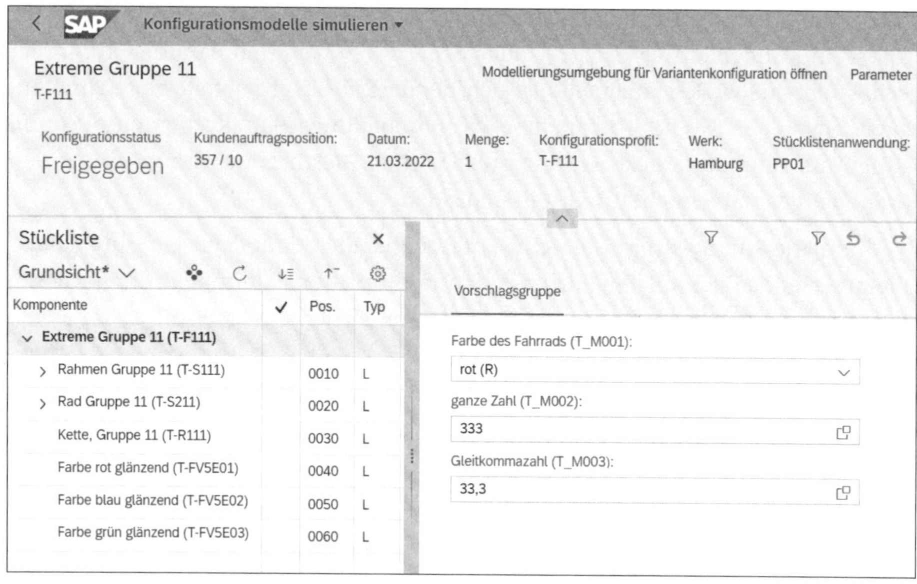

Abbildung 3.15 Simulation zu unserem Kundenauftrag

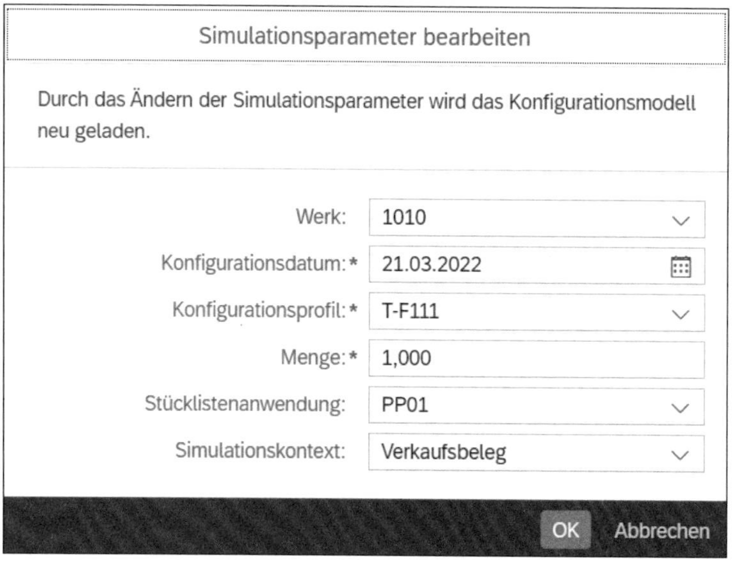

Simulationsparameter bearbeiten

Durch das Ändern der Simulationsparameter wird das Konfigurationsmodell neu geladen.

Werk: 1010
Konfigurationsdatum:* 21.03.2022
Konfigurationsprofil:* T-F111
Menge:* 1,000
Stücklistenanwendung: PP01
Simulationskontext: Verkaufsbeleg

OK Abbrechen

Abbildung 3.16 Simulationsparameter bearbeiten

Über einen Klick auf den Button (Einstellungen) können Sie z. B. über die Option **Beides** bestimmen, dass sowohl die Beschreibung als auch der sprachneutrale Name (hier für Materialstämme, Merkmale und Merkmalswerte) angezeigt werden (siehe Abbildung 3.17).

Die Stückliste links in Abbildung 3.15 ist bereits die konfigurierte Stückliste. Allerdings werden hier, obwohl hier die rote Farbe gewünscht wurde, laut konfigurierter Stückliste alle drei Farben angeboten. Dies ist ein Fehler, den wir im nächsten Abschnitt beheben.

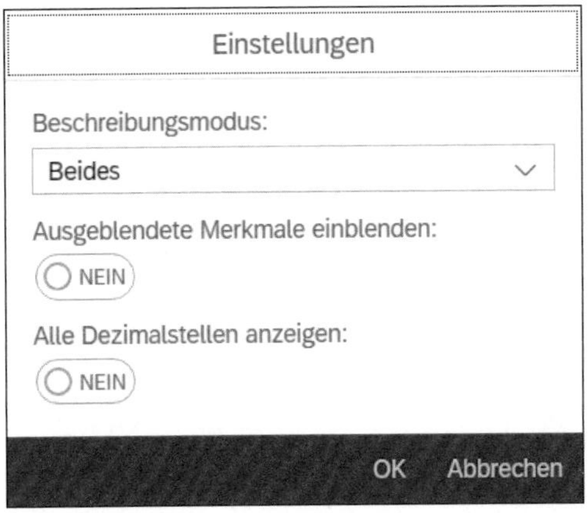

Abbildung 3.17 Einstellungen für die Simulation

3.6 Beziehungswissen für Planung und Fertigung

Was war am Ende des letzten Abschnitts der Grund dafür, dass fälschlicherweise alle drei Farben angezeigt wurden, obwohl nur eine Farbe gewünscht wurde? Hier fehlt *Beziehungswissen* an der Stückliste. Das Beziehungswissen regelt, welche Stücklistenpositionen in Abhängigkeit der Merkmalsbewertung – also des Kundenwunsches – benötigt werden. Eine Stücklistenposition ohne Beziehungswissen wird immer benötigt, unabhängig von der Merkmalsbewertung. Also müssen wir den drei Stücklistenpositionen der Farben Beziehungswissen zuordnen, das dafür sorgt, dass nur die jeweilige Stücklistenposition in Abhängigkeit des Farbwunsches benötigt wird.

Dies funktioniert am einfachsten in der VC-Modellierungsumgebung. Links in Abbildung 3.18 wurde die Baumstruktur so weit aufgerissen, dass Folgendes sichergestellt wird:

- Die Merkmalswerte (B, G, R), von denen die notwendigen Stücklistenpositionen abhängig sind, sind sichtbar.
- Die Stücklistenpositionen (z. B. 0040 L T-FV5E01), deren Notwendigkeit wir steuern wollen, sind ebenfalls sichtbar. An diesen Positionen hängt zunächst nur der Materialstamm (z. B. T-FV5E01).

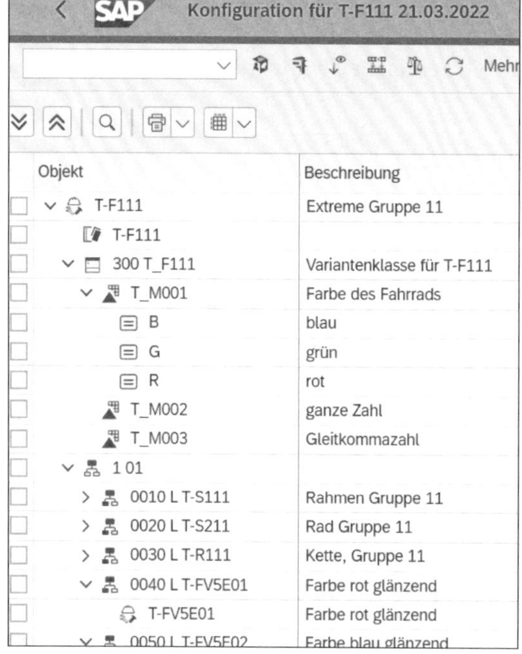

Abbildung 3.18 Merkmal und Stückliste in der VC-Modellierungsumgebung

Das Beziehungswissen pflegen Sie, indem Sie den Merkmalswert per Drag & Drop auf die passende Stücklistenposition ziehen. Das heißt, dass Sie in diesem Fall den Wert R (für Rot) auf die Stücklistenposition 0040 L T-FV5E01 schieben.

In Abbildung 3.19 sehen Sie das Ergebnis: Links in der Baumstruktur hängt unter der Stücklistenposition 0040 L T-FV5E01 ein weiterer Eintrag 0000000290. Dies ist das erzeugte Beziehungswissen.

Diesen Vorgang wiederholen wir für die Farben Grün und Blau. Der Wert G wird auf die Stücklistenposition 0060 L T-FV5E03 gezogen und erzeugt das Beziehungswissen 0000000291. Der Wert B wird auf die Stücklistenposition 0050 L T-FV5E02 gezogen und erzeugt das Beziehungswissen 0000000292.

In Abbildung 3.19 ist auf der rechten Seite das letzte angelegte Beziehungswissen dargestellt. Es ist eine Auswahlbedingung mit klassischem Verarbeitungsmodus und der folgenden Syntax:

```
T_M001 = 'B'
```

Das bedeutet, dass `Merkmal = 'Merkmalswert'` gilt. Vergessen Sie nicht, alles anschließend zu speichern.

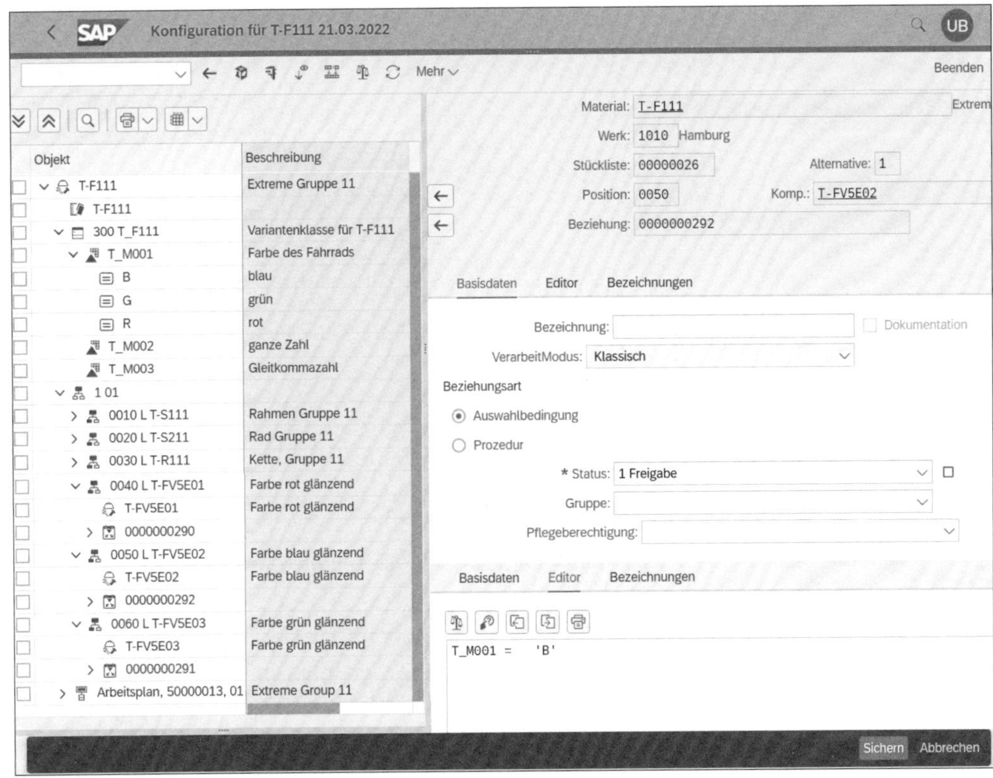

Abbildung 3.19 Beziehungswissen per Drag & Drop pflegen

Kontrollieren Sie nun das Ergebnis. Hierzu nutzen wir erneut die SAP-Fiori-App **Konfigurationsmodelle simulieren** (siehe Abbildung 3.15). In Abbildung 3.20 sehen Sie die Auswirkungen des Beziehungswissens. Wenn (wie im mittlen Teilbereich zu sehen) die rote Farbe gewünscht wird, sind links in der konfigurierten Stückliste die blaue und die grüne Farbe inaktiv. Analog wäre das Verhalten, wenn stattdessen entweder die blaue Farbe oder die grüne Farbe gewünscht würde. Da es sich hier um eine Simulation handelt, können Sie das Systemverhalten testen ohne etwas »kaputt zu machen«.

Damit steht dem weiteren logistischen Prozess nichts mehr im Wege. Für das Anlegen des Kundenauftrags wurde dieses Beziehungswissen nicht benötigt. Allerdings ist eine Bedarfsplanung nur auf Basis einer korrekten Stückliste, d. h einer Stückliste mit dem notwendigen Beziehungswissen, möglich. Hier können die Bedarfe für die benötigten Stücklistenpositionen ermittelt werden.

Nachdem die notwendigen Ergänzungen an der Stückliste (z. B. für die Bedarfsplanung) in Form von Beziehungswissen durchgeführt worden sind, überlegen wir, welche Aktionen noch erforderlich sind.

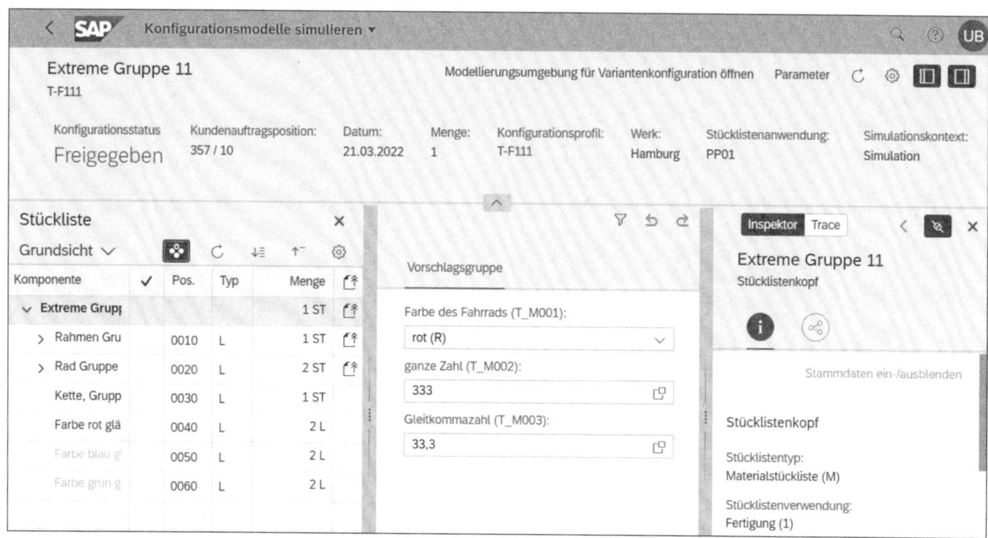

Abbildung 3.20 SAP-Fiori-App »Konfigurationsmodelle simulieren«

Für die Fertigung wird zusätzlich ein Arbeitsplan benötigt. Da wir von einem vollständigen Modell ausgegangen sind, existiert der Arbeitsplan bereits. An dieser Stelle wäre lediglich eine Anpassung analog zur Stückliste notwendig, falls für die drei neuen Farbkomponenten auch neue Vorgänge erforderlich wären. Davon gehen wir hier aber nicht aus!

3.7 Konfiguration und Preise

Zum Abschluss unseres Beispiels betrachten wir eine *bewertungsabhängige Preisfindung*. In Abbildung 3.13 erscheint ein Nettowert des Produkts (in diesem Beispiel des Fahrrads) von 599 EUR. Dieser Wert ist zunächst unabhängig von der Konfiguration. Das heißt, dass der Wert immer gleich ist, unabhängig davon, ob keine (unlackiert) oder eine beliebige der drei verfügbaren Farben Blau, Grün oder Rot ausgewählt wurde.

Dies soll geändert werden: Wie in Abbildung 3.22 erkennbar, sollen jeweils Zuschläge von 75 EUR, 50 EUR und 100 EUR zu den 599 EUR hinzukommen, falls die blaue, grüne oder rote Farbe gewünscht wird. Hierzu werden sogenannte *Konditionssätze* angelegt (siehe Kapitel 6). Es gibt verschiedene Apps oder Transaktionen über die dies geschehen kann. Hier wurde Transaktionen VK11 genutzt, die auch im Menü der Variantenkonfiguration enthalten ist.

Im Einstiegbild muss im Feld **Konditionsart** eine Konditionsart, eine sogenannte *Variantenkondition* eingetragen werden (siehe Abbildung 3.21). Die verwendete Konditionsart VA00 beinhaltet absolute Zuschläge (oder Abschläge), hier in EUR.

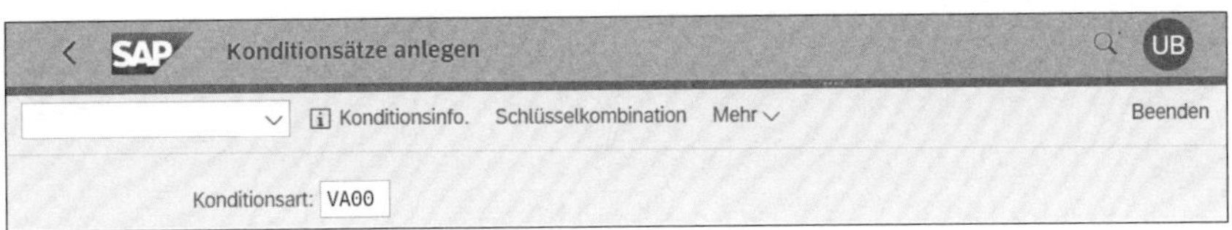

Abbildung 3.21 Preisfindung: Konditionssätze anlegen: Einstieg

In Abbildung 3.22 wurden diese Variantenkonditionen angelegt. Hierzu wurde in der Spalte **Variante** ein Name vergeben. In der Spalte **Betrag** wurden die Aufpreise für die unterschiedlichen Farben gepflegt; der Rest wurde automatisch gefüllt.

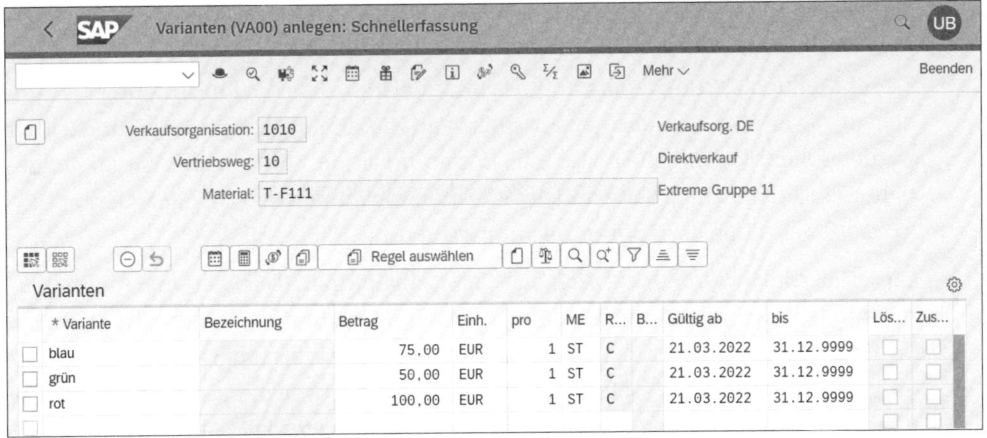

Abbildung 3.22 Preisfindung: Konditionssätze anlegen – Schnellerfassung

Diese Konditionssätze müssen als Nächstes dem Modell zugeordnet werden. Öffnen Sie die VC-Modellierungsumgebung, indem Sie auf die erste Zeile (**T-F111**) links in der Baumstruktur doppelklicken (siehe Abbildung 3.23). Daraufhin wird in der rechten Hälfte eine Detailsicht angezeigt. Wechseln Sie auf die Registerkarte **Variantenpreisf** (für Variantenpreisfindung). Über einen Klick auf den Button (Ändern) gelangen Sie in den Änderungsmodus. Dort stehen Ihnen zwei Möglichkeiten zur Auswahl (siehe Abbildung 3.23):

1. Tragen Sie in den Spalten **Merkmal**, **Merkmalswert**, **Variantenkondition** sowie **Variantenkonditionsbeschreibung** die gewünschten Werte ein.
2. Erzeugen Sie über einen Klick auf den Button **Liste aufl.** eine Liste aller Merkmalswerte; dann sind lediglich die dritte und vierte Spalte manuell zu füllen.

In Abbildung 3.23 sehen Sie links in der Baumstruktur in der vorletzten Zeile das Merkmal T_SDCOM_VKOND. Es handelt sich dabei um ein sogenanntes *Objektmerkmal*, das auf ein Datenbankfeld verweist. In diesem Beispiel handelt es sich um das Feld VKOND der Struktur SDCOM.

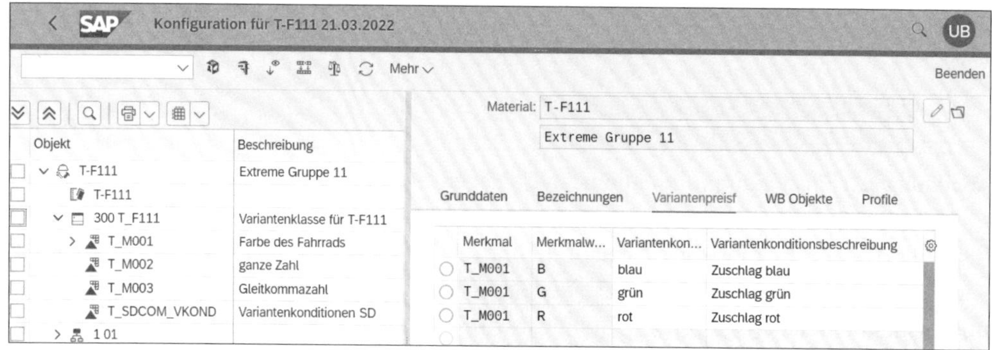

Abbildung 3.23 Preisfindung: Konditionssätze zuordnen

Dieses Merkmal ist notwendig, um zu gewährleisten, dass die Preisfindung im Kundenauftrag erfährt, dass die gewünschten Variantenkonfigurationen berücksichtigt werden sollen. Es ermöglicht also eine Kommunikation zwischen der Variantenkonfiguration auf der einen Seite und der Preisfindung im Vertrieb auf der anderen Seite. (SDCOM ist der Name der Kommunikationsstruktur.)

Dieses Merkmal wurde zusätzlich der Klasse zugeordnet. (Das Merkmal muss unserem Modell zugeordnet werden, damit es in der Konfiguration wirksam ist. Diese Zuordnung kann konkret nur zur Klasse erfolgen, da hier eine andere Zuordnung nicht vorgesehen ist.) In der VC-Modellierungsumgebung wurde das Detailbild der Klasse angezeigt (siehe Abbildung 4.38 in Abschnitt 4.3). Dazu wurde in Abbildung 3.23 doppelt auf die Zeile **300 T_F111** links in der Baumstruktur geklickt.

Um das Objektmerkmal zu pflegen, klicken Sie auf der Registerkarte **Merkmale** auf den Button (Ändern), um in den Änderungsmodus zu wechseln. Tragen Sie den Namen des gewünschten Merkmals in die erste leere Zeile in die erste Spalte auf der Registerkarte **Merkmale** ein. Das passende Merkmal können Sie über das Datenbankfeld suchen, auf das das Merkmal zeigt. Existiert kein passendes Objektmerkmal, können Sie es an dieser Stelle neu anlegen. Mehr dazu erfahren Sie in Abschnitt 4.4.1, »Materialstamm des konfigurierbaren Materials«.

Damit ist der letzte Modellierungsschritt erledigt. Um zu kontrollieren, ob die Modellierung erfolgreich war, wechseln wir erneut in den Kundenauftrag und hier in die Konfiguration (siehe Abbildung 3.24). Was hat sich geändert? Der Nettowert ist gegenüber dem Wert aus Abbildung 3.13 um 100 EUR erhöht worden. Durch einen Klick auf den Nettopreis erscheint das Pop-up-Fenster **Preisfindung**, in dem Sie Details erfahren.

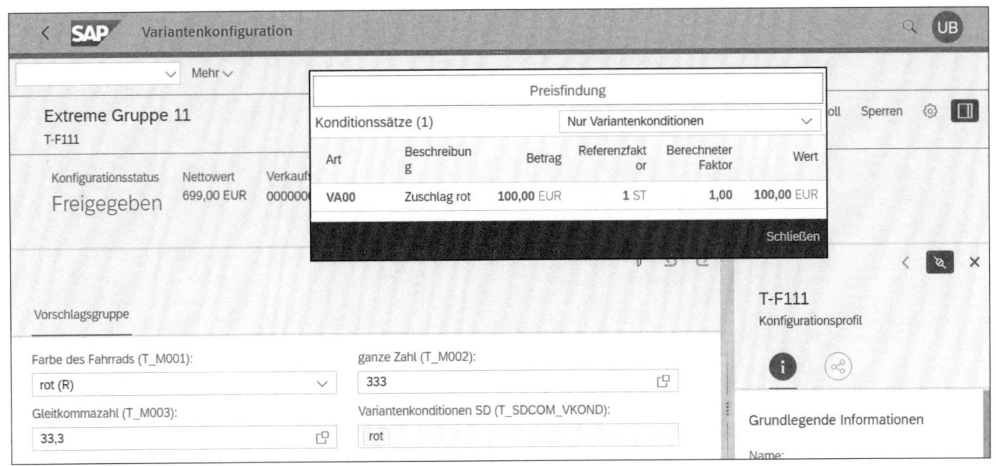

Abbildung 3.24 Preisfindung mit Variantenkonditionen im Kundenauftrag

3.8 Fazit

Mit diesem kurzen Beispiel haben wir Ihnen einen ersten Einblick in die Arbeit mit konfigurierbaren Materialien gegeben. Sie erhielten einen Überblick über wesentliche Modellierungsschritte in der Variantenkonfiguration. Nach diesem »Appetithappen« gehen wir in den folgenden Kapitel 4 bis Kapitel 7 Schritt für die auf die Durchführung der Variantenkonfiguration mit AVC ein.

Es wurde bewusst darauf verzichtet, diese kleine Beispiel weiter zu verfolgen. Jetzt könnte ein Kundenauftrag mit unserem Material angelegt werden. Hier könnte unser Modell kontrolliert werden. Analog der Bedarfsplanung mit dem Planauftrag und dem Fertigungsauftrag in der Fertigung als Ergebnis wären solche Kontrollen möglich.

Kapitel 4
Stammdaten im Rahmen der Modellierung

In diesem Kapitel beginnen wir mit der Modellierungsumgebung von Transaktion PMEVC sowie der Simulationsumgebung. Anschließend stellen wir Ihnen Werkzeuge aus Klassensystem, Materialstamm, Stückliste, Arbeitsplan und Konfigurationsprofil vor. Besonderes Augenmerk richten wir auf die Neuerungen im Konfigurationsprofil und auf die Merkmalsgruppen als Oberflächendesign. Auch die Fertigungsversionen haben unter SAP S/4HANA eine deutlich größere Bedeutung erlangt.

In diesem Kapitel lernen Sie die Modellierung im Detail kennen. Zunächst stellen wir zwei Umgebungen vor: die VC-Modellierungsumgebung (VC = Variant Configuration) in Abschnitt 4.1 und die Simulationsumgebung von AVC in Abschnitt 4.2. Weiter geht es mit den Werkzeugen aus dem Klassensystem (Merkmalsverwaltung, Klassenverwaltung, Klassifizierung, Suche und weitere Auswertungen) in Abschnitt 4.3. Materialstamm, Stückliste und Arbeitsplan des konfigurierbaren Materials schließen sich in Abschnitt 4.4 an. Abschließend wird in Abschnitt 4.5 das Konfigurationsprofil mit den Konfigurationsszenarien und dem Oberflächendesign vorgestellt. Insbesondere in den letzten Abschnitten sind die Besonderheiten bezüglich AVC Gegenstand unserer Betrachtungen.

4.1 Die Modellierungsumgebung der Variantenkonfiguration

In der Vergangenheit hat eine probate Möglichkeit gefehlt, sich einen Gesamteindruck eines Modells in der Variantenkonfiguration zu verschaffen. Bereits mit ERP-Release 5.0 aus dem Jahr 2004 wurde eine erste Transaktion CUMODEL (Transaktion für Darstellung Modell) für diesen Zweck entwickelt. Mit Transaktion CUMODEL war es möglich, sich einen Überblick über das gesamte Modell zu verschaffen. Für einige wenige Elemente gab es die Möglichkeit, sich die Details anzuschauen. Details gab es nur für Konfigurationsprofile, Merkmale und Beziehungswissen. Diese Funktionen standen nur im Anzeigemodus zur Verfügung. Aus diesen Gründen wurde Transaktion CUMODEL nicht nach SAP S/4HANA übernommen.

Bereits mit SAP ERP 6.0 im Jahr 2005 wurde entschieden, Transaktion CUMODEL nicht weiter zu verfolgen und stattdessen eine neue Transaktion zu entwickeln; dies war die Geburtsstunde von Transaktion PMEVC. Sie hat im SAP-Menü die Bezeichnung **Modellierungsumgebung für Variantenkonfiguration** und ist die einzige Transaktion, die es geschafft hat, in der ersten Ebene des Variantenkonfigurationsmenüs aufgenommen zu werden. Die entsprechende SAP-Fiori-App heißt **VC-Modellierungsumgebung**. Die Bezeichnungen sind also nicht einheitlich. Es sind Absprünge in Transaktion PMEVC aus den SAP-Fiori-Apps **Variantenkonfiguration – Übersicht** und **Konfigurationsmodelle simulieren** möglich. Transaktion PMEVC soll – im Gegensatz zu Transaktion CUMODEL – nicht nur Anzeigemöglichkeiten anbieten, sondern auch Modellierungsschritte umfassen. Zunächst umfasste die Transaktion nur Modellierungsschritte für die High-Level-Konfiguration, später auch für die Low-Level-Konfiguration.

In diesem Abschnitt soll Transaktion PMEVC genauer vorgestellt werden. In Abbildung 4.1 sehen Sie das Einstiegsbild. Geben Sie Material und Werk in den gleichnamigen Feldern an.

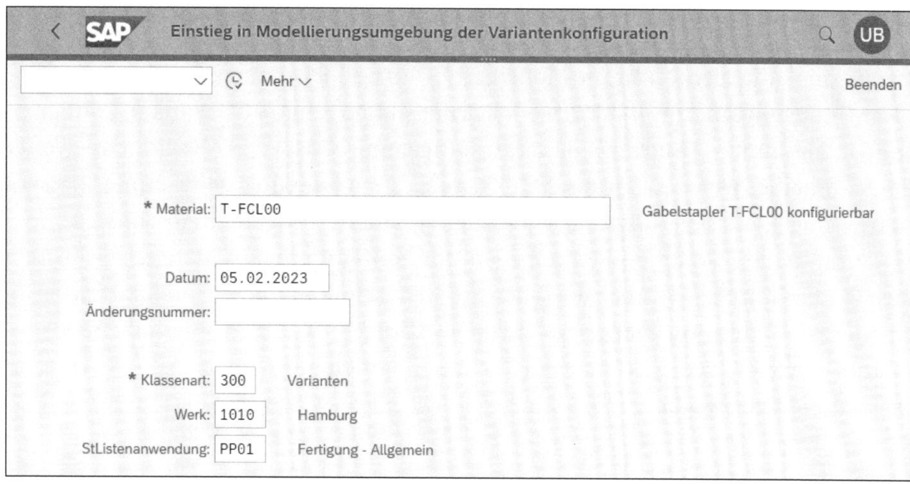

Abbildung 4.1 VC-Modellierungsumgebung: Einstieg

[!]

Anzeige von Arbeitsplätzen und Stücklisten

Falls in der VC-Modellierungsumgebung auch die Arbeitspläne sichtbar sein sollen, muss im Einstieg ein Werk angegeben werden.

Falls in der VC-Modellierungsumgebung auch die Stücklisten sichtbar sein sollen, geben Sie im Einstieg neben dem Werk auch eine Stücklistenanwendung an (Feld **StListenanwendung**). Es kann in Transaktion PMEVC nicht mit Konzernstücklisten gearbeitet werden.

Aus dem Einstiegsbild (siehe Abbildung 4.1) kommen Sie sowohl mit [↵] als auch über einen Klick auf **Ausführen** weiter. In Abbildung 4.2 sehen Sie die Standardansicht von Transaktion PMEVC. Auf der linken Seite befindet sich der Modellbaum. Der Modellbaum kann über den Button (Vollbild ein/aus) ausgeblendet werden, sodass ein Vollbild für die Details entsteht.

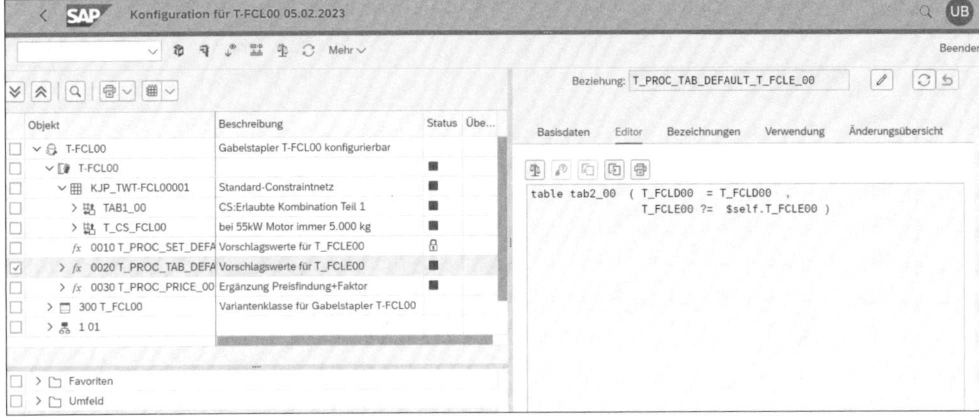

Abbildung 4.2 VC-Modellierungsumgebung: Überblick

Auf der rechten Seite finden Sie die Details zu den einzelnen Objekten des Modells. Hier werden die Daten zunächst im Anzeigemodus dargestellt. Auch können Sie mit einem Klick auf den Button (Ändern) in einen Änderungsmodus springen (rechts neben dem Namen des Objekts im Detailbild).

Im Kopf von Transaktion PMEVC finden Sie einige Buttons. Mit den beiden Pfeilen nach links und rechts können Sie sich das letzte oder das nächste Detail anzeigen lassen. Diese Pfeile erscheinen nur, wenn die Bildwechsel sinnvoll möglich sind.

Der Button (Ikonen-Legende) lässt eine Legende erscheinen (siehe Abbildung 4.3). Sie sehen dort Material, Konfigurationsprofil, Constraint-Netz mit zwei Constraints, drei Prozeduren, die Klasse sowie den Stücklistenkopf. Per Klick auf den Button im Kopf können Sie die Simulation für Testzwecke aufrufen (siehe Abbildung 3.7 und Abbildung 3.8 in Kapitel 3, »Ein erstes konfigurierbares Material anlegen«).

Simulation in Transaktion PMEVC

Ein besonderes Feature der Simulation bzw. des Testens in Transaktion PMEVC besteht darin, dass auch Objektmerkmale getestet werden können.

Sollte das Modell Objektmerkmale enthalten, die bei einer Konfiguration in einem Vertriebsbeleg und einer Konfiguration in einer Materialvariante automatisch gelesen werden, können diese in der Simulation manuell bewertet werden. Das Pop-up-Fenster **Simulation: Bewertung von Objektmerkmalen** erscheint.

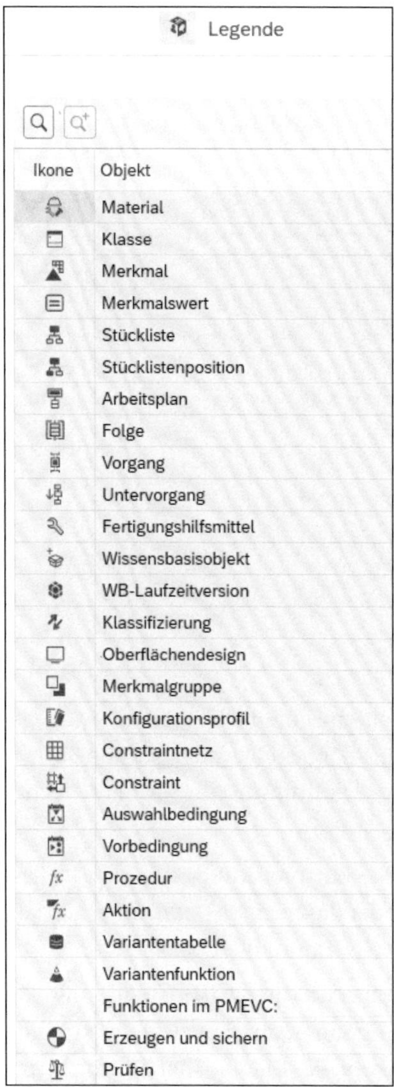

Abbildung 4.3 Icon-Legende in Transaktion PMEVC

Über den Button [icon] (Modell auflösen) werden alle Objekte des Modells in Abbildung 4.2 links unten unter **Umfeld** zugeordnet. Das Ergebnis der Auflösung des Modells sehen Sie in Abbildung 4.4.

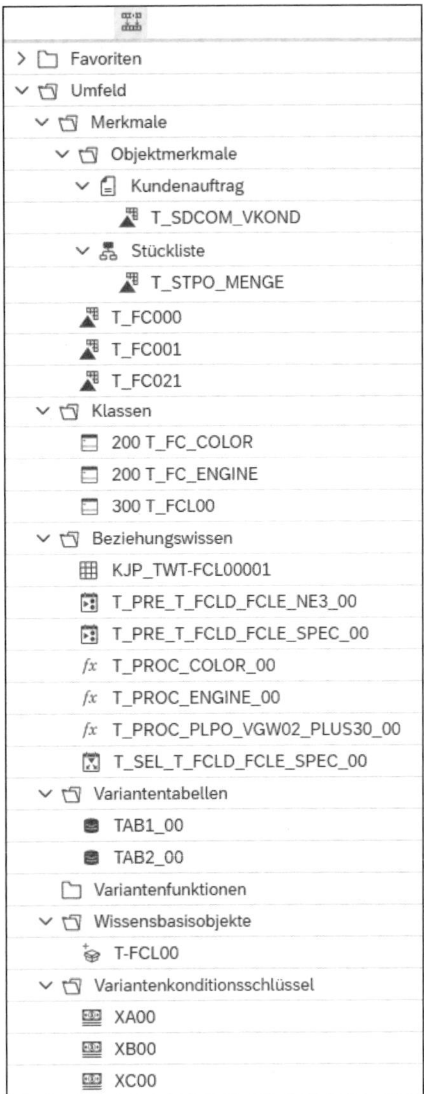

Abbildung 4.4 Aufgelöstes Modell

Mit einem Klick auf den Button (Prüfoptionen) sehen Sie die Ihnen zur Verfügung stehenden Funktionen, um das Modell auf Probleme und Fehler hin zu prüfen (siehe Abbildung 4.5). Die kundenspezifischen Prüfungen beinhalten nur die Optionen, um bestimmte Namenskonventionen zu kontrollieren.

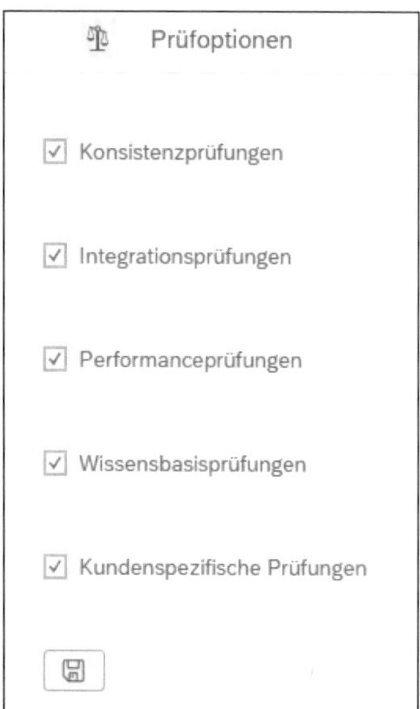

Abbildung 4.5 Prüfoptionen

Über einen Klick auf den Button (Modell erneut laden) laden Sie das Modell erneut. Sollte während der Arbeit in Transaktion PMEVC an Modelldaten Änderungen erfolgt sein, werden die Daten aufgefrischt.

Weitere hilfreiche Einstellungen erreichen Sie in Abbildung 4.2 über den Pfad **Mehr • Zusätze • Einstellungen**. Das Bild **Benutzerabhängige Einstellungen** sehen Sie in Abbildung 4.6. Das Kennzeichen **Unterdrücken, wenn Eingabe opt.** ist sinnvoll, wenn es Sie stört, dass bei jedem Wechsel vom Anzeige- in den Änderungsmodus über ein Pop-up-Fenster nach einer Änderungsnummer gefragt wird. Der Radiobutton **IPC** ist nur interessant, wenn Sie SAP Internet Pricing and Configurator nutzen.

Die interessanten Funktionen aus dem Bereich **Werte auf Stücklistenpositionen ziehen** haben wir bereits in Kapitel 3, »Ein erstes konfigurierbares Material anlegen«, (Abbildung 3.18 und Abbildung 3.19) genutzt. Es ist möglich, ein oder auch mehrere Merkmalswerte auf die Stücklistenposition zu ziehen. Das heißt, dass lokales Beziehungswissen erzeugt worden ist.

Der Bereich **Wertanzeige in Variantentabelle** betrifft die Darstellung von Variantentabellen in Transaktion PMEVC. Leider gibt es hier nicht die Möglichkeit, sich beides (d. h. Wert und Beschreibung) anzeigen zu lassen (wie es z. B. in der klassischen Transaktion CU60 möglich ist).

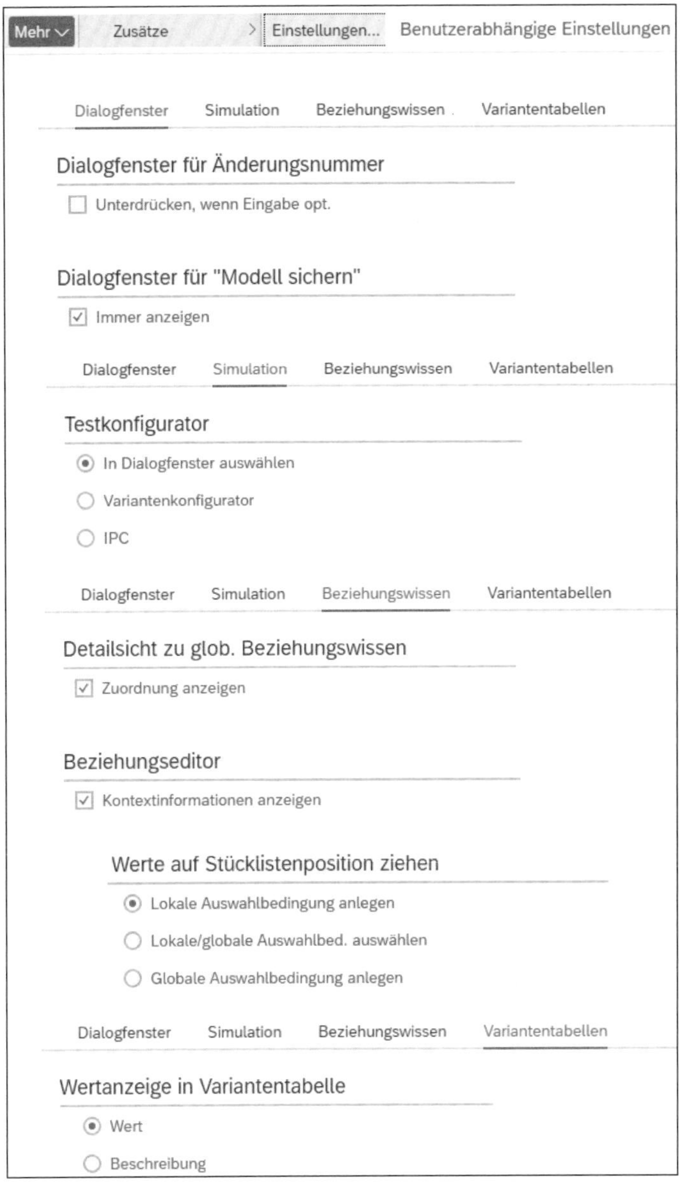

Abbildung 4.6 Benutzerabhängige Einstellungen

Im Modellbaum steht im Rahmen der Kontextmenüs der einzelnen Objekte eine Reihe weiterer Funktionen zur Verfügung (siehe Abbildung 4.2). Falls der Modellbaum an einem Knoten weiter aufgerissen werden kann, sehen Sie die Einträge **Teilbaum expandieren** und **Teilbaum komprimieren** (siehe Abbildung 4.7).

Es gibt zwei Assistenten, um vom SAP-System Beziehungswissen anlegen zu lassen. Die Option **Beziehung mit Assistent anlegen** existiert beim Merkmal.

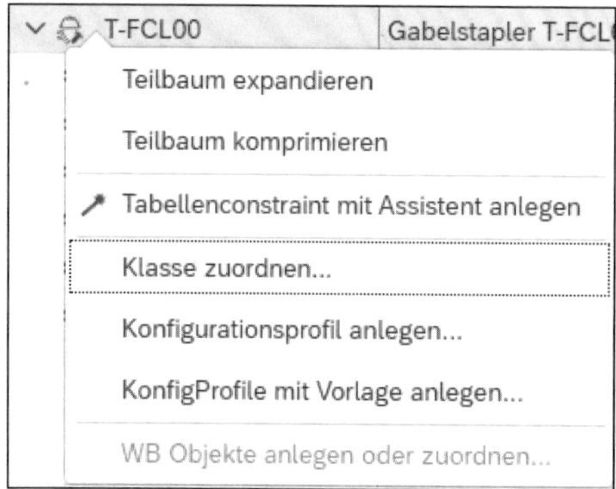

Abbildung 4.7 Kontextmenü am Materialstamm

Die Funktion **Tabellenconstraint mit Assistent anlegen** steht für das Material, das Konfigurationsprofil, das Constraint-Netz und für die Variantenklasse (siehe z. B. Abbildung 4.8) zur Verfügung.

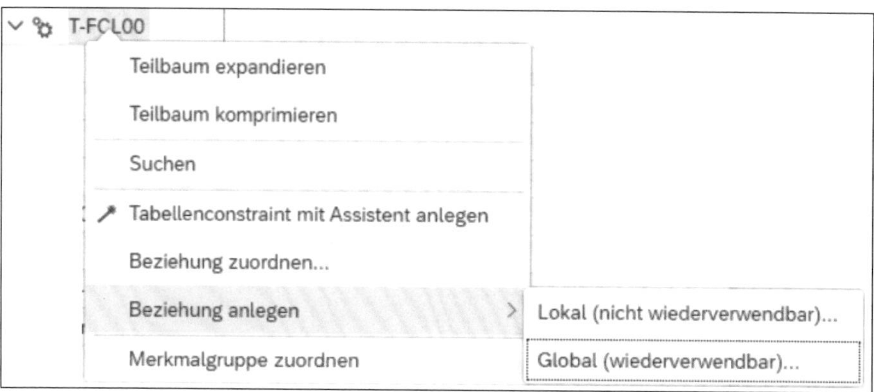

Abbildung 4.8 Kontextmenü zum Konfigurationsprofil

An allen Stellen, an denen Beziehungswissen zugeordnet werden kann, gibt es die Einträge **Beziehung zuordnen...** und **Beziehung anlegen**, also an Konfigurationsprofil, Merkmal, Wert, Stücklistenposition, Folge, Vorgang und an der Fertigungshilfsmittelzuordnung; den **Verwendungsnachweis** gibt es für Beziehungswissen, Merkmal und Variantentabellen/-funktionen.

Für den Materialstamm und das Merkmal gibt es weitere spezifische Funktionen, zu denen das Wissensbasisobjekt und die Laufzeitversion gehören.

Im Folgenden stellen wir die beiden bereits erwähnten Assistenten, mit denen vom SAP-System Beziehungswissen anlegt werden kann, kurz vor. Sie können über das Kontextmenü des Merkmals den **Beziehungswissen-Assistent** aufrufen (siehe Abbildung 4.9).

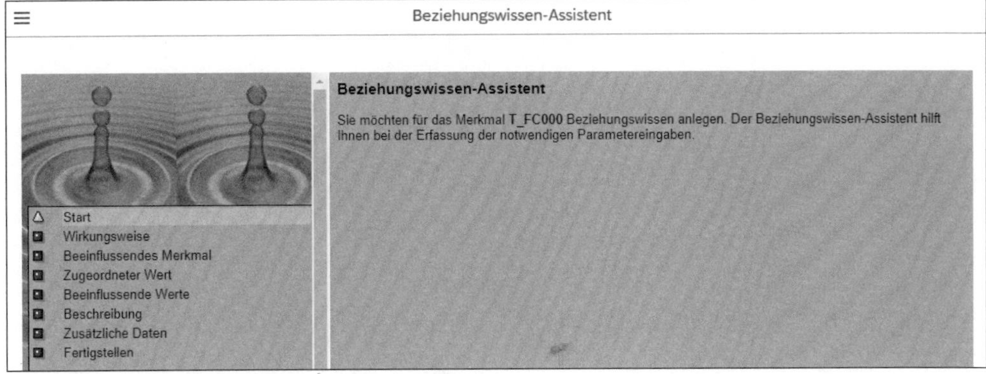

Abbildung 4.9 Beziehungswissen-Assistent

Der Beziehungswissen-Assistent kennt nur Vor- oder Auswahlbedingungen in einfacher Form (`Merkmal = Wert` oder `specified` oder `not specified`). Es erscheint ein Pop-up-Fenster, in dem Sie die folgenden Funktionen finden:

- **Start** ist das dargestellte Startbild.
- **Wirkungsweise** ist die Frage nach der Vorbedingung (= darf), nach der Auswahlbedingung (= muss) oder nach beidem.
- **Beeinflussendes Merkmal** fragt nach genau einem Merkmal, von dem es in der Syntax abhängig sein soll. Es können nur `CHAR`-Merkmale ausgewählt werden.
- **Zugeordneter Wert** fragt nach bestimmten Werten oder nach `specified` oder `not specified`.
- **Beeinflussende Werte** erlaubt es, einen oder mehrere Werte des beeinflussenden Merkmals auszuwählen. Der Schritt wird übersprungen, falls im letzten Schritt `specified` oder `not specified` ausgewählt wurde.
- **Beschreibung** ist die Frage nach dem Kurz- und Langtext.
- **Zusätzliche Daten** unterscheidet nach lokalem (= nicht wiederverwendbaren) oder globalem Beziehungswissen. Bei **global** muss dem Beziehungswissen ein Name gegeben werden.
- **Fertigstellen** bezieht sich darauf, ob das Beziehungswissen wirklich angelegt werden soll.

Der Tabellenconstraint-Assistent bietet deutlich mehr Möglichkeiten (siehe Abbildung 4.10):

- **Beginn** bezieht sich auf das Startbild.
- **Wirkungsweise** gibt die Auswahl, ob eine Werteeinschränkung, eine Werteherleitung (n zu 1, 1 zu n oder n zu m) oder eine Inkonsistenzprüfung erfolgen soll.
- **Konfigurationsobjekt** ist die Frage nach Material oder Klasse.

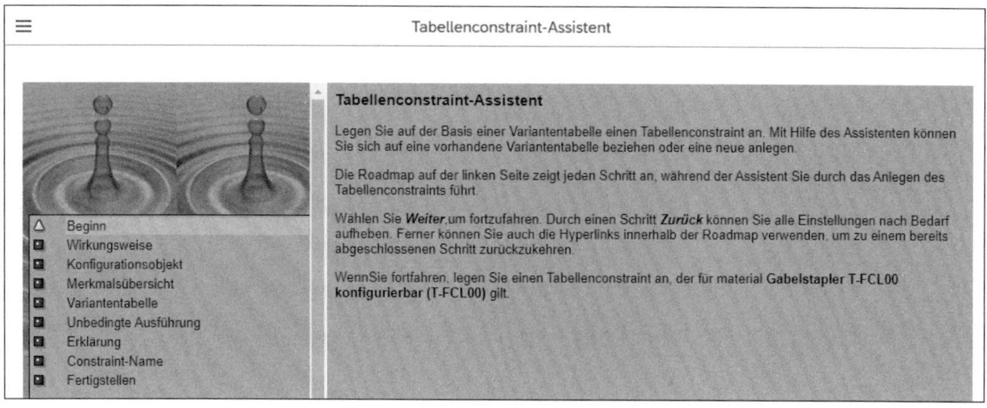

Abbildung 4.10 Tabellenconstraint-Assistent

- **Merkmalsübersicht** steuert die folgenden Möglichkeiten:
  - **Führendes Merkmal** (bei der Werteherleitung 1 zu n)
  - **Zielmerkmal** (bei der Werteherleitung n zu 1)
  - **Eingabe- und Ausgabemerkmale** (bei der Werteherleitung m zu n)
  steuert Schlüssel- und Nicht-Schlüsselfelder (nicht bei Werteeinschränkung und Inkonsistenzprüfung).
- **Variantentabelle** ist die Frage nach einer vorhandenen oder neuen Variantentabelle. Bei einer neuen Variantentabelle wird nach Name, Bezeichnung und Merkmalen gefragt.
- **Unbedingte Ausführung** bewirkt, ob die Werteherleitung zwingend ist. Wenn nicht, würde die Tabelle nur mit den Schlüsselfeldern zusätzlich in den Condition-Teil aufgenommen (nicht bei Werteeinschränkung und Inkonsistenzprüfung).
- **Erklärung** schlägt einen Langtext für die Variantentabelle vor.
- **Constraint-Name** schlägt für den Constraint den gleichen Namen und die gleiche Bezeichnung wie für die Variantentabelle vor.
- **Fertigstellen** bestimmt, ob das Beziehungswissen wirklich angelegt werden soll.

Der Tabellenconstraint-Assistent legt die folgenden Objekte an:

- Ein Constraint-Netz (soweit nicht vorhanden) mit allen notwendigen Daten.
- Einen Constraint mit allen notwendigen Daten.
- Eine Variantentabelle (falls gewünscht) mit allen notwendigen Daten außer dem Tabelleninhalt. Der Tabelleninhalt steht anschließend noch für die manuelle Ergänzung an.

Die einzelnen Objekte enthalten jeweils Detailsichten. Der Materialstamm umfasst z. B. die Registerkarten **Grunddaten**, **Bezeichnungen**, **Variantenpreisf**, **WB Objekte** sowie **Profile**. Eine Pflege (d. h. die Vornahme von Eingaben oder Änderungen) ist nur auf der Registerkarte **Variantenpreisf** möglich (siehe Kapitel 6, »Preisfindung«).

Das Konfigurationsprofil wird in Abschnitt 4.5 ausführlich behandelt. Für die Pflege der Registerkarte **Benutzeroberfläche** verweisen wir auf Abschnitt 4.6, »Die Merkmalsgruppen als Oberflächendesign«.

Beziehungswissen aller Art inklusive Constraint-Netzen und Constraints können vollumfänglich in Transaktion PMEVC gepflegt werden.

Die Klassenpflege ist bis auf eine Ausnahme nicht Bestandteil von Transaktion PMVC. Ausnahme sind die Merkmale in der Klasse. Sie können vorhandene Merkmale zuordnen, und Sie können Merkmale aus der Zuordnung heraus anlegen. Es ist möglich, Merkmale zu überschreiben. Merkmale mit ihren Werten können in Transaktion PMEVC gepflegt werden.

Die Stücklisten- und Arbeitsplanpflege ist bis auf die Zuordnung vorhandenen Beziehungswissens nicht Bestandteil von Transaktion PMVC. Außerdem können Sie Beziehungswissen aus der Zuordnung heraus anlegen. Dies betrifft sowohl lokales als auch globales Beziehungswissen. Auch ein Kopieren von Beziehungswissen ist möglich. In der Stückliste kann Beziehungswissen auch per Drag & Drop erzeugt werden.

Abbildung 4.11 zeigt den Editor von Transaktion PMEVC. Rechts sehen Sie die Details des Beziehungswissens im Editor.

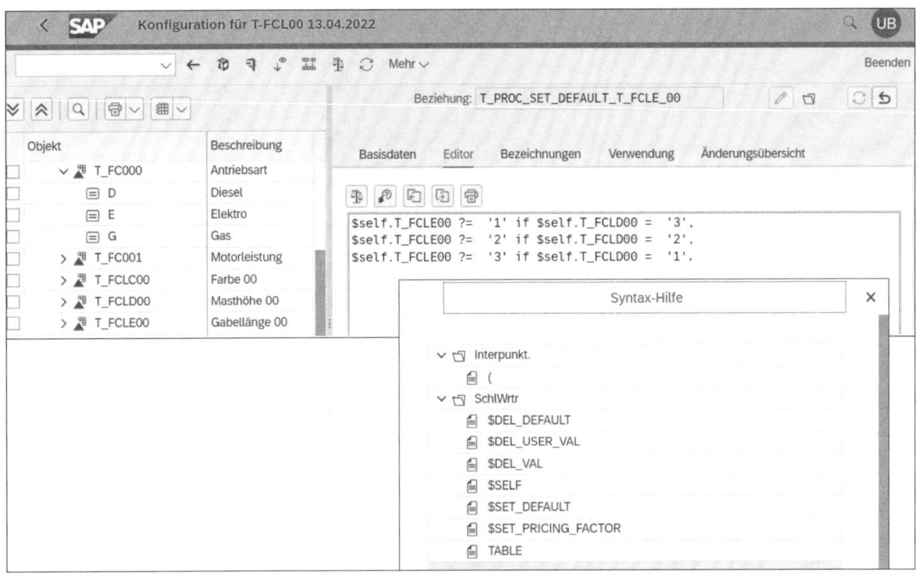

Abbildung 4.11 Editor in Transaktion PMEVC

Über einen Klick auf den Button oder die Taste F4 öffnen Sie eine kontextsensitive Eingabehilfe für die Syntax im Editor. Über Drag & Drop können Sie einzelne spezielle Objekte aus dem Modellbaum links in den Editor rechts ziehen. Ziehen Sie z. B. den Merkmalswert »E« in den Editor, wird dort die Syntax `T_FC000 = 'E'` d. h. `Merkmal = Wert` erzeugt. Auch können Sie Klassen in den Objects-Teil von Constraints ziehen.

4.2 Die Simulationsumgebung von AVC

AVC nutzt für die Simulation eine neue Bewertungsoberfläche, die sich von der Simulationsoberfläche der klassischen Variantenkonfiguration (LO-VC) deutlich unterscheidet. Die Simulation wird über die neue SAP-Fiori-App **Konfigurationsmodelle simulieren** gestartet (siehe Abbildung 4.12). Alternativ können Sie in Transaktion PMEVC über den Button [icon] (Testen) navigieren. Die klassische Transaktion CU50 der Simulation kann für AVC-Simulationen nicht genutzt werden.

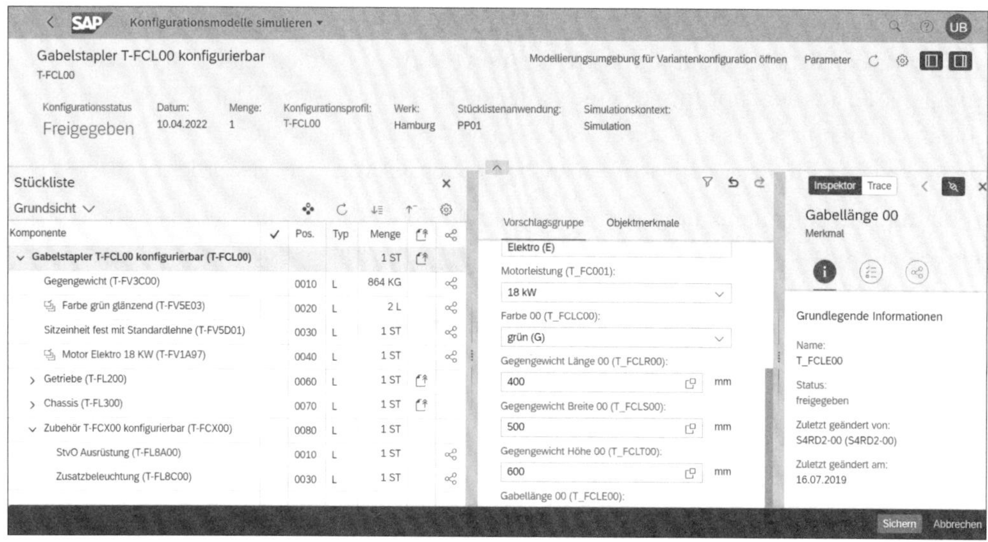

Abbildung 4.12 Die Simulationsumgebung von AVC

Wir schauen uns diese Simulationsumgebung genauer an: Die Oberfläche besteht aus einem Kopfbereich sowie dem Strukturbereich der Merkmalsbewertung und dem Bereich **Inspektor**, inklusive **Trace**. Von den drei Bereichen unterhalb des Kopfbereichs ist der Bereich zur Merkmalsbewertung permanent sichtbar, in dem die die Merkmalsbewertung stattfindet. Die Bereiche stellen wir im Folgenden nacheinander vor.

Der *Kopfbereich* kann über einen Klick auf den Button [icon] (Kopfbereich komprimieren) ausgeblendet werden. Im Kopfbereich finden Sie zwei Buttons für weitere Einstellungen. Über den Button **Parameter** gelangen Sie in das Pop-up-Fenster **Simulationsparameter bearbeiten** (siehe Abbildung 4.13).

Abbildung 4.13 Simulationsparameter bearbeiten

[!]

Simulationsparameter bearbeiten

Beachten Sie, dass neben den Muss-Eingaben auch die Felder **Werk** und **Stücklistenanwendung** auszufüllen sind, denn ansonsten findet keine Stücklistendarstellung statt, die auch Voraussetzung für die Darstellung der Konfigurationsstruktur ist. Der Arbeitsplan benötigt die Werksangabe.

Insbesondere beim Arbeiten mit der SAP-Fiori-App **Konfigurationsmodelle simulieren** ist auf diese Parameter zu achten. Deshalb ist es hier zu empfehlen, den Button **Neue Simulation anlegen** zu nutzen. So wird automatisch das Pop-up-Fenster **Simulationsparameter bearbeiten** gestartet und diese Einstellungen nicht übersehen.

Über einen Klick auf den Button (Einstellungen) gelangen Sie in das gleichnamige Pop-up-Fenster (siehe Abbildung 4.14). Hier können Sie u. a. für den linken und den mittleren Bereich einstellen, ob Merkmale, Werte und Objekte in den Strukturen mit ihren Namen (Schlüssel), ihrer Bezeichnung oder beidem angezeigt werden sollen.

Inspektor- und Strukturbereich können jeweils über die beiden Buttons ein- oder ausgeblendet werden.

Der *Strukturbereich* auf der linken Seite kann die folgenden Informationen enthalten:

- Informationen zu aufgelöster Stückliste und Maximalstückliste
- Informationen zum aufgelösten Arbeitsplan und zum Maximalarbeitsplan
- Informationen zur Konfigurationsstruktur

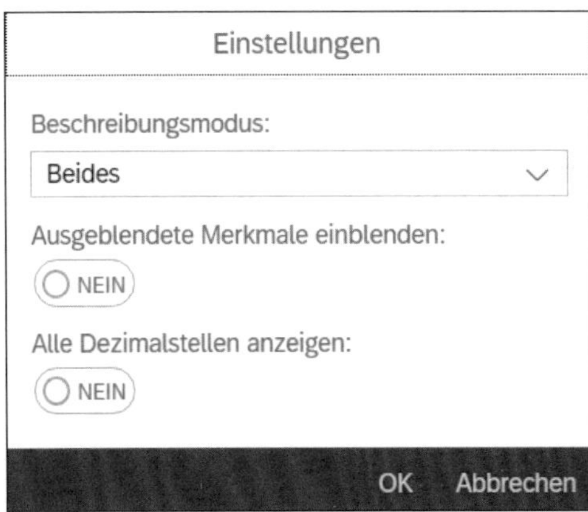

Abbildung 4.14 Einstellungen in der Simulationsumgebung

Im Strukturbereich finden Sie im Standard bei einstufiger Konfiguration die aufgelöste Stückliste (sieheAbbildung 4.15). Bei mehrstufiger Konfiguration finden Sie hier die konfigurierbaren Positionen, mit anderen Worten die Konfigurationsstrukturstückliste (siehe Abbildung 4.19 auf den folgenden Seiten).

Stückliste

Grundsicht

Komponente	✓	Pos.	T...	Menge		
Gabelstapler T-FCL00 konfigurierbar (T-FCL00)				1 ST		
Gegengewicht (T-FV3C00)		0010	L	864 KG		
Farbe grün glänzend (T-FV5E03)		0020	L	2 L		
Sitzeinheit fest mit Standardlehne (T-FV5D01)		0030	L	1 ST		
Motor Elektro 18 KW (T-FV1A97)		0040	L	1 ST		
Getriebe (T-FL200)		0060	L	1 ST		
Chassis (T-FL300)		0070	L	1 ST		
Zubehör T-FCX00 konfigurierbar (T-FCX00)		0080	L	1 ST		
StvO Ausrüstung (T-FL8A00)		0010	L	1 ST		
Zusatzbeleuchtung (T-FL8C00)		0030	L	1 ST		

Abbildung 4.15 Strukturbereich: die aufgelöste Stückliste

Über einen Klick auf den Button [Icon] (Maximalstückliste ein-/ausblenden) können Sie in die Darstellung der Maximalstückliste wechseln (siehe Abbildung 4.16), in der die gleiche Stückliste wie zuvor dargestellt wird. Worin unterscheiden sich die beiden Stücklisten nun? Bei der Maximalstückliste werden alle Positionen aufgelistet (über Auswahlbedingungen ungültige Positionen sind nur in Grau dargestellt). Des Weiteren werden die Klassenknoten direkt aufgelistet und nicht die ersetzten Komponenten. Diese Auflistungen werden nicht permanent aktualisiert, sondern die Aktualisierung ist manuell über den Button [Icon] (Stückliste erneut auflösen) anzustoßen.

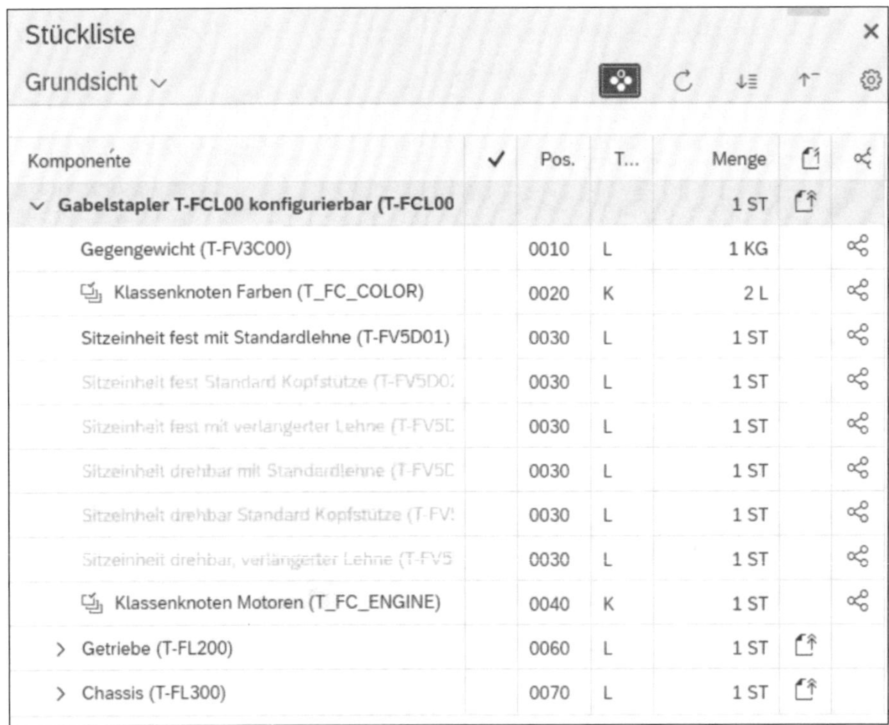

Abbildung 4.16 Strukturbereich: die Maximalstückliste

Die Darstellung des Strukturbereichs kann über eigene Sichten angepasst werden (Spaltenauswahl laut dem Button [Icon] (Einstellungen)).

In der vorletzten Spalte [Icon] sehen Sie, wo Arbeitspläne existieren. Indem Sie in der entsprechenden Zeile auf den Button [Icon] Arbeitsplan) klicken, wechseln Sie in die Arbeitsplansicht im Strukturbereich. Auch hier kann wieder zwischen Maximalarbeitsplan und aufgelöstem Arbeitsplan gewechselt werden. Der hier abgebildete Arbeitsplan in Abbildung 4.17 und Abbildung 4.18 besitzt neben der Stammfolge auch eine parallele Folge. Über den Pfeil in der letzten Spalte können Sie zwischen den Folgen wechseln.

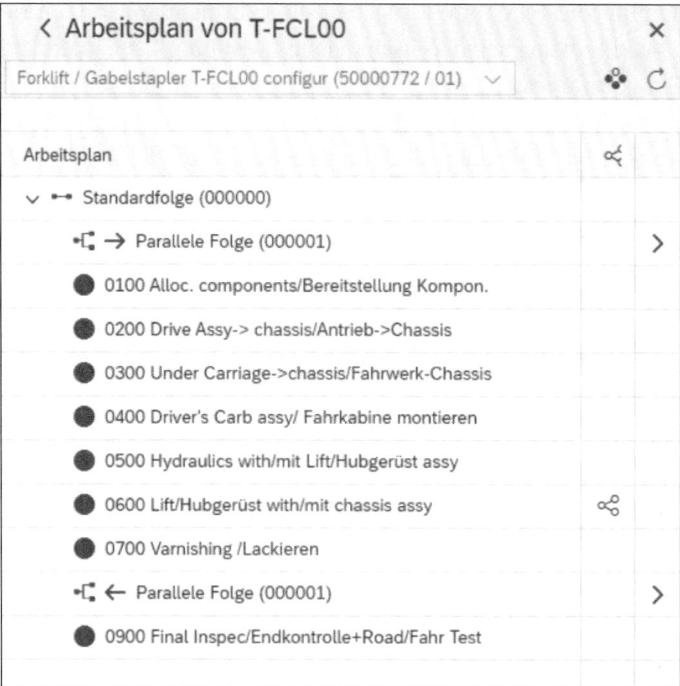

Abbildung 4.17 Strukturbereich: die Stammfolge im aufgelösten Arbeitsplan

Abbildung 4.18 Strukturbereich: eine parallele Folge im Maximalarbeitsplan

Der mittlere Bereich mit der *Merkmalsbewertung* dient der eigentlichen Konfiguration. Das heißt, dass die Merkmale der Variantenklasse(n) bewertet werden. Die Muss-Merkmale erhalten hier einen kleinen roten Stern. Unbewertete CHAR-Merkmale werden mit dem Eintrag **(keine)** versehen. Unbewertete NUM-Merkmale zeigen den zulässigen Wertebereich an, und mit Vorschlagswerten bewertete Merkmale erhalten einen grünen Pfeil. Über diesen grünen Pfeil können Sie aus dem Vorschlagswert eine manuelle Bewertung machen. Einwertige CHAR-Merkmale verwenden einen Pfeil nach unten für das Anzeigen der Dropdown-Liste, und mehrwertige CHAR-Merkmale verwenden das Symbol für die F4-Hilfe, die auch entsprechend reagiert.

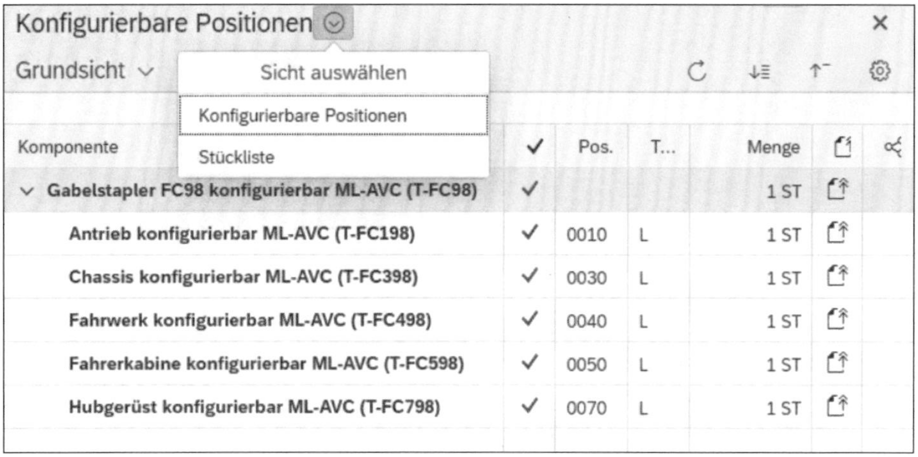

Konfigurierbare Positionen

Grundsicht

Sicht auswählen

Konfigurierbare Positionen

Stückliste

Komponente	✓	Pos.	T...	Menge
Gabelstapler FC98 konfigurierbar ML-AVC (T-FC98)	✓			1 ST
Antrieb konfigurierbar ML-AVC (T-FC198)	✓	0010	L	1 ST
Chassis konfigurierbar ML-AVC (T-FC398)	✓	0030	L	1 ST
Fahrwerk konfigurierbar ML-AVC (T-FC498)	✓	0040	L	1 ST
Fahrerkabine konfigurierbar ML-AVC (T-FC598)	✓	0050	L	1 ST
Hubgerüst konfigurierbar ML-AVC (T-FC798)	✓	0070	L	1 ST

Abbildung 4.19 Strukturbereich: konfigurierbare Positionen (Konfigurationsstruktur) in einer mehrstufigen Konfiguration

Im Kopf dieses Bereichs finden Sie eine Reihe Buttons: Mit dem Button (Filter) können Sie die Merkmalsliste filtern, und der Button macht die letzte manuelle Aktion rückgängig. Über den Button (Wiederholen) wird das Rückgängigmachen wieder rückgängig gemacht, also in die Vorwärtsrichtung gesprungen.

Der *Inspektor-Bereich* beinhaltet Detailinformationen zu den einzelnen Elementen des Konfigurationsmodells. Außerdem können Sie mit einem *Trace* arbeiten. Das heißt, dass Sie sich die Abarbeitung des Beziehungswissens ausführlich protokollieren lassen können.

Einige Beispiele für den Inspektor sind im Folgenden dargestellt. Zu dem Objekt, das Sie als Letztes angeklickt haben, erscheinen hier Detailinformationen zur Überprüfung. Wir beginnen mit Abbildung 4.20. Im Kopf der Simulationsumgebung kann das Konfigurationsprofil angeklickt werden. Die diesbezügliche Inspektor-Darstellung finden Sie in Abbildung 4.20 und Abbildung 4.21. Sie besteht aus den beiden Sichten, die Sie über den Button (Grundlegende Informationen) oder über den Button (Beziehungswissen) erreichen. Im Beziehungswissen können Sie über den Pfeil nach rechts in das entsprechende Beziehungswissen im Inspektor abspringen.

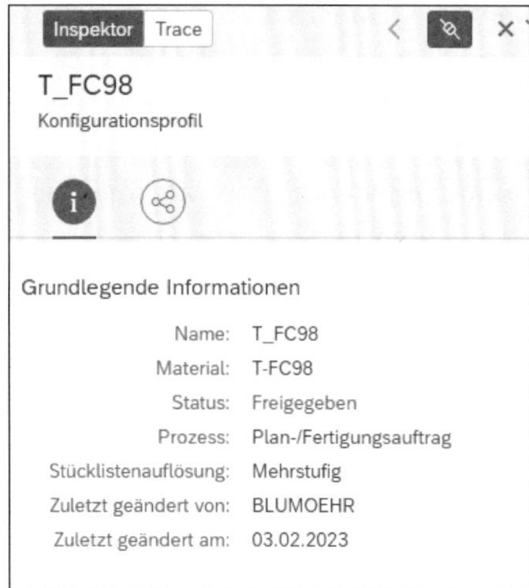

Abbildung 4.20 Inspektor: Konfigurationsprofil

Analog sind die Stücklistenköpfe (auch aus der Struktur konfigurierbarer Positionen heraus) und die Komponenten inklusive den Klassenpositionen dargestellt. Auch gibt es die gleichen beiden Sichten.

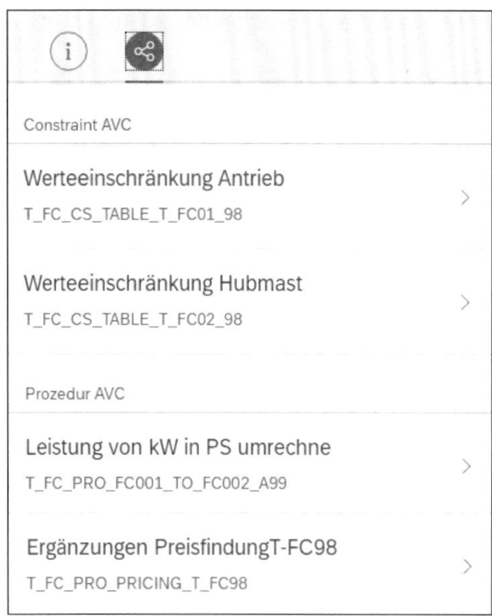

Abbildung 4.21 Inspektor: Beziehungswissen im Konfigurationsprofil

Für Merkmale kommt noch die Sicht **Werte** hinzu, die Sie über den Button (Werte) erreichen (siehe Abbildung 4.22).

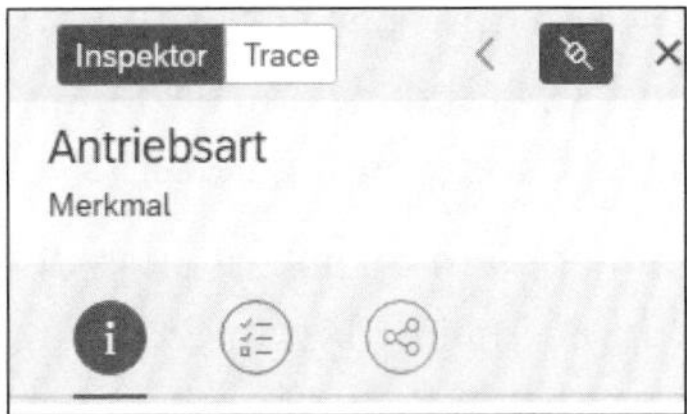

Abbildung 4.22 Inspektor: für ein Merkmal

Für Vorgänge kommen noch die Komponentenzuordnungen, erreichbar über den Button, sowie die Fertigungshilfsmittelzuordnungen, erreichbar über den Button, hinzu (siehe Abbildung 4.23).

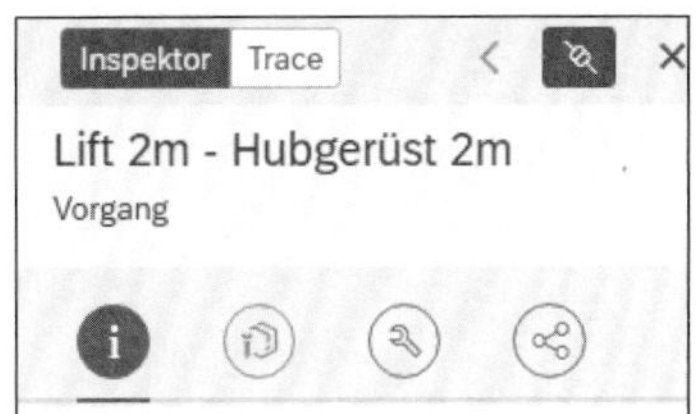

Abbildung 4.23 Inspektor: für einen Vorgang im Arbeitsplan

In Abbildung 4.24 ist das Verhalten der Simulationsumgebung bei Inkonsistenzen dargestellt. Im Kopf erscheint, rot hinterlegt, eine Inkonsistenzmeldung, hier z. B. die Meldung: »Die Konfiguration des Produkts Antrieb konfigurierbar ML-AVC (T-FC198) ist inkonsistent. Überprüfen Sie alle bereits verarbeiteten Konfigurationselemente. Weitere Informationen anzeigen.«

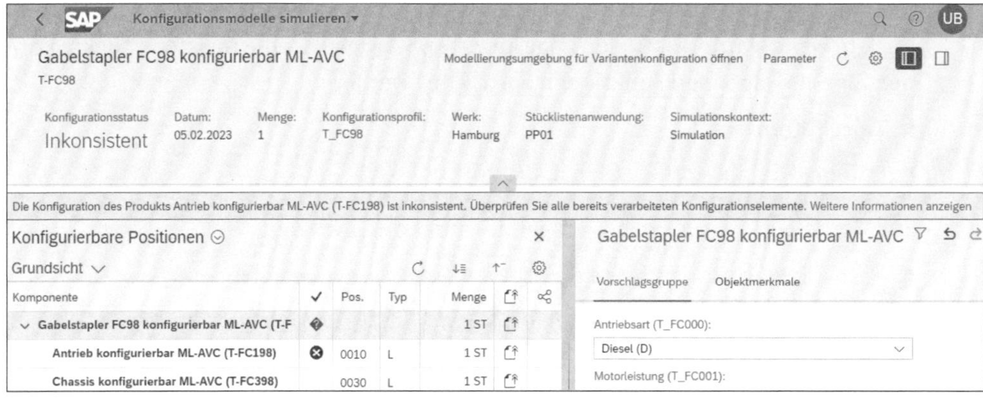

Abbildung 4.24 Inkonsistenzen in der Simulationsumgebung

Der letzte Satz **Weitere Informationen anzeigen** ist aktiv und führt per Klick zu einem Pop-up-Fenster (siehe Abbildung 4.25). Für die zu prüfenden Merkmale und Beziehungen werden Sie in den Inspektor mit den entsprechenden Daten weitergeleitet.

Im rechten Bereich der Simulationsumgebung kann neben dem Inspektor auch der *Trace* angezeigt werden. Im Standard ist der Trace inaktiv. Das heißt, dass im Standard die Abarbeitung der Konfiguration nicht protokolliert wird. Indem Sie mit einem Klick auf **Trace** den Trace umschalten und ihn über den Button aktivieren, können Sie das ändern.

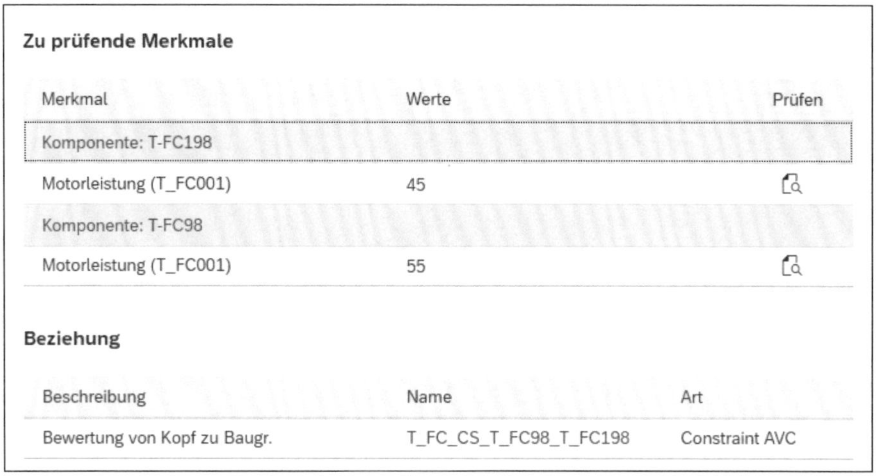

Zu prüfende Merkmale

Merkmal	Werte	Prüfen
Komponente: T-FC198		
Motorleistung (T_FC001)	45	
Komponente: T-FC98		
Motorleistung (T_FC001)	55	

Beziehung

Beschreibung	Name	Art
Bewertung von Kopf zu Baugr.	T_FC_CS_T_FC98_T_FC198	Constraint AVC

Abbildung 4.25 Erste Details bezüglich Inkonsistenzen in der Simulationsumgebung

Nun wird die gesamte Konfiguration protokolliert. In Abbildung 4.26 sind die ersten Einträge aufgelistet. Schon in dieser Übersicht kann für blau unterlegte Einträge per Klick in weitere Informationen abgesprungen werden. Für die meisten Objekte können hier die folgenden Funktionen ausgeführt werden:

- **Trace filtern**
- **Prüfen** (d. h. Absprung in den Inspektor)

Für Merkmale kann zusätzlich Folgendes aufgerufen werden:

- nach der Bewertung im Trace gefiltert werden (**wo geändert**)
- nach der Merkmalsverwendung im Trace gefiltert werden (**wo verwendet**)

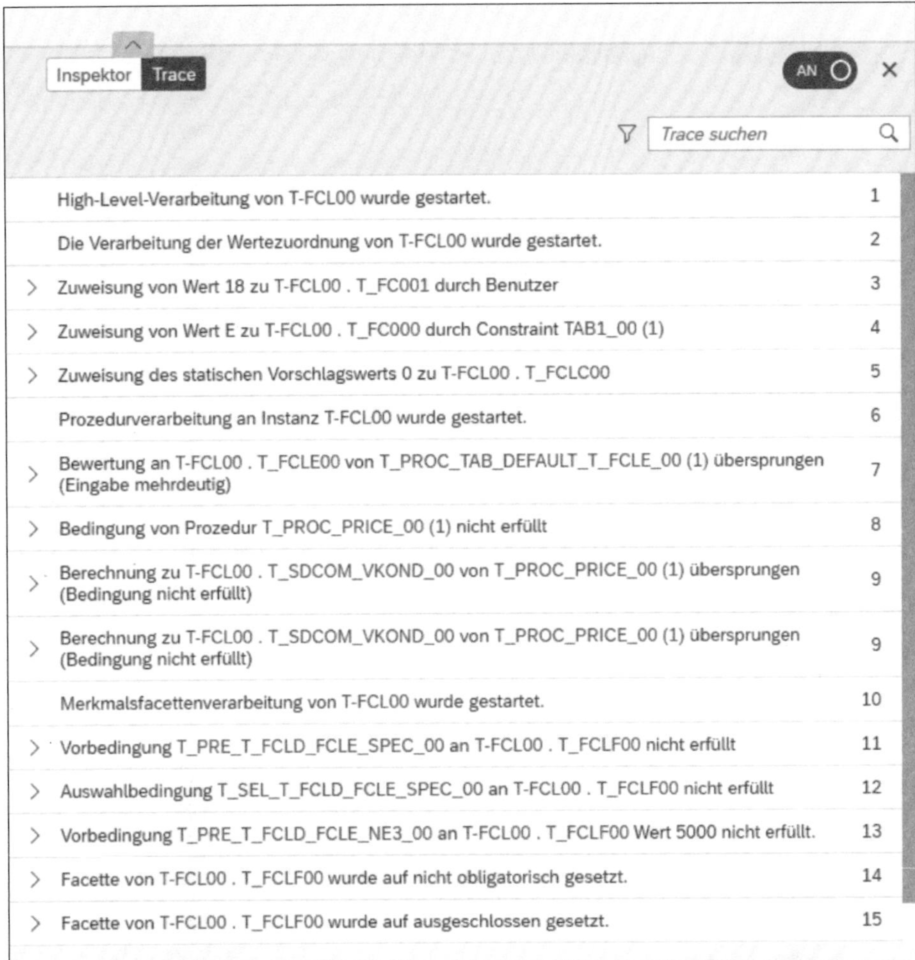

Abbildung 4.26 Trace: Überblick

Durch Aufklappen der Einträge im Trace in Abbildung 4.26 (Pfeil links neben den Zeilen) gelangen Sie in ausführlichere Protokolle der einzelnen Schritte. Zwei Beispiele sind in Abbildung 4.27 dargestellt. In Schritt 3 handelt es sich um eine manuelle Bewertung von einem Merkmal, und in Schritt 4 ist die Bewertung über einen Constraint mithilfe einer Variantentabelle erfolgt. Auch hier können Sie über die blau unterlegten Einträge per Klick in weitere Informationen abspringen.

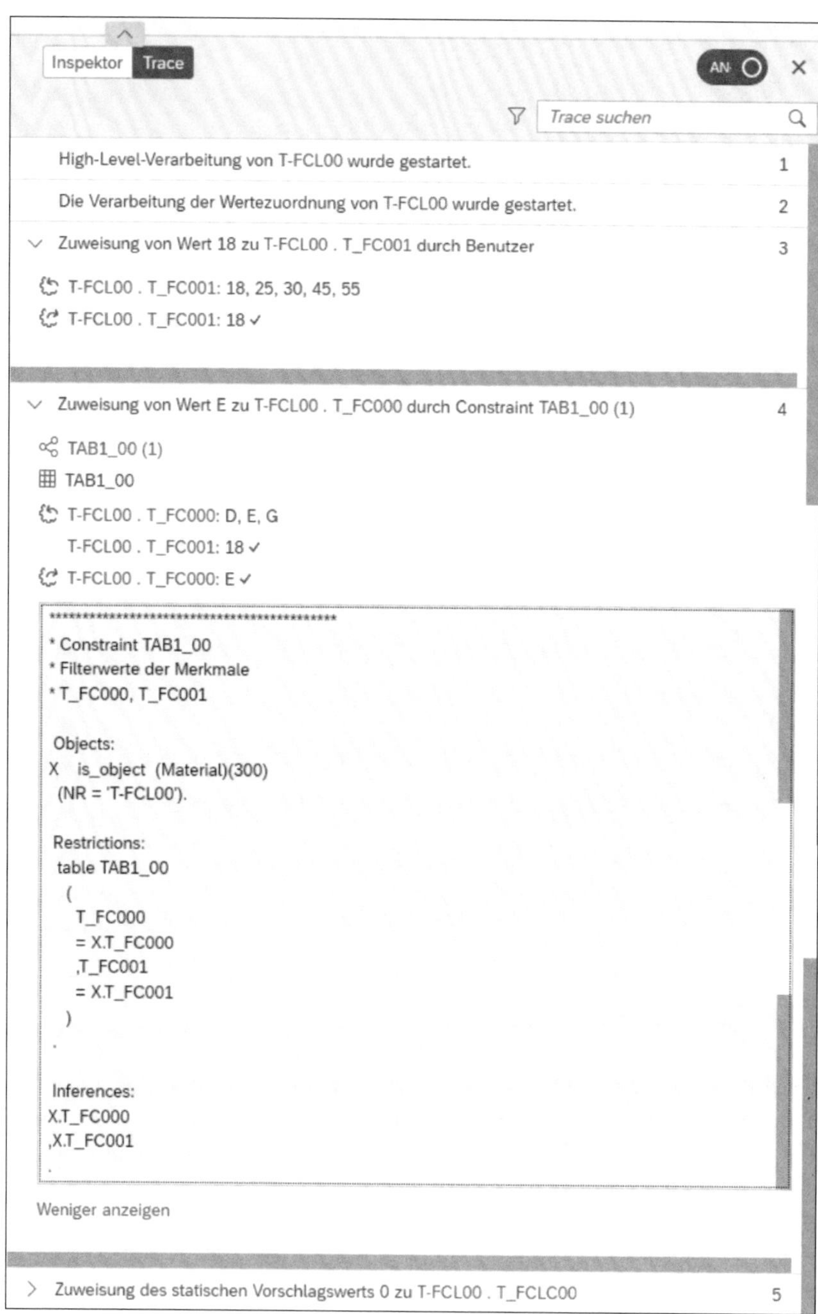

Abbildung 4.27 Trace: Details

4.3 Werkzeuge aus dem Klassensystem

Das Klassensystem mit seinen Werkzeugen stellt eine wichtige Grundlage der Modellierung für die Variantenkonfiguration dar; dort befinden sich die Merkmale, die die Konfigurationsoberfläche ausmachen. Im Bereich der Klassen sind die sogenannten Variantenklassen und Klassenknoten von Interesse.

4.3.1 Merkmalspflege

Bereits in Kapitel 3, »Ein erstes konfigurierbares Material anlegen«, wurden erste Merkmale angelegt. Dabei handelt es sich um ein Merkmal zum Abfragen der Farbe, um zwei numerische Merkmale (ganze Zahl und Gleitkommazahl) und um ein Merkmal für die Preisfindung. Schauen wir uns dies nun im Detail an.

Merkmale können Sie über Transaktion CT04 (Merkmalsverwaltung), über Transaktion PMEVC oder über die entsprechenden SAP-Fiori-Apps anlegen.

Um ein neues Merkmal anzulegen, nutzen Sie im Einstiegsbild von Transaktion CT04 (Merkmalsverwaltung) den Button ☐ (Anlegen). In Transaktion PMEVC finden Sie den Eintrag **Merkmal eintragen** im Kontextmenü der Klasse und im Kontextmenü unter **Umfeld • Merkmale**.

Den Namen des neu anzulegenden Merkmals vergeben Sie manuell. Dabei müssen Sie Folgendes beachten:

- Der Name muss mit einem Buchstaben beginnen.
- Der Name darf neben Buchstaben auch Ziffern und Unterstriche enthalten, theoretisch auch Bindestriche. Diese sind jedoch unschön, falls das Merkmal im Beziehungswissen angesprochen werden soll. Ein Bindestrich im Namen macht es erforderlich, dass Sie in der Syntax diesen Namen in Hochkommata setzen und zusätzlich einen SKEY voranstellen.
- Unter SAP S/4HANA können Sie den Namen des Merkmals nicht nachträglich ändern. (Im SAP-ERP-System funktionierte dies unter gewissen Bedingungen.)

In den Basisdaten des Merkmals müssen die Felder **Bezeichnung**, **Status** und **Datentyp** ausgefüllt werden (siehe Abbildung 4.28).

Im Feld **Status** ist **1 freigegeben** bereits gesetzt. Dies kann über die Customizing-Transaktion O005 eingestellt werden. Sie finden diese Transaktion im Customizing über den Menüpfad: **Anwendungsübergreifende Komponenten • Klassensystem • Merkmale • Voreinstellungen festlegen**.

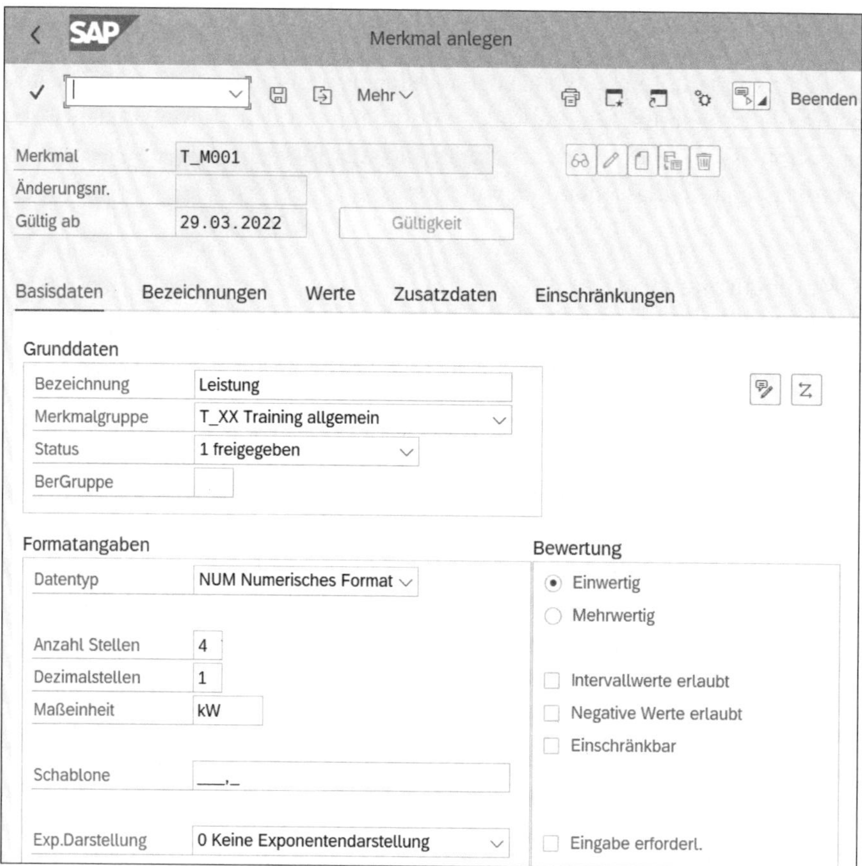

Abbildung 4.28 Merkmalspflege: Basisdaten

Für das Feld **Datentyp** gibt es die folgenden Formate:

- `CHAR`: Zeichenformat
- `CURR`: Währungsformat
- `DATE`: Datumsformat
- `NUM`: numerisches Format
- `TIME`: Zeitformat

Ob der technische Name `NUM` mit angezeigt wird wie in Abbildung 4.28, stellen Sie in den Optionen ein (SAP-GUI-Button • **Optionen • Interaktionsdesign • Visualisierung 1 • Schlüssel in Dropdown-Listen anzeigen**. Oder Sie wählen im SAP Fiori Launchpad den Pfad **GUI-Aktionen und -Einstellungen • Einstellungen • Interaktionsdesign • Visualisierung • Dropdown-Listen mit Schlüssel anzeigen**).

Unter SAP S/4HANA existieren diese fünf Datentypen. (Im SAP-ERP-System gab es die Option zu den sogenannten *benutzereigenen Datentypen*.)

In der Variantenkonfiguration wird fast ausschließlich mit NUM und CHAR gearbeitet. Man kann Merkmale mit den Formaten DATE und TIME im Beziehungswissen unter AVC nicht verwenden. Beim Datentyp CURR wird die Währung im Beziehungswissen nicht berücksichtigt.

Bei dem numerischen Format muss die Anzahl der Stellen eingegeben werden. Dabei können Sie mit Dezimalstellen arbeiten. Die Einträge »4« und »1« im Feld Dezimalstellen bedeuten, dass insgesamt vier Stellen existieren, von denen eine Stelle eine Dezimalstelle ist. Das Komma ist keine Stelle (also z. B. »100,5«).

[«]

Unterschied zwischen ganzen Zahlen und Gleitkommazahlen

Unter AVC wird ganz wesentlich zwischen ganzen Zahlen und Gleitkommazahlen unterschieden. Ganze Zahlen werden auch intern und in Berechnungen so behandelt. Gleitkommazahlen werden intern und in Berechnungen immer mit maximaler Stellenzahl behandelt, unabhängig von den Einstellungen im Merkmal. Jedes Merkmal mit Dezimalstellen (>0) ist eine Gleitkommazahl.

Sie können außerdem über das Feld **Maßeinheit** mit Maßeinheiten arbeiten. Die Schablone wird automatisch ermittelt. Ferner können Sie mit der Exponentialdarstellung (**Exp.Darstellung**) arbeiten.

Man kann eine einwertige oder mehrwertige Bewertung zulassen (siehe die Radiobuttons **Einwertig** und **Mehrwertig**). Das heißt, dass in der Konfiguration das Merkmal nur mit einem Wert oder mit beliebig vielen Werten bewertet werden kann. Das Kennzeichen **Einschränkbar** ist unter AVC bedeutungslos. (In klassischen Konfigurationen können mit diesem Kennzeichen Funktionalitäten aktiviert werden, die unter AVC immer aktiv sind.)

Das Kennzeichen **Intervallwerte erlaubt** wird in der Variantenkonfiguration unter AVC nicht unterstützt. Mit dem Kennzeichen **Negative Werte erlaubt** können Sie auch in der Variantenkonfiguration arbeiten.

Das Setzen des Kennzeichens **Eingabe erforderlich** wird in der Variantenkonfiguration eher nicht empfohlen. Wenn Sie das Kennzeichen nicht setzen, können Sie über Auswahlbedingen am Merkmal steuern, wann das Merkmal dynamisch zum Muss-Merkmal werden soll. Wenn Sie das Kennzeichen setzen, sind solche Auswahlbedingungen wirkungslos, da das Merkmal dann permanent ein Muss-Merkmal ist.

Die beiden Buttons (Langtext/Dokumentation) und (Beziehungswissen) erlauben es, Langtext und Beziehungswissen zuzuordnen.

Nur die Registerkarte **Basisdaten** beinhaltet Muss-Eingaben. Alle weiteren Registerkarten sind somit optional. Die Registerkarte **Bezeichnungen** pflegen Sie nur, wenn

Sie die Bezeichnung in weiteren Sprachen anlegen wollen. Durch einen Klick auf den bereits erwähnten Button [Langtext] können auch hier Langtexte angelegt werden.

Die Registerkarte **Werte** müssen Sie nur pflegen, wenn Sie den zulässigen Wertevorrat einschränken wollen (siehe Abbildung 4.29). Ohne Angaben auf dieser Registerkarte sind alle Einträge erlaubt, die den Basisdaten entsprechen, d. h. in unserem Falle alle nicht negativen Werte mit bis zu vier Stellen, davon eine Dezimalstelle – also alles von 0,0 bis 999,9 in der Schrittweite 0,1.

Für unser Beispiel haben wir die zulässigen Werte auf einen Bereich von 0,1 bis 100,0 eingeschränkt. Das System ergänzt dabei automatisch die Maßeinheit »kW«. Beachten Sie, dass vor und nach dem Bindestrich jeweils ein Leerzeichen eingegeben werden muss. Ansonsten würde der Bindestrich als negatives Vorzeichen interpretiert.

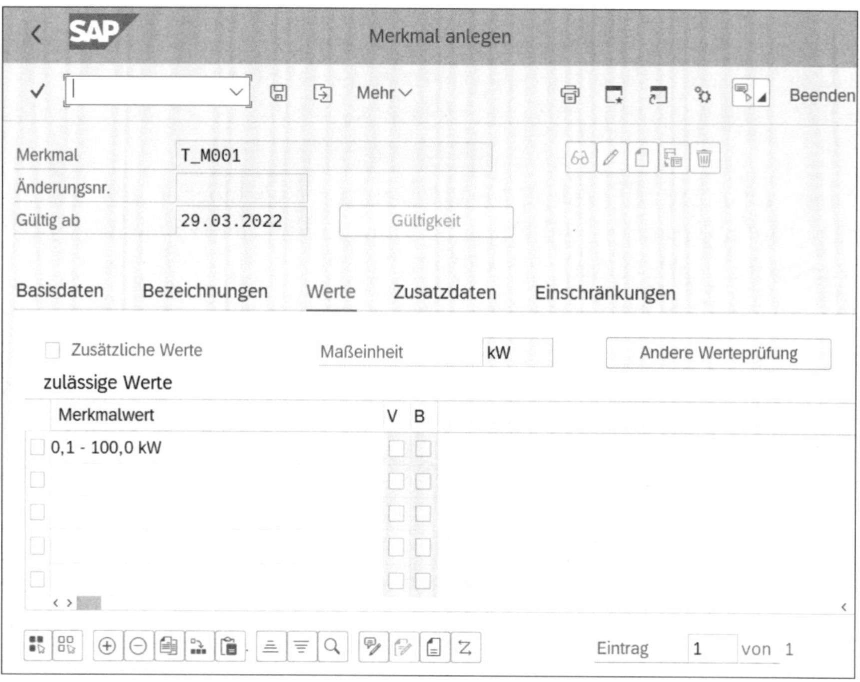

Abbildung 4.29 Merkmalspflege: Werte

Wechseln Sie auf die nächste Registerkarte **Zusatzdaten**, die ebenfalls optional ist. Hier tragen Sie für Objektmerkmale die Verbindung zu einem Tabellenfeld ein (siehe Abbildung 4.30).

Sie können ein Dokument zuordnen; unter LO-VC können solche zugeordneten Dokumente bei der Konfiguration unterstützend eingesetzt werden. Dokumente sind zurzeit in AVC ohne Wirkung. Die weiteren Kennzeichen (**Nicht eingabebereit**, **Keine Anzeige** usw.) können sie nutzen, um die Darstellung des Merkmals anzupassen, z. B., um Merkmale auszublenden oder auszugrauen.

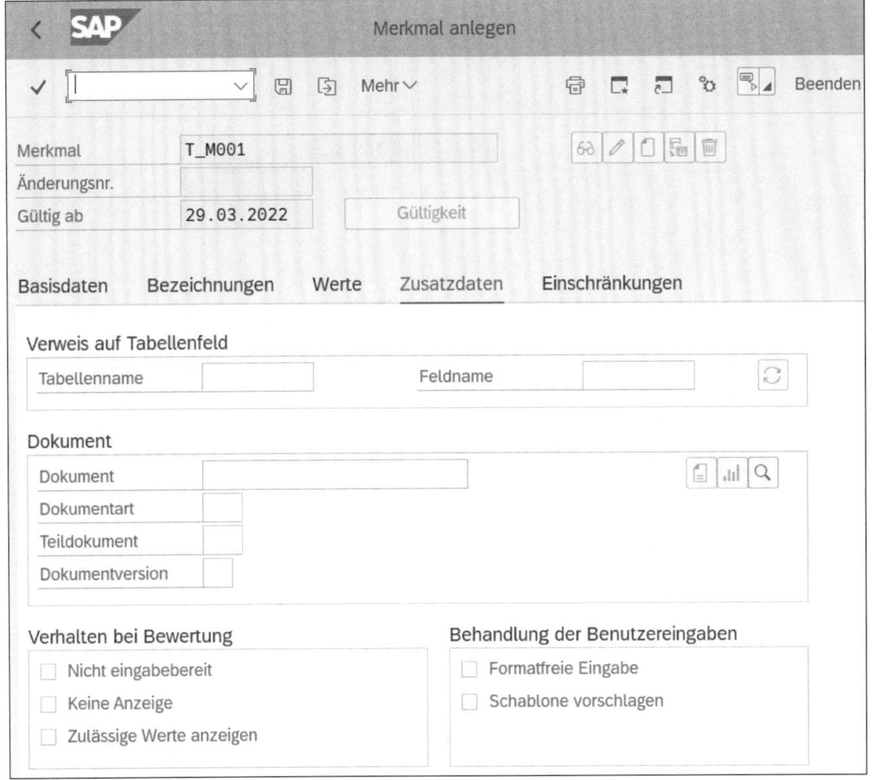

Abbildung 4.30 Merkmalspflege: Zusatzdaten

Im Standard können Sie jedes Merkmal jeder Klasse einer beliebigen Klassenart zuordnen. Auch könne Sie diese Möglichkeit, Merkmale belieben Klassen beliebiger Klassenarten zuzuordnen, auf der Registerkarte **Einschränkungen** ändern. So sind in Abbildung 4.31 nur Klassen aus fünf Klassenarten zulässig. Relativ neu ist dabei die Klassenart 399. Sie ermöglicht es, elegant und einfach Embedded Analytics for Classification and Configuration im Umfeld der Variantenkonfiguration einzustellen.

Über den Menüpfad **Springen • Klassifizierung** können Sie ein Merkmal klassifizieren. Die Klassifizierung von Merkmalen hat keine Auswirkung auf die Verwendung eines Merkmals in der Variantenkonfiguration.

Neben numerischen Merkmalen (NUM) spielen Merkmale vom Datentyp Zeichenformat (CHAR) die entscheidende Rolle in der Variantenkonfiguration. Diese beiden Datentypen unterscheiden sich folgendermaßen: Wie Sie in Abbildung 4.32 erkennen können, gibt es auch für den Datentyp CHAR ein Feld **Anzahl Stellen**, das ebenfalls ein Pflichtfeld ist.

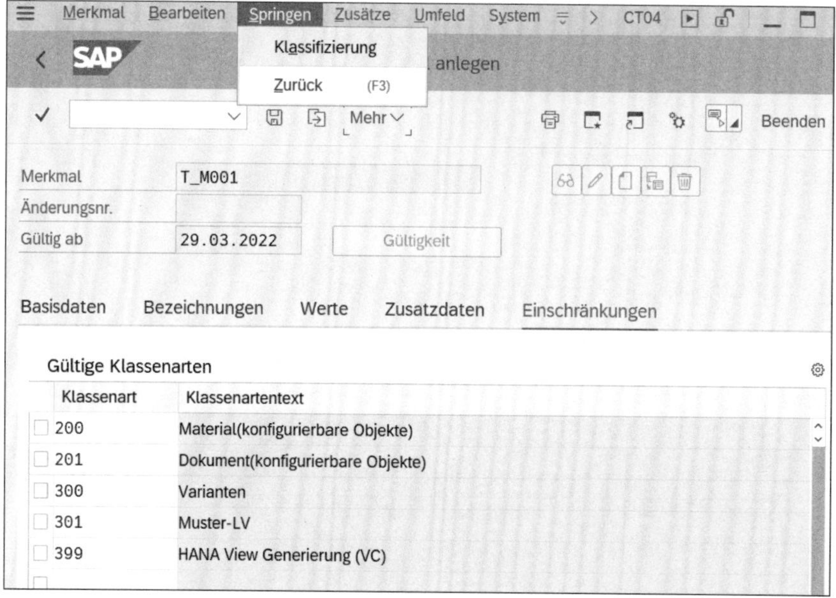

Abbildung 4.31 Merkmalspflege und Klassifizierung

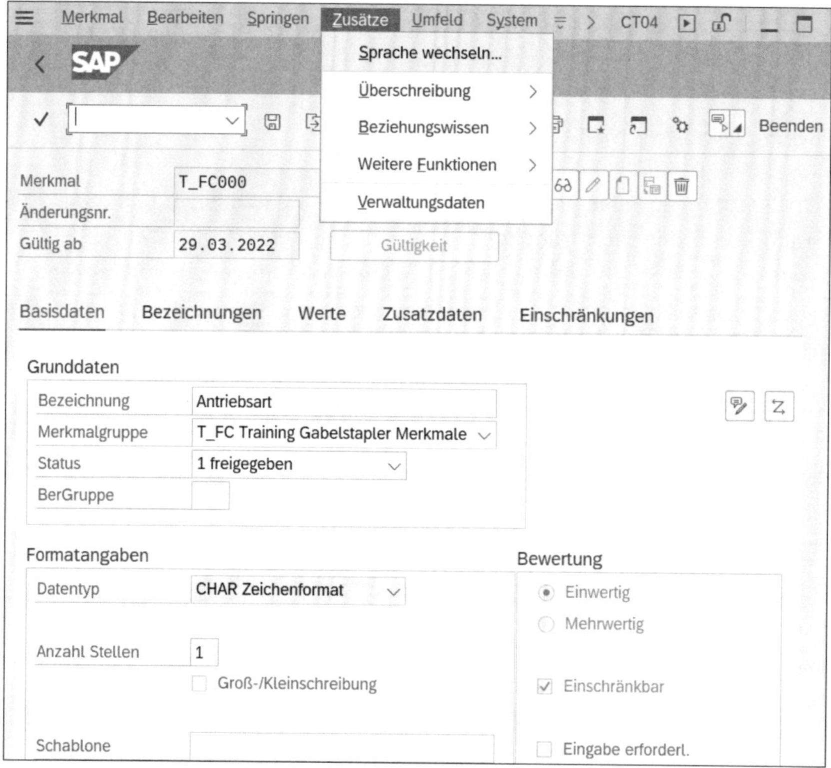

Abbildung 4.32 Merkmalspflege: Zeichenformat CHAR

Die Anzahl der Stellen bezieht sich auf einen sprachneutralen Schlüssel der Merkmalswerte. Die Anzahl ist auf 30 beschränkt, kann aber zusammen mit der Materialnummer erweitert werden. Eine Erweiterung der Stellenzahl auf 70 Stellen führen Sie im Customizing unter **Anwendungsübergreifende Komponenten • Allgemeine Anwendungsfunktionen • Feldlängenerweiterung • Feldlängenerweiterung aktivieren** durch.

Außerdem können Sie mit *Schablonen* arbeiten. So sorgt etwa der fünfstellige Wert »AACCC« im Feld **Schablone** dafür, dass der Eintrag im Feld **Anzahl Stellen** automatisch angepasst wird. Das Format »AACCC« bedeutet, dass im Standard eine Eingabe von zwei Buchstaben und drei beliebigen Zeichen (Buchstaben oder Ziffern) erwartet wird.

Sie können die Schablonen in Customizing-Transaktion O017 anpassen. Nutzen Sie dazu den Customizing-Pfad **Anwendungsübergreifende Komponenten • Klassensystem • Merkmale • Schablonenzeichen definieren**. Sie können sich eine Schablone vorschlagen lassen (Kennzeichen **Schablone vorschlagen** in Abbildung 4.30 rechts unten). Das heißt, dass die Schablone **Format: AANNN** in der Konfiguration im unbewerteten Feld steht. Schablonen spielen in der Variantenkonfiguration allerdings nur selten eine Rolle, denn meistens arbeitet man mit einer festen Liste zulässiger Werte.

Wechseln Sie noch einmal auf die Registerkarte **Werte**, und schauen Sie sich rechts die Spalten **Merkmalwert** und **Bezeichnung** an (siehe Abbildung 4.33). Die Spalte **Bezeichnung** gibt es nur für den Datentyp CHAR (Zeichenformat), denn nur hier können Sie mit Werten mit sprachabhängigen Bezeichnungen arbeiten.

Abbildung 4.33 Wertepflege bei Merkmalen mit dem Zeichenformat CHAR

Diese Bezeichnungen können Sie in weiteren Sprachen anlegen. Nutzen Sie hierzu den Button (Bezeichnungen zum Wert). Alternativ folgen Sie dem Menü über **Zusätze • Sprache wechseln**. Wenn Sie über das Menü gehen, können Sie auch die Bezeichnungen einer Sprache als Kopiervorlage nutzen.

Die in Abbildung 4.29 und Abbildung 4.33 genutzte Darstellung der Registerkarte **Werte** stellt nur eine Form dar, um die zulässigen Werte anzugeben – hier als *Liste*. Weitere Möglichkeiten zeigen sich, wenn Sie auf den Button **Andere Wertprüfung** klicken (rechts in Abbildung 4.29). Diese können zurzeit (Stand: April 2023) jedoch nicht unter AVC verwendet werden.

Häufig sollen im Beziehungswissen Informationen aus Tabellen oder Strukturen genutzt werden, die z. B. aus Kundenauftrag, Materialstamm oder aus anderen Quellen stammen. Wenn Sie nicht mit Funktionsbausteinen oder BAdIs arbeiten wollen, besteht die Lösung in sogenannten *Objektmerkmalen*. Objektmerkmale stellen eine Verknüpfung zu einem Feld einer Datenbanktabelle oder Struktur dar. So sprechen Sie im Beziehungswissen nur ein Merkmal an, haben jedoch Zugriff auf das Datenbankfeld.

Objektmerkmale legen Sie, ebenso wie »normale« Merkmale, über Transaktion PMEVC und Transaktion CT04 sowie in den entsprechenden SAP-Fiori-Apps an.

In Transaktion PMEVC navigieren Sie über das Kontextmenü zur Klasse zu dem Eintrag **Merkmal anlegen**. Eventuell erscheint ein Pop-up-Fenster, das darüber informiert, dass die Klasse geöffnet, sprich in den Änderungsmodus gewechselt wird.

Anschließend erscheint das Pop-up-Fenster **Merkmal anlegen** (siehe Abbildung 4.34).

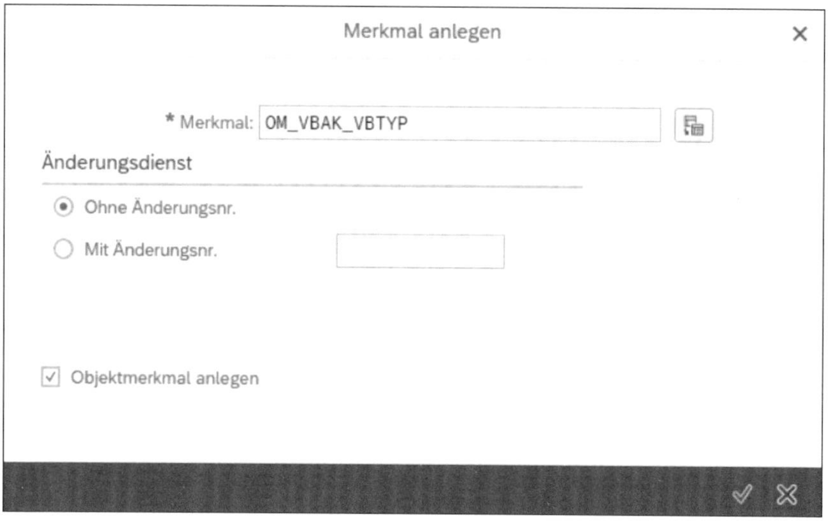

Abbildung 4.34 Transaktion PMEVC: Merkmal anlegen

Hier geben Sie dem Merkmal im Feld **Merkmal** einen Namen, hier »OM_VBAK_VB-TYP«. »OM« steht dabei für Objektmerkmal; »VBAK« ist der Name der Tabelle und »VBTYP« das Feld, auf das dieses Objektmerkmal verweisen soll. Setzen Sie im Pop-up-Fenster **Merkmal anlegen** das Kennzeichen **Objektmerkmal anlegen**.

Mit Enter gelangen Sie direkt auf die Zusatzdaten des Merkmalsdetails (siehe Abbildung 4.35). Sie werden aufgefordert, als Erstes den Tabellennamen (im Beispiel »VBAK«) und den Feldnamen (im Beispiel »VBTYP«) einzutragen.

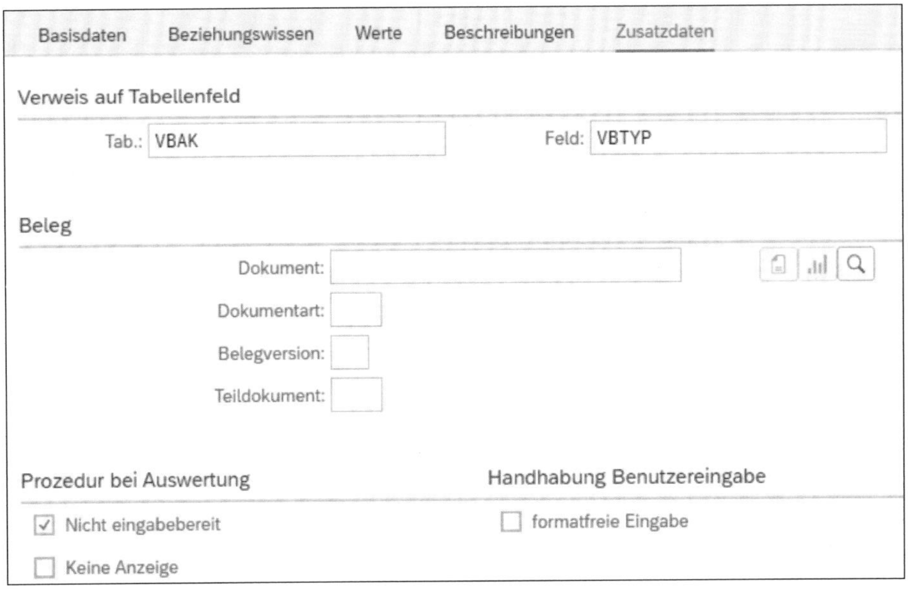

Abbildung 4.35 Zusatzdaten des Merkmalsdetails für Objektmerkmale

Das Kennzeichen **Nicht eingabebereit** ist automatisch gesetzt. Das Kennzeichen kann hier gelöscht werden – es wird jedoch empfohlen, es stehen zu lassen. Über das Kennzeichen **Keine Anzeige** können Sie das Merkmal ausblenden. Es öffnet sich das Pop-up-Fenster **Information** mit der Angabe »Formatangaben aus dem Data Dictionary übernommen«.

In Abbildung 4.36 sehen Sie die Auswirkungen der Übernahme der Formatangaben aus dem Data Dictionary auf der Registerkarte **Basisdaten**.

Abbildung 4.37 zeigt die Registerkarte **Werte**. Dass auch zulässige Werte aus dem Data Dictionary übernommen wurden, ist eher eine Ausnahme. (In der Regel haben Objektmerkmale keine Listen der zulässigen Werte.)

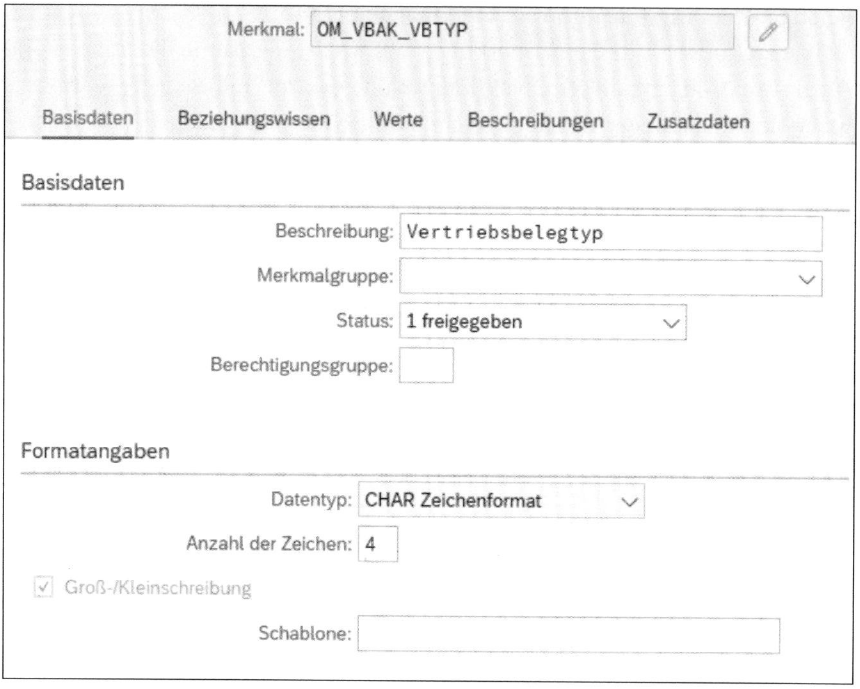

Merkmal: OM_VBAK_VBTYP

Basisdaten | Beziehungswissen | Werte | Beschreibungen | Zusatzdaten

Basisdaten

Beschreibung: Vertriebsbelegtyp

Merkmalgruppe:

Status: 1 freigegeben

Berechtigungsgruppe:

Formatangaben

Datentyp: CHAR Zeichenformat

Anzahl der Zeichen: 4

☑ Groß-/Kleinschreibung

Schablone:

Abbildung 4.36 Registerkarte »Basisdaten« für Objektmerkmale

Basisdaten | Beziehungswissen | Werte | Beschreibungen

☐ Zusätzliche Werte

zulässige Werte

Merkmalswert	Beschreibung	V
A	Anfrage	☐
2	Externer Vorgang	☐
3	Rechnungsliste	☐
1	Kontakte (CAS)	☐
X	Handling Unit	☐
4	Gutschriftsliste	☐
C	Auftrag	☐
D	Positionsvorschlag	☐
B	Angebot	☐

Einfüg.

Abbildung 4.37 Registerkarte »Werte«

Sie können Objektmerkmale auch mit Transaktion CT04 (Merkmalsverwaltung) oder mit der SAP-Fiori-App **Merkmale verwalten** anlegen. Geben Sie dem anzulegenden Merkmal zunächst einen Namen, und klicken Sie dann auf den Button **Anlegen**. Wechseln Sie auf die Registerkarte **Zusatzdaten**, und füllen Sie die Felder **Tabellenname** und **Feldname** aus. Bestätigen Sie Ihre Eingaben mit [↵].

Sie erhalten ein Pop-up-Fenster mit der Information »Formatangaben aus dem ABAP Dictionary übernommen«. Dies können Sie auf der Registerkarte **Basisdaten** kontrollieren. Wie bereits erwähnt, hängt an dem entsprechenden Datenelement eine Werteliste. In Transaktion CT04 wird die Liste zulässiger Werte genauer geprüft. Es ist in der Klassifizierung verboten, mehreren Werten die gleiche Bezeichnung zuzuordnen. Das müsste hier (als große Ausnahme) korrigiert werden, indem entweder die Bezeichnungen geändert oder gelöscht werden.

Bei den Objektmerkmalen in der Variantenkonfiguration haben Sie deutlich mehr Möglichkeiten als im Klassensystem: Im Standard des Klassensystems haben Sie nur auf die eine Tabelle Zugriff, deren Einträge klassifiziert werden sollen – und dies auch generell nur lesend. Im Unterschied dazu können Sie in der Variantenkonfiguration auf eine ganze Reihe von Datenbanktabellen zugreifen, teilweise sogar schreibend. Lesender Zugriff bedeutet dabei, dass der Inhalt im Rahmen von Beziehungswissen ausgewertet wird. Schreibender Zugriff bedeutet, dass der Inhalt bestimmter Felder geändert werden kann.

Betrachten Sie das Thema Objektmerkmale und Datenbankfelder nun im Detail, zunächst die Konfiguration im Vertriebsbeleg. Während der Konfiguration im Vertriebsbeleg haben Sie auf die folgenden Tabellen lesenden und schreibenden Zugriff:

- `SDCOM`: Kommunikationsstruktur `SD`
- `VCSD_UPDATE`: Update-Struktur für einige Felder der Tabelle `VBAP`
- `SCREEN_DEP`: Struktur zur Änderung des Verhaltens von Merkmalen bei der Bewertung

Auf die folgende Tabellen haben Sie während der Konfiguration im Vertriebsbeleg nur lesenden Zugriff:

- `VBAK`: Vertriebsbeleg Kopf
- `VBAP`: Vertriebsbeleg Position
- `VBKD`: kaufmännische Daten
- `MAEPV` und `MAAPV`: Strukturen für Materialstammfelder
- `VEDA`: Vertragsdaten
- `VBPA_AG`, `VBPA_WE`, `VBPA_RE`, `VBPA_RG`, `VBADR_AG`, `VBADR_WE`, `VBADR_RE`, `VBADR_RG`: Vertragspartner inklusive Adressdaten (Auftraggeber, Warenempfänger, Rechnungsempfänger und Regulierer)

[»]

Kennzeichen »nicht eingabebereit«

In diesem Zusammenhang sei noch einmal auf Abbildung 4.35 und dort auf das Kennzeichen **Nicht eingabebereit** verwiesen. Wie Sie gerade erfahren haben, besteht auf die Felder der Tabelle VBAK nur lesender Zugriff. Damit das in der Konfiguration direkt ersichtlich ist, sollten Sie das Kennzeichen **Nicht eingabebereit** nicht löschen. Damit würde ein schreibender Zugriff vorgetäuscht, der nicht besteht.

Während der Konfiguration im Einkaufsbeleg haben Sie lesenden und schreibenden Zugriff auf die folgenden Tabellen:

- MMCOM: die Kommunikationsstruktur MM
- SCREEN_DEP: Struktur zur Änderung des Verhaltens von Merkmalen bei der Bewertung

Für die Konfiguration der Materialvarianten können Sie auf die Materialstammtabellen MARA, MARC und MAKT lesend zugreifen.

Während der Stücklisten- und Arbeitsplanauflösung haben Sie lesenden und schreibenden Zugriff auf die folgenden Tabellen:

- STPO: Felder der Stücklistenposition
- PLPO: Felder des Vorgangs im Arbeitsplan, soweit Sie auch in der Tabelle PLPO_CFMOD sind
- PLFH: Felder für die Zuordnung der Fertigungshilfsmittel
- PLFL: Felder des Folgendetailbildes
- ESSL: Zeilen des Muster-Leistungsverzeichnisses

4.3.2 Klassenpflege

Die Klassenpflege führen Sie mithilfe von Transaktion CL02 (Klassenverwaltung) oder der SAP-Fiori-App **Klassen verwalten** durch. In Transaktion PMEVC oder in der SAP-Fiori-App **VC-Modellierungsumgebung** können Sie in der Klassenpflege nur die Registerkarte **Merkmale** bearbeiten (siehe Abbildung 4.38). Hier können Merkmale zugeordnet oder gelöscht werden (allerdings nur hier zugeordnete Merkmale). Mit einem Klick auf den Button (Overwrite/Überschreiben) können Sie Merkmale überschreiben.

Im Einstiegsbild von Transaktion CL02 oder in der SAP-Fiori-App **Klasse verwalten** wählen Sie den Button (Anlegen). Der Schlüssel der Klasse besteht aus dem Namen und der Klassenart. Es kann mehrere Klassen mit demselben Namen geben.

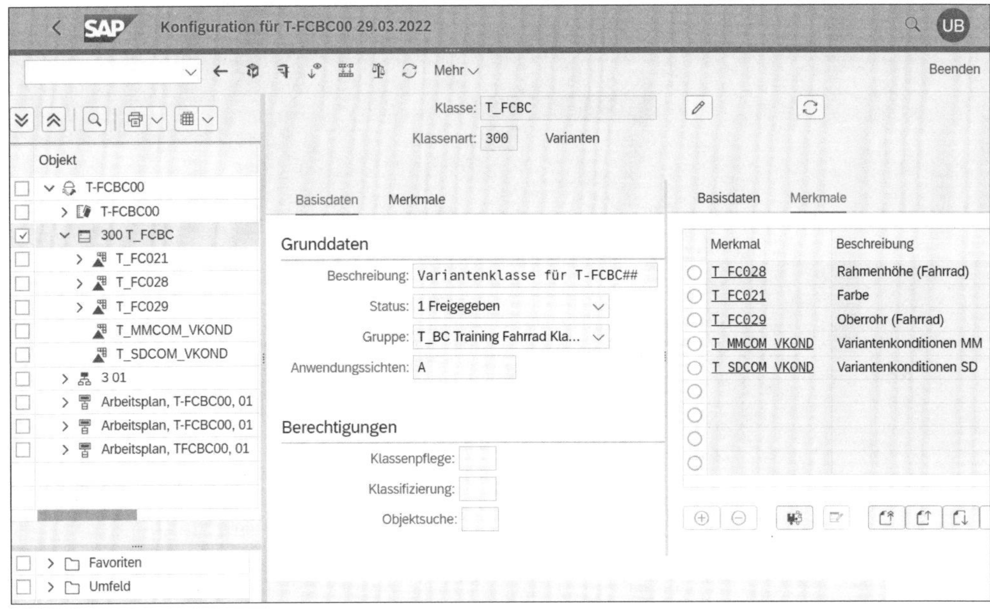

Abbildung 4.38 Klassenpflege in Transaktion PMEVC

Der Name der neu anzulegenden Klasse muss analog zum Merkmal manuell angegeben werden. Beachten Sie dabei:

- Im Gegensatz zur Benennung von Merkmalen muss der Name nicht mit einem Buchstaben beginnen und darf sogar rein numerisch sein.
- Der Name darf neben Buchstaben auch Ziffern und Unterstriche beinhalten. Bindestriche sind zu vermeiden – sie wären ein K.O.-Kriterium in Constraints.
- Unter SAP S/4HANA kann der Name der Klasse nicht nachträglich geändert werden. (Im SAP-ERP-System ging dies unter gewissen Bedingungen.)

Auf der Registerkarte **Basisdaten** müssen die Felder **Bezeichnung** und **Status** ausgefüllt werden. Der Status kann analog zur Merkmalsverwaltung über das Customizing vorbelegt werden.

Wie in Abbildung 4.39 erkennbar, kann man einer Klasse im Feld **Gruppe** eine Klassengruppe zuordnen. Hier – wie auch für Gruppen im Merkmal – gilt:

- Diese Gruppierung hat keine operative Bedeutung und spielt für die eigentliche Konfiguration keine Rolle.
- Diese Gruppierung wird trotzdem gern genutzt, etwa zum Strukturieren, Suchen und Auswerten.
- Diese Gruppen werden im Merkmals- bzw. Klassen-Customizing definiert, und zwar durch Transaktion O003 und O008. Es sind unabhängige Gruppen.

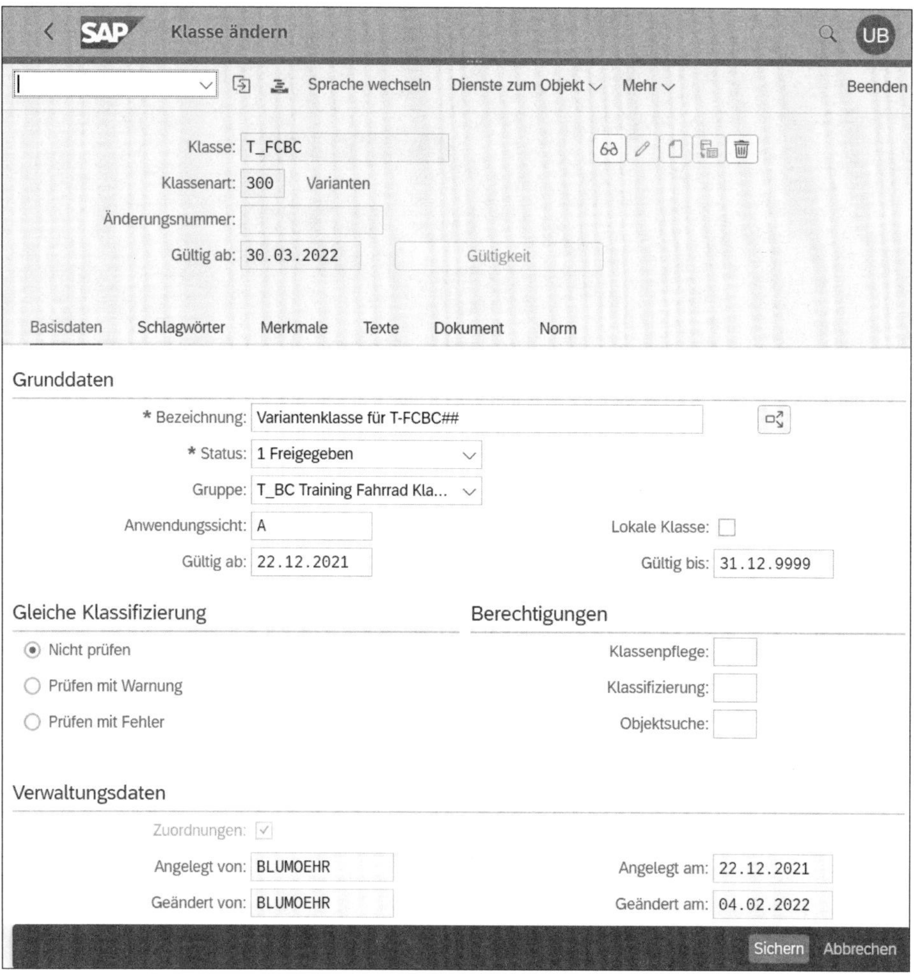

Abbildung 4.39 Klassenpflege (Transaktion CL02): Basisdaten

Sie können einer Klasse im Feld **Anwendungssicht** eine Anwendungssicht zuordnen. Nach der Zuordnung von Anwendungssichten zur Klasse können Sie diese Anwendungssichten auch den Merkmalen in der Klassenpflege zuordnen. Des Weiteren können Sie die Anwendungssichten dem Konfigurationsprofil zuordnen.

Was sind Anwendungssichten? Über die Zuordnung zum Konfigurationsprofil wirken die Anwendungssichten als Filter. Es werden nur die Merkmale in der Konfiguration angezeigt, die den Anwendungssichten zugeordnet wurden, die auch im Konfigurationsprofil stehen. Anwendungssichten werden auch über die beiden Berechtigungsobjekte `C_TCLS_BER` und `C_TCLS_MNT` abgefragt und können somit steuern, welcher User welche Merkmale sehen bzw. bewerten darf.

Des Weiteren werden die Anwendungssichten für die Selektion im Rahmen des Datentransfers für die Planung mit APO-PP/DS genutzt. Die Integration mit SAP APO wird über das Core Interface (CIF) vorgenommen.

Die Optionen im Bereich **Gleiche Klassifizierung** haben in der Konfiguration keine Auswirkung. Sie sind jedoch im Zusammenhang mit Klassenknoten interessant: Hier sollten sie genutzt werden, um zu verhindern, dass mehrere völlig identisch klassifizierte Objekte aufgenommen werden.

Variantenklassen, also Klassen der Klassenart 300, unterscheiden sich im Standard nicht von »normalen« Materialklassen der Klassenart 001. Die Hauptaufgabe einer Variantenklasse besteht im Sammeln von Merkmalen für die Bewertungsoberfläche. Hierzu dient die Registerkarte **Merkmale** (siehe Abbildung 4.40). Hier werden die gewünschten Merkmalsnamen aufgenommen. In den ausgegrauten Spalten werden wichtige Informationen dieser Merkmale angezeigt. Die Abbildung zeigt außerdem, dass auch Anwendungssichten über die passende Spalte (hier nur **A**) zugeordnet wurden.

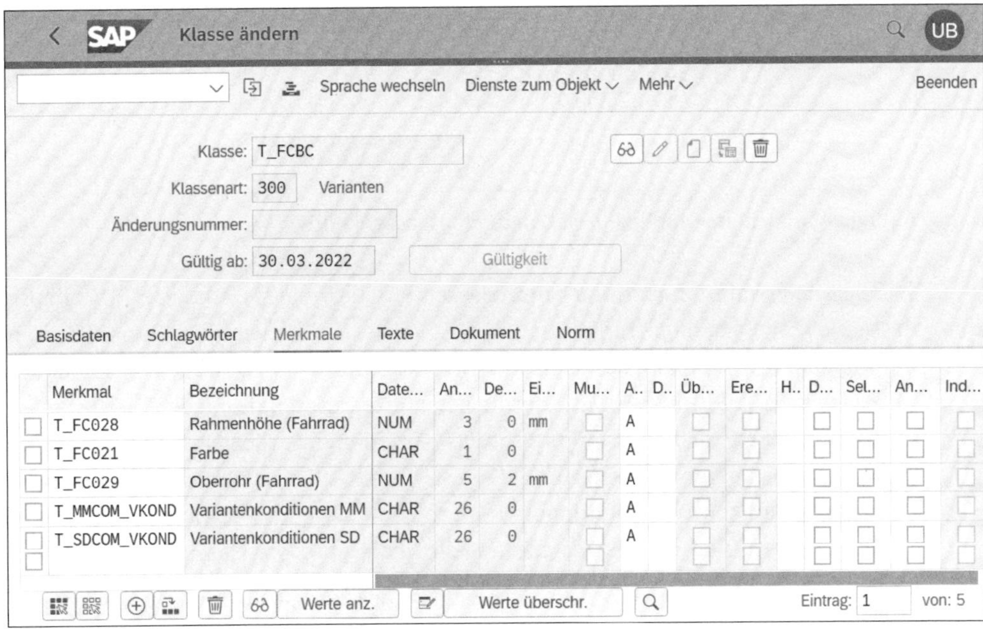

Abbildung 4.40 Klassenpflege: Merkmale

Auf der Registerkarte **Merkmale** kann man Merkmale klassenspezifisch anpassen. Man spricht hier von *Überschreibung*. Dies geschieht wahlweise über die beiden Buttons und Werte überschr..

[!]

Bei Überschreibungen werden Kopien der überschriebenen Merkmale angelegt, und die Überschreibung findet nur in der Kopie statt.

Ob eine Überschreibung vorliegt, sehen Sie in der Spalte **Üb.** Das Ausgangsmerkmal sowie die Überschreibung haben den gleichen Namen.

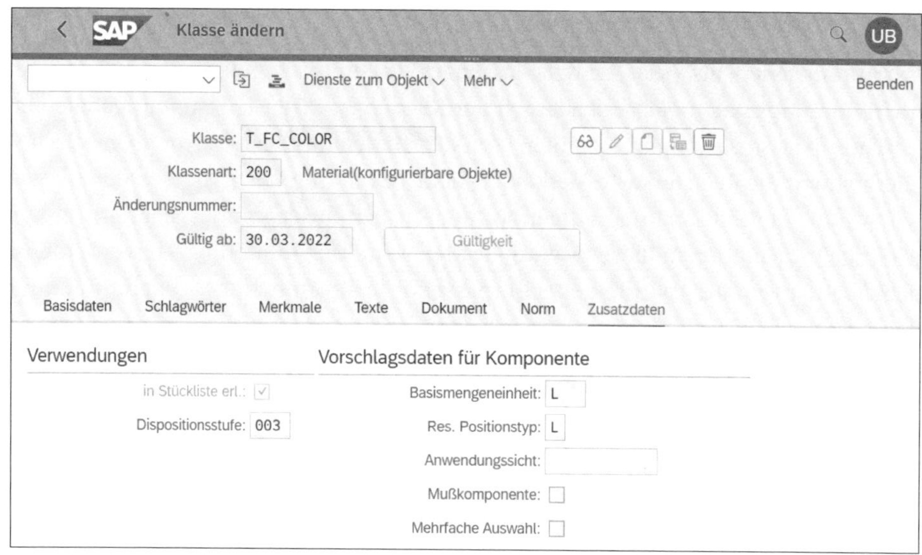

Abbildung 4.41 Klassenpflege: Zusatzdaten für Klassenknoten

Wie bereits erwähnt, haben Variantenklassen ein »normales« Aussehen. Das heißt, dass sie die gleichen Registerkarten und die gleichen Felder wie z. B. Materialklassen der Klassenart 001 haben. Für Klassenknoten kommt die Registerkarte **Zusatzdaten** hinzu (siehe Abbildung 4.41). Auf der Registerkarte **Zusatzdaten** legen Sie fest, dass eine solche Klasse (d. h. Klassenknoten) als Position in die Stücklisten konfigurierbarer Materialien aufgenommen wird. Setzen Sie dazu das Kennzeichen **in Stückliste erl.** in dem Bildbaustein **Verwendungen**. Eine solche Klasse als Position ersetzt in der Stückliste die Aufnahme aller Materialien, die in dieser Klasse klassifiziert sind.

Im Bereich **Verwendungen** wird auch das Feld **Dispositionsstufe** (hier: 003) angezeigt. Das heißt, dass der Klassenknoten in Stücklisten höchstens auf vierter Stufe vorkommt. Es gibt also höchstens drei Ebenen, also drei Materialien in einer mehrstufigen Stücklistenstruktur, die darüber liegen. Die Dispostufe ist wichtig für die Reihenfolgeplanung einer Gesamtbedarfsplanung.

Außerdem sehen Sie die Basismengeneinheit der Komponenten (Feld **Basismengeneinheit**, hier »L« für Liter) und einen Eintrag im Feld **Res. Positionstyp** (resultierender Positionstyp), wenn die Klassenposition durch eine Materialposition ersetzt wird (hier »L« für Lagerposition).

Darüber hinaus können Sie über die beiden Kennzeichen **Mußkomponente** und **Mehrfache Auswahl** einstellen, dass Ihnen in bestimmten Szenarien Inkonsistenzen gemeldet werden. In solchen Fällen können Sie manuell reagieren. Das gilt nicht für das Konfigurationsszenario **Plan-/Fertigungsauftrag**. Dies ist unter den folgenden Umständen wichtig:

- falls bei der Stücklistenauflösung kein passendes Material in der Klasse gefunden wird
- falls bei der Stücklistenauflösung mehr als ein passendes Material in der Klasse gefunden wird.

4.3.3 Klassifizierung

Die Klassifizierung beinhaltet das Zuordnen von Objekten zu Klassen und die anschließende Bewertung der Merkmale der Klasse. So sieht das für die »normale« Klassifizierung von Materialstämmen mit »normalen« Materialklassen der Klassenart 001 aus. Genauso verhält es sich auch für die Klassifizierung von Materialstämmen mit Klassenknoten, also mit Klassen der Klassenart 200.

Anders verhält es sich jedoch, wenn es um die Klassifizierung von konfigurierbaren Materialien mit Variantenklassen geht, also Klassen der Klassenart 300. Hier erfolgt im Rahmen der Klassifizierung nur die Zuordnung (Material zu Klasse). Die Bewertung heben Sie sich für die eigentliche Konfiguration auf. Trotzdem kann man hier in der Klassifizierung von konfigurierbaren Materialien mit Variantenklassen eine Bewertung durchführen. Die Frage ist, warum?

Es handelt sich hierbei um keine Bewertung, sondern eine *Werteeinschränkung*. Das heißt, für das Material und das Merkmal können nur Werte in der Konfiguration genutzt werden, die hier in der Bewertung eingetragen wurden. Keine Bewertung bedeutet hier keine Werteeinschränkung, d. h., dass alle Werte laut Merkmalsdefinition erlaubt sind. Das gleiche Ergebnis haben wir, wenn in der Klassifizierung mit allen Werten bewertet wird – also auf den vollen Wertebereich »eingeschränkt wird«.

Wie kann man die Klassifizierung von konfigurierbaren Materialien mit Variantenklassenmaterialien (= Zuordnung des konfigurierbaren Materials zu Variantenklassen) realisieren? Es können alle Möglichkeiten genutzt werden, die Sie aus der »normalen« Klassifizierung kennen. Zusätzlich können Transaktionen im Umfeld der Pflege von Konfigurationsprofilen genutzt werden. Das heißt:

- Stammdatenpflege des Materialstamms/Produktstamms
  - Materialstammpflege mit Transaktion MM01 (Material anlegen) – oder mit ähnlichen Transaktionen – oder über die SAP-Fiori-App **Material anlegen**
  - SAP-Fiori-App **Produktstammdaten verwalten**

- Transaktionen oder SAP-Fiori-Apps aus dem Klassensystem
  - Transaktion CL24N oder die SAP-Fiori-App **Klassenzuordnungen verwalten**
  - Transaktion CL22N
- im Umfeld des Konfigurationsprofils
  - Transaktion CU41 und Transaktion CU42 oder die SAP-Fiori-Apps **Anlegen Konfigurationsprofil** bzw. **Ändern Konfigurationsprofil**
  - Transaktion PMEVC oder die SAP-Fiori-App der VC-Modellierungsumgebung

Sie können ebenso wie für die »normale« Klassifizierung die Möglichkeiten der Materialstamm/Produktstammpflege nutzen. Mehr dazu erfahren Sie in Abschnitt 4.4.1, »Materialstamm des konfigurierbaren Materials«. Deshalb soll hier nur kurz die Klassifizierungssicht im Materialstamm bzw. im Produktstamm gezeigt werden. Starten Sie für den Materialstamm eine entsprechende Transaktion oder SAP-Fiori-App, z. B.:

- Transaktion MM01 oder die SAP-Fiori-App **Materialstamm anlegen**
- Transaktion MM02 oder die SAP-Fiori-App **Materialstamm ändern**

Im Einstiegsbild geben Sie die Materialnummer an. Anschließend gelangen Sie über [↵] oder über den Button **Sichtenauswahl** in die Sichtenauswahl. Hier markieren Sie die Sicht **Klassifizierung**. Anschließend drücken Sie [↵], und Sie gelangen Sie in die Sicht der Klassifizierung (siehe Abbildung 4.42).

Eventuell wird vorher noch nach einer Klassenart gefragt. Hier nutzen wir die Klassenart 300 für die Variantenkonfiguration (siehe Abbildung 4.42 oben). Sollte hier die falsche Klassenart selektiert worden sein, können Sie diese über einen Klick auf den Button [⧉] (Klassenart wechseln) oder über das **Menü** unter **Zusätze** ändern. In Abbildung 4.42 sehen Sie Folgendes:

- oben die Materialnummer mit Bezeichnung
- darunter die Klassenart
- darunter die zugeordnete(n) Klasse(n) (hier kann man eventuell auch mehrere Klassen zuordnen)
- darunter die Merkmale mit ihrer Bewertung (im Standard, wie bereits besprochen, unbewertet)

In Abbildung 4.43 sehen Sie das gleiche Ergebnis in der SAP-Fiori-App **Produktstamm verwalten**. Nach dem Start dieser App gelangen Sie in das Selektionsbild. Hier können Sie z. B. nach dem Produkt suchen (im Beispiel nach dem Produkt T-FCL00). Aus dem Suchergebnis können Sie über einen Klick auf den Pfeil nach rechts in die entsprechenden Zeile des Produktstamms abspringen.

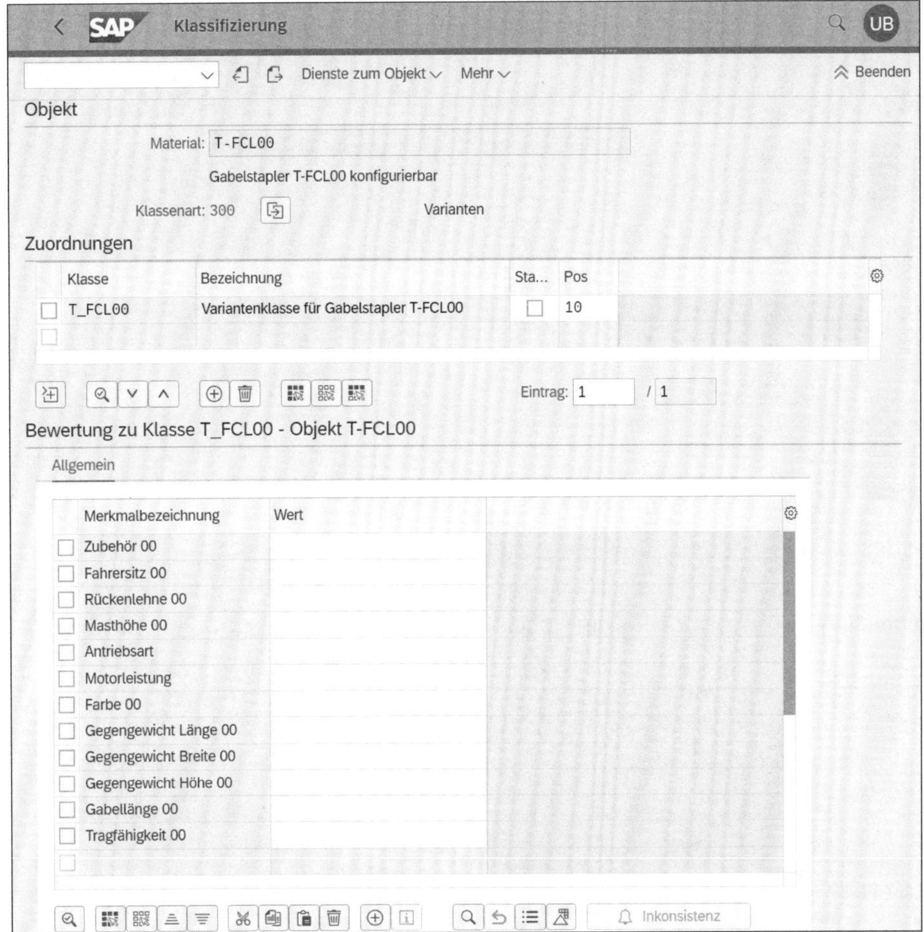

Abbildung 4.42 Klassifizierung im Materialstamm (Transaktion MM01, MM02 usw.)

Der Produktstamm stellt genau denselben Datensatz dar, der zuvor in den Transaktionen des Materialstamms angezeigt wurde. Durch Scrollen oder durch Anklicken des Eintrags in der Kopfzeile gelangen Sie in die Sicht **Klassifizierung** (siehe Abbildung 4.43). Der Aufbau ist ähnlich wie der Aufbau des Materialstamms: Oben sehen Sie die Klassenart. Daneben befindet sich die zugeordnete Klasse(n). Hier können Sie auch mehrere Klassen zuordnen. Mit einem Klick auf den Button **Klasse zuordnen** können Sie auch die Klassenart wechseln. Darunter stehen die Merkmale mit ihrer Bewertung (im Standard, wie bereits besprochen, unbewertet).

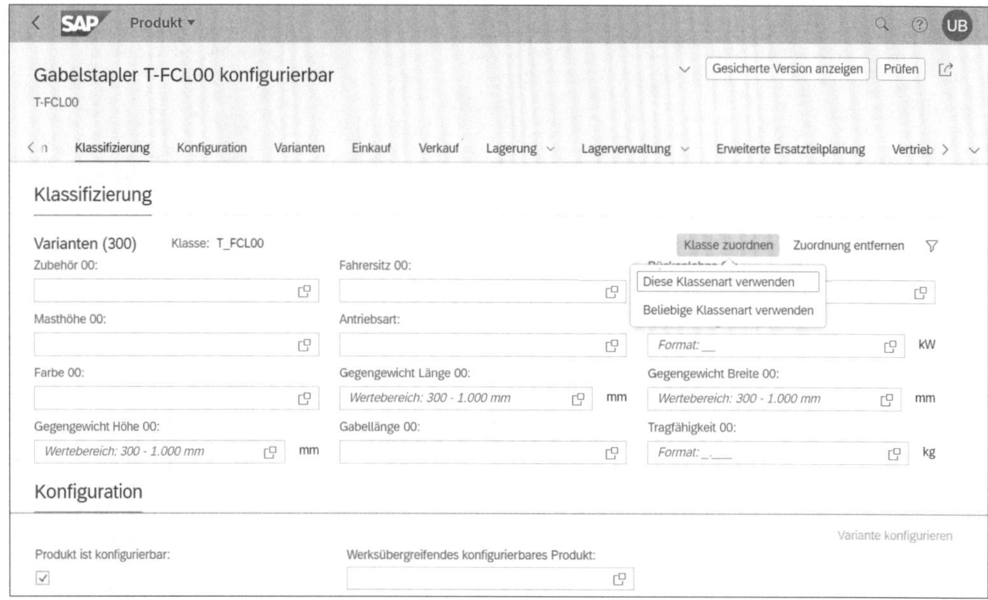

Abbildung 4.43 Klassifizierung im Produktstamm (nur SAP-Fiori-App)

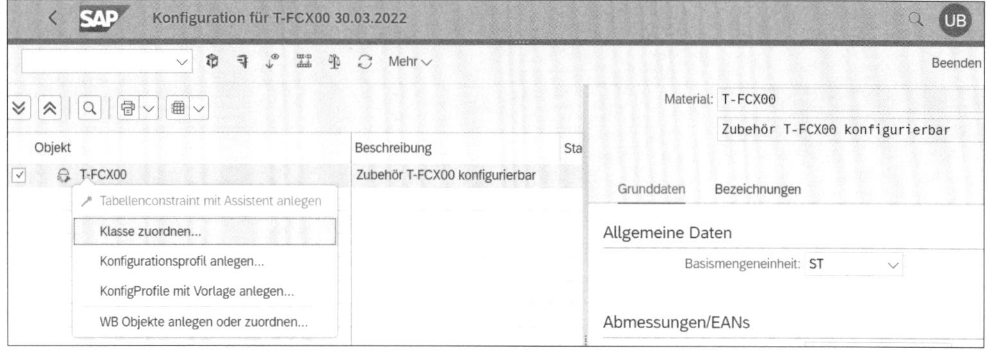

Abbildung 4.44 Klassifizierung in Transaktion PMEVC

Auch können Sie Transaktion PMEVC für die Zuordnung der Variantenklasse zu dem konfigurierbaren Material nutzen. Falls Sie im Einstiegsbild von Transaktion PMEVC nur die Materialnummer und Klassenart 300 eintragen, finden Sie auch nur die Materialnummer vor (siehe Abbildung 4.44). Über das Kontextmenü der Materialnummer wird die Option **Klasse zuordnen...** angeboten. Das Ergebnis ist das gleiche wie bei einer Klassifizierung in der Materialstammpflege. Im Unterschied zu der Klassifizierung in der Materialstammpflege gibt es hier kein Bewertungsbild.

Sie können auch Transaktion CU41 (Anlegen Konfigurationsprofil) oder die SAP-Fiori-App **Anlegen Konfigurationsprofil** zur Klassifizierung nutzen. Im Einstiegsbild dieser

Transaktion erscheint eventuell ein Pop-up-Fenster **konfigurierbares Objekt auswählen**. Hier wählen Sie die Option **Material** aus.

Anschließend erscheint eine Maske mit einem Eingabefeld für die Materialnummer. Sollte weder das Pop-up-Fenster erscheinen noch ein Feld **Material** existieren, können Sie das Pop-up-Fenster mit einem Klick auf den Button [KonfigObjkt wechseln] aufrufen.

Nach der Eingabe der Materialnummer und einer Bestätigung mit [↵] gelangen Sie in die Profilübersicht (siehe Abbildung 4.45). Hier können Sie nach der Angabe eines Profilnamens im Feld **Profilname** (2. Spalte) und der Klassenart 300 im Feld **Klassenart** (3. Spalte) per Klick auf den Button **Klassenzuordnung** in die Klassifizierung wechseln. Diesen Button finden Sie auch im Detailbild zum Konfigurationsprofil.

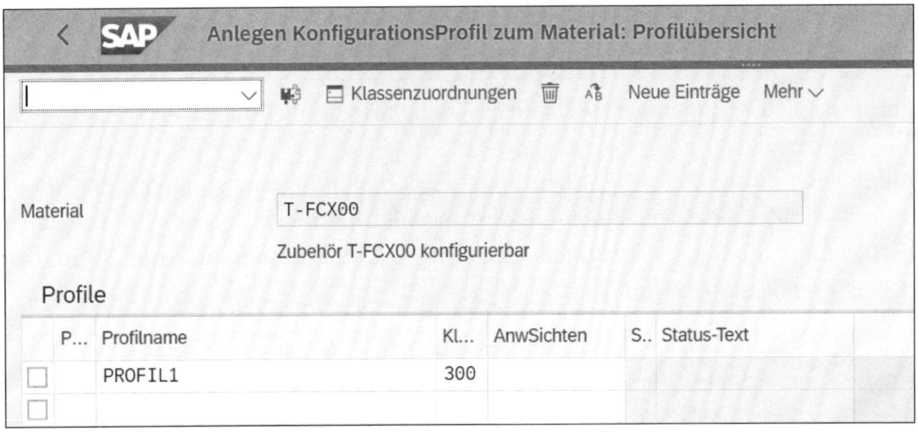

Abbildung 4.45 Konfigurationsprofilpflege (Transaktion CU41): Übersicht

In das Detailbild gelangen Sie z. B. per Doppelklick auf den Profilnamen, und dieses ist in Abbildung 4.46 dargestellt. Die Sicht der Klassenzuordnung entspricht Abbildung 4.42.

Sie können für die Klassifizierung von konfigurierbaren Materialien mit Variantenklassen auch – wie für die »normale« Klassifizierung – Transaktionen aus dem Klassenmenü nutzen. So können Sie z. B. Transaktion CL20N (**Objekt zu Klassen zuordnen**) verwenden. Geben Sie zunächst Materialnummer und Klassenart an. Diese Transaktion ist mit der Registerkarte der Klassifizierung im Materialstamm oder auch mit der Klassifizierung in Transaktion CU41 identisch (siehe ebenfalls Abbildung 4.42).

Auch können Sie die Transaktionen aus dem Klassenmenü über den Transaktionscode CL24N (Objekte/Klassen einer Klasse zuordnen) zur Klassifizierung nutzen. Des Weiteren können Sie auch die SAP-Fiori-App **Klassenzuordnungen verwalten** nutzen. Geben Sie im Einstiegsbild die Variantenklasse an.

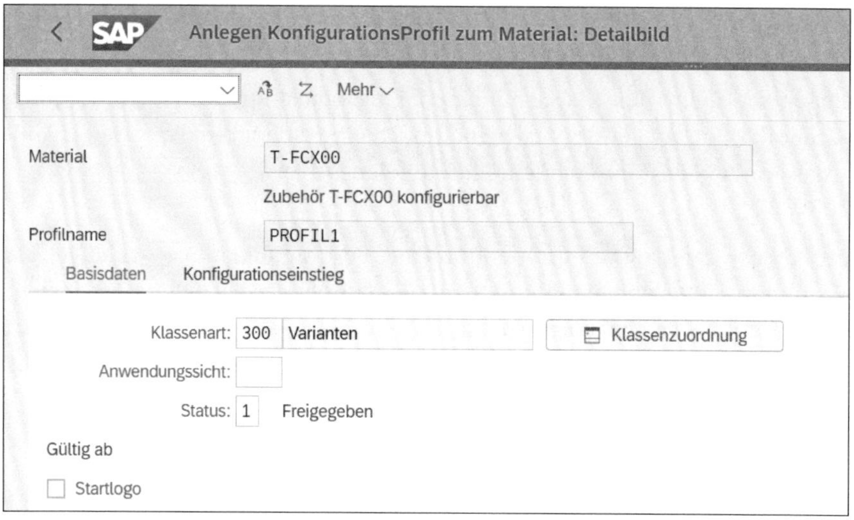

Abbildung 4.46 Konfigurationsprofilpflege (Transaktion CU41): Detailbild

Anschließend können Sie erkennen, ob bereits Objekte zugeordnet sind (siehe Abbildung 4.47). Hier gibt es wieder ein Bewertungsbild, das in der Regel keine Werte enthält. Der Aufbau dieser Sicht ähnelt Abbildung 4.42. Nur Klasse und Materialnummer haben ihren Platz getauscht.

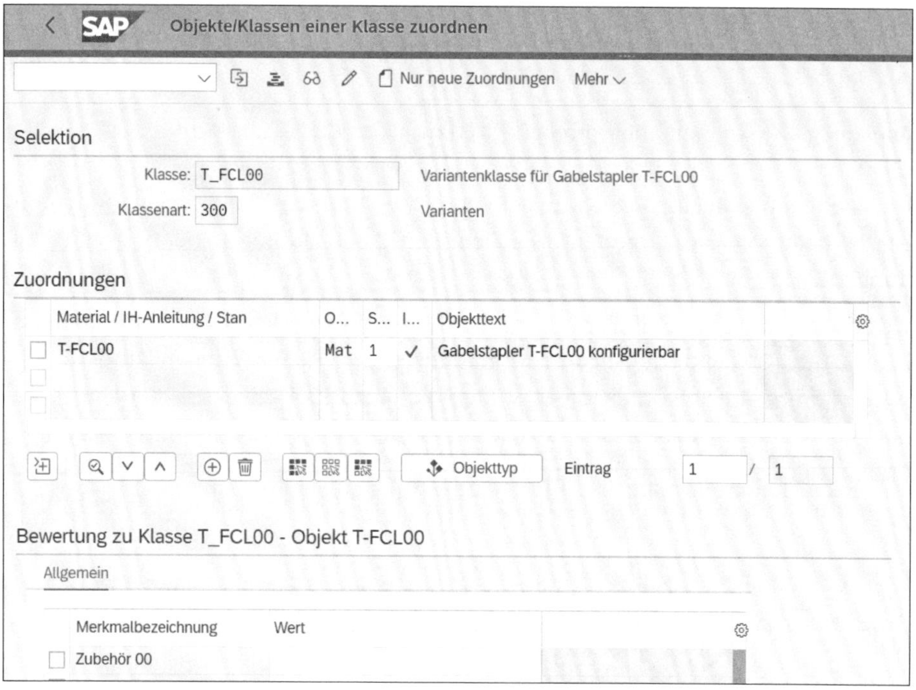

Abbildung 4.47 Klassifizierung mit Transaktion CL24N

Neue Zuordnungen nehmen Sie durch Klick auf den Button [button] (Nur neue Zuordnungen) vor. Es erscheint das Pop-up-Fenster **Objekttyp festlegen**. Hierüber können Sie auch Klassenhierarchien pflegen; man würde also Klassen bestimmten Klassen zuordnen. Aber Variantenklassen lassen neben Material und Klasse noch weitere konfigurierbare Objekttypen zu, z. B. Instandhaltungsanleitungen (IH-Anleitungen) und Standardnetze. Nachdem Sie in dem Pop-up-Fenster **Objekttyp festlegen** den Eintrag **Material** ausgewählt haben, wird die Tabelle **Zuordnungen** im mittleren Teil von Abbildung 4.47 eingabebereit.

4.3.4 Such- und Auswertungsmöglichkeiten im Klassensystem

Im Folgenden beleuchten wir die Frage, wo und wie Such- und Auswertungsmöglichkeiten aus dem Klassensystem für die Variantenkonfiguration genutzt werden können. Sie finden im SAP-Menü unter **Anwendungsübergreifende Komponenten • Klassensystem • Suche** die Transaktionen CL30N (Objektsuche in Klassen) und CL31 (Objektsuche in Klassenart). Erstere existiert auch als SAP-Fiori-App **Objekte in Klassen suchen**.

Diese Transaktionen können ebenfalls in der Variantenkonfiguration genutzt werden – auch um Konfigurationen zu finden. Starten Sie Transaktion CL30N oder die entsprechende SAP-Fiori-App. So erscheint nur ein Bildbaustein **Einstiegsklasse** (siehe Abbildung 4.48 oben). Hier müssen die Felder **Klasse** und **Klassenart** gefüllt werden.

Bestätigen Sie mit [↵], und es erscheint der Bereich **Merkmale** (siehe Abbildung 4.48 mittig). Eventuell erscheint links eine Klassenstruktur; diese ist im Beispiel abgeschaltet. Diese Klassenstruktur wird Ihnen nur angezeigt, wenn laut Customizing für die Klassenart 300 Klassenhierarchien erlaubt sind. Zusätzlich kann diese Klassenstruktur über die sogenannten Benutzereinstellungen abgeschaltet werden. Diese finden Sie z. B. in Transaktion CL30N (Objektsuche in Klassen) unter dem Menüpunkt **Zusätze • Benutzereinstellungen • Registerkarte Objektsuche • Flag Klassenhierarchie anzeigen**.

Im Bereich **Merkmale** können Sie beliebige Selektionskriterien angeben. Alle Einstellungen im Merkmal, die das Eingeben von Selektionskriterien einschränken würden, sind abgeschaltet. Das heißt, dass für alle Merkmale gilt, dass sie jeweils mehrwertig und keine Muss-Merkmale sind und dass Intervallwerte erlaubt sind; das Beziehungswissen wird auch ignoriert.

Wenn Sie, wie in Abbildung 4.48, keine Selektionskriterien eintragen und die Suche starten, werden Ihnen alle Objekte angezeigt, die über Klassifizierung oder Konfiguration zugeordnet wurden. Die Suche starten Sie durch einen Klick auf einen der beiden Buttons **Suche in Einstiegsklasse** oder **Suche auch in Unterklassen**. Den Button

Suche auch in Unterklassen nutzen Sie, falls die Klasse Unterklassen hat, was in unserem Beispiel nicht zutrifft.

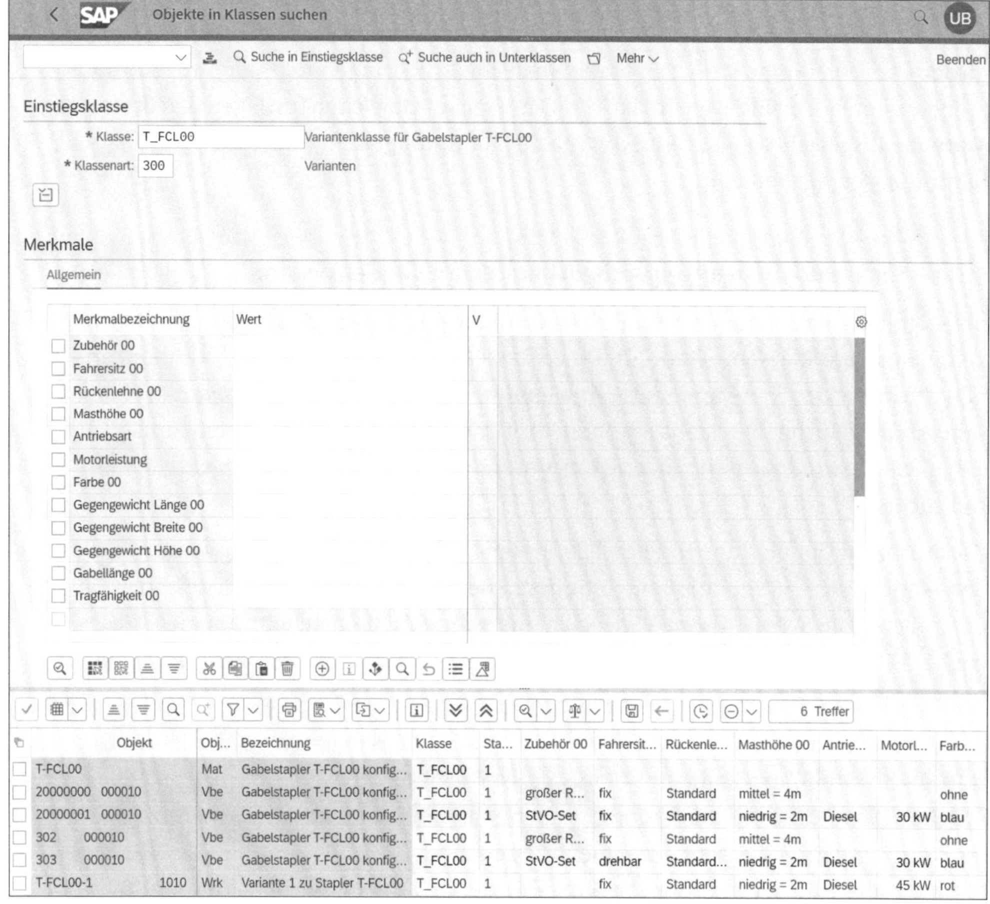

Objekt	Obj...	Bezeichnung	Klasse	Sta...	Zubehör 00	Fahrersit...	Rückenle...	Masthöhe 00	Antrie...	Motorl...	Farb...
T-FCL00	Mat	Gabelstapler T-FCL00 konfig...	T_FCL00	1							
20000000 000010	Vbe	Gabelstapler T-FCL00 konfig...	T_FCL00	1	großer R...	fix	Standard	mittel = 4m			ohne
20000001 000010	Vbe	Gabelstapler T-FCL00 konfig...	T_FCL00	1	StVO-Set	fix	Standard	niedrig = 2m	Diesel	30 kW	blau
302 000010	Vbe	Gabelstapler T-FCL00 konfig...	T_FCL00	1	großer R...	fix	Standard	mittel = 4m			ohne
303 000010	Vbe	Gabelstapler T-FCL00 konfig...	T_FCL00	1	StVO-Set	drehbar	Standard...	niedrig = 2m	Diesel	30 kW	blau
T-FCL00-1 1010	Wrk	Variante 1 zu Stapler T-FCL00	T_FCL00	1		fix	Standard	niedrig = 2m	Diesel	45 kW	rot

Abbildung 4.48 Objektsuche in Klassen (Transaktion CL30N)

Wenn nicht alle Objekte gefunden werden, können in den bereits angesprochenen Benutzereinstellungen Objekte aufgrund ihres Status ausgeschlossen worden sein.

Sollte Ihr Suchergebnis wenig übersichtlich gestaltet sein und keine Bewertungen der Merkmale enthalten, liegt es an Ihrem Layout. Sie können das Layout durch Klick auf den Button [Layout-Button] ändern und sichern. Mithilfe des Kontextmenüs (rechter Mausklick auf die Spaltenköpfe des Suchergebnisses) können Sie die Spaltenbreite optimieren. Das Layout kann auch an anderen Stellen geändert werden (in der Klassenpflege oder in den Benutzereinstellungen) .

In Abbildung 4.48 erkennen Sie die Objekte an den stark abgekürzten Objekttypen in der Spalte **Obj...**. Die Abkürzungen können Sie im Customizing der Klassenarten in

Transaktion O1CL (Klassenarten pflegen) einstellen. Folgende Objekttypen werden angezeigt:

- Die erste Zeile mit dem Objekttyp **Mat** ist ein klassifizierter konfigurierbarer Materialstamm. Wie Sie erkennen können, haben diese im Allgemeinen keine Bewertung.
- Die nächsten vier Zeilen mit dem Objekttyp **VBe** sind Vertriebsbelege. (Mit einem Überblick über die Nummernkreise der Vertriebsbelege erkennt man die ersten beiden als Angebote und die nächsten beiden als Kundenaufträge). Hier sehen Sie auch die Bewertung in der Konfiguration.
- Die letzte Zeile mit dem Objekttyp **Wrk** ist eine werksspezifische Materialvariante. Auch hier sehen Sie die Bewertung in der Konfiguration.

Nutzen Sie Transaktion CL31 (Objektsuche in Klassenart) für die Suche. Im Einstieg geben Sie nur eine Klassenart, jedoch keine Klasse an. Dafür müssen Sie die Merkmale für die Selektion manuell zusammentragen. In Abbildung 4.49 wären dies »Fahrersitz 00« und »Rückenlehne 00«. Mit einem Klick auf das Fernglas direkt über der Klassenart starten Sie die Suche. Im Unterschied zum Suchergebnis aus Transaktion CL30N (Objektsuche in Klassen) erhalten Sie hier nur die Bewertungen der ausgewählten Merkmale.

Abbildung 4.49 Suche in der Klassenart CL31: Einstieg und Merkmalsauswahl

Zusätzlich erhalten Sie die Information, in welcher Klasse das Objekt gefunden wurde (in Abbildung 4.50 die Klasse `T_FCL00`).

Aus Sicht der Variantenkonfiguration sind die Verwendungsnachweise von großem Interesse. Um den Verwendungsnachweis für Merkmale und Merkmalswerte zu finden, haben Sie vier Möglichkeiten:

1. Sie finden den Verwendungsnachweis in Transaktion CT12 (Verwendungsnachweis Merkmalsumfeld) im SAP-Menü unter **Anwendungsübergreifende Komponenten • Klassensystem • Umfeld • Auswertungen • Verwendung Merkmale/Merkmalswerte**.
2. Sie finden den Verwendungsnachweis in der Merkmalsverwaltung (Transaktion CT04) über die Menüeinträge **Umfeld • Verwendungsnachweis**.
3. Sie finden den Verwendungsnachweis in Transaktion PMEVC, indem Sie diesen über das Kontextmenü der Merkmale aufrufen.
4. Sie finden den Verwendungsnachweis als SAP-Fiori-App **Anzeigen, wo Merkmale verwendet werden**.

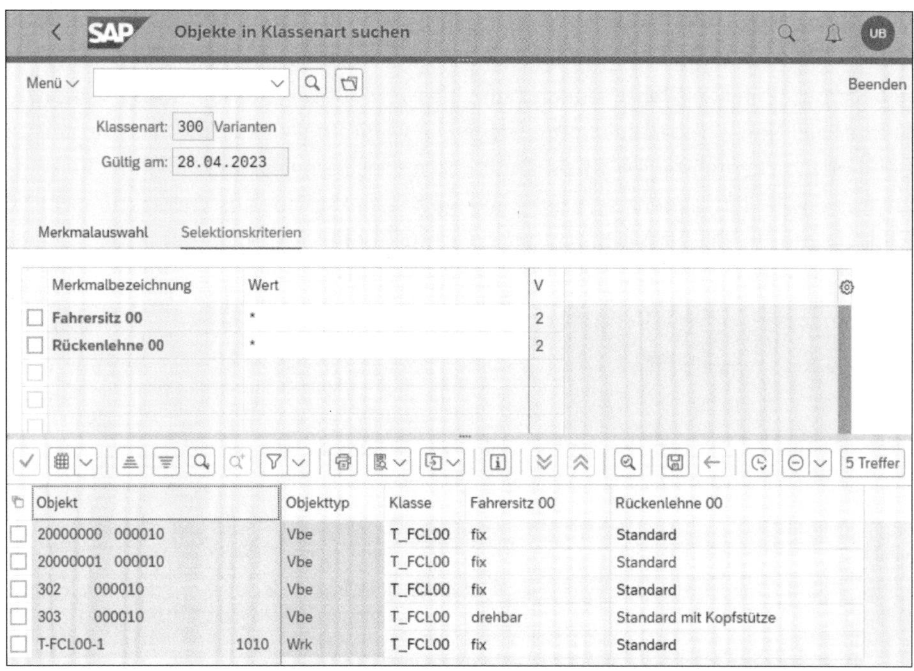

Abbildung 4.50 Suche in der Klassenart CL31: Selektionskriterien und Suchergebnis

Sie können im Einstieg dieses Verwendungsnachweises Einträge in den Feldern **Merkmal** und **Merkmalwert** vornehmen (siehe Abbildung 4.51). Das Merkmalsfeld ist dabei ein Pflichtfeld und muss gefüllt werden. Ferner können Sie im Bereich **Umfang Verwendungsnachweis** durch das Setzen eines Häkchens in den einzelnen Feldern den Umfang der Verwendung einstellen. Mit einem Klick auf den Button **Ausführen** erhalten Sie das Ergebnis (siehe Abbildung 4.51 rechts).

Den Verwendungsnachweis für Klassen finden Sie nur aus der Klassenverwaltung (Transaktion CL02 oder SAP-Fiori-App **Klassen verwalten**) heraus über den Menüpfad **Umfeld • Verwendungsnachweis** (siehe Abbildung 4.52).

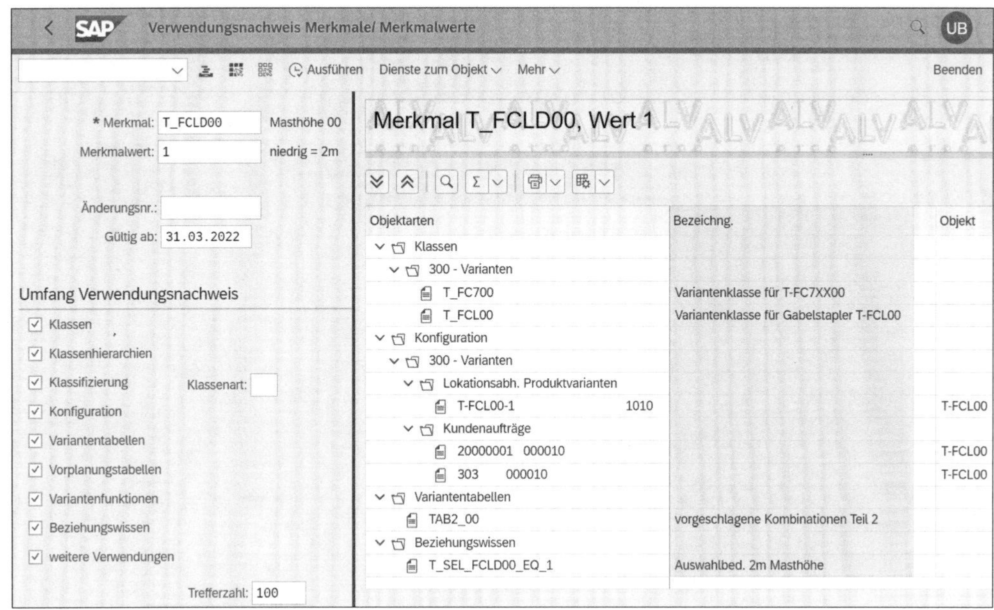

Abbildung 4.51 Verwendungsnachweis für Merkmale und Merkmalswerte (Transaktion CT12)

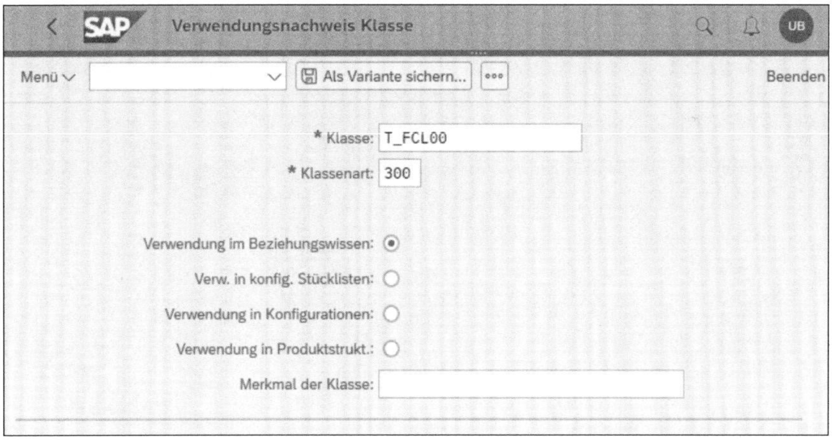

Abbildung 4.52 Verwendungsnachweis: Einstieg aus der Variantenklasse

In verschiedenen Abbildungen haben wir einige Beispiele zusammengefasst, um die Verwendung in den folgenden Bereichen darzustellen:

- im Beziehungswissen (siehe Abbildung 4.53 und Abbildung 4.55)
- in den Konfigurationen (siehe Abbildung 4.53)

- in den konfigurierbaren Stücklisten inklusive Materialvarianten (siehe Abbildung 4.54)
- in den Knoten der Produktstrukturen (Abbildung 4.55)

Verwendungsnachweis Klasse

Klasse 300 T_FCL00

Beziehung	BezArt	S..	Gültig ab	Bezeichnung	L...	Ä
T_CS_FCL00	Cons...	1	00.00.0000	bei 55kW Motor immer 5.000 kg		
T_CS_FCL00_FC700	Cons...	1	00.00.0000	Bewertung abgleichen-Kopf-Pos.		

Objektname		Tabelle	Bezeichnung
T-FCL00-1	1010	MARC	Lokationsabh...
0020000000000010		VBPS	Kundenaufträ...
0000000302000010		VBPS	Kundenaufträ...
0020000001000010		VBPS	Kundenaufträ...
0000000303000010		VBPS	Kundenaufträ...

Abbildung 4.53 Verwendungsnachweis: Ergebnis der Variantenklasse

Verwendungsnachweis Klasse

Klasse 200 T_FC_COLOR

Material/Equi...	T..	Werk	Auftragsnum...	Auftrag...
T-FC10	M	1010		
T-FC500	M	1010		
T-FC598	M	1010		
T-FC97	M	1010		
T-FCL00	M	1010		
T-FCL00-1	M	1010		
T-FCL49	M	1010		

Abbildung 4.54 Verwendungsnachweis: Ergebnis der Klassenknoten

Ohne Werkzeuge aus dem Klassensystem geht in der Variantenkonfiguration gar nichts. Gleiches gilt, wenn Sie lediglich den konfigurierbaren Materialstamm und die Werkzeuge aus dem Klassensystem angelegt haben. Zusätzlich ist unbedingt das Konfigurationsprofil notwendig. Sie kennen nun die Werkzeuge aus dem Klassensystem für die Variantenkonfiguration, und Sie kennen die Besonderheiten, die vor allem im

Hinblick auf Merkmale, Objektmerkmale, Variantenklassen und Klassenknoten zu beachten sind.

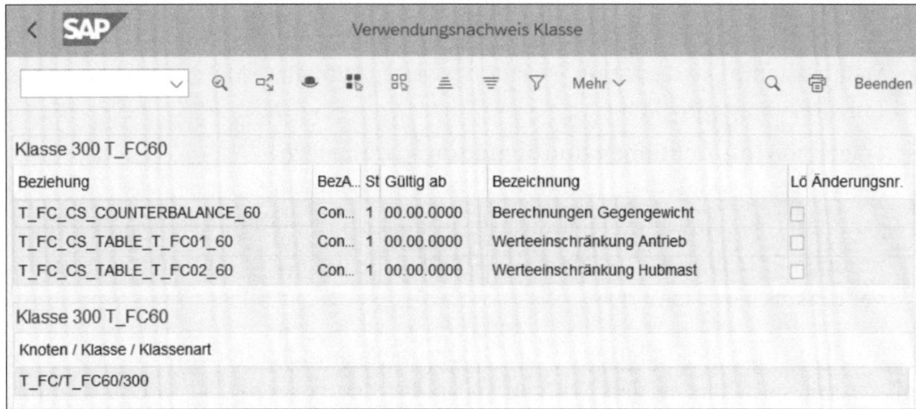

Abbildung 4.55 Verwendungsnachweis: Ergebnis der Variantenklasse in der Produktstruktur

4.4 Materialstamm, Stückliste und Arbeitsplan des konfigurierbaren Materials

Die Variantenkonfiguration nutzt den Materialstamm und die Materialstückliste, um das konfigurierbare Produkt abzubilden. Für den Fertigungsprozess werden neben der Stückliste auch die Informationen aus dem Arbeitsplan genutzt. Einige Besonderheiten sind bei der Pflege dieser Stammdaten der konfigurierbaren Produkte zu beachten. Das Thema Beziehungswissen klammern wir hier aus (siehe das nächste Kapitel 5, »Die Intelligenz: Beziehungswissen«).

4.4.1 Materialstamm des konfigurierbaren Materials

Zunächst möchten wir die Frage beantworten, was genau ein konfigurierbarer Materialstamm ist; er ist durch die folgenden Merkmale gekennzeichnet:

- **Eine Materialnummer für eine Vielzahl von Varianten**
  Der konfigurierbare Materialstamm ist ein Materialstamm, d. h. eine Materialnummer, unter der alle Varianten eines Produkts abgelegt sind. Die konkrete Variante ergibt sich aus der Kombination von Materialnummer und einer Konfiguration, sprich: Bewertung.
- **Zentrales Bezugsobjekt**
  Der Materialstamm des konfigurierbaren Materials ist das zentrale Bezugsobjekt für die weitere Modellierung. Das bedeutet z. B. Folgendes: Die Variantenklasse

wird mit diesem Materialstamm verknüpft. Stückliste und Konfigurationsprofil sind materialspezifisch. Der Arbeitsplan wird ebenfalls mit dem Materialstamm verknüpft. Die Variantenkonditionen in der Preisfindung sind im Standard materialspezifisch. Die Material- und Vorplanungsvarianten beziehen sich auf diesen Materialstamm, und auch im Beziehungswissen wird diese Materialnummer zum Teil direkt angesprochen.

- **Träger von Informationen und Steuerungsparametern**
  Der Materialstamm ist ein Datensatz, der wichtige Informationen und Steuerungsparameter der Anwendungen enthält, in denen mit diesem Material gearbeitet werden soll. In diesem Zusammenhang gibt es auch spezielle Einstellungen zur Variantenkonfiguration.

Hier sollen einige Besonderheiten der Steuerungsparameter in der Materialstammpflege angesprochen werden. Erinnert sei an das Sichtkonzept des Materialstamms: Für den Materialstamm müssen die Sichten in Form von Registerkarten angelegt worden sein, deren zugehörige Anwendungen mit dem Material arbeiten können sollen (siehe Abbildung 4.56). Dabei ist zu beachten, dass jede Fachabteilung über ihre eigene Sicht auf den Materialstammsatz die für sie relevanten Daten abbildet.

Sie können konfigurierbare Materialien in allen Anwendungen nutzen. Das heißt, dass Sie alle Registerkarten, in Abbildung 4.56 Sichten genannt, pflegen.

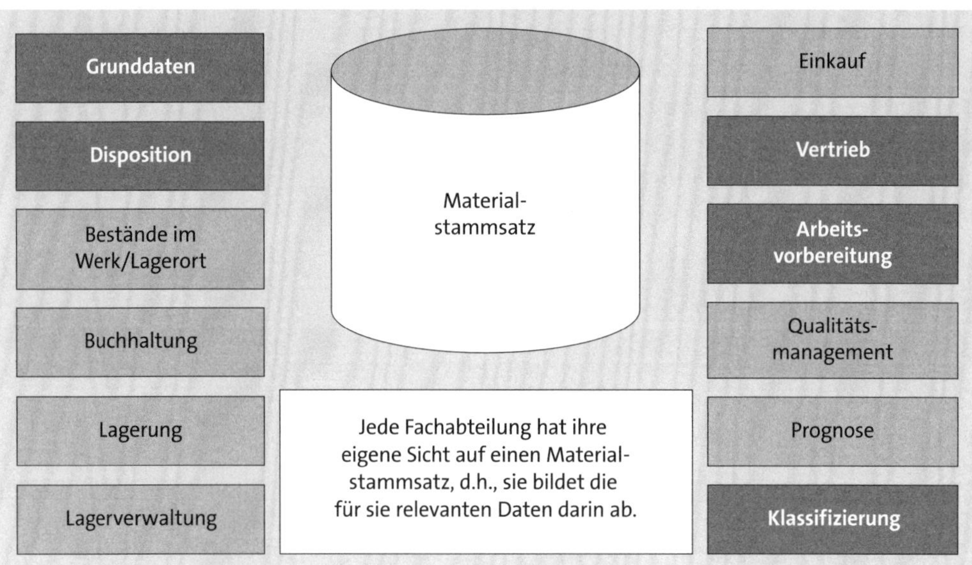

Abbildung 4.56 Sichtkonzept des Materialstamms

Im Folgenden konzentrieren wir uns auf die Sichten, die für ein konfigurierbares Material notwendig sind, mit dem im Vertrieb, in der Bedarfsplanung und in der Fertigung gearbeitet werden soll. Diese Sichten sind in der Abbildung dunkel hervorgehoben.

Grunddaten

In den Grunddaten des Materialstamms muss dieser als konfigurierbar gekennzeichnet werden.

[+]

Customizing der Konfigurierbarkeit von Materialstämmen

Es existieren eine Reihe von Einstellungen im Customizing der Materialstämme, die steuern, inwieweit ein Materialstamm konfigurierbar sein kann oder muss. Sie haben die Möglichkeit, im Customizing des Materialstamms unter **Globale Einstellungen vornehmen** (Transaktion OMT0) die Variantenkonfiguration insgesamt an- bzw. abzuschalten.

Darüber hinaus können Sie pro Materialart über das entsprechende Customizing entscheiden, ob ein Materialstamm konfigurierbar ist.

Die folgende Aufstellung listet die möglichen Optionen auf, über die Materialart zu steuern, ob ein Materialstamm konfigurierbar ist:

- Materialstämme der Materialart KMAT sind generell konfigurierbar, da das entsprechende Kennzeichen **Material ist konfigurierbar** im Customizing dieser Materialart vorbelegt und im Materialstamm damit nicht löschbar ist.
- Für Materialstämme anderer Materialarten kann das Kennzeichen **Material ist konfigurierbar** im Standard pro Materialstamm gesetzt werden. Im Customizing der Materialart ist das Kennzeichen **Material ist konfigurierbar** nicht vorbelegt, und über die Feld- und Bildsteuerung wird das Kennzeichen als eingabebereit angeboten.
- Sie können unternehmensspezifisch eigene neue Materialarten für generell konfigurierbare (ähnlich zu KMAT) Materialstämme und wahlweise konfigurierbare Materialstämme anlegen (ähnlich wie FERT und andere).
- Sie können über die Bildsteuerung den Bildbaustein **Mandantenspezifische Konfiguration** mit dem Kennzeichen **Material ist konfigurierbar** für Materialarten ausblenden und damit generell nicht konfigurierbare Materialstämme anlegen.
- Falls der entsprechende Bildbaustein nicht ausgeblendet wurde, besteht auch die Möglichkeit, über die Feldsteuerung nur das entsprechende Kennzeichen **Material ist konfigurierbar** nicht anzuzeigen oder auch auf »nicht eingabebereit« zu setzen.

[!]

Kennzeichen »Konfigurierbares Material«

Das Kennzeichen **Material ist konfigurierbar**, durch das das Material konfigurierbar ist, kann auch nachträglich gesetzt werden. Es kann im Allgemeinen jedoch nicht nachträglich in der Materialstammpflege zurückgenommen werden.

Nicht nur das Kopfmaterial eines konfigurierbaren Produkts besitzt einen konfigurierbaren Materialstamm. Auch die Kopfmaterialien aller Stücklisten von Baugruppen, in denen Beziehungswissen zugeordnet werden soll, müssen konfigurierbar sein. Kurz: Überall dort, wo die Konfiguration Einfluss haben soll, muss ein konfigurierbares Material als Kopfobjekt enthalten sein.

Auf den Registerkarten **Grunddaten 1** und **Grunddaten 2** sehen Sie die Gewichte im Bereich **Abmessungen/EAN**. Für die Vertriebsprozesse werden an dieser Stelle Angaben benötigt. Diese können jedoch von der Konfiguration abhängig sein. Sollte dies der Fall sein, können über Beziehungswissen mithilfe von Objektmerkmalen mit Bezug auf die Struktur `VCSD_UPDATE` Gewichtsangaben berechnet und in die entsprechenden Felder des Vertriebsbelegs geschrieben werden. Für die Berechnung können die Größen aus dem Materialstamm über die Struktur `MAAPV` ausgelesen werden.

Hier werden Produktstamm und Materialstamm vorgestellt. Der Produktstamm bietet die einfachere, elegantere Darstellung. Der Materialstamm ist eher die umfassendere Darstellung und spricht damit eher Key und Poweruser an.

In Abbildung 4.57 sehen Sie die Grunddaten im Materialstamm – die Gewichte in der Sicht **Grunddaten 1** und das Kennzeichen **Material ist konfigurierbar** in der Sicht **Grunddaten 2**.

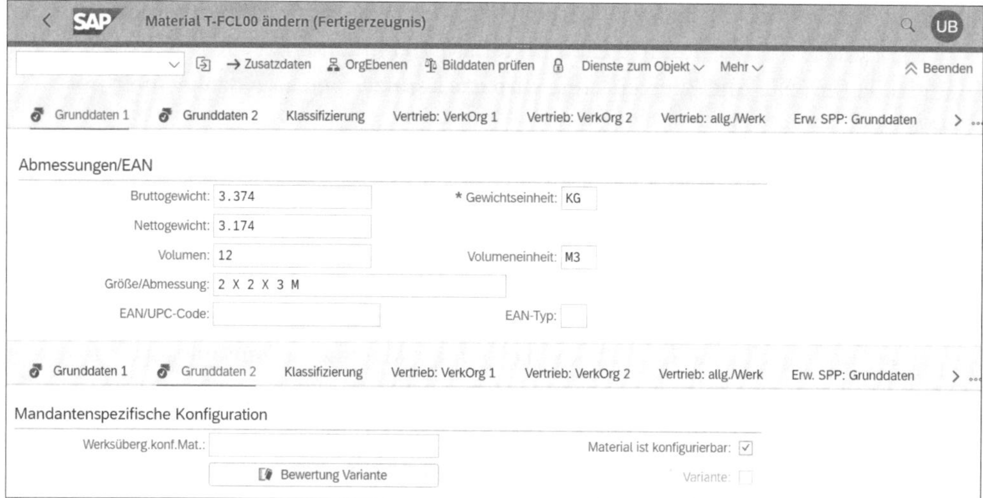

Abbildung 4.57 Grunddaten im Materialstamm

In Abbildung 4.58 finden Sie die analogen Daten im Produktstamm. Hierzu wurde der Produktstamm über die entsprechende App gesucht und aufgerufen. Die Gewichte finden Sie in den allgemeinen Informationen, wenn Sie bei der Basismengeneinheit die Option **Mehr anzeigen** stehen lassen. Für das Kennzeichen **Produkt ist konfigurierbar** scrollen Sie bis zur Konfiguration.

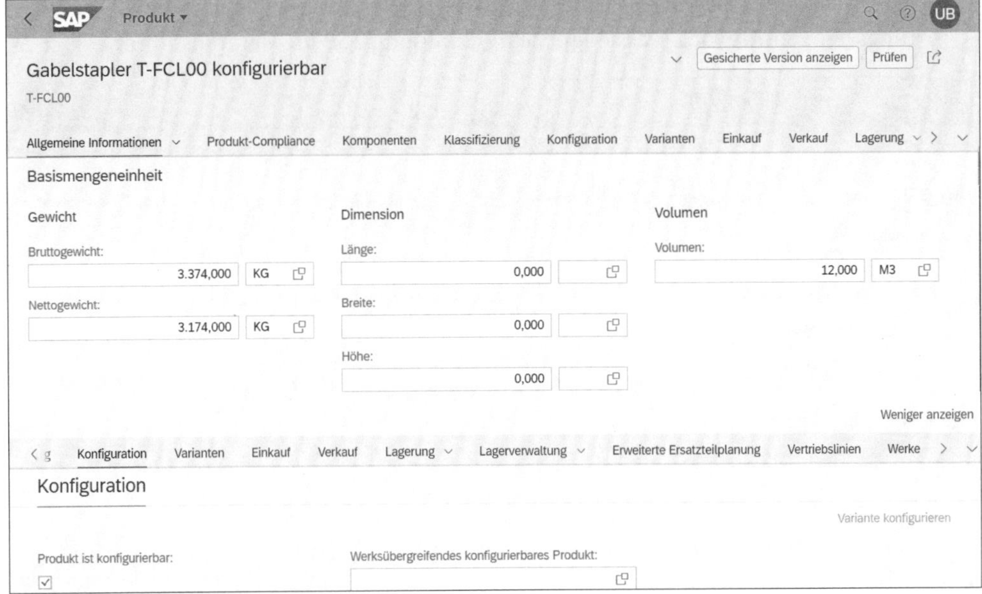

Abbildung 4.58 Grunddaten im Produktstamm

Klassifizierung

In der Sicht **Klassifizierung** müssen dem Material eine oder mehrere Variantenklassen zugeordnet werden. Über das Bewertungsbild können die Listen der zulässigen Werte für die einzelnen Merkmale materialspezifisch eingeschränkt werden.

Dies wurde bereits in Abbildung 4.42 für den Materialstamm und in Abbildung 4.43 für den Produktstamm dargestellt.

Vertrieb

In den Sichten des Vertriebs sind neben der Pflege der Muss-Felder einige Besonderheiten zu beachten. Zum einen wird eine spezifische Positionstypengruppe benötigt. Im Standard wird in der Variantenkonfiguration die Positionstypengruppe 0002 (Konfiguration) genutzt. Eine Ausnahme stellt das konfigurierbare Material mit einem Konfigurationsszenario **Kundenauftrag** (SET) dar. Hier verwenden Sie im Standard die Positionstypengruppe 0004 (Einzelfertigung/Montage).

Die Positionstypengruppe dient zur Findung des Positionstyps für den Vertriebsbeleg, der wiederum u. a. die Bedarfsübergabe, Einteilung und Preisfindung steuert.

Des Weiteren muss die Verfügbarkeitsprüfung gegen Einzelbedarf erfolgen. Es dürfen keine Bedarfe zusammengefasst werden, da sonst die Verbindung zur Konfiguration in der Position des Vertriebsbelegs verloren geht. Diese Verfügbarkeitsprüfung ergibt jedoch stets ein negatives Resultat, sodass idealerweise gegen die Wiederbeschaffungszeit geprüft wird. Das sehen Sie in Abbildung 4.59 im Materialstamm.

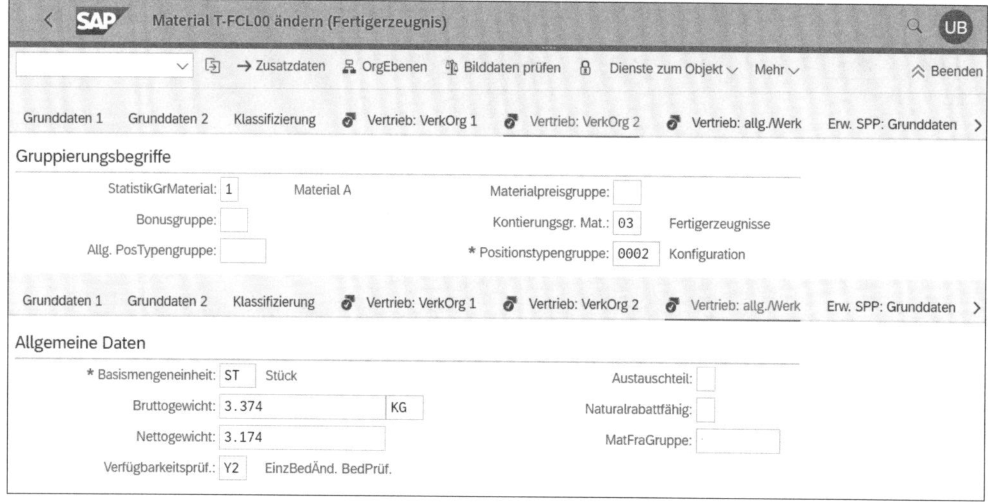

Abbildung 4.59 Vertriebssichten im Materialstamm

Im Produktstamm finden Sie die Positionstypengruppe in den Daten zur Vertriebslinie unter **Gruppierungsbegriffe**. Die Verfügbarkeit finden Sie unter den Daten zu **Werk** unter **Verkauf** (siehe Abbildung 4.60 und Abbildung 4.61).

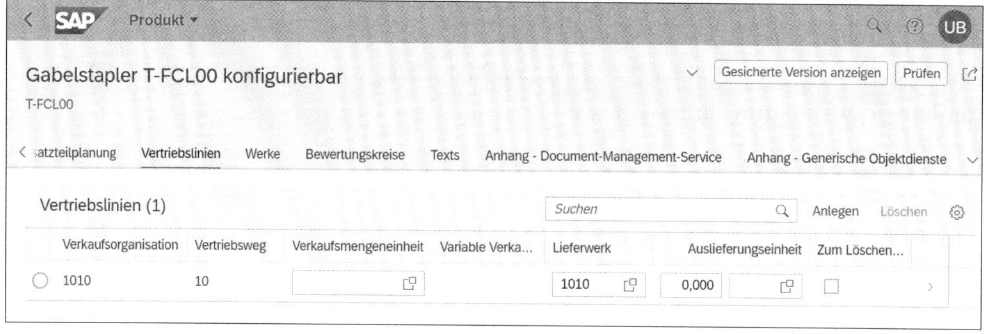

Abbildung 4.60 Vertriebslinien im Produktstamm

Abbildung 4.61 Registerkarte »Gruppierungsbegriffe« in der Vertriebslinie im Produktstamm

Disposition

In den Sichten der Disposition kann mit Dispositionsgruppen gearbeitet werden.

- **Dispositionsmerkmal**
  Über das Dispositionsmerkmal auf der Registerkarte **Disposition 1** sollte generell eine plangesteuerte Disposition eingestellt sein (siehe Abbildung 4.62).

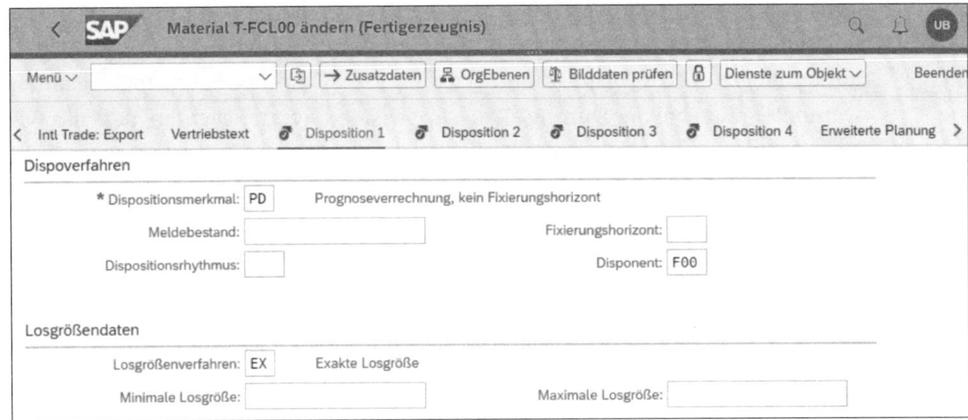

Abbildung 4.62 Sicht »Disposition 1« im Materialstamm

- **Dispositionslosgröße**
  In den meisten Fällen wird die Dispositionslosgröße auf der Registerkarte **Disposition 1** exakt berechnet.

- **Beschaffungsart**
  Als Beschaffungsart auf der Registerkarte **Disposition 2** kann sowohl die Eigenfertigung als auch die Fremdbeschaffung genutzt werden (siehe Abbildung 4.63). In der Eigenfertigung referenzieren die entsprechenden Beschaffungselemente (Planauftrag, Fertigungsauftrag usw.) die Konfiguration aus dem Vertriebsbeleg und lösen entsprechend Stückliste und Arbeitsplan auf. In die Bestellung bei der Fremdbeschaffung wird neben der Materialnummer die Konfiguration referenziert oder kopiert.

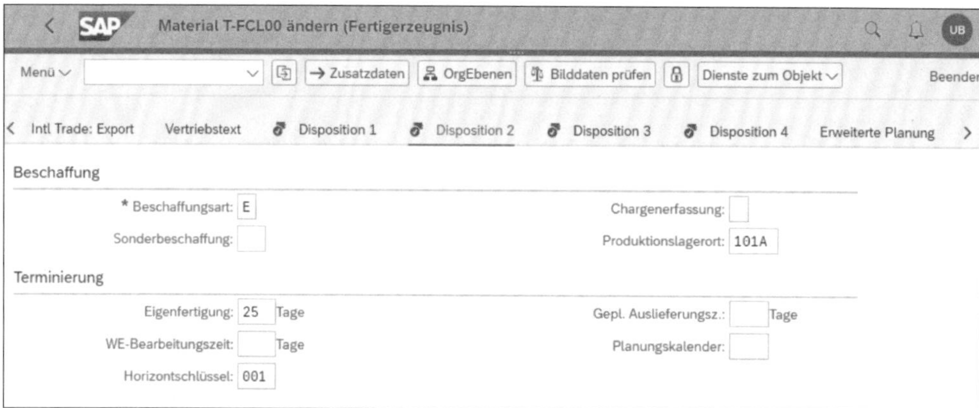

Abbildung 4.63 Sicht »Disposition 2« im Materialstamm

- **Sonderbeschaffungsschlüssel**
  In den Dispositionssichten kann des Weiteren mit Sonderbeschaffungsschlüsseln auf der Registerkarte **Disposition 2** wie z. B. »50 = Dummy-Baugruppe« gearbeitet werden. Gerade bei der Dummy-Baugruppe ist jedoch zu beachten, dass das Beziehungswissen dies nicht berücksichtigt. Das heißt, dass das Beziehungswissen generell so verfasst sein muss, als sei dieser Sonderbeschaffungsschlüssel nicht gesetzt.
- **Wiederbeschaffungszeiten**
  Im Materialstamm können auch für konfigurierbare Materialien Wiederbeschaffungszeiten für die Terminierung angegeben werden. Die Eigenfertigungszeit kann auf der Registerkarte **Arbeitsvorbereitung** auch losgrößenabhängig gepflegt werden. Eine konfigurationsabhängige Pflege ist nicht möglich.
- **Strategien**
  Es existieren im Standard einige Strategien (und damit auch Strategiegruppen), die für konfigurierbare Materialien genutzt werden können (siehe Abbildung 4.64). Falls Sie mit der Disposition, aber nicht mit der Vorplanung arbeiten wollen, nutzen Sie im Standard die Strategie 25. Für die Vorplanung können Sie die Strategien 54 und 56 nutzen. Die Strategien zur Montageabwicklung (80–89) können hier ebenfalls verwendet werden.

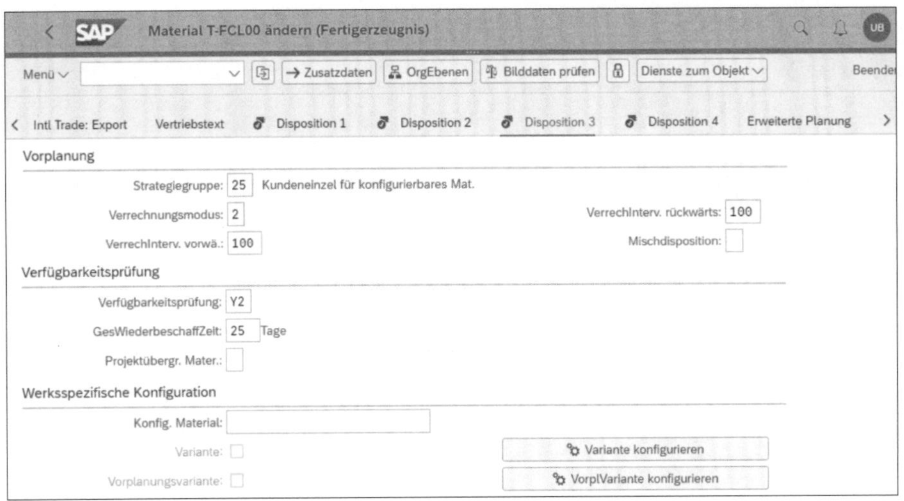

Abbildung 4.64 Sicht »Disposition 3« im Materialstamm

Auch in den Sichten der Disposition finden Sie die Einstellung zur Verfügbarkeitsprüfung, die auf Einzelbedarf steht (siehe Abbildung 4.65). Die Stücklistenauflösung soll ebenfalls bezüglich des Einzelbedarfs erfolgen. Vergleichen Sie Abbildung 4.62 bis Abbildung 4.65 für den Materialstamm mit Abbildung 4.66 und Abbildung 4.67 für den Produktstamm.

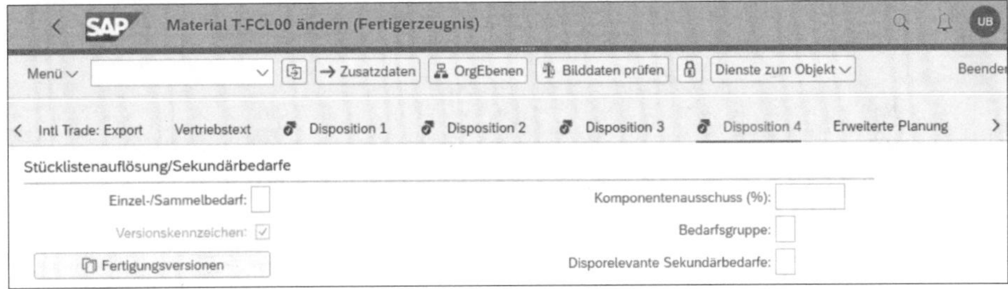

Abbildung 4.65 Sicht »Disposition 4« im Materialstamm

Abbildung 4.66 Werke im Produktstamm

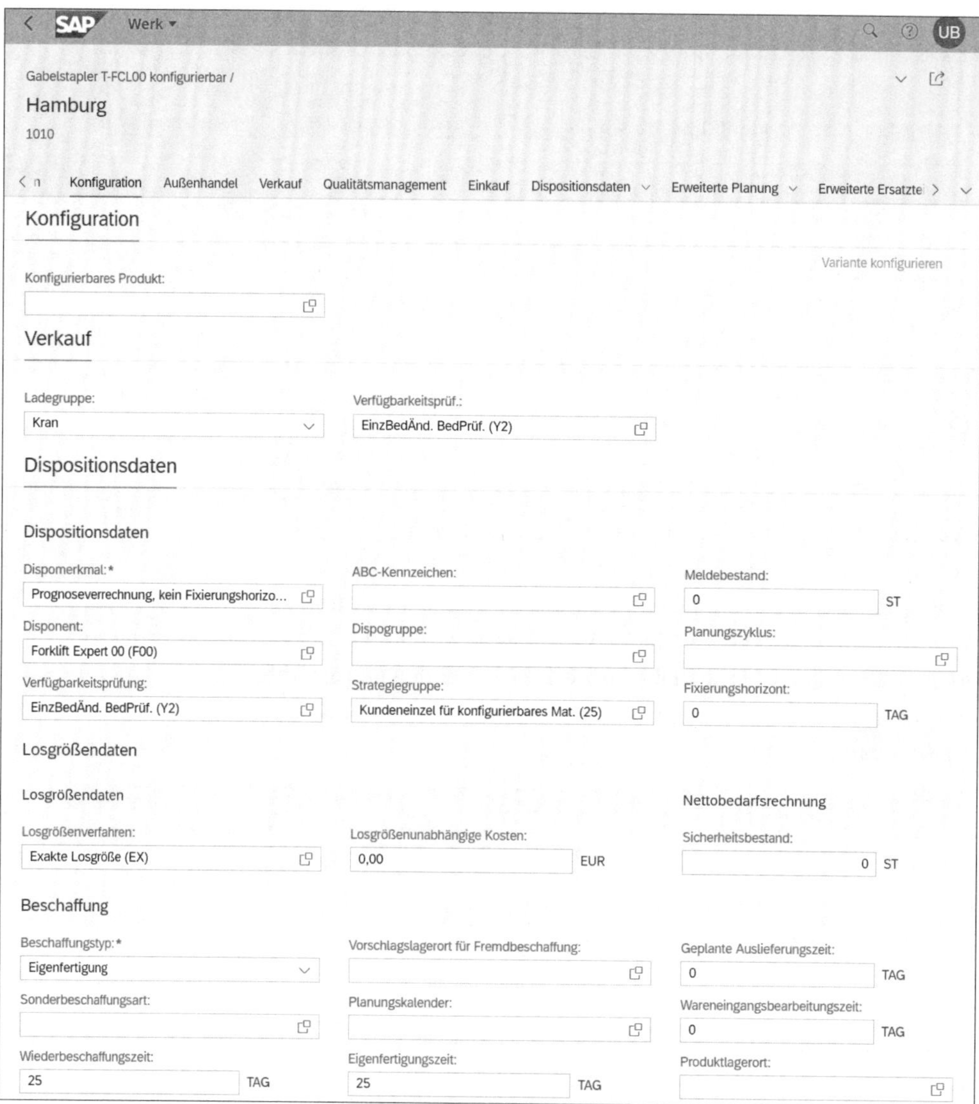

Abbildung 4.67 Registerkarten »Konfiguration«, »Verkauf« und »Dispositionsdaten« im Werk im Produktstamm

Arbeitsvorbereitung

Für die Eigenfertigung wird die Sicht **Arbeitsvorbereitung** benötigt. Hier gibt es jedoch keine Besonderheiten aus Sicht der Variantenkonfiguration zu beachten. Soll mit dem konfigurierbaren Material am Fertigungsauftragsänderungsdienst teilgenommen werden, muss im gleichnamigen Feld ein Gesamtprofil eingetragen werden. Der Eintrag führt zur Aktivierung des Fertigungsauftragsänderungsdienstes. Bei der Ausführung des Fertigungsauftragsänderungsdienstes wird der Inhalt des Gesamtprofils ausgewertet.

Die Informationen der Arbeitsvorbereitung sind werksspezifisch. Sie finden sie somit im Produktstamm unter den Daten der Werke.

Auch für die weiteren Sichten, die in Abbildung 4.56 aufgelistet, aber nicht dunkel hervorgehoben sind, gibt es keine Besonderheiten hinsichtlich der Variantenkonfiguration zu beachten.

4.4.2 Maximalstückliste des konfigurierbaren Materials

Für das konfigurierbare Material werden Stücklisteninformationen für Disposition, Fertigung, Kalkulation und andere Bereiche benötigt. Es muss auch im Vertrieb eine Stücklistenauflösung erfolgen, falls mehrstufig konfiguriert werden soll. Ebenfalls im Vertrieb hat man eine Stücklistenauflösung, falls hier eine Kalkulation mit Mengengerüst durchgeführt wird.

Man benötigt eine Maximalstückliste für das konfigurierbare Material. Diese Stücklistenstruktur kann auch mehrstufig sein. Die Kopfmaterialien der Baugruppen, in deren Stücklisten über Beziehungswissen die Konfiguration ausgewertet werden soll, müssen ebenfalls konfigurierbar sein. Jedes Material, in dessen Stückliste konfigurierbare Baugruppen eingebaut werden sollen, muss ebenfalls konfigurierbar sein. Das heißt, dass in einer mehrstufigen Stücklistenstruktur alle Materialien oberhalb einer konfigurierbaren Baugruppe ebenfalls konfigurierbar sein müssen.

[«]

Technischer Typ von Stücklisten und Variantenkonfiguration

Für diese konfigurierbaren Stücklisten gibt es keinen eigenen technischen Typ. Im Allgemeinen sind diese konfigurierbaren Materialstücklisten einfach, aber auch die Varianten- und Mehrfachstückliste wird in der Praxis genutzt. Erläutern wir diese Typen kurz:

- **Einfache Stückliste**
  Dies bedeutet, dass in einer Stücklistennummer genau eine Stückliste für genau ein Material enthalten ist.
- **Variantenstücklisten**
  Unter einer Variantenstückliste wird eine Stücklistennummer verstanden, unter der für verschiedene ähnliche Materialstämme je eine Stückliste abgelegt ist.
- **Mehrfachstücklisten**
  Unter einer Mehrfachstückliste wird eine Stücklistennummer verstanden, unter der für ein und dasselbe Material mehrere Stücklisten abgelegt sind.

Beachten Sie, dass eine konfigurierbare Variantenstückliste bedeutet, dass es sich um eine Stücklisten(gruppe) für mehrere konfigurierbare Materialstämme handelt.

Die konfigurierbaren Stücklisten sind in Bezug auf den Inhalt Maximalstücklisten. Das heißt, dass sie alle möglichen Material- oder Dokumentenkomponenten enthalten, die für eine beliebige Konfiguration eventuell benötigt werden.

Diese Zuordnung der Komponenten kann direkt als Material- oder Dokumentposition erfolgen oder auch indirekt über Klassenpositionen. Um Klassenpositionen zu Stücklisten zuordnen zu können, ist das Kennzeichen **Material ist konfigurierbar** im Materialstamm des Stücklistenkopfes erforderlich.

In Abbildung 4.68 sehen Sie die konfigurierbare Maximalstückliste ❶. Für die einzelnen Konfigurationen wird eine Stücklistenauflösung benötigt ❷.

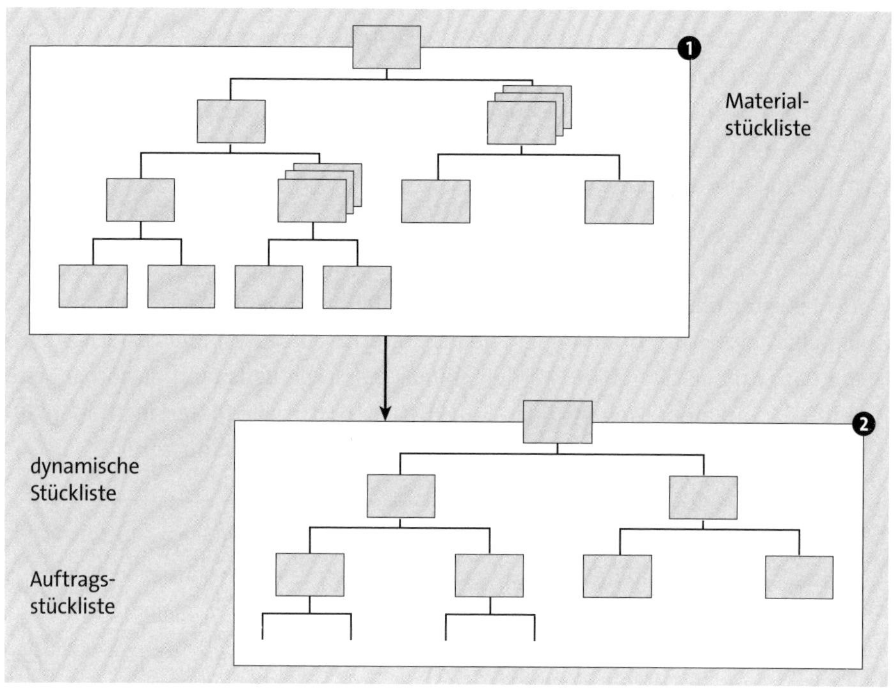

Abbildung 4.68 Maximalstückliste des konfigurierbaren Materials

Diese Auflösung der Stücklisten zu einem speziellen Kundenauftrag, d. h. zu einer speziellen Konfiguration, kann auf zwei Arten erfolgen:

- **Dynamische Stückliste**
  Man kann grundsätzlich eine dynamische Stückliste als aufgelöste Stückliste nutzen. Dies ist dann empfehlenswert, wenn das Variantenmodell vollständig ist. Das heißt, dass die gesamte Variabilität bezüglich des konfigurierbaren Produkts im Variantenmodell als mögliche Konfigurationen integriert wird und die Stücklistenauflösung über das Beziehungswissen für jede dieser Konfigurationen sichergestellt ist. In diesem Fall wird an die Stammdaten bezüglich der Stücklisten nur

diese Maximalstücklistenstruktur inklusive Beziehungswissen benötigt. Es sind keine separaten Auftragsstücklisten erforderlich. Braucht eine Anwendung, wie z. B. der Plan-, Fertigungs- oder Kundenauftrag Stücklisteninformationen, werden diese dynamisch aus der Maximalstückliste mithilfe des Beziehungswissens und der Konfiguration ermittelt und nur temporär bereitgestellt. Es werden eventuell entsprechende Komponentenlisten hieraus kopiert, jedoch keine expliziten auftragsspezifischen Stücklisten erzeugt.

- **Auftragsstückliste**
  Reicht es nicht aus, die Stückliste dynamisch aufzulösen, können Sie über Einstellungen im Konfigurationsprofil erlauben, Auftragsstücklisten anzulegen. Auftragsstücklisten sind Materialstücklisten, die zusätzlich spezifisch für eine Position eines Vertriebsbelegs sind, meistens eines Kundenauftrags. Dies ist dann erforderlich, wenn im Vertrieb eine höhere Variabilität bezüglich des konfigurierbaren Produkts möglich sein soll als im Variantenmodell – insbesondere in der Maximalstückliste – implementiert ist. Dieses Vorgehen erlaubt es, mit der Auftragsstückliste eine auftragsspezifische Produktentwicklung vorzunehmen, wie wir sie in ETO-Prozessen vorfinden.

Jede Position in einer Stückliste benötigt einen *Positionstyp*. In der Pflege konfigurierbarer Maximalstücklisten kann mit allen Positionstypen für Materialstücklisten gearbeitet werden. Einige sollen hier besonders angesprochen werden:

- L = Lagerposition
- N = Nichtlagerposition
- R = Rohmaßposition
- D = Dokumentenposition
- K = Klassenposition

Bei der direkten Zuordnung von Materialkomponenten nutzt man meistens den Positionstyp L. Darüber hinaus kann man auch die Positionstypen N und R nutzen. Nicht-Lagerpositionen werden, wie der Name schon sagt, nicht vom Lager bezogen, sondern direkt zu dem Auftrag beschafft. Als Besonderheit von Nicht-Lagerpositionen ist zu beachten, dass Materialkomponenten mit der Materialart KMAT im Standard nur mit diesem Positionstyp in Stücklisten aufgenommen werden können und hier kein Direktbeschaffungsprozess, wie eigentlich für diesen Positionstyp vorgesehen, gestartet wird.

Auch Rohmaßpositionen sind aus Sicht der Variantenkonfiguration von besonderem Interesse. So lassen sich die Rohmaße auch über Beziehungswissen mit entsprechenden Objektmerkmalen verändern. Zu beachten ist, dass bei Änderungen der Rohmaße (Felder `ROMS1` bis `ROMS3`) über das Beziehungswissen generell auch die Rohteilmenge (Feld ROMEN) berechnet werden muss. Eine automatische Berechnung oder eine Nutzung der Rohteilformel sind nicht möglich.

Der Positionstyp D wird genutzt, falls Dokumente direkt in Stücklisten aufgenommen werden sollen. Die Zuordnung des Dokuments zur Stückliste erfolgt in der Variantenkonfiguration häufig dann, wenn über Beziehungswissen die Auswahl gesteuert werden soll. Dies ist bei Objektverknüpfungen zum Materialstamm, also bei der sonst üblichen Technik nicht möglich.

Klassenpositionen dienen zur indirekten Zuordnung von Komponenten zur Stückliste. Hierzu können Klassenknoten für Materialstämme (Klassenart 200) und Klassenknoten für Dokumente (Klassenart 201) genutzt werden. Klassenknoten werden bei Eintreten eines oder mehrerer der folgenden Fälle häufig angewendet:

- wenn aus sehr großen Listen von Materialien oder Dokumenten nur eine Komponente ausgewählt werden soll
- wenn häufig die gleichen Listen von Materialien oder Dokumenten in verschiedenen Stücklisten genutzt werden, die dann durch solche Klassenknoten ersetzt werden können
- wenn die Maximalstückliste übersichtlich und von der Gestalt ähnlich der aufgelösten Stückliste gestaltet werden soll

Die Steuerung der Auflösung der Klassenknoten und der Maximalstücklisten insgesamt wird im nächsten Kapitel in Abschnitt 5.4, »Beziehungswissen für Stückliste und Arbeitsplan (Low-Level-Konfiguration)«, beschrieben.

4.4.3 Maximalarbeitsplan für das konfigurierbare Material

Für das konfigurierbare Material werden bei Eigenfertigungsszenarien Informationen für den Ablauf der Fertigung benötigt. Diese Informationen fließen ebenfalls in die Terminierung, Kapazitätsplanung und Kalkulation ein. Hierzu benötigt man einen konfigurierbaren Maximalarbeitsplan für das konfigurierbare Material. Die Fertigung kann auch über mehrere Stufen erfolgen. In dem Fall sind auch mehrere solcher Arbeitspläne erforderlich. Ist das Kopfmaterial des Arbeitsplans konfigurierbar, kann über Beziehungswissen die Konfiguration für die Auflösung des Arbeitsplans verwendet werden.

Plantypen und Variantenkonfiguration

Für konfigurierbare Arbeitspläne gibt es keinen eigenen Plantyp. Alle Plantypen können für die Variantenkonfiguration genutzt werden. Häufig werden Normalarbeitspläne verwendet.

Diese konfigurierbaren Arbeitspläne sind inhaltlich Maximalarbeitspläne. Das heißt, dass sie alle möglichen Arbeitsschritte und Betriebsmittel enthalten, die für eine beliebige Konfiguration eventuell benötigt werden. Diese Zuordnung der Arbeitsschritte und Betriebsmittel kann, im Unterschied zur Stückliste, nur direkt erfolgen. Eine indirekte Zuordnung in Analogie zu den Klassenpositionen gibt es hier nicht.

In Abbildung 4.69 sehen Sie den konfigurierbaren Maximalarbeitsplan ❶. Für die einzelnen Konfigurationen wird eine Arbeitsplanauflösung benötigt ❷.

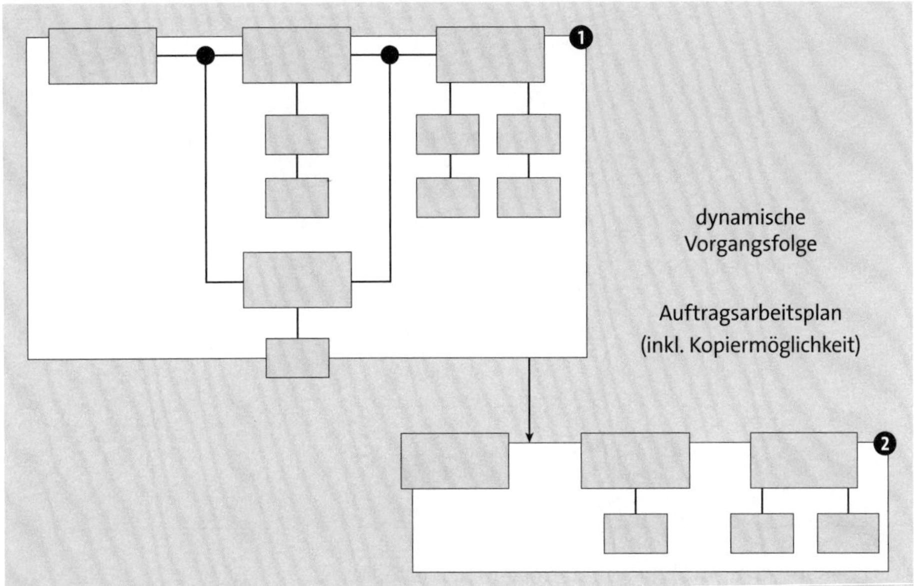

Abbildung 4.69 Maximalarbeitsplan für das konfigurierbare Material

Für diese Auflösung des Arbeitsplans zu einem speziellen Kundenauftrag, also zu einer speziellen Konfiguration, gibt es (analog zur Stückliste) zwei Möglichkeiten:

- **Dynamische Vorgangsfolge**
  Sie können eine dynamische Vorgangsfolge, also einen dynamischen Arbeitsplan, nutzen. Braucht eine Anwendung, wie z. B. der Plan-, Fertigungs- oder Kundenauftrag (Letzterer z. B. für die Kalkulation) Arbeitsplaninformationen, werden diese dynamisch aus dem Maximalarbeitsplan mithilfe des Beziehungswissens und der Konfiguration ermittelt und nur temporär bereitgestellt.
- **Auftragsarbeitspläne**
  Reicht dies nicht aus, können auch Auftragsarbeitspläne angelegt werden. Diese Option wird häufig im Zusammenhang mit der Nutzung von Auftragsstücklisten verwendet. Wir haben hier sogenannte ETO-Prozesse. Für die Verwendung von Auftragsarbeitsplänen sind keine speziellen Einstellungen, z. B. im Konfigurationsprofil, erforderlich.

Der Normalarbeitsplan ist in Plankopf, Folgen, Vorgängen, Untervorgängen und Zuordnungen zu Vorgängen und Untervorgängen strukturiert (siehe Abbildung 4.70).

- **Plankopf**
  Dem Plankopf als oberstem Strukturelement des Arbeitsplans wird das konfigurierbare Material zugeordnet. Ihm kann kein Beziehungswissen zugeordnet werden. Die Planauswahl kann also auch nicht über Beziehungswissen gesteuert werden.

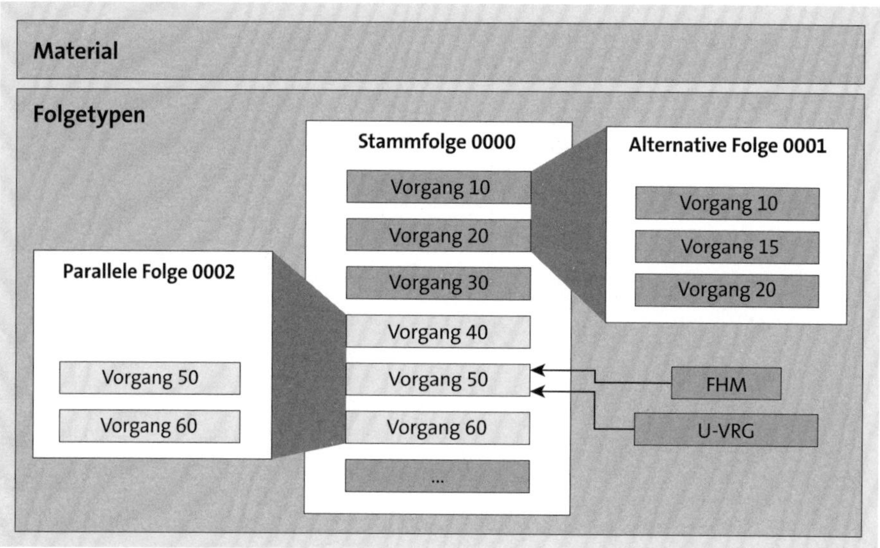

Abbildung 4.70 Struktur von Normalarbeitsplänen

- **Folgen**
  Unterhalb des Plankopfes können mehrere Folgen definiert werden. Es existiert immer genau eine Stammfolge, die auch nicht mit Beziehungswissen verknüpft werden kann. Möchten Sie die Vorgänge parallel abarbeiten lassen, sammeln Sie diese in sogenannten *parallelen Folgen*. Es kann mehrere solcher Folgen geben. Analog können Sie für Vorgänge, die alternativ zu Vorgängen der Stammfolge abgearbeitet werden sollen, eine oder mehrere *alternative Folgen* anlegen. Folgen dieser beiden Folgenarten können mit Beziehungswissen versehen werden, um deren Auswahl und deren Zuordnung in der Arbeitsplanauflösung zu steuern.

- **Vorgänge**
  Innerhalb der Folgen werden die Vorgänge aufgelistet. Inhaltlich handelt es sich auch hier wieder um Maximallisten, d. h. um h. um Folgen mit maximal benötigten Vorgängen. Die Auswahl der einzelnen Vorgänge kann über Beziehungswissen gesteuert werden.

- **Untervorgänge**
  Untervorgänge (in Abbildung 4.70 als U_VRG) sind Werkzeuge zur feineren Kalkulation und Kapazitätsplanung. Sie werden aus Sicht der Variantenkonfiguration analog zu den Vorgängen behandelt. Dies gilt insbesondere im Zusammenhang mit Beziehungswissen.
- **Fertigungshilfsmittelzuordnung**
  Den Vorgängen können wiederum Werkzeuge oder andere Betriebsmittel in Form von Fertigungshilfsmitteln (in Abbildung 4.70 als FHM deklariert) zugeordnet werden. Auch hier handelt es sich inhaltlich um Maximallisten, aus denen über Beziehungswissen entsprechend der jeweiligen Konfiguration die benötigten Fertigungshilfsmittel ausgewählt werden. Den Vorgängen können weitere Objekte wie Arbeitsplätze, Komponenten, Prüfmerkmale und Ereignispunkte zugeordnet werden. Diese Zuordnungen können jedoch nicht über Beziehungswissen gesteuert werden.

An allen drei Punkten im Arbeitsplan, an denen Beziehungswissen zugeordnet werden kann, können Sie neben der Auswahl auch über die entsprechenden Objektmerkmale Änderungen vornehmen. Mehr dazu erfahren Sie im nächsten Kapitel in Abschnitt 5.4, »Beziehungswissen für Stückliste und Arbeitsplan (Low-Level-Konfiguration)«.

4.4.4 Fertigungsversionen

Mit SAP S/4HANA stellen Fertigungsversionen einen ganz wesentlichen Punkt für Planung und Fertigung dar. Fertigungsversionen haben die Aufgabe, Stücklisten und Arbeitspläne für die Planung und Fertigung zu finden. In SAP ERP finden Sie im Materialstamm in der Sicht **Disposition 4** im Bereich **Stücklistenauflösung/Sekundärbedarfe** das Kennzeichen **AlternSelektion**. Dieses Kennzeichen dient der Selektion von Alternativstücklisten. Hier können Sie aus den folgenden Optionen wählen:

- Auftragsmenge
- Auflösungsdatum
- Fertigungsversionen
- Fertigungsversionen (zwingend)

Im Rahmen der Simplifizierung mit SAP S/4HANA ist das Kennzeichen **AlternSelektion** entfallen. Stattdessen ist eine Auswahl nach Fertigungsversionen unbedingt erforderlich. Deshalb müssen Sie zwingend Fertigungsversionen anlegen, um in Planung und Fertigung Stücklisten und Arbeitspläne bereitzustellen.

Sie finden im Materialstamm in den Sichten **Disposition 4** und **Arbeitsvorbereitung** den Button **FertVersion**. Außerdem sehen Sie über das Versionskennzeichen, ob bereits Fertigungsversionen existieren. Über einen Klick auf den Button **FertVersion** gelangen Sie in die **Übersicht Fertigungsversionen** (siehe Abbildung 4.71 unten).

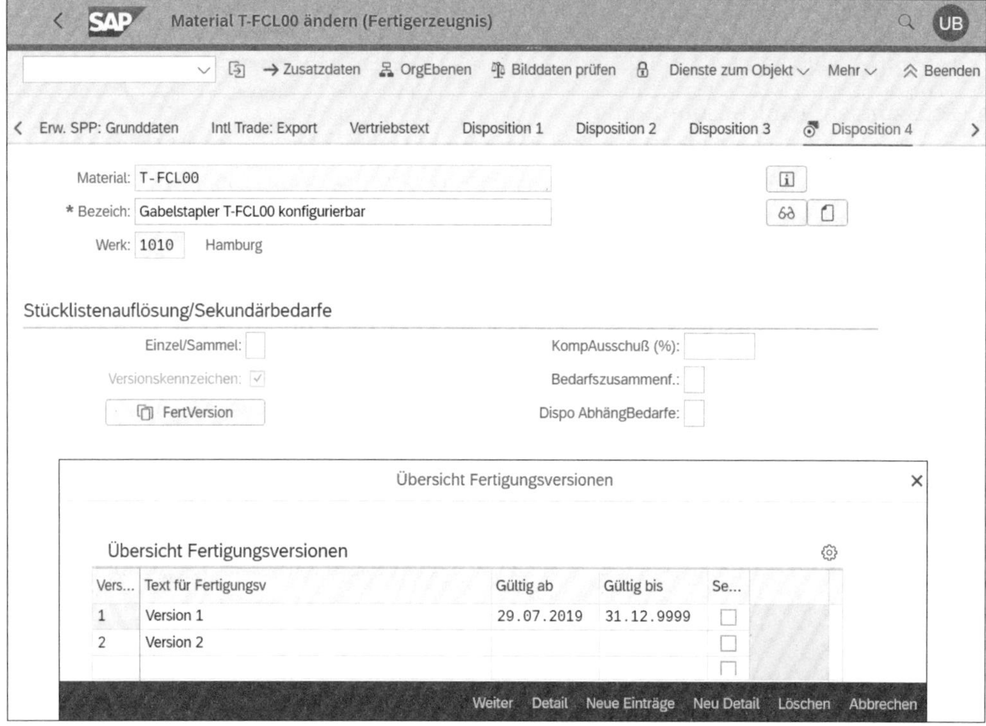

Abbildung 4.71 Fertigungsversionen im Materialstamm

Hier existiert bereits die Version 1. Um die Version 2 anzulegen, reicht es aus, den Versionsnamen (hier 2) und die Beschreibung einzugeben. Klicken Sie auf den Button **Detail**. Der Gültigkeitszeitraum ist vom Tagesdatum (**Gültig ab**) bis zum 31.12.999 (**Gültig bis**) vorgegeben.

Im Detailbild (siehe Abbildung 4.72) wird der Losgrößenbereich (hier 1 bis 1.000) angegeben. Außerdem werden der Arbeitsplan und die Stückliste angegeben. Suchen Sie über die F4-Hilfe zum Feld **Plangruppe** über das Material nach dem Plan. Für die Stückliste verwenden Sie die F4-Hilfe zum Feld **Stücklistenalternativen**.

Zunächst ist der Prüfstatus (neben den Plan- und Stücklistendaten) auf Orange gesetzt (**noch nicht geprüft**).

Klicken Sie im Kopf der Details zur Fertigungsversion auf den Button **Prüfen**, und Sie erfahren, ob Arbeitsplan und Stückliste vorhanden sind. Genauer wird geprüft, ob Plan und Stückliste für den gesamten Zeitraum und den gesamten Losgrößenbereich der Fertigungsversion gültig sind. Das Anzeigen der Prüfergebnisse können Sie einfach abbrechen. Im Detail der Fertigungsversion ist der Prüfstatus von Plan und Stückliste auf Grün (**in Ordnung**) gewechselt. Die Fertigungsversion kann also mit dem Materialstamm gespeichert werden.

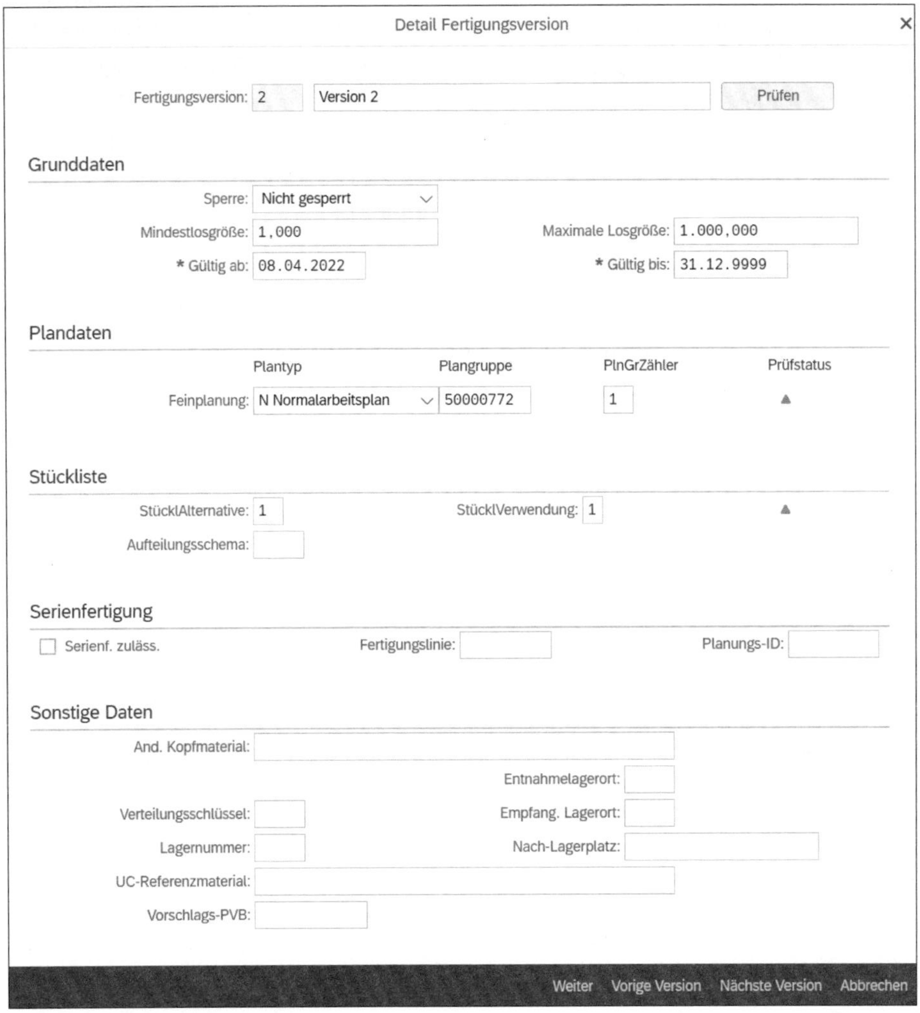

Detail Fertigungsversion

Fertigungsversion: 2 Version 2 Prüfen

Grunddaten

Sperre: Nicht gesperrt

Mindestlosgröße: 1,000 Maximale Losgröße: 1.000,000

* Gültig ab: 08.04.2022 * Gültig bis: 31.12.9999

Plandaten

	Plantyp	Plangruppe	PlnGrZähler	Prüfstatus
Feinplanung:	N Normalarbeitsplan	50000772	1	▲

Stückliste

StücklAlternative: 1 StücklVerwendung: 1 ▲

Aufteilungsschema:

Serienfertigung

☐ Serienf. zuläss. Fertigungslinie: Planungs-ID:

Sonstige Daten

And. Kopfmaterial:

Entnahmelagerort:

Verteilungsschlüssel: Empfang. Lagerort:

Lagernummer: Nach-Lagerplatz:

UC-Referenzmaterial:

Vorschlags-PVB:

Weiter Vorige Version Nächste Version Abbrechen

Abbildung 4.72 Fertigungsversionen im Detail

Auch ist die Fertigungsversionspflege über Transkation C223 (Pflege von Fertigungsversionen) möglich.

4.5 Konfigurationsprofil und Konfigurationsszenarien

Ohne Konfigurationsprofil ist keine Konfiguration möglich. Bevor konfiguriert werden kann, wird also für das konfigurierbare Material ein Konfigurationsprofil benötigt. Dabei ist es irrelevant, ob die Konfiguration bereits im Vertriebsbeleg oder zunächst in einer Simulation durchgeführt werden soll. In diesem Abschnitt werden neben den Einstellungsmöglichkeiten des Konfigurationsprofils die Konfigurationsszenarien vorgestellt. Sie erhalten einen Überblick darüber, welches Konfigurationsszenario am besten in den jeweiligen Unternehmensszenarien zum Einsatz kommen sollte.

4.5.1 Konfigurationsprofil im Überblick

Das Konfigurationsprofil enthält wesentliche Steuerungseinstellungen für den Konfigurationsprozess. Des Weiteren ist es Träger von Beziehungswissen für die Vertriebskonfiguration (High-Level-Konfiguration). Konfigurationsprofile werden materialspezifisch zu konfigurierbaren Materialstämmen angelegt.

Dies geschieht über die Transaktionen CU41, CU42 und PMEVC oder die korrespondierenden SAP-Fiori-Apps **Anlegen Konfigurationsprofil**, **Ändern Konfigurationsprofil** und **VC-Modellierungsumgebung**. Das Anlegen der Konfigurationsprofile mit Transaktion PMEVC sehen Sie in Abbildung 4.73 und in Abbildung 4.74.

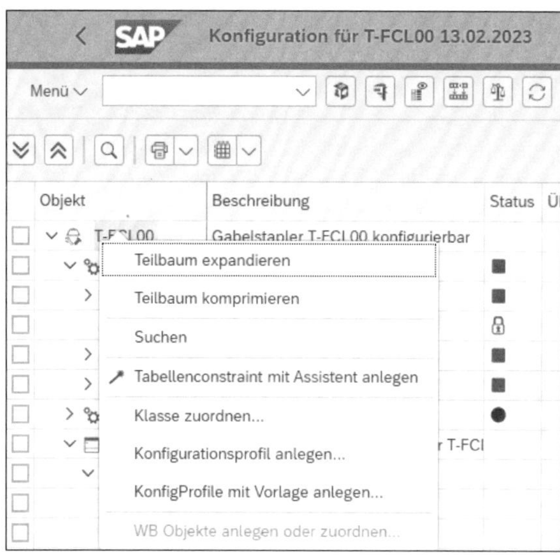

Abbildung 4.73 Konfigurationsprofile mit Transaktion PMEVC anlegen: vollständiges Beispiel

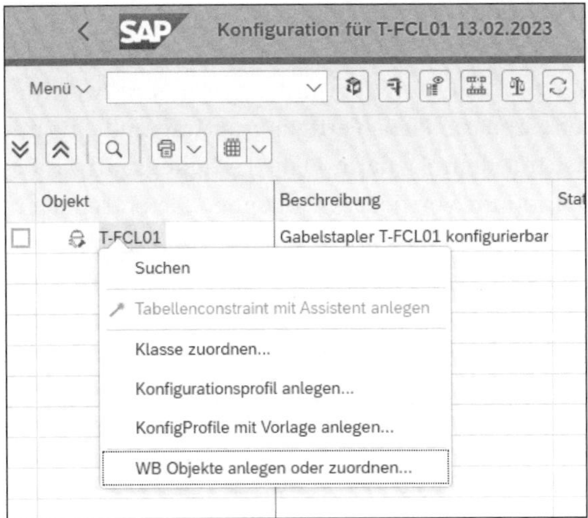

Abbildung 4.74 Konfigurationsprofile mit Transaktion PMEVC anlegen: Beispiel (nur aus dem Materialstamm)

Abbildung 4.75 zeigt das Anlegen eines Konfigurationsprofils mit Transaktion CU41 (Anlegen Konfigurationsprofil).

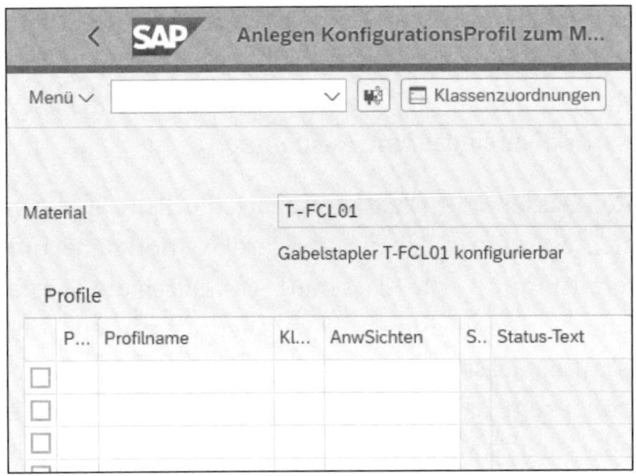

Abbildung 4.75 Konfigurationsprofile mit Transaktion CU41 anlegen

Sie müssen dem Konfigurationsprofil einen Namen geben. In Transaktion CU41 (Anlegen Konfigurationsprofil) tun Sie das, indem Sie in der Profilübersicht einen Eintrag unter dem Profilnamen vornehmen. In Transaktion PMEVC wird die Materialnummer als Name vorgeschlagen. Ordnen Sie eine Variantenklassenart zu.

In den meisten Fällen wird zu einem konfigurierbaren Material nur ein Konfigurationsprofil angelegt. Die seltenen Fälle, in denen man einem konfigurierbaren Material mehrere aktive Konfigurationsprofile zuordnet, sind im Folgenden aufgezählt:

- **Kopfebene des konfigurierbaren Produkts**
  Der wichtige Ausnahmefall stellt der ETO-Prozess (Engineering-to-Order) mit der Konfigurationsszenario-Auftragsstückliste dar. Hier würde, im Falle von zwei Konfigurationsprofilen (eins mit dem Szenario **Plan-/Fertigungsauftrag** und eins mit der Auftragsstückliste) zunächst mit dem Szenario **Plan-/Fertigungsauftrag** begonnen. Während der Konfiguration im Vertriebsbeleg können Sie entscheiden, ob eine Übergabe an Konstruktion und Arbeitsvorbereitung erforderlich ist und damit ein Wechsel in das Szenario **Auftragsstückliste** stattfindet. Lesen Sie dazu in Abschnitt 4.5.7, »Szenario ›Auftragsstückliste‹ – der ETO-Prozess« in diesem Kapitel zur Auftragsstückliste mehr.

  Aktuell existieren unter AVC keine weiteren Anwendungsfälle für mehrere Konfigurationsprofile auf den Kopfebenen. Der Vertriebsbeleg wählt immer automatisch ein Konfigurationsprofil aus. Es kommt keine Abfrage (mehr) mit einer eventuellen manuellen Auswahl. Hierbei spielt aktuell die Priorität des Konfigurationsprofils keine Rolle.
- **Ebene konfigurierbarer Komponenten**
  Wird eine konfigurierbare Komponente in verschiedenen konfigurierbaren Produkten verwendet, kann es in diesem Fall möglich und erforderlich sein, dass für verschiedene konfigurierbare Produkte an dieser Komponente verschiedene Konfigurationsprofile existieren. Nicht jedes Konfigurationsprofil einer Komponente kann unter jedem Konfigurationsprofil eines Kopfmaterials genutzt werden. Das System wählt dann automatisch das Kopfmaterial aus. Die Kombination von Plan-/Fertigungsauftrag mit Auftragsstückliste bildet eine Ausnahme.

Auch die Zuordnung einer Variantenklassenart im Feld **Klassenart** (die dritte Spalte in Abbildung 4.76) in der Profilübersicht ist erforderlich. Im Standard existiert dabei nur eine Variantenklassenart für Materialstämme – die Klassenart 300. Durch die Zuordnung dieser Variantenklassenart zum Konfigurationsprofil wird geprüft, ob dem konfigurierbaren Materialstamm Variantenklassen dieser Klassenart zugeordnet wurden. Sollte dies bis dahin nicht erfolgt sein, kann es aus der Anlage des Konfigurationsprofils (Transaktion CU41) oder aus Transaktion PMEVC heraus nachgeholt werden.

Ein Konfigurationsprofil zu einem Material ohne Variantenklassenzuordnung wird automatisch gesperrt. Diese Sperre müssen Sie manuell zurücknehmen, nachdem eine Variantenklasse zugeordnet worden ist. Das nachträgliche Freigeben erfolgt nicht automatisch.

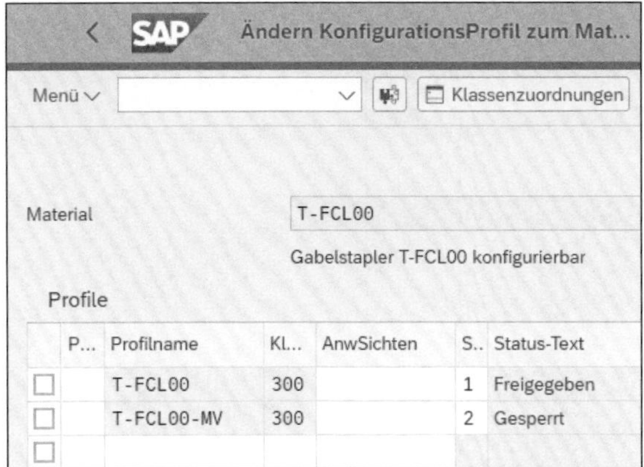

Abbildung 4.76 Konfigurationsprofile mit Transaktion CU42 anlegen

Es spielt keine Rolle, wie die Zuordnung der Variantenklassen zum Materialstamm erfolgt ist:

- über die Transaktionen oder entsprechenden Apps der Klassifizierung
- über die Transaktionen oder Apps der Material-/Produktstammpflege
- über die Transaktionen oder die entsprechenden Apps der Pflege des Konfigurationsprofils inklusive Transaktion PMEVC

Es gibt keine konfigurationsprofilspezifische Zuordnung von Variantenklassen.

Neben den klassischen Transaktionen CU41 und CU42 können Sie auch über die Transaktion PMEVC Konfigurationsprofile zu den konfigurierbaren Materialstämmen anlegen, ändern oder anzeigen. Transaktion PMEVC kann nur für Materialstämme genutzt werden. Für andere konfigurierbare Objekttypen, wie z. B. Instandhaltungsanleitungen, Standardnetze und Musterleistungsverzeichnisse nutzen Sie Transaktion CU41 (Anlegen Konfigurationsprofil) oder Transaktion CU42 (Ändern Konfigurationsprofil) für die Pflege (siehe Abbildung 4.77). Das dargestellte Pop-up-Fenster erreichen Sie über den Button KonfigObjkt wechseln in der Menüleiste.

In Abbildung 4.73 finden Sie im Kontextmenü neben der Option, das Konfigurationsprofil ohne oder mit Vorlage anzulegen, auch die angesprochene Möglichkeit, Variantenklassen zuzuordnen.

Über den Button Klassenzuordnungen in der Menüleiste können Sie in ähnlicher Form Klassen zuordnen, aber auch vorhandene Zuordnungen kontrollieren (siehe Abbildung 4.76).

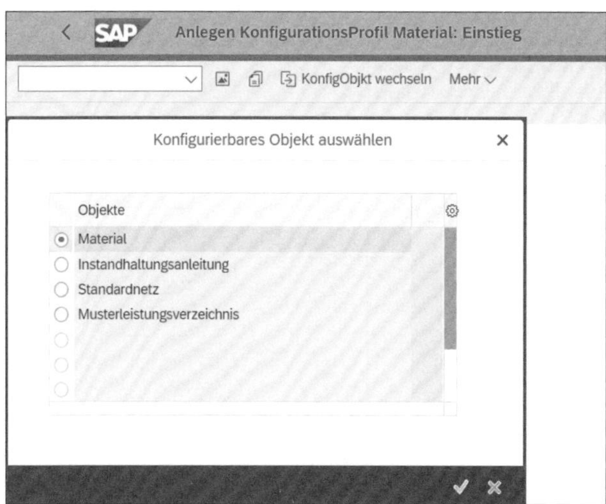

Abbildung 4.77 Konfigurierbaren Objekttyp in Transaktion CU41 wechseln

4.5.2 Konfigurationsprofil im Detail

Wir betrachten nun die Sichten des Konfigurationsprofils. Unter AVC gibt es deutlich weniger Einstellmöglichkeiten im Konfigurationsprofil als in SAP ERP oder LO-VC. Beachten Sie, dass sich die Darstellung des Konfigurationsprofils in Transaktion PMEVC und in den Transaktionen CU41 (Anlegen Konfigurationsprofil) und CU42 (Ändern Konfigurationsprofil) leicht voneinander unterscheiden.

Wenn Sie in Transaktion PMEVC ein neues Konfigurationsprofil anlegen (siehe Abbildung 4.78 auf der linken Seite), erscheint das rechts dargestellte Pop-up-Fenster **Konfigurationsprofil anlegen**. Im Unterschied zu den Konfigurationsprofiltransaktionen wird hier ein Name vorgeschlagen. Der Vorschlag ist der Name des Materialstamms. Sie können entscheiden, ob das Konfigurationsprofil ohne oder mit **Änderungsdienst** angelegt werden soll. Im Bereich **Auflösen der Stückliste** können Sie erste Einstellungen zu den sogenannten *Konfigurationsszenarien* vornehmen. Diese Einstellungen zum letzten Punkt können Sie nachträglich ändern.

Anschließend gelangen Sie auf die Registerkarte **Basisdaten** des Konfigurationsprofildetails (siehe Abbildung 4.79). Sie sehen hier die Klassenart. Der Begriff *Organisationsbereich* (in der Abbildung kurz **Organisationsber.**) ist eine unsaubere Übersetzung von Anwendungssichten. Anwendungssichten sind zurzeit (Stand: April 2023) unter AVC noch wirkungslos. Ein Gültig-ab-Datum ergäbe sich aus einer genutzten Änderungsnummer. Die Priorität erlaubt es, bei mehreren existierenden Konfigurationsprofilen die Auswahl zu steuern. Diese Funktion ist zurzeit für AVC noch nicht aktiv.

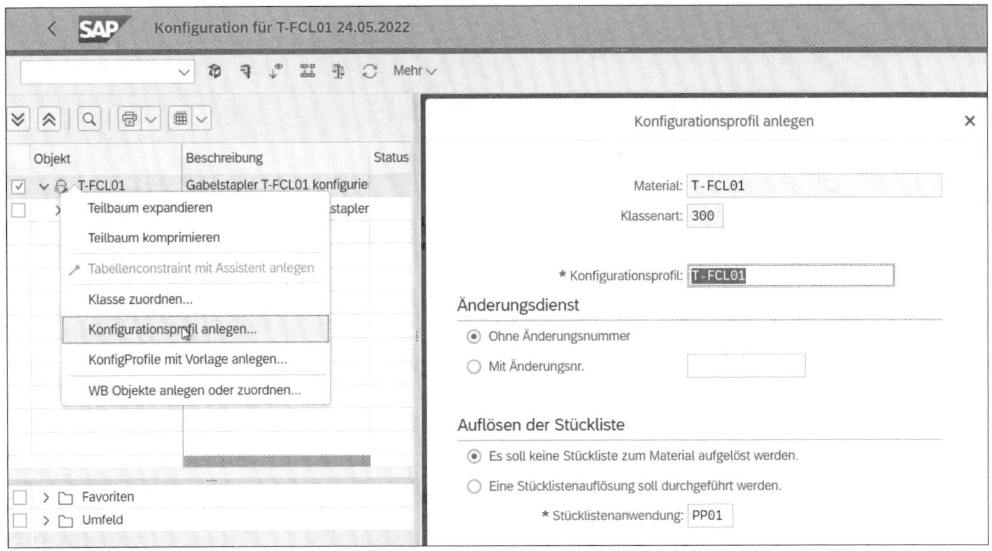

Abbildung 4.78 Konfigurationsprofile mit Transaktion PMEVC anlegen: erste Einstellungen

Im Bereich **Verarbeitungsmodus** sollte **A Erweiterte Variantenkonfiguration** eingetragen sein. Wenn nicht, wechseln Sie in diesen Verarbeitungsmodus. Denn nur so wird mit AVC gearbeitet.

Der Verarbeitungsmodus **A Erweiterte Variantenkonfiguration** steuert das Aussehen des mittleren Bildbausteins mit **Prozess** und **Auflösen**. Diese beiden Punkte definieren das sogenannte *Konfigurationsszenario* (siehe Abschnitt 4.5, »Konfigurationsprofil und Konfigurationsszenarien«).

Sie erkennen in Abbildung 4.79 drei Prozesse: Nur beim Prozess **Plan-/Fertigungsauftrag** gibt es im Bereich **Auflösen der Stückliste** die Unterscheidungsmöglichkeit zwischen **Keine** und **Mehrstufig**. Die beiden anderen Prozesse kennen unter **Auflösen der Stückliste** nur den Eintrag **mehrstufig**.

Der Punkt **Stücklistenkomponenten** mit dem Button **Fixieren/Instanziieren** betrifft nur den Prozess **Auftragsstückliste**. Das Fixieren beinhaltet das Anlegen und Speichern von Auftragsstücklisten als eigene Datensätze. Über diese Einstellung steuern Sie, ob vorgeschlagen wird, nur eine Auftragsstückliste (punktgenau) anzulegen. Im anderen Fall würde die gesamte Struktur unterhalb ebenfalls als Auftragsstücklisten gespeichert. Der Punkt **Instanziierung** ist in AVC zurzeit noch nicht aktiv. Er beinhaltet die Möglichkeit, mehrere gleiche konfigurierbare Baugruppen gleicher Materialnummer als Instanzen unterscheidbar zu machen und somit unterschiedliche Konfigurationen und Auftragsstücklisten zu erzeugen.

Nun betrachten wir die Registerkarte **Beziehungswissen** des Konfigurationsprofils. Diese ist im noch leeren Zustand in Abbildung 4.80 in der oberen Hälfte dargestellt.

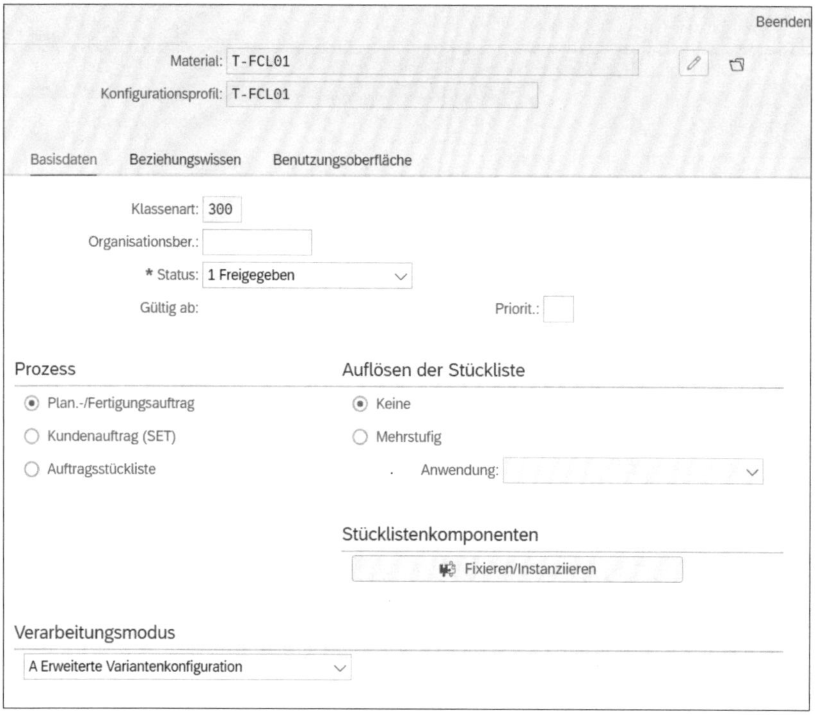

Abbildung 4.79 Konfigurationsprofile mit Transaktion PMEVC anlegen: Basisdaten

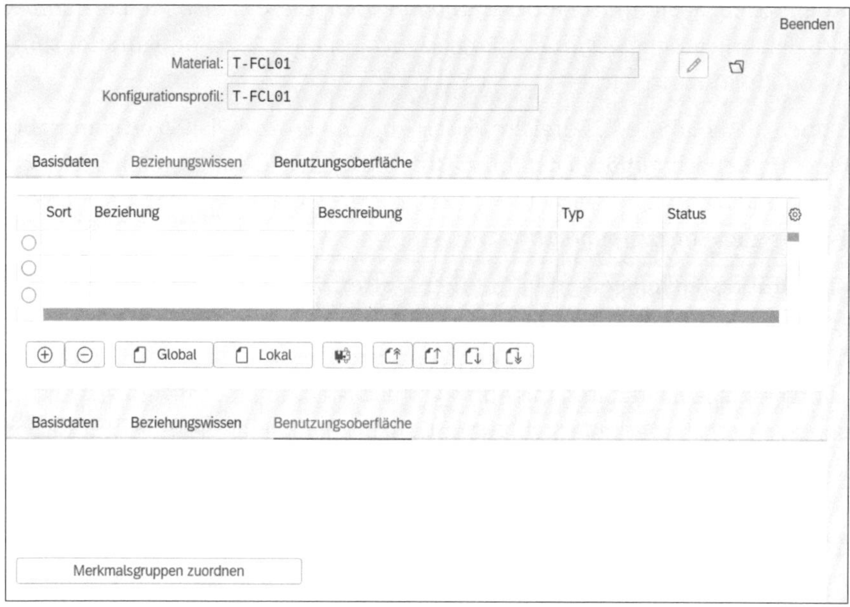

Abbildung 4.80 Konfigurationsprofile anlegen mit Transaktion PMEVC: Registerkarten »Beziehungswissen« und »Benutzeroberfläche«

Die Registerkarte **Benutzungsoberfläche** enthält nur den Button **Merkmalsgruppen zuordnen**. Über diesen Button können Sie Merkmalsgruppen zur Strukturierung der Bewertungsoberfläche zuordnen (siehe Abschnitt 4.6, »Die Merkmalsgruppen als Oberflächendesign«).

Wir sehen uns kurz die Parallelen und Unterschiede bei der Nutzung der klassischen Transaktionen des Konfigurationsprofils an.

In Abbildung 4.81 sehen Sie das Einstiegsbild von Transaktion CU41 bzw. der SAP-Fiori-App **Anlegen Konfigurationsprofil**. Im Unterschied zu Transaktion PMEVC müssen Sie im Feld **Profilname** einen Namen manuell vergeben. Es gibt hier keinen Vorschlagswert; das Konfigurationsprofil ist materialspezifisch. Sie können den gleichen Namen für Konfigurationsprofile verschiedener Materialien verwenden. In der ersten Spalte mit dem Titel **P** können Sie die Priorität eingeben. In der Spalte **Kl** wird die Variantenklassenart eingetragen. Die Spalte **AnwSichten** betrifft die Anwendungssichten. In der Spalte **S** vergibt das System als Vorschlag den Status 1 **(Freigegeben)**. Dieser Status 1 kann nur gespeichert werden, wenn dem Material eine Variantenklasse zugeordnet worden ist.

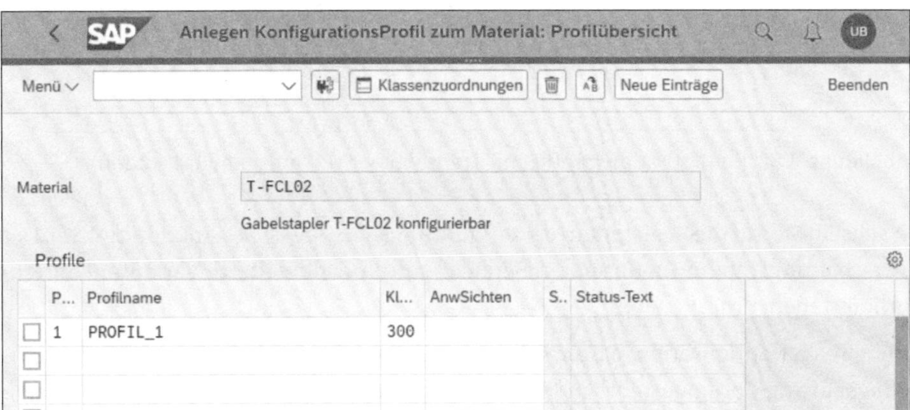

Abbildung 4.81 Konfigurationsprofile mit Transaktion CU41 anlegen: Übersicht

Per Doppelklick auf den Namen des Konfigurationsprofils oder über den Button (Details zum Konfigurationsprofil) gelangen Sie in die Details des Konfigurationsprofils. Auf der Registerkarte **Basisdaten** finden Sie die soeben vorgenommenen Einträge wieder:

- (Varianten)klassenart
- Klassenzuordnung (gleicher Button Klassenzuordnungen wie im Einstiegsbild)
- Anwendungssichten
- Status

- Gültig ab (falls mit Änderungsdienst)
- Startlogo (unter der erweiterten Variantenkonfiguration AVC wirkungslos)

Über einen Klick auf den Button [Z] oben in der Menüleiste in Abbildung 4.82 gelangen Sie in das Bild zur Zuordnung von Beziehungswissen. Sobald Beziehungswissen vorhanden ist, erscheint auf dieser Registerkarte ganz unten zusätzlich der Button [Z Beziehungswissen].

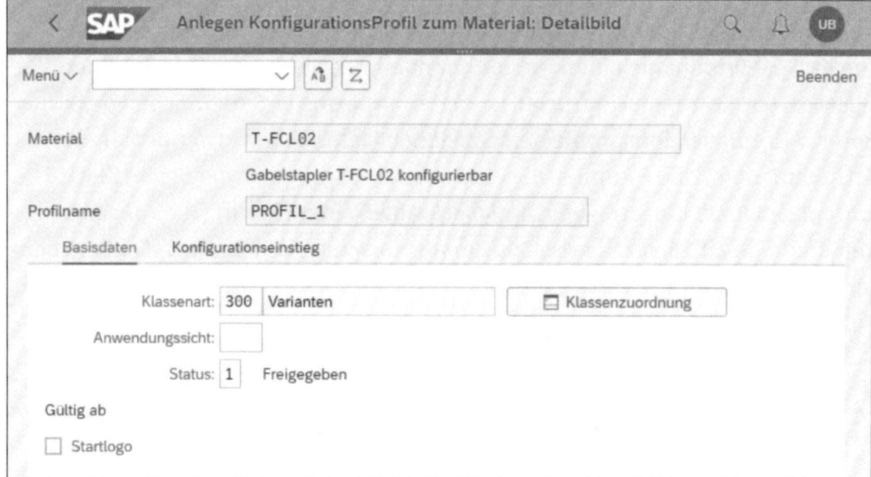

Abbildung 4.82 Konfigurationsprofile mit Transaktion CU41 anlegen: Basisdaten

Wechseln Sie auf die Registerkarte **Konfigurationseinstieg** (siehe Abbildung 4.83). Der Verarbeitungsmodus im untersten Bereich sollte auf **A Erweiterte Variantenkonfiguration** stehen, um AVC zu nutzen.

Im Bereich **Konfigurationsparameter** ist unter **Prozess** der Radiobutton **Plan-/Fertigungsauftrag** voreingestellt. Unter **Stücklistenauflösung** ist der Radiobutton **keine** aktiviert. Bei diesen Einstellungen fehlen auf dieser Registerkarte die mittleren beiden Bildbausteine **Parameter zur Stücklistenauflösung** und **Auflösungstiefe**. Diese beiden Bildbausteine erscheinen nur bei der Auswahl des Radiobuttons **mehrstufig** im Bereich **Stücklistenauflösung**. Wenn Sie die Radiobuttons im Bereich **Prozess** ändern, ändert sich die Registerkarte nicht.

Im Bereich **Parameter zur Stücklistenauflösung** steuert das Feld **Stücklistenauflösung**, wie die Stücklisten gefunden werden.

Im Bereich **Auflösungstiefe** sehen Sie das Kennzeichen **Nur konfigurierbare Baugruppen**. Dieses Kennzeichen bremst die Stücklistenauflösung. Das heißt, dass die Komponenten einer Stückliste zu einem nicht konfigurierbaren Material nicht aufgelistet werden. Das genannte Kennzeichen ist hier fix gesetzt.

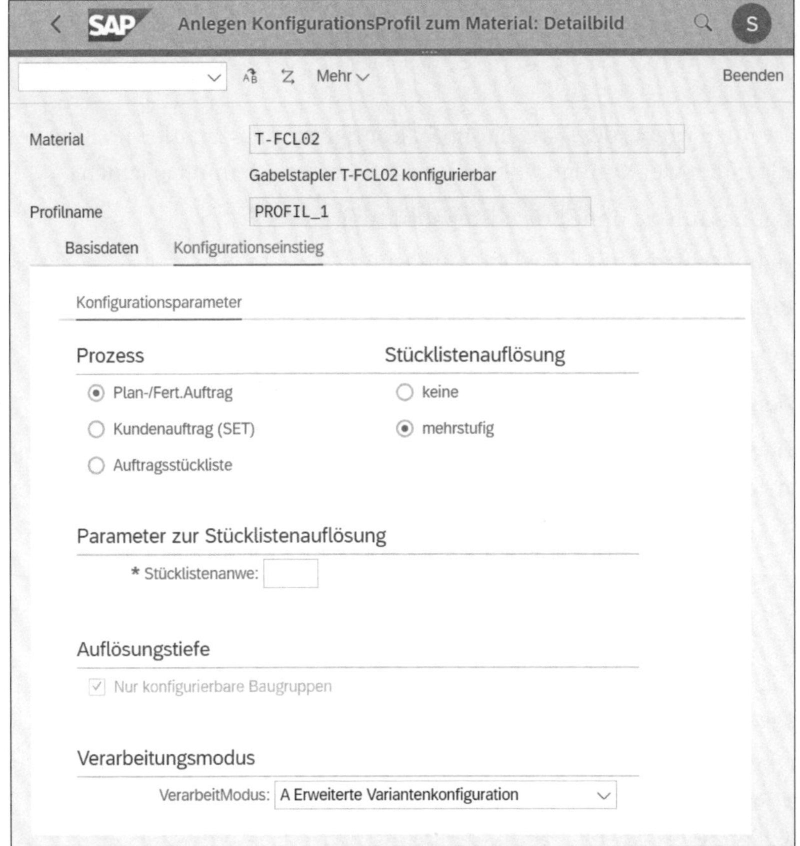

Abbildung 4.83 Konfigurationsprofile mit Transaktion CU41 anlegen: Konfigurationseinstieg

Wählen Sie den Prozess **Auftragsstückliste**, dann erscheint neben dem Eintrag **Konfigurationsparameter** ein Eintrag **Auftragsstückliste**. Dieser wiederum führt zu einem Button **Fixieren / Instanziieren** (analog zu Abbildung 4.79).

Im klassischen Verarbeitungsmodus sind die Optionen umfangreicher; diese im Detail zu erläutern, würde jedoch an dieser Stelle zu weit führen.

4.5.3 Konfigurationsszenarien im Überblick

Als wichtigsten Punkt stellen Sie über das Konfigurationsprofil das sogenannte *Konfigurationsszenario* ein. Mit dem Konfigurationsszenario geben Sie Antworten auf folgende drei Fragen:

1. Wird im Vertriebsbeleg eine Stücklistenauflösung benötigt?
2. Über wie viele Stufen soll die Konfiguration durchgeführt werden?

3. Ist das Modell der Variantenkonfiguration bezüglich des Umfangs der Variabilität vollständig, oder ist eine manuelle Anpassung der Stücklistenauflösung erforderlich?

Diese Fragen werden wir bei der Darstellung der Konfigurationsszenarien im Blick behalten. Die folgenden vier Konfigurationsszenarien lassen sich unterscheiden:

- Plan-/Fertigungsauftrag ohne Stücklistenauflösung
- Plan-/Fertigungsauftrag mit Stücklistenauflösung
- Kundenauftrag (SET)
- Auftragsstückliste

Diese Szenarien erläutern wir im Folgenden detailliert:

Für das Einstiegs- oder Kopfmaterial der Konfiguration können alle vier Konfigurationsszenarien verwendet werden. Für die mehrstufigen Konfigurationen sind ab der zweiten Stufe Einschränkungen zu beachten.

Kombination von Konfigurationsprofilen

Wenn eine mehrstufige Konfiguration modelliert werden soll, ist dies auf der Kopfebene mit allen Konfigurationsszenarien möglich – mit Ausnahme des Plan-/Fertigungsauftrags ohne Stücklistenauflösung.

Alle drei anderen Konfigurationsszenarien sind für mehrstufige Konfigurationen geeignet. Aber auf der Komponentenebene sind nicht beliebige Konfigurationsszenarien verwendbar, wenn eine mehrstufige Konfiguration erreicht werden soll. Welche Kombination von Konfigurationsprofilen führt zum Erfolg?

- Kopfmaterial: Szenario **Plan-/Fertigungsauftrag ohne Stücklistenauflösung**
  - keine Kombination möglich
- Kopfmaterial: Szenario **Plan-/Fertigungsauftrag mit Stücklistenauflösung**
  - Komponenten: nur Szenario **Plan-/Fertigungsauftrag mit Stücklistenauflösung**
- Kopfmaterial: Szenario **Kundenauftrag (SET)**
  - Komponenten: Szenario **Plan-/Fertigungsauftrag ohne Stücklistenauflösung**
  - oder Szenario **Kundenauftrag (SET)**
- Kopfmaterial: Szenario **Auftragsstückliste**
  - Komponenten: nur Szenario **Auftragsstückliste**

4.5.4 Szenario »Plan-/Fertigungsauftrag ohne Stücklistenauflösung«

Das Szenario **Plan-/Fertigungsauftrag ohne Stücklistenauflösung** zeichnet sich durch eine ganz Reihe von Vorteilen aus. So ist es etwa besonders performant und einfach im Vertrieb zu handhaben. In diesem Szenario wird grundsätzlich nur einstufig konfiguriert. Es wird nur für das Kopfmaterial ein Konfigurationsprofil benötigt, und alle Konfigurationsinformationen werden hier über die entsprechende Variantenklasse abgefragt. Da nur einstufig konfiguriert wird, ist keine Stücklistenauflösung im Vertrieb aus Sicht der Variantenkonfiguration erforderlich und vorhanden.

In Abbildung 4.84 sehen Sie das typische Aussehen eines Kundenauftrags mit dem Szenario **Plan-/Fertigungsauftrag ohne Stücklistenauflösung**. Die Besonderheit gegenüber anderen Szenarien ist, dass der linke Block fehlt und in der Kopfzeile von den beiden typischen Buttons (Strukturbereich ein-/ausblenden und Inspektor-Bereich ein-/ausblenden) nur der rechte Button existiert. Dies liegt daran, dass eine Stücklistenauflösung nicht notwendig ist und darum auch nicht existiert. Gleiches gilt für die Konfigurationsstruktur. Da hier generell einstufig konfiguriert wird, ist diese unnötig und existiert nicht.

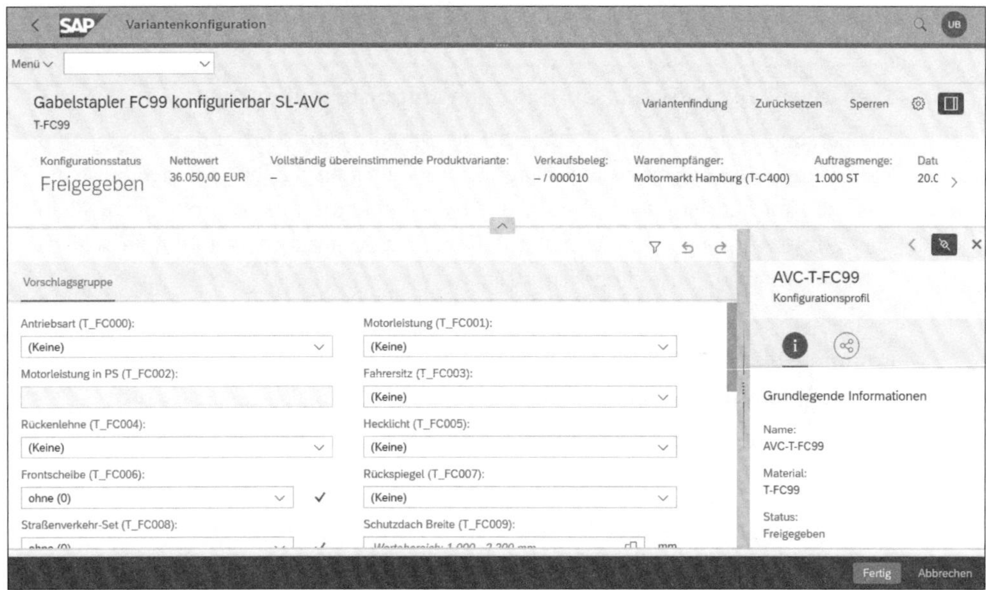

Abbildung 4.84 Kundenauftrag mit dem Szenario »Plan-/Fertigungsauftrag ohne Stücklistenauflösung«

Bei dem Szenario **Plan-/Fertigungsauftrag ohne Stücklistenauflösung** gehen wir davon aus, dass das Variantenmodell vollständig ist. Alle möglichen Bewertungskombinationen sind fest definiert und über die Bewertungsoberfläche abgebildet. Des Weiteren sind Stückliste und Arbeitsplan ebenfalls vollständig modelliert. Das heißt, dass für jede erlaubte Bewertungskombination die entsprechende Stücklisten- und Arbeitsplanauflösung im Variantenmodell steckt. Aus diesem Grund ist eine manuelle Anpassung der Stücklisten- und Arbeitsplanauflösung nicht erforderlich und bei diesem Szenario insbesondere für die Stückliste auch nicht erlaubt. Für solch einen Kundenauftrag kann direkt mit der Anlage von Plan- und Fertigungsauftrag fortgefahren werden. (Dies kann als Begründung für den Namen dieses Szenarios dienen, siehe Abbildung 4.85.)

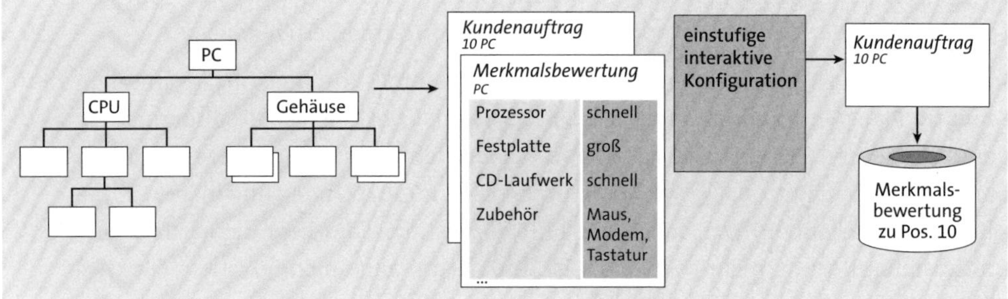

Abbildung 4.85 Übersicht über das Szenario »Plan-/Fertigungsauftrag ohne Stücklistenauflösung«

Szenario »Plan-/Fertigungsauftrag ohne Stücklistenauflösung«

Ein Paradebeispiel für das Konfigurationsszenario **Plan-/Fertigungsauftrag ohne Stücklistenauflösung** ist der Autokauf. Hier wählt man das entsprechende Modell aus = das konfigurierbare Kopfmaterial. An diesem Kopfmaterial erfolgt die Auswahl aller Zusatzwünsche über die Konfiguration. Diese Wünsche sind damit ausschließlich Eigenschaften dieses Kopfmaterials.

Zusammengefasst heißt das als Antwort auf die Fragen am Anfang von Abschnitt 4.5.3, »Konfigurationsszenarien im Überblick«:

1. Es erfolgt keine Stücklistenauflösung im Vertrieb.
2. Es wird einstufig konfiguriert.
3. Eine manuelle Anpassung der Stücklistenauflösung ist nicht erlaubt.

Szenario »Plan-/Fertigungsauftrag ohne Stücklistenauflösung« im Überblick

Das Szenario **Plan-/Fertigungsauftrag ohne Stücklistenauflösung** hat die folgenden Merkmale:

- **Unternehmensszenario**
  - vollständiges Modell
  - einstufige, einfache und performante Konfiguration im Vertrieb
- **Einstellung im Konfigurationsprofil**
  - Prozess: Plan-/Fertigungsauftrag
  - Stücklistenauflösung: keine
  - (keine weiteren Einstellungen)

- **Konfigurationsprozess**
  - Kundenauftrag wird zum Kopfmaterial eröffnet
  - nur Bewertung des Kopfmaterials möglich
  - keine Stücklisten-/Arbeitsplanauflösung im Kundenauftrag möglich
  - Ergebnis ist nur die Hauptposition im Kundenauftrag
  - mit Bezug zu dieser Hauptposition wird die Bewertung gespeichert

4.5.5 Szenario »Plan-/Fertigungsauftrag mit Stücklistenauflösung«

Das Szenario **Plan-/Fertigungsauftrag mit Stücklistenauflösung** geht davon aus, dass das Variantenmodell vollständig ist. Alle möglichen Bewertungskombinationen sind fest definiert und über die Bewertungsoberfläche abgebildet. Des Weiteren sind Stückliste und Arbeitsplan ebenfalls vollständig modelliert. Das heißt, dass für jede erlaubte Bewertungskombination die entsprechende Stücklisten- und Arbeitsplanauflösung im Variantenmodell steckt. Aus diesem Grund ist eine manuelle Anpassung der Stücklisten- und Arbeitsplanauflösung nicht erforderlich und bei diesem Szenario insbesondere für die Stückliste auch nicht erlaubt.

Im Unterschied zum Szenario ohne Stücklistenauflösung wird hier im Vertrieb mit Stücklistenauflösung und in den meisten Fällen mit mehrstufiger Konfiguration gearbeitet. Es ähnelt somit eher dem Szenario **Kundenauftrag (SET)** aus Abschnitt 4.5.6. Die Unterschiede zum Szenario **Kundenauftrag (SET)** sind im Folgenden aufgeführt:

- **Mehrstufige Konfiguration**
  Es kann, aber muss nicht zwingend mehrstufig konfiguriert werden. Wenn alle notwendigen Informationen für die Auflösung von Stückliste und Arbeitsplan einer konfigurierbaren Baugruppe bereits auf der Kopfebene abgefragt wurden, ist das auf tieferer Stufe nicht nochmals nötig.

  Falls mehrstufig konfiguriert werden soll, müssen die konfigurierbaren Baugruppen aber ebenfalls das Szenario **Plan-/Fertigungsauftrag mit Stücklistenauflösung** nutzen. Hier ist keine Flexibilität vorhanden.
- **Bedarfsabsetzung**
  Der Bedarf muss auf der Ebene des Kopfmaterials (= Hauptposition im Kundenauftrag) abgesetzt werden.
- **Vertriebsrelevanz von Stücklistenpositionen**
  Die Positionen in der Stückliste müssen nicht vertriebsrelevant sein. Es werden somit keine Unterpositionen benötigt. Sie sind aber möglich – in diesem Fall sind sie vertriebsrelevant zu setzen. Für die Variantenkonfiguration, insbesondere für die Ablage der Konfiguration, sind bei diesem Szenario Unterpositionen irrelevant.

Unternehmensszenarien für den Plan-/Fertigungsauftrag mit Stücklistenauflösung sind Vertriebsprozesse, bei denen trotz vollständiger Modellierung Stücklistenauflösungen gewünscht werden. Eine Stücklistenauflösung trotz vollständiger Modellierung ist vor allem dann gewünscht, wenn die konfigurierbaren Baugruppen in der Stückliste des Kopfmaterials einzeln verkauft werden sollen, also eigene konfigurierbare Produkte darstellen. In diesem Fall hat man für diese konfigurierbaren Baugruppen eigene Variantenklassen und Konfigurationsprofile angelegt. Es wurde das Beziehungswissen für die Bewertungsoberfläche, die Stücklisten- und die Arbeitsauflösung geschrieben und dem Modell zugeordnet. Diese Arbeit möchte man nicht doppelt machen müssen. Deshalb wird man hier versuchen, mit mehrstufiger Konfiguration zu arbeiten und genau diese bereits angelegten Konfigurationen der Baugruppen auch bei der Konfiguration des Kopfmaterials zu nutzen.

Ein anderer Grund für dieses Szenario ist, dass Unterpositionen als Information in der Auftragsbestätigung gewünscht werden. Sie benötigen dieses Szenario auch, wenn Sie während der Konfiguration die Stücklisten- und Arbeitsplanauflösung sehen wollen.

In Abbildung 4.86 sehen Sie eine Übersicht über das Szenario **Plan-/Fertigungsauftrag mit Stücklistenauflösung**.

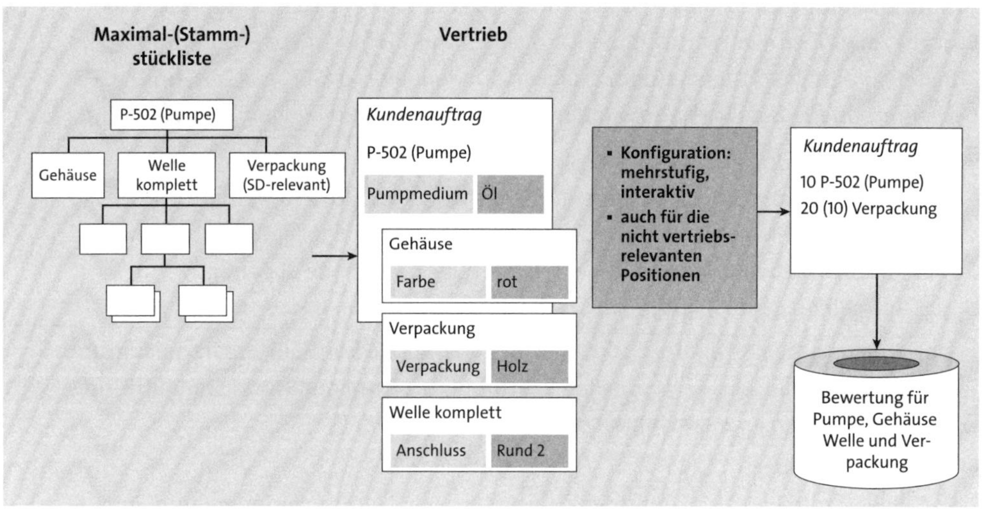

Abbildung 4.86 Übersicht über das Szenario »Plan-/Fertigungsauftrag mit Stücklistenauflösung«

In Abbildung 4.87 sehen Sie, dass bei diesem Szenario im Unterschied zum Szenario ohne Stücklistenauflösung auch der linke Block aktiviert werden kann. In diesem Block sehen Sie beim Start der Oberfläche die konfigurierbaren Positionen, auch *Konfigurationsstruktur* genannt. Über einen Klick auf den Button hinter dem Eintrag **Konfigurierbare Positionen** können Sie in die Stückliste springen.

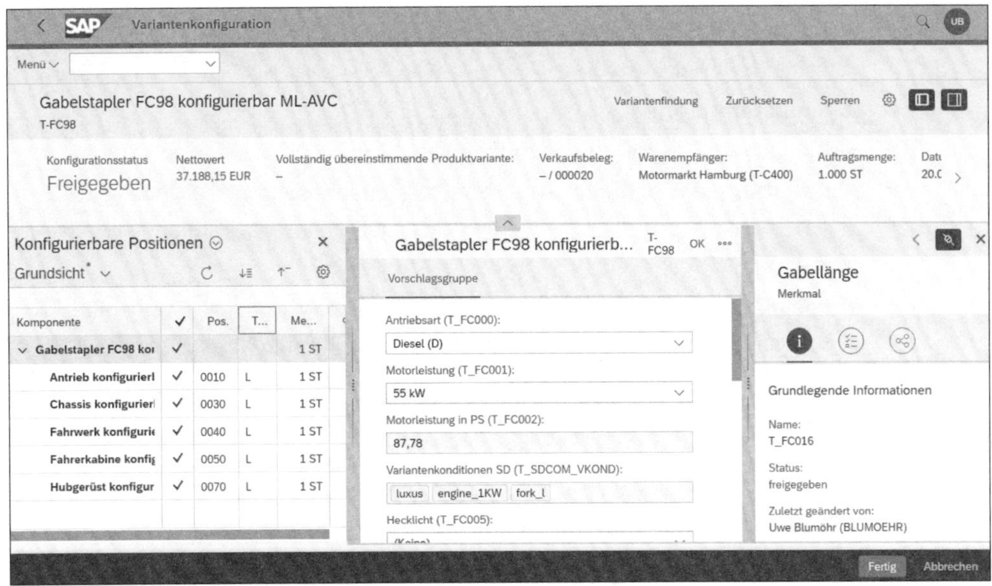

Abbildung 4.87 Ein Kundenauftrag im Szenario »Plan-/Fertigungsauftrag mit Stücklisten-auflösung«

Zusammengefasst heißt das:

1. Es erfolgt eine Stücklistenauflösung im Vertrieb.
2. Es kann mehrstufig konfiguriert werden.
3. Eine manuelle Anpassung der Stücklistenauflösung ist nicht erlaubt. Dies gilt sowohl für die Kopfstückliste als auch für die Stücklisten der konfigurierbaren Baugruppen.

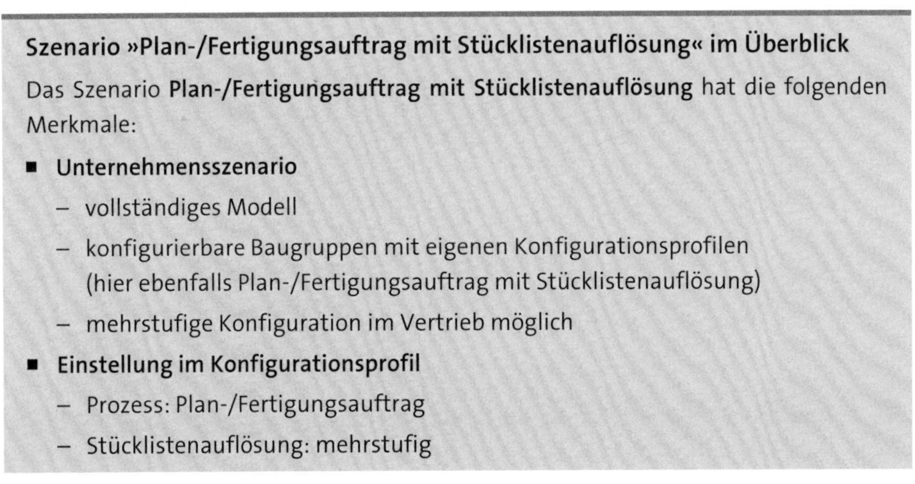

Szenario »Plan-/Fertigungsauftrag mit Stücklistenauflösung« im Überblick

Das Szenario **Plan-/Fertigungsauftrag mit Stücklistenauflösung** hat die folgenden Merkmale:

- **Unternehmensszenario**
  - vollständiges Modell
  - konfigurierbare Baugruppen mit eigenen Konfigurationsprofilen (hier ebenfalls Plan-/Fertigungsauftrag mit Stücklistenauflösung)
  - mehrstufige Konfiguration im Vertrieb möglich
- **Einstellung im Konfigurationsprofil**
  - Prozess: Plan-/Fertigungsauftrag
  - Stücklistenauflösung: mehrstufig

- Stücklistenanwendung angeben
- (keine weiteren Einstellungen)
- **Konfigurationsprozess**
  - Kundenauftrag wird zum Kopfmaterial eröffnet
  - Bewertung des Kopfmaterials und Stücklistenauflösung
  - entsprechend der Stücklistenauflösung auch mehrstufige Konfiguration möglich
  - Ergebnis ist die Bedarf absetzende Hauptposition im Kundenauftrag; mit Bezug zu dieser wird die komplette mehrstufige Konfiguration gespeichert
  - eventuell auch Unterpositionen, die für die Variantenkonfiguration ohne Bedeutung sind

4.5.6 Szenario »Kundenauftrag (SET)«

Das Szenario **Kundenauftrag (SET)** setzen Sie ein, wenn Sie mehrere konfigurierbare Produkte verkaufen möchten. Nimmt man diese konfigurierbaren Produkte als einzelne Hauptpositionen in einen Vertriebsbeleg auf, kann man sie konfigurieren. Diese Konfigurationen sind jedoch völlig unabhängig voneinander. Zwischen den Konfigurationen der einzelnen Hauptpositionen kann man keine Abhängigkeiten definieren. Der Trick besteht nun darin, ein sogenanntes Paket-, Set- oder Dummy-Material zu definieren.

Dieses Material wird genutzt, um eine kleine Stückliste für den Vertrieb anzulegen, in der die konfigurierbaren Produkte gesammelt werden, zwischen deren Konfigurationen Abhängigkeiten abgebildet werden sollen (siehe Abbildung 4.88). Die Stückliste kann weitere (auch nicht konfigurierbare) Komponenten beinhalten.

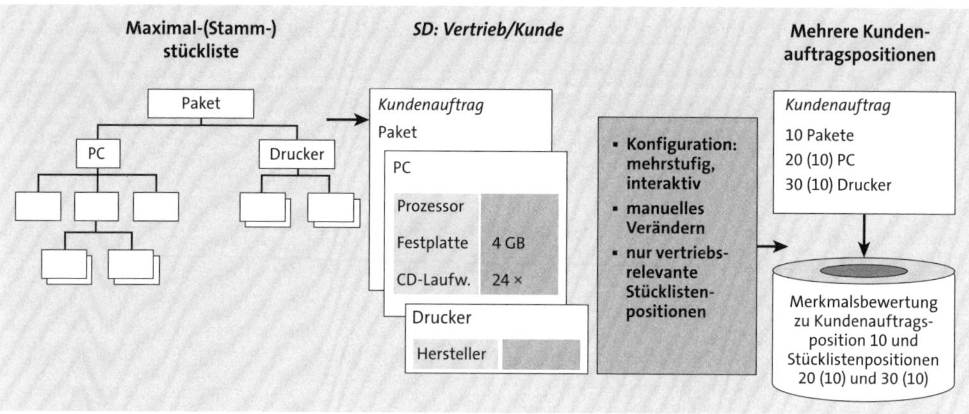

Abbildung 4.88 Übersicht über das Szenario »Kundenauftrag (SET)«

Dieses *Paketmaterial* ist ebenfalls ein konfigurierbares Material. So kann dafür ein Konfigurationsprofil mit dem Szenario **Kundenauftrag (SET)** angelegt werden. Des Weiteren kann der Stückliste für dieses Paketmaterial Beziehungswissen zugeordnet werden, und es kann mit Klassenknoten gearbeitet werden. Für das Konfigurationsprofil ist die Zuordnung einer Variantenklasse zum Paketmaterial erforderlich. Diese Variantenklasse enthält üblicherweise Merkmale, die den Umfang des »Pakets« und eventuelle zentrale Eigenschaften bestimmen. Entsprechend der Bewertung bezüglich dieser Variantenklasse kann dann die Auflösung der Stückliste des Paketmaterials erfolgen. Des Weiteren wird dem hier angesprochenen Konfigurationsprofil das ganze Beziehungswissen zugeordnet, das die Abhängigkeiten zwischen den einzelnen konfigurierbaren als auch nicht konfigurierbaren Produkten abbildet.

Ein wichtiger Punkt dieses Szenarios besteht darin, dass das Kopfmaterial, wie bereits erwähnt, nur einen Dummy darstellt. Diese Hauptposition muss zwar im Vertriebsbeleg konfigurierbar sein, darf jedoch keinen Bedarf absetzen. Im Standard erreicht man dies dadurch, dass dem Materialstamm auf den Vertriebssichten die Positionstypengruppe 0004 statt der sonst üblichen 0002 zugeordnet wird. So wird für den Kundenauftrag ein Positionstyp gefunden, der genau diese Bedingungen erfüllt.

Setzt das Kopfmaterial in der Hauptposition keinen Bedarf ab, ist dieses Material in der weiteren logistischen Kette wie Disposition, Einkauf, Fertigung usw. auch nicht relevant. Damit muss dafür gesorgt werden, dass bezüglich aller Positionen der aufgelösten Stückliste die folgenden Punkte gewährleistet sind:

- Alle Positionen der aufgelösten Stückliste werden in den Kundenauftrag als Unterpositionen aufgenommen.
- Alle Positionen der aufgelösten Stückliste werden in der weiteren logistischen Kette wie entsprechende Hauptpositionen interpretiert.

Der erste Punkt wird dadurch erreicht, dass alle Positionen der Stückliste des Paketmaterials vertriebsrelevant sind, was hier auch zwingend erforderlich ist. Die Vertriebsrelevanz ist ein Kennzeichen des Status im Positionsdetail der Stückliste. Die Vertriebsrelevanz von Positionen kann auch durch die Stücklistenverwendung gesteuert werden. Im Standard hat eine Vertriebsstückliste (Stücklistenverwendung 5) nur vertriebsrelevante Positionen, eine Fertigungsstückliste (Stücklistenverwendung 1) keine vertriebsrelevante Positionen und eine universale Stückliste (Stücklistenverwendung 3) ganz flexibel einstellbare Positionen.

Der zweite Punkt ist im Standard durch die entsprechenden Einstellungen im Customizing zu den Positionstypen und der Positionstypenfindung gegeben.

Für das Szenario **Kundenauftrag (SET)** ist im Konfigurationsprofil immer die mehrstufige Stücklistenauflösung eingestellt (ohne Stücklistenauflösung wäre es auch sinnlos, da hier das Kopfmaterial keinen Bedarf absetzt und ohne Stücklistenauflösung keine Positionen existieren, die Bedarf absetzen könnten; der Kunde bekäme also nichts.) Weitere zusätzliche Einstellungsmöglichkeiten gibt es in der erweiterten Variantenkonfiguration (AVC) hier nicht.

Wie sieht ein Konfigurationsprozess in diesem Konfigurationsszenario aus (siehe Abbildung 4.88):

1. Der Kundenauftrag wird zu dem konfigurierbaren Paketmaterial eröffnet. Zunächst wird die Konfiguration dieses Kopfmaterials durchgeführt.
2. Passend zur Konfiguration wird die Stückliste aufgelöst. Es werden nur vertriebsrelevante Positionen, also Positionen, die als Unterpositionen in den Kundenauftrag übernommen werden, angezeigt.
3. Anschließend ermittelt das System alle konfigurierbaren Positionen. Für alle diese konfigurierbaren Positionen müssen ebenfalls Konfigurationsprofile angelegt worden sein. Als Konfigurationsszenarien sind hier Kundenauftrag (SET) und Plan-/Fertigungsauftrag ohne Stücklistenauflösung möglich. Diese zweite Konfigurationsstufe muss vollständig bewertet werden. Das kann auch über Beziehungswissen erfolgen. Wichtig ist, dass jedes dieser konfigurierbaren Produkte unterhalb des Paketmaterials eine eigene vollständige Konfiguration besitzt. Nur diese Konfiguration steht in den weiteren Prozessen der Disposition und Fertigung zur Verfügung.

Auf der Ebene des Paketmaterials wird kein Bedarf abgesetzt, womit die Konfiguration auf dieser Ebene außerhalb des Kundenauftrags nicht zur Verfügung steht und somit nicht in der weiteren Logistik ausgewertet werden kann.

Der Kundenauftrag hat in diesem Szenario generell neben der Hauptposition auch Unterpositionen. Nur die Unterpositionen setzen Bedarfe ab. Die Preisfindung kann wahlweise auf Kopf- oder Unterpositionsebene erfolgen, wird jedoch standardmäßig auf der Unterpositionsebene (also hier auf der Bedarfsebene) erfolgen. Die Konfiguration wird immer mit Bezug zur entsprechenden Haupt- bzw. entsprechenden Unterposition des Kundenauftrags abgelegt.

Auf der Ebene der Komponenten der Paketstückliste können konfigurierbare und auch nicht konfigurierbare Produkte sein.

Bei den konfigurierbaren Produkten kann es sich um die folgenden Produkte handeln:

- **Vollständig modellierte Produkte**
  Dies sind Produkte mit dem Konfigurationsszenario **Plan-/Fertigungsauftrag ohne Stücklistenauflösung**.
- **Paketmaterialien**
  Dies sind Produkte mit dem Konfigurationsszenario **Kundenauftrag (SET)**. Man kann also auch die Modelle »SET im SET« nutzen.

Zurzeit (Stand: April 2023) kann das Konfigurationsszenario **Auftragsstückliste** unter dem Szenario **Kundenauftrag (SET)** nicht genutzt werden. Außerdem können zurzeit an der Paketstückliste des Kopfmaterials keine manuellen Änderungen durchgeführt werden. Das Szenario ist somit nur für vollständige Modelle nutzbar.

Zusammengefasst heißt das:

1. Es erfolgt grundsätzlich eine Stücklistenauflösung im Vertrieb.
2. Es wird generell mehrstufig konfiguriert.
3. Eine manuelle Anpassung der Stücklisten existiert nicht, weder für die Kopfstückliste (Paketstückliste) noch für die Stücklisten der Komponenten.

Im Folgenden sehen Sie dieses Szenario im Kundenauftrag. In Abbildung 4.89 sind wir im Bewertungsbild. Dieses unterscheidet sich vom Aussehen nicht vom Szenario **Plan-/Fertigungsauftrag mit Stücklistenauflösung**. Inhaltlich sehen Sie jedoch nur die vertriebsrelevanten Positionen der aufgelösten Paketstückliste.

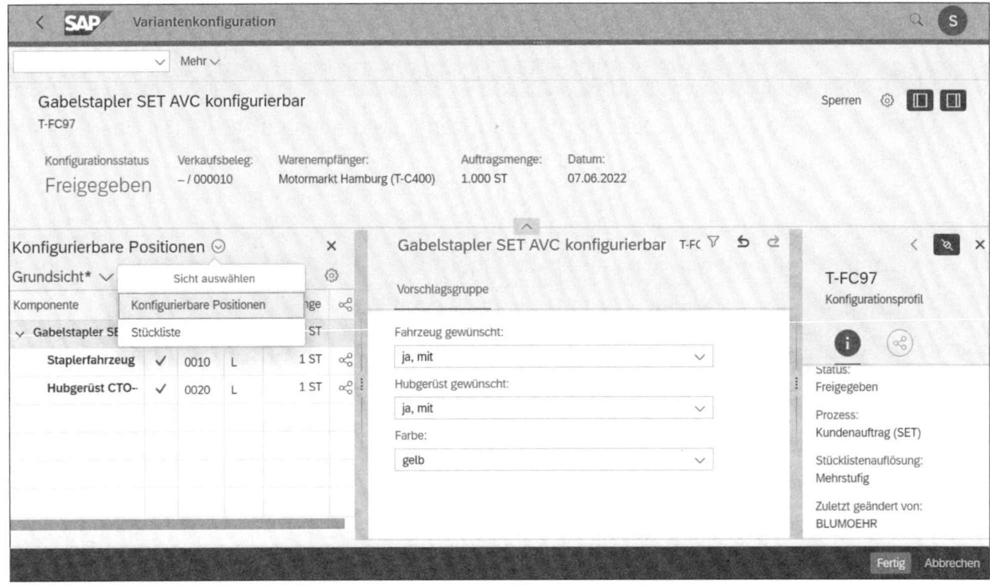

Abbildung 4.89 Ein Kundenauftrag mit dem Szenario »Kundenauftrag (SET)«: Bewertungsoberfläche

In Abbildung 4.90 sind wir wieder zurück im Kundenauftrag. Neben der Hauptposition mit der Nummer 10 sind hier die Unterpositionen 11, 12 und 13 zu sehen – alle mit der übergeordneten Position 10 (zweite Spalte von rechts: **Üb.Pos.**).

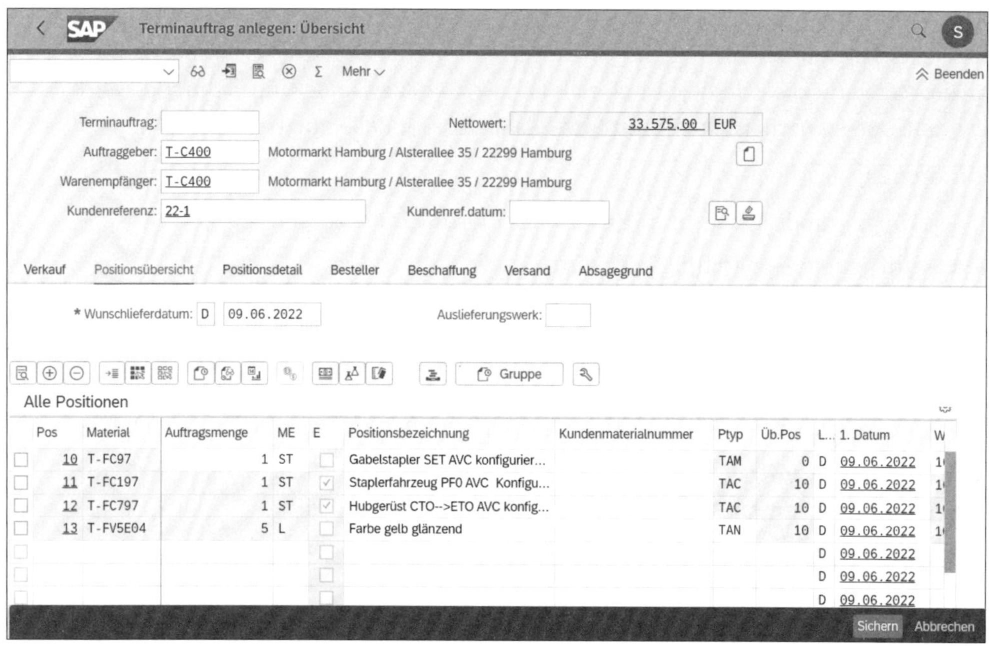

Abbildung 4.90 Ein Kundenauftrag mit dem Szenario »Kundenauftrag (SET)«: Übersicht im Kundenauftrag

Szenario »Kundenauftrag (SET)« im Überblick

Das Szenario **Kundenauftrag (SET)** hat die folgenden Merkmale:

- **Unternehmensszenario**
  - Pakete aus mehreren konfigurierbaren Produkten, deren Konfiguration untereinander abgestimmt werden soll (aber auch nicht konfigurierbare Produkte)
  - generell mehrstufige Konfiguration im Vertrieb
  - die Modelle der konfigurierbaren Produkte müssen vollständig sein – sowohl für Kopfmaterial als auch für Komponenten
- **Einstellung im Konfigurationsprofil**
  - Prozess: Kundenauftrag (SET)
  - Stücklistenauflösung: mehrstufig
  - Stücklistenanwendung angeben
  - (keine weiteren Einstellungen im Konfigurationsprofil)
- **Weitere Einstellungen**
  - im Materialstamm: Positionstypengruppe 0004
  - in der Stückliste: alle Positionen vertriebsrelevant

- **Konfigurationsprozess**
  - Kundenauftrag wird zum Paketmaterial eröffnet
  - Konfiguration des Paketmaterials
  - Stücklistenauflösung des Paketmaterials laut Konfiguration
  - Konfiguration der konfigurierbaren Produkte dieser Stückliste – eventuell auch mehr als diese zweite Stufe
  - im Kundenauftrag eine (keinen Bedarf absetzende) Hauptposition und entsprechende Unterpositionen (Bedarf absetzend)
  - keine manuellen Anpassungen an der Stückliste der Hauptposition als auch an der Stücklisten der Unterpositionen
  - für die Unterpositionen der Konfigurationsszenarien **Plan-/Fertigungsauftrag ohne Stücklistenauflösung** oder **Kundenauftrag (SET)** erlaubt

4.5.7 Szenario »Auftragsstückliste« – der ETO-Prozess

Das Szenario **Auftragsstückliste** ist in erster Linie dadurch gekennzeichnet, dass das Variantenmodell nicht vollständig ist. Das heißt, dass nicht alle erlaubten Bewertungsmöglichkeiten vorgedacht werden können und damit auch nicht in der Bewertungsoberfläche modelliert sind. Folglich können auch Maximalstückliste und Maximalarbeitsplan nicht vollständig sein. Dies kann verschiedene Ursachen haben:

- **Volle Flexibilität bezüglich des Kundenwunsches**
  Man möchte jede Form von Kundenwünschen abbilden; jeder Wunsch soll zunächst erlaubt sein. Hierzu muss die Eingabe entsprechender Kundenwünsche möglich sein. Des Weiteren müssen die aufgelöste Stückliste und der aufgelöste Arbeitsplan auftragsspezifisch anpassbar sein – bis hin zu kompletten ETO-Prozessen.
- **Pflegeaufwand begrenzen**
  Das Variantenmodell soll nicht die gesamte Variabilität des Produkts abbilden. Dies würde den Pflegeaufwand zu groß werden lassen und eventuell das entsprechende Entwicklungsprojekt sprengen. So deckt z. B. das Variantenmodell das Produkt nur zu 95 % oder zu 98 % ab, und der Rest wird durch manuelle Anpassung realisiert.
- **Routinearbeiten automatisieren**
  In Bereichen wie z. B. Sondermaschinenbau oder Anlagenbau möchte man über die Variantenkonfiguration Routinearbeiten zur Stücklisten- und Arbeitsplanpflege automatisieren. Diese Punkte werden in das Variantenmodell aufgenommen. So kann man durch die Konfiguration Stückliste und Arbeitsplan automatisch auflösen. Die auftragsspezifische Neuentwicklung ist dann in Form einer manuellen Anpassung möglich.

Der entscheidende Unterschied dieses Szenarios gegenüber den anderen Szenarien besteht darin, dass hier auftragsspezifische Stücklisten angelegt werden können. In den anderen Szenarien ist das nicht erlaubt. Zudem können in diesem Szenario auch auftragsspezifische Arbeitspläne angelegt werden.

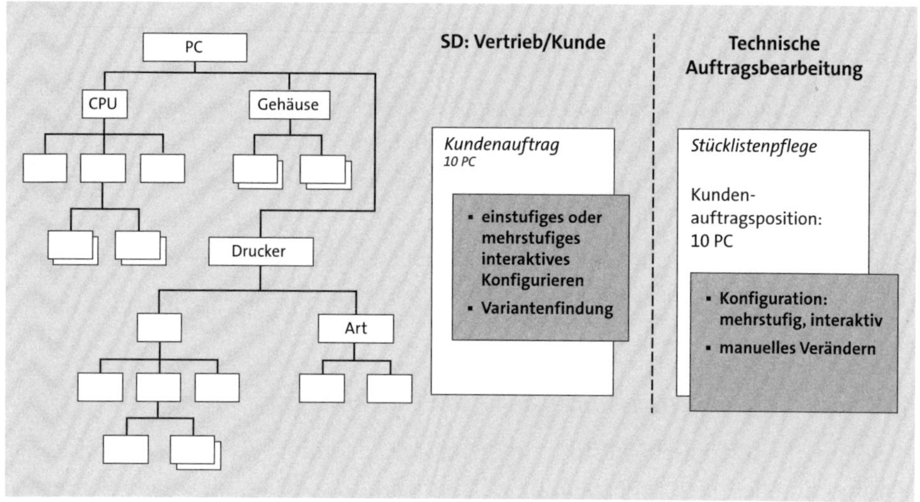

Abbildung 4.91 Übersicht über das Szenario »Auftragsstückliste«

Abbildung 4.91 zeigt die beiden Schritte des Szenarios **Auftragsstückliste**.

1. **Schritt 1: Konfiguration im Vertrieb**
   Der erste Schritt umfasst die Konfiguration im Vertrieb. In diesem Schritt ähnelt das Vorgehen stark dem Szenario **Plan-/Fertigungsauftrag** mit Stücklistenauflösung. Sie haben eine mehrstufige Stücklistenauflösung. Aus dieser ergibt sich die Struktur der konfigurierbaren Positionen. Es ist eine einstufige als auch eine mehrstufige Konfiguration möglich.
2. **Schritt 2: Technische Nachbearbeitung**
   Als zweiten Schritt erlaubt dieses Szenario eine technische Nachbearbeitung. Diese kann über verschiedene Transaktionen oder Apps erfolgen.

Neben der ein- oder mehrstufigen Konfiguration kann in der technischen Nachbearbeitung die aufgelöste Stückliste manuell geändert werden. Bei der manuellen Änderung der Stückliste können beliebige Änderungen vorgenommen werden. Dabei handelt es sich z. B. um die folgenden Änderungen: Positionen löschen, hinzufügen oder ändern. Es ist möglich, alle Positionen erst hier anzulegen. Voraussetzung ist jedoch, dass eine Materialstückliste existiert – die aber leer (ohne Positionen) sein darf.

[!]

Ohne Materialstückliste keine Auftragsstückliste!

Eine Auftragsstückliste ist analog zur Materialstückliste einstufig. Mehrstufige Auftragsstücklisten sind Auftragsstücklisten in Auftragsstücklisten. (Auch wieder ganz analog zu Materialstücklisten.)

Bevor der Prozess ausführlich vorgestellt wird, kommen hier die Antworten auf die drei, ein Szenario kennzeichnenden Fragen:

1. Im Vertrieb haben wir eine Stücklistenauflösung (analog zu Plan- /Fertigungsauftrag mit Stücklistenauflösung).
2. Es kann einstufig, aber auch mehrstufig konfiguriert werden (auch wieder analog zu Plan- /Fertigungsauftrag mit Stücklistenauflösung).
3. Eine manuelle Anpassung der Stücklisten und des Arbeitsplans ist erlaubt, aber nur in den Transaktionen und Apps, die der Anlage des Kundenauftrags im Vertrieb nachgelagert sind. Direkt im Vertrieb existiert eine solche Stücklistenanpassung oder auch Arbeitsplananpassung nicht.

[zB]

Szenario »Auftragsstückliste« im Überblick

Das Szenario **Auftragsstückliste** hat die folgenden Merkmale:

- **Unternehmensszenario**
  - unvollständiges Modell
  - Stücklistenauflösung und ein- oder mehrstufige Konfiguration im Vertrieb
- **Einstellung im Konfigurationsprofil**
  - Prozess: Auftragsstückliste
  - Stücklistenauflösung: mehrstufig
  - weitere szenariospezifische Einstellungen:
    - Stücklistenanwendung
    - Kennzeichen **Nur konfigurierbare Baugruppen**
    - Manuelles Fixieren: punktgenau oder top-down
- **Konfigurationsprozess**
  - Kundenauftrag wird zum Kopfmaterial eröffnet
  - Bewertung des Kopfmaterials
  - Stücklistenauflösung und eventuell mehrstufige Konfiguration
  - Entscheidung, ob ETO-Prozess erforderlich (= Zur Projektbearbeitung wechseln)
  - Übergabe an das Engineering
  - technische Nachbearbeitung in verschiedenen Transaktionen und Apps möglich

- Engineering abschließen und Übergabe an den Vertrieb zur Validierung
- Der Vertrieb akzeptiert das Ergebnis der technischen Nachbearbeitung oder sendet diese zur Überarbeitung an das Engineering zurück.

Da der ETO-Prozess mit dem Szenario **Auftragsstückliste** deutlich überarbeitet wurde, soll dieser hier ausführlich vorgestellt werden.

Wie bereits erwähnt, können Sie das Konfigurationsprofil mit dem Szenario **Auftragsstückliste** als einziges Konfigurationsprofil dem Materialstamm zuordnen. Alternativ können Sie es mit einem zweiten Konfigurationsprofil mit dem Szenario **Plan-/Fertigungsauftrag** kombinieren (siehe Abbildung 4.92).

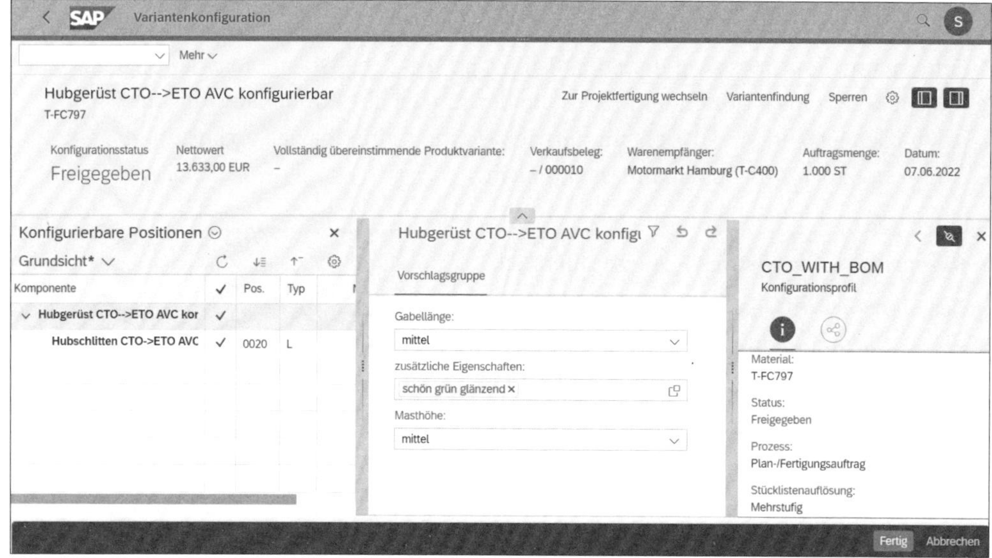

Abbildung 4.92 Start des ETO-Prozesses im Szenario »Plan-/Fertigungsauftrag«

Der Kundenauftrag wurde zu einem entsprechenden konfigurierbaren Material angelegt. Da zwei Konfigurationsprofile gefunden wurden, wird das Konfigurationsprofil mit dem Szenario **Plan-/Fertigungsauftrag** gezogen. (Dies hat die höhere Priorität.) In Abbildung 4.92 ist dies rechts im Inspektor erkennbar (**Prozess Plan- Fertigungsauftrag**). Links sind zwei konfigurierbare Positionen zu sehen. Somit haben wir hier eine mehrstufige Konfiguration. Diese Konfigurationen wurden in unserem Beispiel bereits durchgeführt.

Wählen Sie den Eintrag **Zur Projektfertigung wechseln**, erhalten Sie die folgende Warnmeldung: »Zur Projektfertigung wechseln – Wechsel zur Projektfertigung kann nicht rückgängig gemacht werden. Möchten Sie zur Projektfertigung wechseln? – Ja/Abbrechen«.

[«]

Zwei aktive Konfigurationsprofile mit dem Szenario »Auftragsstückliste« und dem Szenario »Plan-/Fertigungsauftrag«

Bei zwei aktiven Konfigurationsprofilen entscheidet der Vertrieb, ob mit dem Szenario **Plan-/Fertigungsauftrag** weitergearbeitet wird – und damit ohne ETO-Prozess. (In diesem Fall kann wie in Abbildung 4.92 rechts unten gezeigt über einen Klick auf **Fertig** zurück in den Vertriebsbeleg gewechselt werden.)

Ansonsten kann sich der Vertrieb sich für den ETO-Prozess und damit für das Szenario **Auftragsstückliste** entscheiden. (Dann wählen Sie, wie in Abbildung 4.92 rechts oben gezeigt, den Eintrag **Zur Projektfertigung wechseln**.

Nach der Bestätigung dieser Warnmeldung gelangen Sie wieder in das Bewertungsbild: Rechts ist jetzt im Inspektor das Konfigurationsprofil mit **Prozess: Ergebnisorientierte Auftragsstückliste** ersichtlich (siehe Abbildung 4.93).

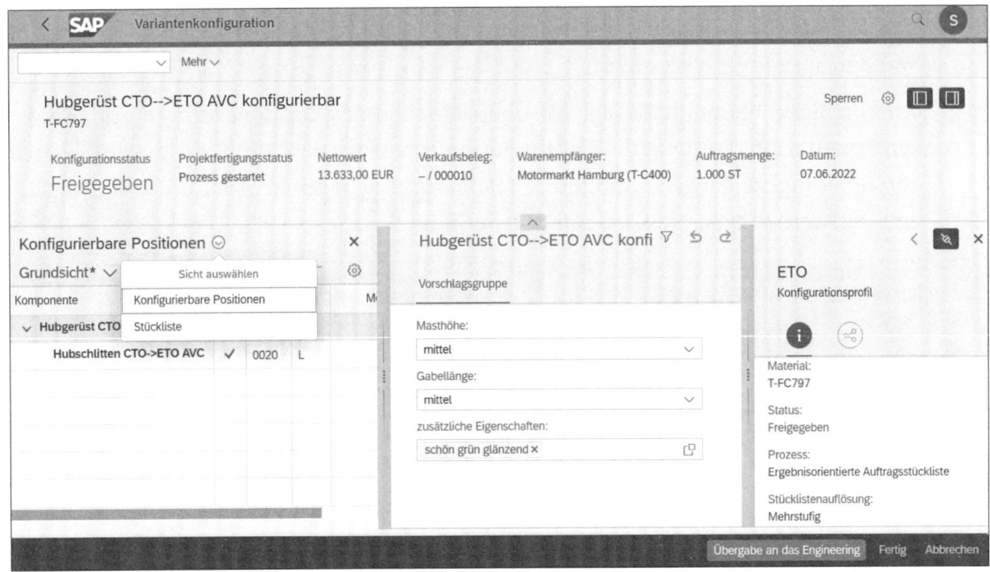

Abbildung 4.93 Start des ETO-Prozesses mit dem Szenario »Auftragsstückliste«

Gibt es kein aktives Konfigurationsprofil mit dem Szenario **Plan- /Fertigungsauftrag**, landen Sie im Vertrieb direkt in dem Bewertungsbild (siehe Abbildung 4.93). Der in Abbildung 4.92 dargestellte Schritt wird somit übersprungen. Es ist dem Vertrieb nicht möglich zu entscheiden, mit welchem Konfigurationsprofil gearbeitet wird.

Ergebnisorientierte Auftragsstückliste heißt, dass die konfigurierte Stückliste als Kopiervorlage für die Auftragsstückliste dient. Das heißt wiederum, dass das ganze Beziehungswissen bereits abgearbeitet wurde und damit nicht benötigte Komponenten über Auswahlbedingungen entfernt und eventuelle Änderungen über Prozeduren durchgeführt wurden.

Im Bewertungsbild kann im gleichen Umfang wie dargestellt konfiguriert, vorhandene Konfigurationen geändert und mit den einzelnen Bildbausteinen (Strukturdarstellung links, Inspektor rechts) gearbeitet werden. Wenn der Vertrieb seine Konfiguration abgeschlossen hat und diesen Kundenauftrag an die Konstruktion zur Kontrolle und Nachbearbeitung übergeben will, geschieht dies über den Eintrag in Abbildung 4.93 unten: **Übergabe an das Engineering**.

Nun erscheint die Informationsmeldung: »Übergabe an die Konstruktion – Nach der Übergabe können Sie die Konfiguration nicht mehr ändern, bis das Engineering abgeschlossen und die Position zur Überprüfung an Sie zurückgeht. – Übergabe/Abbrechen«.

Anschließend springt das System in den Kundenauftrag und führt im Allgemeinen die Verfügbarkeitsprüfung durch. Es ist möglich, dass das Wunschlieferdatum nicht gehalten werden konnte. Dann erscheint ein Vorschlag, den Sie über den Eintrag **Anwenden** akzeptieren können.

Anschließend befinden Sie sich im Übersichtsbild des Kundenauftrags. Von hier ist ein erneuter Absprung in die Konfiguration möglich. Die Konfiguration wird jedoch nur noch angezeigt (siehe Abbildung 4.94). Grund ist, dass sich der Kundenauftrag bereits auf dem Weg in die Konstruktion befindet.

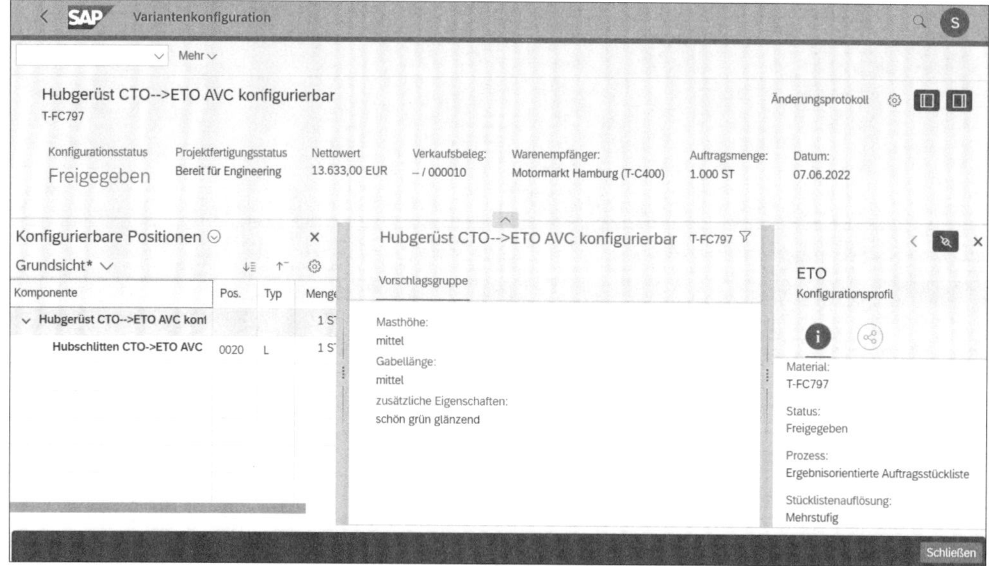

Abbildung 4.94 Die Konfiguration im Vertrieb (nur anzeigbar) nach der Übergabe an das Engineering (Konstruktion)

Wenn der Kundenauftrag gespeichert wird, erscheint eine Unvollständigkeitsmeldung: »Unvollständigen Beleg sichern – Der Beleg ist unvollständig. Möchten Sie den Beleg unvollständig sichern oder die Daten bearbeiten? – Sichern/Bearbeiten/Abbrechen«.

Sichern Sie trotzdem. Diese Unvollständigkeit soll dokumentieren, dass der Kundenauftrag auf dem Weg in die Konstruktion ist und von dort ein Ergebnis erwartet wird. Technisch gesehen handelt es sich damit um eine Unvollständigkeit der Konfiguration. Dies verhindert, dass dieser Kundenauftrag in weiteren Prozessen wie der Bedarfsplanung bereits berücksichtigt und eingeplant wird.

Schauen wir nun an, wie dieser Kundenauftrag in der Konstruktion erscheint. Hierzu sind zwei neue SAP-Fiori-Apps entwickelt worden. Diese heißen **Auftragsstückliste verwalten** und **Auftrags-Engineering-Arbeitsvorrat**. Beide bilden im Standard die SAP-Fiori-Gruppe **Auftragsstückliste**. Dies ist in Abbildung 4.95 dargestellt. Hier ist auch dieser eine Kundenauftrag per Zähler in der Kachel der App erkennbar.

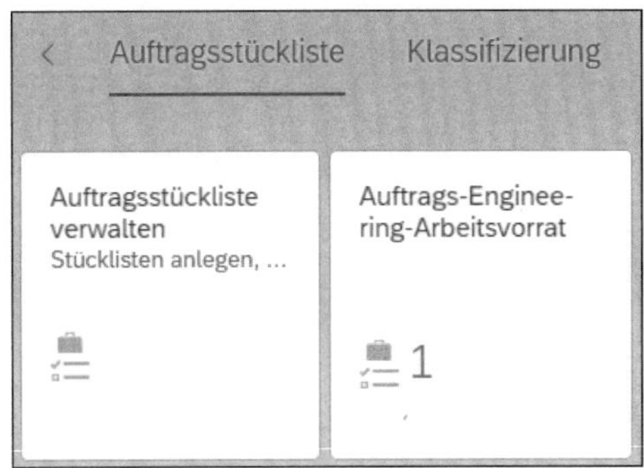

Abbildung 4.95 ETO-Prozess: Der Kundenauftrag in der Konstruktion 1 – das Menü der Auftragsstückliste

In der SAP-Fiori-App **Auftrags-Engineering-Arbeitsvorrat** (siehe Abbildung 4.96) finden Sie drei Listen:

1. **Bereit für Engineering (ein Kundenauftrag)**
   In der ersten Liste erscheinen die Kundenaufträge, die neu an das Engineering und damit an die Konstruktion übergeben wurden. Das ist mit unserem Kundenauftrag geschehen.
2. **In Bearbeitung durch Engineering**
   Die zweite Liste beinhaltet die Kundenaufträge, für die durch die Konstruktion die Bearbeitung bereits begonnen hat, aber noch nicht abgeschlossen wurde.
3. **Reengineering erforderlich**
   Die dritte Liste beinhaltet die Kundenaufträge, für die die Bearbeitung bereits abgeschlossen wurde.

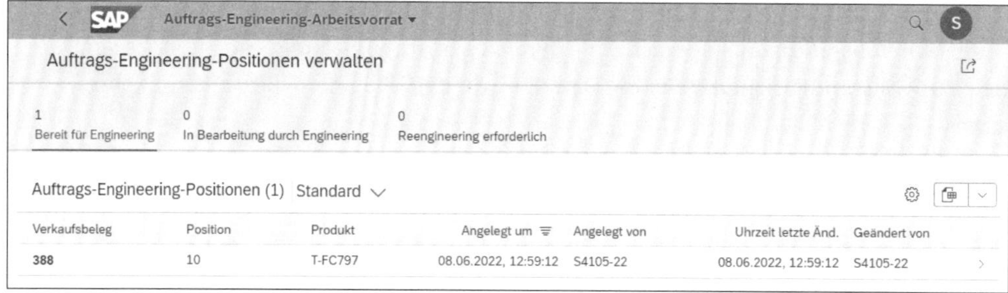

Abbildung 4.96 ETO-Prozess: Der Kundenauftrag in der Konstruktion 2 – in der App »Auftrags-Engineering-Arbeitsvorrat«

Im Bild **Auftrags-Engineering-Arbeitsvorrat** ist unser Kundenauftrag als einziger Eintrag aufgelistet. Per Pfeil am rechten Ende der Zeile gelangen Sie in die Details diese Kundenauftrags. Diese Details sind in Abbildung 4.97 mit dem Titel **Details der Order-Engineering-Position** dargestellt.

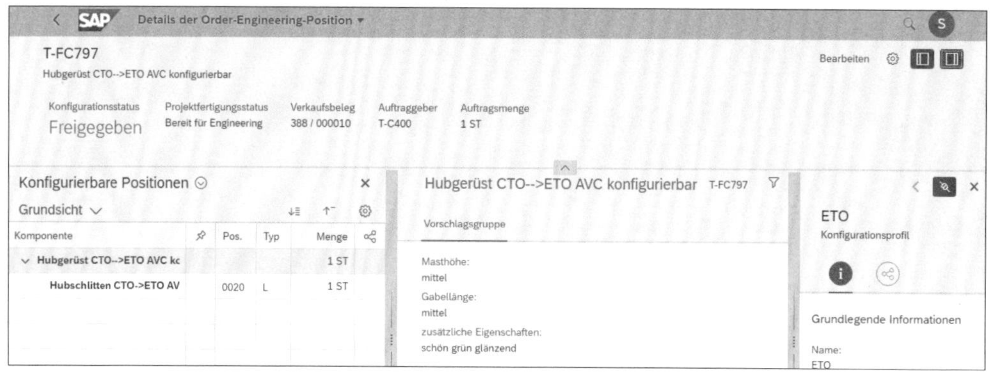

Abbildung 4.97 ETO-Prozess: der Kundenauftrag in der Konstruktion 3 – in der Nachbearbeitung

Die dritte, soeben diskutierte Liste umfasst die Kundenaufträge, für die die Bearbeitung bereits abgeschlossen wurde. Dies sehen Sie in Abbildung 4.98 unter dem Eintrag **Engineering abschließen**. Der Vertrieb hat den Kundenauftrag nicht akzeptiert, sondern zur Überarbeitung zurückgeschickt (wie im Folgenden in Abbildung 4.101 unter dem Eintrag **Überarbeiten** gezeigt). Zunächst werden die Details nur angezeigt. Über den Eintrag **Bearbeiten** können Sie in den Bearbeitungsmodus wechseln (siehe Abbildung 4.98).

Im mittleren Bildbaustein sehen Sie, dass die Bewertung auch änderbar ist. Das würde hier – da es sich um eine mehrstufige Konfiguration handelt – auch für die konfigurierbare Komponente gelten.

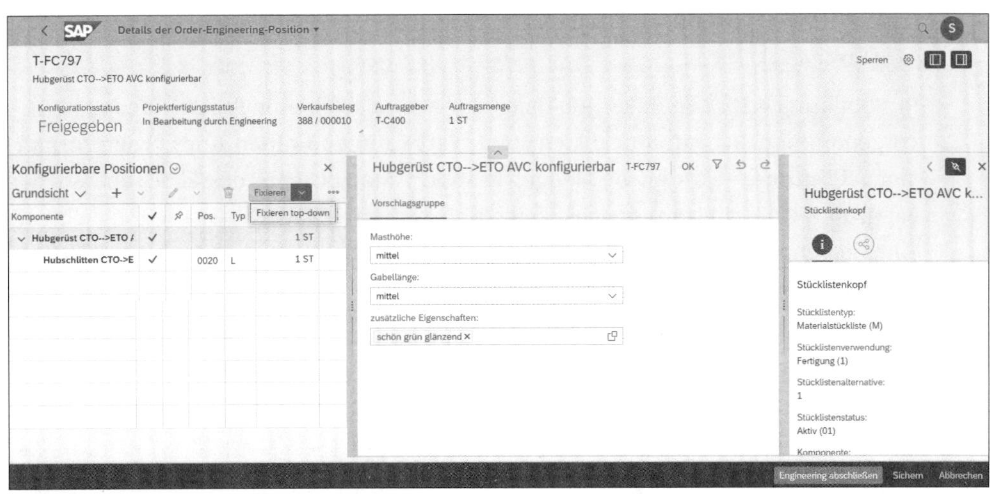

Abbildung 4.98 ETO-Prozess: der Kundenauftrag in der Konstruktion 4 – die Bearbeitung vor dem Engineering abschließen

Im linken Bildbaustein wird in Abbildung 4.98 die Konfigurationsstruktur und in Abbildung 4.99 die Stückliste angezeigt. Der Wechsel erfolgt über einen Klick auf den Button . Des Weiteren sehen Sie im linken Bildbaustein oben den Eintrag **Fixieren**. Fixieren heißt, dass Auftragsstücklisten angelegt werden. Durch einen Klick auf den Button **Fixieren** wird die Stückliste so fixiert, wie es im Konfigurationsprofil eingestellt ist. Hier wurde punktgenau eingestellt. Die Top-down-Fixierung erreichen Sie über den Button (Aufreißen).

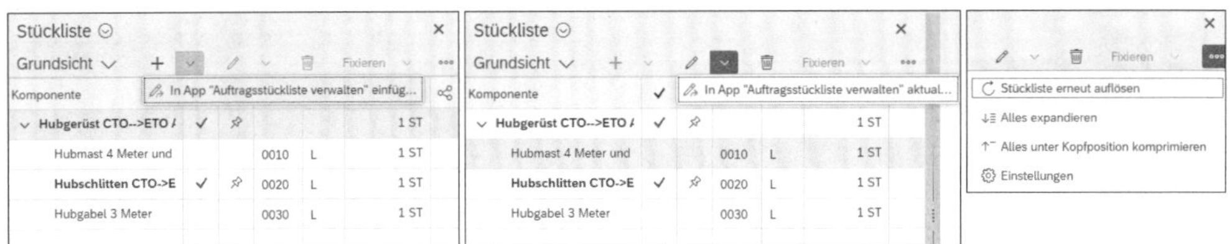

Abbildung 4.99 ETO-Prozess: der Kundenauftrag in der Konstruktion 5 – Bearbeitung von Stücklisten

Neben der Änderung der Bewertung (im mittleren Bildbaustein) können Sie im linken Bildbaustein die Auftragsstückliste pflegen. Mit Klick auf die Pinnnadel in der dritten Spalte links unten erkennen Sie, dass an zwei Stellen Auftragsstücklisten »fixiert« wurden.

Setzen Sie den Cursor auf einem Stücklistenkopf, ist der Plus-Button aktiv. Das heißt, dass Sie in der Stückliste Positionen einfügen können. Wenn Sie den Cursor auf einer Stücklistenposition halten, sind die Buttons **Ändern** und **Löschen** aktiv. Wie Sie in die

SAP-Fiori-App der Auftragsstücklistenpflege abspringen, erfahren Sie im folgenden Abschnitt 4.5.8.

In Abbildung 4.100 im linken Bildbaustein wurde solch eine Stücklistenanpassung vorgenommen. In beide Stücklisten wurde Farbe aufgenommen, und bei den vorhandenen Positionen wurden die Mengen geändert. Man beachte, dass die Stückliste der Baugruppe **Hubschlitten** zunächst keine Komponenten hatte. Es ist also möglich, mit einer leeren Materialstückliste zu beginnen. Nur können Sie ohne Materialstückliste auch keine Auftragsstückliste anlegen.

Wenn Sie in der Konstruktion mit der Bearbeitung fertig sind, schließen Sie diese über den Eintrag **Engineering abschließen** ab und bestätigen anschließend (siehe Abbildung 4.100). Damit ist der Auftrags-Engineering-Arbeitsvorrat wieder leer.

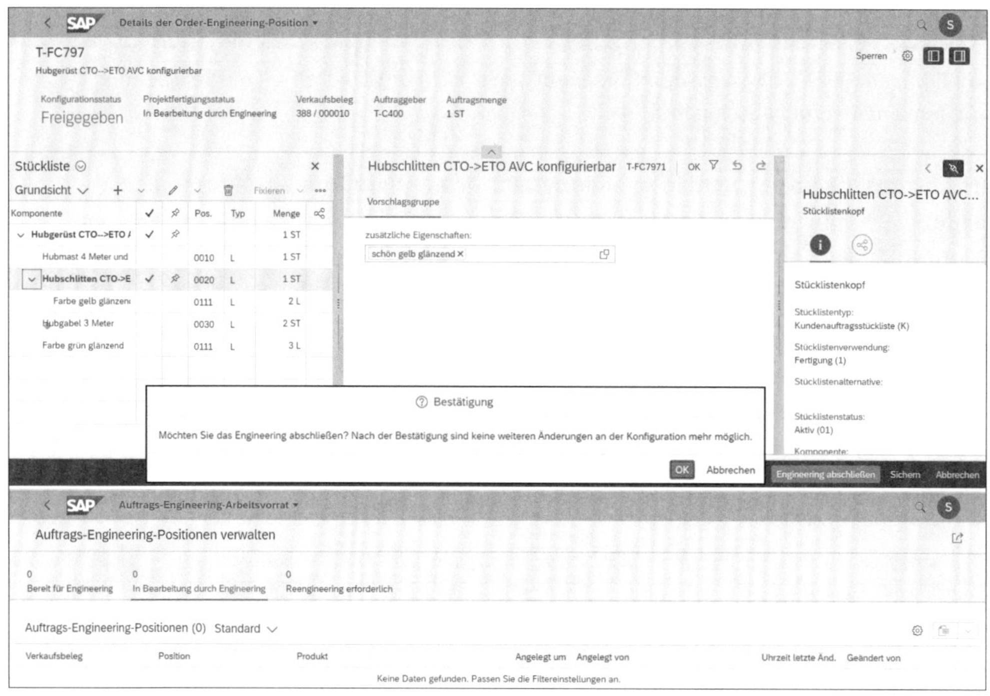

Abbildung 4.100 ETO-Prozess: der Kundenauftrag in der Konstruktion 6 – Abschluss

Wir schauen nun zurück in den Vertrieb: In Abbildung 4.101 wurde der Kundenauftrag mit Transaktion VA02 (**Auftrag ändern**) erneut geöffnet – und hier wurde die Konfiguration aufgerufen. Diese wird zunächst nur angezeigt. Informationen zu den in der Konstruktion durchgeführten Änderungen finden Sie unter dem Eintrag **Änderungsprotokoll** oder im rechten Bildbaustein des Inspektors. Die Informationen im Beispiel sind nicht ganz korrekt: An der Konfiguration wurde nichts geändert, jedoch an beiden Stücklisten.

Über einen Klick auf **Konstruktionsänderungen akzeptieren** können Sie die Änderungen annehmen. Über einen Klick auf **Überarbeiten** können Sie Konfiguration und Auftragsstücklisten an die Konstruktion zurückschicken.

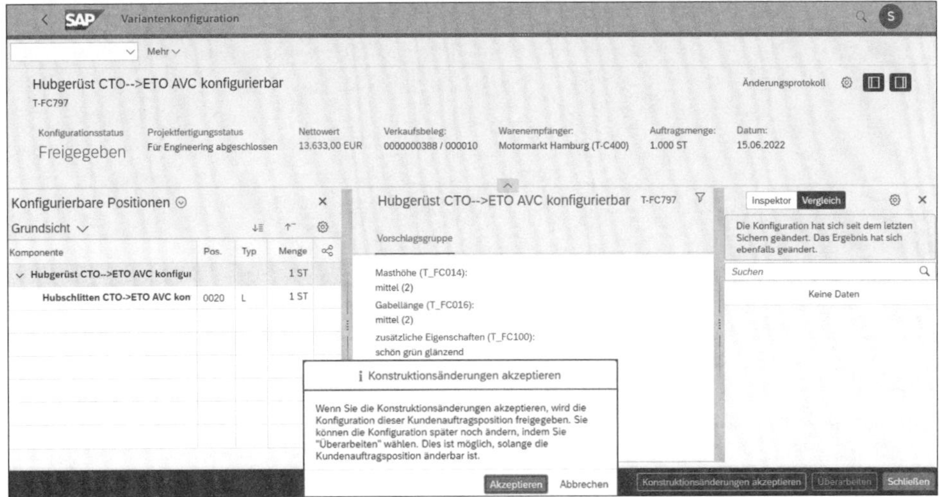

Abbildung 4.101 ETO-Prozess: der Kundenauftrag zurück im Vertrieb

4.5.8 Szenario »Auftragsstückliste« – Auftragsstückliste und Auftragsarbeitsplan

Im letzten Abschnitt haben wir die eigentliche Auftragsstücklistenpflege kurz angesprochen. In Abbildung 4.96 sind wir über die neue SAP-Fiori-App **Auftrags-Engineering-Arbeitsvorrat** eingestiegen. Dort sind wir in die Konfiguration des Kundenauftrags abgesprungen. Anschließend wurden die Auftragsstücklisten erzeugt und bearbeitet.

Neben der SAP-Fiori-App **Auftrags-Engineering-Arbeitsvorrat** gibt es eine Reihe weiterer Transaktionen und SAP-Fiori-Apps für die Pflege der Auftragsstückliste. In der Gruppe der Auftragsstückliste finden Sie die SAP-Fiori-App **Auftragsstückliste verwalten** (siehe Abbildung 4.102).

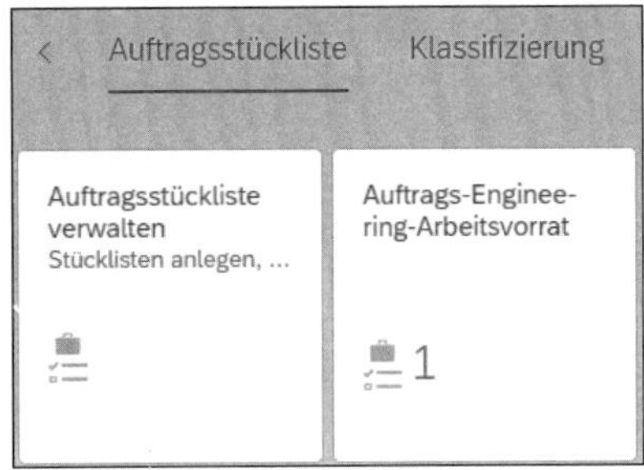

Abbildung 4.102 SAP-Fiori-Apps in der Gruppe »Auftragsstückliste«

Hier finden Sie die beiden Stücklisten aus Abschnitt 4.5.7 (siehe Abbildung 4.103). Im Einstiegsbild können Sie eine Suchfunktion nutzen. Sie können vorhandene Auftragsstücklisten markieren und diese somit als Kopiervorlage nutzen.

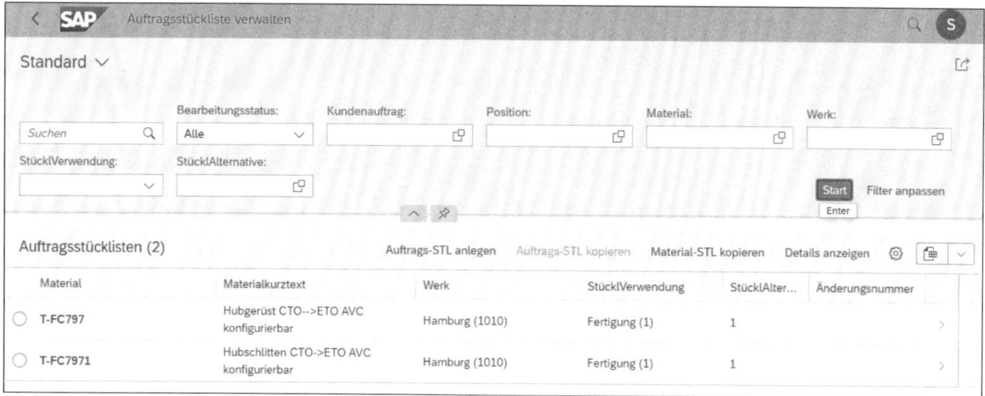

Abbildung 4.103 Auftragsstücklisten verwalten: Einstieg

Man kann neue Auftragsstücklisten anlegen. Für das Anlegen können auch Materialstücklisten als Kopiervorlage verwendet werden (siehe Abbildung 4.104). Die Detailpflege der Auftragsstückliste verläuft analog zu der Materialstücklistenpflege.

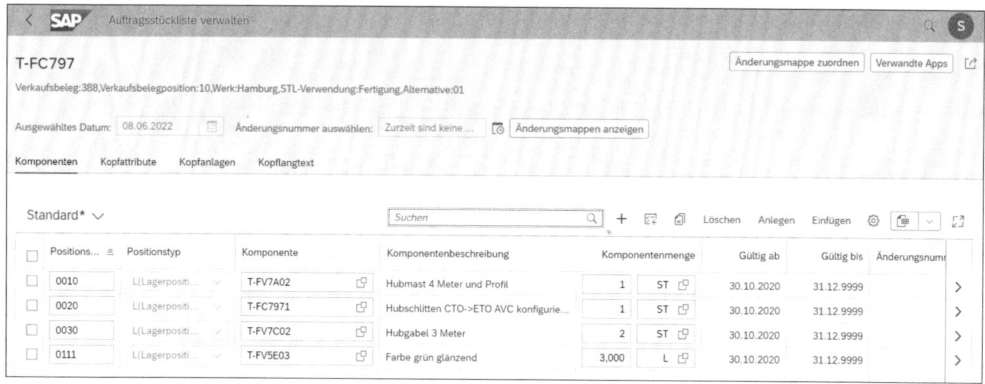

Abbildung 4.104 Auftragsstücklisten verwalten: Details

Analog zum Materialstücklistenbrowser mit Transaktion CSMB (Start Materialstücklistenbrowser) gibt es den Auftragsstücklistenbrowser. Pflegen Sie im Einstieg die Felder **Kundenauftrag** und **Position** sowie, wie bei eigentlich jeder mehrstufigen Stücklistenauflösung, das Feld **Stücklistenanwendung** (siehe Abbildung 4.105). Wechseln Sie über einen Klick auf den Button [Icon] (Einstellungen zur Auflösung und Anzeige) in die Benutzereinstellungen (**Stücklistenbrowser: Einstellungen**), und setzen Sie dort das Kennzeichen **Produktstruktur und Funktion im selben Fenster**.

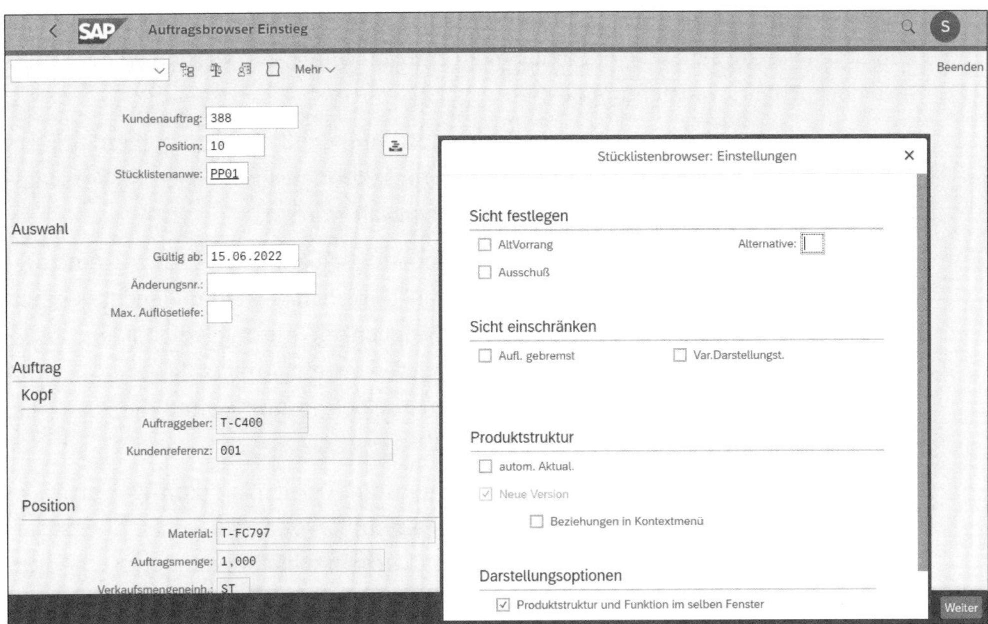

Abbildung 4.105 Auftragsstücklistenbrowser (Transaktion CSMB): Einstieg

Klicken Sie auf den Button (Start des Auftragsbrowsers). Dies führt zu dem in Abbildung 4.106 dargestellten Aussehen der Transaktion. Auf der linken Seite finden Sie die Produktstruktur – ausschließlich aus Stücklistenköpfen und Stücklistenpositionen bestehend. Über das Kontextmenü gelangen Sie in das rechts dargestellte Detailbild. Auch ein Doppelklick ist möglich.

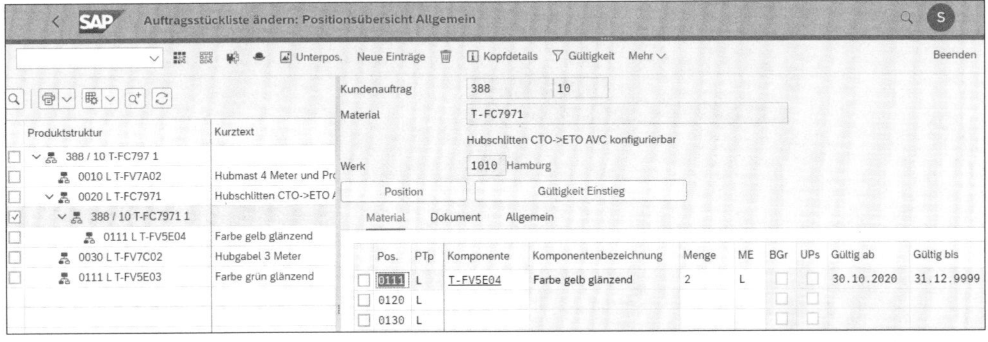

Abbildung 4.106 Auftragsstücklistenbrowser: Positionsübersicht

Nicht alle aus der alten Welt für die Auftragsstücklisten bekannten Transaktionen können Sie unter AVC verwenden. Die Order Engineering Workbench (Transaktion OBOM_WB_MAIN) ist hier zwar im Standard verfügbar, kann aber für Auftragsstücklisten unter AVC (noch) nicht genutzt werden.

Die klassische Transaktion CU51 für die mehrstufige Pflege von Auftragsstücklisten können Sie an dieser Stelle ebenfalls nicht nutzen. Unter AVC werden weder Stückliste noch Arbeitsplan gefunden.

Sie könnten die klassischen Transaktionen CS61 und CS62 für das Anlegen und Ändern für Auftragsstücklisten nutzen. Diese Transaktionen sind jedoch für Auftragsstücklisten ohne Variantenkonfiguration entwickelt worden.

Die Transaktionen CS61 und CS62 bieten keine Möglichkeit, zusätzlich zur Auftragsstückliste einen *Auftragsarbeitsplan* anzulegen. Natürlich besteht in den klassischen Transaktionen für den Arbeitsplan auch die Möglichkeit, Auftragsarbeitspläne anzulegen. Ein Auftragsarbeitsplan ist nichts anderes als ein Arbeitsplan, bei dem im Schlüssel des Arbeitsplans zusätzlich die Verkaufsbelegnummer und die Positionsnummer des Vertriebsbelegs spezifiziert sind.

Es gibt einen Trick, um einen simulativ aufgelösten Arbeitsplan (konfigurierter Arbeitsplan laut Kundenauftragskonfiguration) als Kopiervorlage für einen Auftragsarbeitsplan nutzen. Es ist zu hoffen, dass der Trick erhalten bleibt oder durch eine ähnliche oder verbesserte Funktion ersetzt wird.

In Abbildung 4.107 sehen Sie die klassische Transaktion CU50 der Konfigurationssimulation (Simul./Modell. Materialkonfiguration). Sie steigen in diese Transaktion mit den Feldern **Material** und **Werk** ein. Als Konfigurationsergebnis interessiert uns hier hauptsächlich der Arbeitsplan.

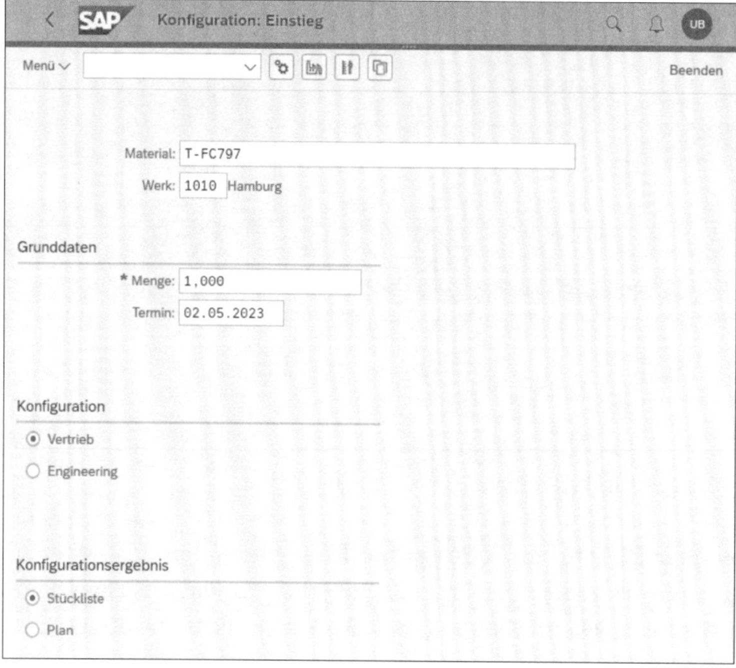

Abbildung 4.107 Konfigurationssimulation (Transaktion CU50): Einstieg

Das Werk kann über einen Klick auf den Button [icon] (Werk wechseln) gewechselt werden. Wir wollen die Konfiguration aus dem Kundenauftrag laden, für den ein Auftragsarbeitsplan anzulegen ist. Dies geschieht über einen Klick auf den Button [icon] (Konfigurierte Objekte) der konfigurierten Objekte. Es erscheint das Pop-up-Fenster **Konfigurierte Objekte**. Um den Kundenauftrag zu suchen, klicken Sie auf den Button **Kundenaufträge ...** (siehe Abbildung 4.108).

Konfigurierte Objekte

Konfigurierte Objekte

Ohne Vorlage
Material — Materialien...
Kundenauftrag — Pos: — Kundenaufträge...
Fert.Auftrag — Pos: — Fertigungsaufträge...

Abbrechen

Abbildung 4.108 Konfigurierte Objekte

Das Pop-up-Fenster **Konfigurierte Kundenaufträge** erscheint (siehe Abbildung 4.109). Durch einen Doppelklick auf den gewünschten Kundenauftrag wird dieser in das vorherige Pop-up-Fenster **Konfigurierte Objekte** übernommen, das Sie mit [↵] schließen.

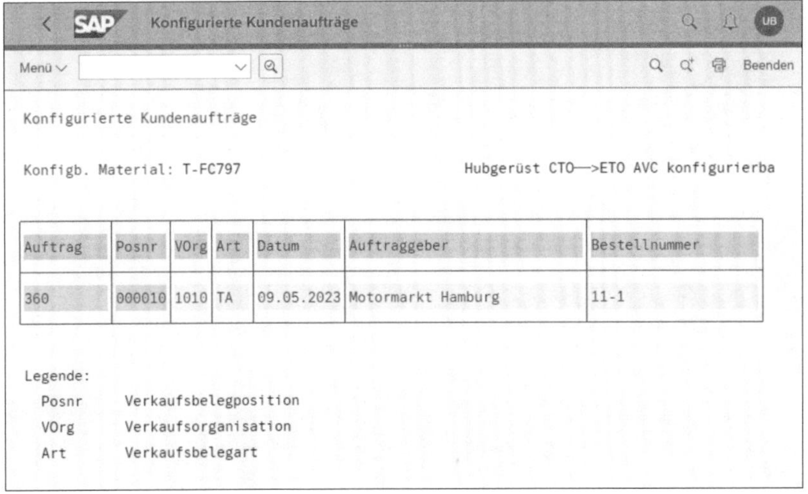

Auftrag	Posnr	VOrg	Art	Datum	Auftraggeber	Bestellnummer
360	000010	1010	TA	09.05.2023	Motormarkt Hamburg	11-1

Abbildung 4.109 Konfigurierte Kundenaufträge

Zurück im Einstiegsbild der Konfiguration erscheint der Bildbaustein **Vorlage** direkt neben dem Bildbaustein **Grunddaten**. Klicken Sie auf den Button (Einstellungen) der Konfiguration. Es erscheint das Bild der Merkmalsbewertung (siehe Abbildung 4.110).

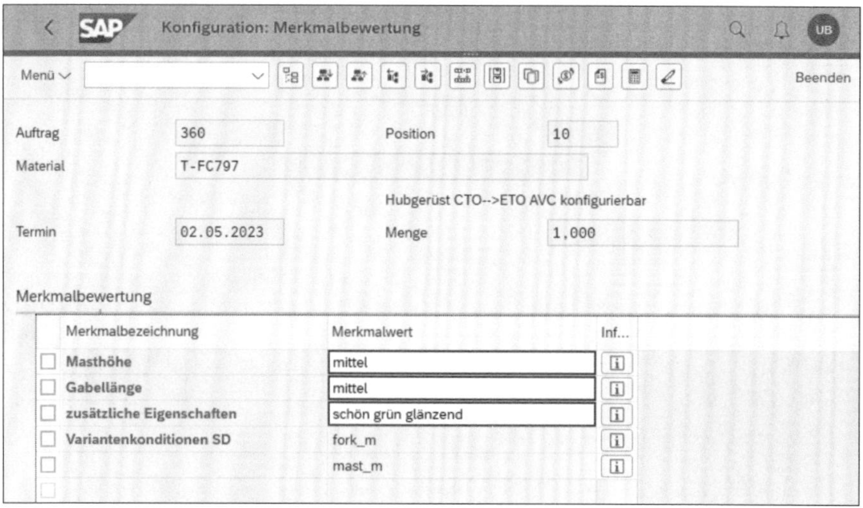

Abbildung 4.110 Konfiguration: Merkmalsbewertung

Wechseln Sie nun mit einem Klick auf den Button in das Ergebnisbild (siehe Abbildung 4.111). Sollte als Ergebnis die Stückliste und nicht der Arbeitsplan angezeigt werden, kann das daran liegen, dass Sie zuvor vergessen haben, als Konfigurationsergebnis den Plan auszuwählen. Über das Menü (gegebenenfalls unter dem Eintrag **Mehr**) finden Sie den Eintrag **Plan** und können noch wechseln.

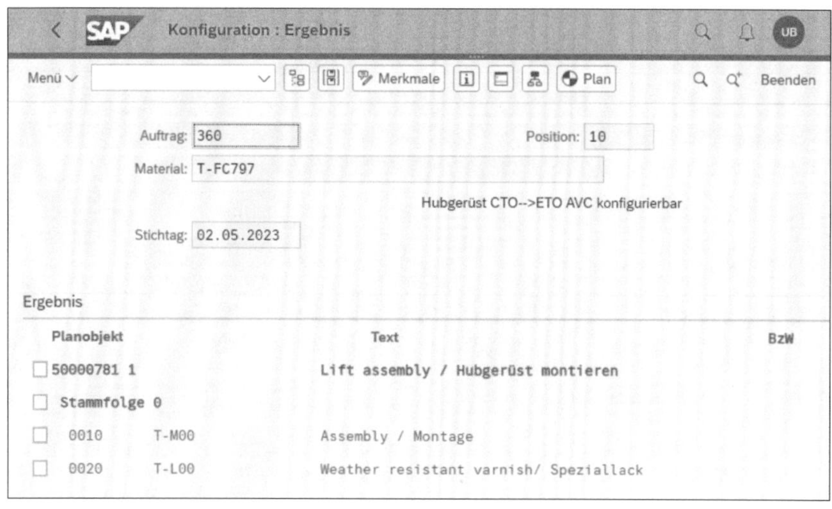

Abbildung 4.111 Konfiguration: Ergebnis

Oben im Bild finden Sie den Button [Plan]. Über einen Klick auf diesen Button gelangen Sie in das Pop-up-Fenster **Einstieg: Anlegen Normalarbeitsplan aus Konfiguration** (siehe Abbildung 4.112).

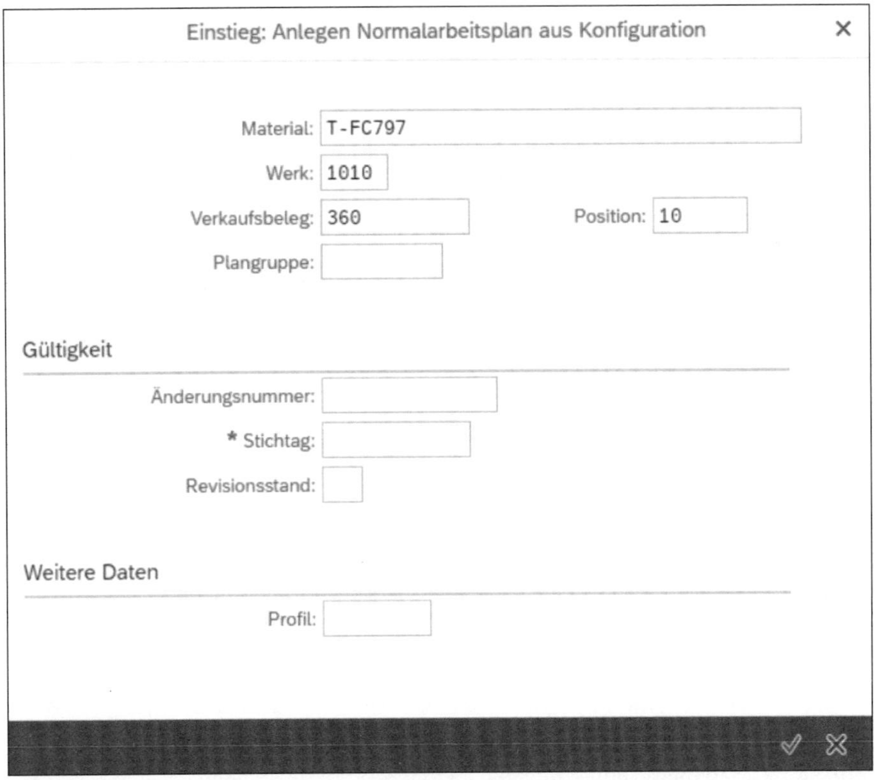

Einstieg: Anlegen Normalarbeitsplan aus Konfiguration

Material: T-FC797
Werk: 1010
Verkaufsbeleg: 360 Position: 10
Plangruppe:

Gültigkeit
Änderungsnummer:
* Stichtag:
Revisionsstand:

Weitere Daten
Profil:

Abbildung 4.112 Normalarbeitsplan aus der Konfiguration anlegen

Hier sind die Felder **Material**, **Werk**, **Verkaufsbeleg**, **Position** und **Stichtag** gefüllt. Mit [↵] gelangen Sie in die klassische Transaktion CA01 zur Pflege des Normalarbeitsplans. Dieser Normalarbeitsplan, der jetzt ein Auftragsarbeitsplan ist, wird hier in bekannter Weise gepflegt und gespeichert.

Auftragsstücklisten und Auftragsarbeitspläne werden in der Planung und Fertigung nur dann genutzt, wenn sie werksspezifisch als relevant aktiviert sind. Dies geschieht im Customizing unter der Transaktion OPPQ. Diese Transaktion erreichen Sie über **SAP Customizing Einführungsleitfaden • Produktion • Bedarfsplanung • Werksparameter • Gesamtpflege der Werksparameter**. Dort wählen Sie **Pflegen • (Werk) Pflegen • Stücklistenauflösung • Flag KdAuf./PSL aktiv**.

4.6 Die Merkmalsgruppen als Oberflächendesign

Sie kennen vielleicht das sogenannte *Oberflächendesign* aus der klassischen Variantenkonfiguration. Dieses Oberflächendesign kann unter AVC nicht genutzt werden. Mit dem Oberflächendesign konnte die Bewertungsoberfläche in der Konfiguration strukturiert werden.

Eine solche Strukturierung der Bewertungsoberfläche ist unter AVC auch möglich. Es sind jedoch nur Tabs (Registerkarten) als Option gegeben. In Abbildung 4.113 sehen Sie das Ergebnis einer solchen Gruppierung. Hier existieren z. B. die Registerkarten **Überblick**, **Zeile1** bis **Zeile9**. Auf der Registerkarte **Überblick** sehen Sie neun Merkmale.

Abbildung 4.113 Merkmalsgruppierung als Oberflächendesign: Ergebnis

Diese Strukturierung der Bewertungsoberfläche wird über das Konfigurationsprofil eingestellt. Hierzu verwenden Sie im Konfigurationsprofil die Registerkarte **Benutzeroberfläche**. Arbeiten Sie im Konfigurationsprofil mit der erweiterten Variantenkonfiguration AVC, dann enthält die Registerkarte **Benutzeroberfläche** nur den Button **Merkmalsgruppen zuordnen** (siehe Abbildung 4.114).

Über einen Klick auf den Button **Merkmalsgruppen zuordnen** wechseln Sie in die Sicht **Konfigurationsprofil** (siehe Abbildung 4.115).

Über einen Klick auf den Button **Bearbeiten**gelangen Sie in den Änderungsmodus. Hier können neue Gruppen in der Zuordnung angelegt oder vorhandene Gruppen zugeordnet werden. Außerdem können Sie die Reihenfolge der Registerkarten im Bewertungsbild ändern.

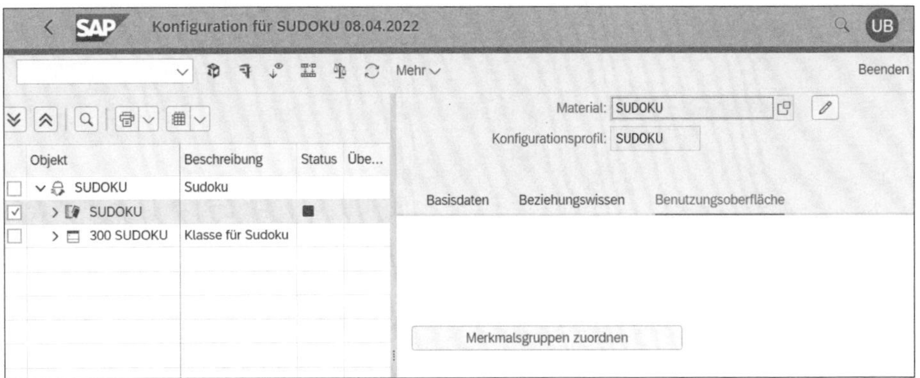

Abbildung 4.114 Merkmalsgruppen im Konfigurationsprofil

Konfigurationsprofil

SUDOKU

SUDOKU

Merkmalsgruppen

Gruppe anlegen Gruppe zuordnen Gruppenzuordnung aufheben Verschieben nach...

Merkmalsgruppe	Beschreibung	Anzahl Merkmale	Sortierreihenfolge
SUDOKU	Überblick	9 Merkmale	1
SUD_R1	Zeile1	9 Merkmale	2
SUD_R2	Zeile2	9 Merkmale	3
SUD_R3	Zeile3	9 Merkmale	4
SUD_R4	Zeile4	9 Merkmale	5
SUD_R5	Zeile5	9 Merkmale	6
SUD_R6	Zeile6	9 Merkmale	7
SUD_R7	Zeile7	9 Merkmale	8
SUD_R8	Zeile8	9 Merkmale	9
SUD_R9	Zeile9	9 Merkmale	10

Sichern Abbrechen

Abbildung 4.115 Merkmalsgruppen im Konfigurationsprofil

Durch ein Überschreiben der Sortierreihenfolge mit beliebigen Zahlen erreichen Sie eine andere Reihenfolge – dann wieder automatisch mit 1 beginnend und mit der Schrittweite 1. Über den Eintrag **Gruppe zuordnen** gelangen Sie eine Darstellung wie in Abbildung 4.116.

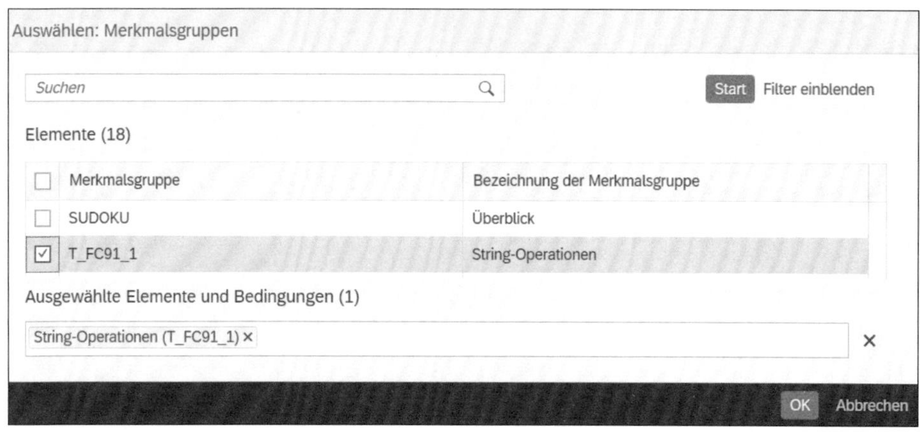

Abbildung 4.116 Merkmalsgruppen zuordnen

Dort können Sie nach weiteren existierenden Merkmalsgruppen suchen und eine oder mehrere Merkmalsgruppen auswählen. Sie gelangen zurück in das Bild aus Abbildung 4.115. Eventuell ändern Sie die Sortierreihenfolge. Über den Eintrag **Gruppe anlegen** wechseln Sie in eine Darstellung wie in Abbildung 4.117.

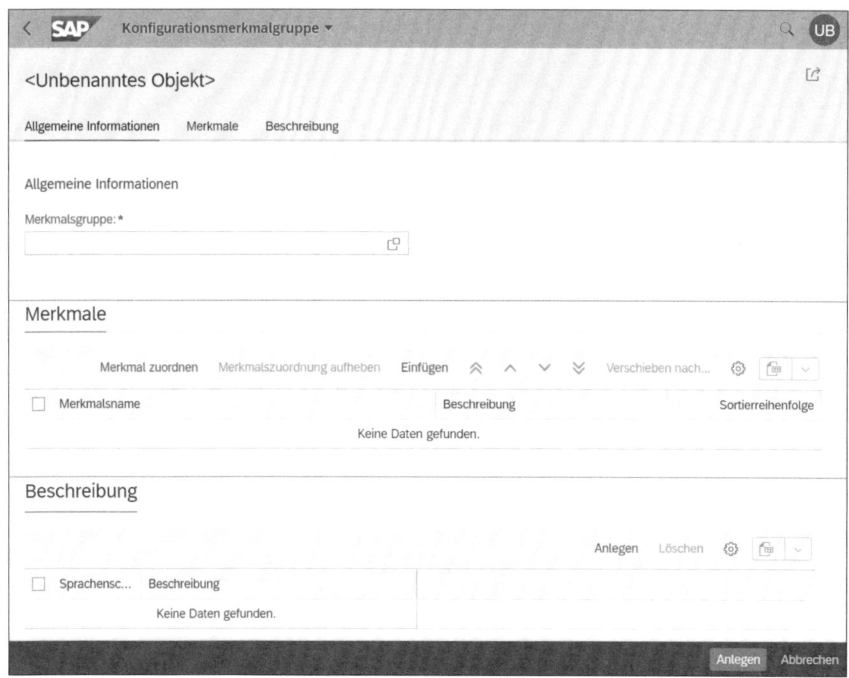

Abbildung 4.117 Merkmalsgruppe anlegen: Einstieg

In diese Darstellung gelangen Sie auch über die neue SAP-Fiori-App **Merkmalsgruppen verwalten**. Das Einstiegsbild der SAP-Fiori-App ist in Abbildung 4.118 im oberen

Teil dargestellt. Aus diesem Einstiegsbild können Sie in die Verwaltung vorhandener Merkmalsgruppen abspringen. Sie können aber über den Eintrag **Anlegen** in die Darstellung von Abbildung 4.117 springen.

Wie in Abbildung 4.117 erkennbar, müssen Sie im oberen Drittel des Bildes im Feld **Merkmalsgruppe** einen Namen vergeben. Merkmalsgruppen werden global auf Mandantenebene definiert, sind unabhängig vom Konfigurationsprofil und können einem oder mehreren Konfigurationsprofilen zugeordnet werden.

Im zweiten Drittel der Merkmalsgruppenpflege werden Merkmale zugeordnet, und es kann wieder eine Sortierreihenfolge festgelegt werden.

Im dritten Drittel **Beschreibung** können Sie Bezeichnungen dieser Merkmalsgruppe pflegen.

Das Ergebnis der Pflege einer solchen Merkmalsgruppe ist in Abbildung 4.118 dargestellt.

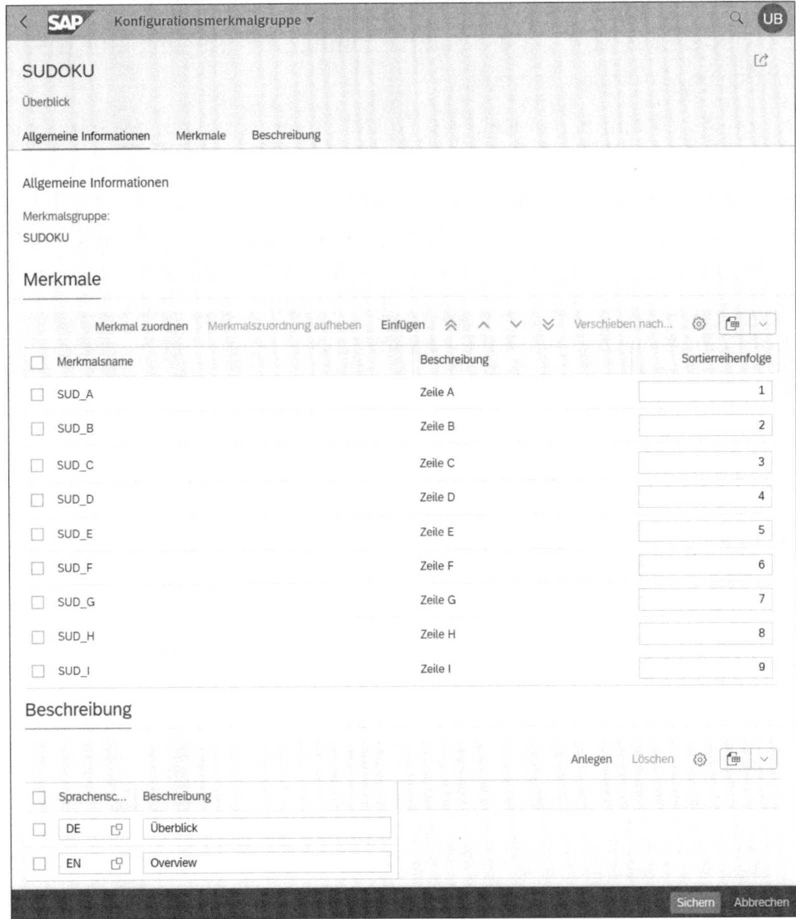

Abbildung 4.118 Die SAP-Fiori-App »Merkmalsgruppen verwalten«

4.7 Fazit

Das entscheidende Werkzeug zur Modellierung in der Variantenkonfiguration ist Transaktion PMEVC. Diese Modellierungsumgebung wurde im ersten Abschnitt vorgestellt. Im Rahmen der Modellierung können Sie Ihre Ergebnisse und Zwischenstände jederzeit in einer Simulation testen. Diese Simulation können Sie direkt aus Transaktion PMEVC heraus aufrufen. Es existieren hierzu aber auch SAP-Fiori-Apps wie **Konfigurationsmodelle simulieren**. Beide Oberflächen sind identisch und wurden in Abschnitt 4.2, »Die Simulationsumgebung von AVC«, vorgestellt.

Merkmale und Klassen als Werkzeuge aus dem Klassensystem stellen eine wichtige Basis des Modellierens in der Variantenkonfiguration dar. Es handelt sich hier um die Variantenklassen (Klassenart 300 und 301) und Klassenknoten (Klassenart 200 und 201). Auch die Werkzeuge der Klassifizierung, Suche und Auswertungen können in der Variantenkonfiguration genutzt werden.

Die Besonderheiten in Materialstamm, Stückliste und Arbeitsplan in der Variantenkonfiguration wurden in Abschnitt 4.4, »Materialstamm, Stückliste und Arbeitsplan des konfigurierbaren Materials«, behandelt.

Im Konfigurationsprofil sind neben weiteren Einstellungen vor allem der Verarbeitungsmodus (klassisch = LO-VC, erweitert = AVC) und das Konfigurationsszenario entscheidend. Ersteres entscheidet, welche Configuration Engine genutzt wird. Unter LO-VC und AVC können im Prinzip die gleichen Konfigurationsszenarien verwendet werden. Das »im Prinzip« bezieht sich darauf, dass die Szenarien teilweise unterschiedlich sind, abhängig vom Verarbeitungsmodus. Auch bezüglich der Kombinierbarkeit der Konfigurationsszenarien in der mehrstufigen Konfiguration existieren Unterschiede , abhängig vom Verarbeitungsmodus.

Abschließend haben wir in diesem Kapitel die Gestaltung des Oberflächendesigns in Abhängigkeit des Verarbeitungsmodus vorgestellt.

Kapitel 5
Die Intelligenz: Beziehungswissen

Das Beziehungswissen stellt das Herzstück des Variantenmodells dar und steht in diesem Kapitel im Mittelpunkt. Im Folgenden werden sowohl alle Arten von Beziehungswissen als auch alle weiteren Werkzeuge, die im Rahmen von Beziehungswissen genutzt werden können, vorgestellt.

Beziehungswissen spielt im Rahmen der Modellierung eine große Rolle. Das Beziehungswissen stellt ein Regelwerk dar, das sicherstellt, dass von der Person, die die Konfiguration durchführt, zum einen das Richtige »gewünscht« wird und man das Gewünschte auch erhält. Mithilfe von Beziehungswissen werden Abhängigkeiten zwischen Merkmalen und Merkmalswerten beschrieben sowie die Auswahl der Stücklistenkomponenten und Arbeitsvorgänge gesteuert.

Es wird Beziehungswissen benötigt, um die Konfiguration in der Bewertungsoberfläche – meistens im Vertrieb – zu steuern (»das Richtige wünschen«). Über Beziehungswissen sorgen wir dafür, dass das Produkt wunschgemäß gefertigt oder allgemein beschafft wird (»das Gewünschte erhalten«).

Dieses umfangreiche Kapitel soll das Thema Beziehungswissen mit all seinen Details vorstellen: Nach einem Überblick in Abschnitt 5.1 beschäftigt sich Abschnitt 5.2 mit den Variantentabellen. Beziehungswissen für die interaktive Konfiguration lernen Sie in Abschnitt 5.3 kennen. Thema von Abschnitt 5.4 ist das Beziehungswissen für Stückliste und Arbeitsplan.

5.1 Grundlagen

In diesem Abschnitt stellen wir das Beziehungswissen im Überblick vor. Dabei gehen wir auf die High-Level-Konfiguration und auf die Low-Level-Konfiguration ein.

Unter der *High-Level-Konfiguration* wird die Vertriebskonfiguration und die Konfiguration im Dialog, also die Konfiguration »im Hellen« verstanden: das Beziehungswissen für die Bewertungsoberfläche.

Unter der *Low-Level-Konfiguration* wird die Konfiguration ohne Dialog, also die Konfiguration »im Dunkeln« verstanden: das Beziehungswissen für die Stücklisten- und Arbeitsplanauflösung.

Hinweis: High-Level-Konfiguration

Die High-Level-Konfiguration hat die folgenden Merkmale:

- Vertriebskonfiguration
- im Dialog
- »im Hellen«
- für die Bewertungsoberfläche

Hinweis: Low-Level-Konfiguration

Die Low-Level-Konfiguration hat die folgenden Merkmale:

- ohne Dialog
- »im Dunkeln«
- Für die Stücklisten- und Arbeitsplanauflösung

Wir beginnen mit den Grundlagen und allgemeingültigen Regeln des Beziehungswissens.

5.1.1 Arten und Zuordnung von Beziehungswissen

Beziehungswissen wird für die beiden folgenden Aufgaben benötigt:

- **Unterstützt den Konfigurationsprozess der Bewertungsoberfläche**
  Beziehungswissen unterstützt den Prozess der Konfiguration in der Bewertungsoberfläche, wie z. B. im Kundenauftrag. Dabei soll sichergestellt werden, dass das Ergebnis der Konfiguration vollständig und konsistent ist. Dies kann beliebig umfangreich gestaltet werden. Das heißt, dass durch entsprechenden Aufwand mit der Modellierung die Bewertung in der Konfiguration beliebig einfach und elegant sein kann. Das Ziel ist, dass nicht erlaubte Bewertungskombinationen nicht angeboten, Bewertungen (wo gewünscht) über Beziehungswissen berechnet und gesetzt oder auch Vorschlagswerte angeboten werden.
- **Unterstützt Stücklisten- und Arbeitsplanauflösungen**
  Beziehungswissen erzeugt Stücklisten- und Arbeitsplanauflösungen, die der Konfiguration z. B. im Kundenauftrag entsprechen. Dabei werden aus Maximalstückliste und -arbeitsplan die nicht benötigten Elemente gelöscht. Anschließend können an den nicht gelöschten Elementen per Beziehungswissen Änderungen vorgenommen werden.

Es werden vier Beziehungswissensarten angeboten: Vorbedingungen, Auswahlbedingungen, Prozeduren und Constraints. Jede Art ist für ein bestimmtes Anwendungsgebiet besonders geeignet. Einige Aufgaben können mit unterschiedlichen Arten von Beziehungswissen abgebildet werden. Die einzelnen Arten von Beziehungswissen und ihre Zuordnung werden im Folgenden vorgestellt.

Vorbedingungen

Vorbedingungen können für den Prozess der Konfiguration in der Bewertungsoberfläche genutzt werden. Ohne Vorbedingungen kann jedes Merkmal mit jedem Wert aus der Liste der zulässigen Werte bewertet werden. Dies gilt in Abhängigkeit der Bewertung anderer Merkmale. Abhängigkeiten können über Vorbedingungen abgebildet werden, indem einzelne Werte oder sogar ganze Merkmale nur unter gewissen Bedingungen erlaubt, ansonsten jedoch für die Bewertung verboten werden. Dazu werden die entsprechenden Vorbedingungen dem Merkmal oder dem Merkmalswert zugeordnet.

Falls mehrere Vorbedingungen an einem Element zugeordnet sind, müssen alle Vorbedingungen erfüllt sein, damit das Element erlaubt ist. Es wird somit wie eine *Und-Verknüpfung* interpretiert.

Wird in einer Vorbedingung die Bewertung eines unbewerteten Merkmals abgefragt, bricht die Vorbedingung ab und wird als erfüllt interpretiert. Weitere Informationen finden Sie in Abschnitt 5.3.7, »Facettenänderungen mit Vor- und Auswahlbedingungen«.

Auswahlbedingungen

Auswahlbedingungen dienen zur Auflösung von Stücklisten und Arbeitsplänen mit Bezug zu einer Konfiguration. Alle nicht mit Auswahlbedingungen versehenen Elemente aus Maximalstückliste und Maximalarbeitsplan werden generell in die aufgelöste Stückliste und den aufgelösten Arbeitsplan übernommen. Man kann bei diesen Elementen von *Gleichteilen*, also für alle Varianten benötigten Teilen, sprechen. Im Unterschied zu diesen wird bei Elementen mit zugeordneten Auswahlbedingungen von *Variantenteilen* gesprochen.

Ist keine der Auswahlbedingungen an einem Element erfüllt, wird dieses Element nicht übernommen. Falls mehrere Auswahlbedingungen an einem Element zugeordnet sind, reicht es, wenn eine Auswahlbedingung erfüllt ist, damit das Element übernommen wird. Es wird somit wie eine *Oder-Verknüpfung* interpretiert (im Unterschied zu Vorbedingungen).

Wird in einer Auswahlbedingung die Bewertung eines unbewerteten Merkmals abgefragt, bricht die Auswahlbedingung ab und wird als nicht erfüllt interpretiert (im Unterschied zu den Vorbedingungen).

Elemente in Stückliste und Arbeitsplan, denen Auswahlbedingungen zugeordnet werden können, sind die folgenden:

- Positionen der Stückliste
- Folgen im Arbeitsplan (außer Stammfolge)
- Vorgänge im Arbeitsplan
- Fertigungshilfsmittel im Arbeitsplan

Auswahlbedingungen werden darüber hinaus für das dynamische Umstellen von Merkmalen zu Muss-Merkmalen verwendet. Soll ein Merkmal nur unter gewissen Bedingungen Muss-Merkmal sein, wird das Merkmal als Kann-Merkmal definiert (in der Merkmalsdefinition ist die Aktivierung des Kennzeichens **Eingabe erforderlich** nicht erfolgt), und es wird dem Merkmal eine entsprechende Auswahlbedingung zugeordnet, die genau diese Bedingung enthält. Weitere Informationen hierzu finden Sie in Abschnitt 5.3.7, »Facettenänderungen mit Vor- und Auswahlbedingungen«, und Abschnitt 5.4.1, »Auswahlbedingungen in Stückliste und Arbeitsplan«.

Prozeduren

Prozeduren dienen der Wertsetzung. Das heißt, dass sie Werte für Merkmale setzen können. Dabei können einem Objekt auch mehrere Prozeduren zugeordnet werden. Prozeduren werden genau einmal abgearbeitet. Die Reihenfolge der Abarbeitung kann und soll vorgegeben werden. Eine solche Vorgabe der Reihenfolge wird sogar dringend empfohlen. Auch kann die Wertsetzung sukzessive erfolgen. Ein Feld kann also mehrfach überschrieben werden – auch unter der Nutzung des bisherigen Wertes.

In der Stücklisten-/Arbeitsplanauflösung können für die Elemente, die in die aufgelöste Stückliste und in den aufgelösten Arbeitsplan übernommen wurden, Änderungen in den Details des entsprechenden Elements durchgeführt werden. Hierzu werden, wie in Abschnitt 4.3.1, »Merkmalspflege«, zu den Werkzeugen aus dem Klassensystem bereits beschrieben, Objektmerkmale mit Bezug auf die Tabellen `STPO`, `ESSL`, `PLPO`, `PLFH` und `PLFL` genutzt. (Für Vorgänge können nur die Felder geändert werden, die gleichzeitig in der Struktur `PLPO_CFMOD` enthalten sind.)

[!]

Wertsetzungen über Objektmerkmale

Bei Wertsetzungen in Stückliste und Arbeitsplan über Prozeduren werden nur einzelne Felder (ohne jegliche Berücksichtigung von eventuellen Abhängigkeiten zu anderen Feldern) der aufgelösten Stücklisten und Arbeitspläne überschrieben.

Berücksichtigen Sie, dass dabei keine Funktionen aktiv sind, die Sie aus der normalen Stücklisten- und Arbeitsplanpflege kennen. Alle Abhängigkeiten müssen über Beziehungswissen nachmodelliert werden. Werden z. B. Rohmaße in der Position geändert, muss über die Prozedur auch dafür gesorgt werden, dass die Rohteilmenge angepasst wird. Aus diesem Grund raten wir Ihnen davon ab, Felder mit starken Abhängigkeiten zu ändern, wie z. B. die Materialnummer in der Stücklistenposition oder den Arbeitsplatz im Vorgang.

Prozeduren müssen dem Element zugeordnet werden, dessen Detail geändert werden soll. Die Elemente von Stückliste und Arbeitsplan, denen solche Prozeduren zugeordnet werden können, haben wir bereits für die Auswahlbedingungen aufgezählt: Positionen der Stückliste, Folgen im Arbeitsplan, Vorgänge im Arbeitsplan und Fertigungshilfsmittel im Arbeitsplan.

Prozeduren können ebenfalls für die Bewertung von Merkmalen in der Bewertungsoberfläche genutzt werden. Dabei können Sie die folgenden Wertsetzungen durchführen:

- *harte Wertsetzungen* (d. h. der gesetzte Wert kann vom Benutzer nicht gelöscht oder überschrieben werden)
- *weiche Wertsetzungen* (d. h. vom Benutzer überschreibbare, sogenannte *dynamische Vorschlagswerte*)

Prozeduren für die Bewertungsoberfläche werden dem Konfigurationsprofil zugeordnet. Zusätzlich gibt es die Möglichkeit, Prozeduren auch den Merkmalen oder Merkmalswerten zuzuordnen. Das Konfigurationsprofil wird jedoch favorisiert, da nur so die volle Kontrolle über die Abarbeitungsreihenfolge möglich ist. Des Weiteren werden Prozeduren an Merkmalen und Merkmalswerten nicht in die Laufzeitversion der Wissensbasis mit aufgenommen. In Abschnitt 5.3.4, »Prozeduren«, sowie Abschnitt 5.4.3, »Prozeduren in Stücklisten und Arbeitsplan«, finden Sie weitere Informationen.

Constraints

Constraints können zur Wertsetzung und zur Werteprüfung genutzt werden. Sie enthalten damit Funktionen sowohl der Prozeduren als auch der Bedingungen. Constraints können für die Gestaltung der Konfiguration in der Bewertungsoberfläche genutzt werden. Dabei gibt es keine Einschränkungen bezüglich der Konfigurationsszenarien.

Constraints haben besondere Bedeutung in der mehrstufigen Konfiguration, da nur über Constraints Abhängigkeiten zwischen beliebigen Objekten einer mehrstufigen Konfiguration abgebildet werden können.

Darüber hinaus können Constraints Gleichungen und Variantentabellen umfangreicher auswerten, als dies andere Arten von Beziehungswissen können. Auch das Einschränken von Wertevorräten für die Bewertung von Merkmalen lässt sich mit Constraints meist am besten lösen. Weitere Vorteile liegen in der Verbesserung der Performance. Außerdem sind keine Einstellungen bezüglich der Abarbeitungsreihenfolge erforderlich. Constraints werden in sogenannten *Beziehungsnetzen* oder *Constraint-Netzen* gesammelt, und diese Netze können ausschließlich dem Konfigurationsprofil zugeordnet werden. Sie stehen damit im Allgemeinen nicht zur Auflösung von Stückliste und Arbeitsplan zur Verfügung. Lesen Sie hierzu auch Abschnitt, 5.3.1, »Nutzen Sie Constraints«.

[»]

Aktionen können unter SAP S/4HANA nicht gepflegt werden!

Aktionen waren eine weitere Art von Beziehungswissen, die jedoch schon in SAP ERP nicht empfohlen wurden und unter SAP S/4HANA nicht mehr gepflegt werden können.

Aktionen erlaubten es auch, Werte zu setzen. Im Hinblick auf die Funktionalität bieten jedoch Prozeduren und Constraints deutlich mehr. Sie können im Unterschied zu Aktionen in Laufzeitversionen der Wissensbasis aufgenommen werden und sind auch bezüglich der Performance besser.

In Tabelle 5.1 und Tabelle 5.2 fassen wir das Wichtigste zusammen. Tabelle 5.1 listet schlagwortartig auf, wofür die einzelnen Arten von Beziehungswissen in den beiden Anwendungsgebieten genutzt werden können.

Anwendungsgebiet: Bewertungsoberfläche	Anwendungsgebiet: Stücklisten-/Arbeitsplanauflösung
Vorbedingungen	
verbieten/erlauben	–
Auswahlbedingungen	
dynamische Muss-Merkmale	Variantenteile
Prozeduren	
▪ wertsetzend hart oder weich ▪ dynamischer Vorschlagswert ▪ prozedural	▪ Änderungen über Objektmerkmale ▪ Bewertung von Klassenknoten

Tabelle 5.1 Anwendungsgebiete von Beziehungswissen

Anwendungsgebiet: Bewertungsoberfläche	Anwendungsgebiet: Stücklisten-/Arbeitsplanauflösung
Constraints	
▪ wertsetzend ▪ wertprüfend ▪ ein-/mehrstufige Konfiguration ▪ zusätzliche Funktionalität bezüglich Gleichung(ssystem), Variantentabellen und Werteeinschränkungen ▪ performant	–

Tabelle 5.1 Anwendungsgebiete von Beziehungswissen (Forts.)

In Tabelle 5.2 sehen Sie, wo das Beziehungswissen zugeordnet werden kann – auch wieder abhängig davon, für welches der beiden Anwendungsgebiete Sie es nutzen wollen.

Zuordnung für: Bewertungsoberfläche	Zuordnung für: Stücklisten-/Arbeitsplanauflösung
Vorbedingungen	
Merkmal und Wert	–
Auswahlbedingungen	
Merkmal	▪ Position der Stückliste ▪ Vorgang, Folge, Fertigungshilfsmittel des Arbeitsplans
Prozeduren	
Konfigurationsprofil	▪ Position der Stückliste ▪ Vorgang, Folge, Fertigungshilfsmittel des Arbeitsplans
Constraints	
Konfigurationsprofil (in Constraint-Netz)	–

Tabelle 5.2 Zuordnung von Beziehungswissen

5.1.2 Prozeduraler und deklarativer Character von Beziehungswissen

Mit den in Abschnitt 5.1.1 vorgestellten Arten von Beziehungswissen wird sowohl eine prozedurale als auch eine deklarative Herangehensweise an den Konfigurator unterstützt. Diese beiden Herangehensweisen kann man den Arten des Beziehungswissens zuordnen.

- **Deklaratives Beziehungswissen**
  Constraints sind deklaratives Beziehungswissen. Bei diesem Beziehungswissen ist das Ergebnis ausschließlich von der Ausgangsbedingung abhängig. Ein Abarbeitungszeitpunkt oder eine Abarbeitungsreihenfolge ist irrelevant. Analog ist hier auch die Syntax aufgebaut.
- **Semi-deklaratives Beziehungswissen**
  Die Vor- und Auswahlbedingungen stellen semi-deklaratives Beziehungswissen dar. Die Syntax ist rein deklarativ. Auch hier wird ausschließlich die Bedingung beschrieben – ohne jede Aussage zur Abarbeitungsreihenfolge zu tätigen. Die Auswertung erfolgt jedoch prozedural, wie in Abschnitt 5.1.7, »Ausführungsreihenfolge von Beziehungswissen«, beschrieben. Die Vor- und Auswahlbedingungen werden zu genau festgelegten Zeitpunkten im Konfigurationsprozess abgearbeitet.
- **Prozedurales Beziehungswissen**
  Bei Prozeduren handelt es sich um rein prozedurales Beziehungswissen. Analog zu den Vor- und Auswahlbedingungen werden auch diese zu einem genau festgelegten Zeitpunkt im Konfigurationsprozess abgearbeitet. Zusätzlich kann in der Zuordnung der Prozeduren die genaue Abarbeitungsreihenfolge festgelegt werden. Prozeduren erlauben die Verwendung von entsprechenden prozeduralen Sprachelementen wie z. B. für sukzessive Berechnungen, etwa $x = x + 1$, oder das Setzen von Vorschlagswerten, wie es in den Ausführungen zur Syntax beschrieben wird.

Beziehungswissen kann nicht nur in verschiedene Arten unterteilt werden, sondern es kann nach dessen Form der Abarbeitung – prozedural oder deklarativ – unterteilt werden. Darüber hinaus kann Beziehungswissen lokal oder global abgelegt werden. Im nächsten Abschnitt stellen wir lokales und globales Beziehungswissen kurz vor.

5.1.3 Lokales und globales Beziehungswissen

Man unterscheidet lokales und globales Beziehungswissen.

Was zeichnet *lokales Beziehungswissen* aus?

- Lokales Beziehungswissen erkennt man am rein numerischen Namen, z. B. Prozedur 4711. Der Name kann nur durch eine interne Nummernvergabe angelegt werden.
- Lokales Beziehungswissen wird generell aus der Zuordnung heraus angelegt, geändert und gelöscht.
- Es kann nur in der Zuordnung existieren. Wird die Verbindung gelöst, ist auch das Beziehungswissen gelöscht.
- Lokales Beziehungswissen kann nicht mehrfach zugeordnet werden.

Was zeichnet *globales Beziehungswissen* aus?

- Globales Beziehungswissen erkennt man an den nicht numerischen Namen, z. B. Prozedur PROC_CHAR1. Hier wird der Name generell extern, sprich manuell vergeben. Es muss ein Kurztext angelegt werden und manuell der Status auf **Freigegeben** gesetzt werden.
- Für die Pflege von globalem Beziehungswissen existieren eigene Transaktionen. Man kann jedoch auch globales Beziehungswissen aus der Zuordnung heraus anlegen und bei einfacher Verwendung ändern.
- Globales Beziehungswissen kann auch ohne Zuordnung existieren.
- Des Weiteren kann globales Beziehungswissen mehrfach verwendet werden, indem es mehrfach zugeordnet wird.
- Globales Beziehungswissen kann leichter verwaltet und ausgewertet werden.

Eine Ausnahme bezüglich dieser Auszeichnungen

Constraints sind lokales Beziehungswissen. Trotzdem wird der Name hier extern (sprich manuell) vergeben und darf nicht numerisch sein.

Empfehlung für globales Beziehungswissen

Wegen der mehrfachen Verwendbarkeit und der damit verbundenen besseren Performance sowie der leichteren Auswertbarkeit wird in der Variantenkonfiguration globales Beziehungswissen empfohlen.

Wie pflegt man lokales und globales Beziehungswissen? Lokales Beziehungswissen kann nur aus der Zuordnung heraus gepflegt, d. h. angelegt, geändert oder gelöscht werden. Dazu müssen Sie in die Pflegetransaktionen der Objekte gehen, zu denen das lokale Beziehungswissen die Zuordnungen besitzt. Damit sind die folgenden Transaktionen und Apps gemeint:

- die Transaktionen und Apps der Stücklisten- und Arbeitsplanpflege
- die Transaktionen und Apps der Merkmalspflege und der Pflege des Konfigurationsprofils
- Eine weitere Pflegeumgebung für lokales Beziehungswissen ist Transaktion PMEVC.

Der Prozess des globalen Beziehungswissens besteht theoretisch aus zwei Schritten:

1. **Pflege des globalen Beziehungswissens**
   Dies ist unabhängig von der Zuordnung in speziellen Transaktionen und SAP-Fiori-Apps der Variantenkonfiguration (CU01, CU02, CU21, CU22 und PMEVC) möglich.

2. **Zuordnung des globalen Beziehungswissens**
   Das ist die Zuordnung aus den Pflegetransaktionen und Apps der Objekte, zu denen die Verknüpfungen aufgebaut werden sollen (Stückliste, Arbeitsplan, Merkmal, Konfigurationsprofil).

Diese beiden Schritte können zu einem Schritt zusammengefasst werden, indem in der Zuordnung das neue Beziehungswissen angelegt wird. Versuchen Sie, ein nicht vorhandenes globales Beziehungswissen zuzuordnen, können Sie direkt aus der Zuordnung heraus das Beziehungswissen anlegen. Auch können Sie globales Beziehungswissen aus der Zuordnung heraus ändern. Dies ist jedoch nur bei einmaliger Verwendung möglich. Bei mehreren Zuordnungen eines globalen Beziehungswissens ist die Möglichkeit, Beziehungswissen aus der Zuordnung heraus zu ändern, unterbunden.

Wie soeben erwähnt, können die beiden Schritte der Pflege globalen Beziehungswissens zu einem Schritt zusammengefasst werden, was auch in der Produktmodellierungsumgebung von Transaktion PMEVC durchführbar ist.

Wie zu Beginn dieses Abschnitts bereits erwähnt, wird lokales Beziehungswissen aus der Pflegetransaktion oder App eines Objekts heraus angelegt und direkt zugeordnet. In Abbildung 5.1 ist dargestellt, wie in Transaktion PMEVC über das Kontextmenü der einzelnen Objekte die folgenden Aktionen vorgenommen werden können:

- vorhandenes globales Beziehungswissen zuordnen
- neues globales Beziehungswissen aus der Zuordnung heraus anlegen
- neues lokales Beziehungswissen aus der Zuordnung heraus anlegen

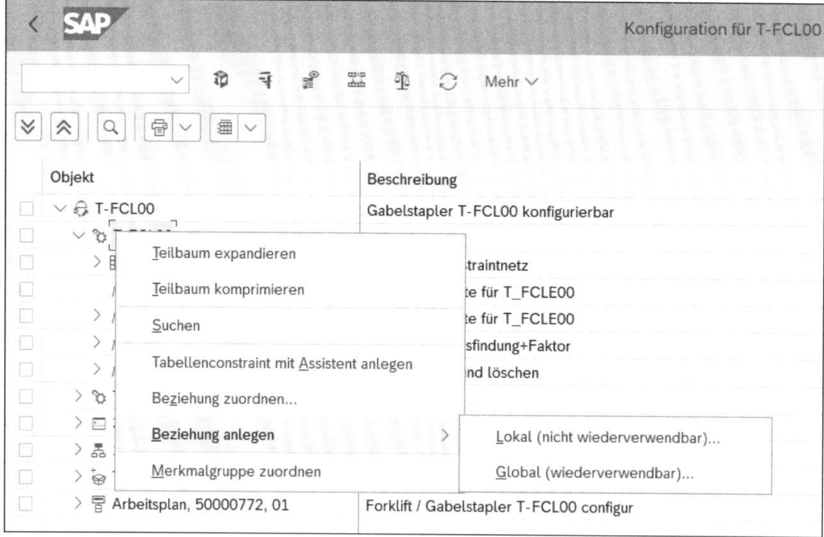

Abbildung 5.1 Beziehungswissen anlegen und mit Transaktion PMEVC zuordnen

Abbildung 5.2 zeigt als Beispiel die Merkmalspflege. Lokales Beziehungswissen können Sie immer über den folgenden Menüpfad anlegen: **Zusätze • Beziehungswissen • Editor** ❶. Anschließend erscheint ein kleines Fenster, in dem Sie die Art des Beziehungswissens auswählen. Falls eine Spalte für Beziehungswissen erscheint (hier ❸), hat ein Doppelklick auf die Boxen die gleiche Wirkung wie der Menüpfad für lokales Beziehungswissen. (Diese Spalte existiert, abhängig von der Einrichtung Ihres Systems, leider nicht immer.)

Abbildung 5.2 Beziehungswissen anlegen und mit sonstigen klassischen Transaktionen und Apps zuordnen

Globales Beziehungswissen können Sie immer über den folgenden Menüpfad anlegen: **Zusätze • Beziehungswissen • Zuordnungen** ❷. Sollte der Button [Z] auf dem Bild zu sehen sein ❹, bietet er genau die gleiche Funktionalität an wie der genannte Menüpfad für globales Beziehungswissen. (Dieser Button existiert leider nicht immer.)

Im nächsten Bild sehen Sie eine tabellarische Darstellung der Zuordnungen (siehe Abbildung 5.3.) Hier ist zu erkennen, ob bereits Beziehungswissen zugeordnet wurde. Lokales Beziehungswissen erkennen Sie an dem rein numerischen Namen des Beziehungswissens. Der Name von globalem Beziehungswissen kann auch Buchstaben oder wie in Abbildung 5.3 Unterstriche beinhalten.

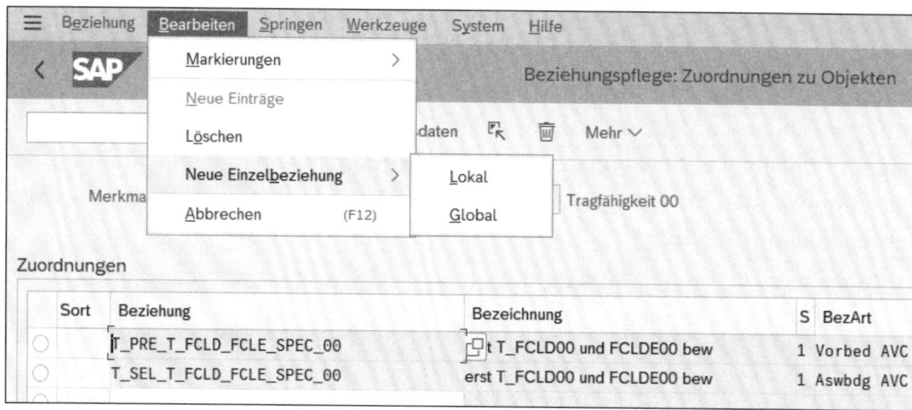

Abbildung 5.3 Neues Beziehungswissen mit sonstigen klassischen Transaktionen und Apps anlegen

Weiteres lokales Beziehungswissen kann über den Menüpfad **Bearbeiten • Neue Einzelbeziehung • Lokal** angelegt werden.

Globales Beziehungswissen wird in der in Abbildung 5.3 dargestellten Sicht zugeordnet – egal, ob es bereits vorhanden ist oder erst aus der Zuordnung heraus angelegt werden soll –, indem der Name in die Tabelle der Zuordnungen aufgenommen wird.

Existiert noch kein globales Beziehungswissen, erscheint ein Fenster, in dem Sie das neue Beziehungswissen mit oder ohne Änderungsdienst sowie mit oder ohne Kopiervorlage anlegen können. Als Kopiervorlage für globales Beziehungswissen kann sowohl lokales als auch globales Beziehungswissen dienen.

In den Basisdaten des Beziehungswissens wird die Bezeichnung gepflegt (siehe Abbildung 5.4).

Der Status ist generell zunächst **In Erstellung**. Er kann erst auf **Freigegeben** geändert werden, wenn Syntax existiert und diese auch fehlerfrei ist. Die Beziehung kann einer Beziehungsgruppe zugeordnet werden – analog zu den Objekten im Klassensystem als Strukturierungs- und Selektionswerkzeug. Gleiches gilt in Analogie zu den Objekten des Klassensystems für die Pflegeberechtigungen. Der Verarbeitungsmodus ist einzustellen. Der letzte Punkt in den Basisdaten ist die Auswahl der Beziehungsart. Alle Einstellungen in den Basisdaten sind nachträglich änderbar.

Aus diesem Bild können Sie über einen Klick auf die Buttons **Bezeichnungen** und **Beziehungseditor** zu diesen Funktionen abspringen.

In Abbildung 5.5 ist die SAP-Fiori-App **Stücklisten pflegen** (als Beispiel einer nicht fiorisierten Transaktion) dargestellt. Hier existiert keine Spalte (wie in Abbildung 5.2), die die Existenz von geordnetem Beziehungswissen anzeigt. Auch der Button [Z] (Beziehungswissen) fehlt.

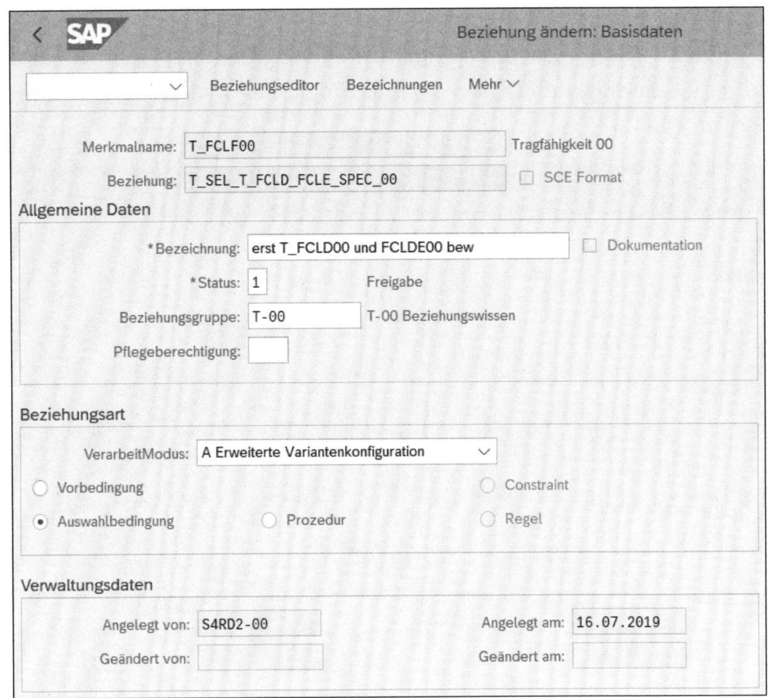

Abbildung 5.4 Globales Beziehungswissen pflegen

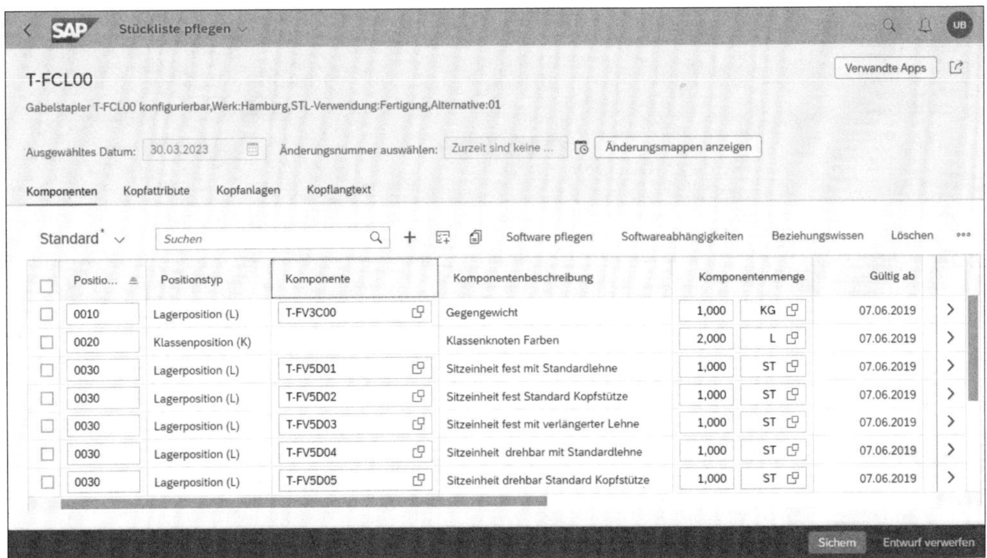

Abbildung 5.5 Die SAP-Fiori-App »Stücklisten pflegen«

Über einen Klick auf den Button **Beziehungswissen** in Abbildung 5.5 gelangen Sie in die Sicht **Zugeordnetes Beziehungswissen**, die in Abbildung 5.6 dargestellt ist. Hier können Sie weiteres globales Beziehungswissen zuordnen oder lokales und globales Beziehungswissen anlegen.

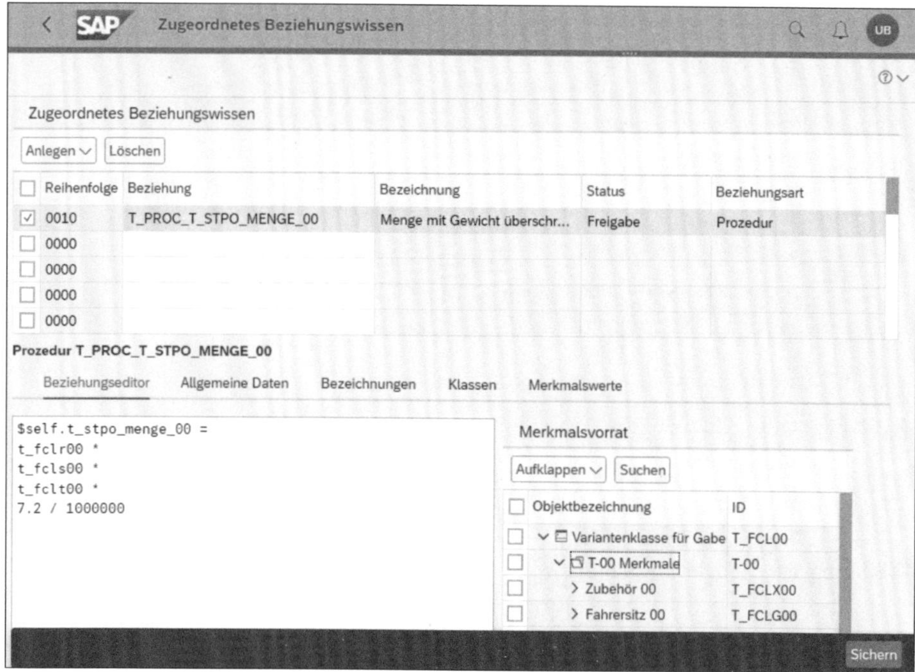

Abbildung 5.6 Die Beziehungswissenspflege in der SAP-Fiori-App »Stücklisten pflegen«

5.1.4 Status von Beziehungswissen

Beziehungswissen – sowohl lokales als auch globales – hat einen *Status*. Es darf erst freigegeben werden, wenn Syntax existiert und diese fehlerfrei ist. Lokales Beziehungswissen wird automatisch freigegeben, wenn vor dem Speichern eine fehlerfreie Syntax angelegt wird. Es ist möglich, fehlerhafte Syntax zu speichern. Das System setzt dann jedoch den Status automatisch auf **Gesperrt**. Dies gilt sowohl bei lokalem als auch bei globalem Beziehungswissen.

Der Status des Beziehungswissens kann im Customizing angepasst werden, falls man nicht mit dem Standard arbeiten möchte. Nach einer Korrektur muss der Status immer manuell auf **Freigabe** gesetzt werden.

Im Unterschied zu lokalem Beziehungswissen muss globales Beziehungswissen meistens manuell freigegeben werden. Ausnahmen sind die Fälle, in denen globales Beziehungswissen vom System angelegt wird. Diese Fälle sind:

- falls mit den Assistenten in Transaktion PMEVC gearbeitet wird
- falls mit Drag & Drop von Merkmalswerten auf Stücklistenpositionen in Transaktion PMEVC gearbeitet wird

Des Weiteren ist zu beachten, dass der Status von Beziehungswissen keine Auswirkung auf seine Zuordnung hat. Globales Beziehungswissen kann mit jedem der folgenden Status zugeordnet werden:

- **In Erstellung**
- **Freigabe**
- **Gesperrt**

Die Zuordnung kann auch bei jedem Status gelöscht werden. Analog können Sie auch für bereits zugeordnetes Beziehungswissen den Status ändern.

5.1.5 Verarbeitungsmodus von Beziehungswissen

Neben dem Konfigurationsprofil hat auch das Beziehungswissen einen *Verarbeitungsmodus*. Auch hier existieren zwei Verarbeitungsmodi:

- Klassisch (LO-VC)
- Erweiterte Variantenkonfiguration (AVC)

Stückliste und Arbeitsplan werden derzeit (Stand: April 2023) grundsätzlich mit der klassischen Konfigurations-Engine (LO-VC-Engine) aufgelöst. Deshalb muss das gesamte Beziehungswissen, das Stückliste und Arbeitsplan zugeordnet wird, den Verarbeitungsmodus **Klassisch** haben. Der Versuch »falsches« Beziehungswissen der Stückliste und dem Arbeitsplan bezüglich Verarbeitungsmodus (d. h., Beziehungswissen mit dem Verarbeitungsmodus **Erweiterte Variantenkonfiguration**) zuzuordnen, führt zu Fehlermeldungen.

Beziehungswissen am Konfigurationsprofil muss den gleichen Verarbeitungsmodus wie das Konfigurationsprofil verwenden. Der Versuch »falsches« Beziehungswissen (d. h., dass der Verarbeitungsmodus des Konfigurationsprofils nicht der gleiche Verarbeitungsmodus des Beziehungswissen ist) bezüglich Verarbeitungsmodus mit Transaktion PMEVC zuzuordnen führt zu Fehlermeldungen. Beziehungswissen mit »falschem« Verarbeitungsmodus wird nicht abgearbeitet.

Beziehungswissen an Merkmalen und Merkmalswerten muss den gleichen Verarbeitungsmodus wie das Konfigurationsprofil verwenden. Es ist möglich, »falsches« Beziehungswissen bezüglich des Verarbeitungsmodus den Merkmalen und den Werten zuzuordnen. Dies liegt daran, dass solche Merkmale in Modellen mit klassischem und mit erweitertem Verarbeitungsmodus enthalten sein können. Beziehungswissen mit »falschem« Verarbeitungsmodus wird nicht abgearbeitet.

In Release 2022 ist in der Klassifizierung nur Beziehungswissen mit klassischem Verarbeitungsmodus wirksam.

Im erweiterten Verarbeitungsmodus (AVC) wird das Beziehungswissen teilweise anders und umfangreicher ausgewertet als im klassischen Verarbeitungsmodus. »Umfangreicher« bedeutet vor allem vorausschauender: Es wird versucht, Inkonsistenzen zu vermeiden. Constraints werden auch ohne Inferences-Teil so abgearbeitet, als hätte der Constraint einen Inferences-Teil; Prozeduren werden nicht so schnell abgebrochen wie ohne AVC.

Bei der Auswertung von Constraints wird über eine Werteeinschränkung versucht, größere Inkonsistenzen zu vermeiden. Diese umfangreichere Auswertung kann vermieden werden, indem Bedingungen grundsätzlich in den `CONDITION`-Teil des Constraints aufgenommen werden und nicht als `IF`-Bedingung im `RESTRICTIONS`-Teil erscheinen. Mehr dazu finden Sie in Abschnitt 5.3, »Beziehungswissen für die interaktive Konfiguration (High-Level-Konfiguration)«.

Vorbedingungen wurden bis Release SAP S/4HANA 2021, On-Premise-Version, oder SAP S/4HANA Cloud 2108 ebenfalls mit diesem umfangreicheren Ansatz wie für Constraints ausgewertet. Mit SAP-Hinweis 3060829 besteht in diesem Release die Möglichkeit, auf die klassische Verarbeitung wie dem klassischen Verarbeitungsmodus auch unter AVC zurückzukehren. Ab SAP S/4HANA, On-Premise-Version 2022 oder SAP S/4HANA Cloud 2111 werden die Vorbedingungen auch in AVC nicht umfangreicher als im klassischen Verarbeitungsmodus ausgewertet.

Sie können mehrere Anweisungen in eine Prozedur aufnehmen. Trennen Sie diese mit Komma ab. Im klassischen Verarbeitungsmodus wird die Prozedur ab der Anweisung abgebrochen, ab der sie nicht ausgeführt werden kann. Im erweiterten Verarbeitungsmodus (in AVC) wird nur die Anweisung abgebrochen, die nicht ausgeführt werden kann. Im Gegensatz zum klassischen Vorgehen versucht das System weiteren Anweisungen abzuarbeiten. Ab SAP S/4HANA, On-Premise-Variante 2022, oder SAP S/4HANA Cloud 2111 ist es möglich, über das Syntaxelement `EXIT` einen Abbruch analog zum klassischen Verarbeitungsmodus zu erzwingen.

5.1.6 Beziehungswissen in der Klassifizierung und in der Variantenkonfiguration

Beziehungswissen kann neben der Variantenkonfiguration auch in der Klassifizierung genutzt werden und ist dort aktiv. Im Folgenden lernen Sie die Gemeinsamkeiten und Unterschiede kennen.

Beziehungswissen an Merkmalen und Merkmalswerten ist in der Klassifizierung und in der Variantenkonfiguration gleich. Dies betrifft die Vor- und Auswahlbedingungen sowie Prozeduren.

Werden Merkmale mit zugeordnetem Beziehungswissen sowohl in der Klassifizierung (Klassen, die keine Variantenklassen sind) als auch in der Variantenkonfiguration (Variantenklassen) genutzt, ist auch das Beziehungswissen dieser Merkmale aktiv. Das kann gewollt sein. Werden z. B. die gleichen Merkmale zur Klassifizierung in Klassenknoten und in der Konfiguration genutzt, wird häufig gewünscht, dass an beiden Stellen die gleichen Regeln gelten. Ansonsten sollten Sie es vermeiden, Merkmale in beiden Anwendungen gleichzeitig zu verwenden, indem Sie die Verwendung von Merkmalen in der Merkmalsdefinition auf bestimmte Klassenarten einschränken oder indem Sie Merkmalen nur in der klassenspezifischen Überschreibung das Beziehungswissen zuordnen.

Anders verhält sich das Beziehungswissen an anderen Objekten: Beziehungswissen an Klassen ist nur in der Klassifizierung aktiv. Auch können Sie den Variantenklassen Beziehungswissen zuordnen. Dies zeigt jedoch keine Wirkung in der Variantenkonfiguration und sollte aus diesem Grund vermieden werden.

Prozeduren an Klassen

Prozeduren sind das einzige Beziehungswissen, das Klassen zugeordnet werden kann. Diese den Klassen zugeordneten Prozeduren werden aber nur in der Klassifizierung abgearbeitet, nicht jedoch in der Variantenkonfiguration. Das heißt, dass die den Klassen zugeordneten Prozeduren in der Klassifizierung die Bedeutung haben, die die Prozeduren in der Variantenkonfiguration am Konfigurationsprofil haben.

Beziehungswissen an weiteren Objekten wie Konfigurationsprofil, Stückliste und Arbeitsplan sind nur in der Variantenkonfiguration aktiv.

Inaktives Beziehungswissen in der Suche im Klassensystem

Bei den Suchfunktionen im Klassensystem ist das Beziehungswissen inaktiv. Das heißt, dass Sie nach Bewertungskombinationen suchen können, die in der Form weder in der Klassifizierung noch in der Konfiguration möglich sind.

Dies liegt daran, dass bei der Suche im Klassensystem alle Einschränkungen bezüglich des Formats der Merkmale abgeschaltet sind. So kann immer mehrwertig und intervallwertig gesucht werden. Es ist weder technisch noch inhaltlich durchführbar, alle Einschränkungen abzuschalten und trotzdem das Beziehungswissen abzuarbeiten.

5.1.7 Ausführungsreihenfolge von Beziehungswissen

Wir betrachten in diesem Abschnitt die Ausführungsreihenfolge von Beziehungswissen. Wir haben gesehen, dass verschiedene Arten von Beziehungswissen an den verschiedensten Stellen genutzt werden können. Außerdem können Sie BAdIs nutzen.

Wir beginnen mit der Ausführungsreihenfolge im erweiterten Verarbeitungsmodus (in AVC) bei der *High-Level-Konfiguration*. Das heißt, dass bei der interaktiven Konfiguration, der Konfiguration »im Hellen« bzw. der Konfiguration im Dialog. Starten Sie die Abarbeitung des Beziehungswissens mit der [↵]-Taste. Anschließend beginnt die Abarbeitung mit dem `$root`-Objekt:

1. Werte, die durch Prozeduren gesetzt wurden, werden zurückgenommen.
2. Das BAdI `VCH_HL_PRE_VALIDATE_ASSIGN` wird abgearbeitet.
3. Das Beziehungswissen an der `$root`-Instanz wird folgendermaßen abgearbeitet:
   - Constraints ausschließlich für das `$root`-Objekt werden abgearbeitet. Falls sich an den Bedingungen sich etwas ändert, werden sie wiederholt abgearbeitet.
   - Statische Vorschlagswerte aus der Merkmalsdefinition werden gesetzt, und statische Vorschlagswerte, die zu Inkonsistenzen führen, werden gleich wieder zurückgezogen.
   - Alle Prozeduren werden genau einmal ausgewertet. Dies geschieht in der Reihenfolge: Konfigurationsprofil → Merkmale → Merkmalswerte. Die Ausführungsreihenfolge der Prozeduren pro Objekt wird auf der Ebene der Zuordnung der Prozeduren festgelegt.
   - Alle Vorbedingungen werden abgearbeitet
   - Alle Auswahlbedingungen werden abgearbeitet
4. Laut Stücklistenauflösung der nächsten Ebene und »links« beginnend wird analog mit Schritt 3 fortgefahren. Es wird immer eine weitere Instanz zusätzlich berücksichtigt.
5. Zum Abschluss werden die Prozeduren auf der `$root`-Ebene erneut abgearbeitet, u. a., um die Preisfindung zu aktualisieren.
6. Das BAdI `VCH_HL_POST_VALIDATE_ASSIGN` wird abgearbeitet.
7. Wird ab Schritt 3 beziehungsweise 4 auf einer Instanz eine nicht behebbare Inkonsistenz festgestellt, bricht die Abarbeitung an dieser Stelle ab. (Dies ist nicht so unter LO-VC im klassischen Verarbeitungsmodus.)
8. Es existieren zwei weitere BAdIs, die beim Absprung in die Konfiguration (VCH_HL_MD_DOMAIN_MODIFY) und aus der Konfiguration (VCH_HL_ON_SAVE) abgearbeitet werden.

Die Ausführungsreihenfolge im *klassischen Verarbeitungsmodus* (LO-VC) verläuft folgendermaßen:

1. Die Vorschlagswerte aus der Merkmalsdefinition werden gesetzt
2. Alle Aktionen werden mehrmals ausgeführt, bis keine weiteren Werte hergeleitet werden können.
3. Alle Prozeduren werden in der folgenden Reihenfolge genau einmal ausgewertet: Konfigurationsprofil → Merkmale → Merkmalswerte. Die Ausführungsreihen-

folge der Prozeduren pro Objekt wird auf der Ebene der Zuordnung der Prozeduren festgelegt.

4. Wie in Schritt 2 werden alle Aktionen abgearbeitet, soweit sich durch die Prozeduren Änderungen ergeben haben. Parallel zu den Schritten 1 bis 4 werden sofort alle die Constraints abgearbeitet, für die sich relevante Veränderungen ergeben haben.
5. Erst werden alle Vorbedingungen und dann alle Auswahlbedingungen abgearbeitet.

[!]

Prozeduren an Merkmalen und Merkmalswerten vermeiden

Vermeiden Sie Prozeduren an Merkmalen und Merkmalswerten. Bei Prozeduren mit ihrem prozedualen Charakter ist die Abarbeitungsreihenfolge entscheidend. Es gibt die folgenden festen Regeln:

1. Die Prozeduren am Konfigurationsprofil werden abgearbeitet.
2. Die Prozeduren an den Merkmalen werden abgearbeitet, soweit diese Merkmale bereits bewertet sind.
3. Zum Schluss erfolgt die Abarbeitung der Prozeduren an den Merkmalswerten, soweit diese Merkmalswerte bereits als Bewertung genutzt wurden.

An jeder Stelle, an der Sie die Prozeduren zuordnen können, lässt sich über die Sortierung die Abarbeitungsreihenfolge festlegen.

Eine Einschränkung gibt es jedoch: Wenn mehreren Merkmalen Prozeduren zugeordnet sind, ist die Abarbeitungsreihenfolge zwischen den Merkmalen zufällig. Dies führt zu einer nicht kontrollierbaren Reihenfolge. Wenn mehreren Merkmalswerten Prozeduren zugeordnet sind, ist die Abarbeitungsreihenfolge zwischen den Merkmalswerten zufällig. Auch dies ist nicht erwünscht, da es nicht steuerbar ist.

Aus diesen Gründen wird werden Prozeduren an Merkmalen und Merkmalswerten nicht empfohlen und teilweise sogar verboten. Zum Beispiel werden in die Laufzeitversion keine Prozeduren an Merkmalen und Merkmalswerten übernommen.

Abschließend betrachten wir mit Abbildung 5.7 noch die Ausführungsreihenfolge des Beziehungswissens für Stückliste und Arbeitsplan. Die Ausführungsreihenfolge des Beziehungswissens für Stückliste und Arbeitsplan, der sogenannten *Low-Level-Konfiguration*, ist wie folgt:

1. Auswahlbedingungen an Objekten
2. Prozeduren an Objekten, soweit diese Objekte aufgrund der Auswahlbedingungen nicht ausgeschlossen wurden.

Das Beziehungswissen an Stückliste und Arbeitsplan nutzt derzeit (Stand: April 2023) stets den klassischen Verarbeitungsmodus. Dabei spielt der Verarbeitungsmodus des Konfigurationsprofils keine Rolle.

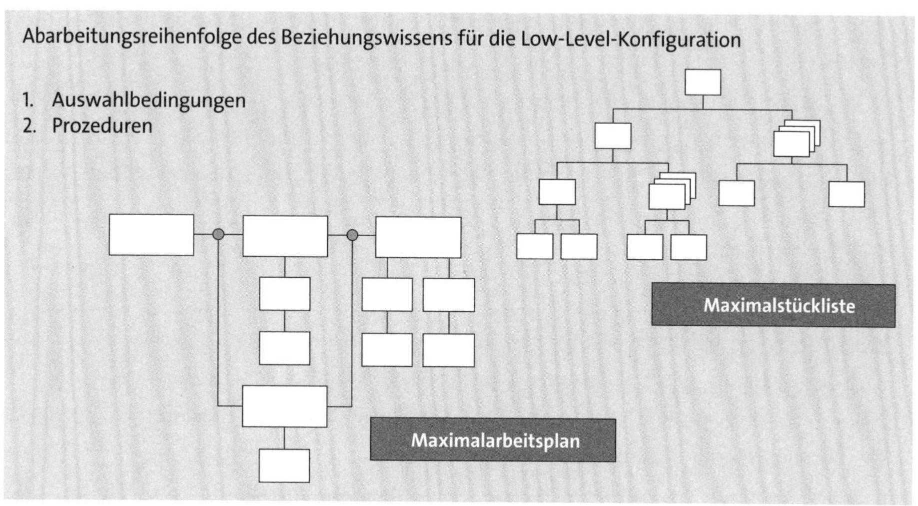

Abbildung 5.7 Ausführungsreihenfolge des Beziehungswissens für Stückliste und Arbeitsplan

5.1.8 Grundregeln der Syntax

Das Beziehungswissen folgt eigenen syntaktischen Regeln. Die Syntax ist keine ABAP-Programmierung und entspricht auch keiner anderen geläufigen Programmiersprache. Über BAdIs und sogenannte *Variantenfunktionen* besteht die Möglichkeit, ABAP-Coding in die Abarbeitung von Beziehungswissen zu integrieren – und damit stehen auch ABAP-Funktionen zur Verfügung.

[!]

BAdIs statt Variantenfunktionen derzeit unter AVC nutzen.

Die vier BAdIs aus Abschnitt 5.3.8 stehen ausschließlich unter AVC zur Verfügung. Variantenfunktionen können derzeit (Stand: April 2023) nicht unter AVC genutzt werden.

Das Ergebnis der Abarbeitung von Beziehungswissen kann folgendermaßen aussehen:

- Vor- und Auswahlbedingungen sind boolesche Ausdrücke. Das heißt, dass sie ein binäres Ergebnis liefern.
- Prozeduren liefern beliebige Werte als Ergebnis.
- Constraints liefern im Rahmen der Wertsetzung entsprechende Werte und im Rahmen der Konsistenzprüfung ein binäres Ergebnis.

Wir betrachten im Folgenden die Syntaxregeln detaillierter.

Namen von Klassen und Merkmalen

Die Syntax ist sprachunabhängig und nutzt die sprachneutralen Namen von Klassen, Merkmalen, Merkmalswerten, Materialstämmen und Dokumenten. Diese Namen werden direkt in die Syntax aufgenommen. Einzige Ausnahme sind Merkmalswerte im Zeichenformat (CHAR). Diese werden in Hochkommata gesetzt. Darüber hinaus kann ausschließlich in Constraints mit Variablen für Objekte und Merkmale gearbeitet werden. Diese Variablen werden pro Constraint spezifisch definiert.

Beachten Sie im Hinblick auf Klassen und Dokumente, dass der Objektschlüssel aus mehreren Teilen besteht. Bei Materialstämmen und Dokumenten müssen Sie den Objekttyp mit angeben. Ein Beispiel für Klasse, Materialstamm und Dokument in der Syntax von Beziehungswissen zeigt Listing 5.1.

```
(300)klasse1
(MATERIAL)()(NR='material2')
(document)()(TYPE = 'DRW', VERSION = '00', PART = '000',
            NR = 'D4545')
```

Listing 5.1 Klasse, Materialstamm und Dokument im Beziehungswissen

Groß- und Kleinschreibung, Kommentare

Sie können die Groß- oder Kleinschreibweise beliebig verwenden. Ausgenommen davon sind die Merkmalswerte beim Zeichenformat CHAR, bei denen zusätzlich das Kennzeichen **Groß-/Kleinschreibung** gesetzt wurde. Nutzen Sie dieses Kennzeichen nur, wenn es unbedingt notwendig ist. Das Kennzeichen ist leider bei Objektmerkmalen für Variantenkonditionen erforderlich (siehe Kapitel 6, »Preisfindung«).

[«]

> **Groß- und Kleinschreibung**
>
> Syntaxelemente können beliebig groß- oder kleingeschrieben werden. Beides ist gleichbedeutend und kann auch gemischt verwendet werden (Syntaxbeispiele geben wir im Verlauf des Kapitels).

Auch können Sie sprachneutrale Kommentarzeilen in die Syntax aufnehmen, indem Sie einen Stern * in der ersten Spalte voranstellen. Es gibt auch die Möglichkeit der sprachspezifischen Kommentare im Beziehungswissen. Dies wird jedoch nicht in die Syntax aufgenommen, sondern ist unter **Zusätze • Dokumentation** in den Basisdaten des Beziehungswissens zu finden.

Leerzeichen und Zeilenumbrüche können an beliebiger Stelle eingefügt werden; Aufzählungen von mehreren Anweisungen sind in einem Beziehungswissen möglich und werden dann durch Kommata getrennt.

$self, $parent, $root

Bezüglich der ansprechbaren Objekte im Beziehungswissen muss zwischen Constraints und allen anderen Arten von Beziehungswissen, die auch unter dem Begriff *einfaches Beziehungswissen* zusammengefasst werden, unterschieden werden. In Constraints können alle Objekte einer Produktstruktur angesprochen werden. In den anderen Arten von Beziehungswissen können maximal drei Objekte angesprochen werden. Dies erfolgt ausschließlich relativ in Bezug auf den Ablageort des Beziehungswissens. Als Beispiel verwenden wir die Struktur aus Abbildung 5.8.

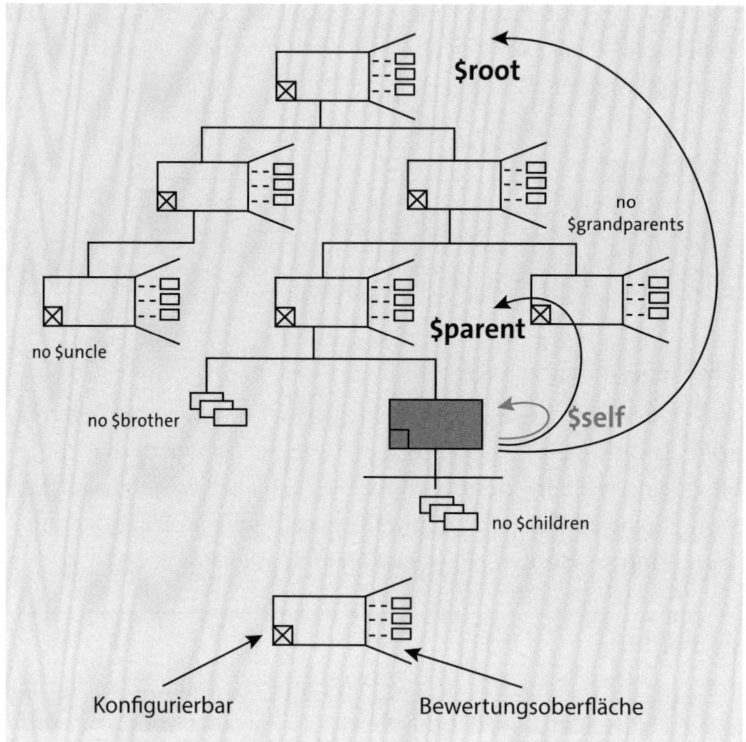

Abbildung 5.8 $self, $parent und $root im Beziehungswissen

Eine einfache Beziehung (Vor-, Auswahlbedingung oder Prozedur) ist der hervorgehobenen Komponente auf der vorletzten Ebene der Stücklistenstruktur zugeordnet.

Alle darüberliegenden Baugruppen und das Kopfmaterial sind konfigurierbar. Alle diese Materialien sollen in dieser Umgebung über Konfigurationsprofile verfügen, sodass sie alle konfiguriert werden können. Die kleinen Kreuze in der Abbildung zeigen an, dass es sich um konfigurierbare Materialien handelt. Die drei kleinen Rechtecke stellen eine aktive Bewertungsoberfläche dar.

Daraus ergibt sich, dass die folgenden drei Objekte in dieser Beziehung ansprechbar sind:

- **$self**
  Wenn `$self` einem Merkmalsnamen vorangestellt ist, kann die Merkmalsbewertung am Objekt selbst angesprochen werden. Prozeduren können generell nur auf dieser Ebene Werte setzen.
- **$root**
  Wenn `$root` einem Merkmalsnamen vorangestellt ist, kann die Merkmalsbewertung am Kopfobjekt angesprochen werden. Dies ist die oberste Instanz bezüglich der Konfigurationsstruktur und die oberste Ebene, auf der die Merkmalsbewertung gespeichert wird.
- **$parent**
  Wenn `$parent` einem Merkmalsnamen vorangestellt ist, kann die Merkmalsbewertung an der nächsten Instanz oberhalb der `$self`-Ebene angesprochen werden. Soweit das Kopfmaterial der einstufigen Stückliste, in der einer Komponente die Beziehung zugeordnet ist, auch eine eigene Bewertung bezüglich der Konfiguration hat, ist dies die `$parent`-Instanz. Ansonsten wandert diese Ebene weiter nach oben.

```
$self.merkmal3 = $parent.merkmal2 + $root.merkmal1
```

```
$SELF.MERKMAL3 = $PARENT.MERKMAL2 + $ROOT.MERKMAL1
```

Im Beispiel aus Abbildung 5.8 kann die erste Baugruppe unter dem Kopfmaterial nicht angesprochen werden, da die Ebenen zwischen `$PARENT` und `$ROOT` nicht angesprochen werden können. Das Gleiche gilt für Ebenen unterhalb der `$self`-Ebene. Anders gesagt: Es gibt kein `$grandparent`, `$children` oder ähnliche verwandtschaftliche Beziehungen.

Es kann passieren, dass mehrere Ebenen zusammenfallen. Würde in unserem Beispiel auf der Kopfebene z. B. das Szenario **Plan-/Fertigungsauftrag ohne Stücklistenauflösung** genutzt, würden alle darunterliegenden Konfigurationsprofile ignoriert. Damit würden diese Ebenen nicht als Instanzen im Konfigurationsprozess erscheinen, und das Kopfmaterial wäre von allen Elementen aus der Stücklistenstruktur heraus sowohl als `$root` als auch als `$parent` ansprechbar. Damit fallen diese beiden Ebenen zusammen. Betrachten wir das mittlere Beispiel ❷ in Abbildung 5.9.

Es können sogar alle drei Ebenen zusammenfallen, wenn das Beziehungswissen auf der Ebene des Kopfmaterials, d. h. des dortigen Konfigurationsprofils, zugeordnet wird. Das sehen Sie unter ❶ in Abbildung 5.9.

Nur in der mehrstufigen Konfiguration werden mit diesen drei Syntaxelementen drei verschiedene Ebenen angesprochen (siehe das Beispiel ❸ in Abbildung 5.9).

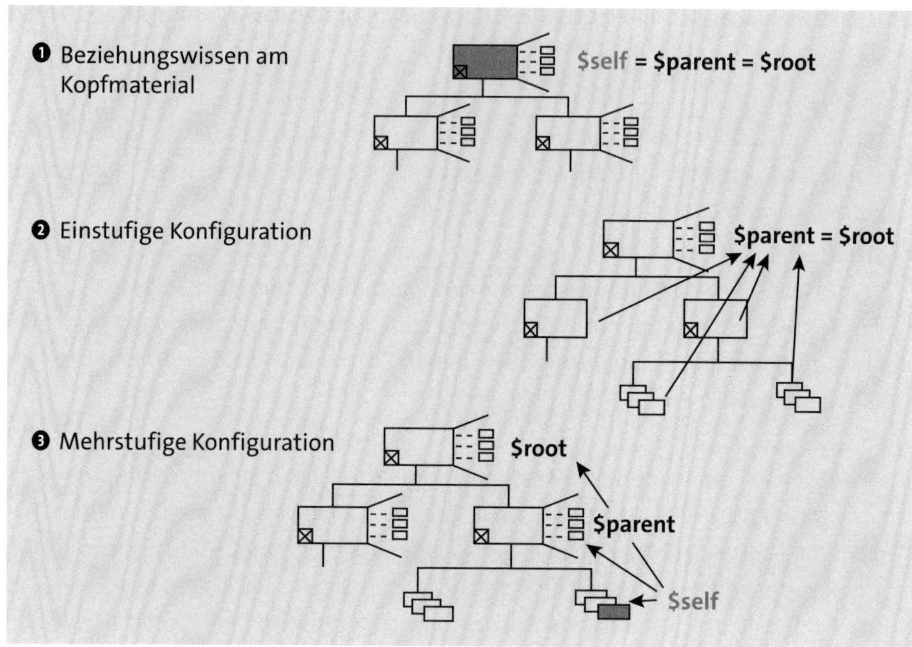

Abbildung 5.9 $self, $parent und $root in speziellen Fällen im Beziehungswissen

5.1.9 Syntaxelemente

In Beziehungswissen können neben den bereits vorgestellten Namen von Merkmalen, Merkmalswerten, Materialstämmen und Dokumenten sowie `$self`, `$parent` und `$root` weitere Syntaxelemente genutzt werden.

- Sie können beliebige Klammern nutzen.
- Sie können Aufzählungen mit Kommas verwenden.
- Anweisungen können (müssen aber nicht) mit einem Punkt beendet werden.
- Sie können Kommentarzeilen mit einem Stern * beginnen lassen. Ein teilweises Auskommentieren ist hingegen nicht möglich.

Als *logische Operatoren* stehen zur Verfügung:

- Negation: `NOT`
- Bedingungen: `IF`
- Verknüpfungen: `AND`, `OR`
- Vergleichsoperatoren:
  - kleiner als: `<`, `LT`
  - kleiner gleich: `<=`, `=<`, `LE`
  - gleich: `=`, `EQ`

- größer gleich: `>=`, `=>`, `GE`
- größer als: `>`, `GT`
- ungleich: `<>`, `><`, `NE`

Als *arithmetische Operatoren* stehen zur Verfügung:

- Grundrechenarten: +, -, /, *, **
- Standardfunktionen:
  - Winkelfunktionen: `sin`, `cos`, `tan`
  - Exponentialfunktion (Basis e): `exp`
  - Logarithmusfunktionen (Basis e und 10): `ln`, `log10`
  - Arcus Funktionen: `arcsin`, `arccos`, `arctan`
  - Quadratwurzel: `sqrt`
  - Absolutbetrag: `abs`
  - Signum: `sign`
  - Dezimalanteil: `frac`
  - ganzzahliger Teil: `trunc`
  - aufgerundet: `ceil`
  - abgerundet: `floor`

Als *Zeichenkettenoperatoren* stehen zur Verfügung:

- die Verknüpfung: `||`
- die Umwandlung in Kleinbuchstaben: `LC`
- die Umwandlung in Großbuchstaben: `UC`

Des Weiteren können Sie mit dem Syntaxelement `in` Listen abfragen. Bei numerischen Merkmalen können diese Listen auch generell Intervalle enthalten. Beispiele sehen Sie in Listing 5.2:

```
farbe in ('r', 'b', 'g')
breite in (100, 200 - 400, 600).
```

Listing 5.2 Beispiele für eine Listenabfrage mit »in«

Über `specified` kann abgefragt werden, ob ein Merkmal bewertet ist. Auch negative Abfragen sind möglich. Beispiele dazu finden Sie im folgenden Listing 5.3:

```
farbe specified
specified farbe
not specified farbe.
```

Listing 5.3 Beispiele für die Abfragen mit »specified«

In Beziehungswissen außer Constraints können Sie mit dem Syntaxelement type_of das Objekt auf der entsprechenden Ebene abfragen. Im Allgemeinen wird hierbei die Variantenklasse auf der Kopfebene abgefragt (siehe Listing 5.4).

```
type_of($root, (300)klasse1)
type_of($root, (material(300)(nr='material1')))
```

Listing 5.4 Beispiele für Abfragen mit »type of«

Keine negativen Abfragen bei Constraints

Als einzige Ausnahme bezüglich negativer Abfragen mit den Syntaxelementen not in, not type_of und not specified lassen Constraints diese Negationen nicht zu. In Constraints sind dies Syntaxfehler.

Weitere Syntaxelemente finden Sie in der folgenden Aufzählung:

- mdata
  Dieses Element dient der Abfrage der »Masterdaten«, also der Originaldaten in den Stammdaten.
- ?=
  Dieses Element ist für das Setzen von Vorschlagswerten (nur in Prozeduren erlaubt) vorgesehen. Das Syntaxelement ?= kann auch in Aufrufen von Variantentabellen und -funktionen verwendet werden. Es existiert auch das Syntaxelement $set_default mit gleicher Wirkung, aber umfangreicherer und damit umständlicherer Syntax:
  $set_default($self, <merkmal> , <wert>)
- $del_default
  Dieses Syntaxelement ist für das Löschen von mit dem Syntaxelement $set_default oder ?= gesetzten Vorschlagswerten (nur in Prozeduren erlaubt) vorgesehen. Diese Syntax ist analog zu der Syntax von $set_default aufgebaut:
  $del_default($self, <merkmal> , <wert>) oder
  $set_default($self, <merkmal> , <merkmal>)
- $sum_part
  Dieses Element ist für das Aufsummieren eines numerischen Merkmals in einer aufgelösten Stückliste (nur in Prozeduren erlaubt) vorgesehen.
- $count_part
  Für das Aufsummieren der Komponentenmenge in einer aufgelösten Stückliste (nur in Prozeduren erlaubt) ist dieses Element vorgesehen.
- $part_of
  Dieses Syntaxelement ist für das Abfragen von Objekten einer aufgelösten Stückliste (nur in Constraints erlaubt) vorgesehen.

- $subpart_of
  Für das Abfragen von Objekten einer beliebig tief aufgelösten Stücklistenstruktur (nur in Constraints erlaubt) ist dieses Syntaxelement vorgesehen.
- $set_pricing_factor
  Mit diesem Syntaxelement kann einem Konditionssatz für die Preisfindung nachträglich noch ein Faktor zugeordnet werden (nur in Prozeduren erlaubt).
- skey
  Das Syntaxelement skey und ein in Hochkommata gesetzter Merkmalsname sind immer auch dann erforderlich, wenn im Merkmalsnamen ein Bindestrich vorkommt.

Ausschließlich unter dem erweiterten Verarbeitungsmodus (AVC) verfügbar:

- round (x, i)
  Rundet Float-Merkmale x auf i Nachkommastellen (i ganze Zahl >= 0).
- or, and, not
  Auch zur Werteeinschränkung in RESTRICTIONS in Constraints verwendbar.
- set_pricing_factor
  Ist jetzt auch in Constraints anwendbar.
- min(x), max(x)
  Ermittelt minimale und maximale erlaubte Wert eines eingeschränkten Wertebereichs.
- $del_user_val(x) oder $del_user_val(x, y)
  Löscht Benutzereingaben.
- $del_val(x) oder $del_val(x, y)
  Löscht alle Bewertungen außer Bewertungen, die durch Constraints gesetzt wurden (d. h. Vorschlagswerte aus Merkmalsdefinitionen sowie hart und weich gesetzte Werte durch Prozeduren und Benutzereingaben).
- substring(x, y, z)
  Teilstring von x ab y; Stelle der Länge z.
- substring(x, y)
  Teilstring von x ab y; Stelle bis zum Ende.
- prefix(x, y)
  Teilstring von x ab 1; Stelle der Länge y.
- suffix(x, y)
  Teilstring von x der Länge y am Ende.
- assigned_vals(x)
  Bei der Verwendung in einem IF-Teil einer Prozedur erlaubt ASSIGNED_VALS Prüfungen, die nur Zuweisungen berücksichtigen.

- `no_of_assigned_vals(x)`
  Gibt die Anzahl der Werte zurück, die x zugewiesen werden, wenn die Anweisung ausgeführt wird.
- `exit`
  Bricht in einer Prozedur an der entsprechenden Stelle ab. Wird meist mit `if`-Bedingung genutzt. (Kann nur in Prozeduren genutzt werden. Dient dazu, unter AVC eine Verarbeitung von Prozeduren zu ermöglichen, die der Verarbeitung unter LO-VC entspricht.)
- `to_int(x)`
  Erzeugt aus einem String eine ganze Zahl.
- `to_string(x)`
  Erzeugt aus einer Zahl einen String.

Diese Syntaxelemente wurden hier nur kurz aufgezählt. In den nächsten Abschnitten, insbesondere in Abschnitt 5.3, »Beziehungswissen für die interaktive Konfiguration (High-Level-Konfiguration)«, und Abschnitt 5.4, »Beziehungswissen für Stückliste und Arbeitsplan (Low-Level-Konfiguration)«, gehen wir auf einige Syntaxelemente ausführlicher ein.

5.2 Variantentabellen

Die verschiedenen Eigenschaften eines konfigurierbaren Materials sind häufig voneinander abhängig. Dabei beeinflusst die Bewertung eines Merkmals die noch wählbaren Werte eines anderen Merkmals. Natürlich kann man solche Abhängigkeiten direkt mit einer einfachen Syntax ausdrücken. Wenn jedoch mehrere Wertekombinationen zwischen denselben Merkmalen möglich sind, ist eine Aufzählung jeder einzelnen Kombination in Form einer eigenen Befehlszeile umständlich. In solchen Fällen nutzen Sie Variantentabellen.

Variantentabellen können in jeder Art von Beziehungswissen und sowohl in der High-Level- als auch in der Low-Level-Konfiguration verwendet werden.

5.2.1 Eine Tabellenstruktur anlegen

Eine Variantentabelle ist ein eigenes Stammdatenobjekt, das in der Modellierungsumgebung für Variantenkonfigurationen angelegt werden kann. Hierzu öffnen Sie im Teilbereich **Umfeld** das Kontextmenü zum Unterpunkt **Variantentabelle** und klicken auf den Eintrag **Variantentabelle anlegen...** (siehe Abbildung 5.10).

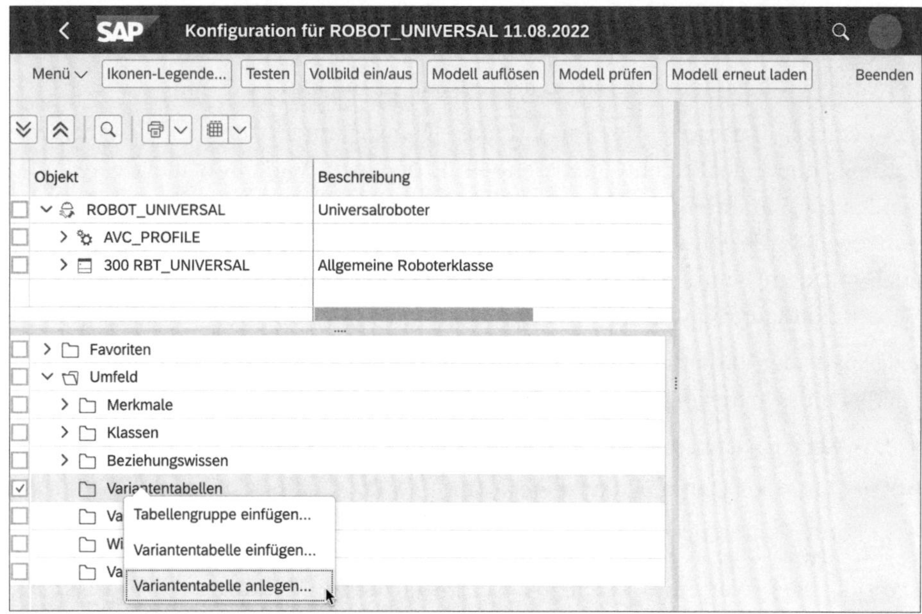

Abbildung 5.10 Variantentabelle anlegen

Es öffnet sich ein Fenster, indem Sie zunächst einen eindeutigen Namen für die Variantentabelle angeben (siehe Abbildung 5.11).

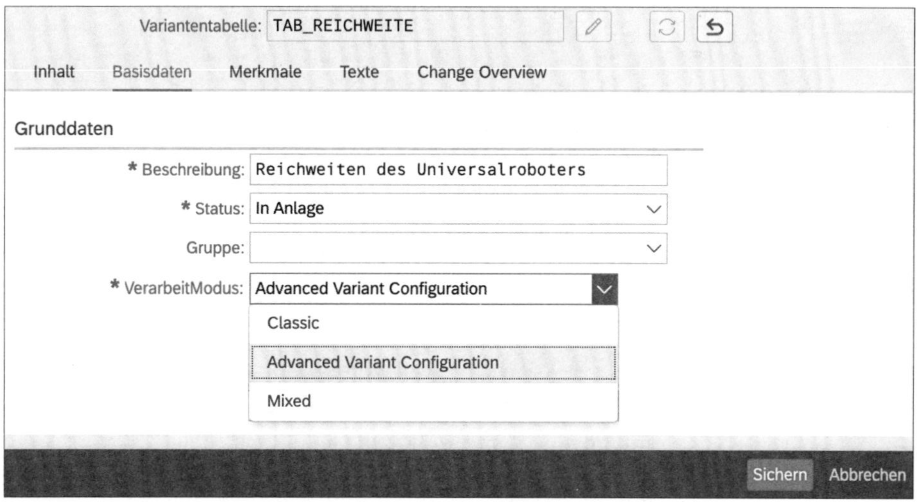

Abbildung 5.11 Namen für eine neue Variantentabelle vergeben

Nachdem Sie das Fenster mit der Option **Weiter** verlassen haben, öffnet sich der Stammdatenbereich der Variantentabelle. Auf der Registerkarte **Basisdaten** hinterlegen Sie die Beschreibung und wählen den Verarbeitungsmodus der Tabelle. Neben den bereits beschriebenen Verarbeitungsmodi **Klassisch** (**Classic**) und **Erweiterte Variantenkonfiguration** (**Advanced Variant Configuration**) steht Ihnen hier zusätzlich der Verarbeitungsmodus **Gemischt** (**Mixed**) zur Verfügung.

Der Verarbeitungsmodus der Variantentabelle muss immer kompatibel zum Verarbeitungsmodus der Beziehungswissen sein, in denen die Variantentabelle verwendet werden soll. Variantentabellen mit dem Verarbeitungsmodus **Gemischt** (**Mixed**) können sowohl in Beziehungswissen mit dem Verarbeitungsmodus **Klassisch** (**Classic**) als auch mit dem Verarbeitungsmodus **Erweiterte Variantenkonfiguration** (**Advanced Variant Configuration**) kombiniert werden.

Jede Spalte der Variantentabelle wird über die Zuweisung eines Merkmals definiert. Hierbei müssen die folgenden Voraussetzungen erfüllt sein:

- Das Merkmal ist bereits im System vorhanden.
- Der Status des Merkmals ist **Freigegeben**.
- Es können nur einwertige Merkmale verwendet werden.

Die zulässigen Werte des jeweiligen Merkmals, die im Merkmalsstamm festgelegt werden, definieren zugleich die zulässigen Werte in den entsprechenden Zellen der Variantentabelle.

Sie können zudem eine oder mehrere Spalten als Schlüssel für die Tabelle festlegen. Hierdurch erzwingen Sie, dass jede Wertekombination eines Schlüssels nur in einer einzigen Tabellenzeile verwendet werden kann. Der Eintrag zu einer solchen Schlüsselkombination ist somit eindeutig.

5.2.2 Kopplung einer Variantentabelle an eine Datenbanktabelle oder an ein Custom Business Object (CBO)

Ein direkter Zugriff auf eine Datenbanktabelle über eine spezielle Syntax steht Ihnen noch nicht zur Verfügung. Es ist jedoch möglich, eine Datenbanktabelle an eine Variantentabelle zu koppeln. In diesem Fall können Sie auf den Inhalt der Datenbanktabelle in Ihrem Beziehungswissen zugreifen.

Der Inhalt einer Variantentabelle kann sehr groß werden. Sobald die Variantentabelle mehr als 100.000 Zeilen enthält, müssen Sie eine kundeneigene Datenbanktabelle definieren. Diese wird dann an eine Variantentabelle gekoppelt.

Um eine Variantentabelle an eine Datenbanktabelle zu koppeln, müssen die folgenden Schritte durchlaufen werden:

- Anlage der Datenbanktabelle
- Anlage der Variantentabelle und Verweis auf die Datenbanktabelle
- Definition der Spalten der Variantentabelle

- Verknüpfung der Spalten der Variantentabelle mit den Spalten der Datenbanktabelle
- Aktivierung der Koppelung

Nachdem Sie den Namen der Variantentabelle und eine Beschreibung festgelegt haben, geben Sie auf der Registerkarte **Basisdaten** den Namen der zu koppelnden Variantentabelle an. Dies ist jedoch nur in Verbindung mit dem Verarbeitungsmodus **Gemischt** (**Mixed**) möglich (siehe Abbildung 5.12).

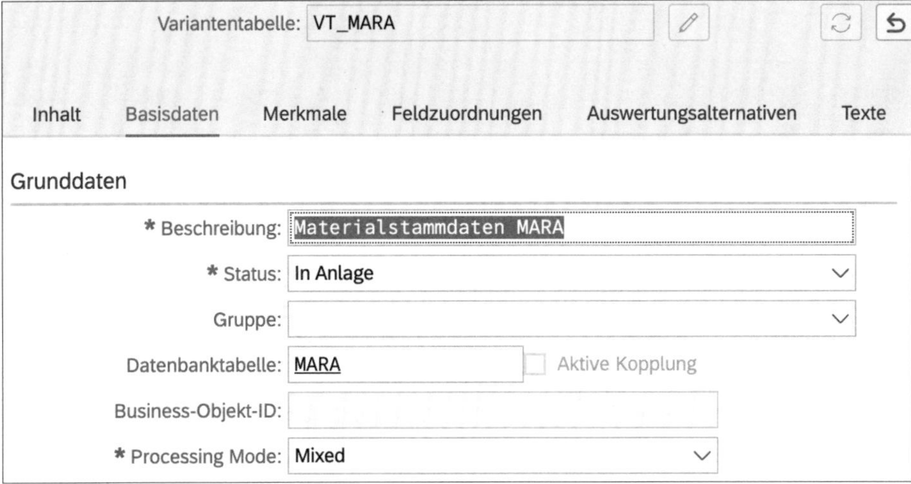

Abbildung 5.12 Kopplung der Datenbanktabelle MARA in den Basisdaten der Variantentabelle

Im nächsten Schritt legen Sie die Spalten der Variantentabelle fest. Hierzu wählen Sie zunächst die Registerkarte **Merkmale** aus (siehe Abbildung 5.13). Das Format der hierzu verwendeten Merkmale muss dem Format der korrelierenden Datenbankfelder entsprechen. Zudem muss der Schlüssel der Datenbanktabelle in den Schlüssel der Variantentabelle übernommen werden.

Bei der Auswertung der Variantentabelle im Beziehungswissen wird immer der Schlüssel der Variantentabelle verwendet. Daher ist es möglich, zusätzliche Spalten in der Variantentabelle als Schlüssel festzulegen, die in der Datenbanktabelle selbst kein Teil des Schlüssels sind.

Nachdem Sie die Spalten der Variantentabelle definiert haben, werden diese mit der Datenbank verknüpft. Wechseln Sie hierzu auf die Registerkarte **Feldzuordnungen**. Dort weisen Sie jedem Merkmal der Variantentabelle ein Feld der Datenbanktabelle zu (siehe Abbildung 5.14).

Inhalt | Basisdaten | Merkmale | Feldzuordnungen | Auswertungsalternativen | Texte

	Merkmal	Sc...	Beschreibung
○	MANDT_CHAR	☑	Mandant Merkmal
○	MATNR_CHAR	☑	Merkmal für Materialnummer
○	MTART_CHAR	☐	Merkmal für Materialart
○		☐	

Abbildung 5.13 Spalten einer Variantentabelle definieren

Inhalt | Basisdaten | Merkmale | Feldzuordnungen | Auswertungsalternativen | Texte

Datenbanktabelle: MARA

TC700

Merkmal	Tabellenfeld
MANDT_CHAR	MANDT
MATNR_CHAR	MATNR
MTART_CHAR	MTART

Abbildung 5.14 Felder von Varianten- und Datenbanktabelle verknüpfen

Anschließend aktivieren Sie die Kopplung auf der Registerkarte **Basisdaten** (siehe Abbildung 5.15), indem Sie das Kennzeichen **Aktive Kopplung** setzen. Ab diesem Zeitpunkt wird der Inhalt der Datenbanktabelle für die jeweils gekoppelten Spalten der Variantentabelle verwendet.

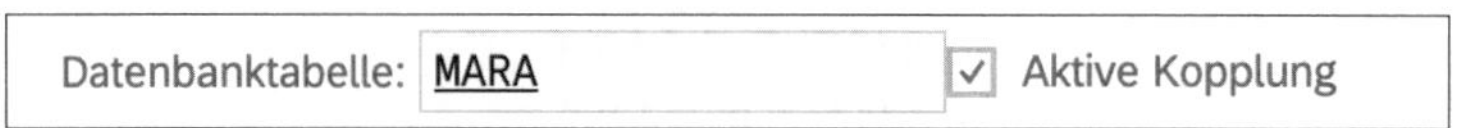

Abbildung 5.15 Kopplung von Varianten- und Datenbanktabelle aktivieren

Es ist möglich, eine bereits genutzte Variantentabelle nachträglich in eine gekoppelte Datenbanktabelle umzuwandeln. Hierzu legen Sie zunächst die Struktur der Datenbanktabelle an und koppeln diese mit der Variantentabelle. Nach der Feldzuordnung und Aktivierung der Kopplung wird dann der Tabelleninhalt mit der SAP-Fiori-App **Transfer Inhalt Variantentabelle in Datenbanktabelle** von der Variantentabelle in die noch leere Datenbanktabelle kopiert. Dies ist erforderlich, da mit der Aktivierung der Kopplung nur noch der Inhalt der Datenbanktabelle berücksichtigt wird. Der ursprüngliche Inhalt der Variantentabelle wird dann ignoriert.

Die Koppelung von Datenbanktabelle und Variantentabelle steht Ihnen nur in SAP S/4HANA und SAP S/4HANA Cloud, private edition zur Verfügung. In SAP S/4HANA Cloud können Sie stattdessen ein *Custom Business Object* (CBO) verwenden.

5.2.3 Inhalt einer Variantentabelle

Nach der Definition und Freigabe einer Variantentabelle kann deren Inhalt gepflegt werden. Für die Pflege nutzen Sie ebenfalls die Modellierungsumgebung für die Variantenkonfiguration. Anhand eines Beispiels wird in diesem Abschnitt erläutert, welche Möglichkeiten der Wertepflege Sie in Variantentabellen haben.

In unserem Beispiel verwenden wir ein Modell, dass vier Merkmale mit den folgenden Wertebereichen beinhaltet:

- Typ – STD (Standard), SPC (Sonder), ETO (Kundenindividuell)
- Applikation – PAINT (Lackierung), SEAL (Versiegelung)
- Reichweite – 0 bis 200 cm
- Traglast – 0,0 bis 200,0 kg

In dem Beispiel wird zunächst eine Tabelle mit den Merkmalen **Typ** (Schlüsselmerkmal), **Applikation** (Schlüsselmerkmal) und **Reichweite** (kein Schlüsselmerkmal) definiert.

Im einfachsten Fall legen Sie nun für jede zu berücksichtigende Wertekombination eine einzelne Tabellenzeile an. Im Verarbeitungsmodus **Gemischt** ist diese sogenannte normalisierte Form obligatorisch (siehe Tabelle 5.3).

Typ	Applikation	Reichweite
STD	SEAL	120 cm
STD	PAINT	120 cm
SPC	PAINT	150 cm
ETO	SEAL	180 cm
ETO	PAINT	180 cm

Tabelle 5.3 Normalisierte Variantentabelle

Im Verarbeitungsmodus **Erweiterte Variantenkonfiguration** stehen Ihnen jedoch zusätzliche Pflegeoptionen zur Verfügung. Mit den erweiterten Pflegeoptionen können Sie die Einträge der Tabelle übersichtlich und die Anzahl der Einträge möglichst geringhalten. Sie können die folgenden Eingaben innerhalb einer Tabellenzelle vornehmen:

- Platzhalter * für alle vordefinierten Merkmalswerte des Merkmals
- Intervalle für numerische Merkmale
- mehrere Einzelwerte oder Intervalle

Mit diesen Pflegeoptionen kann der Inhalt der normalisierten Tabelle 5.3 in der kompakteren Form gemäß Tabelle 5.4 geschrieben werden. Da das Merkmal **Applikation** nur zwei Werte umfasst, können diese Werte einfach einzeln aufgeführt werden. Auch ist es möglich, sie mit dem Platzhalter * in der Tabelle zu repräsentierten. Sofern für das Merkmal `Applikation` künftig jedoch ein dritter Wert definiert wird, wird dieser sofort als gültige Wertekombination angesehen, da der Platzhalter * immer auf alle Werte der Wertedomäne angewendet wird.

Typ	Applikation	Maximale Reichweite
STD	SEAL; PAINT	120 cm
SPC	PAINT	150 cm
ETO	*	180 cm

Tabelle 5.4 Variantentabelle mit erweiterten Pflegeoptionen

Für numerische Merkmale kann auch mit Intervallen gearbeitet werden. Das Beispiel der Tabelle 5.5 zeigt Ihnen einige Möglichkeiten der Pflege. Dies umfasst auch die Definition mehrerer Werte und Intervalle in einer numerischen Zelle.

Typ	Traglast
STD	0,0 kg – 30,0 kg
SPC	<= 70,0 kg
ETO	0 kg – 60,0; >= 100,0 kg

Tabelle 5.5 Variantentabelle mit Intervallen (erlaubte Wertekombinationen)

In Variantentabellen können auch verbotene Wertekombinationen abgelegt werden. Die Tabellenstruktur bleibt dabei identisch; der Tabelleninhalt muss jedoch invers gepflegt werden. Es resultiert daraus eine sogenannte *Negativ-Variantentabelle*. Je nach Einzelfall kann es erheblich einfacher sein, die verbotene Wertekombinationen anstatt der erlaubten Wertekombinationen zu bestimmen. Die Tabelle 5.6 zeigt Ihnen beispielhaft den inversen Inhalt zur Tabelle 5.5.

Typ	Traglast
STD	> 30,0 kg
SPC	> 70,0 kg
ETO	60,1 kg – 99,9 kg

Tabelle 5.6 Negativ-Variantentabelle (verbotene Wertekombinationen)

Sofern Sie die Variantentabelle an eine Datenbanktabelle bzw. an ein Custom Business Object gekoppelt haben, wird der Inhalt nicht mehr direkt in der Variantentabelle gepflegt. Sie nutzen hierzu die Pflege-Views der Datenbanktabelle bzw. des Custom Business Objects. In diesem Fall muss jede Zelle mit einem eindeutigen Wert belegt werden. Es können somit nur normalisierte Tabelle verwendet werden.

5.2.4 Zugriff auf eine Variantentabelle

In einem Beziehungswissen dient das Schlüsselwort `table` zum Aufruf einer Variantentabelle. Diese Variantentabelle wird nachfolgend über ihren Namen identifiziert. Jede Tabellenspalte wird daran anschließend mit einem Merkmal aus dem Konfigurationsmodell verknüpft (siehe Listing 5.5).

Ein einzelnes Merkmal der Instanz kann jedoch nicht zwei verschiedenen Spalten zugewiesen werden. Ebenso ist es nicht möglich, mehrere Merkmale an dieselbe Tabellenspalte zu binden.

Ein Merkmal, das Sie in einer Tabellenstruktur zur Definition einer Spalte verwendet haben, können Sie natürlich auch in der Variantenklasse eines Materials wiederverwenden. In diesem Fall nutzen Sie also dasselbe Merkmal sowohl in der Tabelle als auch zur Bewertung in der Konfiguration.

```
table my_table (
    merkmal_tab_spalte1 = $self.merkmal1_instanz,
    merkmal_tab_spalte2 = $self.merkmal2_instanz ).
```

Listing 5.5 Zugriff auf eine Variantentabelle (erlaubte Wertekombinationen)

In Listing 5.5 werden die Wertekombinationen der Tabellenzeilen als die erlaubten Kombinationen interpretiert. Durch die Syntax `not table` ist es jedoch möglich, die Werte einer Tabellenzeile als verbotene Kombination auszulegen (siehe Listing 5.6).

```
not table my_table (
    merkmal_tab_spalte1 = $self.merkmal1_instanz,
    merkmal_tab_spalte2 = $self.merkmal2_instanz ).
```

Listing 5.6 Verwendung als Negativ-Variantentabelle (verbotene Wertekombinationen)

5.2.5 Variantentabellen zur Werteinschränkung durch Constraints

Die Verwendung von Variantentabellen zur Einschränkung von Wertedomänen über den Restrictions-Teil eines Constraints ist einer der effektivsten Modellierungsansätze.

Hierzu muss keines der an die Variantentabelle gebundenen Merkmale zum Zeitpunkt der Auswertung über eine explizite Bewertung verfügen. Die Einschränkung verwendet immer den noch gültigen Wertebereich aller Merkmale. Dies gilt auch für die Merkmale, die mit den Spalten des Tabellenschlüssels gebunden sind. Der Tabellenschlüssel wird in diesem Fall also ignoriert.

Zur Einschränkung über Variantentabellen können Sie Zellen mit mehreren Werten und/oder Intervallen nutzen.

Bei der Einschränkung werden die noch zur Bewertung gültigen Merkmalswerte mit den jeweiligen Tabellenzeilen verglichen. Die Schnittmenge der zum Zeitpunkt der Auswertung gültigen Merkmalswertedomäne mit der Vereinigungsmenge der korrelierenden Variantentabelleneinträgen bildet das Ergebnis der Einschränkung (siehe Abbildung 5.16).

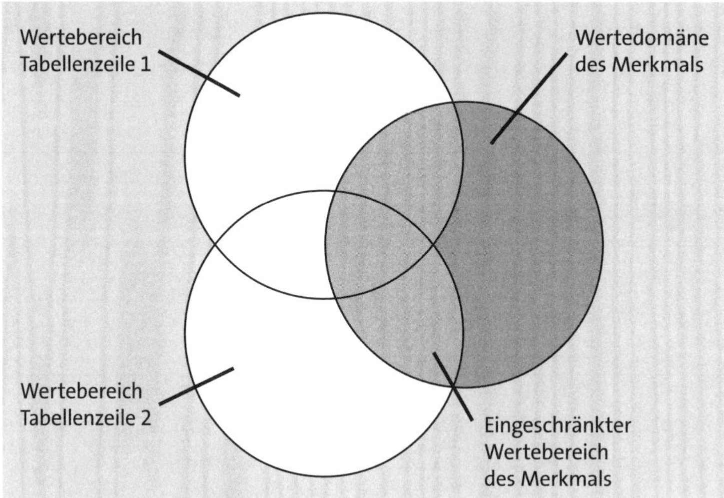

Abbildung 5.16 Einschränkung der Wertedomäne durch mehrere Variantentabelleneinträge

```
Objects:
   Robot is_a (300)ROBOT,

Restrictions:
    table TAB_REICHWEITE (
        TYP         = robot.TYP,
        APPLIKATION = robot.APPLIKATION,
        REICHWEITE  = robot.REICHWEITE ).
```

Listing 5.7 Einschränkung von Merkmalen mit einer Variantentabelle

Wenn so z. B. in dem Constraint das Merkmal `Applikation = SEAL` gesetzt ist, wird ein an die Tabelle 5.4 gebundener Constraint gemäß Listing 5.7 für das Merkmal **Typ** noch die Werte »STD« und »ETO« zulassen. Für die Wertekombination aus `Applikation = SEAL` und `Typ = SPC` gibt es keinen Eintrag in der Variantentabelle. Daher wird der Wert »SPC« für das Merkmal **Typ** ausgeschlossen. Zudem wird das Merkmal **Reichweite** auf die Werte »120 cm« und »150 cm« limitiert. Sofern nun in der Folge das Merkmal **Reichweite** durch die Anwenderin oder den Anwender auf »120 cm« gesetzt wird, gibt es für diese Wertekombination nur noch einen gültigen Tabelleneintrag. Das Merkmal **Typ** wird nun auf den Wert »STD« gesetzt, da dieser die einzig verbliebene Wertealternative für das Merkmal ist.

Eine Einschränkung auf einen letzten möglichen Wert entspricht somit einer Wertsetzung.

Variantentabellen können auch verwendet werden, um modellspezifisch die im Merkmalsstamm vordefinierte Wertedomäne weiter einzuschränken.

Im zuvor genannten Beispiel ist das Merkmal **Traglast** im Merkmalsstamm mit einer Wertedomäne von 0 bis 200 kg definiert. Sie können nun die Traglast über einen Constraint vorab einschränken. Hierzu können Sie den in Listing 5.8 beschriebenen Constraint verwenden, der an die Variantentabelle gemäß Tabelle 5.5 gebunden ist.

```
Objects:
   robot is_a (300)ROBOT,
   arm   is_a (300)ROBOT_ARM.

Restrictions:
    table TAB_TRAGLAST (
        TYP         = robot.TYP,
        TRAGLAST     = arm.TRAGLAST ).
```

Listing 5.8 Einschränkung einer vordefinierten Merkmalsdomäne

Beim ersten Aufruf der Konfiguration sind für das Merkmal **Typ** noch die Werte »STD«, »SPC« und »ETO« gültig. Das Merkmal **Traglast** wird demgemäß auf die Vereinigungsmenge der hierzu noch gültigen Spalten eingeschränkt. Für das Merkmal **Traglast** resultiert somit abweichend vom Merkmalsstamm ein gültiger Domänenbereich von 0 kg–70 kg und 100 kg–200 kg.

Die Einschränkung über einen Constraint wirkt instanzenübergreifend. Es werden also alle an die Variantentabelle gebundenen Merkmale unabhängig von deren Instanz eingeschränkt. Wenn somit das Merkmal **Traglast** auf der Instanz arm auf den Wert »65 kg« gesetzt wird, wird das Merkmal **Typ** der Instanz `robot` auf die Werte »SPC« und »ETO« eingeschränkt. Der Wert »110 kg« auf der Instanz `arm` führt hingegen zu der Wertsetzung »ETO« auf der Instanz `robot`.

Dies stellt zugleich die einzige Möglichkeit dar, um mit Beziehungswissen einen Merkmalswert auf einer übergeordneten Instanz aus den Merkmalswerten von untergeordneten Instanzen abzuleiten.

5.2.6 Variantentabellen zur Wertherleitung durch Prozeduren

In Prozeduren können Variantentabellen zur Herleitung von Werten eingesetzt werden. Dies bedingt jedoch, dass für die Variantentabelle ein Tabellenschlüssel definiert ist. Zudem muss zum Zeitpunkt des Zugriffs auf die Variantentabelle jedes Konfigurationsmerkmal bewertet sein, das auf ein Schlüsselmerkmal der Tabelle verweist. Eine Herleitung von Merkmalswerten zu einem Merkmal des Tabellenschlüssels ist daher nicht möglich. Sofern also ein Merkmal des Tabellenschlüssels nicht bewertet ist, wird die entsprechende Prozeduranweisung nicht ausgeführt.

Die Werte des Tabellenschlüssels können von Merkmalen von allen adressierbaren Instanzen gelesen werden, also `$self`, `$parent` oder `$root`. Die Wertsetzung selbst kann hingegen nur auf der Instanz erfolgen, der die Prozedur zugeordnet ist, also für alle Merkmale von `$self`.

Die Einschränkung von Werten über eine Variantentabelle ist in Prozeduren nicht möglich. Wenn somit ein herzuleitendes Merkmal durch den Anwender oder die Anwenderin bewertet wird, bevor alle Schlüsselmerkmale der Tabelle einen Wert besitzen, erfolgt dies ohne Wertbeschränkung.

Sofern eine Merkmalswertekombination des Tabellenschlüssels nicht in der Variantentabelle enthalten ist, ist diese Wertekombination dennoch nicht verboten. Der Anwender oder die Anwenderin kann die Merkmalswerte des Schlüssels setzen. Die Merkmale, die ansonsten durch die Tabelleneinträge hergeleitet werden, können dann frei bewertet werden.

Für das Beispiel aus Listing 5.9. wird das Merkmal **Reichweite** nur dann aus der Variantentabelle ermittelt, wenn zum Zeitpunkt der Prozedurausführung die Merkmale **Typ** und **Applikation** einen Wert haben; ansonsten wird diese Anweisung ignoriert.

Für die Wertkombination `Typ = SPC` und `Applikation = SEAL` ist kein Eintrag in der Variantentabelle enthalten. Diese Kombination von `Typ` und `Applikation` ist für die Konfiguration erlaubt, führt aber zu keiner Wertherleitung für das Merkmal `Reichweite`. Sie können also jeden Wert aus der Stammdatendomäne für dieses Merkmal nutzen.


```
table TAB_REICHWEITE (
    TYP         = $self.TYP
    APPLIKATION = $self.APPLIKATION,
    REICHWEITE ?= $self.REICHWEITE ).
```

Listing 5.9 Wertherleitung anhand einer Variantentabelle durch eine Prozedur

In Prozeduren können auch Vorschlagswerte über Variantentabellen gesetzt werden, indem das Merkmal der Instanz mit dem Operator `?=` an die Spalte der Variantentabelle gebunden wird (siehe Listing 5.9).

Für die Wertherleitung in einer Prozedur kann die Syntax `not table` nicht verwendet werden, da diese immer den eindeutigen Eintrag mit dem zu setzenden Wert benötigt.

Ebenso ist die Verwendung von mehreren Werten, Platzhaltern oder Intervallen für Nicht-Schlüsselmerkmale nicht möglich, da der herzuleitende Wert eindeutig sein muss.

5.2.7 Variantentabellen in Bedingungen

Eine Variantentabelle kann auch zur Prüfung einer Bedingung verwendet werden. Dabei wird verprobt, ob ein passender Eintrag der aktuellen Merkmalsbewertung in der Variantentabelle enthalten ist. Wenn dies der Fall ist, ist die Bedingung wahr; ansonsten wird die Bedingung als nicht erfüllt gesetzt.

Hierzu müssen jedoch alle Merkmale bewertet sein, für die ein Eintrag in der Variantentabelle gesucht wird. Es ist hingegen nicht erforderlich, dass die Zeilen der Variantentabellen normalisiert sind. Vielmehr können Sie alle Möglichkeiten der erweiterten Pflegeoptionen anwenden.

Sofern die Tabelle invers genutzt, d. h. mit dem Syntaxelement `not table` angesprochen wird, verhält es sich genau andersherum. Die Bedingung wird nur dann wahr, wenn kein passender Eintrag in der Tabelle vorhanden ist.

Tabellen können in allen Bedingungen der High- und Low-Level-Konfiguration verwendet werden:

- Condition-Teil eines Constraints
- If-Bedingung im Restrictions-Teil eines Constraints
- If-Bedingung in einer High-Level-Prozedur
- Vorbedingungen in der High-Level-Konfiguration
- Auswahlbedingung in der High-Level-Konfiguration
- If-Bedingung in einer Low-Level-Prozedur
- Vorbedingungen in der Low-Level-Konfiguration
- Auswahlbedingung in der Low-Level-Konfiguration

```
$self.TRAGLAST ?= 30
           If table TAB_REICHWEITE (
              TYP          = $root.TYP,
            APPLIKATION      = $root.APPLIKATION).
```

Listing 5.10 Variantentabelle als Bedingung in einer Prozedur

Für die in Listing 5.10 beschriebenen if-Bedingung in einer Prozedur müssen zunächst das Merkmal Typ und das Merkmal Applikation über eine Wertsetzung verfügen, bevor die eigentliche Vorschlagswertsetzung für das Merkmal Traglast ausgeführt wird. Ist eines der beiden Merkmale Typ oder Applikation unbewertet, ist die Bedingung nicht erfüllt. Der Vorschlagswert wird also nicht zugewiesen.

Wenn jedoch für beide Merkmale ein Wert gesetzt ist, ist je nach Wertekombination aus Typ und Applikation diese Bedingung erfüllt oder auch nicht. Für die Merkmalsbewertungen Typ = SPC und Applikation = PAINT existiert ein Tabelleneintrag, wenn eine Variantentabelle mit dem Inhalt gemäß Tabelle 5.4 angebunden ist. Die Bedingung ist wahr, und somit wird der Vorschlagswert zugewiesen.

Wenn nun jedoch die Merkmalsbewertung Typ = SPC und Applikation = SEAL gesetzt ist, wird die Bedingung falsch – es existiert kein Tabelleneintrag gemäß Tabelle 5.4.

Eine weitere Möglichkeit zur Verwendung von Variantentabellen stellt deren Nutzung zur Konsistenzprüfung mithilfe eines Constraints dar. Dabei wird im Condition-Teil eine Bedingung auf die Tabelle abgefragt. Wenn die Bedingung erfüllt ist, wird das Modell inkonsistent. Hierzu nutzen Sie das Statement false im Restrictions-Teil (siehe Listing 5.11). Durch einen erklärenden Langtext am Constraint kann die Anwenderin oder der Anwender auf die ungültige Wertekombination hingewiesen werden (siehe Abbildung 5.17).

Abbildung 5.17 Konsistenzprüfung mit erklärendem Langtext

In Listing 5.11 ist ein Beispiel für eine Konsistenzprüfung aufgeführt. Über das Syntaxelement `not` wird die Tabelle `tab_reichweite` als Negativ-Tabelle interpretiert. In der Bedingung wird also geprüft, ob keine passende Kombination aus dem Merkmal **Typ** und dem Merkmal **Applikation** in der Tabelle `tab_reichweite` vorhanden ist.

Für die in Tabelle 5.4 aufgeführten Wertekombinationen gilt dies nur für die Kombination aus Typ = SPC und Applikation = SEAL. Wenn diese Kombination gewählt wird, wird das Modell inkonsistent. Ein beispielhaftes Ergebnis einer Konsistenzprüfung mit resultierender Inkonsistenz in Kombination mit einem Langtext können Sie Abbildung 5.17 entnehmen.

```
Objects:
   robot is_a (300)ROBOT.

Condition:
    not table TAB_REICHWEITE (
          TYP         = robot.TYP,
        APPLIKATION = robot.APPLIKATION).

Restrictions:
    false.
```

Listing 5.11 Konsistenzprüfung mit einer Variantentabelle

5.3 Beziehungswissen für die interaktive Konfiguration (High-Level-Konfiguration)

Nach den ganzen Grundlagen in den ersten beiden Abschnitten in diesem Kapitel starten wir jetzt in diesem Abschnitt mit der eigentlichen Beziehungswissenspflege. Es wurde aber bereits Beziehungswissen angelegt:

Bereits in Abschnitt 3.6, »Beziehungswissen für Planung und Fertigung«, wurden drei Auswahlbedingungen für die Stückliste in ganz einfacher Weise per Drag & Drop in Transaktion PMEVC (Modellierungsumgebung Var.-Konfig.) angelegt.

In Kapitel 4 »Stammdaten im Rahmen der Modellierung«, in Abschnitt 4.1 »Die Modellierungsumgebung der Variantenkonfiguration«, wurden zunächst mit dem (einfachen) Beziehungswissensassistenten eine Vor- und eine Auswahlbedingung angelegt. Anschließend wurde mit dem (schon anspruchsvolleren) Tabellen-Constraint-Assistenten ein solcher Constraint angelegt – inklusive Constraint-Netz und Variantentabelle.

5.3.1 Nutzen Sie Constraints

Constraints sind das *ideale* Beziehungswissen für die Bewertungsoberfläche. Constraints weisen die folgenden Eigenschaften auf:

- Sie sind wertprüfend. Es wird immer ein Konsistenzcheck der Konfiguration durchgeführt.
- Constraints können wertsetzend genutzt werden – jedoch nur für harte Wertsetzungen.
- Constraints stellen eine elegante Form des Beziehungswissens dar, da sie deklarativ sind. Sie beschreiben nur Ausgangs- und Endzustände. Sie müssen nicht wie bei Prozeduren die Abarbeitungsreihenfolge beachten.
- Constraints sind sehr performantes Beziehungswissen.
- Sie sind bei der Nutzung von Constraints nicht auf die `$self`-, `$parent`- oder `$root`-Ebene beschränkt. Diese Ebenen können im Zusammenhang mit Constraints auch genutzt werden. Sie können jedoch zusätzlich ganz flexibel Instanzen nutzen. So sprengen Sie die Grenzen der anderen Arten von Beziehungswissen, vor allem bezüglich mehrstufiger Konfiguration.
- Es gibt Spezialfunktionalitäten, mit denen Sie die folgenden Aktivitäten vornehmen können:
  - Werteeinschränkungen einfach vornehmen
  - Auswertungsalternativen von Variantentabellen nutzen
  - Gleichungen und ganze Gleichungssysteme umfangreicher auswerten

- Bezüglich Werteeinschränkung sind Constraints ein »vorausschauendes« Beziehungswissen. Es wird versucht, vorab Inkonsistenzen zu vermeiden.

Alles das soll in diesem Abschnitt ausführlich vorgestellt werden. Der großen Vielzahl nützlicher Eigenschaften lässt sich die folgende Einschränkung von Constraints gegenüberstellen: Man kann Constraints nicht in der Low-Level-Konfiguration nutzen, sodass sie nicht das Beziehungswissen in Stückliste und Arbeitsplan ersetzen können. (Eine Ausnahme können Constraints für die Bewertung von Klassenknoten sein, siehe Abschnitt 5.4.2, »Klassenknoten in Stücklisten«.) Ferner können mit Constraints keine weichen Wertsetzungen (mithilfe von ?=) vorgenommen werden. Es gibt weitere Funktionen der Wertsetzung, die nur mit Prozeduren möglich sind. Darauf gehen wir in Abschnitt 5.3.4, »Prozeduren«, näher ein. Darüber hinaus können Constraints keine Vor- oder Auswahlbedingungen an Merkmalen, jedoch Vorbedingungen an Merkmalen ersetzen.

Constraints werden grundsätzlich in *Constraint-Netzen* gesammelt; eine andere Zuordnung ist nicht möglich. Constraint-Netze kann man ihrerseits nur dem Konfigurationsprofil zuordnen.

Constraint-Netze sind globales Beziehungswissen. Das heißt, dass ein Constraint-Netz mehreren Konfigurationsprofilen zugeordnet werden kann.

Constraints sind lokales Beziehungswissen. Das heißt, dass sie nur aus der Zuordnung zu Constraint-Netzen heraus anlegbar sind. Constraints können nur einem Constraint-Netz zugeordnet werden. Constraints können ohne Zuordnung nicht existieren, sprich, wenn ein Constraint aus einem Constraint-Netz entfernt wird, ist er gelöscht. Vielleicht verwirrt es Sie, dass man den Namen von Constraints manuell vergeben muss und nicht rein numerisch sein darf, obwohl es sich um lokales Beziehungswissen handelt. Diese Ausnahme bezüglich des Namens von lokalen Beziehungswissen, haben wir bereits in Abschnitt 5.1.3, »Lokales und globales Beziehungswissen«, angesprochen.

[!]

Weniger ist mehr

Aus Performancegründen sollten Sie mit wenigen Constraint-Netzen arbeiten – ideal ist höchstens ein Constraint-Netz pro Konfigurationsprofil.

[!]

Constraints so hoch wie möglich und so niedrig wie nötig zuordnen

Bei der mehrstufigen Konfiguration wäre es auch das schönste und eleganteste, wenn nur am Konfigurationsprofil des Kopfmaterials ein einziges Constraint-Netz existieren würde. Hier wären dann alle Constraints zugeordnet. Das wäre schön übersichtlich und elegant zu pflegen und zu verwalten = *so hoch wie möglich*.

Leider ist das in der Praxis meist nicht realisierbar. Constraints, die auch wirksam sein sollen, wenn nur eine einzelne Baugruppe unterhalb des Kopfmaterials konfiguriert werden soll, weil diese z. B. einzeln verkauft werden soll, müssen diese Constraints am Konfigurationsprofil der Baugruppe zugeordnet werden = *so niedrig wie nötig*.

Beachten Sie, dass sowohl das Constraint-Netz als auch der Constraint einen Status besitzen. Constraints sind somit nur aktiv, wenn die folgenden Bedingungen erfüllt sind:

- Der Constraint ist freigegeben (setzt eine fehlerfreie Syntax voraus).
- Das Constraint-Netz ist freigegeben (es kann jederzeit freigegeben werden).
- Das Constraint-Netz ist einem Konfigurationsprofil zugeordnet, das während der Konfiguration berücksichtigt wird. (Dies wurde früher gerne vergessen, stellt mit Transaktion PMEVC (Modellierungsumgebung Var.-Konfig.) jedoch kein Problem mehr dar.)

5.3.2 Exklusive Syntax für Constraints im Detail

Ein Constraint besteht aus mindestens einem, maximal vier Teilen. Dabei ist nur der *Restrictions-Teil* verpflichtend. Im Folgenden erläutern wir die vier Teile gemäß ihrer Reihenfolge im Constraint:

1. **Objects**
   Dieser Teil dient der Deklaration aller verwendeten Klassen und Objekte sowie der Definition von Variablen. Dieser Teil ist optional und wird nur benötigt, wenn über `$self`, `$parent` und `$root` hinaus Instanzen deklariert werden sollen oder mit Variablen gearbeitet wird. (Unter LO-VC war das ein verpflichtender Teil, da dort `$self`, `$parent` und `$root` in Constraints nicht zur Verfügung stand.)
2. **Condition**
   Dieser Teil dient zur (optionalen) Angabe einer zentralen Bedingung, unter der der Constraint ausgewertet werden soll.
3. **Restrictions**
   Dieser Teil dient zur Angabe von Gleichungen, Tabellen und Funktionen für das Setzen und/oder Prüfen von Werten. Dieser Teil beinhaltet damit inhaltlich Anweisungen, ähnlich sonstigem Beziehungswissen.
4. **Inferences**
   Dieser Teil kann unter AVC wegfallen. (Unter LO-VC wurde dieser Teil benötigt, falls die im vorangehenden Abschnitt 5.3.1 als sogenannte *Spezialfunktionen* genutzt werden sollen. Diese Spezialfunktionen sind unter AVC auch ohne Inferences immer und vollständig nutzbar.)

Objects-Teil

Der *Objects-Teil* ist unter AVC nur noch optional. Dieser Teil enthält die Objekte, die im weiteren Constraint angesprochen werden sollen und über $self, $parent und $root hinausgehen.

Ein vollständiger Constraint ohne Objects-Teil wäre Folgendes:

```
RESTRICTIONS:
$self.t_fc003   = $parent.t_fc004,
$parent.t_fc005 = $root.t_fc006,
$root.t_fc007   = $self.t_fc008.
```

Listing 5.12 Constraint: bestehend nur aus dem Restrictions-Teil

Weitere Objekte können Klassen, Materialstämme und Dokumente sein. Die Deklaration hat die folgende Syntax:

- **Klasse**
  (<Klassenart>)Klassenname, z. B. (300)T_FCBC00
- **Materialstamm**
  (Material)(<Klassenart>)(Nr = '<Materialnummer>'),
  z. B. (Material)(300)(NR = 'T-FCBC00')
- **Dokument**
  (Document)(<Klassenart>)(Type = '<Dokumentenart>', Version = '<Dokumentenversion>', Part = '<Dokumententeil>' Nr = '<Dokumentennummer>'),
  z. B. (Document)300)(Type='DRM',Version='01',Part='000',NR='T-D01')

Im Objects-Teil können weiterhin lokal für den Constraint *Variablen* definiert werden.

Objektvariablen für Klassen werden durch is_a deklariert.

Für sonstige Objekte werden Variablen durch is_object. deklariert.

Durch as kann man auch für $self-, $parent- und $root-Variablen deklarieren.

Das soll mit den folgenden Listings veranschaulicht werden. Beginnen wir mit einem Constraint ohne Variablen (siehe Listing 5.13).

```
Objects:  (300)T_FCL00.
Condition:  (300)T_FCL00.T_FCLC00 specified.
Restrictions:   table TAB1_00
     (  T_FC000 = (300)T_FCL00.T_FC000 ,
        T_FC001 = (300)T_FCL00.T_FC001 ).
```

Listing 5.13 Constraint ohne Variablen

Hier folgt das gleiche Beispiel mit einer Variable für eine Klasse (siehe Listing 5.14).

```
Objects:   X is_a (300)T_FCL00.
Condition:  X.T_FCLC00 specified.
 Restrictions:     table TAB1_00
    ( T_FC000       = X.T_FC000 ,
      T_FC001       = X.T_FC001 ).
```

Listing 5.14 Constraint mit Variable für die Klasse

Hier folgt das gleiche Beispiel mit einer Variable für ein Material (siehe Listing 5.15).

```
Objects: X    is_object (Material)(300)(NR = 'T-FCL00').
Condition:  X.T_FCLC00 specified.
 Restrictions:  table TAB1_00
    ( T_FC000       = X.T_FC000 ,
      T_FC001       = X.T_FC001 ).
```

Listing 5.15 Constraint mit Variable für Material

Da hier alle Merkmale auf derselben Ebene liegen – hier der $self-Ebene –, wäre auch Folgendes möglich (siehe Listing 5.16):

```
Objects:    X as $self.
Condition:  X.T_FCLC00 specified.
 Restrictions:     table TAB1_00
    ( T_FC000       = X.T_FC000 ,
      T_FC001       = X.T_FC001 ).
```

Listing 5.16 Constraint mit Variable für $self

Im Objects-Teil können Sie weiterhin Merkmalsvariablen definieren. Diese gelten klassenspezifisch. Damit können Sie in diesem Fall auf Objektvariablen verzichten. (Merkmalsvariablen sind immer schon objektspezifisch.) In der Syntax geschieht dies durch where. Die Aufzählung der Merkmalsvariablen in einer Klasse werden mit Semikolon getrennt. Mehrere Objekte im Objects-Teil werden durch Komma als Trennzeichen aufgezählt (siehe Listing 5.17).

```
Objects:  $self where
       ?A = T_FC000  ;
       ?B = T_FC001  ;
       ?C = T_FCLC00 .
Condition:  ?C specified.
```

```
Restrictions:   table TAB1_00
    ( T_FC000       = ?A ,
      T_FC001       = ?B ).
```

Listing 5.17 Constraint mit Merkmalsvariablen

[«] 5

Spezifische Variablennamen

Bei Variablen wird gerne, wie hier gezeigt, mit Fragezeichen gearbeitet. Auf diese Weise werden sie leichter erkennbar. Fragezeichen können bei allen Variablen genutzt werden.

Für Merkmale aus Variantentabellen oder Variantenfunktionen können Sie nicht mit Variablen arbeiten. (In den gezeigten Listings jeweils auf der linken Seite der `table`-Aufrufe.)

Condition-Teil

In Constraints kann mit einem Condition-Teil gearbeitet werden. Der Condition-Teil muss stets zwischen Objects- und Restrictions-Teil aufgenommen werden. Er enthält genau *einen* logischen Ausdruck. Der Constraint wird dann überhaupt nur abgearbeitet, wenn die Bedingung des Condition-Teils erfüllt ist. Der Condition-Teil wird aus den folgenden Gründen empfohlen.

- Der Constraint ist aus Sicht der Syntax übersichtlicher (vor allem im Vergleich zu den `if`-Bedingungen im Restrictions-Teil).
- Der Constraint ist aus Sicht der Abarbeitung übersichtlicher.
- Der Constraint ist aus Sicht der Performance günstiger.

[!]

Verarbeitung der if-Bedingung

Zu beachten ist jedoch, dass unter AVC der Condition-Teil und die `if`-Bedingungen im Restrictions-Teil unterschiedlich verarbeitet werden. Dazu gleich im Zusammenhang mit den Ausführungen zum Restrictions-Teil mehr.

Der Condition-Teil ist dann sinnvoll, wenn der Constraint rein wertprüfend genutzt werden soll. An dieser Stelle verweisen wir auf den Tabellen-Constraint-Assistenten in Kapitel 4, »Stammdaten im Rahmen der Modellierung«, in Abschnitt 4.1, »Die Modellierungsumgebung der Variantenkonfiguration«, und hier die Ausführungen im Zusammenhang mit Abbildung 4.10. Dort sind wir bereits mit solchen Constraints in Berührung gekommen. Dabei wäre bei **Wirkungsweise** der Eintrag **Prüfung inkonsistenter Kombinationen** auszuwählen.

Restrictions-Teil

Der dritte Teil in Constraints, der Restrictions-Teil ist unter AVC der einzige Pflichtteil. Hier können Konsistenzprüfungen durchgeführt werden. Der Constraint meldet eine Inkonsistenz, wenn der Restrictions-Teil nicht erfüllt ist. Constraints können auch zur Werteherleitung genutzt werden. Der Restrictions-Teil kann zur Werteeinschränkung genutzt werden. Es kann mit Variantentabellen (und unter LO-VC auch mit Variantenfunktionen) gearbeitet werden.

Im Restrictions-Teil kann zudem mit Bedingungen gearbeitet werden. Dazu existiert das Syntaxelement `if`. Weitere Syntaxelemente wie `then` oder `else` gibt es jedoch nicht. Dies gilt analog für Prozeduren.

Zunächst erscheint die Anweisung und dann nachgestellt die `if`-Bedingung wie im Beispiel von Listing 5.18:

```
restrictions:
     ?x.m1 = 'a'       if ?x.m2 = 'x1',
     false             if ?x.m2 = ?x.m3.
```

Listing 5.18 Restrictions mit if-Bedingungen (und Klassenvariablen)

- In diesem Restrictions-Teil sind zwei Anweisungen enthalten, die mit Komma aufgezählt wurden.
- Die erste Anweisung beinhaltet die Wertsetzung des Wertes a für das Merkmal `m1`.
- Die zweite Anweisung verbietet die Eigenschaft in der `if`-Bedingung.

Es wird versucht eine solche Bewertung (d. h. `?x.m2 = ?x.m3`) zu verhindern. Ansonsten würde eine solche Bewertung zu einer *Inkonsistenzmeldung* führen, falls die `if`-Bedingung hinter dem `false` erfüllt ist. Die Abarbeitung des Syntaxelements `false` dient Inkonsistenzmeldungen und kann nur in Constraints genutzt werden.

[!]

Unterschied unter AVC zwischen Condition-Teil und if-Bedingungen im Restrictions-Teil

Wie bereits gesagt, ist zu beachten, dass unter AVC der Condition-Teil und `if`-Bedingungen im Restrictions-Teil unterschiedlich verarbeitet werden.

Ein Constraint mit Condition-Teil wird nur betrachtet, wenn der Condition-Teil erfüllt ist, ansonsten aber nicht. Das heißt, dass wir keine vorausschauenden Effekte haben, solange der Condition-Teil nicht erfüllt ist.

Anders ist es unter AVC mit `if`-Bedingungen im Restrictions-Teil. Hier wird vorausschauend die Ausführungen im Restrictions-Teil berücksichtigt.

Hierzu betrachten wir das Beispiel in Abbildung 5.18. Ein erster Constraint verbietet, dass die Merkmale `t_fc920` und `t_fc921` die gleiche Bewertung haben. Nun wird das Merkmal `t_fc920` mit »C« bewertet, womit das Merkmal `t_fc921` den Wert »C« nicht mehr zulässt. (Das sehen Sie in Abbildung 5.18 rechts – hier darf das zweite Merkmal = `t_fc921` nicht mehr mit »C« sondern nur noch mit »A« und »B« bewertet werden.)

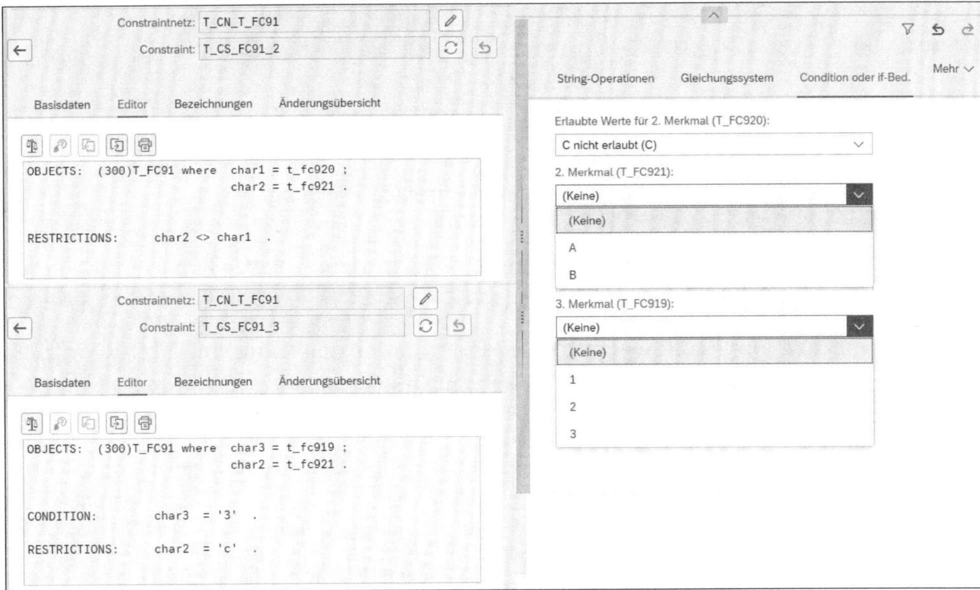

Abbildung 5.18 Constraint mit Condition-Teil ...

Jetzt kommt der zweite und entscheidende Constraint: der Constraint mit Condition-Teil. Aufgrund des Condition-Teils wird der Constraint überhaupt nicht ausgewertet, solange das dritte Merkmal nicht mit »3« bewertet wurde. Damit stehen dem Konfigurator auch keine Informationen aus diesem Constraint zur Verfügung – sprich, dass Bewertungen zu Inkonsistenzen führen können. Der Konfigurator kann nicht vorausschauend reagieren.

Das heißt hier, dass das dritte Merkmal mit dem Wert »3« bewertet werden kann. Diese Bewertung mit »3« führt anschließend zur in Abbildung 5.19 dargestellten Inkonsistenz ...

Betrachten wir nun Abbildung 5.20. Wir haben die gleiche Ausgangssituation. Der erste Constraint verbietet, dass die Merkmale `t_fc920` und `t_fc921` die gleiche Bewertung haben. Das Merkmal `t_fc920` ist mit »C« bewertet, womit das Merkmal `t_fc921` den Wert »C« nicht mehr zulässt. Jetzt kommt der zweite und entscheidende Constraint – jetzt aber mit `if`-Bedingung statt Condition-Teil. Der Constraint kann sofort ausgewertet werden. Vorausschauend kann ausgewertet werden, dass eine Bewertung des dritten Merkmals mit dem Wert »3« zu einer Inkonsistenz führen würde.

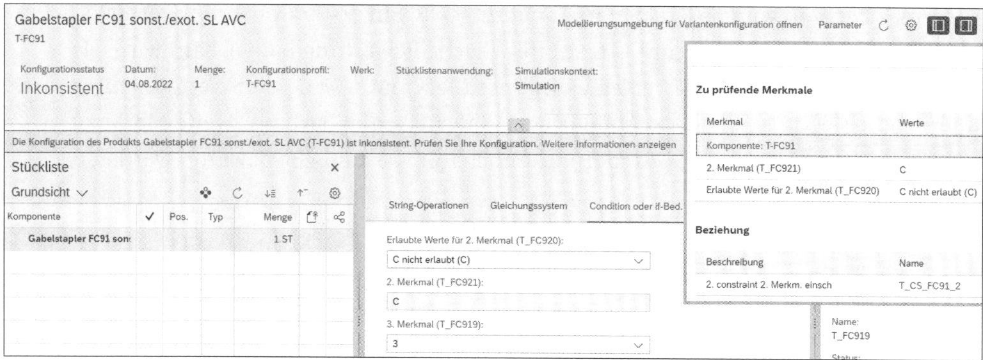

Abbildung 5.19 ... und der dazu gehörigen Inkonsistenzmeldung

Das heißt hier, dass das dritte Merkmal nicht mit dem Wert »3« bewertet werden kann; die Inkonsistenz wird verhindert.

Unter LO-VC gibt es diese vorausschauende Auswertung nicht. Unter LO-VC würden Condition-Teil und `if`-Bedingung gleich reagieren – beide so, wie unter AVC mit dem Condition-Teil.

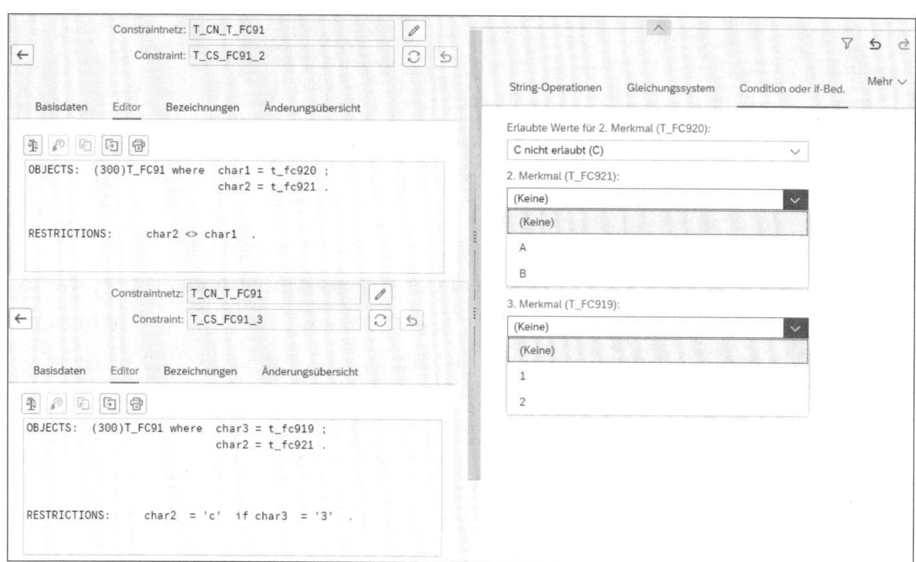

Abbildung 5.20 Der gleiche Constraint mit if-Bedingung statt Condition-Teil

Im Verarbeitungsmodus **Erweiterte Variantenkonfiguration** der Constraints unter AVC gibt es noch weitere Neuerungen.

Auch Constraints können für die Preisfindung genutzt werden. Insbesondere können auch hier mit dem neuen Syntaxelement `set_pricing_factor` Faktoren den Variantenkonditionen zugeordnet werden. Hier ein Syntaxbeispiel:

```
OBJECTS: ?X is_a (300)T_FC91
CONDITION: ?X.t_fc001 specified
RESTRICTIONS: ?X.t_sdcom_vkond = 'engine_1KW' ,
SET_PRICING_FACTOR(?X.t_sdcom_vkond, 'engine_1KW', ?X.t_fc001)
```

Mit `'engine_1KW'` gibt es einen Zuschlag pro Kilowatt Motorleistung, der entsprechend mit der Motorleistung `FORKLIFT.t_fc001` multipliziert wird.

Im Restrictions-Teil können auch `AND`, `OR` und `NOT` verwendet werden. Ein Syntaxbeispiel sehen Sie hier:

```
OBJECTS: $self where KW = T_FC001; TVO = T_FC008 .
CONDITION: $self.T_FC930 = '0'
RESTRICTIONS:
( NOT KW in (18, 25, 30) OR STVO = '1' )
  AND
( NOT KW in (30, 45, 55) OR STVO = '0' )
```

Das Merkmal mit der Variable `STVO` hat nur die Werte »0« und »1«. Das Merkmal `KW` hat die Werte »18«, »25«, »30«, »45« und »55«.

Wenn das Merkmal `STVO` mit »0« bewertet wird, ist bei `KW` nur noch »45« und »55« zulässig. Wenn das Merkmal `STVO` mit »1« bewertet wird, ist bei KW nur noch »18« und »25« zulässig.

Inferences-Teil

Ein vierter Bestandteil von Constraints, der *Inferences-Teil* wird unter AVC nicht benötigt und ist wirkungslos. Der Inferences-Teil ist nur erforderlich, wenn im klassischen Verarbeitungsmodus (LO-VC) gearbeitet wird und die sogenannten *Spezialfunktionalitäten* benötigt werden (siehe Abschnitt 5.3.1, »Nutzen Sie Constraints«). Unter AVC sind diese Spezialfunktionalitäten immer aktiv, sodass der Inferences-Teil entfallen kann.

Unter LO-VC war es möglich, diese Spezialfunktionalitäten bei Bedarf gezielt zu aktivieren. Zur Performanceverbesserung konnten Sie die Spezialfunktionalitäten deaktivieren. Diese historischen Aspekte der Performanceverbesserung sind unter SAP S/4HANA irrelevant. Wie bereits erwähnt, beinhalten die Spezialfunktionalitäten eine »erweiterte Auswertung«, die sich auf Gleichungen, Gleichungssysteme, Variantentabellen, Variantenfunktionen und Werteeinschränkungen beziehen. Als Syntax enthielt der Inferences-Teil ausschließlich eine Aufzählung von Merkmalen – im Beispiel vom Listing 5.19 `inferences: v, l, b, h`.

So wird z. B. eine Gleichung v = l * b * h klassisch (d. h. in Constraints unter LO-VC ohne Inferences-Teil oder auch in Prozeduren) nur in der Form zur Berechnung ausgewertet, dass v als Produkt von l, b und h berechnet wird. Bei einem Constraint unter AVC wird aus beliebigen drei Größen die vierte Größe berechnet (siehe Listing 5.19):

```
objects:  (300)t_vpc where
                  v = t_pc91 ;  l = t_pc92;
                  b = t_pc93 ;  h = t_pc94.
restrictions:     v = l * b * h.
```

Listing 5.19 Constraint mit Gleichung

Im Restrictions-Teil kann auch ein ganzes Gleichungssystem enthalten sein. Dieses ganze Gleichungssystem würde versucht, so äquivalent umzustellen, sodass aus den bekannten Größen die restlichen Größen berechnet werden können.

```
objects:   (300)T_FC91 where
L = T_FC907; B = T_FC908; H = T_FC909;
*   Länge     Breite    Höhe
F = T_FC910; U = T_FC914; S = T_FC915; V = T_FC916
*  Fläche    Umfang    Seitenverhältnis Volumen
restrictions:
                F = L * B ,
                V = L * B * H ,
                U = 2 * ( L + B ) ,
                S = L / B
```

Listing 5.20 Constraint mit Gleichungssystem

Weitere Beispiele sind Variantentabellen und -funktionen, für die mehr als eine Auswertungsalternative definiert ist. Wird klassisch (d. h. in Constraints unter LO-VC ohne Inferences-Teil oder in Prozeduren) gearbeitet, kann nur der erste Schlüssel, also die erste Auswertungsalternative, ausgewertet werden. Unter AVC können Constraints jedoch alle Auswertungsalternativen nutzen. Sobald für irgendeine der Auswertungsalternativen alle Schlüsselmerkmale bewertet sind, wird über den Constraint die gewünschte Wertsetzung vorgenommen (siehe Listing 5.21):

```
objects:  (300)t_vpc where  ?spe = t_pc6r ;
                            ?cas = t_pc8r ;
                            ?cpu = t_pc3r.
restrictions: table tab_vpc ( t_pc6r = ?spe,
                              t_pc8r = ?cas,
                              t_pc3r = ?cpu).
```

Listing 5.21 Constraint mit Variantentabelle

5.3.3 Constraints im Trace

In diesem Abschnitt möchten wir den Trace anhand eines Beispiels vorstellen. Als Beispiel dient Listing 5.20 mit dem Constraint zu einem Gleichungssystem.

In Abbildung 5.21 wurde der Trace aktiviert und das Ergebnis im Überblick dargestellt. In Abbildung 5.21 wurde mit dem 15. Eintrag im Trace begonnen; da wir uns auf die Informationen zu den Constraints im Trace konzentrieren wollen, die sich durch Wertsetzungen durch den Benutzer ergeben.

Der erste angezeigte Eintrag (15) beinhaltet nur die Information, dass mit der High-Level-Konfiguration begonnen wurde. Schon vor Beginn der Bewertung werden die Constraints abgearbeitet. Die weiteren, hier nicht angezeigte Einträge beinhalten vor allem **Einschränkungen der Domäne von T-FC91 ... durch Constraints ....** Die meisten Einschränkungen, genauer Werteeinschränkungen, ergeben sich durch unser Constraint in Listing 5.20. Durch die Gleichungen sind nicht alle Werte, die laut Merkmalsdefinitionen möglich sind, noch erlaubt, ohne auf Inkonsistenzen zu stoßen. Mit dem Eintrag 16 im Trace ist dokumentiert, dass der Benutzer den Wert »333« gesetzt hat.

Diese Benutzereingabe hat zu weiteren Werteinschränkungen geführt. Für das Beispiel in Abbildung 5.22 ist der Eintrag »17« in Abbildung 5.21 über den Pfeil [>] am linken Rand des Eintrags aufgerissen worden. Die blauen Einträge sind aktiv.

T-FC91 ist eine *Komponente* (genauer das Kopfmaterial). Durch einen Klick auf den Eintrag können Sie die Informationen in einem Pop-up-Fenster anzeigen. In diesem Pop-up-Fenster finden Sie die folgenden weiteren Einträge.

- Komponente
- Trace filtern
- Prüfen

Über einen Klick auf **Prüfen** können Sie in den sogenannten *Inspektor* abspringen, der den Eintrag `T-FC91` enthält. Zum Thema Inspektor sei auf Abbildung 4.26 und Abbildung 4.27 zum Thema Inspektor im Inspektor-Bereich in Abschnitt 4.2, »Die Simulationsumgebung von AVC«, verwiesen.

`T_FC908` stellt ein Merkmal dar. Auch hier können Sie in einem Pop-up-Fenster zusätzliche Informationen aufrufen, nämlich wo das Merkmal geändert und wo es verwendet wurde.

`T_CS_FC91_1 (3)` stellt eine Beziehung dar – genauer die dritte Zeile im Restrictions-Teil des Constraints aus Listing 5.20. Dieser Eintrag mit gleicher Funktionalität erscheint in der zweiten Zeile dieses Eintrags 17.

Der Input im Trace ist mit dem Symbol gekennzeichnet. Der Input besteht hier aus drei Zeilen. Die erste Zeile ist die Benutzereingabe »333«. Die zweite und dritte Zeile ist der zulässige Wertebereich für die Breite `T_FC908` und den Umfang `T_FC914`.

Der Output im Trace ist mit dem Symbol [icon] gekennzeichnet. Dieser besteht in unserem Beispiel aus zwei Zeilen. Mit nur einer Eingabe konnte noch nichts berechnet werden. Es konnten jedoch Wertebereiche eingeschränkt werden. In der zweiten Zeile wurde der Umfang von T_FC914 auf mindestens 666,1 = 2 × 333 + 2 mal Breite eingeschränkt In der ersten Zeile wurde die Breite T_FC908 auf maximal 166,9 = (999,9 – 2 × 333) ÷ 2 eingeschränkt.

Der Eintrag **Mehr anzeigen** in der letzten Zeile lässt den ganzen Constraint wie in Listing 5.20 erscheinen.

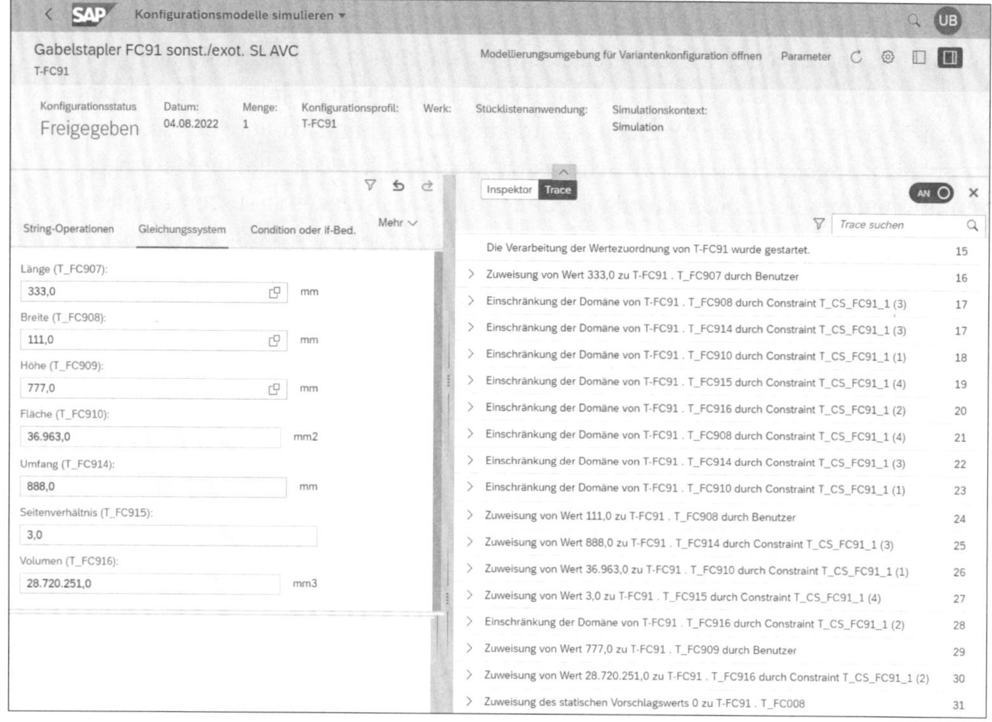

Abbildung 5.21 Trace für Constraints im Überblick

Im Detail von Eintrag 30 waren bereits alle drei Benutzereingaben Länge T_FC907 = 333, Breite T_FC908 = 111 und Höhe T_FC909 = 777 erfolgt.

Der Input im Trace [icon] besteht hier aus vier Zeilen, den drei Benutzereingaben und dem noch zu berechnenden Volumen. Der Output im Trace [icon] besteht genau aus dieser Berechnung des Volumens. Dazu wurde, ebenso wie mit T_CS_FC91_1 (2) aufgelistet, die zweite Zeile im Restrictions-Teil des Constraints aus Listing 5.20 genutzt.

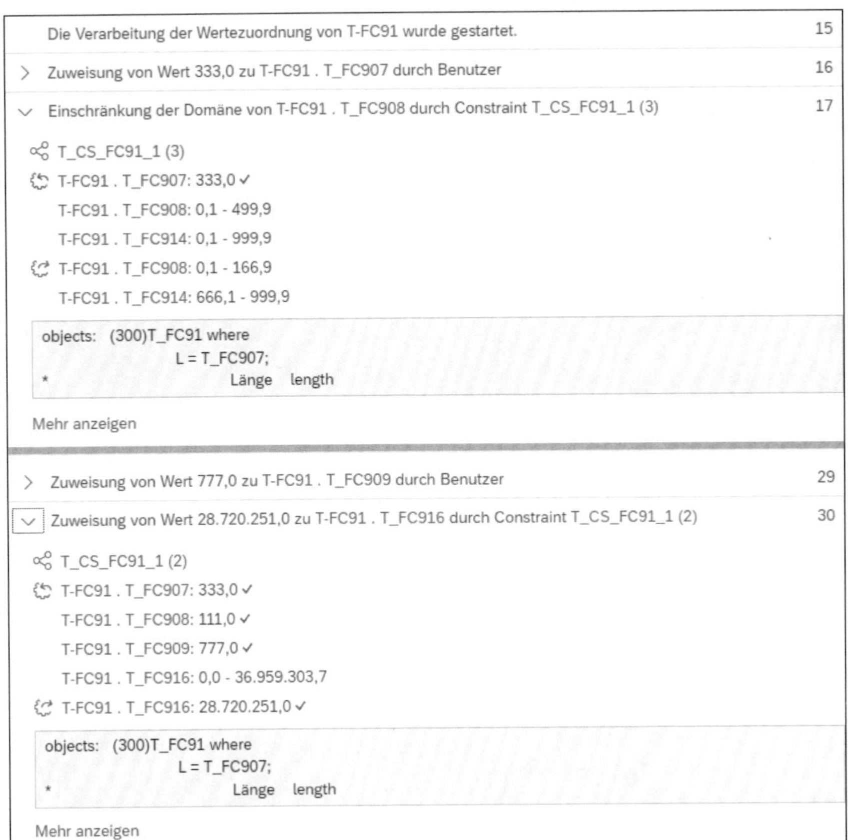

Abbildung 5.22 Trace für Constraints im Detail

Betrachten wir noch den Trace zur Inkonsistenz, die mit Abbildung 5.18 und mit Abbildung 5.19 erzeugt wurde. Dieser Trace ist in Abbildung 5.23 dargestellt. Es wurde im Merkmal T_FC922 den Wert »3« gesetzt (= Eintrag 16). Folglich ist der Bedingungsteil von Constraint T_CS_FC91_3 erfüllt (= Eintrag 17) und wird abgearbeitet (= Eintrag 18). Damit wird im Merkmal T_FC921 der Wert »C« gesetzt. Dies hat zur Folge, dass die Bewertung des Merkmals T_FC920 mit dem Wert »C« laut Constraint T_CS_FC91_2 nicht mehr zulässig ist (= Eintrag 19), und dies führt zur Inkonsistenz, da der Benutzer anfangs im Merkmal T_FC920 den Wert »C« gesetzt hatte (= Eintrag 20). Constraints sind *deklaratives Beziehungswissen*. Somit kann nicht vorgegeben werden, in welcher Reihenfolge die Constraints ausgewertet werden und damit die Inkonsistent entdeckt wird.

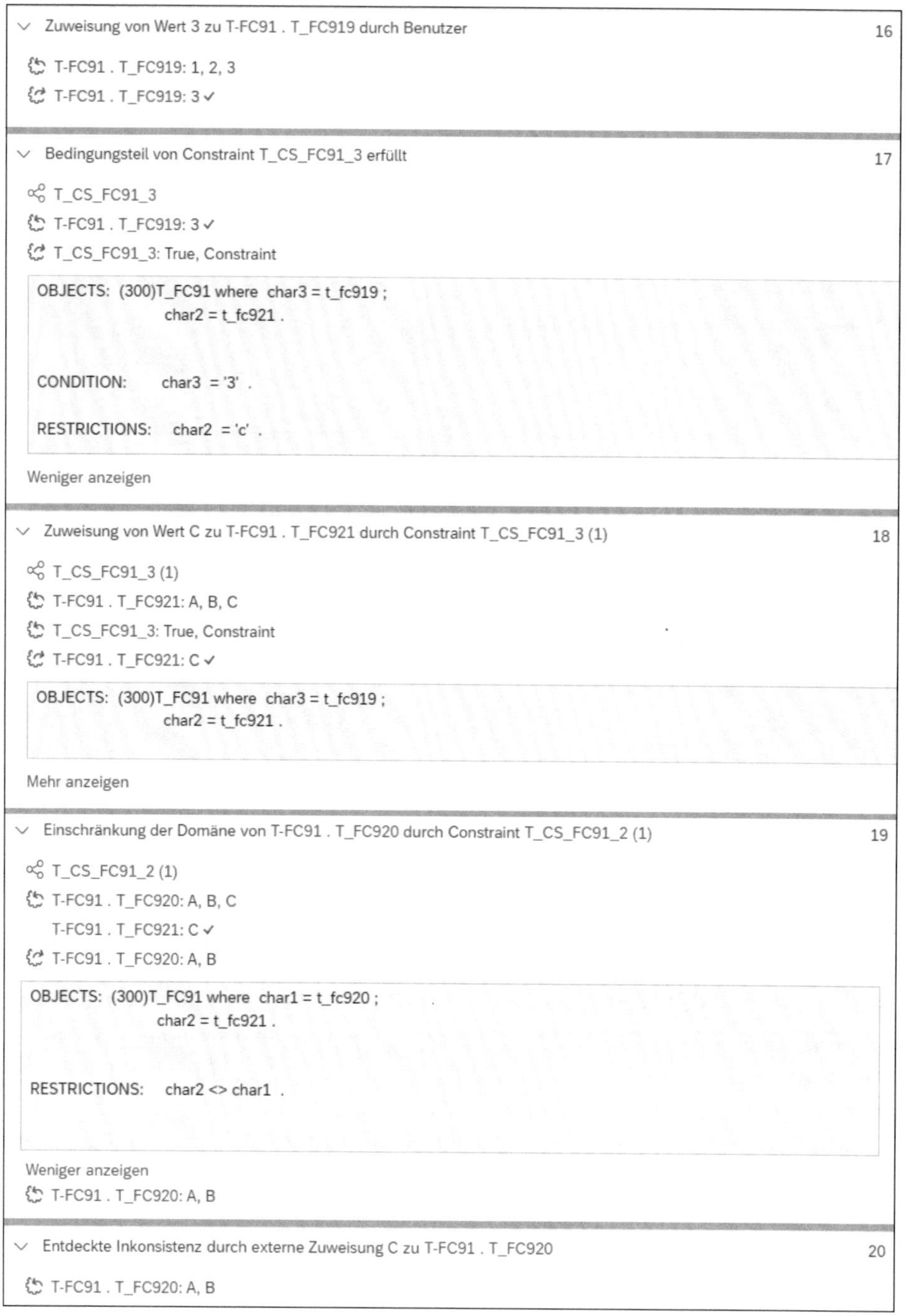

Zuweisung von Wert 3 zu T-FC91 . T_FC919 durch Benutzer 16

T-FC91 . T_FC919: 1, 2, 3
T-FC91 . T_FC919: 3 ✓

Bedingungsteil von Constraint T_CS_FC91_3 erfüllt 17

T_CS_FC91_3
T-FC91 . T_FC919: 3 ✓
T_CS_FC91_3: True, Constraint

```
OBJECTS: (300)T_FC91 where char3 = t_fc919 ;
                   char2 = t_fc921 .

CONDITION:      char3 = '3' .

RESTRICTIONS:    char2 = 'c' .
```

Weniger anzeigen

Zuweisung von Wert C zu T-FC91 . T_FC921 durch Constraint T_CS_FC91_3 (1) 18

T_CS_FC91_3 (1)
T-FC91 . T_FC921: A, B, C
T_CS_FC91_3: True, Constraint
T-FC91 . T_FC921: C ✓

```
OBJECTS: (300)T_FC91 where char3 = t_fc919 ;
                   char2 = t_fc921 .
```

Mehr anzeigen

Einschränkung der Domäne von T-FC91 . T_FC920 durch Constraint T_CS_FC91_2 (1) 19

T_CS_FC91_2 (1)
T-FC91 . T_FC920: A, B, C
T-FC91 . T_FC921: C ✓
T-FC91 . T_FC920: A, B

```
OBJECTS: (300)T_FC91 where char1 = t_fc920 ;
                   char2 = t_fc921 .

RESTRICTIONS:    char2 <> char1 .
```

Weniger anzeigen
T-FC91 . T_FC920: A, B

Entdeckte Inkonsistenz durch externe Zuweisung C zu T-FC91 . T_FC920 20

T-FC91 . T_FC920: A, B

Abbildung 5.23 Trace für Constraints und Inkonsistenz

5.3.4 Prozeduren

Prozeduren sind *wertsetzendes Beziehungswissen*. Im Unterschied zu anderen Arten von Beziehungswissen kann hier die Abarbeitungsreihenfolge beeinflusst werden. Hierzu werden Prozeduren dem Konfigurationsprofil zugeordnet. Dabei wird eine Sortierung mitgegeben. Es gibt außerdem die Möglichkeit, Prozeduren den Merkmalen und Merkmalswerten zuzuordnen. Dieses Vorgehen wird jedoch nicht für die Konfiguratoren der Satelliten unterstützt, die mit Wissensbasis und Laufzeitversionen arbeiten.

Mit Prozeduren können Werte »hart« oder »weich« gesetzt werden. Die folgende Aufzählung erläutert Ihnen, was genau darunter zu verstehen ist.

- **Harte Wertsetzung**
  Unter harter Wertsetzung werden Wertsetzungen verstanden, die weder vom Benutzer noch durch Constraints überschrieben werden können. Ein entsprechender Versuch würde zu Inkonsistenzen führen. Auch können Prozeduren keine »fremden« Wertsetzungen, also Wertsetzungen durch Benutzer oder Constraints, überschreiben. Beachten Sie jedoch folgende Ausnahme: Nur Prozeduren können sich gegenseitig überschreiben. Sollte es mehrere solcher konkurrierenden Wertsetzungen geben, gewinnt die letzte.
- **Weiche Wertsetzung**
  Eine weiche Wertsetzung ist ausschließlich über Prozeduren möglich. Unter weichen Wertsetzungen werden Wertsetzungen verstanden, die von anderem Beziehungswissen und vom Benutzer überschrieben werden können. Jede nicht weiche Wertsetzung hat höhere Priorität, egal, ob sie vor oder nach einer Prozedur mit weicher Wertsetzung durchgeführt wird. Sollte es mehrere konkurrierende weiche Wertsetzungen geben, gewinnt die letzte. Man spricht bei solchen weichen Wertsetzungen auch von *dynamischen Vorschlagswerten*.

Ein Beispiel für harte Wertsetzung mit einer Prozedur sehen Sie in Listing 5.22.

```
$self.alarm = 'grün' if   $self.temperatur > 80,
$self.alarm = 'gelb' if   $self.temperatur > 100,
$self.alarm = 'rot'  if   $self.temperatur > 150.
```

Listing 5.22 Prozedur: Beispiel für harte Wertsetzung und Überschreibung

Obwohl das `alarm`-Merkmal einwertig ist, kommt es nicht zu Inkonsistenzen. Da Prozeduren sich gegenseitig überschreiben können, würden Temperaturen über 100 die Werte `'grün'` in `'gelb'` überschreiben und Temperaturen über 150 den Wert `'grün'` und `'gelb'` in `'rot'` überschreiben. Würde jede Zeile eine eigene Prozedur darstellen, würde die Sortierreihenfolge über die Abarbeitungsreihenfolge entscheiden. Eine andere Abarbeitungsreihenfolge würde zu einem anderen Ergebnis führen, hätte jedoch keine Inkonsistenzen zur Folge.

Eine weiche Wertsetzung für das alarm-Merkmal kann folgende Gestalt haben:

```
$self.alarm ?= 'grün' if $self.temperatur > 80.
```

Auch mithilfe von Variantentabellen können Werte über Prozeduren gesetzt werden. Voraussetzung ist, dass in der Definition der Variantentabelle ein Schlüssel definiert ist. Sollte es mehrere Auswertungsalternativen in der Variantentabelle geben, kann über Prozeduren generell nur die erste Alternative ausgewertet werden. Eine Variantentabelle könnte über die folgende Syntax in Prozeduren abgefragt werden, wenn man dort z. B. die Merkmale T_PC6R und T_PC8R als Schlüssel kennzeichnet (siehe Listing 5.23):

```
table TAB_VPC (  T_PC6R = $self.T_PC6R,
                 T_PC8R = $self.T_PC8R,
                 T_PC3R = $self.T_PC3R)
```

Listing 5.23 Prozedur mit Variantentabelle: harte Wertsetzung

Falls die beiden Merkmale T_PC6R und T_PC8R in Listing 5.23 als Schlüsselfelder markiert wurden, könnte im Tabellenaufruf bei diesen statt $self auch $parent oder $root genutzt werden, soweit dies inhaltlich richtig ist. Eine Prozedur mit dieser Syntax würde auf die Bewertung der Merkmale T_PC6R und T_PC8R warten. Anschließend wird das Merkmal T_PC3R »hart« gesetzt. Eine weiche Wertsetzung wäre über die in Listing 5.24 dargestellte Syntax erreichbar (Fragezeichen bei Wertsetzung in der letzten Zeile).

```
table TAB_VPC (  T_PC6R = $self.T_PC6R,
                 T_PC8R = $self.T_PC8R,
                 T_PC3R ?= $self.T_PC3R)
```

Listing 5.24 Prozedur mit Variantentabelle: weiche Wertsetzung

Prozeduren werden unter AVC leicht verändert gegenüber LO-VC abgearbeitet. Unter LO-VC würde eine Prozedur mit mehreren Anweisungen ab der Anweisung abbrechen und nicht weiter abgearbeitet, ab der die Anweisung nicht ausführbar ist. Wie ist das gemeint?

```
$self.merkmal 4 = $parent.merkmal1 ,
$self.merkmal 5 = $parent.merkmal2 ,
$self.merkmal 6 = $parent.merkmal3 .
```

Listing 5.25 Prozedur mit drei Anweisungen

Betrachten wir Listing 5.25. Falls nur merkmal1 und merkmal3 bewertet sind, würde unter LO-VC die Prozedur in der zweiten Anweisung abbrechen. Es würde nur über die Prozedur das merkmal4 bewertet.

Unter AVC verhält es sich anders. Hier würde nur die einzelne Anweisung abgebrochen. Nachfolgende Anweisungen werden versucht abzuarbeiten. Falls in Listing 5.25 wieder nur merkmal1 und merkmal3 bewertet sind, würde unter AVC die Prozedur nur die zweite Anweisung abbrechen. Es würde über die Prozedur das merkmal4 und das merkmal6 bewertet.

Um zu erreichen, dass unter LO-VC die Prozedur genauso wie unter AVC abgearbeitet wird, ergänzen Sie jeweils die Anweisung durch die passende Bedingung, dass das Merkmal bewertet ist – z. B. für die erste Zeile:

```
$self.merkmal 4 = $parent.merkmal1 if $parent.merkmal1 specified ,
```

Um zu erreichen, dass unter AVC die Prozedur genauso wie unter LO-VC abgearbeitet wird, ergänzen Sie jeweils die Anweisung durch eine Anweisung mit dem für Prozeduren und für AVC exklusiven Syntaxelement EXIT. Dazu im nächsten Abschnitt mehr.

5.3.5 Exklusive Syntax für Prozeduren im Detail

Analog zu oben in Abschnitt 5.3.2 »Exklusive Syntax für Constraints im Detail«, vorgestellten Syntaxelemente für Constraints, können gewisse Syntaxelemente nur in Prozeduren verwendet werden; diese werden hier im Detail vorgestellt.

Exklusive Syntax für Prozeduren (für beide Verarbeitungsmodi)

Folgende Syntaxelemente können nur in Prozeduren verwendet werden:

- ?=
  Dieses Syntaxelement nutzen Sie in bereits angegebener Form, um weiche Werte zu setzen. Wir sprechen auch von *dynamischen Vorschlagswerten*. $self.farbe ?= 'rot' if $self.glanz = 'mit'
- $set_default
  Dieses Element setzt ebenfalls weiche Werte. Dies bewirkt das Gleiche wie ?=, nur umständlicher. Die folgende Zeile bewirkt das Gleiche wie die Wertsetzung davor: $set_default($self, farbe, 'rot') if $self.glanz = 'mit'
- $del_default
  Dieses Syntaxelement löscht Vorschlagswerte, die über $set_default oder ?= gesetzt wurden. Dabei kann man spezielle Vorschlagswerte löschen (hier »rot«): $del_default($self,farbe,'rot') if $self.glanz ='ohne'

Man kann auch Vorschlagswerte allgemein löschen:
`$set_default($self, farbe, farbe) if $self.glanz = 'ohne'`
Ein elegantes Syntaxelement wie `?=` zum Setzen von Vorschlagswerten gibt es für das Löschen nicht.

- `$self.merkmal = $self.merkmal +1`
Diese Form der sukzessiven Berechnung (Merkmalwert lesen, ändern und damit Merkmal überschreiben) ist nur in Prozeduren zulässig. Zu beachten ist, dass diese Zeile nicht ausgeführt wird, wenn das Merkmal unbewertet war. Deshalb ist eine Null-Setzung am Anfang notwendig (siehe Listing 5.26).

```
$self.tpc_26 = 0 if $self.tpc_12 specified or
                    $self.tpc_13 specified,
*****************************************************
$self.tpc_26 = $self.tpc_26 + 0.4  if $self.tpc_13 ='A',
$self.tpc_26 = $self.tpc_26 + 0.3  if $self.tpc_13 ='B',
$self.tpc_26 = $self.tpc_26 + 0.15 if $self.tpc_13 ='C',
*****************************************************
$self.tpc_26 = $self.tpc_26 * 2   if  $self.tpc_09 = 'A',
$self.tpc_26 = $self.tpc_26 * 1.5 if  self.tpc_09 = 'B',
$self.tpc_26 = $self.tpc_26 * 4   if $self.tpc_09 = 'C'
```

Listing 5.26 Sukzessive Berechnung mithilfe von Prozeduren

- `$sum_parts`
Dieses Syntaxelement summiert ein numerisches Merkmal über alle Positionen einer einstufigen Stücklistenauflösung auf. Die Positionsmengen werden dabei berücksichtigt, indem entsprechend multipliziert wird. So könnte z. B. das Gesamtgewicht berechnet werden. Mit der folgenden Syntax (mit `$self`) würde man die Prozedur dem Konfigurationsprofil des Kopfmaterials zuordnen:
`$self.tpc_19 = $sum_parts($self,tpc_19)`
`* Gewicht (Summe) = Summe aller Gewichte`
Und mit dieser Syntax (mit `$parent`) würde man die Prozedur an das Konfigurationsprofil einer letzten Komponente in der Stückliste zuordnen:
`$self.tpc_19 = $sum_parts($parent,tpc_19)`
`* Gewicht (Summe) = Summe aller Gewichte`

- `$count_parts`
Dieses Syntaxelement summiert die Komponentenmengen über alle Positionen einer einstufigen Stücklistenauflösung auf. So könnte man z. B. die Gesamtzahl von Positionen einer Lieferung ermitteln. Auch hier gibt es wieder die beiden Möglichkeiten mit `$self` und `$parent`:
`$self.tpc_18 = $count_parts($self)`
`* Anzahl Teile = ...`

oder
`$self.tpc_18 = $count_parts($parent)`
`* Anzahl Teile = ...`

- `$set_pricing_factor`
  Dies erlaubt es einer Variantenkondition, in der Preisfindung einen Faktor zuzuordnen. Die Details werden in Kapitel 6, »Preisfindung«, behandelt, sodass hier nur auf die entsprechenden Ausführungen verwiesen werden soll. Im letzten Abschnitt wurde `set_pricing_factor` bereits für Constraints vorgestellt.

Exklusive Syntax für Prozeduren und nur für AVC-Verarbeitungsmodus

Folgende Syntaxelemente können nur in Prozeduren und nur unter AVC verwendet werden:

- `$del_user_val`
  Dies löscht Benutzereingaben. Man kann jede, vom Benutzer gesetzte Bewertung löschen: `$DEL_USER_VAL ( $self.t_fc931 )`

  Oder man löscht nur spezielle Benutzereingaben: `$DEL_USER_VAL ( $self.t_fc931 , 'UWE' )`.
- `$del_val`
  Dies löscht beliebige Wertsetzungen mit Ausnahme von Constraints. Das heißt, Benutzereingaben, statische Vorschlagswerte aus der Merkmalsdefintion sowie weiche und harte Wertsetzungen aus Prozeduren. Man kann jede Bewertung löschen: `$DEL_VAL ( $self.t_fc931 )`

  Oder man löscht nur spezielle Bewertungen: `$DEL_VAL ( $self.t_fc931 , 'UWE' )`.
- `ASSIGNED_VALS`
  Bei der Verwendung in einem `if`-Teil einer Prozedur erlaubt `ASSIGNED_VALS` Prüfungen, die nur Zuweisungen berücksichtigen.
- `NO_OF_ASSIGNED_VALS`
  `NO_OF_ASSIGNED_VALS(x)` gibt die Anzahl der Werte zurück, die x zugewiesen werden, wenn die Anweisung ausgeführt wird.
- `EXIT`
  Hiermit kann in einer Prozedur mit mehreren Anweisungen ein Abbruch nach der n. Anweisung erzeugt werden. Vergleichen Sie dazu Listing 5.25 und die damit verbunden Ausführungen. Wie erreicht man unter AVC, dass die Prozedur genauso wie unter LO-VC abgearbeitet wird? Man ergänzt jeweils die Anweisung durch eine Anweisung mit `EXIT` in der Form:

  `$self.merkmal 4 = $parent.merkmal1, EXIT if not $parent.merkmal1 specified ,`

5.3.6 Prozeduren im Trace

In diesem Abschnitt betrachten wir den Trace anhand von zwei Beispielen. In Abbildung 5.24 wurde zunächst vom Benutzer der Wert »3« im Merkmal T_FCLD00 gesetzt. Das wird im Trace mit dem Eintrag 3 dokumentiert. Im Eintrag 7 im Trace wird die Abarbeitung der Prozedur T_PROC_TAB_DEFAULT_T_FCLE_00 dokumentiert. Diese Prozedur setzt mithilfe der Variantentabelle TAB2_00 den Vorschlagswert »1« für das Merkmal T_FCLE00.

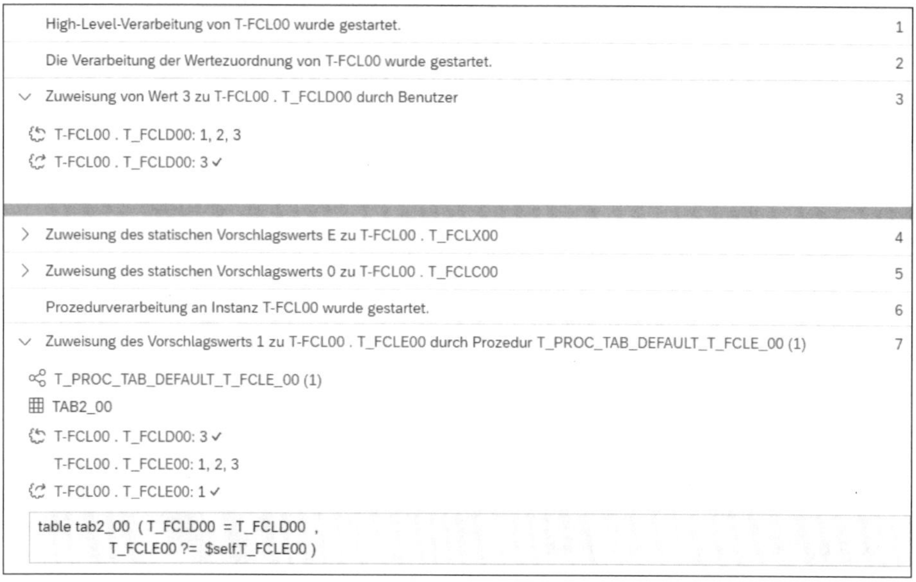

Eintrag	Nr.
High-Level-Verarbeitung von T-FCL00 wurde gestartet.	1
Die Verarbeitung der Wertezuordnung von T-FCL00 wurde gestartet.	2
Zuweisung von Wert 3 zu T-FCL00 . T_FCLD00 durch Benutzer T-FCL00 . T_FCLD00: 1, 2, 3 T-FCL00 . T_FCLD00: 3 ✓	3
Zuweisung des statischen Vorschlagswerts E zu T-FCL00 . T_FCLX00	4
Zuweisung des statischen Vorschlagswerts 0 zu T-FCL00 . T_FCLC00	5
Prozedurverarbeitung an Instanz T-FCL00 wurde gestartet.	6
Zuweisung des Vorschlagswerts 1 zu T-FCL00 . T_FCLE00 durch Prozedur T_PROC_TAB_DEFAULT_T_FCLE_00 (1) T_PROC_TAB_DEFAULT_T_FCLE_00 (1) TAB2_00 T-FCL00 . T_FCLD00: 3 ✓ T-FCL00 . T_FCLE00: 1, 2, 3 T-FCL00 . T_FCLE00: 1 ✓ table tab2_00 (T_FCLD00 = T_FCLD00 , T_FCLE00 ?= $self.T_FCLE00)	7

Abbildung 5.24 Trace für eine Prozedur mit Vorschlagswertsetzung über die Variantentabelle

Die blauen Einträge im Trace sind aktiv. Mit einem Klick auf den Eintrag öffnen Sie ein Pop-up-Fenster mit den folgenden Informationen:

- Komponente
- Trace filtern
- Prüfen
- Wo geändert
- Wo verwendet

Dies wurde bereits im Zusammenhang mit Trace und Constraints in Abschnitt 5.3.3 beschrieben.

Im zweiten Trace-Beispiel in Abbildung 5.25 wurde mit Eintrag »10« festgestellt, dass die Bedingung T_FCLF00 specified erfüllt ist. (Es geht bei dem Merkmal um ein numerisches Merkmal der Tragfähigkeit.) Im Eintrag 11 wird das Objektmerkmal T_SDCOM_

VKOND_00 mit dem Namen des Konditionssatzes 100KG00 bewertet, und im Eintrag 12 wird diesem Konditionssatzes 100KG00 noch der Faktor 35 (=T_FCLF00 / 100) zugeordnet.

Abbildung 5.25 Trace für eine Prozedur mit Ergänzungen zur Preisfindung

5.3.7 Facettenänderungen mit Vor- und Auswahlbedingungen

Analog zur Abarbeitungsreihenfolge von Beziehungswissen für die Bewertungsoberfläche, bei der im Prinzip als Letztes die Vor- und Auswahlbedingungen abgearbeitet werden, sollen diese Arten von Beziehungswissen hier als Letztes vorgestellt werden.

Was ist mit hier mit »Facettenänderungen mit Vor- und Auswahlbedingungen« gemeint? Mit diesen Arten von Beziehungswissen kann die Darstellung von Merkmalen in gewisser Weise geändert werden. Konkreter sind damit solche Fragen gemeint, wie

- Kann-Merkmal oder Muss-Merkmal?
- Ist die Bewertung des Merkmals erlaubt?

- Ist ein Merkmalswert erlaubt oder verboten?
- Soll ein Merkmal angezeigt werden?

Vorbedingungen

Mit Vorbedingungen können einzelne Merkmalwerte oder ganze Merkmale verboten werden – es handelt sich also um Beziehungswissen zum »Verbieten«. Ist die Vorbedingung erfüllt, ist das Merkmal oder der Merkmalwert nicht verboten. Das heißt, es wird so reagiert, als ob die Vorbedingung nicht existiert. Ist die Vorbedingung nicht erfüllt, ist das Merkmal oder der Merkmalwert, dem sie zugeordnet wurde, verboten.

Sie können einzelne Merkmalswerte verbieten. Hierzu wird die Vorbedingung an den Merkmalswert gehängt.

[!]

> **Zum Einschränken Constraints verwenden**
>
> Arbeiten Sie eleganter mit Constraints, um die Liste der erlaubten Merkmalswerte einzuschränken, statt solche Vorbedingungen den Merkmalswerten zuzuordnen.

Man kann ganze Merkmale verbieten. Hierzu wird die Vorbedingung an das Merkmal gehängt. Zum Verbieten von Merkmalen müssen zwei Fragen beantwortet werden:

1. Was soll verboten werden? Welches Merkmal oder welcher Merkmalswert sollen also dynamisch verboten werden?
2. Wann soll es erlaubt sein? Wann soll also das entsprechende Merkmal oder der Merkmalswert im Rahmen der Bewertung erlaubt sein?

Die Vorgehensweise erläutern wir anhand eines Beispiels: In einem Autokonfigurator soll es verboten sein, Cabriolets mit Schiebedach zu bestellen. Angenommen, es gibt ein Merkmal **Karosserieform** mit den Werten »Cabriolet«, »Fließheck«, »Stufenheck«, »Kombi« usw. Zudem gibt es ein Merkmal **Dachfenster** mit den Werten »mechanisches Schiebedach«, »elektrisches Schiebedach«, »Panoramadach«.

Um dies zu erreichen, können Sie an das Merkmal des Dachfensters eine Vorbedingung hängen. (1. Was soll verboten werden?) Als Syntax wählen Sie: `Karosserieform NE 'Cabriolet'`. (2. Wann soll es erlaubt sein?) Das heißt also, für die Auswahl des Merkmals **Dachfenster** darf die Karosserieform kein Cabriolet sein (`NE` = not equal).

Des Weiteren können Sie an den Wert »Cabriolet« eine Vorbedingung hängen. (1. Was soll verboten werden?) Hier mit der Syntax: `NOT Dachfenster specified`. (2. Wann soll es erlaubt sein?) Das heißt also, beim Wert »Cabriolet« wird das Merkmal **Dachfenster** überhaupt nicht bewertet.

Sie können eines der Syntaxelemente `$self`, `$parent` oder `$root` vor dem Merkmal anfügen, um die Instanz zu bestimmen, an der das Merkmal zu suchen ist. In unserem

Beispiel wäre das `$self.Karosserieform`, `$parent.Karosserieform` oder `$root.Karosserieform`. Alle drei Möglichkeiten sind bei einer einstufigen Konfiguration hier richtig (siehe Abbildung 5.9). Beide Merkmale, **Karosserieform** wie auch **Dachfenster**, befinden sich auf derselben Ebene – deshalb `$self`. Beide Merkmale befinden sich auch auf der Kopfebene – deshalb `$root` (`$root` kann man weglassen), und `$parent` liegt gleichsam dazwischen – ist also auch richtig.

- **Mehrere Vorbedingungen**
  Sie können einem Merkmalswert oder Merkmal auch mehrere Vorbedingungen zuordnen. In diesem Fall wird die Bewertung nur erlaubt, falls alle Vorbedingungen erfüllt sind. Es kann als Und-Verknüpfung interpretiert werden. Eine der-Verknüpfungen zwischen Vorbedingungen kann nur dadurch erreicht werden, dass die Bedingungen in *eine* Vorbedingung aufgenommen werden. Eine Vorbedingung kann nur *eine* Bedingung sein, die jedoch unter der Nutzung von beliebigen Klammern, Negationen und Verkettung mit `and` und `or` beliebig komplex sein kann.
- **Vorbedingung mit unbewerteten Merkmal**
  Eine Vorbedingung, in der die Bewertung eines Merkmals abgefragt wird, bricht ab und wird als erfüllt interpretiert, falls das angesprochene Merkmal unbewertet ist. Ist das Merkmal **Karosserieform** noch unbewertet, wird die Vorbedingung am Merkmal **Dachfenster** abgebrochen und als wahr angesehen, und somit ist das Merkmal **Dachfenster** bewertbar.
  Wird diese Standardlogik nicht gewünscht, muss dies in der Form `Karosserieform NE 'Cabriolet' and Karosserieform specified` ergänzt werden.

Über Vorbedingungen ausgeschlossene Werte oder Merkmale werden standardmäßig nicht in der Bewertungsoberfläche angezeigt. Sie können über den Button (Einstellungen) in der Bewertungsoberfläche über den Schalter **Ausgeblendete Merkmale einblenden** »verbotene« Merkmale anzeigen, jedoch nicht bewerten. Vergleichbare Einstellungen für verbotene Merkmalswerte gibt es unter AVC nicht. (In LO-VC gibt es das Kennzeichen **Mit Ausschluss** in den dortigen Einstellungen des Konfigurationsprofils. Diese Einstellung ist während der Konfiguration auch änderbar. Dieses Kennzeichen lässt verbotene Merkmale und Merkmalswerte erscheinen – bleiben beide aber verboten.)

In Vorbedingungen kann, wie in allen Arten von Beziehungswissen, auch mit Variantentabellen gearbeitet werden. Die Syntax einer Vorbedingung könnte folgendermaßen aussehen (siehe Listing 5.27):

```
table TAB_VPC (  T_PC6R = $self.T_PC6R,
                 T_PC8R = $self.T_PC8R,
                 T_PC3R = $self.T_PC3R)
```

Listing 5.27 Beispiel: Variantentabelle in Vorbedingung

Sie hat damit genau dieselbe Syntax wie eine Prozedur. Statt `$self` kann jedoch hier an allen Stellen auch mit `$parent` oder `$root` gearbeitet werden, soweit es inhaltlich richtig ist.

Auswahlbedingungen

Mit Auswahlbedingungen können Sie ein *Kann-Merkmal* in ein *Muss-Merkmal* umwandeln. Sie ordnen die Auswahlbedingung dem Merkmal zu, das von *Kann* auf *Muss* umgestellt werden soll. Ist die Auswahlbedingung erfüllt, ist es ein Muss-Merkmal. Ist die Auswahlbedingung nicht erfüllt, bleibt es ein Kann-Merkmal – als wäre das Beziehungswissen nicht vorhanden.

Auswahlbedingungen sind nur bei Kann-Merkmalen sinnvoll nutzbar

Nur bei Kann-Merkmalen (das Kennzeichen **Eingabe erforderlich** nicht gesetzt) hat die Auswahlbedingung eine Auswirkung. Bei Muss-Merkmalen laut Merkmalsdefinition ist eine Auswahlbedingung wirkungslos.

Liegen an einem Kann-Merkmal sowohl Vorbedingungen als auch Auswahlbedingungen vor, werden erst die Vorbedingungen ausgewertet. Ist eine Vorbedingung nicht erfüllt und damit das Merkmal verboten, wird die Auswahlbedingung nicht ausgewertet. Es kann somit nicht passieren, dass Sie etwas »müssen«, was »verboten« ist.

Bei Muss-Merkmalen laut Merkmalsdefinition kann es aber passieren, dass Sie »müssen«, was »verboten« ist. Dies ist eine nicht behebbare Inkonsistenz, die Sie vermeiden sollten!

Hierzu müssen zwei Fragen beantwortet werden:

1. Was soll man müssen? Welches Merkmal soll also dynamisch zum Muss-Merkmal werden?
2. Wann soll man müssen? Wann soll ein Merkmal also dynamisch zum Muss-Merkmal werden?

Für Merkmalswerte gibt es nicht analog zu den Vorbedingungen die Möglichkeit, diese zu Muss-Werten zu machen. Was soll das auch bedeuten? Wenn ein Wert gesetzt werden muss, kann man dies über eine Prozedur oder über einen Constraint realisieren.

Pkw-Sportversion erfordert zwingend ein Navigationssystem

Für die Sportversion soll die Auswahl eines Navigationssystems bei der Pkw-Konfiguration zwingend werden. Dabei müssen sowohl Regelwerk als auch Syntax analog zu den Vorbedingungen sein: Die Auswahlbedingung muss dem Merkmal der Navigationssysteme zugeordnet werden (»Was müssen?«); der Inhalt der Syntax ist die Bedingung der Sportversion (»Wann müssen?«). Die Syntax wäre also: `$self.version = 'sport'`. Die Auswahlbedingung mit dieser Syntax wird dem Merkmal des Navigationssystems zugeordnet. Somit wird für die Sportversion die Auswahl eines Navigationssystems zwingend.

Es gibt zwei Unterschiede zu den zu beachtenden Regeln der Vorbedingungen:

- **Mehrere Auswahlbedingungen für ein Merkmal**
  Sind einem Merkmal mehrere Auswahlbedingungen zugeordnet, reicht es, dass eine Auswahlbedingung erfüllt ist, um das Merkmal zum Muss-Merkmal zu machen. (Oder-Verknüpfung)
- **Unbewertetes Merkmal in einer Auswahlbedingung**
  Wird in einer Auswahlbedingung ein unbewertetes Merkmal angesprochen, ist die Auswahlbedingung nicht erfüllt. Im Unterschied zur Vorbedingung gleicher Syntax gibt die Auswahlbedingung aus vorgestellen Beispiel ein »falsch« (= nicht erfüllt) aus, solange keine Version ausgewählt wurde.

5.3.8 AVC: Business-Add-Ins

Mithilfe eines *Business Add-Ins* (BAdI) können Sie Ihre geschäftsspezifischen Erweiterungen zur SAP-Standardfunktionalität hinzufügen, ohne den SAP-Originalquelltext zu modifizieren. AVC bietet Ihnen hierzu in den folgenden Bereichen BAdIs an:

- bei der High-Level-Bewertung
- beim Drucken von Merkmalen
- bei der Anlage von Materialvarianten im Kundenauftrag

AVC-BAdI während der High-Level Bewertung

Im Zuge der High-Level-Konfiguration stehen Ihnen vier BAdI-Definitionen zur Verfügung, die im Erweiterungsspot `VCH_HL_ES_CORE` zusammengefasst sind. Hierüber können Sie die vordefinierten Merkmalswerte sowie die Bewertung der Merkmale während der interaktiven Konfiguration setzen bzw. ändern.

Mithilfe der BAdI-Definition `VCH_HL_MD_DOMAIN_MODIFY` kann die Änderung der am Merkmalsstamm definierten Merkmalswerte (Wertedomäne) erfolgen. Dieses BAdI wird beim Lesen der Merkmalsstammdaten im Zuge der ersten Aktivierung einer konfigurierbaren Instanz ausgeführt. Für die Merkmale dieser Instanz stehen Ihnen die folgenden Aktionen zur Änderung der Merkmalsstammdaten zur Verfügung:

- Einfügen, Ändern oder Löschen von Merkmalswerten
- Ändern der Anzeigereihenfolge der Merkmalswerte

- Ändern der Beschreibung der einzelnen Merkmalswerte
- Setzen, Löschen, oder Ändern des statischen Vorschlagswertes

Hierzu ergeben sich eine Reihe von verschiedenen Anwendungsfällen, wie z. B. das Hinzufügen von temporären Merkmalswerten im Zuge einer Sonderaktion oder die Änderung der Merkmalswertebeschreibung in Abhängigkeit vom Kunden. Am Ende dieses Abschnitts wird ein Beispiel, basierend auf diesem BAdI beschrieben.

Die BAdI-Definition `VCH_HL_PRE_VALIDATE_ASSIGN` dient zur Veränderung von Merkmalsbewertungen, nachdem der Benutzer eine Wertsetzung durchgeführt hat und bevor das Beziehungswissen ausgewertet wird (siehe Abbildung 5.26). Die BAdI-Definition `VCH_HL_POST_VALIDATE_ASSIGN` ist analog aufgebaut, wird jedoch erst nach der vollständigen Abarbeitung des Beziehungswissens ausgeführt (siehe Abbildung 5.26).

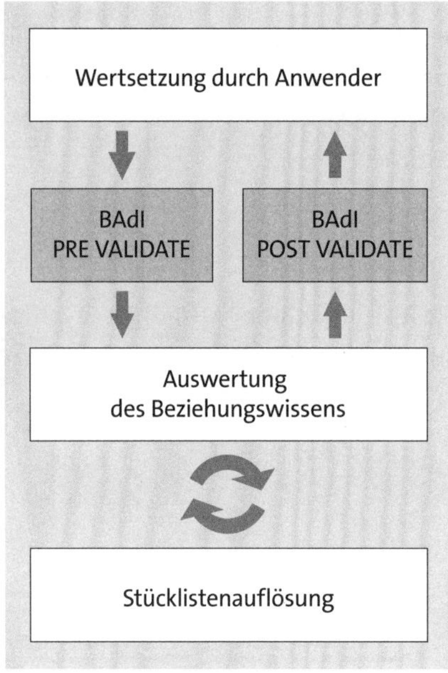

Abbildung 5.26 Ausführungszeitpunkte der Pre- und Post-BAdIs

Innerhalb dieser beiden BAdIs stehen Ihnen u. a. alle vordefinierten Merkmale und Merkmalswerte zu sämtlichen aktiven Instanzen zur Verfügung. Für jeden Merkmalswert eines Merkmals, das einer dieser Instanzen zugeordnet ist, wird seine Gültigkeit zum jeweiligen aktuellen Zeitpunkt mitgeben. Anhand dieser können Sie ungültige Werte identifizieren, also solche Merkmalswerte, die durch das Beziehungswissen von der Konfiguration ausgeschlossen wurden.

Zudem erhalten Sie über die Bewertungsart die Information, ob ein Merkmalswert aktuell gesetzt ist und gegebenenfalls welche Quelle diese Wertsetzung hat (z. B. Anwender oder Anwenderin, Prozedur, Constraint, Vorschlagswert). Diese Bewertungsart kann für jeden einzelnen Merkmalswert im BAdI geändert werden, sodass Sie die Wertsetzungen zurücknehmen oder neue Werte setzen können.

Auch die BAdI-Definition VCH_HL_ON_SAVE kann zur Anpassung der Merkmalsbewertung genutzt werden und ist analog der beiden zuvor beschriebenen BAdI-Definitionen aufgebaut. Die Implementierung wird jedoch beim Sichern der Konfiguration ausgeführt. Dies bedeutet, dass die Erweiterung nicht mit jeder Validierung, sondern nur einmalig zu deren Ende durchlaufen wird. Außerdem wird das Ergebnis der Anwenderin oder dem Anwender nicht mehr explizit angezeigt, da er die Konfiguration ja gerade verlässt. Über einen zusätzlichen Parameter kann jedoch zusätzlich die Konfiguration über den BAdI gesperrt werden, wenn Sie hierzu eigene Prüflogiken implementieren wollen.

AVC-BAdI für das Drucken von Belegen

In der Regel sollen nicht alle Merkmale der Konfiguration auf einen Druckbeleg übernommen werden. So sind z. B. Hilfsmerkmale hierzu nicht relevant. Hierzu können Sie das BAdI BD_VCH_HL_PRINTING im Erweiterungsspot VCH_HL_CLOUD nutzen. Dieser dient zum Ausschluss von Merkmalen vom Druck sowie zur Änderung der Druckreihenfolge. Zudem kann das BAdI abhängig von der aufrufenden Druckapplikation ausgeprägt werden.

Sofern keine gültige BAdI-Implementierung für den jeweiligen Druckvorgang existiert, werden alle Merkmale in der gegebenen Reihenfolge verwendet.

AVC-BAdI zur Anlage von Materialvarianten im Kundenauftrag

Der Vertriebsmitarbeiter oder die Vertriebsmitarbeiterin kann – mit der entsprechenden Berechtigung – die aktive Konfiguration aus dem Kundenauftrag heraus in eine neue Materialvariante übernehmen. Der entsprechende Materialstamm wird dabei einschließlich der Materialvariantenbewertung im Hintergrund angelegt und sofort als Verkaufsposition in den aktuellen Kundenauftrag übernommen.

Um die Materialvariante anzulegen, sind jedoch viele Materialstammsichten anzulegen und deren Felder zu bewerten. Hierzu können Sie ein Vorlagematerial nutzen, dass über eine Implementierung zur BAdI-Definition BD_LO_VCHCLF_VCH_SD_VAR_COPY im Erweiterungsspot ES_VCHCLF_VCH_SD_VAR_COPY, abhängig von den Konfigurationsdaten, vorgegeben werden kann. Sofern keine Implementierung zu dieser BAdI-Definition in Kombination mit einem Filter auf das entsprechende konfigurierbare Material existiert, wird die Option zum Anlegen der Materialvariante im Kundenauftrag nicht angeboten.

Da die Materialvariante selbstverständlich nicht alle Daten aus dem Vorlagematerial unverändert übernehmen kann, stehen im Erweiterungsspot ES_VCHCLF_VCH_SD_VAR_DATA zwei weitere BAdI-Definitionen zur Verfügung.

Die Materialstammdaten können Sie über die BAdI-Definition BD_LO_VCHCLF_VCH_SD_VAR_DATA individuell ändern. Dies ist zumindest für den Materialkurztext der Materialvariante sinnvoll. Aber auch weitere globale und werksspezifische Materialstammdaten stehen für eine individuelle Wertzuweisung zur Verfügung.

Die BAdI-Definition BD_LO_VCHCLF_VCH_SD_VAR_PRCG dient zur Anpassung der Preiskonditionen der Materialvarianten.

Beispiel zur BAdI-Definition VCH_HL_MD_DOMAIN_MODIFY

Im folgenden Beispiel wird ein Modell für ein Material ROBOT_UNIVERSAL angenommen, das vertriebsspezifische Muss-Merkmale enthält. Aus diesen Vertriebsmerkmalen werden die technischen Merkmale abgeleitet. Zugleich können für dieses konfigurierbare Material auch Materialvarianten angelegt werden, in denen jedoch nur die technischen, aber nicht die vertriebsrelevanten Merkmale bewertet werden sollen. Somit muss die Eigenschaft Eingabe erforderlich der Merkmale bei der Konfiguration abhängig vom aufrufenden Kontext, entweder dem Kundenauftrag oder dem Materialstamm, gesteuert werden.

Hierzu wird ein Hilfsmerkmal mit dem Namen CONTEXT definiert, das für den Aufruf der Konfiguration aus dem Kundenauftrag heraus den Merkmalswert SALES erhält. Ansonsten bleibt das Merkmal unbewertet. Die Eigenschaften der vertriebsrelevanten und der technischen Merkmale können nun über das normale Beziehungswissen gesteuert werden, indem der Wert des Hilfsmerkmals CONTEXT abgefragt wird. So kann z. B. ein Vertriebsmerkmal über die folgende Auswahlbedingung als Muss-Merkmal definiert werden:

```
$self.CONTEXT = 'SALES'.
```

Die Herleitung dieses Merkmalswertes für das Merkmal erfolgt in einer Implementierung zur BAdI-Definition VCH_HL_MD_DOMAIN_MODIFY. Folgende BAdI-Parameter werden für die Implementierung verwendet:

- **CHARACTERISTICS**
  Importtabelle der Merkmale, die dem Material zugewiesen sind
- **INSERT**
  Tabelle zum Hinzufügen neuer Merkmalswerte zu einem Merkmal

Im ersten Schritt wird der Schlüssel des Merkmals über den Merkmalsnamen aus der entsprechenden Importtabelle CHARACTERISTICS des BAdIs gelesen. Anschließend wird diesem Merkmal der Wert SALES hinzugefügt und als externe Bewertung gesetzt. Dieses Merkmal ist also ähnlich einer Konstante für die Konfiguration.

```
METHOD if_vch_hl_md_domain_modify~modify_domain.

"Field Symbol access importing table of characteristics
FIELD-SYMBOLS:
    <ls_cstic> LIKE LINE OF characteristics.

"1 - Get master data of the characteristic CONTEXT
READ TABLE characteristics                "Import Table
    ASSIGNING <ls_cstic>
    WITH KEY cstic_name = 'CONTEXT'.       "Cstic Name

IF sy-subrc <> 0.
    RETURN.
ENDIF.

"2 - Add and assign the value SALES to cstic CONTEXT
INSERT VALUE #(
    key               = <ls_cstic>-key.    " Cstic Key
    value_string      = 'SALES'            " Cstic Value
    value_description = 'Sales Context'    " Value Description
    interval_type     = 1                  " Exact Value
    assignment_type   = 5.                 " External Assignment
    sort_key          = 1
    ) INTO TABLE insert.
ENDMETHOD.
```

Listing 5.28 Beispiel einer BAdI-Implementierung zur Änderung einer Wertedomäne

Das BAdI ist in dieser Form allgemeingültig und wird für alle konfigurierbaren Materialien und Kontexte gleichermaßen durchlaufen. Eine entsprechende Einschränkung kann über einen zusätzlichen Filter erfolgen, in dem Sie individuelle Bedingungen zur Ausführung der BAdI-Implementierung definieren. Sofern die Filterbedingungen erfüllt sind, wird das Coding durchlaufen. Ansonsten wird die BAdI-Implementierung in der jeweiligen Konfiguration nicht berücksichtigt.

Die vorgestellte BAdI-Implementierung soll nur dann ausgeführt werden, wenn die Konfiguration des Materials ROBOT_UNIVERSAL innerhalb eines Kundenauftrags erfolgt. Somit wird im Filter der BAdI-Implementierung eine entsprechende Bedingung als Einschränkung auf dieses Material und diesen Kontext vorgenommen.

Hierzu werden die folgenden Filterparameter verwendet (siehe Abbildung 5.27):

- **CONFIGURATION_CONTEXT**
  Kontext, aus dem die aktuelle Konfiguration gerufen wird. Sofern die Konfiguration aus dem Kundenauftrag heraus erfolgt, nimmt der Parameter den Wert »VBPS« an.
- **CFG_OBJECT_KEY**
  Eindeutiger Schlüssel des konfigurierten Objekts. Im Fall des Objekttyps Material (MARA) ist dies die Materialnummer.

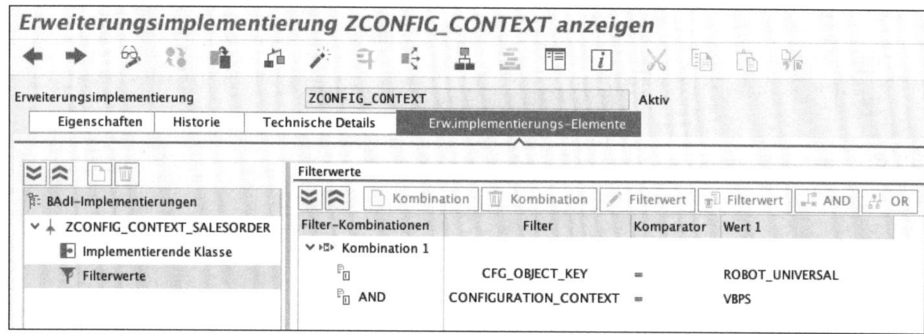

Abbildung 5.27 Filterwerte zu einer BAdI-Implementierung definieren

Da der Aufruf der Konfiguration aus dem Materialstamm dieses Filterkriterium nicht erfüllt, wird die Implementierung nicht durchlaufen und somit der Wert auch nicht dem Merkmal zugewiesen.

5.3.9 Grundsätze der AVC-Modellierung für eine gute Performance

Die Erstellung eines Konfigurationsmodells ist eine komplexe Aufgabe. Meist gibt es mehrere Möglichkeiten, um die Anforderungen umzusetzen. Dabei gilt es neben der Wartbarkeit des Modells auch die Performance im Auge zu behalten, denn nicht jede Formulierung ein und desselben Sachverhalts ist für die Konfigurations-Engine gleich leicht durchzurechnen. Im Folgenden möchten wir deshalb auf ein paar typische Ursachen verminderter Performance in AVC sowie auf ihre mögliche Umgehung eingehen.

Ganz allgemein kann für die Modellierung in AVC ein Constraint-basierter Ansatz empfohlen werden. Dieser verspricht sowohl gute Wartbarkeit (weil keine komplizierten Reihenfolgeneffekte zu berücksichtigen sind) als auch gute Performance. Insbesondere die Verwendung von Variantentabellen in Constraints erweist sich oft als vorteilhaft. Jedoch kann auch in AVC nicht alles über Constraints ausgedrückt werden. Unter den Fällen, die die Verwendung von Prozeduren notwendig machen, sind dies die wichtigsten:

- **Not SPECIFIED nicht in Constraints möglich**
  In einer `if`-Bedingung soll unter der Verwendung der Syntax `NOT SPECIFIED` abgefragt werden, ob ein bestimmtes Merkmal noch nicht bewertet ist. Dies ist nur in Prozeduren mit ihrem genau definierten Ausführungszeitpunkt möglich. Constraints können jederzeit getriggert werden und deshalb nie sicher sein, dass das Merkmal nicht bei einer erneuten Ausführung vielleicht doch bewertet würde. Deshalb führt die Verwendung von `NOT SPECIFIED` in Constraints zu einem Syntaxfehler.
- **Setzen von dynamischen Default-Werten**
  Die Wertsetzungen und Einschränkungen aus Constraints haben während einer Validierung unbeschränkte Lebensdauer. Ein Default-Wert kann jedoch jederzeit von einer normalen Prozedur oder einem Constraint überschrieben werden.

[+]

Modellierungsempfehlung

Verwenden Sie Constraints immer dann, wenn sie möglich sind. Andere Beziehungstypen sollten nur genutzt werden, wenn ein Constraint nicht verwendet werden kann.

Überschreibungen und Prozeduren

Im Kern basiert die Konfigurations-Engine von AVC auf einem hochperformanten Constraint Solver (*www.gecode.org*) sowie einigen proprietären Erweiterungen. Constraint Solver sind sehr effizient darin, die Wertsetzungen und Einschränkungen, die aus einer Menge von Constraints folgen, auszurechnen. Diese Effizienz basiert auch auf der Annahme, dass eine einmal von einem Constraint vorgenommene Einschränkung oder Wertsetzung unbeschränkt gültig bleibt: Der Solver rechnet also stets »vorwärts«, aber niemals »rückwärts«.

Mit Prozeduren ist es aber jederzeit möglich, während einer Validierung die Wertsetzung einer anderen Prozedur zu überschreiben. Genauso können Default-Werte jederzeit durch eine Prozedur oder einen Constraint überschrieben werden. Eine einmal vorgenommene Wertsetzung bleibt somit für die Konfigurations-Engine nicht konstant. In diesen Fällen muss in AVC intern ein neues Constraint-Modell aufgebaut werden, das die zu ersetzenden Werte nicht mehr enthält. Dabei werden die Constraints der aktuellen Instanz erneut validiert, was also den Aufwand pro Instanz und Überschreibung prinzipiell stark erhöhen kann.

Daraus ergeben sich die folgenden Empfehlungen:

Überschreibende Prozeduren sollten möglichst nicht verwendet werden. In der Praxis lässt sich dies oft leicht erreichen. Falls sich Überschreibungen nicht vermeiden lassen, kann man versuchen, die betroffenen Merkmale nicht zusätzlich in Constraints zu adressieren.

Default-Werte sollten zuletzt gesetzt werden. Mitunter trifft man auf Konfigurationsmodelle, die auf dem folgenden Ansatz basieren: Zuerst wird jedes Merkmal mit einem Default-Wert versorgt. Wenn sich aus den Nutzeranforderungen andere Werte ableiten, werden diese Default-Werte überschrieben. In AVC empfiehlt sich stattdessen folgender Ansatz: Zuerst werden so viele Werte wie möglich mittels Constraints und Prozeduren aus den Nutzeranforderungen hergeleitet. Erst dann werden die verbliebenen, noch nicht bewerteten Merkmale mit Defaults versorgt. In diesem Zusammenhang sei auch noch einmal erwähnt, dass dynamische Defaults in AVC mit jeder Validierung neu berechnet werden, statt wie in LO-VC von einer Validierung in die nächste übernommen zu werden. Dies macht die allermeisten Verwendungen der `$DEL_DEFAULT`-Syntax in AVC überflüssig.

Prozeduren, die nicht in Überschreibungen oder anderweitig wegfallenden Wertsetzungen münden, sind in AVC performancemäßig unkritisch.

Variantentabellen und Schlüsselzugriffe

Wie bereits erwähnt, ist eine Constraint-basierte Modellierung mithilfe von Variantentabellen oft besonders empfehlenswert. Aus diesem Grund verfügt AVC über eine hocheffiziente Implementierung zur Berechnung von Einschränkungen und Wertsetzungen mittels eben dieser Tabellen.

Wenn sich allerdings ein Merkmal ändert, das an die Tabelle gebunden ist, wird jedes Mal ein solcher Constraint ausgeführt. Genau daraus ergibt sich die besonders gute Benutzerführung bei diesem Modellierungsansatz. Andererseits ist dieses Verhalten vielleicht nicht in jedem Fall immer notwendig. Manchmal weiß der Modellierer, dass ein Tabellenzugriff erst dann wichtig ist, wenn bestimmte Merkmale bereits bewertet worden sind. Hier kann es sinnvoll sein, den Constraint um eine Bedingung zu erweitern:

```
CONDITION:
   SPECIFIED CHARACTERISTIC1 AND
   SPECIFIED CHARACTERISTIC2 AND ...
```

Insbesondere bei sehr großen Tabellen, z. B., wenn diese an eine Datenbanktabelle gekoppelt sind, kann die Performance beeinträchtigt werden. Prozeduren sind in dieser Hinsicht unkritisch, da sie prinzipiell nur über den Schlüssel der Variantentabelle auf diese zugreifen.

5.3.10 Constraints und die Mehrfachverwendung von Klassen

Merkmale in Constraints werden in der Regel über die Nennung ihrer Klassen adressiert. Nehmen wir ein Material an, das über mechanische und elektrische Eigenschaften verfügt, die aber miteinander verbunden werden sollen. Für gewöhnlich beginnt der Constraint dann wie folgt:


```
OBJECTS:
   M IS_A (300) MECH_CLASS,
   E IS_A (300) ELEC_CLASS.
```

Die Verbindung der Eigenschaften wird dann im Restrictions-Teil vorgenommen.

Nehmen wir weiter an, dass es sich um ein mehrstufiges Konfigurationsmodell handelt, und dass die mechanischen und elektrischen Eigenschaften auch auf untergeordneter Ebene bekannt sein sollen. Dann werden die entsprechenden Klassen oft auch den untergeordneten Instanzen zugeordnet. Das kann jedoch zu Problemen führen. Denn der Constraint ist über das Constraint-Netz nur der Root-Instanz zugeordnet. Der Objects-Teil aber führt dazu, dass sich der Constraint an alle Instanzen im Modell bindet, in dem sich die genannten Klassen finden.

Stellen wir uns den folgenden einfachen Restrictions-Teil vor:

```
RESTICTIONS:
   M.MECH_PROP1 = 'SOME_OTHER_VAL'
   IF E.ELEC_PROP2 = 'SOME_OTHER_VAL'
```

Dieser Constraint wird jetzt nicht nur auf jeder Instanz ausgeführt, auf der sich die beiden genannten Klassen befinden, sondern er verbindet auch alle entsprechenden Instanzen. Das heißt, dass jedes Paar von Instanzen mit den Klassen `M` oder `E` miteinander in Verbindung gesetzt werden. Schon bei einer größeren einstelligen Anzahl von betroffenen Instanzen kann dies zu einer Verzigtausendfachung der Constraint-Ausführungen führen. Darüber hinaus können diese wohl nicht beabsichtigten Querbeziehungen natürlich auch inhaltlich ganz und gar unerwünscht sein.

Diesem Problem kann auf mehrere Weisen begegnet werden. So können Sie im Objects-Teil den Constraint gezielt auf bestimmte Materialien beschränken:

```
OBJECTS:
   MAT IS_OBJECT (Material)(001)(NR='M4711').
RESTICTIONS:
   MAT.MECH_PROP1 = 'SOME_OTHER_VAL'
   IF MAT.ELEC_PROP2 = 'SOME_OTHER_VAL'.
```

Des Weiteren ist es in AVC auch möglich, die Adressierung von Instanzen in Constraints mittels $SELF, $PARENT und $ROOT vorzunehmen. Der Wirkungsbereich des Constraints wird dann über die Zuordnung des Constraint-Netzes gesteuert. In diesem Fall kann auch der Objects-Teil weggelassen werden.

Wenn wir einen Constraint mit dem nachfolgenden Quelltext der ROOT-Instanz zuordnen, haben wir den Wirkungsbereich des Constraints auf eben diese Instanz beschränkt:

```
RESTRICTIONS:
   $SELF.MECH_PROP1 = 'SOME_VAL'
   IF $SELF.ELEC_PROP2 = 'SOME_OTHER_VAL'.
```

Analog kann diese Syntax auch für die mehrstufige Merkmalsadressierung genutzt werden. Ein Constraint, der einer untergeordneten Instanz zugeordnet wird, kann wie folgt aufgebaut werden:

```
RESTRICTIONS:
   $SELF.MECH_PROP1 = 'SOME_VAL'
   IF $ROOT.ELEC_PROP2 = 'SOME_OTHER_VAL'
```

In diesem Fall werden genau zwei Instanzen in Verbindung gesetzt, ohne dass eine mehrdeutige Klassifizierung verwendet werden muss.

Ganz allgemein sollte bei der Modellierung dem Wirkungsbereich der Constraints besonderes Augenmerk gelten.

5.4 Beziehungswissen für Stückliste und Arbeitsplan (Low-Level-Konfiguration)

Stücklisten und Arbeitspläne können mithilfe von Beziehungswissen aufgelöst werden. Falls in der interaktiven Konfiguration bereits mit Stücklisten- und Arbeitsplanauflösungen gearbeitet wird, sind diese auch ein Thema der High-Level-Konfiguration (Vertriebskonfiguration, im Dialog, für die Bewertungsoberfläche).

Grundsätzlich erfolgt die Konfiguration im Rahmen der Stücklisten und Arbeitsplanauflösung in der Low-Level-Konfiguration ohne Dialog.

Im Folgenden betrachten wir, welche Arten von Beziehungswissen in Stücklisten und Arbeitsplanen genutzt werden können. Dies sind Auswahlbedingungen und Prozeduren.

5.4.1 Auswahlbedingungen in Stückliste und Arbeitsplan

Auswahlbedingungen kennzeichnen *Variantenteile* in Stückliste und Arbeitsplan.

Alles, was keine Auswahlbedingungen hat, sind *Gleichteile*. Das heißt, dass alle Elemente aus Stückliste und Arbeitsplan, denen keine Auswahlbedingungen zugeordnet wurden, unabhängig von der Konfiguration immer benötigt werden.

Alles mit Auswahlbedingungen sind *Variantenteile*. Das heißt, dass alle Elemente aus Stückliste und Arbeitsplan, denen Auswahlbedingungen zugeordnet wurden, bei der Auflösung nur dann enthalten bleiben, wenn die Bedingung erfüllt ist. Ist die Bedingung nicht erfüllt, wird das Element entfernt. In der für den Kundenauftrag spezifisch aufgelösten Stuckliste ist es nicht mehr enthalten, ebenso nicht im Arbeitsplan.

Auswahlbedingungen können an Stückliste und Arbeitsplan den folgenden Elementen zugeordnet werden:

- Positionen der Stückliste
- Folgen (mit Ausnahme der Stammfolge) des Arbeitsplans
- Vorgänge und Untervorgänge des Arbeitsplans
- Fertigungshilfsmittel im Arbeitsplan

Den Köpfen von Stückliste und Arbeitsplan können keine Auswahlbedingungen zugeordnet werden, sodass man die Auswahl der Stückliste und des Arbeitsplans nicht über Beziehungswissen steuern kann. Auch die Auswahl von *Fertigungsversionen* kann nicht über Auswahlbedingungen gesteuert werden. Bei Arbeitsplänen können Sie etwas Ähnliches erreichen, falls nicht im Standard mit parallelen oder alternativen Vorgängen gearbeitet wird. In dem Fall können Sie, anstatt alternative Arbeitspläne anzulegen, in einem Arbeitsplan diese als alternative Folgen abbilden. Sie können dann mit Auswahlbedingungen versehen werden.

Die Regeln für Auswahlbedingungen, wie sie in Abschnitt 5.1.1 erläutert wurden, gelten hier ebenfalls. Dies bezieht sich auf unbewertete Merkmale in Auswahlbedingungen und mehrere Zuordnungen von Auswahlbedingungen.

Beziehungswissen an Stücklisten und Arbeitsplan – genauer gesagt Auswahlbedingungen und Prozeduren – können auch über Transaktion PMEVC angelegt und geändert werden. Am einfachsten gelangen Sie zu den Auswahlbedingungen von Stücklisten über Drag & Drop in Transaktion PMEVC. Betrachten Sie dazu die Situation in Abbildung 5.28. Die Stücklistenposition 0010 L T-FL8A00 mit dem Materialstamm T-FL8A00 stellt eine StVO-Ausrüstung dar. Wahrscheinlich möchten Sie diese Materialposition nur in der aufgelösten Stuckliste, wenn der Kunde sich dieses Zubehör wünscht. Dazu muss bei dem Merkmal `T_CLX00` der Wert »A« ausgewählt worden sein.

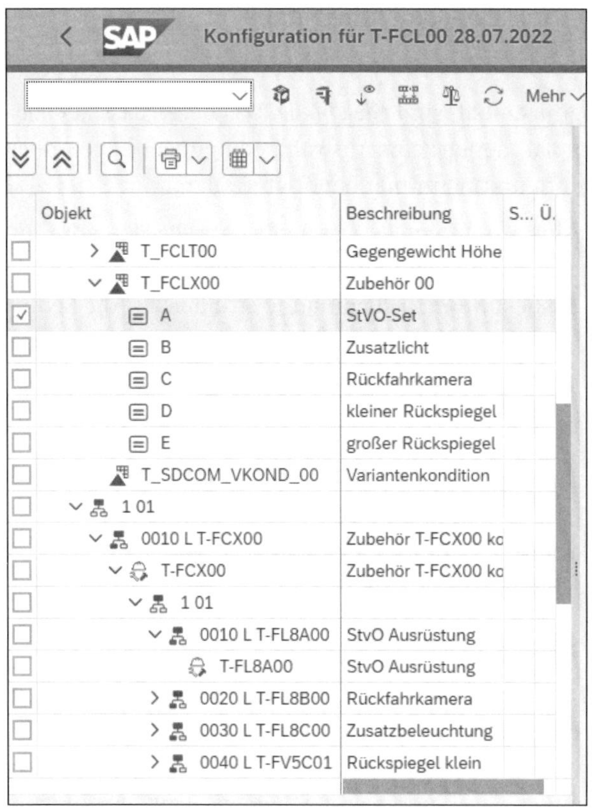

Abbildung 5.28 Auswahlbedingungen per Drag & Drop in Transaktion PMEVC

Wenn das der Fall ist, können Sie einfach die Zeile [A StVO-Set] mit dem Wert »R« per Drag & Drop auf die Stücklistenposition mit 0010 L T-FLBA00 [0010 L T-FL8A00 StvO Ausrüstung] ziehen.

Als Ergebnis wird im Standard ein vollständiges lokales Beziehungswissen angelegt. Dieses erscheint als Zeile unterhalb der Zeile [T-FL8A00 StvO Ausrüstung] mit der Materialnummer T-FC8A00. Der Schlüssel ist rein numerisch. Rechts neben der in Abbildung 5.28 abgebildeten Baumstruktur erscheinen die Details zu diesem Beziehungswissen. Es ist eine Auswahlbedingung mit dem Verarbeitungsmodus **Klassisch**.

[!]

Stückliste und Arbeitsplan benötigen den Verarbeitungsmodus »Klassisch«

Stand heute kann in Stückliste und Arbeitsplan nur mit Beziehungswissen mit Verarbeitungsmodus **Klassisch** gearbeitet werden.

Die Syntax ist:

```
T_FCLX00 = 'A'
```

Das Beziehungswissen wurde auch sofort freigegeben. Damit ist die Beziehungswissenspflege für diese Stücklistenposition schon abgeschlossen. So schnell kann es gehen!

Wenn Sie globales Beziehungswissen anlegen wollen, ist das auch kein Problem. Dazu müssen Sie entscheiden, was per Drag & Drop passieren soll. Diese Entscheidung stellen Sie über den folgenden Menüpfad ein: **(Mehr) • Zusätze • Einstellungen**. Im dann erscheinenden Pop-up-Fenster **Benutzer-abhängige Einstellungen** auf der Registerkarte **Beziehungswissen** unter **Werte auf Stücklistenpositionen ziehen** können Sie wählen zwischen:

- **Lokale Auswahlbedingung anlegen**
- **Lokale/globale Auswahlbedingung auswählen**
- **Globale Auswahlbedingung anlegen**

Bei globalem Beziehungswissen geht es allerdings nicht ganz so schnell, da Name und Bezeichnung des Beziehungswissens abgefragt werden.

Dann stellt sich noch die Frage, ob wir in der Syntax `$self`, `$parent` und `$root` benötigen, um die passende Instanz anzusprechen.

- `$root.T_FCLX00 = 'A'`: Wenn wie oben kein Syntaxelement dem Merkmal vorangestellt wird, wird dies als `$root` interpretiert – genauso wie die Syntax hier. Das ist syntaktisch und semantisch richtig, da die Bewertung hier am Kopfmaterial durchgeführt wird.
- `$parent.T_FCLX00 = 'A'`: Das ist syntaktisch richtig und semantisch richtig, da wir hier in einer einstufigen Konfiguration sind – und da ist `$parent` und `$root` das Gleiche.
- `$self.T_FCLX00 = 'A'`: Das ist syntaktisch richtig aber semantisch falsch. Die Bewertung am Kopfmaterial ist aus Sicht der Stücklistenposition nicht `$self`.

5.4.2 Klassenknoten in Stücklisten

Klassenknoten sind Materialklassen (Klassenart 200) oder Dokumentklassen (Klassenart 201), bei denen über die Klassendefinition die Verwendung in Stücklisten erlaubt wurde. Der Klassenknoten dient in der Maximalstückliste als indirekte Zuordnung aller Materialien bzw. Dokumente, die in der entsprechenden Klasse klassifiziert wurden. In der aufgelösten Stückliste muss der Klassenknoten jedoch durch ein Objekt aus der jeweiligen Klasse ersetzt worden sein. Klassenknoten werden aus den folgenden Gründen genutzt:

- **Vereinfachte Stücklistenpflege**
  Wird eine Gruppe von Objekten in der gleichen Form in mehreren Stücklisten benötigt, ist es einfacher, diese Objekte in einer Klasse zu sammeln und nur diese

Klasse in die Stücklisten aufzunehmen, als jeweils die ganze Gruppe der Objekte direkt in die Stücklisten aufzunehmen.

Sie ersparen sich die Pflege von entsprechenden Auswahlbedingungen.

- **Elegantere Stücklistenpflege**
  Ein Klassenknoten in der Stückliste statt in der Gruppe von Objekten lässt die Stückliste übersichtlicher erscheinen. Dies kann so weit gehen, dass die Maximalstückliste die gleiche Anzahl von Elementen (hier Klassenknoten) haben kann wie die aufgelöste Stückliste (hier Material- oder Dokumentpositionen).
- **Performanceverbesserungen bei der Stücklistenauflösung**
  Stark besetzte Klassenknoten ersetzen zu lassen, ist performanter, als eine große Anzahl von Auswahlbedingungen auszuwerten.

Für die Auflösung von Klassenknoten sind Informationen bezüglich der Merkmale erforderlich, mit denen die Objekte in dem Klassenknoten klassifiziert wurden. Im Beispiel in Abbildung 5.29 sind dies die Merkmale P_11 und P_12, die die Bewertung bezüglich Farbe und Lack enthalten. Für die Auflösung von Klassenknoten lassen sich vier Techniken unterscheiden:

- Bewertung über eine Prozedur
- automatische Suche der Bewertung und Ersetzung
- Bewertung über einen Constraint
- manuelle Ersetzung des Klassenknotens

Diese Techniken stellen wir Ihnen im Folgenden etwas genauer vor.

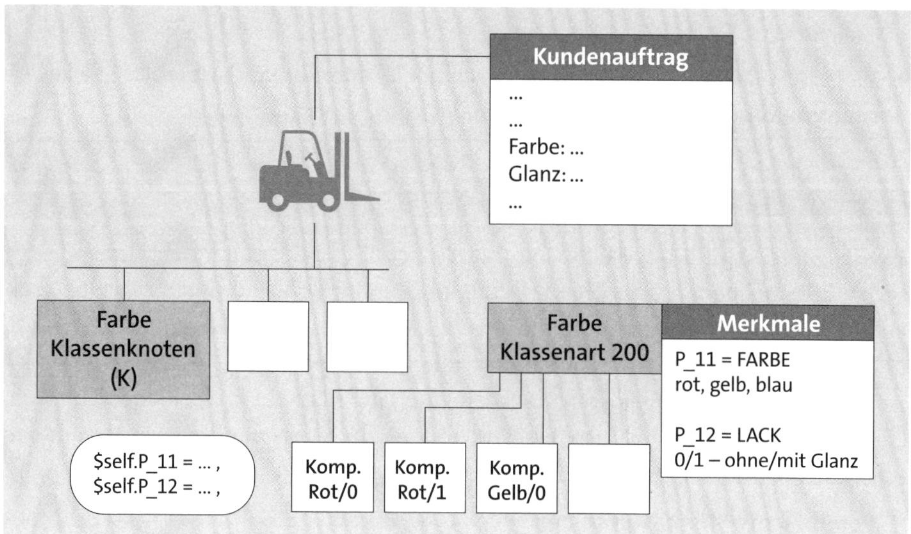

Abbildung 5.29 Klassenknoten in Stücklisten

Bewertung über eine Prozedur

Die Technik der Bewertung über eine Prozedur ist universell einsetzbar und deshalb zu bevorzugen. Diese Technik kann bei allen Konfigurationsszenarien (siehe Abschnitt 4.5, »Konfigurationsprofil und Konfigurationsszenarien«) und sowohl mit dem Konfigurator des Backend-Systems als auch mit den Konfiguratoren der Satelliten (die Laufzeitversionen der Wissensbasis nutzen) eingesetzt werden. Hierzu wird eine Prozedur an die Stücklistenposition des Klassenknotens zugeordnet. In der Syntax werden den Merkmalen des Klassenknotens Werte zugewiesen. Falls diese Merkmale in der Bewertungsoberfläche bereits bewertet wurden, würde die Syntax folgendermaßen aussehen (siehe Listing 5.29):


```
$self.P_11 = $parent.P_11,
$self.P_12 = $parent.P_12.
```

Listing 5.29 Prozedur am Klassenknoten: Kundenwunsch weitergeben

Statt der `$parent`-Ebene kann auch die `$root`-Ebene abgefragt werden. Falls diese Merkmale jedoch nicht bereits in der Bewertungsoberfläche bewertet wurden, wäre dies aus anderen Bewertungen abzuleiten. Die Syntax kann dann die folgende Gestalt haben (siehe Listing 5.30):

```
$self.P_11 = 'rot' if $parent.merkmal1 = 'wert1',
$self.P_12 = '1'   if $parent.merkmal2 = 'wert2'.
```

Listing 5.30 Prozedur am Klassenknoten: Bewertung ohne Kundenwunsch

Hierzu kann natürlich auch eine Variantentabelle genutzt werden, sodass die Prozedur dann wie folgt aussehen würde (siehe Listing 5.31):

```
table tab_cl_nr1( merkmal1 = $parent.merkmal1,
                  merkmal2 = $parent.merkmal2,
                  p_11    = $self.P_11,
                  P_12    = $self.P_12).
```

Listing 5.31 Prozedur am Klassenknoten: Bewertung ohne Kundenwunsch, aber mit Tabelle

Automatische Suche der Bewertung und Ersetzung

Die Technik der automatischen Suche der Bewertung und Ersetzung ist zwar für alle Konfigurationsszenarien mit dem Konfigurator des Backend-Systems nutzbar. Es ist jedoch nicht mit dem Satellitenkonfiguratoren (mit Laufzeitversion) kompatibel. (Dies bedeutet, bei Modellierungen für die Laufzeitversion ist hier grundsätzlich eine Prozedur am Klassenknoten erforderlich.) Der Backend-Konfigurator (sowohl AVC als auch LO-VC) sucht auch die Ebenen oberhalb der `$self`-Ebene nach Bewertungen bezüglich der Merkmale des Klassenknotens ab, falls er am Klassenknoten keine Bewertung findet. Es reicht also aus, die Merkmale des Klassenknotens in die Variantenklasse des Kopfmaterials aufzunehmen, um wie in Abbildung 5.29 im Kundenauftrag eine Bewertung zu erhalten.

Bewertung über einen Constraint

Die Technik der Bewertung über einen Constraint setzt voraus, dass Stücklisteninformationen gespeichert werden, während der Constraint aktiv ist. Deshalb setzt diese Technik die Konfigurationsszenarien Auftragsstückliste oder Kundenauftrag (SET) voraus. Hier ist die Bedingung erfüllt, da während der Abarbeitung des Constraints, also der interaktiven Konfiguration, eine Auftragsstückliste angelegt wird bzw. vertriebs- und bedarfsrelevante Positionen im Kundenauftrag erzeugt werden.

Manuelle Ersetzung des Klassenknotens

Auch die Technik der manuellen Ersetzung des Klassenknotens setzt die Konfigurationsszenarien Auftragsstückliste oder Kundenauftrag (SET) voraus. Der manuell durch eine Material- oder Dokumentposition ersetzte Klassenknoten muss auch während der interaktiven Konfiguration gespeichert werden. Dies kann wiederum durch das Anlegen einer Auftragsstückliste bzw. durch das Erzeugen einer vertriebs- und bedarfsrelevanten Position im Kundenauftrag erfolgen.

[!]

Zurzeit keine manuellen Änderungen beim Szenario »Kundenauftrag (SET) unter AVC« möglich

Damit ist aktuell (SAP S/4 HANA, On-Premise-Variante 2022, Cloud-Release 2208) auch ein manuelles Ersetzen von Klassenknoten beim Szenario »Kundenauftrag (SET) unter AVC« nicht möglich.

Für die saubere Ersetzung von Klassenknoten ist es erforderlich, dass eine »ausreichende« Merkmalsbewertung vorhanden ist und das Suchergebnis eindeutig ausfällt. Dies ergibt sich aus folgendem Vorgehen des Konfigurators:

- **Falls keines der Merkmale des Klassenknotens bewertet ist** (in Abbildung 5.29 weder P_11 noch P_12)
  In diesem Fall wird nicht nach möglichen Objekten gesucht. Dies führt im Standard zu keinen Fehlermeldungen. Ausnahmen sind die Konfigurationsszenarien **Auftragsstückliste** und **Kundenauftrag** (SET) und Klassenknoten mit dem entsprechenden Flag in der Definition der Klasse. Ein nicht ersetzter Klassenknoten wird jedoch in der weiteren logistischen Kette wie eine Textposition interpretiert, also im Prinzip ignoriert. Im Beispiel gäbe es damit keine Farbe. Falls dies (also keine Farbe) gewollt ist, arbeitet man jedoch besser mit einer entsprechenden Auswahlbedingung an der Stücklistenposition des Klassenknotens.

- **Falls nur eines der beiden Merkmale bewertet wurde**
  In diesem Fall beginnt der Konfigurator mit dieser Teilbewertung die Objektsuche. Es wird ein beliebiges Objekt des Suchergebnisses für das Ersetzen genutzt. Im Standard lässt sich das Ergebnis nicht beeinflussen. Es existiert hierzu jedoch ein geeigneter User Exit.
- **Falls alle Merkmale des Klassenknotens bewertet wurden: eindeutiges Ergebnis**
  Alle Merkmale des Klassenknotens wurden bewertet, und in der anschließenden Objektsuche des Konfigurators wurde ein eindeutiges Ergebnis gefunden. Das eindeutige Ergebnis wird in diesem Fall für die Ersetzung genutzt. Dies ist im engeren Sinne die einzige saubere Auflösung des Klassenknotens.
- **Falls alle Merkmale bewertet wurden: kein eindeutiges Ergebnis**
  In diesem Fall wird analog zur unvollständigen Bewertung ein beliebiges Objekt für die Ersetzung genutzt – mit den oben geschilderten Problemen.
- **Falls alle Merkmale bewertet wurden: kein Ergebnis**
  In diesem Fall wird keine Ersetzung durchgeführt. Auch hier ist man mit den oben geschilderten Problemen konfrontiert (vergleiche den ersten Punkt »Falls keines der Merkmale des Klassenknotens bewertet ist«).

Die in dieser Aufzählung genannten Reaktionen des Konfigurators bezüglich Klassenknoten haben für Sie die folgenden Konsequenzen:

- Eine vollständige Bewertung aller Merkmale des Klassenknotens sollte angestrebt werden.
- Identische Bewertungen von Objekten im Klassenknoten sollten verhindert werden.
- Für jede Bewertungskombination existiert bezüglich der Merkmale des Klassenknotens genau ein Objekt – oder man lässt nur Bewertungen zu, zu denen ein Objekt im Klassenknoten existiert.

Zu dem ersten Punkt dieser Aufzählung gelangen Sie durch Muss-Merkmale.

Den zweiten Punkt können Sie durch die entsprechende Einstellung in den Basisdaten der Klassendefinition des Klassenknotens erreichen (Bereich **Gleiche Klassifizierung prüfen**).

Der dritte Punkt ist da schon etwas schwieriger. Eine Vollständigkeitsprüfung in der genannten Form existiert nicht als Standardfunktionalität. Sie können die Wertelisten dieser Merkmale so einschränken, dass nur Bewertungen vorhandener Objekte zulässig sind. Dabei können Sie wieder mit Variantentabellen oder auch gekoppelten Datenbanktabellen arbeiten. Eine solche Datenbanktabelle können Sie mit den Werkzeugen des Klassensystems generieren und automatisch immer aktuell füllen lassen (Tabellen für die Suche einrichten, Transaktion CLGT). Diese Variantentabelle wird in einem Constraint zur Werteeinschränkung genutzt.

5.4.3 Prozeduren in Stücklisten und Arbeitsplan

Prozeduren sind wertsetzend. Sie können in Stückliste und Arbeitsplan an Teilen, die nicht über Auswahlbedingungen herausgeflogen sind, über Objektmerkmale Änderungen vornehmen. Paradebeispiele sind konfigurationsabhängige Änderungen an Menge oder Rohteildaten in der Stückliste oder an den Zeitgrößen im Arbeitsplan.

Außerdem können Sie Prozeduren dazu nutzen, um Klassenknoten Bewertungen zuzuordnen. Dies wurde im letzten Abschnitt 5.4.2, »Klassenknoten in Stücklisten«, bereits vorgestellt.

Kommen wir zurück zu den gerade angesprochenen Beispielen bezüglich Mengen, Rohteildaten und Zeitgrößen. Hier werden Objektmerkmale verwendet, um in den aufgelösten Strukturen Änderungen vorzunehmen. Wie in Abschnitt 4.3.1, »Merkmalspflege«, ausgeführt, können über Objektmerkmale mit Bezug auf die Felder entsprechender Datenbanktabellen Änderungen an den folgenden Details vorgenommen werden:

- an den Stücklistenpositionen (STPO)
- an den Vorgängen der Arbeitspläne (PLPO und in PLPO_CFMOD)
- an den Folgen der Arbeitspläne (PLFL)
- an der Fertigungshilfsmittel-Zuordnung (PLFH) in Arbeitsplänen

Für Elemente ohne Auswahlbedingungen und Elemente mit erfüllten Auswahlbedingungen werden nach der Auswertung der Auswahlbedingungen für die in die aufgelösten Strukturen übernommenen Elemente die Prozeduren ausgewertet. (Was laut Auswahlbedingung nicht übernommen wird, kann über Prozeduren auch nicht verändert werden.)

Betrachten wir solche Änderungen in Stücklisten. Wenn das Merkmal t_stpo_menge ein Objektmerkmal mit Bezug auf die Datenbanktabelle STPO der Stücklistenpositionen und des Feldes MENGE wäre, könnte man über folgende Prozedur z. B. die jeweils benötigte Anzahl der Schrauben in Abhängigkeit des Gehäusetyps überschreiben (siehe Listing 5.32):

```
$self.t_stpo_menge = 12  if $root.casing = 'tower',
$self.t_stpo_menge = 10  if $root.casing = 'minitower',
$self.t_stpo_menge = 8   if $root.casing = 'desktop'.
```

Listing 5.32 Änderung der Komponentenmenge über Prozeduren

Man benötigt somit nicht für jede Anzahl eine eigene Stücklistenposition in der Maximalstückliste. Die Prozedur muss, wie es generell für Prozeduren gilt, genau der Position zugeordnet werden, an der sie Werte ändern soll – also mit anderen Worten an dem $self-Objekt, was hier die Schraubenposition wäre.

Im Beispiel in Abbildung 5.30 wurde in der Bewertungsoberfläche die Möglichkeit geschaffen, die gewünschten Abmessungen des Gegengewichts abzufragen. In der Stückliste ist eine Rohmaßposition (Positionstyp R) mit der Positionsnummer 0030 mit irgendwelchen Abmessungen und mit irgendeiner Rohteilmenge vorhanden. Über eine Prozedur mit dem folgenden Inhalt werden die Rohmaße und die Rohteilmenge neu ermittelt (siehe Listing 5.33):

```
$self.t_stpo_roms1 = $root.t_fc011,
$self.t_stpo_roms2 = $root.t_fc012,
$self.t_stpo_roms3 = $root.t_fc013,
$self.t_stpo_romen = $root.t_fc011 * $root.t_fc012 * $root.t_fc013 /
 1000000000.
```

Listing 5.33 Änderung von Rohmaßpositionen über Prozeduren

In Abbildung 5.30 wurde die Rohteilmenge zunächst über ein weiteres Beziehungswissen berechnet und damit das Merkmal `t_fc023` bewertet.

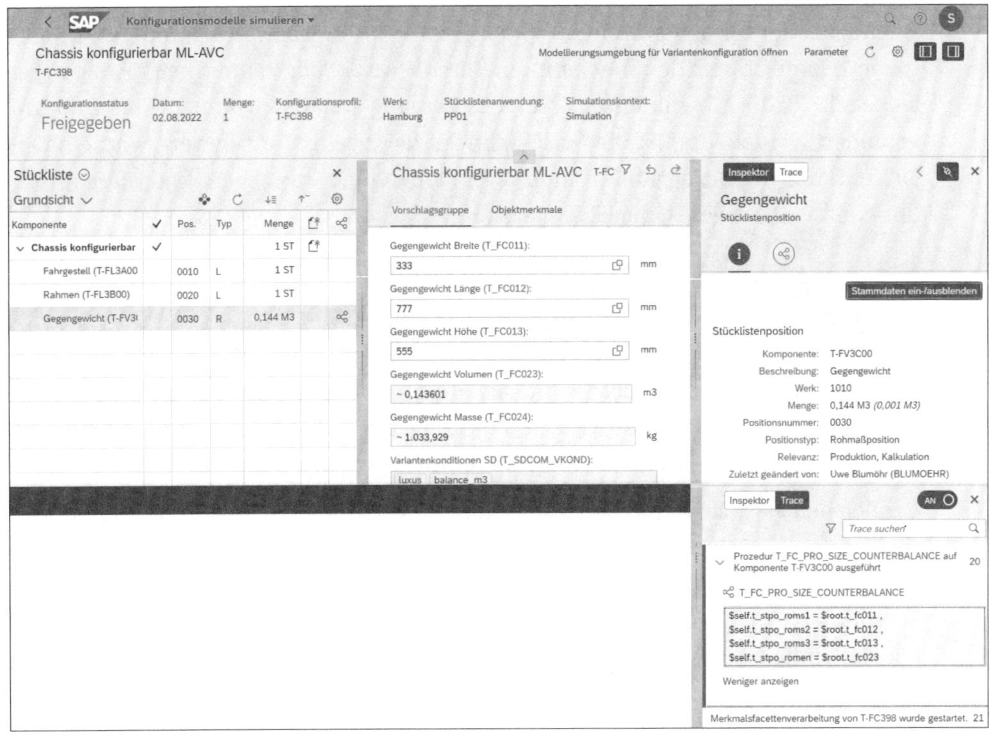

Abbildung 5.30 Rohmaßpositionen und Prozeduren

[!]

Keine Prüfung bei Objektmerkmalen

Prozeduren mit Objektmerkmalen für Stückliste und Arbeitsplan ändern nur das jeweils angegebene Feld. Damit finden keine Prüfungen oder Aktualisierungen statt, wie man sie gewohnt ist, falls man die gleichen Änderungen im Dialog in den entsprechenden Pflegetransaktionen für Stücklisten- und Arbeitsplanpflege durchführt. So ist es im Beispiel in Abbildung 5.30 erforderlich, dass bei Änderungen an den Rohmaßen über die Prozedur auch die Rohteilmenge neu berechnet wird.

Aus diesem Grund ist auch davon abzuraten, Felder mit starken Abhängigkeiten wie Materialnummern in Stücklisten oder Arbeitsplätzen in Plänen per Prozedur zu ändern. Die entsprechenden abhängigen Stammdaten werden hier nicht nachgelesen.

In Arbeitsplänen sind Standardanwendungen solcher Prozeduren Änderungen von Zeitfeldern im Vorgang, wie z. B. die Vorgabewerte. Es können bis zu sechs Vorgabewerte existieren. Diese Vorgabewerte sind in der Datenbanktabelle PLPO in den Feldern VGW01 bis VGW06 abgelegt.

Die Anzahl der für den einzelnen Vorgang aktiven Vorgabewerte und deren Bedeutungen werden durch den sogenannten *Vorgabewertschlüssel* im Arbeitsplatz festgelegt. Soll z. B. die Maschinenzeit in einem Vorgang abhängig von der Konfiguration verändert werden, und ist die Maschinenzeit der zweite Vorgabewert, wird ein Objektmerkmal mit Bezug auf PLPO und VGW02 (z. B. t_plpo_vgw02) benötigt. Diese Prozedur könnte die wie in Listing 5.34 aussehen:

```
$self.t_plpo_vgw02=mdata $self.t_plpo_vgw02 + $parent.t_fc028/10
```

Listing 5.34 Vorgabewerterhöhung über Prozeduren

Durch das Syntaxelement mdata wird sichergestellt, dass der Ausgangswert aus dem Maximalarbeitsplan gelesen wird. Soll die Zeit über mehrere Anweisungen sukzessive erhöht werden, darf in den folgenden Anweisungen nicht mdata stehen.

Vergleichen Sie auch Abbildung 5.31. Denn hier wird die Maschinenzeit um 1 Minute pro Zentimeter Rahmenhöhe (= t_fc028) erhöht. Zu beachten ist, dass durch die Syntax nicht sichergestellt ist, dass um je eine *Minute* erhöht wird und nicht eventuell um eine *Stunde*. Um hier sicherzugehen, müsste über ein passendes Objektmerkmal auch die Maßeinheit des Vorgabewertes gelesen werden (hier PLPO-VGE02).

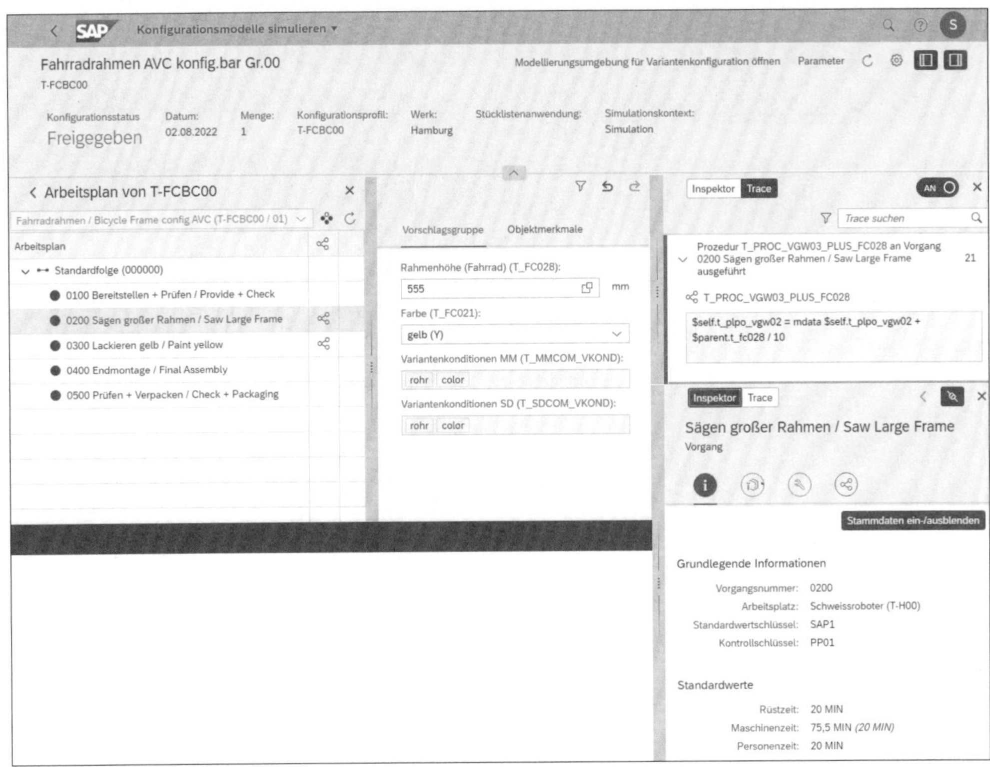

Abbildung 5.31 Vorgabewerte und Prozeduren

5.5 Fazit

Mit der »Intelligenz« der Variantenkonfiguration, dem Beziehungswissen, wurde hier ein wesentlicher Punkt der Modellierung in der Variantenkonfiguration behandelt. Wir haben das Beziehungswissen für Stückliste und Arbeitsplan betrachtet, und wir haben das Beziehungswissen für die Bewertungsoberfläche behandelt.

Dabei hoffen wir, den richtigen Detailierungsgrad gefunden zu haben, um einerseits den Rahmen des Buches nicht zu sprengen, andererseits aber eine ausreichende Anleitung für eigenes Arbeiten zu geben. (Das eigene Üben kann dies natürlich nicht ersetzen.)

Kapitel 6
Preisfindung

Die Verkaufspreise konfigurierbarer Produkte hängen von der Konfiguration ab. Wie Sie die Preisfindung modellieren, zeigen wir Ihnen in diesem Kapitel. Zudem gehen wir darauf ein, wie Sie beim Einkauf konfigurierbarer Materialien den Einkaufspreis steuern.

In diesem Kapitel werden Ergänzungen zur Preisfindung aus Sicht der Variantenkonfiguration vorgestellt. Es ist nicht das Ziel, die gesamte Preisfindung zu behandeln. Weitere Informationen zur Preisfindung lesen Sie in dem Buch »Preisfindung und Konditionstechnik mit SAP« von Ursula Becker, Jan Fischer, Werner Herhuth und Manfred Hirn (Rheinwerk Verlag 2020).

Zunächst betrachten wir in Abschnitt 6.1 eine bewertungsabhängige Preisfindung. Hier werden zunächst Eins-zu-eins-Beziehungen vorgestellt. Wenn ein Kunde eine Option auswählt und damit ein Merkmal über einen Wert verändert, soll der Preis direkt angepasst werden. Dieser einfache Fall lässt sich elegant modellieren. Manchmal beeinflussen jedoch auch Kombinationen von Optionen oder komplexere Abhängigkeiten den Preis.

In Abschnitt 6.2 stellen wir eine Preisfindung auf Basis der Kundenauftragskalkulation vor. Dieses Verfahren kommt zum Einsatz, wenn die bewertungsabhängige Preisfindung inhaltlich zu kompliziert oder technisch nicht zu realisieren ist. Was ist damit gemeint? Denken Sie z. B. an Sonderwünsche, die den Einsatz von Auftragsstückliste und Auftragsarbeitsplan erfordern. Im Vertrieb weiß man meist nicht sofort, ob sich der Sonderwunsch erfüllen lässt, und wenn ja, was er kosten würde. Vielmehr ist es notwendig, Auftragsstückliste und Auftragsarbeitsplan abzuwarten. Auf dieser Basis wird eine Kundenauftragskalkulation durchgeführt und diese wiederum als Grundlage für die Preisfindung genutzt.

Zum Abschluss machen wir einen Abstecher in den Einkauf (siehe Abschnitt 6.3). Hier schauen wir uns an, wie die Variantenkonfiguration die Einkaufspreisfindung beeinflussen kann und erläutern, welche Gemeinsamkeiten und Unterschiede es zur Preisfindung im Vertrieb gibt.

Ein letzter Abschnitt stellt den Microservice zur Preisfindung auf der SAP Business Technology Platform (SAP BTP) vor.

6.1 Preisfindung im Vertrieb

In diesem Abschnitt soll die Preisfindung im Vertrieb bewertungsabhängig eingestellt werden. Das heißt, dass die Preise abhängig von der Bewertung in der Konfiguration beeinflusst werden. Dazu stellen wir im Folgenden die erforderlichen Modellierungsschritte vor, die zum gewünschten Ergebnis führen.

[»]

Schritte der Modellierung für die Preisfindung im Vertrieb

Sie nehmen für eine Preisfindung im Vertrieb die folgenden Schritte vor:

1. Es wird ein Objektmerkmal mit Bezug zur Struktur SDCOM und dort auf das Feld VKOND benötigt. Dieses Objektmerkmal ist der Variantenklasse zuzuordnen.
2. Es wird ein Konditionssatz eines Grundpreises benötigt. Durch die Kontrolle des Kalkulationsschemas ist zu ermitteln, welche Konditionsart zu nutzen ist. Im Standard (und auch in unserem Beispiel) ist es die Konditionsart PR00.

   Des Weiteren sind sogenannte Variantenkonditionen anzulegen. Hierzu gibt es im Standard die Konditionsarten VA00 (für absolute Zuschläge) und VA01 (für relative Zuschläge).

   Dieser zweite Schritt kann auch als letzter Schritt durchgeführt werden.
3. Das Kalkulationsschema ist bezüglich Grundpreis und Variantenkonditionen zu kontrollieren.
4. Die Variantenkonditionen sind dem Modell zuzuordnen. Man kann Variantenkonditionen direkt einem Merkmalwert zuordnen. Variantenkonditionen können auch über Beziehungswissen zugeordnet werden. Im Beziehungswissen kann man auch mit Faktoren arbeiten.

Im Folgenden betrachten wir diese vier Schritte genauer. Als Beispiel verwenden wir den konfigurierbaren Gabelstapler, den wir auch schon in den vorangegangen Kapiteln für Beispiele genutzt haben.

6.1.1 Schritt 1: Objektmerkmal mit Bezug zur Struktur SCDOM-VKOND

Im ersten Schritt definieren Sie ein Objektmerkmal. In Abbildung 6.1 sehen Sie das Merkmal, das wie in Abbildung 6.2 sichtbar mit dem Bezug zur Struktur SDCOM und hier zu dem Feld VKOND angelegt wurde. In dem Beispiel wurde als Name für das Objektmerkmal T_SDCOM_VKOND_00 genutzt. Das Beispiel suggeriert, dass pro Modell mit einem eigenem Objektmerkmal gearbeitet werden soll. Dies ist nicht der Fall: Ein global genutztes Objektmerkmal pro Feld ist ausreichend.

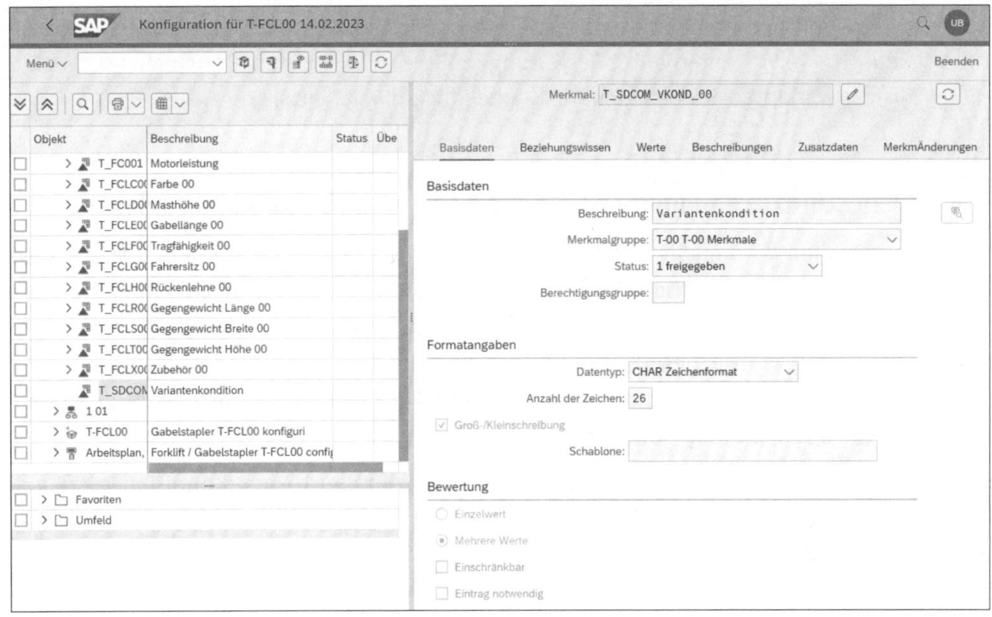

Abbildung 6.1 Objektmerkmal mit Bezug zu SDCOM-VKOND in Transaktion PMEVC im Überblick

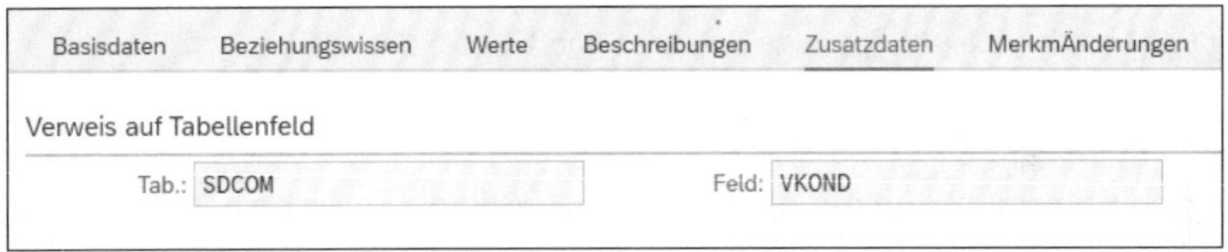

Abbildung 6.2 Objektmerkmal mit Bezug zu SDCOM-VKOND in Transaktion PMEVC im Detail

Beachten Sie auch, dass bei dem Objektmerkmal die beiden Kennzeichen **Nicht eingabebereit** und **Keine Anzeige** gesetzt wurden. Das Kennzeichen **Nicht eingabebereit** wird automatisch bei den Objektmerkmalen gesetzt. Wäre das Kennzeichen **Keine Anzeige** nicht gesetzt, würde es in der Bewertungsoberfläche erscheinen und dort gegebenenfalls dort stören. Über einen Klick auf **Einstellungen** in der Bewertungsoberfläche können Sie es sich trotzdem anzeigen lassen (siehe Abbildung 4.14 rechts).

Groß-/Kleinschreibung beim Objektmerkmal beachten

Beachten Sie, dass das Objektmerkmal bezüglich SDCOM und VKOND sensitiv im Hinblick auf die Groß-/Kleinschreibung ist. Zudem lässt es mehrere Werte zu. Dies erkennen Sie anhand des Kennzeichens **Groß-/Kleinschreibung** in Abbildung 6.1

rechts mittig unter **Formatangaben** und dem Radiobutton **Mehrere Werte** in Abbildung 6.1 rechts unten unter **Bewertung** im Bereich **Basisdaten**. Das Objektmerkmal ist der Variantenklasse zugeordnet (siehe Abbildung 6.1 links).

6.1.2 Schritt 2: Konditionsart ermitteln und Variantenkondition anlegen

Konditionen können Sie z. B. in Transaktion VK11 anlegen. Im SAP-Menü wählen Sie den Pfad **Logistik • Vertrieb • Stammdaten • Konditionen • Selektion über Konditionsart • Anlegen**. Damit Sie als Variantenmodellierer nicht über das Menü des Vertriebs gehen müssen, wurde diese Transaktion auch in das Menü der Variantenkonfiguration aufgenommen – hier unter **Logistik • Zentrale Funktionen • Variantenkonfiguration • Umfeld • Preisfindung • Anlegen Konditionen**.

Nach dem Start von Transaktion VK11 landen Sie in der Ansicht **Konditionssätze anlegen** (siehe Abbildung 6.3).

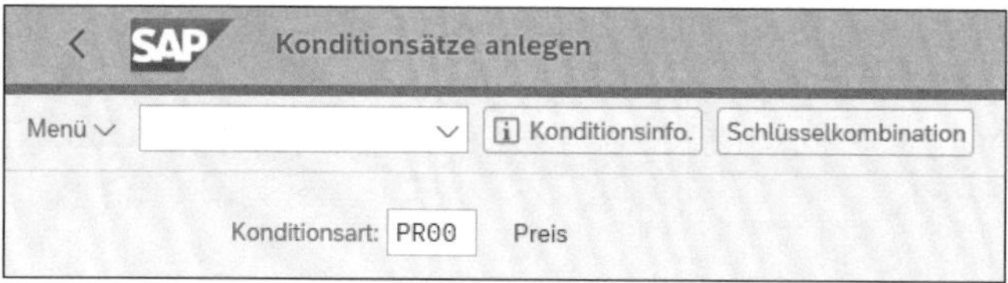

Abbildung 6.3 Ansicht »Konditionssätze anlegen« von Transaktion VK11

Hier tragen Sie im Feld **Konditionsart** »PR00« ein. (Warum Sie »PR00« verwenden, klären wir im Zusammenhang mit der Prüfung des Kalkulationsschemas). Wenn Sie Ihre Eingaben mit [↵] bestätigen, erscheint das Pop-up-Fenster **Schlüsselkombination** (siehe Abbildung 6.4).

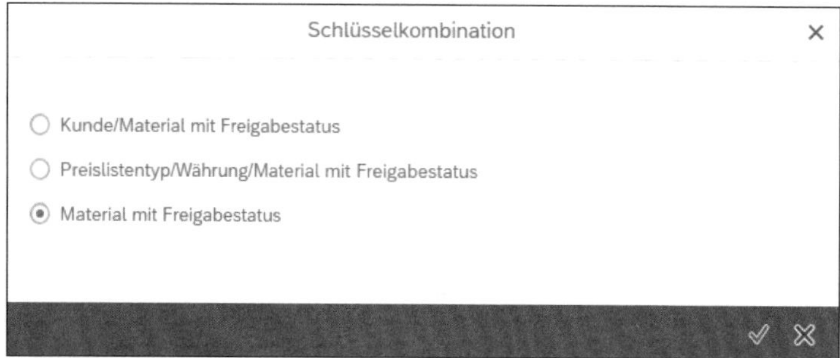

Abbildung 6.4 Pop-up-Fenster »Schlüsselkombination« von Transaktion VK11

Der Konditionssatz lässt sich im Customizing anpassen – inklusive Schlüsselalternativen. Sie wollen die Kondition so allgemein wie möglich anlegen und wählen deshalb die dritte Schlüsselkombination **Material mit Freigabestatus**.

Nach einer Bestätigung mit einem Klick auf den grünen Haken gelangen Sie in den Bereich **Preis (PR00) anlegen: Schnellerfassung** (siehe Abbildung 6.5). Die Konditionen sind abhängig von den Feldern **Verkaufsorganisation** und **Vertriebsweg**, die deshalb zu füllen sind. Gemäß der verwendeten Schlüsselkombination ist in der Spalte **Material** die Materialnummer anzugeben. Der Freigabeschlüssel (Spalte **S...**) ist leer und damit freigegeben. Es reicht, wenn Sie in die Spalte **Betrag** den Beispielwert »30000« eintragen. Alle weiteren Eingaben werden bei Bestätigung mit ↵ ergänzt.

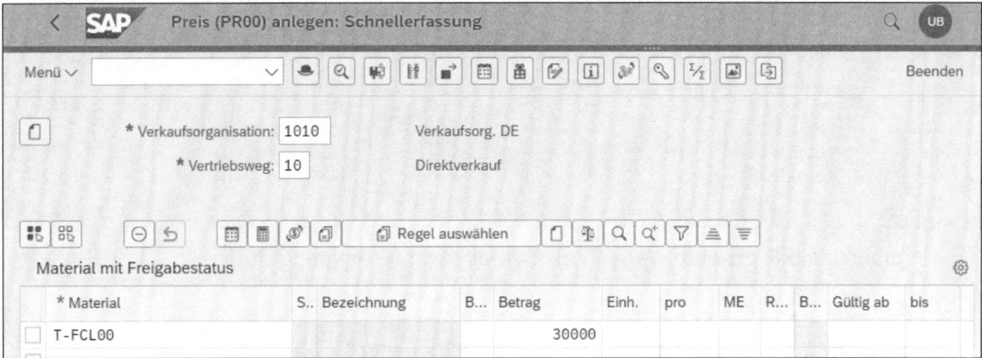

Abbildung 6.5 Konditionssatz des Grundpreises (Transaktion VK11)

Nach dem Speichern der Eingaben starten Sie Transaktion VK11 erneut. Jetzt sind die Variantenkonditionen anzulegen. In unserem Beispiel wurde mit der Konditionsart VA00 begonnen.

Bei der Bestätigung der Eingabe mit ↵ erscheint dieses Mal nicht das Pop-up-Fenster **Schlüsselkombination**, da im Customizing der Konditionsart nur eine Schlüsselkombination zugeordnet wurde. Sie sehen die Ansicht aus Abbildung 6.6 – jedoch zunächst leer. Zunächst sind wieder die Felder **Verkaufsorganisation**, **Vertriebsweg** und **Material** zu füllen. Eine Besonderheit der Variantenkonditionen ist, dass die Variantenkonditionen einen Namen bekommen.

In unserem Beispiel reicht es, die Namen der Varianten (erste Spalte **Variante**) und die Beträge (dritte Spalte **Betrag** in Abbildung 6.6) anzugeben. Die restlichen Felder werden wieder automatisch gefüllt, nachdem Sie mit ↵ bestätigt haben. Die zweite Spalte **Bezeichnung** wird gleich im Zusammenhang mit dem Begriff der Variantenkonditionsbeschreibung und Abbildung 6.8 noch besprochen.

In Abbildung 6.7 wurde analog eine relative Variantenkondition (Konditionsart VA01) angelegt. Es wurden nur Konditionsart, Verkaufsorganisation, Vertriebsweg, Material, Variante und Betrag eingegeben. Der Rest wird über das Drücken der Taste ↵ automatisch ergänzt.)

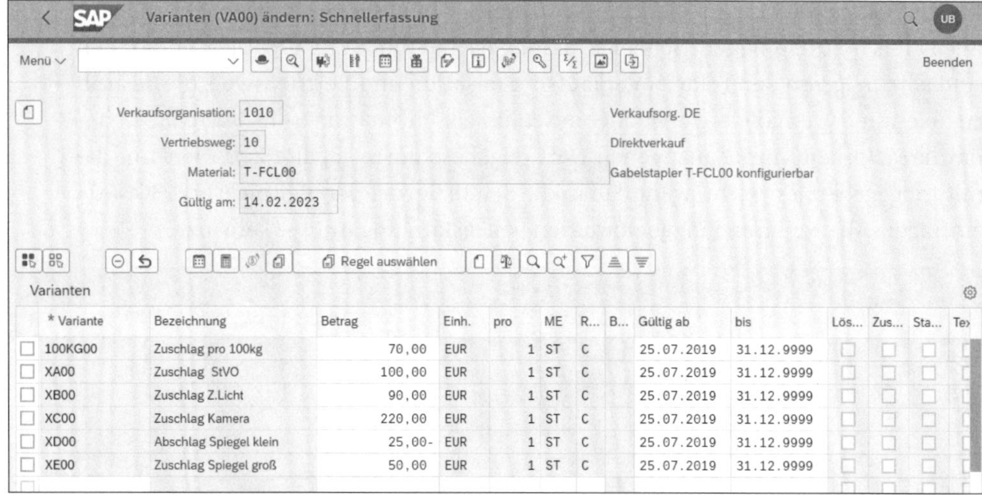

Abbildung 6.6 Absolute Variantenkonditionen (Transaktion VA00)

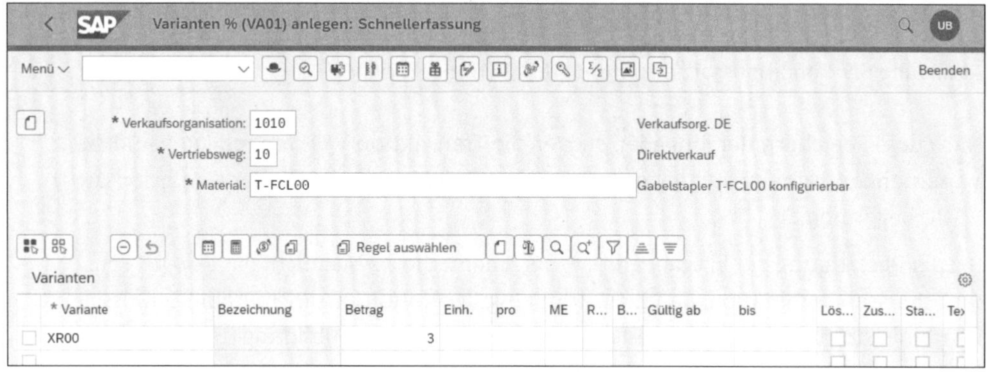

Abbildung 6.7 Relative Variantenkonditionen (Konditionsart VA01)

[!]

Besonderheit bei den Namen der Variantenkonditionen

Der Name der Varianten ist sensitiv bezüglich Groß- und Kleinschreibung. Es gibt weder hier noch an späterer Stelle eine Eingabehilfe bezüglich der Namen der Variantenkonditionen.

6.1.3 Schritt 3: Kalkulationsschema kontrollieren

Das Prüfen des Kalkulationsschemas beschreiben wir im Zusammenhang mit Abbildung 6.12 und Abbildung 6.13 genauer.

6.1.4 Schritt 4: Variantenkonditionen zuordnen

Zuletzt sind die angelegten Variantenkonditionen mit dem Modell zu verknüpfen. Falls eine einfache Eins-zu-eins-Zuordnung gegeben ist, können Sie diese Verknüpfung recht einfach in Transaktion PMEVC durchführen. Mit einfacher *Eins-zu-eins-Zuordnung* ist gemeint, dass mit der Bewertung mit einem Wert eine Variantenkondition in der Preisfindung berücksichtigt werden soll.

Diese Zuordnung ist in Abbildung 6.8 dargestellt. Durch einen Doppelklick auf den Materialstamm in dem Modellbaum (links, erste Zeile) gelangen Sie in das Detailbild zum Materialstamm (rechts). Hier wechseln Sie auf die Registerkarte **VariantPreisfindung** und gegebenenfalls in den Änderungsmodus.

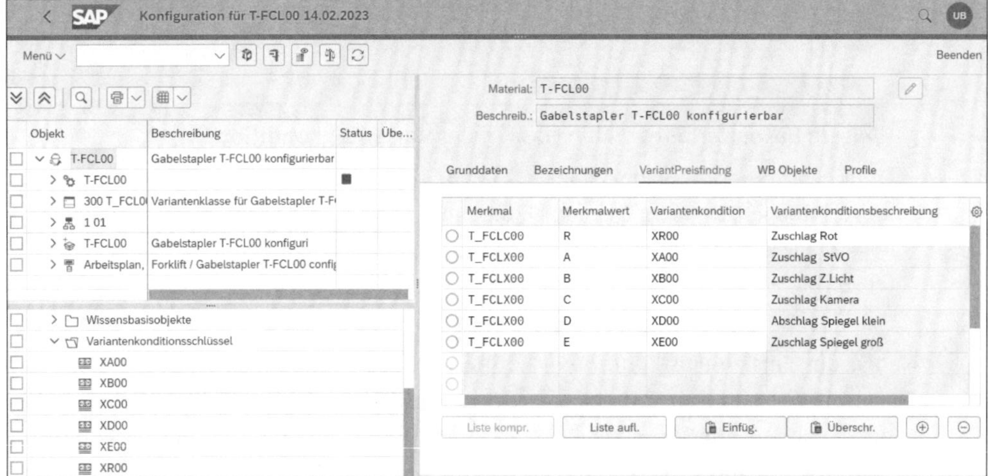

Abbildung 6.8 Variantenkonditionen direkt den Merkmalswerten zuordnen (Transaktion PMEVC)

Hier gibt es zwei Möglichkeiten für das weitere Vorgehen. Zum einen können Sie per Klick auf den Button ⊕ (Zeile einfügen) neue Zeilen erzeugen. In den Zeilen sind die Spalten **Merkmal**, **Merkmalwert** und **Variantenkondition** auszufüllen. Zudem empfiehlt es sich, einen Eintrag in der Spalte **Variantenkonditionsbeschreibung** vorzunehmen.

Variantenkonditionsbeschreibung

Die Nutzung der Spalte **Beschreibung** ist zu empfehlen, da so die Informationen zur Preisfindung verständlicher werden (siehe Abbildung 6.11 und Abbildung 6.12). Falls noch keine Variantenkonditionsbeschreibungen angelegt worden sind, ist die entsprechende Spalte in Abbildung 6.8 eingabebereit.

Da die Spalte hier jedoch nicht eingabebereit und gefüllt worden ist, wurde die Variantenkonditionsbeschreibung bereits vorher angelegt. Dies ist über Transaktion

VK30 (Pflegen Variantenkonditionen) möglich. Hier können auch Namen für Variantenkonditionen angelegt werden. Diese Transaktion finden Sie ebenfalls in dem Menü der Variantenkonfiguration direkt bei Transaktion VK11 (Anlegen Kondition).

[»]

Modell auflösen

Über den Button [Button] (Abbildung 6.1 oben) kann das Modell aufgelöst werden (Ergebnis siehe Abbildung 6.8 – jetzt ohne den angesprochenen Button). Das heißt, dass alle genutzten Daten unter **Umfeld** aufgelistet werden, auch der Variantenkonditionsschlüssel. Per Doppelklick auf **Variantenkonditionsschlüssel** gelangen Sie in ein Detailbild, in dem Sie dieVariantenkonditionsbeschreibungen mehrsprachig pflegen können.

[!]

Weitere Besonderheit bei den Namen der Variantenkonditionen

Es gibt, wie bereits erwähnt, keine F4-Hilfe zu den angelegten Namen von Variantenkonditionen. Der Grund dafür ist, dass man diese Zuordnung (Schritt 4) auch vor der Anlage dieser Variantenkonditionen (Schritt 2) vornehmen können soll. Diese fehlende F4-Hilfe gilt auch für die Beziehungswissenspflege.

Neben der *Eins-zu-eins-Zuordnung* können Sie die Variantenkonditionen über das Beziehungswissen dem Modell zuordnen. Die Zuordnung besteht darin, dass das Objektmerkmal mit Bezug zu SDCOM-VKOND mit dem Namen der Variantenkondition bewertet wird. Eine entsprechende Prozedur ist in Abbildung 6.9 dargestellt.

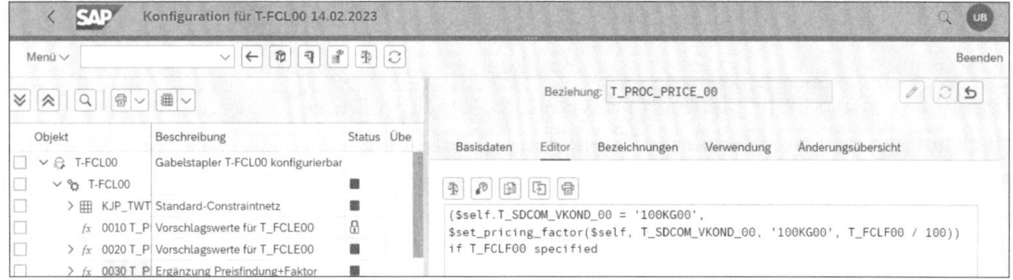

Abbildung 6.9 Variantenkonditionen über das Beziehungswissen zuordnen (Transaktion PMEVC)

Beachten Sie – falls Sie mit einer Prozedur arbeiten – dass die Prozedur entsprechend der Sortierung am Ende der Liste der Prozeduren am Konfigurationsprofil steht. Alle Prozeduren, die nach dieser Prozedur folgen, wären sonst nicht relevant für die Preisfindung. Hier ist also Vorsicht geboten, damit am Ende nicht eine Option unbeabsichtigt kostenlos wird!

Schauen Sie sich die Syntax der Prozedur an:

```
($self.T_SDCOM_VKOND_00 = '100KG00',
$set_pricing_factor($self, T_SDCOM_VKOND_00,
  '100KG00', T_FCLF00 / 100))
if T_FCLF00 specified
```

Der Klammerausdruck in der Prozedur wird nur dann abgearbeitet, wenn das Merkmal T_FCLF00 (Tragfähigkeit) bewertet wurde.

Die erste Zeile setzt den Konditionssatz '100KG00':

```
$self.T_SDCOM_VKOND_00 = '100KG00',
```

Die restlichen zwei Zeilen setzen nur einen Faktor. Vorher muss, wie im Beispiel in Abbildung 6.9, in der Syntax über die erste Syntaxzeile der Konditionssatz zugeordnet worden sein.

```
$set_pricing_factor($self, T_SDCOM_VKOND_00,
  '100KG00', T_FCLF00 / 100))
```

Die Syntax besteht in den Klammern aus vier Argumenten, die mit Kommata getrennt sind:

1. Schlüsselwort ($self)
2. Objektmerkmal (hier: T_SDCOM_VKOND_00)
3. Variantenkondition (hier: '100KG00')
4. Faktor (hier: T_FCLF00 / 100)

[!]

Kein Faktor null erlaubt

Sie dürfen nicht mit null multiplizieren (jedoch mit negativen Faktoren).

In AVC darf diese Faktorbildung auch über Constraints erfolgen. Ein Syntaxbeispiel könnte wie folgt aussehen:

```
OBJECTS:(300)T_FCL00 where VKOND = T_SDCOM_VKOND_00;
  TRAGF = T_FCLF00
CONDITION: TRAGF SPECIFIED
RESTRICTION: VKOND = '100KG00',
set_pricing_factor( VKOND, '100KG00', TRAGF / 100)
```

Die Preisfindung kann auch mithilfe von Variantentabellen durchgeführt werden.

6.1.5 Überprüfen des Ergebnisses unserer Modellierungsschritte

In Abschnitt 6.1.1 bis Abschnitt 6.1.4 haben wir die vier Schritte der Modellierung durchgeführt. Überprüfen Sie nun das Ergebnis unserer Modellierungsschritte. In der Simulation funktioniert diese Überprüfung allerdings nicht vollständig. Für die Simulation können sie die SAP-Fiori-Apps **Simul./Modell. Materialkonfiguration** und **Konfigurationsmodelle simulieren** oder die Simulation in Transaktion PMEVC nutzen. Sie können dort zwar kontrollieren, wann welche Variantenkonditionen gezogen wurden, indem Sie das Objektmerkmal mit Bezug auf `SDCOM-VKOND` betrachten. Es gibt aber keine richtigen Preise – es erscheint immer eine Null. Dies liegt daran, dass sich alle Konditionen, die mit Transaktion VK11 angelegt worden sind, auf eine bestimmte Verkaufsorganisation und einen konkreten Vertriebsweg bezogen haben. Diese beiden Organisationsebenen lassen sich leider nicht in der Simulation berücksichtigen.

Legen Sie stattdessen einen Kundenauftrag mit Transaktion VA01 oder der SAP-Fiori-App **Kundenaufträge anlegen VA01** an. Der Kundenauftrag dient lediglich zur Überprüfung der Preisfindung. Falls Sie den Kundenauftrag nicht weiter benötigen, brechen Sie ihn anschließend ab. Um die Preisfindung zu testen, nutzen Sie die passende Verkaufsorganisation sowie den passenden Vertriebsweg.

Sie landen im Kundenauftrag automatisch im Bewertungsbild aus Abbildung 6.10. Hier führen Sie die Bewertung durch. Der Preis wird automatisch angepasst. In diesem Bild finden Sie oben den Eintrag **Nettowert** mit dem hier aktuellen Wert des Gabelstaplers von 33.897,30 EUR.

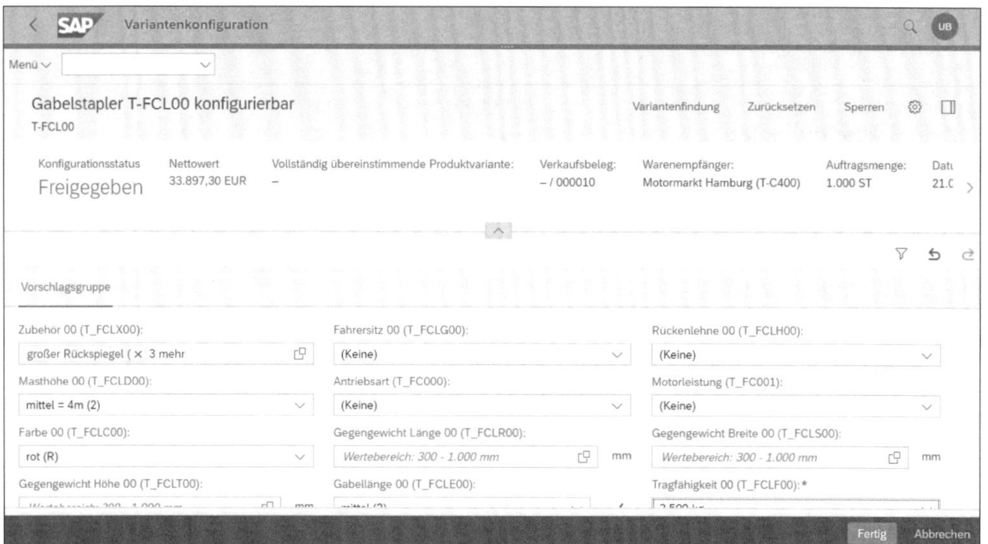

Abbildung 6.10 Konfiguration und Preisfindung im Vertriebsbeleg

Um zu erfahren, woraus sich dieser Preis ergibt, klicken Sie auf den aktuellen Wert. Es erscheint ein Pop-up-Fenster **Preisfindung** (siehe Abbildung 6.11). Welche Informationen in dieser Liste erscheinen, können Sie rechts oben über ein Drop-down-Menü steuern. Hier wurde (gemäß den Standardeinstellungen) die Option **Nur Variantenkonditionen** gewählt.

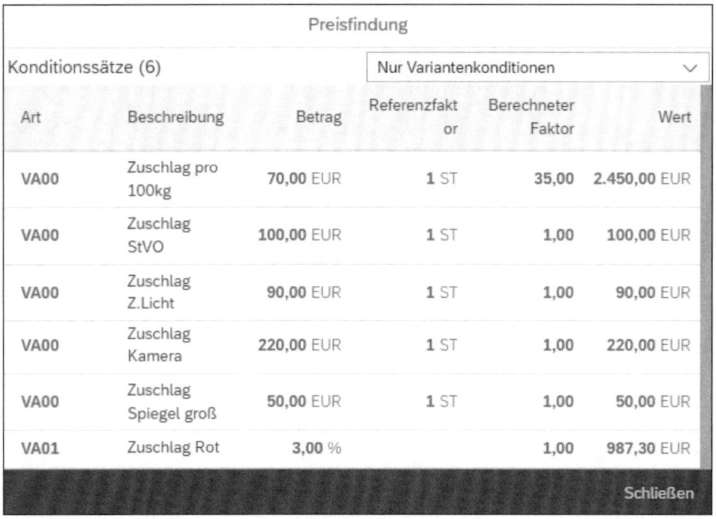

Preisfindung

Konditionssätze (6) — Nur Variantenkonditionen

Art	Beschreibung	Betrag	Referenzfaktor	Berechneter Faktor	Wert
VA00	Zuschlag pro 100kg	70,00 EUR	1 ST	35,00	2.450,00 EUR
VA00	Zuschlag StVO	100,00 EUR	1 ST	1,00	100,00 EUR
VA00	Zuschlag Z.Licht	90,00 EUR	1 ST	1,00	90,00 EUR
VA00	Zuschlag Kamera	220,00 EUR	1 ST	1,00	220,00 EUR
VA00	Zuschlag Spiegel groß	50,00 EUR	1 ST	1,00	50,00 EUR
VA01	Zuschlag Rot	3,00 %		1,00	987,30 EUR

Schließen

Abbildung 6.11 Variantenkonditionen im Detailbild des Nettowertes

Wechseln Sie aus der Konfiguration über den Button **Fertig** (siehe Abbildung 6.10 rechts unten) zurück auf die Registerkarte **Positionsübersicht** des Kundenauftrags.

Über einen Klick auf den Button [icon] (PosKonditionen) oberhalb der Positionen gelangen Sie in die Ansicht **Terminauftrag anlegen: Positionsdaten** mit der Registerkarte **Konditionen** (siehe Abbildung 6.12). Sie sehen, wie sich der Preis anfangs aus Grundpreis (PR00) und Variantenkonditionen (VA00 und VA01) zusammensetzt. Die weiteren Zeilen wurden nicht über die Variantenkonfiguration beeinflusst.

In der Zeile »Zuschlag pro 100 kg« in Abbildung 6.12 ist auch erkennbar, dass mit einem Faktor von 35 gearbeitet wurde. Diesen Faktor müssen Sie nicht selbst ausrechnen. Durch einen Doppelklick auf diese Zeile landen Sie in der Ansicht **Position – Konditionen – Detail** mit dem Feld **Variantenfaktor**. Wie es zu dem Faktor kam, ist an dieser Stelle nicht ersichtlich. (Wir wissen aber bereits, dass sich der Faktor über Beziehungswissen mit `($)set_pricing_factor` ergab, siehe das Ende von Abschnitt 6.1.4).

In der Ansicht **Terminauftrag anlegen: Positionsdaten** (siehe Abbildung 6.12) klicken Sie auf den Button [Analyse], um sich das genutzte Kalkulationsschema anzeigen zu lassen (siehe Abbildung 6.13).

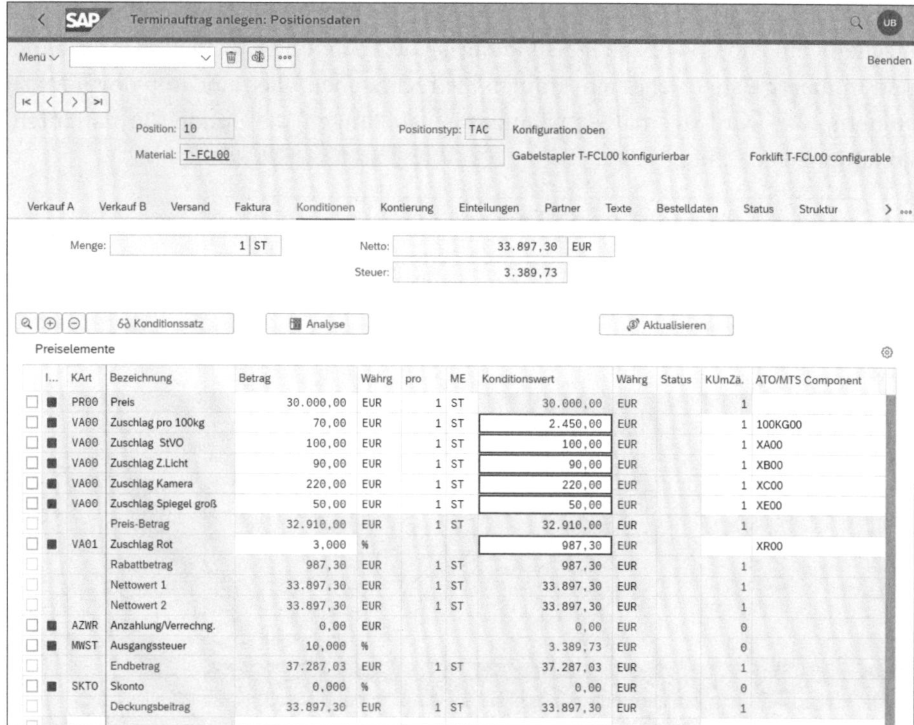

Abbildung 6.12 Preisfindung im Detail im Vertriebsbeleg (Transaktion VA01)

Abbildung 6.13 Konditionsarten in der Analyse des genutzten Kalkulationsschemas (Transaktion VA01)

An dieser Stelle kommen wir zurück zu Schritt 3, der Kontrolle des Kalkulationsschemas. Sie können prüfen, welches Kalkulationsschema für diesen Kundenauftrag verwendet wird. Dabei ist vor allem wichtig, welche Konditionsarten als Grundpreis nutzbar sind (hier auch PR00). Darüber hinaus müssen VA00 und VA01 enthalten sein. Dies ist in unserem Beispiel sowie im Auslieferungsstandard der Fall.

6.2 Preisfindung auf Basis der Kundenauftragskalkulation

In diesem Abschnitt erfahren Sie, wie die Preisfindung auf der Grundlage der Kalkulation vorgenommen wird. Dabei beleuchten wir zunächst den Zusammenhang zwischen Kalkulation und Variantenkonfiguration.

Ein konfigurierbares Material zu kalkulieren ist sinnlos, denn die Kosten sind zu großen Teilen von der Konfiguration abhängig. Ein konfigurierbares Material kann also nur im Zusammenhang mit einer Konfiguration kalkuliert werden. In den meisten Fällen heißt das, dass Sie eine *Kundenauftragskalkulation* durchführen. Alternativ ist es möglich, Materialstämme in der Variantenkonfiguration zu kalkulieren. Dann spricht man von Materialvarianten, die wir in Kapitel 7 behandeln.

Wir beginnen unsere Darstellung im Übersichtsbild des Kundenauftrags (Transaktion VA01). Wechseln Sie über den Pfad **Zusätze • Kalkulation** in die Kalkulation. Sie gelangen zur Registerkarte **Kalkulationsdaten** mit den passenden Steuerungsdaten. Durch Drücken von [↵] wechseln Sie in das Ergebnis der Kalkulation. Zunächst werden in der Kalkulationsstruktur nur die Materialkosten laut aufgelöster Stückliste angezeigt. Über einen Klick auf den Button [→≡] (nur Mat./alle Pos.) können auch Eigenfertigungskosten laut des aufgelösten Arbeitsplans angezeigt werden (siehe Abbildung 6.14). Sie werden beim Zurückgehen in das Übersichtsbild des Kundenauftrags gefragt, ob dieses Kalkulationsergebnis gespeichert werden soll, was Sie mit **Ja** beantworten.

Wenn Sie möchten, können Sie dieses Kalkulationsergebnis in die Preisfindung einfließen lassen. Im Standard existiert eine Konditionsart EK01, die es erlaubt, diese Konditionsart als Grundpreis statt PR00 zu verwenden. Diese Option nutzen Sie, wenn Sie nicht mit der bewertungsabhängigen Preisfindung arbeiten. Wenn Sie z. B. mit Sonderwünschen, Auftragsstückliste und Auftragsarbeitsplan arbeiten, nehmen Sie die Konditionsart EK01 als Grundpreis und erhöhen das Ganze um einen relativen oder absoluten Betrag.

In unserem Fall ist dies nicht geschehen. Hier ist das Kalkulationsergebnis in eine Konditionsart EK02 aufgenommen worden, um den Deckungsbeitrag zu berechnen.

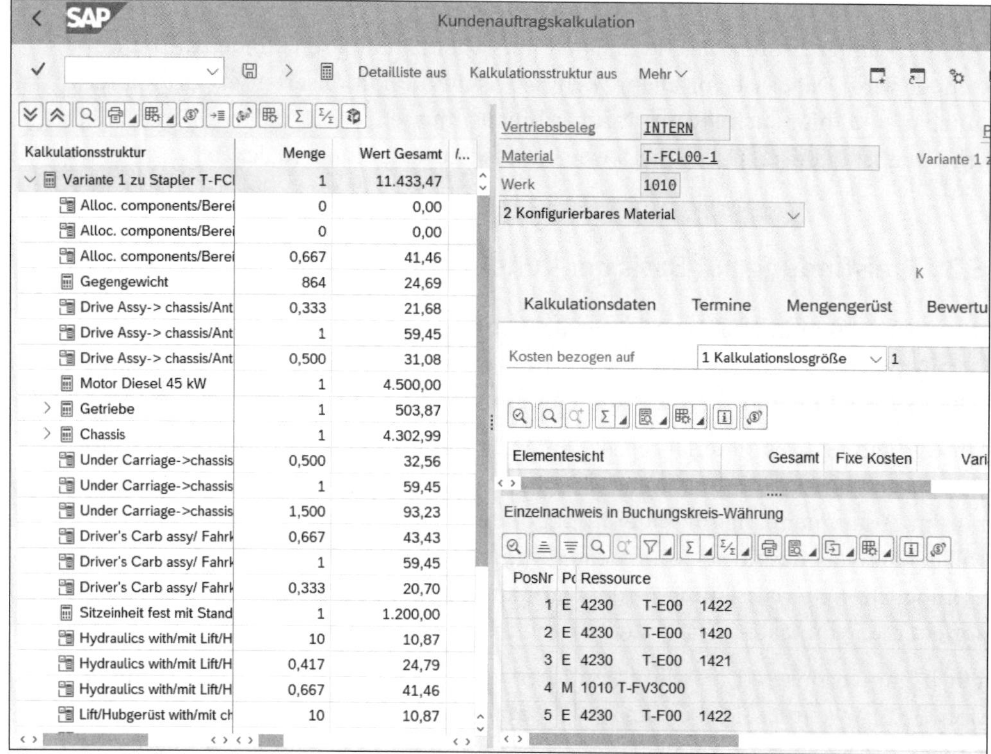

Abbildung 6.14 Kalkulation im Kundenauftrag (Transaktion VA01)

Welche Konditionsart genutzt wird (in unserem Beispiel EK02), legen Sie im Customizing der Auftragsarten fest (in Transaktion VOV8, z. B. Auftragsart TA, im Detailbild im Feld **KondArtEinzelposten** im Bildbaustein **Faktura**).

6.3 Preisfindung im Einkauf

Abschließend kommen wir zu dem eingangs erwähnten Abstecher in den Einkauf. Es gibt verschiedene Unternehmensszenarien, in denen die sogenannte *Fremdbeschaffung* von konfigurierbaren Materialien möglich und nötig ist. Ein einfaches Szenario kann wie folgt aussehen: Sie verkaufen an Kunden konfigurierbare Materialien, und Sie wollen das ganze Produkt oder zumindest Komponenten, die ebenfalls konfigurierbar sind, bei einem Lieferanten einkaufen.

Im Folgenden beleuchten wir dieses Szenario Schritt für Schritt. Als Beispiel dient uns dabei ein Kundenauftrag zu einem Gabelstapler mit der Materialnummer T-FC98. Dieses konfigurierbare Material hat in seiner Stückliste eine konfiguriere Komponente T-FC798, die das Hubgerüst des Gabelstaplers darstellt. In Abbildung 6.15 sehen

Sie die Konfiguration dieses Hubgerüsts, das später bei einem Lieferanten bestellt werden soll.

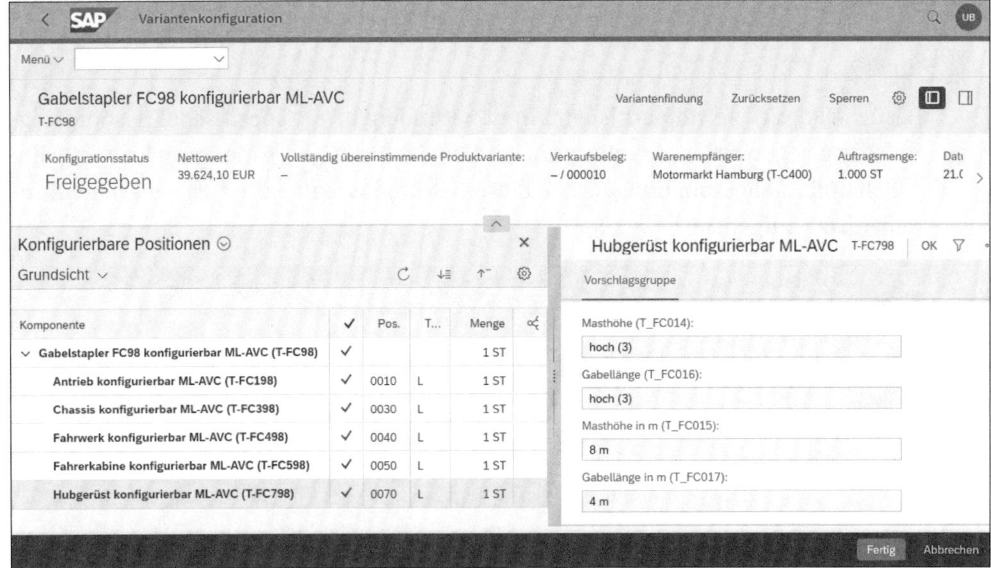

Abbildung 6.15 Mehrstufige Konfiguration im Kundenauftrag

Im Übersichtsbild des Kundenauftrags sehen Sie zunächst nur den Gabelstapler als Hauptposition (siehe Abbildung 6.16). Da Sie in dem Beispiel nicht mit einem Konfigurationsszenario »Kundenauftrag« arbeiten, sind keine Unterpositionen erforderlich.

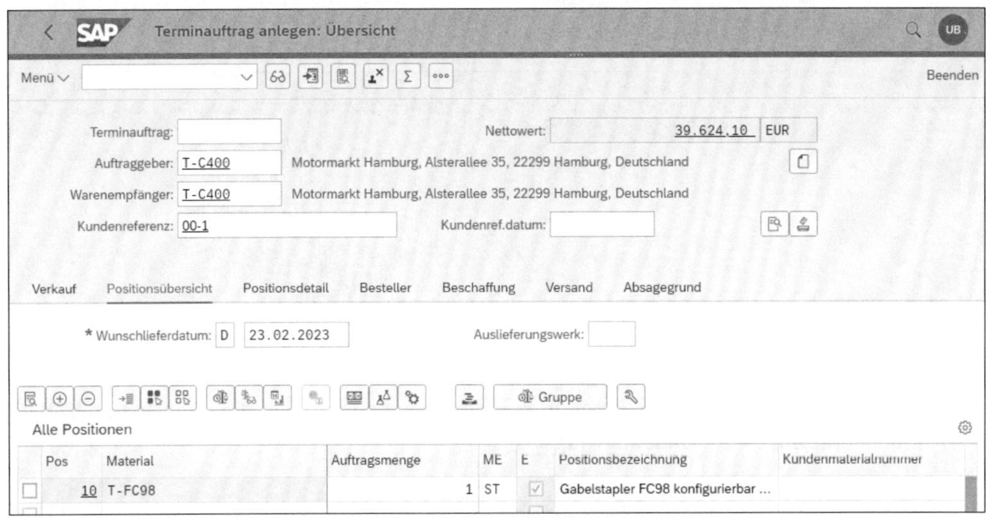

Abbildung 6.16 Übersicht im Kundenauftrag (Transaktion VA01)

Nach dem Speichern des Kundenauftrags (siehe Abbildung 6.16) sehen Sie die dargestellte Bedarfs- und Bestandssituation bezüglich des verkauften Gabelstaplers T-FC98 und des Hubgerüsts T-FC798 (siehe Abbildung 6.17 und Abbildung 6.18). Hier wurde die klassische Transaktion MD04 oder die SAP-Fiori-App **Bedarfs-/Bestandsliste** genutzt.

Bezüglich des Gabelstaplers ist ein für den Kundenauftrag spezifisches Bestandssegment angelegt worden, das aber zunächst leer ist (**Verfügbare Menge** in letzter Spalte gleich null), siehe Abbildung 6.17. In diesem Bestandssegment ist als Bedarf der Kundenauftrag aufgelistet.

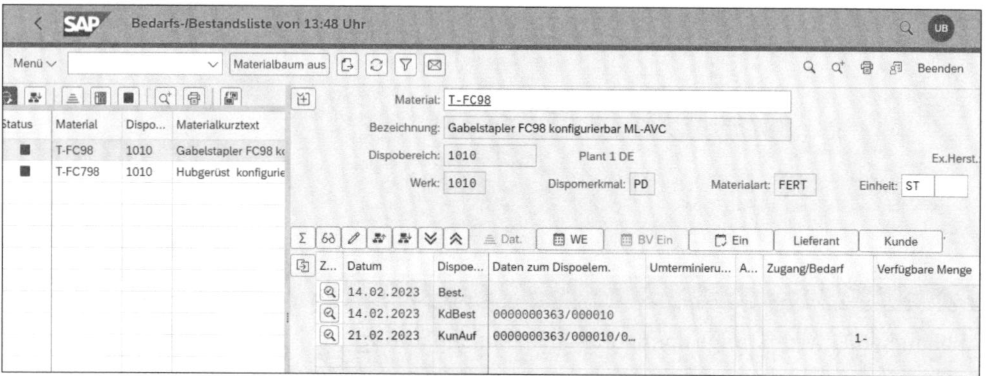

Abbildung 6.17 Bedarfs-/Bestandssituation des Kopfmaterials T-FC98 (Transaktion MD04) durch Anlegen eines Kundenauftrags

Die Bedarfs- und Bestandssituation bezüglich des Hubgerüsts T-FC798 (siehe Abbildung 6.18) ist durch das Anlegen des Kundenauftrags unverändert geblieben. Für das Hubgerüst ist (noch) kein Bedarf erzeugt worden.

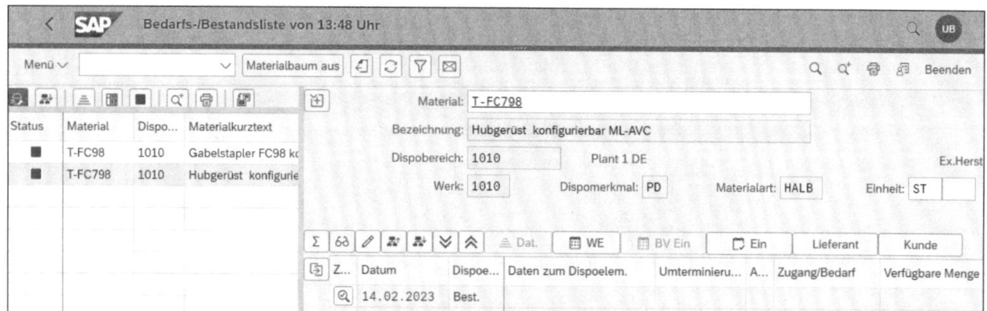

Abbildung 6.18 Bedarfs-/Bestandssituation der Komponente T-FC798 (Transaktion MD04) durch Anlegen eines Kundenauftrags

Führen Sie eine mehrstufige Planung für diesen Kundenauftrag mit Transaktion MD50 durch. Für das Ergebnis schauen Sie sich erneut die Bedarfs-/Bestandssituation in Transaktion MD04 oder in der SAP-Fiori-App **Bedarfs-/Bestandsliste** an (siehe Abbildung 6.19). Für den Kundenauftrag für den Gabelstapler T-FC98 ist ein Planauftrag erzeugt worden. Für diesen Planauftrag wurde die Stückliste laut Fertigungsversion aufgelöst und für die planungsrelevanten Komponenten Sekundärbedarfe erzeugt.

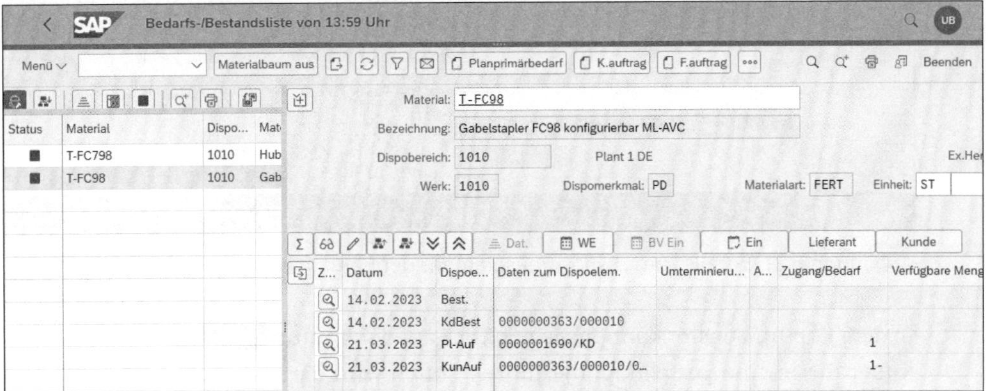

Abbildung 6.19 Die Bedarfs-/Bestandssituation (Transaktion MD04) für das Kopfmaterial T-FC98 nach dem Planungslauf

Einen dieser Sekundärbedarf finden Sie in der letzten Zeile der Liste für das Material T-FC798 (siehe Abbildung 6.20). Bei einer entsprechenden Einstellung kann der Planungslauf die Bestellanforderung – in der gleichen Liste in der vierten Zeile – erzeugen. (Diese direkte Erzeugen der Bestellanforderung setzt voraus, dass laut Materialstamm als Beschaffungsart ausschließlich Fremdbeschaffung eingestellt ist; und in den Planungsparametern müssen Bestellanforderungen vorgesehen sein.)

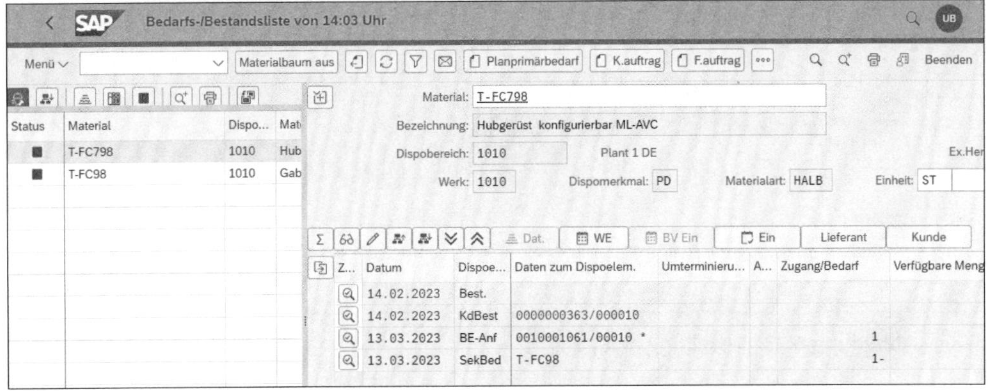

Abbildung 6.20 Die Bedarfs-/Bestandssituation (Transaktion MD04) für die Komponente T-FC798 nach dem Planungslauf

Klicken Sie nun auf den Button [Q] (Detail zum Element) am Beginn der vorletzten Zeile bezüglich der Bedarfs-/Bestandssituation des Hubgerüstes. Dadurch können Sie das Pop-up-Fenster **Details zum Dispositionselement** für die Bestellanforderung 10001061 (kurz Banf) aufrufen (siehe Abbildung 6.21).

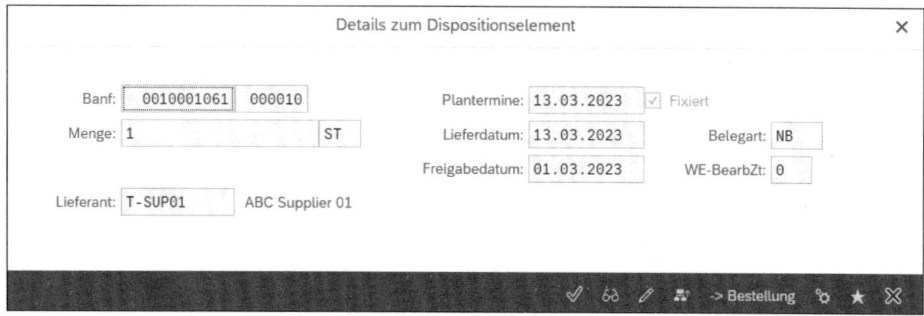

Abbildung 6.21 Details zum Dispositionselement der Banf

In dem Pop-up-Fenster können Sie per Klick auf den Button -> Bestellung die Bestellanforderung in eine Bestellung überführen. Ihnen wird daraufhin die Ansicht **Bestellung anlegen** angezeigt. Hier ziehen Sie per Drag & Drop links die Banf mit der Nummer 10001061 in den Einkaufswagen.

Als Ergebnis gelangen Sie in das Bild **Bestellung anlegen** (Transaktion ME21N) (siehe Abbildung 6.22). Oben in der Bestellung sehen Sie unterhalb der Zeile mit dem Einkaufswagen den zunächst den eingeklappten Kopf, der hier aufgeklappt wurde.

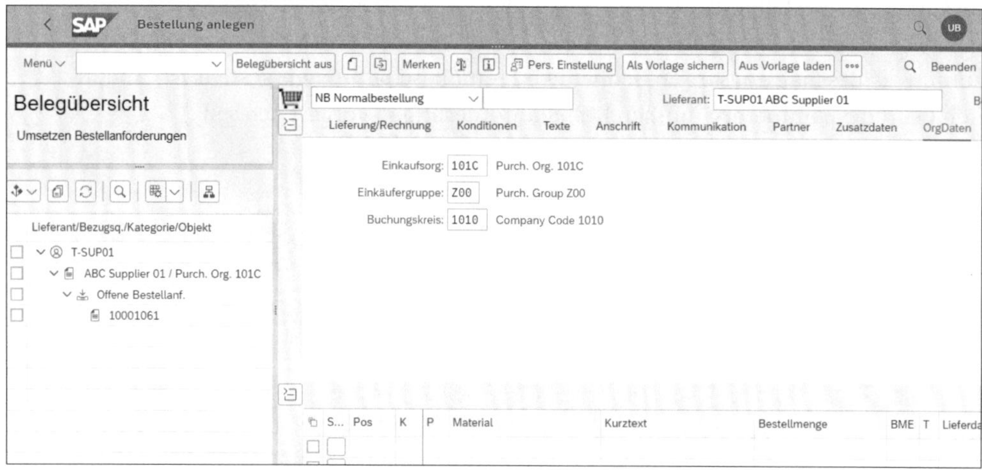

Abbildung 6.22 Bestellung anlegen

Darunter finden Sie die Positionsübersicht (in Abbildung 6.23 unter dem wieder eingeklappten Kopf) mit nur der einen Position T-FC798, dem Hubgerüst des Gabelstaplers. Und darunter sehen Sie das Detail dieser Position. Auf der Registerkarte **Materialdaten** findet sich neben der Materialnummer der Button (Konfiguration) für den Absprung in die Konfiguration.

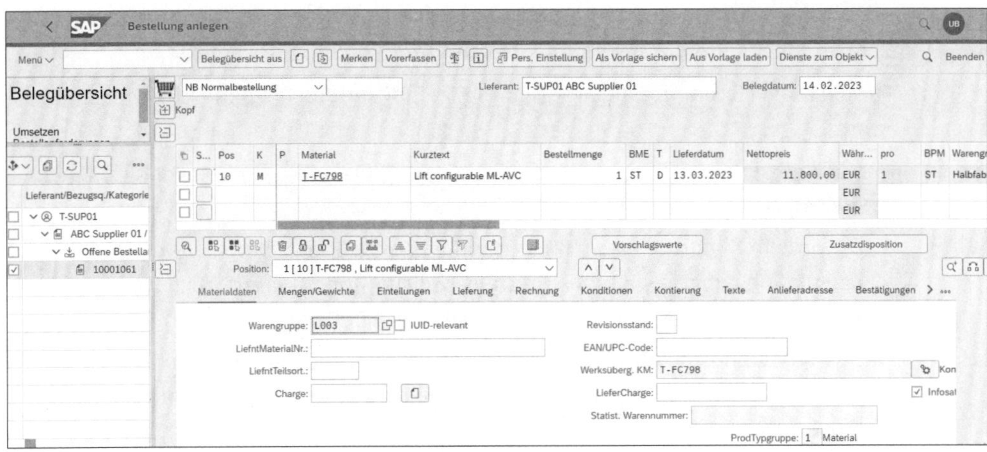

Abbildung 6.23 Positionsdaten in der Bestellung (Transaktion ME21N)

Durch einen Klick auf den Button wird die Konfiguration des Kundenauftrags angezeigt. Die Konfiguration bleibt eine Referenz zu dem Kundenauftrag.

Wechseln Sie auf die Registerkarte **Konditionen** (siehe Abbildung 6.24). Sie sehen, dass sich der Preis, ähnlich wie im Kundenauftrag, aus einem Grundpreis (hier Bruttopreis genannt) und Variantenkonditionen ergibt.

Materialdaten | Mengen/Gewichte | Einteilungen | Lieferung | Rechnung | Konditionen | Kontierung | Texte | Anlieferadresse

Menge: 1 ST   Netto: 11.800,00 EUR

Konditionssatz | Analyse | Aktualisieren

Preiselemente

I...	KArt	Bezeichnung	Betrag	Währg	pro	ME	Konditionswert	Währg	Status	KUmZä.	ATO/MTS Compo
■	PB00	Bruttopreis	11.000,00	EUR	1	ST	11.000,00	EUR		1	
■	VA00	Zuschlag Gabel mittel	400,00	EUR	1	ST	400,00	EUR		1	fork_l
■	VA00	Zuschlag Mast lang	400,00	EUR	1	ST	400,00	EUR		1	mast_l
		Nettowert incl Rab.	11.800,00	EUR	1	ST	11.800,00	EUR		1	
■	NAVM	Nicht abz. Vorsteuer	0,00	EUR			0,00	EUR		0	
		Nettowert incl Vst.	11.800,00	EUR	1	ST	11.800,00	EUR		1	
■	SKTO	Skonto	0,000	%			0,00	EUR		0	
		Effektivpreis	11.800,00	EUR	1	ST	11.800,00	EUR		1	

Abbildung 6.24 Registerkarte »Konditionen« des Positionsdetailbilds in Transaktion ME21N)

Das Ergebnis erinnert stark an die Preisfindung im Einkauf. Es wurde im Prinzip mit den gleichen Modellierungsschritten gearbeitet, wie sie in Abschnitt 6.1, »Preisfindung im Vertrieb«, für den Vertrieb dargestellt wurden. Der Unterschied besteht im Namen der Kondition des Grundpreises, dem Namen der Struktur und der Ablage der Variantenkonditionen.

[»]

Schritte der Modellierung für die Preisfindung im Einkauf

Für die Modellierung für die Preisfindung im Einkauf durchlaufen Sie die folgenden Schritte:

1. Das Kalkulationsschema ist bezüglich Grundpreis und Variantenkonditionen zu kontrollieren.
2. Es wird ein Konditionssatz eines Grundpreises benötigt. Durch die Kontrolle des Kalkulationsschemas ist zu ermitteln, welche Konditionsart zu nutzen ist. Im Standard (und auch in unserem Beispiel) ist es PB00.

   Des Weiteren sind auch Variantenkonditionen anzulegen. Hierzu existieren wieder im Standard die Konditionsart VA00 (für absolute Zuschläge) und VA01 (für relative Zuschläge).

   Dieser zweite Schritt kann auch als letzter Schritt durchgeführt werden.
3. Es wird ein Objektmerkmal mit Bezug zur Struktur `MMCOM` und dort wieder auf das Feld `VKOND` benötigt. Dieses Objektmerkmal ist der Variantenklasse zugeordnet.
4. Die Variantenkonditionen sind dem Modell zuzuordnen. Neu ist, dass man auch für den Einkauf Variantenkonditionen direkt einem Merkmalwert zuordnen kann.

   Man kann Variantenkonditionen auch wieder über Beziehungswissen zuordnen. Im Beziehungswissen kann man auch wieder mit Faktoren arbeiten.

Im Folgenden betrachten wir die einzelnen Schritte näher.

6.3.1 Schritt 1: Kalkulationsschema kontrollieren

Wir sind nun auf der Registerkarte der Konditionen in der Bestellung. Da Sie in der Bestellung schon an der richtigen Stelle sind, beginnen wir im Gegensatz zur Preisfindung im Vertrieb nicht mit der Zuordnung des Objektmerkmals, sondern mit der Kontrolle des Kalkulationsschemas. Sie nutzen auch hier oberhalb der Konditionen den Button [Analyse] (in Abbildung 6.24 im folgenden Abschnitt auf Registerkarte **Konditionen**) und springen damit in das **Kalkulationsschema** (analog zu dem Vertriebsbeleg in Abschnitt 6.1, »Preisfindung im Vertrieb«). Im ausgelieferten Standard, der auch hier genutzt wurde, sehen Sie, dass die Konditionsarten PB00, VA00 und VA01 berücksichtigt werden.

6.3.2 Schritt 2: Konditionsart ermitteln und Variantenkonditionen anlegen

Im Unterschied zum Vertrieb müssen Sie die Konditionen natürlich im Einkauf (und nicht im Vertrieb) pflegen. Im Allgemeinen geschieht dies im *Einkaufsinfosatz*. Einkaufsinfosätze werden über Transaktion ME11 (Infosatz hinzufügen) und Transaktion ME12 (Infosatz ändern) oder die SAP-Fiori-Apps gleichen Namens angelegt und geändert. Diese finden Sie im SAP-Menü unter **Logistik • Materialwirtschaft • Einkauf • Stammdaten • Infosatz • Anlegen** und **Ändern**.

Sie landen im Einstiegsbild (siehe Abbildung 6.25). Hier müssen Sie die Felder **Lieferant**, **Material**, **Einkaufsorg** (Einkaufsorganisation) und **Werk** ausfüllen. Indem Sie außerdem die Option **Normal** im Bildbaustein **Infotyp** auswählen, wird dieser Einkaufsinfosatz für Normalbestellungen genutzt.

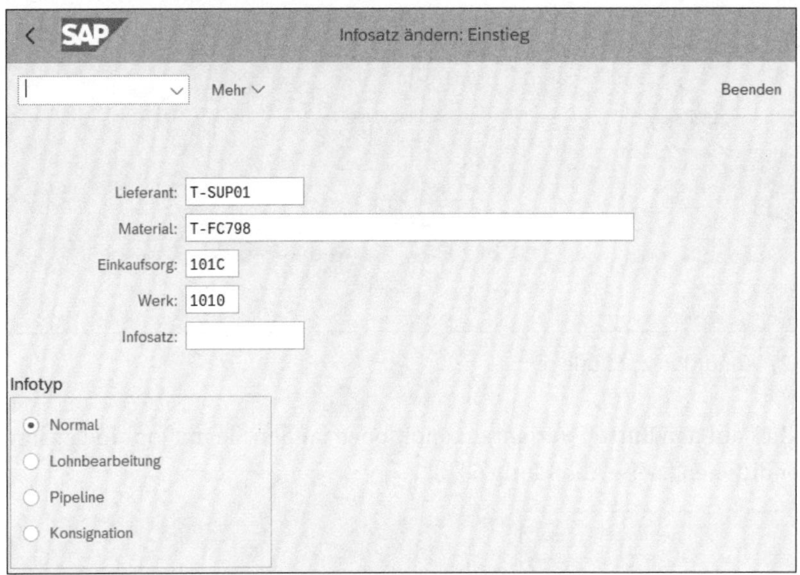

Abbildung 6.25 Konditionen im Einkaufsinfosatz (Transaktion ME12): Einstieg

Sie gelangen anschließend in die Ansicht **Allgemeine Daten** (siehe Abbildung 6.26). Hier sehen Sie die Buttons **Konditionen** und **Variantenkonditionen**.

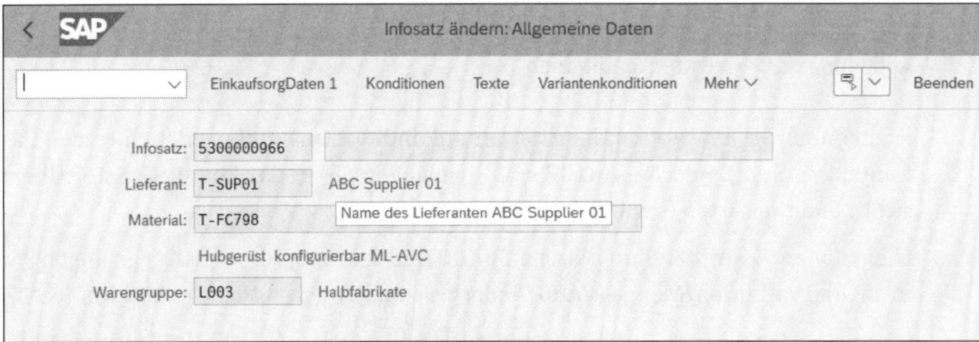

Abbildung 6.26 Infosatz ändern: allgemeine Daten

Über einen Klick auf den Button **Konditionen** können Sie den Konditionssatz PB00 pflegen (siehe Abbildung 6.27).

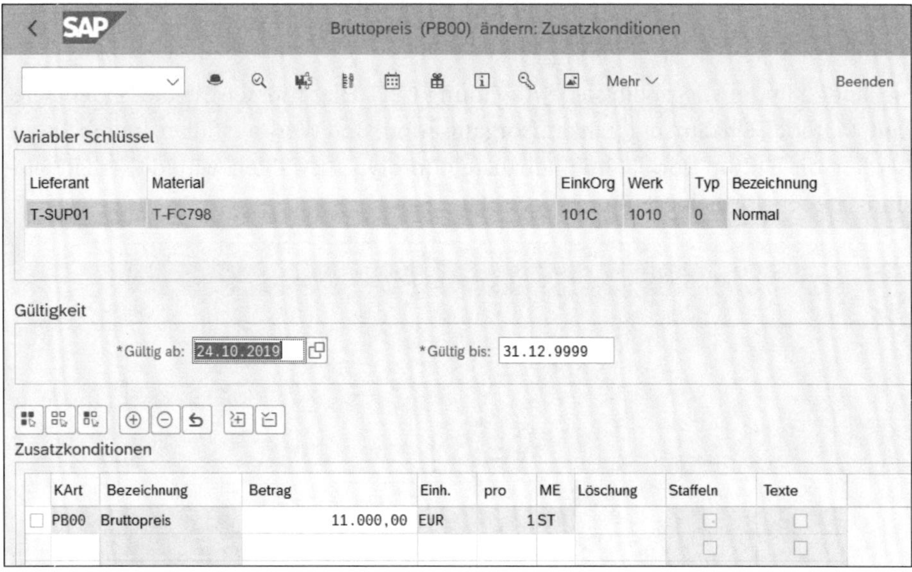

Abbildung 6.27 Konditionssatz pflegen

Mit einem Klick auf den Button **Variantenkonditionen** landen Sie im Pop-up-Fenster **Variantenkonditionen** (siehe Abbildung 6.28).

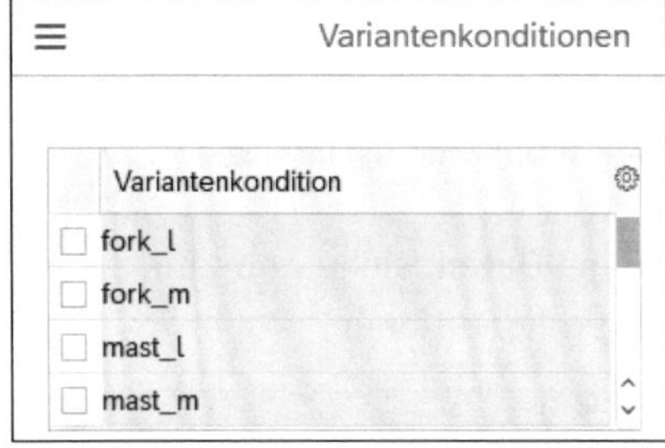

Abbildung 6.28 Variantenkonditionen

Hier können Sie eine vorhandene Variantenkondition auswählen oder eine neue Variantenkondition anlegen. Anschließend gelangen Sie in das Pop-up-Fenster **Übersicht Konditionsarten** (siehe Abbildung 6.29).

Hier können Sie im Standard zwischen VA00 und VA01 wählen; von dort gelangen Sie in das Bild **Varianten/Menge (VA00) ändern: Schnellerfassung** (siehe Abbildung 6.30).

Hier finden Sie die Variantenkondition mit dem Namen `fork_l`, die im Beispiel in Abbildung 6.24 in die Preisfindung einfloss. Es handelt sich dabei um einen Zuschlag von 400 EUR. Auch negative Zuschläge, also auch Abschläge, sind wieder möglich. Damit ist Schritt 2, die Quelle der Konditionssätze, auch geklärt.

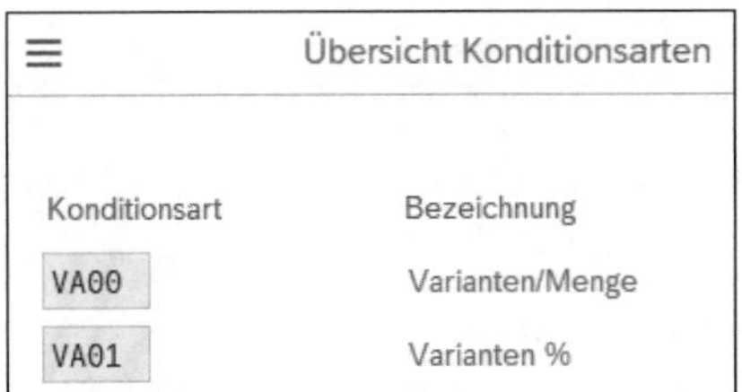

Abbildung 6.29 Übersicht über die Konditionsarten

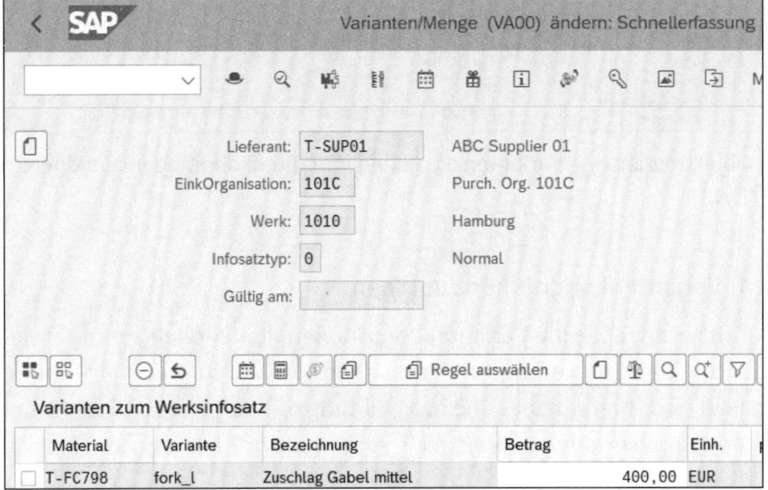

Abbildung 6.30 Varianten/Menge (VA00) ändern: Schnellerfassung

Für die weiteren Schritte, d. h. das Anlegen und Zuordnen des benötigten Objektmerkmals sowie die Zuordnung der Variantenkonditionen zu unserem Modell, nutzen Sie wieder Transaktion PMEVC.

6.3.3 Schritt 3: Objektmerkmal zuordnen

Kommen wir zur Anlage und Zuordnung des benötigten Objektmerkmals. In Abbildung 6.31 sind wir in Transaktion PMEVC (Modellierungsumgebung Var.-Konfig.) am Material des Hubgerüsts. Sie erkennen links unten die Variantenklasse 300 T_FC798. Dieser Variantenklasse wurde neben weiteren Merkmalen ein Merkmal mit den Namen T_MMKOM_VKOND zugeordnet. Dies ist ein Objektmerkmal mit Bezug zur Struktur MMCOM und zum Feld VKOND. Das Merkmal konnte hier (falls bereits vorhanden) zugeordnet oder in der Zuordnung angelegt worden sein.

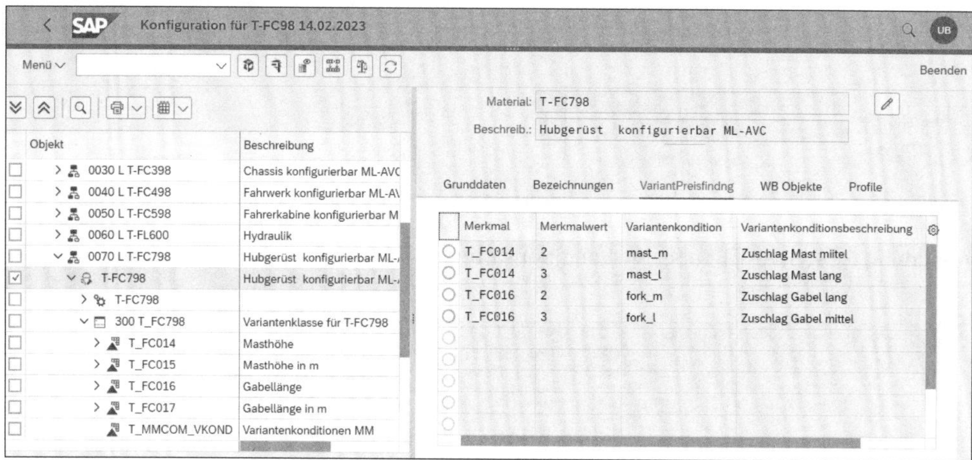

Abbildung 6.31 Objektmerkmal in Variantenklasse und Variantenkonditionen zuordnen (Transaktion PMEVC)

6.3.4 Schritt 4: Variantenkonditionen zuordnen

Im nächsten Schritt ordnen Sie die Variantenkonditionen dem Modell zu. Die einfache Methode der direkten Zuordnung zu Merkmalswerten (wie für die Preisfindung im Vertrieb) ist jetzt auch hier nutzbar. Die in Abbildung 6.31 dargestellte Zuordnung (die in Abschnitt 6.1, »Preisfindung im Vertrieb«, vorgestellt wurde) ist im Einkauf wie auch im Vertrieb wirksam.

Alternativ können Sie die Zuordnung über Beziehungswissen (Prozedur oder Constraint) erreichen. In einem solchen Beziehungswissen wäre eine Nutzung der Syntaxelemente für die Faktorensetzung `$set_pricing_factor` (Prozedur) und `set_pricing_factor` (Constraint) möglich.

Eine Prozedur, die das Gleiche wie die Zuordnung in Abbildung 6.31 bewirkt, sieht folgendermaßen aus:

```
( $self.T_MMCOM_VKOND = 'mast_m' ,
  $self.T_SDCOM_VKOND_00 = 'mast_m') if T_FC014 = '2' ,
( $self.T_MMCOM_VKOND = 'mast_l' ,
  $self.T_SDCOM_VKOND_00 = 'mast_l') if T_FC014 = '3' ,
( $self.T_MMCOM_VKOND = 'fork_m' ,
  $self.T_SDCOM_VKOND_00 = 'fork_m') if T_FC016 = '2' ,
( $self.T_MMCOM_VKOND = 'fork_l' ,
  $self.T_SDCOM_VKOND_00 = 'fork_l') if T_FC016 = '3'
```

Beachten Sie, dass eine Zuordnung von Variantenkonditionen, wie in Abbildung 6.31 dargestellt, sowohl in Einkauf als auch in Vertrieb Auswirkungen hat.

Damit beschließen wir die Preisfindung im Einkauf. Anhand der dargestellten vier Schritte können Sie erkennen, dass es dabei viele Analogien zum Vertrieb gibt, aber auch ein paar kleine Besonderheiten.

6.4 Der Microservice zur Preisfindung auf der SAP BTP

Der Preisfindungsservice ist gemeinsam mit dem Konfigurationsservice ein zentrales Element der Strategie »Model Once – Configure Anywhere«. Es handelt sich hierbei um eine kostenpflichtige API auf der SAP Business Technology Platform (SAP BTP), die es erlaubt, eine Preisfindung für konfigurierbare und nicht konfigurierbare Produkte durchzuführen.

Mit dem Preisfindungsservice können Verkaufsteams, Kunden und Vertriebspartner ihre Produkte genau und effizient bepreisen. Das Wissen über die SAP-Verkaufspreiskalkulation wird genutzt, um Regeln im Backend zu modellieren und überall zu verwenden. Dies ermöglicht einen reibungslosen durchgängigen Datenfluss zwischen Cloud-Anwendungen und SAP-Backend. Relevante Preisfindungsdaten werden aus SAP ERP oder SAP S/4HANA auf der SAP BTP repliziert, damit der Preisfindungsservice diese Daten unabhängig von der Backend-Last oder -Verfügbarkeit verwenden kann.

Der Service kann in drei Szenarien verwendet werden:

1. bei der Integration mit SAP Commerce Cloud
2. bei der Integration mit SAP CPQ
3. bei der Integrationen mit Lösungen von Drittanbietern

Für die Integration mit SAP Commerce Cloud und SAP CPQ sind in diesem Abschnitt vor allem die Administration und eventuell die Erweiterbarkeitsaspekte interessant. Die genaue Funktionsweise des Service sollte man dann verstanden haben, wenn eine Integration in eine eigene Software implementiert werden soll.

6.4.1 Funktionsweise des Preisfindungsservice

Die vollständige API-Dokumentation und Entwicklerdokumentation lässt sich unter der URL *https://api.sap.com/api/PricingService/overview* finden. In diesem Abschnitt wird daher nur auf das grundsätzliche Verhalten des Service eingegangen.

Der Preisfindungsservice hat zwei voneinander unabhängige Arten, ihn anzusprechen. Die erste Art ist der sogenannte *Stateless Service*. Unter Stateless Services versteht man Implementierungen von Services, die zwischen ihren Aufrufen keinerlei Beziehung aufbauen. Das heißt, dass jeder Aufruf unabhängig voneinander ist; es werden durch den Service keinerlei Datenmodelle durch die Aufrufe auf dem Server aufgebaut.

Um den Service zu nutzen können, werden in einem ersten Schritt aus der Preisprozedur die Informationen ausgelesen, die dafür notwendig sind, ein Pricing durchzuführen. In einem zweiten Schritt wird dann ein entsprechendes Datenmodell aufgebaut und an den Service übergeben, um die Preisermittlung aufgrund dieser Daten dann durchzuführen. Eine wichtige Restriktion hierbei ist, dass maximal 100 zu bepreisende Artikel pro Aufruf zur Preisberechnung übergeben werden dürfen. Abbildung 6.32 zeigt diesen Ablauf.

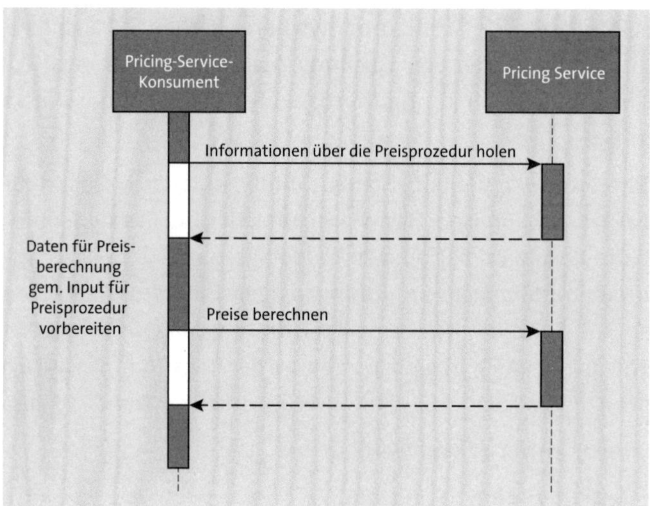

Abbildung 6.32 Ablauf bei der Nutzung des Stateless Service

Dadurch müssen allerdings auch immer alle preisrelevanten Daten an den Service übergeben werden, und die Preisfindung beginnt immer von vorne. Speziell bei interaktiven Anwendungen führt das oft dazu, dass viele Berechnungen unnötig redundant durchgeführt werden, Ein Beispiel hierzu: Wenn vorher in dem Angebot bereits 29 Artikel bepreist wurden und nun ein weiterer Artikel durch den Benutzer hineingebracht wird, wird die Preisfindung für alle 30 Artikel neu ausgeführt.

Um solche Szenarien effizienter behandeln zu können, wurde der sogenannte *Stateful Service* eingeführt, der dann nur noch die Preisfindung für den neu hinzugefügten Artikel und die relevanten Kopfkonditionen aufruft (siehe Abbildung 6.33).

Der Stateful Service simuliert ein Angebotsdokument, das jedoch auf die Funktionalität der Preisfindung reduziert ist. Hierbei ist zu beachten, dass dieses Preisdokument in der derzeitigen Implementierung ebenfalls maximal 100 Artikel enthalten darf. Beachten Sie, dass mehrstufige Konfigurationen zu mehreren Artikeln zerfallen können, die zu diesem Limit hinzuzählen.

Rund um das Preisdokument werden einige Zusatzfunktionalitäten bereitgestellt, wie z. B. eine dauerhafte Speicherung der Preisdokumente oder Methoden, um die Dokumente zu kopieren und zu löschen.

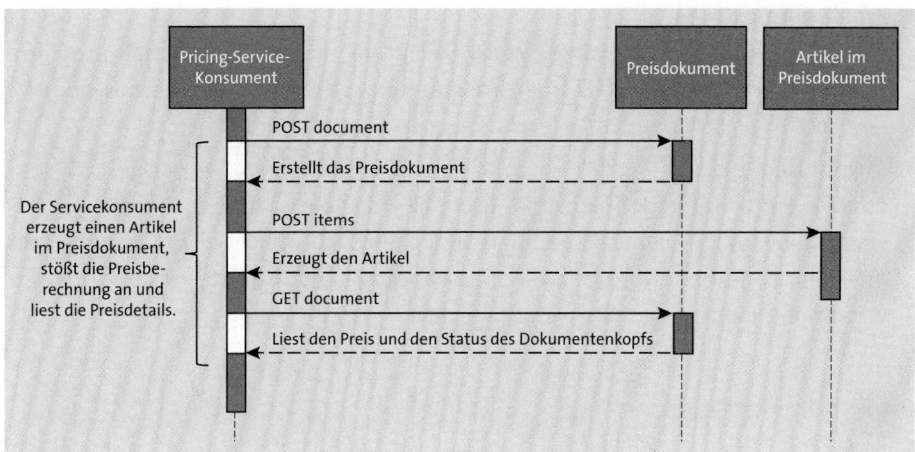

Abbildung 6.33 Abläufe bei der Nutzung des Stateful Pricing

Beiden Methoden – Stateless und Stateful Pricing – gemeinsam ist die grundsätzliche Nutzung der Preisfindung, die die folgenden Eigenschaften mitbringt:

- **Konditionstechnik**
  Es wird für die Preisfindung die gleiche Konditionstechnik wie im SAP-ERP- oder SAP-S/4HANA-System verwendet. Die Tabellen aus der Standardpreisfindung werden dazu in den Preisfindungsservice repliziert, sodass die Preisfindungsregeln nur im Backend gepflegt werden müssen. Die Konditionsfindung funktioniert dabei für Standardkonditionsarten und auch für benutzerdefinierte Konditionsarten.
- **Externe Konditionen**
  Positionskonditionen mit einer anderen Datenquelle als der Konditionstechnik werden als externe Konditionen betrachtet. Sie erfordern Eingaben über eine API aus einer externen Datenquelle, die über einen Webservice bereitgestellt werden muss. Unterstützte Rechenregeln hierfür sind: **Prozentsatz**, **Festbetrag**, **Menge**.
- **Preise für konfigurierbare Positionen**
  Die Preisfindung funktioniert bei konfigurierbaren Materialien über die gleichen Variantenkonditionen für einfache und mehrstufige konfigurierbare Produkte wie im Backend.
- **Steuern**
  Eine einfache, konditionsbasierte Steuerberechnung wie z. B. die deutsche Mehrwertsteuerberechnung ist in dem Service einfach möglich. Mehrere Steuerstufen, Steuerbefreiungslizenzen (z. B. für Italien und Frankreich) oder die Steuerberechnung über die externe Steuer-Engine werden jedoch nicht unterstützt bzw. müssen über externe Konditionen realisiert werden.

- **Preisfindungs-APIs**
  Die API ist in der Lage, die für die Preisberechnung notwendigen Details programmatisch bereitzustellen. So können Preisfindungsattribute oder externe Konditionen leicht durch den Aufrufer identifiziert und befüllt werden.
- **Erweiterbarkeit**
  Es kann ein benutzerdefinierter Webservice angegeben werden, der von der Pricing Engine für jede benutzerdefinierte Routine aufgerufen wird. Der Kunde ist für die Richtigkeit und die potenziellen Auswirkungen der Aufrufe an seine Webservice-Implementierung selbst verantwortlich.

6.4.2 Administration

Die Administration des Preisfindungsservice findet über eine Webanwendung statt (siehe Abbildung 6.34). In dieser Anwendung wird festgelegt, welche Preisprozeduren über den Service bereitgestellt werden sollen – die Synchronisation der dazu benötigten Tabellen übernimmt dann der Service.

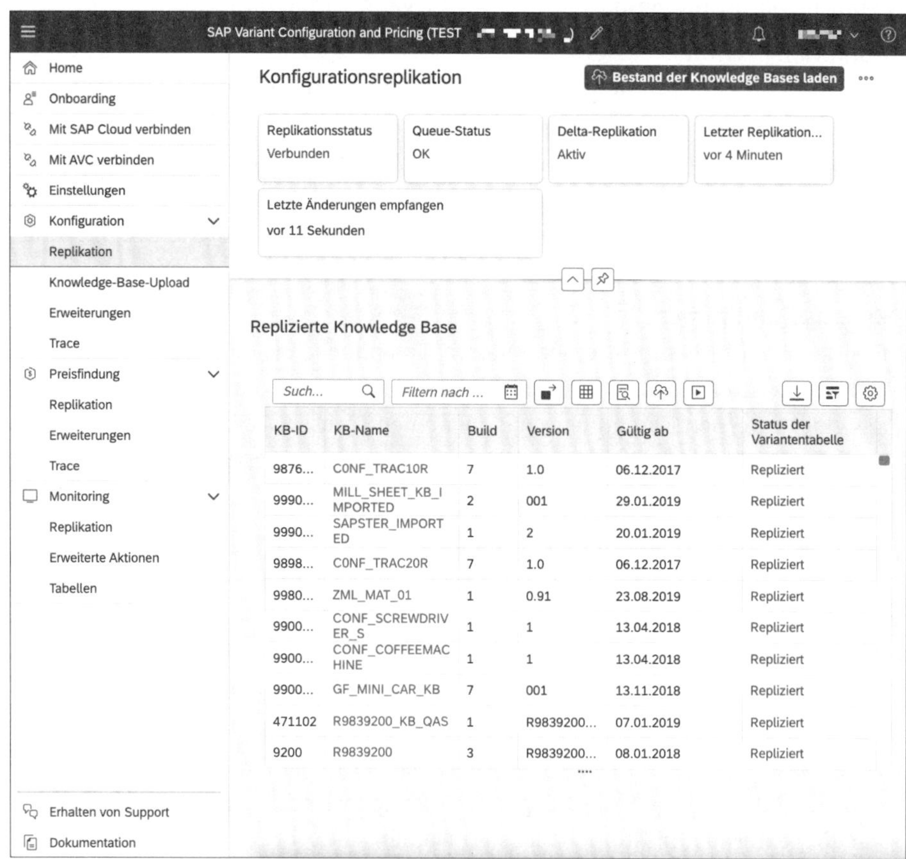

KB-ID	KB-Name	Build	Version	Gültig ab	Status der Variantentabelle
9876...	CONF_TRAC10R	7	1.0	06.12.2017	Repliziert
9990...	MILL_SHEET_KB_IMPORTED	2	001	29.01.2019	Repliziert
9990...	SAPSTER_IMPORTED	1	2	20.01.2019	Repliziert
9898...	CONF_TRAC20R	7	1.0	06.12.2017	Repliziert
9980...	ZML_MAT_01	1	0.91	23.08.2019	Repliziert
9900...	CONF_SCREWDRIVER_S	1	1	13.04.2018	Repliziert
9900...	CONF_COFFEEMACHINE	1	1	13.04.2018	Repliziert
9900...	GF_MINI_CAR_KB	7	001	13.11.2018	Repliziert
471102	R9839200_KB_QAS	1	R9839200...	07.01.2019	Repliziert
9200	R9839200	3	R9839200...	08.01.2018	Repliziert

Abbildung 6.34 Administrationsoberfläche des Pricing Service

Bei Bedarf kann in die Synchronisation eingegriffen werden, um die Datenbanktrigger neu zu initialisieren oder die Tabellenstrukturen neu anzulegen, wenn sie sich strukturell verändert haben. Hierzu findet sich im Bereich **Monitoring** der Eintrag **Tabellen**. Hier kann die Ansicht auch auf die für die Preisfindung/-berechnung eingegrenzt werden, indem man die Variantentabellen ausblendet (siehe Abbildung 6.35).

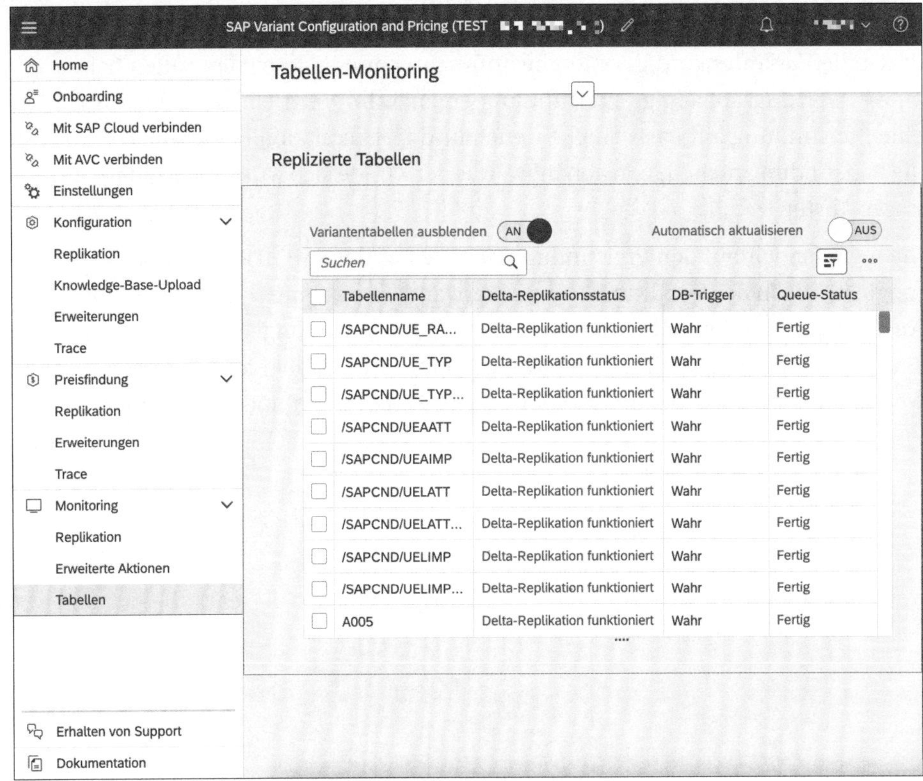

Abbildung 6.35 Monitoring der Tabellenreplikation im Preisservice

In diesem Zusammenhang sollte auch erwähnt werden, dass unter dem Menüpunkt **Engine-Trace** auch ein Trace für die Preisfindung und -berechnung eingestellt werden kann. Hierdurch lässt sich in der Regel sehr gut nachvollziehen, falls es zu Abweichungen von erwarteten Preisen kommt, woran dies liegt.

6.4.3 Erweiterbarkeit

Die Preisfindung lässt sich über externe Konditionen auch durch einen Webservice mit eigener Logik ausstatten.

Beachten Sie, dass es pro Tennant genau einen Webservice gibt, der hier angesprochen werden kann. Das heißt, dass, falls hier verschiedene Systeme angesprochen werden müssen, um verschiedene Konditionen/Konditionswerte zu ermitteln, ein Service implementiert werden muss, der diese dann wiederum ansprechen kann.

6.5 Fazit

In diesem Kapitel haben Sie erfahren, wie Sie die Preisfindung in Vertrieb und Einkauf durch die Variantenkonfiguration beeinflussen können. In beiden Fällen haben wir eine bewertungsabhängige Preisfindung ergänzt. Im Vertrieb haben wir zusätzlich eine Preisfindung auf Basis einer Kundenauftragskalkulation betrachtet. Hierbei ist die Preisfindung nicht davon abhängig, was der Kunde sich wünscht, sondern davon, was es kostet.

Auch gingen wir auf den Preisfindungsservice auf der SAP BTP ein, der es Ihnen ermöglicht, die in der Konditionstechnik verwendeten Datenstrukturen auch anderen Anwendungen außerhalb von SAP S/4HANA zur Verfügung zu stellen. Zu nennen sind insbesondere SAP CPQ und SAP Commerce Cloud, aber auch externe Drittanwendungen, die sich über die SAP BTP an SAP S/4HANA anbinden möchten.

Kapitel 7
Materialvarianten

In diesem Kapitel stehen die Materialvarianten im Fokus. Bei den Materialvarianten handelt sich nicht um konfigurierbare, sondern um konfigurierte Materialien. Wir beleuchten, wie die Stammdaten (Materialstamm, Stückliste, Arbeitsplan und Preisfindung) für diese Materialvarianten beschaffen sind.

Wenn Sie die Variantenkonfiguration nutzen, arbeiten Sie mit konfigurierbaren Materialien. Es ist jedoch nicht möglich, ein konfigurierbares Material u. a. zu verkaufen, zu planen und zu fertigen. Dafür benötigen Sie eine Konfiguration. Diese bekommen Sie im Allgemeinen über den Kundenauftrag. Bevor Sie mit den weiteren Logistikabläufen beginnen können, müssen Sie also zunächst auf den Kundenauftrag mit der Konfiguration warten. Sie betreiben somit eine klassische *Kundeneinzelfertigung*.

Die Frage ist, ob das auch anders geht: Können Sie in der Variantenkonfiguration fertigen, ohne auf den Kundenauftrag warten zu müssen?

Ja, das geht; dazu nutzen Sie *Materialvarianten* – also konfigurierte Materialien. Dadurch haben Sie bereits die benötigte Konfiguration und können ohne Kundenauftrag anonym auf Lager fertigen und dann vom Lager verkaufen. Auf diese Weise können Sie Kundenwünsche sofort bedienen. Sie können mit Vorplanung und Vorfertigung arbeiten, und Sie können die Variantenfindung nutzen.

Wenn Sie Materialvarianten verkaufen wollen, benötigen Sie Materialstamm und Preisfindung. Wenn Sie Materialvarianten fertigen wollen, benötigen Sie zusätzlich Stückliste und Arbeitsplan.

Diese Aspekte zeigen wir Ihnen in diesem Kapitel. Dabei sehen Sie, dass Sie an vielen Stellen auf separate Stammdaten für die Materialvarianten verzichten können.

Im Detail betrachten wir die folgenden Punkte:

- den Materialstamm der Materialvariante (Abschnitt 7.1)
- die Stückliste der Materialvariante (Abschnitt 7.2)
- den Arbeitsplan der Materialvariante (Abschnitt 7.3)
- die Preisfindung der Materialvariante (Abschnitt 7.4)
- die Einstellungen zur Variantenfindung (Abschnitt 7.5)

7.1 Materialstamm

Wir beginnen mit dem Materialstamm der Materialvariante. Es ist ein weitgehend »normaler« Materialstamm, der nicht konfigurierbar, sondern konfiguriert ist. Mit »normaler« Materialstamm ist gemeint, dass er sich kaum von Materialstämmen unterscheidet, wie wir sie außerhalb der Variantenkonfiguration nutzen – mit dem Unterschied, dass er konfiguriert ist (Im Materialstamm ist eine Konfiguration »versteckt«). Für die Anlage des Materialstamms können Sie die SAP-Fiori-App **Produktstamm verwalten** oder die SAP-Fiori-App **Material anlegen MM01** nutzen. Die SAP-Fiori-App **Material anlegen MM01** entspricht der klassischen Transaktion MM01. Sie finden diese Transaktion im SAP-Menü unter **Logistik • Produktion • Stammdaten • Materialstamm • Material • Anlegen allgemein • Sofort**.

Im Prinzip benötigen Sie die gleichen Sichten wie für das konfigurierbare Material. Besser gesagt, benötigen Sie die gleichen Sichten wie für ein Material, das Sie planen, fertigen und verkaufen wollen. Sie benötigen keine Klassifizierungssicht. In der Sicht **Grunddaten 2** finden Sie den Bildbaustein **Mandantenspezifische Konfiguration**; dies ist die erste spannende Stelle. Analog erfolgt die Pflege mit der SAP-Fiori-App **Produktstamm verwalten** – in Abbildung 7.1 befinden wir uns an genau dieser Stelle.

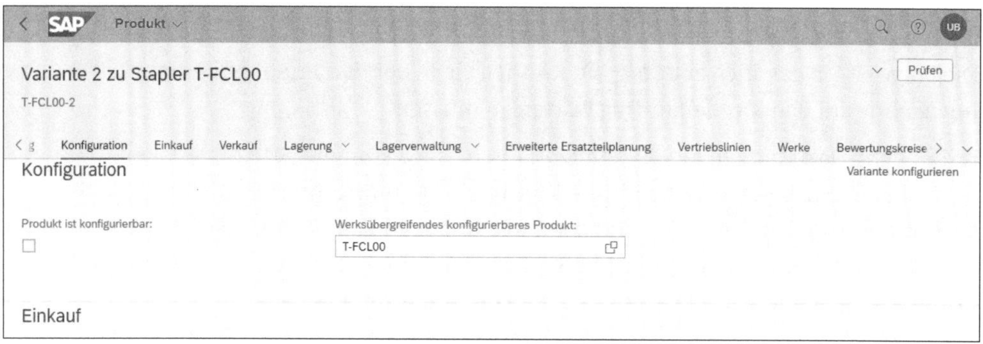

Abbildung 7.1 Produktstamm: Konfiguration auf der Mandantenebene

Gehen Sie auf der obersten Ebene des Produktstamms auf die Registerkarte **Konfiguration**. Hier setzen Sie das Kennzeichen **Produkt ist konfigurierbar** *nicht*! Sie können aber bereits die Verbindung zum konfigurierbaren Produkt herstellen. Hierzu tragen Sie im Feld **Werksübergreifendes konfigurierbares Produkt** die Materialnummer des konfigurierbaren Materials ein. Anschließend wird der Eintrag **Variante konfigurieren** aktiv. Durch einen Klick auf diesen Eintrag gelangen Sie auf die Bewertungsoberfläche.

Nachdem Sie die Materialvariante dort vollständig bewertet haben, wechseln Sie per Eintrag **Übernehmen** zurück in den Bildbaustein der Konfiguration auf der Mandantenebene (siehe Abbildung 7.2).

[«]

Produkt = Material

In der SAP-Fiori-App **Produktstamm verwalten** wird von *Produkt* gesprochen. In den Apps, die aus den fiorisierten Transaktionen entstanden sind, wird von *Material* gesprochen. Beides beinhaltet die identischen Daten. Lassen Sie sich nicht verwirren, auch wenn wir mit beiden Begriffen arbeiten.

[!]

Mandanten- und werksspezifische Konfiguration

Eine mandantenspezifische Konfiguration ist in der Logistik nicht nutzbar, um Variantenfindung, Auswahl von Stückliste und Arbeitsplan vorzunehmen. Dafür benötigen Sie eine werksspezifische Konfiguration, die Sie im Materialstamm auf der Registerkarte **Disposition 3** und im Produktstamm unter **Werke** finden. Trotzdem empfehlen wir hier die mandantenspezifische Konfiguration, falls Sie mit mehreren Werken arbeiten. Wir kommen darauf zurück.

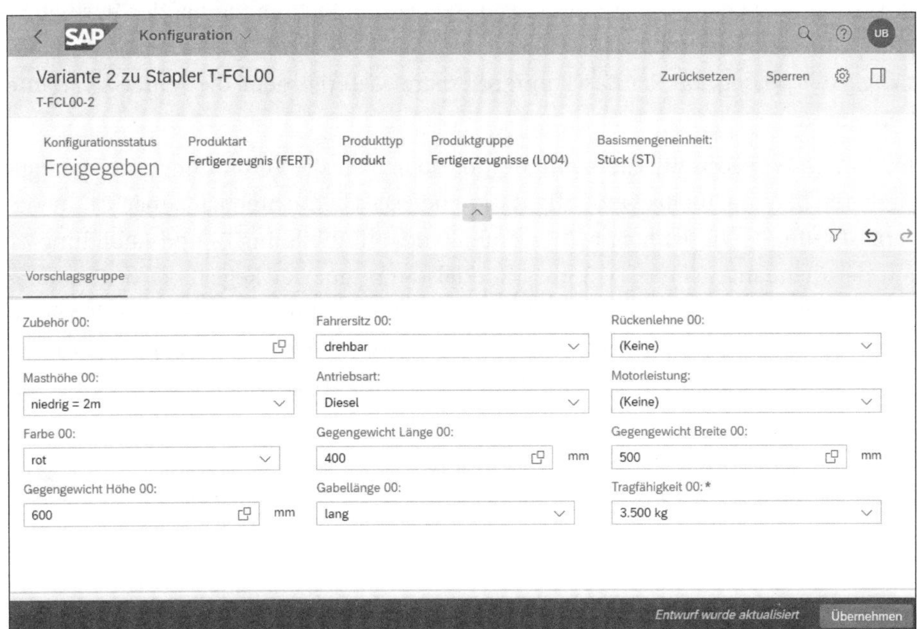

Abbildung 7.2 Bewertungsoberfläche der Materialvariante auf Mandantenebene

Natürlich sollten Sie im Hinterkopf behalten, dass Sie hier nicht mit einem konfigurierbaren Material, sondern mit einem konfigurierten Material arbeiten. Deshalb unterscheiden sich einige Einstellungen im Materialstamm /Produktstamm von Materialvarianten von den konfigurierbarer Materialien. Welche Einstellungen sind hier nun gemeint?

Im Materialstamm auf der Registerkarte **Vertrieb: VerkOrg 2** bzw. im Produktstamm auf der Registerkarte **Vertriebslinien** müssen Sie mit der Positionstypengruppe NORM statt 0002 arbeiten. Über die Positionstypengruppe ermittelt der Vertriebsbeleg den Positionstyp der einzelnen Positionen.

Ein weiterer wichtiger Punkt kann hier die Preisfindung für die Materialvariante sein. Dazu lesen Sie mehr in Abschnitt 7.4, »Preisfindung«.

Im Materialstamm in den Sichten der **Disposition** bzw. im Produktstamm auf der Registerkarte **Werke** und hier in den Dispositionsdaten können Sie im Hinblick auf das Dispositionsmerkmal oder das Losgrößenverfahren mit verschiedenen Einstellungen arbeiten. Des Weiteren finden Sie hier die Strategiegruppe. Die Strategiegruppe des konfigurierbaren Materials ist eine andere Strategiegruppe als die für die Materialvarianten. Über die Strategiegruppen werden Haupt- und Nebenstrategien ermittelt, die wiederum das Verhalten bezüglich Kundenbedarfen und Vorplanungsbedarfen beschreibt.

Analog können Sie in der Verfügbarkeitsprüfung mit einer anderen Prüfgruppe arbeiten sowie die Bedarfe zusammenfassen. Vielleicht möchten Sie bei der Verfügbarkeitsprüfung unterschiedlich bezüglich der Wiederbeschaffungszeit arbeiten, in Abhängigkeit dessen, ob Sie das konfigurierbare Material oder die Materialvariante betrachten.

Im Bereich **Werksspezifische Konfiguration** stellen Sie die Verbindung zum konfigurierbaren Material inklusive Konfiguration her. Dies betrachten wir zunächst im Materialstamm. Da wir bereits im Zusammenhang mit Abbildung 7.1 und Abbildung 7.2 auf der Mandantenebene (z. B. im Materialstamm auf der Registerkarte **Grunddaten 2**) die Verbindung zum konfigurierbaren Material hergestellt haben, finden Sie in Abbildung 7.3 im Bereich **Werksspezifische Konfiguration** der Sicht **Disposition 3** nun drei Buttons vor: **Werksüberg. Konfig. kopieren**, **Variante konfigurieren** und **Vorpl.variante konfigurieren**.

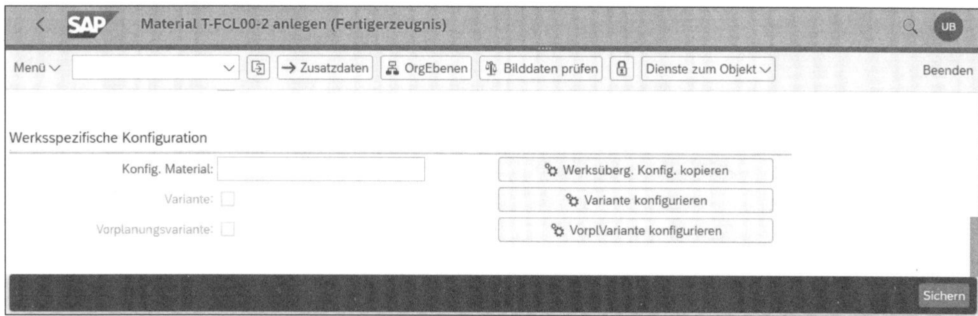

Abbildung 7.3 Materialstamm: Sicht »Disposition 3« – vor der Anlage der werksspezifischen Konfiguration

Der erste Button fehlt, wenn Sie zuvor keine Konfiguration auf der Mandantenebene hinterlegt haben. Nachdem Sie über einen Klick auf den Button **Werksüberg. Konfig. kopieren** die Konfiguration kopiert worden ist, erscheint das Bild aus Abbildung 7.4.

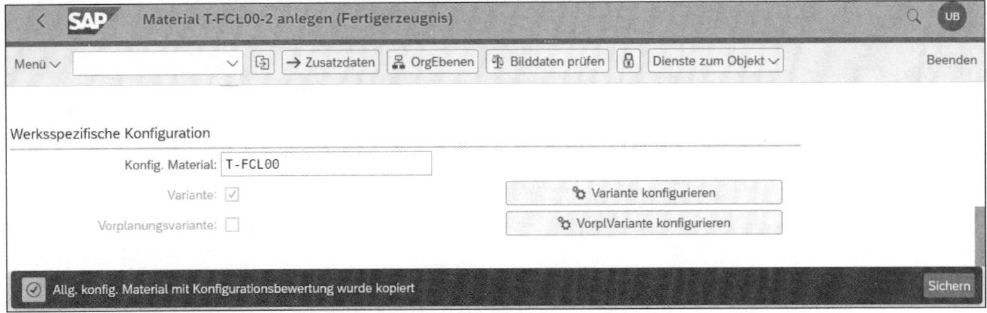

Abbildung 7.4 Materialstamm: Sicht »Disposition 3« – nach der Anlage der werksspezifischen Konfiguration

Falls Sie in mehreren Werken arbeiten, empfiehlt es sich, wie folgt vorzugehen:

1. Stellen Sie auf der Mandantenebene die Verbindung zum konfigurierbaren Material inklusive Konfiguration her. Das ist hier im Zusammenhang mit Abbildung 7.1 und Abbildung 7.2 geschehen. (Dies ging für AVC bis zu den Releaseständen des Jahres 2021 nur im Produktstamm.)
2. Kopieren Sie anschließend im Materialstamm auf der Registerkarte **Disposition 3** diese werksübergreifende Konfiguration per Klick auf den Button **Werksüberg. Konfig. Kopieren** in die einzelnen Werke. Dies ist hier im Zusammenhang mit Abbildung 7.3 und Abbildung 7.4 geschehen. (Dieses Kopieren ist im Produktstamm nicht möglich.)

Durch diese Vorgehensweise sparen Sie sich Arbeit, da Sie nur einmal, und zwar auf der Mandantenebene konfigurieren. Und was noch wichtiger ist: Auf diese Weise ist es für Sie einfacher, die Konfiguration in den einzelnen Werken synchron zu halten.

Unabhängige Konfigurationen

Die Konfigurationen auf der Werksebene in den einzelnen Werken und die Konfiguration auf der Mandantenebene sind alle unabhängig voneinander. Es handelt sich nicht um Referenzen; allenfalls sind es Kopien.

Schauen wir uns kurz das Ergebnis der werksspezifischen Konfiguration im Produktstamm an. Hier wurde diese werksspezifische Konfiguration über den Materialstamm durchgeführt, da Sie nur hier die Funktion des Kopierens der werksübergreifenden Konfiguration über den Button **Werksüberg. Konfig. kopieren** nutzen können.

Abbildung 7.5 zeigt die Werkssichten diese Produktstammes. Es ist hier nur eine Werkssicht für das Werk 1010. Durch einen Klick auf den Pfeil [>] am Ende der Werkszeile gelangen Sie zu den werksspezifischen Feldern.

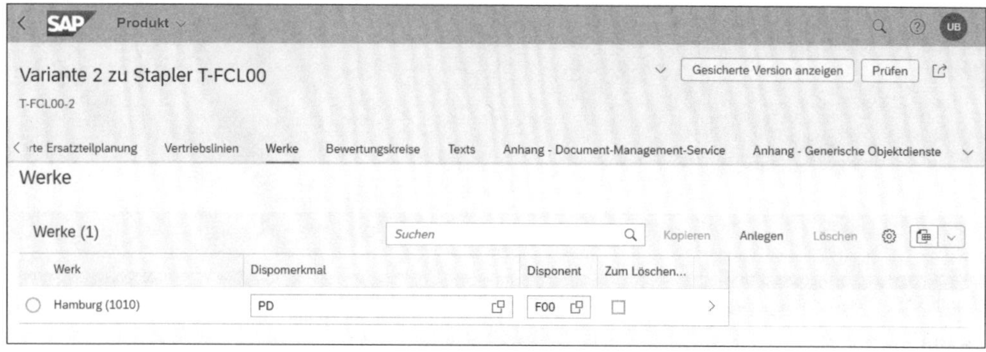

Abbildung 7.5 Produktstamm: die Werkssicht(en)

In Abbildung 7.6 wurde im Produktstamm in den werkspezifischen Feldern zu der Konfiguration gescrollt.

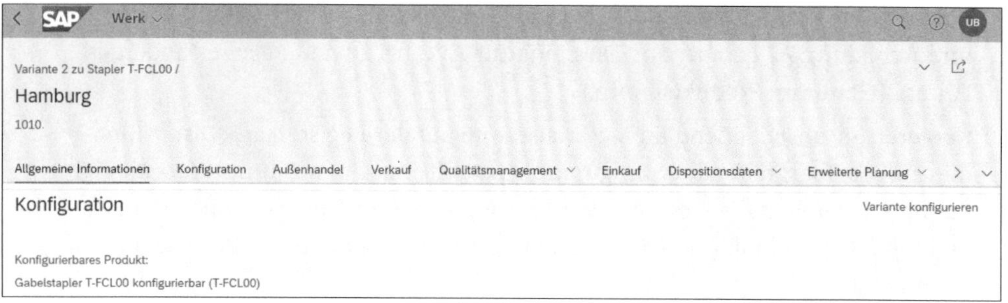

Abbildung 7.6 Produktstamm: werksspezifische Konfiguration der Materialvariante – Zuordnung

Es wäre alternativ möglich, die Verbindung zum konfigurierbaren Produkt anzulegen (analog zur Abbildung 7.1) und die Variante zu konfigurieren (siehe Abbildung 7.7), wenn dies zuvor noch nicht geschehen ist.

Für die Materialvariante müssen Sie die Sicht **Klassifizierung** im Materialstamm nicht pflegen. Trotzdem können die Materialvarianten über die Suche in den Klassen gefunden werden. Dies gelingt überall dort, wo Ihnen die Suchhilfe ([F4]-Hilfe auf die Felder der Materialnummer) zur Verfügung steht. Alternativ können Sie mit der gleichwertigen Transaktion CL30N **Objektsuche in Klassen** arbeiten.

In Abbildung 7.8 sehen Sie das Suchergebnis bei der Suche über die Variantenklasse, mit der die Materialvariante konfiguriert wurde. Auffallend ist, dass die Materialnummer T-FCL00-2 in der Liste zweimal vorkommt: In der zweiten Zeile ohne Werksangabe (**Mty** steht dabei für Materialtype) handelt es sich um die Konfiguration auf der Mandantenebene.

Abbildung 7.7 Produktstamm: werksspezifische Konfiguration der Materialvariante – Bewertung

In der letzten Zeile mit der Werksangabe 1010 handelt es sich um die Konfiguration auf Werksebene (**Wrk** steht für Werk). Diese Punkte wurden bereits in Abschnitt 4.3.4, »Such- und Auswertungsmöglichkeiten im Klassensystem«, im Zusammenhang mit Abbildung 4.48 vorgestellt.

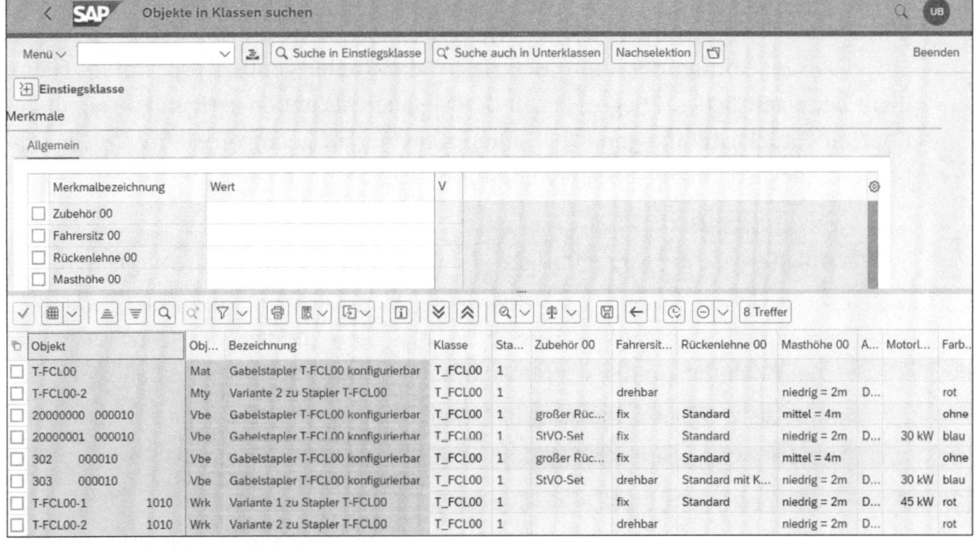

Objekt	Obj...	Bezeichnung	Klasse	Sta...	Zubehör 00	Fahrersit...	Rückenlehne 00	Masthöhe 00	A...	Motorl...	Farb..
T-FCL00	Mat	Gabelstapler T-FCL00 konfigurierbar	T_FCL00	1							
T-FCL00-2	Mty	Variante 2 zu Stapler T-FCL00	T_FCL00	1		drehbar		niedrig = 2m	D...		rot
20000000 000010	Vbe	Gabelstapler T-FCL00 konfigurierbar	T_FCL00	1	großer Rüc...	fix	Standard	mittel = 4m			ohne
20000001 000010	Vbe	Gabelstapler T-FCL00 konfigurierbar	T_FCL00	1	StVO-Set	fix	Standard	niedrig = 2m	D...	30 kW	blau
302 000010	Vbe	Gabelstapler T-FCL00 konfigurierbar	T_FCL00	1	großer Rüc...	fix	Standard	mittel = 4m			ohne
303 000010	Vbe	Gabelstapler T-FCL00 konfigurierbar	T_FCL00	1	StVO-Set	drehbar	Standard mit K...	niedrig = 2m	D...	30 kW	blau
T-FCL00-1 1010	Wrk	Variante 1 zu Stapler T-FCL00	T_FCL00	1		fix	Standard	niedrig = 2m	D...	45 kW	rot
T-FCL00-2 1010	Wrk	Variante 2 zu Stapler T-FCL00	T_FCL00	1		drehbar		niedrig = 2m	D...		rot

Abbildung 7.8 Materialvarianten in der Suche in Klassen (Transaktion CL30N)

7.2 Stückliste

Da Sie die Materialvarianten auf Lager fertigen möchten, benötigen Sie eine *Stückliste*. Es gibt zwei Möglichkeiten, um eine Stückliste zur Verfügung zu stellen.

Sie können eine eigene Stückliste für die Materialvariante anlegen. Hierzu können Sie die SAP-Fiori-App **Stücklisten pflegen** nutzen, oder Sie gehen über die klassische Transaktion CS01, die Sie im SAP-Menü unter **Logistik • Produktion • Stammdaten • Stücklisten • Stückliste • Materialstückliste • Anlegen** finden.

Starten wir mit der Möglichkeit, die Stückliste in der SAP-Fiori-App **Stücklisten pflegen** anzulegen. Das Einstiegsbild ist in Abbildung 7.9 dargestellt.

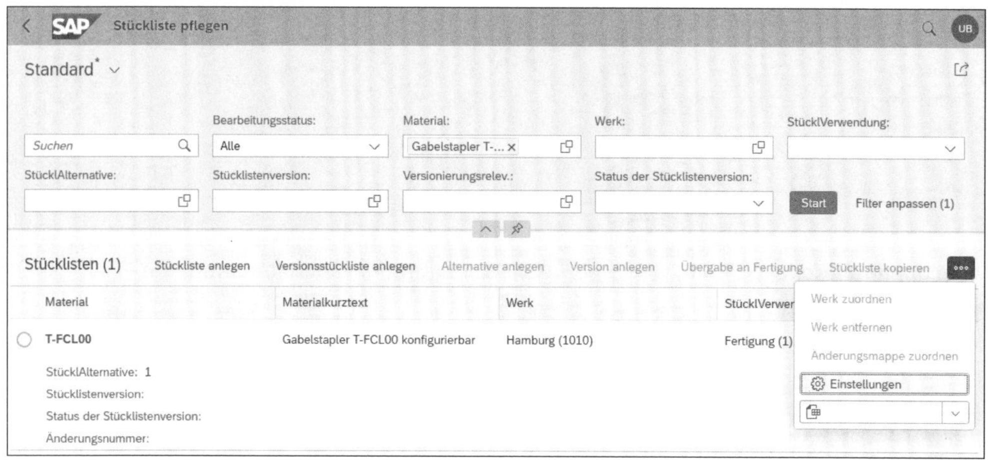

Abbildung 7.9 Stücklistenpflege in der SAP-Fiori-App »Stückliste pflegen«

Der obere Bereich dient der Suche. Diese wurde im Beispiel für die Suche nach der Stückliste des konfigurierbaren Materials **Gabelstapler** genutzt. Die untere Hälfte dient der eigentlichen Pflege. Hier finden Sie auch als ersten aktiven Eintrag in der Kopfzeile **Stückliste anlegen**. Über einen Klick darauf gelangen Sie in das Pop-up-Fenster **Stückliste anlegen** (siehe Abbildung 7.10).

[!]

Kein Anlegen mit der Kopiervorlage »konfigurierbares Material« möglich

Sie können für das Anlegen der Stückliste der Materialvariante nicht die Stückliste des konfigurierbaren Materials verwenden; dies führt zu folgender Fehlermeldung »Material <Materialnummer der Materialvariante> ist nicht konfigurierbar«).

Grund für diese Fehlermeldung ist die Möglichkeit, der konfigurierbaren Stückliste Beziehungswissen zuzuordnen, was für die Materialvariante nicht möglich ist.

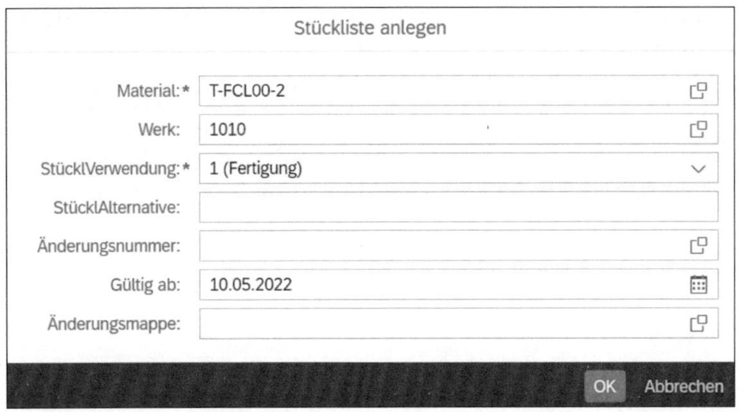

Abbildung 7.10 Stückliste anlegen in der SAP-Fiori-App »Stücklisten pflegen«

Betrachten wir nun die Möglichkeit, die Stückliste über die klassische Transaktion CS01 anzulegen. Sie gelangen hier beim Start der Transaktion oder der entsprechenden App in die Sicht **Materialstückliste anlegen: Einstieg** (siehe Abbildung 7.11).

Pflegen Sie die Felder **Material**, **Werk** und **Verwendung**, und bestätigen Sie Ihre Eingabe mit [↵]. Es erscheint zunächst die rechts in der Abbildung dargestellte Warnmeldung des Performance Assistant. Sie ist für unser Beispiel nicht wichtig und auch ungenau in der Formulierung. In der Regel gehen Sie nicht so vor, dass Sie eine separate Stückliste für die Materialvariante anlegen, sondern Sie nutzen die Stückliste des konfigurierbaren Materials.

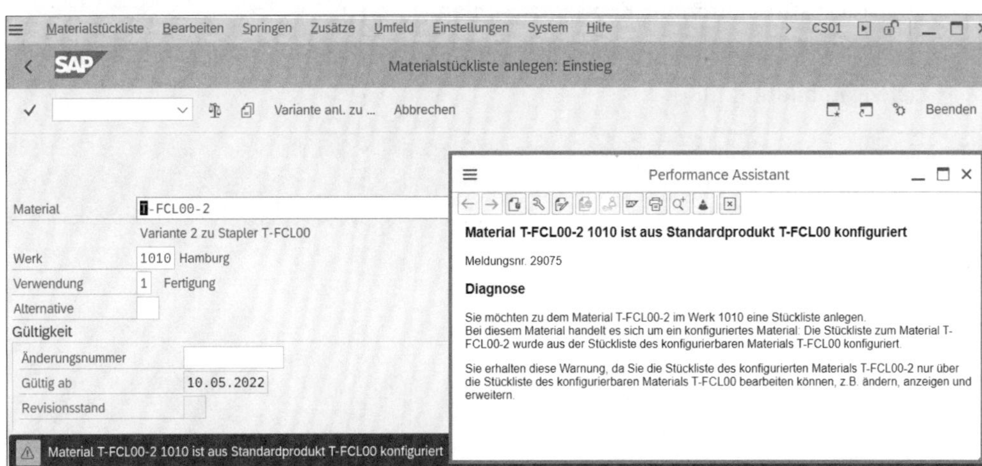

Abbildung 7.11 Materialstückliste für die Materialvariante anlegen: Einstieg (Transaktion CS01)

Wie man aber sieht, funktioniert es auch so. Daher können Sie die Warnmeldung mit [↵] bestätigen und gelangen zu einer »normalen« Stückliste. Mit einer normalen

Stückliste ist eine Stückliste ohne die Spalte **Beziehungswissen** und die Registerkarte **Klassen** gemeint (siehe Abbildung 7.12).

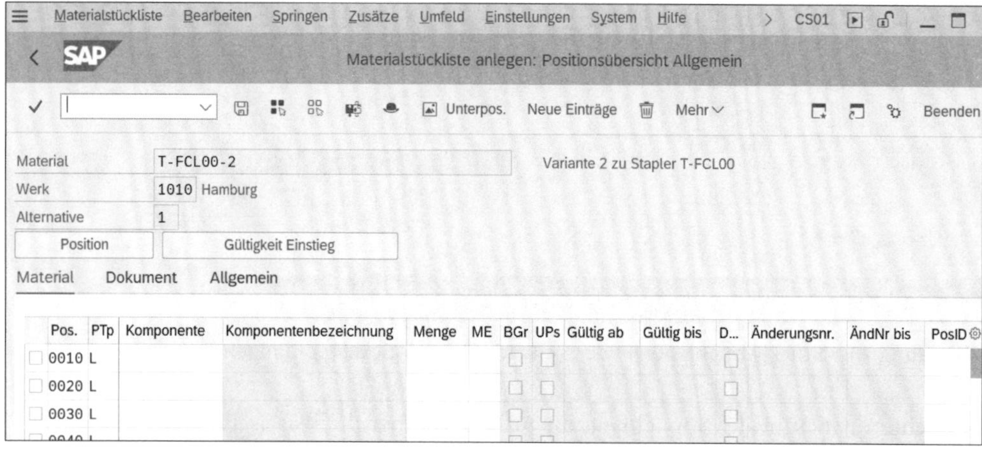

Abbildung 7.12 Materialstückliste für die Materialvariante anlegen: Positionsübersicht (Transaktion CS01)

In der Regel wird die Stückliste des konfigurierbaren Materials auch für die Materialvariante genutzt. Dafür wird in unserem Beispiel die Materialvariante der Stückliste des konfigurierbaren Materials zugeordnet. Dies ist die zweite, zu Beginn dieses Abschnitts genannt Möglichkeit. Hierzu verwenden Sie Transaktion CS40, die Sie im SAP-Menü unter **Logistik • Produktion • Stammdaten • Stücklisten • Stückliste • Materialstückliste • Zuordnung KonfigMat • Anlegen** finden.

Sie gelangen in die Sicht **Zuordnung konfiguriertes Material anlegen: Einstiegsbild** (siehe Abbildung 7.13).

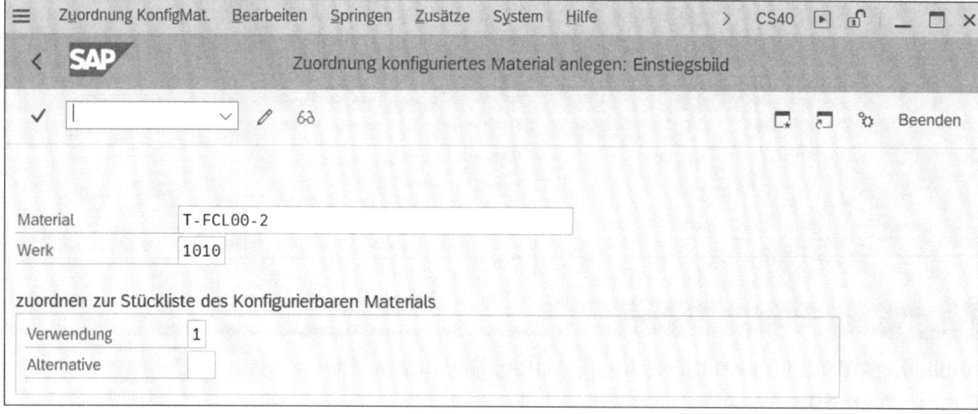

Abbildung 7.13 Zuordnung der Materialvariante zur Stückliste des konfigurierbaren Materials: Einstieg (Transaktion CS40)

Pflegen Sie die Felder **Material**, **Werk** und **Verwendung**, und bestätigen sie mit [↵]. Sie erreichen die Darstellung in Abbildung 7.14. Hier sehen Sie die Nummer und die Verwendung der Stückliste des konfigurierbaren Materials.

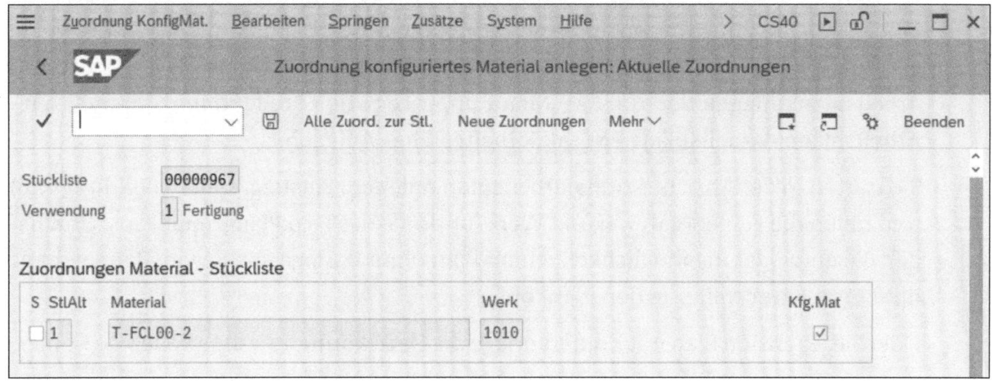

Abbildung 7.14 Zuordnung der Materialvariante zur Stückliste des konfigurierbaren Materials: aktuelle Zuordnung (Transaktion CS40)

Durch einen Klick auf den Button **Alle Zuord. zur Stl.** können Sie kontrollieren, welche Materialien dieser Stückliste (= Stücklistennummer) zugeordnet sind. Dies erkennen Sie in Abbildung 7.15. Sie sehen, dass neben unserer Materialvariante das konfigurierbare Material (= ohne Kennzeichen **Kfg.Mat**) und eine weitere Materialvariante zugeordnet wurden.

Abbildung 7.15 Zuordnung der Materialvariante zur Stückliste des konfigurierbaren Materials: alle Zuordnungen (Transaktion CS40)

Diese Ausführungen in Bezug auf das Thema Stückliste sollen zunächst einmal genügen. Im Folgenden erläutern wir den Arbeitsplan der Materialvariante.

7.3 Arbeitsplan

Zunächst können Sie – analog zur Stückliste – einen »normalen« eigenen Arbeitsplan anlegen. (Mit dem normalen Arbeitsplan ist wieder ein nicht konfigurierbarer Arbeitsplan, d. h. ein Arbeitsplan ohne Beziehungswissen gemeint.) Dazu nutzen Sie wieder die klassische Transaktion CA01. Sie finden die Transaktion als SAP-Fiori-App **Arbeitsplan anlegen** oder im SAP-Menü unter **Logistik • Produktion • Stammdaten • Arbeitspläne • Arbeitspläne • Normalarbeitspläne • Anlegen**.

Sie starten in der Ansicht **Normalarbeitsplan Anlegen: Einstieg** (siehe Abbildung 7.16) und füllen die Felder **Material** und **Werk** (optional das Feld **Plangruppe**) aus. Nun haben Sie entweder die Möglichkeit, einen Plan ohne Vorlage anzulegen; dann geht es direkt mit Enter weiter in den Plankopf.

Oder Sie legen den Plan mit Kopiervorlage an. Dazu können Sie eine beliebige Kopiervorlage nutzen.

[»]

Kopiervorlage konfigurierbarer Normalarbeitsplan

Im Unterschied zur Stückliste ist hier als Kopiervorlage auch der Arbeitsplan des konfigurierbaren Materials möglich.

Hierzu nutzen wir im Einstiegsbild den Button [Vorlage] (Vorlage kopieren) und erhalten das Pop-up-Fenster **Plantyp der Vorlage auswählen**. Der Plantyp wird mit [↵] bestätigt.

Im nun erscheinenden Pop-up-Fenster **Anlegen mit Vorlage: Vorlagenselektion** soll hier z. B. der Arbeitsplan des konfigurierbaren Materials genutzt werden. Dieser wird hier mit **Materialnummer** und **Werk** eingetragen und abschließend mit [↵] bestätigt.

Sie gelangen in die Sicht **Normalarbeitsplan Anlegen: Prüfen Kopf**. Hier ist alles bis auf den **Gesamtstatus** aus der Vorlage übernommen werden. Der Gesamtstatus ist einzutragen, eventuell gewünschte Änderungen durchzuführen und mit [↵] abzuschließen.

Sie wechseln in die Ansicht **Normalarbeitsplan Anlegen: Vorgangsübersicht** (siehe Abbildung 7.17). Hier können Sie die Vorgänge ändern, Einträge löschen oder neue Einträge aufnehmen. Da Sie direkt den Plan für die Materialvariante – also ein konfiguriertes Material – anlegen, benötigen Sie kein Beziehungswissen.

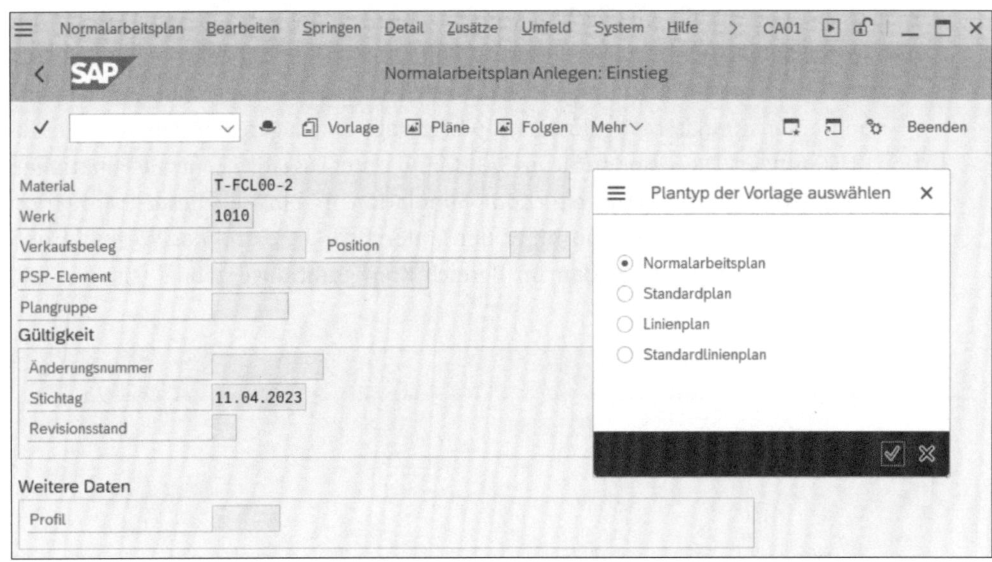

Abbildung 7.16 Separater Arbeitsplan für die Materialvariante: Einstieg (Transaktion CA01)

Normalarbeitsplan Bearbeiten Springen Detail Zusätze Umfeld System Hilfe CA01

Normalarbeitsplan Anlegen: Vorgangsübersicht

Mehr Beenden

Plangruppe | PlnGrZähler 1 | Forklift / Gabelstapler T-FCL00 configur

Material T-FCL00-2 | Variante 2 zu Stapler T-FCL00

Folge 0 | Folgebezeichn.

Vorgangsübersicht

Vo...	Un...	Arbeitsp...	Werk	St...	Vorlage...	Beschreibung	L...	F...	K...	B...	P...	V...	U...	Basismenge	V...
0100		T-E00	1010	PP01		Alloc. components/Bereitstellung Kompon.								1	ST
0200		T-F00	1010	PP01		Drive Assy-> chassis/Antrieb->Chassis								1	ST
0300		T-G00	1010	PP01		Under Carriage->chassis/Fahrwerk-Chassis								1	ST
0400		T-H00	1010	PP01		Driver's Carb assy/ Fahrkabine montieren								1	ST
0500		T-K00	1010	PP01		Hydraulics with/mit Lift/Hubgerüst assy								1	ST
0600		T-M00	1010	PP01		Lift/Hubgerüst with/mit chassis assy		✓		✓				1	ST
0700		T-L00	1010	PP01		Varnishing /Lackieren								1	ST

Abbildung 7.17 Separater Arbeitsplan für die Materialvariante: Ergebnis der Kopie (Transaktion CA01)

Beziehungswissen und konfigurierbarer Arbeitsplan

Ein Arbeitsplan darf zu einem konfigurierten (und damit nicht konfigurierbaren) Material Beziehungswissen enthalten; dies durfte die Stückliste nicht. Dieses Beziehungswissen wird bei der Planauflösung entsprechend der Konfiguration der Materialvariante auch verarbeitet.

Es gibt aus der Welt der klassischen Konfigurationsmodelle (LO-VC) weiterhin noch die Möglichkeit, für die Materialvariante einen separaten Arbeitsplan anzulegen, und zwar mithilfe einer *simulativ aufgelösten Kopiervorlage*. Um einen separaten Arbeitsplan mit einer simulativ aufgelösten Kopiervorlage anzulegen, können Sie Transaktion CU50 nutzen. Diese finden Sie im SAP-Menü unter **Logistik • Zentrale Funktionen • Variantenkonfiguration • Umfeld • Konf. Simulation**. Im Einstieg dieser Transaktion geben Sie direkt die Materialnummer der Materialvariante und das Werk ein und aktivieren das Kennzeichen **Plan** im Bereich **Konfigurationsergebnis** (siehe Abbildung 7.18).

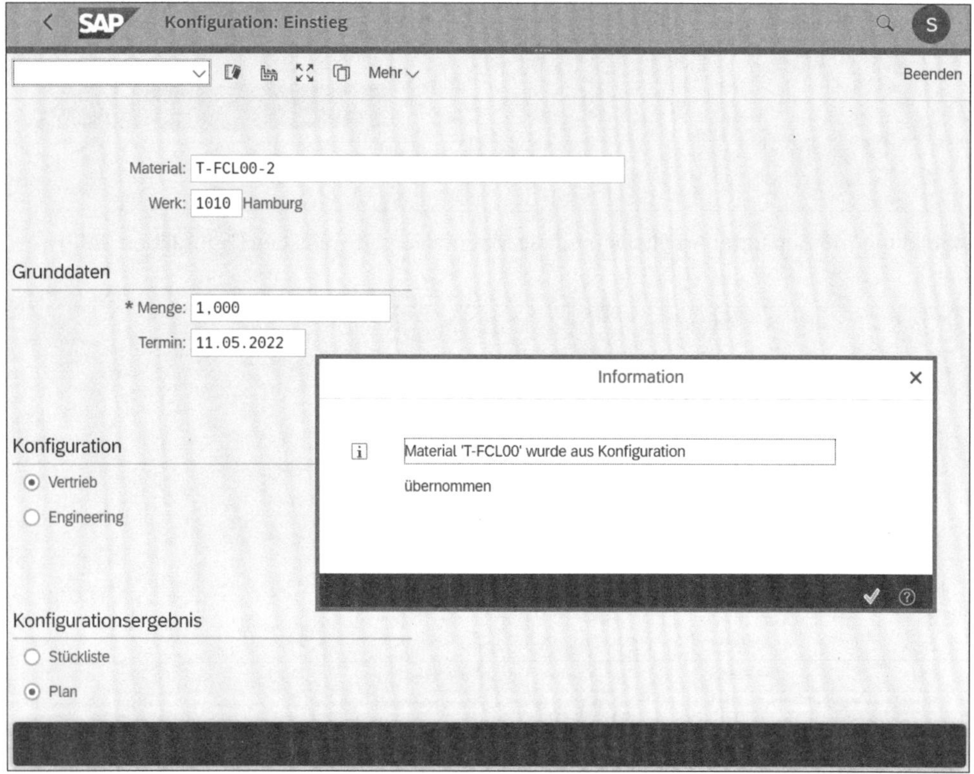

Abbildung 7.18 Zum separaten Arbeitsplan über die Simulation: Einstieg in Transaktion CU50

Als Ergebnis erscheint ein Pop-up-Fenster mit dem Hinweis, dass das konfigurierbare Material aus der Konfiguration im Materialstamm übernommen wurde. Über einen Klick auf den Button der Konfiguration gelangen Sie in das bereits ausgefüllte Merkmalbewertungsbild (jedoch im Design der klassischen Konfigurationsmodelle LO-VC).

Aus diesem Merkmalsbewertungsbild können Sie per Klick auf den Button (Ergebnis) in den simulativ aufgelösten Arbeitsplan wechseln (siehe Abbildung 7.19).

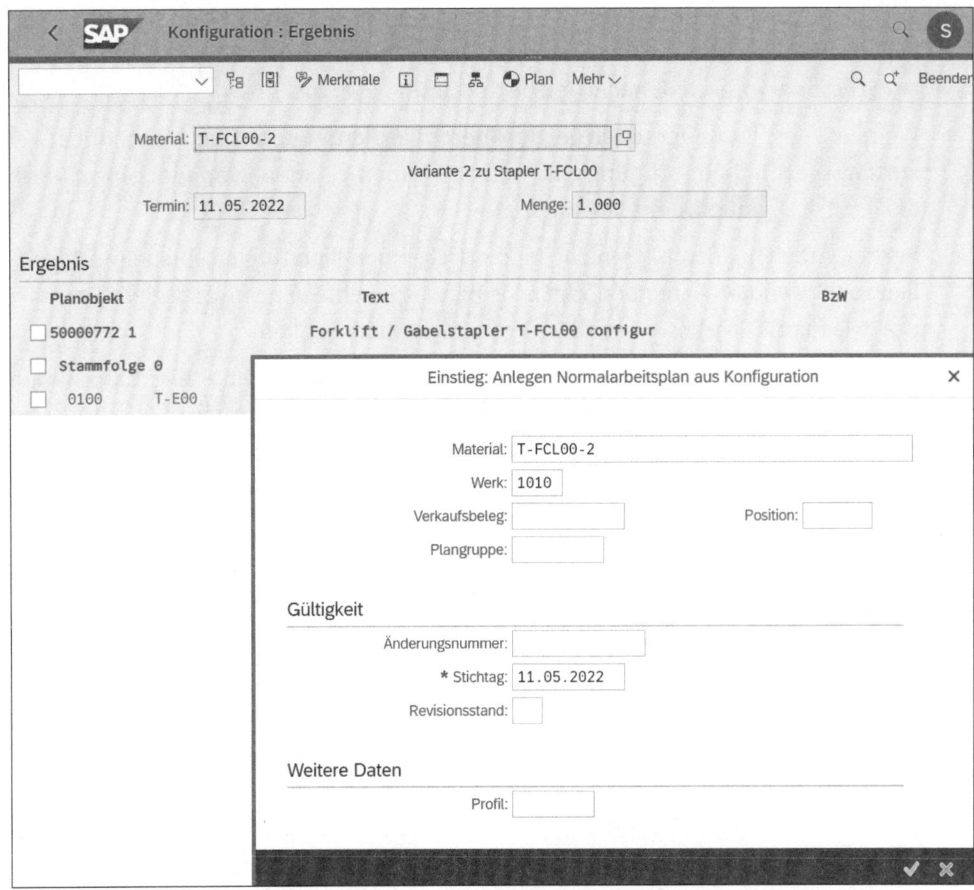

Abbildung 7.19 Zum separaten Arbeitsplan über die Simulation: Anlagefunktion in Transaktion CU50

Um mithilfe dieses simulativ aufgelösten Arbeitsplans einen eigenen Arbeitsplan für die Materialvariante anzulegen, klicken Sie auf den Button [Plan] (Ergebnis als Plan). Es erscheint das ebenfalls dargestellte Pop-up-Fenster **Einstieg: Anlegen Normalarbeitsplan aus Konfiguration**.

Hier geben Sie die Materialnummer der Materialvariante und das Werk ein und machen gegebenenfalls noch Angaben im Bereich **Gültigkeit**. Weiter geht es analog zur ersten Variante im Zusammenhang mit Abbildung 7.16. Das heißt, dass Sie im Kopfdetail landen. Hier ergänzen Sie den Status im Feld **Gesamtstatus**. Fahren Sie mit [↵] fort.

Im nächsten Schritt landen Sie in die Ansicht **Vorgangsübersicht**, die bereits komplett gefüllt ist und nur noch angepasst werden kann. Bezüglich des Beziehungswissens gelten auch hier die Aussagen des letzten Kastens. (Arbeitspläne nicht konfigurierbarer Materialien dürfen Beziehungswissen beinhalten.) Speichern Sie, und Sie sind fertig!

Kommen wir noch zur dritten Möglichkeit, um für die Materialvariante einen Arbeitsplan zu beschaffen. Dabei gehen Sie genauso vor, wie wir es bereits hinsichtlich der Stückliste vorgestellt haben (siehe Abschnitt 7.2, »Stückliste«).

Wenn es keine Besonderheiten bei der anonymen Fertigung auf Lager gegenüber der auftragsspezifischen Fertigung gibt, nutzen Sie für die Materialvariante ganz einfach den Plan des konfigurierbaren Materials.

Bei den Arbeitsplänen ist es nicht so exotisch, einen Plan für verschiedene Materialien zu verwenden. Daher benötigen Sie hier auch keine neue und spezielle Transaktion wie für die Stückliste, um diese Verbindung herzustellen.

Sie nutzen Transaktionen zur Pflege von Normalarbeitsplänen – hier Transaktion CA02 zum Ändern. (Bezüglich des Menüpfads sei auf den Anfang dieses Abschnitts im Zusammenhang mit Transaktion CA01 verwiesen.)

Im **Kopfdetail** klicken Sie auf den Button **Zuordnung** (siehe Abbildung 7.20). Es erscheint ein Pop-up-Fenster **Zuordnung Material-Plan**. Sie sehen darin die bereits existierenden Material-Plan-Zuordnungen. In dem abgebildeten Beispiel wären das zwei: die Zuordnung des konfigurierbaren Materials und die Zuordnung einer ersten Materialvariante.

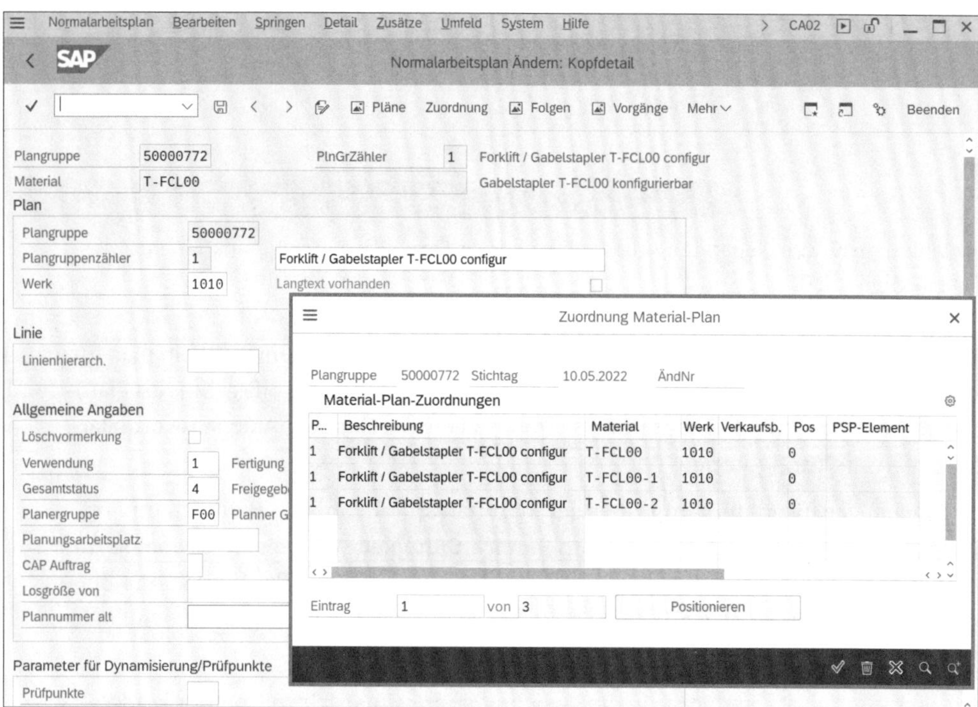

Abbildung 7.20 Zuordnung der Materialvariante zum Arbeitsplan des konfigurierbaren Materials (Transaktion CA02)

In die erste freie Zeile (hier die dritte) tragen Sie erneut die »1« in die erste Spalte **P...** für den Plangruppenzähler ein. Des Weiteren sind, wie aus Abbildung 7.20 ersichtlich, die Materialnummer der Materialvariante und das Werk anzugeben. Bestätigen Sie mit Enter, und speichern Sie, dann wäre auch das geschafft!

[!]

Fertigungsversion

Vergessen Sie nicht abschließend auch für die Materialvariante **Fertigungsversionen** zu pflegen (siehe Abschnitt 4.4.4, »Fertigungsversionen«).

7.4 Preisfindung

Mit den Daten, die wir bisher für die diese Materialvariante angelegt haben, können Sie die Materialvariante planen, fertigen und verkaufen. Für das Verkaufen der Materialvariante benötigen Sie eine *Preisfindung*.

Sie können eine eigene Preisfindung für die Materialvariante verwenden; Sie können sich aber auch dafür entscheiden, die Preisfindung des konfigurierbaren Materials zu nutzen. Dann müssen Sie im Materialstamm in der Sicht **Vertrieb: VerkaufsorgDaten 2** im Bereich **Gruppierungsbegriffe** in das Feld **Preismaterial** die Materialnummer des konfigurierbaren Materials eintragen. Dies bedeutet, dass die Materialvariante den Kunden genauso viel kostet wie ein völlig identisch bewertetes konfigurierbares Material.

Jedoch können Sie auch eine eigene Preisfindung einstellen – auch unter der Nutzung von Variantenkonditionen.

7.5 Variantenfindung

Mit der *Variantenfindung* können Sie das System nach geeigneten Materialvarianten suchen lassen, die der gewünschten Konfiguration entspricht oder dieser zumindest sehr ähnlich ist. Sie können Materialvarianten verkaufen. Der Vertrieb muss sich jedoch bei den Materialvarianten nicht auskennen. Es reicht, wenn dort die Materialnummer des konfigurierbaren Materials bekannt ist. Den Rest erledigt die Variantenfindung, die wir uns im Folgenden anschauen wollen.

Die Idee ist, dass der Vertrieb im Allgemeinen mit der Materialnummer des konfigurierbaren Materials in den Kundenauftrag oder andere Vertriebsbelege einsteigt. Wie bereits mehrfach angesprochen, wechselt der Kundenauftrag für die erweiterte Variantenkonfiguration damit automatisch in die Sicht **Variantenkonfiguration** (siehe Abbildung 7.21). Es wird mit der Konfiguration begonnen.

Wenn genau die Konfiguration einer Materialvariante gewählt wurde, wird diese im Kopf unter **Vollständig übereinstimmende Produktvariante** angezeigt. In unserem Beispiel ist es T-FCLOO-2.

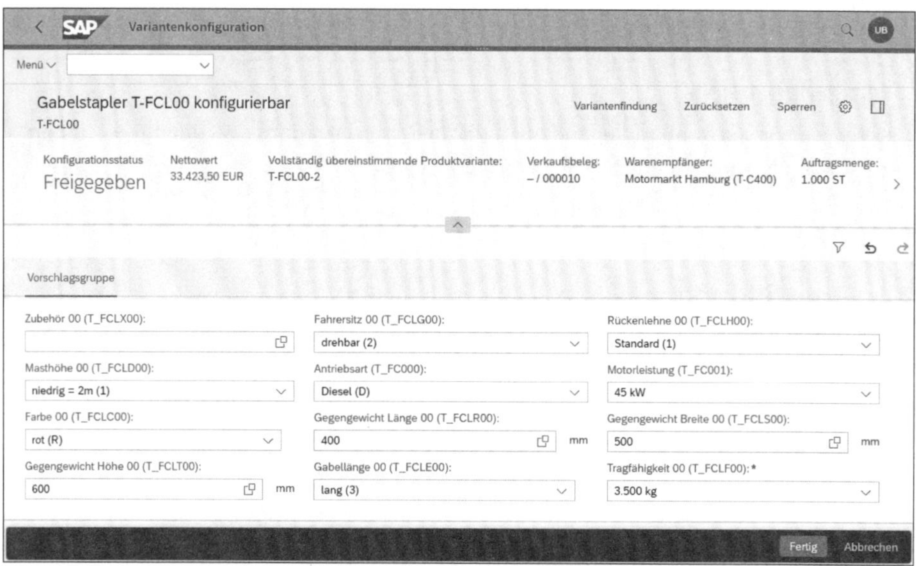

Abbildung 7.21 Variantenfindung bei vollständiger Übereinstimmung

Wenn die gewählte Konfiguration mit keiner Materialvariante vollständig übereinstimmt, bleibt der Eintrag **Vollständig übereinstimmende Produktvariante** im Kopf der Konfiguration leer bzw. hat nur einen Strich (–), siehe Abbildung 7.22.

Abbildung 7.22 Variantenfindung bei teilweiser Übereinstimmung

In diesem Fall lohnt sich, den Eintrag **Variantenfindung** rechts oben in Abbildung 7.22 auszuwählen. Es erscheint das in Abbildung 7.23 dargestellte Pop-up-Fenster. In unserem Fall enthält dieses zwei Einträge, die beide bis auf ein Merkmal mit der gewählten Konfiguration übereinstimmende Materialvarianten sind; dieses eine Merkmal ist jeweils unbewertet.

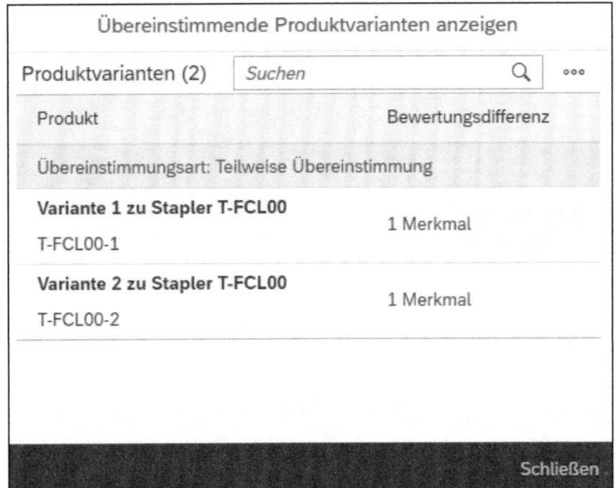

Abbildung 7.23 Pop-up-Fenster »Übereinstimmende Produktvarianten anzeigen«

Wenn Sie im Pop-up-Fenster **Übereinstimmende Produktvarianten anzeigen** in Abbildung 7.23 auf den Eintrag **1 Merkmal** klicken, erscheint das zweite Pop-up-Fenster (hier **Vergleich mit T-FCL00-1**) mit der Information, welches Merkmal (hier **Fahrersitz 00** = T_FCLG00) mit welchem Wert bewertet ist (hier »fix (1)«, siehe Abbildung 7.24.

Vergleich mit 'T-FCL00-1'

Merkmal	Barwerte	Variantenwerte
Fahrersitz 00 T_FCLG00		fix (1)

Abbildung 7.24 Pop-up-Fenster »Vergleich mit T-FCL00-1«

Der Eintrag **Variantenfindung** kann um eine Funktion erweitert werden, die es erlaubt, aus Kundenaufträgen heraus Materialvarianten anzulegen. Hier ist der Eintrag **Variantenfindung** um die Funktion **Variante Anlegen** erweitert worden. Diese Funktion setzt jedoch voraus, dass das BAdI BD_LO_VCHCLF_VCH_SD_VAR_COPY entsprechend ausprogrammiert ist. Ansonsten fehlt diese Erweiterung auf der Benutzeroberfläche. Dieses BAdI beinhaltet im Prinzip die notwendigen Materialstammdaten der anzulegenden Variante.

Klicken Sie in Abbildung 7.25 statt auf den Eintrag **1 Merkmal** auf die Materialnummer mit der Bezeichnung (hier »Variante 1 zu Stapler T-FCL00 = T-FCL00-1«).

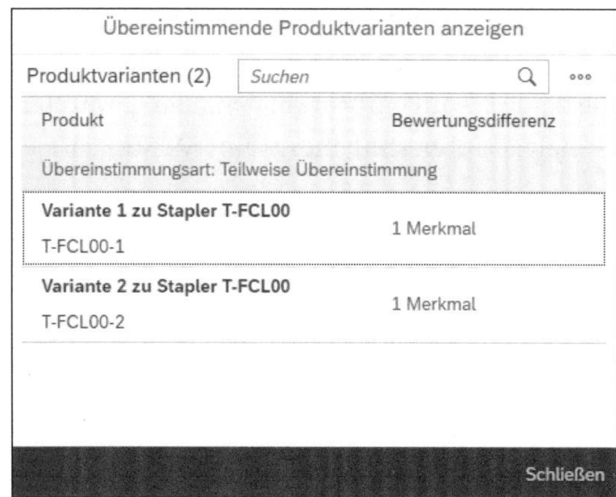

Abbildung 7.25 Weitere Möglichkeit im Pop-up-Fenster »Übereinstimmende Produktvarianten anzeigen«

Es öffnet sich ein Pop-up-Fenster mit einer Warnung (siehe Abbildung 7.26). Hier können Sie entscheiden, ob Sie mit einem Klick auf den Button **Ersetzen** das konfigurierbare Material im Kundenauftrag durch die Materialvariante ersetzen wollen oder ohne Ersetzen zurück in die Bewertungsoberfläche mit dem ersten Pop-up-Fenster gehen wollen. Wählen Sie in diesem Fall **Abbrechen**.

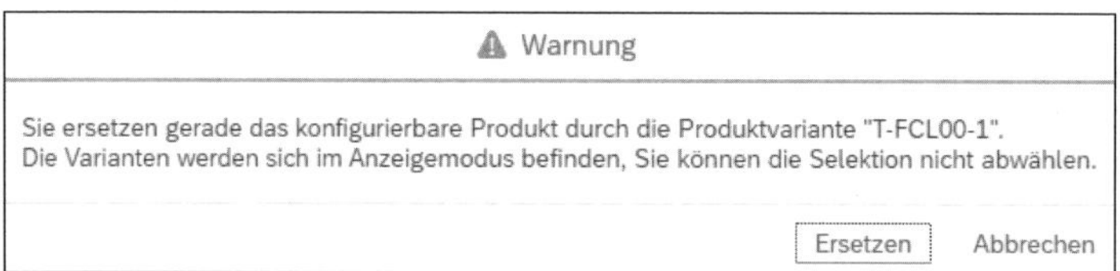

Abbildung 7.26 Warnmeldung zum Ersetzen durch die Materialvariante

Wenn Sie in Abbildung 7.27 in einer Konfiguration ohne **Vollständig übereinstimmende Produktvariante** über den Eintrag **Fertig** zurückgehen, landen Sie in der Übersicht des Kundenauftrags.

Es bleibt das konfigurierbare Material erhalten (siehe Abbildung 7.30 und hier Position 20).

Wenn Sie in Abbildung 7.28 in einer Konfiguration mit **Vollständig übereinstimmende Produktvariante** über den Button **Fertig** zurückgehen, sieht es anders aus:

Es erscheint ein Pop-up-Fenster – hier mit der einen vollständig übereinstimmenden Materialvariante T-FCL00-2 (siehe Abbildung 7.29). Sie können dieses Pop-up-Fenster nur verlassen, indem Sie es abbrechen oder eine Zeile markieren und [↵] drücken. Bei einem Abbruch bleibt es im Übersichtsbild des Kundenauftrags beim konfigurierbaren Material (siehe Abbildung 7.30 und hier Position 20). Beim Drücken der [↵]-Taste wird die Materialvariante übernommen (siehe Abbildung 7.30 und hier Position 30).

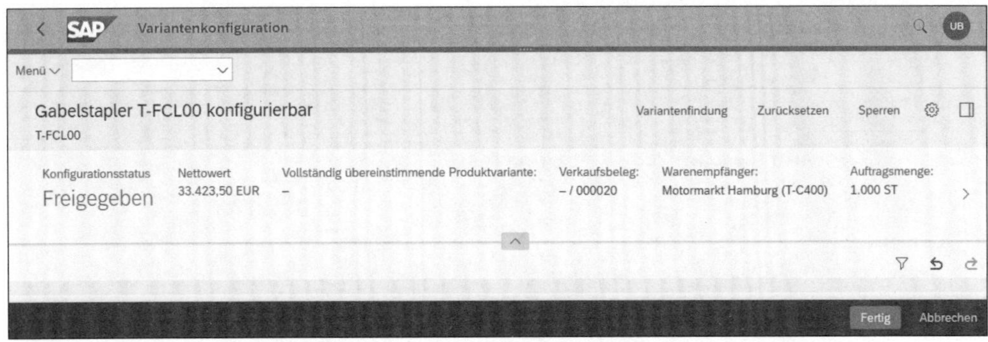

Abbildung 7.27 Konfiguration ohne vollständig übereinstimmende Produktvarianten

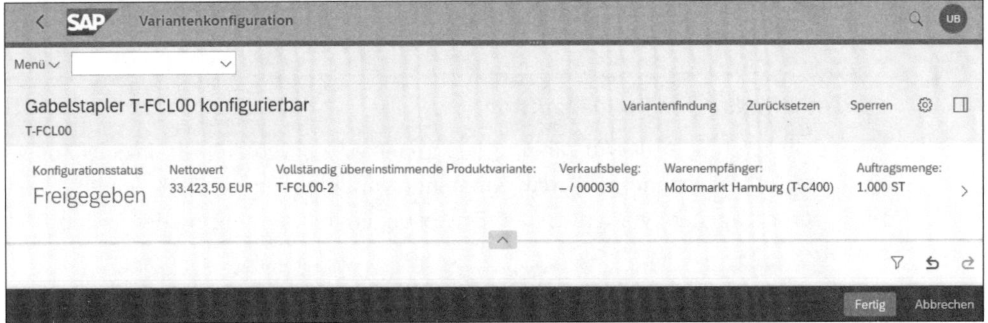

Abbildung 7.28 Konfiguration mit vollständig übereinstimmenden Produktvarianten

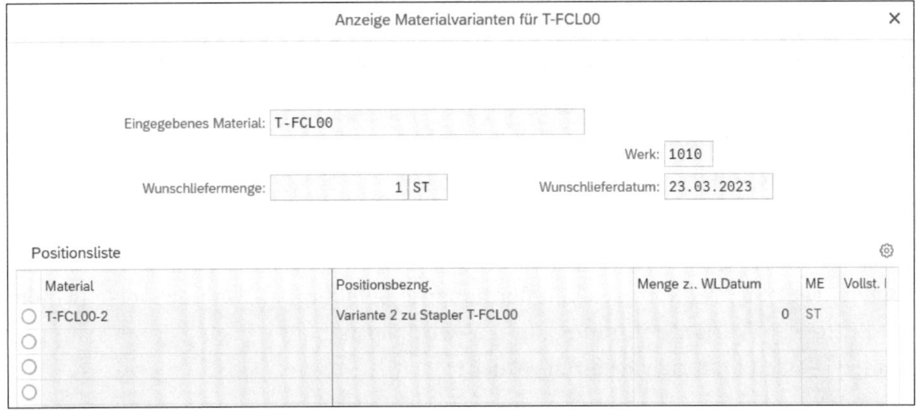

Abbildung 7.29 Pop-up-Fenster im Zusammenhang mit vollständig übereinstimmenden Produktvarianten

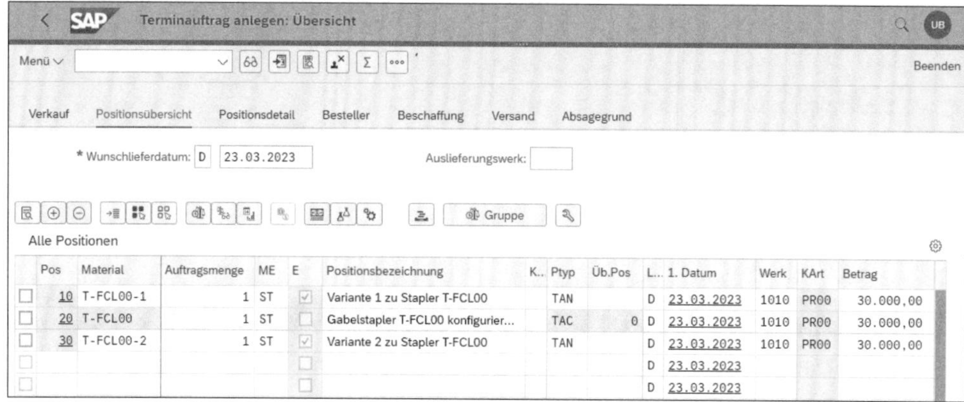

Abbildung 7.30 Terminauftrag anlegen: Übersicht

[!]

Variantenfindung im Kundenauftrag

Wie sich im letzten Fall der Aufzählung der Kundenauftrag verhält (d. h., in einer Konfiguration mit **Vollständig übereinstimmende Produktvariante** über den Button **Fertig** zurückzugehen), hängt von den Einstellungen im Customizing des Positionstyps ab.

Für die klassischen Konfigurationsmodelle (LO-VC) gab es Einstellungen im Konfigurationsprofil zum Verhalten der Variantenfindung auf der Bewertungsoberfläche. Solche Einstellungen existieren im Konfigurationsprofil unter der erweiterter Variantenkonfiguration (AVC) nicht. Unter LO-VC finden Sie im Konfigurationsprofil auf der Registerkarte **Benutzeroberfläche** den Button **Weitere Einstellungen**. Hier wiederum existiert die Registerkarte **Variantenfindung**, auf der Sie die entscheidenden Einstellungen finden. Sie können zwischen **Selektion auf Anforderung** und **permanente Selektion** auswählen.

Indem Sie das Kennzeichen **Selektion auf Anforderung** aktivieren, wird der Button (Variantenfindung) erzeugt. Nur mit diesem Button lässt sich nach Materialvarianten suchen. Falls Sie das Kennzeichen **permanente Selektion** auswählen, verschwindet der Button (Variantenfindung), und es wird permanent – nach jeder Bestätigung mit ↵ – nach Materialvarianten gesucht.

Das erste Kennzeichen **Selektion auf Anforderung** ist zu bevorzugen. Des Weiteren können Sie sich zwischen Teilkonfiguration und vollständiger Konfiguration entscheiden. Wird das Kennzeichen **Teilkonfiguration** gesetzt, werden alle Materialvarianten gefunden, bei denen es reicht, dass die bereits bewerteten Merkmale übereinstimmen. Setzen Sie das Kennzeichen **Vollständige Konfiguration**, werden nur Materialvarianten gefunden, die zu 100 Prozent übereinstimmen, also hoffentlich höchstens eine.

Kommen wir nun zurück in das Übersichtsbild des Kundenauftrags (siehe Abbildung 7.30). Die Position 20 des konfigurierbaren Materials hat den Positionstyp TAC (siehe die Spalte **Ptyp**) Die Materialvarianten in den Positionen 10 und 30 haben TAN als Positionstyp.

Wie im letzten Kasten »Achtung Variantenfindung im Kundenauftrag« oben erwähnt, hängt das Verhalten des Kundenauftrages bei vollständig übereinstimmenden Materialvarianten von den Einstellungen im Customizing ab. Genauer sind hierzu die Einstellungen im Customizing des Positionstyps verantwortlich. Das Customizing der Positionstypen finden Sie über Transaktion VOV7 oder über das Menü des Customizings unter **SAP Customizing Einführungsleitfaden • Vertrieb • Verkauf • Verkaufsbelege • Verkaufsbelegposition • Positionstyp definieren**.

Hier suchen Sie den Positionstyp TAC , den wir in Abbildung 7.30 in Position 20 vorgefunden hatten.

Das Detailbild des Customizings des Positionstyps ist in Abbildung 7.31 dargestellt. Uns interessiert der Bildbaustein **Stückliste/Konfiguration** rechts oben. Hier ist das Kennzeichen im Feld **Variantenfindung** aktiviert worden. Damit wird nach Materialvarianten gesucht. Dies hat (nur) Auswirkungen bei vollständig übereinstimmenden Konfigurationen (die Teilkonfiguration spielt hier keine Rolle).

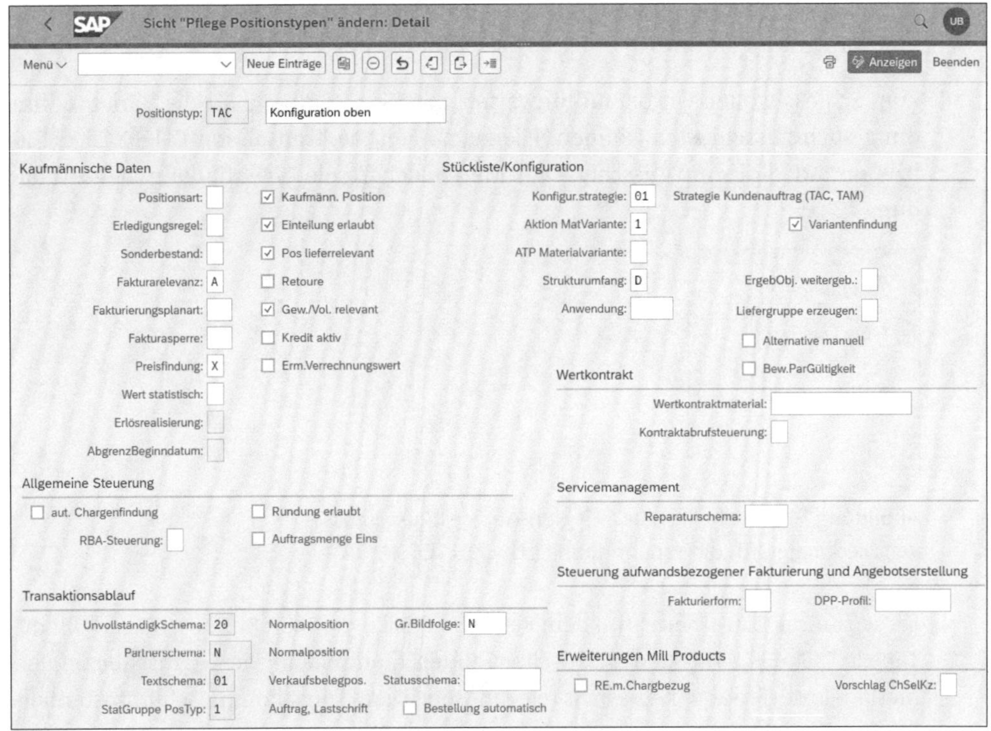

Abbildung 7.31 Customizing der Variantenfindung im Kundenauftrag (Transaktion VOV7)

Für die gefundenen Materialvarianten kann man über das Feld **ATP Materialvariante** Einstellungen zur Verfügbarkeitsprüfung vornehmen. Da das Feld hier leer ist, findet keine solche statt. Danach interessiert das Feld **Aktion Mat.variante.** Die »1« bedeutet:

- Es erscheint ein Hinweis, und die Vertriebsmitarbeitenden entscheiden, ob ersetzt werden soll. (Mit den Einträgen 2 oder 4 ersetzt das System hart.)
- Es wird nur beim Anlegen ersetzt. (Bei späteren Änderungen würde das mit 3 oder 4 auch gehen.)

Die anderen Einstellungen in diesem Bildbaustein spielen keine Rolle bei der Materialvariantenfindung.

Durch den Eintrag im Feld **Konfigur.strategie** wird eine Konfiguration erwartet. Der Eintrag »D« im Feld **Strukturumfang** sagt aus, dass über den Umfang der Stücklistenauflösung das Konfigurationsprofil und nicht der Positionstyp entscheidet, und über einen Eintrag im Feld **Anwendung** wird mit dieser Anwendung und nicht mit der Anwendung im Konfigurationsprofil im Kundenauftrag die Stückliste aufgelöst.

Wir haben uns die Variantenfindung im Kundenauftrag angeschaut. Dabei möchten wir auf zwei Punkte hinweisen:

1. Die Variantenfindung erfolgt im Dialog.
2. Diese Variantenfindung ist unabhängig vom Konfigurationsszenario aus dem Konfigurationsprofil.

Zum Schluss wollen wir darauf hinweisen, dass Sie Merkmale für die Variantenfindung auch ausschließen können. Hierzu nutzen Sie Transaktion CU_EXCL_CSTIC bzw. die SAP-Fiori-App **Ausschluss von Merkmalen für die Typenfindung** (siehe Abbildung 7.32).

Abbildung 7.32 Kachel für die SAP-Fiori-App des Ausschlusses von Merkmalen für die Typenfindung CU_EXCL_CSTIC

Diese Transaktion arbeitet mit dem Report `RCU_EXCL_CHARACTERISTICS`. Dieser füllt die Tabelle `CABN_EXCL` mit den auszuschließenden Merkmalen. Die auszuschließenden Merkmale dürfen aber keinesfalls relevant sein. Denn sonst kommt schlimmstenfalls Fall vor, dass ein Kunde ein rotes Auto bestellt und ihm ein blaues Auto geliefert wird.

In Abbildung 7.33 selektieren Sie die Merkmale, für die Sie die Relevanz für die Variantenfindung ändern wollen.

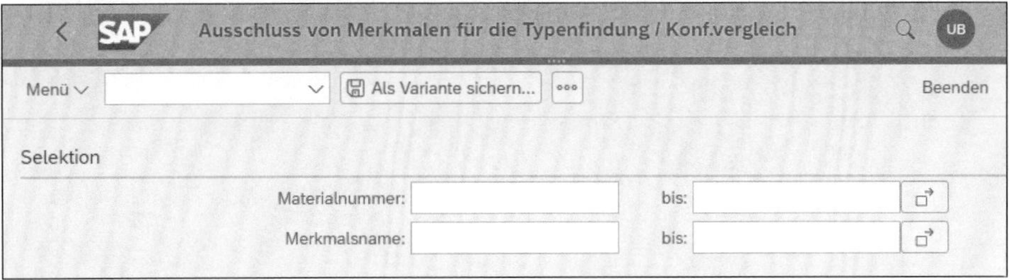

Abbildung 7.33 Einstieg in die Transaktion des Ausschlusses von Merkmalen für die Typenfindung CU_EXCL_CSTIC

In Abbildung 7.34 führen Sie die eigentliche Steuerung durch, d. h., Sie markieren in der Spalte **Typen** die Merkmale, die für die Variantenfindung irrelevant sind.

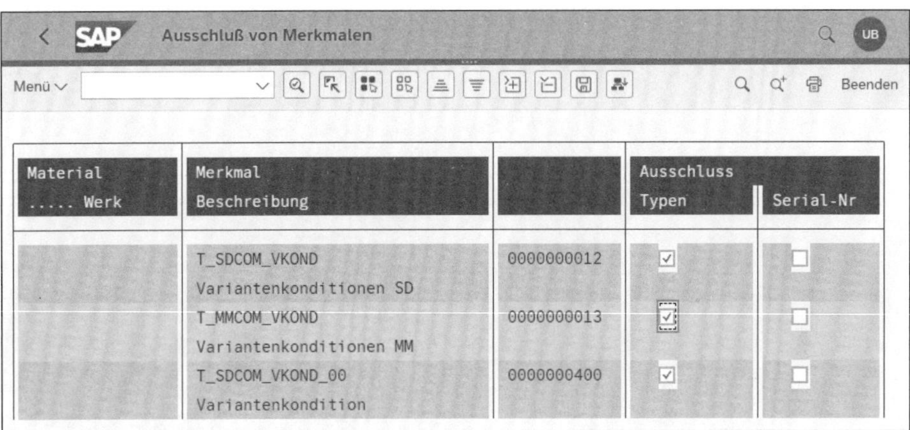

Abbildung 7.34 Die Pflegeoberfläche des Ausschlusses von Merkmalen für die Typenfindung CU_EXCL_CSTIC

7.6 Fazit

In diesem Kapitel haben wir als Objekt die Materialvarianten betrachtet. Damit haben wir unser Modell neben dem konfigurierbaren Material um konfigurierte Materialien ergänzt.

Durch diese Ergänzung des Modells haben Sie die Möglichkeiten der anonymen Lagerfertigung in der Variantenkonfiguration dazugewonnen (neben der bisher betrachteten auftragsspezifischen Fertigung).

Sie haben gesehen, wie Stammdaten, z. B. Materialstamm, Stückliste, Arbeitsplan und Preisfindung, für diese Materialvarianten gepflegt werden.

Schließlich haben Sie sich noch die Einstellungen zur Variantenfindung angeschaut.

TEIL III
Integration

Kapitel 8
Die Integration der Variantenkonfiguration in Plattformen mittels Wissensbasen und Laufzeitversionen

SAP versteht – im Gegensatz zu anderen Softwareanbietern – die Variantenkonfiguration als ganzheitlichen Prozess. Die Wertschöpfung wird durch eine integrierte Architektur erst ermöglicht. Wir schauen in diesem Kapitel auf die Architektur, die diesem Ansatz zugrunde liegt. Eine besondere Rolle nehmen dabei die Bereiche der Sales-Konfiguration sowie die Backend-Integration ein.

SAP verfolgt seit Jahren einen ganzheitlichen Ansatz der Variantenkonfiguration, anstatt sie lediglich als Engine zu betrachten, die Constraints auflösen kann. Diese Sichtweise gilt für SAP ERP und LO-VC und für SAP S/4HANA und AVC gleichermaßen.

Geändert haben sich die Applikationen, die die Daten der Variantenkonfiguration konsumieren: Vor einigen Jahren waren das vor allem SAP CRM, SAP Internet Sales und SAP Web Channel Experience Management. Jetzt stehen u. a. SAP Commerce Cloud, SAP CPQ sowie Nicht-SAP-Applikationen im Vordergrund.

Nach einer Einführung in die Architektur von AVC in Abschnitt 8.1 gehen wir in Abschnitt 8.2 auf die Stammdaten für die Integration ein. In Abschnitt 8.3 erfahren Sie, wie Sie Laufzeitversionen für die Nutzung in Wissensbasen generieren. In Abschnitt 8.4 wird dieses Thema vertieft.

Abschnitt 8.5 stellt den Konfigurationsmicroservice auf der SAP Business Technology Platform (SAP BTP) dar. Schließlich widmen wir uns in Abschnitt 8.6 der Integration mit SAP Commerce Cloud und in Abschnitt 8.7 der Integration mit SAP CPQ.

8.1 Die Architektur

Wir beginnen in Abbildung 8.1 mit der Illustration des MOCA-Prinzips (Model Once, Configure Anywhere), die Marin Ukalovic zuletzt im Jahr 2019 auf der Budapester Europakonferenz der Configuration Workgroup (siehe Kapitel 12, »Communitys zur SAP-Variantenkonfiguration«) gezeichnet hat. Auch wenn sie in einigen Details mittlerweile nicht mehr ganz aktuell ist, veranschaulicht sie das Grundprinzip der Softwarearchitektur von AVC. (In Abbildung 8.2 sehen Sie eine aktuelle Darstellung der Architektur.)

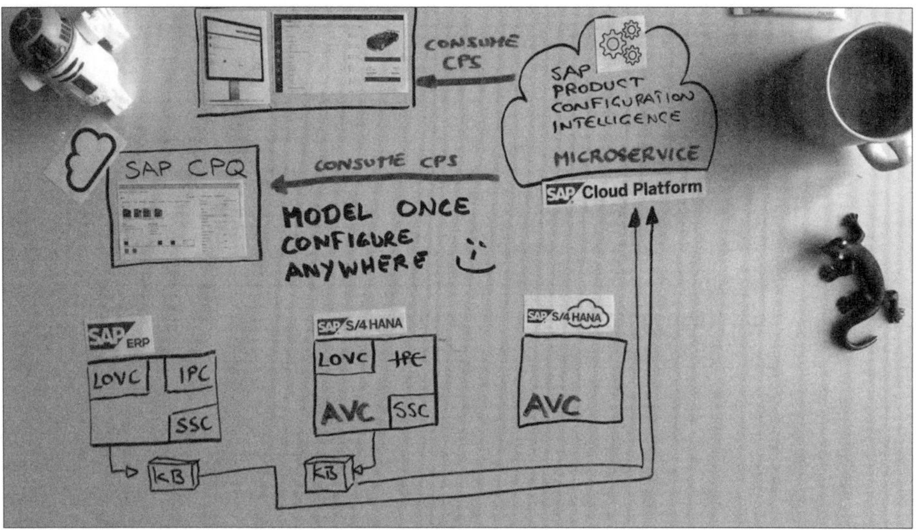

Abbildung 8.1 Model Once, Configure Anywhere: Handzeichnung (Stand: 2019)

Die Zeichnung illustriert Softwarekomponenten bzw. ganze Systeme, in denen die Variantenkonfiguration eine Rolle spielt und stellt die Stammdatenintegration dar.

Wir beginnen links unten mit dem ersten, mit SAP ERP beschrifteten Kasten. In SAP ERP (ebenso wie im Vorgängersystem SAP R/3) waren die folgenden Konfiguratoren einsatzfähig:

- LO-VC
- Internet Pricing and Configurator (IPC)
- SAP Solution Sales Configuration (SSC)

LO-VC ist der meistgenutzte Konfigurator in betriebswirtschaftlichen Standardsystemen, stellt den Core-Konfigurator dar und ist in unzählige Geschäftsprozesse innerhalb des SAP-ERP-Systems eingebunden. Weitere Informationen zu LO-VC finden Sie z. B. in dem Buch »Variantenkonfiguration mit SAP« von Uwe Blumöhr, Manfred Münch und Marin Ukalovic (SAP PRESS 2015).

Der IPC ist ein Java-basierter und damit internetfähiger Konfigurator, der Ende der 1990er Jahre entwickelt wurde. Der IPC diente der Konfiguration in Systemen wie SAP CRM, SAP Internet Sales und SAP Web Channel Experience Management. In einem SAP-ERP-System konnte der IPC direkt aus Transaktion VA01 in SD aufgerufen werden. Er richtete sich hauptsächlich an Kunden, die viel Aufwand in das User Interface der Konfiguration in den CX-Anwendungen gesteckt hatten und dieses auch im ERP-Backend nutzen wollten.

SAP Solution Sales Configuration (SSC) dient der Auflösung hochkomplexer oder sehr großer Produktmodelle, die sich nicht über den klassischen Top-down-Ansatz von LO-VC und seinen Interpreten SCE (Sales Configuration Engine) oder IPC lösen lassen. SSC kann in mehreren Applikationen zum Einsatz kommen, darunter auch im SAP-ERP-System. SSC kann ebenfalls über Transaktion VA01 (Kundenauftrag anlegen) aufgerufen werden.

Im unteren mittleren Bereich der Illustration sehen Sie SAP S/4HANA in der On-Premise-Version oder in der Private-Cloud-Version. Dort sind die folgenden Konfiguratoren verfügbar:

- LO-VC
- AVC
- SAP Solution Sales Configuration (SSC)

Sie sehen, dass der IPC nicht mehr aufgeführt wird. Denn dieses Werkzeug konnte aus technischen Gründen nicht auf die SAP-S/4HANA-Plattform übernommen werden. Kunden, die diese Funktionalität weiter benötigen, können das weiterhin verfügbare SSC verwenden. Damit können Sie auch Produkte konfigurieren; es wird eine eigene Engine und ein eigenes User Interface genutzt. (Für weitere Informationen lesen Sie das Buch »Variantenkonfiguration mit SAP« von Uwe Blumöhr, Michael Neuhaus und Marin Ukalovic (SAP PRESS 2018). Im Vordergrund der Variantenkonfiguration in SAP S/4HANA steht AVC, der Nachfolger von LO-VC.

Auf der unteren rechten Seite der Abbildung wird SAP S/4HANA, Cloud Public Edition, dargestellt. Als Konfigurationsanwendungen steht hier nur AVC zur Verfügung. Diese Tatsache unterstreicht SAPs Schwerpunktsetzung auf AVC gemäß der Strategie, Entwicklungsaufwände zuallererst auf die Cloud zu fokussieren.

Wir wechseln nun zur aktuellen Version der Architekturdarstellung in Abbildung 8.2. Sowohl bei SAP ECC also auch bei SAP S/4HANA und SAP S/4HANA Cloud besteht die Möglichkeit, Datenstrukturen, die zu Variantenkonfigurationszwecken benötigt werden, in sogenannten *Knowledge Bases* bzw. *Wissensbasen* extrahiert abzulegen. Dazu gehören Konfigurationsprofile, Klassen, Merkmale und Beziehungswissen. In Abbildung 8.1 wurde diese Möglichkeit noch nicht genannt.

Nach der Erstellung der Wissensbasen können diese der SAP Business Technology Platform (SAP BTP) zur Verfügung gestellt werden. Auf der SAP BTP stehen zwei Microservices zur Verfügung (siehe Abschnitt 8.5, »Nutzung des Konfigurationsmicroservice auf der SAP BTP«).

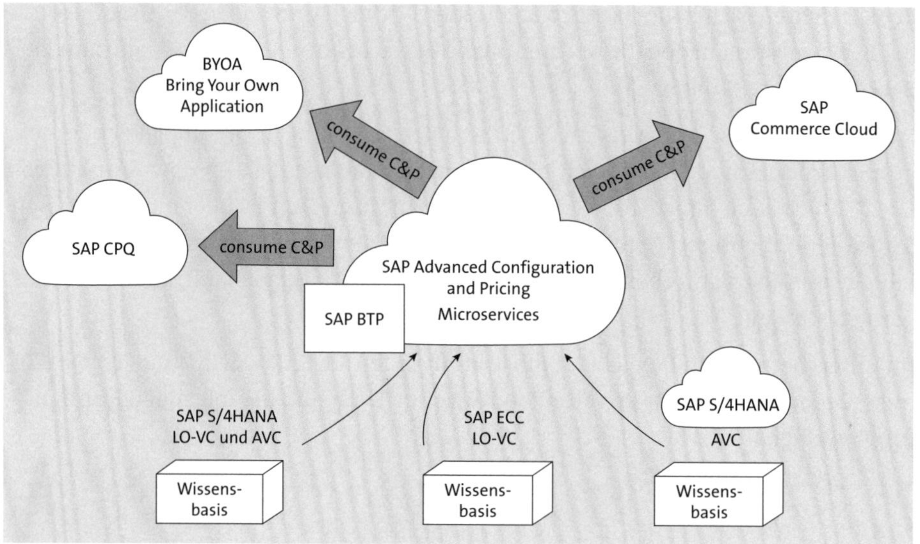

Abbildung 8.2 Model Once, Configure Anywhere (Stand: 2022)

Im nächsten Abschnitt schauen wir uns die Wissensbasen etwas genauer an.

8.2 Stammdaten der Konfigurationsintegration: Wissensbasen und Laufzeitversionen

Um die Datenstrukturen der Variantenkonfiguration aus einem SAP-ERP- oder SAP-S/4HANA-System in Applikationen wie SAP Commerce Cloud oder SAP CPQ weiterverwenden zu können, bedarf es sogenannten Wissensbasen und deren Laufzeitversionen. Sie sind gewissermaßen als Container anzusehen, da sie die Inhalte, die zur Konfiguration benötigt werden, zur Verfügung stellen. Wir gehen in diesem Kapitel genauer darauf ein.

8.2.1 Replikation der Stammdaten aus den SAP-ERP- und SAP-S/4HANA-Systemen

Um die in SAP ERP bzw. SAP S/4HANA erstellten Stammdaten bzw. Produktmodelle in den in Abbildung 8.2 gezeigten Vertriebsapplikationen SAP CPQ und/oder SAP Commerce Cloud nutzen zu können, müssen diese so zur Verfügung gestellt werden, dass sie in dem Microservice verarbeitet werden können. Dabei arbeiten die beiden Microservices (Konfiguration und Preisfindung – SAP Advanced Variant Configuration and Pricing) auf der SAP BTP mit einem völlig anderen Konzept als der ERP-Variantenkonfigurator (LO-VC).

Im Gegensatz zur atomaren Stammdatenverwaltung des ERP-Variantenkonfigurators werden alle für die Konfiguration benötigten Stammdaten (z. B. auch Variantentabellen) in Wissensbasen gespeichert. Verschiedene Gültigkeitsstände werden in Laufzeitversionen gehalten. Eine Laufzeitversion ist immer vollständig und trägt ein Gültigkeitsdatum, das den Gültigkeitsbeginn angibt. Die Laufzeitversion wird als »Schnappschuss-Abzug« der atomaren Stammdatenelemente in SAP ERP erzeugt.

Es würde den Rahmen dieses Kapitels sprengen, das Vorgehen detailliert zu beschreiben. Deshalb werden wir nur die grundsätzlichen Konzepte und Schritte erläutern. Prinzipiell erfolgt die Stammdatenreplikation in den folgenden Schritten:

1. **Wissensbasen definieren**
   Sie definieren eine Wissensbasis in SAP ERP bzw. SAP S/4HANA, das die in der Wissensbasis enthaltenen Produkte auflistet. Sie nutzen Synergieeffekte und vermeiden Redundanzen, wenn Sie mehrere ähnliche Produkte (Produktfamilie) bündeln. Wird z. B. eine große Variantentabelle von 20 Produkten verwendet, lässt sich anstelle von 20 Wissensbasen mit je einem Produkt auch eine Wissensbasis mit 20 Produkten erstellen.
2. **Laufzeitversionen definieren**
   Anschließend definieren Sie eine Laufzeitversion (Transaktion PMEVC oder Transaktion CU34).

   Beachten Sie dabei vor allem die folgenden Felder und Angaben:

   - Das Feld **Gültig ab** ist von zentraler Bedeutung: Beim Erstellen der Wissensbasis wird – unter Berücksichtigung des Engineering Change Managements – der zum angegebenen Zeitpunkt gültige Stand der Stammdaten kompiliert (»Schnappschuss«).
   - Es gibt kein **Gültig bis**-Feld, da Änderungen in der Zukunft durch neue Versionen repräsentiert werden. Laufzeitversionen sind auf der Datenbank als vollständige Objekte vorhanden. Somit kann auf vergangene, gegenwärtige und zukünftige Zustände Ihres Modells zugegriffen werden.
   - Weitere wichtige Felder sind **Werk** und **Stücklistenverwendung**, da nur eine Stückliste pro Material möglich ist.
   - Anschließend generieren Sie die Wissensbasis, was einige Zeit in Anspruch nehmen kann, da alle Stammdaten gesammelt und kompiliert werden.
3. **Laufzeitobjekte verteilen**
   Da eine Wissensbasis vollständig ist, brauchen Sie keine weiteren Objekte wie Stücklisten oder Variantentabellen zu verteilen. Bei einer Aktualisierung einer Wissensbasis wird nur die Delta-Information übertragen.

[»]

Generierung simulieren

Sie können zur Analyse von Fehlern die Generierung simulieren. Klicken Sie dazu auf die Taste [F6]. Das bei der Simulation erstellte Protokoll ist wesentlich detaillierter als bei der regulären Generierung und weist auf eventuelle Probleme hin.

[!]

Bereits verwendete Wissensbasis ändern

An bereits in Aufträgen verwendeten Wissensbasen sollten Sie aus Konsistenzgründen in der Regel keine Änderungen vornehmen. Wenn Sie jedoch kompatible Änderungen (z. B. Aufnahme zusätzlicher Merkmalswerte) durchführen, können Sie auch die bestehenden Laufzeitversionen aktualisieren, d. h. überschreiben, um Platz zu sparen (Delta-Logik). Das Gleiche gilt natürlich auch für noch in der Entwicklung befindliche Wissensbasen oder Wissensbasen mit Gültigkeitsdatum in der Zukunft.

Die in einer Laufzeitversion zusammengefassten Stammdaten für die interaktive Konfiguration können als Einheit sehr einfach verteilt werden. Es handelt sich dabei immer um ein zu einem bestimmten Zeitpunkt erstelltes Abbild des aus vielen Einzelelementen bestehenden Konfigurationsmodells.

8.2.2 Die Delta-Liste in Bezug auf die Nutzung der Microservices und LO-VC

Die Generierung der Wissensbasis kann Fehler aufzeigen. Neben offensichtlichen Fehlern (unvollständige Daten), die sich auch in LO-VC zeigen würden, kann es auch zu Problemen mit der sogenannten *Delta-Liste* kommen.

[»]

Delta-Liste

Die Delta-Liste enthält eine Liste von Punkten, die den LO-VC-Konfigurator von den Microservices unterscheiden. Sie ist unbedingt zu beachten, wenn beabsichtigt wird, ein bestehendes Produktmodell aus dem SAP-ERP- bzw. S/4HANA-System in andere Vertriebsapplikationen auf Basis des Konfigurationsmodells zu replizieren.

Die Microservices können zwar grundsätzlich das Datenmodell eines Konfigurationsmodells verarbeiten, es gibt dabei allerdings eine Reihe von Einschränkungen. Diese lassen sich in drei Gruppen einteilen:

- **Einsatzgebiet**
  Die Microservices führen ausschließlich eine Verkaufskonfiguration durch. Bestimmte Objekte oder Prozesse werden daher nicht unterstützt. Werksabhängige Informationen werden nicht verwertet (kein Bezug zur Produktion).

- **Kontextbezug**
Die Microservices werden meist in einer Vertriebsapplikation außerhalb des ERP- oder S/4HANA-Systems verwendet, können aber grundsätzlich auch unabhängig ablaufen, da sie alle relevanten Informationen in der Wissensbasis vorhalten (ein Vorteil gegenüber LO-VC). Das spiegelt sich auch in der Modellierung wider, die ebenfalls eine gewisse Kapselung erfordert. So ist beispielsweise eine Werteprüfung mit beliebigen ABAP-Funktionsbausteinen nicht möglich. Wie in LO-VC lassen sich über Objektmerkmale Kontextparameter übergeben, die natürlich im Zielsystem bekannt sein oder per Business Add-In (BAdI) befüllt werden müssen.
- **Konzeptionelle und funktionale Differenzen**
LO-VC hat sehr viele Freiheitsgrade bezüglich der Modellierung, und nicht alle Möglichkeiten entsprechen einer Best Practice. Die Microservices erfordern hingegen – ähnlich dem IPC – eine striktere Modellierungsmethodik. So unterstützen die Microservices keine Prozeduren an Merkmalswerten (wegen der nicht definierten Abarbeitungsreihenfolge). Auch werden leere Zellen in den Variantentabellen nicht unterstützt.

[«]

LO-VC und Microservices – Informationen bezüglich der Unterschiede

Informationen über die Unterschiede (die Delta-Liste) zwischen den Microservices und der Variantenkonfiguration (LO-VC) finden Sie im SAP Help Portal unter **SAP Business Suite • SAP ERP • Application Help • Deutsch (German) • SAP ERP Central Component • Logistik • Logistik Allgemein (LO) • Variantenkonfiguration (LO-VC) • Produktkonfiguration mit der Configuration Engine • ERP-Stammdaten und Configuration Engine** sowie in SAP-Hinweis 1819856.

Die bereits erwähnte Funktion **Version prüfen**, die bei der Generierung der Wissensbasen aufgerufen werden kann, liefert Hinweise auf mögliche Probleme.

8.2.3 Unterschiede zwischen Konfigurationsmodellen und Wissensbasen in der Delta-Liste

Die Delta-Liste ist eine Zusammenfassung der wichtigsten Unterschiede zwischen Konfigurationsmodellen aus SAP ERP, SAP S/4HANA und Anwendungen, die Laufzeitversionen nutzen (z. B. die bereits erwähnten Microservices).

Einige Punkte der Delta-Liste klären Sie über die Unterschiede bei der Verwendung von LO-VC bzw. AVC und Laufzeitversionen auf. Andere Punkte heben Modellierungsänderungen hervor, die erforderlich sein können, um eine Laufzeitversion eines Produktmodells zu erstellen. Die verbleibenden Punkte verweisen auf Funktionen oder bestimmte Modellierungskonstrukte, die in der Wissensbasisgenerierung nicht unterstützt werden und daher aus Gründen der Kompatibilität neu entworfen werden müssen.

Die Delta-Liste wird ständig aktualisiert. Die Neuerungen werden in der Regel mit einem Enhancement Package von SAP ERP oder auf der Support-Package-Ebene ausgeliefert. Dies bedeutet, dass Sie möglicherweise ein Upgrade durchführen und/oder Support Packs installieren müssen, um ein bestimmtes Delta zu beseitigen.

Quellen für detaillierte technische Informationen sind folgende SAP-Hinweise:

- 1819856: Additions to VC deltalist – updated version
- 651112: Dokumentation DE BCA_DTE_CARD_FIELD_NAME geändert
- 664274: SCE/IPC: Additions to the SCE-VC delta list
- 837111: Composite SAP Note on the IPC VC delta list
- 1529481: Multi-pass BOM explosion is not supported
- 1537346: Check tool for the configuration model in transaction PMEVC

8.2.4 Auswahl der Wissensbasis zur Laufzeit

Laufzeitversionen von Wissensbasen haben einen Status (**Freigegeben**, **in Bearbeitung** oder **Gesperrt**) und ein Gültig-ab-Datum. Mit den Feldern **Produkt-ID**, **Produkttyp**, **logisches System** und **Datum** wird nach einer gültigen Laufzeitversion gesucht. Durch das logische System ist sichergestellt, dass auch für Produkte, die aus SAP ERP oder SAP S/4HANA repliziert wurden, nach passenden Wissensbasen gesucht wird. Das interessanteste Kriterium ist sicherlich das Datum, da hierüber die verschiedenen Entwicklungsstände einer Wissensbasis selektiert werden. Im Standardfall ist dies das Anlagedatum des Auftrags, wobei die Details vom Auftrags-Customizing abhängen. Im Allgemeinen gilt:

- Bei der Neuanlage wird die jüngste, zum aktuellen (Anlage)datum bereits gültige Wissensbasis verwendet.
- Im Änderungs- und Anzeigefall wird die ursprünglich verwendete Wissensbasis genutzt.

Unabhängig davon gibt es das BAdI `CRM_CONFIG_BADI`, das u. a. die Methoden `set_kb_date` und `set_kb` enthält. Mit diesen Methoden können Sie durch die Angabe eines Selektionsdatums bzw. durch die Angabe einer konkreten Wissensbasis die Standardprozedur nach Ihren Bedürfnissen beeinflussen.

8.3 Tipps zur Generierung von Wissensbasis-Laufzeitversionen

In diesem Abschnitt finden Sie nützliche Tipps zur Generierung von Wissensbasis-Laufzeitversionen und deren Integration mit Lösungen wie SAP Commerce Cloud oder SAP CPQ. Dazu gehen wir auch auf die grundlegenden Konzepte und deren Anwendung ein.

8.3.1 Objekte der Wissensbasis

Um ein Produkt zu konfigurieren, können die Microservices in AVC nicht direkt auf Stammdaten zugreifen, die in SAP S/4HANA oder SAP ERP angelegt und gepflegt wurden. Aus diesem Grund müssen die Stammdaten in Wissensbasisobjekten zusammengefasst und in Form von Laufzeitversionen zur Verfügung gestellt werden, die in AVC repliziert werden können.

Die *Wissensbasis* fasst alle Stammdaten zusammen, die der Service *Variantenkonfiguration* zur Konfiguration eines Produkts benötigt. Dazu gehören die folgenden *Objekte*:

- Konfigurierbare Materialien
- Klassen
- Merkmale und zugehörige Werte
- Abhängigkeiten von Objekten
- ein Konfigurationsprofil für jedes konfigurierbare Material
- Stücklisten und Stücklistenkomponenten für konfigurierbare Materialien
- Variantentabellen

[!]

Nicht alle Stammdaten sind in einer Wissensbasis enthalten

Beachten Sie, dass Arbeitspläne nicht in Wissensbasisobjekten enthalten sind.

Ein Wissensbasisobjekt ist gekennzeichnet durch:

- Grunddaten: Name, Beschreibung und Status
- sprachabhängige Beschreibungen
- optionaler Abhängigkeitsgruppenparameter zur Vereinfachung der Suche nach Wissensbasisobjekten
- optionale Pflege der Berechtigungsgruppe
- ein oder mehrere Wissensbasisprofile

Wissensbasisprofile

Wissensbasisprofile sind Teil der Wissensbasis und ermöglichen die Gruppierung mehrerer Produkte. Das Profil legt fest, ob ein Produkt während der Konfiguration mit dem Variantenkonfigurationsdienst der SAP-Variantenkonfiguration und Preisfindung als Wurzelprodukt verwendet werden kann.

Das Hinzufügen eines neuen Wissensbasisprofils für ein Produkt ist gleichbedeutend mit der Zuordnung eines Produkts zu einem Wissensbasisobjekt. Sie können ein oder mehrere Profile für ein Wissensbasisobjekt definieren. Wenn Sie mehrere Profile definieren, können Sie mehrere Materialien in einer Wissensbasis zusammenfassen. Auf diese Weise können Laufzeitversionen schneller generiert werden, insbesondere wenn die betroffenen Materialien gemeinsame Objekte wie z. B. Variantentabellen haben.

8.3.2 Generierung neuer Laufzeitversionen

Die Wissensbasis umfasst die Stammdaten, die ein konfigurierbares Produkt bei der Konfiguration beschreiben. Die Wissensbasis-Laufzeitversion wird zu einem bestimmten Gültig-ab-Datum und Kontext erstellt. Die Laufzeitversion stellt somit einen Snapshot der für die Konfiguration benötigten Stammdaten dar. Der Service der Variantenkonfiguration verwendet zu diesem Zweck replizierte Wissensbasis-Laufzeitversionen.

Sie geben eine Laufzeitversion mit den folgenden Informationen an:

- ein Gültig-ab-Datum, an dem der Snapshot der Wissensbasis erstellt wird
- genau ein Werk
- genau eine Stücklistenanwendung
- eine oder alle Sprachen

Abbildung 8.3 veranschaulicht den Ablauf der Laufzeitgenerierung. Das konfigurierbare Material für jedes Wissensbasisprofil wird anhand der Parameter in der Laufzeitversion aufgelöst. Das Ergebnis jeder Auflösung enthält alle relevanten Klassen, Merkmale, Beziehungswissen, Stücklisten, Variantentabellen u. a. für das konfigurierbare Material. Abschließend werden die eindeutigen Daten aus jeder Auflösung für die Laufzeitversion gesichert.

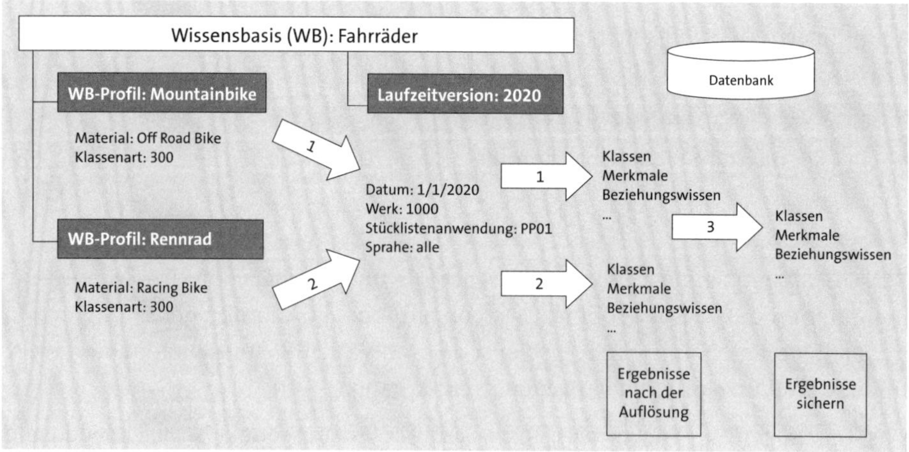

Abbildung 8.3 Generierung einer neuen Laufzeitversion

[«]

Gültigkeit von Wissensbasen

Alle Objekte der Wissensbasis, wie z. B. Merkmale, haben in der Laufzeitversion die gleiche Gültigkeit für die spätere Verwendung von Wissensbasisobjekten im Produktkonfigurationsprozess mit einem Gültig-ab-Datum. Das heißt, dass beim Einsatz des Änderungsdienstes (Engineering Change Management, ECM), eine eigene Laufzeitversion mit einem entsprechenden Gültig-ab-Datum erforderlich ist (siehe Abbildung 8.5 im folgenden Abschnitt).

8.3.3 Regenerierung existierender Laufzeitversionen

Eine Laufzeitversion sammelt die Stammdaten so, wie sie erstellt worden sind. Sie generieren eine Laufzeitversion in den folgenden Fällen neu:

- um Änderungen, die Sie an den Stammdaten vorgenommen haben, zu aktivieren
- wenn die Attribute der Laufzeitversion ändern wollen, z. B. das Gültig-ab-Datum

Durch die Neugenerierung werden die Datenbanksätze einer Laufzeitversion überschrieben und ein neuer *Build* erstellt. Wenn eine Laufzeitversion neu generiert wird, wird das Gültig-ab-Datum nicht automatisch aktualisiert, sondern es bleibt dasselbe wie im vorherigen Build. Sie können das Gültig-ab-Datum bei der Neugenerierung einer Laufzeitversion manuell ändern, wenn Sie das Gültig-ab-Datum auf den aktuellen Tag setzen möchten. Die Änderung des Gültig-ab-Datums einer Laufzeitversion kann zu einer Änderung mehrerer ihrer Objekte führen, da die Stammdaten im Hinblick auf das neue Gültig-ab-Datum gelesen werden.

Abbildung 8.4 veranschaulicht den Prozess der Laufzeitregenerierung. Er funktioniert im Wesentlichen genauso wie der Generierungsprozess, mit dem Unterschied, dass die Daten im vorherigen Build mit dem neuen Ergebnis überschrieben werden.

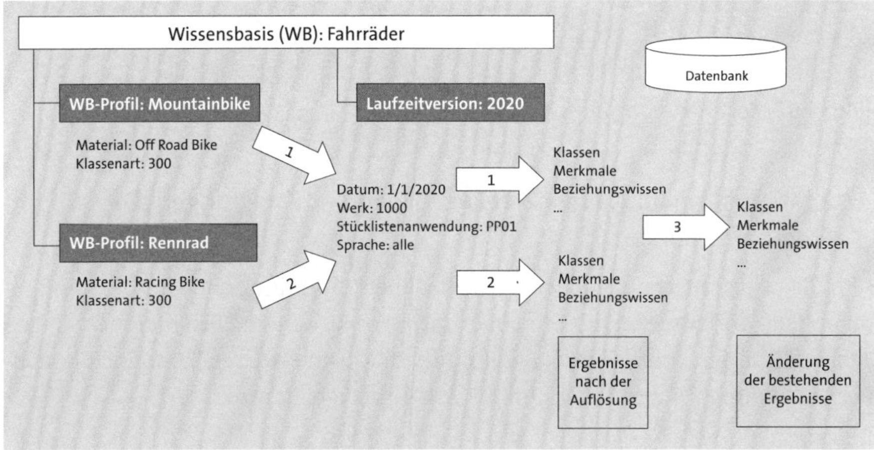

Abbildung 8.4 Regenerierung einer bestehenden Laufzeitversion (1)

Die Build-Nummer eines Laufzeitversion wird automatisch erhöht, wenn eine Laufzeitversion erfolgreich regeneriert wird. Zum Beispiel ist die Build-Nummer nach der ersten Generierung einer Laufzeitversion 1. Die Build-Nummer der nächsten Regenerierung dieser Laufzeitversion ist 2 usw. Frühere Builds für eine bestimmte Laufzeitversion werden nicht in der Datenbank gespeichert. Nur der letzte Build bleibt erhalten und wird vom Variantenkonfigurationsdienst für die Laufzeitversion geladen. Beachten Sie auch, dass es möglich ist, die Regenerierung einer Laufzeitversion zu prüfen, ohne sie in der Datenbank zu speichern. Dies kann nützlich sein, um die Auswirkungen von Produktmodelländerungen auf den aktuellen Laufzeitversion-Build zu bewerten.

Wenn Sie die Modellversionen für ein Gültig-ab-Datum in der Zukunft bereitstellen wollen, müssen Sie eine neue, separate Laufzeitversion mit den entsprechenden Gültigkeitsdaten erstellen. Abbildung 8.5 zeigt, wie die ursprüngliche Laufzeitversion erhalten bleibt, während eine neue, separate Laufzeitversion erstellt wird.

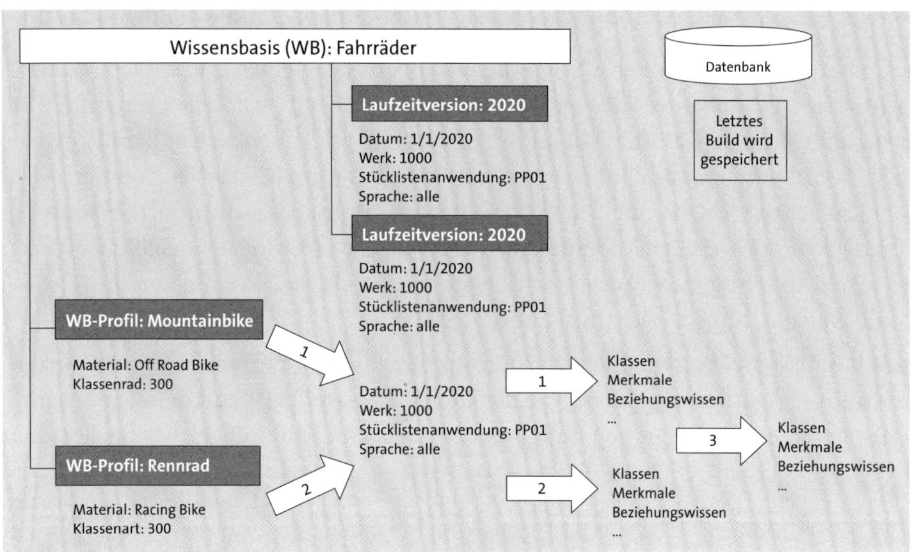

Abbildung 8.5 Regenerierung einer Laufzeitversion (2)

8.3.4 Konfiguration mit Laufzeitversionen während Änderungen am Produktmodell

Dieses Beispiel veranschaulicht, wie verschiedene Anwendungsfälle für die Konfiguration und Rekonfiguration mit Modellierungskorrekturen und Produktänderungen für ein bestimmtes konfigurierbares Produkt zusammenwirken können. Die Zeitleiste in Abbildung 8.6 und Abbildung 8.7 wird im Folgenden erläutert:

1. Build 1 von Laufzeitversion A wird am 31. März mit dem Gültig-ab-Datum 1. April erstellt.
2. Konfiguration 1 wird am 1. April mit dem Gültigkeitsdatum 1. April erstellt.
3. Build 1 von Laufzeitversion A wird ausgewählt, da er ab dem 1. April gültig ist.
4. Am 2. April werden die Probleme mit dem Konfigurationsmodell gemeldet und behoben.
5. Am 4. April wird Laufzeitversion A auf Build 2 mit dem Gültigkeitsbeginn 1. April neu generiert.
6. Build 2 von Laufzeitversion A wird sofort verwendet; alle zu einem späteren Zeitpunkt gültigen Modelländerungen, z. B. bei der Verwendung des Engineering Change Managements (ECM), werden nicht berücksichtigt.
7. Am 5. April wird die Konfiguration 1 mit dem Gültigkeitsdatum 1. April bearbeitet.
8. Build 2 von Laufzeitversion A wird ausgewählt.
9. Am 6. April wird Build 1 von Laufzeitversion B mit dem Gültig-ab-Datum vom 7. April erstellt. Das konfigurierbare Produkt hat neue Funktionen, die verfügbar werden und mit einer ECM-Änderungsnummer für Konfigurationen modelliert wurden, die am oder nach dem 7. April erstellt wurden.
10. Die Konfiguration 2 wird am 8. April mit dem Gültigkeitsdatum 8. April erstellt.
11. Build 1 von Laufzeitversion B wird ausgewählt, weil es ab dem 7. April gültig ist. Laufzeitversion A existiert noch, wird aber nur für Konfigurationen mit einem Gültigkeitsdatum zwischen dem 1. und 6. April ausgewählt.
12. Am 9. April werden Probleme mit den neuen Funktionen des Konfigurationsmodells gemeldet und behoben. Die vorherige ECM-Änderungsnummer mit dem Gültigkeitsdatum 7. April wird für die Modelländerungen verwendet.
13. Am 10. April wird die Konfiguration 2 bearbeitet (Gültigkeitsdatum bleibt der 8. April).
14. Build 1 von Laufzeitversion B wird ausgewählt. Die am 9. April vorgenommenen Änderungen werden vermerkt (es wurde kein neuer Build erstellt).
15. Am 11. April wird Laufzeitversion B auf Build 2 mit dem Gültig-ab-Datum 7. April neu generiert.
16. Am 12. April wird die Konfiguration 2 erneut bearbeitet (Gültigkeitsdatum bleibt der 8. April).
17. Build 2 von Laufzeitversion B wird ausgewählt (gültig ab dem 7. April).

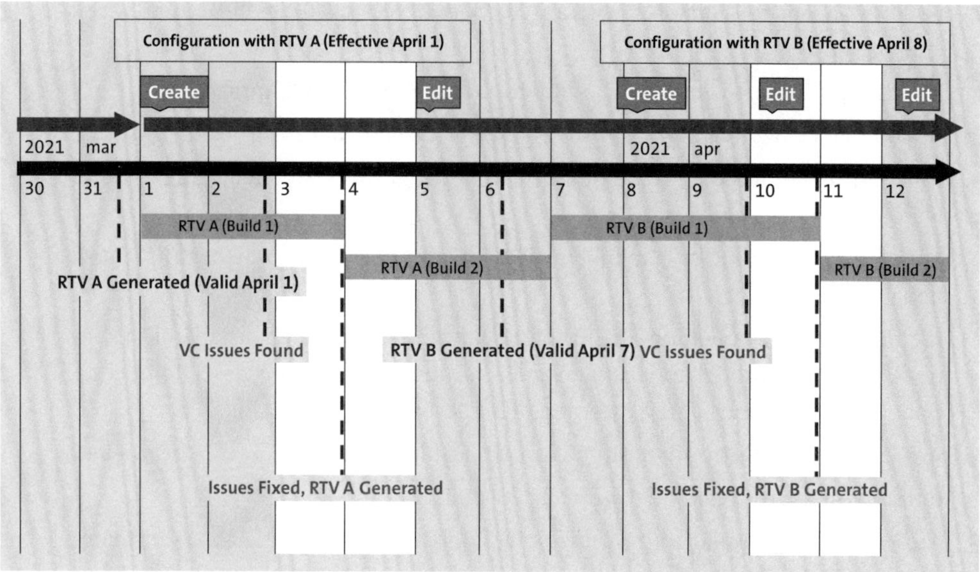

Abbildung 8.6 Konfiguration mittels einer Laufzeitversion (Teil 1)

18. Beachten Sie, dass die Laufzeitversionen anhand des Gültigkeitsdatums der Konfiguration und nicht anhand des Systemdatums ausgewählt werden. Dies kann die Implementierung einer Geschäftslogik erfordern, um das entsprechende Gültigkeitsdatum der Konfiguration für Rekonfigurationen festzulegen, die ein neues Laufzeitversion-Gültigkeitsdatum überschreiten. Welche Laufzeitversion sollte verwendet werden, wenn die erste Konfiguration am 7. April erneut bearbeitet wird?
19. Wenn das Gültigkeitsdatum der Konfiguration der 1. April bleibt, wird Build 2 von Laufzeitversion A gewählt.
20. Die neuen Funktionen in Laufzeitversion B sind jedoch in Laufzeitversion A nicht verfügbar, obwohl sie für neue Konfigurationen am oder nach dem 7. April angeboten werden.
21. Sollte sich das Datum des Inkrafttretens der Konfiguration auf den 7. April verschieben, wird Build 2 von Laufzeitversion B ausgewählt.
22. Das Gültigkeitsdatum muss sich ändern, wenn in Laufzeitversion A angebotene Funktionen ab dem 7. April nicht mehr angeboten werden, d. h., dass sie in der Neukonfiguration nicht ausgewählt werden dürfen.
23. Die Auswahl von Laufzeitversion B kann zu Inkonsistenzen in der Konfiguration führen, wenn veraltete Merkmale zuvor mit Laufzeitversion A festgelegt und in der Konfiguration gespeichert wurden.

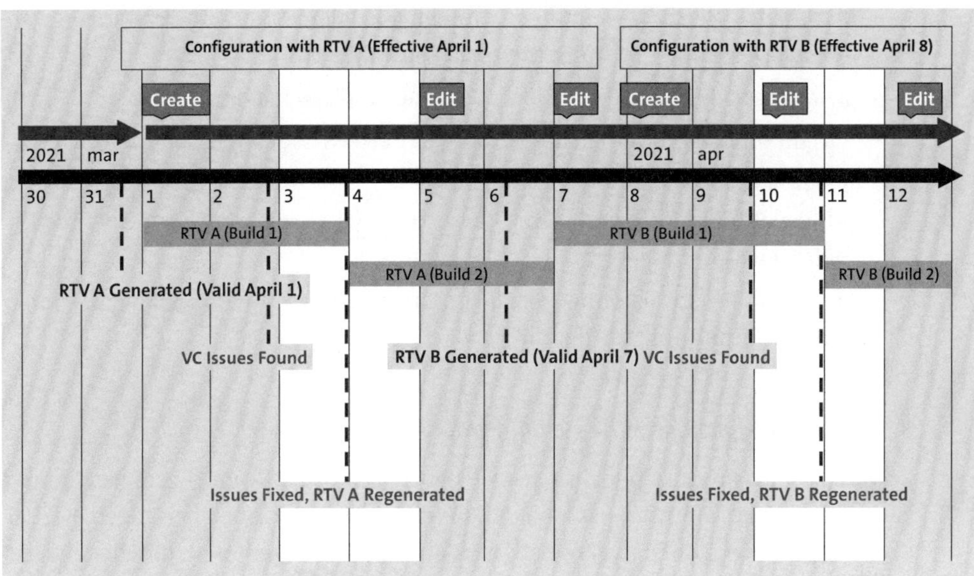

Abbildung 8.7 Konfiguration mittels einer Laufzeitversion (2)

8.3.5 Die Tauglichkeit eines Produktmodells zur Erzeugung von Wissensbasen und Laufzeitversionen

Möglicherweise müssen Sie Änderungen an bestehenden, lauffähigen Konfigurationsmodellen vornehmen, damit sie diese überhaupt in Wissensbasis-Laufzeitversionen überführen können. Selbst wenn Ihre Konfigurationsmodelle hierbei technisch einwandfrei funktionieren würden, können und sollten Sie Änderungen vornehmen, um die Benutzerfreundlichkeit, die Laufzeitversionsgenerierung und die Laufzeiteffizienz zu verbessern. Dies kann auch zu Leistungsverbesserungen führen. Hierbei sind vier Aspekte zu erwähnen, die wir in den folgenden Abschnitten näher erläutern.

- Die Kompatibilität des Produktmodells
  - Beheben Sie alle Generierungsfehler, die bei der Generierung von Laufzeitversionen erscheinen.
  - Bewerten und beheben Sie eventuell auftretende Generierungswarnungen, um ein gewünschtes Verhalten der Laufzeitversion zu gewährleisten.
  - Vermeiden Sie Diskrepanzen zur Delta-Liste und/oder beheben Sie sie.
- Achten Sie auf die Benutzerfreundlichkeit
  - Achten Sie darauf, dass die Merkmalsgranularität für alle Anwendungsfälle geeignet ist.
  - Vermeiden Sie Konfliktsituationen bzw. achten Sie auf eine leichte Verständlichkeit – Konflikte sollten (leicht) lösbar sein.

  - Merkmals-/Wertbeschreibungen müssen von allen Benutzern verstanden werden (der Anwender ist wahrscheinlich keine Expertin).
- Auswirkungen auf die Effizienz bzw. Leistung von Laufzeitversionen
  - Variantentabellen werden durch die erweiterte Wissensbasisgenerierung optimal gespeichert.
  - Aufgeblähte Laufzeitversionen verbrauchen mehr Speicherplatz und benötigen mehr Zeit zum Laden.
  - Mittels BAdI-Filtern können Sie die Daten einer Laufzeitversion auf das erforderliche Minimum reduzieren.

8.3.6 Die Kompatibilität des Produktmodells

Eventuell ist Ihr Produktmodell aus SAP ERP bzw. SAP S/4HANA nicht sofort in Applikationen nutzbar, die Wissensbasen und deren Laufzeitversionen benötigen. Bei der Generierung von Laufzeitversionen werden Informationen und möglicherweise Warnungen und sogar Fehler angezeigt. Warnungen weisen auf Situationen hin, die Sie aus Kompatibilitätsgründen möglicherweise beheben sollten. Fehler weisen auf Situationen hin, die Sie unbedingt beheben müssen. Es besteht also die Möglichkeit, dass Sie ein bestehendes lauffähiges Produktmodell umändern müssen, damit Wissensbasen daraus entstehen können.

Wenn Sie viele Konfigurationsmodelle haben, kann es sehr zeitaufwendig sein, die Kompatibilität aller Wissensbasisobjekte und Laufzeitversionen zu prüfen und zu bewerten.

8.3.7 Änderungen für die Anwendung von Konfigurationsmodellen im Vertrieb

Wenn Ihre Konfigurationsmodelle in erster Linie von der Konstruktion oder Fertigung für die Auftragserfassung im Backoffice entwickelt wurden, sind diese Modelle möglicherweise nicht für die künftige Verwendung durch weniger technische Benutzer wie Vertriebs-Teams (in SAP CPQ) oder Endkunden (in SAP Commerce Cloud) geeignet.

Das vielleicht häufigste Problem bei der Customer Experience ist die Lösung von Konfigurationsinkonsistenzen und -konflikten. Deklarative Logik, die durch einschränkbare Merkmale und Constraints ermöglicht werden, sind der beste Weg, um solche Konflikte zu vermeiden. Andererseits kann eine prozedurale Logik zu Konfliktzuständen führen, deren Lösung für den Benutzer nicht nachvollziehbar ist. Zum Beispiel, wenn vom Benutzer erwartet wird, dass er Merkmale in einer bestimmten Reihenfolge angibt, er dies aber nicht tut oder zurückgeht, um ein zuvor angegebenes Merkmal zu ändern, ohne jedes nachfolgende Merkmal erneut anzugeben. Wir würden von einer solchen Vorgehensweise abraten.

8.3.8 Tipps für die Erstellung von Laufzeitversionen

Einige Unternehmen haben Laufzeitversionen, die immer noch jeden Merkmalswert, jede Variantentabellenzeile und jedes Beziehungswissen enthalten, das jemals im Lebenszyklus eines konfigurierbaren Materials (KMATs) verwendet wurde, obwohl die meisten dieser Merkmalswerte nicht mehr angeboten werden und das zugehörige Beziehungswissen nicht mehr relevant ist.

Wenn Sie keine ECM-Änderungsnummern verwenden, um Ihre Konfigurationsmodelle kontinuierlich zu aktualisieren, kann es zu folgender Situation kommen. Das Löschen von Objekten aus einem Konfigurationsmodell ohne ECM ist in der Regel nicht erlaubt, z. B., wenn eine Klasse, ein Merkmal oder ein Wert in einer gespeicherten Konfiguration verwendet wurde, und auch nicht sinnvoll, z. B., wenn ein Beziehungswissen gelöscht wird, das für die korrekte Bearbeitung oder Anzeige gespeicherter Konfigurationen benötigt wird.

Aufgeblähte Laufzeitversionen verbrauchen mehr Speicherplatz und Arbeitsspeicher als nötig und benötigen mehr Zeit zum Generieren, Migrieren und Laden. Obwohl Sie technisch gesehen auf diese Weise arbeiten können, ist es sinnvoll, bei der Entwicklung und Wartung von Produktmodellen dem Grundsatz zu folgen, dass weniger mehr ist.

Filtern Sie unnötige Dokumente heraus

Sie können unnötige Dokumente wie Bilddateien und PDFs, die mit Materialien, Merkmalen und Merkmalswerten verknüpft sind, aus Ihren Laufzeitversionen herausfiltern, indem Sie ein BAdI implementieren. Bei der Generierung von Laufzeitversionen werden diese Daten in die Laufzeitversion aufgenommen, obwohl sie in den meisten Fällen für die Vertriebskonfiguration nicht relevant sind oder gar nicht unterstützt werden. Wenn diese Dokumente in Ihrer Implementierung nicht benötigt werden, wird dringend empfohlen, das in SAP-Hinweis 1030427 beschriebene BAdI zu implementieren, um die Replikation der Dokumentationsdaten in die `COMM_CFG*`-Tabellen zu unterdrücken. Dadurch wird die zu kopierende Datenmenge erheblich reduziert und sowohl der Initialisierungsreport `CFG_ERP_INITIALISE_DB` als auch der Anforderungsreport für eine einzelne Laufzeitversion im Report `CFG_ERP_REQUEST_DB` beschleunigt. Im Falle des Microservice SAP Advanced Variant Configuration and Pricing werden zusätzlich die in die Cloud zu replizierenden Daten reduziert.

8.3.9 Empfehlungen für die Namenskonvention

Wenn Wissensbasisobjekte (Wissensbasen) mehrere Wissensbasisprofile mit mehreren Laufzeitversionen enthalten, ist eine intuitive Namenskonvention sehr nützlich, um anzugeben, welche Daten jedes einzelne Profil enthält. Ihre Namenskonvention könnte diesen Mustern folgen:

- *Wissensbasisobjekt*: ein allgemeiner Name, z. B. die Produktfamilie oder Produkthierarchie, die es repräsentiert
- *Wissensbasisprofile*: derselbe Name wie das konfigurierbare Material im Profil
- *Laufzeitversion*: eine Verkettung von relevanten Schlüsselfeldern in der Kopfzeile

Das folgende vereinfachte Beispiel und die Erläuterungen veranschaulichen verschiedene Überlegungen zur Festlegung Ihrer Namenskonvention.

Vereinfachtes Beispiel

Ein Unternehmen stellt zwei konfigurierbare Fahrräder, die Modelle 3000 und 4000, in zwei verschiedenen Werken her. Die Konfigurationsstrukturen der Fahrräder in den beiden Werken unterscheiden sich geringfügig. Das Unternehmen ändert die Merkmale und Optionen des Modells für jedes Jahr, z. B. 2020 und 2021. Abbildung 8.8 zeigt, wie diese Namen der vorgeschlagenen Namenskonvention folgen.

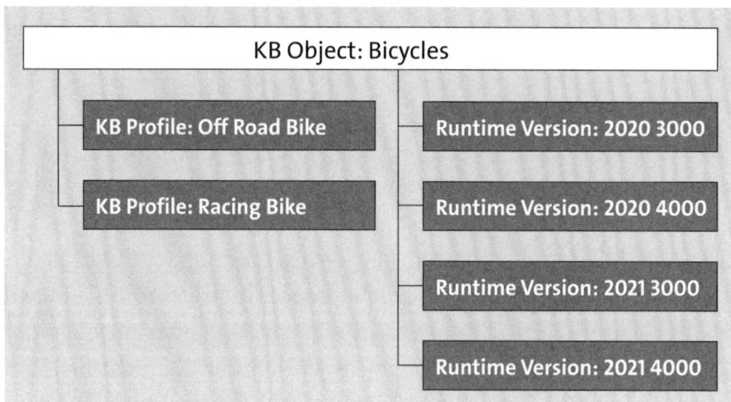

Abbildung 8.8 Vereinfachtes Beispiel zur Namensgebung

Benennung von Wissensbasen

Sie sollten es vermeiden, den Namen eines Wissensbasisobjekts fest zu kodieren, da er sich in der Zukunft noch ändern kann. Wenn Ihr Wissensbasisobjekt beispielsweise zunächst nur ein Wissensbasisprofil enthält, das wiederum nur ein KMAT enthält, kann es verlockend sein, Ihr Wissensbasisobjekt genauso zu benennen wie das entsprechende KMAT. Im Laufe der Zeit kann es jedoch vorteilhaft sein, weitere Wissensbasisprofile zu diesem Wissensbasisobjekt hinzuzufügen. Denken Sie daran, dass Sie die Beschreibungen des Wissensbasisobjekts jederzeit aktualisieren können, wenn Sie aktuelle Informationen über ein Objekt vermitteln wollen.

Benennung der Laufzeitversion

Der Name sollte im Allgemeinen mit den Kopfdaten des Laufzeitversion in der unten dargestellten Reihenfolge übereinstimmen:

- Gültig-ab-Datum
- Werk
- Stücklistenanwendung (optional)
- Sprachschlüssel (optional),
- Konfigurationsprofil (optional

Im Folgenden gehen wir auf die wichtigsten Parameter ein, die beim Anlegen einer Wissensbasis benötigt werden.

Gültig-ab-Datum

Seit der Veröffentlichung von SAP-Hinweis 2932857 sortiert Transaktion PMEVC (Modellierungsumgebung Var.-Konfig.) mehrere Laufzeitversionen für ein bestimmtes Wissensbasisobjekt nach Gültigkeitsdatum und Versionsnamen. Es gibt vier gebräuchliche Gültigkeitskonventionen:

- eine Serienbezeichnung wie das Jahr des Modells (z. B. 2020, 2021)
- eine Versionsnummer, wie sie für Software verwendet wird (z. B. 1.0, 2.0)
- ein 8-stelliges Datum im Format JJJJMMTT (z. B. 20200101, 2021010)
- eine ECM-Änderungsnummer

Die ersten beiden Konventionen sind an die Produktversionen gebunden. Der Modellierer entscheidet, wann ein neues Release und eine entsprechende Laufzeitversion erforderlich sind. Obwohl Datumsangaben in Laufzeitversionsnamen häufig verwendet werden, haben sie einen entscheidenden Nachteil: Wenn Sie sich entscheiden, das Gültig-ab-Datum der Laufzeit in einem späteren Build zu ändern, würde der Laufzeitversionsname nicht mehr mit dem tatsächlichen Gültig-ab-Datum der Laufzeitversion übereinstimmen. In solchen Fällen müssen Sie eine neue Laufzeitversion erstellen, um eine konsistente Namensgebung zu gewährleisten, auch wenn Sie keine separate Version für Gültigkeitszwecke benötigen. Daher können die beiden Laufzeitversionen zu diesen Gültigkeitsdaten denselben Inhalt haben. Die Aufnahme einer ECM-Änderungsnummer in den Namen Ihrer Laufzeitversion ist dann sinnvoll, wenn Sie die Gültigkeit Ihrer Konfigurationsmodelle an Änderungsnummern knüpfen. In diesem Szenario benötigen Sie für jede Änderungsnummer eine Laufzeitversion. Dies setzt voraus, dass jede in Ihrem Konfigurationsmodell verwendete Änderungsnummer ein eindeutiges Gültig-ab-Datum hat. Ein Vorteil dieses Ansatzes ist, dass Sie Ihre ECM-Änderungsnummer und die dazugehörige Laufzeitversion datumsmäßig verschieben können, ohne dass es zu Namensverwechslungen kommt. Beachten Sie jedoch, dass ECM-Änderungsnummern und Laufzeitversionen nur namentlich miteinander verknüpft sind, d. h., dass eine Änderung des Gültig-ab-Datums der einen Laufzeitversion nicht automatisch das Gültig-ab-Datum der anderen Laufzeitversion abändert, denn Sie müssen dies manuell vornehmen.

Werk

Wenn Ihre konfigurierbaren Materialien von mehreren Werken verkauft werden und es Konfigurationsunterschiede zwischen diesen Werken gibt, benötigen Sie nach Werk getrennte Laufzeitversionen. Wenn es keine Konfigurationsunterschiede zwischen den Werken gibt, können Sie die Laufzeitversion für ein Werk in jedem anderen Werk verwenden. Es wird jedoch empfohlen, das Werk in den Namen der Laufzeitversion aufzunehmen, falls in Zukunft werksspezifische Unterschiede auftreten.

Stücklistenanwendung

In der Regel wird für alle Laufzeitversionen eines Wissensbasisobjekts dieselbe Stücklistenanwendung verwendet. Es ist jedoch möglich, dass in der Zukunft eine andere Stücklistenanwendung benötigt wird. In solchen Fällen kann die Stücklistenanwendung an das Ende des Laufzeitversionsnamens angehängt und weggelassen werden, wenn sie nicht benötigt wird.

Sprache

Laufzeitversionen werden in der Regel für alle Sprachen erstellt, aber es ist auch möglich, sie sprachspezifisch zu erstellen. In solchen Fällen kann der Sprachenschlüssel an das Ende des Laufzeitversionsnamens angehängt und weggelassen werden, wenn die Laufzeitversion nicht sprachspezifisch ist.

Was Sie bei der Erstellung von Wissensdatenbankprofilen beachten sollten – ein paar Beispiele

Eine Wissensbasis muss ein oder mehrere Profile enthalten. Diese Profile bestimmen, welche konfigurierbaren Materialien auf der Stammebene über ihre Laufzeitversionen konfiguriert werden können. Die Entwurfszeit und die Laufzeitleistung können optimiert werden, indem strategisch entschieden wird, welche konfigurierbaren Materialien Profile in derselben Wissensbasis haben. Das folgende Beispiel veranschaulicht in vereinfachter Form, wie Wissensbasisprofile angeordnet werden können. Wir beginnen mit den einstufigen Konfigurationsszenarien.

Vereinfachtes einstufiges Beispiel

In Ihrem System gibt es drei konfigurierbare Materialien (KMATs) mit den Namen A, B und C. Der Übersichtlichkeit halber betrachten wir nur die Merkmale, aber in der Regel enthalten die Wissensbasis eine Vielzahl anderer Konfigurationsobjekte, wie z. B. große Variantentabellen, die stärkere Auswirkungen auf Leistung und Speicherplatz haben können. In unserem Beispiel haben die KMATs jeweils fünf Merkmale (siehe Tabelle 8.1).

KMAT A	KMAT B	KMAT C
Merkmal 1	Merkmal 2	Merkmal 6
Merkmal 2	Merkmal 3	Merkmal 7
Merkmal 3	Merkmal 4	Merkmal 8
Merkmal 4	Merkmal 5	Merkmal 9
Merkmal 5	Merkmal 6	Merkmal 10

Tabelle 8.1 Einfaches einstufiges Beispiel einer Wissensbasis

Sie müssen nun entscheiden, wie Sie die Struktur der Wissensbasis für diese drei Materialien am besten definieren. Die folgenden Szenarien sind möglich:

- **Ein separates Wissensbasisobjekt für jedes KMAT**
  Drei Wissensbasisobjekte mit jeweils einem einzigen Wissensbasisprofil für KMAT A, KMAT B und KMAT C
- **Zwei KMATs teilen sich ein Wissensbasisobjekt**
  Ein Wissensbasisobjekt AB mit einem Wissensbasisprofil für KMAT A und einem Wissensbasisprofil für KMAT B, ein Wissensbasisobjekt C und ein Wissensbasisprofil für KMAT C oder eine beliebige andere Kombination
- **Alle drei KMATs teilen sich ein einziges Wissensbasisobjekt**
  Das Wissensbasisobjekt ABC hat drei Profile, eines für jede KMAT

Die Merkmale, die in jeder Laufzeitversion enthalten sind, werden in Tabelle 8.2 dargestellt.

Wissens-basis A	Wissens-basis B	Wissens-basis C	Wissens-basis AB	Wissens-basis AC	Wissens-basis BC	Wissens-basis ABC
Merkmal 1	Merkmal 2	Merkmal 6	Merkmal 1	Merkmal 1	Merkmal 2	Merkmal 1
Merkmal 2	Merkmal 3	Merkmal 7	Merkmal 2	Merkmal 2	Merkmal 3	Merkmal 2

Tabelle 8.2 Komplexere Anordnung von Wissensbasis und deren Inhalten

Wissens-basis A	Wissens-basis B	Wissens-basis C	Wissens-basis AB	Wissens-basis AC	Wissens-basis BC	Wissens-basis ABC
Merkmal 3	Merkmal 4	Merkmal 8	Merkmal 3	Merkmal 3	Merkmal 4	Merkmal 3
Merkmal 4	Merkmal 5	Merkmal 9	Merkmal 4	Merkmal 4	Merkmal 5	Merkmal 4
Merkmal 5	Merkmal 6	Merkmal 10	Merkmal 5	Merkmal 5	Merkmal 6	Merkmal 5
			Merkmal 6	Merkmal 6	Merkmal 7	Merkmal 6
				Merkmal 7	Merkmal 8	Merkmal 7
				Merkmal 8	Merkmal 9	Merkmal 8
				Merkmal 9	Merkmal 10	Merkmal 9
				Merkmal 10		Merkmal 10

Tabelle 8.2 Komplexere Anordnung von Wissensbasis und deren Inhalten (Forts.)

Abgesehen von der Tatsache, dass aufgrund der Einfachheit des Beispiels ein einziges Wissensbasisobjekt aus Sicht der Leistung unproblematisch wäre, stellt sich die Frage, welches die optimalen Wissensbasisdefinitionen für diese drei KMATs sind.

Die beste Gesamtoption ist Wissensbasisobjekt AB und Wissensbasisobjekt C. Da KMAT A und KMAT B die meisten ihrer Merkmale gemeinsam haben, ist ein gemeinsames Wissensbasisobjekt AB sehr effizient und verbraucht am wenigsten Speicher und Cache-Größe. KMAT C teilt nur ein Merkmal mit KMAT B und kein Merkmal mit KMAT A, sodass die Einbeziehung von KMAT C in eine der anderen KMATs die Größe der resultierenden Wissensbasis fast verdoppeln würde. Wenn Sie Merkmal 6 ändern, müssen Sie Laufzeitversionen für die Wissensbasis AB und Wissensbasis C neu generieren, da beide Wissensbasen dieses Merkmal enthalten. Wenn Sie ein anderes Merkmal ändern, müssen Sie nur Laufzeitversionen für Wissensbasis AB oder Wissensbasis C neu generieren, je nachdem, welche Wissensbasis das geänderte Merkmal enthält.

Ein einzelnes Wissensbasisobjekt ABC wäre am einfachsten zu pflegen. Wenn Sie ein Merkmal ändern, müssen Sie nur dessen Laufzeitversion neu generieren. Jedoch dauert das Laden von Laufzeitversionen für dieses Wissensbasisobjekt fast doppelt so lange wie bei Wissensbasisobjekten mit der Hälfte der Merkmale.

Getrennte Wissensbasisobjekte, also Wissensbasisobjekt A, Wissensbasisobjekt B und Wissensbasisobjekt C bieten die beste Laufzeitleistung. Die Laufzeitversionen werden am schnellsten geladen, da sie das absolute Minimum an erforderlichen Daten enthalten. Wenn Sie jedoch ein Merkmal ändern, müssen Sie festlegen, welche Laufzeitversionen neu generiert werden sollen, d. h., welche Wissensbasisobjekte das geänderte Merkmal enthalten.

Das vorangehende Beispiel wurde absichtlich vereinfacht, damit es leicht zu verstehen ist. In diesem Fall wäre ein einzelnes Wissensbasisobjekt-ABC in Ordnung, weil die KMATs in diesem Beispiel so klein sind. Selbst die Verdoppelung einer Leistungskennzahl würde sich nur auf einige Mikrosekunden belaufen, die für einen Benutzer nicht wahrnehmbar wären.

Im Hinblick auf die Größe einer Wissensbasis- oder Laufzeitversion sind neben Merkmalen weitere VC-Objekte zu berücksichtigen: Variantentabellen mit einer großen Anzahl von Zeilen und Spalten verbrauchen oft die meiste Verarbeitungszeit und den meisten Speicherplatz.

In den folgenden Abschnitten werden sowohl die Extreme der Wissensbasis-Profildefinition als auch der goldene Mittelweg beschrieben. Für diese Erläuterungen nehmen wir an, dass uns 100 große und komplexe KMATs vorliegen, sodass die optimale Wissensbasisdefinition großen Einfluss auf die gesamte Wartung und Leistung hat.

Extremfall 1: Alle KMATs in einer einzigen Wissensbasis

Wie im obigen vereinfachten Beispiel erläutert, wäre die einfachste Option, eine einzige Wissensbasis mit Profilen für jedes KMAT zu verwenden. Dies ist jedoch für große VC-Implementierungen aus den folgenden Gründen nicht geeignet:

- Die Laufzeitversionen werden sehr groß und benötigen viel Zeit für die Generierung.
- Sie müssen nach jeder Modelländerung die komplette Laufzeitversion neu generieren.
- Eine Regenerierung kann zu einer Zeitüberschreitung führen.
- Die Übertragung Ihrer Laufzeitversion in Anwendungen wie den Microservices kann sehr lange dauern.
- Das Trial-and-Error-Debugging wird schmerzhaft langsam: Nach jeder Modelländerung müssen Sie die Laufzeitversion neu generieren, übertragen und dann testen.
- Das Laden der Laufzeitversion zur Konfiguration eines beliebigen KMATs dauert sehr lange.
- Anwendungen wie die Microservices in AVC müssen die gesamte Wissensbasis laden, um jedes KMAT in der Wissensbasis zu konfigurieren.
- Diese Ladezeit ist merklich langsam, da die gesamte Wissensbasis geladen werden muss, auch wenn nur ein kleiner Teil der Wissensbasisdaten benötigt wird.
- Der Speicherplatz zum Laden einer solch großen Laufzeitversion kann knapp werden.

Extrem 2: Jedes KMAT in seiner eigenen Wissensbasis

Einige Kunden sind sich der Möglichkeit, mehrere konfigurierbare Materialien in einer Wissensbasis zusammenzufassen, nicht bewusst. Infolgedessen erstellen sie für jedes konfigurierbare Material eine eigene Wissensbasis. Im Folgenden finden Sie einige Vor- und Nachteile dieses Szenarios:

- Einzelne Wissensbasis-Laufzeitversionen sind sehr kompakt, aber es sind viele Wissensbasen zu pflegen.
- Die Regenerierung einer einzelnen Laufzeitversion erfolgt sehr schnell.
- Das Trial-and-Error-Debugging eines einzelnen KMAT erfolgt schnell: nach einer Modelländerung generieren Sie die Laufzeitversion für dieses eine KMAT neu, übertragen und testen diese.
- Um eine Modelländerung zu implementieren, die sich auf mehrere Wissensbasen auswirkt, müssen jedoch alle betroffenen Wissensbasen ermittelt und deren Laufzeitversionen neu generiert werden.

Da es oft schwierig ist, festzustellen, welche Wissensbasen von einer VC-Änderung betroffen sind, generieren viele Unternehmen grundsätzlich alle Laufzeitversionen neu, um sicherzustellen, dass keine Laufzeitversion versehentlich übersehen wird.

Die Neugenerierung von Laufzeitversionen für alle Wissensbasen nach VC-Änderungen führt zu der längsten kumulativen Wartedauer und zu einem hohen Speicherbedarf, da die Daten wahrscheinlich über mehrere Wissensbasen hinweg dupliziert werden. Um diesen Punkt zu veranschaulichen, verwenden wir das vereinfachte Beispiel von oben:

- Die Summe der Merkmale in Wissensbasis A, Wissensbasis B und Wissensbasis C beträgt 15. Dies ist das Extrem 2.
- Die Summe der Merkmale in Wissensbasis ABC ist 10; dies ist das Extrem 1.
- Die Summe der Merkmale in Wissensbasis AB und Wissensbasis C ist 11. Dies ist die goldene Mitte: Es sind ähnliche KMATs in derselben Wissensbasis vorhanden.
- Das Laden einer Laufzeitversion zur Konfiguration eines beliebigen KMAT ist sehr schnell.
- Die Laufzeitversion enthält nur die Daten, die für die Konfiguration dieses KMAT erforderlich sind.
- Sie verbrauchen auch die geringste Menge an Speicher pro Laufzeitversion.

Ein gutes Mittelmaß: Ähnliche KMATs in derselben Wissensbasis

Wenn Sie die obigen Extreme verstanden haben, sind Sie bereit, den goldenen Mittelweg für Ihre Wissensbasisdefinition zu finden. Denken Sie daran, dass ein einzelner

Ansatz nicht für alle Implementierungen optimal ist und dass Ihre perfekte Lösung von Ihren Bedürfnissen abhängt. Im folgenden Abschnitt werden die wichtigsten Überlegungen für diese Entscheidungen dargelegt.

Wenn Sie über gut designte Entwurfsmuster verfügen, die die Objektorientierung und gute Namenskonventionen nutzen, sollten Sie in Erwägung ziehen, Wissensbasen an Produktfamilien auszurichten, d. h. an Gruppen von konfigurierbaren Materialien, die wahrscheinlich viele VC-Objekte gemeinsam haben. Wenn Ihr Unternehmen z. B. verschiedene KMATs für Fahrräder und verschiedene KMATs für Computer hat, ist es unwahrscheinlich, dass die Fahrrad-KMATs und die Computer-KMATs viele VC-Objekte gemeinsam haben. Die Zusammenfassung all dieser KMATs in einer einzigen Wissensbasis wäre daher im Allgemeinen nicht sinnvoll. Die Kombination der Fahrrad-KMATs in einer Wissensbasis und die Kombination der Computer-KMATs in einer anderen Wissensbasis könnte jedoch zu einem effizienten Entwurf führen.

Innerhalb einer Produktfamilie kann es vorteilhaft sein, die KMATs weiter zu unterteilen, je nachdem, wie sie modelliert werden. Wenn z. B. Geländefahrrad-KMATs einen Satz von Variantenklassen, Constraint-Netzen und Variantentabellen gemeinsam haben, während Rennfahrräder einen anderen Satz von Variantenklassen, Constraint-Netzen und Variantentabellen gemeinsam haben, sollten Sie eine Wissensbasis für Geländefahrräder und eine weitere Wissensbasis für Rennrad-KMATs in Betracht ziehen.

Letztendlich wissen die Produktmodellierer am besten, wo es einen hohen Grad an Gemeinsamkeiten zwischen den KMATs gibt. Diese Gemeinsamkeiten machen es effizient, Wissensbasen gemeinsam zu nutzen.

Es gibt jedoch eine Ausnahme des zuvor Gesagten: Einige Unternehmen implementieren Produktmodelle so, dass keine Objekte von allen KMATs gemeinsam genutzt werden, sondern alle Objekte sind KMAT-spezifisch. Dieser Ansatz nutzt nicht die robusten Objektorientierungsfähigkeiten der Variantenkonfiguration und wird daher im Allgemeinen nicht als gute Praxis angesehen, obwohl er technisch umsetzbar ist. Wenn dieser Ansatz in Ihrem Unternehmen verwendet wird, ist Extrem 2 der goldene Mittelweg.

Vereinfachtes mehrstufiges Beispiel

Sie fügen drei konfigurierbare Materialien (KMAT) mit den Namen X, Y und Z zu Ihrem System hinzu. Sie verwenden jeweils fünf Merkmale, wie in Tabelle 8.3 dargestellt.

KMAT X	KMAT Y	KMAT Z
Merkmal 11	Merkmal 12	Merkmal 16
Merkmal 12	Merkmal 13	Merkmal 17
Merkmal 13	Merkmal 14	Merkmal 18
Merkmal 14	Merkmal 15	Merkmal 19
Merkmal 15	Merkmal 16	Merkmal 20

Tabelle 8.3 Vereinfachtes mehrstufiges Beispiel einer Wissensbasis

KMAT Y und KMAT Z können als Unterbaugruppen unter KMAT X, d. h. dem Stammelement, konfiguriert werden. KMAT Y kann auch unabhängig als einstufiges Stammelement konfiguriert werden, aber KMAT Z kann nicht unabhängig konfiguriert werden. Sie müssen entscheiden, wie Sie die Wissensbasis für diese drei KMATs am besten definieren. Die folgenden Szenarien sind möglich:

- Eine separate Wissensbasis für KMAT X und KMAT Y: Wissensbasisobjekt X mit einem einzigen Wissensbasisprofil für KMAT X und Wissensbasisobjekt Y mit einem einzigen Wissensbasisprofil für KMAT Y. KMAT Z sollte in keinem Wissensbasisobjekt ein Wissensbasisprofil haben, da es nicht das Stammelement sein kann.
- Zwei KMATs teilen sich ein Wissensbasisobjekt XY: Wissensbasisobjekt XY hat ein Wissensbasisprofil für KMAT X und ein Wissensbasisprofil für KMAT Y. KMAT Z ist kein Wissensbasisprofil zugeordnet.

Welches sind die optimalen Wissensbasisdefinitionen für die drei KMATs in diesem einfachen Beispiel?

Wissensbasisobjekt Y ist technisch redundant zu Wissensbasisobjekt X und Wissensbasisobjekt XY, da das Wissensbasisobjekt X und das Wissensbasisobjekt XY die gleichen Daten enthalten, mit Ausnahme der Wissensbasisprofile.

Wissensbasisobjekt X enthält technisch gesehen alle Daten, die für die Konfiguration von KMAT Y als einstufiges Wurzelelement benötigt werden, wird aber nicht verwendet, da es kein Wissensbasisprofil für KMAT Y hat. Die Tatsache, dass KMAT Y eine Unterbaugruppe unter KMAT X sein kann, wird für die Wurzelelementkonfiguration von KMAT Y nicht berücksichtigt. Die Erstellung eines separaten Wissensbasisobjekts Y für KMAT Y ist daher sinnlos.

Die beste Option ist das Wissensbasisobjekt XY. Es enthält alle Daten, die benötigt werden, um KMAT X als Stammelement und KMAT Y und KMAT Z als Unterbaugruppen zu konfigurieren, da es ein Wissensbasisprofil für KMAT X enthält. Außerdem enthält es alle Daten, die benötigt werden, um KMAT Y als einstufiges Stammelement zu konfigurieren, da es ein Wissensbasisprofil für sie enthält.

Dieses Beispiel verdeutlicht, warum Sie KMAT-Unterbaugruppen identifizieren sollten, die auch als Stammelementkonfigurationen dienen können, und dann vermeiden sollten, separate Wissensbasen für diese KMATs zu erstellen.

Produktfamilie – Einstufiges Beispiel mit zusätzlichem Fokus auf Constraint-Netzen

Betrachten wir nun verschiedene einstufige Produkte und die Frage, wann sie in einer Wissensbasis kombiniert werden sollten.

Bei unterschiedlichen, aber ähnlichen Produkten müssen wir nicht nur die Wiederverwendung von gemeinsamen Klassen, Merkmalen, Beziehungswissen und Variantentabellen in Betracht ziehen, sondern auch die Verwendung von Constraint-Netzen, da sich das Speichern und Laden der Constraint-Netze in der Wissensbasis-Laufzeitversion leicht von der Vorgehensweise in LO-VC unterscheidet.

8

Nehmen wir an, Sie fügen zwei konfigurierbare Materialien (KMAT) mit den Namen S und T zu Ihrem System hinzu (siehe Abbildung 8.9). Beide haben fünf Merkmale und beide erben die Merkmale von einer gemeinsamen Klasse `CLASS_C` sowie von `CLASS_S` und `CLASS_T`. `CLASS_C` sind folgende Merkmale zugeordnet: Merkmal 12, Merkmal 13, Merkmal 14 und Merkmal 15. `CLASS_S` verwendet das zugeordnete Merkmal `Char11`, und `CLASS_T` verwendet das Merkmal 16.

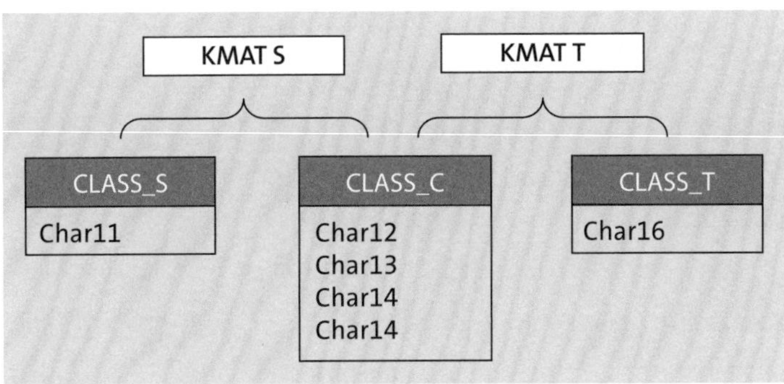

Abbildung 8.9 Produktfamilie: einstufiges Modell mit dem Fokus auf Constraints

Dies hat die folgenden Zuordnungen der Merkmale zu den KMATs zur Folge (siehe Tabelle 8.4):

KMAT S	KMAT T
Merkmal 11	Merkmal 12
Merkmal 12	Merkmal 13

Tabelle 8.4 Darstellung einer Produktfamilie bei einem einstufigen Modell mit dem Fokus auf Constraints

KMAT S	KMAT T
Merkmal 13	Merkmal 14
Merkmal 14	Merkmal 15
Merkmal 15	Merkmal 16

Tabelle 8.4 Darstellung einer Produktfamilie bei einem einstufigen Modell mit dem Fokus auf Constraints (Forts.)

Nehmen wir zusätzlich an, dass beide Produkte gemeinsame Constraints verwenden und jedes Produkt spezifische Constraints verwendet, bei denen sogar für die gemeinsamen Merkmale 12 bis 15 eine produktspezifische Logik implementiert ist. Diese spezifischen Constraints werden zusätzlichen Constraint-Netzen zugewiesen. Die Constraint-Netze werden den jeweiligen Konfigurationsprofilen für KMAT S und KMAT T zugeordnet.

Abbildung 8.10 zeigt, dass dies zu dem häufig verwendeten Constraint-Netz führt: Constraint ST. Ein spezifisches Constraint-Netz für das Produkt S: Constraint-Netz S, und ein spezifisches Constraint-Netz für das Produkt T: Constraint-Netz T.

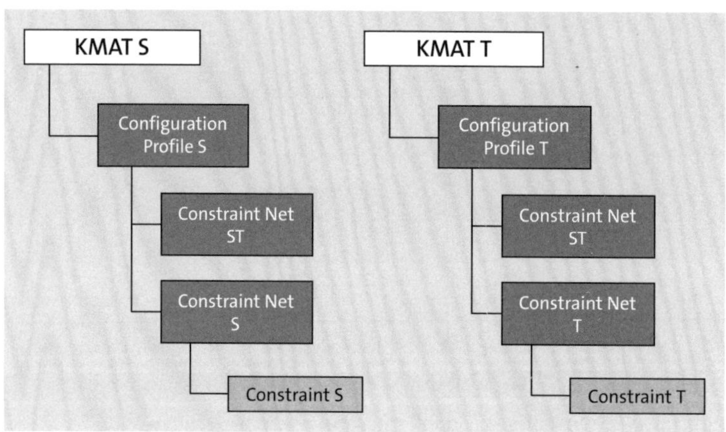

Abbildung 8.10 Einstufiges Beispiel mit Constraint-Netzen

Die Kombination beider Produkte in einer Wissensdatenbank ist unter dem Gesichtspunkt der Datenredundanz zwar ein guter Ansatz; allerdings ist eine Besonderheit zu beachten, die auch in der Liste der Deltas zwischen der VC- und Laufzeitversionsverwendung in der Configuration Engine dokumentiert ist, z. B. in der SAP-Variantenkonfiguration und im Pricing Service.

Folgende Unterschiede bei der Nutzung von Constraint-Netzen sind bei der Nutzung der Microservices in AVC im Gegensatz zu den Microservices in LO-VC zu beachten:

- *Microservice*: Alle Constraint-Netze werden zu Beginn des Konfigurationsprozesses geladen.
- *LO-VC*: Constraint-Netze, die einem Konfigurationsprofil zugeordnet sind, werden nur geladen, wenn das Material bei der Konfiguration ausgewählt wurde.

Dies liegt daran, dass in der Wissensbasis-Laufzeitversion die Constraint-Netze in einem sogenannten Task gesammelt werden – ohne die vorherige Verknüpfung mit dem Konfigurationsprofil (siehe Abbildung 8.11). Somit werden alle Constraint-Netze und alle Constraints aus dem generierten Task für jedes konfigurierte Produkt in die Konfiguration geladen.

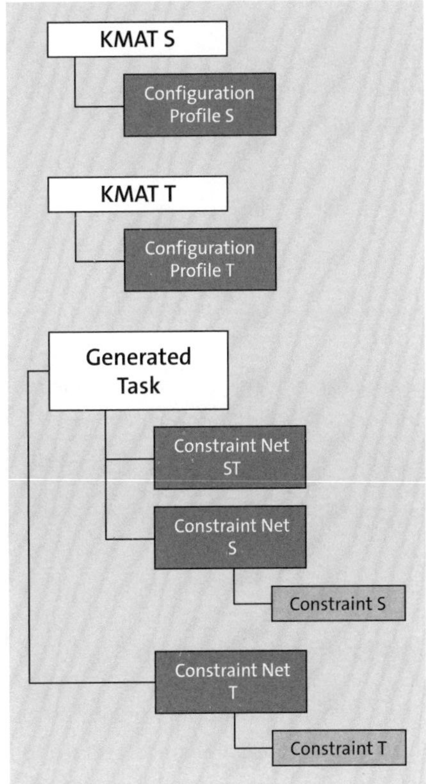

Abbildung 8.11 Constraint-Netze im KMAT

Wenn beide Produkte mit der gleichen Wissensbasis ST konfiguriert werden sollen, werden alle gepflegten Constraint-Netze (Constraint-Netze, die einem beliebigen enthaltenen Konfigurationsprofil zugeordnet sind) beim Konfigurationsstart in die Konfiguration geladen, egal ob für Produkt S oder für Produkt T. Somit werden beim Erstellen einer Konfiguration alle drei Constraint-Netze S, T und ST geladen!

Wenn das Constraint S nur Rückschlüsse auf das Produkt S zulässt, müssen Sie darauf achten, dass Sie eine materialspezifische Objektdeklaration im Constraint S verwenden:

```
?0 IS_OBJECT(MATERIAL)(300 )(NR='S') WOBEI
C2 = Merkmal12;
C3 = Merkmal13
```

Gleiches gilt für die Deklaration in der Einschränkung T:

```
?0 IS_OBJECT(MATERIAL)(300 )(NR='T') WOBEI
C2 = Merkmal12;
C3 = Merkmal13
```

Die Constraints im Constraint-Netz ST sollten hingegen eine Deklaration auf der Klassenebene verwenden, da sie für beide Produkte S und T gelten:

```
?0 IS_a(300 )CLASS_C WHERE
C2 = Merkmal12;
C3 = Merkmal13
```

Gruppierung von Constraints

Produkte können nach Produktfamilien gruppiert werden, wenn Sie alle verwendeten Constraint-Netze allen relevanten Konfigurationsprofilen zuordnen können. Allgemeine Constraints sollten in einem gemeinsamen Netz gesammelt werden, und spezifische Constraints sollten in produktspezifischen Netzen unter der Verwendung der materialspezifischen Deklaration gesammelt werden.

8.4 Anleitung zur (Re)generierung von Laufzeitversionen

Dieser Abschnitt enthält Anleitungen dazu, wann und wie Laufzeitversionen neu generiert werden. In diesem Abschnitt wird davon ausgegangen, dass Laufzeitversionen in Ihrem Produktions-ERP-System generiert werden, was das häufigste Szenario ist.

Wie im Abschnitt über die Namenskonvention erläutert, sind für jede Kombination der folgenden Parameter separate Laufzeitversionen erforderlich:

- Gültig-ab-Datum
- Werk
- Stückliste Anwendung
- Sprache Schlüssel
- Konfigurationsprofil

Mit anderen Worten: Die Anzahl der erforderlichen Laufzeitversionen ist die Multiplikation der unterschiedlichen (und nur anwendbaren) Anzahlen von Gültig-ab-Datum, Werk, Stücklistenanwendung, Sprachschlüssel und Konfigurationsprofil:

»Anzahl der Laufzeitversionen«

=

»Gültig-ab-Termine«

×

»Werke«

×

»Stücklistenanwendung«

×

»Sprachschlüssel«

×

»Konfigurationsprofile«

In der Praxis ist das Gültig-ab-Datum in der Regel der einzige Parameter, der sich von einem Laufzeitversion zum anderen unterscheidet.

Um beim Beispiel der Namenskonvention zu bleiben: Die Fahrräder hatten zwei verschiedene Gültigkeitsdaten für zwei verschiedene Werke, die jeweils eine andere Konfigurationslogik haben, was zu vier Laufzeitversionen führt (siehe Abbildung 8.12). Stücklistenanwendung, Sprachenschlüssel und Konfigurationsprofile sind in diesem Beispiel bereits unterschiedlich und daher nicht anwendbar.

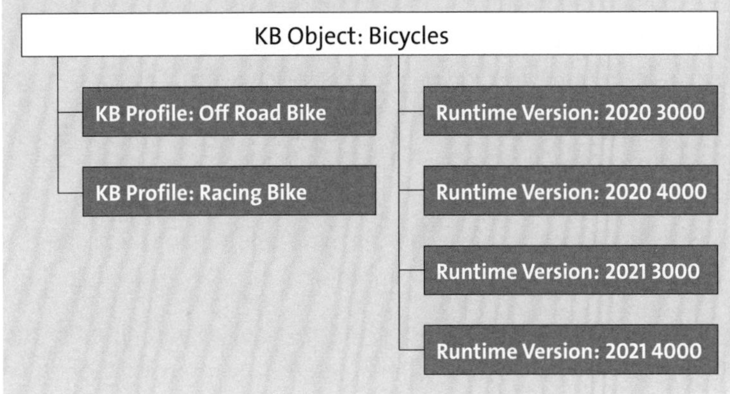

Abbildung 8.12 Anzahl der benötigten Laufzeitversionen

8.4.1 Wann müssen neue Laufzeitversionen erstellt werden?

In der Fortsetzung des Beispiels auf der vorherigen Seite werden im Jahr 2022 zwei zusätzliche Laufzeitversionen benötigt:

- 2022 3000 für das Werk 3000
- 2022 4000 für das Werk 4000

Zusätzliche Laufzeitversionen werden benötigt, weil es notwendig ist, separate Angebote für jedes Modelljahr zu pflegen, insbesondere am Jahresende, wenn es notwendig sein kann, entsprechend den Angeboten des vorherigen oder nächsten Jahres zu konfigurieren.

Mit SAP-Hinweis 2676709, der auf der SAP-Website veröffentlicht wurde, wird eine neue Laufzeitversion, die genau die gleichen Einstellungen und Inhalte wie sein Vorgänger enthält, nicht gespeichert. Der Vorgänger wird über das Gültig-ab-Datum ermittelt.

Wenn im Beispiel eine neue Laufzeitversion mit Werk 4000 erzeugt wird:

- Das neue Gültig-ab-Datum liegt im Jahr 2022; dann ist die Vorgängerversion die Laufzeitversion 2021 4000.
- Das neue Gültig-ab-Datum liegt zwischen der Laufzeitversion 2020 4000 und der Laufzeitversion 2021 4000; die Vorgängerversion ist die Laufzeitversion 2020 4000.
- Das neue Gültig-ab-Datum liegt im Jahr 2019; es gibt keinen Vorgänger.

8.4.2 Wann müssen bestehende Laufzeitversionen neu generiert werden?

Laufzeitversionen werden in der Regel immer dann neu generiert (d. h. neu erstellt), wenn Änderungen sofort und rückwirkend für bestehende Konfigurationen für diesen Laufzeitversion vorgenommen werden müssen. Für solche Aktualisierungen gibt es in der Regel zwei Szenarien:

- wenn die Daten oder die Logik des Konfigurationsmodells korrigiert werden müssen, weil sie zuvor falsch waren
- wenn die Midstream-Produktänderungen bestimmte Funktionen haben, die sofort verfügbar sind oder nicht mehr angeboten werden

Um beim Beispiel des Fahrrads zu bleiben: Eine bestimmte Lenkerkonfiguration wird aufgrund eines Qualitätsproblems sofort aus dem Programm genommen. Die Option wird in den Konfigurationsmodellen ausgeschlossen und die Laufzeitversionen für dieses Modelljahr neu generiert und eingesetzt. Bestehende Angebote, in denen dieser Lenker erlaubt war, werden nun bei der Neukonfiguration oder der Auftragserteilung inkonsistent sein, was ein gewünschtes Ergebnis ist. Der Benutzer wird darauf hingewiesen, dass nun eine andere Lenkerkonfiguration ausgewählt werden muss.

8.4.3 Laufzeitversionen in Verbindung mit Änderungsnummern

Sie können Laufzeitversion-Gültigkeitsdaten mit den Gültigkeitsdaten der ECN (ECN = Engineering Change Number) abgleichen, wenn ECNs zur Pflege der entsprechenden Konfigurationsmodelle verwendet werden. Beachten Sie, dass Laufzeitversionen selbst nicht mit ECNs gepflegt werden können. Daher müssen die Laufzeitversion-Gültigkeitsdaten nach einer Datumsverschiebung der ECN manuell abgeglichen und neu generiert werden.

Bei diesem Ansatz benötigen Sie eine oder mehrere Laufzeitversionen (siehe die Anzahl der benötigten Laufzeitversionen für eine Wissensbasis) für jede Änderungsnummer, die zur Pflege der Konfigurationsmodelle verwendet wurde. Dieser Ansatz eignet sich gut für Szenarien, in denen Sie regelmäßige Releases Ihrer VC-Modelle durchführen, um bestimmte Funktionen einzuführen oder einzustellen, und die Wartung für alle relevanten Konfigurationsmodelle mit einer einzigen Änderungsnummer durchführen. Auch können Sie entscheiden, dass das Datum für die Einführung dieser Änderungen je nach Markt- oder Produktionsreife leicht verschoben werden muss. Die Änderungsnummer stellt sicher, dass die Änderungen an den Konfigurationsmodellen zwischen Ihrem ERP-System und Ihren Laufzeitversionen koordiniert werden.

Beachten Sie, dass Sie verschiedene Änderungsnummern für Fertigungsstücklisten verwenden können, vorausgesetzt, dass die Fertigungsstücklisten nicht in Ihrem Laufzeitversion enthalten sind, und dass dies keinen Einfluss auf die Änderungsnummer hat, die zum Abgleich mit der Laufzeitversionsgültigkeit verwendet wird. Beachten Sie auch, dass Sie nicht zwei Änderungsnummern mit demselben Gültig-ab-Datum verwenden können, da der Konfigurationsdienst nicht in der Lage ist, beide Laufzeitversionen an diesem Datum auszuwählen.

Als Fußnote sei angemerkt, dass Wissensbasisobjekte nicht mit dem ECM gepflegt werden können, auch wenn auf den Einstiegsbildern der klassischen Transaktionen CU31-33 ein schreibgeschütztes und leeres Feld für die Änderungsnummer erscheint.

Im Allgemeinen wird empfohlen, den Änderungsdienst zu verwenden, aber es ist besonders wichtig, dies zu tun, wenn der Dienst **Variantenkonfiguration mit aktivierter AVC-Weiterleitung** verwendet wird. Damit soll sichergestellt werden, dass die von der AVC verarbeitete Version des Produktmodells mit der Version der Wissensbasis übereinstimmt, die von den Microservices verwendet wird.

Die Microservices verarbeiten keine AVC-Konfigurationsergebnisse, die Objekte wie Merkmale oder Produkte enthalten, die in der Wissensbasis unbekannt sind, da dies zu Fehlern in SAP CPQ führen würde.

8.4.4 Wie oft sollte man Laufzeitversionen (re)generieren?

Tabelle 8.5 fasst die Ansätze und Extreme für die Regenerierung bestehender oder die Generierung neuer Laufzeitversionen für eine bestimmte Wissensbasis zusammen. Das erwartete Verhalten von Rekonfigurationsfällen (d. h. das Ändern einer gespeicherten Konfiguration) spielt bei der Entscheidungsfindung zusammen mit der Häufigkeit von Änderungen an den Konfigurationsmodellen eine wichtige Rolle.

Häufigkeit	Vorhandene Laufzeitversion neu generieren	Erzeugen eines neuen Laufzeitversion
täglich	Angemessen, wenn alle Korrekturen sofort und rückwirkend wirksam werden sollen.	Schlechte Praxis, es sei denn, tägliche Änderungen dürfen den Anwendungsfall der Rekonfiguration nicht beeinflussen.
niemals	Es werden keine Korrekturen an früheren Laufzeitversionen vorgenommen; die Rekonfiguration erfolgt immer mit dem aktuellen Gültigkeitsdatum.	Die Rekonfiguration verwendet immer eine einzige (d. h. neueste) Version der VC-Daten und -Logik.
nach ALE zur Produktion	Gängige Praxis, insbesondere bei der Wiederverwendung einer früheren Änderungsnummer (oder ohne ECM).	Gängige Praxis, insbesondere wenn ALE und Laufzeitversion an die neue Änderungsnummer angepasst sind.

Tabelle 8.5 Ansätze und Extreme für die Generierung bzw. Regenerierung von Laufzeitversionen

Im Folgenden werden die Ansätze und Extreme für die Regenerierung *bestehender* Laufzeitversionen für bestimmte Wissensbasen miteinander verglichen:

Tägliche Regenerierung Ihrer Laufzeitversionen

Dies ist eine sinnvolle Vorgehensweise, wenn Sie sicherstellen wollen, dass Änderungen an Ihren Konfigurationsmodellen, insbesondere die Änderungen, die direkt in Ihrem Produktionssystem vorgenommen werden, in Ihren Laufzeitversionen korrekt widergespiegelt werden, d. h., dass Änderungen sofort und rückwirkend wirksam sein sollten. Beachten Sie, dass ein neuer Build nicht gespeichert wird, wenn es keinen Unterschied zum aktuellen Build gibt.

Keinerlei Regenerierung Ihrer Laufzeitversionen

Dies bedeutet, dass Sie jedes Mal, wenn Sie Änderungen am Konfigurationsmodell vornehmen, eine neue Laufzeitversion erstellen. Dieser Ansatz bietet keine genaue

Rekonfiguration, wenn die Änderungen sofort und rückwirkend erfolgen müssen. Ein Beispiel: Eine Konfiguration wird mit Laufzeitversion 1 erstellt. Am nächsten Tag werden ein Fehler im Konfigurationsmodell korrigiert und eine neue Laufzeitversion 2 erstellt. Alle neuen Konfigurationen oder Rekonfigurationen, die die Laufzeitversion 1 verwenden, sind immer noch falsch.

Regenerierung Ihrer Laufzeitversionen nach ALE (Application Link Enabling)

Dies ist die gängige Praxis. Sie geht davon aus, dass Konfigurationsmodelle in Ihrem Produktionssystem nicht geändert werden, außer durch ALE von einem Golden Client oder Ähnlichem. Relevante Laufzeitversionen sollten unmittelbar nach der Durchführung von ALE neu generiert werden, ohne eine Änderungsnummer oder die Wiederverwendung einer früheren Änderungsnummer, um sicherzustellen, dass Ihre ERP-Konfigurationsmodelle und die entsprechenden Laufzeitversionen synchron bleiben.

Im Folgenden werden die Ansätze und Extreme für die Erstellung *neuer* Laufzeitversionen für eine bestimmte Wissensbasis verglichen:

Tägliche Generierung Ihrer Laufzeitversionen

Dies ist eine schlechte Praxis, es sei denn, Sie haben tägliche Unterschiede in Ihren zugrundeliegenden Konfigurationsmodellen. Es ist sehr wahrscheinlich, dass dieser Ansatz zu vielen Laufzeitversionen mit demselben Inhalt führt, wenn sich die zugrundeliegenden Konfigurationsmodelle von einem Tag auf den anderen Tag nicht geändert haben. Eine solche Redundanz wirkt sich auf die Speicherung und Leistung aus. Mit SAP-Hinweis 2676709 wird eine neue Laufzeitversion, die dieselben Inhalte wie deren Vorgänger enthält, nicht gespeichert.

Vermeidung neuer Laufzeitversionen

Dies bedeutet, dass Sie Ihre einzelnen Laufzeitversionen immer dann neu generieren, wenn Sie Änderungen am Konfigurationsmodell vornehmen. Das bedeutet, dass alle Modelländerungen sofort und rückwirkend wirksam werden. Es ist nicht möglich, bestehende Konfigurationen mit der gleichen Konfigurationslogik zu rekonfigurieren, die bei der Erstellung einer Konfiguration gültig war. Alle Rekonfigurationen verwenden die aktuelle Modelllogik.

Generierung neuer Laufzeitversionen nach ALE

Dies ist gängige Praxis und ähnelt der Neugenerierung von Laufzeitversionen nach ALE (siehe oben). Der Unterschied besteht darin, dass eine neue Laufzeitversion nach ALE mit einer neuen Änderungsnummer für das/die zugehörige(n) Konfigurationsmodelle generiert werden sollte. Hüten Sie sich davor, diesen Ansatz ohne Änderungsnummer zu verwenden.

8.4.5 Neuerungen in Bezug auf die Verwendung von AVC

Aufgrund der Neuentwicklung im Bereich der Basiskonfiguration (LO-VC versus AVC) gibt es natürlich auch Änderungen bei der Nutzung dieser neuen Technologie. Wir gehen in den nächsten Abschnitten näher darauf ein, auf welche Punkte beim Einsatz von AVC zu achten ist.

Klassische und erweiterte Generierung der Wissensbasis-Laufzeitversionen

Die erweiterte Wissensbasis-Laufzeitversionsgenerierung wurde speziell für die SAP-Variantenkonfiguration und die Preisgestaltung eingeführt, um Lösungen für verschiedene Einschränkungen der klassischen Generierung der Wissensbasis-Laufzeitversionen zu bieten. Das Präfix *advanced* bezieht sich auf die wörtliche Bedeutung; es wurde nicht ausschließlich zur Unterstützung von AVC entwickelt.

SAP-Hinweis 3022814 erläutert die Unterschiede zwischen der klassischen und der erweiterten Wissensbasisgenerierung sowie die allgemeinen Funktionen, Einschränkungen und Anwendungshinweise.

Die wichtigsten Verbesserungen der erweiterten Wissensbasisgenerierung sind:

- Erweiterte Laufzeitversionen werden nicht über Middleware repliziert, da die Middleware auf den `SCE*`-Tabellen basiert.
- Die Laufzeitversionsdaten werden direkt nur in den `COMM_CFG*`-Tabellen gespeichert, sodass kein Kopiervorgang erforderlich ist.
- Die Laufzeitversionsdaten enthalten einen zusätzlichen Bezeichner für die Stücklistenposition, der durch ein neues Feld in der DB-Tabelle `COMM_CFGCLPART` implementiert wird.
- Merkmale der neuen komprimierten Speicherung von Variantentabellen, generisch in den neuen DB-Tabellen `COMM_CFGVARVAL` und `COMM_CFGVTGVAL` abgelegt, sind:

  Variantentabellenzellen mit mehreren Werten werden bei der Laufzeitversionsgenerierung nicht mehr in separate Zeilen aufgeteilt, wodurch sich Verarbeitungszeit und Datenspeicherbedarf für die generierten Laufzeitversionsvariantentabellen verringert.
- Die Nutzung numerischer Intervallwerte ist möglich.
- Die Nutzung von Platzhalterwerten, nur für AVC-Varianten-Tabellen ist möglich.
- Erweiterte Laufzeitversionen können vom IPC nicht verarbeitet werden, wenn sie Variantentabellen enthalten.
- Nur ein Selektionsbild zur Auswahl aller klassischen Konfigurationsprofile.

- Die Laufzeitversionskopftabelle, die Datenbanktabelle COMM_CFGKB, enthält jetzt zusätzliche Felder für:
  - die Stücklistenanwendung
  - das Werk
  - die Berechtigungsgruppe
  - das Wissensbasisschema; klassische oder erweiterte Generierung der Wissensbasis
  - den Engine Processing Mode (z. B. AVC)

Um zwischen der klassischen und der erweiterten Wissensbasisgenerierung zu unterscheiden, wurde ein Wissensbasis-Schema als Teil der Laufzeitversionskopftabelle eingeführt. Die klassische Wissensbasisgenerierung setzt das Wissensbasisschema auf den Wert »2«, während die erweiterte Wissensbasisgenerierung es auf »4« setzt. Beachten Sie, dass es nicht möglich ist, das Wissensbasisschema eines bestehenden Laufzeitversion zu ändern; alle zukünftigen Builds eines Laufzeitversion verwenden nach der Regenerierung weiterhin das Wissensbasisschema des ursprünglichen Laufzeitversion-Builds.

Der Engine-Verarbeitungsmodus wird entsprechend dem verwendeten Konfigurationsprofil eingestellt. Alle Konfigurationsprofile einer Laufzeitversion müssen denselben Verarbeitungsmodus haben.

Es ist nicht erlaubt, klassische und AVC-Konfigurationsprofile in derselben Laufzeitversion zu mischen. Wenn ein AVC-Konfigurationsprofil existiert und freigegeben ist, wird es automatisch mit der neuen Wissensbasisgenerierung verwendet.

Die erweiterte Wissensbasisgenerierung ist in SAP S/4HANA und in SAP ECC mit EHP 8 SP 16 oder höher verfügbar. In SAP-Hinweis 3022814 finden Sie spezifische Details zur Aktivierung und Verwendung der erweiterten Wissensbasisgenerierung nach der Produktversion.

Wie schaltet man den Wissensbasis-Erzeugungsmodus um?

Fügen Sie im Paket VSCE eine Implementierung für die Methode GET_DEFAULT_KBSCHEMA des Erweiterungsspots KBSCHEMA_CURT hinzu. Diese Methode hat einen Exportparameter EV_KBSCHEMA, der entweder den Wert »4« für die erweiterte Wissensbasisgenerierung oder den Wert »2« für die klassische Wissensbasisgenerierung zurückgeben muss.

Beachten Sie, dass nur die neu generierte Wissensbasis-Laufzeitversionen das geänderte Schema berücksichtigen. Wenn bereits zuvor generierte Laufzeitversionen existieren, wird das neue Build das Wissensbasisschema des vorherigen Builds berücksichtigen. Es ist nicht möglich, bestehende Laufzeitversionen mit einem anderen Wissensbasisschema neu zu generieren.

Wissensbasis und Laufzeitversionspflegehilfsmittel

In der Modellierungsumgebung (Transaktion PMEVC) sehen Sie alle Wissensbasisobjekte, für die ein konfigurierbares Material ein Wissensbasisprofil hat. Sie zeigt alle Laufzeitversionen und ermöglicht es, neue Laufzeitversionen zu generieren oder bestehende Laufzeitversionen zu regenerieren.

Der Report `COM_CFG_DB_STAT` gibt einen detaillierten Überblick über den Inhalt einer Laufzeitversion. Gehen Sie folgendermaßen vor, um den Report zu verwenden:

1. Führen Sie den Bericht `COM_CFG_DB_STAT` aus.
2. Geben Sie, falls gewünscht, Filterkriterien für die Wissensbasis-IDs ein, und führen Sie den Bericht aus (Taste [F8]).
3. Zeigen Sie die passenden Wissensbasis-IDs mit ihren übergeordneten Statistiken an, und beachten Sie die Abkürzungen in der Legende unten.
4. Ein Doppelklick auf eine Wissensbasis-ID zeigt mehr Details der Laufzeitversion, einschließlich der Kopfdaten am oberen Rand.
5. Doppelklicken Sie auf ein beliebiges Objekt, um weitere Details anzuzeigen.

Die Materialtabelle listet alle Materialien in der Laufzeitversion auf, und diejenigen mit einem Wissensbasisprofil zeigen ein »X« in der Spalte Pro. Dies bedeutet, dass relevante untergeordnete KMATs enthalten sind, unabhängig davon, ob die Wissensbasis ein Profil für diese KMATs hat.

Transaktion EXPO_TEST (Testauflösung FOX mit PLM-Objekten) ist nützlich, um die FOX-Pfade (Framework of Explosion) zu diagnostizieren, die für die Produktdatenreplikation (PDR) verwendet werden. Sie kann auch helfen zu verstehen, warum bestimmte Materialien und andere Objekte in einem Laufzeitversion enthalten sind oder nicht.

8.4.6 Unnötige Laufzeitversionen filtern

Klassische Laufzeitversionen werden in SAP ERP und SAP S/4HANA in zwei Gruppen von Datenbanktabellen gespeichert, nämlich in `SCE`-Tabellen und `COMM_CFG`-Tabellen. Die Inhalte der SCE-Tabellen müssen in die `COMM_CFG`-Tabellen kopiert werden, damit sie mit dem Variantenkonfigurationsdienst auf der SAP BTP (von CPQ verwendet) oder mit der Configuration Engine in SAP ERP verwendet werden können. Die CRM-Middleware verwendet beispielsweise nur Daten aus den SCE-Tabellen und kopiert die Daten in die `COMM_CFG`-Tabellen in SAP CRM, damit sie von der Configuration Engine verwendet werden können.

Alle Laufzeitversionsdaten in den `COMM_CFG`-Tabellen werden an die SAP BTP gesendet, wenn diese Integration implementiert ist. Sie können die in die `COMM_CFG`-Tabellen kopierten Laufzeitversionsdaten filtern, wie in SAP-Hinweis 3006114 beschrieben. Dies ist nützlich, um die Kommunikation mit der SAP BTP und die Speicherung in der SAP BTP auf die Laufzeitversionen zu beschränken, die im Variantenkonfigurationsdienst benötigt werden. Der Hinweis erläutert, wie Sie ein BAdI (Business Add-In) implementieren, das Ihre benötigte Filterlogik enthält.

8.5 Nutzung des Konfigurationsmicroservice auf der SAP BTP

Der *Konfigurationsmicroservice* ist, wie auch der Pricing Service (siehe Abschnitt 6.4, »Der Microservice zur Preisfindung auf der SAP BTP«) ein zentraler Bestandteil der Strategie »Model Once – Configure Anywhere« von SAP. Beim Konfigurationsmicroservice handelt es sich um einen sogenannten *REST-Service* (Representational State Transfer – ein Paradigma für die Softwarearchitektur von verteilten Systemen). Dieser REST-Service erlaubt es, die in SAP ERP bzw. SAP S/4HANA angelegten Konfigurationsmodelle auch außerhalb dieser Systeme zu verwenden.

Der Konfigurationsservice kann derzeit in den folgenden Integrationsszenarien genutzt werden:

- SAP Commerce Cloud
- SAP CPQ
- Individualentwicklungen

Die Einbindung von AVC-Konfigurationen in SAP Commerce Cloud befand sich bei der Drucklegung dieses Buches (April 2023) noch im Entwicklungsstadium. Technisch funktioniert die Verwendung des Konfigurationsservice unterschiedlich, je nachdem, ob eine AVC-Konfiguration oder eine LO-VC-Konfiguration ausgeführt wird.

Bei einer klassischen LO-VC-Konfiguration wird die Konfiguration lokal im Service ausgeführt. Bei der AVC-Konfiguration werden hingegen die Konfigurationsaufrufe an das SAP-S/4HANA-System direkt an den AVC weitergeleitet. Dadurch werden auch die entsprechenden BAdIs mit ausgeführt.

Allerdings wird der Wissensbasisexport weiterhin benötigt. Über diesen werden zum einem das Konfigurationsmodell für den Webservice freigegeben und zum anderen die relevanten Merkmale und die Merkmalsgruppen ermittelt.

8.5.1 Aufruf des Konfigurationsservice

Eine Konfiguration wird durch einen `POST`-Request auf die URL */api/v2/configurations* gestartet. Hierbei kann in einem Kontextobjekt die Bewertung von Objektmerkmalen mitgegeben werden. Als Ergebnis wird durch den Start u. a. eine ID zurückgegeben, mit deren Hilfe die Konfiguration bewertet und ausgelesen werden kann.

Dadurch, dass bei einem Auslesen der Konfiguration alle alternativen Werte aller bereits bewerteten Merkmale bereits berechnet werden, kann die Laufzeit der Konfiguration bei der Verwendung des Service sehr viel mehr Zeit benötigen als bei der Verwendung der Konfiguration im SAP-S/4HANA-System direkt. Je mehr Merkmale durch Nutzer oder durch die Default-Bewertungen vorbelegt ist, umso höher ist der Zeitaufwand zur Abarbeitung.

Für zukünftige Versionen des Service ist es angedacht, hier eine Einschränkungsmöglichkeit dahingehend mitzugeben, welche Merkmale einen alternativen Aufruf erlauben.

Die Dokumentation des Service findet sich unter *https://api.sap.com/api/ProductConfigurationService/overview*

8.5.2 Administration

Die Administration beschränkt sich weitestgehend auf die Replikation der Wissensbasis-Objekte (siehe Abbildung 8.13).

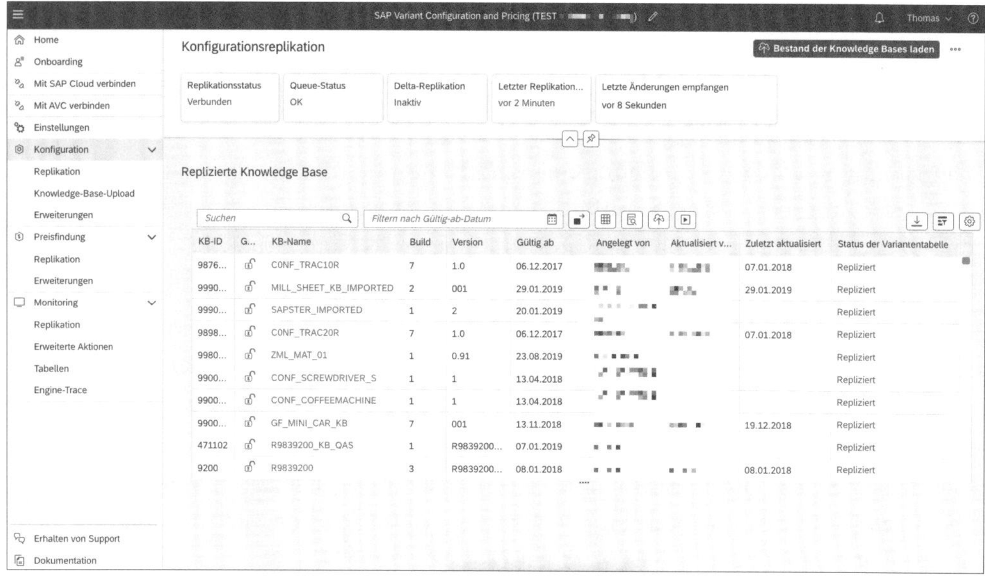

Abbildung 8.13 Administration der Wissensbasisreplikation

Dadurch, dass die Konfiguration im Backend durchgeführt wird, ist der Trace, der durch den Service bereit gestellt wird, in der Regel nicht aussagekräftig. Zur Fehlersuche in der Konfiguration sollten Sie daher die AVC-Simulations-App nutzen.

8.5.3 Erweiterbarkeit

Der Konfigurationsservice bietet an, einen Webservice für Variantenfunktionen anzubinden. Dies ist aber im AVC-Fall nicht relevant, da keine Variantenfunktionen unterstützt werden. Die BAdIs, die zur kundenspezifischen Erweiterung der Konfiguration im SAP-S/4HANA-System implementiert wurden, sind durch das Call Forwarding weiterhin aktiv

8.6 Variantenkonfiguration in SAP Commerce Cloud

In Abschnitt 8.1 haben wir die eine Architektur erläutert, die die Bausteine SAP ERP, SAP S/4HANA, Cloud- und On-Premise-Variante, die SAP BTP, SAP Commerce Cloud und SAP CPQ enthält.

In diesem Abschnitt gehen wir kurz auf SAP Commerce Cloud ein. Wir zeigen im Überblick, welche Eigenschaften eine endkundenorientierte Plattform, die konfigurierbare Produkte enthalten kann, haben sollte.

Hierzu nutzen wir ein Produktmodell, das im Zuge einer Präsentation auf der CWG-Konferenz 2019 in Budapest erstmalig gezeigt wurde. In diesem Beispiel wird ein konfigurierbares Produkt, das seine Stammdaten in SAP S/4HANA hält, über die Vertriebsplattform SAP Commerce Cloud unter Einbeziehung des SAP-CPQ-Systems konfiguriert, bepreist und verkauft.

Wir beziehen uns auf Abbildung 8.1 zu Beginn dieses Kapitels. Wir beginnen mit Schritt 1, dem Anpassen des Produktmodells in SAP S/4HANA (siehe den mittleren Kasten unten). Abbildung 8.14 zeigt das Datenmodell eines konfigurierbaren Lichtschwerts in der Modellierungsumgebung in SAP S/4HANA.

Nachdem das Produktmodell des konfigurierbaren Materials in SAP S/4HANA verändert worden ist, wurde die Wissensbasis aktualisiert, indem – in diesem Beispiel – die bestehende Laufzeitversion regeneriert worden ist. Nach dem Speichern der Laufzeitversion sind die Änderungen direkt über die SAP BTP bzw. die Microservices zur Verfügung gestellt worden und können nun in SAP Commerce Cloud verifiziert werden.

In diesem Beispiel wurde lediglich eine kleine Änderung durchgeführt, nämlich eine sprachabhängige Merkmalswertänderung. Im Merkmal `LSABER_CRYSTAL_COLOUR` wurde der Merkmalswert »Orange« zu »Orange (Heart of the Guardian)«.

Nachdem das Produktmodell in SAP S/4HANA die technischen, produktionsspezifischen oder vertriebsrelevanten Anforderungen erfüllt hat, gehen wir nun zu Schritt zwei – der Konfiguration des geänderte Produkts durch den Endkunden selbst. Er nutzt hierzu die Lösung SAP Commerce Cloud (siehe den Kasten »Commerce« oben in Abbildung 8.1). Rufen Sie nun in SAP Commerce Cloud dieses Produkt auf, erkennen Sie sofort die beschriebene Stammdatenintegration (siehe Abbildung 8.15).

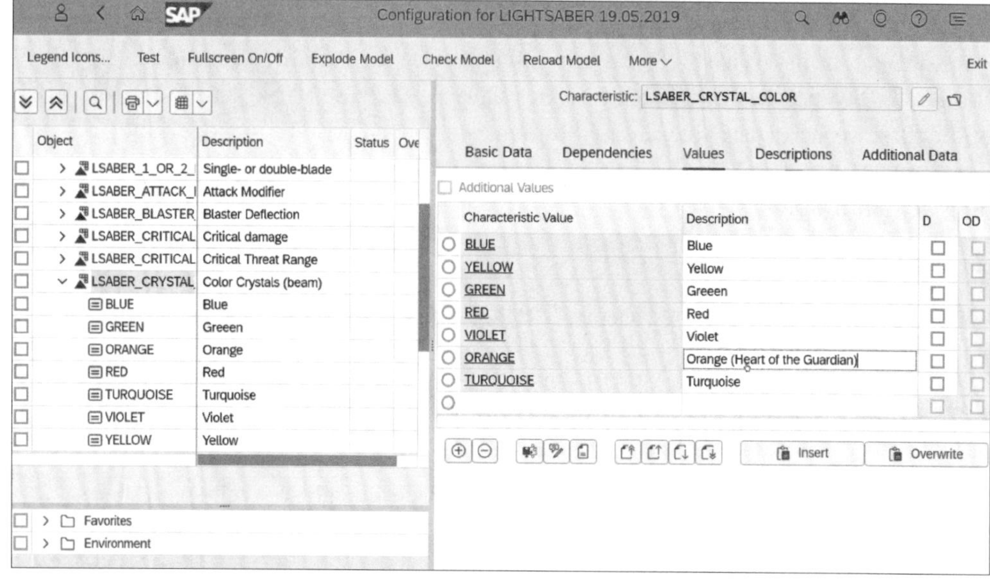

Abbildung 8.14 Datenmodell eines konfigurierbaren Lichtschwerts in SAP S/4HANA

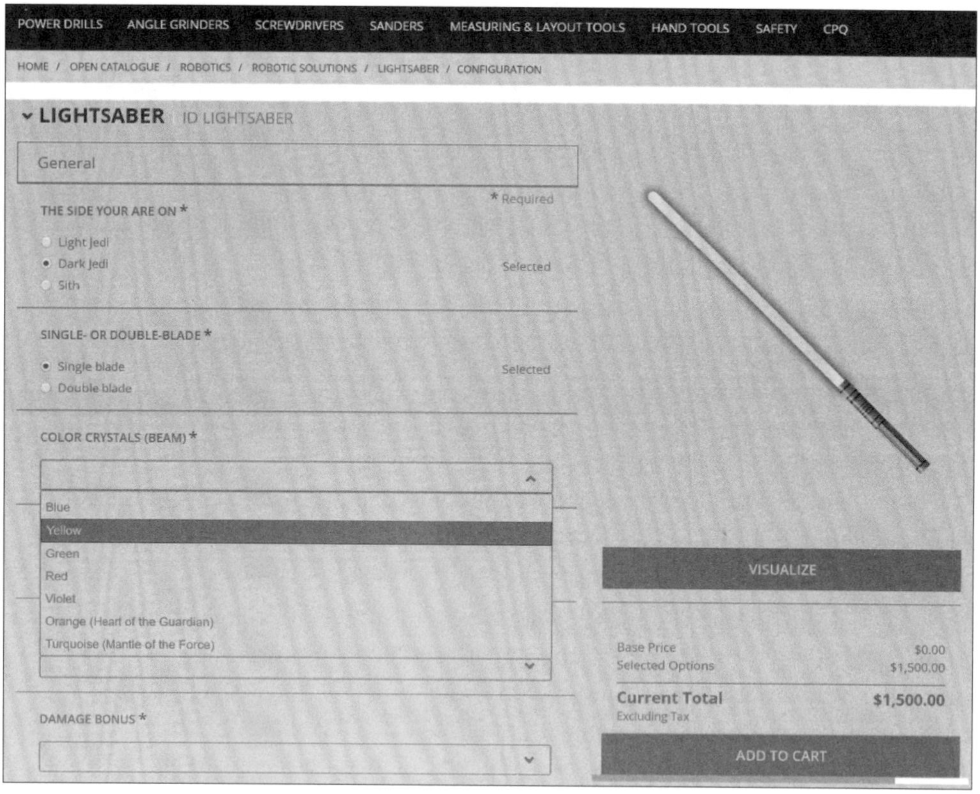

Abbildung 8.15 Konfigurationsoberfläche in SAP Commerce Cloud (Lichtschwert)

Das Merkmal `Colour Crystals (Beam)` zeigt beim Merkmalswert »Orange« die neue Bezeichnung »Orange (Heart of the Guardian)«. Diese hier recht simple Integration zeigt auf recht einfache Weise, dass man durch diese Integration in die Systemlandschaften das Konzept »Model Once – Configure Anywhere« verfolgen kann.

In Abbildung 8.16 sehen Sie eine Auflistung der wichtigsten Merkmale, nachdem die Konfiguration abgeschlossen worden ist. Hier haben Sie die Möglichkeit, sich die Merkmale nach Gruppen sortiert anzeigen zu lassen. Neben den vorher definierten Merkmalsgruppen, die Sie schon aus SAP ERP kennen, können Sie die Selektion auch auf rein preisrelevante oder nur selbst bewertete Merkmale und Werte einschränken. Dadurch bleibt die Übersichtlichkeit auch bei sehr großen Modellen gegeben.

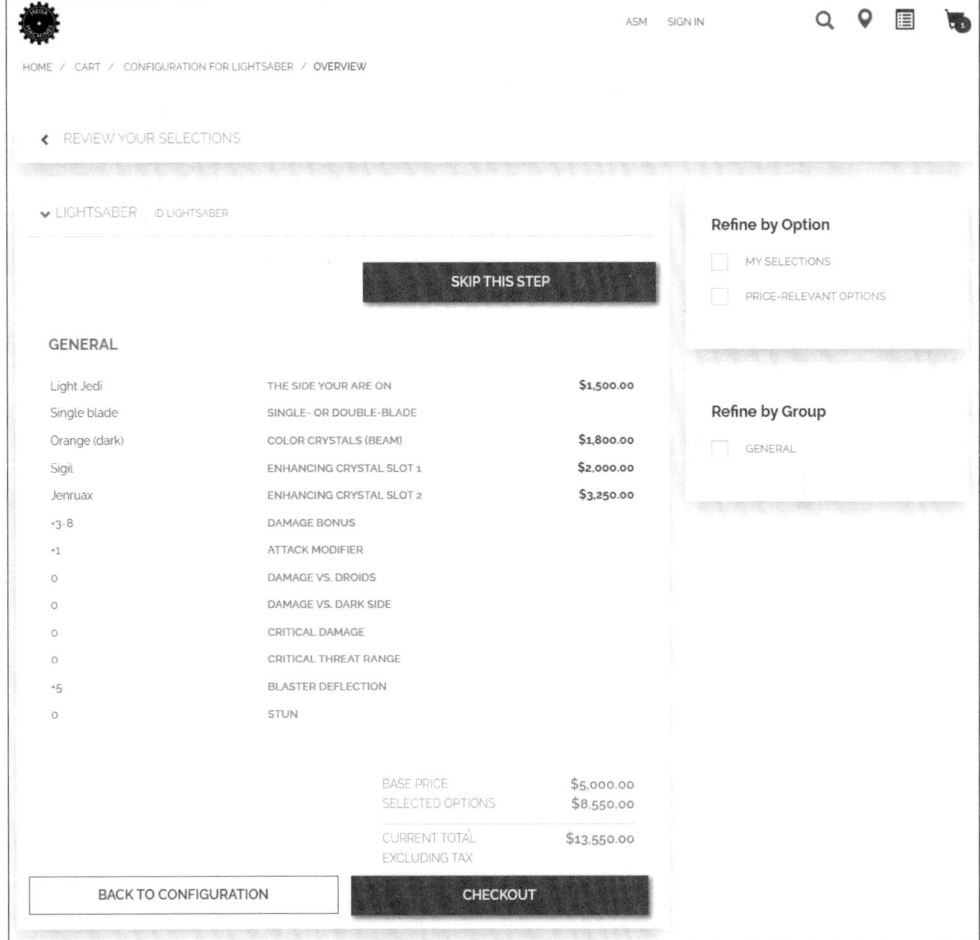

Abbildung 8.16 Übersichtsbild des konfigurierten Produkts in SAP Commerce Cloud

In Abbildung 8.17 sehen Sie die Ansicht kurz vor Abschluss der Bestellung bzw. der Anfrage nach einem Angebot. Neben dem Produktnamen werden Abbildungen, ein kleines Set an Merkmalen und Werten sowie der Preis des zu bestellenden konfigurierten Produkts angezeigt. Oben links erkennen Sie die Warenkorbnummer und rechts oben die beiden Möglichkeiten, wie der Prozess weiter fortgeführt werden kann:

- Erfragen eines Angebots mit Weiterleitung nach SAP CPQ
- direktes Bestellen der Produkte

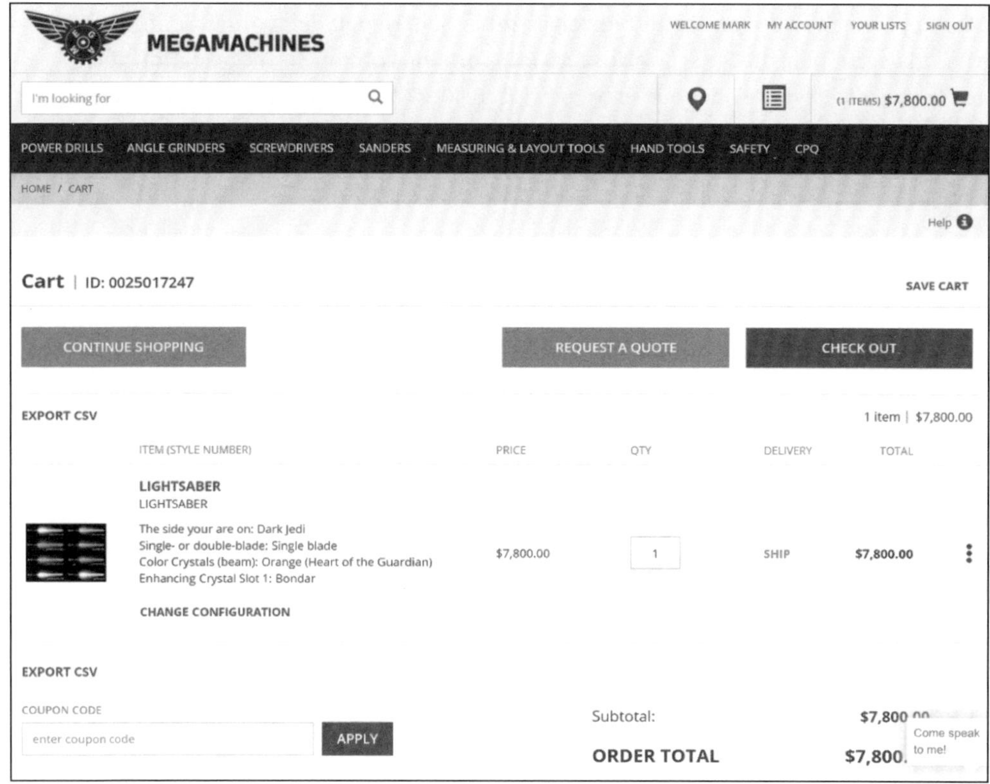

Abbildung 8.17 Warenkorbdarstellung in SAP Commerce Cloud

Wir verfolgen in diesem Beispiel die Darstellung des komplett integrativen Szenarios, das mit einem Produktmodell in SAP S/4HANA startet und die daraus erzeugte Wissensbasis mittels der SAP BTP den Applikationen SAP Commerce Cloud und SAP CPQ zur Verfügung stellt. Abbildung 8.18 zeigt die Bestätigung der Anfrage in SAP Commerce Cloud.

Im nächsten Abschnitt verfolgen wir den Prozess in SAP CPQ.

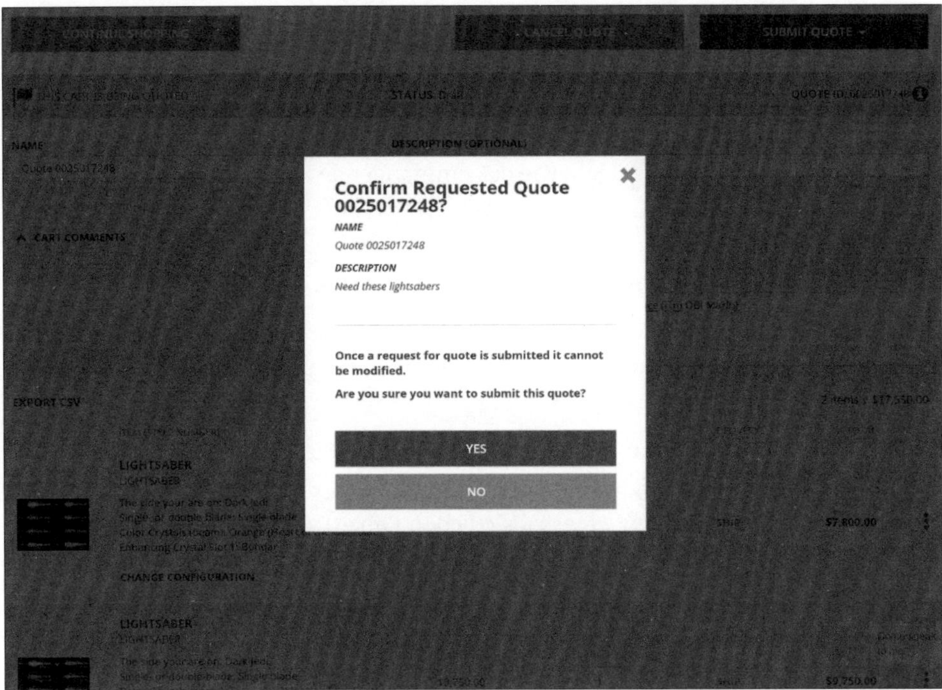

Abbildung 8.18 Bestätigung der Angebotsanfrage an SAP CPQ in SAP Commerce Cloud

8.7 Integrierte Variantenkonfiguration in SAP CPQ

SAP CPQ erlaubt es den eigenen Vertriebsmitarbeitenden in einem Angebot ein konfigurierbares Produkt zu konfigurieren und zu bepreisen. Dies kann auf zwei unterschiedliche Arten erfolgen, je nachdem, welche Art der Architektur bzw. Integration Sie als SAP-Kunde wünschten: mit SAP CPQ als führendem System oder SAP CPQ als Add-on zur Variantenkonfiguration in SAP ERP oder SAP S/4HANA. Diese beiden Möglichkeiten stellen wir Ihnen im Folgenden kurz vor.

8.7.1 SAP CPQ als führendes System

SAP CPQ lässt sich auch unabhängig jeglicher sonstiger SAP-Software einsetzen. Es ist sozusagen Backend und Frontend agnostisch. Dabei werden alle Daten, die zur Abwicklung des CPQ-Prozesse benötigt werden, direkt im SAP-CPQ-System gepflegt. Dies betrifft im Falle von konfigurierbaren Produkten insbesondere die Produkte selbst, die beschreibenden Attribute, deren Werte sowie die Konfigurationslogik zwischen den Attributen.

Da dieses Szenario für die meisten Kunden einer integrierten Variantenkonfiguration nicht infrage kommt, wollen wir dies hier nicht näher beleuchten.

8.7.2 SAP CPQ als Add-on zur integrierten SAP-ERP- oder SAP-S/4HANA-Variantenkonfiguration

Gemäß dem Konzept »Model Once – Configure Anywhere« auf Basis der Microservices auf der SAP BTP nutzen Sie in einem integrierte CPQ-System dieselben Stammdaten und Konfigurationsregeln wie das empfangende System. Das gilt gleichermaßen für SAP ERP (LO-VC) und SAP S/4HANA (LO-VC oder AVC).

Das Demobeispiel mit dem konfigurierbaren Lichtschwert in SAP CPQ

Da die Microservices mit ihren Stammdaten wie Wissensbasis und Laufzeitversion bereits ausführlich behandelt wurden, widmen wir uns wieder unserem Lichtschwertbeispiel.

Der Endkunde hat sich ein Produkt ausgesucht, dieses auskonfiguriert und möchte nun, da ihm der angezeigte Initialpreis nicht gefällt, ein personalisiertes Angebot unter der Berücksichtigung eines zusätzlichen Rabatts erhalten. Er hat dazu in SAP Commerce Cloud eine Angebotsanfrage gestartet. Wir beziehen uns wieder auf Abbildung 8.1; dieses Mal auf den Kasten zu SAP CPQ.

Nach dem Abschicken der Angebotsanfrage durch den Endkunden erhält die für ihn zuständige Vertriebsmitarbeiterin oder der Vertriebsmitarbeiter eine Mitteilung und eine Anzeige dieser Anfragenummer im SAP-CPQ-System (siehe Abbildung 8.19).

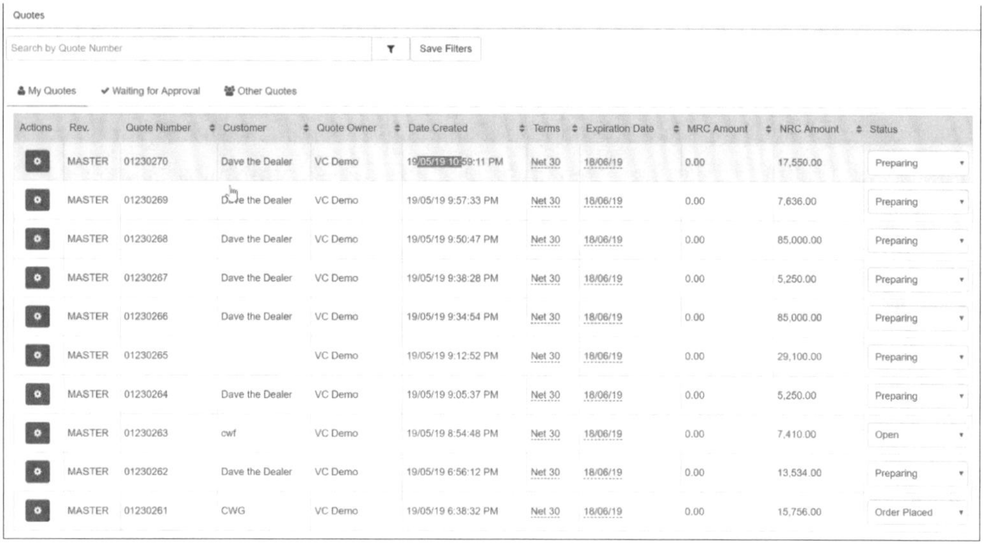

Quotes

Search by Quote Number | Save Filters

My Quotes | Waiting for Approval | Other Quotes

Actions	Rev.	Quote Number	Customer	Quote Owner	Date Created	Terms	Expiration Date	MRC Amount	NRC Amount	Status
	MASTER	01230270	Dave the Dealer	VC Demo	19/05/19 10:59:11 PM	Net 30	18/06/19	0.00	17,550.00	Preparing
	MASTER	01230269	Dave the Dealer	VC Demo	19/05/19 9:57:33 PM	Net 30	18/06/19	0.00	7,636.00	Preparing
	MASTER	01230268	Dave the Dealer	VC Demo	19/05/19 9:50:47 PM	Net 30	18/06/19	0.00	85,000.00	Preparing
	MASTER	01230267	Dave the Dealer	VC Demo	19/05/19 9:38:28 PM	Net 30	18/06/19	0.00	5,250.00	Preparing
	MASTER	01230266	Dave the Dealer	VC Demo	19/05/19 9:34:54 PM	Net 30	18/06/19	0.00	85,000.00	Preparing
	MASTER	01230265		VC Demo	19/05/19 9:12:52 PM	Net 30	18/06/19	0.00	29,100.00	Preparing
	MASTER	01230264	Dave the Dealer	VC Demo	19/05/19 9:05:37 PM	Net 30	18/06/19	0.00	5,250.00	Preparing
	MASTER	01230263	cwf	VC Demo	19/05/19 8:54:48 PM	Net 30	18/06/19	0.00	7,410.00	Open
	MASTER	01230262	Dave the Dealer	VC Demo	19/05/19 6:56:12 PM	Net 30	18/06/19	0.00	13,534.00	Preparing
	MASTER	01230261	CWG	VC Demo	19/05/19 6:38:32 PM	Net 30	18/06/19	0.00	15,756.00	Order Placed

Abbildung 8.19 Übersichtsbild der zu bearbeitenden Angebote in SAP CPQ

Unser Vertriebsmitarbeiter oder unsere Vertriebsmitarbeiterin wendet sich umgehend dieser Anfrage zu und öffnet das Dokument mit den Produkten, die in SAP Commerce Cloud – auf Basis der Stammdaten und Regeln des SAP-ERP- oder SAP-S/4HANA-Systems – konfiguriert und bepreist wurden.

Abbildung 8.20 zeigt das Angebotsdokument im User Interface des SAP-CPQ-Systems. Wenngleich hier eine komplett andere Plattform zum Tragen kommt, sind dennoch alle Stammdaten mit den Stammdaten aus dem Backend-System identisch. Eine erneute Konfigurationsanfrage würde daher auch direkt die beiden Microservices auf der SAP BTP konsumieren. Somit ist zu jeder Zeit sichergestellt, dass nichts angeboten oder gar verkauft wird, was in der Supply Chain später nicht gehalten werden kann. Bezogen auf dieses Beispiel bedeutet dies Folgendes: Das Lichtschwert muss ja auch noch produziert und es müssen Teile bei Lieferanten bezogen werden. Außerdem muss es der Kalkulation auf Basis der Kostenelemente wie Stückliste, Arbeitsplan und Allgemeinkosten standhalten. Kurz: Die Marge muss, ebenso wie die technische Machbarkeit, gewährleistet werden.

Deshalb sehen Sie auch in der Konfigurationsoberfläche des SAP-CPQ-Systems (siehe Abbildung 8.20) den geänderten Merkmalswert »Orange (Heart of the Guardian)«, der im Ursprungs- (und später auch Zielsystem) definiert wurde.

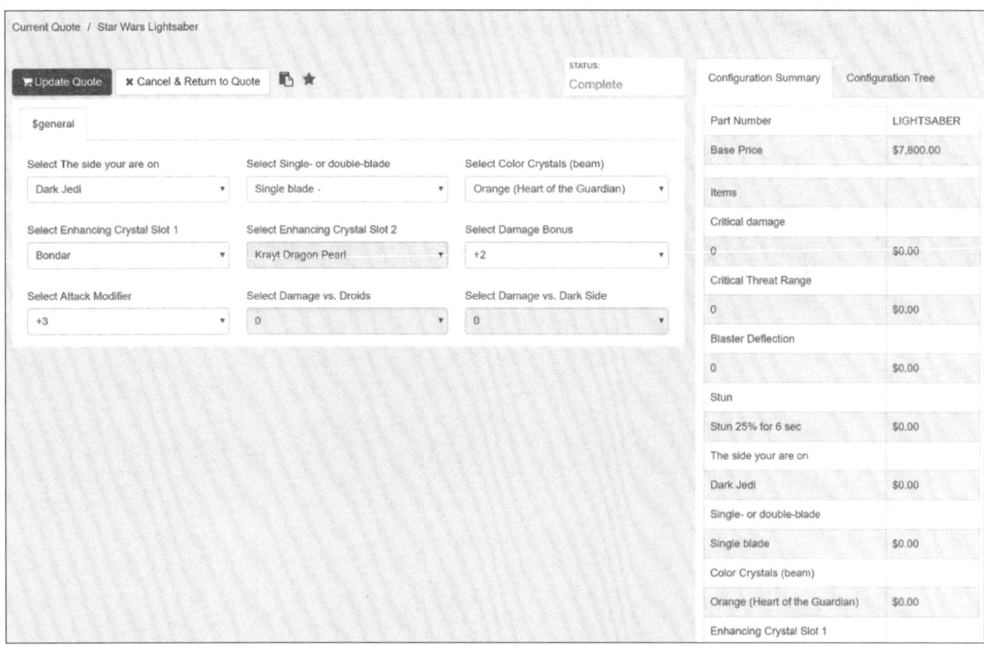

Abbildung 8.20 Angebotsdokument mit konfigurierten Produkten aus SAP Commerce Cloud

Der Kunde hat in SAP Commerce Cloud den Wunsch nach einem besseren Preis geäußert. Da er als Premiumkunde klassifiziert ist, geht der Vertriebsmitarbeiter oder die Vertriebsmitarbeiterin auf diesen Wunsch ein und gewährt dem Kunden einen Rabatt von 8 % bzw. 9 % beim zweiten Artikel (siehe Abbildung 8.21).

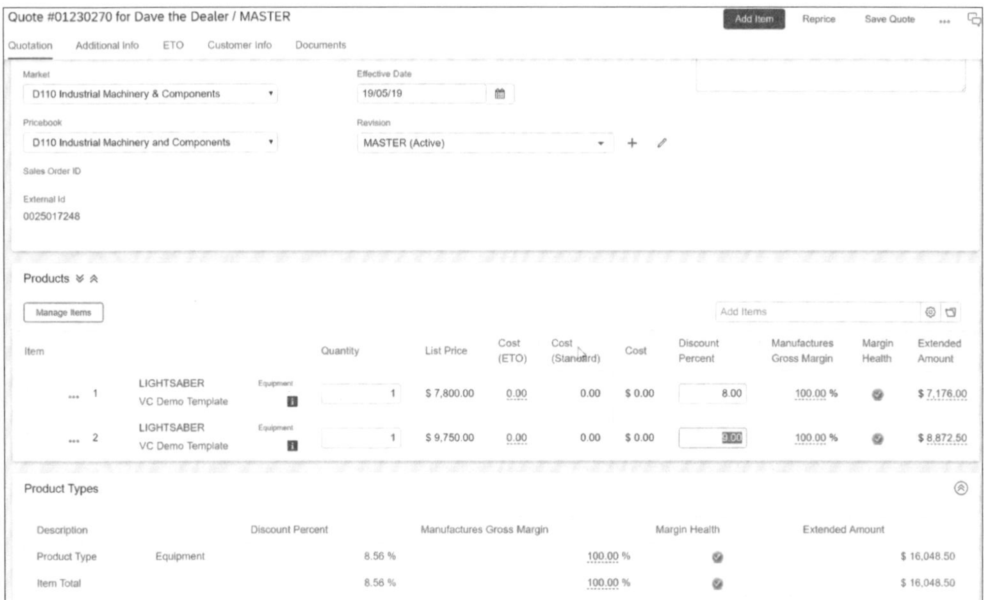

Abbildung 8.21 Rabattierung des Verkaufspreises in SAP CPQ

Die Vertriebsmitarbeiterin oder der Vertriebsmitarbeiter prüft das Angebotsdokument ein weiteres Mal, erkennt den Preis vor und nach der Rabattierung und sieht auch seine Provision durch diesen Verlauf (siehe Abbildung 8.22).

Abbildung 8.22 Preis vor und nach der Bearbeitung in SAP CPQ: Provisionsdarstellung

Die letzte Aktion des Vertriebsmitarbeiters oder der Vertriebsmitarbeiterin in SAP CPQ endet mit der Freigabe des Angebots und der Überführung zurück nach SAP Commerce Cloud (siehe Abbildung 8.23).

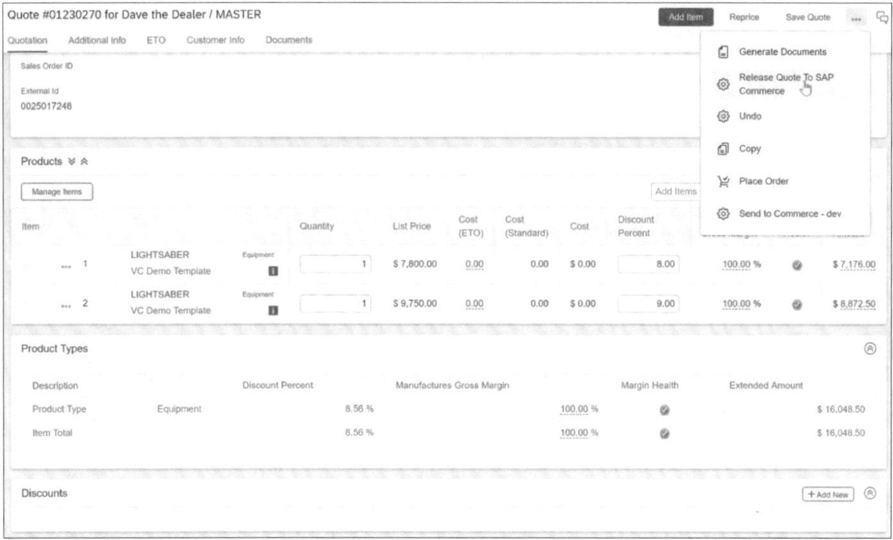

Abbildung 8.23 Bestätigung des SAP-CPQ-Angebots und Weiterleitung an SAP Commerce Cloud zum Endkunden

Abbildung 8.24 zeigt die Liste der angefragten Angebote des Kunden in seiner Sicht in SAP Commerce Cloud. Er erkennt an dem Begriff *Vendor Quote*, dass eine Vertriebsmitarbeiterin oder ein Vertriebsmitarbeiter auf seine Anfrage reagiert hat.

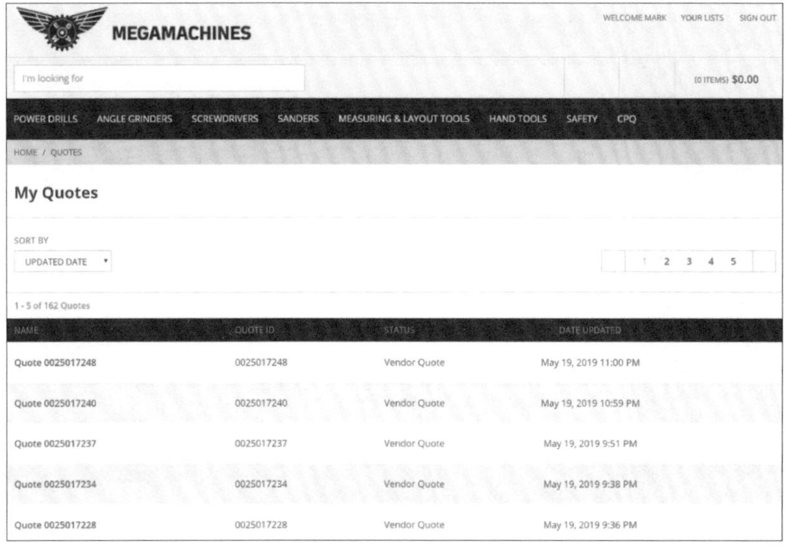

Abbildung 8.24 Warenkörbe des Kunden in SAP Commerce Cloud

Nach dem Öffnen des Dokuments erkennt der Kunde, dass ihm ein besonderer Rabatt eingeräumt wurde. Sowohl der ursprüngliche als auch der aktuelle Preis werden ihm angezeigt (siehe Abbildung 8.25).

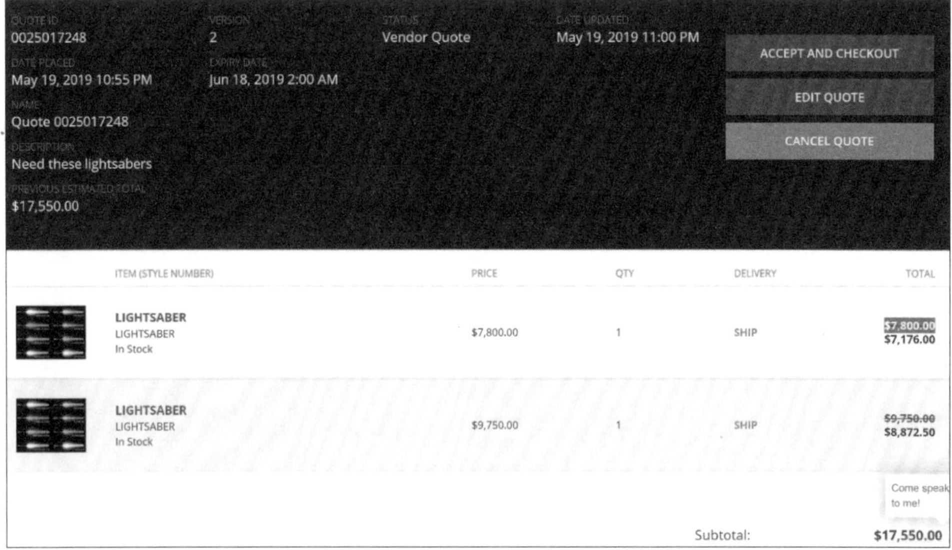

Abbildung 8.25 Rabattiertes Angebot für den Endkunden in SAP Commerce Cloud

Der Kunde könnte an dieser Stelle das Angebot verwerfen, ein neues anfragen oder die Konfiguration erneut ändern. Er entscheidet sich in diesem Beispiel dazu, dem Angebot zuzustimmen. Er klickt auf **Accept Quote**, und ihm wird die Angebotsnummer angezeigt (siehe Abbildung 8.26).

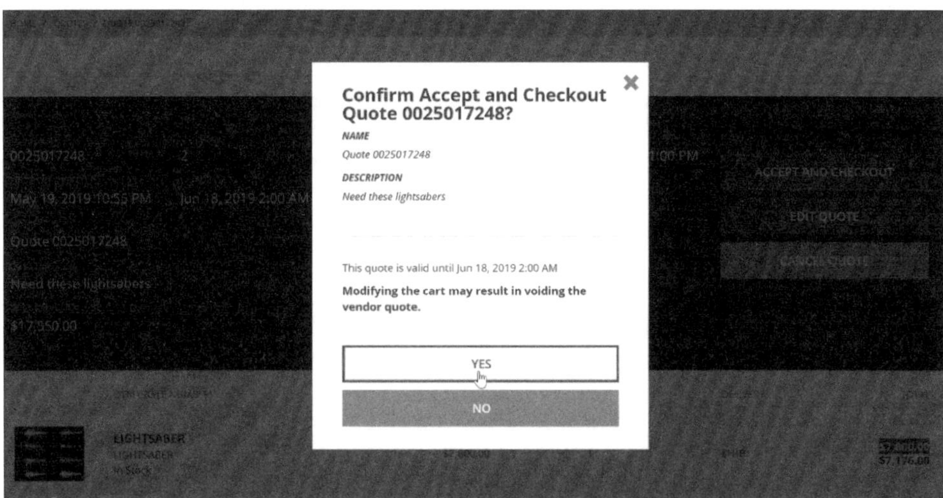

Abbildung 8.26 Annahme des zurückgesandten Angebots aus SAP CPQ in SAP Commerce Cloud

In Abbildung 8.27 gibt der Kunde nun seine Wünsche zu Zahlungsart, Lieferadresse und Lieferart ein.

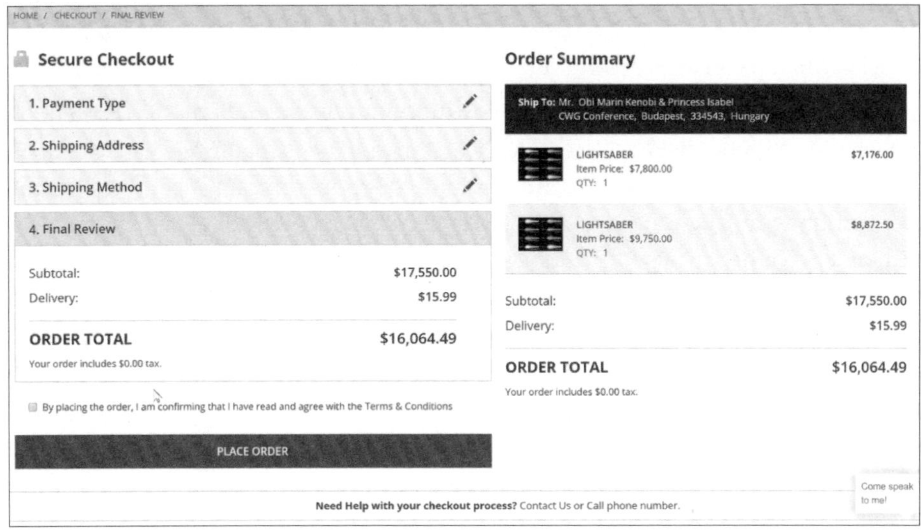

Abbildung 8.27 Angaben zu Zahlungsart, Lieferart und Lieferadresse in SAP Commerce Cloud

Der letzte Schritt ist die Durchführung der Bestellung selbst (siehe Abbildung 8.28). Der Kunde hat nun alle Prozessschritte abgearbeitet, und die Bestellung wird an ein SAP-ERP- oder SAP-S/4HANA-System weitergeleitet.

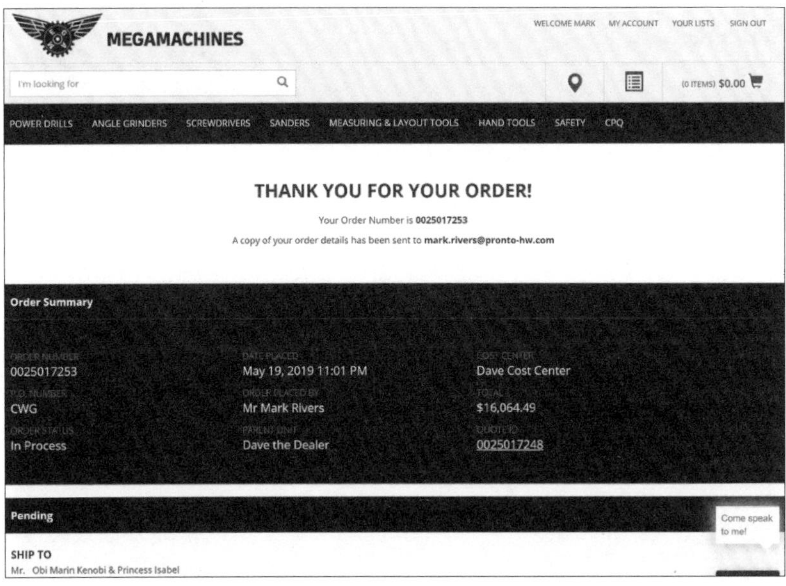

Abbildung 8.28 Bestellung mit der Darstellung der Auftragsnummer absenden

8.8 Fazit

In diesem Kapitel haben Sie die Möglichkeiten einer integrierten Variantenkonfiguration kennengelernt. Eine Fokussierung auf einzelne Teilprozesse oder auf die Vertriebskonfiguration im Frontend verschenkt Potenzial und ist überdies fehleranfällig.

Das Beispiel ließe sich noch viel weiter ausführen: Wir haben in dieser Darstellung z. B. das SD-Angebot in SAP S/4HANA, die Erzeugung der Planaufträge nach der Speicherung des Vertriebsbelegs, die Umwandlung zu Produktionsaufträgen, die Planung der Fertigungsaufträge, das Verpacken, das Verschicken sowie das Fakturieren nicht behandelt. Wir haben die Vorplanung nicht erwähnt, genauso wie Analytics, Optimierungen in der Supply Chain und vieles mehr.

Diese Prozessschritte möchten wir an dieser Stelle zumindest erwähnen, um aufzuzeigen, dass ein Configure-to-Order-Prozess (CTO-Prozess) nur einen ganz kleinen Teilbereich im Vertrieb abbildet. Oft werden die nachfolgenden Prozesse und insbesondere die Integrationsaufwände, gleich in Bezug auf Stammdaten oder Prozesse, außer Acht gelassen. Und dann wandert der strategische Ansatz »Model Once – Configure Anywhere« in weite Ferne.

Nachdem wir die wichtigsten Überlegungen zur Definition von Wissensbasen, deren Nutzung, Generierung und Regenerierung aufgezeigt haben, konzentrierten wir uns anhand mehrerer Beispiele auf Tipps und Tricks, die Ihnen anhand von Extremen und des goldenen Mittelwegs bei der Abarbeitung dieser Thematik helfen sollen.

Anhand des konfigurierbaren Lichtschwerts haben wir daraufhin die Integration der SAP-S/4HANA-Produktmodelle in Applikationen wie SAP Commerce Cloud und SAP CPQ beispielhaft erläutert.

Kapitel 9

Neue Integrationsaspekte zur Variantenkonfiguration

Die Variantenkonfiguration ist sowohl in die Produktentwicklung als auch in die Auftragsabwicklung integriert. Dieses Kapitel greift einige dieser Verbindungspunkte in den durchgängigen Prozessen auf, und es beschreibt, wie die Zusammenarbeit und der Informationsfluss gelingen. Dabei stehen insbesondere die Neuentwicklungen von SAP im Vordergrund.

In SAP S/4HANA selbst, aber auch außerhalb des SAP-S/4HANA-Kerns, ist eine neue Generation von Anwendungen entstanden. Diese werden von SAP oder von SAP-Partnern kontinuierlich erweitert. Davon ist natürlich auch die Variantenkonfiguration betroffen. Zunächst ist AVC selbst eine solche neue Komponente. Die Variantenkonfiguration mit AVC läuft nicht losgelöst von anderen Applikationen, sondern ist in die verschiedenen End-to-End-Prozesse integriert.

Dadurch ergibt sich eine Vielzahl neuer Möglichkeiten der Zusammenarbeit zwischen den Akteuren im Konfigurationsprozess. Darüber hinaus können die Prozesse rund um die Produktmodellentstehung und die Auftragsabwicklung vereinfacht werden.

Im Rahmen dieses Kapitels werden exemplarisch einige dieser neuen Integrationen aufgegriffen. Abschnitt 9.1 beschäftigt sich mit der Stammdatenverteilung mit der Product Replication Workbench. In Abschnitt 9.2 stellen wir die Integration mit Siemens Teamcenter vor. Einen Einblick in die Möglichkeiten für das Anforderungsmanagement und die Dokumentation mit SAP Enterprise Product Development erhalten Sie in Abschnitt 9.3. Abschnitt 9.4 behandelt den Einsatz von maschinellem Lernen und künstlicher Intelligenz (KI) für konfigurierbare Produkte. Wie Sie SAP Workflow Management zusammen mit AVC nutzen, lesen Sie in Abschnitt 9.5. In Abschnitt 9.6 wird schließlich die systemübergreifende Beschaffung konfigurierbarer Produkte dargestellt.

9.1 Stammdatenverteilung mit Product Data Replication

Ein VC-Modell besteht aus einer Vielzahl von Daten verschiedener Datentypen, z. B. Materialstämmen, Stücklisten, Merkmalen, Klassen, Klassifizierungen, Beziehungswissen, Konfigurationsprofilen, Variantentabellen, Variantenfunktionen, Oberflächendesigns (Merkmalsgruppen) usw. Diese haben vielfältige gegenseitige Abhängigkeiten. Merkmale sind einer Klasse zugeordnet, Beziehungswissen können verschiedenen Objekten zugeordnet sein: Vorbedingungen und Auswahlbedingungen an Merkmalen, Constraint-Netze und Prozeduren an Konfigurationsprofilen, Auswahlbedingungen und Prozeduren an Stücklisten und Arbeitsplänen. Schaut man sich die Beziehungswissen-Syntax näher an, dann erkennt man die Verwendung von Merkmale, Variantentabellen und -funktionen. Materialstämme werden für Stücklisten benötigt und sind der Ankerpunkt für Konfigurationsprofile. Klassen und Materialien haben »Klassifizierung« genannte Verbindungen, und Klassen können untereinander in einer Klassenhierarchie strukturiert sein. (Diese Aufzählung ließe sich beliebig lange fortsetzen.)

Es kann notwendig sein, ein VC-Modell vollständig mit allen Abhängigkeiten zwischen diesen heterogenen Daten von einem SAP-System in ein anderes SAP-System zu transportieren. Denkbare Anforderungsszenarien sind beispielsweise:

- **Modellierung in eigenem System**
  Die VC-Modellierung soll, wie von SAP empfohlen, nicht direkt im Produktivsystem, sondern in einem vorgeschalteten System oder Mandanten erfolgen. Dies kann ein geschützter Mandant im Entwicklungssystem oder ein zusätzlicher Mandant im Produktivsystem sein, der ausschließlich für die VC-Modellierung benutzt wird. Hierzu wird häufig der Begriff *Golden Client* verwendet. Für integrative Tests bzw. den Produktivbetrieb wird das VC-Modell in das Test- bzw. in das Produktsystem transportiert.
- **Verwendung mehrerer Produktivsysteme**
  In einer größeren Systemlandschaft mit mehreren Produktivsystemen, z. B. von Landes- oder Tochtergesellschaften, soll die Stammdatenpflege harmonisiert in einem zentralen System erfolgen. Wenn dabei auch VC-Modelle aufgebaut werden, wird man schnell auf die besonderen Herausforderungen bei deren Verteilung in die Satellitensysteme stoßen. Das Zielsystem kann dabei auch ein SAP-S/4HANA-Cloud-System sein, das mit einem AVC-Modell aus einem zentralen SAP-S/4HANA-On-Premise-System versorgt werden soll.
- **AVC-Migration**
  Im Rahmen eines Upgrade-Projekts sollen VC-Modelle in ein neues SAP-S/4HANA-System übertragen werden, um dort mit der AVC Migration Workbench in AVC-Modelle überführt zu werden.

Das dritte Szenario wird mit der zunehmenden Verbreitung von AVC an Bedeutung gewinnen. In einem Upgrade-Projekt nach der Greenfield-Methodik wird ein neues SAP-S/4HANA-System aufgesetzt, das zunächst keine Daten enthält. Nun werden die VC-Modelle, die zukünftig verwendet werden, selektiv aus dem alten ECC-System in das neue SAP-S/4HANA-System repliziert und dort in AVC-Modelle migriert. Im Verlauf des Upgrade-Projekts werden in SAP S/4HANA Prozesse mit den neuen konfigurierbaren AVC-Produkten eingerichtet.

Ein sinnvolles VC-AVC-Migrationsszenario kann auch mit SAP S/4HANA arbeiten, das ausschließlich für die AVC-Migration von VC-Modellen benutzt wird (*AVC-Migrationssystem*). Anschließend werden die AVC-Modelle aus diesem Migrationssystem per PDR in die Zielsysteme repliziert. Diese können sein:

- **SAP S/4HANA, On-Premise-System**
  Dadurch enthalten die SAP-S/4HANA-Systeme in der neuen Systemlandschaft nur noch migriertes AVC-Beziehungswissen, aber nicht mehr das zukünftig obsolete Beziehungswissen mit dem Verarbeitungsmodus **Klassisch**.
- **SAP S/4HANA Cloud**
  In SAP S/4HANA, Public Cloud, gibt es ausschließlich den neuen AVC-Konfigurator. Eine Migration von VC nach AVC kann also (im Gegensatz zu S/4HANA, On-Premise-Variante) nicht in SAP S/4HANA Cloud selbst erfolgen. Stattdessen muss die Migration in einem SAP-S/4HANA-System, On-Premise-Variante, vorgenommen werden, und die fertigen AVC-Modelle nach SAP S/4HANA Cloud repliziert werden.

Für ein solches Migrationsszenario mit dediziertem AVC-Migrationssystem müssen Konfigurationsmodelle sogar zweimal repliziert werden: zunächst die VC-Modelle aus dem alten ECC-System in das Migrationssystem, und nach erfolgter Migration die AVC-Modelle in das Ziel-SAP-S/4HANA-System. Es ist offensichtlich, dass der Replikation von Konfigurationsmodellen im Rahmen von Upgrades auf SAP S/4HANA und der AVC-Migration besondere Rollen zukommen.

Dieser Abschnitt beschreibt die Möglichkeiten, die das SAP-System mit der *Product Data Replication* (PDR) speziell für die Verteilung von VC- und AVC-Modellen bietet. Wir geben Hilfestellung und Empfehlungen bei der Einrichtung (Customizing) der PDR, erklären die Begriffe und Objekte, mit denen die PDR-Workbench den Nutzer auf den ersten Blick möglicherweise etwas verwirrt, und begleiten den Leser Schritt für Schritt durch die Replikation eines VC-Modells. Danach sind Sie selbst in der Lage, Ihre VC-Modelle zwischen den Systemen zu replizieren.

[«]

Begrifflichkeiten in diesem Kapitel

Eine Anmerkung zur Verwendung der gebräuchlichen Abkürzung *VC* (*Variant Configuration*) in diesem Kapitel: Damit ist immer auch die Nutzung der PDR für *AVC*-Daten (*Advanced Variant Configuration*) gemeint. Falls es Unterschiede zwischen VC und AVC gibt, wird dies explizit erwähnt.

9.1.1 Herausforderung und Möglichkeiten

Ein komplexes VC-Modell setzt sich aus einer Vielzahl von Einzelobjekten zusammen. Abbildung 9.1 zeigt schematisch ein VC-Modell und die Verbindungen zwischen seinen Objekten.

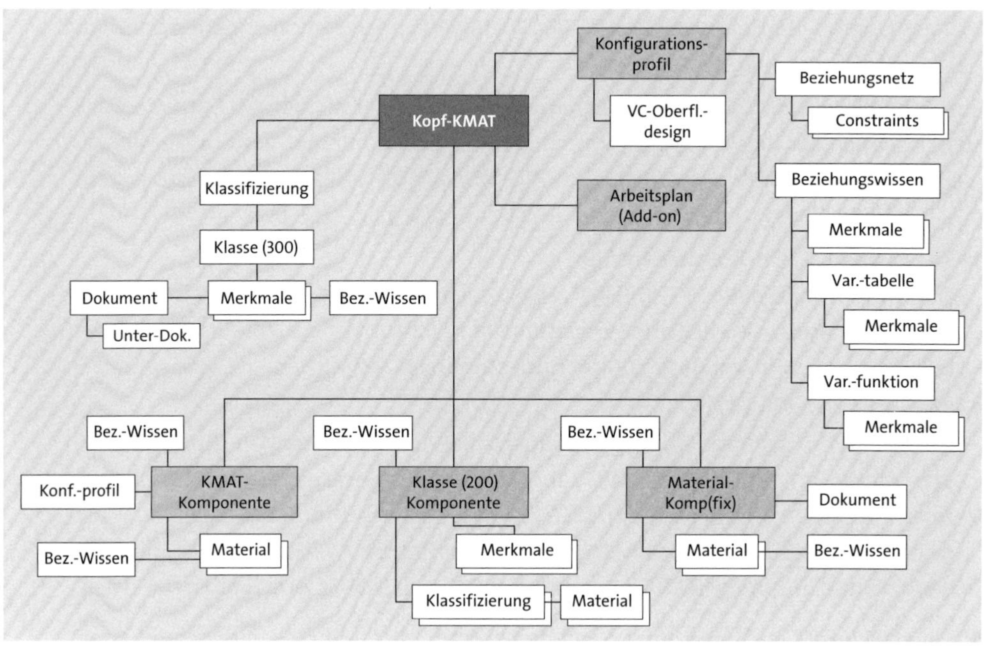

Abbildung 9.1 Objekte und ihre Abhängigkeiten in einem VC-Modell

Wie kann das VC-Modell als Ganzes von einem System in ein anderes System transportiert werden? Die grundlegende SAP-Funktionalität für den Transport (Verteilung) von Applikationsobjekten ist *Application Link Enabling* (*ALE*). Auf der Senderseite wird für jedes Objekt ein *IDoc* (*Intermediate Document*) gebildet, das an das Empfangssystem (RFC-Destination) geschickt und dort eingebucht (»gepostet«) wird. Für jede Art von Objekt (Stammdaten, Bewegungsdaten) wird eine exakt definierte IDoc-Struktur, der Nachrichtentyp, benötigt. Für fast alle VC-Objekte existieren im SAP-System Standardnachrichtentypen, sodass eine ALE-Verteilung Objekt für Objekt mit Standardtransaktionen erfolgen kann (im Menü über **Werkzeuge • ALE • Stammdatenverteilung • Logistik • Variantenkonfiguration** erreichbar). Eine Ausnahme stellt der Arbeitsplan mit zugeordnetem Beziehungswissen dar. Mehr dazu erfahren Sie in Abschnitt 9.1.12, »PDR-Add-on für Arbeitspläne«.

Auf diese Weise kann ein VC-Modell vollständig, aber mühselig und fehleranfällig von A nach B verteilt werden. Sie müssen selbst alle VC-Objekte ermitteln, die zu Ihrem Modell gehören, und diese nacheinander (in der richtigen Reihenfolge!) mit den ALE-Einzeltransaktionen verteilen. Wenn Sie dabei auch nur ein Objekt übersehen, sind die VC-Modelle in den beiden Systemen nach der ALE-Verteilung nicht identisch. Fast unmöglich wird eine exakte manuelle Replikation, wenn die VC-Objekte mit dem Änderungsdienst (SAP Engineering Change Management, ECM) gepflegt werden. Sie müssten dann für jedes einzelne Objekt die Änderungsstände ermitteln und für jeden Änderungsstand eine IDoc-Verteilung anstoßen.

Komfortabel, schnell und sicher ist diese manuelle Lösung also nicht. Hier kommt die PDR ins Spiel. Sie wurde speziell für die Verteilung von kompletten VC-Modellen entwickelt und erstmals mit SAP R/3 Enterprise 4.7 ausgeliefert. Sie verteilen nicht jedes Objekt einzeln, sondern starten lediglich die Replikation für das Kopfmaterial des VC-Modells. Die PDR sammelt daraufhin alle Objekte des VC-Modells selbständig zusammen, bildet daraus ein Verteilungspaket, versendet dieses – und die IDocs der enthaltenen Objekte – zum Zielsystem und sorgt dort für die korrekte Einbuchung (siehe Abbildung 9.2).

Die PDR bietet die folgenden Kernfunktionen für die fehlerfreie Replikation von kompletten Produktmodellen:

- Einsammeln aller zu einem VC-Modell gehörenden Objekte (auch für mehrstufige Modelle mit Stücklistenauflösung)
- Paketierung aller Objekte des VC-Modells: Das PDR-Paket listet alle VC-Objekte, gegebenenfalls mit ihren Änderungsdienst- oder einfachen Datumsgültigkeiten, auf.
- Senden und Empfangen des gesamten Pakets (keine ALE-Einzel-Transaktionen).
- Initialer Transport aller Produktmodelldaten in das Zielsystem; anschließend Unterstützung eines Delta-Modus bei Updates (nur neue und geänderte Daten werden verteilt).
- Dokumentation und Transparenz: Paketinformationen bleiben dauerhaft im System, auch nach der Archivierung der IDocs.
- Durchgängige Unterstützung des SAP-Änderungsdienstes.
- Einbuchung der Objekte in korrekter Reihenfolge unter der Beachtung verschiedener Serialisierungskriterien, wie die Abhängigkeit verschiedener Objekttypen untereinander (z. B. erst Merkmale, dann Klassen, dann Constraint-Netze) oder aufeinanderfolgender »Zeitscheiben« eines Objekts (ECM-Änderungsstände, Datumsgültigkeit von Stücklistenkomponenten).
- Eine gleichzeitige Verteilung in mehrere Zielsysteme ist möglich.
- Empfangsbestätigung und Statusrückmeldungen vom Empfänger an den Sender, somit Transparenz über den Replikationsstatus auch im Sendesystem.
- Einfacher Zugriff auf Fehlermeldungen, falls einzelne Objekte nicht eingebucht werden können – keine mühsame Suche im Applikationslog (Transaktion SLG1).
- Korrekturmöglichkeiten auf Sender- und Empfangsseite (z. B. Nachsenden einzelner Objekte nach deren Änderung im Pflegesystem).

- Erweiterbarkeit durch BAdIs und Einbindung neuer FOX-Klassen. So kann die Replikation um zusätzliche Objekttypen ergänzt werden. Beispiele sind der Inhalt von mit Variantentabellen gekoppelten Z-Tabellen, Arbeitsplan, Revisionsstand von Materialstämmen und Werkszuordnung von Stücklisten. In SAP-Hinweis 2166123 finden Sie weiterführende Informationen zu dieser Thematik.

Sie erkennen an den aufgeführten Vorteilen, dass der Einsatz der PDR einen kontrollierten und transparenten Replikationsprozess ermöglicht, der einfacher, schneller und fehlerfreier als die manuelle ALE-Verteilung einzelner VC-Objekte ist.

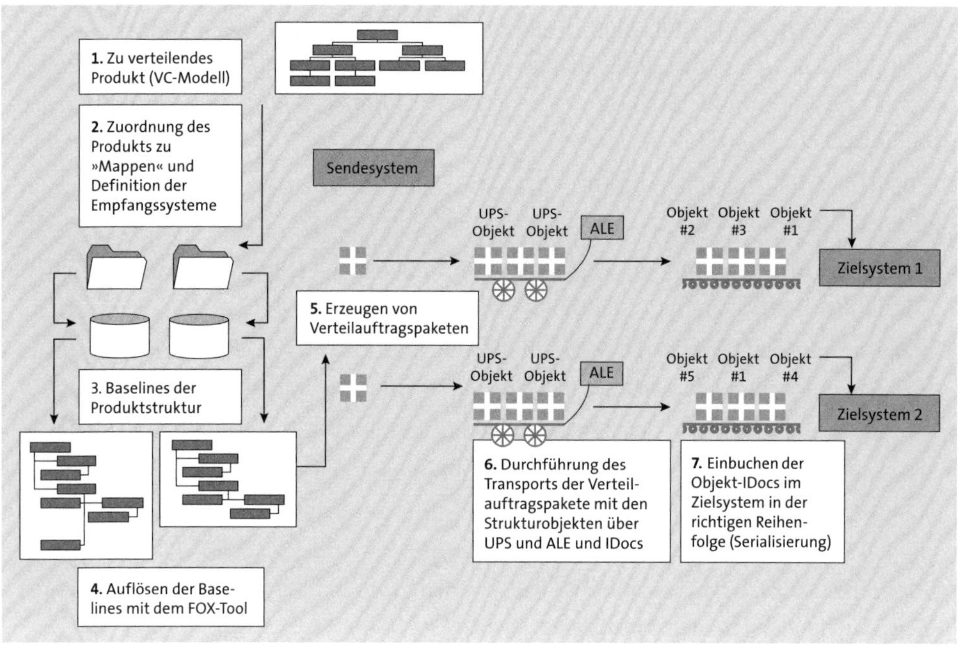

Abbildung 9.2 Produktverteilung mit der PDR im Überblick

9.1.2 Setup und Customizing der PDR

Die PDR erfindet das Rad nicht neu, sondern setzt auf der bewährten und robusten ALE-Technologie auf. Sie werden bei der Replikation die bekannten IDoc-Nachrichtentypen für die VC-Objekte (z. B. `CHRMAS` für Merkmale, `KNOMAS` und `DEPNET` für Beziehungswissen) finden, ergänzt um zwei neue Nachrichtentypen, um die logische Einheit des »Pakets« zu kontrollieren:

- **UPSMAS**
  Informationen über das PDR-Paket und Auflistung, welche Einzelobjekte es enthält; Übertragung vom Sendesystem in das Empfangssystem
- **UPSRCP**
  Statusrückmeldungen vom Empfangssystem zurück an das Sendesystem

Um die PDR zu nutzen, ist es also zunächst erforderlich, das ALE-Customizing für die Verteilung zwischen den beteiligten Systemen einzurichten. Wenn Sie bereits die VC-Einzelobjekte mit ALE verteilt haben, werden Sie die Einstellungen für die benötigten IDoc-Typen schon im ALE-Verteilungsmodell vorgenommen haben. Sie müssen dann lediglich die beiden neuen Nachrichtentypen `UPSMAS` und `UPSRCP` hinzufügen und die zugehörigen ALE-Partnervereinbarungen in Sende- und Zielsystem anlegen bzw. aus der ALE-Verteilungsmodellpflege (Transaktion BD64) generieren (**Umfeld – Partnervereinbarung generieren**). Abbildung 9.3 zeigt exemplarisch eine ALE-Modellsicht für die PDR-Verteilung von VC-Modellen.

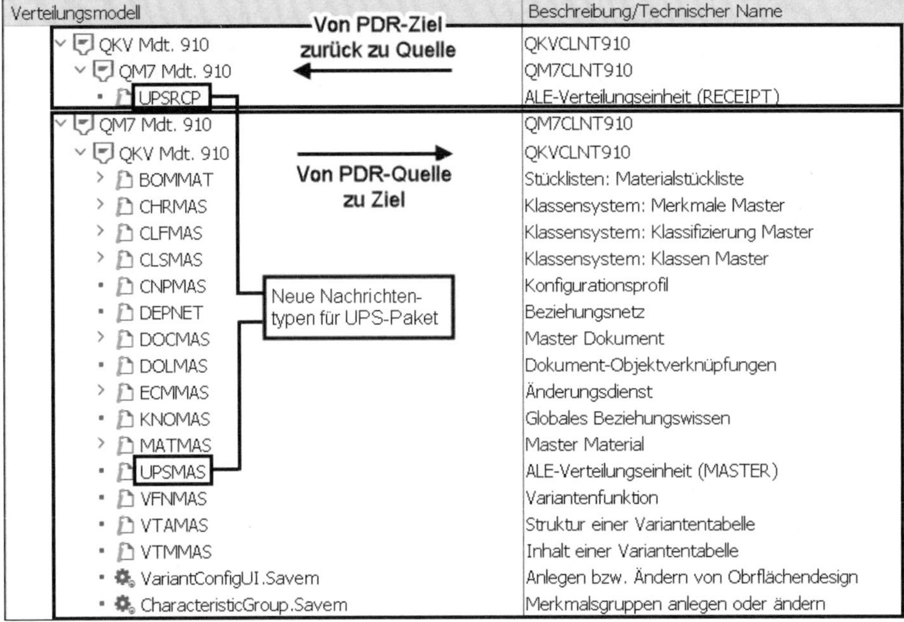

Abbildung 9.3 Bidirektionales ALE-Verteilungsmodell für VC-Objekte mit den beiden UPS-Nachrichtentypen UPSMAS und UPSRCP

In diesem Abschnitt geben wir Empfehlungen zu den wichtigsten Customizing-Schritten. Unterstützung finden Sie auch in SAP-Hinweis 1103146 (PDR: Step-by-Step Guide Customizing).

PDR-Sammelhinweis 1518479

Stellen Sie sicher, dass die in SAP-Hinweis 1518479 unter »Besonders wichtige, kritische Hinweise« aufgeführten Hinweise in Ihrem System enthalten sind.

Die folgende Auflistung zeigt den empfohlenen Ablauf der PDR-Einrichtung.

1. Aktivierung der (kostenfreien) PLM-Extension (EA-PLM) im Switch Framework (Transaktion SFW5); siehe SAP-Hinweis 1049251. Dies ist in SAP S/4HANA nicht mehr notwendig, da hier die PLM-Extension bereits aktiviert ausgeliefert wird (Transaktion SFW5; Bereich **S/4H_ALWAYS_ON_FUNCTIONS**).
2. Pflege von Berechtigungsrollen (siehe den Abschnitt »Berechtigungen« in Abschnitt 9.1.3, »Weitere Systemvorbereitungen für die PDR«).
3. Einbau der empfohlenen SAP-Hinweise (siehe Sammelhinweis 1518479).
4. Aufruf von Transaktion UPSSETUP (Vorbereitung von Standard-Customizing). Sie müssen unbedingt die Änderungen in den Customizing- und Workbench-Transportauftrag aufnehmen (das Kennzeichen im Einstiegsbild markieren)! Hier ist eine Besonderheit zu beachten: Die Objekte werden in den Transportauftrag selbst aufgenommen, nicht aber in eine Aufgabe unter dem Auftrag. Sie müssen also der Inhaber des Transportauftrags sein, um ihn auswählen zu können (eine Transportaufgabe Ihres Users reicht nicht aus).
5. ALE-Customizing: Einrichtung des ALE-Verteilungsmodells bzw. Ergänzung um die Nachrichtentypen UPSMAS und UPSRCP.
6. Verteilung des ALE-Verteilungsmodells in alle Systeme des Verteilungspfades (Transaktion BD64: **Bearbeiten • Modellsicht • Verteilen**).
7. Generierung der Partnervereinbarungen in allen Systemen.
8. Vornehmen der Customizing-Einstellungen für das Configuration Management (Lebenszyklusprofil, Auflösungsprofil), den Uniform Packaging Service (UPS) und den SAP Business Workflow.
9. Transport des Customizings in das Q- und P-System.
10. Vervollständigung des Workflow-Customizings in allen Systemen, aus denen PDR-Pakete gesendet werden (nicht relevant für PDR-Empfangssysteme): Ereignistyp-Kopplung aktivieren (Customizing IMG: **Logistik Allgemein • Product Data Replication • Workflow-Einstellungen für die Produktdatenverteilung • Dokumentenverteilung • SAP Business Workflow • Ereignistyp-Kopplung aktivieren**), Workflow-Customizing verifizieren (Transaktion SWU3).

In den folgenden Abschnitten geben wir Tipps zum PDR-spezifischen Customizing (Punkt 8 der obigen Aufzählung).

Lebenszyklusprofil (Konfigurationsmanagement)

Die Replication Workbench benutzt Objekte und Einstellungen des Konfigurationsmanagements. Sie sollten ein spezielles Lebenszyklusprofil für die PDR definieren, das durch seinen Namen (ZREPL) und seine Bezeichnung (z. B. »PDR Replikation«) eindeutig als das für die PDR zu wählende Profil ausgezeichnet wird (siehe Abbildung 9.4).

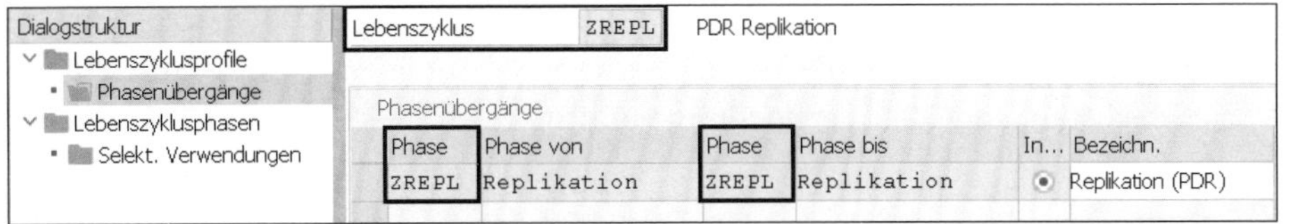

Abbildung 9.4 Lebenszyklusprofil für die PDR

Diese Customizing-Aktivität ist über den Pfad **Logistik Allgemein • Konfigurationsmanagement • Anwendungssteuerung • Lebenszyklus-Profil definieren** zu finden; sie umfasst die folgenden beiden Schritte:

- *Lebenszyklusphase*: Sie legen die Phase `ZREPL` (Replikation) mit dem Vorgabeobjekt `Material` an.
- *Lebenszyklusprofil*: Sie legen Sie das Profil `ZREPL` (PDR-Replikation) an. Für den Phasenübergang tragen Sie die Phase `ZREPL` in die beiden Felder **Phase von** und **Phase bis** ein (Bezeichnung »Replikation (PDR)«).

Auflösungsprofil (Konfigurationsmanagement)

Das Auflösungsprofil gehört ebenfalls zum Konfigurationsmanagement, Sie finden es aber auch über den PDR-Customizing-Pfad **Logistik Allgemein • Product Data Replication • Konfigurationsmanagement • Auflösungsprofil definieren**.

Das *Auflösungsprofil* steuert die Strukturauflösung eines Produktmodells durch FOX (Framework for Object Explosion). Ausgehend vom Top-Produkt (Root) werden alle VC-Objekte eingesammelt. Über alle Stücklistenstufen hinweg werden Materialien, Konfigurationsprofile, Beziehungswissen, Klassen, Merkmale usw. aufgrund ihrer gegenseitigen Zuordnungen ermittelt. Mit dem Auflösungsprofil werden die Auflösungskriterien bzw. Einschränkungen für die mehrstufige Strukturauflösung festgelegt, u. a. der Ausschluss bestimmter Objekttypen oder -verknüpfungen oder die Stücklistenanwendung für die mehrstufige Stücklistenauflösung (z. B. PP01, SD01).

Prüfen Sie zunächst, ob das Auflösungsprofil `SAPREPLICA` existiert (von SAP ausgeliefertes Standard-Customizing). In SAP-Systemen mit langer Upgrade-Historie kann der Eintrag fehlen oder nicht korrekt sein. Bevor Sie Ihr eigenes Auflösungsprofil erstellen, gleichen Sie daher das Profil `SAPREPLICA` (Kurztext »SAP Replikation (Vorlage)«) mit den folgenden Einstellungen ab bzw. erstellen dieses Profil.

- **keine Stücklistenpositionen**: Aktivieren Sie dieses Kennzeichen für die PDR (keine Sorge, die Stücklisten werden dennoch aufgelöst).
- **CM-Relevanz**: Wählen Sie die Option **nicht relevant für Konfigurationsmanagement**.
- **Auflösen von**: Tragen Sie das übliche untere Datumslimit 01.01.1900 ein.

- **Stücklistenanwendung**: Steuerung der mehrstufigen Stücklistenauflösung. Im Vorlageprofil tragen Sie »PP01« ein; damit werden die Fertigungs- und Universalstücklisten aufgelöst (Verwendung 1 und 3).
- **Kompakte Ablage**: Für die PDR sollte die kompakte Strukturablage gewählt werden. Eine änderbare Ablage in der IBase (falls das Kennzeichen nicht gesetzt ist) ist nicht sinnvoll.
- **Datenverteilung**: Für die PDR ist dieses Kennzeichen zu setzen.

Navigieren Sie nun in der Dialogstruktur zu den Detaileinstellungen des Profils:

- **Werke**: Löschen Sie gegebenenfalls existierende Einträge. Dann werden Stücklisten aller Werke sowie Konzernstücklisten aufgelöst.
- **Objekte, die nicht berücksichtigt werden sollen**: keine Einträge.
- **Kantenabhängiger Ausschluss von Objekten**: Diese Einträge sind sehr wichtig! Fehlen sie oder sind falsch, funktioniert die PDR nicht richtig; es werden dann zu viele oder zu wenige Objekte eingesammelt. Die Einstellung für den kantenabhängigen Ausschluss steuert, ob die FOX-Auflösung von einem bestimmten Objekttyp aus, den sie über eine »Aufrufkante« (aufrufende Beziehung) erreicht hat, weitere abhängige Objekte (abhängige Beziehung) ignorieren soll.

Kantenabhängiger Ausschluß von Objekten

Objekttyp	Aufrufende Beziehung	Abhängige Beziehung
CLAS Klasse	CLA2DEP Klasse im Beziehungswissen	SUBCLF2CLA Unterklassifizierung einer Klasse
CLAS Klasse	SUBCLA2CLF Unterklasse einer Klassifizierung	SUPCLF2CLA Oberklassifizierung einer Klasse
CLAS Klasse	SUPCLA2CLF Oberklasse einer Klassifizierung	SUBCLF2CLA Unterklassifizierung einer Klasse
CLSF Klassifizi...	CLF2DEP Klassifizierung im Beziehungswissen	SUBCLA2CLF Unterklasse einer Klassifizierung
CLSF Klassifizi...	CLF2OBJ Klassifizierung eines Objekts	OBJ2CLF Objekt einer Klassifizierung
CLSF Klassifizi...	CLF2OBJ Klassifizierung eines Objekts	SUBCLA2CLF Unterklasse einer Klassifizierung
CLSF Klassifizi...	SUPCLF2CLA Oberklassifizierung einer Klasse	OBJ2CLF Objekt einer Klassifizierung
CLSF Klassifizi...	SUPCLF2CLA Oberklassifizierung einer Klasse	SUBCLA2CLF Unterklasse einer Klassifizierung
DOCU Dokument	ANY_TYPE beliebiger Linktyp	MAT2DOC Material zu einem Dokument
DOCU Dokument	SUBDOC2DOC untergeordnetes Dokument zu eine...	SUPDOC2DOC übergeordnetes Dokument zu einem D...

Abbildung 9.5 Kantenabhängiger Ausschluss im Vorlageprofil SAPREPLICA

Mit den in Abbildung 9.5 abgebildeten Standardausschlüssen werden unnötige Objekte ignoriert, und das FOX-Auflösungsergebnis enthält genau die Objekte, die für eine vollständige Replikation notwendig sind. Achten Sie genau auf die Schreibweise der Einträge, da sich hier leicht Tippfehler einschleichen (SUB/SUP, CLA/CLF)!

- **Für Klassifizierung ausgeschlossene Klassenarten**: Keine Einträge

Nun kopieren Sie das Vorlageprofil SAPREPLICA in ein eigenes Profil, z. B. ZFULL (für volle Auflösung ohne Beschränkungen), wie in Abbildung 9.6 gezeigt.

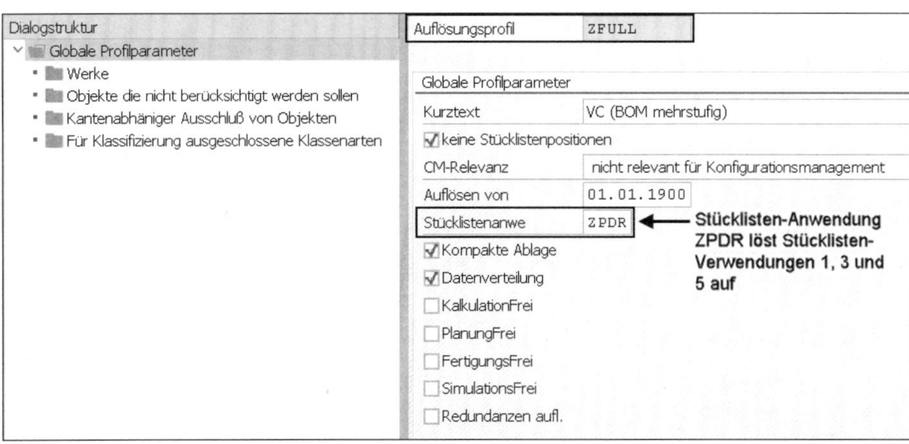

Abbildung 9.6 Auflösungsprofil

An den folgenden Stellen ist die Vornahme von Anpassungen, je nach Anforderung, sinnvoll:

- **Stücklistenanwendung**: Wenn Sie sowohl PP- als auch SD-Stücklisten auflösen wollen (Stücklistenverwendung 1 und 5), erstellen Sie eine Stücklistenanwendung ZPDR im Customizing der Stücklisten-Alternativenbestimmung, deren Selektions-ID die gewünschten Stücklistenverwendungen abdeckt (1, 3, 5 und gegebenenfalls weitere Stücklistenverwendungen). Alternativ können Sie zwei Auflösungsprofile mit den unterschiedlichen Stücklistenanwendungen PP01 und SD01 anlegen – dann müssen Sie sich bei einer Replikation aber für eine der beiden Stücklistenauflösungen entscheiden.
- **Werke**: Wenn Sie Stücklisten nicht für alle Werke auflösen wollen, tragen Sie hier die Werke ein, zu denen die Stücklisten Ihrer VC-Produktmodelle aufgelöst werden sollen. Für die Auflösung von Konzernstücklisten (ohne Werk) erstellen Sie einen Eintrag mit vier Leerzeichen.
- **Objekte, die nicht berücksichtigt werden sollen**: Falls Sie hier Einträge vornehmen, stoppt die FOX-Strukturauflösung bei diesen Objekttypen. Es werden dann weder diese Objekte noch ihnen zugeordnete Objekte von FOX eingesammelt. Beispielsweise kann mit dem Eintrag »BOMH Stückliste« die Stücklistenauflösung komplett unterbunden werden, und mit »DOCU Dokument« werden Dokumente ausgeschlossen, die Merkmalen oder Materialien zugeordnet sein können.
- **Kantenabhängiger Ausschluss von Objekten**: Die aus dem Standardprofil SAPREPLICA kopierten Einträge sollten nicht entfernt werden. Mit zusätzlichen Einträgen können bestimmte Objekte beim Einsammeln ausgeschlossen werden. Der

kantenspezifische Ausschluss lässt eine sehr spezifische Steuerung zu; dies abhängig von:

- dem Vorgängerobjekt (der Objekttyp steht in der ersten Spalte)
- der sogenannten Kante, mit der das Vorgängerobjekt erreicht wurde (zweite Spalte **Aufrufende Beziehung**)
- der Kante, mit der das auszuschließende Objekt, vom Vorgängerobjekt kommend, erreicht wird (dritte Spalte **Abhängige Beziehung**). Diese enthält implizit den auszuschließenden Objekttyp (Zielobjekt der Kante).

Beispielsweise können Sie mit dem folgenden zusätzlichen Eintrag ein Auflösungsprofil mit einstufiger Stücklistenauflösung erstellen:
`MATR` (Material) | `MAT2BOMPOS` (Material als Stücklistenposition) | `BOM2MAT` (Stückliste zu einem Material). Wenn also bei der Auflösung ein Material (`MATR`) erreicht wurde, und zwar von einer Stücklistenposition kommend (`MAT2BOMPOS`), soll keine Stückliste für dieses Material eingesammelt werden (`BOM2MAT`).

- **Für Klassifizierung ausgeschlossene Klassenarten**: Bei der Replikation von VC-Modellen sind in erster Linie Klassifizierungen der Klassenarten 300 (Variantenklassen) sowie 200 und 201 (Material- bzw. Dokument-Klassenknoten in Stücklisten) relevant. Andere Klassenarten werden daher üblicherweise ausgeschlossen, z. B. 001 (Materialstammklassifizierung) und 023 (Charge).

Die folgenden UPS-Customizing-Punkte sind unter **Logistik Allgemein • Product Data Replication • Application Link Enabling (ALE) • Uniform Packaging Service (UPS)** zu finden.

Zentrale Einstellungen für die Verteilung (UPS)

Verzögerung bei synchronen Jobs: Tragen Sie »3 s« ein. Falls im Betrieb häufig Sperrfehler bei der Paketverarbeitung auftreten, erhöhen Sie den Wert moderat.

Performanceoptimierung durch die Parallelisierung

Aktivieren Sie die Parallelisierung für die PDR-Paketprozessierung. Damit werden insbesondere große PDR-Pakete deutlich schneller versendet und eingebucht.

Die folgenden Einstellungen haben großen Einfluss auf die Performance beim Versenden und Einbuchen von PDR-Paketen. Der Wert »5« sowohl für die IDoc-Gruppengröße als auch für die Anzahl der Parallelprozesse hat sich als guter Kompromiss zwischen Ressourcenbedarf und Performance bewährt. Tragen Sie »5« für **Größe IDOC-Gruppe beim Senden, Anzahl Prozesse zum IDOC-Aufbau, Größe IDOC-Gruppe beim Einbuchen, Anzahl Prozesse zum IDOC-Einbuchen** ein.

In einem System mit vielen Dialog-Workprozessen (>20) kann die Anzahl der parallelen Prozesse auch auf 10 erhöht werden.

Falls die Felder für die Einbuchungsparameter fehlen, bauen Sie SAP-Hinweis 3013303 ein (in älteren Releases vor EHP 7, siehe SAP-Hinweis 912614).

Logon/Server-Gruppe zum IDoc-Aufbau bzw. -Einbuchen: Hier kann optional eine Logon-Gruppe für die IDoc-Prozessierung eingetragen werden. Fragen Sie Ihr SAP-Basisteam, ob Sie eine solche Logon-Gruppe haben. Bleibt das Feld leer, starten die Workprozesse für IDoc-Versand und -Einbuchung standardmäßig auf allen Applikationsservern der Logon-Gruppe PUBLIC.

Objekttypen (UPS)

Unter **Objekttypen definieren** finden Sie eine Liste aller UPS-Objekttypen, die mit der PDR verteilt werden können. Angeführt wird die Liste von Objekttypen der Industry Solution Defense Forces & Public Security (ISDFPS) – diese können Sie in einem Standard-SAP-System ignorieren. Zu den VC-Objekten finden Sie korrespondierende UPS-Objekttypen am Ende der Liste (CHR, CLF usw.).

An den Standard-Customizing-Einstellungen sind nur wenige Änderungen vorzunehmen.

Wenn Sie für bestimmte Objekte nicht den Standard-IDoc-Nachrichtentyp verwenden, müssen Sie unter **ALE-Schnittstelle** Ihren eigenen Nachrichtentyp eintragen. Eine Eingabe in den Feldern **Basistyp** und **Erweiterung** ist mittlerweile obsolet. Sollte noch eine Eingabe möglich sein, bauen Sie SAP-Hinweis 3048355 ein.

Öffnen Sie für die Objekttypen CHR (Merkmal) und DEP (Beziehungsnetz) die Details **Objekt in der Verteilung**. Aktivieren Sie das Kennzeichen **Automatisch nachverb**, wie es in Abbildung 9.7 zu sehen ist. Diese Einstellung ist z. B. im Fall CHR wegen der wechselseitigen Abhängigkeit von Merkmalen und den Merkmalen zugeordnetem Beziehungswissen (in dessen Syntax Merkmale referenziert werden) erforderlich. Durch das Kennzeichen **Automatisch nachverb** werden während der Paketeinbuchung die zunächst auf Fehler gelaufenen CHRMAS-IDocs in einem automatisch erfolgenden weiteren Durchlauf erfolgreich eingebucht, nachdem das Beziehungswissen im ersten Durchlauf angelegt worden ist.

[!]

Delta-Filterung für CLF- und SUBCLS-Objekte

Für die Delta-Filterung von Klassifizierungen und Klassenhierarchien passen Sie die Einstellung der beiden Objekttypen wie nachfolgend beschrieben an.

Für die Objekttypen CLF (Objektklassifizierung) und SUBCLS (Klassenhierarchie) prüfen bzw. korrigieren Sie die folgende Einstellung: Das Feld **Replikationstab. unterstützt** muss angekreuzt sein. In den Details unter **Objekt in der Verteilung** müssen alle acht Funktionsbausteine eingetragen sein, insbesondere für **Obj.-Änderungen** der Baustein CLA1UPS_LAST_CHANGED (CLF) bzw. CLA2UPS_LAST_CHANGED (SUBCLS), wie in Abbildung 9.7 gezeigt. Stellen Sie außerdem sicher, dass SAP-Hinweis 2673912 im System enthalten ist. Damit greift auch für Klassifizierungen und Klassenhierarchien die Delta-Filterung bei wiederholten Replikationen.

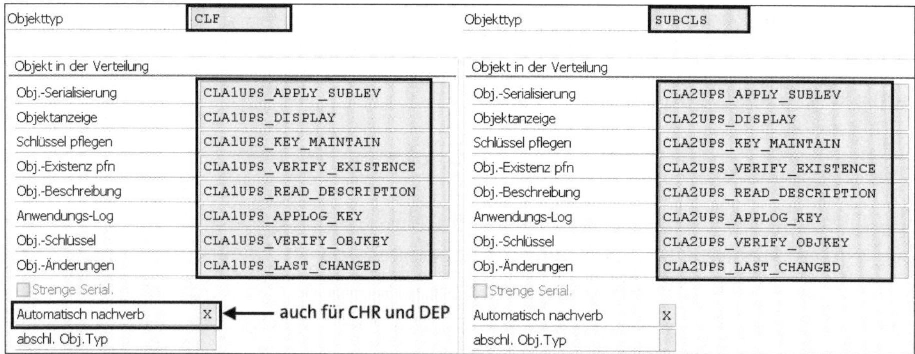

Abbildung 9.7 Objekttypen CLF und SUBCLF: Funktionsbausteine im Objekt in der Verteilung

Pakettypen (UPS)

Der *Pakettyp* steuert die Erzeugung von PDR-Paketen im Sendesystem und deren Prozessierung im Empfangssystem. Nehmen Sie in der Customizing-Aktivität **Pakettypen definieren** folgende Anpassungen an den Vorlagepakettypen SAP_REPLI und SAP_COND vor; zunächst in den Details des Pakettyps (siehe Abbildung 9.8):

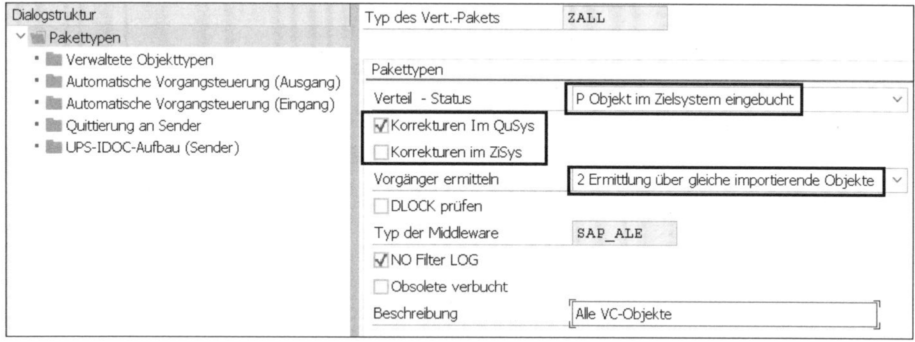

Abbildung 9.8 Einstellungen in den Pakettypdetails

- Der Verteilstatus **P Objekt im Zielsystem eingebucht** aktiviert die Delta-Filterung. Somit kommen bei wiederholten Replikationen nur neue und geänderte Objekte in das Paket.

- Fehler bei den Paketeinbuchungen erfordern bisweilen Korrekturen, bei denen z. B. Objekte aus dem Paket gelöscht werden. Legen Sie fest, in welchem System die Korrektur erlaubt sein soll. Eine Korrektur im Quellsystem (Kennzeichen **Korrekturen Im QuSys**) hat den Vorteil, transparent auf beiden Seiten zu sein – setzen Sie auf jeden Fall dieses Kennzeichen! Hingegen ist eine Korrektur im Zielsystem (Kennzeichen **Korrekturen im ZiSys**) nur dort sichtbar und sollte daher deaktiviert bleiben.
- Die Vorgängerermittlung **2 Ermittlung über gleiche importierende Objekte** verhindert Paketüberholer: Ein Paket kann erst eingebucht werden, wenn alle Vorgängerpakete zu demselben Source-Objekt (Kopf-KMAT) abgeschlossen sind.
- Aktivieren Sie die Option **No Filter LOG**.

In der Dialogstruktur zum Pakettyp nehmen Sie die folgenden Einstellungen vor:

- **Verwaltete Objekttypen**
  Löschen Sie alle `/ISDFPS/`-Objekttypen, und fügen Sie den fehlenden Objekttyp `VCUI` (Oberflächendesign) hinzu.
- **Automatische Vorgangssteuerung**
  Sie können einstellen, ob bestimmte Schritte manuell oder automatisch ausgeführt werden sollen. Erstellen Sie zunächst den Eintrag für den Pakettyp, sollte er fehlen. Setzen Sie dann jeweils beide Kennzeichen für eine automatische Prozessierung.
- **Quittierung an Sender**
  Tragen Sie die Paketstatus »I8805« bis »I8810« ein, sollten diese fehlen. Die anderen Status werden im Sendesystem selbst gesetzt und bedürfen keiner Rückmeldung aus dem Empfangssystem.

Nachdem Sie den Vorlagepakettyp `SAP_REPLI` optimiert haben, können Sie diesen auf einen eigenen Pakettyp im `Z`-Namensraum (mit allen abhängigen Einträgen) kopieren und an Ihre Anforderungen anpassen:

- Falls Sie bestimmte Objekte nicht per PDR transportieren möchten, löschen Sie deren Objekttyp aus **Verwaltete Objekttypen**. Dies wirkt wie ein Objektfilter zwischen der Objektsammlung durch FOX (Auflösungsergebnis der Baseline) und dem daraus erstellten PDR-Paket. Zum Beispiel könnte das Zielsystem anderweitig mit Materialstämmen versorgt werden, sodass diese bei der PDR ausgenommen werden sollen.
- Zu Beginn sollten Sie sich mit der manuellen Steuerung vertraut machen. Löschen Sie dazu die Kennzeichen in den beiden Strukturknoten **Automatische Vorgangsteuerung (Eingang)** und **Automatische Vorgangsteuerung (Ausgang)**.

Szenarien, Paketzuordnung (UPS)

Unter **Szenarien definieren und Paketzuordnungen pflegen** treffen Sie die Zuordnung von logischem (Ziel)system und Pakettyp. Legen Sie *kein* eigenes Szenario an, da immer SAP_REPLI (oder SAP_COND für die Verteilung von Preiskonditionssätzen) verwendet wird! Wenn Sie nur einen Pakettyp haben, tragen Sie ihn unter **Logisches System Pakettyp zuordnen** ein. Auch haben Sie die Möglichkeit, für bestimmte Zielsysteme unterschiedliche Pakettypen zu verwenden (z. B., um bestimmte Objekttypen auszuschließen). In Abbildung 9.9 wird für das Zielsystem ER9CLNT001 der Pakettyp ZNOMAT und für alle anderen Zielsysteme der Pakettyp ZALL verwendet.

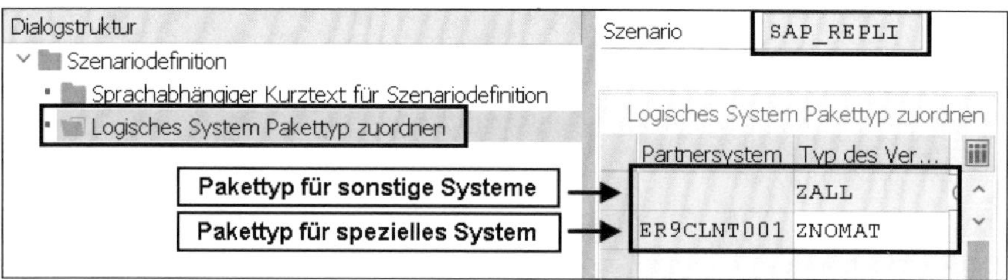

Abbildung 9.9 Zuordnung des Pakettyps zum Zielsystem

Workflow-Customizing

Bei der Erzeugung eines PDR-Pakets aus dem Ergebnis der Baseline-Auflösung läuft ein interner Workflow. Wenn der Verteilauftrag und sein Paket nicht erzeugt werden oder das Paket leer bleibt, ist fast immer ein fehlerhaftes Workflow-Customizing die Ursache. Arbeiten Sie daher sorgfältig die folgenden Bereiche unter **Logistik Allgemein • Product Data Replication • Workflow-Einstellungen für die Produktdatenverteilung • Dokumentenverteilung** ab:

- SAP Business Workflow
  - **Ereignistyp-Kopplung aktivieren**
    Nach der Ausführung dieser Aktivität sollten Sie die Meldung erhalten, dass alle Ereignistyp-Kopplungen aktiviert worden sind.
  - **Workflow-Customizing verifizieren**
    Mit dieser Aktivität können Sie das Workflow-Customizing kontrollieren und ergänzen. Für das Funktionieren der PDR müssen die beiden Punkte **Laufzeitumgebung pflegen • RFC-Destination konfigurieren** und **Definitionsumgebung pflegen • Vorsatznummern pflegen** vervollständigt und somit grün markiert werden.
- Kontext
  Folgende Einstellung eignet sich für die PDR:
  - »*« (Stern) im Feld **Kontext**
  - Kennzeichen **Vers. sofort** aktiviert

- **Verteilungsart**
  Stellen Sie unter **Verteilungsart definieren** sicher, dass der Eintrag für ALE mit der Kommunikationsart ALE vorhanden und das Kennzeichen **Aktiv** gesetzt ist. Kontrollieren Sie unter **Generierung der Verteilauftragspakete**, ob für ALE der Funktionsbaustein `CVVCM_GENERATE_ALE_DISTRIB` eingetragen ist.

[+]

Nicht vergessen – Einstellung in Transaktion SO16

Ohne das Häkchen bei **Organisatorische Einheiten** bleiben die PDR-Pakete leer!

Es gibt noch eine weitere wichtige Einstellung, die nicht im PDR-Abschnitt des Customizing-IMG aufgeführt wird. Rufen Sie Transaktion SO16 (Allgemeine Büroeinstellungen) auf, und setzen Sie auf der Registerkarte **Adressierung** das Häkchen bei **Organisatorische Einheiten**.

9.1.3 Weitere Systemvorbereitungen für die PDR

Wir möchten Sie an dieser Stelle noch auf einige wichtige Punkte hinweisen, die sich in der Praxis wiederholt als Stolpersteine auf dem Weg zu einer funktionierenden PDR-Stammdatenreplikation herausgestellt haben:

Berechtigungen

Um die PDR einrichten und nutzen zu können, sind verschiedene Berechtigungen und Transaktionen erforderlich. Auch der `ALE-RFC`-User, mit dem IDocs eingebucht werden, sowie der interne Workflow User (SAP ERP 6.0: `WF-BATCH`, SAP S/4HANA: `SAP_WFRT`) benötigen spezifische Berechtigungen. Konsultieren Sie dazu SAP-Hinweis 2116263.

Nummernkreisanpassungen

Besonderes Augenmerk bei einer verteilten Anlage von Materialstämmen und Änderungsnummern ist auf deren Nummernkreiseinstellung in den beteiligten Systemen zu legen, wenn Sie mit der internen Nummernvergabe arbeiten.

Wenn Änderungsnummern im PDR-Sendesystem aus einem internen Nummernkreis angelegt werden, muss dieser Nummernkreis zuvor in den Zielsystemen als extern eingestellt worden sein. Ist dies nicht der Fall, erscheint im Zielsystem bei der ECMMAS-Einbuchung die Fehlermeldung »Änderungsnummer xy ist für externe Nummernvergabe nicht vorgesehen«. Stellen Sie die internen Nummernkreise für Änderungsnummern in allen Systemen mit der ALE-/PDR-Verteilung so ein, dass diese nicht überlappen.

Beim Materialstamm ist das Verhalten zwar anders, denn das SAP-System lässt zu, dass ein Materialstamm-IDoc mit einer Nummer aus einem internen Nummernkreis eingebucht wird. Jedoch sollten Sie im Customizing die Materialstammnummernkreise in Sende- und Zielsystem ebenfalls nicht überlappend konfigurieren und somit sicherstellen, dass die Materialnummern aus einem internem Nummernkreis im Zielsystem nicht ungewollt überschrieben werden.

Aktueller IDoc-Basistyp in Partnervereinbarungen (Ausgang)

Für das fehlerfreie Funktionieren der PDR ist es wichtig, dass für die IDoc-Nachrichtentypen der VC-Objekte in der Ausgangspartnervereinbarung (Transaktion WE20) der aktuelle IDoc-Basistyp eingetragen ist. Wenn Sie das ALE für VC-Objekte schon seit vielen Jahren nutzen, können hier noch ältere Basistypen ohne PDR-Unterstützung eingetragen sein (es fehlt dann das E1UPSLINK-Segment). Wählen Sie in der Suchhilfe den Basistyp mit der höchsten Nummer aus (Basistypen sind abwärtskompatibel).

ALE-Vorgangscode in Partnervereinbarungen (Eingang) korrigieren

Während des ALE-Setups können Sie die Partnervereinbarungen aus Transaktion BD64 heraus automatisch generieren. Dabei können jedoch für einige Nachrichtentypen falsche Vorgangscodes eingetragen werden. Sie können die Ursache dafür mit der manuellen Anleitung aus SAP-Hinweis 318927 beheben. Löschen Sie zusätzlich die Einträge für die obsoleten Vorgangcodes `BOM2`, `DOC2`, `ECM2` und `MAT2`, und transportieren Sie diese Löschung in alle Systeme; dann werden zukünftig die Eingangsparameter korrekt für ALE und PDR generiert.

In Partnervereinbarungen, die vor dieser Korrektur generiert worden sind, können im IDoc-Eingang falsche Vorgangscodes eingetragen worden sein. Stellen Sie sicher, dass bei den in Tabelle 9.1 genannten Nachrichtentypen in der Eingangspartnervereinbarung (Transaktion WE20) der korrekte Vorgangscode eingetragen ist.

Objekttyp	Nachrichtentyp	Falscher Vorgangscode	Ändern auf
Stückliste	BOMMAT	BOM2	BOMM
Dokument	DOCMAS	DOC2	DOCM
Änderungsnummer	ECMMAS	ECM2	ECM_UPS
Materialstamm	MATMAS	AFSA	MATM

Tabelle 9.1 Zu kontrollierende Nachrichtentypen und ihre Vorgangscodes

Aktivierung der Queue-Verarbeitung für den IDoc-Nachrichtentyp UPSRCP

Folgende Einstellungen müssen Sie in den PDR-Empfangssystemen vornehmen, wie in SAP-Hinweis 1574296 beschrieben: Setzen Sie in der Partnervereinbarung (WE20) für den Ausgang von Nachrichtentyp `UPSRCP` das Häkchen bei **Queueverarbeitung**, und tragen Sie den Regelnamen »UPS_ALE_RCP_QUEUE« ein.

Wenn etwas klemmt oder nicht wie gewünscht funktioniert: Für viele in der SAP-Anwenderpraxis aufgetretene Probleme finden Sie am Ende dieses Kapitels in Abschnitt 9.1.13, »Troubleshooting, Tipps und Tricks«, eine passende Hilfestellung.

9.1.4 Replication Workbench – Objekte und Begriffe

In den folgenden Abschnitten zeigen wir Ihnen die Replikation eines VC-Modells mit der PDR. Erzeugung und Versand eines PDR-Pakets steuern Sie in der Replication Workbench (Transaktion CRWBD), deren wichtigsten Elemente Sie in Abbildung 9.10 sehen.

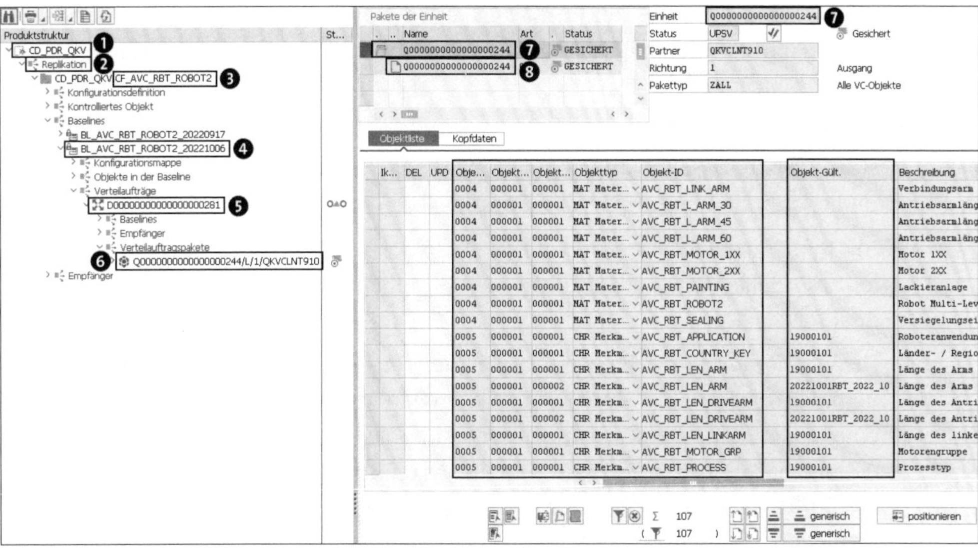

Abbildung 9.10 Replication Workbench

Zunächst erläutern wir einige Begriffe:

- Die *Konfigurationsdefinition* (siehe ❶ in Abbildung 9.10) fasst mehrere Konfigurationsmappen zusammen. Sie können eine Konfigurationsdefinition für alle PDR-Konfigurationsmappen benutzen oder diese organisatorisch mit mehreren Definitionen bündeln, z. B. eine Konfigurationsdefinition pro Zielsystem. Eine funktionelle Bedeutung hat die Konfigurationsdefinition nicht.
- Für die die *Lebenszyklusphase* ❷ wählen Sie immer **Replikation**.
- In einer *Konfigurationsmappe* ❸ werden das Kopfmaterial des zu replizierenden VC-Modells und das bzw. die Zielsystem(e) eingetragen. Auch können Sie mehrere KMAT-Materialnummern verwenden und somit deren VC-Daten gemeinsam übertragen. Klassen als Kopfobjekte sind auch möglich. Außerdem wählen Sie ein Auflösungsprofil für die Steuerung der FOX-Strukturauflösung.

- Mit dem *Framework for Object eXplosion* (FOX) werden die Objekte des VC-Modells aufgelöst, also über alle Stücklistenstufen hinweg alle zum VC-Modell gehörenden Stammdatenobjekte eingesammelt. Das Ergebnis wird in der Baseline ❹ abgespeichert. Im Auflösungsprofil-Customizing können Sie bei Bedarf den Umfang der Auflösung reduzieren.
- Die *Baseline* ❹ wird in einer Konfigurationsmappe erstellt und ist Grundlage der darauf aufbauenden Replikation. Die Baseline stellt die FOX-Strukturauflösung aller im Produktmodell zu einem bestimmten Zeitpunkt enthaltenen Objekte dar. Sie enthält nicht deren Objektinhalte (z. B. Beziehungswissenscode, Merkmalswerte) – diese werden erst später bei der IDoc-Erstellung eingelesen. Das FOX-Ergebnis zum Auflösungszeitpunkt wird in der *Baseline* eingefroren. Pro Konfigurationsmappe können beliebig viele Baselines erstellt werden: eine Baseline für jede Replikation.
- Der *Verteilauftrag* ❺ ist ein Objekt des SAP-Workflows und wird beim Verteilungsstart für eine Baseline angelegt. Er enthält die Information über die Zielsysteme und erlaubt den Zugriff auf das Workflow Log (im Kontextmenü).
- Aus dem Verteilauftrag wird beim Verteilungsstart für jedes Zielsystem ein *Verteilauftragspaket* ❻ erstellt. Üblicher sind die Begriffe *Verteilungspaket*, *UPS-Paket* oder *PDR-Paket*.
- Die *Verteilungseinheit* ❼ besteht aus *Verteilungspaketen* ❽: aus genau einem *Originalpaket* (erkennbar an dem Kennzeichen **O** in Abbildung 9.10) und gegebenenfalls einem oder mehreren *Korrekturpaketen* (Kennzeichen **C**, siehe Abbildung 9.22). Das Originalpaket wird automatisch beim Verteilungsstart angelegt und enthält die Liste der Einzelobjekte (ein Eintrag pro Änderungsstand). Korrekturpakete werden bei Bedarf manuell angelegt, um Fehler bei der Paketeinbuchung zu beheben. Im Gegensatz zur Baseline, die immer das Produktmodell entsprechend dem Auflösungsprofil abbildet, enthält das Originalpaket bei aktivierter Delta-Filterung nur neue und geänderte Objekte.

Weiterführende Erläuterungen finden Sie auch in der SAP-Online-Hilfe:

SAP ERP 6.0: *https://help.sap.com/erp* • **SAP Library (German)** • **SAP ERP Central Component** • **Logistik** • **Product Lifecycle Management (PLM)** • **PLM Produktdatenverteilung**

SAP S/4HANA: *https://help.sap.com/s4hana* • **Product Assistance - Deutsch** • **Geschäftsanwendungen für Unternehmen** • **R&D / Engineering** • **Product Lifecycle Management (PLM)** • **PLM Produktdatenverteilung**

Starten Sie die Replication Workbench (Transaktion CRWBD), und gehen Sie Schritt für Schritt, wie nachfolgend beschrieben, vor. In dem Beispiel wird die Replikation des AVC-Modells `AVC_RBT_ROBOT2` von System QM7 nach System QKV (jeweils Mandant 910) beschrieben.

9.1.5 Konfigurationsdefinition und -mappe anlegen

Bei der ersten Replikation eines VC-Modells legen Sie die Konfigurationsdefinition und die Konfigurationsmappe gemeinsam an. Klicken Sie dazu auf den Button (Produktmappe anlegen), siehe Abbildung 9.11.

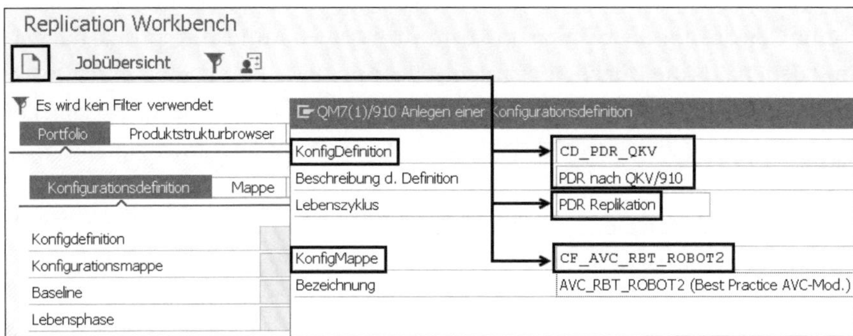

Abbildung 9.11 Konfigurationsdefinition und -mappe anlegen

Weitere Mappen legen Sie später an, indem Sie die Konfigurationsdefinition öffnen und in deren Kontextmenü **Konfigurationsmappe anlegen** wählen.

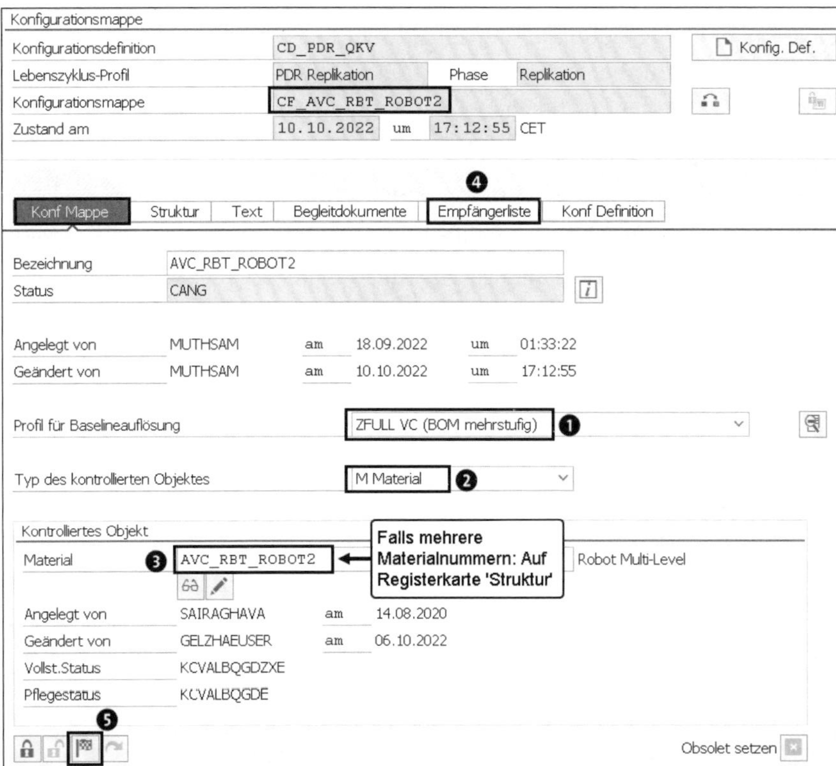

Abbildung 9.12 Konfigurationsmappe

Tragen Sie nun die Details in der Konfigurationsmappe (Registerkarte **Konf Mappe**) ein:

- **Profil für Baselineauflösung** (siehe ❶ in Abbildung 9.12)
  Wählen Sie das gewünschte Auflösungsprofil. Das Standardprofil SAPREPLICA (bzw. ein angepasstes Z-Profil) löst ein VC-Modell komplett mehrstufig auf und sammelt alle seine Objekte ein. Sie können im Customizing auch Auflösungsprofile einstellen, mit denen z. B. die Stückliste gar nicht, oder nur einstufig aufgelöst wird. Durch eine Erweiterungsimplementierung von FOX können auch zusätzliche Objekte aufgelöst werden, z. B. Materialvarianten zu einem KMAT, oder Arbeitspläne (SAP-Hinweis 1924092).
- **Typ des kontrollierten Objektes** ❷
  Wählen Sie den Eintrag **M Material**.
- **Material** ❸
  Tragen Sie hier die Materialnummer des Kopf-KMAT ein. Sie können auch mehrere VC-Modelle zusammen replizieren. Lassen Sie dann dieses Feld leer, und tragen Sie stattdessen auf der Registerkarte **Struktur** alle Kopf-KMATs ein.

Nehmen Sie die folgenden Einstellungen auf der Registerkarte **Empfängerliste** ❹ vor: Wählen Sie in der Auswahl unter **ALE-Verteilungseinheit: Partner** das Zielsystem. Hier werden alle Systeme angeboten, in die gemäß dem ALE-Verteilungsmodell UPSMAS-IDocs verteilt werden dürfen. Falls zuerst das Auswahlfenster mit **Interne Benutzer**, **Verteilerlisten** usw. erscheint, brechen Sie dieses ab. Es erscheint dann die gewünschte Selektion der logischen Systeme.

Geben Sie anschließend über den Button (Baselining freigeben) ❺ auf der Registerkarte **Konf Mappe** die Konfigurationsmappe frei. Die Mappe erhält den Status CBER.

Die Anlage der Konfigurationsmappe ist ein einmaliger Vorgang. Sie sollte für alle Replikationen des eingetragenen Materials wiederverwendet werden. Für weitere Materialien erstellen Sie weitere Mappen aus dem Kontextmenü der Konfigurationsdefinition.

[+]

Replikation schnell und einfach: alle Schritte zusammenfassen

Um Ihnen das Verständnis zu erleichtern, stellen wir in den nächsten Abschnitten die Erstellung von Baseline, Verteilauftrag und UPS-Paket in einzelnen Schritten vor. Es geht aber auch schneller und komfortabler.

Sie können alle Arbeitsschritte bis zum UPS-Paket in einem einzigen Arbeitsgang erledigen, indem Sie im Kontextmenü der Konfigurationsmappe **Hintergrundverarbeitung • Komplett verteilen...** auswählen; dies ist die empfohlene Vorgehensweise.

Wenn Sie im Pakettyp-Customizing die automatische Vorgangssteuerung in Ausgang und Eingang aktivieren, erfolgt auch der Versand des UPS-Pakets sowie die Einbuchung im Zielsystem automatisch.

9.1.6 Baseline erstellen und auflösen

Für jede Replikation eines Produktmodells erstellen Sie jeweils eine eigene Baseline innerhalb der Konfigurationsmappe. Die Baseline listet alle Einzelobjekte auf, die in diesem Moment zu der Produktstruktur gehören, aufgelöst durch FOX. Die Strukturanzeige der Baseline zeigt die Zuordnungsbeziehungen der Objekte untereinander.

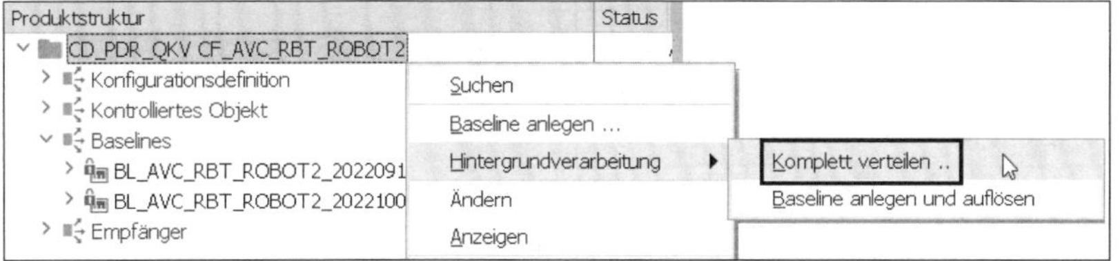

Abbildung 9.13 Start der automatisierten Komplettverteilung

9

Konfigurationsmappe direkt öffnen

Öffnen Sie eine existierende Konfigurationsmappe in Transaktion CRWBD (Replication Workbench) direkt durch die Auswahl der Registerkarte **Mappe**. Die Struktur in der Replication Workbench startet dann auf dem Level der Mappe, und nicht auf der übergeordneten Konfigurationsdefinition. Sie ersparen sich so die Navigation zur Mappe im Strukturbrowser.

Das Anlegen und Auflösen einer Baseline erledigen Sie in einem Schritt durch das Einplanen eines Jobs über das Kontextmenü der Mappe, wie es in Abbildung 9.12 zu sehen ist. Für den in diesem Kapitel beschrieben Ablauf wählen Sie ausnahmsweise **Hintergrundverarbeitung • Baseline anlegen und auflösen** anstatt der Komplettverteilung. Es mag ungewohnt erscheinen, dass für diesen Schritt (und einige weitere Schritte) ein Job eingeplant und die Aktion nicht im Vordergrund ausgeführt wird. Bei sehr großen Strukturen können die Baseline-Auflösung und die nachfolgende Paketerstellung, -versendung und -einbuchung einige Zeit in Anspruch nehmen. Durch einen Batch-Job wird kein Dialog-Workprozess blockiert und das Risiko eines Timeouts vermieden. Durch den sofortigen Start des Jobs entsteht jedoch keine Verzögerung für den Benutzer.

In dem Pop-up-Dialog zur Jobeinplanung tragen Sie die Details der Baseline ein (siehe Abbildung 9.14). In den meisten Fällen genügen Name (Feld **Baseline)** und **Bezeichnung** der Baseline.

Datum als Suffix im Namen der Baseline

Da die Baseline eine Momentaufnahme des Produktmodells darstellt, sollten Sie das Datum der Baseline im Format JJJJMMTT an den Namen anhängen. Somit werden die Baselines chronologisch sortiert und sind später leichter zu finden.

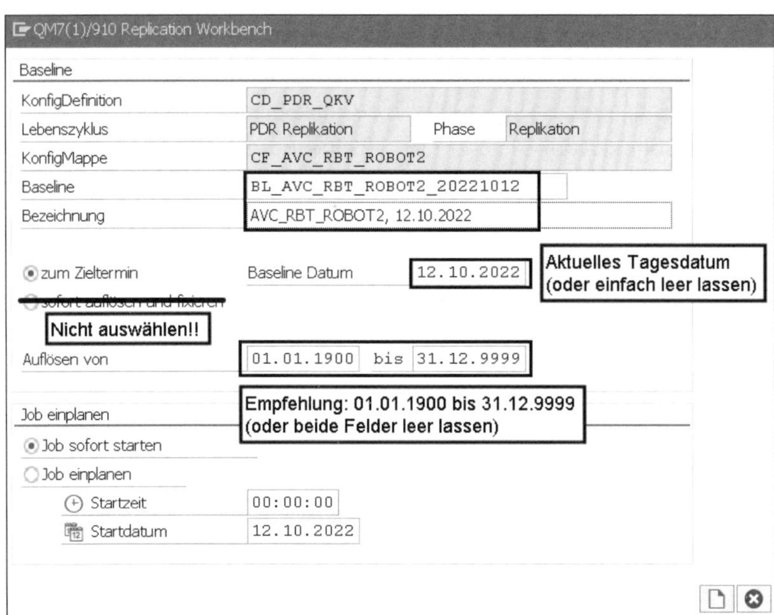

Abbildung 9.14 Details der Baseline

Wählen Sie *nicht* den Button **sofort auflösen und fixieren**! Denn dies würde ungewollt die Stückliste historienpflichtig machen. Belassen Sie die Auswahl daher auf **zum Zieltermin**. Das **Baseline Datum** ist nicht zu verwechseln mit dem Gültigkeitsdatum, zu dem die Objekte der Baseline eingesammelt werden. Da Sie die Baseline sofort auflösen wollen, lassen Sie das Feld leer (das Tagesdatum wird vom System automatisch gesetzt).

In den Feldern **Auflösen von** und **bis** können Sie optional den Zeitbereich eintragen, über den FOX die Änderungsdienstgültigkeiten in der Baseline einsammeln soll. In den meisten Fällen können (und sollen) Sie die Felder leer lassen – das System benutzt dann den Datumsbereich 01.01.1900 bis 31.12.9999.

Falls Sie den SAP-Änderungsdienst (ECM) verwenden, erscheint es bei einer langen Änderungshistorie verlockend, nur Änderungsstände ab einem bestimmten Datum zu replizieren, und ältere Gültigkeiten wegzulassen – also in **Auflösen von** für die untere Grenze ein Datum in der jüngeren Vergangenheit einzutragen. Erfahrungen aus der Praxis haben aber mehrfach gezeigt, dass dann aufgrund der vielen direkten und indirekten Abhängigkeiten nicht nur zwischen den Objekten selbst, sondern auch noch zwischen deren Zeitscheiben, das Auflösungsergebnis unvollständig wird. Daraus leitet sich die dringende Empfehlung ab, die untere Grenze leer zu lassen (gleichbedeutend mit 01.01.1900).

Mit der oberen Datumsgrenze können Sie, falls gewünscht, neuere (z. B. zukünftige) Änderungsstände aus der Baseline-Auflösung und Replikation ausschließen; dies ist unkritisch. Im typischen Anwendungsfall werden Sie jedoch keine zeitliche Einschränkung vornehmen, sodass Sie nach der Eingabe von Baseline-Name und -Beschreibung alle Datumsfelder leer lassen und mit [↵] einfach fortfahren können.

Da die Replikation normalerweise unmittelbar ausgeführt werden soll, belassen Sie die Jobeinplanung auf **Job sofort starten**. Über den Button 🗋 (CM-Objekt anlegen) wird die Baseline-Auflösung gestartet (der Job `CM_CONFIGBASELINE_CREATEMULTI` läuft einige Sekunden). Nach der Aktualisierung der Produktstruktur in der Replication Workbench finden Sie unter dem Knoten **Baselines** die soeben angelegte Baseline. Interessehalber werfen wir einen Blick in die aufgelöste VC-Modellstruktur der Baseline. Ein Doppelklick darauf öffnet unter der Produktstruktur den Baseline-Detailbereich. Wählen Sie aus dem Kontextmenü der kryptischen Auflösungs-ID die Option **Auflösungsergebnis anzeigen** (siehe Abbildung 9.15).

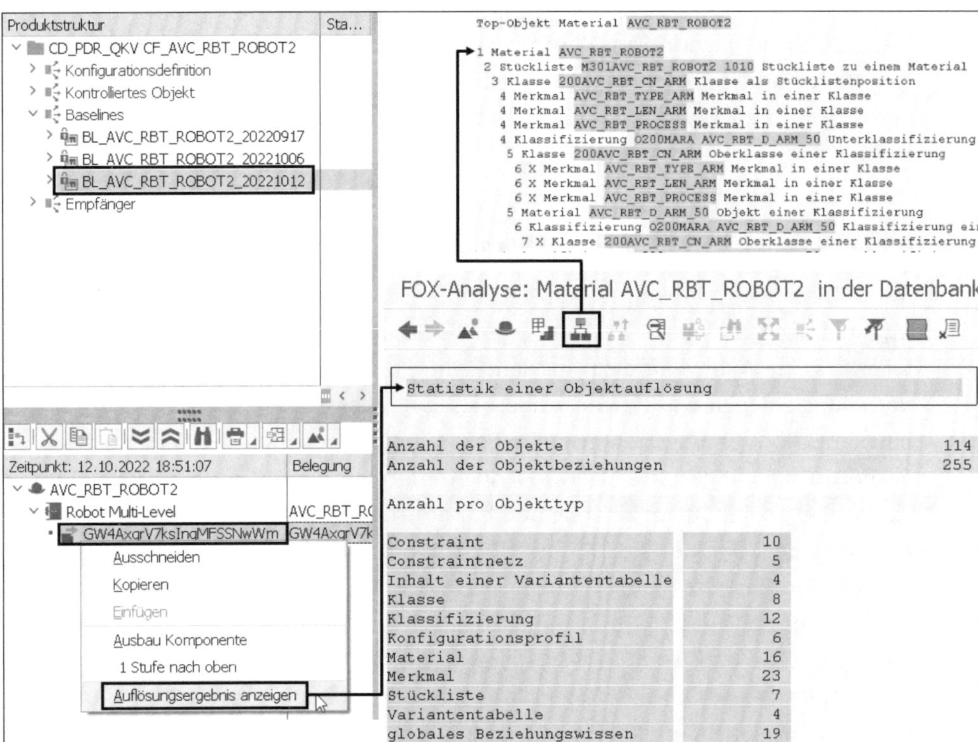

Abbildung 9.15 Ergebnis der Baseline-Auflösung anzeigen

Die Statistik der Auflösung listet die Anzahl der Objekte je Objekttyp auf. Per Doppelklick können Sie in die Auflistung der Objekte und von dort sogar in die Zeitscheiben jedes einzelnen Objekts navigieren.

[+]

Die Anzeige der Baseline-Strukturauflösung gibt tiefe Einblicke in das VC-Modell und alle seine Objekte

Sie können über den Button (Auflösung anzeigen) alle Objekte des Produktmodells auch hierarchisch strukturiert anzeigen und darin über die Suchfunktion beliebige Objekte finden. Zu jedem Objekt haben Sie die Möglichkeit, z. B. seine Nachbarn (Vorgänger und Nachfolger) (Nachbarn anzeigen) oder seinen Pfad zum Root-KMAT (Zeige den Pfad bis zum Top-Objekt) zu ermitteln.

[»]

FOX kann auch simulieren (Strukturermittlung außerhalb von PDR)

Die Struktur eines VC-Modells mit allen Objekten können Sie auch außerhalb von PDR mit der FOX-Simulation (Transaktion EXPO_TEST) ermitteln. Die entsprechende Berechtigung sollte jeder VC-Modellierer erhalten!

Wenn Sie die Replikation aus dem Kontextmenü der Konfigurationsmappe mit **Hintergrundverarbeitung • Komplett verteilen...** gestartet haben, können Sie den folgenden Abschnitt überspringen und in Abschnitt 9.1.8, »Versand des UPS-Pakets«, weiterlesen.

9.1.7 Über den Verteilauftrag zu Verteilungseinheit und Verteilungspaket

Mit der Baseline-Auflösung ist nun bekannt, welche Objekte in Ihrem VC-Modell – im Moment der Auflösung – stecken. Legen Sie im nächsten Schritt den Workflow-Verteilauftrag an. Wählen Sie dazu aus dem Kontextmenü der soeben erstellten Baseline **Verteilung anlegen und starten**. Anders als es der Begriff vielleicht suggeriert, wird – bei manueller Vorgangssteuerung im Pakettyp-Customizing – der Versand des UPS-Pakets noch nicht gestartet. Es wird jedoch sofort aus dem Verteilauftrag ein Verteilungspaket erstellt. Im erscheinenden Pop-up-Fenster wählen Sie wiederum **Job sofort einplanen**. Der Job `CRWB_MULTIPLE_DISTORDERS` und das anschließende Programm für den Workflow User (`WF-BATCH` oder `SAP_WFRT`) sind nach einigen Sekunden beendet. Dann öffnen Sie die Struktur unterhalb der Baseline und navigieren über den Verteilauftrag zum soeben erstellten Verteilauftragspaket. Nach einem Doppelklick auf das Verteilauftragspaket erscheint im rechten Bereich der Workbench die Verteilungseinheit mit dem gleichnamigen Originalpaket. Das Paket enthält alle Objekte des VC-Modells (siehe Abbildung 9.10).

Fehlt das Paket im Workbench-Strukturbaum unter dem Verteilauftrag, oder erscheint eine Fehlermeldung nach einem Doppelklick darauf, gibt es einen Fehler im Workflow-Customizing. Am Ende dieses Kapitels finden Sie Hilfestellung dazu in Abschnitt 9.1.13, »Troubleshooting, Tipps und Tricks«.

Beachten Sie, dass nach erfolgten Änderungen im VC-Modell bei nachfolgenden Replikationen nicht mehr alle Objekte im Paket enthalten sind, sondern aufgrund der Delta-Filterung nur neue und geänderte Objekte (wenn im Pakettyp-Customizing der Verteilstatus wie empfohlen auf **Objekt im Zielsystem eingebucht** eingestellt ist).

9.1.8 Versand des UPS-Pakets

Das Verteilungspaket enthält lediglich die Information, *welche* Objekte verteilt werden sollen und in welcher Reihenfolge, jedoch noch nicht deren Inhalt (siehe Abbildung 9.10). Außerdem finden Sie einen Eintrag für jede Gültigkeit (mit Änderungsnummer oder reine Datumsgültigkeit). Die Liste stammt aus der Baseline-Auflösung; der Inhalt der Objekte wird erst beim Versand des Pakets abgegriffen und in die dabei erzeugten IDocs »übersetzt«. Daher sollte das Produktmodell in der Zeit zwischen Baseline-Auflösung, Erzeugung des Pakets und dessen Versand nicht verändert werden; so stellen Sie die Konsistenz zwischen Baseline und Paketinhalt, also zwischen den zu replizierenden Objekten sicher. Nachdem Sie im vorangegangenen Schritt das Verteilungspaket erstellt haben, sollten Sie also sofort den nächsten Schritt ausführen: den Versand des Pakets in das Zielsystem.

9

Rechts oben wird der Status der Verteilungseinheit angezeigt; nach der Erstellung des Pakets lautet er (bei manueller Ausgangsvorgangssteuerung im Pakettyp) UPSV (**Gesichert**). Geben Sie das Paket mit dem Button (Status setzen) frei. Damit wird der Button (Pakete senden) in der Button-Leiste aktiv. Klicken Sie ihn an, und bestätigen Sie das Pop-up-Fenster mit **Job sofort starten**.

Der Job RUPSSEND erstellt nun zu jedem Objekt ein IDoc, das in das Zielsystem geschickt wird. Die Verwaltungsinformationen des Pakets werden mit einem UPSMAS-IDoc verschickt.

[!]

Paket nach dem Versand im Anzeigemodus belassen

Beachten Sie, dass das Paket mit dem Start des Versands in den Anzeigemodus geschaltet wurde. Wechseln Sie nicht in den Änderungsmodus, während die Replikation im Zielsystem aktiv ist! Ansonsten können die Status-Updates aus dem Zielsystem (UPSRCP-IDocs) nicht eingebucht werden. Sollte das passieren, können Sie nicht eingebuchte UPSRCP-IDocs mit Transaktion UPSRCP (Replikationstabelle: Organisation) nachbuchen.

Nach dem Empfang des Pakets im Zielsystem wechselt der Status auf UPRC (**Empfangen**). Jedes Objekt hat nun ein grünes Icon für die erfolgreiche Verteilung, und in der Spalte **Nachrichten** wurde die Nummer des zugehörigen IDocs eingetragen (siehe Abbildung 9.16).

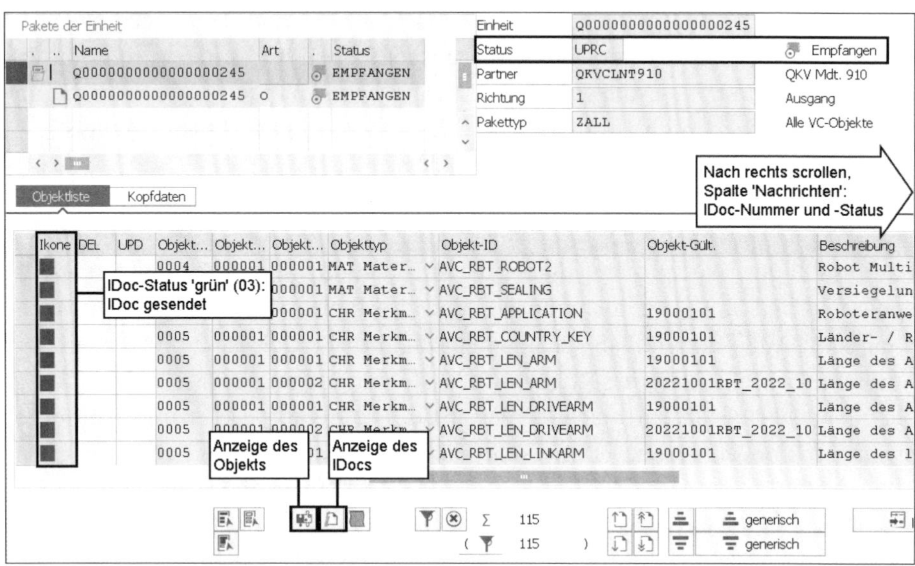

Abbildung 9.16 Paket nach erfolgreichem Versand und Empfang im Zielsystem

[»]

Objekt-Einbuchungsstatus jetzt auch im Sendesystem

Im Rahmen der Customer Connection 2018 wurde ein Kundenwunsch umgesetzt, der die Transparenz auf der PDR-Senderseite verbessert. Nach dem Einbuchen des Pakets im Zielsystem wird auf Senderseite für die einzelnen Objekte der *Einbuchungsstatus* im Empfangssystem angezeigt (nicht mehr, wie früher, der *IDoc-Versandstatus*). Somit können Sie auch im Sendesystem genau erkennen, welche einzelnen Objekte im Zielsystem einen Einbuchungsfehler hatten. Implementieren Sie dazu SAP-Hinweis 2670943.

Das Paket steht nun im Zielsystem zur Einbuchung bereit. Im ALE-Statusmonitor (Transaktion BD87) können Sie die zugehörigen IDocs überprüfen:

- **auf der Senderseite**
  - alle einzelnen Objekt-IDocs (Ausgang)
  - ein UPSMAS-IDoc (Ausgang) – das Paket
  - ein UPSRCP-IDoc (Eingang) – die Statusrückmeldung aus dem Zielsystem für den Empfang (bei automatischer Prozessierung im Empfangssystem gibt es weitere UPSRCP-IDocs für die Folgestatus)
- **auf Empfängerseite**
  - alle einzelnen Objekt-IDocs mit (beabsichtigtem) Fehlerstatus 51 **Verbuchung nur möglich durch Verteilungseinheit Qnnnn** (Eingang)

- ein UPSMAS-IDoc (Eingang) – das Paket
- mindestens ein UPSRCP-IDoc (Ausgang) – die Statusrückmeldung zurück zum Sendesystem

9.1.9 Einbuchung des Pakets

Wechseln Sie nun ins Zielsystem. In Transaktion UPS wird Ihnen das soeben empfangene Paket angeboten. Ist das Paket nicht vorhanden, prüfen Sie das UPSMAS-IDoc (BD87) und das Applikationslog (SLG1) auf Fehler.

Öffnen Sie das Paket im Änderungsmodus; es ist fast identisch mit dem Paket aus dem Sendesystem. In der Spalte **Nachrichten** sind jedoch nun die Nummern der IDocs im Empfangssystem eingetragen. Es kann hier noch Lücken geben, falls noch nicht alle Objekte identifiziert wurden, d. h., falls die Relation zwischen Objekt und IDoc noch fehlt. Sie erhalten in diesem Fall bei der Genehmigung des Pakets noch einen Hinweis, dass nun die fehlenden Objekte identifiziert werden. Sollte dies nicht für alle Objekte erfolgreich sein, sind einige IDocs nicht im Zielsystem angekommen. Prüfen Sie den Versand im Sendesystem auf Fehler (BD87, SM58); zumeist sind Fehler im ALE-Setup oder Berechtigungsfehler des RFC-Users die Ursache.

An dieser Stelle haben Sie noch die Möglichkeit, die Replikation abzubrechen, indem Sie den Status des Pakets auf UPRJ (**Abgelehnt**) setzen. Dadurch werden die Objekt-IDocs nicht eingebucht, sondern mit dem Status 68 (**Fehler, keine weitere Bearbeitung**) abgeschlossen. Im Normalfall werden Sie das empfangene Paket einbuchen und wechseln daher den Paketstatus in UPAP (**Genehmigt**), siehe Abbildung 9.17 ❶; damit wird der Button (Einbuchen) aktiv. Klicken Sie ihn an ❷, um den Einbuchungsvorgang zu starten.

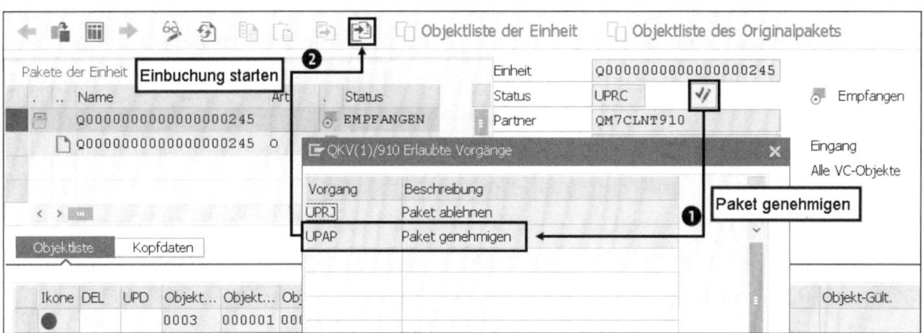

Abbildung 9.17 Paket im Zielsystem einbuchen

Mit dem Start des Jobs bzw. Programms RUPSPOST werden die IDocs des Pakets eingebucht und damit die Objekte angelegt bzw. geändert. Wenn kein Einbuchungsfehler auftritt, wechselt der Paketstatus nach der Einbuchung aller IDocs in den Status UPPO

(**Verbucht**), und das Icon symbolisiert die erfolgreiche Replikation des kompletten Produktmodells (siehe Abbildung 9.18). Der Status wird per UPSRCP-IDoc in das Sendesystem rückgemeldet. Ihr VC-Modell ist nun im Sende- und Empfangssystem völlig identisch.

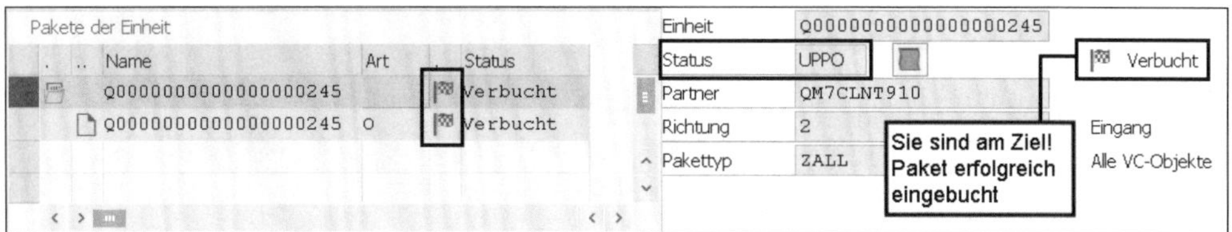

Abbildung 9.18 Erfolgreich eingebuchtes Paket: Das VC-Modell wurde repliziert!

9.1.10 Korrekturpakete

Es kann passieren, dass ein UPS-Paket nicht auf Anhieb vollständig eingebucht werden kann. Einzelne Objekte haben dann ein rotes Icon im Empfangssystem, und ihre IDocs bleiben im Fehlerstatus 51. Filtern Sie in diesem Fall zunächst die UPS-Objektliste mittels des Buttons (Filter Fehlerhafte Objekte), um nur noch die fehlerhaften Objekte in der Liste zu sehen.

Es gibt verschiedene Ursachen für Einbuchungsfehler eines IDocs, z. B.:

- Das Objekt ist im Moment im Änderungsmodus geöffnet und somit gesperrt.
- Eine kritische Änderung des Objekts kann wegen dessen Verwendung nicht unmittelbar durchgeführt werden. So kann z. B. für ein Merkmal, das in Beziehungswissen verwendet wird, das Kennzeichen **Einschränkbar** nicht geändert werden, oder aus einer Tabellenstruktur kann ein Feld nicht entfernt werden. Für solche Änderungen musste der Modellierer im Vorfeld auch im Pflegesystem besondere Maßnahmen getroffen haben: Die Änderung des Merkmals war im Sendesystem nur möglich, nachdem temporär dessen Verwendung aufgehoben worden war, also alle Beziehungswissen auf den Status **Gesperrt** gesetzt worden waren. Anschließend müssen die Beziehungswissen wieder freigegeben worden sein. Wenn eine solche »Änderung mit Hilfestellung« per IDoc verteilt wird, schlägt die Einbuchung zunächst wie erwartet fehl. Die temporäre Sperrung des Beziehungswissens muss auch hier (manuell) im Zielsystem erfolgen und anschließend wieder zurückgenommen werden.
- Bei der Verwendung des Änderungsdienstes kann folgendes Problem auftreten: Es soll ein initialer Änderungsstand (*ohne* Änderungsnummer) eingebucht werden, wenn schon ein Änderungsstand *mit* Änderungsnummer existiert. Sie bekommen dann, wie in der Dialogtransaktion, den Fehler, dass das Objekt nur mit einer Änderungsnummer geändert werden könne. Dies passiert üblicherweise bei einer initialen Replikation in ein System, in dem die VC-Daten bereits teilweise existieren

(jedoch nicht mehr bei Folgereplikationen, wenn die PDR korrekt eingestellt wurde, also die Delta-Filterung im Pakettyp-Customizing aktiviert worden ist). Ursache können auch inkonsistente Einträge in der Replikationstabelle UPSREP01 sein, verursacht durch nicht eingebuchte UPSRCP-IDocs, also Status-Updates im Sendesystem.

Schließen Sie zunächst Fehler im ALE-Customizing mit einem Blick auf den IDoc-Status aus (z. B. fehlende Einträge im ALE-Verteilungsmodell, falsche Einstellungen in den Eingangspartnervereinbarungen, Ports, RFC-Verbindungen). Aus dem UPS-Paket können Sie über den Button [icon] (Anzeigen von IDocs) direkt zum IDoc eines Objekts navigieren; dies erspart den parallelen Modus mit Transaktion BD87.

Ist ALE-seitig alles in Ordnung, kann die Fehlerursache für jedes fehlerhafte Objekt aus dem Anwendungslog ermittelt werden (in seltenen Fällen im IDoc-Status). Das globale Log finden Sie in Transaktion SLG1; viel praktischer ist jedoch der Abruf der für eine IDoc-Einbuchung spezifischen Logeinträge direkt aus dem UPS-Paket. Markieren Sie dazu die Objektzeile im Paket, und klicken Sie auf den Button [icon] (Protokoll aufrufen), siehe Abbildung 9.19.

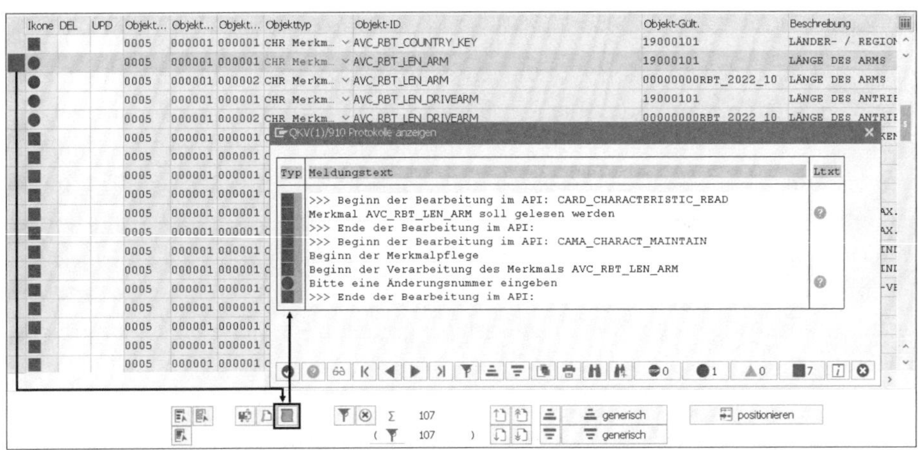

Abbildung 9.19 Anwendungslog für fehlerhaftes Objekt-IDoc aufrufen

Bei den ersten beiden oben aufgeführten Fehlern kann die Ursache im Zielsystem behoben werden. Im zweiten Beispielfall muss das Objekt mit Fehlerstatus durch Sperrung des Beziehungswissens, in dem es verwendet wird, für Änderungen freigegeben werden. Bei Strukturänderungen von Variantentabellen muss z. B. auch der Inhalt der zu entfernenden Tabellenspalten gelöscht werden. Buchen Sie das Paket anschließend erneut ein. Klicken Sie dazu nochmals auf den Button [icon] (Einbuchen). Damit sind beliebig viele Einbuchungsversuche möglich. Wenn das Paket erfolgreich eingebucht worden ist, machen Sie die temporären Änderungen rückgängig (z. B. geben Sie das Beziehungswissen wieder frei).

Im dritten Beispielfall kommt man mit Aktionen allein im Zielsystem nicht zum Ziel: Diese IDocs (mit initialer Gültigkeit, also ohne Änderungsnummer) können nicht mehr eingebucht werden. Sie müssen aus dem Paket entfernt werden, um es sauber abschließen zu können. Dies geschieht durch die Erstellung eines Korrekturpakets. Korrekturpakete können Sie sowohl im Sende- als auch im Empfangssystem anlegen. Empfohlen ist die Anlage im Sendesystem, da diese transparenter ist – nur dann sind die Korrekturen sowohl auf Sende- als auch auf Empfangsseite sichtbar.

In Abbildung 9.19 sehen Sie als Beispiel »Fehler durch initiale Gültigkeit« (ohne Änderungsnummer, im PDR-Paket mit »19000101« in der Spalte **Objekt-Gült.** angezeigt) von zwei Merkmalen (AVC_RBT_LEN_ARM, AVC_RBT_LEN_DRIVEARM), die bereits mit einem Änderungsstand im Zielsystem existieren. Für die darauffolgende Gültigkeit mit der Änderungsnummer RBT_2022_10 gibt es dann aufgrund der Serialisierungsregeln überhaupt keinen Einbuchungsversuch. Daher erscheinen diese auch in Rot, haben aber keine Fehlermeldung im Log.

Die initialen Objektgültigkeiten (ohne Änderungsnummer) der beiden Merkmale müssen per Korrektur aus dem Paket entfernt werden, um die Blockade für die Einbuchung der ECM-Gültigkeiten der beiden Merkmale aufzuheben. Stellen Sie sicher, dass das Paket im Zielsystem im Anzeigemodus ist, und öffnen Sie das Paket im Sendesystem (in der Replication Workbench oder in Transaktion UPS). Wählen Sie im Menü **Bearbeiten • Korrektur anlegen**. Folgen Sie einer stringenten Namenskonvention (z. B. C_Qnnnn_01 für das erste Korrekturpaket des Originalpakets Qnnnn), und geben Sie eine aussagekräftige Beschreibung ein. Erst dann drücken Sie [↵]. In der darauffolgenden Objektliste markieren Sie das Kennzeichen **DEL** für die zu entfernenden Objekte (siehe Abbildung 9.20). Sie finden hier außerdem bei jedem Objekt das Kennzeichen **UPD**. Damit können Sie ein Objekt aktualisiert senden, falls Sie es im Quellsystem korrigieren mussten, um einen Einbuchungsfehler im Zielsystem zu beheben.

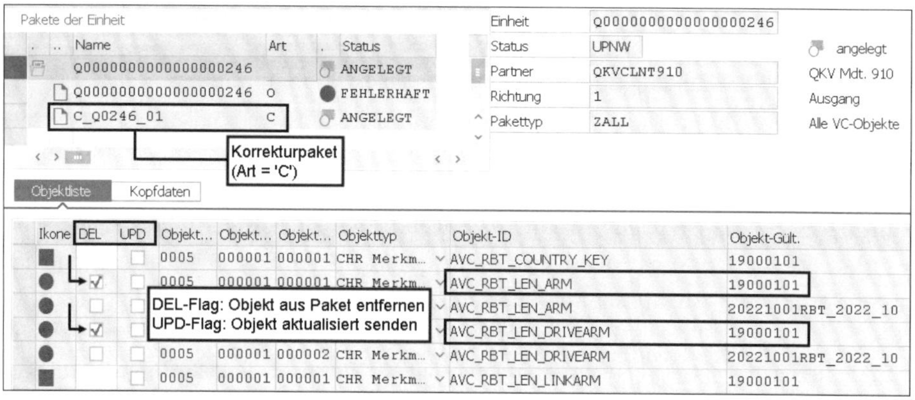

Abbildung 9.20 Korrekturpaket im Sendesystem anlegen (Löschen von Objekten)

Speichern Sie das Korrekturpaket. Setzen Sie den Status auf UPRL (**Freigegeben**), und senden Sie es »dem Originalpaket hinterher« ins Zielsystem. Denken Sie daran, das Paket im Sendesystem nun im Anzeigemodus zu belassen.

Wechseln Sie in das Zielsystem, und öffnen Sie das Paket erneut (Transaktion UPS) im Änderungsmodus. Es hat nun wieder den Status UPRC (**Empfangen**) (❶ in Abbildung 9.21); neben dem Originalpaket finden Sie unter der Verteilungseinheit auch das soeben erstellte Korrekturpaket ❷. Wenn Sie im Fenster **Pakete der Einheit** das Korrekturpaket auswählen, sehen Sie die gelöschten Objekte bzw. Objektgültigkeiten ❸.

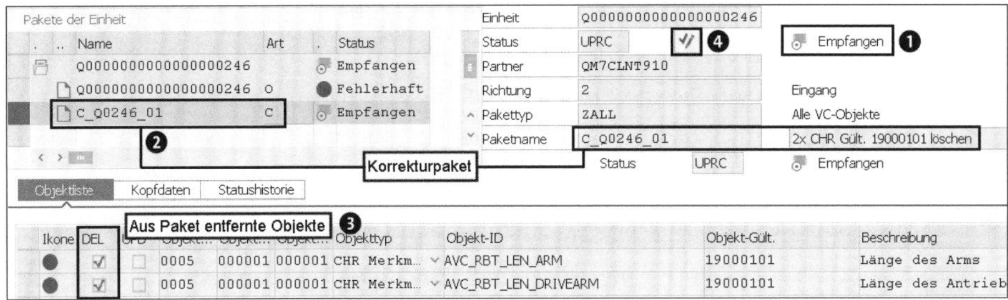

Abbildung 9.21 Korrekturpaket im Zielsystem

Wie beim Originalpaket geben Sie nun das Korrekturpaket frei ❹ (Status UPAP (**genehmigt**)) und buchen es über den Button ein. Wenn Sie mit dem Korrekturpaket alle für die Fehler ursächlichen IDocs erwischt haben, werden gegebenenfalls verbliebene, noch nicht gebuchte IDocs eingebucht (im Beispiel die zugehörigen Änderungsnummern-Gültigkeiten der beiden Merkmale), und die Verteilungseinheit wechselt in den finalen Status UPPO (**Verbucht**), siehe Abbildung 9.22.

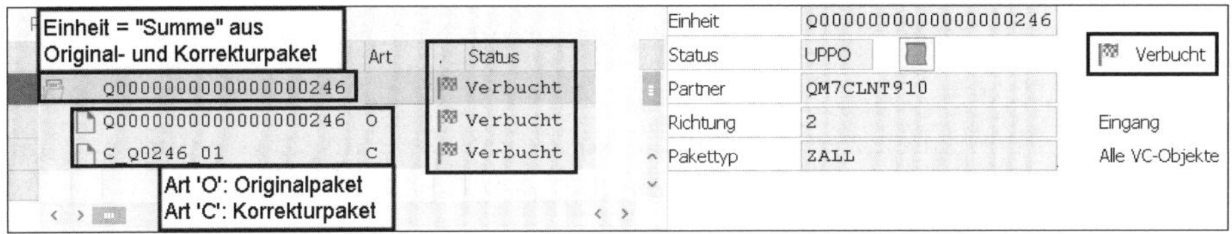

Abbildung 9.22 Erfolgreiche Einbuchung von Original- und Korrekturpaket

> **Räumen Sie offene Pakete auf!**
>
> Schließen Sie konsequent jedes PDR-Paket – gegebenenfalls mit Korrekturpaket – ab, bevor Sie die nächste Replikation im Sendesystem starten. So stellen Sie eine möglichst reibungslose Produktdatenreplikation sicher.

9.1.11 Replikation von Konditionssätzen

Mit der Replication Workbench können Sie, wie Sie gesehen haben, die meisten Objekte eines VC-Modells paketiert verteilen. Nicht enthalten in der Baseline-Auflösung und im PDR-Paket sind jedoch Konditionssätze – diese vermissen Sie vielleicht, wenn Sie die Preisfindung mittels Konfigurationsregeln steuern. SAP stellt für die Replikation von Konditionssätzen einen speziellen Report zur Verfügung: `SEND_CONDITIONS_OF_OBJECT`. Diesen Report rufen Sie im Anschluss an die Replikation des Produktmodells auf. Er kann Konditionssätze einsammeln, deren Konditionstabellen die Materialnummer als Preisattribut enthalten. Im Standard sind das die Tabellen `A004` und `A304` (Produktpreise) sowie `A057` (Variantenkonditionen).

Zunächst müssen Sie zwei Customizing-Tabellen mit Transaktion SM30 (Pflege-Views) pflegen. Ergänzen Sie die Einträge gegebenenfalls um ihre eigenen Kundenkonditionstabellen (mit xxx > 600):

- `TUPS_X01`: Ein Eintrag für jede zu replizierender Konditionstabelle *Axxx: MAT / UPS_MAT_KEY / COND_A_T / Axxx*. Setzen Sie das **Aktiv**-Häkchen.
- `TUPS_X01F`: Diese Tabelle enthält dieselben Einträge, mit dem zusätzlichen Feld **Feldname Nachfolger** = »MATNR«.

Des Weiteren müssen Sie im ALE-Verteilungsmodell und in der Partnervereinbarung den Nachrichtentyp »COND_A« eintragen.

Nach dem Aufruf des Programms `SEND_CONDITIONS_OF_OBJECT` müssen Sie lediglich das oder die Zielsysteme auswählen. Für den Vorgängerobjekttyp ist »MAT« bereits eingetragen. Außerdem können Sie festlegen, in welchen zeitlichen Gültigkeitsbereich die Konditionen fallen müssen. Wenn Sie auf den Button **Ausführen** klicken, geschieht Folgendes:

1. Es werden alle Materialien ermittelt, die bisher mit der PDR in das Zielsystem repliziert worden sind.
2. Zu diesen Materialien werden nun alle Konditionssätze aus den im Customizing eingetragenen Konditionstabellen eingesammelt. Gibt es zu diesen Konditionssätzen mehrere zeitliche Gültigkeiten, werden diese ebenfalls berücksichtigt.
3. Es wird ein UPS-Paket erstellt, dessen Name mit `COND_A` beginnt.

Dieses UPS-Paket mit Konditionssätzen verarbeiten Sie, wie in den vorangehenden Abschnitten beschrieben.

9.1.12 PDR-Add-on für Arbeitspläne

In der Standardauslieferung unterstützt die PDR das Einsammeln und die Replikation fast aller Objekte eines VC-Modells (siehe Abbildung 9.1). Sie vermissen aber vielleicht die Arbeitspläne. Im Arbeitsplan können Sie Beziehungswissen verschiedenen Teilobjekten (Vorgang, Untervorgang, Folge, Fertigungshilfsmittel) zuordnen. Er gehört somit zum VC-Produktmodell, und Sie möchten ihn mit den anderen VC-Objekten replizieren.

Der Arbeitsplan kann im SAP-Standard jedoch nicht per IDoc verteilt werden. Es gab in der Vergangenheit rudimentäre Ansätze, jedoch war die Funktionalität lückenhaft (nur Anlage, aber keine Änderung, keine Integration des Änderungsdienstes, keine Zuordnung von Beziehungswissen, keine Komponentenzuordnung aus Dummy-Baugruppen).

Diese Lücke kann nun mit einem Add-on für die PDR geschlossen werden. Die Zusatzlösung wird in SAP-Hinweis 1924092 beschrieben und ist im Servicekatalog gelistet. Das Add-on **ALE/PDR für Arbeitspläne** ergänzt die Replikation eines VC-Modells um die komplexen Stammdaten der Arbeitspläne (siehe Abbildung 9.23).

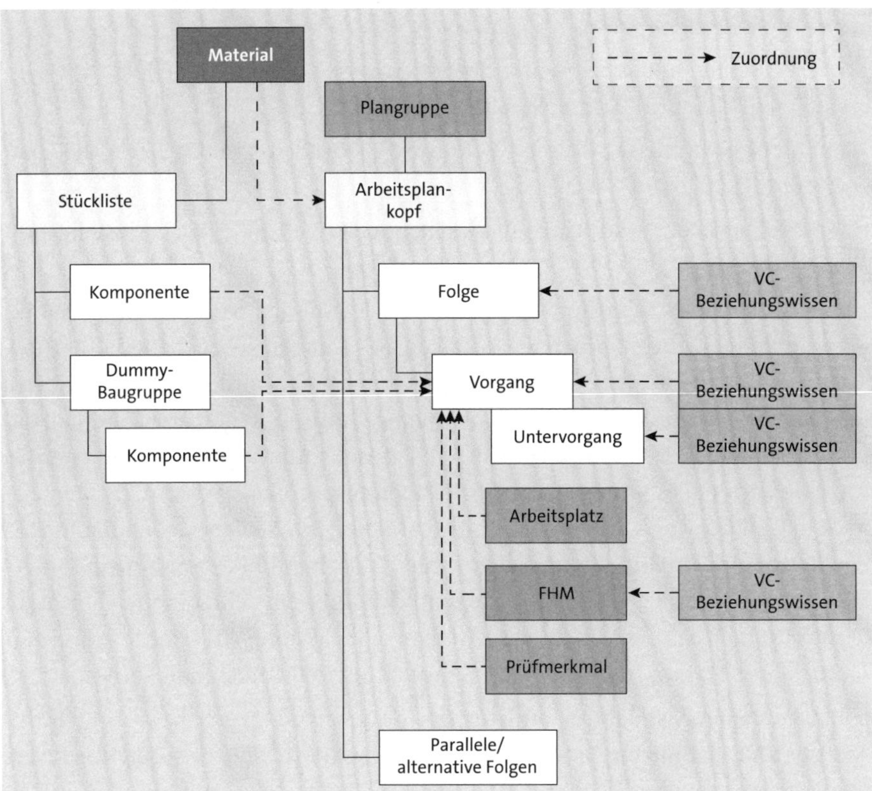

Abbildung 9.23 Arbeitsplan mit seinen Unterobjekten und Zuordnungen

Mit dem Add-on lässt sich der Prozess der Stammdatenanlage und -pflege weiter optimieren. Zusammen mit allen anderen Objekten eines VC-Modells kann auch der Arbeitsplan zentral gepflegt und verteilt werden. Der Arbeitsplan reiht sich nahtlos in die Replikation des mehrstufigen VC-Modells ein.

9.1.13 Troubleshooting, Tipps und Tricks

Im Folgenden finden Sie einige nützliche Hilfestellungen.

Customizing

Falls beim ersten Test das UPS-Paket nicht erstellt wird oder leer bleibt, liegt die Ursache meistens im Workflow-Customizing. Überprüfen Sie die folgenden Punkte:

- Workflow-Customizing verifizieren (Transaktion SWU3): Sind die Punkte **RFC-Destination konfigurieren** und **Vorsatznummern pflegen** erledigt und mit einem grünen Haken markiert?
- Transaktion SO16 (Allgemeine Büroeinstellungen): Auf der Registerkarte **Adressierung** muss das Kennzeichen bei **Organisatorische Einheiten** gesetzt sein; andernfalls finden Sie im Workflow-Aktionsprotokoll den Fehler »Es konnte kein Empfänger ermittelt werden«.
- Aktivieren Sie nochmals die Workflow-Ereignistyp-Kopplung in jedem PDR-Sendesystem (siehe Schritt 9 im Ablauf der PDR-Einrichtung).
- In seltenen Fällen müssen Sie die Workflows WS20000104 und WS20000137 neu generieren (Transaktion SWDD).
- Prüfen Sie das PDR-Customizing mit dem Report `RUPSCHECKCUSTOMIZING` (siehe SAP-Hinweis 1113681).
- Inspizieren Sie das Workflow-Log (Rechtsklick auf den Verteilauftrag: **Workflowprotokoll ...**). Auch können Sie vom Log aus einen abgebrochenen Workflow nach der Behebung der Fehlerursache fortsetzen: Klicken Sie dazu auf den Link des fehlerhaften Schrittes in der Spalte **Schrittname** (Status unter **Ergebnis**) und im daraufhin erscheinenden Pop-up-Fenster auf den Link unter **Objekte und Anlagen**. Es öffnet sich ein neues SAP-GUI-Fenster **Verteilungsprotokoll**. Wählen Sie die Zeile mit dem Fehlerstatus aus. Mit dem Button **Aktionsprotokoll anzeigen** erhalten Sie detailliertere Informationen über den Fehler. Mit einem Klick auf Button **Fehlerhafte starten** starten Sie den Workflow an der Abbruchstelle erneut. Alternativ können Sie auch das fehlerhafte Work Item in Transaktion SWI1 ermitteln und den Workflow mit Transaktion SWPR oder Transaktion SWPC nochmals starten.
- Stellen Sie sicher, dass das Customizing im Zielsystem identisch ist. Wenn z. B. der Pakettyp im Customizing im Zielsystem nicht existiert, kann das Paket nicht gebucht werden.
- Werden IDocs im Empfangssystem unkontrolliert eingebucht (ohne Kontrolle durch das UPS-Paket), oder wird für den Paketstatus nicht das Icon (Verbucht) angezeigt, obwohl die Einheit nach einem Lösch-Korrekturpaket keine fehlerhaften Objekte mehr enthält, prüfen Sie die BTE-Registrierung in Tabelle `TBE31`: Es muss mindestens 32 Einträge mit dem Wert APPLK=›UPS‹ geben. Sind es weniger,

rufen Sie im Entwicklungssystem nochmals Transaktion UPSSETUP (UPS automatisch einrichten) auf, erzeugen dabei die beiden Transportaufträge (Customizing- und Workbench-Transportauftrag) und transportieren diese. Prüfen Sie außerdem in Transaktion BF11, dass die Applikation **UPS** aktiviert ist.

Berechtigungen

Einige Fehler gehen auf fehlende Berechtigungen zurück:

- Wurden im Applikationslog (Transaktion SLG1) Fehler aufgezeichnet?
- Verfügen die User über die erforderlichen Berechtigungen? SAP-Hinweis 2116263 listet im PDF-Anhang die notwendigen Berechtigungen für Dialog-, RFC- und Workflow User auf.
- Schließen Sie fehlende Berechtigungen aus: Vergeben Sie temporär die Berechtigung SAP_ALL an den Dialog-User, an den User in der RFC-Destination für die ALE-Verteilung und an den Workflow User (WF-BATCH in SAP ERP 6.0; SAP_WFRT in SAP S/4HANA). Tritt der Fehler dann nicht mehr auf, ermitteln Sie die fehlenden Berechtigungen mit einem Berechtigungs-Trace (Transaktion ST01) *für alle User* während Baseline- und Paketerzeugung sowie während Versand und Einbuchung.

Versand eines Pakets

Auch beim Paketversand aus dem Quellsystem können Fehler auftreten.

- Wenn IDocs trotz Sendestatus 03 (**Datenübergabe an Port OK**) nicht im Zielsystem ankommen, prüfen Sie im Sendesystem in Transaktion SM58, ob bei transaktionalen RFCs Fehler auftraten. Mit tRFCs werden die IDocs im Zielsystem erzeugt. Eine nicht funktionierende RFC-Verbindung oder fehlende Berechtigungen des RFC-Users sind die häufigsten Ursachen.
- Kommt es bei wiederholter Einplanung des Sendejobs zu einer Fehlermeldung, löschen Sie den blockierenden Vorgängerjob mit dem Button **Job löschen** auf der Registerkarte **Jobs**.
- Nachbuchung von UPSRCP-IDocs: Wenn sich das Paket im Sendesystem im Änderungsmodus befindet, kann ein Status-Update nicht erfolgen. Buchen Sie alle »verlorenen« Status-Updates regelmäßig mit der gleichnamigen Transaktion UPSRCP nach!

[+]

Automatisches Nachbuchen hängengebliebener UPSRCP-IDocs

Planen Sie mit einem Batch-Job die regelmäßige Ausführung des Reports RUPSRCP ein (alle 15 Minuten).

Probleme beim Einbuchen eines UPS-Pakets

Generell sollten Sie bei Fehlern nicht kurzerhand weitere Baselines und Pakete erzeugen und versenden, sondern die Fehlerursache herausfinden und das Paket sauber abschließen (gegebenenfalls mit Korrekturpaket). Eventuell verweigert ein Paket die Einbuchung, weil ein Vorgängerpaket noch nicht abgeschlossen ist; bringen Sie dieses erst zu Ende!

Wird ein Paket unvollständig eingebucht, und laufen einige Objekte auf Fehler, gehen Sie wie folgt vor (siehe Abschnitt 9.1.10, »Korrekturpakete«):

- Versuchen Sie zunächst, die Ursache des Einbuchungsfehlers zu ermitteln und zu beseitigen. Mit der Fehlermeldung aus dem Anwendungslog und dem Wissen über das VC-Modell und seine Objektabhängigkeiten lässt sich fast immer eine geeignete Maßnahme im Zielsystem ermitteln, die die Einbuchung ermöglicht. Sie können beliebig viele Einbuchungsversuche unternehmen!
- Eventuell können Sie Fehler durch Änderungen an den Objekten im Sendesystem beheben. Auch diese Aktualisierungen können Sie mithilfe eines Korrekturpakets in derselben Verteilungseinheit übertragen. Setzen Sie in diesem Fall für die geänderten Objekte das Kennzeichen in der Spalte **UPD** (**Update**).
- Sie können in einem Korrekturpaket manuell auch weitere Objekte hinzufügen (Button **Neue Zeilen**).
- Wenn all das nicht hilft, löschen Sie als letzte Maßnahme die fehlerhaften Objekte mithilfe eines Korrekturpakets. Anschließend sollten Sie die Ursache für den Einbuchungsfehler korrigieren, da derselbe Fehler sonst bei der nächsten Replikation wieder auftreten wird.
- Wenn der Status des Pakets im Sendesystem nicht aktualisiert wird, überprüfen Sie die UPSRCP-IDocs, die vom PDR-Empfänger zurück an den Sender geschickt werden. Diese sind bei korrekt aktivierter Queue-Verarbeitung (Partnervereinbarung Ausgang) qRFC-IDocs. Prüfen Sie daher im PDR-Empfangssystem die qRFC-Ausgangs-Queue (Transaktion SMQ1) und im PDR-Sendesystem die qRFC-Eingangs-Queue (Transaktion SMQ2).

Änderungsdienst und Replikationstabelle

Bei der Verwendung des Änderungsdiensts sind die folgenden Punkte besonders wichtig:

- Aktivierung der Delta-Filterung: Setzen Sie im Pakettyp-Customizing den Verteilstatus auf **Objekt im Zielsystem eingebucht**.
- Stellen Sie sicher, dass immer alle UPSRCP-IDocs im Sendesystem eingebucht werden. Nicht eingebuchte UPSRCP-IDocs führen zu Schiefständen in der Replikations-

tabelle UPSREP01! Nachbuchen können Sie mit Transaktion UPSRCP (Replikationstabelle: Organisation). Am besten planen Sie den Report RUPSRCP alle 15 Minuten per Batch-Job ein.

- Die Replikationstabelle UPSREP01 (im Sendesystem) ist Grundlage für die Delta-Filterung. Das Zielsystem (Feld SYSNUM) können Sie über die Tabelle TUPS05 ermitteln. Überprüfen Sie gegebenenfalls den Replikationsstatus (Feld REPSTS) eines Objekts. Objekte mit dem Status P (**Posted**) werden erst nach der Änderung erneut repliziert.
- Beachten Sie, dass die Delta-Filterung eine Unschärfe bei Objekten hat, die an demselben Tag repliziert werden, an dem sie geändert wurden. Diese Objekte werden im Folgepaket zu einem späteren Datum nochmals im Paket sein und erst in weiteren Replikationen ausgefiltert. Ursache dafür ist der Zeitstempel der Änderung auf Tagesbasis (ohne Uhrzeit). Dieses Verhalten ist kein Fehler und erzeugt keine Inkonsistenz – stören Sie sich nicht daran.
- Wenn Sie die im PDR-Paket ermittelte Objektliste manipulieren möchten – z. B. bestimmte Objekte herausfiltern oder hinzufügen – können Sie dies in der Methode GEN_UPS_DATA des BAdIs CRWB_BADI_MODI_UPS implementieren.

Baselines regelmäßig löschen

Mit der Baseline und der FOX-Struktur-Auflösung werden die zu replizierenden Objekte eines VC-Modells ermittelt. Einerseits sammeln sich bei häufigen Replikationen schnell viele Baselines an, und andererseits werden diese Baselines nach Abschluss der Replikation nicht mehr benötigt. Da die Ablage der aufgelösten Baseline-Strukturen recht datenbankintensiv ist, sollten diese nach einer gewissen Verweildauer (etwa 3–6 Monate) gelöscht werden. Dazu können Sie den Massenlöschreport CRWB_DELETE_DISTR_BASELINES regelmäßig laufen lassen. Einzelne Baselines können Sie in der Replication Workbench löschen. Auch nach der Löschung einer Baseline bleibt das UPS-Paket im System; Sie behalten also die Transparenz, welche Objekte zu einem VC-Modell wann repliziert worden sind.

Einige nützliche Tabellen zur PDR

Für diejenigen, die z. B. bei Problemanalysen einen Blick »unter die Motorhaube« werfen möchten, sind die folgenden Tabellen interessant:

- UPSHDR: Verteilungspakete (Original- und Korrekturpakete)
- UPSITM: Objekte noch nicht abgeschlossener Verteilungspakete
- UPSITX: Objekte in abgeschlossenen Verteilungseinheiten
- UPSJOB: Eingeplante Jobs

- UPSPRE: Vorgänger eines Pakets
- UPSREP01: Replikationstabelle mit Objektgültigkeit (Änderungsnummer oder Datum, 19000101 bei Objekten ohne Änderungsdienst), Datum der letzten Änderung (Ausnahme: bei der Verteilung am selben Tag wird ein Tag früher eingetragen) und Replikationsstatus (S: **Gesendet**, P: **Eingebucht/Posted**)
- UPSSRC: Quellobjekt eines Pakets (Root-KMAT des VC-Modells)
- TUPS05: Zielsysteme (ein einstelliges Kürzel wird in UPSREP01 verwendet)

9.2 Die SAP-Variantenkonfiguration im Zusammenspiel mit Siemens Teamcenter

In der Fertigungsindustrie gewinnen die wachsende Anzahl und die steigende Komplexität von Produktvarianten und deren Verortung im Produktentstehungsprozess immer mehr an Bedeutung. Mehr und mehr Unternehmen verfolgen den Ansatz, die Produkt- bzw. Variantenkonfiguration bereits in der frühen Phase der Produktentwicklung zu verankern. Technische Varianz in einer mechatronischen Lösung dort abzubilden, wo sie ihren Ursprung hat, rückt somit immer mehr in den Fokus.

Dies ist eine spezielle Herausforderung, insbesondere wenn sich Kunden für eine Zweisystemlandschaft entscheiden. Im hier gewählten Ansatz wird Siemens Teamcenter für die Produktentwicklung und verschiedene SAP-Lösungen für die Folgeprozesse eingesetzt.

Unterschiedliche Konfigurationsmodelle in verschiedenen Bereichen der Wertschöpfungskette sind ein wesentliches Hindernis zur Umsetzung einer einheitlichen und durchgängigen Variantenkonfiguration im Produktentstehungsprozess. Hier sind je nach Komplexität der Produkte und Lösungen nahezu alle Phasen vom Design bis hin zu Operate betroffen.

Der *Design-to-Operate-Prozess* beinhaltet alle wesentlichen Phasen eines Produkts, beginnend mit der Entwicklung (Design), über die unterschiedlichen Planungsaufgaben (Plan), die Fertigung (Manufacturing) und die Logistik (Deliver) bis hin zu Betrieb und Instandhaltung der Lösungen (Operate) (siehe Abbildung 9.24).

Ein wesentlicher Erfolgsfaktor in der digitalen Lieferkette ist die Durchgängigkeit, Vernetzung und Wiederverwendung von Informationen und Wissen in den beteiligten Bereichen der Wertschöpfungskette.

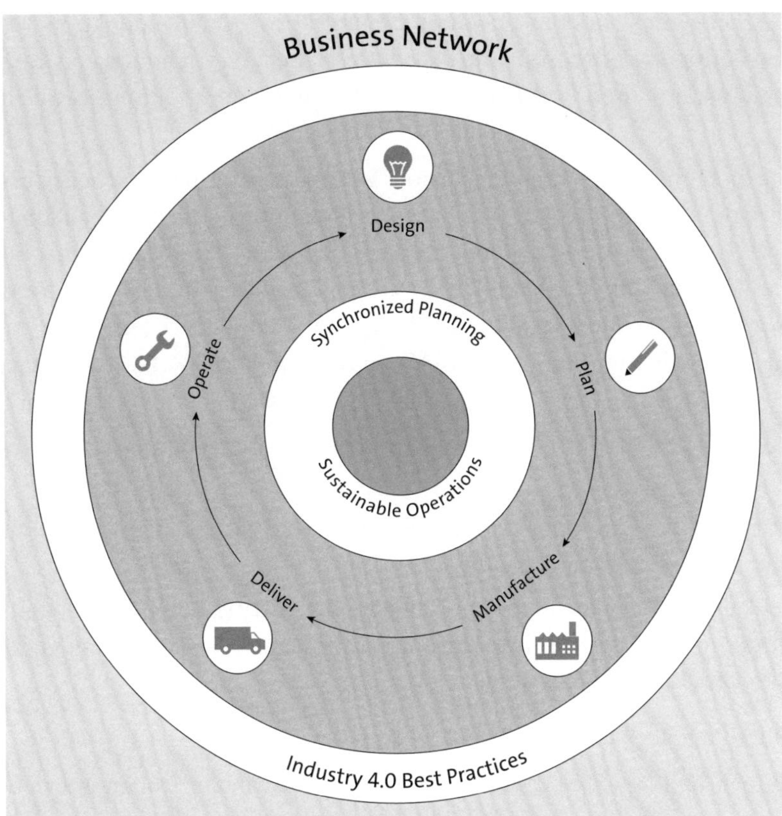

Abbildung 9.24 Der Prozess Design-to-Operate (Quelle: SAP)

9

9.2.1 Die strategische Partnerschaft zwischen SAP und Siemens

Die Partnerschaft zwischen SAP und Siemens, die im Juli 2020 im Rahmen der HANNOVER MESSE Digital Days 2020 bekannt gegeben wurde, unterstützt die Kunden von Siemens und SAP bei der Umsetzung eines durchgängigen, digitalisierten Produktentstehungsprozesses. Im Vordergrund der Partnerschaft stehen plattformübergreifende Prozesse, basierend auf der Engineering-Plattform Siemens Teamcenter und der unternehmensweiten SAP-ERP-Plattform SAP S/4HANA.

Nicht alleine die von beiden Softwarehäusern entwickelte Schnittstelle zwischen Teamcenter und SAP-Lösungen, sondern auch die zahlreichen Aktivitäten und Prozessdefinitionen rund um das Thema *Digital Thread* eröffnen den Anwenderinnen und Anwendern völlig neue Möglichkeiten und treiben somit die digitale Transformation in den Fertigungsunternehmen deutlich voran.

Wir betrachten nun das Thema der durchgängigen Variantenkonfiguration etwas genauer. Typischerweise beginnt die Definition der Produktvarianz in der Produktentwicklung. Dieses Wissen wird in den Folgeprozessen sowohl weiterverwendet als auch um zusätzliche Informationen erweitert. Ziel muss es sein, den bidirektionalen Austausch von Konfigurationswissen und die nahtlose Wiederverwendung von Konfigurationslogik in den unterschiedlichsten Bereichen der Wertschöpfungskette zu ermöglichen.

Die Grundlage dieser nahtlosen Kopplung beider Lösungsplattformen und dem Austausch der Variantendefinition für die Variantenkonfiguration beruht auf der aktuellen Generation der SAP-Teamcenter-Integration, dem Produkt *PLM System Integration* (PLMSI) von SAP in Kombination mit dem *Siemens Teamcenter Gateway for PLM System Integration* (T4ST). Diese werden ab dem zweiten Feature Pack (FP02) der gemeinsamen Schnittstelle von Siemens und SAP seit dem zweiten Quartal 2022 unterstützt.

Die Kernfunktionen der PLMSI in Teamcenter, bezogen auf die Variantenkonfiguration, sind:

- die Übertragung des Teamcenter-Produktmodells für die Variantenkonfiguration auf Basis der Business-Semantik an SAP S/4HANA
- die Möglichkeit für Ingenieurinnen und Ingenieure, Variantendefinitionen und Variantenoptionen in das Klassifizierungsmodell für die SAP-Variantenkonfiguration und -Preisfindung zu übertragen.

Die Vorteile dieser Möglichkeiten sind:

- Ingenieurinnen und Ingenieure werden befähigt, bereits in der frühen Entwicklungsphase konfigurierbare Produkte in Teamcenter zu erstellen, um nachfolgende Logistikprozesse direkt vorzubereiten.
- Die Stammdatenqualität wird verbessert, indem die Geschäftsprozessintegration mit semantischen Informationen vorangetrieben wird.
- Eine unkomplizierte Make-to-Order- und Configure-to-Order-Geschäftsprozessabdeckung wird ermöglicht.

Auf der Basis der Entitäten des Variantendefinitionsdomänenmodells, bestehend aus Variantendefinition, Variantenoption und Variantenoptionswerten, werden die folgenden SAP-Entitäten erstellt:

- SAP-Klassen vom Typ 300 für eine Variantendefinition
- SAP-Merkmale für eine Variantenoption
- SAP-Merkmalswerte für einen Variantenoptionswert

Das Wissen aus der mechatronischen Entwicklung von varianzbehafteten Produkten und Lösungen nun auch nahtlos den nachgelagerten Prozessen zur Verfügung zu stellen, entspricht uneingeschränkt dem Grundgedanken der SAP-Design-to-Operate-Strategie. Die neue, gemeinsam entwickelte Teamcenter-SAP-Schnittstelle, die

die technische Grundlage dieser durchgängigen Prozesse bildet, wird im nächsten Abschnitt genauer betrachtet.

9.2.2 Die nächste Generation der Siemens-Teamcenter-Integration

Die aktuelle SAP-Teamcenter-Integration mit ihren Prozess- und Architekturmerkmalen bietet eine Vielzahl von Möglichkeiten für eine optimale Integration der beiden Plattformen von Siemens und SAP.

Die Integration besteht aus zwei Lösungsbausteinen, die durch ein verbindendes Element, dem *Metadomänenmodell*, vervollständigt werden (siehe Abbildung 9.25).

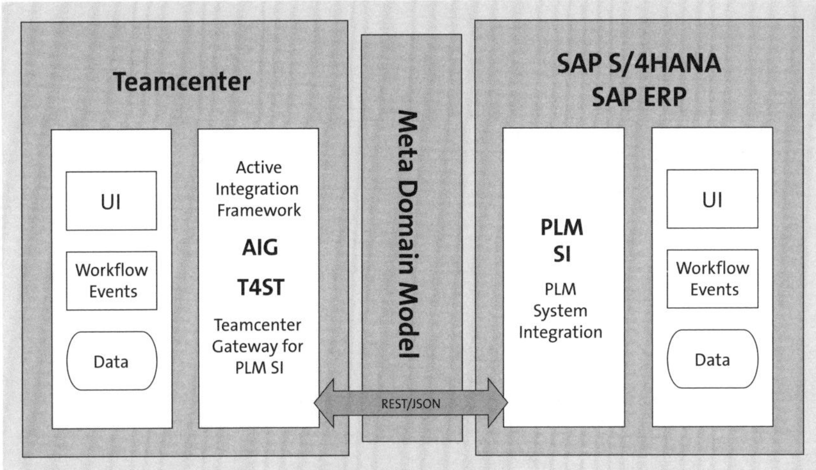

Abbildung 9.25 High-Level-Architektur der Teamcenter-SAP-Integration

Die Architektur zeigt auf der einen Seite das Teamcenter Gateway für die PLM-Systemintegration von Siemens (T4ST) und auf der anderen Seite die SAP Komponente PLM System Integration (PLMSI). Diese beiden Komponenten in Kombination mit dem Domänenmodell helfen Unternehmen, die Teamcenter und SAP S/4HANA im Einsatz haben, Silos zwischen Engineering, Vertrieb, Fertigung und Service aufzulösen und die unterschiedlichen Unternehmensbereiche nahtlos zu integrieren.

Mit diesem Ziel vor Augen wurde die neue Integration nach den folgenden Leitprinzipien entworfen und entwickelt:

- Ein gemeinsames Domänenmodell, das den Aufwand der Schnittstellenzuordnung reduziert und zu deutlich geringeren Implementierungs- und Wartungskosten führt.
- Eine gemeinsam entwickelte Architektur, die die technischen und funktionalen Möglichkeiten von Teamcenter und SAP S/4HANA bzw. SAP ERP voll ausschöpft.

Generelle Fehlerminimierung und die Vereinfachung des Integrationsmanagements und Supports gilt es ebenfalls zu berücksichtigen.

- Keine ungewünschte Abhängigkeit und Komplexität in der Architektur, um Entwicklungen und Innovationen auf beiden Seiten der Integration zu ermöglichen.
- Eine Architektur, die auf Skalierbarkeit ausgelegt und für alle möglichen Bereitstellungsszenarien einsetzbar ist.

Ein abgestimmtes Metadomänenmodell stellt eine Zwischenschicht zwischen SAP und Siemens Teamcenter dar und bildet die Grundlage der Integration. Es ist im Wesentlichen eine Abstraktion der Daten, die zwischen den Systemen ausgetauscht werden und bildet die Grundlage für Rückverfolgbarkeit, Föderation und Datenherkunft über Systemgrenzen hinweg.

Zu seinen Hauptmerkmalen der bidirektionalen Prozessintegration mit der PLM-Systemintegration Feature Pack 2 (FP02) gehören:

- Erstellung von werksspezifischen und konfigurierbaren Materialstämmen und Stücklisten im SAP-System, basierend auf einer betriebswirtschaftlichen Semantik
- Übertragung von Informationen zur Materialklassifizierung
- Übergabe der Variantendefinition für die SAP-Variantenkonfiguration (LO-VC oder/und AVC)
- Anlegen von Dokumentinfosätzen im SAP-System
- Datenföderation für Produktversions- und Dokumentversionsdaten
- Bereitstellung von fertigungsrelevanten Informationsdaten entlang des Geschäftsprozesses
- Übernahme von klassischen PP-Arbeitsplänen
- Bidirektionales Änderungsmanagement, das eine flexible Gestaltung und Kopplung von Änderungsprozessen im Siemens Teamcenter und SAP ermöglicht.

Die damit bereitgestellten und geplanten Funktionen der Integration erfüllen die Anforderungen aller Fertigungstypen, von Make-to-Stock (MTS), Configure-to-Order (CTO) bis hin zu Engineer-to-Order (ETO).

9.2.3 Aktueller Status und Ausblick zur durchgängigen Variantenkonfiguration

Wie bereits erwähnt, wird im aktuellen Release (FP02) der PLM System Integration zu Teamcenter die Übergabe der Variantendefinition für die Variantenkonfiguration unterstützt. Die Integration erstellt, basierend auf den aus Teamcenter kommenden Informationen, zunächst die 300er-Typenklasse mit Merkmalen und Werten und kann dann konfigurierbare Materialien, Konfigurationsprofile und Beziehungswissen auf der Stückliste erstellen.

Die Integration ermöglicht im Rahmen eines durchgängigen Änderungsprozesses ebenfalls die Aktualisierung der Variantendefinitionen und der Stücklisten im Empfängersystem.

Basierend auf den heute bekannten Informationen (siehe SAP Roadmap Explorer) sind derzeit (Stand: April 2023) u. a. die folgenden Innovationen in Bezug auf die Variantenkonfiguration geplant:

Zum einen der Austausch des Produktmodells gegen Regeln zur Variantenkonfiguration und Engineering Constraint Rules. Die Übertragung des Konfigurationskontextes von Siemens Teamcenter und den dazu gehörigen kompatiblen Regelsätzen, Einschränkungen und Variantentabellen nach SAP wird ebenfalls ermöglicht.

Die Vorteile eines über Abteilungsgrenzen hinweg harmonisierten Produktmodells ist eine deutlich verbesserte Stammdatenqualität und die Möglichkeit die Geschäftsprozessintegration mithilfe von semantischen Informationen voranzutreiben.

Ein weiterer wichtiger Baustein einer durchgängigen Variantenkonfiguration sind die Übertragung des Klassenschemas von SAP S/4HANA nach Siemens Teamcenter. Der Austausch von Klassen und Merkmalen (Schema) von SAP nach Teamcenter eröffnet der Konstruktionsabteilung und allen Beteiligten der erweiterten Lieferkette die Möglichkeit, an einem gemeinsamen Umfang von Produktinformationen und Konfigurationswissen zu arbeiten.

Zusammenfassend lassen sich die wichtigsten Vorteile der Integration im Bereich der durchgängigen Variantenkonfiguration wie folgt aufzeigen:

1. Verkürzung der Markteinführungszeit durch transparente und optimierte Geschäftsprozesse auf der Basis der neuen bidirektionalen Prozessintegration.
2. Reduzierung der Betriebskosten in Bezug auf die Systemintegration durch die vereinfachte Architektur und verbesserte Performance.
3. Ermöglichung neuer Geschäftsmodelle durch den Einsatz innovativer Technologien und Integrationsszenarien.

Weitere Informationen zu den zukünftig geplanten Funktionalitäten der PLMSI sind jederzeit im öffentlich zugänglichen SAP Roadmap Explorer (*https://roadmaps.sap.com/*) im Detail einsehbar.

9.2.4 Praxisbeispiel: Durchgängige Variantenkonfiguration eines konfigurierbaren Ventils

Um die Wiederverwendung von Konfigurationswissen aus der Produktentwicklung im gesamten Produktentstehungsprozess und die Vorteile einer bidirektionalen Integration zwischen Teamcenter und SAP S/4HANA zu verdeutlichen, nutzen wir hier das Beispiel eines konfigurierbaren Doppelkopfventils.

Das Doppelkopfventil ist zentraler Bestandteil eines vollständigen Design-to-Operate (D2O) Showcase, der alle Phasen von Design, Plan, Manufacture, Deliver und Operate und deren Zusammenspiel beleuchtet.

Im Zusammenhang mit der Variantenkonfiguration nutzen wir das Zusammenspiel der Lösungen Teamcenter, SAP S/4HANA und SAP CPQ. Die Ausgangslage des Showcase ist die notwendig gewordene Einführung einer neuen Produktvariante des Ventils mit einer intelligenten Steuereinheit. Darauf aufbauend, wird dann das Konfigurationsmodell im SAP-System sowohl für die Produktion als auch für die Vertriebskonfiguration angereichert (siehe Abbildung 9.26).

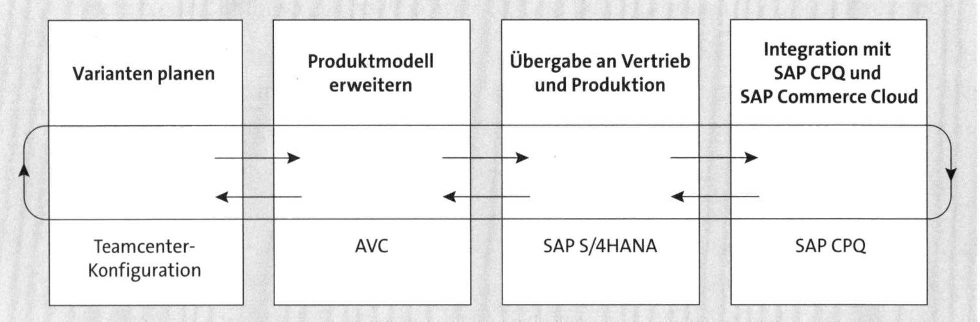

Abbildung 9.26 Showcase der Prozesskette Teamcenter, AVC, SAP S/4HANA, SAP CPQ

Das bereits im Teamcenter konstruierte, varianzbehaftete Doppelkopfventil wird im ersten Schritt um eine intelligente Steuereinheit, die sogenannte IoT-Variante (Internet of Things), erweitert. Die hierzu notwendigen Merkmale, Werte und Konfigurationsregeln werden in Teamcenter ergänzt. In dieser Phase können die Entwickler und Entwicklerinnen ihr Produktwissen bereits in der frühen Phase in der funktionalen Variantenkonfiguration der Produktstruktur in Teamcenter abbilden.

Die für diese Funktion neu konstruierten Elemente in der Stückliste werden mit einem entsprechenden Konfigurationsmerkmal gekennzeichnet und sind somit innerhalb der gesamten Baugruppe konfigurierbar. Der neue Änderungsstand des Ventils ist darauf hin als Standard- und IOT-Variante verfügbar.

Dank der neuartigen Integration der Teamcenter-Plattform in das SAP-S/4HANA-Backbone werden die aus Teamcenter kommenden Merkmale, Werte und, darauf aufbauend, die konfigurierbaren Materialien, Konfigurationsprofile und das Beziehungswissen auf der Stückliste des Ventils prozesssicher im SAP-System erstellt (siehe Abbildung 9.27).

Die bereits in der Konstruktionsphase genutzten Konfigurationsmerkmale können mithilfe von Verknüpfungsbedingungen für den Vertrieb als intuitiv auswählbare Produktkonfigurationen bereitgestellt werden. Ein ausgewähltes Merkmal steuert somit weitere Optionen automatisiert aus, sodass eine effiziente und sichere Benutzerführung gewährleistet wird. Zusätzlich können zu den bestehenden technischen Varianten weitere Informationen zur Individualisierung des Produkts bereitgestellt werden. Die 3D-Darstellung sehen Sie in Abbildung 9.28.

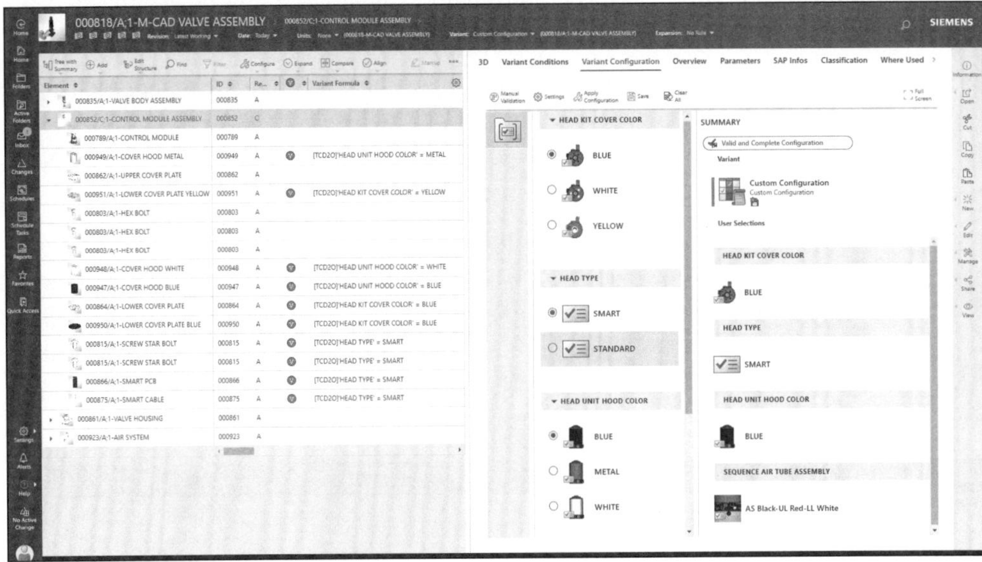

Abbildung 9.27 Darstellung des Bewertungsbildes in Teamcenter mit auskonfigurierter Stückliste

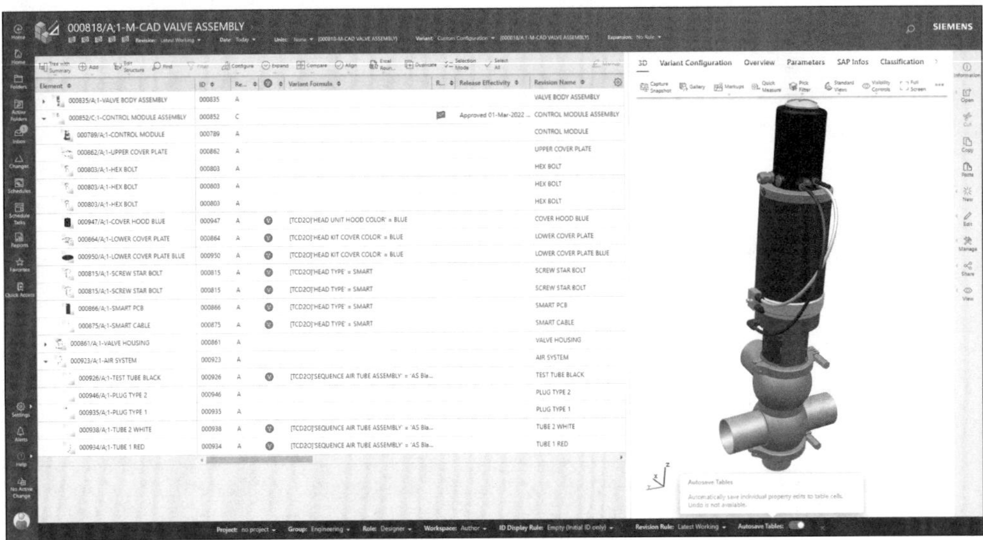

Abbildung 9.28 Variantenkonfiguration in Teamcenter mit 3D-Ansicht des konfigurierten Objekts

Basierend auf der technischen Konfiguration der Baugruppenstruktur in Teamcenter werden nach der Übertragung aller relevanten Informationen nach SAP S/4HANA die Konfigurationsmodelle in AVC angereichert. Hier spricht man von der High-Level-Vertriebskonfiguration, aus der mithilfe der Wissensbasis (Knowledge Base) das vollständige Konfigurationswissen der integrierten SAP-CPQ-Lösung bereitgestellt wird.

Vertriebsteams und -partner können nun überzeugende Produktangebote selbst für komplexe Konfigurationen selbstständig mit SAP CPQ erstellen. Durch diese Kopplung von SAP CPQ mit der ERP-, CRM- oder auch der E-Commerce-Plattform, kann der Vertrieb deutlich beschleunigt werden.

In unserem Beispiel kann im Webshop ein beliebiges Konfigurationsmerkmal des Ventils ausgewählt werden (siehe Abbildung 9.29). Die im Konfigurator hinterlegten Regeln gewährleisten die vollständige Konfiguration und somit die Baubarkeit des zu fertigenden Produkts. Die integrierte 3D-Visualisierung illustriert die ausgewählte Produktkonfiguration, und mithilfe der hinterlegten Preisinformationen wird zum Abschluss ein Produktionsauftrag in SAP S4/HANA angelegt.

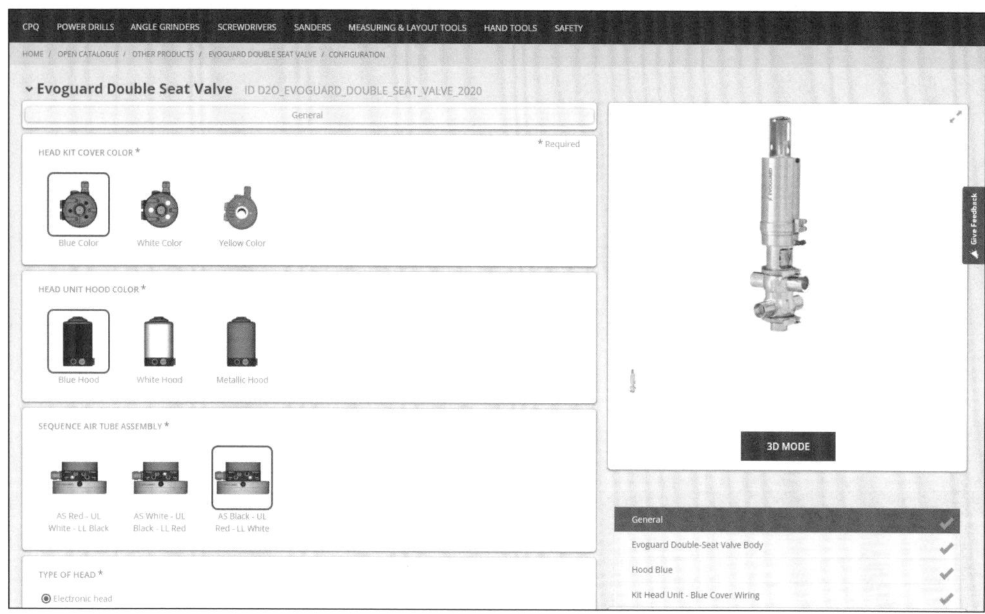

Abbildung 9.29 Konfiguration komplexer Angebote mit SAP CPQ

Anhand dieses Beispiels wird eindrucksvoll aufgezeigt, wie Ingenieure durch die neuen Möglichkeiten der Integration beider Lösungen befähigt werden, konfigurierbare Produkte bereits in Teamcenter zu erstellen und somit auf Basis dessen die direkt nachfolgenden Vertriebs- und Logistikprozesse unterstützt werden. Dies ist nur ein Beispiel für die aktuelle Leistungsfähigkeit sowie die zukünftigen Potenziale der Integration von Siemens Teamcenter und SAP S/4HANA.

9.3 Anforderungsmanagement und Dokumentation in der Modellierung – SAP Enterprise Product Development

Der Aufbau und die Weiterentwicklung eines High-Level-Produktmodells obliegt in der Regel dem AVC-Modellierungs-Team. Die Verantwortlichen haben Expertise in der Pflege der Konfigurationsstammdaten und in der Erstellung von komplexen Regelwerken in Form von Beziehungswissen. Der entsprechende Rahmen wird jedoch von anderer Seite gesetzt – dem Produktmanagement bzw. dem Vertrieb, der Entwicklung sowie der Produktionsplanung. Es bedarf einer engen Kollaboration zwischen den beteiligten Abteilungen, damit jederzeit ein in sich konsistentes Produktmodell für die Auftragsabwicklung zur Verfügung steht. Damit dies gewährleistet wird, existiert eine Verbindung zwischen *SAP Enterprise Product Development* und der Modellierungsumgebung für die Variantenkonfiguration.

In Abschnitt 1.4, »Produktkonfiguration mit AVC im End-to-End-Prozess«, wurde das Beispiel eines Roboters beschrieben, bei dem die Länge seiner Armelemente aus der technischen Reichweite bestimmt wurde. Die technische Reichweite selbst wird dabei über die Wunschreichweite des Kunden ermittelt.

Für die technische Reichweite können also die folgenden Anforderungen abgeleitet werden (siehe Abbildung 9.30):

- **Wertedomäne der technischen Reichweite**
  Die aktuelle Wertedomäne der technischen Reichweite kann der jeweils gültigen Tabelle entnommen werden.
- **Relation zur Kundenreichweite**
  Die Kundenwunschreichweite ist immer kleiner oder gleich der technischen Reichweite.
- **Minimale technische Reichweite**
  Für einen Roboter wird die kleinstmögliche technische Reichweite realisiert; der Kundenwunsch muss bereits bekannt sein.
- **Relation zu den Armelementen**
  Die technische Reichweite ist direkt abhängig von der Länge der jeweils verwendeten Armelemente. Welche Armelemente miteinander kombinierbar sind, kann der jeweils gültigen Tabelle entnommen werden.

Sie können solche Anforderungen in SAP Enterprise Product Development innerhalb der Anforderungsverwaltung und Systemmodellierung methodisch erfassen. Hierzu existieren verschiedene Diagrammtypen. Für die kollaborative AVC-Modellierung muss der Modelltyp **Anforderungen** ausgewählt werden.

Die Anforderungen können zunächst durch die beteiligten Organisationseinheiten im Anforderungsdiagramm hierarchisch gegliedert werden (siehe Abbildung 9.31). So können Sie als oberste Gliederungsebene z. B. eine Unterscheidung in High-Level-

Konfiguration und Low-Leve-Konfiguration einführen. Innerhalb der High-Level-Konfiguration kann wiederum in Vertriebs- und technische Konfiguration differenziert werden. Jede dieser Ebenen kann dann weiter hierarchisch aufgegliedert werden.

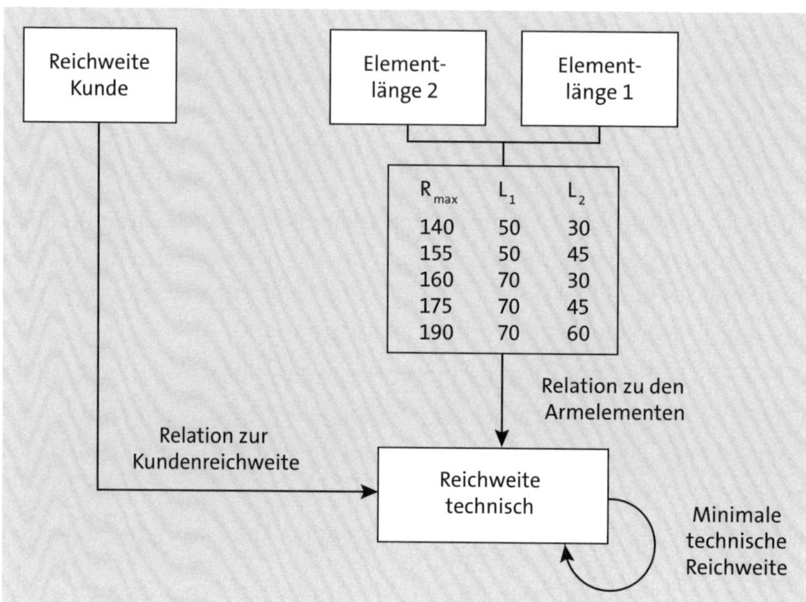

Abbildung 9.30 Anforderungen an einen vereinfachten Roboter

Jeder Eintrag kann einem Benutzer oder einer Gruppe zugewiesen werden, die mit der jeweiligen Anforderung verknüpft ist. Die Anforderung sollte ausreichend detailliert beschrieben werden. In der Formulierung der Anforderung können Sie die textuelle Beschreibung auch mit Grafiken, Tabellen und Weblinks ergänzen (siehe Abbildung 9.32).

Jedes Anforderungsdiagramm ist versionsgeführt. Es wird so lange in einer Version gearbeitet, bis diese veröffentlicht wird. Mit diesem Zeitpunkt wird automatisch die bisherige Version gesperrt und eine neue Version angelegt. Alle weiteren Änderungen werden nun in der neuen Version erfasst. Diese sind aber nur für die Ersteller von Anforderungen sichtbar.

Durch die Veröffentlichung einer Version können Sie die nachgelagerten Organisationseinheiten über die neuen bzw. geänderten Anforderungen informieren. Hierzu können Sie auch eine Info-Mail generieren lassen, die automatisch an die zugeordneten Empfänger versendet wird. Ein Versionsvergleich des Anforderungsdiagramms ermöglicht anschließend den Mitarbeitenden, die Änderungen an die einzelnen Anforderungen einfach zu erkennen und diese dann in ein Produktmodell umzusetzen.

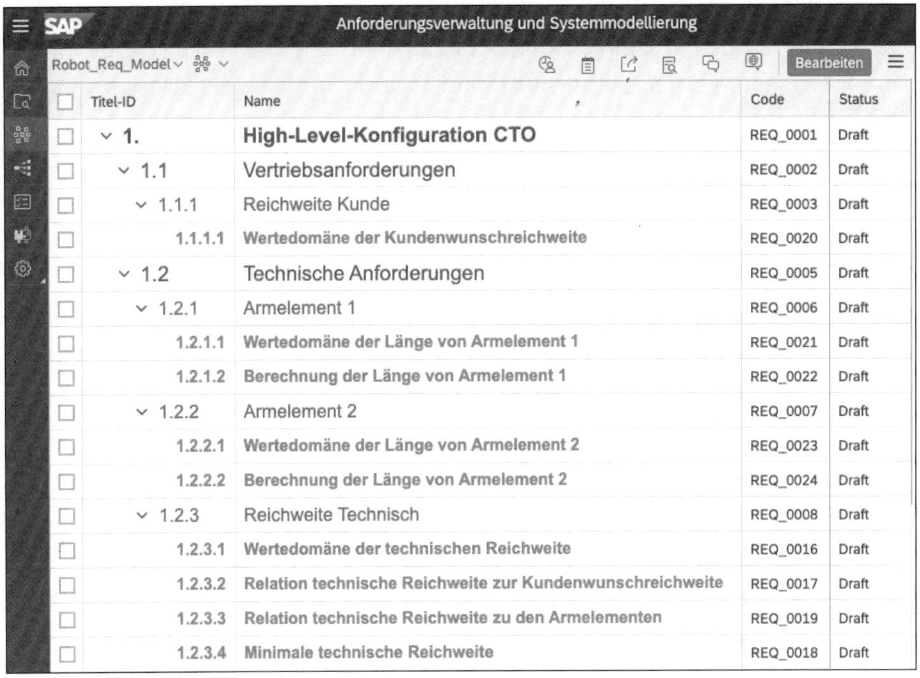

Anforderungsverwaltung und Systemmodellierung

Robot_Req_Model

Bearbeiten

Titel-ID	Name	Code	Status
1.	High-Level-Konfiguration CTO	REQ_0001	Draft
1.1	Vertriebsanforderungen	REQ_0002	Draft
1.1.1	Reichweite Kunde	REQ_0003	Draft
1.1.1.1	Wertedomäne der Kundenwunschreichweite	REQ_0020	Draft
1.2	Technische Anforderungen	REQ_0005	Draft
1.2.1	Armelement 1	REQ_0006	Draft
1.2.1.1	Wertedomäne der Länge von Armelement 1	REQ_0021	Draft
1.2.1.2	Berechnung der Länge von Armelement 1	REQ_0022	Draft
1.2.2	Armelement 2	REQ_0007	Draft
1.2.2.1	Wertedomäne der Länge von Armelement 2	REQ_0023	Draft
1.2.2.2	Berechnung der Länge von Armelement 2	REQ_0024	Draft
1.2.3	Reichweite Technisch	REQ_0008	Draft
1.2.3.1	Wertedomäne der technischen Reichweite	REQ_0016	Draft
1.2.3.2	Relation technische Reichweite zur Kundenwunschreichweite	REQ_0017	Draft
1.2.3.3	Relation technische Reichweite zu den Armelementen	REQ_0019	Draft
1.2.3.4	Minimale technische Reichweite	REQ_0018	Draft

Abbildung 9.31 Hierarchische Pflege von Anforderungen in SAP Enterprise Product Development

Relation technische Reichweite zu den Armelementen

Info | 0 Untergeordnete Elemente | 5 Abhängigkeiten | 0 Diagramme

Allgemein

Titel: Relation technische Reichweite zu den Armelementen

Code: REQ_0019

Beschreibung:

Die technische Reichweite ist direkt abhängig von der Länge der jeweils verwendeten Armelemente. Welche Armelemente miteinander kombiniert werden können, ist einzeln vordefiniert

Reichweite	Länge 1	Länge 2
140	50	30
155	50	45
160	70	30
175	70	45
190	70	60

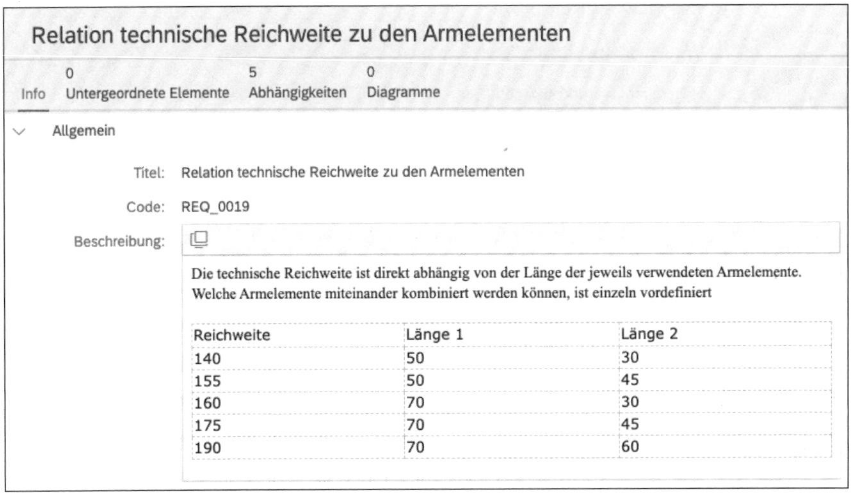

Abbildung 9.32 Beschreibung einer Anforderung

Neben dem eigentlichen Anforderungsmanagement können Sie die Integration von SAP Enterprise Product Development mit der Modellierungsumgebung für die Variantenkonfiguration auch nutzen, um die Konfigurationsmodelle zu dokumentierten. Ein Produktmodell, das über einen langen Zeitraum immer wieder modifiziert wird, wächst schnell in seiner Komplexität. Allzu oft geht dabei das Wissen von Zusammenhängen verloren, sodass notwendige Anpassungen erheblich erschwert werden.

Jedes Stammdatum der Konfiguration dient dazu, mindestens eine Anforderung an das Produktmodell zu erfüllen. Um diese Verbindung dauerhaft zu dokumentieren, können Sie die Stammdatenobjekte der Konfiguration mit den Anforderungen in SAP Enterprise Product Development verknüpfen. Hierzu öffnen Sie zunächst den Navigationsbaum in der Modellierungsumgebung für die Variantenkonfiguration. Dort wählen Sie ein Stammdatenobjekt aus und aktivieren für dieses das Kontextmenü (siehe Abbildung 9.33). Über die Option **Modellobjektzuordnung...** können Sie für dieses Stammdatenobjekt direkt in die Anforderungsverwaltung von SAP Enterprise Product Development abspringen.

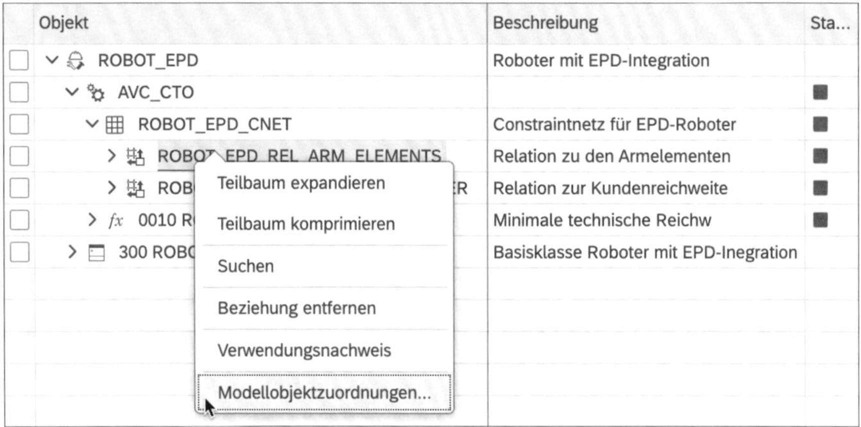

Abbildung 9.33 Anforderungsverwaltung für ein Stammdatenobjekt aufrufen

Diese Funktion steht Ihnen für die folgenden Stammdatenobjekte zur Verfügung:

- Merkmale
- Merkmalswert
- Konfigurationsprofil
- Beziehung
- Variantentabelle

In der Anforderungsverwaltung wählen Sie nun zuerst das zu verwendende Anforderungsdiagramm aus. Anschließend können Sie die dort enthaltenen Anforderungen markieren, die mit dem Stammdatenobjekt verbunden werden sollen (siehe Abbildung 9.34).

Robot_Req_Model - v2

Titel-ID	Name
1.	High-Level-Konfiguration CTO
1.1	Vertriebsanforderungen
1.2	Technische Anforderungen
1.2.1	Armelement 1
☑ …	Wertedomäne der Länge von Armelement 1
☐ …	Berechnung der Länge von Armelement 1
1.2.2	Armelement 2
☑ …	Wertedomäne der Länge von Armelement 2

Zuordnen Abbrechen

Abbildung 9.34 Stammdatum mit einer Anforderung verknüpfen

Wenn die Stammdatenobjekte aus dem Produktmodell mit den Anforderungen verknüpft sind, können Sie zwei unterschiedliche Verwendungsnachweise nutzen:

- Welche Stammdatenobjekte wurden verwendet, um eine Anforderung zu modellieren?
- Für welche Anforderungen wird ein Stammdatenobjekt verwendet?

Im ersten Fall wählen Sie in SAP Enterprise Product Development im Anforderungsdiagramm eine einzelne Anforderung aus. Auf der Registerkarte **Abhängigkeiten** erhalten Sie eine Übersicht der Stammdatenobjekte, die zur Umsetzung dieser Anforderung im Produktmodell genutzt wurden. Im Roboterbeispiel sind dies ein Constraint, drei Merkmale und eine Variantentabelle (siehe Abbildung 9.35).

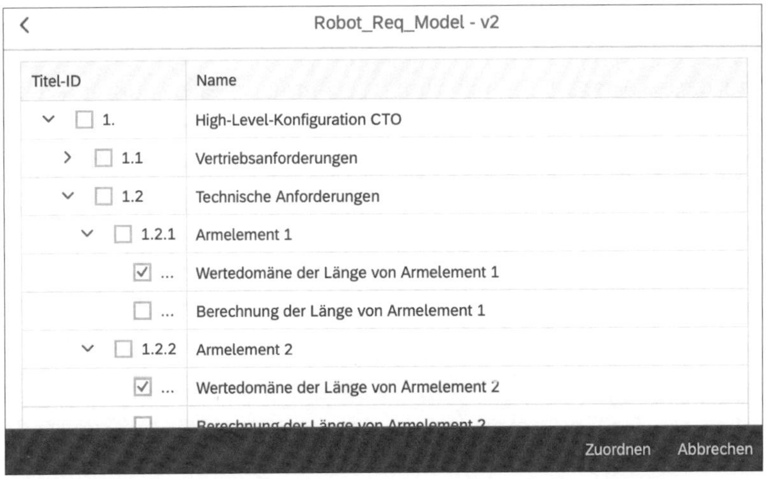

Robot_Req_Model - v2

Titel-ID	Name
1.	High-Level-Konfiguration CTO
1.1	Vertriebsanforderungen
1.2	Technische Anforderungen
1.2.1	Armelement 1
☑ …	Wertedomäne der Länge von Armelement 1
☐ …	Berechnung der Länge von Armelement 1
1.2.2	Armelement 2
☑ …	Wertedomäne der Länge von Armelement 2

Zuordnen Abbrechen

Abbildung 9.35 Stammdatenobjekte zur Erfüllung einer Anforderung

Eine vergleichbare Funktion steht Ihnen auch für den zweiten Fall zur Verfügung. Hierzu wählen Sie ein Stammdatenobjekt aus und wechseln wiederum auf die Registerkarte **Abhängigkeiten**. Nun sehen Sie alle Anforderungen, die mit dem Stammdatum verknüpft sind. In Abbildung 9.36 ist ein Beispiel dargestellt, in dem als Stammdatum der Constraint `ROBOT_EPD_REL_ARM_ELEMEMTS` ausgewertet wird. Mit diesem Constraint sind insgesamt sechs Anforderungen verlinkt.

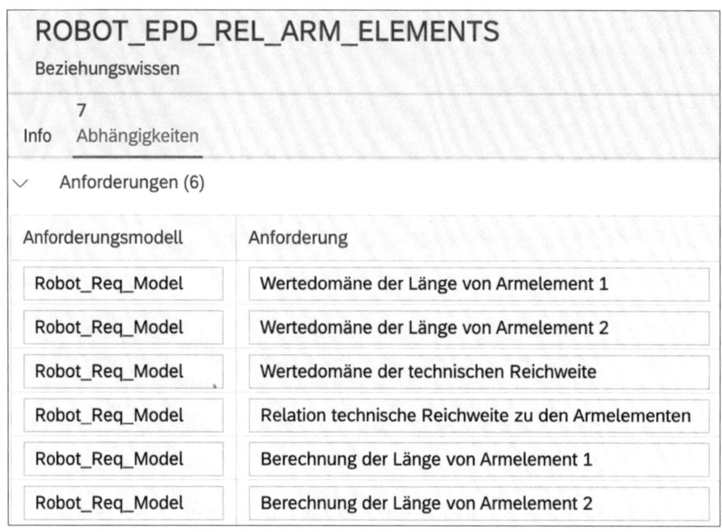

Abbildung 9.36 Eine Beziehung mit den Anforderungen verknüpfen

9.4 Maschinelles Lernen und künstliche Intelligenz für konfigurierbare Produkte

Die Variantenkonfiguration ist durch den Einsatz von sogenanntem *Beziehungswissen* geprägt, einem Regelwerk, mit dessen Hilfe man komplexe Sachverhalte auflösen möchte. Nachteil dieses Ansatzes ist der zum Teil immense Pflegeaufwand. Das Thema Machine Learning ist inzwischen so weit fortgeschritten, dass sich ein Einsatz auch bei konfigurierbaren Anwendungsfällen lohnt.

Wenn man sich die Einführung und Entwicklung von Produktkonfiguratoren wie AVC vor Augen führt, wird man feststellen, dass diese Instrumente ursprünglich eingeführt wurden, um Prozesse zu automatisieren, die ursprünglich von gut ausgebildeten Ingenieurs-Teams und Produktspezialistinnen/Produktspezialisten durchgeführt wurden. Ohne Konfigurationswerkzeuge hätten die Kunden die Abhängigkeiten in der Regel in Tabellenkalkulationen oder in den Köpfen der Expertinnen und Experten »gespeichert«. Die Einführung und Implementierung eines Produktkonfigurators war (und ist) eine Kodifizierung dieses Wissens in einer Reihe von Modellen, die Tabellen und Regeln enthalten. Durch die Kodifizierung dieses Wissens in einem

Konfigurationsmodell wird der Prozess viel schneller und wiederholbar. Auf diese Weise haben zahlreiche Unternehmen durch die Automatisierung und Rationalisierung der verschiedenen Prozesse für konfigurierbare Produkte unzählige Stunden und Geld gespart. Der daraus resultierende Prozess wird oft als *Configure-to-Order-Prozess* bezeichnet.

Obwohl konfigurierbare Produkte einen enormen Mehrwert und damit enorme Vorteile mit sich bringen, gibt es auch einige Einschränkungen und Nachteile. Erstens ist die Erstellung und Validierung der Produktmodelle mit einem (oft erheblichen) Aufwand verbunden. Die Erstellung von Modellen erfordert spezielle Fähigkeiten, da der Prozess eine Mischung aus Fachwissen über die Produkte und technischem Wissen über die Syntax und die Fähigkeiten der Modellierungsumgebung darstellt. Da VC-Modelle zudem regelbasiert oder tabellenbasiert sind, gelten sie nur für Szenarien/Kombinationen, die zuvor geplant und modelliert wurden (oder funktionieren für diese). Diese Produktmodelle behandeln in der Regel nicht die »speziellen« Fälle, in denen die »Regel« verletzt oder gar nicht berücksichtigt wurde oder werden konnte. In den meisten Fällen müssen diese Spezialfälle von menschlichen Expertinnen und Experten behandelt werden. Diese Sonderfälle werden oft als Kundensonderfälle, *Engineer-to-Order* oder CTO+ bezeichnet. Unabhängig von der Bezeichnung ist das Ergebnis, dass die Angebots-/Auftragsbearbeitung und die sich daraus ergebenden produktionstechnischen Prozesse menschliches Eingreifen erfordern.

Lassen Sie uns mit einem kurzen Überblick über Machine Learning beginnen. Was ist maschinelles Lernen? SAP Insights bietet eine sehr gute Definition von Machine Learning sowie eine Abgrenzung zur *künstlichen Intelligenz* (KI).

Das *maschinelle Lernen* (Machine Learning) und alle seine Komponenten sind ein Teilbereich der künstlichen Intelligenz (siehe *https://www.sap.com/insights/what-is-machine-learning.html*). Beim maschinellen Lernen werden Algorithmen auf verschiedene Arten von Lernmethoden und Analysetechniken angewandt, die es dem System ermöglichen, automatisch aus Erfahrungen zu lernen und sich zu verbessern, ohne explizit programmiert zu werden. Für Unternehmen kann maschinelles Lernen auf jedes Problem oder Ziel angewandt werden, das vorhersagbare Ergebnisse erfordert, die aus einer komplexen Datenanalyse gewonnen werden.

Was ist der Unterschied zwischen künstlicher Intelligenz und maschinellem Lernen? Machine Learning ist Bestandteil der künstlichen Intelligenz und kann ohne sie nicht existieren. Es geht also nicht so sehr darum, dass sie sich unterscheiden, sondern wie sie sich unterscheiden. Die künstliche Intelligenz verarbeitet Daten, um Entscheidungen und Vorhersagen zu treffen. Algorithmen des maschinellen Lernens ermöglichen es der künstlichen Intelligenz, diese Daten nicht nur zu verarbeiten, sondern auch zu nutzen, um zu lernen und intelligenter zu werden, ohne dass eine zusätzliche Programmierung erforderlich ist. (Quelle: *https://www.sap.com/insights/what-is-artificial-intelligence.html*)

Die Einführung von Machine Learning und künstlicher Intelligenz haben das Potenzial, die herkömmliche Bearbeitung von Variantenkonfigurationen erheblich zu verbessern. Machine Learning bzw. künstliche Intelligenz basieren auf Daten, nicht auf statischen Regeln, und können daher mit der Zeit lernen und sich verbessern. Machine Learning bzw. die künstliche Intelligenz können Fälle behandeln, die vorher nicht bekannt waren oder nicht berücksichtigt wurden. Daher sind sie ideal dazu geeignet, spezielle Anwendungsfälle wie CTO+ und ETO zu unterstützen. Mit der Einführung von Innovationen wie der erklärungsfähigen künstlichen Intelligenz können Machine Learning/KI zudem Einblicke und Erklärungen dazu liefern, wie sie zu einer Vorhersage/Empfehlung gelangt sind. Dadurch wird Machine Learning nicht mehr zu einer Black Box, sondern kann den Nutzerinnen und Nutzern helfen, den Ergebnissen zu vertrauen, die zur Laufzeit präsentiert werden.

Was sind nun einige der AVC-bezogenen Anwendungsfälle, bei denen Machine Learning bzw. KI zum Einsatz kommen könnten?

Diese Fälle umfassen:

- Prozessautomatisierung
- automatische Erstellung von Stücklisten oder Arbeitsplänen
- manuelle Prüfung/Validierung des Prozesses
  - AVC-Modell-Entwicklung
  - Überprüfung von Konfiguration, Stücklisten und Arbeitsplänen, die von AVC-Modellen erzeugt wurden
- Behandlung von »Spezialfällen«, die mit traditionellen AVC-Modellen (Regeln/Tabellen) nicht behandelt werden können, wie CTO+ und ETO-Szenarien
- Verarbeitung natürlicher Sprache
  - Unterstützung von Anforderungen, die in natürlicher Sprache beschrieben sind (z. B. eine Anforderung, die in einer E-Mail für ein RFP-Dokument in Absatzform beschrieben wird)

Was ist das Ergebnis und der geschäftliche Nutzen des Einsatzes von Machine Learning bzw. künstlicher Intelligenz zur Ergänzung von Standard-Variantenkonfigurationstechniken?

- Machine Learning bzw. künstliche Intelligenz kann AVC zu einem fortschrittlicheren/intelligenteren Konfigurator machen.
- Prozesse können rationalisiert werden.
- Produktexpertinnen und -expterten können sich auf spezifische, hochwertige Szenarien konzentrieren.

Die Absicht ist nicht, einen traditionellen Konfigurator zu ersetzen, sondern ihn zu ergänzen, z. B. durch

- Ausweitung der Anwendbarkeit,
- erweiterte Angebotserstellung, Commerce-Unterstützung und viele weitere Prozesse.

Zusammenfassend lässt sich sagen, dass Machine Learning bzw. künstliche Intelligenz eine ergänzende Technologie zur traditionellen Variantenkonfiguration ist und AVC auf die nächste Stufe heben kann, um die Bedürfnisse vieler innovativer Hersteller zu erfüllen und viele der Herausforderungen zu bewältigen, mit denen die Benutzer heute konfrontiert sind.

Die zu Beginn dieses Abschnittes beschriebene Definition ist ein wenig akademisch; daher sollten wir Machine Learning in einen Kontext stellen, den diejenigen von uns, die mit der Variantenkonfiguration vertraut sind, verstehen werden. Machine Learning mag eine Art Black Box sein, aber es ist keine Zauberei. Und wenn man genau hinsieht, unterscheidet sich die Variantenkonfiguration aus mechanischer Sicht gar nicht so sehr von Machine Learning. Der Modellierungsprozess der Variantenkonfiguration bietet eine sehr schöne Analogie für das Verständnis der Vorgänge beim maschinellen Lernen. Unabhängig davon, welcher der verschiedenen Algorithmen (z. B. Clustering, Regression usw.) verwendet wird, die Mechanik ist im Grunde dieselbe. Viele von Ihnen haben vielleicht schon Begriffe wie »Modell trainieren«, »Modell einsetzen«, »Inferenz ...« oder »Modellbewertung« gehört, aber was bedeutet das?

Beginnen wir mit etwas, mit dem Sie alle sehr vertraut sind, dem Produktlebenszyklus des Modells der Variantenkonfiguration. Der Produktlebenszyklus gliedert sich in die Aktivitäten **Entwurfszeit** und **Ausführungszeit**. Während der Entwurfszeit erstellen und testen Sie das Modell, und während der Laufzeit wird das Modell verwendet oder konsumiert.

Um ein AVC-Modell zu erstellen, beginnen Sie in der Regel mit der Bestimmung der relevanten Attribute des Produkts und ermitteln dann die Beziehungen und Regeln. Anschließend erstellen Sie Merkmale, Objektabhängigkeiten usw., um diese Attribute und Beziehungen darzustellen. Sobald das Modell fertiggestellt ist, wird es getestet und validiert. Dann wird es freigegeben oder in die Produktionsumgebung übertragen. Nach der Übertragung wird es im Geschäftsprozess verwendet (z. B. in der Bestellung oder dem Angebot). Dies wären die Aktivitäten zur Laufzeit.

Schauen wir uns nun einen grundlegenden ML-Prozess an. Es gibt verschiedene Arten von ML-Modellen wie Clustering, Regression usw. Unabhängig von der Art des Modells ist der Prozess jedoch ähnlich. Der Datenanalyst beginnt mit der Erfassung der Daten, die für den jeweiligen Anwendungsfall relevant sind. Dabei handelt es sich in der Regel um Transaktionsdaten wie Kundenaufträge, Angebote, Produktionsaufträge, vielleicht auch Sensordaten, sowie um klassifizierungs- und konfigurationsorientierte Daten. Häufig werden die Daten aufbereitet und umgewandelt, um sie in das richtige Format für ML zu bringen. Anschließend werden die Schlüsselattribute bestimmt. Dies kann manuell erfolgen, oder Sie nutzen ML-Algorithmen (wie die Hauptkomponentenanalyse), die diesen Prozess automatisch durchführen. Anschließend wird das wichtigste ML-Modell ermittelt und entwickelt, das die Vorhersage oder Empfehlung erstellt. In der Regel gibt es zahlreiche Parameter, die mit dem Modell verbunden sind. Anschließend trainieren Sie das Modell. Sie nehmen einige Prozente Ihrer Daten und verwenden sie zum Training. Die anderen 30 % werden zum Testen und zur Bestimmung der Genauigkeit verwendet. Sobald Sie mit der Genauigkeit der Vorhersagen und des Modells zufrieden sind, wird es eingesetzt bzw. veröffentlicht.

Das veröffentlichte Modell kann dann von einer Art konsumierender Anwendung aufgerufen werden. Wenn Sie beispielsweise einen Preis oder eine Vorlaufzeit für ein Produkt vorhersagen möchten, wird das bereitgestellte Modell von einem Kundenauftrag oder einem Angebot in SAP S/4HANA oder z. B. in SAP CPQ aufgerufen. Der Gesamtprozess ist in Abbildung 9.37 dargestellt.

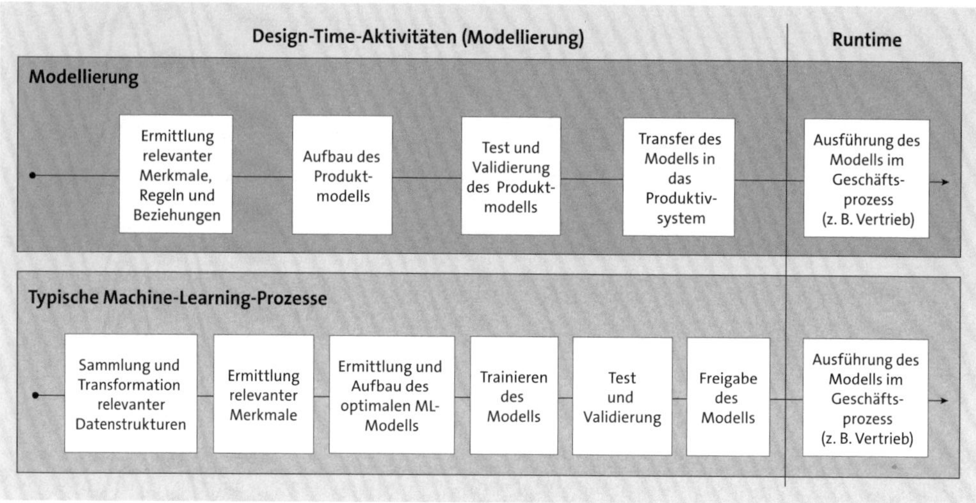

Abbildung 9.37 Überblick über Machine Learning

Nachdem wir nun ein grundlegendes Verständnis für die Funktionsweise des maschinellen Lernens und seiner Komponenten haben, werfen wir einen Blick darauf, wie maschinelles Lernen in SAP S/4HANA durchgeführt werden kann.

Um mehr über maschinelles Lernen mit SAP S/4HANA Cloud zu erfahren, empfehlen wir das Buch »Implementing Machine Learning with SAP S/4HANA« von Siar Sarferaz und Raghu Banda (SAP PRESS, 2020), erhältlich unter *www.sap-press.com/5158*.

SAP S/4HANA Cloud enthält eine Architektur namens Intelligent Scenario Lifecycle Management (ISLM), die es Anwenderinnen und Anwendern ermöglicht, auf die von SAP bereitgestellten maschinellen Lern- und Vorhersage-Analytics-Funktionen für bestimmte Anwendungsfälle zuzugreifen und diese zu verwalten (z. B. Vorhersage der Verzögerung bei der Bearbeitung von Verkaufslieferungen). Darüber hinaus bietet die ISLM ein Framework, mit dem Kunden und Partner ihre eigenen Szenarien für maschinelles Lernen erstellen, verwalten und betreiben können.

Die ISLM-Architektur ist in Abbildung 9.38 dargestellt. Das ISLM-Framework enthält Informationen über die installierten SAP-HANA-Bibliotheken. Es stellt ein Repository für Machine-Learning-Modelle bereit, das beispielsweise Informationen über Modelltypen (z. B. Regression, Klassifikation, Zeitreihen), Modelldatenquellen (z. B. Tabellen, Ansichten), Modelltrainingsdaten und Modellqualitätszahlen enthält, um die Bewertung von Metriken zu ermöglichen und den Modellvergleich zu unterstützen. (Quelle: »Implementing Machine Learning with SAP S/4HANA« von Siar Sarferaz und Raghu Banda (SAP PRESS, 2020), erhältlich unter *www.sap-press.com/5158*).

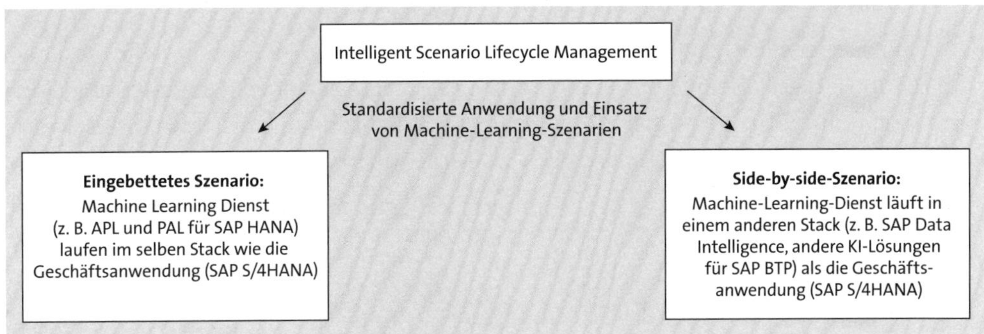

Abbildung 9.38 Intelligent Scenario Lifecycle Management

Es gibt zwei verschiedene Ansätze zur Unterstützung von Szenarien für maschinelles Lernen in SAP S/4HANA: eingebettet und nebeneinander (siehe Abbildung 9.38). Im eingebetteten Szenario werden die Aktivitäten zur Entwurfszeit und zur Laufzeit der Geschäftsanwendung (Inferenz) direkt in SAP S/4HANA durchgeführt. Die eingebettete Fähigkeit zum maschinellen Lernen kann grundlegende Anwendungsfälle durch die Nutzung von Regressions- und Clustering-Klassifizierungsalgorithmen unterstützen.

Für komplexere Anwendungsfälle kann ein Side-by-Side-Ansatz verwendet werden, bei dem die SAP Business Technology Platform (SAP BTP) für die Erstellung und das Training von ML-Modellen (Entwurfszeit) genutzt wird, während SAP S/4HANA weiterhin für die Nutzung im Geschäftsprozess verwendet wird. Im Side-by-Side-Szenario läuft die Geschäftsanwendung (konsumierende Anwendung) in einem separaten Technologie-Stack, getrennt von den Aktivitäten des maschinellen Lernens zur Designzeit. ML-Aktivitäten können in verschiedenen SAP-Umgebungen ausgeführt werden, darunter SAP Data Intelligence, SAP AI Core oder SAP AI Business Services. Frameworks wie TensorFlow und R können ebenfalls verwendet werden. Zusätzlich können die ML-Modelle und Workloads auf Partnerplattformen wie Microsoft Azure, Google Cloud Platform (GCP) oder Amazon Web Services (AWS) bereitgestellt werden, wobei der Lebenszyklus weiterhin über SAP verwaltet und überwacht werden kann.

Wir werfen nun einen genaueren Blick auf einige der SAP-S/4HANA-ML-Funktionen, die verwendet werden können, um Anwendungsfälle zu adressieren, die spezifisch für die Variantenkonfiguration sind. Wie bereits erwähnt, besteht der erste Schritt im Prozess des maschinellen Lernens in der Erfassung, Verarbeitung und Umwandlung der Daten, die zum Trainieren des ML-Modells verwendet werden. Eine der größten Herausforderungen für Kunden, die versuchen, Konfigurationsdaten in SAP ECC oder SAP S/4HANA zu analysieren bzw. zu verarbeiten, ist die Tatsache, dass das Datenmodell spezifisch für den Kunden und das AVC-Modell ist. Daher ist es für SAP schwierig, ein sofort einsatzbereites Datenmodell zu liefern, das für das Modell eines Kunden spezifisch ist und für das Training von ML-Modellen verwendet werden kann.

Glücklicherweise hat SAP bereits einige Schlüsselfunktionen bereitgestellt, die einen Großteil dieser Herausforderung lösen. SAP S/4HANA Embedded Analytics in AVC bietet Out-of-the-Box-Tools, die verwendet werden können, um automatisch ein Datenmodell (technisch gesehen eine CDS-Ansicht) zu generieren, das die relevanten Merkmale, Werte, Kennzahlen und Daten enthält, die typischerweise erforderlich sind, um ein ML-Modell zu trainieren, um häufige AVC-bezogene Anwendungsfälle zu adressieren.

Die dafür erforderlichen Schritte umfassen:

- CDS-Ansicht für Klassifizierungs-/Merkmalsdaten generieren
- benutzerdefinierte CDS-Ansicht erstellen, um die Klassifizierungsdaten mit zusätzlichen Datenquellen, Dimensionen und Kennzahlen zu ergänzen
- intelligentes Szenario erstellen
- Modell testen und trainieren
- Modell veröffentlichen

Stand der Entwicklung

Zum Zeitpunkt der Veröffentlichung (April 2023) gab es noch einige Einschränkungen bei diesem Prozess, die jedoch in naher Zukunft behoben werden sollen.

Die Modellinferenz wird als ABAP Apply View (*CDS-View*) dargestellt, der von der Laufzeitanwendung aufgerufen bzw. konsumiert werden kann. Für eingebettete Szenarien werden CDS-Views für das intelligente Szenario generiert, um einen einfachen Zugriff auf die Vorhersagen zu ermöglichen. Der CDS-View wird in den Anwendungseinstellungen für das jeweilige intelligente Szenario mit der Anwendung **Intelligentes Szenario** angezeigt.

Der CDS-View kann dabei mithilfe von SAP-Standardwerkzeugen in die Geschäftsanwendung integriert werden.

Das eingebettete Szenario bietet auch eine fertige Laufzeit in der Geschäftsanwendung, da Sie SAP S/4HANA als konsumierende Geschäftsanwendung verwenden können. Mit AVC gibt es ein BAdI, das verwendet werden kann, um die ML-Vorhersage innerhalb der Laufzeitkonfigurationsverarbeitung der Variante auszulösen. Beispiele für Anwendungsfälle, die entwickelt werden könnten, sind:

- Vorlaufzeitvorhersage
- Schätzung des Budgetpreises
- Schätzung des CO2-Fußabdrucks
- Schätzung der Gesamtbetriebskosten
- Routing-Standardwertbestimmung
- VC-Modell-Prüfer

Es gibt mehrere Lösungsansätze, die vom Benutzer verwendet werden können. Der erste Lösungsansatz besteht darin, die AVC-BAdIs während der High-Level-Konfiguration aufzurufen (z. B. im Kundenauftrag oder Angebot), die ML-Inferenz aufzurufen, einen Wert vorherzusagen und den Wert in ein anderes Merkmal zu übertragen, das im ursprünglichen Verkaufsdokument angezeigt wird.

Der zweite Ansatz wäre, das AVC-BAdI während der High-Level-Konfiguration aufzurufen, die ML-Inferenz aufzurufen, das Ergebnis (Vorhersage) zu erhalten, das Ergebnis in eine Tabelle (Z-Tabelle, Variantentabelle) zu schreiben und dann ein Beziehungswissen in der Low-Level-Konfiguration zu haben, das die Tabelle während der Verarbeitung der Low-Level-Konfiguration liest (z. B. während der Durchlaufzeitterminierung während des Dispositionslaufs). Alternativ könnte die Anwendung die Inferenz-API direkt vom BAdI aus aufrufen, das während der Low-Level-Konfiguration aufgerufen wird.

Wir sehen uns nun einen konkreten Anwendungsfall genauer an. Stellen Sie sich vor, Sie möchten maschinelles Lernen einsetzen, um die Kundenvorlaufzeit für ein konfigurierbares Produkt (direktes CTO, CTO+ oder ETO) zu schätzen. Es gibt mehrere Möglichkeiten, dies in SAP S/4HANA zu tun, aber für dieses Beispiel wollen wir uns ansehen, wie dies in SAP S/4HANA Cloud geschehen könnte. Wie bereits erwähnt, wird der Prozess in der Regel in Aktivitäten zur Entwurfszeit und zur Laufzeit aufgeteilt.

9.4.1 Datenerfassung und -aufbereitung

Für dieses Beispiel nehmen wir an, dass Sie die Vorlaufzeit als die Anzahl der Tage definieren, die zwischen dem Zeitpunkt, an dem der Artikel dem Kundenauftrag hinzugefügt wurde, und dem Zeitpunkt, an dem der Warenausgang an den Lieferanten erfolgt ist, vergehen. Ihre spezifische Definition kann anders lauten, aber für dieses

Beispiel werden wir sie verwenden. Um diese Informationen zu erhalten, würden wir einen Kunden-CDS-View erstellen, der die Positionsdaten des Kundenauftrags mit den Daten des Materialbelegs verknüpft.

In diesem CDS-View würden wir eine Logik hinzufügen, die die Differenz zwischen Erstellungsdatum der Kundenauftragsposition und Datum des Warenausgangs berechnet. Das Ergebnis wäre eine Anzahl von Tagen für jede Kundenauftragsposition. Da es sich um ein konfigurierbares Produkt handelt, reicht es nicht aus, die historischen Daten nur auf der Ebene der Kundenauftragsposition (Material/Werk) zu analysieren. Wir müssen einen Schritt weitergehen und die Analyse und das Modelltraining auf der Konfigurationsebene durchführen, da die Durchlaufzeit höchstwahrscheinlich je nach Konfiguration variiert.

Außerdem ist es wahrscheinlich, dass bestimmte Merkmale (oder Kombinationen) einen größeren Einfluss auf die Durchlaufzeit haben als andere. Bei einer konfigurierbaren Pumpe kann z. B. die Farbe der Pumpe einen geringen Einfluss auf die Durchlaufzeit haben, während der Lagertyp einen erheblichen Einfluss haben kann. Es gibt mehrere Möglichkeiten, um diese Attribute bzw. Merkmale zu bestimmen.

Die erste Möglichkeit wäre, sie manuell mithilfe des Fachwissens der Experten zu bestimmen. Bei diesem Ansatz würden die Fachexperten die Schlüsselattribute ermitteln, die ihrer Meinung nach den größten Einfluss auf die Durchlaufzeit haben. Ein CDS-View, der das Schlüsselmerkmal enthält, kann dann mit SAP-Fiori-App **CDS-Views für Klassifizierung/Konfiguration generieren** erstellt werden. Die daraus resultierenden CDS-Views werden dann mit den CDS-Views für die Durchlaufzeit verbunden, um alle erforderlichen Attribute für das Training des ML-Modells zu erhalten.

9.4.2 Erstellung von Modellen/Szenarien und Training

Sobald die ersten CDS-Views erstellt worden sind, können sie in ein intelligentes Szenario im ISLM-Rahmenwerk aufgenommen werden. Sobald das ML-Modell erstellt und trainiert worden ist, wird ein ABAP Apply View (CDS-View) generiert. Dieser CDS-View speichert die resultierende Durchlaufzeit, die während der Inferenz zur Laufzeit vorhergesagt wird. Die Eingabeparameter sind das Material und die Werte für die wichtigsten AVC-Merkmale (zusammen mit allen anderen relevanten Attributen wie Werk und Region). Die ML-Inferenz sagt die Durchlaufzeit auf der Grundlage dieser Eingabewerte voraus. Das ML-Modell würde dabei in regelmäßigen Abständen (z. B. monatlich) neu trainiert, um das Unternehmen zu unterstützen.

9.4.3 Nutzung von Machine-Learning-Modellen

Nach der Erstellung muss das Modell in den gesamten Geschäftsprozess integriert werden. In diesem Beispiel besteht das Ziel darin, die Vorlaufzeit während der Angebots- oder Kundenauftragsbearbeitung vorherzusagen, nachdem das Produkt konfiguriert worden ist. Die resultierende Durchlaufzeit könnte als Merkmal im AVC-Modell dargestellt werden, und das vorhergesagte Ergebnis könnte die Merkmale während des Konfigurationsprozesses auffüllen und wäre für den Benutzer sichtbar. Um dieses Ziel zu erreichen, könnten die Erweiterungsmöglichkeiten von SAP S/4HANA genutzt werden. Das Extensibility Framework enthält Erweiterungsoptionen für die Geschäftslogik, die der traditionellen BAdI-Logik ähneln. Eine der Erweiterungsoptionen (BAdI-Definition) ist die Möglichkeit, Merkmalswerte nach der Validierungslogik zu setzen. In der Erweiterungsimplementierung könnte eine Logik hinzugefügt werden, die den CDS-View **Intelligentes Szenario** aufruft, die Konfigurationswerte übergibt, die Vorlaufzeit zurückgibt und den Vorlaufzeitwert dem vordefinierten Merkmal **Vorlaufzeit** zuordnet. Sobald die BAdI-Logik fertiggestellt, getestet und implementiert ist, würde sie für die Verarbeitung zur Verfügung stehen. Zur Laufzeit würde der Benutzer den Kundenauftrag (oder das Angebot) erstellen und die Merkmalswerte auf dem AVK-Konfigurationsbewertungsbild zuordnen. Nach der Fertigstellung würde das BAdI aufgerufen, die Merkmale und Werte würden an das ML-Inferenzmodell übergeben, die Vorlaufzeit würde vorhergesagt und dem Merkmal zugeordnet. Der Benutzer würde dann das Ergebnis der Vorlaufzeit auf dem VC-Bildschirm sehen.

Das obige Szenario ist ein Beispiel dafür, wie das in SAP S/4HANA Cloud eingebettete maschinelle Lernen mit der AVC-Erweiterbarkeit kombiniert werden kann, um einen relativ einfachen Vorhersage-Anwendungsfall zu lösen. Andere, komplexere Anwendungsfälle könnten mit dieser Funktionalität oder den Side-by-Side-Szenarien für maschinelles Lernen in SAP S/4HANA unterstützt werden. Ein komplexerer Anwendungsfall umfasst beispielsweise die Vorhersage der Standardwerte in einem Produktionsarbeitsplan für ein konfigurierbares Produkt.

9.4.4 Maschinelles Lernen in der Industry Cloud

Die Industry Cloud von SAP ist eine neue Ergänzung für das intelligente Unternehmen und eine Plattform mit einer Sammlung von Anwendungen (von SAP, Partnern und Kunden entwickelt), die auf der SAP BTP laufen. Bei diesen Anwendungen handelt es sich um modulare Lösungen, die die Möglichkeiten der Kernanwendung SAP S/4HANA erweitern. Da die Anwendungen modular und cloudnativ sind, sind sie innovativ, nutzen die neuesten Technologien (einschließlich maschinellem Lernen) und können schneller und mit weniger Aufwand entwickelt und bereitgestellt werden.

Eines der Schlüsselszenarien für die Industry Cloud sind Anwendungen, die sich auf maschinelles Lernen als Schlüsseltechnologie stützen. Diese auf maschinellem Lernen basierenden Szenarien werden durch die in die SAP BTP integrierten Funktionen für maschinelles Lernen, einschließlich des SAP AI Core und der AI Business Services, sowie durch Funktionen zur Extraktion von Daten aus Backend-Systemen (wie SAP S/4HANA) für das Modelltraining ermöglicht. Eine auf ML basierende Anwendung, die SAP im Jahr 2023 bereitstellen will, wird maschinelles Lernen für das Guided Selling von konfigurierbareren Produkten ermöglichen.

Die folgende Beschreibung erläutert eine User Journey und die Herausforderungen, die während des Angebots- und Verkaufsprozesses für konfigurierbare Produkte auftreten.

Es ist möglich, eine beliebige Marktplatzanwendung aufzurufen, eines von Tausenden von Produkten auszuwählen, es zu kaufen und es sich innerhalb weniger Stunden nach Hause liefern zu lassen. Wer ein Auto kaufen möchte, kann sogar auf eine der vielen Websites zum Autokauf gehen, ein Auto auswählen, es kaufen, eine Finanzierung finden und es innerhalb weniger Tage in seiner Einfahrt stehen haben.

Wenn jedoch eine Konstrukteurin oder ein Konstrukteur eine Pumpe oder ein anderes industrielles Produkt kaufen möchte, muss er/sie in der Regel eine Anfrage stellen, mit dem Vertrieb hin- und heragieren (entweder physisch oder virtuell) und hoffentlich innerhalb weniger Tage (oder in manchen Fällen Wochen) ein Preisangebot erhalten. Warum ist das so?

Bei einfachen Produkten wie einem Mixer oder sogar einem konfigurierbaren Produkt wie einem Laptop ist es relativ einfach, ein geeignetes (dennoch vielleicht nicht optimales) Produkt zu finden, das seinen Bedürfnissen/Anforderungen entspricht. Und wenn die Bedürfnisse nicht erfüllt werden, ist es in der Regel sehr einfach, es umzutauschen. Das Risiko ist also sehr gering.

Bei vielen industriellen und kommerziellen Produkten ist es jedoch sehr viel schwieriger, eine Verbindung zwischen den Bedürfnissen und dem Produkt herzustellen, da die Bedürfnisse/Anforderungen in der Regel sehr viel komplexer sind und die Produkte oft sehr kompliziert sind, mit unterschiedlichen Konfigurationen usw. Außerdem ist das Risiko, dass der Käufer etwas falsch versteht, viel größer. Zumindest kann es sein, dass Sie das Produkt nicht zurückgeben können, weil es auf Ihre Bedürfnisse zugeschnitten ist (ganz zu schweigen davon, dass der Versand Hunderte von Dollar gekostet haben kann), aber schlimmer noch, es könnte für Menschen gefährlich sein, wenn sie es falsch machen. Daher sind traditionell gut ausgebildete Vertriebsmitarbeitende (oder Händler/Partner) beteiligt, die die Bedürfnisse des Kunden in das Produkt und die Konfiguration des Herstellers übersetzen.

Werfen wir einen Blick auf ein Beispiel für einen typischen Auswahlprozess für einen Gabelstapler. In Abbildung 9.39 sehen wir links die Kundenbedürfnisse (ein Mitglied der Werksleitung, das einen Gabelstapler sucht, wird sich die Bedürfnisse so vorstellen). Auf der rechten Seite sehen wir die Angebote der Hersteller. Es gibt eine Reihe verschiedener Produkte und viele verschiedene technische Merkmale, die ausgewählt werden müssen, um die richtige Konfiguration zu gewährleisten.

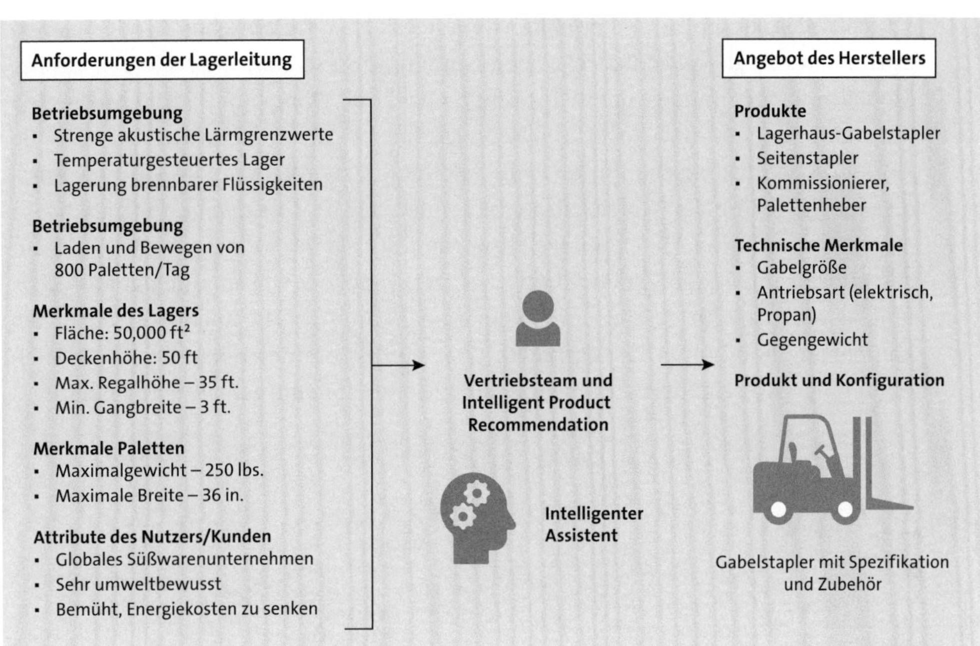

Abbildung 9.39 Anforderungsorientiertes Guided Selling und Produktkonfiguration (anhand des Beispiels eines Gabelstaplers)

Es ist nun die Aufgabe des Vertriebs, diese Lücke zu schließen. Die Vertriebsmitarbeitenden würden in der Regel mit der Lagerleitung sprechen, die Bedürfnisse auf der linken Seite verstehen und dann in Kenntnis des Produktportfolios das beste Produkt und die beste Konfiguration empfehlen, um die Bedürfnisse des Kunden zu erfüllen. Selbst bei einem Konfigurator sind häufig Vertriebsmitarbeitende erforderlich, da die Merkmale des Modells oft auf Produktmerkmale ausgerichtet und in vielen Fällen sehr technisch sind.

Die Herausforderung besteht darin, dass es viel Zeit, Schulung und Erfahrung erfordert, um die Vertriebsmitarbeitenden auf den neuesten Stand zu bringen. Leider ist die Fluktuation im Verkaufs-Team oft groß, sodass ständig neue Mitarbeitende eingestellt und geschult werden müssen. Darüber hinaus kann es für die Hersteller schwierig sein, auf Märkte in der ganzen Welt zu expandieren, weil sie nicht die Erfahrung der Vertriebsmitarbeitenden aufbauen und unterstützen können, die für den Verkauf komplexerer Produkte erforderlich ist. Infolgedessen laufen die Hersteller Gefahr, dass unerfahrene Vertriebsmitarbeitende Produkte und Konfigurationen empfehlen, die nicht optimal auf die Bedürfnisse des Kunden abgestimmt sind. Da es in vielen Fällen mehrere Produkte und Konfigurationen gibt, die den Bedürfnissen des Kunden entsprechen könnten, sind die Empfehlungen oft inkonsistent, was sich negativ auf die Planung der Lieferketten auswirkt.

Maschinelles Lernen kann hier helfen, indem es die Lücke zwischen den Kundenbedürfnissen und dem Produkt bzw. der Konfiguration schließt. Wir können ein ML-Modell auf der Grundlage der historischen Angebots-, Opportunity- und Auftragsdaten trainieren, um die Muster und Korrelationen zwischen den Attributen des Bedarfs und den technischen und Produktattributen zu erkennen. Im Grunde würde dies die Erfahrung der Vertriebsmitarbeitenden in ML-Modellen »kodifizieren«, indem die historischen Daten analysiert werden. Sobald das Modell trainiert und eingesetzt ist, kann es den Verkäufer unterstützen, indem es wie ein intelligenter Assistent agiert. Und für E-Commerce-Szenarien könnte es Herstellern ermöglichen, komplexere konfigurierbare Produkte über den E-Commerce-Kanal zu verkaufen. Abbildung 9.40 zeigt den Umfang und die Visionen für eine geplante Anwendung.

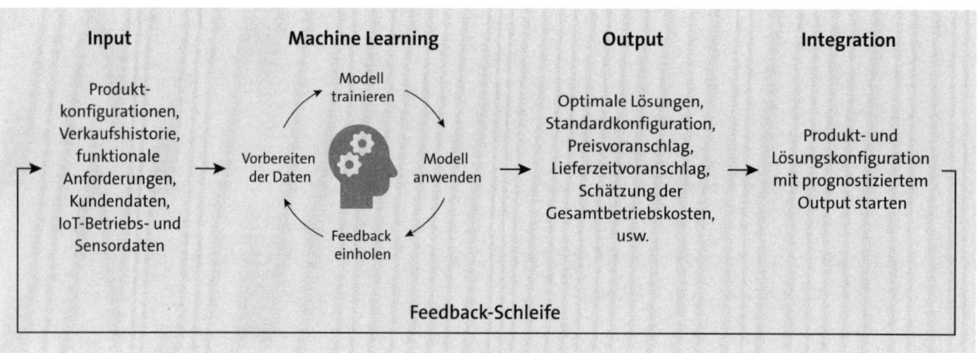

Abbildung 9.40 Intelligent Product Recommendation

Ein intelligenter Assistent wird dazu beitragen, den Zeit- und Arbeitsaufwand für die Erstellung eines Angebots zu verringern und den Zeitaufwand für die Schulung neuer Vertriebsmitarbeitenden zu reduzieren, sodass diese schneller mit der Umsatzgenerierung beginnen können. Darüber hinaus wird die Lösung den Verkauf komplexerer Produkte über einen Handelskanal ermöglichen, indem die Nutzerinnen oder die Nutzer in einem ihnen vertrauten Kontext angesprochen werden, d. h. ihre Bedürfnisse (oder die zu erledigende Aufgabe) werden adressiert und nicht die technischen Eigenschaften des Produkts.

Die Anwendung soll im Jahr 2023 auf den Markt kommen. Dieses Datum kann sich natürlich noch ändern, und es gilt der übliche SAP-Haftungsausschluss.

9.5 Integration von AVC und SAP Workflow Management

AVC stellt ein sehr flexibles Erweiterungs-Framework zur Verfügung. Dieses erlaubt es nicht nur die Merkmalswerte während der interaktiven Bewertung zu beeinflussen, sondern auch einen separaten Prozess aus der Konfiguration heraus anzustoßen.

So kann z. B. während der Konfiguration im Kundenauftrag ein Genehmigungs-Workflow ausgelöst werden, wenn bestimmte Merkmalswerte ausgewählt werden. Dieser könnte z. B. den folgenden Ablauf haben:

- Die Benutzerin oder der Benutzer konfiguriert ein Produkt im Kundenauftrag. Dabei wird eine kritische Merkmalswertekombination außerhalb der Norm ausgewählt, die einer technischen Prüfung und Freigabe bedarf.
- Die Konfiguration der Kundenauftragsposition wird inkonsistent gesetzt, solange die Sonderfreigabe nicht erteilt wurde.
- Beim Sichern der Konfiguration wird ein Genehmigungs-Workflow auf der SAP BTP ausgelöst, der den relevanten Stakeholder, z. B. einen Techniker, benachrichtigt, um den Workflow zu bearbeiten.
- Durch die Genehmigung oder Ablehnung durch den Techniker werden die Verkaufsmitarbeitenden darüber informiert, dass die Sonderfreigabe abgeschlossen ist. Sie öffnen die Konfiguration im Kundenauftrag, und das Ergebnis der technischen Prüfung wird in die Konfiguration übernommen.

Der erstellte Workflow kann auch automatisch auf **Erledigt** gesetzt werden, wenn bei einer Änderung des Kundenauftrags vor der Genehmigung eine unkritische Wertekombination ausgewählt wird.

Technisch ist es möglich, AVC in verschiedene Workflow-Systeme zu integrieren. Es wird jedoch empfohlen, die Lösung SAP BTP Workflow Management zu verwenden.

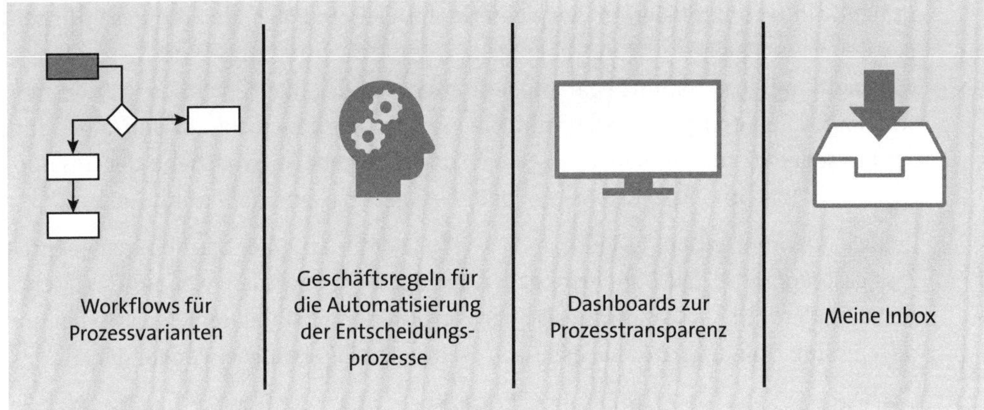

Abbildung 9.41 Funktionen von SAP Workflow Management

SAP Workflow Management ist die Cloud-Service-Lösung der SAP BTP Extension Suite zur Automatisierung digitaler Prozesse. SAP Workflow Management umfasst die folgenden Funktionen in einer Lösung (siehe Abbildung 9.41):

- Workflows für Entwicklung und Fachabteilung zum Erstellen und Ausführen ihrer Workflows und zum Verwalten ihrer Prozessvarianten in einem Low-Code-no-Code-Ansatz.
- Geschäftsregeln für die Automatisierung des Entscheidungsprozesses und die Definition von Geschäftsrichtlinien und -vorschriften.
- End-to-End-Prozesstransparenz, um sicherzustellen, dass die Prozessausführung wie erwartet verläuft und den richtigen Geschäftswert bietet.
- Zentraler Zugriff der Anwenderin oder des Anwenders auf ihre bzw. seine Aufgaben über verschiedene Workflows und verschiedene Anbietersysteme hinweg.
- Nicht zuletzt ist SAP Workflow Management eng mit SAP Intelligent Robotic Process Automation zur Automatisierung von Aufgaben und mit SAP Conversational AI zum Hinzufügen eines digitalen Assistenten integriert.

Alle genannten Funktionen von SAP Workflow Management helfen Ihnen vor allem, die Produktivität zu steigern, indem Aufgaben und notwendige Aktionen automatisiert und nachverfolgt werden.

Zudem können Sie eigene webbasierte Applikationen auf der SAP BTP erstellen, die in den Workflow eingebunden sind. Auch aus dem Workflow selbst können über die APIs Daten aus dem SAP-S/4HANA-System gelesen, verändert oder angelegt werden.

Darüber hinaus können die dem Workflow zugrundeliegenden Daten auch in SAP Analytic Cloud für Berichts- und Analysezwecke gesammelt und ausgewertet werden.

Anhand eines konkretisierten Beispiels erläutern wir im Folgenden die wesentlichen Bausteine zur Realisierung des oben genannten Genehmigungs-Workflows. Hierzu wird ein konfigurierbares Regal angenommen, für das der berechnete Mindestabstand zwischen den Regalböden mindestens 30 cm betragen soll (In der Abbildung sind es sogar 40 cm.). Ansonsten ist eine Sonderfreigabe entsprechend der Gesamtmaße wie Höhe und Anzahl der Regalböden zu geben (siehe Abbildung 9.42).

Zunächst einmal wird ein Merkmal `WF_APPROVAL` definiert, über das der Freigabeprozess gesteuert wird. Die Sonderfreigabe soll angestoßen werden, wenn dieses Merkmal den Wert `PENDING` annimmt, also der Wert für den Abstand der Regale 30 cm unterschreitet. Hierzu wird zunächst die Prozedur gemäß Listing 9.1 verwendet.

```
$self.WF_APPROVAL = 'PENDING'
    if  $self.WF_DISTANCE_OF_SHELVES < 30
    AND not specified $self.WF_APPROVAL.
```

Listing 9.1 Setzen eines Merkmalwerts zum Triggern des Workflows

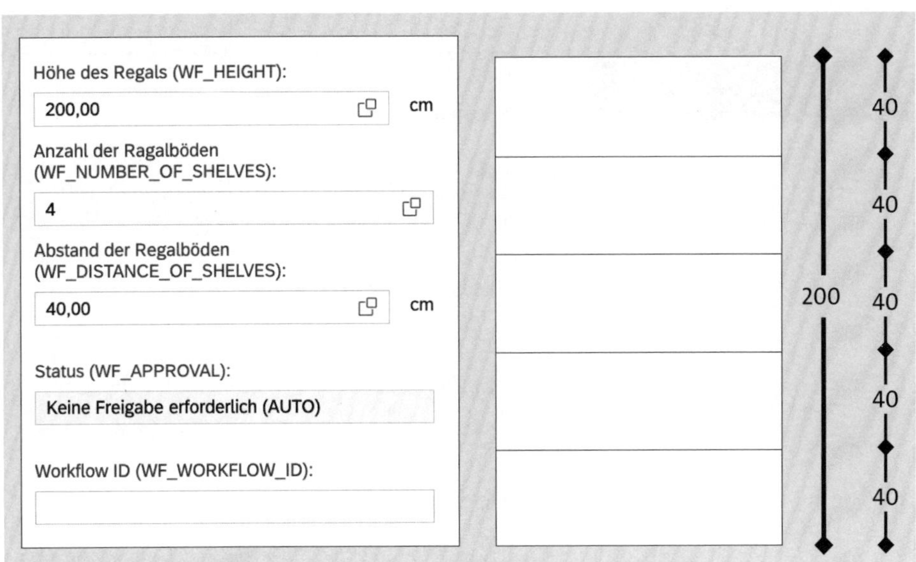

Abbildung 9.42 Schema zum Beispielmodell

9

Wenn die Freigabe abgelehnt wurde bzw. solange der Genehmigungsprozess noch nicht abgeschlossen ist, bleibt die aktuelle Konfiguration der Kundenauftragsposition inkonsistent. Hierzu wird ein weiterer Constraint verwendet (siehe Listing 9.2).

```
Condition:
   $self.WF_APPROVAL in[ 'NO', 'PENDING' ].
Restrictions:
   false.
```

Listing 9.2 Konsistenzprüfung des Genehmigungsstatus

Der Constraint kann zusätzlich durch seinen Langtext einen Hinweis für die Anwenderinnen und Anwender enthalten, dass aufgrund des nicht abgeschlossenen Workflows die Konfiguration als vorläufig inkonsistent gesetzt wurde und das Ergebnis der Prüfung abgewartet werden muss (siehe Abbildung 9.43).

Beim Verlassen der Konfiguration wird der Workflow auf der SAP BTP initiiert, sofern eine Sonderfreigabe notwendig ist. Hierzu implementieren Sie den entsprechenden Serviceaufruf von SAP Workflow Management auf der SAP BTP. Als Ergebnis des Serviceaufrufs erhalten Sie eine Workflow-ID, die Sie in ein entsprechendes Merkmal der aktuellen Konfiguration übernehmen.

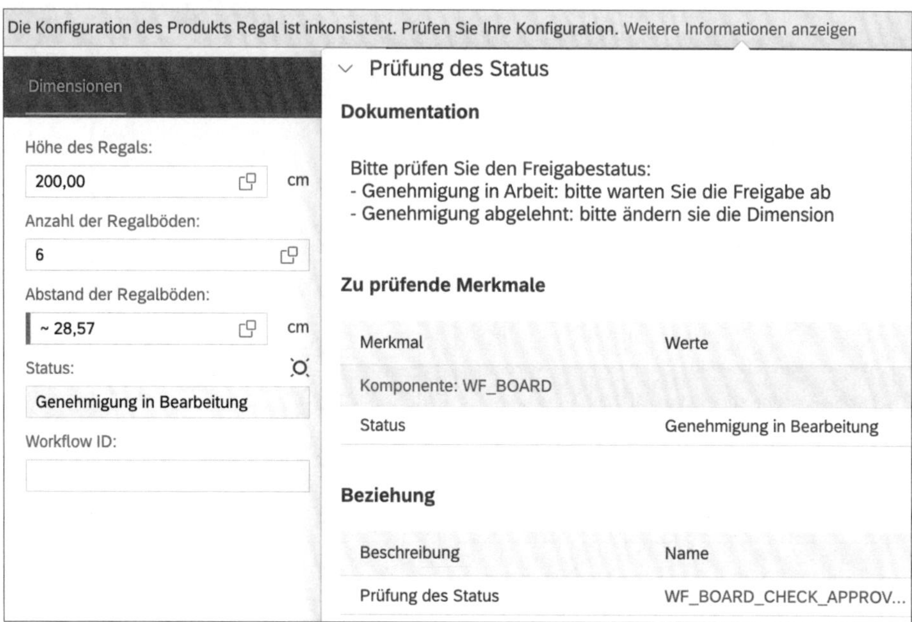

Abbildung 9.43 Inkonsistente Konfiguration vor dem Genehmigungs-Workflow

Das Workflow Management der SAP BTP bietet REST-basierte APIs, die eine enge Integration von Aufgaben auf der SAP BTP mit der Workflow-Funktion ermöglichen. Um den Genehmigungs-Workflow beim Verlassen der Konfiguration zu starten, kann die Workflow-API `v1/workflow-instances/` in einer AVC-BAdI-Implementierung zur BAdI-Definition `VCH_HL_ON_SAVE` verwendet werden.

Diese API startet eine neue Workflow-Instanz für die angegebene Workflow-Definition. Der Benutzer muss die ID der Workflow-Definition im Body angeben. Die Workflow-Instanz wird automatisch auf der Grundlage der letzten bereitgestellten Version der Definition gestartet. Die Workflow-Definitions-ID muss im Feld **definitionId** im Hauptteil der Anfrage angegeben werden. Sobald die API erfolgreich ausgelöst worden ist, wird die entsprechende Workflow-Instanz auf der SAP BTP erstellt und eine ID für die generierte Instanz in der API-Antwort zurückgegeben.

Den Workflow selbst erstellen Sie in der SAP-Fiori-App **SAP Business Application Studio** auf der SAP BTP. Mit dem Workflow-Editor definieren Sie den Ablauf mit den folgenden Objekten:

- **User-Task**
  Ablaufobjekt, das eine Aufgabe darstellt, die von einer Anwenderin oder einem Anwender interaktiv ausgeführt wird. User-Tasks erscheinen in der Inbox der Anwender in oder des Anwenders, von der die Aufgaben-Verantwortlichen deren Beschreibung einsehen und diese abschließen können.

- **Service-Task**
  Ablaufobjekt, das eine Systemaufgabe repräsentiert, z. B. den Aufruf eines externen Dienstes.
- **Skript-Task**
  Ablaufobjekt, das ein Skript zur Ausführung repräsentiert.
- **Mail-Task**
  Ablaufobjekt, um E-Mails an einen oder mehrere Personen zu senden.

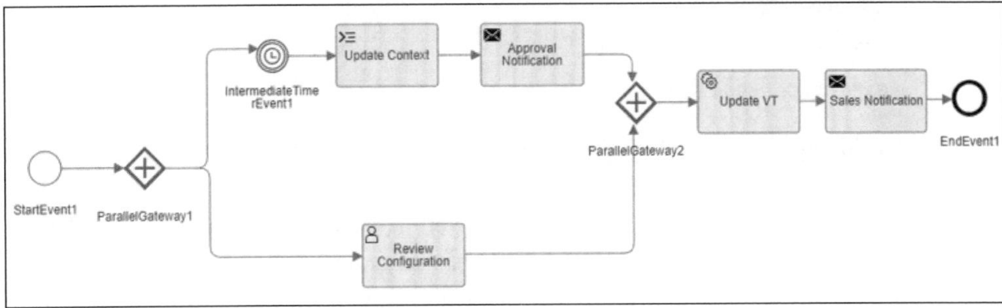

Abbildung 9.44 Workflow-Ablauf für die Sonderfreigabe

Für das Beispiel kann folgender Workflow-Ablauf verwendet werden (siehe Abbildung 9.44):

1. Nach der Initiierung des Workflows wird automatisch ein User-Task angelegt, der in der Inbox des Freigabeverantwortlichen erscheint. Die entsprechende Benutzeroberfläche stellt alle erforderlichen Informationen wie Kundenauftrags-ID, Kundenauftragsposition, Produkt-ID und Merkmalswerte zur Verfügung.
2. Über ein E-Mail-Task wird gleichzeitig mit der Anlage des User-Task eine Benachrichtigung an den Freigabeverantwortlichen erzeugt, der auf den User-Task verweist (siehe Abbildung 9.45). In einem vorgeschalteten Skript-Task werden die hierzu benötigten Verlinkungen auf den Kundenauftrag und den User-Task vorbereitet.
3. Auf der Basis der zur Verfügung gestellten Informationen kann der Freigabeverantwortliche die Freigabe entweder genehmigen oder ablehnen. Diese Entscheidung wird direkt im User-Task getroffen (siehe Abbildung 9.46).
4. Das Ergebnis der Freigabeentscheidung wird anschließend durch einen Service-Task in eine Variantentabelle übergeben, um so auf die Konfiguration der Kundenauftragsposition zurückwirken zu können. Diese Variantentabelle enthält nur eine Schlüsselspalte mit der ID der Workflow-Instanz und eine weitere Spalte mit dem zu verwendenden Freigabestatus. Technisch wird dies unter der Verwendung des APIs für Variantentabellen (Service-Name `API_VARCONFIGNTABLECONTENT`) realisiert.

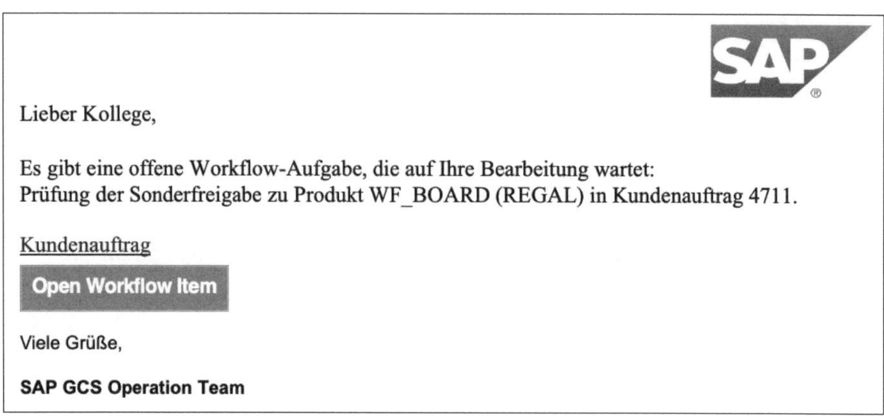

Abbildung 9.45 Beispiel einer Benachrichtigung im Workflow

5. Zudem wird über einen Mail-Task eine weitere Benachrichtigung erzeugt. Durch diesen wird der Vertrieb darüber informiert, dass die Freigabeentscheidung getroffen ist und die Konfiguration der ursprünglichen Kundenauftragsposition bearbeitet werden kann.

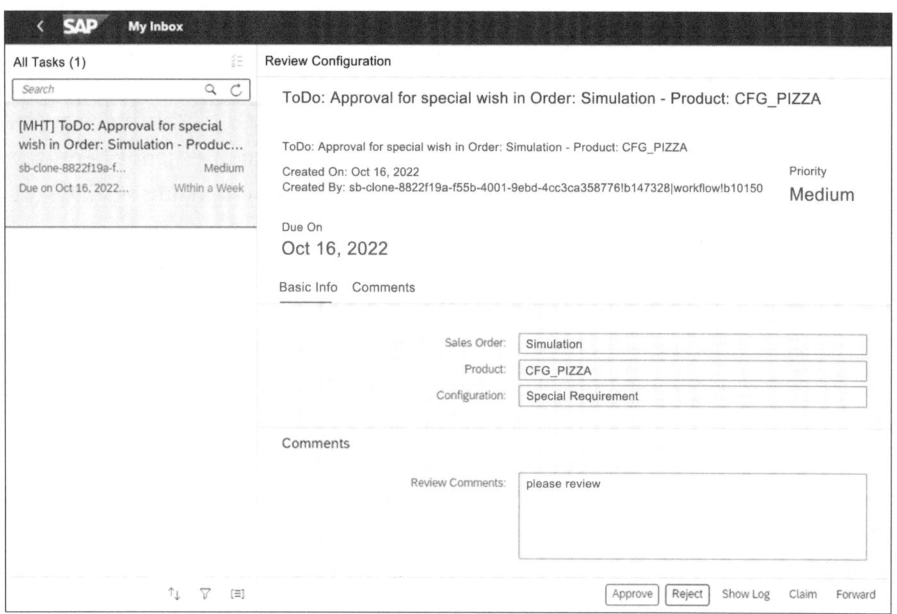

Abbildung 9.46 Beispiel einer Workflow-Aufgabe für die Sonderfreigabe

Der Vertrieb öffnet daraufhin die entsprechende Kundenauftragsposition. Im Falle der Sonderfreigabe wird die Konfiguration konsistent. Wenn die Sonderfreigabe nicht erteilt wurde, muss die Verkaufsmitarbeiterin oder der Verkaufsmitarbeiter die Konfiguration ändern.

9.6 2-Tier-Szenario – systemübergreifende Beschaffung konfigurierter Produkte

Häufig nutzen nicht alle Teile eines Unternehmens dasselbe ERP-System. Trotzdem verbindet diese eine intensive Intercompany-Beziehung, die natürlich auch die unternehmensinterne Verlagerung von konfigurierbaren Produkten und Baugruppen umfasst. In diesem Fall können Sie das konfigurationsspezifische *2-Tier-Szenario* nutzen. Es unterstützt Sie bei der Beschaffungsabwicklung von konfigurierbaren Produkten in einer verteilten SAP-S/4HANA-Landschaft.

In diesem Kapitel wird nur auf die Kombination von SAP S/4HANA Cloud mit SAP S/4HANA bzw. SAP S/4HANA Cloud, private edition, eingegangen (siehe Abbildung 9.47). Es sind aber auch andere SAP-S/4HANA-System-Kombinationen möglich.

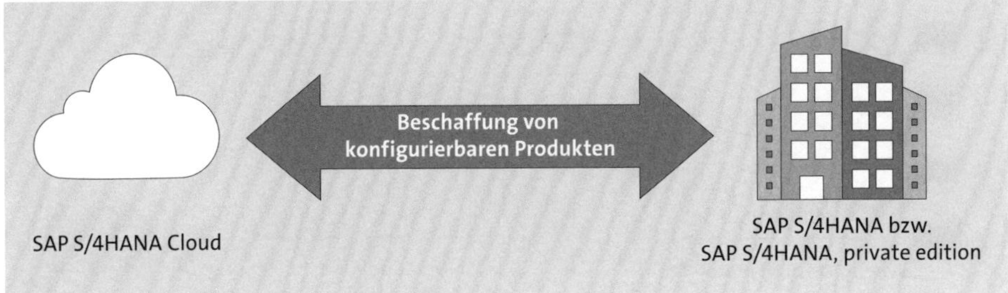

Abbildung 9.47 Systemübergreifende Beschaffung (konfigurationsspezifisches 2-Tier-Szenario)

Das konfigurationsspezifische 2-Tier-Szenario ist derzeit nur für den Configure-to-Order-Prozess (CTO) vorgesehen und setzt somit die Einstellung **Plan-/Fertigungsauftrag** im Konfigurationsprofil voraus. Die beschafften Endprodukte und Baugruppen können dabei auch mehrstufig konfigurierbar sein.

Die Konfigurationsmodelle sind systemübergreifend zu harmonisieren. Mithilfe der *Product Data Replication* (PDR) können Sie vorab die Stammdaten von SAP S/4HANA nach SAP S/4HANA Cloud übertragen. Eine Replikation von SAP S/4HANA Cloud nach SAP S/4HANA bzw. zwischen zwei SAP-S/4HANA-Cloud-Systemen ist derzeit nicht möglich. Die Quelle muss somit immer SAP S/4HANA bzw. SAP S/4HANA Cloud, Private Edition, sein.

Grundsätzlich können im 2-Tier-Szenario verschiedene Geschäftsvorfälle unterschieden werden.

- Die Verkaufsniederlassung (SAP S/4HANA Cloud) beschafft das konfigurierbare Endprodukt in einer Produktionsgesellschaft (SAP S/4HANA). Die Produktionsgesellschaft liefert per Strecke an den Kunden.

- Die Verkaufsniederlassung (SAP S/4HANA Cloud) beschafft das konfigurierbare Endprodukt in einer Produktionsgesellschaft (SAP S/4HANA). Die Produktionsgesellschaft liefert an die Verkaufsgesellschaft, die wiederum an den Kunden liefert.
- Die Verkaufs- und Produktionsniederlassung (SAP S/4HANA Cloud) beschafft eine konfigurierbare Baugruppe in einer anderen Produktionsgesellschaft (SAP S/4HANA). Diese Produktionsgesellschaft liefert die Baugruppe an die anfordernde Verkaufs- und Produktionsniederlassung. Diese wiederum produziert das Endprodukt und liefert es an den Kunden.

Alle diese Geschäftsvorfälle können auch mit vertauschten Systemen, also mit einer Verkaufsgesellschaft in SAP S/4HANA und einer Produktionsgesellschaft in SAP S/4HANA Cloud abgebildet werden.

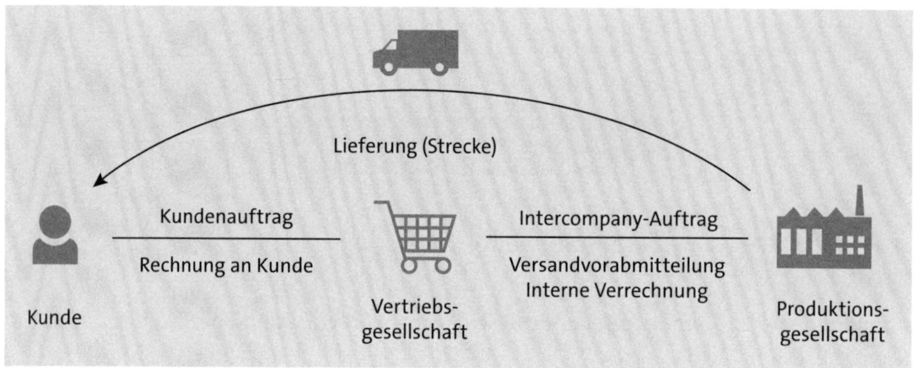

Abbildung 9.48 Systemübergreifende Beschaffung konfigurierbarer Endprodukte (mehrstufig) mit Streckenlieferung

Für die systemübergreifende Beschaffung konfigurierbarer Endprodukte mit Streckenlieferung ergibt sich der folgende Prozess (siehe Abbildung 9.48):

1. Der Kundenauftrag wird von der Vertriebsgesellschaft in SAP S/4HANA Cloud angelegt. Das Endprodukt wird mehrstufig im Kundenauftrag konfiguriert.
2. Der Kundenauftrag wird als Streckengeschäft gespeichert. Hierdurch wird eine Bestellanforderung in SAP S/4HANA Cloud für das Endprodukt erzeugt. Die Bestellanforderung wird in eine Bestellung umgesetzt.
3. Die Bestellung wird von SAP S/4HANA Cloud auf die *SAP Integration Suite* übertragen. Dort wird ein Kundenauftrag für das mehrstufige Endprodukt erzeugt und als Intercompany-Auftrag für die Produktionsgesellschaft in SAP S/4HANA angelegt (siehe Abbildung 9.49).
4. Die Materialbedarfsplanung (MRP) löst die Stückliste für das Endprodukt in SAP S/4HANA auf. Es folgt die mehrstufige Beschaffung und Produktion der konfigurierbaren und sonstigen Komponenten sowie die Fertigung des Endprodukts.

5. Durch den Warenausgang bei der Produktionsgesellschaft zur Lieferung an den Kunden in SAP S/4HANA wird für die Vertriebsgesellschaft automatisch eine Versandvorabmitteilung in SAP S/4HANA Cloud erzeugt.
6. Der statistische Warenausgang der Vertriebsgesellschaft in SAP S/4HANA Cloud veranlasst die Rechnung an den Endkunden.
7. Die Rechnung aus dem Intercompany-Auftrag wird von der Produktionsgesellschaft an die Vertriebsgesellschaft in SAP S/4HANA gestellt. Hierdurch wird automatisch eine entsprechende Lieferantenrechnung in SAP S/4HANA Cloud erzeugt.

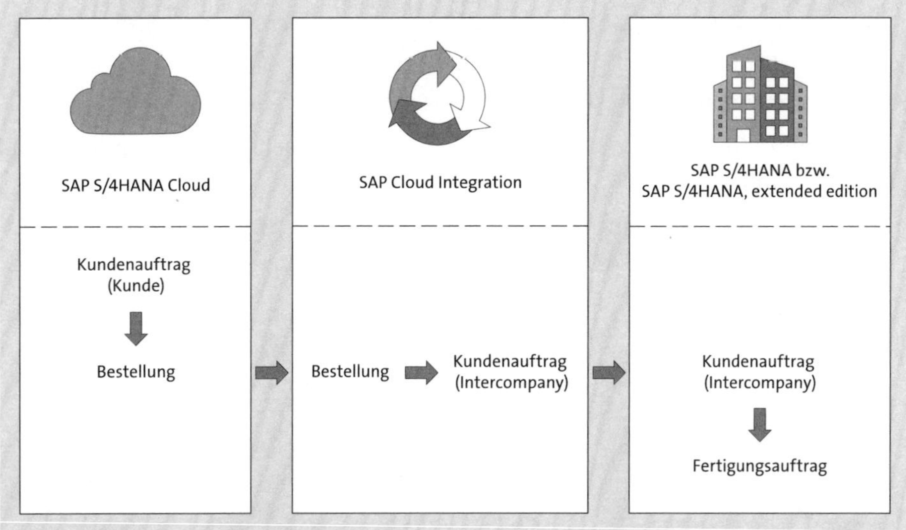

Abbildung 9.49 Systemintegration mittels SAP Integration Suite

Für die systemübergreifende Beschaffung konfigurierbarer Baugruppen weicht der Prozess in einigen Schritten ab (siehe Abbildung 9.50):

1. Der Kundenauftrag wird von der Vertriebsgesellschaft in SAP S/4HANA Cloud angelegt. Das Endprodukt wird mehrstufig im Kundenauftrag konfiguriert.
2. Der Primärbedarf wird in SAP S/4HANA Cloud angelegt. Über die Materialbedarfsplanung (MRP) wird die Stückliste mehrstufig aufgelöst und der Primär- und alle Sekundärbedarfe gedeckt.
3. Für mindestens eine konfigurierbare Baugruppe wird eine Bestellanforderung in SAP S/4HANA Cloud angelegt. Die Bestellanforderung wird in eine Bestellung umgesetzt.
4. Die Bestellung wird von SAP S/4HANA Cloud an die SAP Integration Suite übertragen. Dort wird ein Kundenauftrag für die Baugruppe erzeugt und als Intercompany-Auftrag für die Produktionsgesellschaft in SAP S/4HANA angelegt.

5. Die Materialbedarfsplanung (MRP) löst die zu liefernde Baugruppe in SAP S/4HANA auf. Es folgt die mehrstufige Beschaffung und Produktion der konfigurierbaren und sonstigen Komponenten sowie die Fertigung der zu liefernden Baugruppe.
6. Die Baugruppe wird von der Produktionsgesellschaft an die Vertriebsgesellschaft geliefert. Die Anlage der Lieferung und der Warenausgang erfolgen in SAP S/4HANA.
7. Die Rechnung aus dem Intercompany-Auftrag wird von der Produktionsgesellschaft an die anfordernde Vertriebsgesellschaft in SAP S/4HANA gestellt. So wird automatisch eine entsprechende Lieferantenrechnung in SAP S/4HANA Cloud erzeugt.
8. Der Wareneingang zur Bestellung wird in SAP S/4HANA Cloud gebucht.
9. Das Endprodukt wird in der beauftragten Vertriebsgesellschaft fertiggestellt und an den Kunden geliefert.
10. Durch den Warenausgang der Vertriebsgesellschaft in SAP S/4HANA Cloud wird die Rechnung an den Endkunden veranlasst.

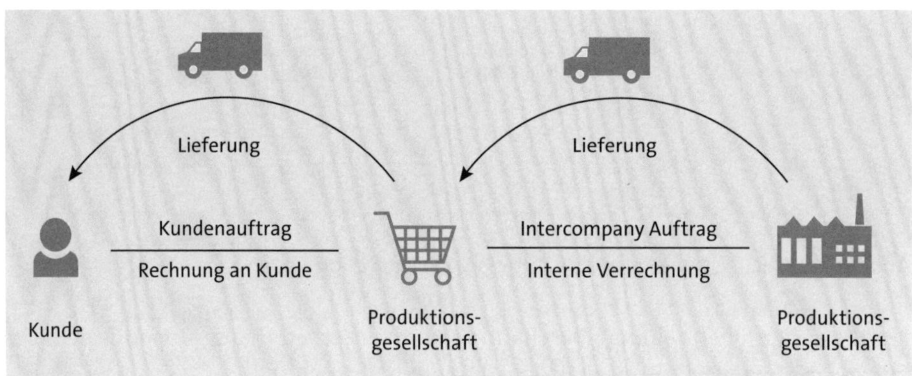

Abbildung 9.50 Systemübergreifende Beschaffung konfigurierbarer Endprodukte oder Baugruppen (mehrstufig)

9.7 Fazit

AVC ist in viele neue Anwendungen integriert, die in den letzten Jahren innerhalb von SAP S/4HANA, aber auch außerhalb des SAP-S/4HANA-Kerns entstanden sind. Damit werden kollaborative Prozesse der Produktmodellerstellung und Auftragsabwicklung flexibel unterstützt und orchestriert. Gleichzeitig können neue Technologien wie Machine Learning und die künstliche Intelligenz genutzt werden. Darüber hinaus ist die systemübergreifende Beschaffung und Lieferung konfigurierbarer Produkte auch in einer verteilten Systemlandschaft mit mehreren SAP-S/4HANA-Systemen möglich.

Unter anderem haben Sie die Product Data Replication kennengelernt. Diese unterstützt Sie bei der Verteilung von Produktmodellen zwischen SAP-Systemen (SAP ERP 6.0 oder SAP S/4HANA; S/4HANA Cloud derzeit nur als Zielsystem). Da VC-Modelle typischerweise aus vielen einzelnen Stammdatenobjekten bestehen, erfolgt die Weiterentwicklung der Modelle in der Regel nicht im Produktivsystem, sondern in einem eigenen VC-Pflegesystem bzw. -Mandanten (Golden Client). Ein weiteres Szenario kann die Replikation von VC-Modellen in ein AVC-Migrationssystem (SAP S/4HANA) sein. Sie haben sich einen Überblick darüber verschafft, wie Sie die erforderliche Stammdatenverteilung aus einem Quell- in ein Zielsystem systematisch angehen können.

Kapitel 10
Lösungen von SAP-Partnern

In diesem Kapitel stellen wir Ihnen Add-ons von SAP-Partnern vor, mit denen Sie die Variantenkonfiguration erweitern können. SAP eröffnet mit der Partnerstrategie, insbesondere mit der SAP Business Technology Platform (SAP BTP), unzählige Möglichkeiten, z. B. branchenspezifische Add-ons bereitzustellen oder den Standard zu erweitern.

Wie auch bei bisherigen SAP-ERP-Lösungen (SAP R/3, SAP ERP, SAP ERP Central Component (SAP ECC)), gibt es auch für die neue SAP-ERP-Plattform SAP S/4HANA ein Partnerkonzept. Dies führt auch hier zu vielfältigen Ergänzungslösungen oder sogenannten Add-ons, die das Standardangebot ergänzen oder komplettieren. Wir möchten Ihnen in diesem Kapitel exemplarisch einige dieser Lösungen bzw. Ansätze vorstellen. Diese Auflistung bzw. Vorstellung ist bei Weitem nicht vollständig, soll die Anwenderin oder den Anwender aber auf die von SAP-Seite offerierten Möglichkeiten hinweisen.

Natürlich konzentrieren wir uns auf Lösungen, die insbesondere den Kundeneinzelfertiger interessieren, auch mit einem sehr starken Fokus auf die Konfigurationsanwendung selbst.

10.1 3D-Konfiguration

Dieser Abschnitt beschreibt den Einsatz der 3D-Konfiguration varianter Produkte durch eine direkte Integration in ein VC-Datenmodell. Diese Funktion wird durch den Einsatz aktueller 3D-Softwarekomponenten (3D-Engine) im Zusammenspiel mit der Standardtechnologie von SAP zur Integration von Webservices ermöglicht.

Die visuelle Unterstützung, gewissermaßen eine dreidimensionale Produktvorschau bei der Konfiguration variantenreicher Produkte ist zu einem wichtigen Bestandteil nutzer- und kundenfreundlicher Prozesse geworden. Die Einsatzgebiete reichen von der klassischen Vertriebskonfiguration bis hin zu E-Commerce-Strategien, in denen das Einkaufserlebnis für den Kunden gesteigert wird.

In diesem Abschnitt stellen wir eine konkrete Kundenlösung der Firma TRILUX GmbH & Co. KG vor. Wir skizzieren zum einen die Anforderungen und Rahmenbedingungen und zum anderen die technische Lösung und deren Architektur. Die technische Lösung wurde von der TRILUX Digital Solutions GmbH entwickelt, die als Beratungshaus für SAP-Projekte Teil der TRILUX-Gruppe ist.

10.1.1 Begriffsdefinitionen

Im Zusammenhang mit grafischen Funktionen innerhalb des Konfigurationsprozesses haben sich verschiedene Begriffe etabliert, die oft synonym verwendet werden, aber unterschiedliche Anwendungen bezeichnen.

Zu unterscheiden sind die folgenden Anwendungen:

- Echtzeit-3D-Visualisierung
- interaktive 3D-Konfiguration

Mit der *Echtzeit-3D-Visualisierung* ist es möglich, beim Durchlaufen der Konfiguration im SAP-Konfigurations-Frontend eine mitlaufende 3D-Darstellung des Produkts bzw. der Stücklistenkomponenten in einem dafür vorgesehenen Bereich bereitzustellen. Abbildung 10.1 zeigt die 3D-Visualisierung einer Straßenleuchte, basierend auf Merkmalen und Merkmalswerten aus der SAP-Variantenkonfiguration.

Mithilfe der 3D-Echtzeit-Visualisierung wird das Konfigurationsergebnis dynamisch angezeigt. Das Ergebnis kann auch als 3D-Darstellung, z. B. in ein Angebotsdokument oder in Auftragsdokumente bzw. in jede Art von Printmaterialien eingebunden werden.

Die *interaktive 3D-Konfiguration* bietet neben der Visualisierung zusätzlich die Möglichkeit, eine Konfiguration unmittelbar am parametrischen 3D-Objekt durchzuführen. Anwenderinnen und Anwender selektieren die zu konfigurierenden Komponenten und Merkmale direkt per Mausklick am 3D-Modell. Über das Kontextmenu können die Merkmale und Optionswerte aus AVC ausgewählt werden. Das Frontend der interaktiven 3D-Konfiguration ist somit eine erweiterte oder alternative Benutzeroberfläche für die Konfiguration in AVC. Abbildung 10.2 zeigt ein interaktives Kontextmenü (hier Farbauswahl) an der zu konfigurierenden Straßenleuchte.

Beide Anwendungsmöglichkeiten können in Kombination oder einzeln eingesetzt werden.

Nutzung der 3D-Visualisierung

In einem Unternehmen kann die 3D-Visualisierung im Auftragsinnendienst genutzt werden. Gleichzeitig kann, basierend auf demselben Konfigurationsmodell, eine interaktive 3D-Konfiguration durch einen Außendienstmitarbeiter vor Ort gemeinsam mit dem Kunden durchgeführt werden.

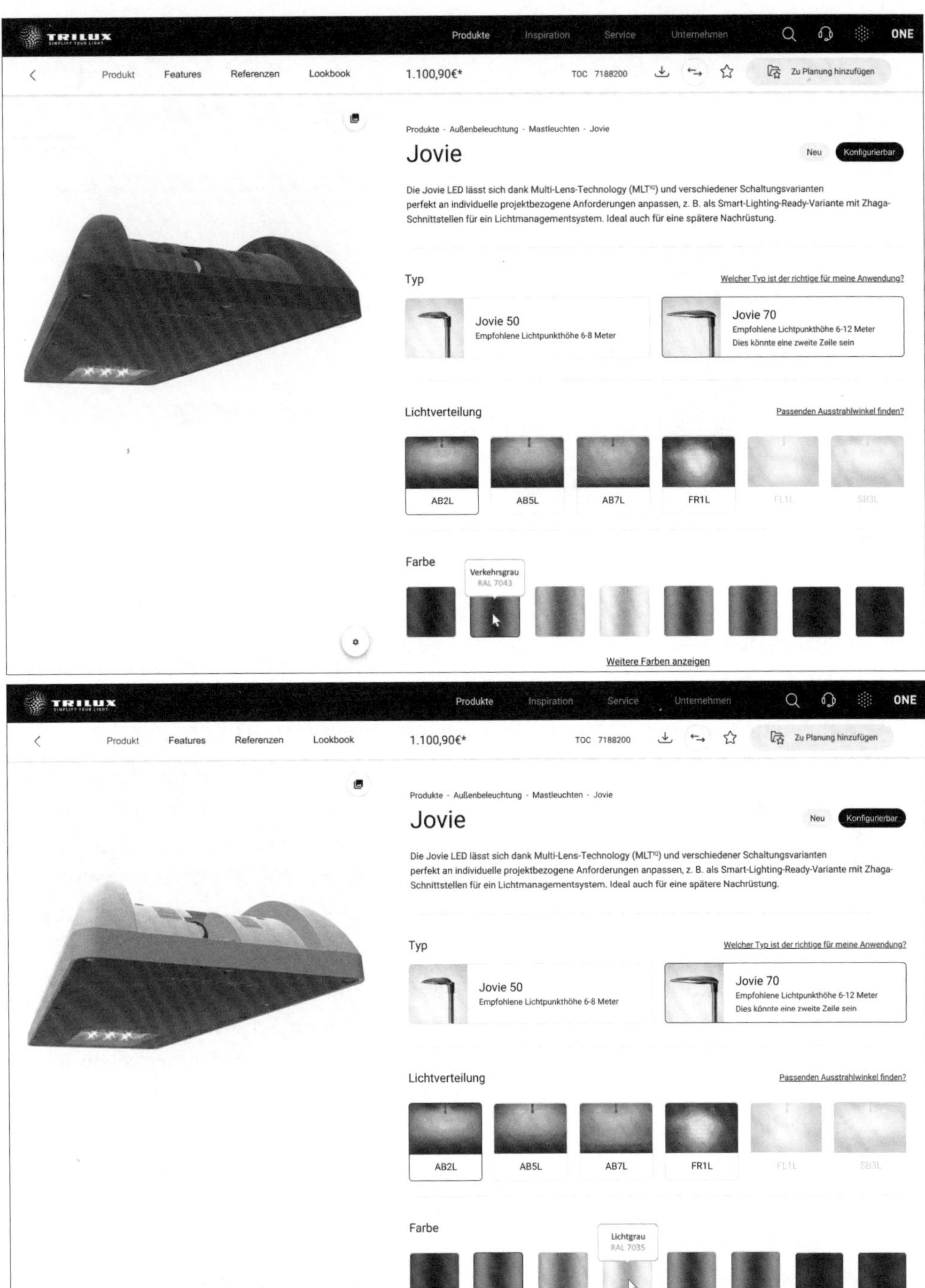

Abbildung 10.1 3D-Echtzeit-Visualisierung eines Produkts

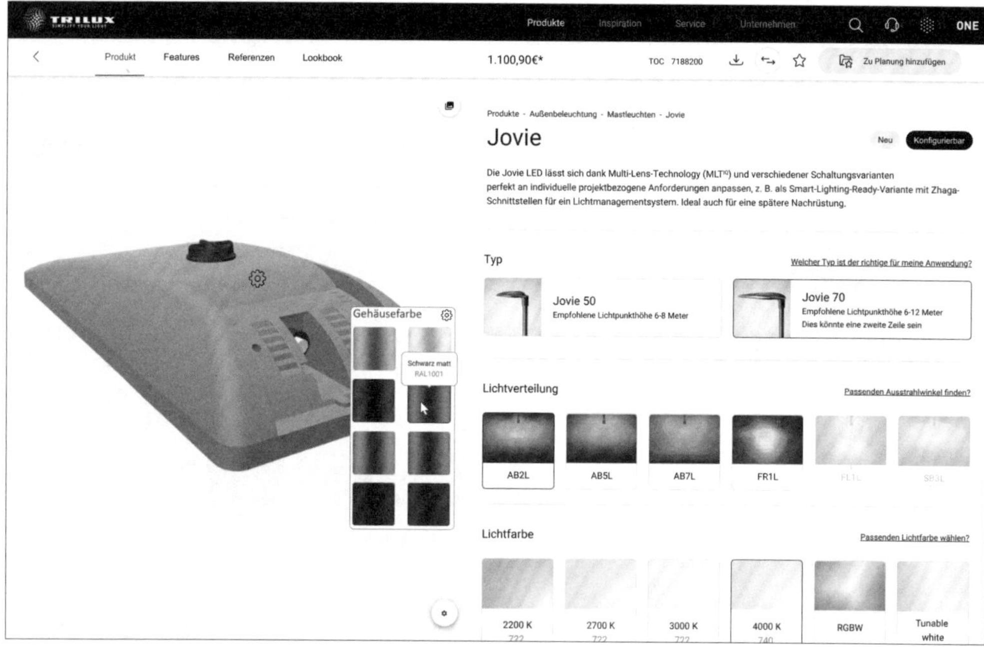

Abbildung 10.2 Interaktive 3D-Konfiguration eines Produkts

10.1.2 Funktionen einer in das SAP-System integrierte 3D-Konfiguration

Die parametrische 3D-Engine wird in der Cloud betrieben und kommuniziert in Echtzeit mit der SAP-Konfiguration. So werden neben der reinen mitlaufenden Visualisierung der Konfiguration auch interaktive Funktionen bereitgestellt. Die Logik und das Beziehungswissen werden per Service angesprochen. Alle verfügbaren Web-Frontends von SAP können mit den Funktionen der 3D-Konfiguration ausgestattet werden.

Indem die 3D-Konfiguration in das SAP-System mit VC als führende und alleinige Konfigurations-Engine eingebettet worden ist, können Schnittstellen und Redundanzen zu externen Systemen vermieden werden. Externe Systeme stellen häufig ausschließlich eine eigene zusätzlich zu pflegende Konfigurations-Engine mit einer oftmals CAD-basierenden 3D-Engine bereit.

Mit zunehmender Komplexität der variantenreichen Produkte kann die integrierte 3D-Konfiguration als Ergänzung der SAP-Konfiguration die Arbeit in der Variantenfertigung erleichtern. Dies bedeutet Folgendes:

- Arbeit nach dem Prinzip »What You See Is What You Get« (WYSIWYG)
- Vermeidung von einer fehlerhaften Auswahl durch eine direkte visuelle Prüfung

- gesteigerte Akzeptanz und positives Nutzungserlebnis durch eine hochwertige Darstellung und spielerische Interaktivität
- Weitergabe des grafischen Konfigurationsergebnisses an Belege und Folgeprozesse

Die 3D-Konfiguration wird vor allem in Vertrieb und Marketing eingesetzt. Eine ganzheitliche 3D-Konfigurationsstrategie ist jedoch in der Gesamtprozesslandschaft von Variantenfertigern ein wichtiger Baustein, wie Sie im folgenden Abschnitt sehen.

Model in 3D Once – Configure in 3D Anywhere

Mit der 3D-Konfiguration wird der Grundgedanke einer zentralen Modellierung der Konfiguration sowie die Bereitstellung in unterschiedlichen Prozessen entlang der Wertschöpfungskette umgesetzt.

Das bedeutet, dass die 3D-Objekte für unterschiedliche Anwendungsszenarien nicht mehrfach und somit redundant angelegt und gespeichert werden müssen. Anwendungen erhalten stattdessen auf der Basis von Services eine spezifische Sicht und Benutzeroberfläche (Visualisierung vs. interaktive 3D-Konfiguration). Dieses leitet sich aus dem Gesamtmodell in Echtzeit ab. Das Gesamtmodell ist wiederum zentral gepflegt und kann durch ein Änderungsmanagement verwaltet werden. Abbildung 10.3 beschreibt die zentrale Bereitstellung der 3D-Konfiguration in unterschiedlichen Unternehmensbereichen und -prozessen.

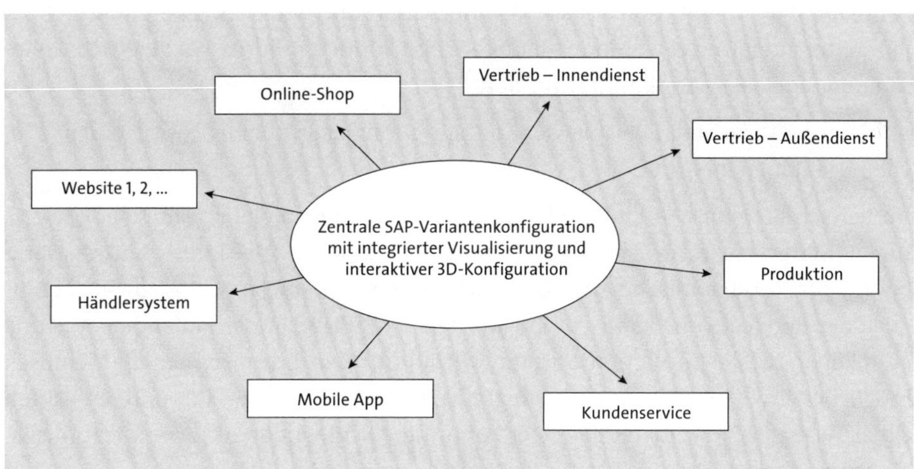

Abbildung 10.3 Beispiele für die Einsatzmöglichkeiten der zentralen 3D-Konfiguration

Die Vermeidung von Insellösungen durch zentral bereitgestellte Services ist ein wichtiger Beitrag zu einer ganzheitlichen Konfigurationsstrategie im End-to-End-Prozess eines Variantenfertigers. Die 3D-Konfiguration unterstützt diese Strategie im Standard ohne Medienbrüche.

Integration im Standard statt Schnittstellen

Wenn Sie eine 3D-Konfiguration mit dem SAP-System auf Basis eines Fremdsystems einsetzen, müssen Sie die 3D-Objekte zunächst anlegen und anschließend fortlaufend pflegen und erweitern. Überdies müssen Sie Regelwerk und Beziehungswissen redundant anlegen oder programmieren, weil das vorhandene SAP-Konfigurationsmodell nicht direkt genutzt werden kann. Des Weiteren muss eine technische Schnittstelle zwischen SAP-System und externem 3D-System entwickelt, betrieben und gewartet werden. Häufig wird in solchen Fremdsystemen zusätzlich eine CAD-Software für die 3D-Funktion eingesetzt. Dadurch entsteht Mehraufwand und damit verbunden höhere initiale und laufende Kosten.

Die in diesem Abschnitt vorgestellte 3D-Konfiguration setzt vollständig auf die interne Servicearchitektur des SAP-Systems mit AVC als alleiniger Engine für die Konfiguration, die die für diesen Einsatzzweck optimierte 3D-Engine in Echtzeit bedient. Die 3D-Konfiguration mit AVC ist somit kein Schnittstellenprojekt. Stattdessen wird die SAP-Variantenkonfiguration um eine zusätzliche Oberfläche ergänzt.

10.1.3 3D-Konfiguration und Augmented und Virtual Reality

Funktionen zur 3D-Konfiguration sind nicht auf Webkonfiguratoren oder Online-Shops beschränkt. Die Nutzung von Augmented- oder Virtual-Reality-Anwendungen (AR-/VR-Anwendungen) für variantenreiche Produkte, z. B. in Vertrieb oder Service, kann durch die Integration der SAP-Konfiguration und den dazugehörenden 3D-Daten weiter aufgewertet werden. Auf diese Weise können Produkte in der Virtual oder Augmented Reality konfiguriert werden.

Abbildung 10.4 zeigt das Beispiel der Konfiguration der Straßenleuchte in einer virtuellen Realität, hier eine Straße.

Im Bereich B2C können Endkunden AR-Anwendungen spielerisch nutzen, was z. B. für das Marketing in Form von Smartphone-Konfigurator-Apps interessant ist. Darüber hinaus sind technische Anwendungsszenarien z. B. im Service möglich. Ein Mitglied des Serviceteams kann vor Ort mit einer AR-Brille in der laufenden Wartung oder Reparatur die Konfiguration zum Auftrag aufrufen. Dann können die technisch möglichen Teile oder Komponenten grafisch interaktiv ausgewählt und am echten Objekt visualisiert werden. Auch hier kommt die Echtzeitdatenkommunikationsbasis der genannten Services für die 3D-Engine zum Einsatz.

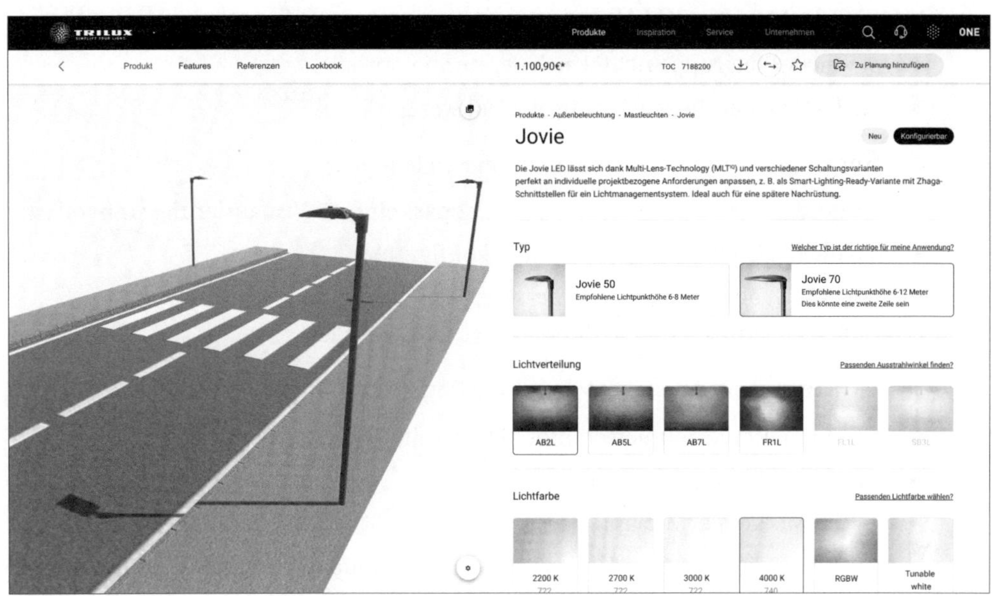

Abbildung 10.4 Konfiguration in einem Raumszenario

10.1.4 Praxisbeispiel: TRILUX GmbH & Co. KG

In diesem Abschnitt geben wir Ihnen ein praktisches Beispiel für den Einsatz der 3D-Konfiguration im Servicebereich. Wir zeigen Ihnen, wie die 3D-Konfiguration im SAP-System abgebildet wird und welche Besonderheiten in Bezug auf die Stammdaten beachtet werden sollten. Wir stellen dazu ein konkretes Anwendungsbeispiel bei der Firma TRILUX GmbH & Co. KG und den Aufbau eines entsprechenden Systems dar.

Vom SAP-Datenmodell zum 3D-Datenmodell

Im Folgenden betrachten wir eine hybride Integration der 3D-Visualisierung in der SAP-Variantenkonfiguration. Grundlage für die Konfiguration/Darstellung in 3D ist das Datenmodell von AVC, das konfigurierbare Material mit seinen Konfigurationsdaten. Das konfigurierbare Material dient als Datenbasis für die 3D-relevanten Merkmale, die Merkmalswerte und das Beziehungswissen.

Anschließend wird dieses Datenmodell in einem 3D-Customizing mit 3D-relevanten Informationen, Daten und Regelwerk ergänzt und zusammen mit dem Konfigurationsmodell in einem Frontend dargestellt.

Definition der Produkte/Visualisierung

Bevor mit der Visualisierung begonnen wird, mussten die folgenden Fragestellungen geklärt werden:

- Eignet sich das Produkt/die Produkte für eine Visualisierung?
- An welche Zielgruppe richtet sich der Konfigurator?
- Was soll mit der Visualisierung erreicht werden?

Die Antworten könnten z. B. folgendermaßen lauten:

- Das Produkt ist ausreichend komplex, sodass eine 3D-Visualisierung sinnvoll ist.
- Es handelt sich um einen Endkundenkonfigurator.
- Mit der Visualisierung soll ein besseres Produktverständnis/-Erlebnis (WYSIWYG-Prinzip) für die Kunden geschaffen werden.

Im nächsten Schritt müssen noch weitere Punkte geklärt werden:

- Existieren für die definierten Produkte bereits SAP-VC-Datenmodelle?
- Sind diese ein- oder mehrstufig?
- Welche Merkmale/Merkmalswerte sind für die 3D-Visualisierung relevant?
- Sind bereits 3D-Daten und/oder Texturen vorhanden

In diesem konkreten Beispiel wurde ein SAP-VC-Datenmodell eines Leuchtenkopfes für den Kunden visualisiert. Die Hälfte der zu definierenden Merkmale ist für die 3D-Visualisierung relevant. Nicht alle Werte eines Merkmals haben dabei eine Änderung der 3D-Grafik zur Folge. Die 3D-CAD-Daten können aus der Konstruktion übernommen werden, sollten aber für die Verwendung in der 3D-Visualisierung noch optimiert werden.

Merkmale/Merkmalswerte

Die 3D-relevanten Merkmale und Merkmalswerte werden direkt aus dem SAP-VC-Datenmodell in das 3D-Customizing übernommen. Diese Merkmale und Merkmalswerte werden nun mit den zusätzlichen Informationen ergänzt, die SAP nicht zur Verfügung stehen. Dies sind z. B.:

- Die Farbdefinition zu einem Merkmalswert: Das Merkmal **Rot** entspricht dem HEX-Wert »FF0000«.
- Die Zuweisung einer Oberflächentextur zu einem Merkmalswert: Dem Merkmal **Edelstahl, gebürstet** wird die Textur **NiroBrushed.png** zugewiesen.
- Die Zuweisung eines 3D-Objekts und dessen Positionierungsinformation im »Raum«, zu einem Merkmal: Dem Merkmalswert »LED Modul 01« wurde das 3D-Objekt `LED_Modul_2G` – mit einer X/Y/Z-Position im Raum und einer Rotation in der Y-Achse um 90° – zugewiesen.

Abbildung 10.5 veranschaulicht zusätzlich die im 3D-Backend gepflegten Daten.

TRILUX Digital Solutions

TDS VC-3D < Characteristics

- Dashboard
- Characteristics
- Products
- Scenes
- external Data
- Script Library
- Interactions
- 3D Settings

New Characteristic | Import Characteristic | Export Characteristic

ID	Code	Description	Enabled	Options
1	Characteristic01	Desc 01	true	15
2	Characteristic02	Desc 02	true	2
3	Characteristic03	Desc 03	true	5
4	Characteristic04	Desc 04	false	98
5	Characteristic05	Desc 05	false	48
6	Characteristic06	Desc 06	true	34
7	Characteristic07	Desc 07	true	21
8	Characteristic08	Desc 08	true	6
9	Characteristic09	Desc 09	true	8

Abbildung 10.5 Merkmale (Characteristics) im 3D-Pflege-Backend

Externe Daten

Um Objekte in der 3D-Visualisierung anzeigen zu können, muss das Datenmodell um sogenannte *externe Daten* erweitert werden. Dies sind in erster Linie Bilddateien (etwa von Texturen und Materialien) und 3D-CAD-Dateien in unterschiedlichsten Formaten. Diese werden durch Materialien, Lichtquellen und Kameradefinitionen ergänzt.

Texturen sind externe Bilddateien, die von einfachen grafische Abbildungen von Oberflächen (z. B. von einer gebürsteten Metalloberfläche) bis hin zu komplexen 3D-Texturen, die speziell auf ein 3D-Objekt angepasst sind, reichen können. Die Texturen können aus verschiedenen sogenannten Maps (z. B. ColorMap, NormalMap) bestehen. In Abbildung 10.6 zeigen die ersten beiden Bilder von links nach rechts im oberen Bereich Beispiele für solche Maps.

Abbildung 10.6 Von der Textur zum Material

3D-Daten sind externe 3D-CAD-Dateien unterschiedlichster Formate, die in das 3D-Backend hochgeladen werden. Die 3D-Daten können während des Importprozesses für die Webdarstellung optimiert werden. Je nach Dateityp werden beim Importprozess die zugehörigen Texturen/Materialien mit in das 3D-Backend importiert und direkt dem 3D-Objekt zugewiesen. Abbildung 10.7 stellt die Zusammensetzung des 3D-Objekts aus verschiedenen CAD-Daten dar.

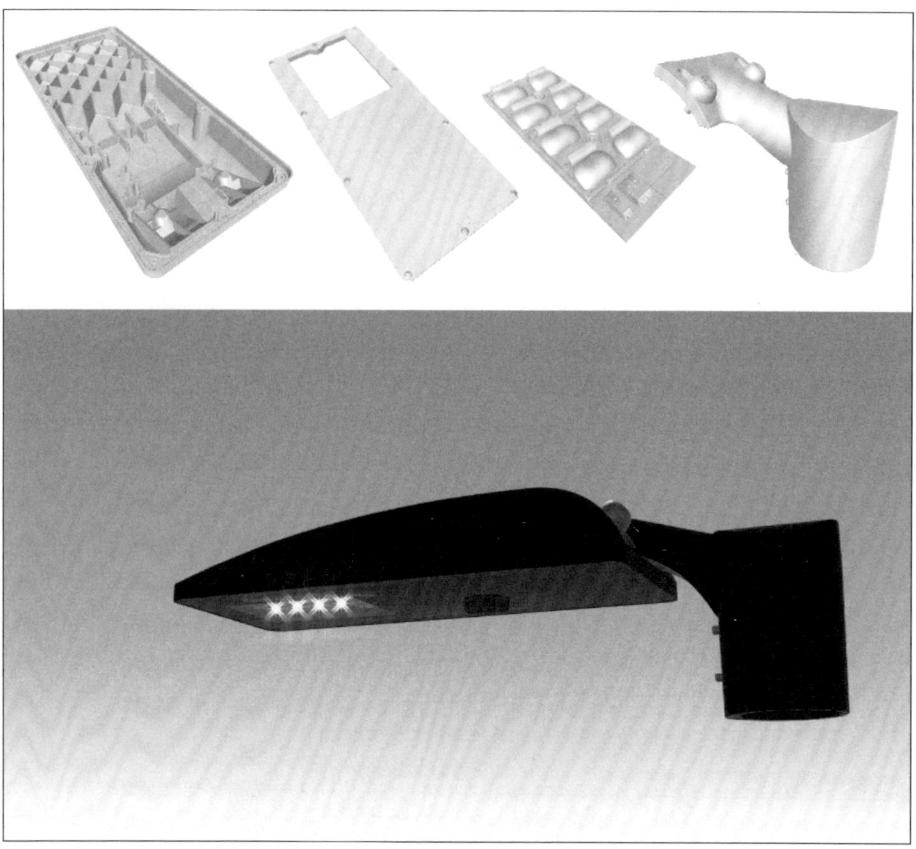

Abbildung 10.7 Von den 3D-Rohdaten zur Visualisierung

Produkte

Ein Produkt im 3D-Pflege-Backend entspricht einem konfigurierbaren Material aus VC bzw. dem 3D-relevanten Abbild des konfigurierbaren Materials mit seinen notwendigen Informationen, Merkmalen und Merkmalswerten für die 3D-Visualisierung.

An diesen Produkten wird im nächsten Schritt das 3D-Regelwerk definiert. Dieser Vorgang beinhaltet u. a. die Zuweisung von 3D-Objekten und Funktionsbausteinen, die mit den unterschiedlichen Merkmalen und Merkmalswerten interagieren sollen.

Abhängig von der Komplexität des konfigurierbaren Materials (einstufig, aber auch mehrstufige Modelle) kann eine hierarchische Struktur aus mehreren Produkten definiert sein. Hierbei können auch zusätzliche Hilfsprodukte im 3D-Pflege-Backend erstellt werden, die nicht direkt mit einem konfigurierbaren Material verbunden sind.

Erweitertes grafisches Regelwerk

Eine 3D-Visualisierung reicht über die grafische Darstellung der Konfiguration hinaus. Beispielsweise kann die Konfiguration durch Interaktionsmöglichkeiten mit der 3D-Ansicht aktualisiert werden. Die folgenden Funktionen sind möglich:

- Bidirektionale Kommunikation zwischen SAP-VC und 3D-View; Verändern der Farbe durch Anklicken einer 3D-Komponente.
- Drag-&-Drop-Funktionalität, z. B. Positionieren von Komponenten durch eine Interaktion mit dem 3D-View.

Es können auch Optionen/Interaktionen definiert werden, die nicht mit dem SAP-VC-Datenmodell in Verbindung stehen. Dazu gehören z. B.:

- Darstellung von unterschiedlichen Raum- und Beleuchtungsszenen
- Detaildarstellungen
- animierte Darstellung von Komponenten
- z. B. Öffnen/Schließen einer Türe
- Kollisionserkennung

Abbildung 10.8 zeigt eine Visualisierung unter dem Einsatz von Raum- und Beleuchtungsfunktionen.

Abbildung 10.8 3D-Visualisierung der Straßenleuchte auf der virtuellen Straße

Abschließend wird das SAP-VC-Konfigurationsmodell zusammen mit der 3D-Visualisierung im Web-Frontend (oder auch an anderen Touchpoints) miteinander verknüpft und dargestellt. Doch was ist die technische Architektur für die TRILUX-Lösung? Es kommen eine Reihe von technischen Bausteinen innerhalb der Softwarearchitektur zum Einsatz, die in den nachfolgenden Abschnitten betrachtet wird.

10.1.5 3D-Engine

Applikationen, die eine grafische Darstellung benötigen (z. B. CAD, Geoanwendungen oder Visualisierung) beinhalten eine 3D-Engine, mit deren Hilfe die zu visualisierenden Daten in 3D dargestellt werden. Jede Anwendung kann dabei ihre eigene 3D-Engine verwenden. Das bewirkt allerdings einen zeitlichen Mehraufwand in der Entwicklung. Um diesen Mehraufwand zu reduzieren kann auf kommerzielle oder auf Open-Source-3D-Engines zurückgegriffen werden.

In diesem Abschnitt diskutieren wir, welche Kriterien für eine Entscheidung für die 3D-Engine eine Rolle spielen können. Darüber hinaus soll gezeigt werden, wie eine Architektur für einen 3D-Konfigurator aussehen kann, der – von SAP gesteuert – ein konfigurierbares Material aufbaut und eine Visualisierung für den Kunden abbildet.

Auswahlkriterien

Bei der Entscheidung für eine 3D-Engine sind mehrere Faktoren zu berücksichtigen. Überlegen Sie zunächst, welche Auswahlkriterien für Sie entscheidend sind. In dem Praxisbeispiel bestand die Vorgabe von TRILUX, Licht und Lichtdaten darstellen zu können. Gleichzeitig war es gewünscht, die Konfiguration als Webanwendung zu veröffentlichen. Beides waren wichtige Entscheidungskriterien für die Auswahl einer 3D-Engine.

Bei der Auswahl der geeigneten 3D-Engine für Webanwendungen, findet man vorwiegend JavaScript-Frameworks wie z. B. WebGL, Three.js, Babylon.js und andere. Diese bieten den Vorteil, nativ in einem Browser zu laufen.

In der weiteren Betrachtung und Auswahl, sind die folgenden Eigenschaften der geeigneten Komponenten untersucht worden:

- Welche Werkzeuge werden mit der ausgewählten Open-Source-3D-Engine geliefert, um den Entwicklungsprozess insgesamt zu beschleunigen?
- Kann man die Anforderungen in den Geschäftsprozessen in Bezug auf die Integration mit der SAP-Variantenkonfiguration ausreichend abbilden?
- Wie sieht der Releasezyklus der eingesetzten Software und Technologien aus?

Diese Fragestellungen lassen sich sowohl auf Open-Source-Frameworks als auch auf zu lizenzierende kommerzielle Softwarekomponenten anwenden.

Für die Realisierung der hier vorgestellten Lösung wurde insbesondere eine Technologie genutzt, die zwei interessante Vorteile bietet. Der erste Vorteil liegt darin, dass es einfach möglich ist, unterschiedliche Zielplattformen (Web, Mobilgeräte, Augmented Reality und Virtual Reality zu adressieren. Durch die verwendete Sprache JavaScript war es außerdem einfacher, die Entwicklung zu beschleunigen, da hier die Lernkurve für die Entwickler sanfter verlief und schneller erste Ergebnisse erzielt werden konnten.

Erweiterbarkeit

Die Verwendung der eingesetzten 3D-Technologie ermöglicht es, auf eine Vielzahl weiterer Pakete zugreifen zu können. Man erhält somit den Zugriff auf das Ökosystem von dotnet. So ist es möglich, mit wenig Aufwand weitere Packages zu benutzen.

Datenbeschaffung

Da durch den Konfigurator 3D-Daten dargestellt werden sollen, stellte sich auch die Frage nach den genutzten Dateiformaten. 3D-Modelle für das Web stellen geringere Anforderung an die Detailgenauigkeit als z. B. die Konstruktion.

CAD-Daten liefern einen unnötig hohen Detailgrad. Sie sind zu groß für die Datenübertragung im Web und enthalten Details, die für die Kunden keinen zusätzlichen Nutzen bieten oder auch nicht gesehen werden können. Dies trifft z. B. auf verdeckte Baugruppen zu.

Dies erfordert eine Vereinfachung der Rohdaten, bevor sie für die Darstellung im Web verwendbar sind. Sind für die Vereinfachungen allerdings manuelle Bearbeitungen notwendig oder muss das Modell komplett neu gezeichnet werden, erhöhen sich Aufwand und Projektdauer. Dies kann dazu führen, dass man diese Produkte erst mit Verzögerung im Webshop (E-Commerce) oder in eine Webseite einbinden kann. Ein Plugin bietet die Möglichkeit, CAD-Daten automatisiert zu importieren und für das Web zu optimieren. So können manuelle Eingriffe zwar nicht komplett vermieden, aber minimiert werden.

Umsetzung der Visualisierung

Die Visualisierung benötigt neben den 3D-Objekten zusätzlich Daten, um eine Konfiguration mit Logik zu befüllen. SAP bildet hierzu die Datenbasis und liefert das zugrundeliegende Konfigurationsmodell. Darauf setzt die Visualisierung mit eigener Logik auf, da SAP als Datenquelle für die Darstellung der Visualisierung nicht über ausreichend Daten verfügt.

Die bestehenden Daten aus dem SAP-System müssen mit zusätzlichen Informationen angereichert werden. Beispiele für die zusätzlich notwendigen Daten, z. B. Positionierung, Skalierung, Platzierung, physikalisches Material (z. B. Farbe oder Reflexion), Texturen, 3D-Modelle usw. Die Lösung war die Schaffung einer 3D-Backend-Struktur zur Verwaltung der zusätzlichen Inhalte außerhalb des SAP-Systems.

Technischer Aufbau der Lösung

Doch wie spielen die technischen Komponenten der Lösung zusammen? Die Übersicht in Abbildung 10.9 zeigt schematisiert den Datenfluss innerhalb der Lösung.

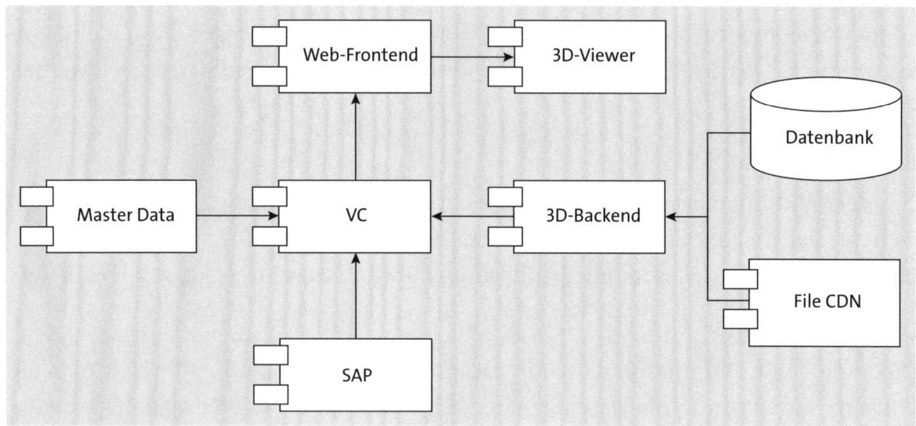

Abbildung 10.9 Komponenten der Lösung und Übersicht der Datenflüsse

Hinter der Komponente *3D-Backend* verbergen sich zwei Services, die die Speicherung und Verwaltung 3D-relevanter Daten beinhalten sowie die Bereitstellung und Konvertierung dieser Informationen in eine Datenstruktur für den Transport.

Für die Bereitstellung der Daten erfolgt ein Zugriff in Echtzeit auf VC via Webservice, um die zu einem Material (SAP) gehörenden Informationen zu laden und dies der Komponente *Web-Frontend* zur Verfügung zu stellen. Das Web-Frontend gibt die 3D-bezogenen Daten weiter an den eigentlichen Viewer, der diese Daten in eine Visualisierung übersetzt. Abbildung 10.10 zeigt die schematische Architektur der entwickelten Lösung. VC-Engine, 3D-Engine und VC-Core sind eigene Microservices, die über eine Message Queue miteinander kommunizieren. Die Lösung selbst wird hierbei in einer Cloud-Umgebung betrieben. Durch automatisierte Pipelines werden die einzelnen Services getestet und in die Cloud veröffentlicht.

Die gezeigte Lösung ist die schematische Architektur der entwickelten Lösung. VC-Engine, 3D-Engine und VC-Core sind eigene Microservices, die über eine Message Queue miteinander kommunizieren. Die Lösung selbst wird hierbei in einer Cloud-Umgebung betrieben. Durch automatisierte Pipelines werden die einzelnen Services getestet und in der Cloud veröffentlicht.

Durch die verwendete Lösung ergibt sich eine flexible und zukunftsfähige Architektur. Weitere Services können als Add-ons über die Message Queue hinzugefügt werden. Die Verwendung der auf Industriestandards basierenden 3D-Engine bietet die Möglichkeit, unterschiedliche Plattformen zu adressieren, wobei Anpassungen an der Codebasis gering gehalten werden können. Anhand der Verwendung der Cloud als Infrastruktur ist eine einfache vertikale und horizontale Skalierung möglich.

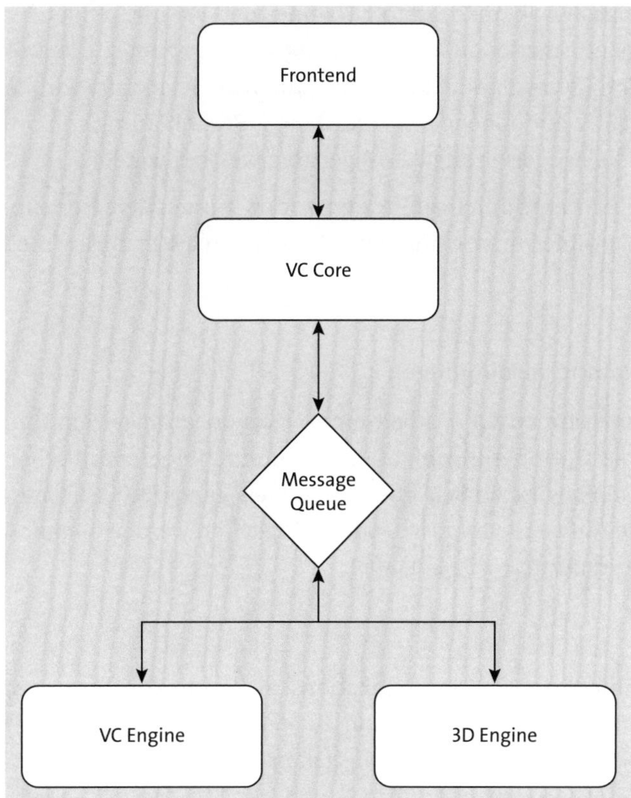

Abbildung 10.10 Schematische Darstellung der Microservice-Architektur

10.2 KI-optimierte Bearbeitung von Kundenanfragen

Daten und Dokumente werden täglich und immer häufiger in elektronischer Form ausgetauscht. Über verschiedenste Kommunikationswege und Schnittstellen aller Art erfolgt der Informationsaustausch zwischen Kunden und Lieferanten.

Sobald die Kundenanfragen beim Lieferanten vorliegen, gibt es jedoch einen Bruch in der digitalen Verarbeitung. Zumeist schließt sich ein sehr aufwendiger manueller Prozess an, um die Kundenanfrage in ein Angebot umzuwandeln. Die Fachkräfte sichten die Anfragen, interpretieren die Informationen, treffen Entscheidungen und erstellen dann den Vertriebsbeleg. In das Ergebnis fließen neben den Fachkenntnissen auch die individuellen Erfahrungen der Fachkräfte ein, sodass es durchaus zu unterschiedlichen Bewertungen und damit auch Ergebnissen bei der Bearbeitung einer Kundenanfrage kommen kann.

Hier können künstliche Intelligenz (KI) und maschinelles Lernen (ML) helfen, den Bearbeitungsprozess zu optimieren. Durch eine KI-gestützte Analyse der Kundenanfragen, die bereits beim Eingang der Dokumente erfolgt, können den Mitarbeitenden bereits wichtige Bearbeitungsinformationen zur Verfügung gestellt werden. Die sehr zeitaufwendige Sichtung und Interpretation der Inhalte durch die Fachkräfte wird so auf ein Minimum reduziert. Die gewonnene Zeit kann dann z. B. zur Klärung von Unklarheiten genutzt bzw. in die Ausgestaltung des Angebots investiert werden.

Anhand eines in der TRILUX-Gruppe durchgeführten Projekts werden in diesem Abschnitt Möglichkeiten zur Optimierung von Kundenanfragen durch künstliche Intelligenz vorgestellt.

10.2.1 Grundlagen und Rahmenbedingungen

Zwar existiert in vielen Unternehmen zur Bearbeitung von Kundenanfragen ein ähnlicher Prozess, doch sind die Optimierungen auf einen unternehmensspezifischen Prozess zugeschnitten. Deshalb wird zunächst der zugrundeliegende Bearbeitungsprozess vorgestellt, und die Aufwand verursachenden Tätigkeiten werden benannt. Im Fokus steht dabei die Kommunikation per E-Mail.

Ausgangssituation

Kunden nutzen die unterschiedlichsten Kommunikationskanäle, um Kontakt zu den infrage kommenden Lieferanten aufzunehmen und ein verbindliches Angebot für die angefragten Produkte und Dienstleistungen zu erhalten.

Insbesondere um umfangreiche Ausschreibungsunterlagen zur Bearbeitung an den Lieferanten weiterzuleiten, bietet sich der Datenaustausch per E-Mail an. Darüber hinaus gelten für diesen Weg nur wenig einschränkende Regeln, was Inhalt und Umfang betrifft. So ist die Kontaktaufnahme für den Kunden über E-Mail einfach und schnell möglich. Diese Kundenanfragen landen dann in den Postfächern der Mitarbeitenden des Lieferanten, und ein sehr arbeitsintensiver Bearbeitungsprozess beginnt.

Die Spezifikationen zu den angefragten Produkten und Dienstleistungen befinden sich zumeist in den Dateien, die der E-Mail angehängt wurden. Bevor diese nicht gesichtet und durchgearbeitet worden sind, lassen sich keine verlässlichen Aussagen z. B. über Bearbeitungsaufwand und potenziellen Umsatz treffen. Hier fehlt es an der notwendigen Transparenz, um z. B. bereits im Vorfeld auf sich abzeichnende Bearbeitungsengpässe durch eine entsprechende Kapazitätssteuerung reagieren zu können.

Die wichtigsten Arbeitsschritte, die zur Bearbeitung der sich im Posteingang befindlichen Anfragen auszuführen sind, werden in Abbildung 10.11 aufgeführt.

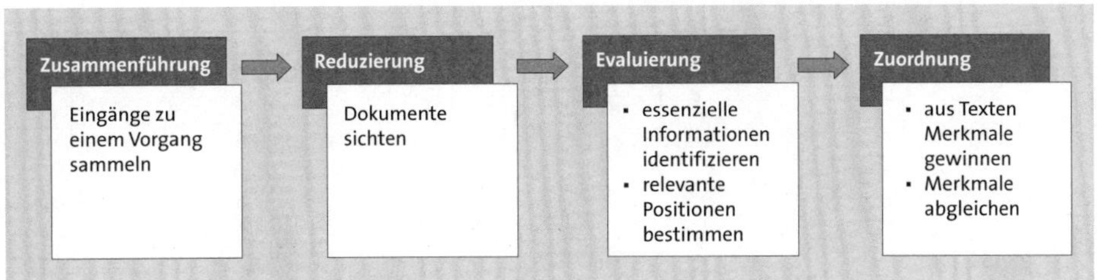

Abbildung 10.11 Bearbeitungsschritte der Anfragebearbeitung

Der Bearbeitungsvorgang beginnt damit, dass alle zu einem Vorgang gehörenden Kundenanfragen unter diesem Vorgang gesammelt werden. So kann es z. B. zu einer Bauausschreibung von mehreren Kunden eine Anfrage geben. Um aber den Überblick über den gesamten Vorgang zu behalten, ist es erforderlich, diese Dokumente zusammenzuführen.

Sind die Anfragen entsprechend gruppiert, geht es im nächsten Schritt darum, die der E-Mail angehängten Dokumente zu identifizieren, die für die weitere Bearbeitung im Sinne der Angebotserstellung relevanten Informationen enthalten. Zumeist reicht hier ein Querlesen der Dokumente.

Die dann verbleibenden Dokumente werden durchgearbeitet und wichtige Informationen gekennzeichnet. Dies gilt sowohl für allgemein verbindliche Textbereiche, die z. B. Informationen über Gewährleistungsanforderungen enthalten können, als auch für die ausgeschriebenen Positionen. Positionen, die nicht zum Portfolio passen, werden markiert. Bei den übrigen Positionen werden die Textpassagen markiert, die relevante Informationen zu den technischen Eigenschaften der anzubietenden Produkte enthalten.

Nach dieser Bearbeitung erfolgt dann die Zuordnung des passenden Produkts, also eines Produkts, dessen technische Daten möglichst viele der aufgeführten Eigenschaften möglichst exakt erfüllen.

Herausforderungen der Anfragebearbeitung

Zur Übermittlung der Ausschreibungsinformationen kommen sehr unterschiedliche Dateiformate zum Einsatz. Einige wesentliche Formate sind in Abbildung 10.12 aufgeführt.

Dabei steht jedes Format nicht nur für sich selbst, sondern es repräsentiert eine ganze Reihe von Formaten, die ähnliche Anforderungen an die Inhaltsextraktion stellen.

Für den Bearbeitenden sind die bildbasierten Dateiformate nur insofern von Nachteil, als dass die angebotsrelevanten Textpassagen nicht kopiert werden können, um z. B. eine Suchanfrage zu starten.

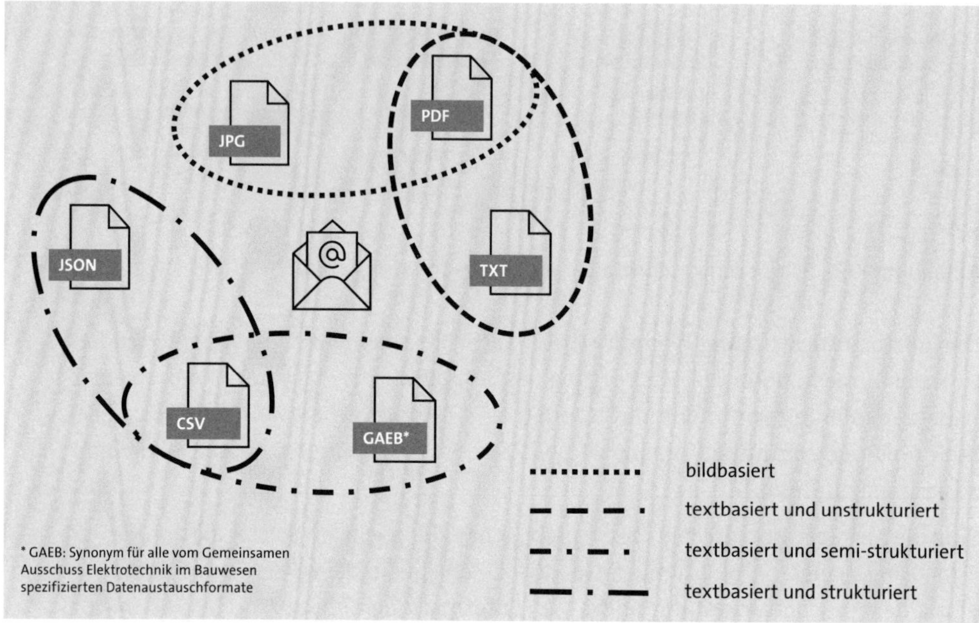

Abbildung 10.12 Wesentliche Dateiformate zum Eingangskanal E-Mail

Für die Maschine bedingen hingegen solche Formate einen zusätzlichen Arbeitsschritt: den der Textextraktion aus dem Bild. Dieser Zusatzaufwand fällt bei den textbasierten Formaten nicht an, da hier direkt auf den Text zugegriffen werden kann.

Die für das zu erstellende Angebot wichtigen Informationen befinden sich zumeist im Fließtext. Sie liegen also unstrukturiert vor.

Einige Formate bieten hier eine Mischform. Schaut man sich die Formate an, die der gemeinsame Ausschuss für Elektrotechnik im Bauwesen für den Datenaustausch zwischen den Partnern im Angebotsprozess spezifiziert hat, erkennt man, dass die Informationen sowohl strukturiert als auch unstrukturiert vorliegen. So kann z. B. je nach Format die angefragte Menge zu einer Ausschreibungsposition aus einem Feld direkt ausgelesen werden. Allerdings befinden sich die angefragten Eigenschaften nach wie vor im Fließtext zur Position und liegen somit nur unstrukturiert vor.

Die unstrukturierten Inhalte sind problemlos für den Menschen lesbar. Strukturierte Informationen in den genannten Formaten sind für den Menschen hingegen weniger gut lesbar. Hier macht sich der Einsatz von Anzeigewerkzeugen in der täglichen Arbeit bezahlt.

Um nun Ansatzpunkte für den Einsatz von künstlicher Intelligenz zu gewinnen, müssen die einzelnen Bearbeitungsschritte näher analysiert und die Tätigkeiten identifiziert werden, die letztendlich den Aufwand verursachen (siehe Tabelle 10.1).

Bearbeitungsschritt	Aufwandstreiber	Aufwand
Zusammenführung	■ Vorgangsbeschreibung nicht einheitlich ■ Abgleich mit bereits bestehenden Vorgängen	mittel
Reduzierung	■ Anzahl der Ausschreibungsdokumente ■ Bewertung der Inhalte	niedrig
Evaluierung	■ Umfang der Ausschreibungsdokumente ■ Anzahl der ausgeschriebenen Positionen	hoch
Zuordnung	■ neutrale oder herstellerspezifische Ausschreibungen ■ Angabe eines Referenzprodukts statt Nennung von Eigenschaften ■ Entscheidungsfindung bei nicht übereinstimmenden Merkmalen	sehr hoch

Tabelle 10.1 Aufwandstreiber der Anfragebearbeitung

Die Benennung der Vorgänge ist leider nicht immer einheitlich. So kommt es z. B. vor, dass in den Kundenanfragen zur Beleuchtung für den Neubau einer Kindertagesstätte mal von einem Kinderhort, mal vom Kindergarten oder einfach nur von der Kita gesprochen wird. Diese Vorgänge dann einer Gruppe zuzuordnen erfordert Mehraufwand, da zunächst Übereinstimmungsmerkmale gefunden werden müssen.

Um sich auf die relevanten Dokumente bei der Angebotserstellung konzentrieren zu können, müssen alle Dokumente gesichtet werden. Zwar reicht häufig schon ein Querlesen, um den Inhalt zu klassifizieren, allerdings erhöht sich dieser Aufwand mit der Anzahl der mitgelieferten Dokumente.

Während bei der Reduzierung der Dokumente eher die Anzahl eine Rolle spielt, steigt bei der Evaluierung der Aufwand mit der Anzahl der Seiten. Auch die Anzahl der enthaltenen Positionen treibt den Bearbeitungsaufwand nach oben. Da insbesondere Bauausschreibungen Leistungen einer ganzen Reihe von Gewerken umfassen, kommt es häufig vor, dass nur ein Bruchteil der Positionen für einen Lieferanten angebotsrelevant ist.

Soll ein passendes Produkt zugeordnet werden, hängt der Aufwand erheblich von den Inhalten der Positionsausschreibung ab. Handelt es sich dabei um eine Ausschreibung, die konkret auf ein herstellereigenes Produkt zugeschnitten ist, hält sich der Aufwand in Grenzen. Ist die Ausschreibung herstellerneutral, wie dies bei öffentlichen Ausschreibungen der Fall ist, oder wird hier gar auf ein Fremdprodukt verwiesen, ergibt sich ein erhöhter Rechercheaufwand. Hinzu kommt noch eine Unsicherheit bei der Produktzuordnung, da die technischen Eigenschaften selten exakt übereinstimmen. Bei der Entscheidung für ein Produkt spielt dann der Erfahrungshintergrund der jeweiligen Fachkraft eine wichtige Rolle.

Wird anstatt der Angabe von Eigenschaften nur auf ein Fremdprodukt verwiesen, müssen erst die Merkmale des Fremdprodukts recherchiert werden, ehe ein eigenes Produkt zugeordnet werden kann. Eine enorm aufwendige Tätigkeit!

Schaut man sich den Aufwand der einzelnen Bearbeitungsschritte an und versucht man, diesen im Kontext des Gesamtprozesses zu sehen, bieten sich Evaluierungs- und Zuordnungstätigkeiten zur Optimierung an.

10.2.2 Vorüberlegungen

Um konkrete Optimierungsansätze verfolgen zu können, müssen zunächst die Möglichkeiten, die die künstliche Intelligenz bietet, bekannt sein. Dazu werden im Folgenden kurz die wesentlichen Begrifflichkeiten aus diesem Fachgebiet erläutert und die zur Verfügung stehenden Lernverfahren eingeordnet.

Ein solch datengetriebenes Projekt erfordert eine andere Herangehensweise als übliche Softwareentwicklungsprojekte. Bevor es gestartet wird, sollten einige Vorüberlegungen angestellt werden, um eine möglichst erfolgreiche Implementierung zu gewährleisten.

Vorab ein wenig Theorie

Künstliche Intelligenz ist ein Teilgebiet der Informatik, deren Anfänge auf die 50er Jahre des letzten Jahrhunderts zurückgehen. Ziel diese Teilgebiets ist es, Maschinen mit Fähigkeiten auszustatten, die intelligentem menschlichen Verhalten ähneln. Dies kann regelbasiert oder durch maschinelles Lernen erfolgen (siehe Abbildung 10.13).

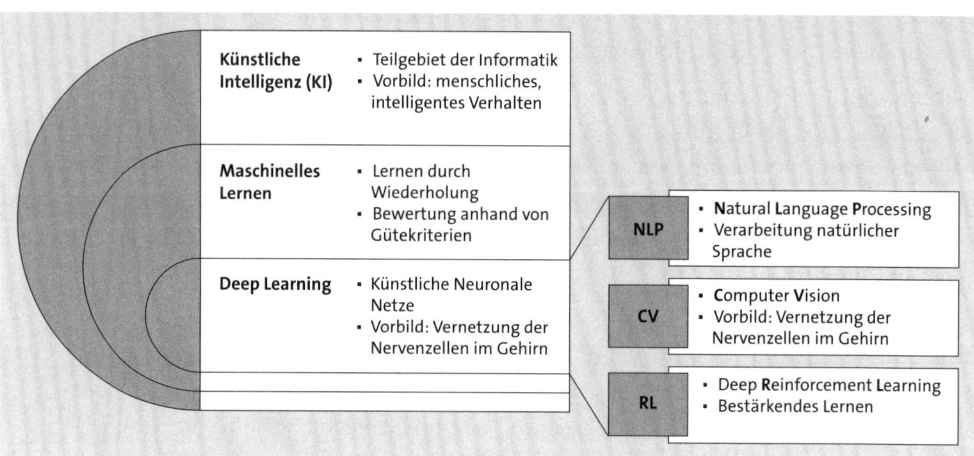

Abbildung 10.13 Künstliche Intelligenz und maschinelles Lernen

Die Fähigkeit zu Lernen als Ausdruck von Intelligenz spielt auch hier eine zentrale Rolle. Im Bereich des maschinellen Lernens kommen Algorithmen zum Einsatz, die durch das Wiederholen einer Aufgabe lernen. Für dieses Training werden den jeweiligen Verfahren entsprechende Daten zur Verfügung erstellt. So entsteht ein Modell. Anhand von Gütekriterien werden dann die von dem Modell erzeugten Ergebnisse bewertet.

Das Deep Learning als Teil des maschinellen Lernens hat wiederum in den letzten 10 bis 12 Jahren für wesentliche Leistungsfortschritte gesorgt und damit den Weg für das Lösen von Alltagsaufgaben bereitet. Hier kommen künstliche neuronale Netze zum Einsatz, die nach dem Vorbild der Vernetzung der Nervenzellen (Neuronen) im Gehirn aufgebaut sind. Beim Deep Learning kommt eine Vielzahl von Schichten mit Neuronen zum Einsatz, die es dem Modell ermöglichen, zunehmend sinnvollere Repräsentationen der Daten zu erlernen und somit die gestellte Aufgabe bestmöglich zu lösen.

Es existieren drei wesentliche Forschungsfelder:

- **Natural Language Processing**
  Hier steht die Verarbeitung natürlicher Sprache im Vordergrund. Zum Einsatz kommen die hier entwickelten Modelle z. B. in persönlichen Assistenten, Chatbots, Übersetzern usw.
- **Computer Vision**
  Dieses Fachgebiet beschäftigt sich mit dem maschinellen Sehen. Entwicklungen aus diesem Bereich machen es z. B. möglich, Objekte in Bildern zu erkennen; eine wichtige Fähigkeit, um Autos autonom fahren zu lassen.
- **Deep Reinforcement Learning**
  Das bestärkende Lernen findet überwiegend in der Robotik und bei Computerspielen Anwendung.

Insgesamt lassen sich die Lernverfahren in drei Kategorien einteilen (siehe Abbildung 10.14).

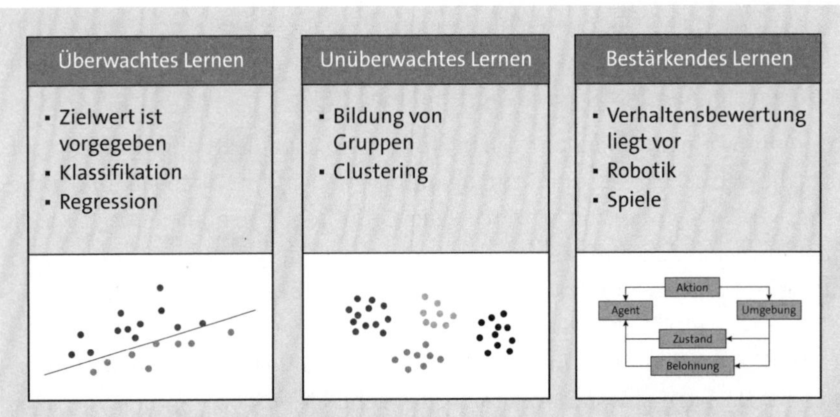

Abbildung 10.14 Einteilung der Lernverfahren (nach Zai, Brown, 2020, »Einstieg in Deep Reinforcement Learning«, Hanser Verlag)

Diese Lernverfahren haben die folgenden Eigenschaften:

- **Überwachtes Lernen**
  Beim überwachten Lernen erhält der Lernalgorithmus neben dem eigentlichen Datensatz auch den Zielwert. Das Modell lernt durch das Training den entsprechenden Wert vorherzusagen. Erhält das Modell dann später einen ähnlichen Datensatz, ist es in der Lage, den richtigen Wert vorherzusagen. Beim überwachten Lernen unterscheidet man die Verfahren nochmals anhand der Zielwerte:
  - Man spricht von Klassifikation, wenn dem Datensatz ein Label gegeben wird. So können entsprechende Modelle z. B. vorhersagen, ob eine Filmkritik positiv oder negativ ausgefallen ist.
  - Man spricht von Regression, wenn für einen Datensatz ein numerischer Wert vorhergesagt wird. Dies könnte z. B. die Vorhersage von Hauspreisen sein.
- **Unüberwachtes Lernen**
  Beim unüberwachten Lernen erhält der Algorithmus nur die Daten. Eine Annotation ist nicht erforderlich. Hier versuchen die Algorithmen, Muster und Strukturen in den Datensätzen zu erkennen, um diese dann entsprechend zu gruppieren. Zu diesem Bereich zählen die Clustering-Verfahren.
- **Bestärkendes Lernen**
  Beim bestärkenden Lernen sind zwar keine Annotationen erforderlich; allerdings muss eine Verhaltensbewertung vorliegen. Bezogen auf den Einsatz in Spielen bedeutet das, dass das Modell wissen muss, ob sich die vom Spieler in der aktuellen Situation ausgeführte Aktion positiv oder negativ auf den Punktestand auswirkt. Dementsprechend wird dann die Spielhandlung fortgeführt.

Voraussetzungen für eine erfolgreiche Implementierung

Bevor ein Projekt zur Erstellung eines KI-Modells gestartet wird, sollte geprüft werden, ob die erforderlichen Rahmenbedingungen überhaupt erfüllt sind. Dabei spielen neben den Daten auch der zu optimierende Prozess sowie die zur Verfügung stehenden Methoden eine zentrale Rolle (siehe Abbildung 10.15).

Zur Umwandlung einer Kundenanfrage in ein Angebot sind Bearbeitungsschritte erforderlich, die sich sehr in Art und Umfang unterscheiden. Ein KI-Modell für den Gesamtprozess entwickeln zu wollen, wäre wenig zielführend. Hier bietet es sich an, die aufwandverursachenden und wenig wertschöpfenden Tätigkeiten, die im Rahmen der Bearbeitungsschritte durchzuführen sind, näher zu betrachten. Durch eine weitere Zerlegung dieser Tätigkeiten in Teilaufgaben ergeben sich dann Ansätze für den Einsatz von KI-Modellen. Dazu müssen dann diese Teilaufgaben auf die im vorherigen Abschnitt 11.2.1 genannten Lernverfahren abgebildet werden.

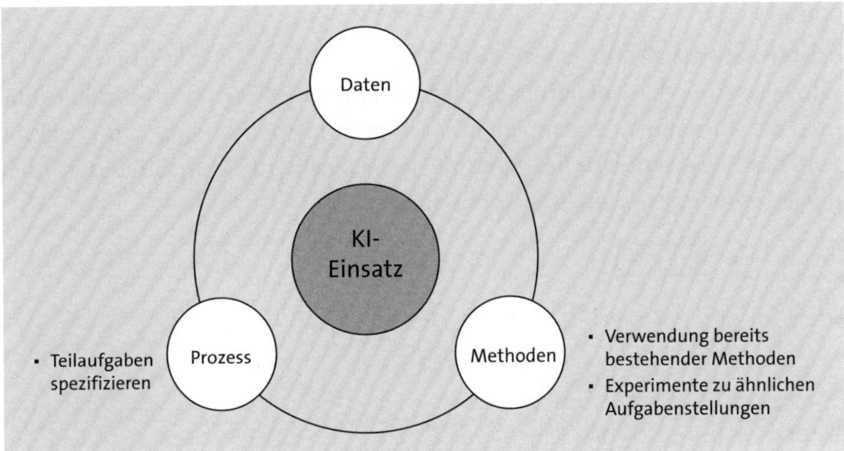

Abbildung 10.15 Vorüberlegungen zum KI-Einsatz

Für diesen Ansatz muss dann geprüft werden, ob die Daten für das Training des zu erstellenden Modells überhaupt vorliegen. So muss z. B. für eine Klassifikationsaufgabe neben den eigentlichen Daten auch die Klasse (der Zielwert) für jeden Datensatz gepflegt sein. Liegen die Daten für diese Aufgabe nicht vor oder fehlt der Zielwert, ist zu prüfen, ob diese Datensätze aus den vorhandenen Daten automatisiert gewonnen werden können. Besteht diese Möglichkeit nicht, müssen die Daten zunächst erhoben und/oder die Annotation manuell durchgeführt werden.

Sind diese Punkte geklärt, geht es darum, sich klar zu machen, welchen Charakter das Optimierungsprojekt hat. Sind bereits ähnliche Aufgaben durch den Einsatz von künstlicher Intelligenz erfolgreich gelöst worden, können diese Implementierungen als Blaupause für die eigenen Entwicklungen verwendet werden. Auch wenn es sich hier nur um Experimente handelt, kann ich zumindest von der Herangehensweise profitieren und einen ersten Eindruck von den erreichbaren Vorhersagequalitäten gewinnen. Sollten die Recherchen allerdings zu keinem Ergebnis führen, hat das Projekt Forschungscharakter und muss entsprechend aufgesetzt werden.

10.2.3 Beispiele

Zur Nutzung der Optimierungspotenziale der erstellten KI-Modelle wurde für die Fachkräfte eine Webapplikation mit SAPUI5 entwickelt. Im Folgenden werden nun anhand der erstellten Benutzerdialoge die konkreten Umsetzungen vorgestellt und deren Nutzen für die Bearbeitung erläutert.

Arbeitsvorrat

Der Arbeitsvorrat enthält alle zu bearbeitenden Anfragen, die einer Ressource z. B. einem Team (also einer Personengruppe) oder auch nur einer Person zugeordnet wurden. Durch die Aufnahme der Anfrage in ihren persönlichen Arbeitsvorrat beginnt für die Fachkraft die eigentliche Bearbeitung. Hier setzt auch die Unterstützung durch maschinelle Lernverfahren ein (siehe Abbildung 10.16).

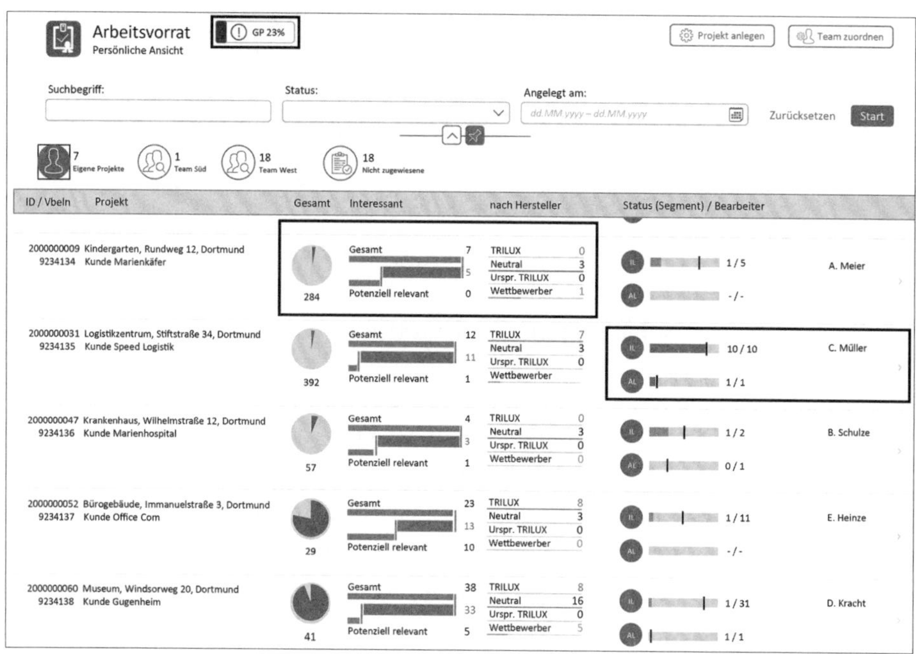

Abbildung 10.16 Arbeitsvorrat

Bereits beim Eingang der Kundenanfrage wurde durch ein KI-Modell ermittelt, welche der ausgeschriebenen Positionen im Hinblick auf das Angebot von Interesse sein könnten. So entfällt der Aufwand für die manuelle Bewertung durch die Fachkraft. Darüber hinaus wird durch die zum Hersteller aufbereiteten Informationen klar, welches Know-how zur Bearbeitung erforderlich ist. So lassen diese Angaben auch Rückschlüsse auf den Bearbeitungsaufwand zu (siehe Abbildung 10.17).

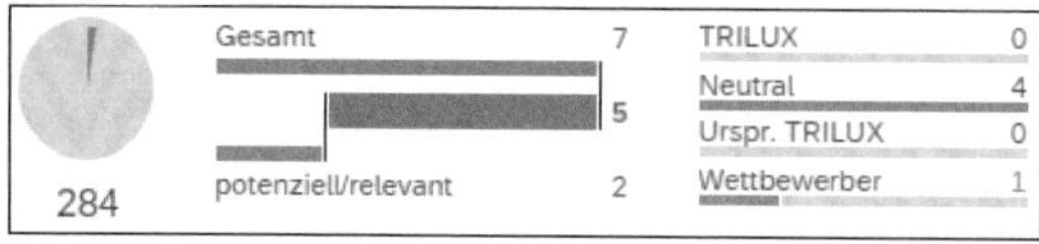

Abbildung 10.17 Aufwandsindikatoren

Der aktuelle Bearbeitungsstand kann anhand der bereits bearbeiteten Positionen abgelesen werden. Durch die Zuordnung der Ausschreibungspositionen zu den unterschiedlichen Produktsegmenten können diese gezielt von den jeweiligen Fachkräften in Bearbeitung genommen werden (siehe Abbildung 10.18).

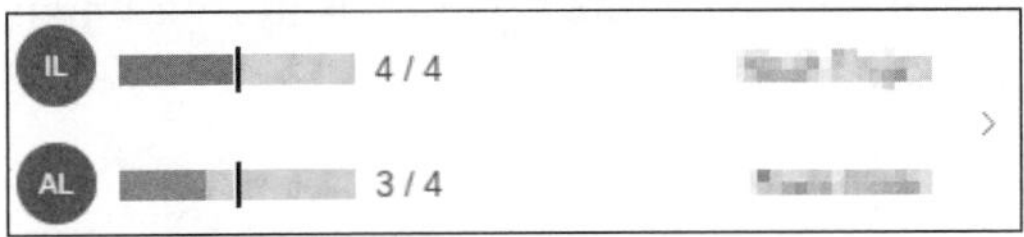

Abbildung 10.18 Bearbeitungsstand

Letztendlich wird aus den Bearbeitungsständen der jeweiligen Anfragen eine Schlüsselkennzahl auf der Ebene des Arbeitsvorrats (Fachkraft oder Team) gebildet. Dadurch, dass auch schon passende Produkte durch die maschinellen Lernverfahren vorgeschlagen wurden, lassen sich auch Aussagen zum potenziellem Umsatz, der hinter einer Anfrage steckt, treffen (siehe Abbildung 10.19).

Abbildung 10.19 Schlüsselkennzahlen

Einzelausschreibung

Geht man eine Ebene tiefer, erhält man zunächst nur eine Liste mit den durch die KI-Modelle als interessant klassifizierten Positionen (siehe Abbildung 10.20).

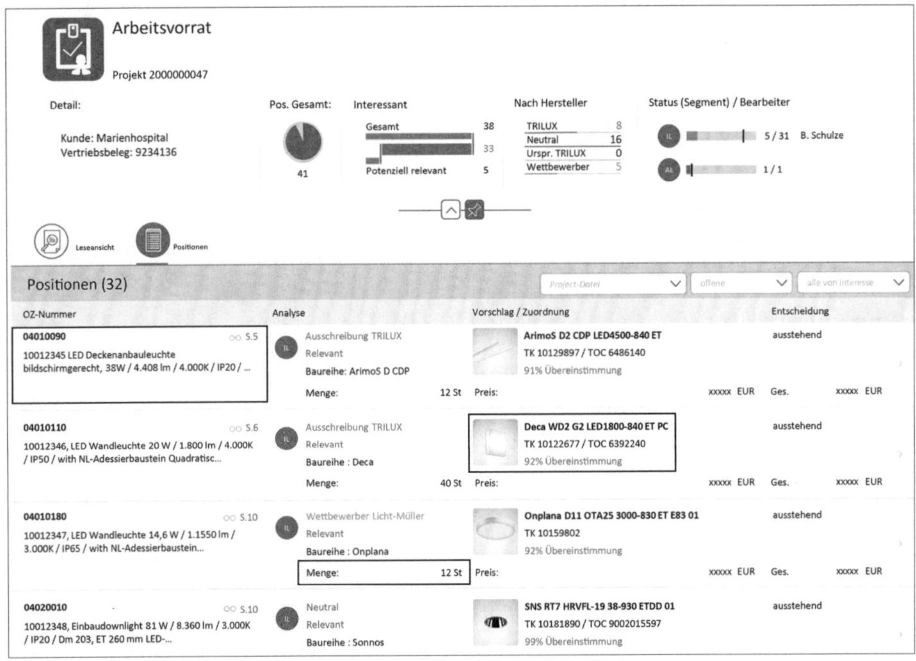

Abbildung 10.20 Einzelausschreibung

Neben dem eigentlichen Ausschreibungstext wird auch die Seite angegeben, auf der die Position gefunden wurde. Ein Absprung an die entsprechende Stelle des Dokuments ermöglicht es den Fachkräften, sich zusätzlich noch Kontextinformationen zur Position zu holen (siehe Abbildung 10.21).

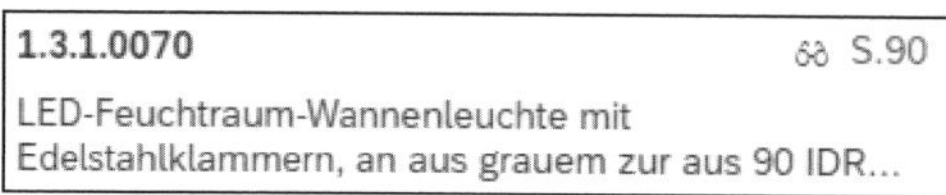

Abbildung 10.21 Ausschreibungsposition

Bei der Datenextraktion hat sich ein Modell mit der Zuordnung von passenden Produkten beschäftigt. Auf dieser Liste wird nun das Produkt angezeigt, dass den höchsten Übereinstimmungsgrad mit den ausgeschriebenen Merkmalen aufweist (siehe Abbildung 10.22).

Abbildung 10.22 Produktvorschlag

Anhand der extrahierten, angefragten Menge und des Bruttopreises des vorgeschlagenen Produkts lässt sich dann der Bruttowert der Position ermitteln (siehe Abbildung 10.23).

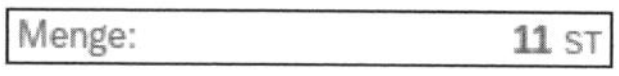

Menge: **11** ST

Abbildung 10.23 Mengenangabe

Ausschreibungsposition

Bei der Bearbeitung einer konkreten Ausschreibungsposition erhält die Fachkraft dann eine Liste mit Produktvorschlägen. Diese sind absteigend nach dem Übereinstimmungsgrad sortiert (siehe Abbildung 10.24).

Um die Vorschläge prüfen zu können, wird sowohl für das aktuell ausgewählte Produkt als auch für die Ausschreibungsposition der jeweilige Text sowie eine Liste der extrahierten Eigenschaften zur Verfügung gestellt.

Zur Gegenüberstellung von Produkteigenschaften und den ausgeschriebenen Eigenschaften besteht die Möglichkeit, sich die jeweiligen Fundstellen im Ausschreibungstext markieren zu lassen.

Ein Vergleichsoperator zeigt je nach Eigenschaftswert an, ob dieser zwischen Produktvorschlag und Ausschreibungsposition größer, kleiner, gleich oder ungleich ist (siehe Abbildung 10.25).

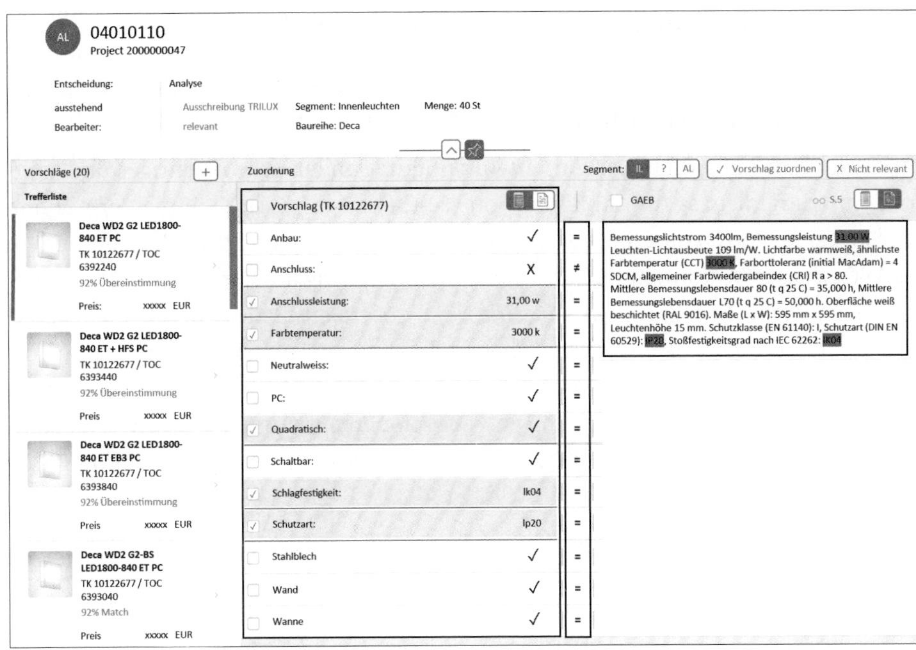

Abbildung 10.24 Ausschreibungsposition

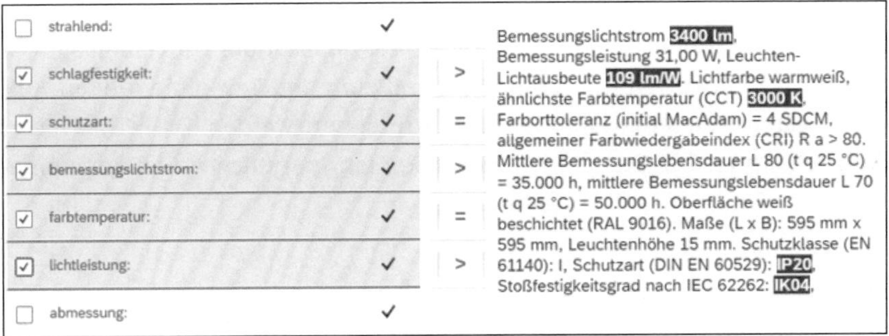

Abbildung 10.25 Eigenschaften und Vergleichsoperator

Anhand dieses Vergleichs muss dann entschieden werden, ob ein Produkt aus dem Standardportfolio angeboten werden kann oder ob eine neue Variante konfiguriert werden muss. Die bereits extrahierten Merkmale können dann zur Bestückung des Variantenkonfigurators herangezogen werden. Eventuell sind hier noch Datentransformationen erforderlich. Sind die angegebenen Merkmale nicht ausreichend, um eine Konfiguration vollständig durchzuführen, müssen diese durch die Fachkraft manuell ergänzt werden.

10.3 Variantentabelleninhalte auf der SAP BTP

In diesem Abschnitt beschreiben wir, wie die Variantentabellen auf einer anwenderorientierten Oberfläche leicht und effizient gepflegt werden können.

Variantentabellen sind in der Variantenkonfiguration ein sehr mächtiges und zentrales Instrument, dass zur Abbildung von Wertherleitungen und für die Verprobung von gültigen Werten innerhalb des Beziehungswissens eingesetzt wird. Insbesondere in AVC erhalten Variantentabellen durch die Erweiterung und Einführung neuer Syntaxelemente im Beziehungswissen eine noch zentralere Bedeutung. Die Pflege im SAP-Standard stellt viele Anwenderinnen und Anwender jedoch vor große Herausforderungen. Zum einen liegt dies an den nicht intuitiv zu bedienenden Oberflächen und zum anderen an der Verteilung von Funktionen auf unterschiedliche Applikationen, wie z. B. der unterschiedliche Funktionsumfang zwischen Transaktion SM30 und Transaktion PMEVC.

Die *networker, solutions Simple Variant Table Maintenance Application* (kurz NWS VTMV) bietet neben modernen Oberflächen zusätzlich einen erweiterten Funktionsumfang, der die Pflege und Handhabung von Variantentabellen vereinfacht und effizienter gestaltet.

Dabei sind keinerlei Modifikationen und Anpassungen im SAP-Backend-System notwendig. Die Applikation kann ganz einfach über die SAP BTP bezogen werden.

Mithilfe der SAP BTP können sogenannte *Third-Party Applications* zum einen einfach und SAP-konform entworfen und entwickelt und zum anderen ohne großen Aufwand in die bestehende SAP-Systemlandschaft integriert werden. Die VTMV bietet neben dem bekannten SAP-Standard-Funktionsumfang zur Pflege von Variantentabellen erweiterte Funktionen. Dazu gehören:

- verbesserte Filterfunktionen
- besseres Kopieren und Einfügen
- umfassende Konsistenzprüfungen
- verbesserte Down- und Upload-Funktion für die Massenpflege auch mit Änderungsnummer
- alternative Erfassung von Tabelleneinträgen
- Integration von CBOs (Custom Business Objects)

In den folgenden Abschnitten wird die Architektur, die Benutzung und der Mehrwert der Applikation beschrieben.

10.3.1 Systemarchitektur

Die Applikation ist vollständig in die SAP BTP integriert und kann somit an jedes SAP-S/4HANA-System angebunden werden. Mithilfe eines SAP-BPT-Zugangs sind Installation und Integration einfach und ohne großen Implementierungsaufwand und -kosten realisierbar.

Die Kommunikation zwischen Applikation und Backend-System erfolgt über SAP-Standard-Microservices, die aus dem SAP API Business Hub bezogen werden. Das Frontend und der NWS Variant Table Maintenance Service (NWS TDS) sind vollständig in der SAP BTP integriert. Des Weiteren besteht die Möglichkeit für Kunden, die über keinen Zugang zur SAP BTP verfügen, wie z. B. Unternehmen mit einem SAP-ECC-System, die Applikation mithilfe einer alternativen Anbindung direkt aus der NWS TDS Service Cloud zu beziehen. Abbildung 10.26 zeigt die Architektur und Integration von NWS VTMV.

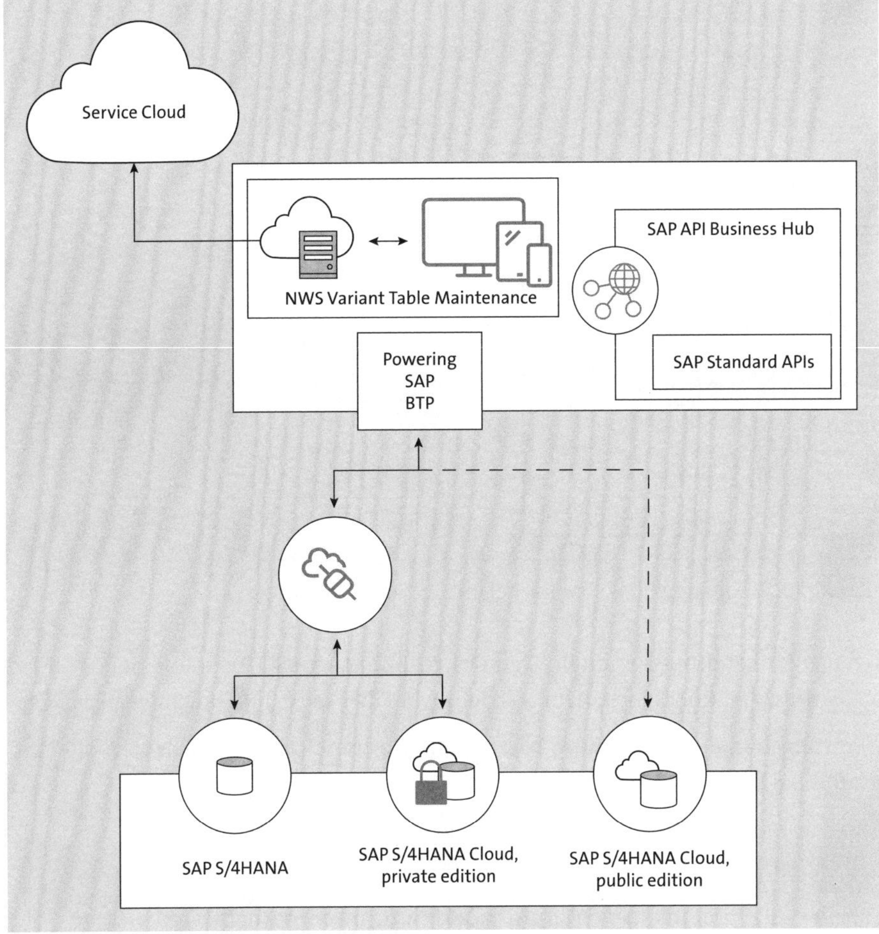

Abbildung 10.26 NWS VTMV: Architektur und Integration

10.3.2 networker, solutions SIMPLE VARIANT TABLE MAINTENANCE

Die Lösung networker, solutions SIMPLE VARIANT TABLE MAINTENANCE (NWS VTMV) erweitert den SAP-Standard um Komfortfunktionen, die die Anwenderin oder den Anwender bei der Pflege von Variantentabellen unterstützen sollen und die Effizienz und Handhabung erhöhen.

Des Weiteren schließt die Applikation vorhandene Lücken im SAP-Standard, wie z. B. den Upload von Tabelleninhalten (CSV-Upload nur bei On-Premise-Systemen möglich) bzw. die Massenpflege unter der Verwendung des SAP-Änderungsdienstes.

Der Aufruf der Applikation erfolgt bequem über das SAP Fiori Launchpad (siehe Abbildung 10.27) oder alternativ mithilfe eines Links über einen Webbrowser.

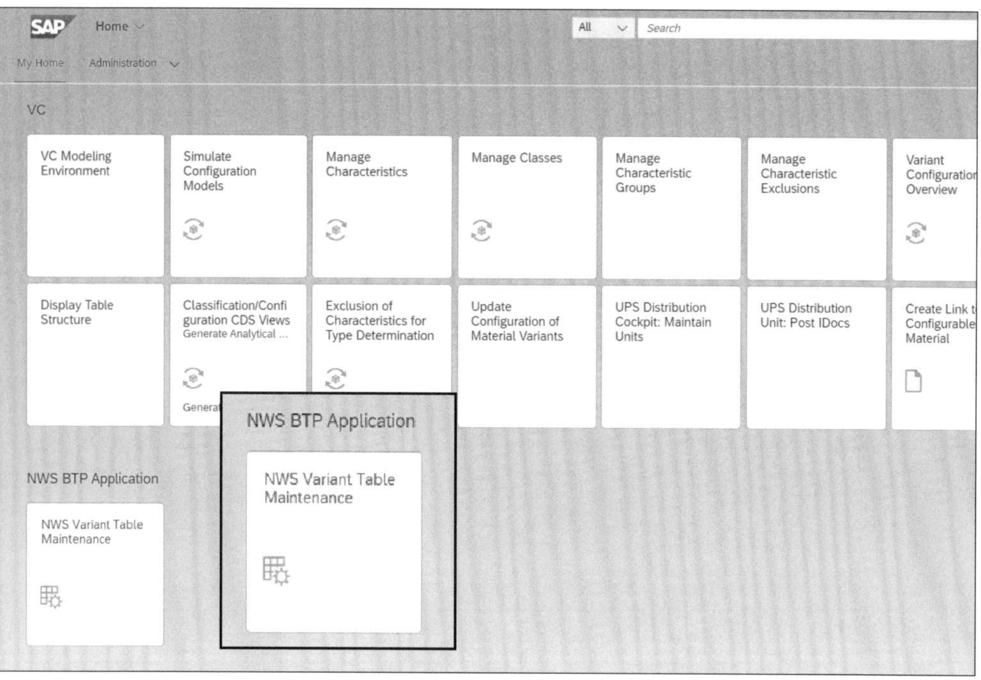

Abbildung 10.27 Einstieg über eine Kachel im SAP Fiori Launchpad

Durch die Verwendung der Single-Sign-On-Technologie (SSO-Technologie) ist ein erneutes Anmelden über den Aufruf aus dem SAP Fiori Launchpad nicht erforderlich.

Das Einstiegsbild der Applikation besteht aus vier Bereichen, die sich folgendermaßen aufteilen (siehe Abbildung 10.28):

1. Applikationseinstellungen
2. Register
3. Tabellenselektion inklusive Datums-/Änderungsnummernabfrage
4. Favoriten und zuletzt verwendete Tabellen

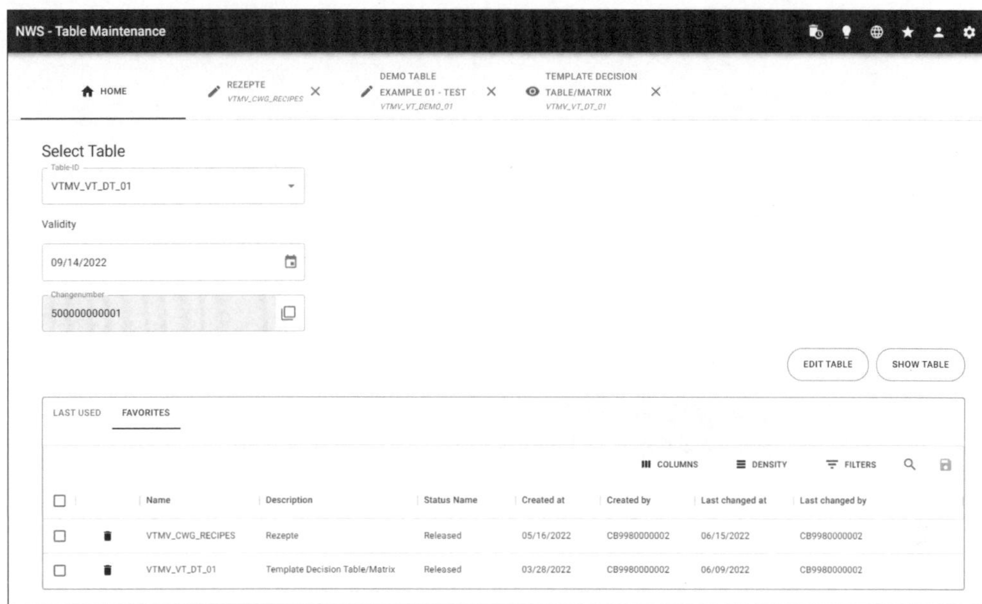

Abbildung 10.28 Einstiegsbild von NWS VTMV

Mithilfe der Applikationseinstellungen kann die Applikation anwenderspezifisch konfiguriert werden. Dazu gehören beispielsweise die Sprache, die Darstellungsweise der Merkmale und Merkmalswerte sowie die Verwaltung der Favoriten.

Innerhalb der Applikation können mehrere Variantentabellen zur selben Zeit aufgerufen und geöffnet werden. Der registerartige Aufbau ermöglicht es zum einen, mehrere Tabellen gleichzeitig anzuzeigen, und zum anderen, zwei Tabellen im Bearbeitungsmodus aufzurufen (siehe Abbildung 10.29).

Abbildung 10.29 Registeraufbau

Die Tabellenselektion entspricht vom Funktionsumfang her dem SAP-Standard. Das heißt, dass neben der gewohnten [F4]-Wertehilfe Variantentabellen per Stichtagsdatum oder auch mit einer Änderungsnummer angezeigt und bearbeitet werden können (siehe Abbildung 10.30 und Abbildung 10.31).

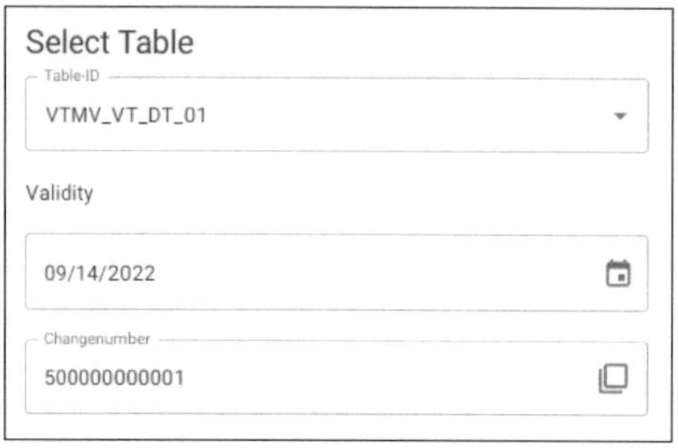

Select Table
Table-ID
VTMV_VT_DT_01
Validity
09/14/2022
Changenumber
500000000001

Abbildung 10.30 Tabellenauswahl

Abbildung 10.31 Tabellenauswahl mit Auto-Complete-Funktion

Im unteren Bereich des Einstiegsbilds wird eine Übersicht der zuletzt verwendete Variantentabellen angezeigt (siehe Abbildung 10.32). Wahlweise können sie als Favoriten gespeicherte Variantentabellen anzeigen (siehe Abbildung 10.33).

LAST USED FAVORITES

COLUMNS DENSITY FILTERS

Name	Description	Status Name	Created at	Created by	Last changed at	Last changed by
VTMV_CWG_RECIPES	Rezepte	Released	05/16/2022	CB9980000002	06/15/2022	CB9980000002
VTMV_VT_DEMO_01	Demo table example 01 - Test	Released	05/15/2022	CB9980000002	06/23/2022	CB9980000006
VTMV_VT_DT_01	Template Decision Table/Matrix	Released	03/28/2022	CB9980000002	06/09/2022	CB9980000002

Abbildung 10.32 Übersicht der zuletzt verwendeten Variantentabellen

Name	Description	Status Name	Created at	Created by	Last changed at	Last changed by
VTMV_CWG_RECIPES	Rezepte	Released	05/16/2022	CB9980000002	06/15/2022	CB9980000002
VTMV_VT_DT_01	Template Decision Table/Matrix	Released	03/28/2022	CB9980000002	06/09/2022	CB9980000002

Abbildung 10.33 Variantentabellen als Favoriten sichern

Durch die Verwendung bekannter Elemente in der Frontend-Gestaltung, kann man sich leicht zurecht finden, und es bedarf keiner langen Einarbeitungszeit. Die Tabellenpflegesicht ist einfach gehalten, um User nicht mit Funktionen und Informationen zu überfluten. Der Fokus liegt auf der Pflege der Tabelle (siehe Abbildung 10.34).

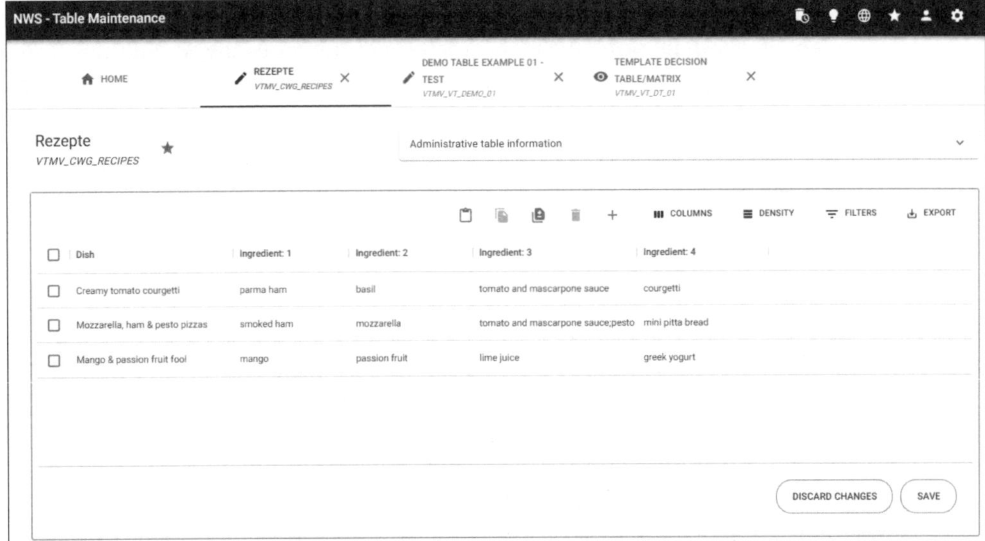

Dish	Ingredient: 1	Ingredient: 2	Ingredient: 3	Ingredient: 4
Creamy tomato courgetti	parma ham	basil	tomato and mascarpone sauce	courgetti
Mozzarella, ham & pesto pizzas	smoked ham	mozzarella	tomato and mascarpone sauce;pesto	mini pitta bread
Mango & passion fruit fool	mango	passion fruit	lime juice	greek yogurt

Abbildung 10.34 Tabellenpflegesicht

Folgende Funktionen und Informationen stehen der Anwenderin oder dem Anwender in der Tabellenpflegesicht zur Verfügung:

1. Tabelle zu Favoriten hinzufügen
2. administrative Tabelleninformationen
3. Tabellensteuerung und Navigation
4. Tabellenbearbeitungsbereich
5. Änderungen verwerfen

Es besteht die Möglichkeit, Variantentabellen als Favoriten zu sichern. Die Favoriten werden benutzerspezifisch gesichert und können dann im Einstiegsbild als Schnellvorlage genutzt und verwaltet werden.

Mithilfe der administrativen Tabelleninformationen können Sie sich Verwaltungsdaten der Tabelle anzeigen lassen (siehe Abbildung 10.35). Dazu gehören u. a. Erstellungsdatum, Status und Modus.

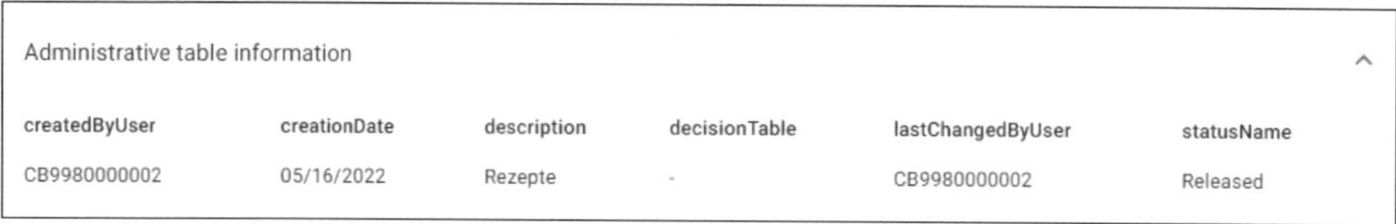

Administrative table information

createdByUser	creationDate	description	decisionTable	lastChangedByUser	statusName
CB9980000002	05/16/2022	Rezepte	-	CB9980000002	Released

Abbildung 10.35 Administrative Tabelleninformationen

Die Navigations- und Steuerungselemente für die Tabellenbearbeitung und Navigation finden Sie oberhalb des Tabellenbearbeitungsbereichs (siehe Abbildung 10.36). Durch den Einsatz gewohnter Buttons und Icons sind die Funktionen schnell identifizierbar, und es muss nicht umständlich in verschachtelten Menüs gesucht werden. Bekannte und häufig genutzte Funktionen wie Filtern, Zeile einfügen/kopieren/löschen und insbesondere der Im- und Export von Tabelleninhalten sind somit schnell abrufbar.

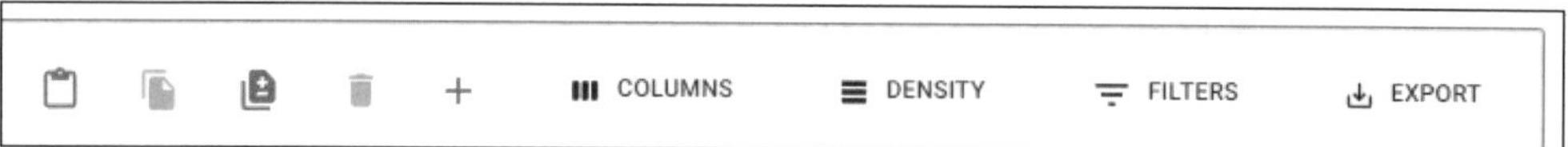

Abbildung 10.36 Steuerungselemente

Der Tabellenbearbeitungsbereich ist in einem aktuellen, weitverbreiteten Design gehalten, der sich auch in vielen anderen Anwendungen wiederfinden lässt (siehe Abbildung 10.37). Durch die übersichtliche Gestaltung verursacht die Darstellung der eigentlichen Tabelle keinen großer Einarbeitungs- bzw. Umgewöhnungsaufwand.

COLUMNS DENSITY FILTERS EXPORT

Dish	Ingredient: 1	Ingredient: 2	Ingredient: 3	Ingredient: 4
Creamy tomato courgetti	parma ham	basil	tomato and mascarpone sauce	courgetti
Mozzarella, ham & pesto pizzas	smoked ham	mozzarella	tomato and mascarpone sauce;pesto	mini pitta bread
Mango & passion fruit fool	mango	passion fruit	lime juice	greek yogurt

Abbildung 10.37 Tabellenbearbeitungsbereich

Abbildung 10.38 zeigt die Eingabe der Merkmalswerte.

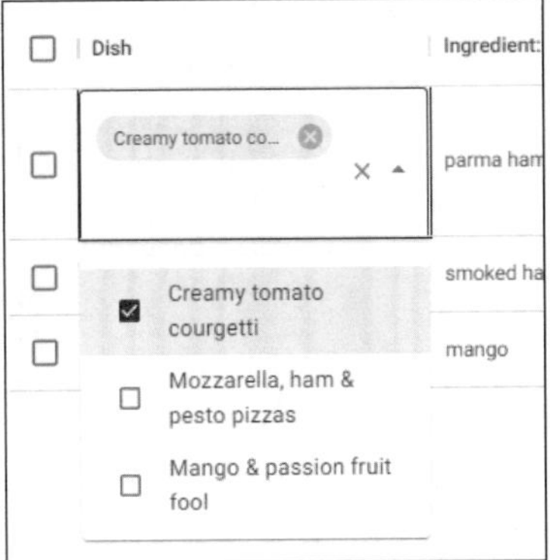

Abbildung 10.38 Merkmalswerte eingeben

Mit der Funktion **Änderungen verwerfen** können per Knopfdruck die editierten Daten zurück zum Ursprung gesetzt werden. Des Weiteren können einzelne Eingaben mithilfe der Tastenkombination [Strg] + [Z] Schritt für Schritt rückgängig gemacht werden.

Die Applikation enthält zudem eine Im- und Exportfunktion (siehe Abbildung 10.39 und Abbildung 10.40). Insbesondere bei der Pflege von sehr großen Datenmengen und der Dezentralisierung der Datenpflege in die entsprechenden Fachbereiche ist die Bearbeitung und Pflege von Tabelleninhalten außerhalb von SAP unumgänglich und effizienter. Mithilfe von NWS VTMV können Tabelleninhalte schnell und einfach exportiert werden.

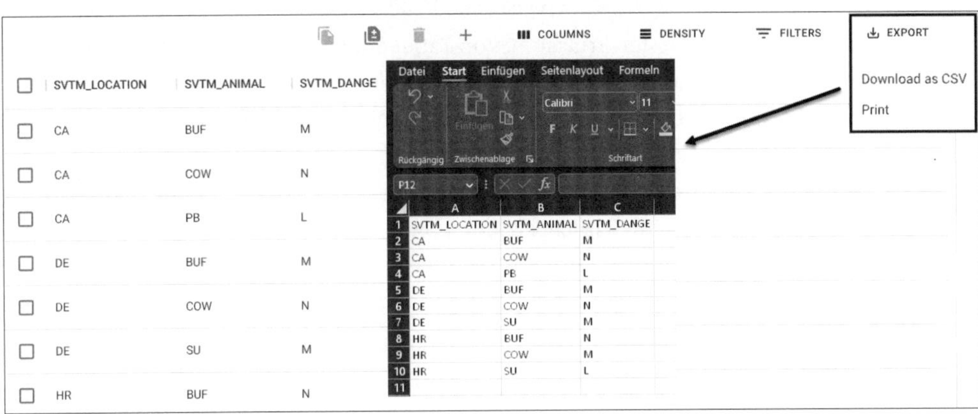

Abbildung 10.39 Exportfunktion

Der Import der Daten erfolgt einfach per Drag & Drop und eine Vorschau der zu importierenden Daten ermöglicht eine Kontrolle, bevor der finale Upload initiiert werden kann.

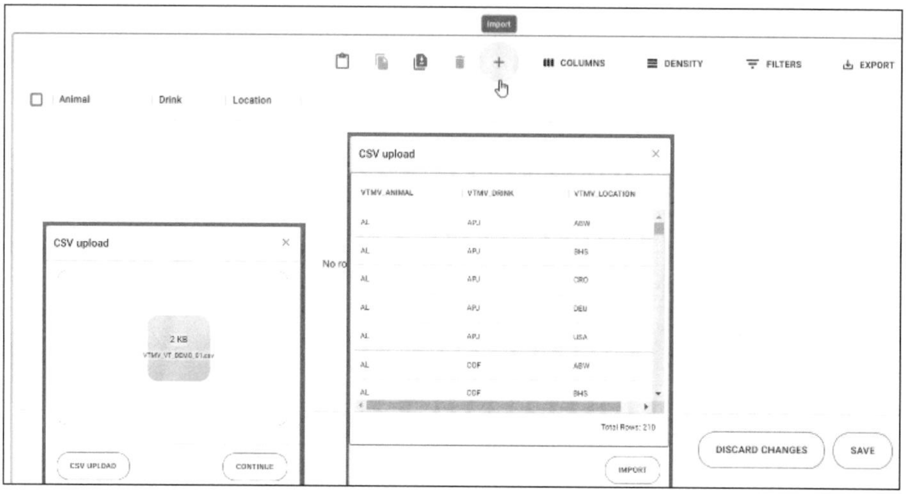

Abbildung 10.40 Importfunktion

Im SAP-Standard wird bei dem Upload von Tabelleninhalten (Transaktion CU60E) der Änderungsdienst nicht unterstützt. Änderungen von sehr großen Variantentabellen können dann nur zum Stichtag erfolgen oder über Umwege, zu einem in der Zukunft liegenden Datum, realisiert werden.

Die NWS VTMV unterstützt hingegen auch beim Upload von Tabelleninhalten den Änderungsdienst, da der Import erst nach Einstieg in die Tabelle erfolgt und somit die Variantentabelle dann bereits mit dem Stand zur Änderungsnummer geladen werden kann. Die Daten werden nach erfolgtem Sichern entsprechend zur Änderungsnummer ins Backend-System zurückgeschrieben.

Neben der konventionellen Erfassung von Tabelleneinträgen stehen der Anwenderin oder dem Anwender auch alternative Erfassungsmasken zur Verfügung. Wie im SAP-Standard können auch über die Anzeige aller möglichen Kombinationen einzelne oder multiple Tabelleneinträge erfasst werden. Diese Vorgehensweise findet insbesondere bei normalisierten Tabellen Anwendung und ermöglicht es der Anwenderin oder dem Anwender, schnell und effizient über ein Ausschlussverfahren Tabelleneinträge zu erfassen. Zusätzlich zum SAP-Standard wird innerhalb der NWS VTMV vor der finalen Übernahme eine Übersicht der erfassten Einträge ausgegeben.

Des Weiteren verfügt die NWS VTMV über einen Konfigurator, mit dem die Tabelleneinträge per Konfiguration erfasst werden können (siehe Abbildung 10.42). Durch die Auswahl der Merkmalswerte in einem gewohnten Konfigurationsverlauf können somit die Tabelleneinträge bequem konfiguriert werden. Das Konfigurationsergebnis wird als Zusammenfassung vor der finalen Übernahme in die eigentliche Variantentabelle der Anwenderin oder dem Anwender angezeigt, sodass erneut eine Prüfung der zu übernehmenden Einträge erfolgen kann.

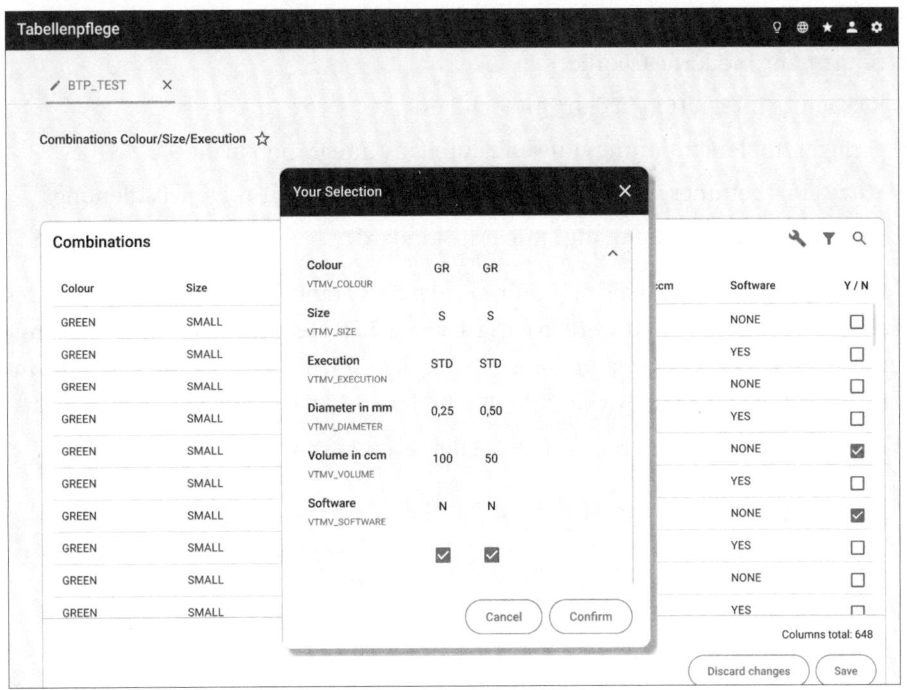

Abbildung 10.41 Alternative Erfassung: Kombinationen

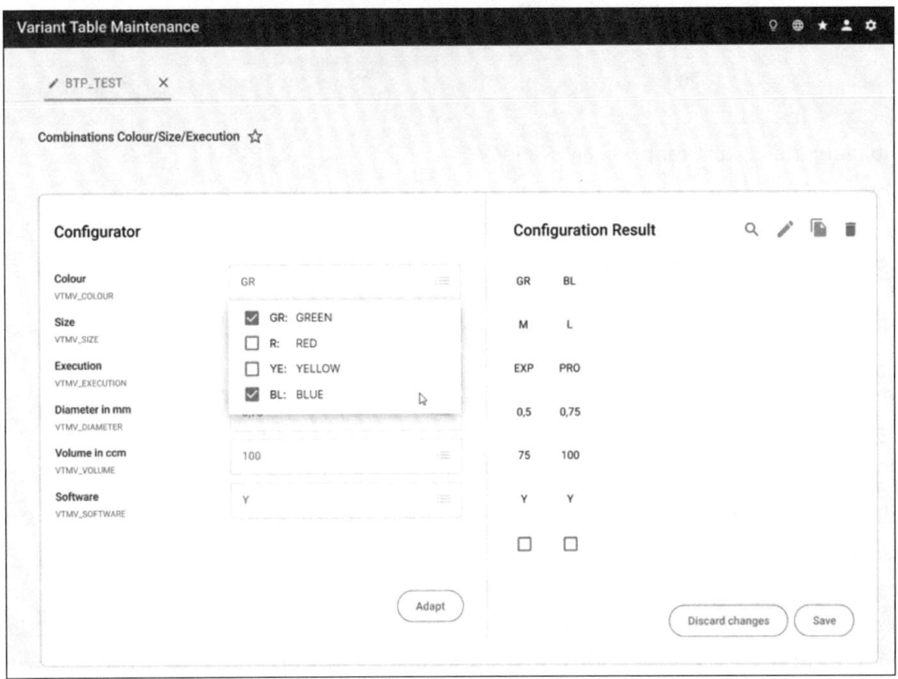

Abbildung 10.42 Alternative Erfassung: Konfigurator

NWS VTMV hat, zusammengefasst, den folgenden Mehrwert:

- zeitgemäße moderne Oberflächen
- lückenlose Integration in den SAP-Standard
- geringer Implementierungsaufwand durch die Integration in die SAP BTP
- kurze Einarbeitungs- und Eingewöhnungsphase durch intuitivere Bedienung
- erweiterter Funktionsumfang zum SAP-Standard

NWS VTMV ist somit ein Beispiel dafür, wie der SAP-Standard ohne Modifikation des Backend-Systems erweitert werden kann. Die SAP BTP bietet, im Zusammenspiel mit dem SAP API Business Hub, die Möglichkeit den S/4HANA-Standardfunktionsumfang ohne aufwendige Entwicklungs- und Implementierungsprojekte zu erweitern.

Als Ausblick sehen Sie in Abbildung 10.43 die Roadmap von NWS VTMV.

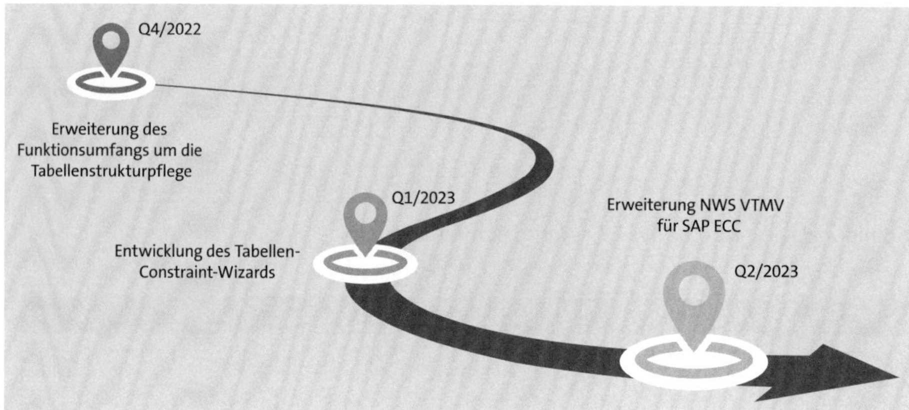

Abbildung 10.43 Roadmap von NWS VTMV

10.4 Variantenkonfiguration mit Machine Learning

Intelligenz wurde bisher immer anhand von Regeln, dem sogenannten Beziehungswissen, in die SAP Variantenkonfiguration eingebracht. Unabhängig davon, ob es sich um LO-VC oder um AVC handelte. Schauen wir uns im folgenden Beispiel einen anderen Ansatz an: die Nutzung von Machine Learning im Zusammenhang mit der Variantenkonfiguration.

Mit der Variantenkonfiguration lassen sich Produkte abbilden, die in verschiedenen Ausprägungen gefertigt werden können. Im einfachsten Fall gibt es dazu eine Maximalstückliste und einen Maximalarbeitsplan, deren Einzelpositionen anhand von Beziehungswissen in Abhängigkeit von Merkmalsbewertungen aktiv werden oder nicht. In höher entwickelten Konfigurationslösungen werden zusätzlich Werte wie Zeiten oder Mengen durch Beziehungswissen ermittelt oder gar dynamisch Materialien oder Arbeitsplätze ersetzt. Das Ziel eines guten Konfigurators ist es, einen Arbeitsplan und eine Stückliste zu generieren, die die Zeiten und Verbräuche für die definierte Variante möglichst realitätsnah abbildet. Abbildung 10.44 zeigt die Nutzung von Beziehungswissen in Stückliste und Arbeitsplan.

Entscheidend ist daher, dass es gelingt, die Produktionsdauer möglichst exakt abzuschätzen; denn ist die Vorhersage zu optimistisch, überlastet man seine Produktion und kalkuliert mit zu niedrigen Kosten. Ist sie jedoch zu pessimistisch, sind die kalkulierten Kosten zu hoch und man riskiert es, einen Auftrag zu verlieren bzw., falls man ihn doch bekommt, entsteht Leerlauf auf dem Shopfloor.

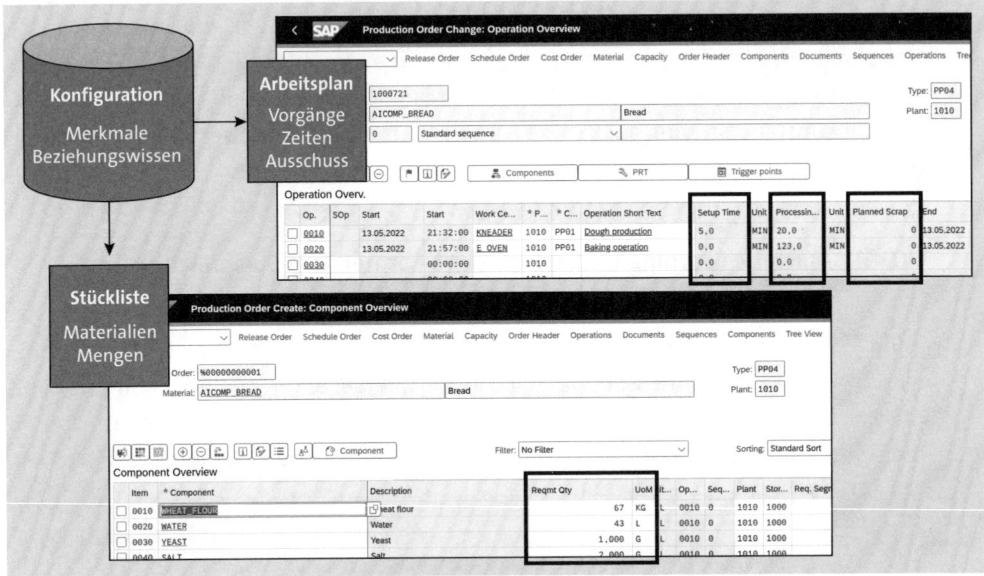

Abbildung 10.44 Beziehungswissen an Stückliste und Arbeitsplan

Vor vielen Jahren war das Standardbeispiel von SAP für VC die Konfiguration eines Fahrrads. Dieses Beispiel soll zur Annäherung an das Problem aufgegriffen werden. Nehmen wir an es gibt ein Merkmal **Klingel**, das nur mit »Ja« oder »Nein« bewertet werden kann. Wenn der Kunde an seinem Rad eine Klingel haben will, wird der Wert auf »Ja« gesetzt, und im Maximalarbeitsplan wird die Auswahlbedingung an der Komponente **Klingel** dafür sorgen, dass diese aktiv wird. Ebenso wird eine Auswahlbedingung im Maximalarbeitsplan dafür Sorge tragen, dass der Vorgang **Klingelmontage** aktiviert wird. Bereits in diesem einfachen Setup muss aber für den Vorgang im Arbeitsplan eine geplante Dauer hinterlegt werden. Dies lässt sich für die Montage einer Klingel noch mit vertretbarem Aufwand messen und als *Fixwert* hinterlegen.

Erhöhen wir die Komplexität ein wenig, und stellen wir uns vor, ein Produzent von Alufolie bietet seinen Kunden die Möglichkeit, Rollen unterschiedlicher Länge zu konfigurieren. Die Supermarktkette A kauft 30-Meter-Rollen, Supermarktkette B 50-Meter-Rollen, und ein Discounter verkauft sogar 100-Meter-Rollen. Egal, welche Rollenlänge bestellt wird, der Produktionsprozess ist identisch: Von einer sehr großen sogenannten Mutterrolle wird die Alufolie ab- und auf einen Pappkern wieder aufgerollt. Nachdem die definierte Länge erreicht worden ist, wird die Folie abgeschnitten, der Kern gewechselt und die nächste Rolle produziert. Im Konfigurationsmodell benötigt man also ein Merkmal **Rollenlänge**. Ein Beziehungswissen in der Maximalstückliste muss nun die Einsatzmenge an die Mutterrolle dynamisch errechnen, als Produkt aus der Anzahl bestellter Rollen, multipliziert mit dem Wert des Merkmals **Rollenlänge**. Dies ist einfach, aber bei der Vorgangsdauer für den Arbeitsplan wird es komplexer. Auch hier soll eine Abhängigkeit ermitteln, wie lange es dauert, eine Rolle zu produzieren. Sie muss dazu einen fixen Anteil für den Wechsel des Kerns zu einer variablen Dauer für den Umrollvorgang addieren. Da die Umrollgeschwindigkeit konstant ist, kann auch diese Formel noch vergleichsweise einfach aufgestellt werden.

10.4.1 Machine Learning und komplexere Formeln am Beispiel des Brotbackens

Eine weitere Stufe komplexer wird es, wenn zusätzliche Merkmale die Produktionsgeschwindigkeit beeinflussen. Das nächste Beispiel sei die Herstellung von Brot- und Bäckertüten (siehe Abbildung 10.45). Diese können sowohl mit oder ohne Fenster, in verschiedenen Dimensionen sowie bedruckt als auch unbedruckt hergestellt werden.

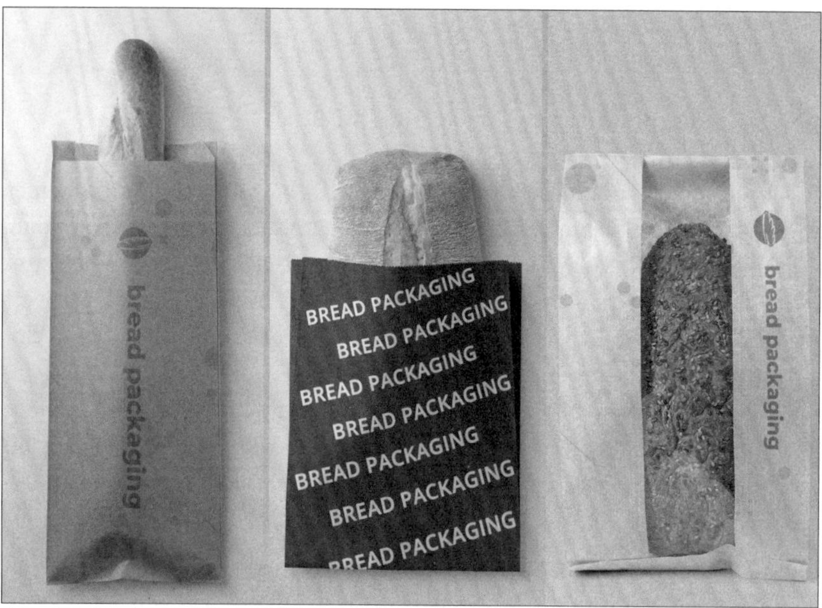

Abbildung 10.45 Verschiedene Verpackungen am Beispiel von Brotlaiben

Eine unbedruckte Tüte stellt man wie folgt her: Ausgangsmaterial ist eine Papierrolle, die, abgerollt zu einem Schlauch, gefaltet und verklebt wird. Dieser wird dann in Teilstücke geschnitten und am unteren Ende umgeschlagen und verklebt, sodass eine Seite geschlossen ist. Unterschiedliche Breiten ergeben sich aus verschieden breiten Papierrollen und unterschiedliche Längen wiederum aus der Dauer zwischen zwei Schnitten. Je nach Papiersorte unterscheidet sich die Produktionsgeschwindigkeit, da besonders dünne bzw. dicke Papiere schlechter laufen. Wird zusätzlich ein Fenster gewünscht, wird erst eine transparente Folie mit dem Papier zusammengeklebt und der Verbund im Anschluss ebenfalls zum Schlauch verklebt. Dies hat selbstverständlich einen Einfluss auf die Produktionsgeschwindigkeit. Eine weitere Einflussgröße stellt die Bedruckung dar. Zum einen kann mit dem Druck nicht dieselbe Geschwindigkeit gefahren werden wie unbedruckt, weil sonst das Druckbild unscharf würde, und zum anderen bringt der Auftrag von Farbe Feuchtigkeit in das Papier. Dies erfordert eine Trocknung, die je nach Farbmenge kürzer oder länger andauert. Blenden wir die Stückliste einmal gedanklich aus, und fokussieren wir uns auf den Arbeitsplan. Wie man sehen kann, ist die Bestimmung der Produktionsdauer alles andere als trivial. Wir fassen nochmals zusammen: Die Geschwindigkeit ist abhängig von Papiersorte, Tütenlänge, Fenster, Druck und Farbmenge. Daraus eine Formel für die Dauer abzuleiten, war eine echte Herausforderung, denn die Einflüsse der Merkmale sind teilweise additiv und teilweise nicht additiv.

Das bedeutet, dass generell Tüten mit Sichtfenster langsamer laufen als reine Papiertüten. Kommt allerdings ein spezielles Papier zum Einsatz (besonders dünn, besonders dick o. Ä.) relativiert sich der Einfluss des Fensters wieder, weil dann der Papiereinfluss größer ist. Ähnliches gilt für die Wechselwirkung von Fenster und Druck. Während ein großflächiger Mehrfarbdruck die Geschwindigkeit stark verlangsamt, kann es sein, dass der Einfluss eines einfarbigen Schriftzuges hinter anderen Einflüssen zurücksteht und nur relevant ist, wenn es sich um eine fensterlose Tüte mit normalem Papier handelt. Nach langem intensivem Tüfteln gelang es am Ende, eine Definition zu finden, die im Großteil der Fälle ganz ordentliche Vorhersagen trifft, aber es gibt noch immer Ausreißer, da nicht jeder Spezialfall abgebildet werden konnte.

Der Machine-Learning-Ansatz

Jedoch gibt es auch Produkte, die qualitativ beeinflusst werden, wenn die Produktionsdauer falsch abgeschätzt wird. Denken wir hierbei einmal an Brot (siehe Abbildung 10.46). Wird das Brot zu lang gebacken, ist es verbrannt, backt es wiederum zu kurz, ist es innen noch teigig. Die richtige Backzeit für Brote abzuschätzen ist hochkomplex und von vielen weiteren Merkmalen abhängig als von den im vorangehenden Beispiel genannten.

Abbildung 10.47 zeigt die Merkmale, die Einfluss auf die Backdauer eines Brotes haben und somit in die Kalkulation einer Variantenkonfiguration einfließen müssen.

Abbildung 10.46 Vielfalt an Brotlaiben

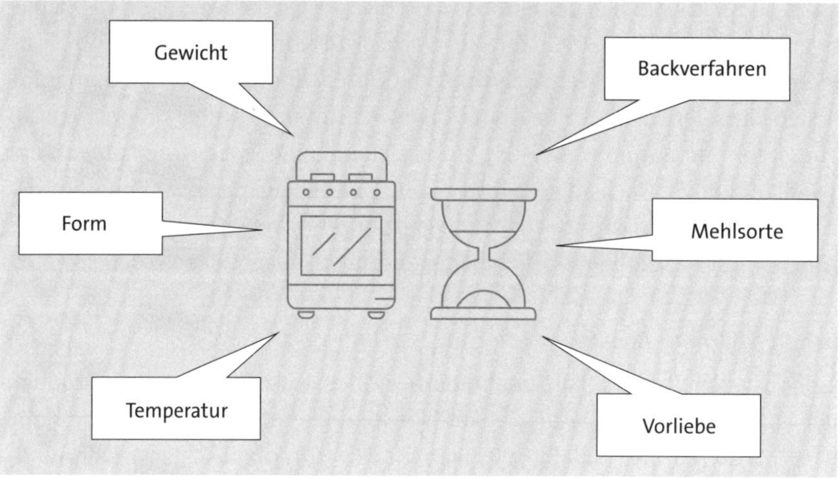

Abbildung 10.47 Beeinflussende Parameter beim Brotbacken

Die Vorhersage der Backlänge ist schwierig, da sie von der Kombination aller Merkmale gleichzeitig abhängt. So kann man beispielsweise nicht sagen, dass ein 1 kg schweres Brot x Minuten backt, da es darauf ankommt, in welchem Backverfahren es gebacken wird und bei welcher Temperatur und aus welcher Mehlsorte es hergestellt ist, welche Form es hat und zu guter Letzt, ob man es eher knusprig oder eher weich gebacken haben möchte.

Dieses Beispiel soll die Vorteile eines KI-gestützten Ansatzes verdeutlichen. De facto wird ein Bäcker die Backdauer nicht mathematisch errechnen, sondern kann diese anhand von Erfahrungswerten abschätzen. Dieses Bauchgefühl entwickelt er im Laufe der Zeit, weil er seine Öfen kennt, die Vorlieben seiner Kunden und schon zahlreiche Brote in verschiedensten Variationen hergestellt hat, wobei ihm dabei einige besser und andere schlechter gelungen sind.

Schafft man es nun, die Parameter für besonders gut gelungene Brote zu erfassen und damit eine künstliche Intelligenz zu trainieren, wird man von dieser deutlich bessere Vorhersagewerte bekommen als über einen formelbasierten Ansatz.

Technische Umsetzung

Wie schafft man es nun, künstliche Intelligenz in ein Konfigurationsmodell zu integrieren? Zunächst ist zu definieren, welche Werte von einer künstlichen Intelligenz vorhergesagt werden sollen. Danach gilt es, entsprechende Trainingsdaten zu beschaffen, in denen zu möglichst verschiedenen Merkmalskombinationen der gewünschte Zielwert enthalten ist. Die nachfolgenden Ausführungen beschränken sich zwar auf Werte aus dem Arbeitsplan, selbstredend können aber auch andere Werte vorhergesehen werden.

Im Optimalfall wird ein bestehendes Konfigurationsmodell lediglich durch künstliche Intelligenz optimiert, denn dann ist entsprechendes Datenmaterial im System vorhanden. Merkmale können aus bestehenden Konfigurationen und die Zielwerte aus den zum Material gehörenden Fertigungsaufträgen und deren Rückmeldungen extrahiert werden (siehe Abbildung 10.48).

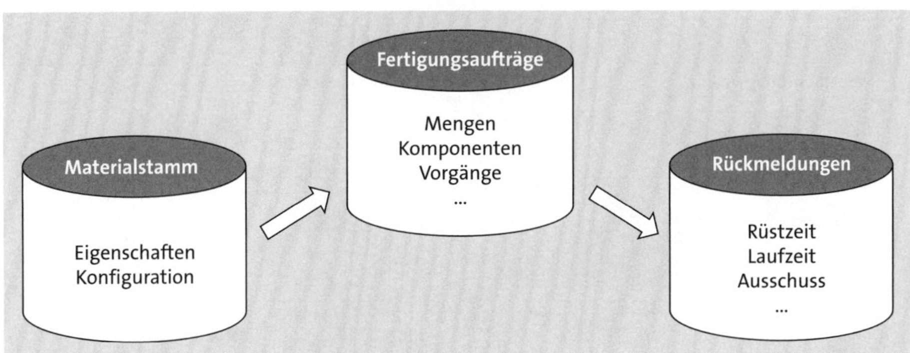

Abbildung 10.48 Prozessdarstellung vom Stammdatum über den Fertigungsauftrag bis hin zu den Rückmeldeinformationen

Wird ein gänzlich neues Modell entwickelt, fehlt dieser Datenbestand zwar, aber eventuell lassen sich vergleichbare Informationen aus Altsystemen extrahieren. Falls nicht, lassen sich noch immer gute Vorhersagewerte treffen, wenn man akribisch die Daten aus Testaufträgen erfasst, die bei jedem Fertigungsanlauf gefahren werden (siehe Abbildung 10.49).

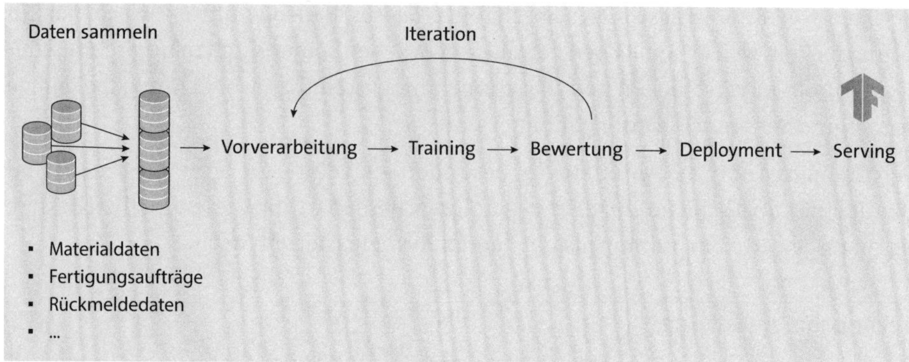

Abbildung 10.49 Vorgehensweise bei der Nutzung von Machine Learning

Sind die Daten gesammelt, werden diese einer Vorverarbeitung unterzogen, bei der z. B. offensichtliche Ausreißer eliminiert werden. Danach wird das erste Training und im Anschluss eine Bewertung der Vorhersagequalität durchgeführt. Ist das Ergebnis noch nicht zufriedenstellend, wird erneut am Datenbestand gearbeitet, und die nächste Trainingsrunde beginnt. Nachdem eine hinreichend gute Vorhersagequalität erreicht worden ist, kann das Modell verwendet werden. Abbildung 10.50 zeigt diesen Ablauf grafisch.

Um ein KI-Modell zu nutzen, muss es auf eine TensorFlow-Serving-Instanz deployt werden, die über eine REST-API abgefragt werden kann.

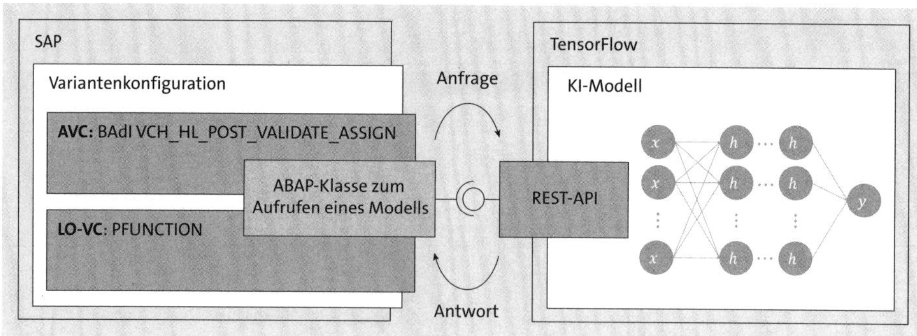

Abbildung 10.50 Anbindung der TensorFlow-Technologie über eine REST-API

Die Abfrage wird in einer ABAP-Klasse gekapselt und kann so entweder im BAdI VCH_HL_POST_VALIDATE_ASSIGN (im Falle eines AVC-Modells) oder in einer Variantenfunktion (in LO-VC-Modellen) abgerufen werden.

Das Demonstrationsbeispiel »Brot«

Um es nicht bei einer Behauptung zu belassen, wurde das zuvor beschriebene Brotbeispiel in einem AVC-Modell real modelliert (siehe Abbildung 10.51).

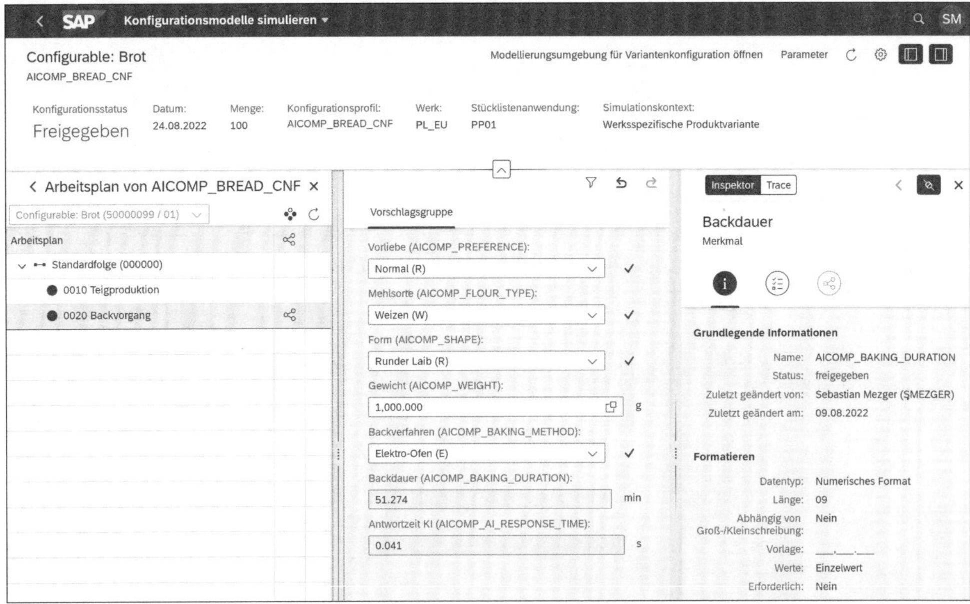

Abbildung 10.51 Das konfigurierbare Brot in der AVC-Simulationsumgebung

Bei einem Besuch in der Backstube der Bäckerei Haug, wurde das Team von Aicomp in die hohe Kunst des Brotbackens eingeweiht, und der Bäckermeister unterstützte sie bei der Erstellung von Trainingsdaten für ein neuronales Netz. Dieses wurde mit TensorFlow erstellt und in das AVC-Modell AICOMP_BREAD_CNF integriert (siehe Abbildung 10.52).

Im Beziehungswissen wird die zur gewählten Mehlsorte gehörende Materialnummer gesetzt, die Mengen angepasst sowie die Backdauer an die Vorgangsdauer von Vorgang 0020 (Baking Operation) übertragen (siehe Abbildung 10.53).

Der Vollständigkeit halber soll hier der Aufruf der künstlichen Intelligenz in ABAP gezeigt werden. Die Methoden zur Beschaffung der Features am Anfang lesen die Werte von AVC, die dann in eine JSON-Datei gepackt und an die REST-API gesendet werden. Die erhaltene Antwort wird rückkonvertiert und auf ein Attribut geschrieben, das im Anschluss, zusammen mit der gemessenen Antwortzeit wieder an AVC übertragen wird.

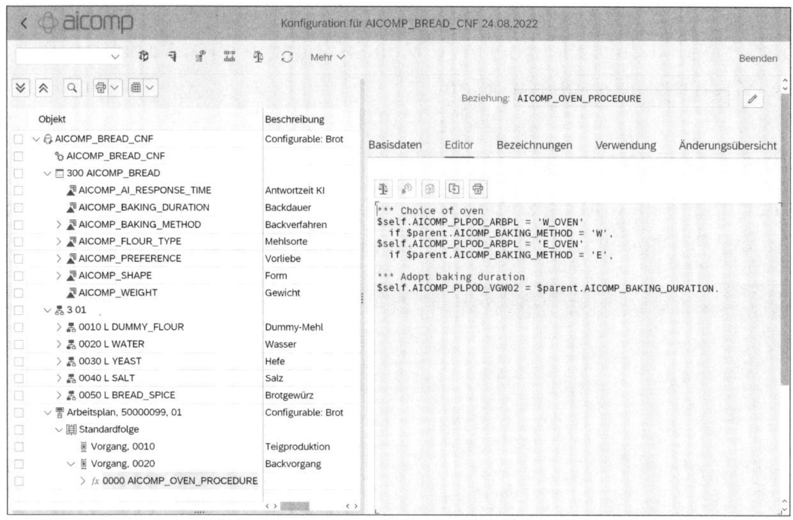

Abbildung 10.52 Abbildung des Stammdatenmodells »Configurable: Brot« in der Aicomp-Umgebung

Abbildung 10.53 Klassensystem des Produktmodells »Configurable: Brot«

Trotz einer eher geringen Menge an Trainingsdaten ist die künstliche Intelligenz dazu in der Lage, hervorragende Vorhersagen zu treffen. Die Antwortzeiten können ebenfalls überzeugen; sie rangieren stets im Bereich von 0,03–0,05 Sekunden.

10.4.2 Der Einsatz von Machine Learning am realen Beispiel einer Verpackungsmaschine »Folder Gluer«

Sollte bisher der Eindruck entstanden sein, dass der KI-Ansatz nur für Demo-Anwendungen tauglich ist, soll dieser nun widerlegt werden.

Bei der Mondi AG, einem Hersteller von Wellpappverpackungen, wurde von Aicomp in Zusammenarbeit mit der Hochschule in Reutlingen eine Lösung entwickelt, um die Maschinenzeiten für deren Faltschachtelklebemaschinen zu ermitteln. Diese Anlagen falten und verkleben gestanzte Wellpappbögen (siehe Abbildung 10.54) zu fertigen Kartons.

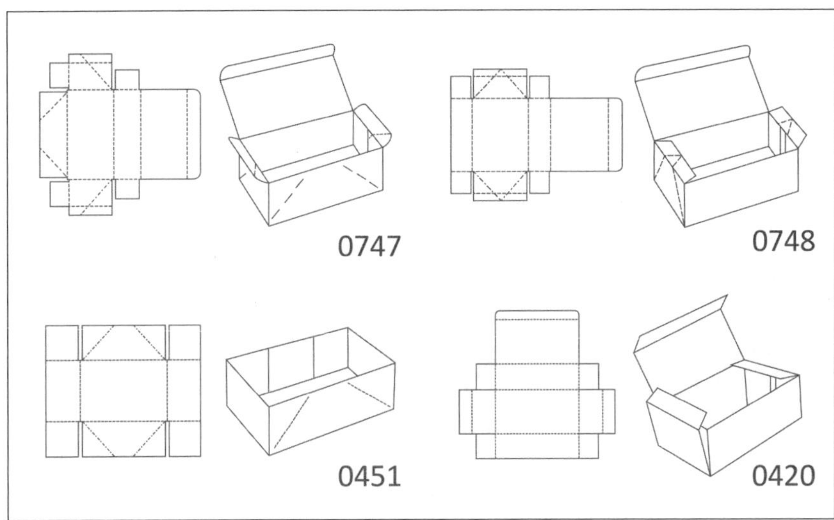

Abbildung 10.54 Varianten von Faltschachteln

Auch in diesem Szenario ist die Maschinengeschwindigkeit (in ST/Stunde) von zahlreichen Merkmalen abhängig:

- Auftragsmenge
- Kartonmaße
- Bogenmaße
- Wellpappsorte
- Wellenart
- Grammatur

- Verschlusstyp
- ST/Palette usw.

Diese Abhängigkeiten wurden bisher versucht, über ein Customizing abzubilden, das im Beziehungswissen gerufen wird. Leider wiesen die Vorhersagen eine große Varianz auf, wie sich im nachfolgenden Schaubild nachvollziehen lässt (siehe Abbildung 10.55). Ein Datenpunkt zeigt auf der X-Achse den Vorhersagewert und auf der Y-Achse die Abweichung zum tatsächlich gemessenen Wert des Fertigungsauftrags. Im farblich hinterlegten Bereich befinden sich 80 % aller Residuen; allerdings lässt sich erkennen, dass die Abweichungen zwischen +80 % und ca. -20 % liegen.

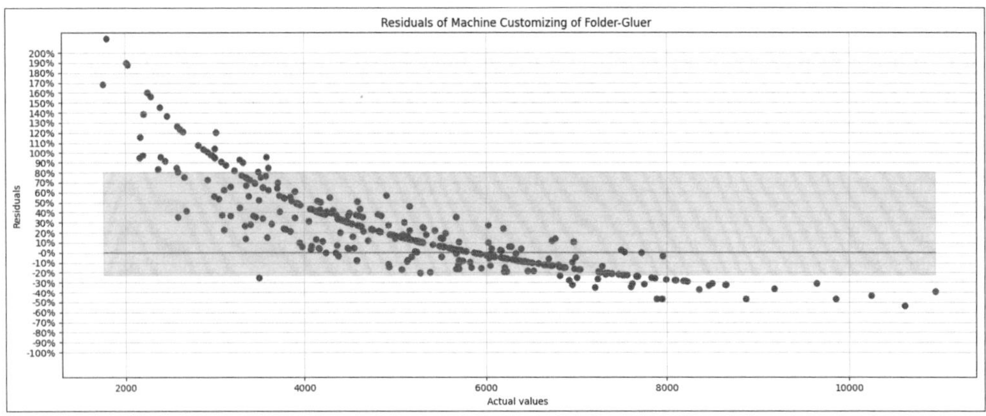

Abbildung 10.55 Varianz der Vorgabezeitberechnung anhand von Regeln

Vergleicht man hingegen die Ergebnisse, die eine künstliche Intelligenz – in diesem Falle ein neuronales Netz – vorhersagt, sieht man deutlich, dass der 80%-Bereich schmaler geworden ist und sich erheblich mehr Datenpunkte nahe der X-Achse befinden (siehe Abbildung 10.56); dies bedeutet eine geringe Abweichung zur Realität.

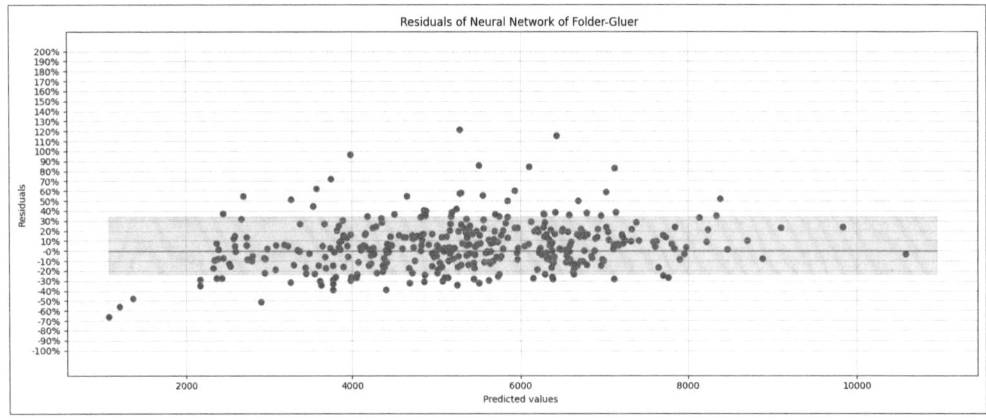

Abbildung 10.56 Varianz der Vorgabezeitberechnung anhand von Machine Learning

Auch bei der Verteilung der Vorhersagen gewinnt die künstliche Intelligenz deutlich. Ungefähr 85 % der Vorhersagen liegen in einem Bereich von ±30% Abweichung. 43,3% aller Vorhersagen liegen im Bereich von ±10%; dies sind mehr als doppelt so viele Treffer wie bisher, und weniger als 2 % aller Vorhersagewerte weichen um mehr als 100 % ab. Abbildung 10.57 zeigt den klaren Vorteil des Einsatzes von Machine Learning bei der Vorgabezeitermittlung.

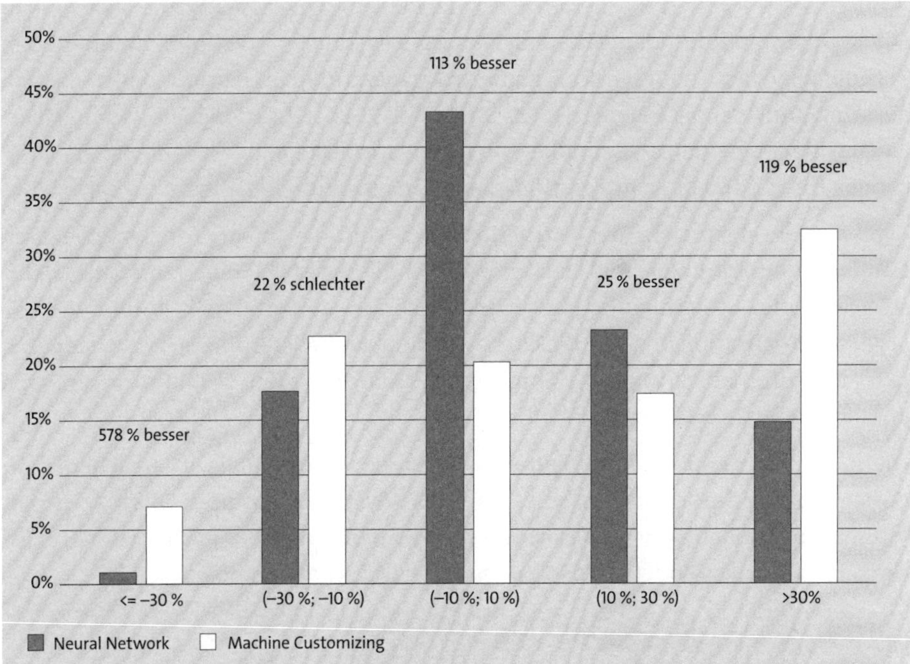

Abbildung 10.57 Differenz der Datenqualität (Machine Learning vs. Regelwerk)

10.5 Hybride Systemkonfiguration, durchgängige Automatisierung und API-basierte Integration mit SAP-Lösungen

SAP-Business-Software und SAP-Business-Services decken sehr viele Funktionsbereiche und Geschäftsprozesse, Stamm- und Bewegungsdaten ab. Mit SAP-Partnerlösungen und Add-ons, Modifikationen und Customizing können Business-Objekte und Standardfunktionen weitreichend ergänzt, erweitert oder angepasst werden.

In diesem Abschnitt stellen wir SAP-Partnerlösungen für Variantenfertiger von adesso Manufacturing Industry solutions vor. Fokus ist die schrittweise Digitalisierung und Automatisierung der End-2-End-Prozesse: Konfiguration, Kalkulation, Angebotserstellung, Engineering, Arbeitsvorbereitung, Planung, Produktion, Qualität und Service. Ziel ist die zeit- und kostenoptimierte Herstellung individueller Lösungen, Kleinserien oder Unikate.

[»]

Partnerlösungen zur SAP-Integration mit externen IT-Systemen

Die hier vorgestellten Middleware-Komponenten und Webservices auf Basis aktueller Software-Frameworks und APIs zur Integration unterschiedlicher IT-Systeme und Microservices mit SAP-Systemen sind Partnerlösungen der adesso Manufacturing Industry solutions GmbH.

Die Middleware-Komponenten und Webservices sind in Java implementiert. Der Technologie-Stack ist für serviceorientierte Architekturen in Hybrid-Cloud-Szenarien ausgelegt und kompatibel mit der SAP BTP. Die API-Spezifikationen und Datenstrukturen von AVC werden als Grundlage für die Entwicklung API-kompatibler Partnerlösungen für verschiedene Integrationsszenarien genutzt.

Typische Einsatzbereiche der Partnerlösungen sind die Integration verschiedener Configuration-Frontend- und Backend-Komponenten sowie eine komplexe mehrstufige hybride Systemkonfiguration und Systemmodellierung, die Anbindung von Legacy Configuration Engines, die Orchestrierung von Wissensbasen (Knowledge Bases), die Automatisierung von Engineer-to-Order-Prozessen (ETO-Prozessen) und komplexe End-2-End-Workflows.

Die folgenden Architekturgrafiken verwenden ein durchgängiges Farbschema zur Darstellung der SAP-Lösungen, von externen IT-Systemen, Komponenten, Microservices, Schnittstellen, APIs und Datenobjekten. Abbildung 10.58 illustriert die in diesem Abschnitt verwendeten Gestaltungsmittel der Schaubilder.

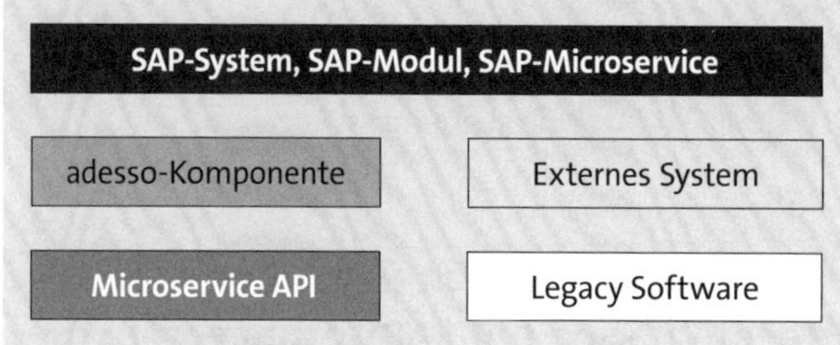

Abbildung 10.58 Gestaltungsmittel der folgenden Architekturdarstellungen

10.5.1 Integrierte Variantenkonfiguration mit SAP-Lösungen und externen Softwaresystemen

Die SAP-Variantenkonfiguration kann nicht nur innerhalb von SAP ERP oder SAP S/4HANA eingesetzt werden, sondern häufig spielen weitere Geschäftsprozesse und Anwendungen eine wichtige Rolle. Die SAP-Variantenkonfiguration verfügt über direkte Integrationen in weitere SAP-Lösungen wie SAP CRM, SAP Commerce Cloud und SAP CPQ. Auch die Integration in externe IT-Systeme wird technisch unterstützt und ist für viele Unternehmen sinnvoll.

Ein wichtiges Alleinstellungsmerkmal der SAP-Variantenkonfiguration ist die Möglichkeit, ein Konfigurationsmodell als Wissensbasis (Knowledge Base) auszuleiten und für externe Systeme verfügbar zu machen. Auf der SAP BTP sind Webservices zur Ausführung von Wissensbasis-Instanzen verfügbar: *AVR-Services*. Diese Microservices können Wissensbasis-Laufzeitversionen ausführen und als REST-Services bereitstellen. Abbildung 10.59 zeigt die Anbindung verschiedener SAP- und Nicht-SAP-Frontend-Anwendungen an die AVR-Services via REST-API.

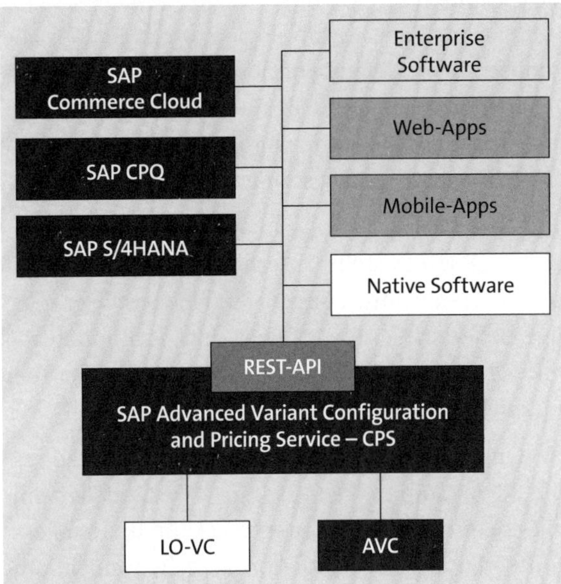

Abbildung 10.59 AVR mit REST-API und mehreren Frontend-Anwendungen

Die typischen Integrationsszenarien mit SAP-Systemen (z. B. SAP Commerce Cloud, SAP CPQ und SAP S/4HANA) liefert SAP aus eigener Hand. Darauf aufbauend, gibt es SAP-Partnerlösungen für das Customizing oder für die Erweiterung der Standardfunktionalität mittels REST-APIs für AVC. Mit dem bekannten technischen Namen CPS sind die Microservices der SAP BTP gemeint (SAP Advanced Variant Configuration and Pricing). Die SAP-Partnerlösungen von adesso mit CPS-API sind vollständig SAP-kompatibel und ermöglichen die Integration von SAP-Lösungen mit Nicht-SAP-Systemen. Die adesso-Komponenten werden in den folgenden Abschnitten im Detail beschrieben.

REST-APIs sind offene Standards für serviceorientierte Architekturen

Eine weit verbreitete universelle Technologie sind REST-Services und APIs. REST-Services orientieren sich an anerkannten Prinzipien offener IT-Standards für serviceorientierte Architekturen und unterstützen die Kombination und Integration unterschiedlicher heterogener Technologie-Stacks. REST-Services stellen gekapselte Funktionen als offene APIs zur Verfügung.

Externe IT-Systeme, z. B. Unternehmenssoftware, mobile Apps, Web-Apps oder native Desktop-Software, können unternehmensspezifisch im Rahmen von Entwicklungs- und Integrationsprojekten angebunden werden.

10.5.2 Konsistente User Experience mit heterogenen Configuration Engines im Parallelbetrieb

Seit den 90er Jahren wurden diverse Konfiguratoren und Configuration Engines für viele Einsatzzwecke auf der Basis unterschiedlicher Technologien implementiert, die mit Nicht-SAP-Lösungen nicht kompatibel sind. Häufig basieren nicht alle Konfiguratoren im Unternehmen auf SAP-Technologie, sondern es sind auch (Legacy) Configuration Engines im Einsatz. Die Legacy-Konfiguratoren werden auf absehbare Zeit nicht abgelöst, z. B. aus Gründen der Wirtschaftlichkeit, sondern werden parallel eingesetzt.

Der Betrieb heterogener Configuration Engines stellt Unternehmen sowie Anwenderinnen und Anwender vor besondere Herausforderungen. Modellentwickler müssen mehrere komplexe Werkzeuge beherrschen, und Nutzer von Konfiguratoren müssen verschiedene User Interfaces bedienen. Insbesondere für Kunden, Partner und Vertrieb ist die produktive Nutzung schwierig, und die Akzeptanz ist gering.

Die Anbindung des Frontends an AVC im Backend mittels REST-API ist eine Headless-Architektur. Auf diese Weise wird z. B. SAP Commerce Cloud mit AVC-Modellen eingesetzt. Die eingeschränkte Usability heterogener User Interfaces kann im Headless-Betrieb durch ein einheitliches Frontend und eine Abstraktionszwischenschicht umgangen werden.

Zum Parallelbetrieb diverser SAP- und Nicht-SAP-Configuration-Engines kann die Middleware-Komponente *Configuration Abstraction Service* (CAS) als Abstraktionsschicht zwischen Frontend und Engines eingebunden werden.

[»]

Die Middleware-Komponente Configuration Abstraction Service (CAS)

Die CAS-Komponente ist ein flexibel einsetzbarer Microservice, der vielseitige Integrationspunkte bereitstellt. CAS implementiert die APIs der AVC-Services. Die Komponente verfügt über spezifische CAS-Adapter für die Anbindung unterschiedlicher heterogener Configuration Engines als Microservices im Backend.

Mit CAS-Adaptern wird die Kompatibilität zu allen relevanten Technologie-Stacks realisiert. Externe Engines werden entsprechend der jeweils verfügbaren Schnittstellen als Webservices gekapselt oder direkt integriert.

Somit können mehrere heterogene Configuration Engines im Parallelbetrieb eingesetzt werden, z. B. AVC- und LO-VC-Wissensbasen und diverse externe Configuration

Engines. CAS-Adapter haben die spezielle Funktion, API-Aufrufe an AVC-Services zur Laufzeit zu den jeweils richtigen Engines zu routen und die Datenstrukturen entsprechend bidirektional zu transformieren. Abbildung 10.60 zeigt CAS als Middleware zur Anbindung des Frontends an verschiedene SAP- und Legacy-Konfiguratoren bzw. Configuration Engines im Backend.

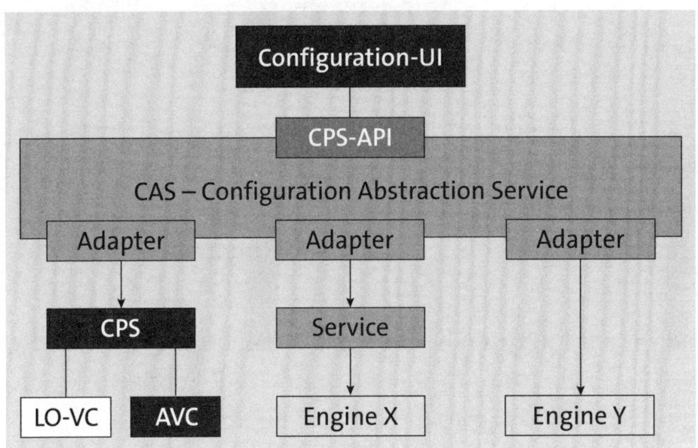

Abbildung 10.60 Configuration Abstraction Service mit mehreren CAS-Adaptern

10

Das Frontend kommuniziert durch die CAS-Abstraktionsschicht indirekt mit den heterogenen Configuration Engines im Backend. Das Configuration-UI konsumiert die SAP-kompatible CAS-API und präsentiert den Anwendern eine einheitliche und konsistente User Experience. Auf diese Weise kann z. B. SAP Commerce Cloud mit der Spartacus-Storefront mit User Interface eingesetzt werden, und im Backend laufen AVC und LOVC und weitere externe Configuration Engines parallel unterhalb der CAS-Abstraktionsschicht.

10.5.3 Mehrstufige hybride Systemkonfiguration und Orchestrierung heterogener Wissensbasen

Die flexible Headless-Architektur mit CAS-Abstraktionsschicht ermöglicht den Parallelbetrieb heterogener Configuration Engines mit einem einheitlichen Frontend. Dieses Szenario unterstützt die ein- oder mehrstufige Top-down-Produktkonfiguration mit jeweils einer Wissensbasis, ist aber nicht für die mehrstufige Systemkonfiguration mit mehreren Wissensbasen geeignet. Der SSC ermöglicht die Orchestrierung mehrerer Wissensbasen.

Die Middleware-Komponente *System Configuration Engine* (*FIRE*) ergänzt die CAS-Komponente um spezielle Funktionen für die Modellierung und Konfiguration mehrstufiger hybrider Systemstrukturen.

Die Middleware-Komponente System Configuration Engine (FIRE)

Die FIRE-Komponente ist ein flexibel einsetzbarer Microservice und stellt vielseitige Integrationspunkte bereit. FIRE verfügt über Funktionen für die Abbildung mehrstufiger Systemstrukturen mit mehreren hybriden Wissensbasen. FIRE implementiert die APIs der AVC-Services. Zur flexiblen Orchestrierung heterogener Configuration Engines innerhalb einer Systemkonfiguration ist die CAS-Abstraktion direkt integriert.

Das Frontend kann durch die CAS-Abstraktion direkt an eine komplexe hybride Systemstruktur gekoppelt werden. Die API von AVC präsentiert dem Frontend eine konsolidierte mehrstufige Struktur mit Objekten, Merkmalen und Bewertung. Die mehrstufige hybride Systemstruktur wird somit als homogene mehrstufige Produktstruktur dargestellt.

Diese auf den AVC-APIs und Datenstrukturen basierende Architektur ist vollständig kompatibel mit allen relevanten SAP-Frontend-Systemen und SAP-Frameworks, die REST-APIs konsumieren können. Abbildung 10.61 zeigt die FIRE-System-Configuration-Engine im Kontext.

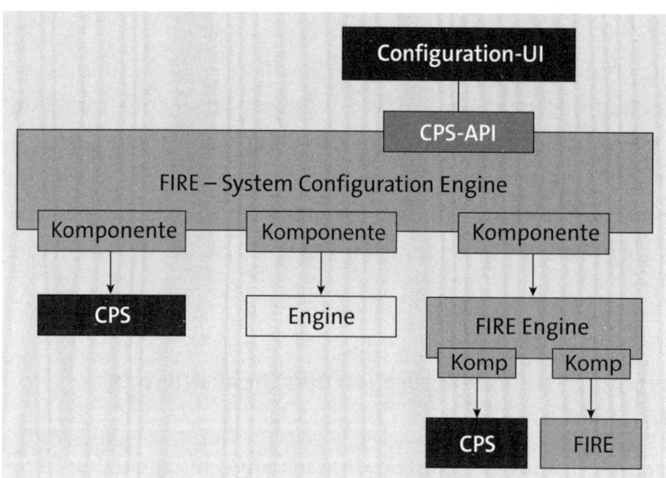

Abbildung 10.61 Mehrstufige hybride FIRE-Systemkonfiguration

FIRE-Systeme werden durch konfigurierbare Objekte mit Eigenschaften, Merkmalen und Regeln definiert. Ähnlich wie Produktkonfigurationen können auch Systemkonfigurationen intern einstufig oder mehrstufig sein. Zusätzlich können Systemobjekte spezielle Systemkomponenten mit Remote-Objektreferenzen enthalten. Diese Referenzen zeigen auf externe Objekte, die in anderen Konfigurationsmodellen bzw. Wissensbasen definiert sind. Somit können innerhalb einer hybriden Systemkonfiguration beliebige Configuration Engines kombiniert werden.

Ein FIRE-System kann darüber hinaus Regelwerk abbilden. Es gibt verschiedene Konfigurationsansätze und viele Methoden zur Modellierung von Systembeziehungswissen: dynamische Objektstrukturen, Platzhalterobjekte, Top-down-Design mit Werteübergabe, direkte und indirekte Referenzierung, Bedingungen und Alternativen, mathematische Formeln und Funktionen, Familien- und Variantentabellen, Domains und Einschränkungen, deklarative Constraints und viele weitere Funktionen.

[«]

FIRE-Systemkonfiguration mit flexiblen Methoden und Regelwerken

In einer FIRE-Systemkonfiguration können deklaratives Regelwissen (XML), prozedurales Scripting (Python) und individuell implementierte externe Regelwerke (Blackboxes) als Microservices kombiniert werden. FIRE-Systembeziehungswissen kann sowohl innerhalb der System-Wissensbasis als auch Wissensbasis-übergreifend in der hybriden System-Struktur ausführt werden.

Die Komponenten FIRE und CAS routen und transformieren den Datentransfer zwischen den Configuration Engines bidirektional zur Laufzeit. FIRE-Konfigurationsmodelle bestehen aus einfachen Textdateien in einem Projektordner und basieren auf offenen Datenformaten, z. B. XML, JSON oder Python. Textdateien können mit jedem beliebigen Editor bearbeitet werden.

Mithilfe einer integrierten Entwicklungsumgebung (IDE) ist die Modellierung jedoch sehr viel komfortabler. Das FIRE-Plugin für IntelliJ IDEA (z. B. in der Community Edition) bietet Funktionen für Modellierung und manuelles Testen oder Automatisierung und Deployment in die Runtime Engine. FIRE-Projekte können mit aktuellen DVCS-Systemen erstellt, bearbeitet, verwaltet, versioniert und verteilt werden, z. B. GIT, Mercurial oder Subversion.

10.5.4 Serviceorientierte Architekturen, SAP-kompatible APIs und komplexe mehrstufige Datenstrukturen

Die Spezifikationen der AVC-APIs können als Grundlage für eine offene und serviceorientierte Systemarchitektur im Zusammenspiel von SAP-Systemen und der SAP BTP mit externen IT-Systemen in einer hybriden Umgebung dienen. Ein gutes Beispiel ist AVC auf der SAP BTP als sehr flexibler und leistungsfähiger Microservice.

Darüber hinaus ist die SAP-API-Spezifikation auch als Grundlage für die Entwicklung von SAP-Partnerlösungen sehr interessant, z. B. als Microservices auf der SAP BTP oder in Hybrid-Cloud-Szenarien. Die Spezifikationen der AVC-Services definieren Endpoints, Methoden, Parameter und Datenstrukturen der Funktionsaufrufe (Request) und Antworten (Responses).

[»]

Die AVC-API-Spezifikation als universelle Schnittstelle und Datenstruktur

Spezielle individuell entwickelte Microservices können die APIs der AVC-Services ebenfalls implementieren. Die APIs solcher Partnerlösungen können vollständig SAP-kompatibel sein. SAP-API-kompatible Partnerlösungen sind nahe am SAP-Standard einsetzbar. Die Komponenten FIRE und CAS implementieren die AVC-APIs zur flexiblen Integration mit externen IT-Systemen und Webservices in heterogenen Systemarchitekturen.

»Aufwärts« können verschiedene Frontend-Systeme und Configuration-UIs angebunden werden, und »abwärts« können beliebige Engines als Subprodukte (Strukturblätter) oder weitere FIRE-Instanzen als Subsysteme (Strukturknoten) eingebunden werden.

»Seitwärts« ist die Integration mit Vor- oder Folgeprozessen möglich, z. B., um Partnerlösungen flexibel in die SAP-systemübergreifende Angebotserstellung und Auftragsabwicklung zu integrieren. Die API-Kompatibilität von FIRE und CAS unterstützt z. B. das Mapping der Konfigurationsergebnisse hybrider Systemkonfigurationen auf mehrstufige Belegstrukturen in Angeboten in SAP CPQ, in SAP Commerce Cloud oder in Aufträgen in SAP S/4HANA. Abbildung 10.62 zeigt die offene Architektur für die Konfiguration und Integration mittels FIRE und CAS.

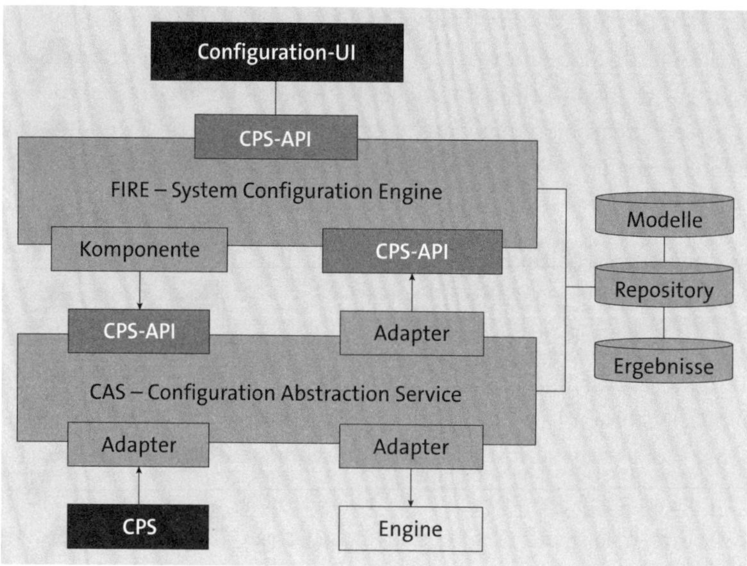

Abbildung 10.62 Offene Architektur für die Konfiguration und Integration mit APIs

Für den Produktiveinsatz stehen ergänzende Funktionalitäten und Komponenten zur Verfügung. Das CAS-Repository verwaltet alle benötigten Metadaten über Configuration Engines, Konfigurationsmodelle und Wissensbasis-Laufzeitversionen in einer Datenbank. Auch die in den Wissensbasen definierten Objekte, Eigenschaften, Merkmale und Default-Werte werden registriert.

Für die Administration zur Laufzeit verfügt das CAS-Repository über Web-UIs und REST-APIs, z. B. zur Datenerstellung und Datenpflege, Datenimport, Monitoring und Logging. CAS kann vom Frontend-System angeforderte Wissensbasis-Laufzeitinstanzen in den jeweils passenden Configuration Engines starten und den Datenfluss dynamisch zu den API-Endpunkten der Configuration-Engine-APIs routen.

Die generische Persistenzschicht kann die nativen Konfigurationsergebnisse unterschiedlicher Configuration Engines speichern und zusätzlich mit allgemein zugänglichen Metadaten anreichern. Mit Configuration-IDs als Zugriffsschlüssel können Konfigurationen wieder geöffnet werden, z. B. zum Ansehen und Ändern, als Neuvorlage oder zur Übergabe an Folgeprozesse.

10.5.5 Systemneutrale Configuration-IDs und Configuration Lifecycle Management

Prozess- und systemübergreifendes Configuration Lifecycle Management ist die Grundlage für eine durchgängige Digitalisierung der Angebotserstellung und Auftragsabwicklung variantenreicher Produkte bis hin zur Losgröße 1. Für den gemeinsamen Zugriff auf Konfigurationsdaten in SAP-Systemen und externen IT-Systemen dienen Configuration-IDs als generische Schlüssel.

Als zentrales Versionsmanagementsystem für Konfigurationsdaten kann die Middleware-Komponente *Configuration-ID Service* (CDIS) zum Einsatz kommen. Für die einfache Integration mit unterschiedlichen IT-Systemen und Microservices verfügt der Configuration-ID Service über eine REST-API.

[«]

Die Middleware-Komponente Configuration-ID Service (CIDS)

Die CIDS-Komponente ist ein flexibel einsetzbarer Microservice und stellt vielseitige Integrationspunkte bereit. CIDS generiert Configuration-IDs und verwaltet Konfigurationsdaten. Ähnlich wie CAS und FIRE nutzt auch CIDS spezifische Adapter für die Integration unterschiedlicher Configuration Engines als Microservices. AVC-Services sind direkt integriert. Die CIDS-Funktionalität steht als API zur Verfügung.

Configuration-IDs sind Zugriffsschlüssel auf Konfigurationsergebnisse, die in einer Persistenzschicht gespeichert wurden. Diese Konfigurationszustände werden in Nativ-Datenformaten (BLOBs) persistiert. Externe IT-Systeme können native Datensätze üblicherweise nicht direkt lesen. Daher verwaltet der Configuration-ID-Service zusätzliche Metadaten und stellt ein API zum transparenten Zugriff auf die Konfigurationsdaten bereit.

Metadaten und Konfigurationsergebnisse sind somit für die Integration mit externen Systemen im Zugriff und können gelesen und geschrieben werden. Ein Konfigurationszustand kann in der Engine immer wieder hergestellt, aber nicht geändert werden. Durch das Öffnen, Ändern und Speichern entsteht jeweils ein neuer Zustand mit einer neuen Configuration-ID. Abbildung 10.63 zeigt die Anbindung von IT-Systemen an den Configuration-ID-Service.

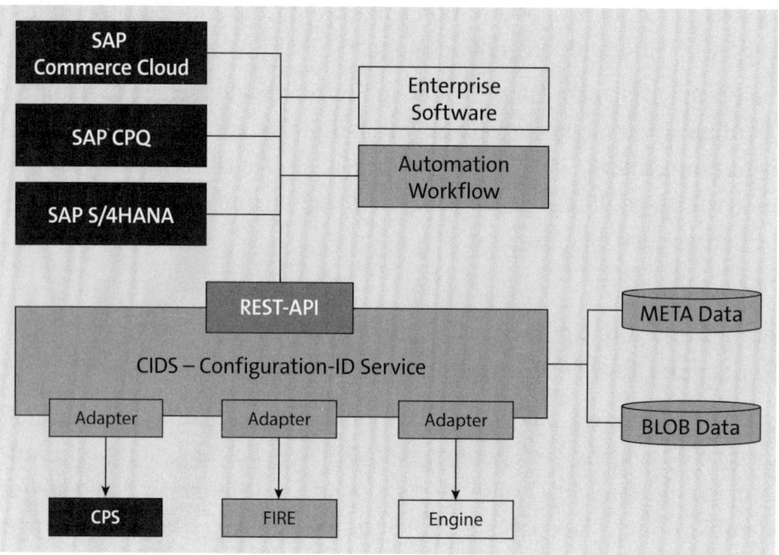

Abbildung 10.63 Configuration-ID-Service mit angebundenen IT-Systemen

CIDS bietet darüber hinaus eine weitere wichtige Funktion: Der Service verwaltet typisierte Verknüpfungen zwischen Configuration-IDs. Erstens ist es möglich, mehrstufige Eltern-Kind-Beziehungen innerhalb hybrider Systemkonfigurationen abzubilden (vertikal), und zweitens können Configuration-Lifecycle-Informationen mittels Vorgänger-Nachfolger-Beziehungen verwaltet werden (horizontal). Der Service unterstützt Versionierung, Branch und Merge-Szenarien. Somit sind Systemstrukturen und Änderungshistorien jederzeit transparent nachvollziehbar.

Auf der Basis von Metadaten, Konfigurationsergebnissen, Beziehungen und Versionen können somit auch komplexe systemübergreifende End-2-End-Prozesse schrittweise digitalisiert und automatisiert werden.

10.5.6 End-2-End-Digitalisierung und Automatisierung mit Workflow Management und Integration

Die Variantenkonfiguration wird nicht nur für die Erstellung von Angeboten und Aufträgen genutzt, sondern in SAP ERP und SAP S/4HANA kann die LO-VC- oder AVC-Low-Level-Konfiguration zur Generierung von Stücklisten und Fertigungsaufträgen genutzt werden. Für manuelle ETO-Prozesse, z. B. die CAD-/CAE-Konstruktion oder die Bearbeitung von Kundenauftragsstücklisten im Order Engineering, bietet SAP S/4HANA erweiterte Funktionen.

Für viele Variantenfertiger sind komplexe ETO-Prozesse unumgänglich und müssen so effizient und effektiv abgearbeitet werden. Die Erzeugung spezieller technischer Dokumente, z. B. Zeichnungen, CAD-Modelle, NC-Programme, Schaltpläne, Softwarecode, Grafiken sowie Datenblätter ist in SAP nicht möglich. Hierzu sind Engineering- und Autorensysteme im Einsatz.

Für das technische Daten- und Dokumentenmanagement ist SAP PLM mit dem *Engineering Control Center* (ECTR) sehr gut geeignet. Neuerstellung, Freigabe- und Änderungsprozesse sind oft manuelle Tätigkeiten mit erheblichem Zusatzaufwand. Viele Unternehmen setzen spezielle Automatisierungslösungen und Variantengeneratoren ein. Diese Systeme sind meistens Insellösungen und werden als Desktop-Software in den technischen Abteilungen genutzt.

Die Middleware-Komponente *Automation Workflow Integration* (AWI) ist eine Anwendung auf der Basis von SAP Workflow Management mit stark erweiterten Funktionen für die Low-Code-Modellierung, Python Scripting, die Integration externer IT-Systeme oder Microservices und das Status-Monitoring. Die AWI-Komponente verfügt über konfigurierbare und skriptfähige Adapter auf der Basis von verschiedenen Webservicetechnologien.

Die Middleware-Komponente Automation Workflow Integration (AWI)

Die AWI-Komponente ist ein flexibel einsetzbarer Microservice und stellt vielseitige Integrationspunkte bereit. AWI verfügt über konfigurierbare Adapter für die Integration externer Automatisierungslösungen in SAP-Workflows und vereinfacht die Anwendung komplexer APIs-Calls und Datenstrukturen, z. B. zur Generierung von Engineering-Daten (3D, CAD/CAM, CAE usw.).

Mit SAP Workflow Management können mehrstufige Prozesse und Ablaufvarianten modelliert, ausgeführt und kontrolliert werden. Configuration-IDs ermöglichen den Lesezugriff auf Konfigurationsdaten. Somit sind alle Informationen und Funktionen für die Orchestrierung und Automatisierung der technischen Auftragsabwicklungsprozesse im Zugriff. Abbildung 10.64 zeigt die Automation-Workflow-Integration mit externen Services.

SAP Workflow Management kann User-Tasks, Service-Tasks und Message-Tasks ausführen. SAP-Microservices und SAP-Funktionen können durch das Customizing als Sub-Tasks eingebunden und angesteuert werden. AWI ergänzt konfigurierbare Datenstrukturen und Arbeitskarten-Templates und erweitert die Low-Code-Schnittstellenmodellierung für Microservice-API-Calls.

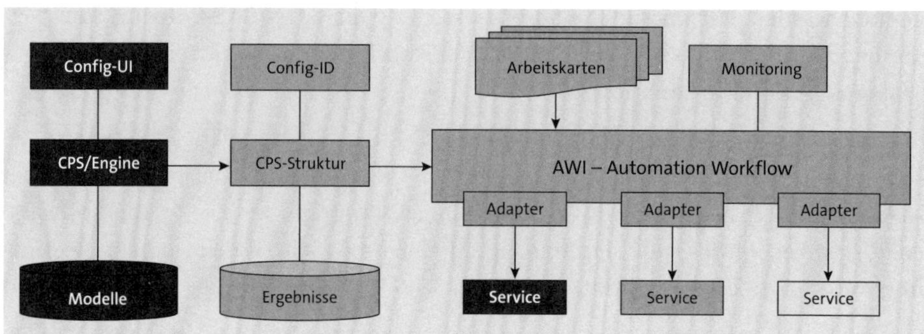

Abbildung 10.64 Automation-Workflow-Integration: Steuerung von externen Services

AWI-Adapter können externe REST-Service oder SOAP-Service-Endpoints synchron oder asynchron aufrufen und Parameter-/Request-/Response- Datenstrukturen bidirektional validieren und transformieren. Alle relevanten Authentifizierungsmethoden werden unterstützt, z. B. NoAuth, BasicAuth, OAuth, X_CSRF, AWS_Signature). Es gibt erweiterte Funktionen zum Modellieren, Testen, Debugging und Status-Monitoring aktiver Workflow-, Datenstruktur- und Arbeitskarteninstanzen und für die Archivierung.

Automation Workflow Integration digitalisiert und automatisiert End-2-End-Prozesse in der technischen Auftragsabwicklung: Kalkulation, Engineering, Arbeitsvorbereitung, Produktion, Qualitätswesen und Services. Externe Systeme und Microservices werden integriert, z. B. Kostenrechnung und Preisfindung, Software für die technische Auslegungen, Berechnungen und Simulationen, Datenbanken, PLM-/MES-/QS-Systeme, Dokumentation und Archivierung.

10.6 Fazit

In diesem Kapitel haben Sie mehrere SAP-Partnerlösungen für Variantenfertiger kennengelernt. Diese Partnerlösungen unterstützen die durchgängige Digitalisierung und Automatisierung von End-2-End-Prozessen in der Fertigungsindustrie.

Die SAP-Variantenkonfiguration bietet bereits im Standard leistungsfähige Funktionalitäten für die High-Level- und Low-Level-Konfiguration. Die AVC-APIs unterstützen die Integration in diverse Business-Anwendungen. SAP-Partnerlösungen und API-kompatible Komponenten sind eine gute Basis für die serviceorientierte Integration mit externen Business-, Engineering-, Produktions- und Serviceapplikationen.

Dabei haben wir die Lösungen folgender Partner vorgestellt:

Die networker, solutions GmbH zeigte anhand visueller Beispiele die Nutzung der 3D-Engines den Vorteil einer visuell unterstützten Variantenkonfiguration.

Durch die verwendete Lösung ergibt sich eine flexible und zukunftsfähige Architektur. Weitere Services können als Add-ons über die Message Queue hinzugefügt werden. Die Verwendung der auf Industriestandards basierenden 3D-Engine bietet die Möglichkeit, unterschiedliche Plattformen zu adressieren, wobei Anpassungen an der Codebasis geringgehalten werden können. Anhand der Verwendung der Cloud als Infrastruktur ist eine einfache vertikale und horizontale Skalierung möglich.

Im zweiten Abschnitt zeigt die networker, solutions GmbH auf, wie man die künstliche Intelligenz zur Unterstützung bei der Abarbeitung von Kundenanfragen einsetzen kann.

Daten und Dokumente werden täglich und immer häufiger in elektronischer Form ausgetauscht. Über verschiedenste Kommunikationswege und Schnittstellen aller Art erfolgt der Informationsaustausch zwischen Kunden und Lieferanten. Sobald die Kundenanfragen beim Lieferanten vorliegen, gibt es jedoch einen Bruch in der digitalen Verarbeitung.

Hier können künstliche Intelligenz und maschinelles Lernen helfen, den Bearbeitungsprozess zu optimieren. Durch eine KI-gestützte Analyse der Kundenanfragen, die bereits beim Eingang der Dokumente erfolgt, können den Mitarbeitenden bereits wichtige Bearbeitungsinformationen zur Verfügung gestellt werden. Die sehr zeitaufwendige Sichtung und Interpretation der Inhalte durch die Fachkräfte wird so auf ein Minimum reduziert.

In dritten Beitrag dieses Partners wird beschrieben, wie Variantentabellen auf einer anwenderorientierten Oberfläche leicht und effizient gepflegt werden können.

Variantentabellen sind in der Variantenkonfiguration ein sehr mächtiges und zentrales Instrument, das zur Abbildung von Wertherleitungen und für die Verprobung von gültigen Werten innerhalb des Beziehungswissens eingesetzt wird. Insbesondere in AVC erhalten Variantentabellen durch die Erweiterung und Einführung neuer Syntaxelemente im Beziehungswissen eine noch zentralere Bedeutung. Die Funktionalität wird hierbei durch eine App auf der SAP BTP bereitgestellt.

Aicomp erläuterte die Nutzung von Machine Learning im Zusammenhang mit der Variantenkonfiguration, die beispielsweise den traditionellen Ansatz der Variantenkonfiguration deutlich übertrifft. Ein KI-Modell zu integrieren ist deutlich einfacher als die Abhängigkeiten zwischen Merkmalen und Zielwerten selbst zu ermitteln und entsprechende Formeln aufzustellen. Während man bisher wertvolle Domänenexperten für lange Zeit gebunden hat, zeitaufwendige Entwicklungen tätigen und trotzdem mit gewissen Einschränkungen hinsichtlich von Spezialfällen leben musste, sind heute nur noch Trainingsdaten zu sammeln und damit künstliche Intelligenz zu trainieren.

Die Abhängigkeiten findet die künstliche Intelligenz selbst, da sie aus den Daten lernt und dabei auch Spezialfälle berücksichtigt. Obwohl weniger Arbeit anfällt, wird man mit einer deutlich höheren Vorhersagegenauigkeit belohnt. Außerdem kann sich ein KI-Modell im Laufe der Zeit weiter verbessern, denn je mehr Daten anfallen, umso mehr kann es lernen und seine Genauigkeit weiter steigern.

adesso Manufacturing Industry solutions konzentriert sich auf Frameworks, Middleware-Komponenten und Microservices mit SAP-kompatiblen APIs für die Orchestrierung heterogener Systemlandschaften:

- Configuration Abstraction Service (CAS)
- System Configuration Engine (FIRE)
- Configuration ID Service (CIDS)
- Automation Workflow Integration (AWI)

Die beschriebenen SAP-Partnerlösungen für Variantenfertiger auf der Basis von SAP-Technologien und der SAP BTP unterstützen die durchgängige Digitalisierung und Automatisierung von End-2-End-Prozessen in der Fertigungsindustrie über alle Komplexitätsstufen inklusive Engineer-to-Order und Losgröße 1.

TEIL IV

Best Practices und Möglichkeiten zum Erfahrungsaustausch

Kapitel 11
Erfahrungsbericht: Transformation von LO-VC nach AVC

Vieles ist in AVC gleichgeblieben, und doch es gibt auch zahlreiche Neuerungen. Dieses Kapitel liefert Ihnen Know-how und vermittelt das notwendige Wissen, um die Transformation von LO-VC nach AVC reibungslos durchzuführen.

In diesem Kapitel lesen Sie, wie ein Weg zur Transformation eines Produktmodells von LO-VC nach AVC aussehen kann. Wir stützen uns dabei auf unsere Praxiserfahrungen aus einem Projekt mit der TRILUX GmbH & Co. KG. Die Informationen zu der Transformation der Modelle basieren auf den Releases SAP ECC 6.0 EHP 7 und SAP S/4HANA 2202.

Wenn Sie sich in der Vergangenheit bereits mit dem Thema Variantenkonfiguration beschäftigt haben, brauchen Sie keine Scheu vor AVC zu haben. Denn viele Stammdaten bleiben gleich, und die Pflege-Views wurden neu entwickelt. Außerdem wurden Funktionen erweitert, die in der Vergangenheit nicht im Standard vorhanden waren. In Kapitel 1, »Produktkonfiguration mit SAP«, haben Sie bereits die Unterschiede und Gemeinsamkeiten sowie die Gründe kennengelernt, warum sich ein Umstieg auf AVC lohnt.

Es ist wichtig, die Transformation des Variantenkonfigurationmodells von Anfang an sauber aufzusetzen. Die zentralen Objekte im Konfigurationsmodell sind geblieben, jedoch sind manche Funktionen in der Modellierung nicht mehr einsetzbar bzw. funktionieren auch anders.

In den anschließenden Abschnitten werden anhand von Methoden aus den Best Practices sowie aus Kunden- und Consulting-Sicht die erarbeiteten praktischen Erkenntnisse beschrieben.

11.1 AVC-Vorstudie

In diesem Kapitel stellen wir Ihnen das Unternehmen TRILUX GmbH & Co.KG vor, das sich mit der neuen Baureihe SONNOS von der Massenproduktion hin zur Losgrößen-1-Fertigung beschäftigt.

Die TRILUX-Gruppe ist ein international führender Anbieter für Lichtlösungen und in mehr als 50 Ländern vertreten. Mit über 5.000 Mitarbeitenden entwickelt, produziert und vertreibt das Unternehmen innovative Lichtsysteme für unterschiedliche Anwendungsbereiche.

Die Ausgangssituation für das Projekt der Losgrößen-1-Fertigung für die neue Baureihe SONNOS bei TRILUX ist, dass der Markt immer individuellere Lichtlösungen fordert, was in der Massenproduktion nicht mehr zu realisieren ist. Die bisherige Fertigung der Vorgängermodelle war aufgrund der Komplexität, Vielfalt und der Varianten sehr aufwendig und zeitintensiv. Der Wunsch nach individuellen und maßgeschneiderten Lösungen von Kunden kann durch die Massenproduktion nicht mehr erfüllt werden. Um wettbewerbsfähig zu bleiben und den steigenden Anforderungen des Marktes gerecht zu werden, entschied sich TRILUX für die Umstellung der Fertigung hin zur Losgrößen-1-Fertigung.

11.1.1 Datenmodellanalyse

Die Vorstudie für das AVC-Projekt beginnt mit einer Analyse der *bestehenden Datenmodelle*. Bei dem *Konfigurationsmodell* handelt sich um ein einstufiges Produktmodell der Leuchtenserie SONNOS, die in runder oder quadratischer Form in die Decke eingebaut oder an der Decke angebaut wird (siehe Abbildung 11.1).

Abbildung 11.1 Übersicht der unterschiedlichen Bauformen der Leuchtenserie SONNOS

Die Herausforderung im Zusammenhang mit dieser Leuchte besteht darin, dass viele Baugruppen miteinander kombiniert werden können. Darüber hinaus kann die Leuchte mithilfe einer Software in verschiedenen lichttechnischen Ausprägungen geliefert werden. Das Produktmodell beinhaltet die üblichen Konfigurationsobjekte, Prozeduren, Constraints, Variantentabellen und sehr viele Pfunctions.

Die Merkmalseinschränkung erfolgt zum größten Teil über Constraints, kombiniert mit Variantentabellen. Einige der Variantentabellen wurden aufgrund ihrer Größe in eine Datenbanktabelle überführt.

11.1.2 Analyse der Pfunctions

In der Modellanalyse hat sich herausgestellt, dass Pfunctions im Einsatz sind. Wir haben die Pfunctions identifiziert, in einer Tabelle aufgeführt und klassifiziert (siehe Tabelle 11.1).

Nr	Beschreibung	Lösung AVC	Benötigt
1	Diese Funktion liest IBase-Werte zu CUOBJ und in Konfiguration mit Materialvarianten, wenn vorher Default-Werte in dem betreffenden Merkmal enthalten sind.	Das Problem ist im Advance Variant Configurator behoben; daher wird eine solche Funktion nicht mehr benötigt.	nein
2	Diese Funktion übernimmt die Konfiguration aus einer externen Instanz in die LO-VC-Instanz.	Die Funktion muss am Ende der Konfiguration ausgeführt werden, damit wir die Daten in AVC verarbeiten können.	ja
3	Diese Funktion simuliert die `no_visible`-Funktion durch eine einfache tabellarische Pflege des Beziehungswissens.	Es muss die Standardlösung verwendet werden, da während der Konfiguration nicht eingegriffen werden kann.	ja
4	Diese Funktion macht die Merkmale nach bestimmen Regeln eingabebereit, die tabellarisch erfasst werden.	Es muss die Standardlösung verwendet werden, da während der Konfiguration nicht eingegriffen werden kann.	ja
5	Diese Funktion macht die Merkmale nach bestimmen Regeln zu Pflichtmerkmalen, die tabellarisch erfasst werden.	Es muss ein Workaround mit den Standardfunktionen von AVC erarbeitet werden, z. B. Vorbedingungen an den Merkmalswerten.	ja

Tabelle 11.1 Übersichtstabelle vorhandener Pfunctions

11.1.3 Identifizierung von Risiken und Herausforderungen

Bei der Transformation von Datenmodellen nach AVC gibt es einige Herausforderungen, auf die besonderes Augenmerk gelegt werden sollte, damit ein funktionsfähiger Konfigurationsprozess im Advanced Variant Configurator hergestellt werden kann. Die größten Herausforderungen und Risiken werden im Folgenden beschrieben.

- **Variantentabellentypen**
  In der SAP-Variantenkonfiguration kann mit drei unterschiedlichen Verarbeitungsprozessen der Variantentabellen gearbeitet werden. Der Verarbeitungsmodus kann direkt in den Basisdaten der jeweiligen Variantentabelle eingestellt werden. Der klassische Verarbeitungsmodus stellt den bekannten LO-VC-Verarbei-

tungsmodus dar und kann auch nur in diesem verwendet werden. Es können Leerzeilen, Intervalle und mehrfache Werte pro Zelle verwendet werden. Der AVC-Verarbeitungsmodus kann nur in AVC verwendet werden, da der Funktionsumfang von Variantentabellen in AVC erweitert wurde, beispielsweise um die Wildcard-Funktion (*). Der Mixed-Verarbeitungsmodus kann in beiden Konfiguratoren verwendet werden. Allerdings ist darauf zu achten, dass nicht alle Inhalte, die in LO-VC und AVC-Variantentabellen verwendet werden können, im Mixed-Modus verarbeitet werden können. Beispielsweise können in diesem Modus keine Leerzeilen, keine Intervalle und auch keine mehrfachen Werte pro Tabellenfeld verarbeitet werden. Ist vorgesehen, dass der Verarbeitungsmodus einer Variantentabelle geändert werden soll, ist zu prüfen, ob der Inhalt der Tabelle den Vorgaben des jeweiligen Modus entspricht.

- **Pfunction vor und nach dem Konfigurationsprozess**
  Die Verarbeitung von Pfunctions ist während des Konfigurationsprozesses in AVC nicht vorhergesehen. Dennoch ist es möglich, am Anfang und Ende des Konfigurationsprozesses Pfunctions einzubinden, dies bedingt eine Anpassung des dafür benötigten Business Add-ins (BadIs).
- **Pfunction während des Konfigurationsprozesses**
  Während des Konfigurationsprozesses ist es, wie bereits erwähnt, nicht möglich, Pfunctions zu verwenden. Werden diese im zu transformierenden LO-VC-Modell verwendet, müssen die Funktionen im Standard der AVC-Engine abgebildet werden.

11.1.4 Geschätzte Aufwände

Da die Transformation von LO-VC nach AVC nicht allein die Stammdaten betrifft, sondern auch in viele Prozesse eingreift, sollte dieser strategische Wandel als eigenständiges Projekt geplant werden. In der Projektplanungsphase sind neben der Identifizierung der zu transformierenden Datenmodelle und Prozesse auch die Zeitspanne bzw. der Aufwand zu planen.

Wie aufwendig die Transformation letztlich ist, hängt von vielen Faktoren im Zusammenhang mit dem Datenmodell ab, die auch in anderen Kapiteln dieses Buches näher beschrieben werden. Wir greifen an dieser Stelle exemplarisch einige Aspekte heraus, die Sie für Ihre Aufwandsschätzung berücksichtigen sollten:

- **Wird in der High-Level-Konfiguration mehrstufig konfiguriert?**
  In LO-VC konnte in der High-Level-Konfiguration mithilfe von Constraints auf Informationen aus der aufgelösten Stückliste zugegriffen werden. Diese Vorgehensweise ist in AVC derzeit nicht möglich, da in der Stückliste die klassische Konfiguration genutzt wird. Somit müssen gegebenenfalls mit AVC alle notwendigen

Informationen allein in der Wurzel eines Datenmodells abgeleitet werden. Dies kann einen größeren Umbau der Datenmodelle bedeuten, was zusätzlichen Aufwand verursacht.

- **Basiert das Datenmodell auf SAP-Standardobjekten und SAP-Standardregelwerk?**
  Um das Regelwerk einfacher abbilden zu können, werden häufig standardisierte Add-ons eingesetzt, die während des Konfigurationsprozesses in LO-VC durch Pfunction oder Function aufgerufen werden. Diese Vorgehensweise wird auch gerne kundenspezifisch genutzt, um beispielweise aufwendige Berechnungen in LO-VC durchzuführen. Solche Lösungsansätze können bei der Transformation in das AVC-Datenmodell meist nicht übernommen werden und müssen daher erneut manuell aufgebaut werden. Sowohl für die Prüfung als auch gegebenenfalls zur Umsetzung und Sicherung dieser kundenindividuellen Lösungen ist ein Mehraufwand in der Projektplanung einzuberechnen.

  Ist das klassische Datenmodell überwiegend mit SAP-Standardfunktionen erstellt worden, kann davon ausgegangen werden, dass nur wenig Beziehungswissen nachträglich angepasst werden muss. Trotz allem sollte hier nicht vergessen werden, dass sowohl bei den Variantentabellen (richtige Wahl der Variantentabelle und damit einhergehend die Wahl der richtigen Syntax) als auch bei allen Beziehungswissensarten die Auswertung differieren kann. Somit sollten für übernommene Datenmodelle ein Zeitraum für den Vergleich und gegebenenfalls daraus ableitende Anpassungen eingeplant werden.

- **Inwieweit soll bei der Transformation auch eine Reorganisation der Datenmodelle erfolgen?**
  Mit AVC werden neue Funktionen zur Verfügung gestellt, z. B. das Löschen von manuell gesetzten Werten, die Nutzung negativer Tabellen usw. Dementsprechend können nach der Transformation die Datenmodelle reorganisiert und optimiert werden. Ist eine solche Reorganisation und Optimierung geplant, sollten sie im Projektplan eigens berücksichtigt werden.

  Bei sehr langlebigen Datenmodellen kann es von Vorteil sein, sie im Regelwerk zu bereinigen. Auch wenn die Performance in AVC um ein Vielfaches optimiert ist, kann die Bereinigung für die Wartung der Datenmodelle einen echten Vorteil bringen. Dies gilt besonders im Fall einer Erweiterung oder Fehlersuche – ein Aspekt, der im Projektplan berücksichtigt werden und für den zwingend ein Zeitraum eingeplant werden sollte.

- **Ist eine ein- oder mehrstufige Datenstruktur zu transformieren?**
  Zum einen ist hier die Auswahl der Variantentabellenart festzulegen. Werden Variantentabellen sowohl in der High-Level- als auch in der Low-Level-Konfiguration benutzt, muss der richtige Typ der Variantentabelle gewählt werden. Alternativ

kann bewusst entschieden werden, die beiden Konfigurationsebenen zu trennen. Im letzteren Anwendungsfall würde dies eine Verdopplung der Variantentabellen und des dazugehörigen Regelwerks bedeuten. Auch eine solche Tätigkeit kann in einem Projektplan schon mit festgelegt sein.

Des Weiteren ist die Übergabe der Konfigurationsinformationen besonders zu beachten. Gerade bei nummerischen Werten kann es durch eine genauere Berechnung zu anderen Ergebnissen kommen. Dies kann sowohl Auswirkungen im High Level (z. B. bei der Preisfindung) als auch im Low Level (bei der Mengenermittlung) haben. Hier ist ein Aufwand für die Prüfung der Ergebnisse einzuplanen.

- **Konfigurationsdaten in den weiteren Prozessen**:
Häufig werden Werte in der Konfiguration berechnet, die z. B. in Kundenauftrag, Stückliste, Arbeitsplan oder auch in den Schnittstellen für z. B. die Maschinenanbindung genutzt werden. Wie schon im vorher benannten Unterpunkt dieses Kapitels angesprochen, werden in AVC die Kalkulationen von Werten nach neuen Algorithmen berechnet. Auch hier sollte ein Check der Daten in den Prozessen erfolgen, damit diese reibungslos weitergenutzt werden können. Dies ist ein nicht zu unterschätzender Aspekt, für den ein separater Zeitraum vorgesehen werden sollte.

Generell liegt der größte Aufwand in der Betrachtung der High-Level-Konfiguration, da in der Low-Level-Konfiguration derzeit (Stand: März 2023) noch die klassische VC-Engine verwendet wird.

Als erstes Kriterium für die Aufwandsermittlung ist die gewählte SAP-S/4HANA-Systemlandschaft ausschlaggebend. In Abhängigkeit der ausgewählten Systemlandschaft wird vorgegeben, ob weiterhin eine kombinierte Nutzung der klassischen mit der erweiterten Variantenkonfiguration möglich ist (siehe Abbildung 11.2).

Für die Variantenkonfiguration heißt das Folgendes:

- Mit *SAP S/4HANA Cloud, public edition* kann nur die AVC-Engine genutzt werden.
- Mit *SAP S/4HANA Cloud, private edition* oder der On-Premise-Variante von SAP S/4HANA stehen sowohl die LO-VC-Engine als auch die AVC-Engine zur Verfügung. Hier können Datenmodelle aus beiden VC-Engines z. B. innerhalb eines Kundenauftrags kombiniert genutzt werden.

Basierend auf der Systemauswahl ist das Mengengerüst zu definieren, das bei der Transformation berücksichtigt werden soll. In der Public-Cloud-Version von SAP S/4HANA müssen zwingend alle vertriebsrelevanten konfigurierbaren Materialien transformiert werden. Wenn Sie SAP S/4HANA, private cloud, oder die On-Premise-Variante von SAP S/4HANA wählen, kann durch die parallele Nutzung von LO-VC und AVC das Mengengerüst individueller beeinflusst werden.

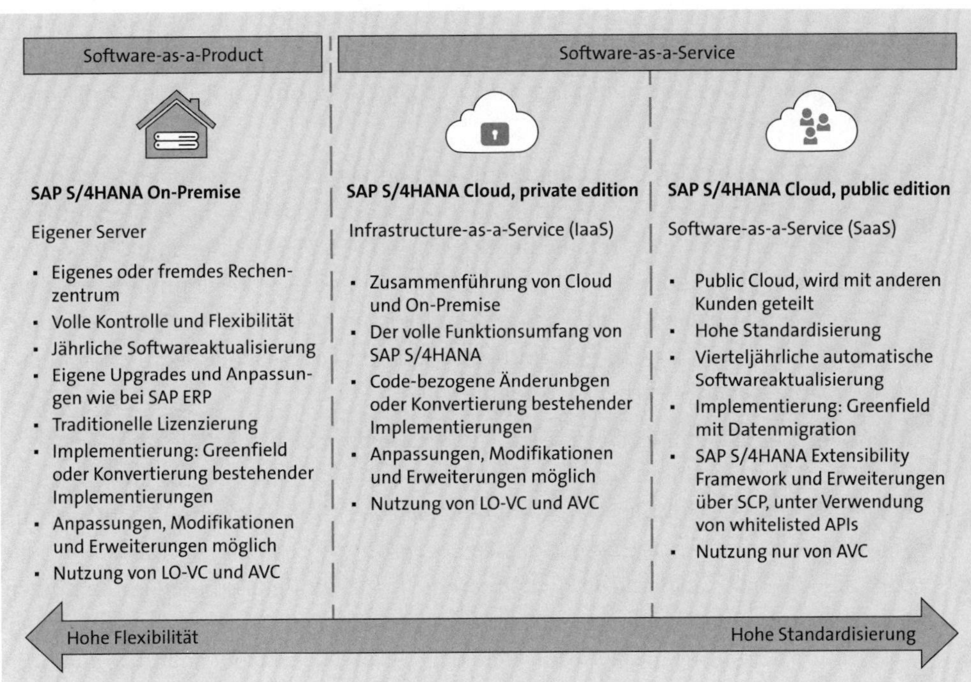

Abbildung 11.2 Vergleich der SAP-S/4HANA-Systemlandschaften

Ein weiterer Aspekt bei der Ermittlung der zu transformierenden Datenmodelle kann der Produktlebenszyklus sein. Produkte, die in naher Zukunft nicht weiter vertrieben werden sollen, sind auf den Mehrwert einer Transformation hin zu prüfen. Ist kein Mehrwert zu erwarten, können solche Datenmodelle problemlos mit LO-VC weiterbetrieben werden. Bedenken Sie, dass sich die Modelliererinnen und Modellierer für einen Übergangszeitraum in beiden »Welten« der Beziehungssyntax auskennen müssen. Ziel sollte sein, dass die neuen Datenmodelle nur noch in AVC erstellt werden.

Ist die Systemfrage geklärt, sollte bei einem On-Premise- oder Private-Cloud-System das Release für die Umsetzungsphase bzw. für die produktive Nutzung abgestimmt werden. Da in der AVC-Engine noch viele Funktionen in der Entwicklung sind, sind die Funktionen der Releases mit den abzubildenden Prozessen und Anforderungen abzugleichen. Bei der Nutzung eines SAP-S/4HANA-Public-Cloud-Systems wird die AVC-Engine automatisch auf einem aktuellen Stand gehalten. Wenn Sie ein On-Premise- oder Private-Cloud-System von SAP S/4HANA nutzen, entscheidet Ihre Administration, welches Release eingesetzt wird. Außerdem sind die Releasezyklen größer als bei einem Public-Cloud-System von SAP S/4HANA.

AVC wird ständig weiterentwickelt. Es ist deshalb ratsam, immer das aktuelle Release zu nutzen und dessen neue Funktionen gegen die Anforderungen aus den Datenmodellen und Prozessen abzugleichen. Somit ist es oft möglich, Eigenentwicklungen in LO-VC durch AVC-Standardfunktionen zu ersetzen. Planen Sie bei der Einführung der AVC-Engine also Zeit für zukünftige Analysen und die Einführung neuer Funktionen ein.

In der AVC-Engine wurde die Syntax im Beziehungswissen überarbeitet. Das heißt, dass Sie die Beziehungswissenssyntax in Ihren Datenmodellen analysieren müssen. Diese Analysen werden durch die bereitgestellten Transformationsmodule weitgehend systemgestützt durchgeführt. Bei der Nutzung dieser Programme erfolgt ein Syntaxcheck. Kann das enthaltene Beziehungswissen nicht transformiert werden, erhalten Sie eine Meldung. Das Beziehungswissen muss in diesem Fall durch Modellierungs-Fachleute nachbearbeitet werden.

Die Auswertungen der Regelwerke sind in AVC im Vergleich zu LO-VC optimiert worden. Dies kann zu einem unterschiedlichen Konfigurationsergebnis zwischen den beiden VC-Engines führen. Daher sollten nach der Transformation nicht nur die Stammdaten, sondern auch die Prozesse überprüft werden. Für die Aufwandsschätzung sind deshalb die Bereiche zu definieren, die die konfigurierbaren Daten nutzen und auswerten. Berücksichtigen Sie nicht nur die Kerngeschäftsbereiche wie Vertrieb, Disposition, Fertigung und Einkauf, sondern z. B. auch Finanzbuchhaltung und Controlling. Sind des Weiteren externe Systeme angeschlossen, sollten auch diese nicht außer Acht gelassen werden.

Wenn der Datenaufbau konzeptionell geklärt ist, sollte parallel mit der Definition der zu transformierenden Datenmodelle auch eine Entscheidung fallen, ob eine Reorganisation der Datenstrukturen durchgeführt werden soll. Dieses kann sowohl hinsichtlich der Funktionen als auch der Komplexität der Datenstrukturen erfolgen.

Mit dem Wissen, dass die Variantenkonfiguration in den einzelnen Unternehmen sehr unterschiedlich eingesetzt wird und die zu Beginn des Abschnitts benannten Kriterien zur Ermittlung des Aufwandes herangezogen werden können, ist eine valide Pauschalaussage nur bedingt möglich. Um eine genauere Einschätzung des Aufwands der Transformation zu erhalten, sollte in einem Proof of Concept (PoC) anhand eines repräsentativen Datenmodells der gesamte Prozess der Transformation durchgeführt werden. In dem PoC sind die vorab festgelegten Kriterien zu dokumentieren und gegebenenfalls zu erweitern. Im Anschluss sollte aus den Ergebnissen des PoC eine valide Aussage des Aufwands für die zu transformierenden Datenmodelle getroffen werden können.

11.2 Best-Practice-Transformation – ein Praxisbeispiel

In diesem Abschnitt zeigen wir Ihnen die Transformation anhand des einstufigen Datenmodells, das bereits in der Vorstudie (Abschnitt 11.1, »AVC-Vorstudie«) erörtert wurde. Es wird das Datenmodell einer Leuchte verwendet. Das Projekt wurde entsprechend dem Best-Practice-Vorgehen, das Sie in Abschnitt 2.7, »Transfer der Materialvarianten«, kennengelernt haben, durchgeführt (siehe Abbildung 11.3).

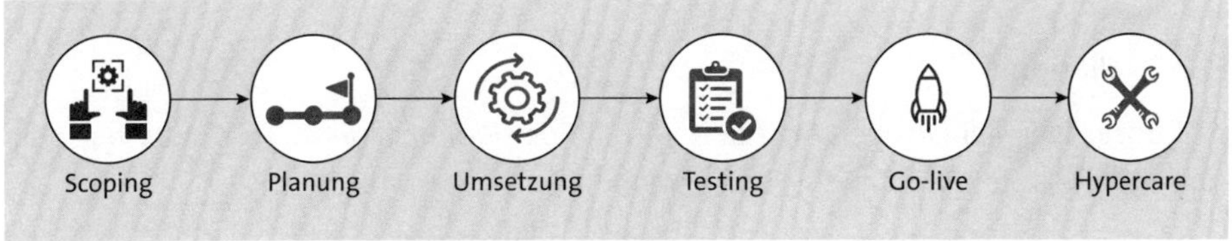

Abbildung 11.3 In sechs Schritten zum AVC-Modell

11.2.1 Scoping

11

Das verwendete LO-VC-Datenmodell ist ein Auszug aus einem einstufigen Datenmodell einer Leuchte (siehe Abbildung 11.4). Wie bereits in Abschnitt 11.1.1, »Datenmodellanalyse«, dargestellt, enthält das Modell SAP-Standardobjekte, z. B. Constraints, Variantentabellen und Prozeduren. Die Pfunctions, die zur Funktionsfähigkeit des Modells benötigt werden, wurden bereits in Abschnitt 11.1.2, »Analyse der Pfunctions«, analysiert und klassifiziert, sodass diese in unserem Auszug keine weitere Beachtung finden.

Objekt	Beschreibung
TX_KMAT_01	KMAT Downlight/Spot
TX_PLANNING_PRODUCTION_LOVC_01	
TX_CN_DL_01	Constraintnetz DL 01
TX_C_DL_LC_BA	Einschränken Lichtf u Lichtstr
TX_C_DL_TYPE_SIZE	Einschränken Typ u Groeße
9000 TX_P_DL_PRICING	Preisfindung
TX_DL_01	
300 TX_300_DL_AUX	Hilfsmerkmale Downlight
RC_SDCOM_VKOND	Variantenpreise
300 TX_300_DL_PRODUCT	Produktbeschreibende Merkmale Downlight
TX_DL_ASSEMBLY	Montageart
TX_DL_BEAM_ANGLE	Ausstrahlwinkel
TX_DL_COLOUR	Farbe
TX_DL_FORM	Form
TX_DL_LIGHTCOLOR	Lichtfarbe
TX_DL_LUMINOUS_FLUX	Lichtstrom
TX_DL_SIZE	Größe
TX_DL_TYP	Typ
3 01	
0010 L TX_DL_COMP_01	Halbfabrikat 01
0020 L TX_DL_COMP_02	Halbfabrikat 02
0030 L TX_DL_COMP_03	Halbfabrikat 03

Abbildung 11.4 Transformationsmodell: Strukturauszug

Zusätzlich enthält unser Modell eine Stückliste. Dieser Stückliste wird im Verlauf der Umsetzung allerdings keine Aufmerksamkeit geschenkt, da im Low Level weiterhin LO-VC verwendet wird und somit eine Transformation nicht notwendig ist.

11.2.2 Planung

Auf unser Beispiel bezogen, wurde innerhalb der *Planungsphase* folgender beispielhafter Projektplan mit den folgenden Meilensteinen erstellt:

1. Voranalyse des zu übertragenden Datenmodells
   - Welche Objekte können problemlos übertragen werden?
   - Welche Objekte müssen angepasst werden?
   - Welche Objekte können nicht übertragen werden?
2. Aufbereitung/Anpassung der Daten auf Basis der Voranalyse
3. Überprüfung und gegebenenfalls Anpassung der Prozesse aufgrund von Objekten, die nicht transformiert werden können
4. Transformation
5. Testung
6. Go-live

Zu beachten ist bei dieser Aufstellung, dass es sich um Meilensteine speziell für die Transformation dieses Modelles handelt. Andere Transformationsvorhaben können in Inhalt und Umfang stark von diesem Beispiel abweichen.

Definition des Projektteams

Für das Projektteam zur Umsetzung des definierten Modells haben wir die folgenden Kompetenzen ermittelt, um die Transformation erfolgreich durchzuführen:

- Projektleitung
- Fachkompetenz (LO-VC)
- Fachkompetenz (AVC)
- Prozesskenntnisse
- Fachkompetenz Entwicklung

Definition der Transformationswerkzeuge

In unserem Beispiel wurden die Standard-SAP-Werkzeuge verwendet, um das LO-VC-Modell in ein AVC-Modell zu transformieren (siehe Tabelle 11.2).

Transaktion	Beschreibung	Funktion
VCH_L2A_ WORKSPACES	LO-VC – AVC Transition Workspaces	Anlage/Freigabe Workspace
VCH_L2A_ WORKBENCH	LO-VC – AVC Transition Workbench	Einstieg in den Workspace zur Bearbeitung und Prüfung der Modelldaten
VCHMOVCOPY	LO-VC-Modell in AVC-Modell kopieren	Kopieren der Modelldaten von LO-VC nach AVC
VCHMOVMVAR	AVC: Materialvarianten umwandeln	Transformieren von Materialvarianten von LO-VC nach AVC
VCHMOVCOMP	AVC-Übergang: Ergebnisse vergleichen	Vergleichen von Belegen

Tabelle 11.2 SAP-Standardwerkzeuge zur Transformation

Definition der Testphase und der Testszenarien

Um die Transformation vor dem Go-live umfassend zu testen und alle Prozesse auf ihre Funktionsfähigkeit hin zu überprüfen, wurden die folgenden Testszenarien definiert:

- Auftragsanlage
  - KMAT und Absprung in die Konfiguration
- Konfigurationsprozess
  - Constraints werden angewendet.
  - Merkmalswerte werden korrekt eingeschränkt.
  - Prozeduren werden abgearbeitet.
- Stückliste
  - High-Level-Parameter (Merkmalswerte) werden korrekt an Low Level übergeben.
  - Die Vertriebsstückliste wird aufgelöst.
  - Die Fertigungsstückliste wird aufgelöst.
  - Die Komponenten werden in der richtigen Menge gefunden.
- Arbeitsplan
  - High-Level-Parameter (Merkmalswerte) werden korrekt an Low Level übergeben
  - Vorgänge werden mit korrekten Zeiten gefunden und in den Fertigungsauftrag übernommen.
  - Die Fertigung kann durchgeführt werden.

Diese Testszenarien wurden zum einen vom Projektteam verwendet und überprüft und zum anderen von den Prozessverantwortlichen und Teams des jeweiligen Fachbereichs abgenommen.

11.2.3 Umsetzung

Bevor die Transformation mittels der definierten Werkzeuge umgesetzt wurde, sind die ermittelten Anpassungsbedarfe, Modifikationen und Korrekturen durchgeführt worden. Mithilfe von Transaktion VCH_L2A_WORKSPACES wurde für die Transformation des Datenmodells ein Workspace angelegt (siehe Abbildung 11.5). Der Workspace-Name ist hierbei frei wählbar. Es wurde darauf geachtet, dass der Workspace dem aktiven Projekt über den Namen eindeutig zugeordnet werden kann. Zudem muss eine Beschreibung des Workspace ergänzt werden, die bei international genutzten Modellen auch sprachabhängig übersetzt werden sollte. Das Stichtagsdatum wird per Default auf das aktuelle Tagesdatum gesetzt und gibt an, ab welchem Stichtag der Workspace gültig sein soll.

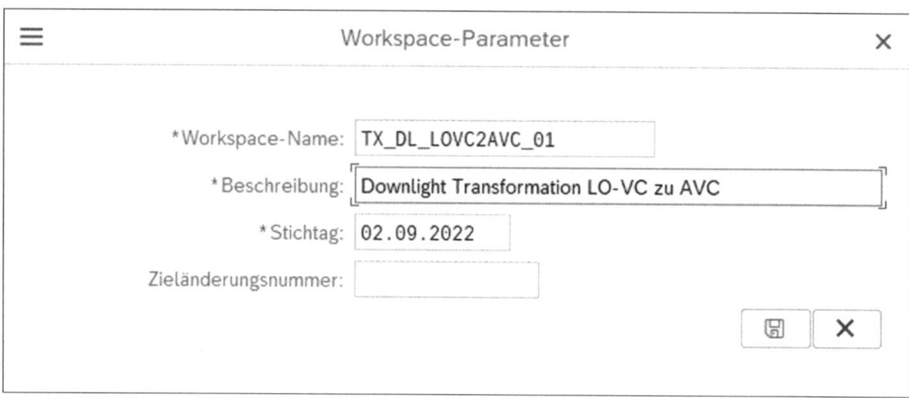

Abbildung 11.5 Workspace anlegen

Nachdem der Workspace angelegt worden ist, kann diesem das Beispielmodell mit KMAT TX_KMAT_01 zugeordnet werden (siehe Abbildung 11.6).

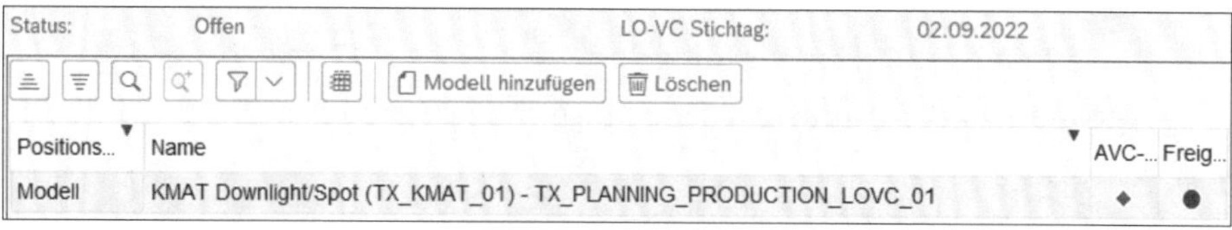

Abbildung 11.6 Modell zu einem Workspace zuordnen

Um nun die Daten unseres Modells zu überprüfen und bearbeiten zu können, wurde Transaktion VCH_L2A_WORKBENCH verwendet (siehe Abbildung 11.7).

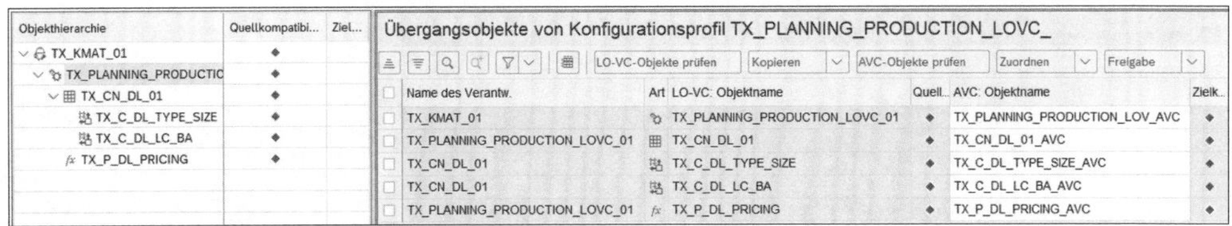

Abbildung 11.7 Modell in der Transition Workbench

In Transaktion VCH_L2A_WORKBENCH besteht die Möglichkeit, die LO-VC-Daten auf die Möglichkeit der Übernahme hin zu überprüfen und im späteren Verlauf freizugeben (siehe Abbildung 11.8).

Typ	Name des Verantwortlichen	Art	Objektname	Meldungstext	Änderungsnummer
▲	TX_KMAT_01		TX_PLANNING_PRODUCTION_LOVC_01	Benutzungsoberfläche ist dem Profil zugeordnet.	
■	TX_PLANNING_PRODUCTION_LOVC_01		TX_CN_DL_01	Prüfungen erfolgreich ausgeführt, keine Fehler gefunden.	
■	TX_PLANNING_PRODUCTION_LOVC_01	fx	TX_P_DL_PRICING	Prüfungen erfolgreich ausgeführt, keine Fehler gefunden.	
■	TX_CN_DL_01		TX_C_DL_TYPE_SIZE	Prüfungen erfolgreich ausgeführt, keine Fehler gefunden.	
■	TX_CN_DL_01		TX_C_DL_LC_BA	Prüfungen erfolgreich ausgeführt, keine Fehler gefunden.	

Abbildung 11.8 LO-VC-Objekte überprüfen

Bei diesem Beispiel handelt es sich um ein einstufiges Modell mit durchschnittlicher Komplexität. Allerdings können nur Konfigurationsprofile transformiert werden, deren Konfigurationsprofil die Einstellung **Mehrstufig** und das Kennzeichen **Nur konfigurierbare Baugruppen auflösen** beinhalten.

Nachdem alle Daten für das Kopieren überprüft worden sind, können sie entweder aus der Workbench heraus oder über Transaktion VCHMOVCOPY kopiert werden (siehe Abbildung 11.9).

Dazu muss im Eingangsdialog das KMAT des zu transformierenden Modells und dessen Konfigurationsprofil angegeben werden. Zudem muss das Gültigkeitsdatum eingetragen werden. In diesem Beispiel wurde der Änderungsdienst nicht verwendet, jedoch können auch Datenmodelle unter der der Verwendung des Änderungsdienstes mit den SAP-Transaktionen für die LO-VC- bzw. die AVC-Transformation überführt werden. Zudem muss hier festgelegt werden, welches neues Konfigurationsprofil für die Verwendung in AVC angelegt werden soll. Hierbei kann das Suffix bestimmt werden, das an das neue Konfigurationsprofil angehängt werden soll. Der restliche Teil des technischen Namens des Konfigurationsprofils muss exakt mit dem aktuellen Konfigurationsprofil übereinstimmen. Dieses wird systemseitig bereits vorgeschlagen und kann über die Eingabehilfe ausgewählt werden.

Abbildung 11.9 Transaktion kopieren

Dabei ist zu beachten, dass der technische Name des aktuellen Konfigurationsprofils automatisch gekürzt wird, sofern der Name zuzüglich des Suffix die maximale Anzahl an Stellen überschreiten würde. Nach der Ausführung können die zu überführenden Daten ausgewählt werden. In der Übersicht werden alle Objekte mit technischem Namen und Suffix angezeigt (siehe Abbildung 11.10).

Datenauswahl

Auswählen	Beziehungsart	Beschreibung Quellbeziehu...	Name der Quellbeziehung	Status	Name der Zielbeziehung
☑	Beziehungsnetz	Constraintnetz DL 01	TX_CN_DL_01	Freigegeben	TX_CN_DL_01_AVC
☑	Constraint	Einschränken Lichtf u Lichtstr	TX_C_DL_LC_BA	Freigegeben	TX_C_DL_LC_BA_AVC
☑	Constraint	Einschränken Typ u Groeße	TX_C_DL_TYPE_SIZE	Freigegeben	TX_C_DL_TYPE_SIZE_AVC
☑	Prozedur	Preisfindung	TX_P_DL_PRICING	Freigegeben	TX_P_DL_PRICING_AVC

Abbildung 11.10 Übersicht der zu kopierenden Daten

Nach der erfolgten Kopie der gewünschten Daten wurden in der Workbench die neu angelegten Daten über die Funktion **AVC-Objekte prüfen** geprüft. Da hier keine Fehler aufgetaucht sind, wurde ein direkter Vergleich zwischen LO-VC- und AVC-Modell durchgeführt.

Das neue AVC-Konfigurationsprofil mit allen kopierten Objekten kann wie gewohnt über Transaktion PMEVC aufgerufen werden. Hier werden die beiden Konfigurationsprofile zum KMAT dargestellt, wobei der Verarbeitungsmodus im Beziehungswissen im AVC-Modell auf **Erweiterte Variantenkonfiguration** voreingestellt ist und nicht abgeändert werden kann (siehe Abbildung 11.11).

Objekt	Beschreibung
˅ TX_KMAT_01	KMAT Downlight/Spot
˅ TX_PLANNING_PRODUCTION_LOVC_01	
˅ TX_CN_DL_01	Constraintnetz DL 01
> TX_C_DL_LC_BA	Einschränken Lichtf u Lichtstr
> TX_C_DL_TYPE_SIZE	Einschränken Typ u Groeße
> 9000 TX_P_DL_PRICING	Preisfindung
> TX_DL_01	
˅ TX_PLANNING_PRODUCTION_LOV_AVC	
˅ TX_CN_DL_01_AVC	Constraintnetz DL 01
TX_C_DL_LC_BA_AVC	Einschränken Lichtf u Lichtstr
TX_C_DL_TYPE_SIZE_AVC	Einschränken Typ u Groeße
9000 TX_P_DL_PRICING_AVC	Preisfindung
> 300 TX_300_DL_AUX	Hilfsmerkmale Downlight
> 300 TX_300_DL_PRODUCT	Produktbeschreibende Merkmale Downlight
> 3 01	

Abbildung 11.11 Transaktion PMEVC, LO-VC vs. AVC-Modell

11.2.4 Testen

Nach erfolgter Transformation konnte die *Testphase* beginnen. In unserem Beispiel wurden die Bereiche Vertrieb, also Auftragsanlage inklusive Konfigurationsprozess, Konstruktion, Arbeitsvorbereitung, Produktion und Supply Chain Management in die Testphase mit aufgenommen. Dabei wurden nicht nur das AVC-Modell und dessen Funktionen getestet, sondern zusätzlich ein Direktvergleich zwischen dem LO-VC-Modell und dem transformierten AVC-Modell durchgeführt. Hierzu wurde Transaktion VCHMOVCOMP verwendet, um das Konfigurationsergebnis in Abhängigkeit eines Vertriebsbelegs abzugleichen. Nach der Abnahme der prozessualen und funktionalen Tests durch das Projektteam und der Fachbereiche wurde die Go-live-Phase vorbereitet.

11.2.5 Go-live

In der *Go-live-Phase* spielt die Abstimmung zwischen dem Projektteam und den einzelnen Fachbereichen eine entscheidende Rolle. In diesem Beispiel wurde das neue Konfigurationsprofil mithilfe des Änderungsdienstes und eines Gültigkeitsdatums zu einem definierten Stichtag aktiviert. Durch den parallelen Betrieb der beiden Modelle ergibt sich der Vorteil, dass das LO-VC-Modell in der Übergangsphase als Sicherheitsnetz verwendet werden kann und somit der produktive Betrieb sichergestellt wurde.

11.2.6 Hypercare

Innerhalb der *Hypercare-Phase* wurden einzelne Optimierungen und kleinere Fehlerbeseitigungen durchgeführt. Des Weiteren wurde ein Konzept ausgearbeitet, wie mithilfe des SAP-AVC-Standardbeziehungswissens die Lücken der kundenindividuellen Funktionen (Pfunctions) geschlossen werden konnten. Weitere Anpassungen und Erweiterungen des Datenmodells erfolgen im Regelbetrieb und im Zuge des Lebenszyklus des Datenmodells.

11.3 Fazit

Das erste Transformationsprojekt hat aufgezeigt, dass eine gründliche Planung und eine strukturierte Vorgehensweise den Weg zu AVC erleichtern. Mithilfe eines Partners konnten wir den Aufwand minimal und die Umsetzung in einem adäquaten Zeitraum durchführen. Es konnten viele nützliche Parameter und Erfahrungen gesammelt werden, die bei weiteren Transformationsprojekten hilfreich sind und vertieft werden können. Auch die Herausforderung, eigene Funktionen im SAP-Standardbeziehungswissen abzubilden, konnte gelöst werden. Die wichtigste Erfahrung ist, dass für »Neues« die eigene Komfortzone verlassen werden muss und dass für Innovationen nur dann Raum geschaffen werden kann, wenn ein Out-of-the-box-Denken stattfindet.

Kapitel 12

Communitys zur SAP-Variantenkonfiguration

Wo lassen sich Erfahrungen zu Einsatz und Verbreitung einer Software besser diskutieren als in einer Usergroup? Wo findet man Unterstützung und Experten, wenn man sich mit dem Thema Variantenkonfiguration befasst? Wie lässt sich von diesen Erfahrungen profitieren? Lernen Sie die Nutzervereinigungen zur SAP-Variantenkonfiguration kennen.

Forscht man nach Interessenvertretungen der Anwenderinnen und Anwender von SAP-Software, findet man relativ schnell die 1991 gegründete *Americas' SAP Users' Group* (ASUG – *www.asug.com*) und die seit 1997 aktive *Deutschsprachige SAP-Anwendergruppe* (DSAG – *www.dsag.de*). Brauchte es da noch eine eigene Benutzergruppe für die SAP-Produktkonfiguration?

Die Antwort ist »ja«. Deshalb hat sich Mitte der 1990er Jahre eine kleine, aus einem Softwareentwicklungsprojekt (Dr. Bernhard Neumann, Dr. Albert Haag und Dr. Andreas Krämer) heraus entstandene Arbeitsgruppe zu einer eigenständigen Organisation gemausert, die unter Konfigurationsexperten, bei den Fachabteilungen, SAP-Partnerfirmen und bei SAP selbst sehr guten Anklang gefunden hat. Die Rede ist von der *Configuration Workgroup* (CWG – *www.configuration-workgroup.com*), die seit 2005 als eingetragener Verein mit Sitz in Mannheim fungiert.

Und als sich im Jahre 2015 eine Neuentwicklung der Variantenkonfiguration anbahnte, hat man sich von Beginn an mit Kunden und Partnern darüber ausgetauscht und dafür das *SAP AVC Customer Co-Innovation Council* @gegründet. Wir gehen in den folgenden Abschnitten auf die jeweiligen Gruppen ein und starten mit der größten dieser Gruppen, der Configuration Workgroup.

12.1 Die Configuration Workgroup (CWG)

Die *Configuration Workgroup* ist eine internationale und daher englischsprachige Benutzergruppe für die Produktkonfiguration mit SAP-Software. Als unabhängige und eigenständige Organisation steht die CWG allen offen, die in jedweder Form mit SAP-Software ihre Variantenkonfiguration abbilden. Sollten Sie noch kein Mitglied sein, wird es höchste Zeit!

Firmen, die SAP-Software für die Lösung von Konfigurationsaufgaben einsetzen, oder Unternehmen, die bei der Implementierung entsprechender Softwarelösungen von SAP unterstützend eingreifen, sowie einzelne Personen, die in diesem Kontext tätig sind, können Mitglied der CWG werden. Die Mitgliedschaft in der CWG ist grundsätzlich kostenfrei.

Dabei wird zwischen Vollmitgliedern im Verein und unterstützenden Usern im Netzauftritt unterschieden. Die Mehrheit der derzeit etwa 6.500 Nutzerinnen und Nutzer der CWG-Website sind Einzelpersonen, die in ihrer täglichen Arbeit mit dem Variantenkonfigurator LO-VC, dem Internet Pricing and Configurator (IPC), der SAP Product Configuration in SAP Commerce Cloud, CPQ (ehemals CallidusCloud CPQ), dem Solution Sales Configurator (SSC) oder dem neu veröffentlichten SAP S/4HANA Advanced Variant Configuration (AVC) zu tun haben.

Die wichtigsten, nach außen sichtbaren Aktivitäten sind die zweimal jährlich stattfindenden CWG-Konferenzen und der Internetauftritt der CWG:

- **CWG-Konferenzen**
  Die Kommunikationsform auf den Konferenzen war schon immer sehr offen und der Arbeitsstil eher hemdsärmelig als formal. Wir erläutern Ihnen die Konferenz sowie deren Stil und Ablauf näher in Abschnitt 12.1.4.
- **CWG-Portal**
  Das CWG-Portal ist Bestandteil des Internetauftritts der CWG (siehe Abbildung 12.1). Mit seinem Dokumentenarchiv und den zahlreichen Diskussionsforen hat sich das CWG-Portal – neben den CWG-Konferenzen – zum zweiten Standbein der CWG entwickelt (siehe Abschnitt 12.1.5).

In den Reihen der CWG-Mitglieder finden sich viele SAP-Mitarbeitende – teils aus den Entwicklungslabors und teils aus den Teams der SAP-Landesgesellschaften. Die CWG hat sich selbst 2005 eine Organisationsform als eingetragener Verein gegeben, auf deren Basis alle Aktivitäten eigenständig geplant und durchgeführt werden. Der Hintergrund dieser Gesellschaftsform lag in der wachsenden Anzahl der Mitglieder und den daraus resultierenden finanziellen Aufwänden und Risiken, insbesondere wegen der Konferenzorganisationen. Der Erfahrungsaustausch unter den Anwenderinnen und Anwender der SAP-Software steht dabei ganz klar im Mittelpunkt (siehe Abschnitt 12.1.2, »Entstehungsgeschichte«).

Abbildung 12.1 Webauftritt der Configuration Workgroup

12.1.1 Zielsetzung und Aufgaben

Die CWG verfolgt hauptsächlich drei Ziele:

- **Effektivität**
  Eine effektive Nutzung der von SAP entwickelten und vermarkteten Software zur Lösung von Variantenkonfigurationsaufgaben wird durch die Förderung von Informationsaustausch und die aktive Weitergabe von Erfahrungswissen im gegenseitigen Interesse der Mitglieder gestärkt.
- **Best Practices**
  Die CWG bietet ihren Mitgliedern ein Forum zum Austausch von Ideen und Informationen und fördert eine fachlich korrekte Nutzung der SAP-Software für die Produktkonfiguration, wie sie sich in vielen Projekten bewährt hat.
- **Einflussnahme**
  Im Interesse ihrer Mitglieder macht die CWG ihren Einfluss auf die Entwicklungsaktivitäten, die Produktstrategie und das Dienstleistungsangebot von SAP und von SAP-Partnerfirmen geltend. Hervorzuheben ist hierbei die Entwicklung von AVC, das in einer Co-Innovation Customer Group mit SAP zusammen entwickelt wird. Alle Mitglieder dieser Co-Innovation Customer Group sind CWG-Mitglieder.

Es gibt nun verschiedene Wege und Werkzeuge, um diese Ziele umzusetzen. Die CWG hat die folgenden Instrumente entwickelt:

Informationsaustausch

In den ersten Jahren nach der Gründung der CWG wurde der Informationsaustausch zwischen einem recht überschaubaren Kreis von Anwenderinnen und Anwendern auf der einen und einem kleinen Stab von Mitgliedern der SAP-Entwicklungsorganisation auf der anderen Seite betrieben. Mit zunehmender Nutzung der Produktkonfiguration in einer steigenden Anzahl von SAP-Implementierungen bei vielen Unternehmen unterschiedlichster Größe war es jedoch fraglich, ob eine kleine Arbeitsgruppe wirklich die Interessen eines großen, nicht in die Gruppe einbezogenen Nutzerkreises verstehen und vertreten konnte. Aus diesem Grund hat sich die CWG sehr bald einer weiteren Aufgabe gestellt, die in der Satzung nicht explizit erwähnt ist: der Bildung eines Netzwerks all derer, die sich beruflich mit der Produktkonfiguration in SAP-Lösungen befassen.

Netzwerkbildung

Durch konkrete und oftmals sehr hilfreiche Angebote ist es der Gruppe gelungen, in wenigen Jahren sehr viele Mitglieder zu gewinnen. Da alle Funktionen in der CWG ehrenamtlich ausgeübt werden, können nur solche Angebote realisiert werden, die einen gegenseitigen Nutzen bringen. Wer seine Arbeit vorstellt, lernt mit Sicherheit andere Mitglieder kennen, die Erfahrungen aus ähnlichen Situationen mitbringen. Wenn Personen aus der Beratung viele Fragen beantworten oder Ratschläge geben, bauen sie sich damit auch einen Ruf als Expertin oder Experte auf.

Zunächst waren es primär die zu Konferenzen umgestalteten CWG-Treffen, die immer mehr Mitglieder anlockten. So erreichten Konferenzen kurz vor der Covid-Pandemie im Jahr 2019 mit 190 Teilnehmern einen neuen Rekord. Auf den Konferenzen werden aktuelle Neuigkeiten aus der SAP-Entwicklung vorgestellt. Nach dem Motto »Wie nutzen eigentlich andere die von SAP bereitgestellte Software?« stoßen aber insbesondere Vorstellungen von Implementierungsprojekten im Allgemeinen auf großes Interesse. Der ursprüngliche Zweck der CWG-Treffen, fachliche Themen im Expertenkreis zu diskutieren, ist nach wie vor erhalten geblieben. Entsprechende Fokusgruppen arbeiten phasenweise sehr konkret. In einer Fokusgruppe werden z. B. Anforderungen für zukünftige Erweiterungen von AVC formuliert und nach Prioritäten geordnet. Eine andere Fokusgruppe hatte das Knowledge Base Interchange Format (KBIF) als XML-Format zum Austausch von Konfigurationsmodellen entwickelt.

Mit der Einrichtung des CWG-Portals wurde eine ganz neue Dimension eröffnet (siehe Abschnitt 12.1.5 »CWG-Portal«). Dieses Angebot nutzen viele, die sich in ihrer täglichen Arbeit mit der Produktkonfiguration in SAP-Geschäftsprozesslösungen auseinandersetzen, aber nicht die Gelegenheit haben, ein- oder zweimal im Jahr eine internationale Konferenz zu besuchen.

Insgesamt haben die allgemeine Bekanntheit der CWG, ihre Unabhängigkeit sowie die gute Resonanz bei Anwenderinnen und Anwendern, bei den SAP-Landesgesellschaften und bei Partnerfirmen eine gute Basis geschaffen, um die in der Satzung formulierten Ziele umzusetzen.

12.1.2 Entstehungsgeschichte

Die Configuration Workgroup wurde im Herbst 1993 unter dem Namen *American Configuration Workgroup* (ACWG) als Arbeitsgemeinschaft gegründet. Sie entstand also kurz nach der Gründung der ASUG und einige Jahre vor der DSAG. Ziel der Zusammenarbeit einiger namhafter amerikanischer Fertigungsunternehmen war es, ein standardisiertes Konfigurationswerkzeug auf den Weg zu bringen.

Die beteiligten Unternehmen waren allesamt Anbieter konfigurierbarer Produkte, die als Komponenten gefertigt wurden, um in einem größeren System zum Einsatz zu kommen. Verkauft wurden in aller Regel die kompletten Systeme. Es handelte sich also durchweg um komplexe Systemkonfigurationen. Die Mitglieder der Arbeitsgemeinschaft hatten jeweils eigene Konfigurationswerkzeuge entwickelt und wollten diese durch eine langfristig stabile Standardlösung ersetzen. Alle waren Kunden von SAP und hatten ihre Prozesse zu großen Teilen auf die SAP-Geschäftsprozesslösung standardisiert. So ist es nicht verwunderlich, dass Personen aus Beratung und Entwicklung von SAP teilweise in die Aktivitäten der Arbeitsgemeinschaft einbezogen waren.

Erklärtes Ziel war die Einbindung des neuen Standardkonfigurationswerkzeugs in die SAP-Infrastruktur. Wer den Konfigurator entwickeln sollte, war zunächst offen. Die Kooperation zwischen der ACWG und SAP war insgesamt sehr konstruktiv und hat eine Reihe visionärer Ideen hervorgebracht, auch wenn mitunter schwierige und spannungsgeladene Phasen überwunden werden mussten.

Fachliche Aktivitäten in den ersten Jahren

Das Anfang 1994 von der ACWG vorgelegte Spezifikationsdokument enthielt im Kern folgende, von SAP seinerzeit als teilweise kritisch eingeschätzte Forderungen:

- Der Konfigurator sollte in die SAP-Geschäftsprozesslösung integriert, aber auch eigenständig, also unabhängig von einem großen Backend-System nutzbar sein.
- Es sollte ein Application Programming Interface (API), also eine Programmschnittstelle, vorhanden sein, die das Erstellen einer anwendungsspezifischen, grafischen Benutzeroberfläche erlaubt.
- Die Funktionalität sollte auf Systemkonfigurationsaufgaben ausgerichtet sein.

- Die Erstellung von Konfigurationsmodellen sollte sehr einfach sein. Es wurde von einer leicht zugänglichen Produktmodellierungsumgebung gesprochen.

SAP hat sich diesen Herausforderungen gestellt, und in einer intensiven Arbeitsphase wurde im Frühjahr 1994 das Konzept für den später als Sales Configuration Engine (SCE) implementierten Konfigurator gemeinsam mit der Arbeitsgemeinschaft erstellt. Dieser floss als eine Hauptkomponente in den IPC ein, der über die Jahre hinweg in allen vertriebsrelevanten Prozessen von SAP-Systemen als Konfigurator diente. Das Thema der Systemkonfiguration wurde im Jahre 2014 mit dem Solution Sales Configurator als Standardprodukt noch wesentlich besser adressiert, da hierbei explizit auf die komplexen Anforderungen bezüglich Modellierung und Instanziierung eingegangen wurde.

Der Arbeitsgemeinschaft waren inzwischen auch Variantenhersteller aus Finnland und der Schweiz beigetreten. Aus der *American Configuration Workgroup* wurde die *Configuration Workgroup* (CWG). Die CWG wurde vorübergehend in das SAP High-Tech Industry Center of Expertise integriert und gewann auf diese Weise weitere Mitglieder aus der Hightech-Branche. Wenige, sehr stark engagierte Mitglieder der CWG haben die Entwicklung und den Test des neuen Konfigurators SCE – der im Sommer 1997 erstmals verfügbar war und im Frühjahr 1998 erstmals im Rahmen einer Projektlösung produktiv eingesetzt wurde – eng begleitet. In den folgenden Jahren begleitete die CWG die Entwicklung eines Java-basierten *Product Modeling Environment* (Java PME) und die Entstehung des IPC, der im Sommer 1999 als erste Komponente der CRM-Lösung von SAP verfügbar war.

Seit dem Jahr 2016 arbeitet die CWG im SAP AVC Customer Co-Innovation Council sehr eng mit dem SAP-Produktmanagement und der Produktentwicklung an der neuen Standardsoftwarekomponente AVC.

Entwicklung zur Organisation

Als kleine Kundengruppe hat die CWG über einen langen Zeitraum sehr intensive Kontakte zum SAP-Entwicklungsteam für den SCE-Konfigurator gepflegt. Bald war erkennbar, dass sich die CWG einer größeren Menge von Mitgliedern öffnen musste, um weiteren Einfluss auf die Entwicklung der Standardsoftware nehmen zu können. Die Treffen wurden so organisiert, dass es neben den Diskussionen in den Fokusgruppen auch Präsentationen zu Neuerungen im Konfigurator und zu Erfahrungen aus Anwendungsprojekten gab.

Zum zehnjährigen Jubiläum der CWG im Jahr 2003 war die Zahl der Mitglieder auf knapp 300 angestiegen. Aus dem CWG-Treffen waren Konferenzen mit jeweils mehr als 100 Teilnehmenden geworden. Die Vorbereitung und Durchführung der Konferenzen war zunehmend zu einer Herausforderung geworden, weil die CWG immer noch als lose Arbeitsgemeinschaft und damit als Organisation ohne Rechtsform fungierte.

Nach vielen Diskussionen wurde im Frühjahr 2005 ein Verein nach deutschem Vereinsrecht gegründet, der in seiner Satzung die bis heute gültige und vollkommen eigenständige Organisationsform der CWG regelt. Im gleichen Jahr wurde auch der Internetauftritt der CWG durch das CWG-Portal ergänzt und im Jahr 2021 modernisiert. Über diese Online-Plattform treten mittlerweile mehr als 6.500 Anwenderinnen und Anwender von Produktkonfigurationen mit SAP ohne Aufwand und Kosten miteinander in Kontakt.

12.1.3 Organisatorischer Aufbau

Der Configuration Workgroup e.V. ist ein im Vereinsregister des Amtsgerichts Mannheim eingetragener Verein nach deutschem Vereinsrecht. Der Verein verleiht der CWG damit eine ordentliche Rechtsform.

Mitglieder der CWG sind im Regelfall natürliche Personen, die Mitarbeitenden einer Firma oder Institution sind, die SAP-Software einsetzt oder sich wesentlich auf die Unterstützung des Einsatzes von SAP-Variantenkonfigurationssoftware konzentriert.

Der CWG e. V. hat ordentliche und fördernde Mitglieder. Lediglich die ordentlichen Mitglieder sind in der Mitgliederversammlung aktiv und passiv wahl- und stimmberechtigt. Fördernde Mitglieder haben – mit Zustimmung des Vorstandes – die Möglichkeit, an der Mitgliederversammlung beratend teilzunehmen.

Ordentliches Mitglied kann werden, wer an den Zielen und Aufgaben des Vereins mitarbeitet. Förderndes Mitglied kann jede natürliche oder juristische Person werden, die die Ziele des Vereins unterstützt und fördert.

Über die Aufnahme von ordentlichen Mitgliedern beschließt die Mitgliederversammlung nach schriftlichem Antrag an den Vorstand mit der Mehrheit von zwei Dritteln der anwesenden ordentlichen Mitglieder. Über die Aufnahme von fördernden Mitgliedern beschließt ein vom Vorstand eingesetzter Ausschuss (Membership Committee) nach schriftlichem Antrag.

Mitgliederfirmen sind somit einerseits SAP-Kunden, die eine SAP-Lösung nutzen und dabei Produktkonfiguration im Einsatz haben, und andererseits SAP-Partnerfirmen, die diese Produktkonfigurationslösungen in irgendeiner Form unterstützen.

Die offizielle Mitgliedschaft ist kostenlos und wird gegenüber dem CWG-Vorstand beantragt. In aller Regel handelt es sich dabei um einen sehr einfachen Vorgang. Informationen zur Mitgliedschaft finden Sie im Internet unter *www.configuration-workgroup.com* im Bereich **Satzung**.

Die Führungsgremien der CWG sind zum einen das Board of Directors und der Vorstand an sich (das Executive Committee). Die Mitglieder des Board of Director werden in jährlicher Wahl durch die CWG-Mitgliederversammlung bestimmt und steuern das tägliche Geschäft. Unter anderem findet einmal wöchentlich eine Telefonkonferenz statt, in der sich das Board of Directors mit den anfallenden Aufgaben beschäftigt. Die vier Vorstände des Vereins (1. Vorsitzender, 2. Vorsitzender, Sekretär und Kassierer) werden für eine Laufzeit von drei Jahren gewählt. Eine Darstellung der unterschiedlichen Mitgliedstypen sehen Sie in Abbildung 12.2.

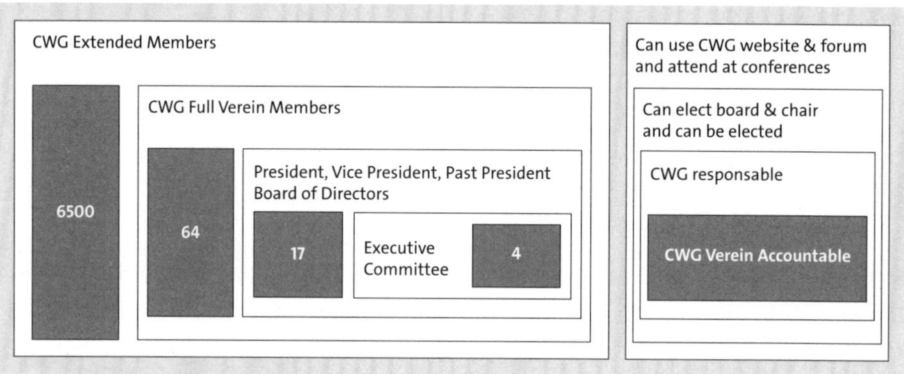

Abbildung 12.2 CWG in Zahlen (Quelle: CWG)

Das Board of Directors setzt sich aus den Funktionsträgern der CWG zusammen: Der Präsidentin/dem Präsidenten und den Officers. Die Präsidentin oder der Präsident wird hierbei von einer Stellvertretung und der Vorgängerin/dem Vorgänger unterstützt. Dadurch wird Kontinuität und Wissensweitergabe gewährleistet.

Die Präsidentin oder der Präsident wird alle zwei Jahre neu gewählt. Nach Ablauf der Amtszeit bleibt die Vorgängerin oder der Vorgänger im Board of Directors bis die nächste Person in das Präsidentenamt gewählt wird. Das rollierende System gewährleistet zum einen hohe Stabilität und Kontinuität, sorgt aber gleichzeitig auch für einen fortlaufenden Wechsel auf der Führungsebene, der ausdrücklich gewünscht ist. Sollten Sie also Interesse haben, an dieser Institution aktiv mitzuarbeiten – seien Sie herzlich willkommen!

12.1.4 CWG-Konferenzen

Nachdem die in englischer Sprache abgehaltenen CWG-Konferenzen in früheren Jahren aus Kostengründen häufig an den großen SAP-Standorten in Walldorf und Philadelphia durchgeführt worden waren, hat es sich in den letzten Jahren bewährt, auf Hotels an unterschiedlichen Orten auszuweichen. Dies verleiht nicht nur der Unabhängigkeit von SAP Ausdruck, sondern hat auch die Teilnahmebereitschaft der Mitglieder spürbar erhöht. In der Vergangenheit wurden die Frühjahrskonferenzen in Europa und die Herbstkonferenzen in den USA abgehalten. Dies wurde während der Covid-Pandemie geändert. Nun treffen sich die Mitglieder im Mai/Juni in Europa und im September/Oktober in Nordamerika. Normalerweise wohnen der Konferenz ca. 100 bis 150 Teilnehmende bei, wobei es in letzter Zeit zu größeren Konferenzen kam. Beispielsweise haben sich 2019 in Budapest fast 190 Teilnehmende eingefunden (siehe Abbildung 12.3).

Abbildung 12.3 Gruppenbild der CWG-Konferenz 2019 in Budapest

Als Format hat sich seit 2005 die dreitägige Konferenz zu Wochenbeginn etabliert. Am ersten Tag stehen typischerweise Präsentationen von allgemeinem Interesse im Mittelpunkt. Dazu gehört regelmäßig die Vorstellung von Neuentwicklungen bei SAP und SAP-Partnern. Große Aufmerksamkeit genießen die Präsentationen zu Implementierungsprojekten, bei denen sich die Konferenzteilnehmenden gegenseitig über die verschiedenen Einsatzszenarien der Produktkonfiguration informieren. Gastvorträge zu ausgewählten Themen am Rande der Produktkonfiguration oder Marktberichte über Konfigurationssoftware runden das Programm der Vollversammlung am ersten Tag ab.

Der zweite Konferenztag gehört gemeinhin der Arbeit in Kleingruppen. Hier werden Präsentationen zu speziellen Themen im Umfeld der Produktkonfiguration gehalten. Dabei gibt es meist Gelegenheit zu ausführlichen Feedback-Diskussionen. Sich gegenseitig kennenzulernen und auszutauschen ist dabei genauso wichtig wie die konkreten Inhalte der Kleingruppenarbeit. Die Aufteilung in kleine Einheiten ermöglicht auch die Durchführung von praktischen Übungen oder Tests neuer Anwendungen.

Das gesamte Rahmenprogramm der CWG ist darauf ausgelegt, Networking zu betreiben und geschäftliche Kontakte zu knüpfen oder zu vertiefen.

Am dritten Tag stehen oft wieder Präsentationen im Plenum auf der Agenda. Im Gegensatz zum Programm des ersten Tages ist der Inhalt eher auf Implementierungsteams und Personen, die die Modellierung durchführen, zugeschnitten. Fragen zur praktischen Anwendung werden besprochen oder Tipps und Tricks ausgetauscht. Über ein Abschlussgespräch des CWG-Vorstands mit dem Plenum und über Feedback-Bögen nehmen die Konferenzteilnehmenden Einfluss auf die Gestaltung zukünftiger Konferenzen. Während der Covid-Pandemie und der daraus resultierenden Reise- und Konferenzbeschränkungen konnte die CWG die Konferenzen dennoch – wenn auch virtuell – mit großem Erfolg abhalten. Content lässt sich, wenngleich nicht in der gleichen Qualität, auch per Videokonferenzen vermitteln. Aktuell ist die Konferenz auf zwei Tage verkürzt, wobei am dritten Tag ein Deep-Dive-Workshop zur Modellierungsphilosophie mit AVC angeboten wird, der bisher immer ausgebucht war.

12.1.5 CWG-Portal

Das CWG-Portal ist seit 2005 fester Bestandteil des Internetauftritts der CWG unter *www.configuration-workgroup.com*. Die Internetseiten der CWG sind durchgehend in englischer Sprache verfasst. Es gibt einen frei einsehbaren öffentlichen Teil und einen zugangsgeschützten, nur dem Board of Directors zugänglichen Bereich.

Die Nutzung der Portalfunktionen ist kostenfrei, erfordert allerdings eine elektronische Registrierung. Mittlerweile gibt es etwa 6.500 registrierte Nutzerinnen und Nutzer des Portals und insgesamt ca. 13.000 veröffentlichte Beiträge.

Nach einer Registrierung erhalten Sie Zugang zu einer Reihe von Portalfunktionen, die wir nachfolgend kurz vorstellen möchten.

- **CWG-Blog**
  In diesem Bereich können Sie die Weblog-Beiträge zu aktuellen Themen der Produktkonfiguration mit SAP und zu Ereignissen rund um die CWG einsehen.
- **CWG-Forum**
  Das Diskussionsforum bietet Platz zum Austausch und zur Archivierung von Meinungen und Erfahrungen (siehe Abbildung 12.4). Aktuell ist das CWG-Forum in sieben Fach- und drei Administrationsforen gegliedert. Das mit Abstand aktivste Fachforum ist der Produktmodellierung gewidmet. Es umfasst etwa 1.000 Themen mit insgesamt fast 4.500 Diskussionsbeiträgen. Weitere Fachforen gibt es z. B. zu den Themenbereichen Produktkonfiguration in Verkauf und Service sowie Produktkonfiguration in der Fertigung (ebenfalls über 1.000 Themen). Ein neues Fachforum wurde 2014 dem Solution Sales Configurator gewidmet, da dieser der ursprünglichen Entwicklungsanfrage (siehe Abschnitt 12.1.2, »Entstehungsgeschichte«) am nächsten kommt. Auch gibt es ein relativ neues Forum zu AVC.

Topics

Forum	Topics	Posts	Last post
Product Configuration in Manufacturing This forum covers aspects of product configuration in regards of order and production processing, logistics and delivery. Questions typically deal with the functionality of the variant configurator and it's integration into ERP resp. S/4HANA processes that are sometimes called downstream or also low-level.	1024 1 new post	4341	By 3 days 22 hours ago
S/4 HANA Advanced Variant Configuration This is the place to discuss all the happenings around the new Advanced Variant Configuration Engine in S/4HANA,	87 1 new post	283	By 4 days 22 hours ago
Sales & Service Configuration This forum addresses the unique challenges when product configuration is brought into sales and service processes. Questions typically deal with the functionality of variant configuration in ERP SD for sales order management or in Quotation and/or Order management in SAP CPQ, SAP Commerce, SAP CRM or other so-called frontend applications.	760	2942	By 4 days ago
SAP CPQ This forum addresses all challenges related to setup, integration, and use of SAP CPQ (formerly Callidus CPQ). This includes product configuration and pricing using native CPQ functionality as well SAP Variant Configuration and Pricing scenarios where models are created in VC/AVC.	2	4	By 3 weeks 5 days ago
Product Modeling In this forum, discussions focus on the "art of product modeling". Different approaches to address the same problem in multiple different ways and advantages/disadvantages of each are being discussed.	1014 2 new posts	4420	By 4 days 1 hour ago
SAP Solution Sales Configuration (SSC) This forum addresses the unique challenges when complex combination of configurable products such as System Configurations are to be sold via SAP sales and service processes. Functional and technical questions related to the use of the Focused Business Solution -SAP Solution Sales Configuration - in SAP CRM Sales and Service Quotation & Order Management, ERP SD Quotation & Sales order management or Standalone deployments of the SSC engine.	59	196	By 11 months 1 week ago
Product Data Management in SAP CRM This forum is for people interested in sharing/learning about best practices and challenges in setting up product master data, pricing, packages/bundles, catalog and product configuration in SAP CRM. Unique challenges are for example sophisticated packages, CRM PME product modeling for service products or the requirement to keep master data from ERP and in CRM in sync.	44	156	By 7 months 3 weeks ago

Abbildung 12.4 CWG-Forum auf www.configuration-workgroup.com

- **Dokumentenverzeichnis**
  Das Dokumentenarchiv der CWG ist sicher einer der wertvollsten Schätze des CWG-Portals. Hier können Sie in Sekundenschnelle auf Hunderte von Konferenzbeiträgen aus mehr als 50 CWG-Konferenzen seit 2002 zugreifen. Daneben bietet das Verzeichnis auch Platz für die Dokumentenverwaltung der vielfältigen regionalen Gruppen, den sogenannten Chapters, die sich rund um den Globus gebildet haben.

- **CWG-Sandbox**
  In diesem Portalbereich finden Sie Informationen zu dem in Abschnitt 12.1.6, »CWG-Sandbox-Systeme«, vorgestellten SAP-System, das die CWG für ihre Mitglieder betreibt.

12.1.6 CWG-Sandbox-Systeme

Seit Ende 2007 betreibt die CWG u. a. ein eigenes SAP-ERP-System, auf das CWG-Mitglieder unter bestimmten Auflagen Zugriff erhalten können. Auflagen sind maßgeblich solche, die man in Code of Conducts wiederfindet.

Die als Sandbox, also als freies Testsystem betriebene SAP-ERP-Lösung wird u. a. zum Aufbau einer Bibliothek von Konfigurationsmodellen genutzt. Alle, die sich mit der Modellierung befassen, können hier direkt voneinander lernen. Anhand von Lehrbeispielen werden unterschiedliche Modellierungsansätze nebeneinandergestellt. Bereits ein Jahr nach der ersten Verfügbarkeit gab es über 100 registrierte Benutzerinnen und Benutzer, die mehr als 40 Konfigurationsmodelle erstellt haben. Die Modelle werden z. B. in Kleingruppensitzungen der CWG-Konferenzen interaktiv am System vorgestellt und diskutiert. Neben dem SAP-ERP-System ist seit 2021 auch ein SAP-S/4HANA-System verfügbar. Somit können die Mitglieder auf die aktuelle Softwareversion von SAP zugreifen, ohne selbst ein solches System vorhalten zu müssen. Der Fokus liegt hierbei natürlich auf AVC.

Es macht einen deutlichen Unterschied, wenn Sie nach einer kurzen Präsentation auch einmal selbst interaktiv mit einer vorgestellten Lösung arbeiten können.

12.2 Die DSAG-Arbeitsgruppe »Variantenkonfiguration«

Die DSAG-Arbeitsgruppe »Variantenkonfiguration« beschäftigt sich mit der Nutzung der Funktionalität konfigurierbarer Produkte und anderer Objekte in SAP-Systemen. Der Fokus liegt hierbei auf AVC, der aktuellen Core-Konfigurationslösung in SAP S/4HANA.

Aufgrund der weiten Verbreitung von LO-VC wird auch dieses Thema beleuchtet, insbesondere der Übergang von LO-VC zu AVC. Die Unterschiede der »alten« und »neuen Welten« werden beleuchtet, Erfahrungen ausgetauscht, Anforderungen gesammelt und bei SAP eingereicht.

Die Themen umfassen neben dem Core-Konfigurator auch dessen Weiterverwendung, z. B. über die SAP Business Technology Platform (SAP BTP) mittels AVC, das eine Nutzung des Produktmodells auch in SAP Configure Price Quote Solutions (SAP CPQ), SAP Commerce Cloud und externen Plattformen ermöglicht.

Im Gegensatz zur CWG besteht bei der DSAG die Möglichkeit, sich in deutscher Sprache zum Thema auszutauschen.

Den Internetauftritt dieser Arbeitsgruppe finden Sie hier: *https://dsagnet.de/go/ag-variantenkonfiguration*. Der Webauftritt der DSAG-Arbeitsgruppe »Variantenkonfiguration« ist in Abbildung 12.5 zu sehen.

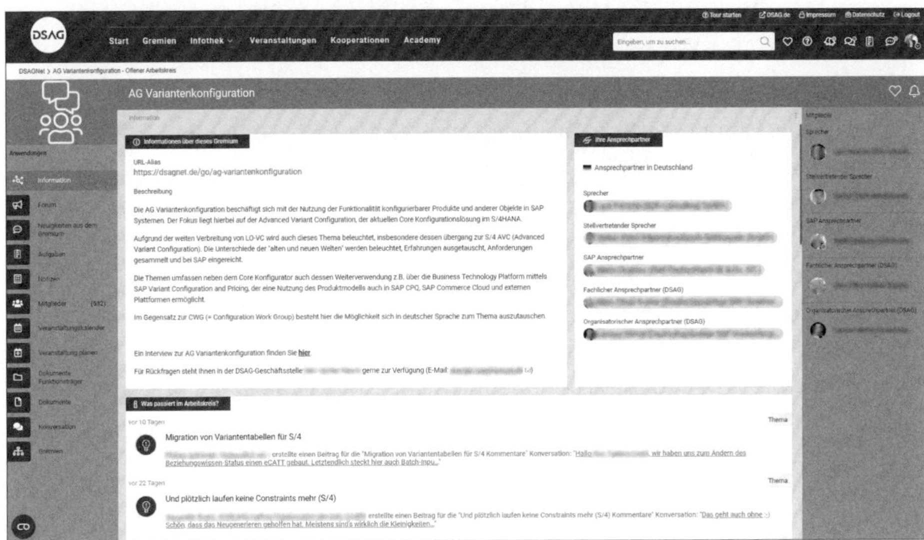

Abbildung 12.5 Webauftritt der DSAG-Arbeitsgruppe »Variantenkonfiguration«

Abbildung 12.6 zeigt das Forum der DSAG-Arbeitsgruppe, in dem sich Mitglieder zu verschiedensten Themen austauschen.

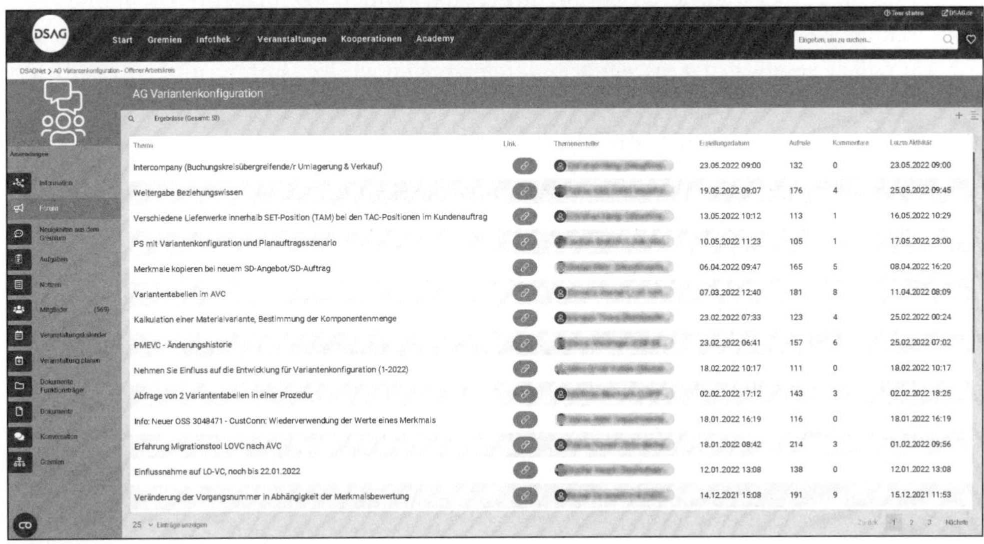

Abbildung 12.6 Forum der DSAG-Arbeitsgruppe »Variantenkonfiguration«

12.2.1 Interview mit den Sprechern der DSAG-Arbeitsgruppe »Variantenkonfiguration«

Da man hier die DSAG als Gremium sicherlich nicht in der Tiefe erläutern muss, nutzen wir ein Interview, das mit Julia Theis und Guenter Haack aus der Arbeitsgruppe der DSAG kurz nach der Gründung im Dezember 2018 geführt wurde, um die Gruppe vorzustellen (Quelle: DSAG-Mitgliedermagazin blaupause, mit freundlicher Genehmigung der DSAG e.V.).

Je komplexer ein Produkt ist, desto größer ist das Regelwerk für mögliche Varianten. Jeder einzelne Parameter kann Abhängigkeiten zu anderen Parametern haben. Unterstützung bietet hier die SAP-Variantenkonfiguration. Doch bei Implementierung und Customizing der relevanten Geschäftsprozesse im ERP-System kann es zu Herausforderungen kommen. Was sich konkret hinter der Variantenkonfiguration verbirgt, welche Schwierigkeiten sich ergeben können und welche Herausforderungen Anwender beim Umstieg von den alten Lösungen in die neue Welt haben, erläutern die DSAG-Arbeitsgruppenmitglieder Lars Frerichs (Danfoss Power Solutions Informatic GmbH) und Stefan Röhrl (Maschinenfabrik Reinhausen GmbH) im Interview.

Was verbirgt sich hinter dem Begriff Variantenkonfiguration, und welche Industrien, Unternehmensprozesse sowie Abteilungen sind davon betroffen?

Lars Frerichs: »Im Vertrieb ist die Variantenkonfiguration für die Angebotserstellung und in der Produktion zur Stücklistengenerierung sehr wichtig – aber das sind nur zwei Beispiele.«

Stefan Röhrl: »Die Variantenkonfiguration lässt sich in fast allen Unternehmensbereichen einsetzen. Ein Variantenfertiger hat z. B. eine Vielzahl an Eigenschaften seiner Produkte zu konfigurieren. Bei einem Produkt können so z. B. mehrere Millionen verschiedener Varianten entstehen. Ohne einen Variantenkonfigurator wäre es nicht möglich, so etwas darzustellen. Zudem erzeugen wir im Hintergrund automatisiert die Logistik- und Vertriebssteuerung über die Konfiguration. Bei den Stückzahlen, die wir im Jahr produzieren, wäre das manuell nicht mehr möglich.«

Was sind neben einer Vielzahl von Varianten die Herausforderungen vor denen Anwenderunternehmen bei dem Thema stehen?

Lars Frerichs: »Das Know-how von Produktentwicklern und -managern muss bei der Variantenkonfiguration ins System übertragen und dadurch Kunden und Vertriebsmitarbeitern im eigenen Unternehmen zugänglich gemacht werden. Es ist eine große Herausforderung, das Wissen über ein Produkt in das System zu übertragen.«

Stefan Röhrl: »Die Regelwerke, die in der Variantenkonfiguration hinterlegt sind, stellen dann sicher, dass Kunde und Mitarbeiter nur Kombinationen erstellen können, die funktionieren. Das hilft, Fehler zu vermeiden.«

Bitte erläutern Sie anhand einer konkreten SAP-Lösung die Schwierigkeiten, die sich bei der Variantenkonfiguration ergeben!

Lars Frerichs: »Das Thema ist so komplex, dass es sich schwer an einem Beispiel darstellen lässt. Die Variantenkonfiguration besteht aus einem Konfigurationsprofil, aus Merkmalen, einer Klasse und aus Beziehungswissen. Man kann in einer SAP-Schulung zwar lernen, wie man ein solches Modell aufbaut, aber die Schwierigkeit besteht darin, es im Kontext des eigenen Unternehmens einzusetzen – und das gilt für jede SAP-Lösung.«

Stefan Röhrl: »Das Kniffelige bei einem Konfigurationsaufbau ist, aus den Köpfen der Mitarbeiter und aus den vorhandenen Excel-Tabellen das Wissen herauszuziehen und zu automatisieren. In der DSAG-Arbeitsgruppe können wir hierzu von den Best Practices anderer Unternehmen profitieren.«

Lars Frerichs: »Gleichzeitig können wir uns konkret zu technischen Herausforderungen austauschen, z. B. wie man bestimmte Positionen in der Stückliste auswählt oder ausschließt. Gerade das Ausschließen ist mit der heutigen Syntax nicht ganz einfach.«

Was müssen Anwenderunternehmen beim Umstieg von den alten Lösungen in die neue Welt beachten?

Lars Frerichs: »Die SAP-Lösung Advanced Variant Configuration (AVC) in S/4HANA ist noch so neu, dass es bisher kaum Erfahrungen mit ihr gibt. Ich kenne zwar einige Unternehmen, die sich die Lösung in Sandbox-Systemen ansehen, aber niemand, der sie produktiv im Einsatz hat. Die meisten verwenden noch die SAP-Variantenkonfiguration (LO-VC). Dementsprechend muss erst einmal Wissen zu der neuen Lösung gesammelt werden.«

Stefan Röhrl: »Als Anwender wissen wir, dass es AVC gibt. Aber über Umstiegsszenarien haben wir noch nicht gesprochen. Das könnten wir innerhalb der neuen DSAG-Arbeitsgruppe tun. Viele Anwender möchten wissen, was sie benötigen, wenn sie die neue Syntax und Funktionen nutzen möchten.«

Die Configuration Work Group (CWG), eine internationale Benutzergruppe von Kunden und Partnern von SAP, beschäftigt sich seit einiger Zeit mit der Produktkonfiguration und Implementierung in verschiedene SAP-Lösungen. Sie selbst sind beide aktiv in dieser Gruppe. Wie bewerten Sie die Zusammenarbeit mit SAP, und warum ist eine DSAG-Arbeitsgruppe zur Variantenkonfiguration notwendig?

Lars Frerichs: »Die Zusammenarbeit ist sehr gut, und unser Feedback wird gehört. Direkt mit Entwicklern und Designern sprechen zu können, ist ein großer Vorteil. Und auch SAP profitiert von unserem Expertenwissen für künftige Entwicklungen.«

Stefan Röhrl: »Doch die Configuration Work Group ist ein englischsprachiges, internationales Forum. Schon allein die Sprachbarriere schreckt viele Anwender aus Deutschland, Österreich und der Schweiz ab, sich zu engagieren.«

Lars Frerichs: »Deshalb freuen wir uns über die Gründung der DSAG-Arbeitsgruppe »Variantenkonfiguration«. Das Thema ist so komplex, dass Fachvorträge in deutscher Sprache für viele Anwender sehr nützlich wären.«

Obwohl die DSAG-Arbeitsgruppe derzeit noch in Gründung ist, hat sie im DSAGNet bereits über 190 Mitglieder. Hätten Sie mit einem solchen Ansturm gerechnet?

Stefan Röhrl: »Jede Firma, die mehrere Hundert Mitarbeiter hat und ein Produkt herstellt, muss sich irgendwann einmal mit der Variantenkonfiguration beschäftigen. Daher ist der Ansturm verständlich. Die Variantenkonfiguration wird immer wichtiger, weil sie Unternehmen die Möglichkeit gibt, den individuellen Wünschen ihrer Kunden nachzukommen. Ein Beispiel, an dem sich belegen lässt, wie stark Kunden ihre Produkte individualisieren möchten und wie wichtig somit die Variantenkonfiguration ist, liefert die Automobilindustrie. Bei einem Autobauer wurden im vergangenen Jahr nur zwei Fahrzeuge einer Modellreihe ausgeliefert, die zu 100 Prozent identisch sind. Alle anderen Fahrzeuge waren kundenindividuell gestaltet. Ohne Konfigurator lässt sich das nicht realisieren.«

12.3 SAP AVC Customer Co-Innovation Council

Das SAP AVC Customer Co-Innovation Council ist eine Gruppe von SAP-Mitarbeitern aus Produktmanagement und Entwicklung einerseits und Kunden und Partnern von SAP andererseits, wobei man eigentlich eher von Interessenten als von Kunden sprechen müsste, da der Ursprung dieser Gruppe darin lag, dass SAP bei diesem neuen Produkt nicht alleine im Elfenbeinturm forschen und entwickeln wollte, sondern von Anbeginn an zukünftige Kunden und Partner mit ins Boot holte – zur Co-Innovation. Daher müsste man eigentlich bei Gründung von Prospects und nicht von Kunden reden – was sich aber relativ schnell geändert hat.

Nachdem der LO-VC jahrzehntelang bei mehreren Tausend Kunden im Einsatz war und ist, wurde bei der Einführung der neuen ERP-Generation SAP S/4HANA darüber nachgedacht, was man mit dem Thema Variantenkonfiguration anstellen soll. Da SAP auf diese große Masse an Kunden und Partnern zurückgreifen konnte, bot es sich an, vor einer Änderung oder Neuentwicklung die bestehenden Teams aus Anwendung und Implementierung mit ins Boot zu holen.

Auf der Suche nach potenziellen Interessenten kam man relativ schnell auf die CWG zu sprechen (siehe Abschnitt 12.1, »Die Configuration Workgroup (CWG)«), haben sich doch hier über Jahrzehnte hinweg Tausende von Nutzerinnen und Nutzern zusammengeschlossen, um sich mit SAP über das Thema Variantenkonfiguration auszutauschen. Natürlich ergab es keinen Sinn, mit einer solch großen Anzahl an Personen eine Co-Innovationsgruppe aufzusetzen. Daher wurde mit einer kleinen Anzahl von SAP-LO-VC-Kunden und -Partnern im Jahr 2016 begonnen.

Gestartet wurde mit einer Anzahl von 19 Kunden und 3 Partnern, die durch 57 Personen repräsentiert wurden. Auf der SAP-Seite waren ca. 40 Mitarbeitende direkt in der Kundengruppe aktiv. Diese kamen aus den Bereichen Produktmanagement, Design Thinking, Industry Business Unit, SAP Consulting und Entwicklung, es waren außerdem Product Owner, UI-Designer und Softwarearchitekten darunter.

Das Leadership-Team, das sich aus Teilnehmenden von SAP- und Kundenseite rekrutierte, legt die Agenda der Meetings fest, erarbeitete Hausaufgaben und organisierte die Workshops und Webinare.

Die Hausaufgaben bestehen zumeist aus Konzepten und dazugehörigen Fragen an das gesamte Team, die typischerweise 5 Tage vor dem nächsten Meeting verteilt werden. Die Webinare finden alle zwei Wochen statt und dauern in der Regel zwischen 60 und 90 Minuten. Dabei erhält jedes teilnehmende Unternehmen genug Zeit, um die Antworten durchzugehen und den anderen Teilnehmenden, vor allem der SAP-Entwicklung, Zeit für klärende Fragen zu lassen.

Neben den Webinars trifft sich die Gruppe auch physisch zu mehrtägigen Workshops, maßgeblich in Walldorf, da dort die meisten Entwickler von SAP beheimatet sind. Dies erfolgte vor Covid in der Regel zwei- bis viermal pro Jahr. SAP-Mitarbeiter aus Budapest, Indien und anderen Ländern kommen zum Teil ebenfalls zu diesen sehr intensiven oft viertägigen Workshops, die nach Design-Thinking-Prinzipien abgehalten werden.

Ziel dieser Gruppe ist die Erstellung einer Standardsoftwarekomponente von SAP, die von zukünftigen Nutzern und Implementierungspartnern mitgestaltet wird.

12.4 Fazit

Im ersten Abschnitt dieses Kapitels haben Sie die internationale Benutzergruppe für die Produktkonfiguration mit SAP-Lösungen kennengelernt. Der wesentliche Leitgedanke der Gruppe ist der freie Informationsaustausch über alle Fragen rund um die Produktkonfiguration. Durch das starke ehrenamtliche Engagement einer Reihe von Mitgliedern sind nahezu alle Leistungen der CWG innerhalb der Gemeinschaft kostenfrei.

Die Satzung der CWG ist die Grundlage für die stabile Struktur der Organisation und sichert deren Unabhängigkeit und Eigenständigkeit. Die zweimal jährlich stattfindenden CWG-Konferenzen in Europa und in den USA sind der Herzschlag der gemeinsamen Arbeit. Das CWG-Portal mit seinen sehr konkreten Angeboten hat die Menge der teilhabenden Konfigurationsfachleute signifikant erhöht und bildet die Grundlage für die Vernetzung der CWG-Mitglieder in der täglichen Arbeit. Die CWG-Sandbox-Systeme sind eine besondere Errungenschaft der CWG. Es handelt sich um SAP-ERP- sowie SAP-S/4HANA-Testsysteme, die von den CWG-Mitgliedern für die Erstellung eigener Konfigurationsmodelle und zum aktiven Informationsaustausch genutzt werden können.

Als Nächstes haben wir Ihnen die Arbeitsgemeinschaft »Variantenkonfiguration« der DSAG vorgestellt. Diese ist inzwischen auf nahezu 570 Mitglieder angewachsen und trifft sich unterjährig zum Anwendertreffen in Walldorf bzw. auf der jährlichen DSAG-Konferenz zum Austausch. Der wesentliche Leitgedanke der Gruppe ist auch hier der freie Informationsaustausch über alle Fragen rund um die Produktkonfiguration.

Im letzten Abschnitt haben Sie das SAP AVC Customer Co-Innovation Council kennengelernt. Es handelt sich dabei um eine Teilgruppe der CWG, mit der SAP evaluiert hat, ob man LO-VC auf der Basis von SAP S/4HANA weiterentwickeln oder etwas Neues anfangen soll. Vor Beginn der Workshop-Tätigkeiten galt es ja erst einmal herauszufinden, was man mit dem Thema anfangen möchte. So war LO-VC schon so weit verbreitet und etabliert, dass man ihn beim Übergang zu SAP S/4HANA einfach nur hätte übernehmen und erweitern können.

Es stellte sich aber nach Befragung einiger »älterer Hasen«, die noch bei SAP tätig waren, heraus, dass das Grundkonzept und vor allem die Engine nicht mehr state-of-the-Art waren. Daraufhin wurde ein Investitionsantrag bei SAP in die Wege geleitet, und nach einem Vorstandsentscheid entschloss man sich, zusammen mit Kunden und Partnern »from scratch« auf Basis der Constraint Solving Engine Gecode AVC zu entwickeln. Der Rest ist Geschichte, und ein Großteil lässt sich in diesem Buch nachlesen. Die Gruppe ist natürlich weiterhin sehr aktiv.

Das Autorenteam

Die Autoren

Dr. Uwe Blumöhr ist Diplom-Mathematiker und Diplom-Lehrer und bei SAP als Schulungsberater im Bereich der Kunden- und Partnerschulungen tätig. Seine Schwerpunkte sind die Variantenkonfiguration und das Lifecycle Data Management. Seit 1996 ist Uwe Blumöhr weltweit für alle Schulungsentwicklungen von SAP im Bereich Variantenkonfiguration verantwortlich; der überwiegende Teil des Schulungsmaterials von SAP zum Thema wurde dabei direkt von ihm entwickelt.

Andreas Kölbl ist Product Manager und der verantwortliche Area Product Owner für SAP S/4HANA for Advanced Variant Configuration (AVC) bei SAP. Nach seinem Abschluss als Diplom-Ingenieur des Maschinenbaus im Jahr 1997 arbeitete er für mehrere Unternehmen als SAP-Berater. Sein Schwerpunkt lag dabei auf den Prozessen der Arbeitsvorbereitung sowie der Produktionsplanung und -steuerung. Dabei betreute er eine Vielzahl nationaler und internationaler Kunden aus unterschiedlichen Branchen, wobei der Maschinenbau immer sein Kerngebiet war. Im Jahr 2014 wechselte er als Solution Architect zu SAP in dem Bereich Product Lifecycle Management (PLM). Seit 2016 ist er Teil der Softwareentwicklung der SAP SE in Walldorf und arbeitete zunächst als Product Owner für die AVC Engine. Im Jahr 2020 wechselte er in seine derzeitige Funktion.

Michael Neuhaus ist Geschäftsführer der networker, solutions GmbH und der TRILUX Digital Solutions GmbH und verantwortlich für Consulting sowie für Vertrieb und Marketing. Michael Neuhaus ist seit vielen Jahren in der IT-Branche tätig, erfahrener Kenner der SAP-Welt und seit mehreren Jahren auf die Beratung und Implementierung von SAP-Lösungen fokussiert. Insbesondere im Bereich Variantenkonfiguration ist er ein etablierter Experte und berät Variantenfertiger auf dem Weg der digitalen Transformation. Zu seinen Karrierestationen gehören unterschiedliche Beratungs- und Leitungsfunktionen in international ausgerichteten Beratungs- und Produktionsunternehmen.

Marin Ukalovic arbeitete nach seinem Universitätsabschluss im Fachbereich Maschinenbau zunächst als Konstruktionsingenieur im Maschinen- und Anlagenbau. 1999 wechselte er in den Vertrieb der SAP SE und betreute Kunden der diskreten Fertigung im Bereich Logistik. Ab 2003 übernahm er als Solution Architect die Branchenverantwortung für die Papier- und Möbelindustrie bei SAP. Seit seinem Wechsel in den Bereich Industry Business Development EMEA 2006 verantwortet er den Maschinen- und Anlagenbau in Europa. Das Thema SAP-Variantenkonfiguration zieht sich hierbei wie ein roter Faden durch seine SAP-Laufbahn. Ab 2006 verantwortete er im Business Development EMEA den Maschinen- und Anlagenbau. Im Jahr 2019 wechselte er zurück ins Headquarter der SAP in Walldorf und übernahm als Chief Product Owner die Verantwortung für das Thema Variantenkonfiguration, zu dem auch die Anwendung Advanced Variant Configuration gehört. Parallel dazu betreut er seit 2006 als Account Manager die Configuration Workgroup (CWG) und ist dort Vorsitzender des Vorstandes.

Beiträger zu diesem Buch

Marco Calcagno verantwortet bei der TRILUX Digital Solutions GmbH die Bereiche Data Management und Variantenkonfiguration im SAP-Umfeld und ist seit über 20 Jahren in diesem Umfeld zu Hause. Sein über Jahre aufgebautes Expertenwissen in den Feldern 3D-Visualisierung, Product Lifecycle Management (PLM), Product Information Management (PIM), Digital Asset Management (DAM) und Komplexitätsmanagement runden sein Profil ab. Dieses Expertenwissen teilt Marco Calcagno gerne auch innerhalb der Variantenfertiger Community. Mit seinen Vorträgen im Rahmen verschiedenster Konferenzen und Messen (z. B. Konferenz für Variantenfertiger, Configuration Workgroup (CWG) und VDI Nord) präsentiert er Fachpublikum gerne die neuesten Entwicklungen aus seinem Umfeld. Auch im Umfeld der SAP bringt sich Marco Calcagno als Experte ein. Marco Calcagno schrieb zusammen mit Rolf Thye, Katharina Kerschbaum und Yong-Gün Heße Kapitel 11, »Erfahrungsbericht: Transformation von LO-VC nach AVC«.

Mitchell Clark ist Produktmanager für S/4HANA Discrete Manufacturing Industries bei SAP Labs. Er ist verantwortlich für die Entwicklung verschiedener innovativer Machine-Learning- und Cloud-Anwendungen für die Fertigungsindustrie. Während seiner 24-jährigen Tätigkeit bei SAP hatte er verschiedene Rollen inne, darunter Supply-Chain-Berater, Lösungsmanager und Innovator, der für die Entwicklung von Proof-of-Concepts für maschinelles Lernen und Big Data verantwortlich war. Mitchell hält drei US-Patente im Zusammenhang mit der Verarbeitung natürlicher Sprache für einen sprachaktivierten digitalen Assistenten und ein europäisches Patent, das sich mit Analysen für konfigurierbare Produkte befasst. Darüber hinaus hat er drei Patente angemeldet, die sich auf Produktionsroutinen für konfigurierbare Produkte beziehen. Er hat einen Bachelor-Abschluss in Maschinenbau von der Syracuse University und einen Master-Abschluss in Management of Technology von der Wharton School of Business der University of Pennsylvania und Penn Engineering. Er schrieb an Abschnitt 9.4, »Maschinelles Lernen und künstliche Intelligenz für konfigurierbare Produkte«, mit.

Dr. Conrad Drescher ist Development Expert für SAP S/4HANA for AVC und arbeitet dort maßgeblich an der neuen Konfigurations-Engine. Dabei entwickelt er in enger Abstimmung mit dem AVC Customer Council Konzepte und Algorithmen für die Auswertung von Beziehungswissen in Konfigurationsmodellen. Vor seiner Tätigkeit bei SAP war er als führender Mitarbeiter des Projekts »Constraint Satisfaction for Configuration« an der Universität von Oxford tätig. Er hat einen Doktortitel der Informatik von der Technischen Universität Dresden. Conrad Drescher hat den Abschnitt 5.3.9, »Grundsätze der AVC-Modellierung für eine gute Performance«, verfasst.

Nina Gausmann beschäftigt sich als Product Owner mit der Weiterentwicklung und dem Support der Variantenkonfiguration der SAP Advanced Variant Configuration and Pricing Services sowie der Generierung von Wissensbasen und der Modellierungsumgebung PMEVC. Die promovierte Physikerin ist seit Beginn ihrer Karriere bei SAP im Jahr 2016 als Entwicklerin für die Wissensbasis-Generierung und Transaktion PMEVC tätig. Sie ist außerdem aktives Mitglied der Configuration Workgroup (CWG) und schätzt dort den Wissensaustausch und die Anregungen der Kunden. Nina Gausmann hat an Abschnitt 8.3, »Tipps zur Generierung von Laufzeitversionen der Wissensbasis«, und Abschnitt 8.4, »Anleitung zur (Re-)Generierung von Laufzeitversionen«, mitgearbeitet.

Thomas Gelzhäuser spielt schon seit Ende der 90er Jahre mit Constrainttechnologien in verschiedensten Anwendungen herum. Derzeit ist er Product Owner für die Prozessintegration von Advanced Variant Configuration in SAP S/4HANA bei SAP. Er wirkte in Abschnitt 6.4, »Der Microservice zur Preisfindung auf der SAP BTP«, mit.

Yong-Gün Heße ist Solution Architect für das Variant Lifecycle Management und mitverantwortlich für die Produktentwicklung der networker, solutions GmbH. Seine Erfahrung und Expertise beruht auf diversen Implementierungs- und Optimierungsprojekten in verschiedensten Branchen. Mit seinem fachlichen Wissen unterstützt er SAP bei der Weiterentwicklung von Advanced Variant Configurator in SAP S/4HANA und hält regelmäßig Fachvorträge auf nationalen, sowie internationalen Veranstaltungen. In Abschnitt 2.8, »Ein beispielhaftes Konzept zum Wechsel von VC auf AVC (Greenfield vs. Brownfield)«, erörtert Yong-Gün Heße eine mögliche Vorgehensweise bei einem Transformationsprojekt. In Abschnitt 10.3, »Variantentabelleninhalte auf der SAP BTP«, stellt er eine Partnerlösung zur vereinfachten Variantentabellenpflege auf der SAP Business Technologie Platform vor.

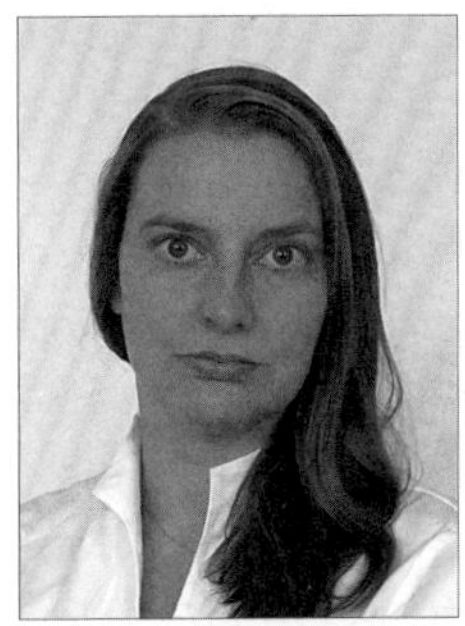

Katharina Kerschbaum ist Consultant bei der TRILUX Digital Solutions GmbH aus Dortmund. Ihre Erfahrungen im Bereich der Variantenkonfiguration basieren auf Implementierungs- und Optimierungsprojekten in diversen Branchen. Zu ihren Aufgaben gehören neben der klassischen LO-VC-Beratung auch die Beratung in AVC mit dem Fokus auf den End-to-End-Prozess. Zusätzlich betreut und entwickelt sie weitere Themen im Bereich rund um Konfiguration und Kundeneinzelfertigung. Im Abschnitt 10.4 erörtert sie die Möglichkeiten der Transformation von LO-VC zu AVC am Beispiel der TRILUX GmbH. Katharina Kerschbaum schrieb an Kapitel 11, »Erfahrungsbericht: Transformation von LO-VC nach AVC«, mit.

Patric Klatte ist seit mehr als 15 Jahren im Marketing tätig und ein strategischer Denker, der das große Ganze sieht und kreative Pläne zur Erreichung von Zielen entwickelt. Als Marketingleiter bei Aicomp ist er unter anderem verantwortlich für die globalen Markteinführungsstrategien für bestehende und neue Produkte. Patric Klatte hat ein tiefes Verständnis für Markttrends und wie diese genutzt werden können, um neue Möglichkeiten zu schaffen. Er versteht es, Marketing, Produktmanagement und Produktentwicklung miteinander zu verbinden, um an der Entwicklung von innovativen Lösungen mitzuwirken, die den Bedürfnissen der Kunden entsprechen. Patric verfasste zusammen mit Sebastian Mezger und Sascha Rauhe den Abschnitt 10.4, »Variantenkonfiguration mit Machine Learning«.

Frank Klotz ist als Software Solutions Architect bei der TRILUX Digital Solutions GmbH tätig. Dort beschäftigt er sich neben der klassischen Software-Entwicklung auch mit den Themen Data Science und Künstliche Intelligenz. Überall dort, wo mithilfe regelbasierter Ansätze nur unzureichende Lösungen bereitgestellt werden können, nutzt er Technologien aus diesen Bereichen zur Prozessoptimierung. In Abschnitt 10.2, »KI-optimierte Bearbeitung von Kundenanfragen«, stellt er ein solches Projekt vor und zeigt die Potenziale der Künstlichen Intelligenz auf.

Andreas Liesche ist Innovator und Gründer, Technologie-Berater, IT-Projektleiter und Product Owner. Seit 2022 ist er Geschäftsführer der adesso Manufacturing Industry solutions GmbH, nachdem er bei adesso als Competence-Center-Leiter das Consulting im Geschäftsbereich Manufacturing Industry aufbaute. Zuvor nahm er leitende Positionen bei EPLAN, ACATEC und PTC ein. Nach über 25 Jahren und mehr als 100 Industrie-Projekten hat er viel Erfahrung in der Entwicklung und Integration von Individual- und Standard-Software. Schwerpunktthemen sind Komplexitäts- und Variantenmanagement, Produkt-, System- und Lösungs-Konfiguration, Digitalisierung und Automatisierung, Industrie 4.0, Modularisierung, Datenmanagement, IT-Prozesse und Software-Architekturen in den Fokusbranchen Maschinen- und Anlagenbau, Automotive, Zulieferindustrie, Mechatronik und Software. Die adesso Gruppe ist ein europäischer Technologie-Konzern und IT-Dienstleister mit Fokus auf die Entwicklung von Individualsoftware, Branchenlösungen und Consulting. Die orange AG transformiert und digitalisiert die Kern-Geschäftsprozesse von Unternehmen mit SAP. Die adesso Manufacturing Industry solutions GmbH entwickelt SAP-Partnerlösungen und Branchensoftware für die Fertigungs- und Prozessindustrie mit Fokus auf Durchgängigkeit und Automatisierung. Andreas Liesche verfasste Abschnitt 10.5, »Hybride Systemkonfiguration, durchgängige Automatisierung und API-basierte Integration mit SAP-Lösungen«.

Jie Lin ist Principal-Berater für die Fertigungs- und Maschinenbauindustrie bei SAP SE. Seine Schwerpunktthemen sind SAP-Variantenkonfiguration (SAP VC), SAP CRM und SAP Configure, Price, and Quote (SAP CPQ). In den letzten zehn Jahren hat er viele Kunden bei der Implementierung der SAP-Produktkonfiguration vom Backend bis zum Frontend unterstützt. Auf nationalen und internationalen Konferenzen hält Jie Lin Vorträge zur SAP-Produktkonfiguration mit Best Practices. Zudem ist er Mitglied der internationalen Configuration Workgroup (CWG). Jie Lin hat an Abschnitt 9.5, »Integration von AVC und SAP Workflow Management«, mitgewirkt.

Lawrence Matusek ist leitender Angestellter bei Avanade's North American Business Applications Group. Er verfügt über mehr als 35 Jahre Erfahrung in der technischen und IT-Beratung. Lawrence Matusek ist eine weithin anerkannte Autorität und stellvertretender Vorsitzender der SAP Configuration Workgroup (CWG) sowie einer der wichtigsten Mitwirkenden in Einflussgruppen zu Konfigurations- und Angebotslösungen der nächsten Generation. Er hat an Abschnitt 8.3, »Tipps zur Generierung von Wissensbasis-Laufzeitversionen«, und Abschnitt 8.4, »Anleitung zur (Re-)Generierung von Laufzeitversionen«, mitgewirkt.

Sebastian Mezger ist Senior Developer bei Aicomp und für die Betreuung studentischer Abschlussarbeiten verantwortlich. Er hat in zahlreichen Projekten in Europa und Nordamerika VC-Lösungen für die Verpackungsindustrie implementiert. Daher weiß er, vor welche Herausforderungen die Definition von Formeln und Regeln (z. B. zur Ermittlung von Maschinendaten oder Materialverbräuchen) die Key-User stellt. Mit studentischer Hilfe gelang es, dies durch Ansätze der Künstlichen Intelligenz radikal zu vereinfachen. Statt die Logiken in Beziehungswissen zu erfassen, lernen neuronale Netze diese selbstständig anhand von Trainingsdaten und werden danach zur Laufzeit von der VC abgefragt. Sebastian verfasste zusammen mit Sascha Rauhe und Patrick Klatte den Abschnitt 10.4, »Variantenkonfiguration mit Machine Learning«.

Dr. Claudia Möller gehört zum Team, das die Engine von SAP S/4HANA for Advanced Variant Configuration (AVC) entwickelt. Als promovierte Mathematikerin befasst sie sich mit Algorithmen zur Beziehungswissensauswertung. Neben der Software-Entwicklung engagiert sie sich in Workshops mit dem AVC Customer Council, um die Bedürfnisse der Kunden zu erkennen und gemeinsam mit ihnen Ideen für neue Konzepte zu erarbeiten. Claudia Möller hat an Abschnitt 1.2.2, »AVC in SAP S/4HANA Cloud«, mitgewirkt.

Peter Muthsam ist seit 1999 Berater bei SAP. Er betreut Kunden verschiedener Industrien mit Variantenkonfiguration in Vertriebs- und Produktionsprozessen. Als VC-Modellierungsexperte und ABAP-/Java-Programmierer bringt er sein Knowhow in internationalen Projekten ein. In SAP-Einführungen, SAP-S/4HANA-Migrationsprojekten und Optimierungsuntersuchungen hilft er Kunden bei der Lösung komplexer Aufgabenstellungen in LO-VC, AVC, CRM, IPC, Hybris Commerce und Solution Sales Configuration. Außerdem ist er Experte für Product Data Replication (PDR) und unterstützt auch die Weiterentwicklung dieser SAP-Lösung für die Replikation kompletter VC-Modelle zwischen SAP-Systemen. Peter Muthsam hat den Abschnitt 9.1, »Stammdatenverteilung mit Product Data Replication«, verfasst.

Georg Plösch ist Software-Entwickler bei der TRILUX Digital Solutions GmbH in Dortmund. Seit 2017 ist sein beruflicher Schwerpunkt die Entwicklung von 3D-Variantenkonfiguratoren. Inhaltlich umfasst das die Entwicklung der Services und der 3D-Applikation. In Abschnitt 10.1, »3D-Konfiguration«, beschreibt er die Auswahlkriterien einer 3D-Engine und gibt einen Überblick über die gewählte Service-Architektur.

Sascha Rauhe ist seit über 25 Jahren im Softwarebereich tätig, mit Schwerpunkt auf strategischer Planung, Controlling, Global Sales, Ops/Project Management, IT/Technology/SaaS, Marketing und Finanzen. In seiner aktuellen Funktion als Managing Director ist er im Verwaltungsrat der Aicomp group für die Vertriebs- und Marketingaktivitäten in Nord- und Lateinamerika verantwortlich und betreut dort die Geschäftsentwicklung und neue Märkte. Die Aicomp group bietet weltweit Konfigurationslösungen sowie Beratungs-, Software- und Cloud-Produkte und -Dienstleistungen an, darunter die neuesten Technologien wie KI/Machine Learning und Plattformen wie die SAP Business Technology Platform (SAP BTP) von SAP. Sascha Rauhe verfasste zusammen mit Sebastian Mezger und Patrick Klatte den Abschnitt 10.4, »Variantenkonfiguration mit Machine Learning«.

Yusuf Şahin ist Management-Berater bei der networker, solutions GmbH und arbeitet bereits seit 2002 für Variantenfertiger aus diversen Branchen. Neben der Expertise für die ganzheitliche End-to-End-Nutzung der SAP-Variantenkonfiguration in der Supply Chain, ist er ausgewiesener Spezialist für integrierte 3D-Konfiguration und -Visualisierung in der SAP-Variantenkonfiguration. Sein Wissen und den Enthusiasmus für diese Themenfelder teilt er mit der internationalen VC-Community (u. a. CWG) durch Vorträge und Präsentationen. Yusuf Şahin schrieb an Abschnitt 10.1, »3D-Konfiguration«, mit.

Rolf Thye ist Solution Architect bei der networker, solutions GmbH. Seine Erfahrung aus mehr als 20 Jahren Projektarbeit verschiedenster Branchenausrichtungen fließen bei der Umsetzung von Anforderungen bei Kunden- und Standardlösungen ein. Des Weiteren unterstützt er mit seinem fachlichen Wissen SAP bei der Neugestaltung von SAP S/4 HANA for AVC. Zu den Anforderungen der Komplexität variantenreicher Produkte hält Rolf Thye regelmäßig Vorträge auf nationalen und internationalen Veranstaltungen. Er war mehrere Jahre Vorstandsmitglied der internationalen Configuration Workgroup (CWG). Rolf Thye schrieb an Kapitel 11, »Erfahrungsbericht: Transformation von LO-VC nach AVC«, mit.

Matthias Wölfle ist Consultant bei der TRILUX Digital Solutions in Dortmund. Seine Erfahrungen im Variantenumfeld basieren auf diversen Kundenprojekten im Bereich 3D-Visualisierung und 3D-Variantenkonfiguration in verschiedensten Branchen. Nebst der Projektarbeit und der Betreuung von Bestandskunden unterstützt er die Produktentwicklung und das Produktmanagement fachlich. Über die 3D-Variantenkonfiguration hält Matthias Wölfle regelmäßig Vorträge auf nationalen und internationalen Veranstaltungen. In Abschnitt 10.1, »3D-Konfiguration«, beschreibt Matthias Wölfle ein mögliches Szenario für den Aufbau und die Verknüpfung eines 3D-Datenmodell zu einem vorhandenen SAP-Konfigurations-Modell.

Stefan Ziegler ist Regional Business Development Manager PLM bei SAP und mehr als 25 Jahren im Umfeld der digitalen Produktentwicklung tätig. Nach seinem Maschinenbaustudium an der Technischen Hochschule Karlsruhe (KIT) begann er seinen beruflichen Werdegang bei PTC. Dort war er über 10 Jahre in verschiedenen Funktionen im Presales rund um die Themen CAD und PDM tätig. Nach seinem Wechsel zu SAP war er von 2008 bis 2020 als Solution Expert PLM in unterschiedlichen Positionen im Vertrieb tätig und ist aktuell in seiner Rolle als Business Development Manager für das gesamte SAP PLM Portfolio sowie die Betreuung der strategischen Partnerschaft mit Siemens in der Region Middle and Eastern Europe verantwortlich. Stefan Ziegler hat den Abschnitt 9.2, »Die SAP-Variantenkonfiguration im Zusammenspiel mit Siemens Teamcenter« beigetragen.

Falk Zobel verantwortet bei der TRILUX Digital Solutions GmbH den Bereich Software Development und ist seit mehr als 20 Jahren in diesem Feld tätig. Durch seine innovativen Ideen im Umfeld von und mit SAP-Lösungen, hat er früh die Möglichkeiten der Prozessunterstützung mit Hilfe von Software erkannt, in der TRILUX Gruppe vorangetrieben und umgesetzt. Frank Zobel schrieb an Abschnitt 10.2, »KI-optimierte Bearbeitung von Kundenanfragen«, mit.

Autoren des Vorworts

Dr. Albert Haag befasst sich seit 40 Jahren mit dem Thema Produktkonfiguration. Er war ab Mitte der 80er Jahren als Projektleiter beim Battelle Institut in Frankfurt, in der Forschung und Entwicklung von (KI-) Expertensystemen zur Konfiguration tätig. Er wechselte 1992 zur SAP in die damalige KI-Gruppe unter Dr. Axel Kurka, zu der auch Dr. Bernhard Neumann und Dr. Andreas Krämer gehörten. In dieser kleinen Gruppe wurde eine grundsätzliche Architektur der Konfigurationslogik und deren Verarbeitung geschaffen. Diese lag dann den SAP-Produktkonfiguratoren gemeinsam bis zum Erscheinen des AVC zugrunde. Der Begriff »Wissensbasis« erinnert bis heute an die Ursprünge in Expertensystemen. Nach Ausscheiden aus SAP 2015 aus Altersgründen hat sich Dr. Haag mit der Optimierung von Variantentabellen befasst und 2018 eine eigene Firma, PMH – Product Management Haag, gegründet, die sich visionär diesem Thema widmet.

Dr. Andreas Krämer war von 1991 bis 2019 als Developer und Architekt an der Entwicklung des Variantenkonfigurators in SAP ERP und nachfolgender Produktkonfiguratoren in SAP IPC und SAP CPQ beteiligt. In den 90er Jahren war er Mitglied eines Entwicklerteams um Dr. Bernhard Neumann, welches Konzepte für die Lösung besonders komplexer Konfigurationsaufgaben erarbeitete, die später im SAP Solution Sales Configurator (SSC) realisiert wurden.

Dr. Bernhard Neumann ist seit 2022 Privatier und genießt nun nach mehr als 32 Jahren mit SAP sein Leben unter der Sonne von Arizona. Er war bis August 2022 Development Executive und Senior Vice President bei SAP als Engineering Lead für die Teams von S/4HANA Ouote-2-Cash und Consumer Industries in Europa und in den voran gegangenen Jahren auch für Teams in Kanada, den USA und Indien. Studien-, Diplom- und Doktorarbeit fokussierten bereits in den 80er Jahren Themen der Produktkonfiguration. In den 90er Jahren entwickelte er auf Basis der wissenschaftlichen Grundlagen zusammen mit Dr. Albert Haag, Dr. Andreas Kraemer und anderen Kollegen die neuen Produktkonfigurationsmethoden (Constraints, KBs, Mehrstufige Konfiguration, freidefinierbare abstrakte Relationen, Klassenknoten, Mehrfach-Instanziierung, ...) unter anderem auch als Antwort auf das Anforderungsdokument der (A)CWG von 1994, deren Mitbegründer alle drei genannten Kollegen sind. Viele dieser Ansätze finden sich noch heute integriert und weiterentwickelt in den verschiedenen Produkten von SAP.

Index

F

G

H

I

K

L

M

N

O

P

Q

R

S

T

U

V

W

Z